DIE ELEMENTE IM ÜBERBLICK

KRANKHEITSLEHRE

Schenkelhalsfraktur. Einen unter mechanischen Gesichtspunkten kritischen Punkt bildet der Schenkelhals: Ist der CCD-Winkel zu klein (Coxa vara), so gelangt u. U. ein Teil des nicht mehr knorpelig überzogenen Schenkelhalses am oberen Pfannenrand unter Druck und nutzt sich hier schnell ab. Andererseits wird der Schenkelhals selbst stark auf Biegung beansprucht und kann unter Extrembelastungen zusammenbrechen.

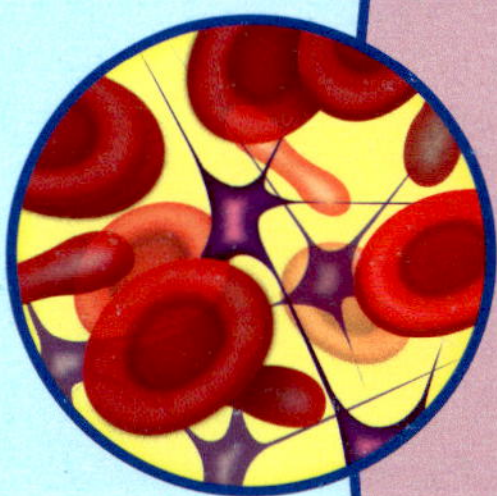

Jedes Kapitel hat ein eigenes Symbol, das Ihnen hilft sich schnell zurechtzufinden.

MERKE

Eine Eselsbrücke zum Merken des Begriffs Lordose ist die Haltung eines „Lords": aufrecht, Schultern nach hinten, Kopf hoch. Das Wort Kyphose erinnert an „cough" (englisch „Husten"). Beim Husten treten die Schultern vor und man macht einen Rundrücken.

Thieme

Der Mensch – Anatomie und Physiologie

Schritt für Schritt Zusammenhänge verstehen

Johann Schwegler

4. überarbeitete Auflage

635 Abbildungen

Georg Thieme Verlag
Stuttgart · New York

Priv.-Doz.
Dr. med. Dr. med. habil. Johann Schwegler
Zehntwiesenstr. 64c
76275 Ettlingen
www.dr-schwegler.de
Info@dr-schwegler.de

Bibliografische Information der Deutschen Nationalbibliothek
Die Deutsche Nationalbibliothek verzeichnet diese Publikation in der Deutschen Nationalbibliografie; detaillierte bibliografische Daten sind im Internet über http://dnb.d-nd.de abrufbar.

1. Auflage 1996
2. Auflage 1998
3. Auflage 2002
1. italienische Auflage 1999

Rüdigerstraße 14, D-70469 Stuttgart
Unsere Homepage: http://www.thieme.de

Printed in Germany

Layout: Arne Holzwarth, Stuttgart
Zeichnungen: Markus Voll, München
Umschlag: Thieme Verlagsgruppe
Abbildungsnachweis: Am Ende des Buches finden Sie einen ausführlichen Nachweis.
Satz: Mitterweger & Partner, D-68723 Plankstadt
Druck: Druckhaus Götz, Ludwigsburg

ISBN 3-13-100154-2 2 3 4 5 6
ISBN 978-3-13-100154-2

Wichtiger Hinweis: Wie jede Wissenschaft ist die Medizin ständigen Entwicklungen unterworfen. Forschung und klinische Erfahrung erweitern unsere Erkenntnisse, insbesondere was Behandlung und medikamentöse Therapie anbelangt. Soweit in diesem Werk eine Dosierung oder eine Applikation erwähnt wird, darf der Leser zwar darauf vertrauen, dass Autoren, Herausgeber und Verlag große Sorgfalt darauf verwandt haben, dass diese Angabe dem **Wissensstand bei Fertigstellung des Werkes** entspricht.

Für Angaben über Dosierungsanweisungen und Applikationsformen kann vom Verlag jedoch keine Gewähr übernommen werden. **Jeder Benutzer ist angehalten**, durch sorgfältige Prüfung der Beipackzettel der verwendeten Präparate und gegebenenfalls nach Konsultation eines Spezialisten festzustellen, ob die dort gegebene Empfehlung für Dosierungen oder die Beachtung von Kontraindikationen gegenüber der Angabe in diesem Buch abweicht. Eine solche Prüfung ist besonders wichtig bei selten verwendeten Präparaten oder solchen, die neu auf den Markt gebracht worden sind. **Jede Dosierung oder Applikation erfolgt auf eigene Gefahr des Benutzers.** Autoren und Verlag appellieren an jeden Benutzer, ihm etwa auffallende Ungenauigkeiten dem Verlag mitzuteilen.

Geschützte Warennamen (Warenzeichen) werden **nicht** besonders kenntlich gemacht. Aus dem Fehlen eines solchen Hinweises kann also nicht geschlossen werden, dass es sich um einen freien Warennamen handelt.

Zwanzig Jahre staatliche Kostendämpfung haben das Gesundheitswesen in Deutschland nachhaltig verändert. Unter dem Druck zunehmend knapper Kassen verdichtet sich der Arbeitsalltag von Pflegenden und Ärzten immer weiter. Kliniken werden geschlossen, Leistungen verschieben sich zunehmend in den billigeren ambulanten Bereich. Ambulante Operationen, medizinische Versorgungszentren, Tageskliniken und Früh-Rehabilitation ersetzen mehr und mehr die klassische stationäre Versorgung.

Vor diesem Hintergrund wurden die Lehrpläne für Auszubildende im Pflegebereich radikal umgebaut und in Richtung von mehr praktischer Tätigkeit und „training on the job" verändert. Federführend hierbei war die Lehrplankommission Nordrhein-Westfalen, die den ersten ausführlichen Reform-Lehrplan aufgelegt hat. Erkauft wird die starke Praxisorientierung dadurch, dass für den Unterricht der anatomischen und physiologischen Grundlagen nur mehr knapp 180 Unterrichtsstunden – als Blockunterricht gerechnet also 4–6 Wochen – zur Verfügung stehen.

Da der menschliche Körper aber nicht weniger kompliziert geworden ist, fordert diese Abkehr vom theoretischen Unterricht, dass jeder Lernende sich die anatomischen und physiologischen Grundlagen zu Hause allein oder in einer kleinen Lerngruppe selbst erarbeiten muss. Mein Lehrbuch liefert dafür die Grundlage.

Was ist neu an der vierten Auflage? Ich habe die theoretischen Grundlagen gestrafft und die Kapiteleinteilung der Abfolge der Lerneinheiten im Lehrplan angepasst. Auch die Gewichtung der Kapitel wurde der Anzahl der zur Verfügung stehenden Unterrichtsstunden angepasst. Das organübergreifende Kapitel Regulieren und Anpassen wurde erweitert, ebenso die klinischen Beispiele für Störungen der Organfunktion. Dafür habe ich Blut und Immunsystem gekürzt.

Mein Dank gilt der bewährten Thieme-Mannschaft um Frau Christine Grützner, die mich wie immer hervorragend unterstützt haben.

Ich bin überzeugt, dass das Buch in der jetzigen Form fit ist und fit macht für die Herausforderungen eines zunehmend gestrafften und interdisziplinären Pflegeunterrichts.

Ettlingen, im Juli 2006

Zum Autor

PD Dr. Johann Schwegler habilitierte sich nach seinem Medizinstudium an der Universität Würzburg für Physiologie. Neben der Forschungstätigkeit lehrte er regelmäßig an der Staatlichen Berufsfachschule in Würzburg und wirkte an der Gestaltung des Lehrplans im Fach Biologie, Anatomie und Physiologie mit. Nach einer zusätzlichen Facharztweiterbildung in Augenheilkunde an den Universitätskliniken Bonn und Mannheim arbeitete er als Consultant Ophthalmologist in Newcastle upon Tyne.
Dr. Schwegler betreibt derzeit eine Augenarztpraxis in Ettlingen bei Karlsruhe und unterrichtet Physiologie an der Universität Heidelberg.

1 ZELLE UND GEWEBE

2 HAUT, HAARE, NÄGEL

3 ESSEN UND KAUEN

4 SICH BEWEGEN

5 SEHEN, HÖREN, SCHMECKEN, RIECHEN

6 NAHRUNG VERDAUEN

7 URIN AUSSCHEIDEN

8 ATMEN

9 DENKEN UND BEWUSSTSEIN

12 ORGANE IM BLUTKREISLAUF

13 SICH FORTPFLANZEN

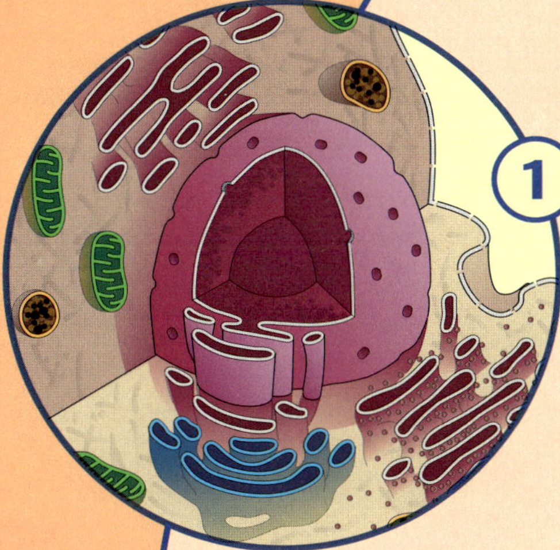

1 ZELLE UND GEWEBE

1.1 Zytologie (Zelllehre)

Zellaufbau

Zelle und Extrazellulärraum

Meist wird die Zelle ***(Abb. 1.1)*** als „die kleinste noch selbstständig lebens- und vermehrungsfähige Einheit des Körpers" definiert. Diese Definition mag zwar bei Algen und Pantoffeltierchen richtig sein, allerdings sind die meisten menschlichen Zellen keineswegs „selbstständig", also ohne den Gesamtorganismus überlebensfähig. Wenn ein Mensch stirbt, gehen nacheinander auch alle seine Körperzellen zu Grunde, da sie als hochspezialisierte Gewebezellen auf ein sehr genau festgelegtes Außenmedium angewiesen sind.

Extrazelluläre Flüssigkeit

Dieses Außenmedium, auch extrazelluläre Flüssigkeit genannt, sichert unter anderem einen konstanten pH-Wert, eine gleichbleibende Ionenkonzentration sowie eine ausreichende Sauerstoff- und Nährstoffversorgung. Es setzt sich zusammen aus
- Blutplasma und
- interstitieller Flüssigkeit (extrazelluläre Flüssigkeit zwischen den Körperzellen).

Hinsichtlich ihrer *Salze* entspricht die extrazelluläre Flüssigkeit weitgehend der Zusammensetzung von Meerwasser, ist aber auf ca. die Hälfte bis ein Drittel verdünnt. Man kann sich vorstellen, dass zu Beginn der Entwicklung vielzelliger Lebewesen einzelne Zellen in einem „Urmeer" eher zufällig zusammengefunden haben. Dieses Urmeer bildete für sie ein ideales Außenmedium, das alle zum Überleben notwendigen Stoffe bereitstellte und gleichzeitig für die Entsorgung der Abfallstoffe sorgte.
Mit der Bildung zusammenhängender Organismen, vor allem beim Übergang zum Landleben, haben diese Organismen ein wenig von ihrem „Urmeer" mitgenommen, damit die Zellen auch weiterhin ihre gewohnte Umgebung beibehalten können.

Zellbestandteile und Zellgröße

Ungeachtet des Grads ihrer Spezialisierung bestehen alle tierischen und menschlichen Körperzellen prinzipiell aus denselben Grundelementen:
- Zellmembran und
- Zytoplasma.

Das Verhältnis zwischen diesen Elementen variiert allerdings sehr stark. In diese Grundelemente eingebettet sind:
- Zellkern,
- Mitochondrien,
- endoplasmatisches Retikulum,
- Ribosomen,
- Golgi-Apparat,
- intrazytoplasmatische Vesikel, und das
- Zytoskelett (Mikrotubuli, Mikrofilamente).

Zellgröße. Die Größe der einzelnen Zelle schwankt von Zellart zu Zellart beträchtlich. So haben z. B. Lymphozyten einen Durchmesser von nur 5 µm, die menschliche Eizelle dagegen von über 100 µm, also 1/10 mm. Nervenzellen haben Ausläufer, die mehr als einen Meter lang werden können (!), aber nur wenige Mikrometer dick sind.

Zellmembran

Was für unseren Körper die Haut, ist für die Körperzellen die Zellmembran: Sie grenzt die Zelle zur Außenwelt hin ab und ermöglicht es, das intrazelluläre Milieu weitgehend unabhängig von der Zusammensetzung der interstitiellen Flüssigkeit zu regeln.

Membranaufbau

Bei allen tierischen Lebensformen ist die Zellmembran ***(Abb. 1.2)*** eine nur wenige Nanometer dünne Schicht aus zwei gegensätzlich angeordneten Phospholipidschichten, deren jede nur eine einzige Moleküllage breit ist. Diese Phospholipide besitzen ein wasserlösliches (hydrophiles) Ende – das Phosphat –, mit dem sie entweder zum Extra- oder zum Intrazellulärraum hin orientiert sind, und eine wasserabweisende (hydrophobe) Seite – einen Fettsäurerest –, mit der beide Moleküllagen einander anliegen. Eine reine Phospholipiddoppelschicht ist ebenso flüssig wie eine Seifenblase: Das einzelne Phospholipidmolekül kann innerhalb der Membran hin- und herschwimmen, diese allerdings nicht verlassen.

Transport von Stoffen

Eingelagert in die Phospholipiddoppelschicht sind Eiweißstoffe, so genannte Membranproteine. Eine ihrer wichtigsten Funktionen ist der Transport bestimmter wasserlöslicher Stoffe durch die Zellmembran hindurch, die ansonsten die Membran nicht passieren könnten. Diese Aufgabe wird von Transporteiweißen (Carrier und Kanäle) erledigt, welche die ansonsten absolut wasserundurchlässige Zellmembran durchdringen.

Glykocalix

Die meisten Membranproteine besitzen an ihrer nach außen gerichteten Seite eine Kette aus Kohlenhydraten. An diese Kohlenhydrate, die in ihrer Gesamtheit Glykocalix genannt werden, binden sich beispielsweise Antikörper oder auch spezialisierte Zellen des Immunsystems.

Die Ausstattung der Glykocalix ist bei jedem Menschen unterschiedlich und bildet damit die Grundlage der Unterscheidung zwischen „körpereigen" und „körperfremd".

Die Zelle

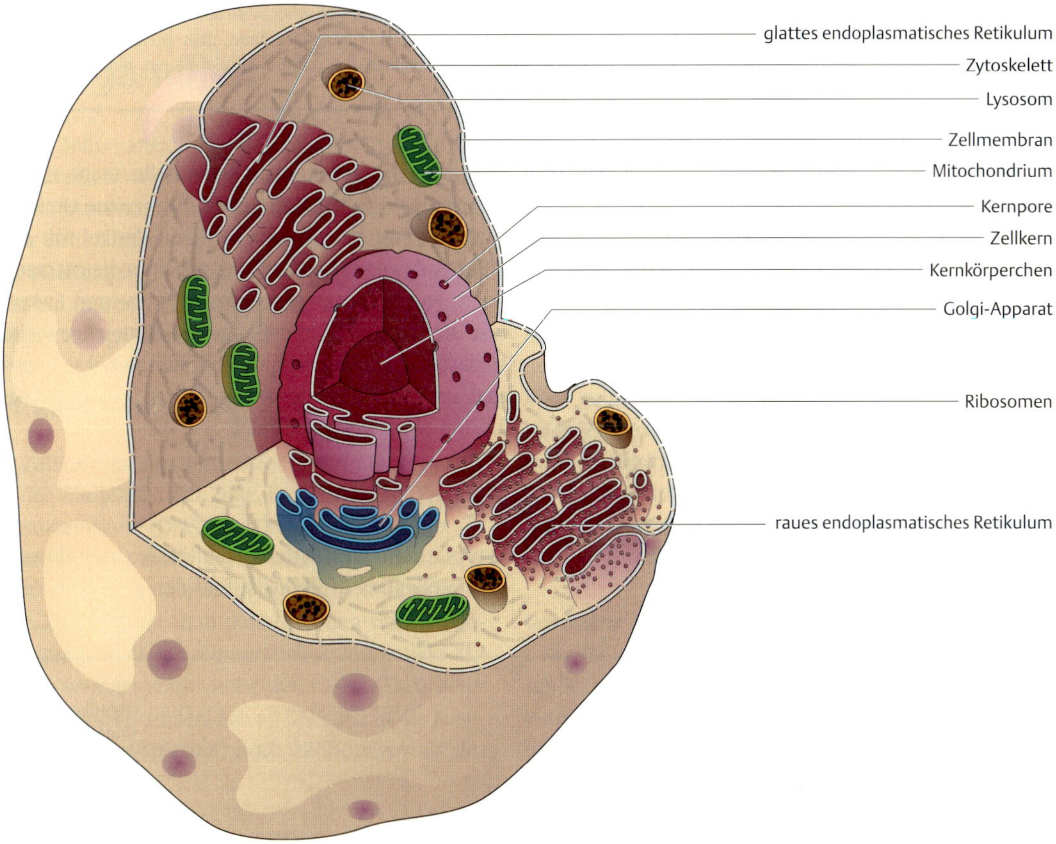

Abb. 1.1 Jede Zelle besteht aus dem Zellkern und dem angrenzenden Zytoplasma. Im Zytoplasma schwimmen Zellorganellen wieMitochondrien, Golgi-Apparat und endoplasmatisches Retikulum. An der Zellmembran setzen die fädigen Strukturen des Zytoskeletts an und stützen die äußere Form der Zelle.

Mitochondrien

Wenn der Zellkern die Betriebsleitung ist, dann sind die Mitochondrien das Blockheizkraftwerk der Zelle. Bei einem Blockheizkraftwerk entsteht aus Brennstoff sowohl elektrische Energie als auch Wärme, die zum Heizen verwendet wird.
Mitochondrien sind, ähnlich wie der Zellkern, von einer doppelten Membran umgeben ***(Abb. 1.3)***. Die Flüssigkeit zwischen den beiden Mitochondrienmembranen entspricht in ihrer Zusammensetzung grob der Extrazellulärflüssigkeit.

Energiegewinnung. In den Mitochondrien findet hauptsächlich die Energiegewinnung durch Sauerstoff verbrauchenden Nährstoffabbau (aerober Stoffwechsel bzw. *aerobe Glykolyse*) statt. Der im Mitochondrium verheizte Brennstoff ist Pyruvat (Brenztraubensäure). Statt Strom erzeugt das „Kraftwerk" Mitochondrium ATP (Adenosintriphosphat), das für die verschiedensten Prozesse in der Zelle verwendet werden kann. Es leuchtet ein, dass Zellen mit einem sehr hohen Energiebedarf (Herzmuskel, Darm, Drüsen, Niere usw.) auch sehr viele Mitochondrien haben, während relativ träge Zellen (Bindgewebszellen, Knorpel- und Knochenzellen) nur spärlich mit Mitochondrien bestückt sind.

Wärmeerzeugung. Die Mitochondrien versorgen uns nicht nur mit Stoffwechselenergie in Form von ATP, sondern – ökologisch sinnvoll – auch mit Wärme, die unvermeidlich bei jedem Stoffwechselvorgang entsteht ***(Abb. 1.4)***. ATP und Wärme sind gleichberechtigte Produkte des Mitochondriums. Manchmal wird die Wärmeerzeugung sogar zum Hauptzweck, beispielsweise wenn sich als Anpassung an eine mehrere Tage anhaltende Kältebelastung die Zahl der Mitochondrien erhöht.

Aufbau des Mitochondriums

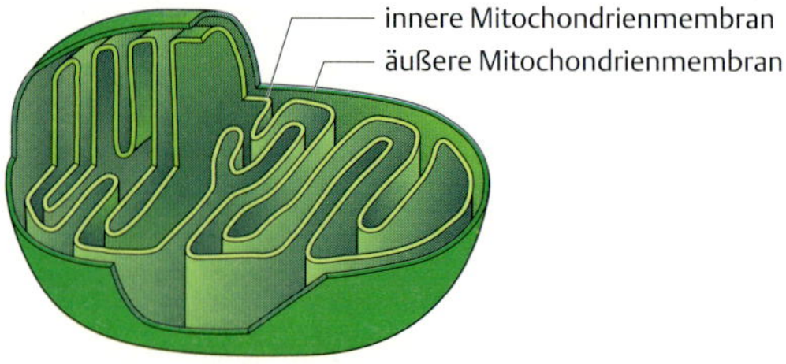

Abb. 1.3 Neben dem Zellkern ist das Mitochondrium die einzigeZellorganelle mit einer doppelschichtigen Wand (Membran), wobei jede Schicht für sich – wie die Zellmembran – aus einer doppelten Phospholipidschicht besteht. An der stark gefältelten inneren Mitochondrienmembran spielt sich die aerobe Glykolyse ab.

Funktion des Mitochondriums

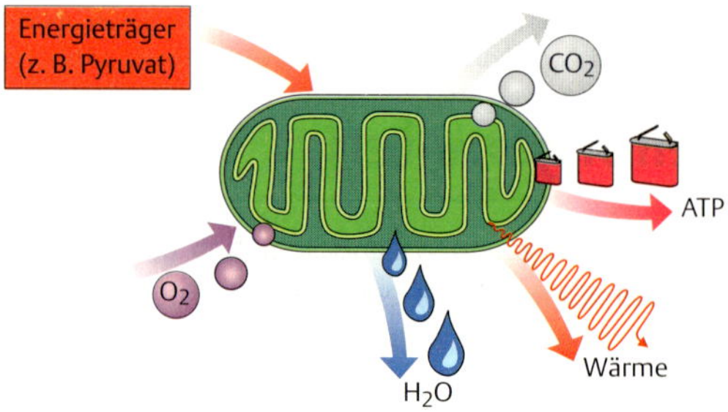

Abb. 1.4 Bei der aeroben Glykolyse entsteht aus Abbauprodukten von Kohlenhydraten, Eiweißen und Fetten unter Verbrauch von Sauerstoff (O_2) Energie. ATP ist ein wiederaufladbarer Energiespeicher und die „Energiewährung" des Stoffwechsels. Außerdem werden Kohlendioxid (CO_2), Wasser (H_2O) und Abwärme frei.

Endoplasmatisches Retikulum

Im Zusammenhang mit der Kernmembran ist schon einmal der Begriff des endoplasmatischen Retikulums (ER) gefallen. Es handelt sich um ein kanalartiges Netzwerk von Röhren und Lagunen innerhalb der Zelle, das von einer einfachen Membran umgeben ist. Der Innenraum (Lumen) des endoplasmatischen Retikulums kann, muss aber nicht mit dem Extrazellulärraum in Verbindung stehen.
Das endoplasmatische Retikulum ist Produktions- und Lagerhalle zugleich. Entlang der Membran des ER sitzen die Ribosomen, die für die Produktion von Eiweißkörpern aus freien Aminosäuren zuständig sind. Die so produzierten Proteine werden ins Lumen des ER abgegeben und können dort weiterverarbeitet werden. Neben diesem *rauen endoplasmatischen Retikulum* („rau" wegen des elektronenmikroskopisch sichtbaren Besatzes mit Ribosomen) gibt es auch ein *glattes endoplasmatisches Retikulum* ohne Ribosomen, in dem z.B. Entgiftungsreaktionen und spezielle Stoffwechselprozesse, etwa bei der Galleproduktion, stattfinden.

Ribosomen

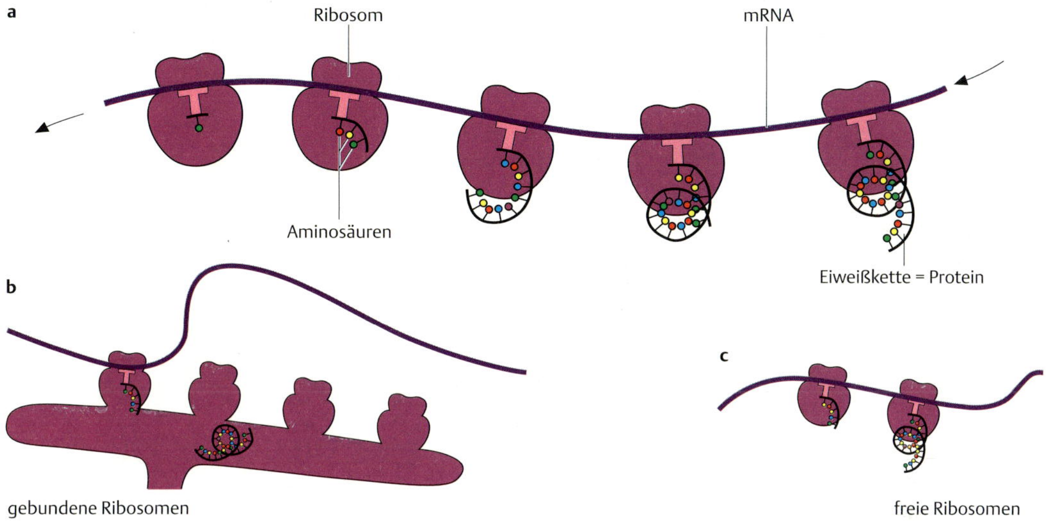

Abb. 1.5a-c Ribosomen übersetzen mRNA in Eiweiß (Translation). Stellen Sie sich vor, der mRNA-Strang in (a) würde sich nach links an den Ribosomen entlangbewegen. Das rechte Ribosom hat schon eine längere Strecke abgelesen als seine linken Nachbarn und also eine längere Eiweißkette produziert.

Außerdem spielt das endoplasmatische Retikulum eine Schlüsselrolle bei der Muskelkontraktion (siehe dort).

In jedem Zellkern befindet sich die gesamte DNA. Der Innenraum des Zellkerns steht mit dem Zytoplasma durch Kernporen in Verbindung. Die Mitochondrien erzeugen auf aerobem Weg aus Stoffwechselprodukten Kohlendioxid und Wasser. Dabei wird Energie in Form von ATP frei. Im endoplasmatischen Retikulum entstehen Eiweißstoffe für Struktur und Funktion der Zelle und für die Abgabe nach außen.

Ribosomen

Die Ribosomen produzieren Eiweiße. In der „Produktionstechnik" des endoplasmatischen Retikulums sind die Ribosomen die eigentlichen Fließbandarbeiter. Sie bestehen aus je zwei Eiweißketten, die derart aneinander gelagert sind, dass sie eine langkettige Boten-Ribonukleinsäure (Boten-RNS bzw. Messenger-RNA oder kurz mRNA) umschließen können, welche die Informationen aus dem Zellkern enthalten ***(Abb. 1.5a)***. Während diese mRNA wie ein Montageband an den Ribosomen vorbeiwandert, lesen diese die Information von der mRNA ab und übersetzen den genetischen Code in eine Abfolge von Aminosäuren, das Protein. ***(Abb. 1.5)***.

Golgi-Apparat

Nachdem die für den „Export" bestimmten Eiweißstoffe im endoplasmatischen Retikulum produziert worden sind, ist der Golgi-Apparat Ort der „Endmontage" und der „Qualitätskontrolle". Beispielsweise werden hier die für die *Glykocalix* charakteristischen Zuckerreste an neu hergestellte Membranproteine angeheftet, die für den Einbau in die Zellmembran bestimmt sind (Glykoproteine).

Aufbau. Im Elektronenmikroskop sieht der Golgi-Apparat in aller Regel wie eine willkürlich zusammengewürfelte Ansammlung von Scheibchen, Bläschen und Röhren aus, die auf engstem Raum zusammengedrängt sind ***(Abb. 1.6)***. Nur manchmal hat der Golgi-Apparat die in fast allen Anatomielehrbüchern abgebildete Form eines Stapels immer kleiner werdender Suppenteller. Wie alle anderen Vesikel sind auch die des Golgi-Apparats nur von einer einzigen Membran umschlossen. Vom Golgi-Apparat schnüren sich ununterbrochen Vesikel mit fertigen Glykoproteinen

Golgi-Apparat

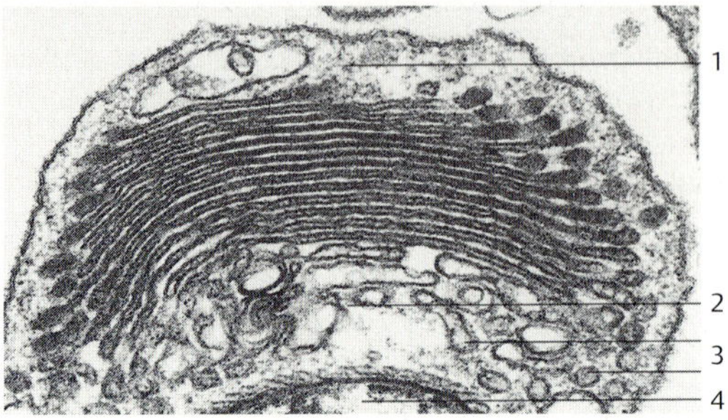

1 konvexe Seite 3 Golgi-Vesikel
2 konkave Seite 4 Kernanschnitt

Abb. 1.6 Auf dieser quer getroffenen elektronenmikroskopischen Aufnahme erkennen Sie den scheibenförmigen Aufbau des Golgi-Apparats. Es handelt sich um eine Spezialform des glatten endoplasmatischen Retikulums, in der für den Export bestimmte Eiweiße vor der Abgabe nach außen chemisch verändert (z. B. mit einem Kohlenhydrat verbunden) werden.

Vesikel

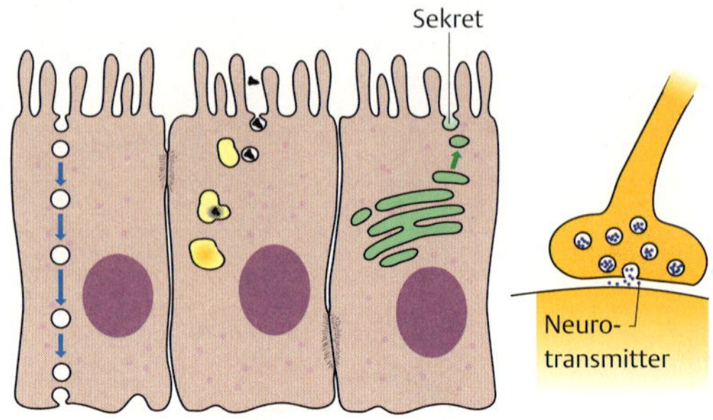

Abb. 1.7 Als „Verpackungsmaterial" erfüllen zytoplasmatische Vesikel verschiedene Aufgaben. Sie isolieren das Zytoplasma vor der Berührung mit aufgenommenen oder für die Abgabe bestimmten Substanzen und schützen ähnlich wie die Magenwand das Zellinnere vor den eigenen Verdauungsenzymen.

ab, die sich in dem – morphologisch leider nur sehr schwer zu erkennenden – Trans-Golgi-Netzwerk (TGN) zur Plasmamembran hinbewegen. Im TGN fällt die letzte und definitive Entscheidung, an welcher Stelle genau die gebildeten Glykoproteine eingebaut werden sollen.

Zytoplasmatische Vesikel

Vesikel sind, wie bereits erwähnt, meist kleine, durch eine eigene Vesikelmembran vom Zytoplasma abgegrenzte Bläschen mit einem typischen Durchmesser von 0,1–1 µm.

Im Leben einer Zelle erfüllen sie die unterschiedlichsten Aufgaben ***(Abb. 1.7)***. Beispielsweise gibt es *Transportvesikel*, in denen große Moleküle von einer Seite der Zelle auf die andere geschafft werden, *Verdauungsvesikel*, die Fremdkörper oder zugrunde gegangene eigene Zellen abbauen können, *Sekretionsvesikel*, in denen bestimmte von der Zelle erzeugte Stoffe, die für den „Export" bestimmt sind, vom Ort ihrer Produktion zur Zellmembran geschafft werden können, sowie *synaptische Vesikel*, die eine große Rolle beider Erregungsübertragung im Nervensystem spielen.

Der Vesikel ist also die universell verwendbare Verpackung der Zelle für alles, was nicht unmittelbar mit dem Zytoplasma in Berührung kommen darf – entweder weil es für die Zelle selbst schädlich ist oder weil es so flüchtig wäre, dass es vom intrazellulären Stoffwechsel zu schnell abgebaut werden würde.

Zytoskelett

Die fädigen Eiweißstoffe des Zytoskeletts bilden einerseits das Tragegerüst, andererseits die Transportwege und Förderbänder. Man unterscheidet:

- die relativ starren Mikrotubuli von den
- beweglichen Mikrofilamenten.

Mikrotubuli

Ganz deutlich sichtbar sind die Mikrotubuli im Elektronenmikroskop immer dann, wenn die Zellmembran längere Ausläufer, wie z. B. Mikrovilli oder Zilien (Geißeln) bildet. In jedem Zellausläufer befindet sich ein Bündel aus Mikrotubuli, die verhindern, dass die sozusagen „flüssige" Zellmembran ihre Ausläufer der Einfachheit halber gleich wieder einschmilzt.

Mikrofilamente

Mikrofilamente können sich gegeneinander unter Energieaufwand (ATP) bewegen. In den langen Nervenfasern sorgen Mikrofilamente beispielsweise dafür, dass die weit vom Zellleib entfernten Nervenendigungen mit Mitochondrien und synaptischen Vesikeln versorgt werden.

Seine eindrucksvollste Leistung vollbringt das Zytoskelett aber zweifellos in der Muskulatur, wo es für die kraftvolle Verkürzung der Muskelfasern sorgt. *Skelettmuskelfasern* bestehen fast ausschließlich aus äußerst regelmäßig angeordneten Einheiten von Zytoskelett, den Sarkomeren (S. 80f).
Letztendlich spielen Mikrofilamente auch bei der Kern- und Zellteilung eine ganz entscheidende Rolle. Sie ziehen als *Spindelapparat* die Chromosomen in die richtige Lage und sorgen für die korrekte Aufteilung des genetischen Materials auf die Tochterzellen.

Ribosomen erzeugen nach dem Bauplan der mRNA Proteine. Sie kommen sowohl frei im Zytoplasma als auch in der Membran des endoplasmatischen Retikulums vor. Nach der Proteinsynthese im endoplasmatischen Retikulum bringen Transportvesikel die Eiweißstoffe zur weiteren Verarbeitung in den Golgi-Apparat. Vesikel dienen außerdem der Verdauung von Fremdeiweißen und der Sekretion von Substanzen nach außen. Bei der Bewegung von Vesikeln im Zellinnenraum dienen Mikrofilamente als Leitschienen.

1.2 Zellzyklus und Zellteilung

Zellzyklus

Jede lebende Zelle besitzt prinzipiell die Fähigkeit, sich zu teilen, auch wenn in manchen Zelltypen (z.B. vielen Nervenzellen, weibliche Eizellen) nach der Kindheit keine weiteren Zellteilungen mehr stattfinden. Das „individuelle Leben" einer Zelle, also die Periode von einer identischen Zellteilung *(Mitose)* bis zur nächsten, heißt Zellzyklus ***(Abb. 1.8)***.

Zellzyklus

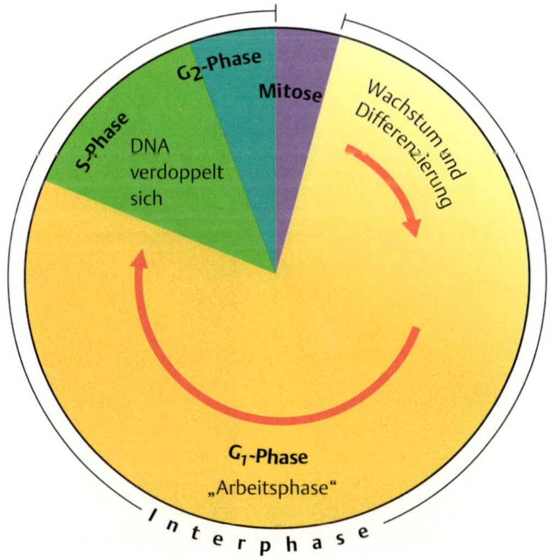

Abb. 1.8 Nach der Zellteilung (Mitose) und einer kurzen Wachstumsphase bleibt eine Gewebezelle meistens Monate bis Jahre unverändert (G_1-Phase). Erst kurz vor der erneuten Zellteilung verdoppelt sich die DNA (S-Phase). Die nur halbstündige G_2-Phase bereitet die Zelle dann auf die neue Mitose vor.

G_1-Phase

Der Zellzyklus beginnt mit der so genannten G_1-Phase. Die Tochterzellen sind in diesem Stadium relativ klein und arm an Zytoplasma. Außerdem sind alle Zellen, die frisch aus einer Mitose hervorgegangen sind, weitgehend undifferenziert, d.h., sie haben noch nicht alle für die erwachsenen Zellen dieses Gewebes charakteristischen Eigenschaften. Um diese speziellen Eigenschaften zu erlangen (z.B. Erregbarkeit bei Nervenzellen), muss die Zelle während der G_1-Phase zunächst ihre zelleigenen Eiweißstoffe herstellen. Nach Abschluss dieser Wachstumsphase differenziert die Zelle aus und befindet sich nun in einem Funktionszustand, der unter Umständen jahrelang erhalten bleibt.
Der eben beschriebene Ablauf ist für langsam oder gar nicht wachsende Gewebe mit hoher Spezialisierung typisch. Mechanisch oder durch den Stoffwechsel stark belastete Gewebe (z.B. Darmepithel und weiße Blutkörperchen) verbleiben hingegen nur eine sehr kurze Zeit (Stunden oder gar nur Minuten) in der G_1-Phase, bevor sie entweder zugrunde gehen oder sich auf eine weitere Teilung vorbereiten.

S-Phase

Der Vorbereitung auf die nächste Teilung dient die S-Phase (S wie Synthese). Während der S-Phase verdoppelt sich die DNA, so dass nach der Teilung jede Tochterzelle einen vollständigen Satz der genetischen Information erhält. Die S-Phase dauert beim Menschen typischerweise 6–8 Stunden und findet vorwiegend nachts statt, wenn die Aktivität der meisten Gewebe herabgesetzt ist. Die Zelle nimmt sich nun die Zeit, sich nach getaner Arbeit der Fortpflanzung zu widmen.

G_2-Phase

Nach Abschluss der S-Phase tritt die sich teilende Zelle in eine kurze Ruhephase (G_2-Phase) von ca. 30 Minuten ein, bevor die eigentliche Kern- und Zellteilung, die Mitose, beginnt. G_1-, S- und G_2-Phase werden oftmals der Mitose gegenübergestellt und dann summarisch als *Interphase* bezeichnet.

Eiweiß und Proteinbiosynthese

Das Trockengewicht einer Zelle besteht zum überwiegenden Teil (mehr als 90%) aus Eiweiß und den Nukleinsäuren DNA und RNA. Eiweißmoleküle (*Proteine*) bilden als Strukturproteine das Zytoskelett und bestimmen damit die äußere Form der Zelle. Darüber hinaus haben Eiweißmoleküle überragende Bedeutung als Enzyme und Transportproteine. Man nennt sie dann Funktionsproteine.

Aufbau eines Eiweißmoleküls

Primärstruktur. Ein Eiweißmolekül besteht im einfachsten Fall aus einer einzigen langen Kette mehrerer hundert aneinander gelagerter *Aminosäuren*. Von der Vielzahl der im Tier- und vor allem im Pflanzenreich vorkommenden Aminosäuren werden nur 20 in menschliche Proteine eingebaut. Diese Aminosäuren liegen perlschnurartig aufgereiht in einer ganz bestimmten Anordnung vor, es gibt also weder Verzweigungen noch Schleifen. Die Art der Anordnung der Aminosäuren in einem Eiweißmolekül, ihre Reihenfolge, nennt man *Primärstruktur* ***(Abb. 1.9)***.

Sekundärstruktur. Nun besitzt die Aminosäuren-Kette, ähnlich wie einein die Länge gezogene Stahlfeder, eine gewisse Eigenspannung. In einer wässrigen Lösung, z. B. im Zytoplasma, schnurrt die Kette zusammen und bildet mehr oder weniger stark spiralisierte Bezirke, die Sekundärstruktur des Proteins. Diese Spiralen können sich noch weiter zur Tertiärstruktur verknäueln.

Tertiärstruktur. Sie ergibt eine kompakte dreidimensionale Struktur, häufig eine Kugelform. Die Anordnung der Aminosäuren bestimmt dabei weitgehend

Aufbau eines Eiweißmoleküles

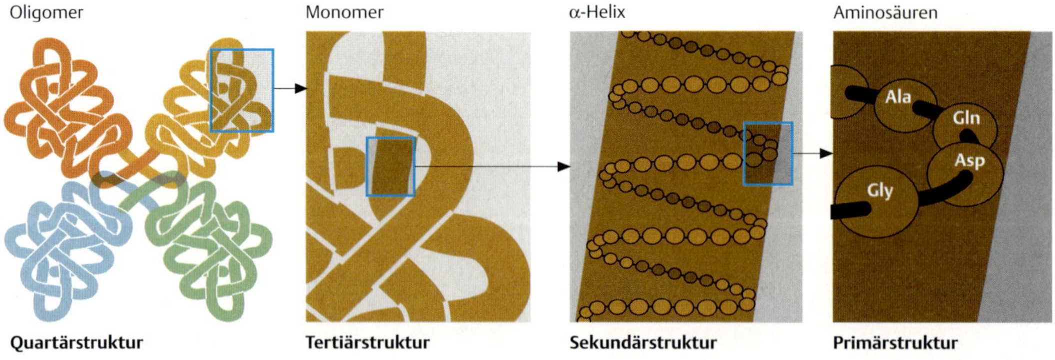

Abb. 1.9 Die meisten Eiweiße bestehen aus mehreren großen Elementen, die sich wie Bausteine einander anlagern (Quartärstruktur).- Jede einzelne Kette ist ein Knäuel aus röhrenartigen Strukturen, wobei die Art, in der diese aufgeknäuelt sind (Tertiärstruktur), über die Funktion des Eiweißmoleküls entscheidet. Die meisten Anteile des Knäuels bestehen aus sehr regelmäßigenSpiralen (α-Helix) oder Zickzackmustern (β-Faltblatt), der Sekundärstruktur. Die Reihenfolge der Aminosäuren im Protein nennt man die Primärstruktur.

schon über das Aussehen der Tertiärstruktur, ähnlich wie die Anordnung der Buchstaben eines Textes dessen Inhalt bestimmt.

Quartärstruktur. Mitunter lagern sich mehrere eigenständige Aminosäuren-Ketten, sog. Monomere, zu einem komplexen „Supereiweiß", einem Polymer (bei 2 Monomeren: „Dimer", bei 3: „Trimer", bei einigen wenigen: „Oligomer"), zusammen. Man spricht dann von der Quartärstruktur eines Proteins.

Translation

Die Primärstruktur jedes Proteins wird durch den genetischen Code exakt festgelegt und vererbt. Wenn die Zelle in der G_1-Phase ein ganz bestimmtes Protein benötigt, dann produziert der Zellkern zunächst eine mRNA, welche genau die Information für die Primärstruktur dieses Proteins enthält. DiesemRNA verlässt den Kern durch die Kernporen und wird von den Ribosomen abgelesen, die aus dieser Matrize das fertige Eiweißmolekül erzeugen ***(Abb. 1.10)***.
Die *mRNA* ist ein langkettiges Molekül. Es besteht aus einer einzigen unverzweigten Kette aus Zuckermolekülen (Ribose) und Phosphorsäureresten (Phosphat), an die sich jeweils – wie Sprossen einer Leiter – Basen anlagern. In einer mRNA kommen insgesamt nur vier Basen vor:

- Adenin (A),
- Uracil (U),
- Guanin (G) und
- Cytosin (C).

Die Reihenfolge dieser Basen auf dem RNA-Strang trägt die Information für die Primärstruktur eines ganz bestimmten Proteins; jeweils drei aufeinander folgende Basen (ein Triplett bzw. Codon) entsprechen jeweils einer ganz bestimmten Aminosäure. Da sich aus einem Triplett von insgesamt 4 verschiedenen Basen genau 64 Kombinationen bilden lassen ($4 \times 4 \times 4$), es aber nur 20 eiweißbildende Aminosäuren gibt, kodieren meistens mehrere verschiedene Tripletts für ein und dieselbe Aminosäure. Man spricht von der Redundanz des genetischen Codes.

Starter- und Stop-Codon. Jede mRNA besitzt einen Anfang (das sog. 5'-Ende) und einen Schluss (das sog. 3'-Ende). Am Anfang jeder mRNA befindet sich ein Starter-Codon, das dem Ribosom die Stelle anzeigt, von der ab es die mRNA ablesen soll. Entsprechend bezeichnet ein Stop-Codon die Stelle auf der mRNA,

Translation

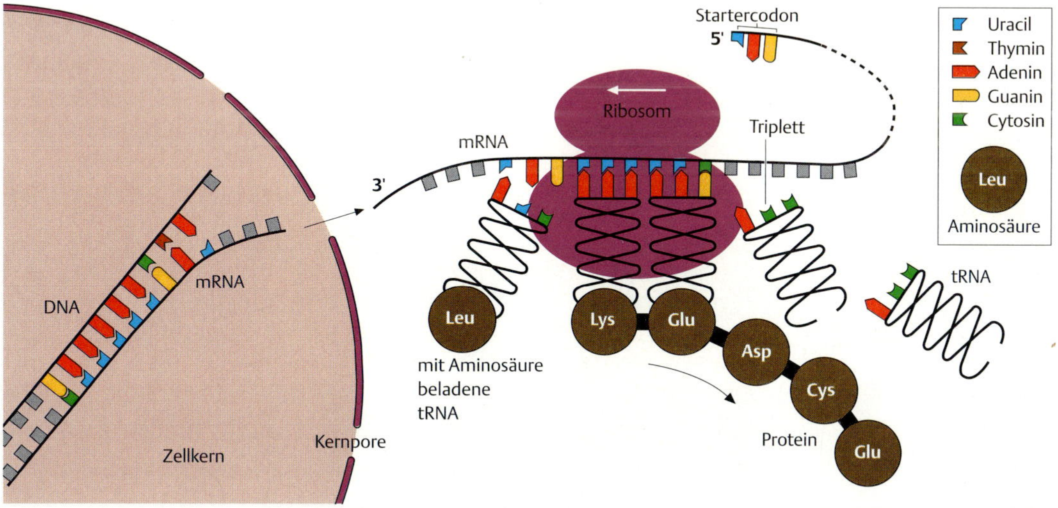

Abb. 1.10 Während ein Ribosom vom 5'- zum 3'-Ende der mRNA entlangwandert, übersetzt es je 3 Basen in eine Aminosäure. Beachten Sie, dass sich, nachdem sich zwei Aminosäuren gegenseitig gebunden haben, die tRNA von der Aminosäure abspaltet. Sie wird anschließend durch separate Enzyme mit einem neuen Molekül derselben Aminosäure beladen.

an der die Ablesung aufzuhören hat. Das Ribosom wandert vom Start- zum Stop-Codon und übersetzt so nach und nach jedes Codon in eine Aminosäure. Die einzelnen Aminosäuren hängen dabei an kurzen RNA-Strängen, der sog. tRNA (Transfer-RNA), die aufgrund ihrer eigenen Basensequenz genau das betreffende Codon erkennen können. Mit zunehmender Länge ragt die wachsende Aminosäurekette ins endoplasmatische Retikulum („Exporteiweiße") oder ins Zytoplasma („Binnenmarkteiweiße") hinein.

Der gesamte Vorgang des „Übersetzens" der mRNA in ein Protein wird als Translation bezeichnet. Nach der identischen Zellteilung (Mitose) befindet sich die Zelle lange Zeit in der G1-Phase. Dies ist die eigentliche Funktionsphase der Zelle, in der sie ihre spezifischen Aufgaben im Organismus erfüllt, beispielsweise die Translation und Proteinbiosynthese. Eine Dreiergruppe innerhalb der mRNA istder Code für eine Aminosäure im entsprechenden Protein. Proteine bestehen aus langen Ketten von Aminosäuren, die sich meist mehrfach spiralisieren.

Transkription und DNA-Replikation

Auf den vorhergehenden Seiten wurde der Weg von der mRNA zum Protein dargestellt. Wie entsteht nun aber die Messenger-RNA selbst?

Chromosomen und DNA

Cromosomen. Das genetische Gedächtnis sind die 46 Chromosomen des Menschen. Jedes Chromosom besteht im Wesentlichen aus einem extrem langen DNA-Strang. Diese Stränge wären in gestrecktem Zustand mehrere Zentimeter lang und damit sicherlich zu unhandlich für eine einzelne Zelle. Aufgrund der vielfältigen Verknäuelung gelingt es jedoch, alle 46 DNA-Stränge in einem einzigen Zellkern unterzubringen ***(Abb. 1.11)***. Aufgrund seiner Form und chemischen Eigenschaften kann man jedes Chromosom identifizieren und mögliche Abweichungen von der Norm feststellen ***(Abb. 1.12)***.

Aufbau der DNA

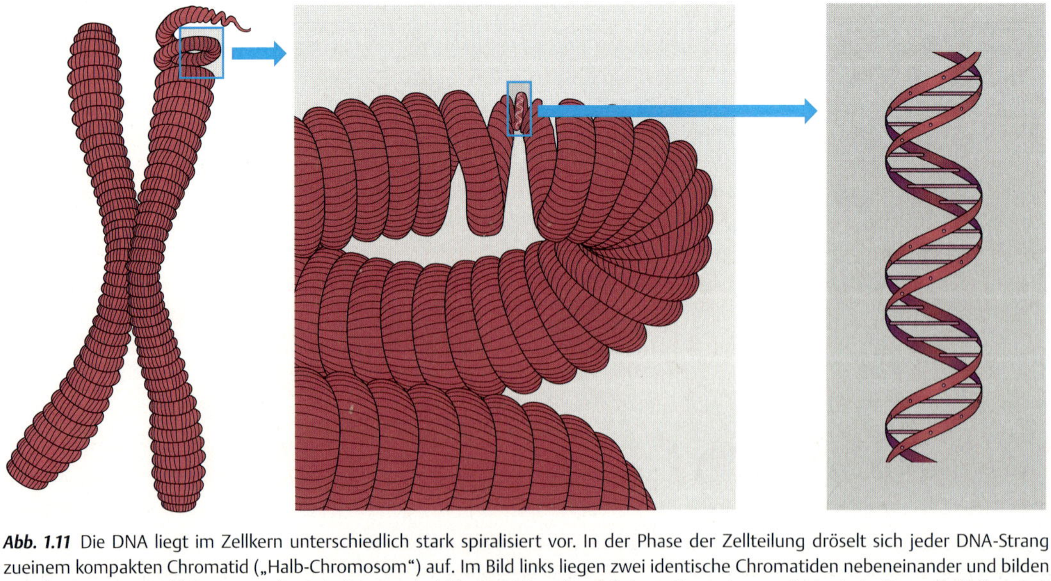

Abb. 1.11 Die DNA liegt im Zellkern unterschiedlich stark spiralisiert vor. In der Phase der Zellteilung dröselt sich jeder DNA-Strang zueinem kompakten Chromatid („Halb-Chromosom") auf. Im Bild links liegen zwei identische Chromatiden nebeneinander und bilden ein Chromosom. Unabhängig von der Spiralisierung behält die DNA auf molekularer Ebene immer die typische Doppelhelixform bei.

Karyogramm des Menschen

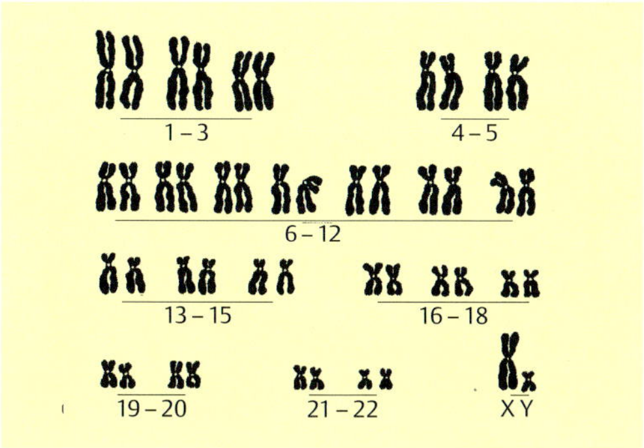

Abb. 1.12 Von den 46 Chromosomen sind je zwei einander ähnlich (homolog). Vor der Mitose hat sich in der S-Phase die DNA verdoppelt, so dass jedes Chromosom aus zwei vollkommen identischen Chromatiden besteht, die an einem Punkt (Zentromer) zusammenhängen. Dieses Karyogramm zeigt ein X- und ein Y-Chromosom; es handelt sich also um einen männlichen Karyotyp.

Transkription

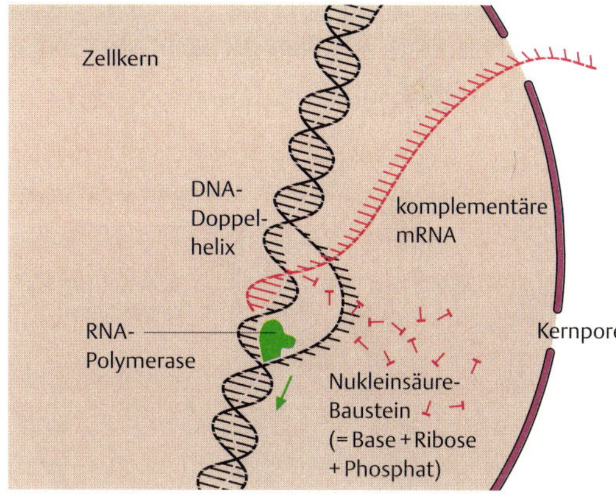

Abb. 1.13 Bei der Herstellung einer bestimmten mRNA (Transkription) als „Abklatsch" eines Stücks DNA bricht das Enzym RNA-Polymerase über einen kleinen Bereich hinweg die Doppelhelix auf. Nur einer der beiden Stränge wird abgelesen. Aus einem bestimmten DNA-Abschnitt (Gen) entsteht ein mRNA-Strang, der in ein bestimmtes Eiweißmolekül übersetzt wird.

Die DNA ist sehr ähnlich aufgebaut wie die mRNA; sie besteht aus einem unverzweigten Strang aus Zuckermolekülen – in diesem Fall dem Zucker Desoxyribose statt Ribose – und Phosphat, an den sich ebenfalls vier verschiedene Basen anlagern:

- Adenin (A),
- Thymin (T) (anstelle von Uracil),
- Guanin (G) und
- Cytosin (C).

Im Unterschied zur mRNA liegen jedoch jeweils zwei DNA-Stränge in enger Nachbarschaft; die Basen beider Stränge schauen zueinander und verbinden sich wie die Zähne eines Reißverschlusses. Dabei liegt immer einem Adenin ein Thymin und einem Guanin ein Cytosin gegenüber. Beide Stränge verhalten sich also komplementär zueinander wie Positiv und Negativ und winden sich als Doppelhelix um eine gemeinsame Achse.

Transkription

Jedes Chromosom enthält die Information für viele verschiedene Eiweiße. Der Beginn einer für ein Protein oder eine Gruppe von Proteinen kodierenden DNA-Strecke wird durch eine ganz bestimmte Abfolge der Basenpaare gekennzeichnet, den sog. *Promotor.* Benötigt die Zelle beispielsweise neue Glucose-Carrier-Moleküle, dann bindet sich ein Enzym (die *RNA-Polymerase*) an den Promotor der entsprechenden DNA-Stelle und öffnet reißverschlussartig den DNA-Doppelstrang (DNA-Doppelhelix), so dass Positiv und Negativ getrennt sind ***(Abb. 1.13)***. Das Enzym bildet jetzt eine sog. *komplementäre mRNA*, d.h. zu jeder Base der geöffneten DNA wird die entsprechende Base der mRNA gebildet (Uracil zu Adenin, Adenin zu Thymin, Cytosin zu Guanin und Guanin zu Cytosin).

Die RNA-Polymerase bewegt sich ähnlich wie das Ribosom entlang der DNA und öffnet immer weitere DNA-Bereiche, bis schließlich die fertige mRNA entstanden ist.

Der Vorgang der Übersetzung eines DNA-Abschnitts in den komplementären mRNA-Strang heißt Transkription.

DNA-Replikation

Vor jeder Zellteilung – in der S-Phase – wird das genetische Material verdoppelt, um anschließend gleichmäßig an beide Tochterzellen verteilt zu werden. Jede der beiden Tochterzellen erhält exakt denselben Code. Die DNA-Verdoppelung *(Replikation)* läuft prinzipiell ähnlich wie die Transkription ab.

Replikation

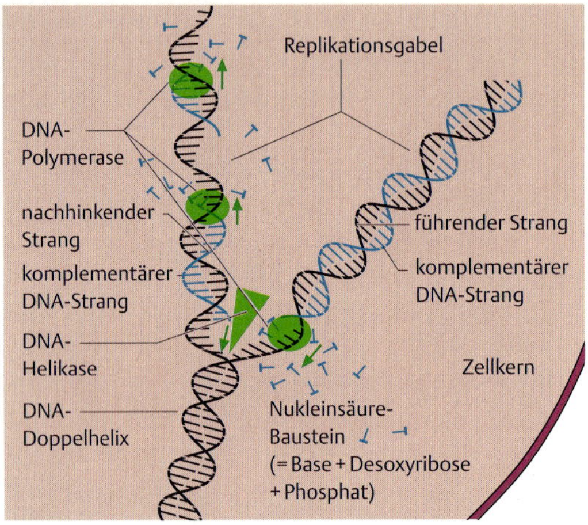

Abb. 1.14 Die Replikation ist komplizierter als die Translation, weil sich beide DNA-Stränge verdoppeln müssen. Das Enzym Helikase trennt wie ein Reißverschluss beide Stränge voneinander, während die DNA-Polymerase den jeweils fehlenden (komplementären) Strang ergänzt. Da die DNA-Polymerase nur in einer Richtung arbeitet, muss einer der DNA-Stränge stückchenweise von hinten nach vorne zusammengesetzt werden.

Auch hier wird durch spezielle Enzyme die doppelsträngige DNA in Einzelstränge geteilt und ein neuer – komplementärer – Strang synthetisiert ***(Abb. 1.14)***. Es gibt zwei Unterschiede zwischen DNA-Replikation und Transkription:

- Zu jedem Einzelstrang wird ein komplementärer DNA-Strang erzeugt, während bei der Transkription nur einer der beiden DNA-Stränge kopiert wird.
- Die DNA-Verdoppelung kopiert wesentlich längere Strecken der DNA in einem Arbeitsgang als die Transkription, was auch der Grund für die relativ lange Dauer der S-Phase ist.

Bei der Replikation wird die DNA identisch verdoppelt, es entsteht zu jedem DNA-Doppelstrang eine absolut identische Kopie. Original und Kopie spiralisieren sich zu jeweils einem Chromosom. Jeder der beiden Doppelstränge besteht nach beendeter Replikation aus je einem „originalen" und einem neu synthetisierten Einzelstrang.

Ablesefehler

Die DNA-Replikation ist für die Zelle jedesmal ein riskanter Vorgang, da stets die Gefahr eines Ablesefehlers besteht. Wenn lediglich eine Base durch eine andere ersetzt wird (*Punktmutation*), dann kann der Fehler folgenlos bleiben. Fehlt jedoch in der Kopie eine Base oder kommt irrtümlicherweise eine neue hinzu, dann stimmt der *Ableserahmen* (Reading frame) bei der Translation nicht mehr: Das Ribosom kommt aus dem Takt und übersetzt sämtliche Codons „stromabwärts" des Fehlers in falsche Aminosäuren. Das so erzeugte Eiweiß kann dann natürlich seine Aufgaben im Organismus nicht mehr erfüllen. Tag für Tag sind wir einer Vielzahl von Einflüssen ausgesetzt, welche die Mutationshäufigkeit erhöhen (UV- und radioaktive Strahlen, krebserregende Substanzen usw.). Wir verdanken es einer gut organisierten Truppe von *Reparaturenzymen*, dass bei nur einer von 100 000 bis 1 Million einzelnen Basenpaarungen ein Fehler passiert.

In der S-Phase des Zellzyklus verdoppelt sich die DNA (Replikation). Zu jedem Einzelstrang der DNA-Doppelhelix entsteht ein komplementärer Strang. Im Gegensatz dazu wird bei der Transkription nur ein Strang abgelesen. Die Transkription erzeugt im Gegensatz zur Replikation einen kurzen Einzelstrang von mRNA.

Mitose

Menschliche Zellen haben prinzipiell die Fähigkeit, sich auf zweierlei Weise zu teilen:

- die Mitose und
- die Meiose.

Bei der *Mitose* verteilt sich das Erbgut in identischer Weise auf die Tochterzellen, während die *Meiose* für eine Neukombination genetischer Anlagen sorgt (s.u.). Die überwiegende Mehrzahl aller Zellteilungen findet auf dem Weg der Mitose statt; nur die Zellen der sog. Keimbahn, also die Eizellen und die Spermatozyten, teilen sich meiotisch. Die identische Zellteilung ermöglicht das Wachstum, die Regeneration überalterter oder geschädigter Zellen, die zelluläre Abwehr von Infektionen, die Wundheilung und vieles mehr. Jede Sekunde zerfallen beispielsweise 2,5 Millionen rote Blutkörperchen, die vom Knochenmark laufend mit derselben Geschwindigkeit ersetzt werden müssen. Entsprechend groß ist das Ausmaß der Teilungsaktivität der blutbildenden Gewebe.

Stadien der Mitose

Die Mitose ***(Abb. 1.15 a–f)*** teilt man klassischerweise in vier verschiedene Stadien ein, zwischen denen allerdings fließende Übergänge bestehen. Stellen Sie sich daher die Stadien eher als Momentaufnahmen eines kontinuierlichen Vorgangs denn als klar abgrenzbare Stufen vor. Die vier Stadien der Mitose heißen:

- Prophase,
- Metaphase,
- Anaphase und
- Telophase.

Prophase

In der Prophase laufen die letzten Vorbereitungen zur eigentlichen Teilung. Insbesondere spiralisieren sich in dieser Phase die DNA-Fäden zu kurzen, aber dicken Chromatiden – man spricht auch von „*Kondensation*". Aus jedem DNA-Doppelstrang wird ein Chromatid. Da sich die DNA zuvor in der S-Phase identisch verdoppelt hat, liegen nach der Spiralisierung je zwei identische Chromatiden nebeneinander. Es bilden sich somit *46 Chromatidenpaare*, die

Mitose

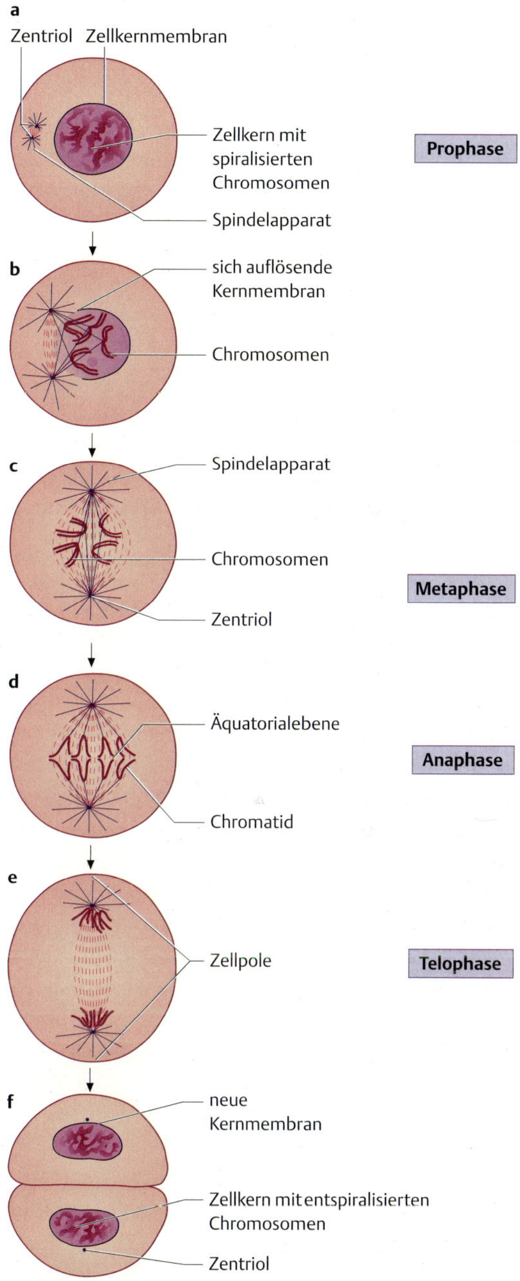

Abb. 1.15a-f Durch die Mitose entstehen zwei Tochterzellen mit genau identischem DNA-Material. In der Prophase (**a**) spiralisieren sich die DNA-Stränge. Die Chromosomen liegen in der Metaphase (**b**, **c**) genau in einer Ebene, so dass die Zytoskelettfasern des Spindelapparats sie in der Anaphase (**d**) ohne Kollision voneinander trennen können. Die anschließende Telophase (**e**) bereitet die eigentliche Teilung der Zelle (**f**) vor.

Chromosomen. Die Anheftungsstelle der beiden Chromatiden eines Chromosoms heißt *Zentromer.*
Neben der Spiralisierung der Chromatiden ist die Prophase durch weitere tiefgreifende Veränderungen in der Biochemie und Anatomie der Zelle gekennzeichnet: Während der Prophase *stagniert die Proteinbiosynthese.* Das Zentriol – eine Region aus besonders dicht liegenden Zytoskelettfilamenten – teilt sich und fängt an, den Spindelapparat auszubilden. Die Kernmembran ist in der Prophase allerdings noch vorhanden. Mit einer Gesamtdauer von 30 Minuten bis maximal 4 Stunden ist die Prophase der längste Abschnitt der Mitose.

In der Prophase spiralisiert sich die verdoppelte DNA zu 46 Chromosomen mit je zwei Chromatiden. 23 Chromosomen sind vom Vater ererbt, die anderen 23 Chromosomen von der Mutter.

Metaphase

Mit dem Auflösen der Kernmembran tritt die Zelle indie zweite Phase der Mitose, die Metaphase, ein. Die Zentriolen wandern an entgegengesetzte Pole der Zelle. Zwischen den Polen befindet sich die sog. *Äquatorialebene* (Äquatorialplatte). Die Chromosomen, die nunmehr frei im Zytoplasma vorliegen, ordnen sich mit ihrem Zentromer in dieser Äquatorialebene an und sind dort als charakteristische „Mitosefigur" auch im einfachen histologischen Gewebsschnitt recht gut zu erkennen.
Ausgehend von den Zentriolen bildet sich nun der eigentliche *Spindelapparat* – Zytoskelettfilamente, die radiär (strahlenförmig) von beiden Zellpolen zu den Zentromeren der Chromosomen führen. Zum Spindelapparat gehören auch dickere Filamente, die von einem Zentriol zum anderen führen und als Gerüst für das spätere aktive Trennen der Chromatiden dienen.

In der Metaphase sammeln sich alle Chromosomen in einer Ebene.

Anaphase

Nachdem sich alle Chromosomen in der Äquatorialplatte angeordnet haben, tritt die Zelle in die dritte Phase ein, die Anaphase: Sie zeichnet sich dadurch aus, dass sich die *Chromatiden voneinander trennen.* Die Zentromere teilen sich und geben die Chromatiden frei. Durch Zug der beweglichen Spindelapparatsfilamente bewegen sich die zwei Chromatiden jedes Chromosoms in Richtung auf die entgegengesetzten Zellpole. Die dicken Filamente des Spindelapparats stützen dabei die Zentriolen gegenseitig ab. Gleichzeitig mit den Chromosomen verteilen sich auch die Zellorganellen einigermaßen gleichmäßig auf beide Zellpole, so dass in der Äquatorialebene ein Raum relativ dünnflüssigen Zytoplasmas entsteht.
Trotz der erheblichen Bewegung, durch die sich die Anaphase auszeichnet, ist sie mit einer Dauer von einer bis maximal 30 Minuten ein kurzes Durchgangsstadium der Zellteilung.

In der Anaphase ziehen die Filamente des Spindelapparats die Chromatiden in entgegengesetzter Richtung auseinander.

Telophase

Den Abschluss der Mitose bildet die Telophase. Das *Zytoplasma schnürt sich in der Äquatorialebene ein,* bis nur noch eine feine Brücke die Tochterzellen miteinander verbindet. Diese Brücke wird schließlich in einem der Exo- bzw. Endozytose analogen Vorgang abgebrochen. Gleichzeitig bildet sich eine *neue Kernmembran* um die Chromatiden jeder Tochterzelle aus. Die Chromatiden entspiralisieren sich und werden daher für das Mikroskop wieder unsichtbar. Die Proteinbiosynthese läuft an und die G_1-Phase beginnt.

In der Telophase bilden sich zwei neue Kernmembranen und das Zytoplasma mit den Organellen verteilt sich gleichmäßig auf beide Tochterzellen.

Meiose

Während bei der Mitose das genetische Material in der Regel vollständig erhalten bleibt, durchmischen sich die von mütterlicher und väterlicher Seite geerbten DNA-Stränge während der Reifeteilung der Keimzellen, der Meiose. Die Meiose ***(Abb. 1.16)*** findet – mit wechselnder Häufigkeit – im Hoden und im Eierstock statt, bereitet also die Vereinigung von Ei- und Samenzellen vor. Sie besteht aus zwei getrennten Episoden:

- der ersten Reifeteilung (Meiose I) und
- der zweiten Reifeteilung (Meiose II).

Man bezeichnet die Meiose auch als *Reduktionsteilung*, weil sie das genetische Material in den Keimzellen halbiert. Fände diese Halbierung nicht statt, dann würde sich mit jeder Generation die Anzahl der Chromatiden verdoppeln und der Zellkern sehr schnell zu schwer werden.

Besonderheiten der 1. Reifeteilung

Die erste Reifeteilung unterscheidet sich von einer einfachen Mitose in ihrer Pro- und Metaphase.

Prophase I

In der Prophase spiralisieren sich zwar ebenfalls die aus je zwei Chromatiden bestehenden Chromosomen, allerdings lagern sich jetzt zusätzlich die *homologen Chromosomen* zusammen.

„Homolog" heißen diejenigen Chromosomen, die eine übereinstimmende Information tragen. Beispielsweise sind das von der Mutter vererbte Chromosom Nr. 18 und das väterliche Chromosom Nr. 18 homolog zueinander. Es entstehen also Strangbündel aus jeweils vier DNA-Ketten bzw. Chromatiden, sog.-Tetraden, die zu zwei Chromosomen gehören. Die enge Nachbarschaft der DNA-Ketten begünstigt den Austausch von DNA-Fragmenten zwischen zwei Chromatiden unterschiedlicher Chromosomen, die *Rekombination der Gene*. Der DNA-Austausch ist für die Zelle eine höchst riskante Angelegenheit, müssen doch je zwei DNA-Ketten an derselben Stelle getrennt, ausgetauscht und wieder zusammengeschweißt werden. Die Rekombination ist deshalb nur dann mit ausreichender Sicherheit möglich, wenn sich die Chromatiden vorher überkreuzt haben

Meiose

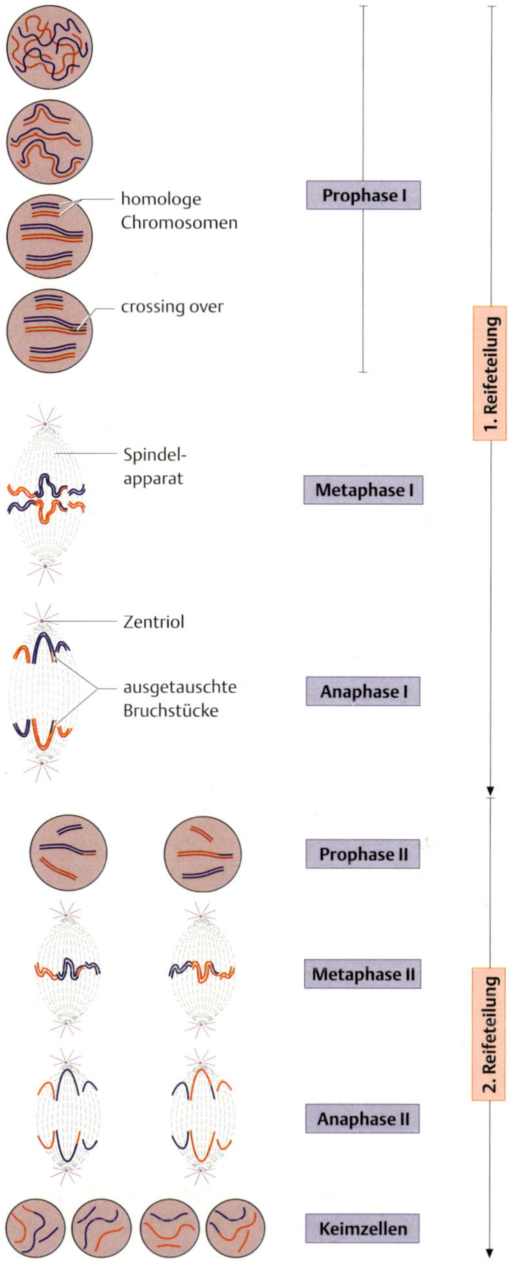

Abb. 1.16 In der Meiose entstehen aus einer Zelle 4 Tochterzellen mit jeweils dem einfachen (haploiden) Satz an Chromosomen, also 23 Stück. Das Wesentliche an der ersten Reifeteilung ist, dass sich die zueinander homologen Chromosomen zufällig auf die Tochterzellen verteilen. Außerdem tauschen sich in der Prophase, während die homologen Chromosomen eng beieinander liegen, Stücke zwischen den Chromatiden aus. Die zweite Reifeteilung ist dann kaum mehr als eine normale Mitose.

(„Crossing over") und damit die einander entsprechenden Stellen unterschiedlicher Chromatiden in enge räumliche Nachbarschaft zueinander kommen.

Metaphase I

Auf den ersten Blick sieht die Metaphase der ersten Reifeteilung nicht viel anders als die der Mitose aus: Die Chromosomen sammeln sich in der Äquatorialebene; ausgehend von den Zentriolen bildet sich ein Spindelapparat, der die Chromatiden an den Zentromeren fasst und zu den unterschiedlichen Zellpolen zieht.

Der wichtige Unterschied ist aber, dass sich bei der Meiose das Zentromer nicht teilt und an den Spindelfäden beider Zellpole somit nicht je 46 Chromatiden, sondern je 23 – jeweils homologe – Chromosomen hängen.

Damit erhalten die Tochterzellen nicht dieselbe Erbinformation wie die Mutterzelle, sondern ein buntes Mischmasch aus väterlichen und mütterlichen Chromosomen, die durch Crossing over und Rekombination zusätzlich verändert worden sind. Jede Tochterzelle hat zwar nur noch den *einfachen (haploiden) Chromosomensatz aus 23 Chromosomen*, aber jedes Chromosom besteht nach wie vor aus zwei DNA-Doppelsträngen (Chromatiden). Die DNA-Menge entspricht damit der von normalen Körperzellen.

Weil das männliche Genom anders als das weibliche ein „ungleiches Paar" von Chromosomen – nämlich X und Y – besitzt, erhält jedes Spermium entweder ein X- oder ein Y-Chromosom mit auf den Weg. Nach der Verschmelzung mit dem stets ein X-Chromosom enthaltenden weiblichen Vorkern während der Befruchtung (S. 419) können also zwei verschiedene Chromosomensätze entstehen. Dadurch bestimmt sich das *Geschlecht* des von diesem Spermium abstammenden Nachwuchses (XX: Mädchen, XY: Junge).

In der ersten Reifeteilung tauschen homologe Chromosomen Teile ihrer DNA aus. Der Chromosomensatz halbiert sich, wobei die beiden Tochterzellen jedoch nicht die gleiche Erbinformation enthalten.

Besonderheiten der 2. Reifeteilung

Die zweite Reifeteilung dient dazu, die beiden Chromatiden der 23 Chromosomen gleichmäßig auf die beiden Tochterzellen aufzuteilen. Hierdurch halbiert sich auch die DNA-Menge im Vergleich zu gewöhnlichen Körperzellen. Von Seiten ihres Ablaufs ist die zweite Reifeteilung nichts anderes als eine einfache Mitose, allerdings in einer Zelle, die statt 46 (diploid) nur 23 Chromosomen (haploid) enthält. In der Äquatorialebene sammeln sich also nur 23 Chromosomen, die sich auf je 23 Chromatiden der Tochterzellen verteilen.

Die zweite Reifeteilung ist eine einfache Mitose, allerdings mit dem Unterschied, dass nicht mehr 46 (diploider Chromosomensatz), sondern nur mehr 23 Chromosomen (haploider Chromosomensatz) vorliegen. Jede Keimzelle besitzt also die halbe DNA-Menge einer normalen Körperzelle.

1.3 Grundgewebearten

Obwohl jede Körperzelle prinzipiell gleich aufgebaut ist, also jeweils einen Zellkern, mehrere Mitochondrien, ein endoplasmatisches Retikulum usw. enthält, unterscheiden sich eine Zelle im Gehirn und eine Hautzelle ganz grundsätzlich voneinander. Um etwas Ordnung in die Fülle der unterschiedlichen Zelltypen zu bringen, wurde der Begriff „Gewebe" eingeführt. Ein Gewebe ist dabei ein Verband weitgehend gleichartiger Zellen, die ähnliche Funktionen erfüllen.

Man hat sich geeinigt, vier Grundgewebearten zu unterscheiden:

1. Epithelgewebe
2. Binde- und Stützgewebe
3. Muskelgewebe und
4. Nervengewebe.

Die einzelnen Gewebearten werde ich im Rahmen der speziellen Kapitel eingehender besprechend, also das Epithelgewebe beim Kapitel Haut, das Binde- und Stützgewebe sowie das Muskelgewebe beim

Kapitel Bewegungsapparat, und das Nervengewebe beim Kapitel Nervensytem. Hier vorab aber eine kleine (nicht vollständige) Zusammenstellung der Eigenschaften der Grundgewebearten (**Tab. 1.1**).

Tab. 1.1 Eigenschaften der Grundgewebearten

			Schutz vor Umwelteinflüssen	Transport von Substanzen	Elektrische Erregbarkeit	Kontraktilität (mechanische Arbeit)	Stabilisierung des Körpers	Immunabwehr und Stoffwechsel
Epithelgewebe	Deckepithel		+++	–	–	–	+	+
	Drüsenepithel		–	+++	(+)	–	–	+
Binde- und Stützgewebe	Bindegewebe	Lockeres B.	–	(+)	–	–	++	–
		Retikuläres B.	–	–	–	–	–	+++
		Straffes B.	–	–	–	–	+++	–
	Fettgewebe	Weißes F.	++	–	–	–	+	++
		Braunes F.	++	–	–	-	+	–
	Stützgewebe	Knochen	–	–	–	–	+++	–
		Knorpel	+	–	–	–	++	–
Muskelgewebe	Quergestreifte Muskulatur		++	–	++	+++	+	–
	Glatte Muskulatur		–	+++	+	+++	–	++
	Herzmuskulatur		–	+++	++	+++	-	+
Nervengewebe	Peripheres Nervensystem		–	–	+++	–	++	–
	Zentrales Nervensystem		–	–	+++	–	(+)	–

1.4 Orientierung am menschlichen Körper

Die Anatomie kennt eine Fülle lateinischer Bezeichnungen für Richtung und Lokalisation. Dass diese Begriffe notwendig sind, ergibt sich daraus, dass zwei Gliedmaßen ganz unterschiedlich zueinander stehen können. Begriffe wie „oben", „nach innen", „mittenwärts", z.B. am Unterarm, verwirren mehr als dass sie helfen.

Körperebenen und Achsen

Abb. 1.17 zeigt die wichtigsten Ebenen des Körpers. Frontalebene, Transversal- und Sagittalachsen (von lat. sagitta = Pfeil) stehen dabei immer senkrecht zueinander. CT-Bilder beispielsweise sind in der Regel in verschiedenen Transversalebenen abgebildet. Die Medianebene ist ein Sonderfall einer Sagittalebene; sie teilt den Körper in eine rechte und eine linke Hälfte.

Lokalisationen

Abb. 1.18 gibt Ihnen eine Vorstellung der wichtigsten Lokalisationsbezeichnungen, in ***Tab. 1.2*** finden Sie die Erklärungen.

Bewegungsrichtungen

In ***Abb. 1.19*** werden die Hauptbewegungsrichtungen im Bild dargestellt. Unter Elevation versteht man das Anheben eines Arms über die durch die Schulter führende Transversalebene. Die weiteren Bewegungsrichtungen werden in ***Tab. 1.3*** in Beispielen erklärt.

Achsen und Ebenen

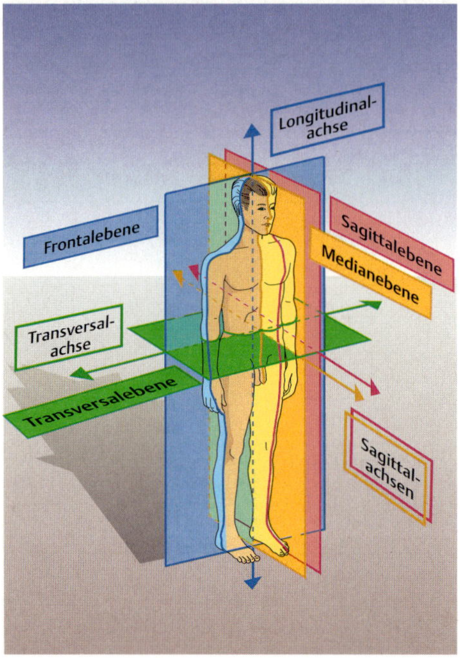

Abb. 1.17 Die wichtigsten Ebenen und Achsen des menschlichen Körpers.

Lokalisationen

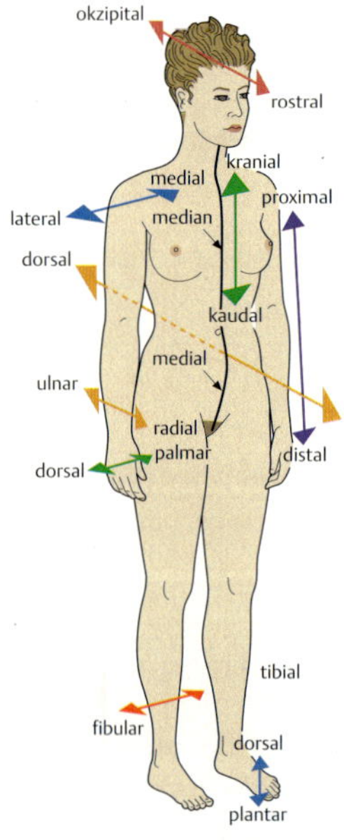

Abb. 1.18 Bezeichnung der verschiedenen Lokalisationen am menschlichen Körper.

Bewegungsrichtungen

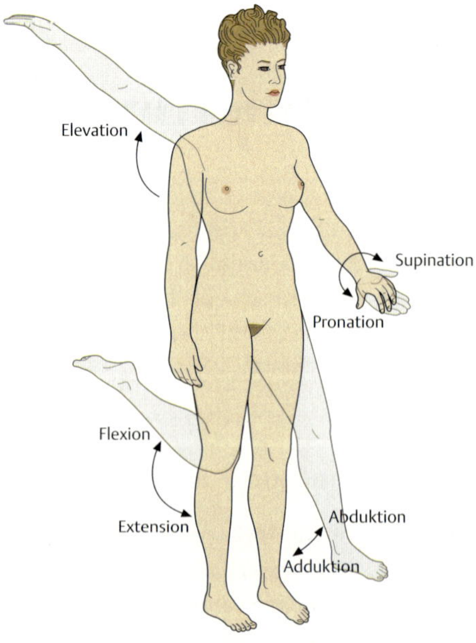

Abb. 1.19 Bezeichnung der verschiedenen Bewegungsrichtungen des menschlichen Körpers.

Tab. 1.2 Die wichtigsten Lokalisationsbezeichnungen in alphabetisierter Reihenfolge

Bezeichnung	Erklärung	Synonym	Gegenteil
anterior	bauchseitig	ventral	posterior
distal	vom Rumpf weg		proximal
dorsal	rückseitig, hinten – aber auch zum Hand- oder Fußrücken hin, je nach Kontext		ventral
kaudal	zum Steiß hin, nur am Rumpf	lat. cauda = Schwanz	kranial
kranial	zum Kopf hin, nur am Rumpf	lat. cranium = Haupt	kaudal
lateral	von der Medianebene (Körpermittelebene) weg		medial
medial	zur Medianebene (Körpermittelebene) hin		lateral
median	in der Medianebene		
okzipital	zum Hinterhaupt hin	posterior	rostral
palmar	zur Handfläche hin	lat. palma	dorsal
plantar	zur Fußsohle hin	lat. planta	dorsal
posterior	hinten, rückenseitig	dorsal	anterior
proximal	zum Körperstamm hin		distal
radial	zur Speiche hin, daumenwärts, nur an Unterarm und Hand		ulnar
rostral	zum Mund hin, nur am Schädel	anterior; lat. rostrum = Schnabel	okzipital
ulnar	zur Elle hin, kleinfingerwärts, nur an Unterarm und Hand		radial
ventral	bauchseitig, vorne	anterior	dorsal

Tab. 1.3 Bewegungseinrichtungen im tabellarischen Überblick

Bewegungs-richtung	Erklärung	Gegenläufige Bewegung	Erklärung
Abduktion	Wegführen einer Gliedmaße von der Medianebene	Adduktion	Hinführen einer Gliedmaße zur Medianebene
Extension	Streckung:	Flexion	Beugung
	Ellenbogengelenk – wird gestreckt		Ellenbogengelenk – wird gebeugt
	Handgelenk – Verkippen zum Handrücken		Handgelenk – Verkippen zur Handfläche
	Hüfte – Zurückführen des Knies nach hinten		Hüfte – Anwinkeln des Oberschenkels
	Kniegelenk – Streckung		Kniegelenk – Anwinkeln der Ferse zum Po
	Sprunggelenk – Anheben der Zehen (Watschelgang)		Sprunggelenk – Durchstrecken der Zehen (Zehenspitzengang)
Pronation	Verdrehen nach innen:	Supination	Verdrehen nach außen:
	Unterarm – Verdrehen nach innen, z. B.: beim Umfassen der Fahrradlenkstange		Unterarm – Verdrehen nach außen („Hand-Aufhalten“)
	Fuß – Anheben der Fußinnenkante	(O-Beine)	
	Fuß – Anheben der Fußaußenkante	(X-Beine)	

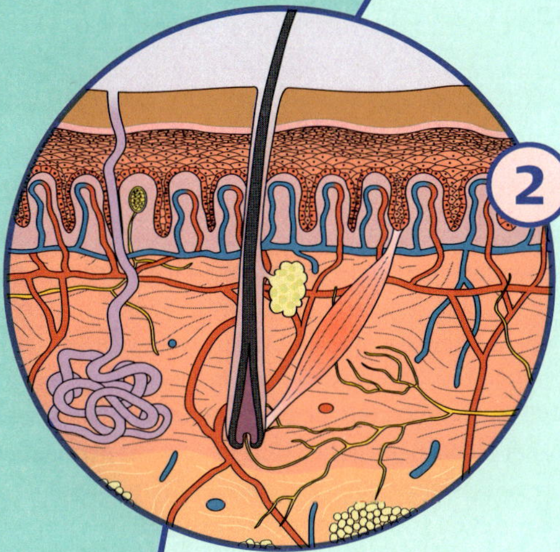

2 HAUT, HAARE, NÄGEL

2.1 Die Haut als Gewebe

Gemeinsame Merkmale von Epithelgewebe

Etwa zwei Drittel aller Zellen des Körpers, z.B. Haut, Haare, Nägel, innere Organe, werden im engeren Sinn zum Epithelgewebe gerechnet. Epithel kommt typischerweise in Form eines geschlossenen Zellverbandes vor.

Desmosomen

Die Epithelzellen liegen einander unmittelbar an und nehmen untereinander Kontakt auf ***(Abb. 2.1)***. Dieser Kontakt geschieht z.B. mittels der Desmosomen *(Maculae adhaerentes)*, zytoskelettreichen Bezirken der Plasmamembran benachbarter Zellen, die für die mechanische Festigkeit eines Gewebes sorgen.

Zellverbindungen

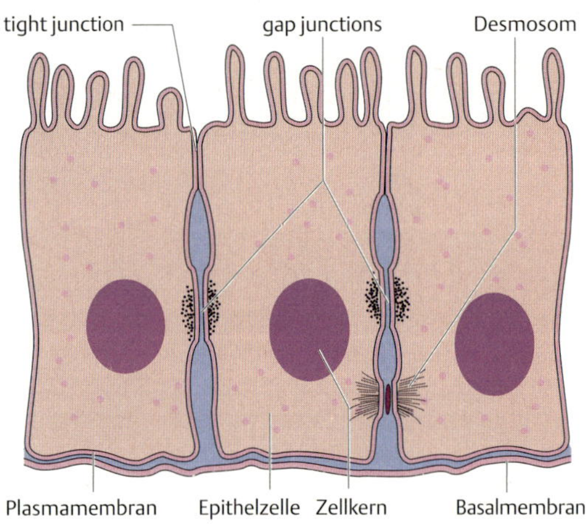

Abb. 2.1 Epithelzellen müssen fest aneinander haften und diebeiden Seiten der Zelle wasserdicht voneinander trennen. Für den festen Halt sorgen *Desmosomen*, an denen sich das Zytoskelett verankert. An der Oberseite des Epithels sorgen *tight junctions* dafür, dass keine Flüssigkeit neben der Zelle vorbeilaufen kann. *Gap junctions* sind elektrische und chemische Kontaktstellen zwischen zwei benachbarten Zellen.

Gap junctions

Zwischen den Zellen befinden sich außerdem regelmäßig gap junctions, also poröse Stellen in den benachbarten Plasmamembranen zweier Zellen. Sie ermöglichen den Austausch von Stoffen und elektrischer Ladung zwischen benachbarten Zellen, ohne aber einen elektrischen Kurzschluss zur extrazellulären Flüssigkeit herzustellen; das Membranpotenzial der Zellen (s. u.) bleibt somit erhalten.

Tight junctions

Weiterhin bilden die meisten Epithelien eine dichte Membran, die für Wasser und gelöste Stoffe mehr oder weniger undurchlässig ist. Die Dichtigkeit vieler Epithelien (z. B. der ableitenden Harnwege und der Haut) wird durch sog. tight junctions *(Zonulae occludentes)* ermöglicht. Eine tight junction besteht aus einem Netzwerk längsgerichteter Plasmaeiweiße sehr eng benachbarter Zellen, die verzahnt ineinander greifen. Da diese tight junctions in der Regel nicht die gesamte Kontaktfläche benachbarter Zellen einnehmen, spricht man auch von Schlussleisten (engl. strands).

Basalmembran

Allen Epithelien ist gemeinsam, dass die Zellen einer Basalmembran aufsitzen, die aus extrazellulären Fasern besteht und eine Leitschiene darstellt, entlang derer sich das Epithel ausbreiten und nach einem Defekt wieder regenerieren kann. Die Basalmembran trennt die Epithelzellen von der Blutseite und liefert die notwendige Information zur asymmetrischen Organisation. Ohne Basalmembran wissen die Epithelzellen nicht, wo „innen“ und „außen“ ist und teilen sich entweder gar nicht oder bleiben in einem undifferenzierten Zustand.

Typen des Epithelgewebes

Betrachtet man die einzelnen Organe, in denen Epithelgewebe ***(Abb. 2.2)*** vorkommt, so fällt auf, dass ein Epithel zweierlei Aufgaben erfüllen kann: Es kann als Membran oder Haut zwei Räume voneinander abgrenzen (*Deckepithel*) oder bestimmte Stoffe befördern (transportierendes Epithel, *Drüsenepithel*).

Deckepithel

Vorkommen. Das Deckepithel trifft man stets an der Grenzfläche zwischen zwei Flüssigkeits- oder Gasräumen an, die sich gegenseitig nicht durchmischen dürfen. Am eindrucksvollsten ist diese Trennung im Fall der äußeren Haut, welche die Außenwelt vom Körperinneren absondert und dieses „Innen" mechanisch, chemisch und biologisch schützt.

Ähnliche Verhältnisse finden sich im oberen Verdauungstrakt (Mundhöhle, Rachen und Speiseröhre), wobei hier allerdings das „Außen" bis tief ins Körperinnere reicht und als Lumen (Lichtung) bezeichnet wird.

Auch die äußersten Bereiche der Luftwege (Nasenvorhof und Kehlkopf) sowie die ableitenden Harnwege (Nierenbecken, Harnleiter, Blase und Harnröhre) und ein Teil der weiblichen Geschlechtsorgane (Vulva, Vagina und Portio vaginalis uteri) sind von Deckepithel ausgekleidet. Manchmal findet man den Begriff Deckepithel gleichbedeutend mit Schleimhaut (Mukosa, *Tunica mucosa*) verwendet. Dies ist falsch und irreführend. Deck- oder Drüsenepithel bildet nur die oberste Schicht sowohl der verhornenden Haut als auch der Schleimhäute. Der Begriff „Schleimhaut" kennzeichnet eine meist mehrere Millimeter dicke epithelbesetzte Bindegewebsschicht, die einen Körperraum auskleidet oder abgrenzt.

Einschichtiges Epithel

Einschichtiges Epithel findet sich in Bereichen, bei denen es weniger um eine robuste Abgrenzung als um kurze Diffusionswege oder um den Stofftransport von einer Epithelseite zur anderen geht. Daher sind die kleinen Bronchien, die Lungenalveolen, der Magen, Dünn- und Dickdarm sowie der Nierentubulus mit einem einschichtigen Epithel ausgekleidet. Je

Form und Anordnung von Epithelzellen

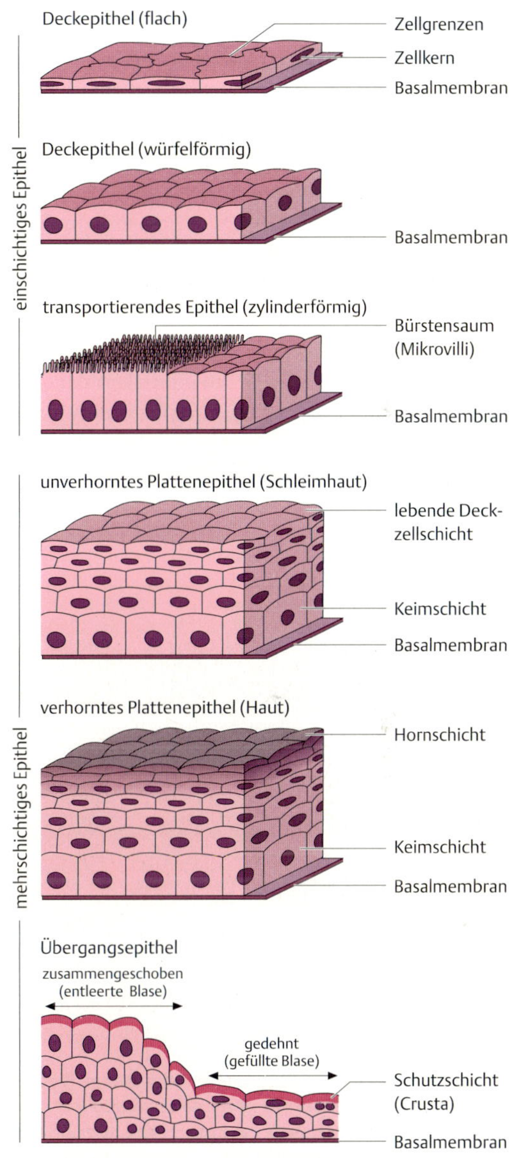

Abb. 2.2 Epithelien bestehen entweder nur aus einer einzigen oder aus mehreren übereinander liegenden Zellschichten. Die oberflächlichen Zellen von Deckepithel sind flach und können, wenn sie besonders mechanisch belastet werden, verhornen. Transportierende Epithelzellen sind höher und haben häufig Ausstülpungen der Zellmembran (Mikrovilli) auf ihrer Oberfläche. Das Übergangsepithel von Harnleiter und Blase ist dehnbar und passt sich dem unterschiedlichen Füllungszustand an.

dünner ein Epithel ist, desto schneller kann eine Substanz passiv über das Epithel hinweg diffundieren. Daher sind die Deckepithelzellen der Lungenalveolen pfannkuchenartig abgeplattet.

Mehrschichtiges Epithel

Mehrschichtiges Epithel kann man in Bereichen antreffen, die einer starken mechanischen Beanspruchung ausgesetzt sind (Haut, Mundhöhle, Speiseröhre, äußere Geschlechtsorgane und Scheide). Die Zellen eines mehrschichtigen Epithels ***(Abb. 2.3)*** nehmen einen sehr festen Kontakt miteinander auf.

Mehrschichtiges verhornendes Plattenepithel. Im Fall des mehrschichtigen verhornenden Plattenepithels bilden diese toten Zellen eine schützende Hornschicht auf der Haut. Die Geschwindigkeit der Zellteilung und damit der Verhornung wird durch eine starke mechanische Beanspruchung besonders im Bereich der Handflächen und Fußsohlen stark gesteigert (Schwielen).

Mehrschichtiges Plattenepithel

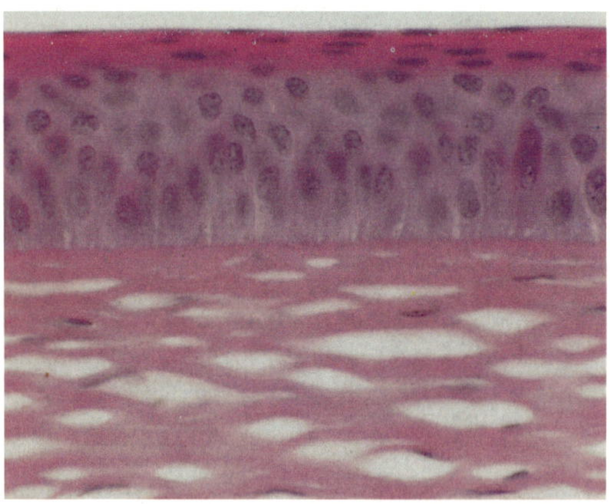

Abb. 2.3 Die Oberfläche der Hornhaut des Auges (hier im Schnitt) besteht aus einem typischen mehrschichtigen Plattenepithel. Die Zellen an der Basis des Epithels sind noch zylinderförmig, flachen sich aber nach oben zu immer mehr ab. Trotz des Namens „Hornhaut" zeigt das Epithel keinerlei Tendenz zur Verhornung (aus Kühnel, W.: Taschenatlas der Zytologie, Histologie und mikroskopischen Anatomie, 10. Aufl. Thieme, Stuttgart 1999).

Bei unverhornenden Plattenepithelien (Schleimhäuten) schilfern die oberflächlichen Zellen ständig ab. Unverhornende Plattenepithelien bestehen daher ausschließlich aus lebenden Zellen. So hat dieser Epitheltyp zwar den Nachteil einer nicht ganz so starken mechanischen Belastbarkeit, aber den Vorteil, dass die Ausführungsgänge feuchtigkeits- und schleimbildender Drüsen viel einfacher die Epitheloberfläche erreichen können. Unverhornende Epithelien sind daher wesentlich gleitfähiger und schmiegsamer als verhornende.

Übergangsepithel. Das Übergangsepithel ist ein Sonderfall eines mehrschichtigen Epithels. Es kleidet den Harntrakt – also Nierenbecken, Harnleiter, Harnblase und Harnröhre – aus. Sein Hauptcharakteristikum ist die enorme Dehnbarkeit. Dadurch kann sich die Wand der Harnblase unterschiedlichen Füllungszuständen anpassen, ohne Falten zu werfen. Die Zellen nehmen bei leerer Blase eine würfelförmige oder hochprismatische Gestalt an. Mit zunehmender Füllung erscheinen die Zellen flach und gestreckt.

Je stärker ein Deckepithel mechanisch belastet wird, um so höher und umfangreicher verhornt das Epithel. Auch reine Schleimhäute können durch eine stetige Beanspruchung verhornen. Scheuert beispielsweise ein nach außen verdrehter Zahn jahrelang an der Innenseite der Wange, dann entwickelt die Mundschleimhaut nach und nach eine weißliche Hornschicht (Leukoplakie), die manchmal zu einem bösartigen Karzinom wird.

Drüsenepithel

Drüsenepithelien finden sich zwar auch in der Haut, nämlich in Form von Schweiß-, Talg- und Duftdrüsen. Viel entscheidender ist diese Gewebeart jedoch im Magen-Darm-Trakt, der mit einer massiven Ansammlung von Drüsen – den Mundspeicheldrüsen – beginnt. Daher werde ich das Drüsenepithel auch erst im folgenden Kapitel besprechen.

2.2 Die Haut als Organ

Größe und Gewicht

Die Oberfläche unseres Körpers beträgt ungefähr 1,5–2 m^2. Bei einer mittleren Dicke der oberen Hautschichten von 2–3 mm errechnet sich ein Gesamtgewicht der Haut von stolzen 3–5 kg. Die Haut ist damit als „Organ“ größer als die Leber und lässt sich nur noch mit dem Skelettsystem und der Muskulatur vergleichen.
Die Haut ist im Gegensatz zu inneren Organen sehr widerstandsfähig gegen mechanische und chemische Schädigungen. Falls jedoch trotz dieser Widerstandsfähigkeit nur ein Zehntel der Haut zerstört wird – z. B. durch eine Verbrennung–, kann dies bereits zu einem lebensgefährlichen Verlust an Flüssigkeit und Elektrolyten führen. Die meisten anderen Organe quittieren hingegen eine gleich starke Zerstörung mit einer kaum merklichen Funktionseinbuße. Im Gegensatz zu anderen Organen wie Leber, Niere, Pankreas und Lunge besitzt die Haut also nur eine sehr geringe Reservekapazität.

Schichten der Haut

Die Haut besteht aus drei Schichten: Das sind, von außen nach innen:
- die Oberhaut *(Epidermis)*,
- die Lederhaut *(Corium)* und
- das Unterhautgewebe *(Subcutis)*.

Genau wie jede andere Grenzfläche zwischen dem Körperinneren und der „Außenwelt“ (Magen-Darm-Trakt, Atmungssystem, ableitende Harnwege, Geschlechtsorgane) besteht auch die Haut (Cutis, Dermis) aus einem oberflächlichen Epithel (hier Oberhaut, *Epidermis*), das mit einer tiefer gelegenen Bindegewebsschicht (hier Lederhaut, *Corium*) verwachsen ist ***(Abb. 2.4)***.
Zu den Hautanhangsgebilden gehören:
- Drüsen,
- Haare und
- Nägel.

Sie entstehen alle aus der Oberhaut, während die Lederhaut für die mechanische Festigkeit der Haut sorgt. Das zentimeterdicke Unterhautgewebe *(Subcutis)* enthält hauptsächlich Fettzellen, die von straffen Bindegewebezügen *(Retinacula cutis)* unterteilt werden. Die Retinacula verbinden die Haut mehr oder weniger stark verschieblich mit dem Bindegewebe der oberflächlichen Muskelfaszien.

Oberhaut

Die Oberhaut ***(Abb. 2.5)*** ist nichts anderes als ein ganz normales mehrschichtiges verhornendes Deckepithel.
Sie besteht aus:
- der Basalzellschicht,
- der Stachelzellschicht,
- der Körperzellschicht und
- der oberflächlichen Hornschicht.

Dessen Basalmembran bildet ähnlich wie ein Eierkarton 0,1–0,5 mm lange Zapfen aus, die sich tief in die Lederhaut einsenken und beide Schichten fest miteinander verbinden. Die spiegelbildlich angeordneten Zapfen der Lederhaut werden Papillen genannt.

Basalzellschicht

Die tiefste Schicht der Oberhaut ist die Basalzellschicht *(Stratum basale)*. Sie besteht aus würfelförmigen Zellen, die der Basalmembran unmittelbar aufsitzen. Ebenfalls tief in der Oberhaut – zwischen den Zellen der Basalzellschicht – liegen verstreut die *Melanozyten*, wobei je nach Hautfarbe ein Melanozyt auf 3 bis 10 Epithelzellen kommt. Die Melanozyten produzieren das Hautpigment und geben es an die Epithelzellen ab. Die meisten Melanozyten befinden sich an den typischerweise dem Sonnenlicht ausgesetzten Körperstellen (Handrücken, Gesicht, Nacken), aber auch im Bereich der Brustwarzen und an den äußeren Geschlechtsorganen.
In der Basalzellschicht laufen ständig Zellteilungen ab. Die jungen Tochterzellen finden bald keinen Platz mehr auf der Basalmembran und lagern sich daher in Form eines mehrschichtigen Epithels der Basalzellschicht auf.

Stachelzellschicht

Im Verlauf dieses Prozesses werden ältere Epithelzellen mehr und mehr in Richtung Hautoberfläche ge-

Schnitt durch Haut und Unterhautgewebe

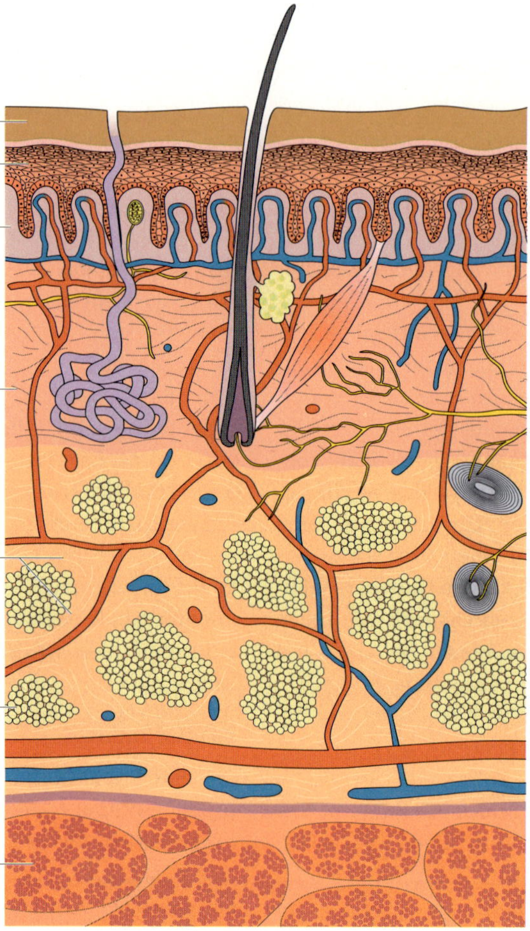

Abb. 2.4 Die Oberhaut mit ihrer Horn- und Keimschicht bildet die äußere Hautoberfläche. In der Geflechtschicht der Lederhaut laufen Kollagenfasern parallel zur Oberfläche und geben der Haut Festigkeit. Beachten Sie, dass die Oberhaut im Gegensatz zur gut durchbluteten Lederhaut keine Blutgefäße führt. Die Fettschicht des Unterhautgewebes schützt vor Auskühlung und speichert Energie.

drückt. Sie nehmen an Volumen zu und werden würfelförmig, halten aber über zahlreiche Kontaktstellen (Desmosomen) den Kontakt mit ihren Nachbarn aufrecht. Durch diese Kontaktstellen geht nach und nach die Würfelform der Zellen verloren, sie bilden stachelartige Ausläufer (Stachelzellschicht, *Stratum spinosum*).

Körnerzellschicht

Mit zunehmendem Alter der Epithelzellen werden diese immer flacher und dunkler. In ihrem Innern bilden sich so genannte Keratohyalinkörperchen, die den Zellen ein bröckeliges Aussehen geben (Körnerzellschicht, *Stratum granulosum*). Basal-, Stachel- und Körnerzellschicht bilden zusammen den Bereich der lebenden Oberhaut, die Keimschicht *(Stratum germinativum).*

Hornschicht

Im Gegensatz zur Keimschicht besteht die oberflächliche Hornschicht *(Stratum corneum)* aus abgestorbenen, auf weniger als 1 µm Höhe abgeplatteten Epithelzellen. Die Hornschicht ist besonders fest, da sich die im Innern der toten Epithelzellen liegenden Fila-

Schichten der Oberhaut

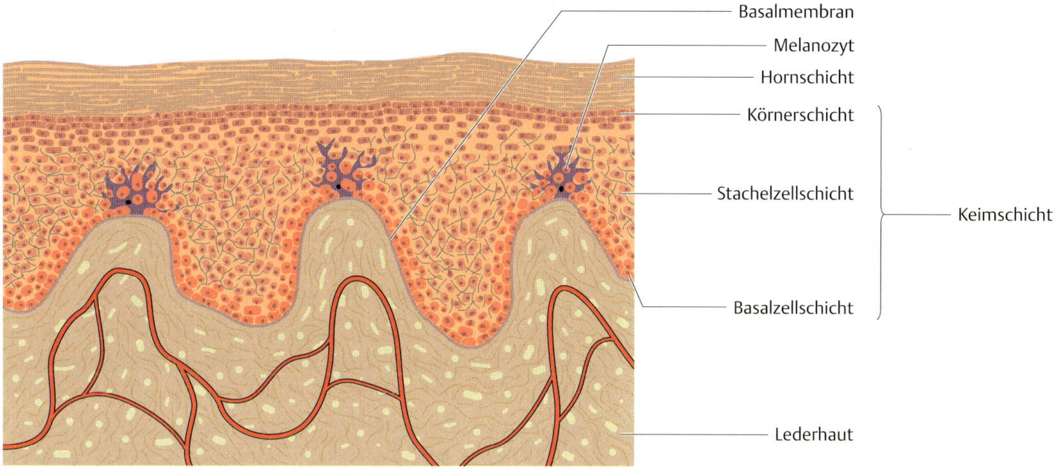

Abb. 2.5 Auf diesem Schnitt erkennen Sie, dass die Keimschicht der Oberhaut selbst wieder aus drei Schichten aufgebaut ist. Das Epithel regeneriert sich von unten her aus der Basalzellschicht. Die Zellen werden nach oben zu – mit steigendem Zellalter – erst würfelförmig (Stachelzellschicht), dann platt (Körnerschicht). Abgestorbene Epithelzellen bilden die Hornschicht.

mente und Keratohyalinkörperchen zu einer festen Substanz, dem *Keratin*, verbinden.

Eneuerung der Haut. Die Zellteilungen in der Basalzellschicht der Oberhaut erfolgen so rasch, dass sich die gesamte Oberhaut im Verlauf eines Monats komplett erneuert. Das heißt, der Körper verliert jeden Tag zwischen 10 und 15 g an verhornten abgestorbenen Zellen. An der Kopfhaut hängen diese abgestoßenen Zellen häufig noch fest zusammen – es bilden sich Schuppen. Die überwiegende Masse schilfert sich aber in die Kleidung hinein ab und verursacht z. B. die „Schmutzränder" am Kragen.

Eine andere Folge der raschen Hauterneuerung ist, dass Wunden, die nicht tiefer als in die Oberhaut reichen, ohne Narben spätestens binnen 4 Wochen abheilen. Dauert die Wundheilung länger, dann betrifft die Wunde doch tiefere Schichten oder aber die Wundheilung ist beispielsweise durch diabetische Durchblutungsstörungen behindert.

Felder- und Leistenhaut

Wenn Sie die Haut, beispielsweise Ihres Unterarms, mit einer Lupe betrachten, dann fällt auf, dass sie sich in kleine rautenförmige Felder gliedert. Mit zunehmendem Alter wird dieses Muster gröber; die Einziehungen zwischen zwei Feldern werden zu Falten. Haare wachsen niemals aus der Mitte eines Feldes, sondern immer nur aus einer Furche zwischen zwei Feldern heraus, während die Schweißdrüsen mit winzigen, nicht mehr mit dem bloßen Auge erkennbaren Öffnungen inmitten der Felder münden. Diese Felderhaut bedeckt den gesamten Körper mit Ausnahme der Handteller und Fußsohlen. Dort herrscht die wesentlich dickere und widerstandsfähigere Leistenhaut vor ***(Abb. 2.6)***. In den Furchen zwischen zwei Leisten verzahnen sich Ober- und Lederhaut besonders stark miteinander. Die sehr zahlreichen Schweißdrüsen münden aber – ähnlich wie bei der Felderhaut – auf der Höhe der Leisten.

Fingerabdruck

Wie sehr das grundlegende Muster der Haut individuell variieren kann, wird nirgends besser deutlich als am Fingerabdruck. In der Kriminologie unterscheidet man einige wenige Grundelemente (Bogen, Schleife, Wirbel). Diese Grundelemente sind zwar genetisch festgelegt, werden also vererbt, variieren aber individuell in einzigartiger Weise.

Leistenhaut

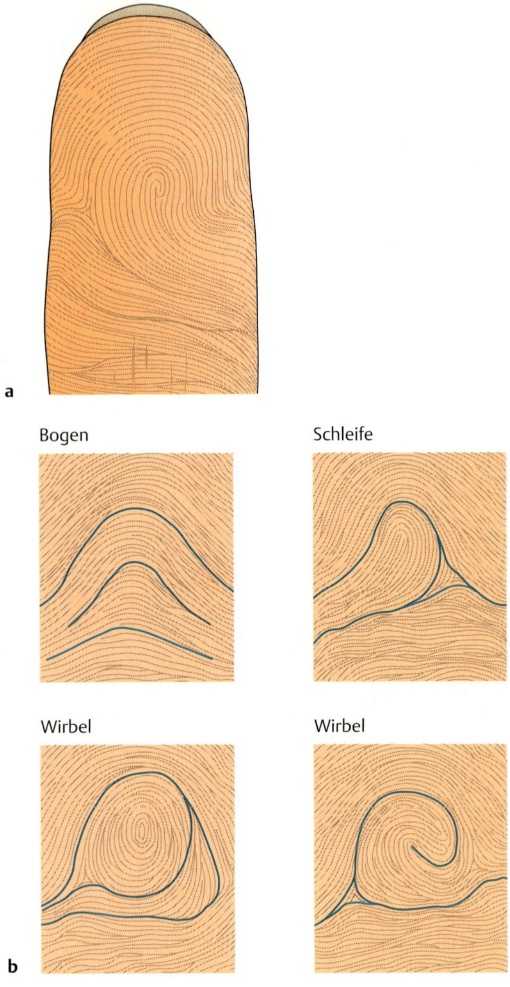

Abb. 2.6a, b Die Oberhaut der Hand- und Fußfläche weist typische Leisten auf (**a**). Diese individuell stark verschiedenen Reliefstrukturen (**b**) lassen sich automatisch auswerten und dienen zur Identifikation von Personen.

Nach Verletzungen, bei denen noch ein Teil der Oberhaut erhalten bleibt, bildet sich dieses Muster immer wieder neu. Wegen seiner Einzigartigkeit dürfen Analphabeten und Schreibbehinderte (z. B. spastisch gelähmte Menschen) ihren Fingerabdruck rechtsverbindlich anstelle einer Unterschrift verwenden. Elektronische Fingerabdruckscanner sind inzwischen derart zuverlässig, dass der elektronische Fingerabdruck zusammen mit anderen biometrischen Merkmalen zur rechtsverbindlichen Identifikation auch und gerade bei Zahlungsvorgängen genutzt wird.

Verhornung und Pigmentbildung

Verhornung

Schwielen sind bekanntlich die Folge einer besonders starken Beanspruchung der Haut, etwa beim Barfußlaufen oder schwerer Handarbeit. Die Leistenhaut von Handflächen und Fußsohlen verhornt besonders schnell, da die Epithelzellen hier eine ausgesprochen hohe Teilungsrate besitzen und die Durchblutung sehr stark ist. Die höhere mechanische Festigkeit der Schwiele muss aber dadurch erkauft werden, dass unter der derben Keratinplatte der Tastsinn stark vergröbert ist. Daher bildet sich eine Schwiele zurück, wenn die betreffende Körperstelle nicht mehr so stark belastet wird.

Pigmentierung

Auch UV-Strahlen, besonders das kürzerwellige UV-B, regen die Oberhaut zu einer verstärkten Verhornung und Pigmentierung an. Die Hornschicht schützt selbst bereits in gewissem Maß vor ultravioletter Strahlung. Den wichtigsten Schutzfaktor stellt aber ein ausreichend starkes Hautpigment dar. Eine gleichmäßige Pigmentierung der gesamten Keimzellschicht ist die Voraussetzung dafür, dass die besonders empfindlichen Melanozyten der Basalzellschicht durch UV-Einstrahlung nicht zu einer krebsartigen Wucherung (malignes Melanom) angeregt werden. Zu Beginn der Badesaison sollte man daher dringend darauf achten, die Pigmentbildung nicht zu überfordern. Cremes mit hohem Lichtschutzfaktor sind dabei besser als eine kurze ungeschützte Sonnenexposition, weil man so nicht nur die Dauer, sondern auch die Stärke der UV-Belastung kontrollieren kann.

Oberhaut und Lederhaut verzahnen sich zu einem mechanisch belastbaren Verbund. Handteller und Fußsohlen sind im Gegensatz zur Felderhaut von der besonders festen Leistenhaut überzogen. Die Oberhaut besteht aus mehrschichtigem verhornten Plattenepithel mit der teilungsaktiven Basalzellschicht als tiefster Schicht. Zwischen den Zellen der Basalzellschicht liegen Melanozyten, die das Hautpigment produzieren.

Lederhaut und Unterhautgewebe

Lederhaut

Die Lederhaut besteht aus:
- der Papillarschicht *(Stratum papillare)* und
- der Geflechtschicht *(Stratum reticulare)*.

Papillarschicht

Die Lederhaut beginnt unmittelbar unter der Basalmembran des Epithels. Der stark gefaltete Bereich der Papillen (Papillarschicht, *Stratum papillare*) hat eine besonders gute Blutversorgung, da seine Kapillaren nicht nur die oberflächliche Lederhaut, sondern auch die Zellen der nicht durchbluteten Oberhaut versorgen müssen.

Der Teint. **Unmittelbar unter der Papillarschicht breitet sich ein Netzwerk aus kleinen venösen Blutleitern aus (Hauptnetz). Das Blut dieser Gefäße schimmert durch die Haut und verleiht hellhäutigen Menschen ihren charakteristischen Teint. Die Gefäße des Hauptnetzes werden vom vegetativen Nervensystem beeinflusst. Dieses stellt die Arteriolen bei einer Erhöhung der Körpertemperatur (Fieber, körperliche Arbeit) oder bei psychischer Anspannung weit (Erröten). Eine Engstellung der Gefäße bei Kälte oder unter hormonellem Einfluss bei einer Flucht- oder Kampfreaktion lässt die Haut dagegen erblassen. Die sprichwörtliche Leichenblässe ist die Folge einer extremen Blutarmut der Lederhaut.**

Geflechtschicht

Die eigentliche Festigkeit oder besser Zähigkeit der Haut geht von der kollagenfaserreichen Geflechtschicht *(Stratum reticulare)* aus. Die Fasern durchkreuzen einander wie ein Scherengitter in spitzem Winkel, so dass die Haut nicht in allen Richtungen gleich gut dehnbar ist. Neben den Kollagenfasern besitzt die Geflechtschicht auch schwache elastische Netze, welche die Haut immer wieder in ihre ursprüngliche Form zurückbringen. Im Alter degenerieren diese elastischen Fasern besonders früh; es entstehen Falten. UV-Strahlung beschleunigt diesen Prozess ganz erheblich. Eine sonnengebräunte Haut in der Jugend muss also später mit mehr Falten bezahlt werden.

Unterhautgewebe

Die Grenze zwischen Lederhaut und Unterhautgewebe bildet wiederum ein gefäßreiches Netzwerk. Hier liegen auch die Schweißdrüsen der Haut und die tiefen Tastkörperchen.
Das Unterhautgewebe selbst besteht, wie bereits erwähnt, vorwiegend aus Fettgewebe. Die Retinacula cutis (straffe Bindegewebszüge) unterteilen diese Fettschicht in mehrere Millimeter große, leicht gelbliche Fettkissen, die ähnlich wie die Kügelchen in Styropor-Schaumstoff aussehen, nach einer tiefen Schnittverletzung aber über den Wundrand hinausquellen.

Aufgabe und Funktion

Das Unterhautfettgewebe dient in erster Linie dem Speichern von Energie (Speicherfett, Depotfett). Als Nebeneffekt isoliert das schlecht wärmeleitende Fett den Körper gegen Unterkühlung. An einigen Stellen wie z. B. der Handfläche und Fußsohle befindet sich Baufett, das zur Polsterung der darunter liegenden Sehnen und Knochen unerlässlich ist und daher auch bei länger andauerndem Hungern nicht eingeschmolzen wird. Auch das Fett der Wangenhaut gehört zum Baufett.
Erst in extremem Hungerzustand oder aber durch „konsumierende", also auszehrende Erkrankungen schmilzt der Körper auch das Baufett ein. Die abgemagerten Hände und eingefallenen Wangen etwa von Krebs- oder AIDS-Patienten sind ein Zeichen dafür, dass der Körper seine letzten Energiereserven verbraucht hat (Kachexie).

Verschieblichkeit

In aller Regel lässt sich das Unterhautgewebe gut gegen die darunter liegenden Muskelfaszien verschieben. Eine Ausnahme bilden die so genannten Hautmuskeln, beim Menschen vor allem die mimische Muskulatur des Gesichts (s. u.). Diese Muskeln leiten ihren Zug direkt in die Lederhaut ein und formen daher die Konturen und Körperoberfläche. Auch die

Leistenhaut von Handfläche und Fußsohle verbindet sich fest mit den darunter liegenden Sehnenplatten.

Stoffwechsel der Haut

Haut und Unterhautgewebe haben einen verhältnismäßig langsamen Stoffwechsel. Daher tolerieren sie eine komplette Unterbrechung der Blutversorgung über wesentlich längere Zeit als andere Organe (mehrere Stunden). Allein schon der Druck des Körpergewichts schließt immer einige Hautareale von der Durchblutung aus – nämlich die Körperteile, auf denen wir gerade stehen, sitzen oder liegen.

Dekubitus. Wenn ein bettlägeriger Patient mehrere Stunden und Tage auf derselben Körperstelle liegt, geht das Gewebe auf Grund des Sauerstoff- und Nährstoffmangels zu Grunde, es entsteht ein *Dekubitus* (Druckgeschwür). Besonders gefährdet sind daher jene Bereiche, die unmittelbar zwischen Knochen und Unterlage gequetscht werden können, in Rückenlage also die Haut über dem Kreuzbein und der Ferse. Wie Sie wissen ist die Dekubitusprophylaxe durch häufiges Umlagern eine zentrale pflegerische Aufgabe bei bettlägerigen Patienten.

Die Druckentlastung der Haut muss um so häufiger erfolgen, je kleiner die Fläche ist, die belastet wird. Im Liegen wird das Körpergewicht über eine relativ größere Fläche verteilt als im Sitzen. Hier ist nämlich die Haut über den beiden Sitzbeinhökkern mit dem gesamten Gewicht von Rumpf, Kopf und Armen belastet. Menschen, deren Sensibilität im Bereich des Gesäßes gestört ist (Querschnitt-Patienten im Rollstuhl), müssen daher bewusst daran denken, in häufigen Abständen (z. B. alle 10 Minuten) ihr Gewicht zu verlagern.

Die oberste Schicht der Lederhaut ist gut durchblutet. Ihre Arteriolen werden zur Temperaturregulation und bei psychischer Anspannung weit- oder enggestellt. Unterhalb der Lederhaut befindet sich das fettreiche Unterhautgewebe mit der mimischen Muskulatur.

2.3 Hautanhangsgebilde

Drüsen der Haut

Zu den Drüsen der Haut gehören:

- die Schweißdrüsen *(Glandulae sudoriferae)*
- die Talgdrüsen *(Glandulae sebaceae)*, und
- die Duftdrüsen *(Glandulae sudoriferae apocrinae)*.

Schweißsekretion und Schweißdrüsen

Schweißsekretion

Die Schweißsekretion ist eine entwicklungsgeschichtliche Neuerwerbung: Nur der Mensch und die Menschenaffen können Flüssigkeit und Salze in Form von Schweiß ausscheiden. Alle anderen Tiere geben überschüssige Körperwärme durch Hecheln oder verstärkte Durchblutung etwa im Bereich der Ohren ab.

Durch eine verstärkte Durchblutung der Haut lässt sich die Körpertemperatur höchstens auf den Wert der umgebenden Luft absenken. Bei der Schweißsekretion entzieht die entstehende Verdunstungskälte der Haut jedoch direkt Wärmeenergie. Für uns Menschen ist das Schwitzen mit Abstand der wichtigste physiologische Mechanismus zur Wärmeabgabe. Ohne funktionierende Schweißsekretion wäre die tropische Hälfte der Erde (und auch meine Heimat im Hochsommer) weitgehend unbewohnbar. Die Schweißsekretion variiert dabei zwischen 0,5 und bis zu 10 Litern täglich.

Die Schweißsekretion ist der einzige Mechanismus, mit dem sich der Körper auch bei einer höheren Lufttemperatur als 37 °C abkühlen kann.

Besonders in heißen und trockenen Regionen unterschätzt man sehr leicht die eigene Schweißsekretion, weil die Flüssigkeit sofort verdunstet. Für eine geplante Wüstendurchquerung – auch mit dem Geländewagen – sollte man daher mit 15 Litern Trinkwasser pro Person und Tag rechnen!

Schweißdrüsen

Im Gegensatz zu den Mundspeicheldrüsen handelt es sich bei den Schweißdrüsen *(Glandulae sudoriferae,* ***Abb. 2.7)*** um knäuelförmig gewundene Drüsenschläuche in der Tiefe der Lederhaut (sog. Schlauchdrüsen, tubuläre Drüsen). Ihre Endstücke sind im Gegensatz zu anderen Drüsen *nicht* verzweigt. Die Ausführungsgänge ziehen senkrecht bis in die Keimschicht der Oberhaut und durchbrechen korkenzieherartig die Hornschicht.

Schweißdrüsen finden sich außerordentlich häufig: Weiße besitzen pro cm^2 Körperoberfläche zwischen 100 und 350 Einzeldrüsen, Schwarzafrikaner etwa die doppelte Anzahl. Am dichtesten stehen die Schweißdrüsen in der Leistenhaut der Handfläche.

Drüsenschläuche in der Lederhaut

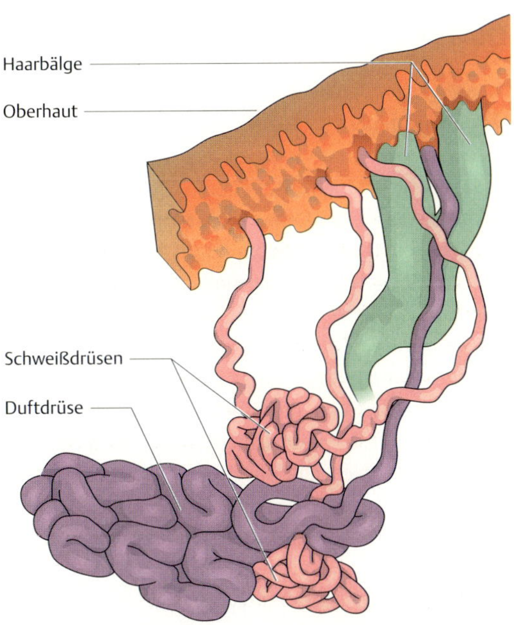

Abb. 2.7 In dieser Abbildung sehen Sie von unten auf die Oberhaut. Die Lederhaut wurde größtenteils entfernt. Sie erkennen drei schlauchförmige Schweißdrüsen mit ihren aufgeknäuelten Endstücken, außerdem eine Duftdrüse. Sie ähnelt zwar stark den Schweißdrüsen, mündet aber im Gegensatz zu diesen immer in der Nähe von Haarbälgen auf die Hautoberfläche.

Innervation. Ihre Innervation erhalten die Schweißdrüsen aus dem sympathischen Nervensystem. Eine starke psychische Anspannung bringt uns daher zum Schwitzen. Im Gegensatz zu anderen sympathischen Funktionen ist der Neurotransmitter jedoch ausnahmsweise nicht Noradrenalin, sondern wie im parasympathischen Nervensystem Acetylcholin.

Zusammensetzung des Schweißes

Der geknäuelte Anfangsteil der Schweißdrüsen produziert ein weitgehend eiweißfreies Filtrat aus dem Blutplasma. Die flacheren Zellen des Ausführungsganges entziehen diesem Sekret Kochsalz, so dass am Ende die Natrium- bzw. Chloridkonzentration des Schweißes mit ca. 30–50 mmol/l dreimal niedriger liegt als die des Plasmas – der *Schweiß ist hypoton.* Dagegen liegt die Konzentration an H^+-Ionen deutlich über dem Blutwert. Ist die Schweißsekretion nicht zu stark, dann liegt der pH-Wert zwischen 4 und 5.

Säureschutzmantel. Die meisten Bakterien und Pilze können in dem normalerweise sauren Milieu der Hautoberfläche nicht überleben, daher spricht man auch von einem *Säureschutzmantel* der Haut. Übertriebenes Duschen oder Baden, besonders in Verbindung mit fettlösenden Seifen und Syndets, entfernt diesen Säureschutzmantel und begünstigt Hautinfektionen. Als Faustregel gilt, dass man, je häufiger man duscht, um so sparsamer mit Seife umgehen sollte. Nach der Verwendung von Detergenzien (fettlösenden Substanzen) sollte die Haut mit einer fett- und säurehaltigen Creme oder Öl behandelt werden. Dies ist insbesondere für ältere Menschen wichtig, deren Haut weniger Regenerationsfähigkeiten besitzt.

Die gesunde Haut regeneriert ihren Fett-Säure-Mantel innerhalb von zwei Stunden nach dem Waschen. Mit zunehmendem Alter jedoch lässt die Schweiß- und Talgproduktion nach, die Haut wird trocken und spannt sich besonders an den Unterschenkeln pergamentartig über die Schienbeine.

Bei der Anwendung von Hautdesinfektionsmitteln ist zu beachten, dass an talgdrüsenreichen Körperstellen wie Kopf, Achselhöhlen, Genital- und Analgegend und im Bereich der Schweißrinne (Hautvertiefung zwischen den Schulterblättern und über dem Brustbein) längere Einwirkzeiten notwendig sind.

Talgdrüsen

Im Gegensatz zu den Schweißdrüsen zählen die Talgdrüsen *(Glandulae sebaceae)* zu den entwicklungsgeschichtlich ältesten Drüsen überhaupt. Fast alle Talgdrüsen ***(Abb. 2.8)*** münden in einen Haarbalg. Die Talgsekretion ist deshalb an der behaarten Kopfhaut besonders stark. Freie, nicht an die behaarte Haut gebundene Talgdrüsen kommen an den Augenlidern, den Lippen, der Glans penis, den kleinen Schamlippen sowie am Eingang von Nase und Gehörgang vor.

Eine Talgdrüse besteht aus einer Reihe plumper Azini, die sich zu einem oder mehreren weitlumigen Ausführungsgängen vereinigen. Am Boden der Azini sitzen vitale, teilungsfähige Stammzellen. Sie bilden in großem Umfang die Fettsubstanzen des Talgs und speichern diese als intrazelluläre Vesikel. Die Talgzelle füllt sich mehr und mehr mit Vesikeln an und geht schließlich daran zu Grunde.

Talgdrüse

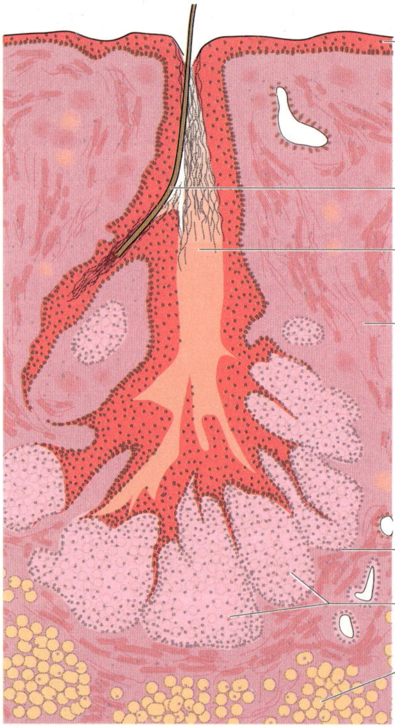

Abb. 2.8 Talgdrüsen münden meist in einen Haarbalg. Ihr zähes Sekret hält die Hornschicht der Haut und die Haare geschmeidig. Beachten Sie die großen, hellen Drüsenzellen, die überwiegend mit Talg angefüllt sind.

Talg

Die wichtigste Aufgabe des Talgs ist es die Hornschicht der Oberhaut geschmeidig zu halten. Talg ist sozusagen eine körpereigene Salbe. Wenn die Talgsekretion zu niedrig ausfällt (normal 1–2 g/Tag), dann wird die Haut trocken, spröde und rissig. Fettiges Haar und speckig glänzende Haut sind dagegen Zeichen einer zu starken Talgsekretion (Seborrhoe).

Hormonabhängigkeit der Talgdrüsen. Männliche Geschlechtshormone stimulieren die Talgdrüsen. Während und nach der männlichen Pubertät verstopfen viele Talgdrüsen an ihrer eigenen überstürzten Sekretion. Es entstehen Talgpfropfen (Mitesser, Komedonen), die einer eitrigen Entzündung der Talgdrüsen (Akne) den Weg bahnen. Auf Zeichen von Akne ist auch bei Patienten und Patientinnen zu achten, die Hormonpräparate mit vorwiegend androgener Wirkung erhalten.

Duftdrüsen

An einigen Stellen des Körpers (Achselhöhle, Genitalregion) finden sich umgewandelte Schweißdrüsen, deren Sekret für den charakteristischen Körpergeruch eines – ungewaschenen – Menschen sorgt (Duftdrüsen, Glandulae sudoriferae apocrinae). Wie der lateinische Name schon sagt, handelt es sich um Drüsen mit apokriner Sekretion: Die Zelle schnürt also Teile ihres Zytoplasmas mitsamt dem Sekret ab.

Duftdrüsen haben für uns „moderne" Menschen sicherlich nicht mehr dieselbe hohe Bedeutung wie bei unseren stammesgeschichtlichen Vorfahren. Im Tierreich gibt sich z. B. ein paarungsbereites Weibchen durch einen charakteristischen Geruch zu erkennen; die Duftdrüsen dienen also der Erhaltung der Art.

Pheromone. Inwiefern körpereigene Sexuallockstoffe (Pheromone) die Partnerwahl auch bei uns Menschen beeinflussen, ist noch nicht ganz geklärt. Psychophysische Experimente haben jedoch ganz klar einen Einfluss von Pheromonen bewiesen. Dabei scheinen Frauen einen deutlich ausgeprägteren Sinn für männliche Pheromone zu besitzen als umgekehrt. In einem Kino mit freier Platzwahl wurden Programmhefte ausgelegt, die entweder mit männlichen Pheromonen behandelt worden waren oder nicht. Eine Befragung am Ende des Films ergab, dass die Frauen, die auf den Sitzen mit den hormonbehandelten Heften gesessen waren, den Film statistisch signifikant positiver beurteilten als die Frauen mit unbehandelten Heften.

Salben und Cremes. *Salben* bestehen aus Fett mit feinverteilten wasserlöslichen Tröpfchen (Wasser-in-Öl-Emulsion). Bei *Cremes* steht dagegen die wasserlösliche Phase im Vordergrund (Öl-in-Wasser-Emulsion). Cremes fühlen sich angenehmer an und lassen sich besser auf der Haut verteilen. Allerdings ist es ein Trugschluss zu glauben, Cremes würden besser „in die Haut einziehen". Die Tatsache, dass ein Cremebelag im Verlauf von Minuten weniger wird, ist vielmehr auf simple Verdunstung der wasserlöslichen Phase zurückzuführen. Dies trifft im Besonderen für die noch wasserreicheren Präparate wie z. B. *Lotions* oder *Milks* zu.

Alkoholische Lösungen bzw. *Gele* können hauteigenes Körperfett lösen und verdunsten. Sie trocknen die Haut sehr stark aus und sind dementsprechend nur dann sinnvoll, wenn die Haut zuviel Fett produziert (Akne, Seborrhöe). Eine angemessene Hautpflege muss also unbedingt auf den individuellen Hauttyp abgestimmt sein. Die Faustregel „je älter die Haut, umso höher der Fettgehalt im Pflegemittel" ist zwar prinzipiell richtig, für den Einzelfall aber zu pauschal.

Hautatmung. Die Hautatmung gehört zu den offenbar unausrottbaren Fabeln im Bereich der Physiologie. Daher hier ein klares Wort: *Menschliche Haut atmet nicht!* Nur Frösche und einige andere Amphibien können mit ihrer Haut atmen! Der menschliche Körper nimmt über die Haut weder Sauerstoff auf, noch versorgt sich die Haut selbst mit Sauerstoff aus der Luft. Luftdurchlässige Naturstoffe fühlen sich deshalb angenehmer an als ein luftdichter Plastiksack, weil sie die Verdunstung von Schweiß nicht behindern.

Haare und Nägel

Haare und Nägel sind nichts anderes als Spezialformen der allgemeinen Hornschicht der Haut. Im Tierreich ist das Haarkleid der wichtigste Schutz vor Auskühlung und, besonders bei Nagetieren und Katzen, ein ganz zentrales Tastorgan. Nägel (Klauen, Hufe, Krallen) sind mal Schuh, mal Werkzeug und mal Waffe. Auch wenn diese Funktionen bei uns Menschen kaum noch eine Rolle spielen, sind Haare und Nägel doch psychologisch sehr stark mit unserem Schönheitsideal verknüpft.

Aufbau eines Haares

Das Haar besteht aus:

- dem Haarschaft *(Scapus pili)*,
- der Haarwurzel *(Radix pili)* und
- der Wurzelscheide *(Vagina pili)*.

Der Teil eines Kopf-, Körper- oder Barthaares, einer Augenbraue oder Wimper, der über die Haut hinausragt, heißt Haarschaft *(Scapus pili)*, der in der Haut verborgene Teil Haarwurzel *(Radix pili)*. Die Haarwurzel ***(Abb. 2.9)*** steckt in der Wurzelscheide (Haarbalg, *Vagina pili*), einer Einstülpung der epithelialen Keimzellschicht und des umgebenden Bindegewebes. Sie durchdringt die gesamte Lederhaut und endet als deutlich verdickte Haarzwiebel *(Bulbus pili)* im Unterhautgewebe.

Am unteren Pol der Haarzwiebel dringt die Haarpapille *(Papilla pili)* als bindegewebiger Dorn in die Haarzwiebel vor. Sie bildet die Leitschiene, entlang derer sich in der frühen Kindheit neue Haare bilden und später überalterte Haare durch neue ersetzt werden. Etwa auf halber Höhe der Haarwurzel setzt der aus glatten Muskelzellen bestehende Haarmuskel *(M. arrector pili)* an. Er entspringt in den oberflächlichen Schichten der Lederhaut und richtet das Haar bei Kälte und emotionaler Anspannung gegen den Strich auf. Dadurch erreichen felltragende Tiere

Haar im Längsschnitt

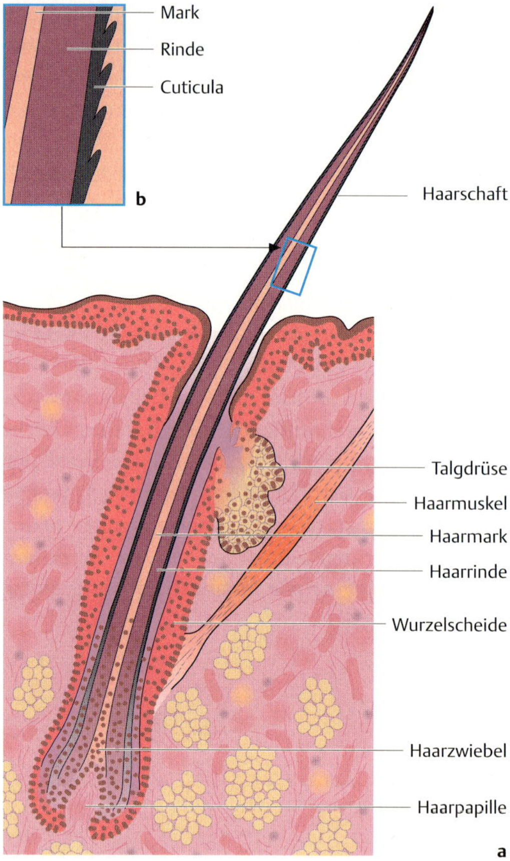

Abb. 2.9a, b Abbildung (**a**) zeigt einen Schnitt durch die Haarwurzel. Das Haar wächst, ausgehend von der Haarzwiebel, innerhalb der Wurzelscheide. Die Haarzwiebel selbst liegt bereits an der Grenze der Lederhaut zum Unterhautgewebe. Jeder Haarschaft kann durch einen eigenen kleinen Haarmuskel verkippt werden. Im Zoom (**b**) wird der dreischichtige Aufbau der Haare deutlich.

eine bessere Kälteisolation und wirken gleichzeitig bedrohlicher. Die Gänsehaut ist das menschliche Äquivalent eines gesträubten Fells.

Das Haar selbst besteht aus weichem Haarmark *(Medulla pili)*, das von einer dicken Hornmanschette, der Haarrinde *(Cortex pili)* umgeben wird. Die Haarrinde sorgt für die Festigkeit und „Spannkraft“ des Haares. Feine Haare haben einen Durchmesser um 50 μm und eine dünne Rinde; feste Haare werden bis zu 150 μm dick. Dicke Haare mit kreisrundem Querschnitt sind typisch für Asiaten. Das Haar liegt glatt dem Kopf an und ist eher derb. Blondes Haar von Menschen weißer Rasse ist typischerweise lockig und fein bis dünn. Es zeichnet sich dadurch aus, dass sein Querschnitt oval ist.

An der Oberfläche des Haares erkennt man eine einzelne Lage aus schuppenartig übereinander gelagerten verhornten Epithelzellen, die *Cuticula*. Der Strich der Cuticulaschuppen geht vom Haarbalg zum freien Ende. Daher verkeilt sich die Cuticula im Haarbalg, sobald man am Haar zieht, und erschwert auf diese Weise das Ausreißen.

Haarwachstum und Haarwechsel

Jeden Tag wachsen die Haare um durchschnittlich 0,3 mm (ca. 1 cm pro Monat). Die Lebensdauer eines Kopfhaares beträgt 4–5 Jahre, die von Wimpern und Augenbrauen aber nur maximal 4–6 Monate. Daraus erklärt sich die unterschiedliche Länge dieser Haartypen. Im letzten „Lebensabschnitt“ des Haares verkürzt sich der Haarbalg immer mehr. Die Haarzwiebel spaltet sich besenartig auf (Kolbenhaar). Je weiter das Kolbenhaar nach oben rückt, desto leichter geht es aus. Gleichzeitig wächst aber die Haarpapille tiefer ins Unterhautgewebe vor und bildet bereits wieder eine neue Haarzwiebel ***(Abb. 2.10)***.

Geht man von einer Lebensdauer von 4–5 Jahren und einer mittleren Anzahl von 100 000 Kopfhaaren (Rothaarige 60 000, Schwarzhaarige bis 150 000) aus, dann verliert man pro Tag durchschnittlich 60 Haare, ohne dass deren Gesamtzahl abnehmen würde.

Haarausfall. Unter dem Einfluss von Testosteron fallen beim *Mann* die Haare jenseits des 20. Lebensjahres mehr und mehr aus, wobei die Geschwindigkeit des Haarausfalls genetisch vorbestimmt ist. Die kahlen Stellen beginnen bekanntlich fast immer an der seitlichen Stirnregion und vergrößern sich nach hinten (Geheimratsecken). Später dünnt sich das Kopfhaar am Scheitel aus. Fast immer bleibt auch bei stark kahlköpfigen Männern ein Haarkranz über dem Schläfen- und Hinterhauptbein erhalten.

Haarausfall bei *Frauen* vor der Menopause ist immer pathologisch und zumeist die Folge einer komplexen Hormonstörung. Im Alter wird das Kopfhaar allgemein dünner, ohne dass sich spezielle Vorzugs-

Haarwechsel

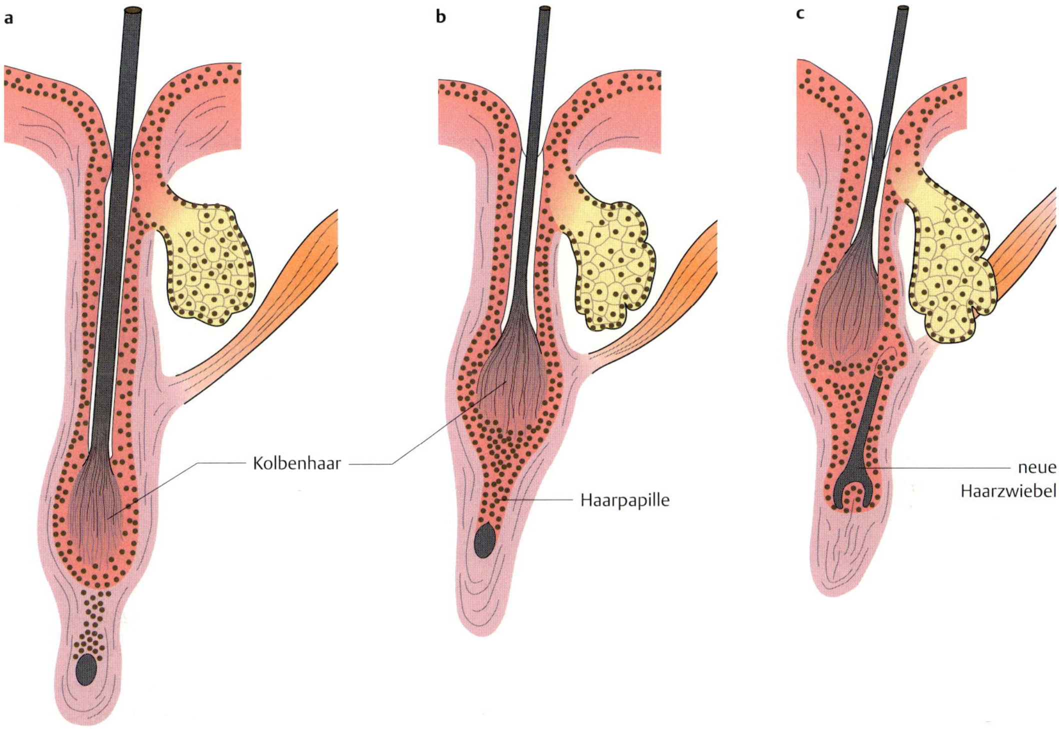

Abb. 2.10a-c Ältere Haare fransen an ihrer Wurzel zu einem Kolbenhaar aus (**a**). Während das Kolbenhaar langsam in der Wurzelscheide nach oben geschoben wird (**b**), bildet sich am Grund der Haarwurzel bereits wieder eine neue Haarzwiebel. (**c**) zeigt die Situation kurz vor dem natürlichen Ausfall des alten Haares.

stellen des Haarausfalls erkennen lassen. Die Haare sitzen dann auch nicht mehr so fest in ihren Haarbälgen und können durch ungeschicktes Frisieren büschelweise ausreißen. Haarbürsten und -kämme dürfen daher keine scharfen Kanten aufweisen (Pressplastik mit Graten). Außerdem sollte man unbedingt mit einer groben Bürste beginnen und einen feinen Kamm – wenn überhaupt – erst danach einsetzen.

Nach einer *Chemotherapie* fallen meist sämtliche Körper- und Kopfhaare aus. Die Ursache ist, dass die Chemotherapie die Zellteilungen im Organismus verlangsamt oder sogar ganz stoppt. Gewebe mit abnormal rascher Zellteilung (Tumoren) gehen dadurch zugrunde. Natürlich wirkt sich die Chemotherapie auch auf körpereigene Gewebe aus, die einer raschen Zellteilung unterliegen, besonders den Magen-Darm-Trakt und die Haut. Ob und wie ein Medikament zwischen dem Tumor und körpereigenem Gewebe unterscheiden kann und dann idealerweise nur ersteren angreift, ist seit Jahrzehnten das spannendste Thema in der Onkologie überhaupt.

Nägel

Funktion

Die Nägel (*Ungues*, ***Abb. 2.11***) der Finger, in gewissem Maß auch der Zehen, erfüllen auch bei uns „zivilisierten" Menschen eine wichtige Funktion, derer wir uns meist nur dann bewusst werden, wenn ein Nagel, z. B. nach einem ungeschickten Hammerschlag, ausgefallen ist: Als Pinzette erlauben sie es, auch sehr kleine Objekte festzuhalten und zu manipulieren. Sie stabilisieren die Fingerkuppe und geben der Beugeseite der Fingerendglieder ein Wider-

Nägel

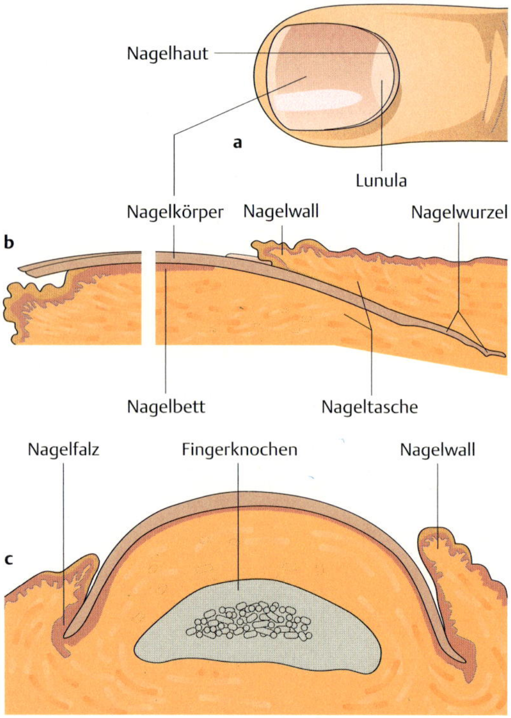

Abb. 2.11a-c Finger- und Zehennägel wachsen von ihrer Nagelwurzel her nach vorn. Unterhalb der Aufsicht (**a**) sehen Sie den Nagel im Längsschnitt (**b**) und Querschnitt (**c**). Beachten Sie in Abbildung (**c**), dass sich die Oberhaut im Bereich des Nagelfalzes tief ins Gewebe hinein fortsetzt

lager. Ohne dieses Widerlager ist der Tastsinn erheblich beeinträchtigt, was uns schon bei ganz alltäglichen Dingen behindert (Schreiben, Halten einer Kaffeetasse).

Aufbau und Wachstum

Jeder Nagel besteht aus:

- dem eigentlichen Nagelkörper *(Corpus unguis)*,
- dem darunter liegenden Nagelbett *(Hyponychium)* und
- dem beidseits 3–5 mm tiefen Nagelfalz.

Das eigentliche Wachstum des Nagels vollzieht sich in der Nageltasche *(Matrix unguis)*, genauer gesagt an ihrem gelenkseitigen Rand, der Nagelwurzel *(Radix unguis)*. Oberhalb der Nagelwurzel schlägt die Haut als Nagelwall ca. 5 mm auf den „jungen" Nagel um. An dem halbmondförmigen weißlichen Bezirk am Beginn des Nagels *(Lunula)* geht die Nageltasche unvermittelt ins Nagelbett über.

Nagelwachstum. Wie Sie sicher schon bei der Nagelpflege bemerkt haben, wachsen die Nägel unterschiedlich schnell. Daumen- und Großzehennagel führen das Rennen mit ca. 0,1 mm/Tag an, während die Nägel der kleineren Zehen jeden Tag nur 40–60 μm länger werden. Schwerere Allgemeinerkrankungen behindern das Nagelwachstum und sind noch Monate später als quer zur Wachstumsrichtung stehende Furchen („Jahresringe") abzulesen.

Nägel wachsen gut, wenn auch langsam nach. So lange das Keimepithel der Nagelwurzel nicht zerstört ist, bildet sich immer wieder ein vollständiger Nagel nach, auch wenn der alte komplett abgestoßen oder entfernt wurde.

! Haare und Nägel sind Sonderformen der Hornschicht der Haut. Haare wachsen aus der Haarpapille heraus und bestehen aus Cuticula, Rinde und Mark. Nägel dienen als körpereigene Pinzette bei feinmotorischen Bewegungen mit.

2.4 Tastsinn

Sensoren der Haut

Bedeutung des Tastsinns

In der „klassischen“ physiologischen Literatur zählt der Tastsinn zu den so genannten niederen Sinnen. Das ist sicherlich in dieser vereinfachenden Form falsch. Wenn durch eine teilweise Nervenlähmung der Tastsinn einer Hand ausgefallen ist, wird diese für den Patienten praktisch wertlos. Für Blinde ersetzt der Tastsinn viele Aufgaben der Augen (Lesen, Gestalterkennung). Ein enger und positiver Körperkontakt mit der Mutter ist schließlich für die geistige und körperliche Entwicklung eines Kindes von entscheidender Bedeutung.

Jede Bewegung, vor allem das Greifen und Halten von Gegenständen, vollzieht sich durch die fein abgestimmte Zusammenarbeit von Motorik und Sensorik. Dem Tastsinn kommt dabei die Aufgabe zu, Kraft und Geschwindigkeit des Griffes zu überprüfen und die Muskelkontraktion entsprechend zu regulieren (Rückkopplung). Eine Reihe spezialisierter Rezeptoren übersetzt die verschiedenen Arten von Druck und Berührung in afferente – das heißt zum zentralen Nervensystem hin führende Signale ***(Abb. 2.12)***.

Verteilung der Hautrezeptoren

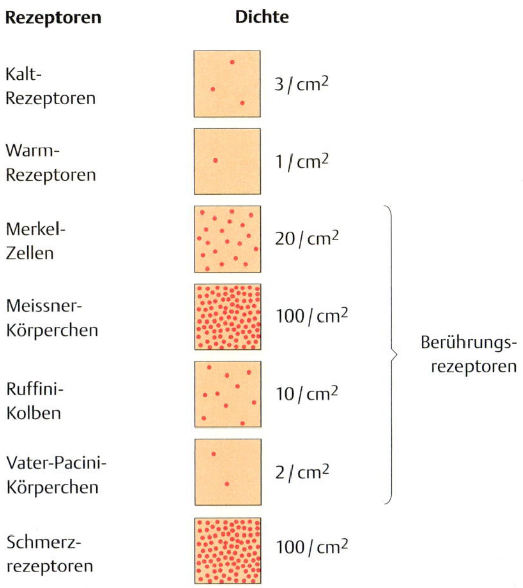

Abb. 2.12 Auf je einem Quadratzentimeter Haut (hier maßstäblich dargestellt) finden sich im Schnitt ca. 130 Berührungsrezeptoren, 100 Schmerzrezeptoren, aber nur wenige Temperaturfühler. Die Anzahl und das Verhältnis der einzelnen Typen zueinander unterscheiden sich zwischen verschiedenen Hautbezirken beträchtlich.

Arten von Sensoren

Man unterscheidet folgende Sensoren:

- Merkel-Zellen,
- Meissner-Körperchen,
- Ruffini-Kolben,
- Vater-Pacini-Körperchen sowie
- Kälte- und Wärmerezeptoren.

Merkel-Zellen

Die einfachsten Rezeptoren des Tastsinns sind die Merkel-Zellen *(Menisci tactus)* in der Basalzellschicht der Oberhaut ***(Abb. 2.13)***. Diese großen, stark mit Mitochondrien besetzten Zellen geben ihre Impulse über Synapsen an eine gemeinsame Nervenfaser ab, so dass nur die gemeinsame Erregung mehrerer benachbarter Merkel-Zellen als Signal ans Rückenmark weitergeleitet wird (Signalkonvergenz).

Das Hautareal, über dem man durch einen mechanischen Reiz genau eine afferente Nervenfaser erregen kann, heißt rezeptives Feld (RF). An den Fingerbeeren sind die rezeptiven Felder mit ca. 50 pro cm^2 am häufigsten; an der Handwurzel gibt es schon nur noch 5 RF/cm^2.

Funktion. Bei den Merkel-Zellen handelt es sich um so genannte Proportionalsensoren (P-Sensoren, SA I-Sensoren für „slowly adapting“), d.h. sie übersetzen einen doppelt so starken Druck auf die Haut in annähernd die doppelte Anzahl von Aktionspotenzialen pro Sekunde. P-Sensoren adaptieren nicht, feuern also bei gleichbleibendem Druck immer gleich stark, egal wie lange der Druck schon einwirkt.

Hautrezeptoren

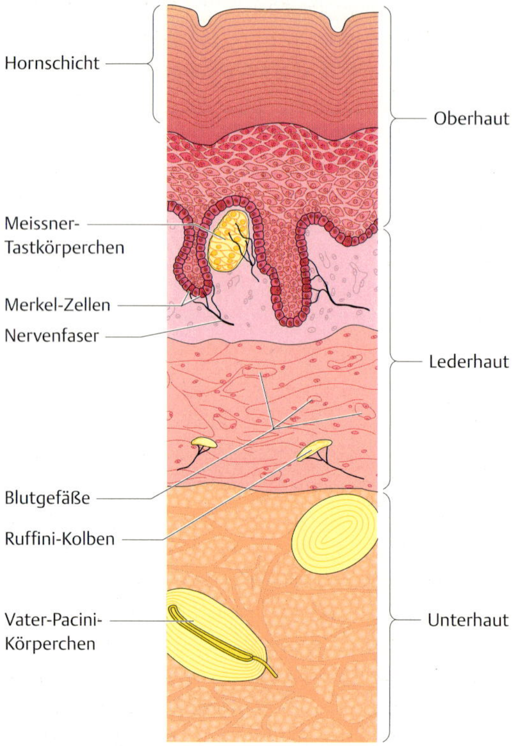

Abb. 2.13 Auf diesem Schnitt durch einen Bezirk der Leistenhaut wurde besonderer Wert auf die Tastrezeptoren gelegt. Sie erkennen, dass Meissner-Körperchen und Merkel-Zellen sehr oberflächlich, nämlich im Papillarkörper der Lederhaut, liegen, während die großen Vater-Pacini-Körperchen tief im Unterhautgewebe eingebettet sind.

Merkel-Zellen sind häufig und klein. Sie registrieren einfach den Druck auf die Haut (P-Sensoren).

Meissner-Körperchen

Ebenfalls an der Grenze zwischen Ober- und Unterhaut liegen die ovalen, 40–180 μm langen Meissner-Tastkörperchen *(Corpuscula tactus)*. Ein Meissner-Körperchen stellt man sich am besten als Stapel aus etwa einem Dutzend keilförmiger Zellen vor, deren breite Basis jeweils nach außen zeigt. Zwischen den Zellen windet sich eine afferente Nervenfaser hindurch. Meissner-Körperchen benötigen wir insbesondere, um kleinere Gegenstände präzise zu greifen. An der Fingerbeere konnte man bis zu 130 rezeptive Felder pro cm^2 ausmessen.

Funktion. Im Unterschied zu den Merkel-Zellen reagieren die Meissner-Körperchen nicht auf einen anhaltenden Druck, sondern nur auf Druckveränderungen: Je schneller sich der Druck ändert, um so stärker feuert die Nervenfaser (Differenzialsensoren, D-Sensoren, RA-Sensoren für „rapidly adapting"). Auf einem gleichbleibend schwachen oder starken Druck auf die Haut reagieren die Afferenzen dagegen weniger.

Meissner-Körperchen sprechen besonders stark auf Druckänderungen in der Haut an, reagieren aber kaum auf gleichbleibenden Druck (D-Sensoren).

Ruffini-Kolben

Tief in der Lederhaut verborgen liegen einige wenige Ruffini-Kolben (Ruffini-Körperchen). Diese flachen, von einer Bindegewebehülle umgebenen Zellhaufen enthalten ein dichtes Knäuel afferenter Nervenfasernmit vielen Synapsen. Sie ähneln darin den Golgi-Sehnenorganen, mit denen sie auch die Hauptaufgabe – Messen der Spannung im Gewebe – gemeinsam haben.

Funktion. Ruffini-Kolben sind relativ selten (10–20 RF/cm^2) und kommen vorzugsweise an den Stellen vor, an denen die Haut starke Scherkräfte zu bewältigen hat (Handfläche).
Ruffini-Kolben sind weder reine Proportional- noch reine Differenzialsensoren. Sie reagieren auf schnelle Reize stärker als auf langsame, adaptieren aber niemals vollständig (Proportional-Differenzial-Sensoren, PD-Sensoren, SA II-Sensoren). Darin ähneln sie auffallend den Muskelspindeln und Sehnenorganen des motorischen Systems.

Ruffini-Kolben messen die Spannung in der Lederhaut, reagieren aber noch empfindlicher auf Spannungsänderungen (PD-Sensoren).

Vater-Pacini-Körperchen

Noch tiefer als die Ruffini-Kolben, nämlich bereits im Unterhautfettgewebe, sieht man schon mit dem bloßen Auge die ca. 1–4 mm großen Vater-Pacini-

Körperchen (Lamellenkörperchen, *Corpuscula lamellosa*). Jedes Körperchen besteht aus einer zwiebelartigen Schale von bis zu 60 Lagen platt gedrückter Epithelzellen, die eine große zentrale Nervenendigung umgibt. An den Fingern trifft man bis zu 20 RF/cm^2 an, während ein Quadratzentimeter der übrigen Haut nur etwa 2 rezeptive Felder beherbergt.

Funktion. Es handelt sich um so genannte Beschleunigungssensoren (PC-Sensoren), d.h. die afferente Faser feuert nur am Anfang und am Ende eines zunehmenden Druckreizes. Besonders empfindlich reagieren die Körperchen daher auf Vibrationen, bei denen sich ständig Richtung und Geschwindigkeit des Reizes ändern. Schält man ein solches Körperchen ab, dann verliert es diese erstaunliche Charakteristik. Die Lamellen übersetzen also auf mechanische Weise Druck in Beschleunigung.

Vater-Pacini-Körperchen sind reine Sensoren für Vibration. Sie sprechen nur auf sich schnell ändernde Berührungsreize an, nicht hingegen auf gleichbleibenden Druck (D-Sensoren).

Kälte- und Wärmerezeptoren

Als Sensoren für Wärme und Kälte konnte man keine spezifischen Rezeptoren ausmachen, sondern lediglich freie Nervenendigungen in der Haut, die sich mikroskopisch in nichts von den Schmerzfühlern unterscheiden. Offensichtlich wirken die meisten freien Nervenendigungen als Schmerzsensoren, einige wenige aber als Temperaturfühler.

Funktion. Wärme- und Kältesensoren sind selten; auf 1 cm^2 Haut der Fingerbeere kommen nach neueren Untersuchungen nur 2–3 Kalt- und maximal 2 Warmsensoren (höhere Zahlen in älteren Büchern sind wahrscheinlich unzutreffend). Nur im Mundbereich und an den Lippen stehen die Sensoren wesentlich dichter ($>$ 20 RF/cm^2).

Erfühlen der Körpertemperatur. Wärme- und Kältesensoren können *adaptieren*: Nach einem Sonnenbad erscheint uns selbst 27 °C warmes Badewasser als Erfrischung, während wir dieselbe Temperatur im Winter, etwa im Hallenbad, als angenehm warm empfinden.

Temperaturen fühlt man „traditionellerweise" mit dem Handrücken, nicht mit der Fingerbeere. Obwohl Kälte- und Wärmesensoren auf der Handfläche viel häufiger sind, wird dort der Temperatureindruck zu stark durch den Tastsinn überlagert und dabei verfälscht. Wegen der schnellen Adaptation der Sinneszellen ist es trotzdem fast unmöglich, Temperaturen (z. B. Fieber) allein durch „Handauflegen" zu messen.

2.5 Mimische Muskulatur

Noch weit stärker als durch Bewegungen (Gestik) teilen wir uns durch unseren Gesichtsausdruck (Mimik) anderen Menschen mit. Es ist – jedenfalls für uns Europäer – irritierend, mit jemandem zu sprechen, der – beispielsweise nach einer Gesichtsmuskellähmung (Fazialisparese) – keine Mimik zeigen kann oder keine Mimik zeigen möchte („Pokerface"). Ein solcher Gesprächspartner verunsichert die meisten Menschen, da die für ein gelungenes Gespräch notwendige nonverbale Kommunikation, also das gleichzeitige, meist unbewusste Übermitteln von Emotionen ohne gesprochene Sprache, nicht gelingt.

Art und Innervation. Die mimische Muskulatur ***(Abb. 2.14)*** gehört zu den quergestreiften Muskeln, genau wie die Sklettmuskulatur auch. Sie hat eine einheitliche Entstehungsgeschichte und daher auch eine gemeinsame Innervation aus dem VII. Hirnnerv (N. facialis). Mimische Muskeln sind fast so fein innerviert wie die Augenmuskeln oder die Zunge. Sie beanspruchen ein großes Projektionsareal in der motorischen Großhirnrinde (s.S. 282, Abb. 9.22). Daran erkennt man die enorme Bedeutung der Mimik für das Sozialverhalten von uns Menschen.

Mimische Muskulatur

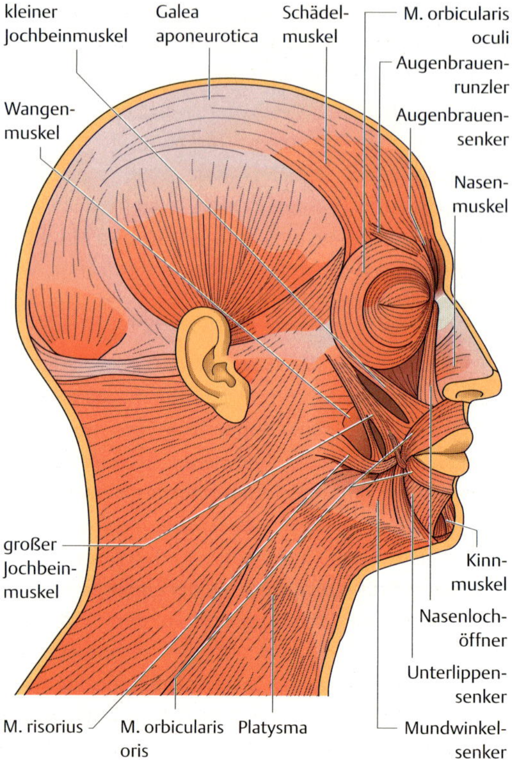

Abb. 2.14 Die oberflächlichen Gesichtsmuskeln verbinden sich, im Gegensatz zu allen anderen Muskeln, direkt mit der Haut. Besonders im Bereich von Mund und Nase sehen Sie eine Vielzahl unterschiedlicher Muskelfaserbündel. Diese verursachen je nach Zusammenspiel einen ganz unterschiedlichen Gesichtsausdruck.

Ekel, Abscheu

Wenn wir uns vor einer Sache ekeln, dann bilden sich auf der Haut des Halses tiefe Längsfurchen, und die Mundwinkel ziehen sich nach unten. Verantwortlich dafür ist in erster Linie das *Platysma*, ein flächenhafter Hautmuskel, der von den Mundwinkeln und dem Kinn seitlich über den Unterkieferknochen in die oberflächliche Halsfaszie einstrahlt.

Das Platysma bedeckt meist die gesamte vordere Halsregion und reicht seitlich bis zum Akromion oder sogar darüber hinaus. Es ist ein Überbleibsel einer ausgedehnten Muskelplatte, die z. B. bei Huftieren die gesamte Haut durchsetzt. Rinder und Pferde benutzen diesen Muskel, um ohne viel Aufwand lästige Fliegen zu verscheuchen.

Der Mundwinkelsenker *(M. depressor anguli oris)* verbindet den Mundwinkel mit dem Unterkieferknochen. Entsprechend zieht er den Mundwinkel nach unten (Ekel, Trauer). Dieselbe Aufgabe hat der etwas tieferliegende Unterlippensenker *(M. depressor labii inferioris)*.

Erstaunen

Beim „erstaunten Blick" heben sich die Augenbrauen, die Lippen werden spitz und die Lidspalte weit. Der Schädelmuskel *(M. occipitofrontalis)* besteht eigentlich aus einer großen Sehnenplatte, die den knöchernen Schädel von vorn nach hinten überzieht *(Galea aponeurotica)*. Ein kleiner Muskelbauch am hinteren Ende zieht diese Sehnenplatte insgesamt nach hinten und strafft damit die Haut der Stirn – die Augenbrauen heben sich. Der flächenhafte vordere Muskelbauch unter der Stirnhaut wird dabei gedehnt.

Dicht unter dem Lippenrot umgibt ein ringförmiger Muskel (*M. orbicularis oris*) die Mundöffnung. Er verschließt diese beim Essen und spitzt die Lippen. Eigentlich handelt es sich nicht um einen richtigen Ringmuskel, sondern um zwei halbkreisförmige Muskelbündel für Ober- und Unterlippe, die sich aber am Mundwinkel eng ineinander verflechten.

Ärger, Zorn, Wut

Jeder Hobby-Karikaturist stellt einen wütenden Menschen mit gefurchter Stirn, herabgezogenen Augenbrauen und kleinen, spaltförmigen Augen dar. Die meisten dieser furchterregenden Wirkungen zeitigt der vordere Bauch des Schädelmuskels. Seine Kontraktion furcht die Stirn und senkt die Augenbrauen. Außerdem bewegen zwei kleine Muskeln an der Nasenwurzel, der Augenbrauenrunzler *(M. corrugator supercilii)* und der Augenbrauensenker *(M. depressor supercilii)*, die Haut zwischen den inneren Winkeln beider Brauen und führen diese noch näher an den inneren Augenwinkel heran.

Der *M. orbicularis oculi* ist ein echter Ringmuskel. Er umgibt das Auge wie ein rundes Brillenglas. Der Muskel verengt die Lidspalte („kleine Augen") und verursacht die Fältchen am Augenwinkel („Krähenfüße"). Außerdem erleichtert er den Abfluss der Trä-

nenflüssigkeit, indem er rhythmisch die Tränenwege ausmelkt.
Bei einigen Menschen weiten sich außerdem die Nasenlöcher, wenn sie in Rage geraten, sie „schnauben vor Wut“. Der Nasenmuskel (*M. nasalis*) zieht von der Haut der Nasenflügel zum Oberkieferknochen im Bereich des Eckzahns. Seine physiologische Aufgabe ist es u.a., bei einer starken Einatmung durch die Nase die Nasenlöcher offen zu halten. An vielen Tieren lässt sich dieses „Schnauben“ oder auch „Wittern“ recht gut beobachten.

Ablehnung

Eine ganz entschiedene Ablehnung bringen wir hauptsächlich durch Kopfschütteln zum Ausdruck. Gleichzeitig pressen wir Lippen und Zahnreihen aufeinander und furchen das Kinn – wir wehren uns gegen etwas, das wir im übertragenen Sinne nicht „schlucken“ mögen.
Diese Bewegungen sind daher genauso, als ob sich ein kleines Kind entschieden gegen das zwangsweise Füttern sträuben würde. Neben dem *M. orbicularis oris* spannt sich der Wangenmuskel *(M. buccinator)* an. Dieser wichtige Muskel verbindet Ober- und Unterkiefer miteinander und formt so die Innenkontur der Wange.
Wir benötigen den Muskel hauptsächlich zum Essen (Freiräumen des Mundvorhofs) sowie zum Sprechen und Pfeifen (Stabilisieren der seitlichen Mundwandung). Er wird zwar wie alle mimischen Muskeln vom VII. Hirnnerv (N. facialis) innerviert, hat aber als einziger keine fixe Anheftung an die Haut. Außerdem verspannt die Kaumuskulatur Unter- und Oberkiefer fest miteinander.
Der Kinnmuskel *(M. mentalis)* überdeckt das Kinn von oben nach unten und erzeugt auf diese Weise Querfalten oder Grübchen.

Trauer, Weinen

Beim Weinen vertieft sich die Falte zwischen der Nase und dem seitlichen Mundwinkel (Nasolabialfalte). Das ist die Folge einer Kontraktion des kleinen Jochbeinmuskels *(M. zygomaticus minor)*, der die Oberlippe mit dem vorderen Rand des Jochbogens verbindet. Weil der Jochbogen ein fixer Teil des Schädelskeletts ist, hebt der Muskel gleichzeitig die Oberlippe an.

Lächeln, Lachen

Lächeln kann und sollte man trainieren, nicht zuletzt weil ein freundlicher Gesichtsausdruck auch die Seele aufheitert.
In Illustrierten ist immer wieder zu lesen, es gäbe über 20 verschiedene Lachmuskeln. Das ist so nicht ganz richtig, obwohl am schallenden Gelächter fast alle mimischen Muskeln teilhaben. Den Namen Lachmuskel (*M. risorius*) trägt ein kleines Muskelbündel, das den Mundwinkel nahezu waagerecht mit der Wangenhaut verbindet. Er macht den Mund aber nur breiter und wirft die Wangenhaut zu einem Grübchen auf.
Der eigentliche Lachmuskel ist zweifellos der große Jochbeinmuskel (*M. zygomaticus major*). Wegen seiner Verlaufsrichtung vom Mundwinkel schräg aufwärts zur Mitte des Jochbogens hebt er Mundwinkel und Oberlippe spürbar an und öffnet so die Mundspalte.
Im Gegensatz zu einer weitverbreiteten Ansicht können die Augen weder Freude noch Leid ausdrücken. Nur die Größe der Pupille hängt von dem jeweiligen emotionalen Zustand des Menschen ab. Eine weite Pupille findet man aber sowohl bei Schrecken und Angst als auch bei großer Freude (Erregung des Sympathikus). Andererseits wird bei einem echten, ungekünstelten Lächeln die Lidspalte durch Anspannen des *M. orbicuaris oculi* enger. Dies ist nicht der Fall, wenn wir uns zu einem Lachen oder Lächeln zwingen. „Sprechende Augen“ sind also in erster Linie eine Leistung der mimischen Muskulatur.

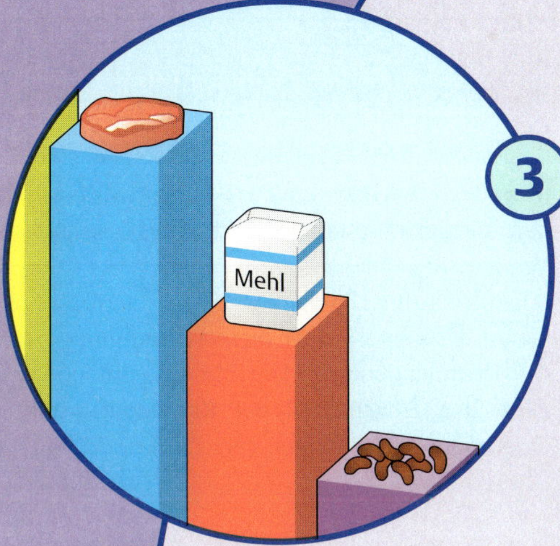

3 ESSEN UND KAUEN

3.1 Grundlagen der Ernährung

Essen ist in vielerlei Hinsicht ein ganz zentraler Bestandteil unseres Lebens. Dies trifft nicht nur auf Gesellschaften zu, in denen die tägliche Nahrungsbeschaffung ein existenzielles Problem darstellt, sondern durchaus auch auf die industrialisierte Welt mit ihrem Überangebot an Nahrungsmitteln.

Wenn Sie ein Mann sind, dann raten Sie doch einmal, welche drei Worte Ihre Angebetete am liebsten von Ihnen hören möchte – nein, nicht was Sie jetzt meinen, sondern „Du hast abgenommen".

Medizinisch betrachtet ist eine richtige Ernährung mit großem Abstand die wichtigste Prophylaxe gegen chronische Erkrankungen wie Arteriosklerose, Degeneration des Bewegungsapparats und einer Reihe von Krebserkrankungen. Der Typ-II-Diabetes, an dem mittlerweile fast jeder Zehnte (!) leidet, ist in den meisten Fällen Folge von Übergewicht und falscher Ernährung. Epidemiologische Untersuchungen lassen befürchten, dass dieser Prozentsatz sich in den kommenden zwei Jahrzehnten verdoppelt und dann den Löwenanteil der Krankheitskosten für chronische Erkrankungen verschlingen wird.

Energiebilanz des Organismus

Nahrung führt dem Körper in erster Linie Energie zu. Abhängig von Größe, Gewicht, Alter, Geschlecht und körperlicher Arbeit benötigen wir unterschiedliche Energiemengen ***(Abb. 3.1)***, die unser Körper zum überwiegenden Teil in Wärme umsetzt. Im Zusammenhang mit der Energiebilanz sind folgende Begriffe von Bedeutung:

- Grundumsatz (Basalstoffwechsel, Basalbedarf),
- Erhaltungsbedarf und
- Leistungsumsatz (Arbeitsumsatz, Freizeitumsatz).

Energieumsatz

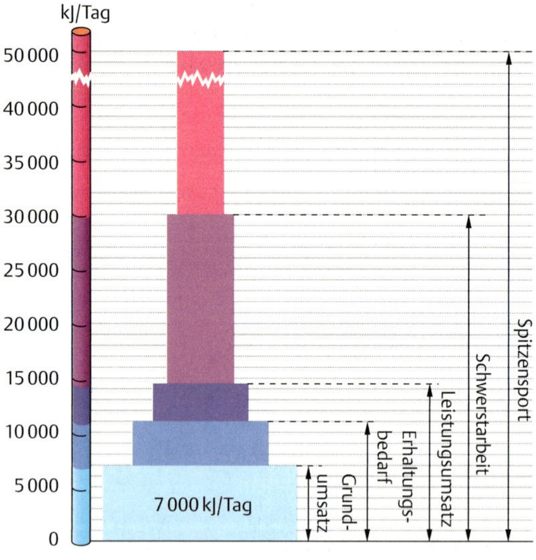

Abb. 3.1 Der Energieumsatz richtet sich nach der körperlichen Leistung eines Menschen. Die angegebenen Daten für Grundumsatz, Erhaltungsbedarf und Leistungsumsatz sind ungefähre Durchschnittswerte für einen ca. 65 kg schweren Mann nach WHO. Die Angaben für Schwerstarbeit und Spitzensport sind Maximalwerte.

Grundumsatz

Im Zustand totaler körperlicher Ruhe in einer gleichmäßig angenehm temperierten Umgebung verbrauchen wir Energie fast nur für Atmung und Herzfunktion, sowie für die Stoffwechselprozesse in inneren Organen, Muskulatur und Fettgewebe. Dieser Grundumsatz (Basalstoffwechsel, Basalbedarf) liegt in der Größenordnung von 4,2 kJ/kg/Stunde (1 kcal/kg/Stunde), das entspricht also ca. 6000–8000 kJ/Tag (1500–2000 kcal/Tag).

Erhöhung des Grundumsatzes. Jede Erkrankung, die mit einer erhöhten Körpertemperatur (Fieber), vermehrter Geweberegeneration (Wundheilung), vor allem aber mit einer Ausschüttung von Stresshormonen (Trauma, Operationen) verbunden ist, erhöht den Grundumsatz dramatisch. Unfallpatienten mit Polytrauma oder Kranke mit schweren allgemeinen Infektionen (Sepsis) erreichen nicht selten Werte bis zu 20 000 kJ/Tag (4800 kcal/Tag)!

Leistungsumsatz

Der Leistungsumsatz (Arbeitsumsatz, Freizeitumsatz) schließlich richtet sich nach dem Schweregrad der körperlichen Betätigung und ist dementsprechend individuell sehr unterschiedlich. Für mittelschwere Arbeit und im weltweiten Maßstag durchschnittliches Körpergewicht von 65 kg („Referenzmann") bzw. 55 kg („Referenzfrau") gibt die WHO einen Leistungsumsatz von 12 500 bzw. 9000 kJ/Tag (3000 bzw. 2200 kcal/Tag) an – ein Wert, der für mitteleuropäische Körpermaße um ca. 2000–3000 kJ/Tag (500–700 kcal/Tag) nach oben korrigiert werden muss. Schwerstarbeit oder konzentriertes Dauerleistungstraining fordert uns 20 000–30 000 kJ/Tag (4800–7000 kcal/Tag) ab, während Spitzensportler an einzelnen Tagen (Ultra-Läufe, Ironman-Triathlon) bis zu 50 000 kJ (12 000 kcal) verbrennen.

Grundnährstoffe und Ballaststoffe

Grundnährstoffe

Die Grundnährstoffe Kohlenhydrat und Eiweiß haben pro Gewichtseinheit in etwa denselben physiologischen Brennwert von ca. 17 kJ/g (4 kcal/g), während 1 g Fett mehr als die doppelte Energieausbeute liefert (39 kJ/g = 9,3 kcal/g, ***Abb. 3.2***).
Hinsichtlich ihrer Rolle als Energielieferanten sind alle Nährstoffe prinzipiell gegeneinander austauschbar. Angesichts der lebenswichtigen Aufgaben von Eiweiß und der potenziell schädlichen Nebenwirkung von Fetten auf den Cholesterinspiegel empfiehlt die WHO langfristig ca. 55 % der Energie aus Kohlenhydraten, maximal 30–35 % aus Fett und mindestens 10–15 % aus Eiweiß zu decken.

Carb-free diet. Nachdem die jahrzehntelange Propaganda für eine fettarme Ernährung in den USA keineswegs zu schlankeren Amerikanern geführt hat, ist seit mehreren Jahren

Energie aus Grundnährstoffen

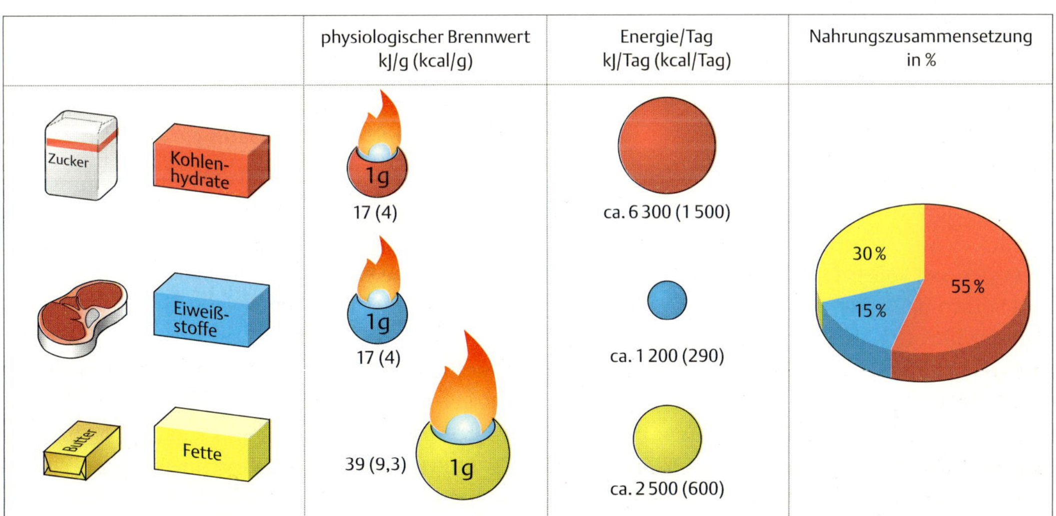

Abb. 3.2 Der Energiebedarf des Körpers lässt sich mit den Grundnährstoffen Kohlenhydrate, Eiweiß und Fett decken. Obwohl Fett im Hinblick auf seinen physiologischen Brennwert der mit Abstand energiereichste Grundnährstoff ist, sollte man nicht mehr als ein Drittel des Energiebedarfs mit Fett decken, da sonst fast unvermeidlich die Cholesterinkonzentration im Blut ansteigt.

"Low carb" oder "carb-free" der Renner, also eine Ernährung mit nur sehr wenig oder gar keinen Kohlenhydraten. Letztlich ist dies eine Neuauflage der alten Atkins-Diät. Der konsequente Verzicht auf Kohlenhydrate – also weder Kartoffeln, Nudeln, Brot, Alkohol, Zucker – führt tatsächlich zu einer deutlichen und schnellen Gewichtsreduktion ohne Mangelerscheinungen und ohne erkennbar negative Folgen auf den Cholesterinspiegel. Es wird angenommen, dass ohne Kohlenhydrate erstens die aufgenommene Menge an Fett geringer ist als bei einer Mischkost und dass zweitens Menschen, die ernährungsbewusst legen, einen höheren Anteil ungesättigter Fettsäuren zu sich nehmen (s. unten). Insgesamt handelt es sich bei low carb allerdings – global gesehen – um eine Luxusernährung für ein Luxusproblem der sogenannten ersten Welt.

Ballaststoffe

Im Gegensatz zu den Grundnährstoffen werden die Ballaststoffe ***(Abb. 3.3)*** nur unvollständig verdaut und nicht ins Blut absorbiert. Die meisten Ballaststoffe gehören chemisch zur Gruppe der Kohlenhydrate und sind Bestandteil der Zellwand von Pflanzen oder Pilzen. Den größten Anteil bilden Zellulose und Hemizellulose („holziges" Gemüse wie etwa grüne Bohnen, Vollkorngetreide), Pektine (Grünpflanzen, Samen), schlecht verdauliche Stärke (enthalten in Kartoffeln und Mais) sowie die Holzsubstanz Lignin (z.B. in Weizenkleie).

Flüssigkeitsbindung

Ballaststoffe quellen im Magen-Darm-Trakt auf und binden dabei erhebliche Mengen an Flüssigkeit. Durch die mechanische Dehnung der Magenwand erzeugen sie Völlegefühl ohne Kalorienaufnahme und wirken daher als natürliche Appetitzügler. Die Nahrung bleibt länger im Magen liegen und gelangt in kleineren Portionen in den Dünndarm.

Darmverschluss durch Ballaststoffe. Beim Umstellen auf eine ballaststoffreichere Ernährungsweise muss man strikt darauf achten, ausreichend Flüssigkeit (mindestens 2–3 l täglich) zu trinken, sonst verkleben die Ballaststoffe und können im Extremfall sogar einen mechanischen Darmverschluss (Ileus) hervorrufen.

Wirkungen der Ballaststoffe

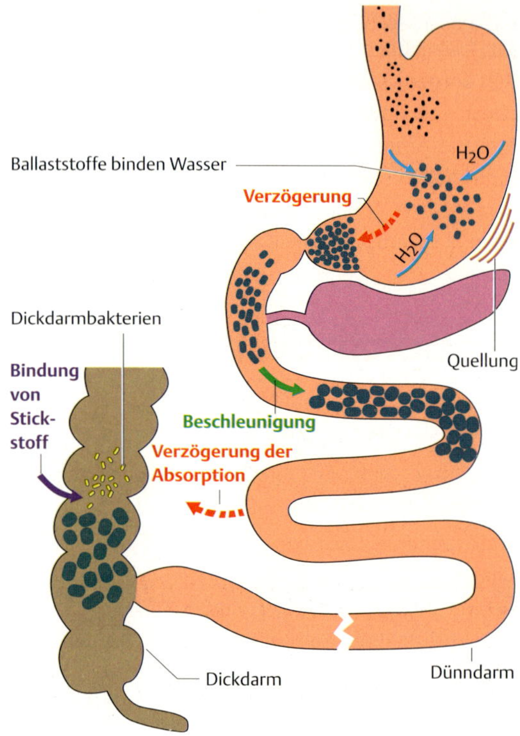

Abb. 3.3 Ballaststoffe nehmen im Magen-Darm-Trakt große Mengen Wasser auf und quellen dementsprechend stark. Dadurch verzögern sie die Magenentleerung, beschleunigen aber die Darmpassage. Im Dickdarm werden sie von Bakterien abgebaut und binden damit stickstoffhaltige Substanzen.

Verzögerung der Verdauung

Ballaststoffe verzögern die Verdauung und Absorption von Grundnährstoffen. Dadurch hält beispielsweise eine Kohlenhydratmahlzeit deutlich länger vor. Auf diese Weise verhindern Ballaststoffe die Ausbildung von Blutzuckerspitzen und eine überschießende Ausschüttung des Bauchspeicheldrüsenhormons Insulin, welche den Blutzuckerspiegel schnell wieder absenkt. Daher bekommt man nach einer ballaststoffarmen Zwischenmahlzeit (Schokoriegel, „Pausensnack"!) wesentlich schneller wieder Hunger, als wenn man beispielsweise Obst isst, welches dieselbe Energiemenge liefert, darüber hinaus aber auch Ballaststoffe enthält.

Senkung des Cholesterinspiegels

Einige Ballaststoffe (Haferkleie, Bohnen) senken den Cholesterinspiegel, indem sie Cholesterin und dessen Abbauprodukte physikalisch binden und mit dem Stuhl entfernen.

Nahrung für Dickdarmbakterien

Ballaststoffe auf Kohlenhydratbasis sind Nahrung für die Dickdarmbakterien. In Abwesenheit von Kohlenhydraten würden diese Bakterien in erster Linie Eiweiß aus toten, abgeschabten Darmwandzellen zu Ammoniak (NH_3) abbauen. Da Ammoniak auf das Nervensystem toxisch wirkt, ist ein bakterieller Kohlenhydratstoffwechsel in jedem Fall vorzuziehen.
In Anwesenheit kohlenhydratreicher Ballaststoffe wachsen die Dickdarmbakterien schneller. Die Bakterienmasse besteht im Wesentlichen aus stickstoffhaltigem Eiweiß, das mit dem Stuhl ausgeschieden wird. Daher gelangt noch weniger Stickstoff in Form des problematischen Ammoniaks ins Blut.

Beschleunigung der Darmpassage

Ballaststoffe beschleunigen die Passage durch Dünn- und Dickdarm, verbessern Peristaltik und Durchblutung und regulieren den Stuhlgang. Dieser Effekt soll dafür verantwortlich sein, dass eine ballaststoffreiche Kost das Risiko von Dickdarmtumoren senkt.

Ballaststoffe sorgen für gleichmäßige Nährstoffaufnahme im Darm und regelmäßigen Stuhlgang. Sie wirken der Entwicklung von Dickdarmkrebs entgegen und sind natürliche Appetitzügler. In zu großen Mengen können Ballaststoffe einen mechanischen Darmverschluss auslösen.

3.2 Verdauung und Stoffwechsel

Stoffwechsel der Eiweiße

Aminosäuren

Alle Eiweißstoffe (Proteine) tierischer und pflanzlicher Lebewesen, also sowohl die Strukturproteine (Muskeleiweiß, Kollagen, Elastin usw.) als auch die Funktionsproteine (Enzyme, Transporteiweiße) setzen sich aus langen Ketten von meist mehreren hundert Aminosäuren zusammen (Kap. 1). Freie, also nicht in Proteine eingebaute Aminosäuren kommen im Plasma nur in geringen Konzentrationen vor (< 2 mmol/l).
Unser Organismus spaltet Nahrungseiweiße zunächst nur bis zur Stufe der Aminosäuren und benutzt diese Bausteine für die Neusynthese von Körpersubstanz. Lediglich der nicht benötigte Rest wird zu CO_2 und Wasser verbrannt. Die Leber entgiftet den dabei frei werdenden Stickstoff zu Harnstoff, den wir über die Niere abgeben.
Wie stark sich unser Stoffwechsel auf die Zufuhr vorgefertigter Proteinbausteine eingestellt hat, geht aus der Tatsache hervor, dass die meisten Aminosäuren essenziell sind, also im Stoffwechsel nicht ausreichend schnell oder überhaupt nicht produziert werden können. Zu dieser Gruppe zählen alle verzweigtkettigen, aromatischen, schwefelhaltigen, und basischen Aminosäuren sowie das neutrale Threonin (***Abb. 3.4, Tab. 3.1***).
Essenzielle Aminosäuren sind für den Körper besonders wertvoll. Sie werden daher beim Erwachsenen etwa fünfmal langsamer umgesetzt als nicht essenzielle Aminosäuren, um die „Reibungsverluste" im Stoffwechsel so gering wie möglich zu halten.

Verdauung und Absorption von Eiweiß

Pepsine

Das stark saure Milieu des Magens (***Abb. 3.5***, pH-Wert ca. 2–3, s.a. Kap. 6, S. 189) überführt die meisten Proteine – ähnlich wie starkes Erhitzen während der Zubereitung – in einen Zustand, in welchem sie leichter aufgeschlossen werden können *(Denaturierung)*. Die saure Umgebung begünstigt den Angriff der Pepsine – eiweißverdauender Enzyme aus den Magendrüsen –, so dass beim Eintritt in den Zwölffingerdarm *(Duo-*

Essenzielle Aminosäuren

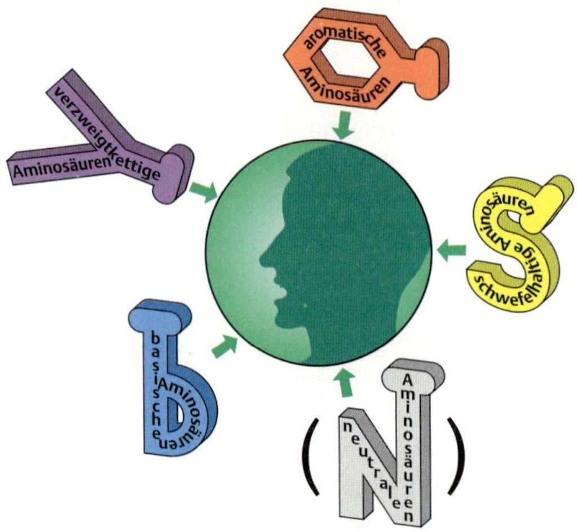

Abb. 3.4 Alle aromatischen, schwefelhaltigen, basischen und verzweigtkettigen Aminosäuren müssen wir mit der Nahrung zuführen. Sie sind damit essenziell. Auch die neutrale Aminosäure Threonin ist essenziell, obwohl der Stoffwechsel sonst alle neutralen Aminosäuren selbst herstellen kann.

Tab. 3.1 Empfohlene tägliche (Mindest-)Aufnahme essenzieller Aminosäuren

Aminosäuren	empfohlene Aufnahme/Tag
neutrale Aminosäuren	
Threonin	500–1500 mg
Histidin	500–900 mg
verzweigtkettige Aminosäuren	
Leucin	1000–1500 mg
Isoleucin	700 mg
Valin	700–1200 mg
schwefelhaltige Aminosäuren	
Methionin und Cystin	900 mg
aromatische Aminosäuren	
Phenylalanin und Thyrosin	1000 mg
Tryptophan	250 mg
basische Aminosäuren	
Lysin	900–1500 mg

denum) bereits ein erheblicher Prozentsatz der Eiweiße vorverdaut wurde.

Pankreaspeptidasen

Nach dem Eintritt in den Darm neutralisiert das alkalische Sekret der Bauchspeicheldrüse *(Pankreas)*

Eiweißverdauung

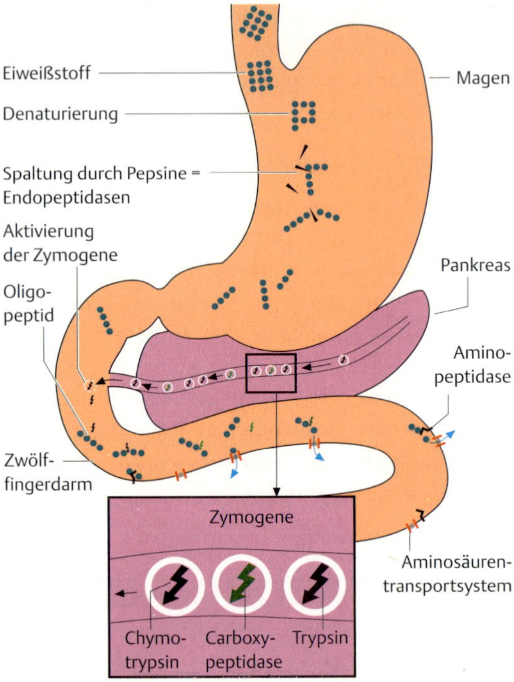

Abb. 3.5 Endopeptidasen spalten Eiweißketten in der Mitte und zerlegen sie zu Oligopeptiden. Solche Enzyme kommen im Magen (Pepsine; schwarze Pfeilspitzen) und im Sekret des Pankreas (schwarze Blitze) vor. Vor der Aufnahme durch Transportsysteme im Epithel der Darmschleimhaut werden diese in der Regel noch von Carboxypeptidasen (grüne Blitze) und Aminopeptidasen (schwarze Dreiecke) von beiden Seiten her angegriffen.

den Nahrungsbrei und erhöht auf diese Weise dessen Angreifbarkeit gegenüber den Pankreaspeptidasen Trypsin, Chymotrypsin, Carboxypeptidase A und B. Damit die Bauchspeicheldrüse sich nicht selbst verdaut, gibt sie ihre Peptidasen in Form inaktiver Vorläufer, sog. *Zymogene* (Proenzyme) ab, die erst im Zwölffingerdarm, durch den Einfluss von Darmwandenzymen aktiviert werden.

Aminopeptidasen des Dündarms

Magen- und Pankreasenzyme zerlegen das Eiweiß im Dünndarm vorwiegend zu freien Aminosäuren, die über die Darmwand ins Blut zur Leber gelangen. Diese Eiweißabsorption vollzieht sich so schnell, dass eine Eiweißmahlzeit (z.B. ein mageres Steak) am Ende des ersten Darmdrittels bereits vollständig ins Blut aufgenommen worden ist.

Stoffwechsel der Kohlenhydrate

Glucose

Alle Kohlenhydrate bestehen aus einigen wenigen Zuckerbausteinen. Der wichtigste Zuckerbaustein (Monosaccharid) ist die Glucose (Traubenzucker). Das aus sechs C-Atomen aufgebaute Glucosemolekül ist der universelle Energielieferant für beinahe alle Organe. Im Normalfall decken die meisten Körperzellen ihren Energiebedarf weitgehend oder ausschließlich aus Glucose.

Hypoglykämie. **Sinkt der Glucosespiegel ab (Hypoglykämie), dann leiden zunächst die höheren Hirnfunktionen: Das Bewusstsein trübt sich bis hin zur Bewusstlosigkeit (*Koma*) ein. In diesem Zustand gehen massenhaft Hirnzellen zu Grunde; sie „verhungern“ im wahrsten Sinn des Wortes. Wiederholte hypoglykämische Anfälle, wie sie bei einem schlecht kontrollierten Diabetes mellitus vorkommen, schädigen das Gehirn unwiederbringlich.**

Anaerobe und aerobe Glykolyse

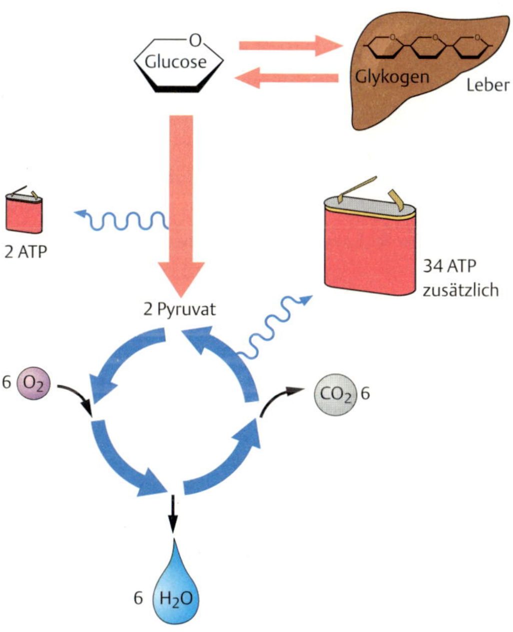

Abb. 3.6 Ohne Sauerstoff kann die Leber Kohlenhydrate wie z. B. Glucose (Traubenzucker) nur bis zu Pyruvat (Brenztraubensäure) abbauen. Bei dieser anaeroben Glykolyse entstehen netto nur zwei energiereiche ATP. Erst unter Sauerstoffverbrauch lässt sich die eigentliche Energie der Glucose (insgesamt 36 ATP) ausnutzen. Hierzu dient ein System aus Trägerstoffen, der Zitratzyklus (blaue Pfeile). Beachten Sie außerdem die Möglichkeit, in der Leber Glykogenreserven zu schaffen bzw. anzugreifen.

Kohlenhydratverdauung

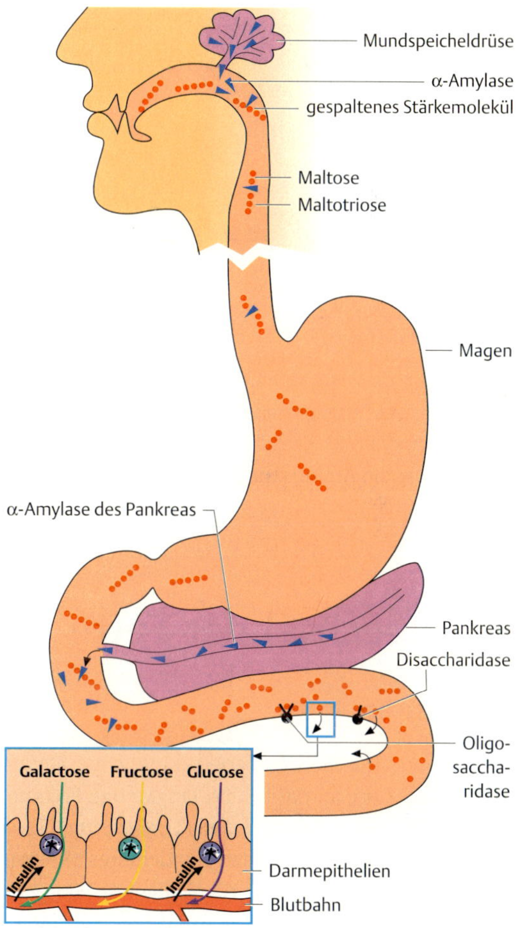

Abb. 3.7 Die α-Amylase des Mundspeichels und des Pankreassekrets zerlegt langkettige Kohlenhydrate (Stärke) in kleinere Oligosaccharide. Spezielle Enzyme (Oligo- und Disaccharidasen) an den Mikrovilli der Darmepithelzellen spalten diese in Einzelbausteine, die Monosaccharide. Erst danach ist eine Aufnahme über die Darmwand möglich. Im Zoom erkennen Sie, dass dasTransportsystem für Fructose (Fruchtzucker) im Gegensatz zu dem für Glucose und Galactose nicht vom Insulinspiegel abhängt.

In Gegenwart von genügend Sauerstoff verbrennt Glucose vollständig zu Kohlendioxid (CO_2) und Wasser (aerobe Glykolyse), wobei für jedes verbrannte Molekül Glucose 36 Moleküle ADP (Adenosindiphosphat) zu ATP (Adenosintriphosphat) umgewandelt werden ***(Abb. 3.6)***. ATP ist die universelle „Energiewährung" der Zellen aller höherer Organismen; es treibt Stoffwechselprozesse und Membrantransportvorgänge an und liefert Energie für Muskelkontraktion und Wärmeerzeugung.

Kohlenhydrate sind reine Energielieferanten. Ihr Abbau setzt nur CO_2 frei, das in der Lunge abgeatmet wird. Leber und Muskel besitzen Glykogenreserven, die den Energiebedarf für einige wenige Stunden decken können, ohne die Fettdepots einzuschmelzen.

Verdauung und Absorption der Kohlenhydrate

Mono- und Polysaccharide

Neben der Glucose spielen in unserer Ernährung noch Fructose (Fruchtzucker) und Galactose (Milchzucker) eine Rolle. Diese Zuckerbausteine können ähnlich wie die Aminosäuren direkt die Dünndarmwand passieren.

Die meisten Kohlenhydrate setzen sich aus den drei genanten Monosacchariden zusammen, ähnlich wie sich die Eiweiße aus den Aminosäuren zusammen setzen. Stärke und Glykogen sind als Kohlenhydratspeicher hochmolekulare Polysaccharide. Vor ihrer Absorption über die Dünndarmwand müssen sie ähnlich wie Eiweiß in ihre Bausteine gespalten werden. Hierzu besitzt schon der Mundspeichel, besonders aber das Sekret der Bauchspeicheldrüse Enzyme, welche die langkettigen Stärkemoleküle kurze Bruchstücke zerlegen ***(Abb. 3.7)***. Andere Enzyme in der Zellmembran der Dünndarmepithelzellen spalten diese kleinmolekularen Kohlenhydrate in Monosaccharide, die dann rasch über das Blut zur Leber gelangen.

Lactoseintoleranz. **Viele Asiaten haben einen vererbten Mangel an Lactase, einem Enzym, das Milchzucker in zwei Glucoseeinheiten zerlegt. Die betroffenen Menschen können daher Milchprodukte nicht vollständig absorbieren: Milchzucker bleibt im Darm liegen und führt wegen seiner osmotischen Wirksamkeit zu unangenehmen Durchfällen. Das „Krankheitsbild" dieser Lactoseintoleranz betrifft nicht den Säugling, da die Muttermilch genügend Enzyme mitliefert. Auf dem Speisezettel vieler Regionen Asiens kommen aber aus diesem Grund Milch und Milchprodukte nicht vor. Die meisten Europäer können sich dagegen problemlos an unseren leckeren Käsespezialitäten erfreuen.**

Stoffwechsel der Fette

Fettsäuren

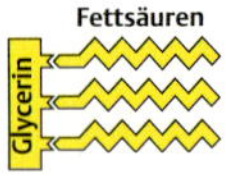

Die meisten Fette bestehen aus Glycerin, an das je drei langkettige Fettsäuren gebunden sind (Triglyceride). Cholesterin ist im Gegensatz dazu ein kleineres Molekül aus 4 Kohlenstoffringen. Es dient nicht als Energiespeicher, sondern ist Teil einer Reihe von Hormonen und Enzymsystemen. Beim Fehlen von Kohlenhydraten können die meisten Gewebe Fettsäuren zu CO_2 und Wasser abbauen und dadurch pro Fettsäure 60–130 Moleküle ATP gewinnen ***(Abb. 3.8)***.

Fette sind jedoch nicht nur Energiespeicher, sondern integraler Bestandteil von Zellmembranen und intrazellulären Überträgerstoffen. Wie im Fall der essenziellen Aminosäuren hat der menschliche Stoffwechsel die Fähigkeit verloren, alle benötigten Fettsäuren selbst herzustellen. Gerade die mehrfach ungesättigten Fettsäuren (mehr als eine Doppelbindung zwischen den Kohlenstoffatomen) sind als essenzielle Fettsäuren lebensnotwendig. Die u.a. in Sonnenblumen- und Sojaöl vorkommende Linol- und Linolensäure spielt eine Schlüsselrolle im Stoffwechsel von Membranfetten und Überträgerstoffen.

Verdauung und Absorption der Nahrungsfette

Im Magen verteilen sich die Nahrungsfette gleichmäßig und bilden zusammen mit der wässrigen Phase

Abbau von Fett zur Energiegewinnung

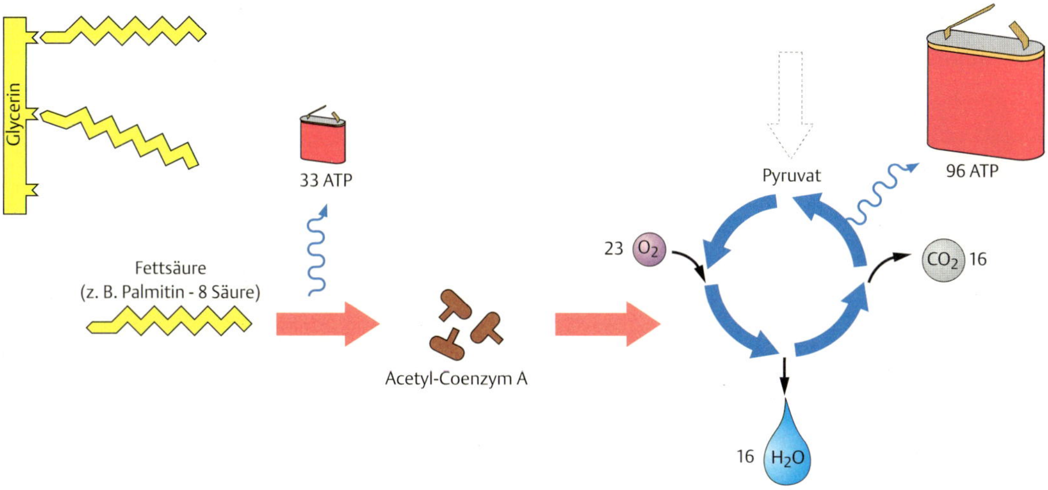

Abb. 3.8 Die meisten Fettmoleküle bestehen aus Glyzerin und drei Fettsäuren (daher ihr Name Triglyceride). Jede einzelne Fettsäure setzt im Stoffwechsel insgesamt 129 ATP (am Beispiel der Palmitinsäure) frei. Dazu werden ihre Abbauprodukte mit einem Eiweißstoff (Coenzym A) gekoppelt und wie die Kohlenhydrate in den Zitratzyklus eingeschleust.

eine feintropfige Emulsion ***(Abb. 3.9)***. Nach dem Übertritt des Speisebreis in den Zwölffingerdarm würden diese Fetttröpfchen jedoch bald wieder wie Fettaugen auf der Suppe zu größeren Aggregaten zusammenfließen, wenn nicht die von der Leber produzierten Gallensalze (auch „Gallensäuren") ähnlich wie Spülmittel die Tröpfchen umhüllen und so in Lösung halten würden.

Gallensalze

Gallensalze sind Stoffwechselprodukte des Cholesterins und werden von der Leber in die Gallenwege abgegeben (s. Kap. 6, S. 206). Nachdem die Gallensalze ihre Aufgabe im Darmlumen erfüllt haben, gelangen 99% von ihnen über das Epithel der unteren Dünndarmabschnitte wieder ins Blut zurück, um von der Leber erneut ausgeschieden zu werden. Gallensalze bestehen aus einem fettlöslichen und einem wasserlöslichen Ende. Das fettlösliche Ende des Gallensalzmoleküls richtet sich zur Innenseite des Fetttröpfchens, das wasserlösliche Ende nach außen. Je kleiner die Fetttröpfchen werden, desto größer wird insgesamt gesehen die Grenzfläche zwischen Fett und Wasser.

Mizellen

An dieser Grenzfläche greift das Pankreasenzym Lipase an. Dieses Enzym spaltet jedes Triglycerid in ein Monoglycerid und zwei freie Fettsäuren auf, die zusammen mit den Gallensalzen und Cholesterin sog. Mizellen bilden.

Mizellen sind extrem kleine (3–6 nm Durchmesser) kugelförmige Gebilde, in deren Mitte die Abbauprodukte der Lipase eingebettet sind. Sie transportieren Monoglyceride, freie Fettsäuren und Cholesterin zu den Dünndarmepithelzellen. Die Mizellen gelangen dabei in enge Nachbarschaft zur Zellmembran und geben ihren Inhalt in die Zelle ab.

An der Fettverdauung beteiligen sich mehrere Organe: Der Magen emulgiert die Fette, die Pankreaslipase spaltet Triglyceride in Monoglyceride und freie Fettsäuren. Gallensalze bilden hieraus Mizellen, um die Spaltprodukte zur Darmwand zu befördern.

Cholesterin als Risikofaktor. Cholesterin ist eigentlich ein überaus wertvoller Stoff. Seine Synthese durch die Leber ist sehr aufwändig. Cholesterin dient als Vorprodukt für viele

Fettverdauung

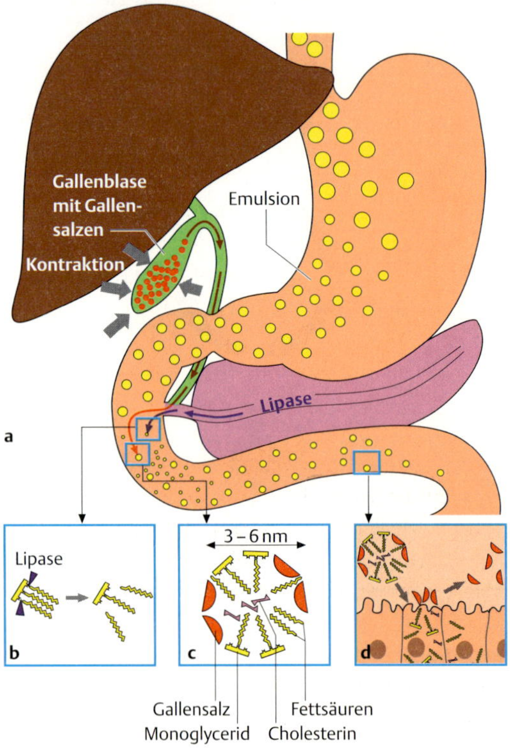

Abb. 3.9a-d Der erste Schritt der Fettverdauung ist die mechanische Zerkleinerung der Fetttropfen im Magen. Es entsteht eine Emulsion (**a**). Im Dünndarm greift die Pankreaslipase die Fettmoleküle an und spaltet die äußeren beiden Fettsäuren ab (**b**). Die Spaltprodukte verbinden sich zusammen mit Cholesterin und Gallensalzen zu Mizellen (**c**). Fettsäuren und Monoglyceride dringen in die Epithelzellen der Schleimhaut ein, die Gallensalze bleiben im Dünndarm (**d**).

lebensnotwendige Hormone (sog. Steroide wie Cortison, Testosteron, Östradiol, Progesteron) und ist für die Bildung von Mizellen erforderlich. Unsere Wohlstandskost führt aber dazu, dass wir zusätzlich zu den 800–1200 mg neu synthetisierten Cholesterins etwa dieselbe Menge durch die Nahrung aufnehmen. Cholesterin tritt dabei meist gemeinsam mit gesättigten Fettsäuren auf und ist besonders reichlich in fettem Schweinefleisch und Wurst sowie im Eidotter und allen Eiprodukten enthalten.

Die normale Serumkonzentration von Cholesterin sollte deutlich unter 220 mg/100 ml liegen; eine bewusst cholesterinarme Ernährung führt zu Werten deutlich unter 200 mg/100 ml.

Verschiedene Blutfette

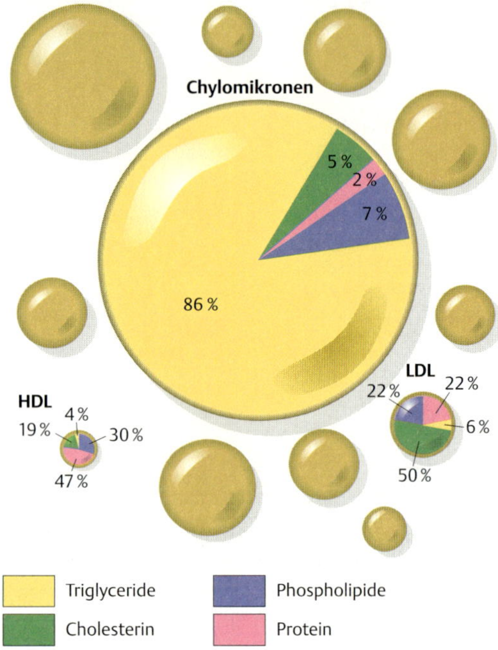

Abb. 3.10 Im Blutplasma würden Fettstoffe (Triglyceride) ölige Tropfen bilden und die Kapillaren verstopfen. Daher bindet sie der Körper an spezielle Plasmaeiweißstoffe. Die größten und „fettigsten" Aggregate sind Chylomikronen. LDL besteht zur Hälfte aus Cholesterin, das kleine HDL-Molekül hauptsächlich aus Eiweiß.

Sämtliche Fette binden sich für ihren Transport im Blut an sog. Lipoproteine ***(Abb. 3.10)***. Nach ihrer Dichte unterscheidet man ein „High density lipoprotein" (HDL, α_1-Lipoprotein) von einem „Low density lipoprotein" (LDL, β-Lipoprotein).

Die hohe Bedeutung, die allgemein dem Cholesterin als Risikofaktor beigemessen wird, resultiert aus der Beobachtung, dass eine cholesterinreiche Ernährung und ein hoher LDL-Spiegel statistisch eindeutig mit einem erhöhten Risiko verbunden sind, an Arteriosklerose, Herzinfarkt, Schlaganfall und anderen Gefäßleiden zu erkranken.

Eine Ernährung, die reich an Cholesterin und gesättigten Fettsäuren ist, erhöht den LDL-Spiegel, während ungesättigte Fettsäuren LDL zugunsten von HDL erniedrigen und auch den Cholesterinspiegel senken.

3.3 Vitamine, Mineralstoffe und Spurenelemente

Fettlösliche Vitamine

Die Vitamine A, D, E und K (Merkhilfe EDEKA) sind fettlöslich, d.h. sie müssen zusammen mit Fett oder Öl gegessen werden, damit der Körper sie aufnehmen kann. Der Verzicht auf Dressing beim Salat ist also ernährungsphysiologisch nicht sinnvoll. Andererseits reichern sie sich im Gegensatz zu den wasserlöslichen Vitaminen im Fettgewebe an und können bei Überdosierung schädliche Nebenwirkungen entfalten.

***Vitamin** A (Retinol).* Ein Stoffwechselprodukt der A-Vitamine – das 11-cis-Retinal – spielt eine Schlüsselrolle in Stäbchen und Zapfen der Netzhaut des Auges. Entsprechend führt Vitamin-A-Mangel zu einer Einschränkung des Dämmerungssehens (Nachtblindheit), aber auch zu Hautproblemen (brüchige Nägel, „Altersflecken", Haarausfall, verstärkte Hornbildung). Die notwendige tägliche Zufuhr beträgt ca. 600–800μg, bei stillenden Frauen bis zu 1200 μg.

Vitamin D. *(Cholecalciferol)* kann die Haut bei genügend starker ultravioletter Einstrahlung selbst herstellen. Es handelt sich also um ein „unechtes" Vitamin. Aktivierte Vitamin D erhöht den Ca^{++}-Spiegel im Blut durch Steigerung der Absorption aus dem Darm. Das erhöhte Calciumangebot wird unter dem Einfluss von Vitamin D teilweise im Knochen eingelagert. Erwachsene, die sich häufig im Freien aufhalten, benötigen nur geringe Mengen Vitamin D. Für Säuglinge wird jedoch eine Vitamin-D-Prophylaxe (ca. 10 μg pro Tag) empfohlen, um die kindliche Rachitis zu verhindern.

Vitamin E *(Tocopherol)* stabilisiert Zellmembranen ist wichtig bei der Bildung von Zellorganellen. Ein isolierter Vitamin-E-Mangel ist jedoch noch nicht beobachtet worden. Die empfohlene Zufuhr schwankt zwischen 12 und 30 mg/Tag.

Vitamin K *(Naphthochinone)* benötigt die Leber, um die Gerinnungsfaktoren II, VII, IX und X aufzubauen. In Grünpflanzen ist normalerweise so viel Vitamin K enthalten, dass der tägliche Bedarf von 25–50 g nur bei extrem einseitiger Ernährung unterschritten wird. Klinisch eingesetzt werden dagegen Hemmstoffe der Verwertung von Vitamin K in der Leber (Cumarine). Zur Gerinnungshemmung wird dabei der Körper in den Zustand eines Vitamin-K-Mangels versetzt.

Wasserlösliche Vitamine

Alle B-Vitamine sind sehr gut wasserlösliche Verbindungen ***(Abb. 3.11)***. Eine Überdosierung ist daher so gut wie ausgeschlossen. Die B-Vitamine finden sich vorwiegend in Innereien, Fleisch und Bierhefe, außerdem in Getreide- und Reiskeimlingen, Kartoffeln und Milch.

Vitamin B_1 *(Thiamin)* spielt eine Schlüsselrolle beim Kohlenhydratstoffwechsel. Der tägliche Bedarf hängt von der Aktivität des Stoffwechsels und damit von der Nahrungsaufnahme ab; als Mindestwert gelten ca. 0,5 mg/100 kcal.

Vitamin B_2 *(Flavoproteine)* sind in den Mitochondrien notwendige Bestandteile der ATP- Erzeugung. Im Fall eines beginnenden Vitamin-B_2-Mangels (empfohlene Zufuhr 1–2 mg täglich) stehen jedoch nicht so sehr Symptome eines Energiemangels im Vordergrund, sondern eher Haut- und Schleimhautprobleme wie rissige Lippen, eine raue und entzündete Zunge und schuppige Haut.

Vitamin B_6 *(Pyridoxine)* spielen eine Rolle im Stoffwechsel der Aminosäuren. Die empfohlene tägliche Zufuhr beträgt 2–2,6 mg. Hinsichtlich Haut- und Schleimhautveränderungen unterscheidet sich ein Vitamin-B_6-Mangel nicht von einer Unterversorgung mit Vitamin B_2. Es können aber auch neurologische Erscheinungen und eine Anämie auftreten.

Vitamin B_{12} *(Cobalamin)* benötigen wir für den Aufbau von Erythrozyten. Das auffallendste Zeichen

Wasserlösliche Vitamine

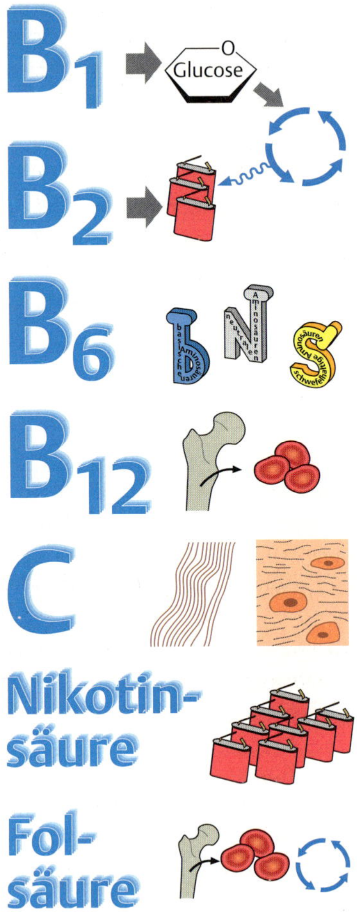

Abb. 3.11 Die B-Vitamine sind Verbindungen, die sehr gut wasserlöslich sind. So ist eine Überdosierung fast auszuschließen.

eines Mangels ist dementsprechend eine Anämie mit besonders großen roten Blutkörperchen. Die notwendige tägliche Zufuhr beträgt lediglich 2–3 μg (!). In der Leber ist genügend Cobalamin für mehrere Jahre gespeichert, so dass wir nicht auf eine kontinuierliche tägliche Vitamin-B_{12}-Zufuhr angewiesen sind.

Vitamin-B_1-Mangel (< 1–1,5 mg pro Tag) tritt in Hungergebieten der Dritten Welt als Beriberi in Erscheinung. Die Krankheit äußert sich anfangs durch psychische Veränderungen wie Depression, unbegründete Angstzustände, mangelnde Fähigkeit zur Konzentration und Appetitlosigkeit. In schweren Fällen kommt eine Nervenentzündung mit Krampfanfällen vorwiegend im Bereich der Wade sowie „Hungerödeme" hinzu. Im Extrem beobachtet man diffuse Hirnschäden, die bis zur Demenz führen können.

Vitamin-B12-Mangel entsteht wegen der extrem geringen notwendigen täglichen Aufnahme nur dann, wenn der Absorptionsmechanismus im Magen und unteren Dünndarm über Jahre hinweg funktionsunfähig ist. Nach ausgedehnten Magen/Darm-Operationen muss Vitamin B_{12} ergänzt und das Blutbild auf Zeichen einer chronischen Vitaminmangels untersucht werden..

Vitamin C (*L-Ascorbinsäure*) verhindert die Oxidation von körpereigenen Geweben durch so genannte Sauerstoffradikale (Antioxidans). Antioxidanzien leisten einen wichtigen Beitrag beim Schutz der Zellen gegen krebsartige Veränderungen der Erbsubstanz und gegen vorzeitige Alterung. Darüber hinaus ist Vitamin C entscheidend am Aufbau von Bindegewebe (Kollagen) beteiligt. Die WHO empfiehlt für Nichtraucher eine tägliche Aufnahme von 60 mg. Als Prophylaxe gegen grippale Infekte werden mancherorts jedoch auch mehrere Gramm täglich empfohlen.

Nikotinsäure wirkt beim Fettstoffwechsel und in der ATP-Produktion mit (empfohlene Zufuhr 15–20 mg täglich). Zur Deckung des Nikotinsäurebedarfs ist Rauchen nur bedingt zu empfehlen; Innereien, Pilze, Hefe und vor allem Kaffee enthalten ausreichende Mengen dieses Vitamins.

Folsäure beteiligt sich am Aufbau von Erythrozyten. Entsprechend unterscheiden sich die Symptome eines Folsäuremangels (empfohlene Aufnahme 0,4 mg/Tag, bei Schwangeren das Doppelte) kaum von denen des Vitamin-B_{12}-Mangels.

Mineralstoffe

Natrium und Chlorid

60 % des gesamten Natriums und 90 % des Chlorids befinden sich im extrazellulären Flüssigkeitsraum. Die Niere benötigt nach einer besonders salzreichen

Mahlzeit (roher Schinken, Käse, Sardellen usw.) bis zu 48 Stunden, um überschüssiges NaCl mit dem Harn auszuscheiden. In der Zwischenzeit steigt der Elektrolytgehalt im Blut an (*Osmolalität*, normal 285-295 mosm/kg). Dies erzeugt Durst und wir füllen den Extrazellulärraum mit zusätzlichem Wasser auf. Dies macht sich auch durch ein erhöhtes Körpergewicht bemerkbar.
Das absolute physiologische Minimum der NaCl-Aufnahme liegt bei 1,2 g pro Tag. Bei starkem Schwitzen (Ausdauersport, Sauna) verliert der Körper jedoch etliche Gramm Kochsalz.

Calcium und Phosphat

Mehr als zwei Drittel unserer Knochensubstanz bestehen aus Calcium und Phosphat. Diese enormen Speicher stehen in einem Gegensatz zu dem geringen Plasmaspiegel dieser Mineralien (Calcium ca. 2,5 mmol/l, Phosphat ca. 1 mmol/l). Noch hunderttausendmal geringer ist die Calciumkonzentration im Zellinneren (10–100 nmol/l), wo freies Ca^{++} als Botenstoff fungiert.
Calcium ist wichtig bei der Verknöcherung des Skelettsystems in der Kindheit und ebenfalls zur Vorbeugung der Osteoporose im Alter. Die Hauptquellen von Calcium sind Milch und Milchprodukte.

Magnesium

Magnesium wirkt modulierend auf die elektrische Aktivität der Skelettmuskulatur. Magnesiummangel dokumentiert sich beim Erwachsenen in Muskelkrämpfen und abnehmendem körperlichen Leistungsvermögen, bei Kindern darüber hinaus in Störungen des Knochenwachstums. Diese Beobachtung hat Magnesium zum festen Bestandteil von Aufbaudiäten, Isodrinks und Sportlernahrung werden lassen. Magnesium kommt besonders reichlich in Kartoffeln, grünen Bohnen, Sojaprodukten und Bananen vor.

Kalium

Kalium reichert sich zu 90 % im Intrazellulärraum an. Normalerweise scheiden wir mehr als neun Zehntel des aufgenommenen Kaliums wieder mit dem Harn aus. Im Zustand des Kaliummangels kann die Niere Kalium verstärkt einsparen. Da außerdem nahezu alle pflanzlichen Nahrungsbestandteile hohe Mengen an Kalium enthalten, tritt eine Unterversorgung (weniger als 1 g täglich) nur extrem selten in Erscheinung.
Als Kommentar zur „kaliumreichen Banane“ als Bestandteil der Sportlernahrung sei bemerkt, dass Kartoffeln fast die doppelte Menge dieses Minerals pro Kilogramm enthalten.

Kaliummangel bei Diuretika. Vorsicht ist jedoch bei Patienten geboten, die eine Therapie mit *Schleifendiuretika* (harntreibende Mittel, die auf die Henle-Schleife einwirken) erhalten, da diese Medikamente sehr viel Kalium mit dem Urin ausschwemmen. Ein so entstehender Kaliummangel verursacht EKG-Veränderungen mit Rhythmusstörungen, Muskelschwäche und Darmträgheit.

Spurenelemente

Eisen. Von allen Spurenelementen des Körpers ist die Versorgung mit Eisen weltweit besonders kritisch, da Eisen fast ausschließlich in tierischen Lebensmitteln (Innereien, Fleisch, Blut) zu finden ist. Die Hauptaufgabe von Eisen ist der Sauerstofftransport im Hämoglobinmolekül.
Der Organismus geht mit Eisen äußerst sparsam um; von den 2–3 g Körpereisen verlieren wir nur 1–2 mg täglich. Wegen der schlechten Resorbierbarkeit der Eisenquellen in der Nahrung empfiehlt die WHO eine tägliche Aufnahme von 5–10 mg (Männer) und 15–30 mg (Frauen). Die hohen Werte bei Frauen erklären sich als Sicherheitsspanne im Fall erhöhter Verluste durch Schwangerschaft (fetale Blutbildung) oder starke Menstruationsblutungen.
Eisenmangel macht sich in erster Linie durch eine Anämie bemerkbar, da das Knochenmark nicht mehr genügend eisenhaltiges Hämoglobin bereitstellen kann.

Jod. Trotz unserer zunehmend internationalen Küche besteht in Mitteleuropa eine weit verbreitete Mangelernährung hinsichtlich des für die Schilddrüse wichtigen Spurenelements Jod. Jod kommt vor allem im Meerwasser vor und reichert sich dementsprechend in Seefisch, Gemüse von küstennahen Gewässern usw. an. Im Binnenland ist die tägliche Mindestaufnahme von 100–150 g Jod sehr häufig nicht gewährleistet.

Jodhaltiges Speisesalz allein reicht nicht aus, um ein etwaiges Defizit zu decken, da die industrielle Jodierung bei weitem zu gering ausfällt. Mit einer oder zwei Seefischmahlzeiten pro Woche kann man jedoch auch im Binnenland den Jodmangel wirksam bekämpfen. Aus ökologischer Sicht kann dies allerdings problematisch sein.

Fluor reichert sich in Knochen und Zahnschmelz an und härtet letzteren gegenüber dem Angriff von Mundbakterien. Den wirksamsten Schutz gegen Karies bietet Fluor in Form fluorierten Trinkwassers (ca. 1 mg/l). Die Bundesrepublik verzichtet jedoch auf diese zwangsweise Verabreichung, da Fluor in höheren Dosen die Brüchigkeit des Knochengerüsts erhöhen und im Extremfall zu neurologischen Ausfällen führen soll.

3.4 Übersicht über das Verdauungssystem

Wären wir ein genügsamer Einzeller, der in einer fetten Ursuppe schlaraffenlandartig träge dahintreibt, so bräuchten wir überhaupt kein Verdauungssystem: Alle Nährstoffe könnten wir direkt über unsere Außenhaut aufnehmen, zur Energieproduktion oder für unser Wachstum verwenden und den Rest einfach wieder ex und hopp ausscheiden.
Nun sind wir aber vielzellige Organismen mit einem hohen Energieverbrauch, einer weitgehend undurchlässigen Haut, langen Diffusionsstrecken im Gewebe, und von fetter Ursuppe und Schlaraffenland kann schon überhaupt gar keine Rede sein. Aus diesem Grund müssen alle etwas höher entwickelten tierischen Organismen einen beträchtlichen Aufwand treiben, um durch ein hoch spezialisiertes Verdauungssystem Nährstoffe aufzunehmen, Abfallstoffe loszuwerden und alle Gewebe adäquat über den Blutstrom mit Nährstoffen versorgen zu können.

Verdauungstrakt

Der Verdauungstrakt (Gastrointestinaltrakt, Magen-Darm-Kanal) ist das Herzstück des Verdauungssystems ***(Abb. 3.12)***. Er beginnt mit der Mundhöhle, in der wir die Nahrung vor der eigentlichen Aufnahme auf Geruch und Geschmack hin überprüfen, zerkleinern und durch Einspeicheln gleitfähig machen. Es folgt ein rascher Transport durch den mittleren und unteren Rachenraum und die Speiseröhre in den Magen. Der Magen ist Zwischenlager, Produzent von Verdauungsenzymen und Mischmaschine in einem. In kleinen Portionen gibt er den nun weitgehend verflüssigten Nahrungsbrei an den Dünndarm ab, wo ihm alle Wertstoffe (Energielieferanten, Mineralien, Vitamine) entzogen und über die Pfortader ins Körperinnere abtransportiert werden. Der Dickdarm dickt den verbleibenden Rest ein, damit nicht zuviel Wasser mit dem Kot verloren geht, und dient

Organe des Verdauungssystems

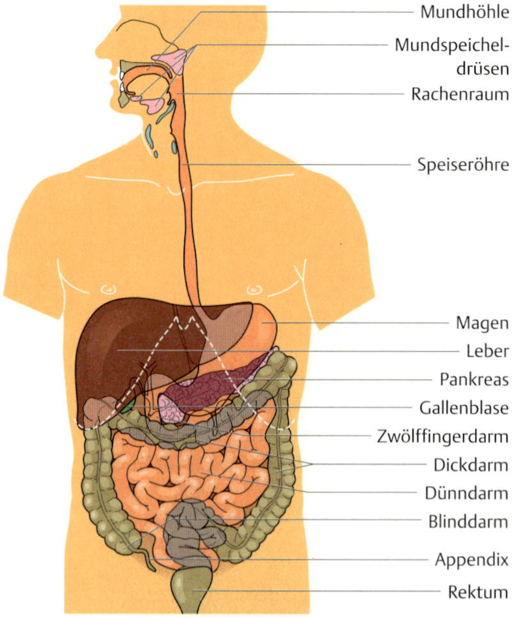

Abb 3.12 Zum Verdauungssystem zählen zunächst alle Anteile des Magen-Darm-Kanals von der Mundhöhle bis zum Anus, außerdem die Mund- und Bauchspeicheldrüsen (Pankreas) sowie die Leber und die Gallenblase. Diese Organe zerkleinern die Nahrung, schließen die darin enthaltenen Nährstoffe auf und nehmen sie ins Blut auf.

als Abfallzwischenlager, bis wir uns auf natürliche Art erleichtern.

„Innen“ und „Außen“

Der Verdauungstrakt im engeren Sinn – also Mundhöhle, Speiseröhre, Magen, Dünn- und Dickdarm – ist eigentlich nichts anderes als eine sich durch den Körper ziehende röhrenförmige Einstülpung ***(Abb. 3.13)***. Der Inhalt des Verdauungstrakts liegt somit „außerhalb“ des Organismus. Wäre dies nicht der Fall, so könnten wir uns nur von aseptischer Kost ernähren, da jegliche Keimbesiedlung das sterile Körperinnere infizieren würde.
Nahrung, die beispielsweise im Magen liegt, befindet sich also immer noch „außerhalb“ des eigentlichen Körperinneren. Erst wenn die Nahrungsbestandteile durch die Darmwand in den Blut- oder Lymphstrom gelangen – also absorbiert worden sind – befinden sie sich „innerhalb“. Alle Prozesse vor der Absorption nennt man Verdauung, alle Prozesse nach der Absorption Stoffwechsel.

Entstehung des Magen-Darm-Kanals

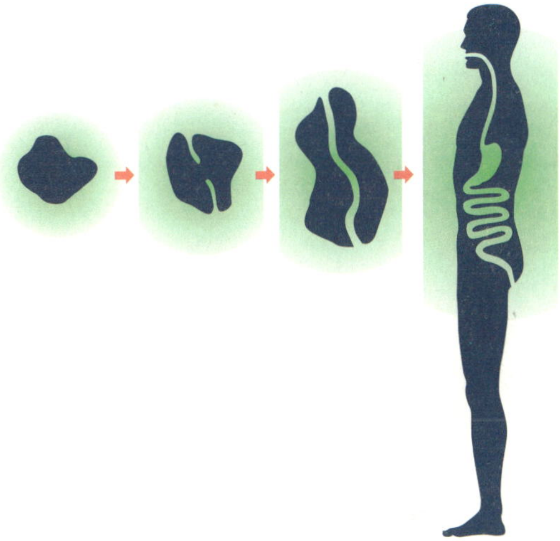

Abb 3.13 Den Magen-Darm-Kanal kann man sich als Einstülpung des Körper-„außen“-raums vorstellen. Daher begrenzt eine Schicht Epithelgewebe lückenlos die Schleimhaut von der Mundhöhle über Magen und Darm bis zum Anus.

3.5 Lippen und Mundvorhof

Lippen, Wangen und Mundvorhof

Lippen

Den Eingang zum Verdauungstrakt bilden die Lippen *(Labiae oris)*. An der Grenze des Lippenrots wechselt die verhornte Gesichtshaut zu dem für den gesamten Mund-Rachen-Raum einschließlich der Speiseröhre typischen mehrschichtigen unverhornten Plattenepithel.
Die Lippen werden also nicht von Haut, sondern von der wesentlich empfindlicheren Schleimhaut bedeckt. Dies macht die Lippen zwar einerseits außerordentlich sensibel, was nicht nur Küsse zu einem Erlebnis machen kann, sondern – entwicklungsbiologisch wichtiger – für der Lautbildung und für den Saugreflex des Neugeborenen unerlässlich ist.
Andererseits trocknen die Lippen auch sehr schnell aus, wenn sie nicht in kurzen Abständen angefeuchtet werden (wichtig für die Pflege Bewusstloser!).

Mundvorhof

Die geschlossenen Lippen und die Wangen *(Buccae)* bilden die äußere Grenze des Mundvorhofs *(Vestibulum oris)*, der bis an die Zahnreihen heranreicht ***(Abb. 3.14)***. Sie werden durch mimische Muskulatur gefestigt. Die Lippen enthalten den zirkulär um die Mundöffnung verlaufenden *M. orbicularis oris*, die Wangen den *M. buccinator* (s. oben). Die Mundhöhle besitzt so eine zwar flexible, aber doch anpassungsfähige Grenzwand, was für das Sprechen, Kauen und Saugen eine notwendige Voraussetzung ist.

Mundhöhle

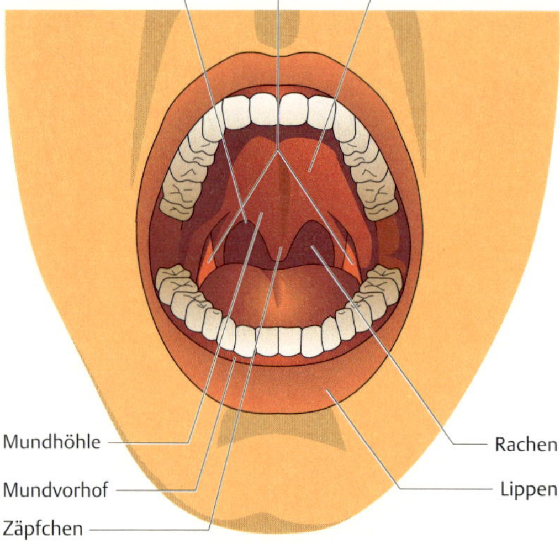

Abb 3.14 Der Mundvorhof liegt zwischen den Wangen und der Zahnreihe. Dahinter beginnt die eigentliche Mundhöhle. Sie geht am Gaumenbogen in den mittleren Rachenraum über.

Lippenzyanose. Durch die dünne Lippenschleimhaut scheint insbesondere das venöse Blut der unmittelbar unterhalb der Schleimhaut gelegenen Blutgefäße durch. Bei einem allgemeinen Sauerstoffmangel des Körpers färbt sich das Hämoglobin im Blut bläulich. Diese so genannte Zyanose kann gut an den Lippen beobachtet werden. Eine Verfärbung des Lippenrots zu einem bläulich-violetten Ton ist daher ein Alarmzeichen für einen allgemeinen Sauerstoffmangel. Auch bei Kälte werden die Lippen blau; hier jedoch, weil die Durchblutung der Gesichtshaut abnimmt, um weniger Wärme zu verlieren. Die Sauerstoffversorgung des Körperkerns bleibt dabei im Normalbereich.

3.6 Zähne und Kiefergelenk

Zähne

Das Gebiss eines Lebewesens ***(Abb. 3.15a, b u. 3.16)*** ist das sichtbarste Kennzeichen für die Art seiner Ernährung: Fleischfresser benötigen lange, spitze Eckzähne, während sich Pflanzenfresser durch großflächige, platte Backenzähne auszeichnen.

Der Mensch besitzt bei seiner gemischten Ernährungsweise sowohl scharfe Schneidezähne *(Incisivi)* (je 2 Stück rechts oben, links oben, links unten und rechts unten = 4 mal 2), spitze Eckzähne *(Canini)* (4mal 1, ein eher kümmerlicher Verwandter der furchteinflößenden Fangzähne der Raubtiere) als auch große, relativ flache Backenzähne *(Praemolares)* (4 mal 2) und Mahlzähne *(Molares)* (4 mal 3). Das Dauergebiss besteht mithin – jedenfalls im Prinzip – aus 32 Zähnen, während beim kindlichen Milchgebiss auf den Eckzahn lediglich 4 mal 2 sog. Milchmolaren folgen ***(Abb. 3.15 u. 3.16)***. Das kindliche Gebiss setzt sich somit aus nur 20 Zähnen zusammen.

Aufbau der Zähne

Dentin, Zahnschmelz und Zahnzement

Das „Skelett" eines Zahnes besteht aus dem *Dentin* (Zahnbein), das an der offenen, nicht von Zahnfleisch bedeckten Fläche (Krone) von Zahnschmelz *(Substantia adamantina)* überzogen ist ***(Abb. 3.17)***. Dieser Zahnschmelz ist die härteste Struktur des Körpers und besteht nahezu ausschließlich aus Mineralien (Hydroxyapatit) mit nur wenig organischer Kittsubstanz. Auf der in das Zahnfleisch eingebetteten Fläche (Zahnwurzel) ist das Dentin von Zahnzement bedeckt, der über die Wurzelhaut *(Periodontium)* mit eingelagerten straffen Bindegewebsfasern Kontakt zu der Alveole, d.h. der für den Zahn reservierten Aussparung im Kieferknochen, aufnimmt.

Milch- und Dauergebiss

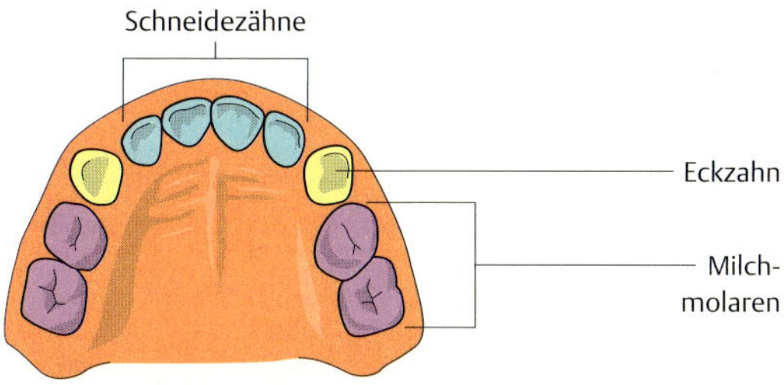

a

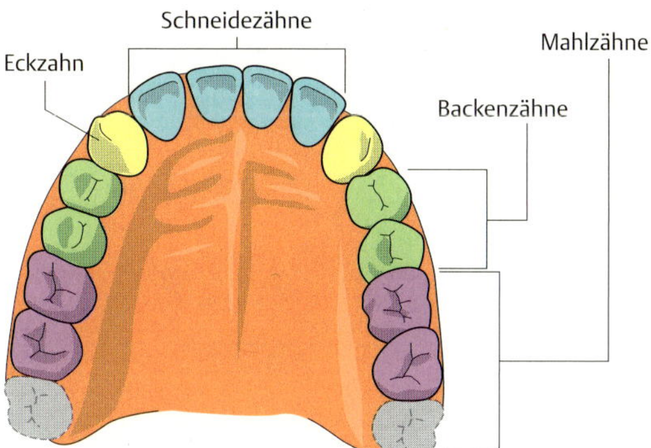

b

Abb 3.15a, b Die Abbildung zeigt einen Blick auf die Zahnreihen des Oberkiefers beim Schulkind (**a**) und jungen Erwachsenen (**b**) vor dem Durchbruch der Weisheitszähne. Achten Sie darauf, dass beim Kind der Gaumen deutlich kürzer, aber relativ breit ist.

Zahnschema

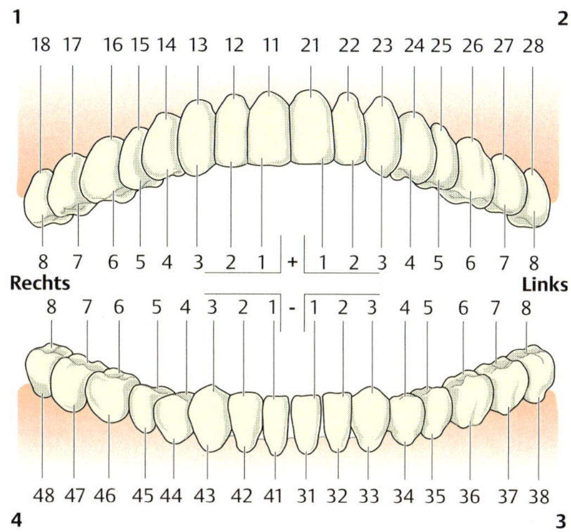

Abb 3.16 Zur Identifizierung eines einzelnen Zahns dient eine zweistellige Nummer. Die erste Ziffer kennzeichnet die Kieferhälfte (rechts oben = 1, links oben = 2 etc.), die zweite den jeweiligen Zahn, gezählt von vorne nach hinten. 43 ist also der Eckzahn rechts unten. Eine andere Schreibweise bezieht sich auf die Mittellinie von Oberkiefer (+) bzw. Unterkiefer(–). +5 ist also der zweite Backenzahn links oben, 2– der zweite Schneidezahn rechts unten. Älter ist die Schreibweise z. B. |6 für den ersten Molaren links oben bzw. 1| für den ersten Schneidezahn rechts unten.

Pulpa

Analog zum Knochen ist auch das Innere der Zähne von Marksubstanz – der *Pulpa* (Zahnmark) – ausgefüllt. An der Grenze zwischen Dentin und Pulpa findet sich ein dichter Besatz mit Odontoblasten, den Zellen, welche das Dentin aufbauen. Im Gegensatz zum Knochen, wo die Osteogenese meist durch die oberflächlich gelegene Knochenhaut *(Periost)* erfolgt (appositionelles Knochenwachstum), sitzen die Odontoblasten im Inneren der Zahnmarkhöhle und mauern sich in der Pulpa mehr und mehr ein.

Pulpitis. Wie aus leidvoller Erfahrung allgemein bekannt sein dürfte, ist die Pulpahöhle dicht mit sensiblen Nervenendigungen besetzt. Eine Entzündung dieser Markhöhle (Pulpitis) erhöht den mechanischen Druck auf die Nervenendigungen und kann daher extrem schmerzhaft sein. Die Therapie besteht meist in einer mechanischen oder chemischen Zerstörung der Nervenendigungen selbst.

Zahnwechsel

Sowohl der Durchbruch der Milchzähne beim Säugling (erste Dentition, 6. Monat bis 3. Lebensjahr) als auch der Zahnwechsel (6.–12. Lebensjahr, 3. Molar später) beginnen prinzipiell mit den vorderen Schneidezähnen und setzen sich nach hinten fort ***(Abb. 3.18).*** Eine Ausnahme ist der frühe Durchbruch des 1. Molaren bei der zweiten Dentition (6. Lebensjahr).

Das Dauergebiss besteht aus 32 Zähnen (je 8 in allen vier Quadranten): je zwei Schneidezähne, einem Eckzahn, zwei Backen- und zwei Mahlzähnen und einem Weisheitszahn. Zement, Dentin und Zahnschmelz umgeben die empfindliche Pulpa.

Längsschnitt durch einen Schneidezahn

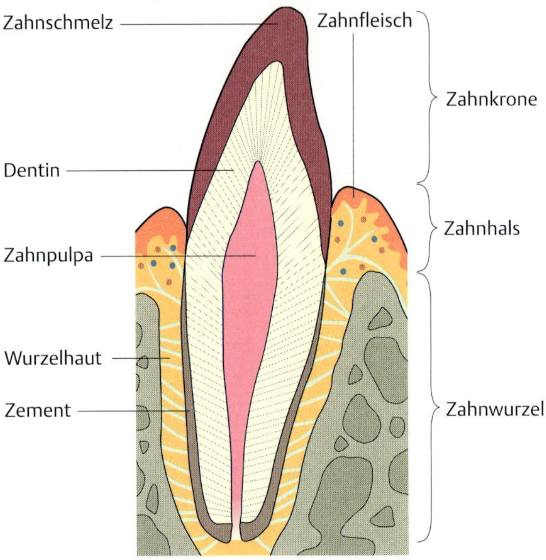

Abb 3.17 Jeder Zahn besteht aus der freien Krone, dem von Zahnfleisch bedeckten Zahnhals und der Wurzel. Die Wurzelhaut sorgt mit ihren derben Wurzelfädchen für eine federnde Lagerung des Zahns innerhalb der Alveole.

Zahndurchbruch und Zahnwechsel

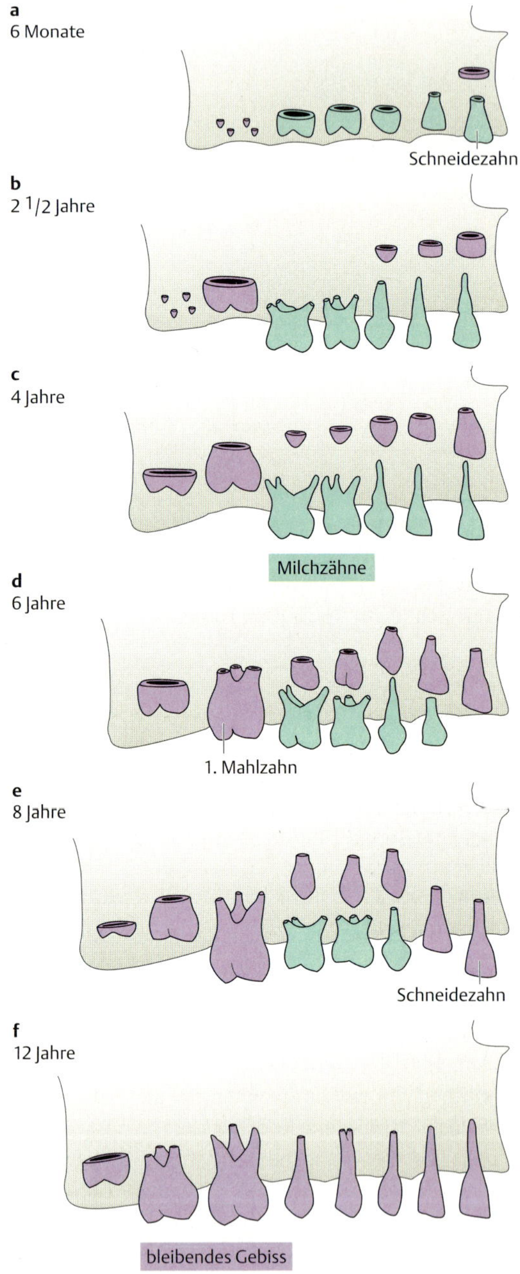

Abb 3.18a-f In diesem Schema erkennen Sie die Entwicklung von Milchzähnen (grün) und Dauergebiss (violett) im Oberkiefer (rechte Seite = vorn). Es bildet sich immer zunächst die Krone, erst später Hals und Wurzel. Nach dem Ausfallen der vorderen Milchzähne beginnt der Zahndurchbruch des bleibenden Gebisses mit dem 1. Mahlzahn (Molar).

Kieferbewegungen und Kauen

Kieferbeweglichkeit

Häufig wird das Kiefergelenk als reines Scharniergelenk angesehen, das Bewegungen entlang nur einer einzigen Richtung (auf–zu) zulässt. Davon, dass das Kiefergelenk im Gegensatz eben kein reines Scharniergelenk, sondern ein kombiniertes Dreh-Schiebe-Gelenk ist, kann man sich jedoch leicht überzeugen, wenn man willkürlich das Kinn nach vorne oder zur Seite bewegt. Diese Bewegungen gehören nicht nur zum mimischen Repertoire als Ausdruck von Skepsis oder angestrengter Überlegung, sondern finden sich schon bei jedem einzelnen Kauakt:

- Zunächst schiebt sich der Unterkiefer nach vorne, bis sich die Schneidezähne berühren (*Vorbiss*),
- daraufhin tritt die Kaumuskulatur einer Seite in Aktion und bringt die Prämolaren und Molaren des Unterkiefers dieser Seite zum Schluss mit ihren jeweiligen Gegenstücken im Oberkiefer (*Seitbiss*),
- der gegenüberliegende Unterkieferast hängt dabei geringfügig tiefer,

Kaumuskulatur

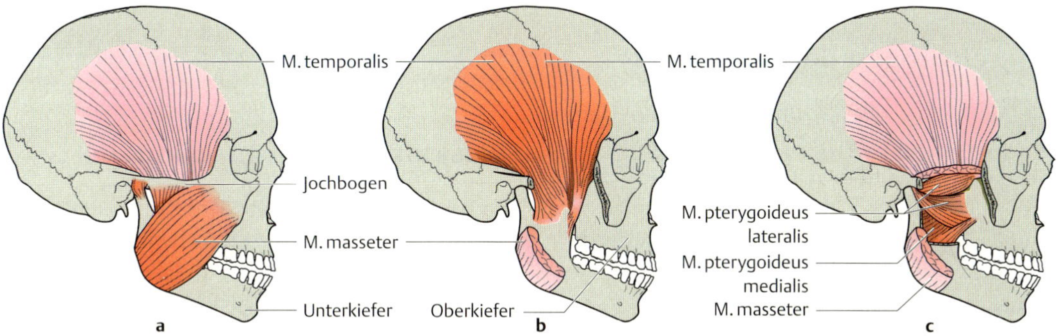

Abb 3.19a-c Auf dieser Abbildung sehen Sie von (**a**) nach (**c**) zunehmend tiefere Schichten der Kaumuskulatur. Am oberflächlichsten liegt der M. masseter (**a**). Er bedeckt den unter dem Jochbogen durchziehenden flachen M. temporalis (**b**). Ganz tief, in der Nähe des Kiefergelenks, liegen die Mm. pterygoidei (**c**).

- erst jetzt wird auch die gegenüberliegende Kaumuskulatur aktiviert und fest zugebissen (*Schlussbiss*). Dadurch bewegt sich der Unterkiefer automatisch leicht in Querrichtung (Mahlbewegung).

Kaumuskulatur

Am Kauakt sind drei Muskelpaare beteiligt ***(Abb. 3.19)***:

- Der *M. temporalis* (Schläfenmuskel) entspringt an einer halbkreisförmigen Knochenleiste im oberen Schläfenbereich, zieht sich durch die Öffnung des Jochbogens und setzt am hinteren Drittel des Unterkiefers an;
- der kürzere *M. masseter* entspringt am Jochbogen selbst und setzt noch etwas weiter hinten am Unterkiefer an. Er bedeckt den M. temporalis von außen und bestimmt bei Anspannung die Form der Kieferpartie. Beide Muskeln sind bei Anspannung leicht von außen zu tasten;
- die *Mm. pterygoidei* (medialis und lateralis) sind muskelschwächer und ziehen in der Tiefe der Schädelbasis vom Keilbein (Schädelbasis) zur Innenseite des Unterkiefers. Der *M. pterygoideus lateralis* kann dabei als einziger Kaumuskel aktiv das Kiefergelenk öffnen.

Alle drei Muskeln werden vom dritten Ast des V. Hirnnervs (N. trigeminus, s. Kap.9, S. 306) willkürlich innerviert. Die Kraftentwicklung der Kaumuskulatur ist beachtlich: Bei maximaler Anspannung können theoretisch Kräfte im Bereich bis zu 1500 N (entspricht dem Heben eines Gewichts von 150 kg!) mobilisiert werden. Nüsse mit den Zähnen zu knacken ist dennoch nur den wenigsten Zeitgenossen möglich, da die Konzentrierung derartiger Kräfte auf einige wenige Quadratmillimeter das Material der Zähne sowie den Zahnhalteapparat überfordern würde. Damit die Zähne nicht auseinanderbrechen verursacht der Versuch daher massive Schmerzen (Schutzreflex).

Ausrenken des Kiefergelenks. Wegen seiner großen Beweglichkeit kann sich das Kiefergelenk beim Gähnen oder Schreien ausrenken. Die zwangsweise Öffnung des Mundes ist meistens recht schmerzhaft. Beim Einrenken muss man sehr vorsichtig agieren, um die Nerven und Blutgefäße des Kiefergelenks sowie die Gelenkkapsel nicht zu beschädigen. Die berühmte „therapeutische Ohrfeige" ist daher nicht nur eine brutale, sondern vor allem eine riskante Maßnahme.

3.7 Mundhöhle und Zunge

Begrenzungen der Mundhöhle

Die Mundhöhle ***(Abb. 3.20)*** beginnt hinter Lippen, Mundvorhof und den Zahnreihen von Unter- und Oberkiefer. Sie wird folgendermaßen begrenzt:

- oben vom harten Gaumen *(Palatum durum)*,
- unten von der Muskulatur des Mundbodens und
- seitlich von den Zahnreihen und den Gaumenmandeln *(Tonsillae palatinae)*.

Der harte Gaumen trägt als Verlängerung des Zahnfleisches eine derbe, unverschiebliche Schleimhaut, die mehrere Querfalten wirft. Dem Zungengrund gegenüber befindet sich der weiche Gaumen *(Palatum molle)* mit dem mittelständigen Zäpfchen *(Uvula)*. Weicher Gaumen und Zäpfchen grenzen die Mundhöhle hinten oben gegen den oberen Rachenraum *(Epipharynx)* ab. Die hintere Begrenzung der Mundhöhle gegen den mittleren Rachenraum *(Mesopharyx)* bilden die beiden Gaumenbögen *(Arcus palatoglossus vorn und Arcus palatopharyngeus hinten)*.

Querschnitt durch die Mundhöhle

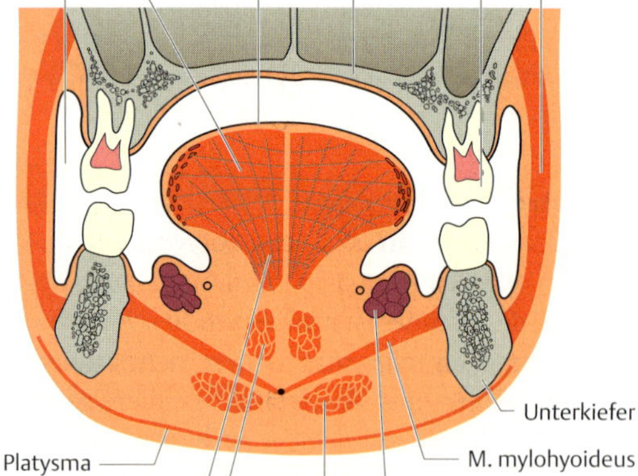

Abb 3.20 Dieser Schnitt zeigt Ihnen nochmals Mundvorhof und Mundhöhle sowie die untere Begrenzung der Mundhöhle, den durch den M. mylohyoideus gebildeten Mundboden. Achten Sie darauf, dass die Muskelzüge der Zunge in allen drei Richtungen des Raums verlaufen. Die von vorn nach hinten ziehende Muskulatur am seitlichen Zungenrand ist hier quer getroffen.

Zwischen beiden Gaumenbögen liegen die Gaumenmandeln.

Muskulatur des Mundbodens

An der Bildung des Mundbodens hat eine Reihe unterschiedlicher Einzelmuskeln Anteil. Am wichtigsten sind:

- der *M. mylohyoideus* (Innervation aus dem N. trigeminus, V. Hirnnerv), der die Unterkieferäste in Querrichtung verspannt, und
- der *M. geniohyoideus*, der in Längsrichtung oberhalb des M. mylohyoideus vom Kinn zum Zungenbein zieht.

Die Mundbodenmuskulatur grenzt nicht nur die Mundhöhle nach unten ab, sondern ermöglicht auch die aktive Kieferöffnung. Unterhalb des M. mylohyoideus zieht der *M. digastricus* vom Kinn zum Zungenbein (vorderer Muskelbauch), wird dort über Zwischensehnen nach seitlich hinten umgelenkt und endet am Schläfenbein (hinterer Muskelbauch).

Die Mundhöhle wird von Zähnen, hartem und weichem Gaumen sowie von der Muskulatur des Mundbodens begrenzt. Die Mundbodenmuskulatur verspannt die beiden Unterkieferäste und dient der Zunge als Widerlager.

Zunge

Aufbau

Bei geschlossenen Kiefern füllt die Zunge die Mundhöhle vollständig aus. Die Unterseite der Zunge ist glatt, die Oberseite (Zungenrücken) jedoch für ein inneres Organ ungewöhnlich rau ***(Abb. 3.21)***. Diese Beschaffenheit geht auf Fadenpapillen *(Papillae filiformes)* zurück, die sich – geringfügig verhornt – in die Mundhöhle erstrecken. Sie ermöglichen die Bewegung der festen Nahrungsbestandteile durch die Zunge und sind daher eine notwendige Voraussetzung für das Kauen und das Zerquetschen von Nahrungsbestandteilen gegen den harten Gaumen. Deshalb können Menschen ohne Zähne auch pro-

Geschmackswahrnehmung der Zunge

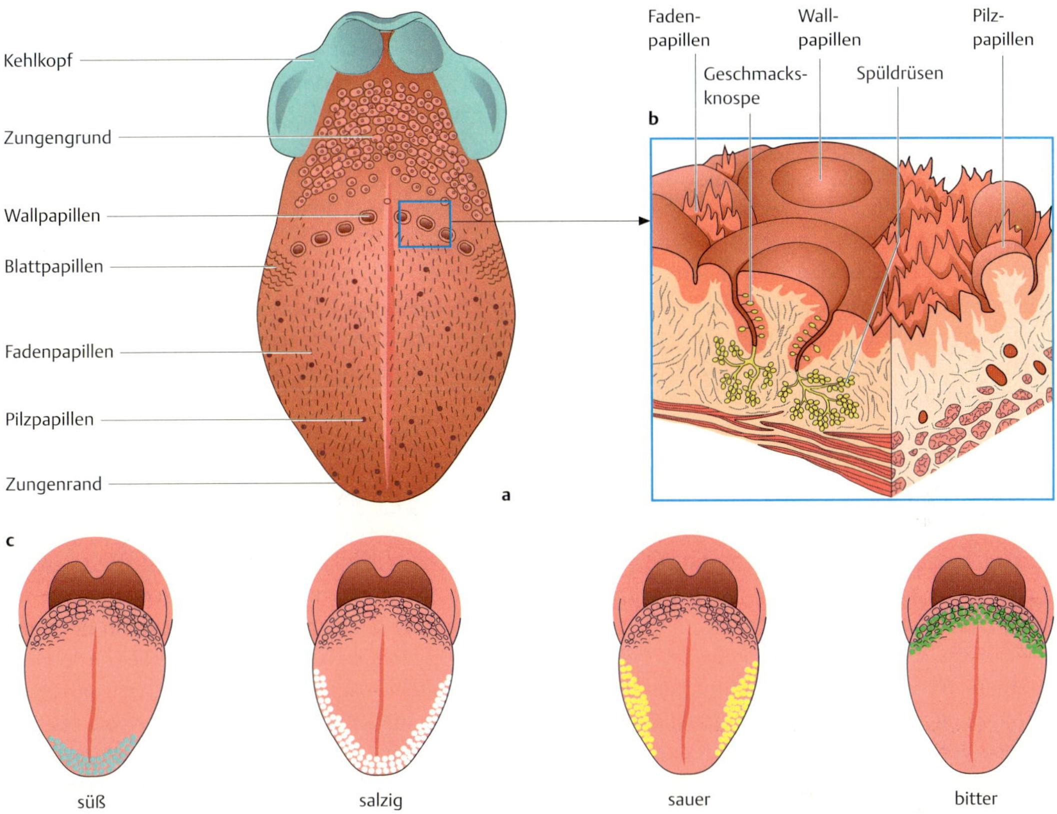

Abb 3.21a-c Die Oberfläche der Zunge (**a**) besitzt in der vorderen Hälfte fast ausschließlich Faden- und Pilzpapillen, dahinter einige Wallpapillen und in der Nähe des Kehlkopfes lymphatisches Gewebe (sog. Zungengrundmandel). Beachten Sie im Zoom (**b**) die Spüldrüsen am Boden der Wallpapillen und die zerklüftete Oberfläche der Fadenpapillen. Abb (**c**) zeigt die Verteilung der Rezeptoren für die einzelnen Geschmacksqualitäten.

blemlos passierte Kost oder aufgeweichtes Brot kauen.

Am Zungengrund finden sich 10–20 Blatt- und Wallpapillen *(Papillae foliatae, Papillae vallatae)* mit einem recht großen Durchmesser von 2–3 mm. Am Boden dieser spezialisierten Papillen sitzen die Rezeptoren des Geschmackssinns, die Geschmacksknospen. Seröse Spüldrüsen in der Nähe produzieren ein natriumarmes Sekret, um Geschmacksstoffe rasch wieder abzutransportieren und die Adaptation der Geschmacksknospen zu vermindern.

Die etwa millimetergroßen Pilzpapillen *(Papillae fungiformes)* finden sich in größerer Zahl am Zungenrand. Sie tragen ebenfalls Geschmacksknospen, benötigen aber wegen ihrer exponierten Lage keine Spüldrüsen.

Sensorik und Motorik

Kein anderer Körperteil wird motorisch und sensibel so stark mit Nervenfasern versorgt wie der Zungenmuskel. Dies ermöglicht eine ausgesprochen differenzierte Beweglichkeit, die für die Sprachbildung unerlässlich ist. Ebenso feinfühlig ist die Zunge gegenüber mechanischen und thermischen Reizen. Diese Sensibilität ist ein wirksamer Kontrollmechanismus zum Überprüfen der Konsistenz aufgenommener Nahrung und zur Steuerung der Zungenbeweglichkeit beim Schlucken.

Muskulatur der Zunge. Die Muskulatur setzt sich aus äußeren und inneren Zungenmuskeln zusammen. Äußere Zungenmuskeln haben Kontakt zu Anteilen des Skeletts, beispielsweise dem Unterkiefer und dem Zungenbein. Die inneren Zungenmuskeln verspannen im Gegensatz dazu verschiedene Anteile der Zunge miteinander. Der wichtigste der äußeren Muskeln ist der *M. genioglossus*, der oberhalb des M.geniohyoideus von der Innenfläche der Unterkiefervorderseite (Kinn) von unten in die gesamte Zunge einstrahlt. Er zieht den Zungengrund nach vorn und bewegt die Zunge nach links oder rechts. Demgegenüber ermöglichen die inneren Zungenmuskeln eine außerordentliche Verformbarkeit der Zunge. Die Muskelfasern der drei unterschiedlichen Anteile (*M. longitudinalis, transversus, verticalis*) durchdringen einander im Sinne eines dreidimensionalen Netzwerks, wobei die Fasern weitgehend senkrecht zueinander stehen. Werden beispielsweise der M. transversus und der M. verticalis angespannt und der M. longitudinalis erschlafft, so wird die Zunge lang, flach und schmal. Der N. hypoglossus (XII. Hirnnerv, s. Kap. 9, S. 307) innerviert sämtliche Zungenmuskeln.

Die Zunge ist ein extrem beweglicher Muskel. Ihre Oberseite trägt Papillen und Spüldrüsen in der Umgebung der Geschmacksknospen.

3.8 Drüsenepithel und Mundspeicheldrüsen

Aufgabe der Mundspeichendrüsen

Speichel ist einerseits für den Kauakt unbedingt erforderlich, um trockene Nahrungsbestandteile schluckfähig zu machen, andererseits ist er auch Träger von Verdauungsenzymen, die in der Lage sind, insbesondere Kohlenhydrate anzudauen, noch bevor sie den Magen erreichen.

Daneben finden sich im Speichel große Mengen an Immunglobulinen (IgA) und dem antibakteriellen Wirkstoff Lysozym, so dass man von einer wichtigen Funktion bei der bakteriellen Infektabwehr im Mund-Rachen-Bereich ausgehen muss. Weiterhin neutralisiert der leicht alkalische Speichel den pH-Wert im Mundbereich und reduziert so die kariesauslösende Wirkung der Mundflora.

Speichel ist u.a. auch ein wichtiger Geschmacksträger. Erst wenn sich die Geschmacksstoffe in dem natriumarmen Speichel gelöst haben, können sie die Geschmacksknospen der Zunge erreichen und dort ein Signal auslösen.

Sekretion und Resorption

Viele Epithelzellen dienen dem Transport gelöster Moleküle von einer Seite der Zelle zur gegenüberliegenden. So nehmen die Zellen der Mundspeicheldrüsen in Wasser gelöste Stoffe zunächst aus dem Blut in ihr Zytoplasma auf und geben diese Stoffe danach an der gegenüberliegenden Seite in den Ausführungsgang der Drüse ab. Umgekehrt nehmen Darmepithelzellen gelöste Stoffe auf, transportieren sie durch die Zelle hindurch und geben sie ins Blut der Pfortader ab. Daher sind Epithelien oft asymmetrisch organisiert, d.h. sie besitzen eine Membranseite, die der Aufnahme, und eine andere, die der Abgabe von Stoffen dient ***(Abb. 3.22)***.

Resorption/Sekretion

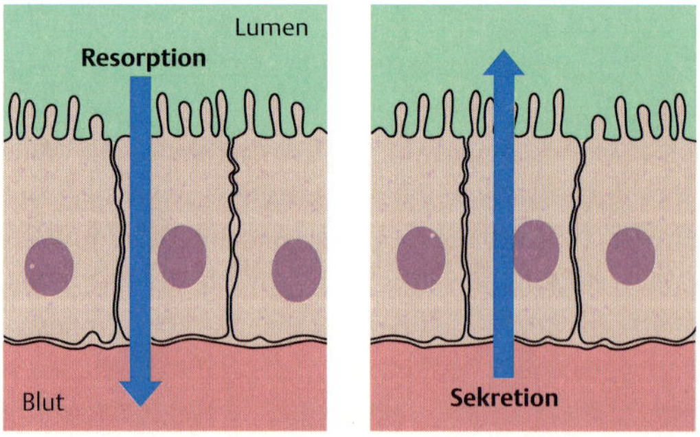

Abb.3.22 Resorption nennt man den Transport von Flüssigkeit und/oder in Flüssigkeit gelösten Stoffen von der „Außenwelt" (z.B. Hautoberfläche, Magen- und Darminhalt) ins Blut. Bei der Sekretion gehen ursprünglich im Blut gelöste Stoffe in die Außenwelt über.

Wird ein Stoff über ein Epithel hinweg aus der Umwelt in den Körper aufgenommen, so spricht man von *Resorption* (Niere) oder von *Absorption* (Dünndarm), wird ein Abfall- bzw. Giftstoff aus dem Körper entfernt, bezeichnet man dies als *Exkretion* (z.B. bei der Galleproduktion). Unter *Sekretion* versteht man meist die Abgabe von Stoffen durch spezialisierte Drüsenzellen.

Sekretionsformen

Das Drüsenepithel ist ganz auf die Sekretion körpereigener Substanzen spezialisiert. Die sezernierenden Zellen sind ähnlich organisiert wie die Zellen des Deckepithels, d.h. sie bilden eine dichte Membran und haben eine asymmetrische Orientierung (dem Blut bzw. der Außenseite zugewandte Membran).
Die der Blutseite entgegengesetzte Membran (apikale Membran) ist auf die Exozytose von Vesikeln des Golgi-Apparats spezialisiert. Daher ist der dem Ausführungsgang zugewandte Pol sezernierender Epithelzellen angefüllt mit lichtmikroskopisch sichtbaren Vesikeln.

Exokrine und endokrine Drüsen

Exokrine Drüsen geben ihr Sekret nach „außen" ab. Sie sitzen in Haut und Schleimhäuten, aber auch im Atmungs- und Verdauungstrakt, da diese Räume über Nase, Mund und After Kontakt zur Außenwelt haben.
Den Gegensatz zur exokrinen bildet die endokrine Sekretion, bei der Drüsensekrete nach innen abgegeben werden – also in die Blutbahn oder in den Lymphstrom. Weil alle Hormone endokrin sezerniert werden, verwendet man die Begriffe endokrine Drüse oder endokrines Organ häufig gleichbedeutend mit einem hormonproduzierenden Gewebe.
Drüsen, die zähflüssiges (muköses) Sekret abgeben, besitzen kurze, plumpe Ausführungsgänge (Talgdrüsen, Duftdrüsen der Haut). Drüsen mit dünnflüssigem (serösem) Sekret wie Bauchspeicheldrüse, Ohrspeicheldrüse und Prostata haben dagegen lange, dünnlumige und verästelte Kanäle *(**Abb. 3.23 a,b**)*.

Muköse und seröse Drüsen

a

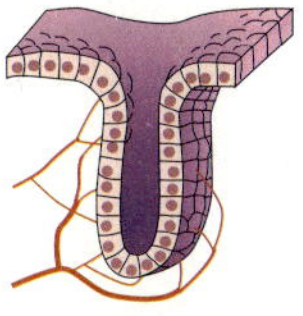

b

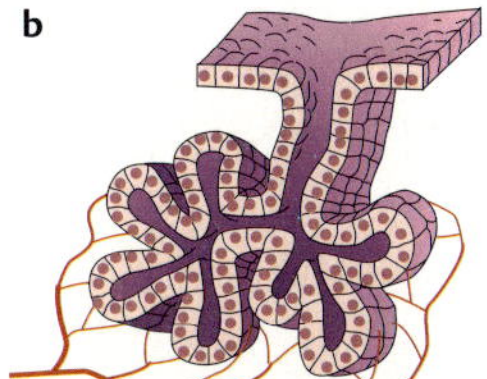

Abb.3.23a,b Drüsen mit zähem Sekret (muköse Drüsen) haben kurze, unverzweigte Ausführungsgänge mit einem weiten Lumen (**a**). Je dünnflüssiger das Sekret, desto filigraner und verzweigter werden die Ausführungsgänge (seröse Drüse, **b**).

Aufbau einer transportierenden Epithelzelle

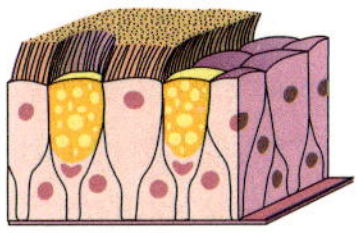

Muss eine Zelle bestimmte Substanzen aktiv – also unter Verbrauch von Stoffwechselenergie – über ein Epithel transportieren, so ist sie in aller Regel zylinderförmig, hoch und schmal. Da jeder aktive Transportvorgang Stoffwechselenergie benötigt, haben transportierende Epithelzellen meist eine große Zahl an Mitochondrien, die – wie im Fall des Dünndarms und des Nierentubulus – bevorzugt in der Nähe der Basalmembran liegen. Diese Zellen besitzen auch einen ausgeprägten Bürstensaum (*Mikrovilli*). Es handelt sich dabei um feine Ausläufer der Zellmembran mit darin eingeschlossenen Zytoskelettfilamenten, die dicht gedrängt auf einer Seite des Epithels vorragen. Diese Seite kennzeichnet in fast allen Fällen die dem Blut abgewandte apikale Zellseite. Durch die bürstenartige Ausbildung dieser Membran wird die apikale Membranfläche um mehr als das 20fache vergrößert, so dass mehr Transportproteine pro m^2 Zellfläche in die Membran eingebaut werden können. Diese Oberflächenvergrößerung ermöglicht es überhaupt erst, z.B. Speicheldrüsen, Magen-Darm-Trakt oder Nierentubuli im Körperinneren unterzubringen.

Aufbau und Sekret der Mundspeicheldrüsen

Glandula sublingualis

Die *Glandula sublingualis* (Unterzungendrüse **Abb. 3.24**) sitzt unmittelbar am Boden der Mundhöhle unterhalb der Schleimhaut. Sie wiegt nur 3–6 g und besitzt mehrere Ausführungsgänge im Bereich des seitlichen und vorderen Mundbodens. Der Hauptausführungsgang mündet zusammen mit dem der Unterkieferdrüse am Zungenbändchen. Die Gl. sublingualis produziert einen zähen Schleim mit einem geringen Anteil an Verdauungsenzymen (muköse bzw. mukoseröse Drüse).

Glandula submandibularis

Die *Glandula submandibularis* (Unterkieferdrüse) liegt an der Innenseite des hinteren Abschnitts des Unterkieferknochens. Sie befindet sich teilweise noch außerhalb der muskulären Begrenzung des Mundbodens. Das Organ ist doppelt so schwer wie die Gl. sublingualis und produziert ein Sekret von mittlerer Zähigkeit (seromuköse Drüse), das über einen einzigen Ausführungsgang abfließt und zusammen mit dem größten Abfluss der G. sublingualis am Zungenbändchen mündet. Wegen des relativ zähen Sekrets und der ungünstigeren Abflussbedingungen bilden sich in der Gl. submandibularis relativ am häufigsten Speichelsteine, die den Abfluss verlegen und zu einer sehr schmerzhaften Drüsenschwellung führen können.

Glandula parotidea

Die *Glandula parotidea* (Parotis, Ohrspeicheldrüse ***Abb. 3.24 und 3.25***) ist mit 20–30 g Gewicht die größte Mundspeicheldrüse. Sie liegt vor und unterhalb des äußeren Ohrs. Ein langer Ausführungsgang bringt das dünnflüssige Sekret (seröse Drüse) zur Wangenschleimhaut gegenüber den oberen Backenzähnen. Er überkreuzt dabei den M. masseter und ist an dieser Stelle als derber, ca. 0,5 cm breiter Strang zu tasten. Mitten durch die Ohrspeicheldrüse hindurch zieht der N. facialis, der die mimische Muskulatur einer Gesichtshälfte kontrolliert. Bei Entzündungen der Parotis (vor allem bei Mumps) schwillt die Drüse sehr stark an und die Mündungsstelle des Ausführungsgangs gegenüber dem zweiten oberen Molaren ist stark gerötet.

Mundspeicheldrüsen

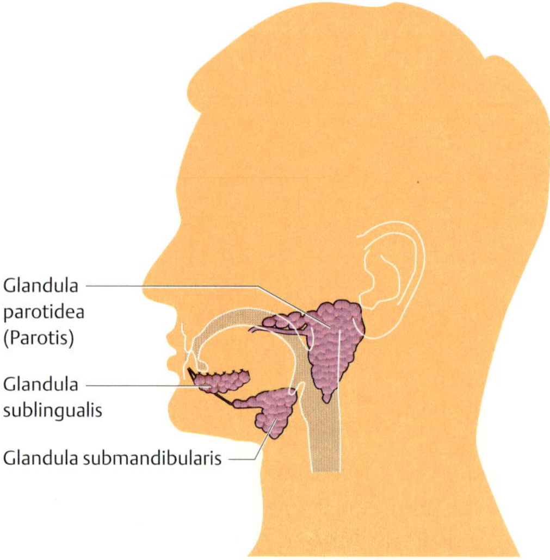

Abb. 3.24 Die Ohrspeicheldrüse (Glandula parotidea) gibt flüssiges (seröses) Sekret in den oberen Mundvorhof ab. Unterkiefer- und Unterzungendrüse münden unten in der Nähe des Zungenbändchens in die Mundhöhle. Ihr Sekret ist stark mit Schleim durchsetzt und daher zäher (mukös).

Seröse Drüse (Glandula parotidea)

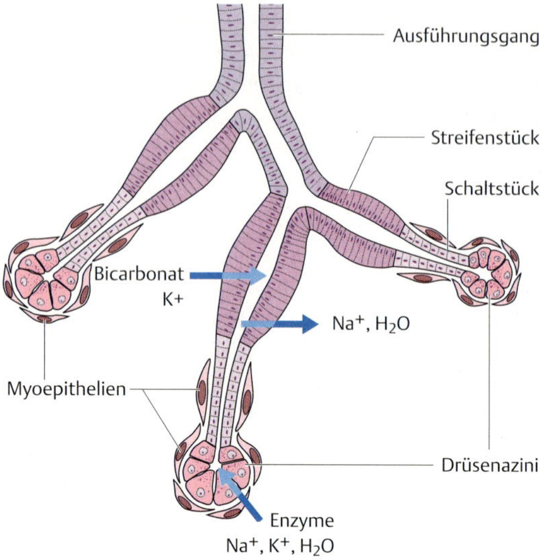

Abb 3.25 Speicheldrüsen erzeugen ihr Sekret in den pyramidenförmigen Zellen der Drüsenazini und geben es über Ausführungsgänge ab. In der Ohrspeicheldrüse liegen dazwischen die zylinderförmigen Zellen der Streifenstücke. Diese tauschen Natrium gegen das alkalische Bicarbonat und Kalium aus und dicken den Speichel ein. Myoepithelien sind Zwitter zwischen Epithel- und Muskelzellen. Sie pressen das Sekret aus den Azini in die Ausführungsgänge hinein.
Beachten Sie, dass die Speicheldrüse in erster Linie gelöste Salze aus dem Blut in den Speichel sezerniert und das Wasser passiv nachfolgt.

! Die drei Mundspeicheldrüsen produzieren unterschiedlich zähes Sekret mit Verdauungsenzymen in die Mundhöhle. Das Sekret entsteht in den Drüsenazini und den ableitenden Tubuli und wird von Myoepithelien ausgepresst.

Steuerung der Speichelsekretion

Lokale Faktoren. Ein Teil der Speichelsekretion wird über lokale Faktoren geregelt: Das Massieren der Drüsen beim Kauen oder saure Substanzen im Mund rufen einen erhöhten Speichelfluss hervor.

Vegetative Kontrolle. Der überwiegende Anteil der Speichelsekretion steht unter vegetativer Kontrolle. Die Speicheldrüsen werden sowohl von parasympathischen Fasern (Parotis: N. glossopharyngeus, IX. Hirnnerv, Submandibularis und Sublingualis: N. facialis, VII. Hirnnerv) als auch von sympathischen Fasern aus dem Ganglion cervicale superius versorgt. Jede parasympathische Aktivierung fördert den Speichelfluss, jede Erhöhung des Sympathikotonus hemmt die Speichelsekretion.

Psychische Faktoren. Aus dem Alltag kennen wir die Abhängigkeit des Speichelflusses von psychischen Faktoren: Beim Anblick oder Geruch guten Essens „läuft einem das Wasser im Munde zusammen" (Parasympathikus); umgekehrt bekommt man bei Prüfungen häufig „eine trockene Kehle" (Sympathikus). Die Mechanismen sind dieselben wie bei der Kontrolle von Magen- und Pankreassekretion (s. S. 188 und 199). Parasympathische Innervation erhöht jedoch nicht nur die Produktion neuen Primärspeichels in den Drüsenazini, sondern fördert auch wie oben dargestellt dessen Austreibung in die Ausführungsgänge.

Der Parasympathikus aktiviert die Speichelsekretion, der Sympathikus hemmt die Speichelsekretion. Auch beim Kauen wird Speichel abgegeben.

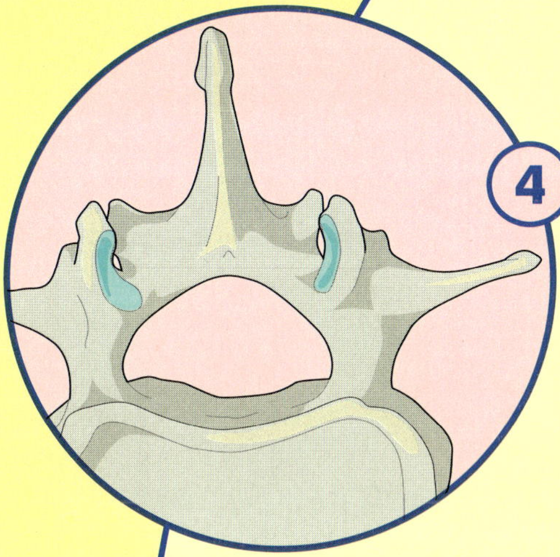

4 SICH BEWEGEN

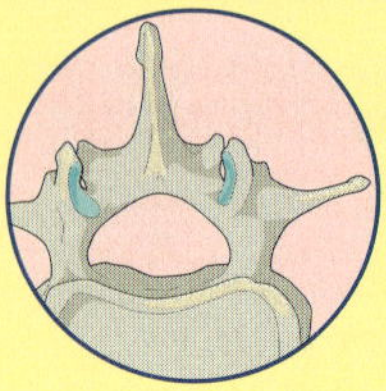

4.1 Passiver Bewegungsapparat

Der passive Bewegungsapparat ist alles, was zur Bewegung nötig ist, sich aber nicht selbst aktiv bewegt, also mit anderen Worten kein Muskel ist. Darunter zählen also Knochen, Knorpel und Bänder. Im Gegensatz dazu ist die Muskulatur der sogenannte aktive Bewegungsapparat

Aufbau des Binde- und Stützgewebes

Während alle Epithelgewebe des Körpers zumindest in einigen grundlegenden Eigenschaften übereinstimmen, ist das Binde- und Stützgewebe eine Gruppe sehr vielgestaltiger Elemente. Es umfasst die geformten Anteile des Skeletts (Knochen, Knorpel, Sehnen, Bänder, Kapseln usw.) genauso wie die netzartigen Feinstrukturen, die sich zwischen Organen oder zwischen Organteilen ausspannen und diese mechanisch zusammenhalten. Auch das Fettgewebe und Teile des Immunsystems gehören zu dieser Gewebeart.

Gemeinsamkeiten der Binde- und Stützgewebe. Die nahezu einzige verbindende Gemeinsamkeit aller Teile des Binde- und Stützgewebes ist das Vorhandensein extrazellulärer Fasern zwischen den Zellen ***(Abb. 4.1)***. Man unterscheidet drei Arten dieser Fasern:

Kollagenfasern. Diese Fasern bestehen meist aus Kollagen, einem langgestreckten Eiweißmolekül. Mehrere solcher Moleküle lagern sich einander Seite an Seite an und bilden eine *Kollagenfibrille* von etwas weniger als einem Mikrometer Durchmesser. Eine *Kollagenfaser* besteht aus einer Reihe parallel angeordneter Kollagenfibrillen. Kollagenfasern sind sehr reißfest und biegsam, lassen sich aber nur um maximal 5 % ihrer Länge strecken. Druckbelastungen widerstehen Kollagenfasern allerdings genauso wenig wie ein Drahtseil. Daher wird Kollagen vornehmlich an Stellen eingesetzt, wo es auf die Übertragung von Zugkräften ankommt (Sehnen).

Elastische Fasern. Elastische Fasern lassen sich dagegen um mehr als 100 % ihrer Länge dehnen und ähneln in dieser Hinsicht Gummi oder strapazierfähigen Langzugbinden. Dieser Fasertyp kommt meist als elastisches Fasergeflecht in Bändern und in der Wand großer Arterien vor. Werden elastische und kollagene Fasern in einem einzigen Gewebe zusammengebracht, so lässt sich dieses Gewebe sehr leicht bis zu einem (von der Streckung der Kollagenfasern vorgegebenen) Maximalwert aufdehnen. Diese Anordnung ist typisch für Organkapseln.

Lockeres Bindegewebe

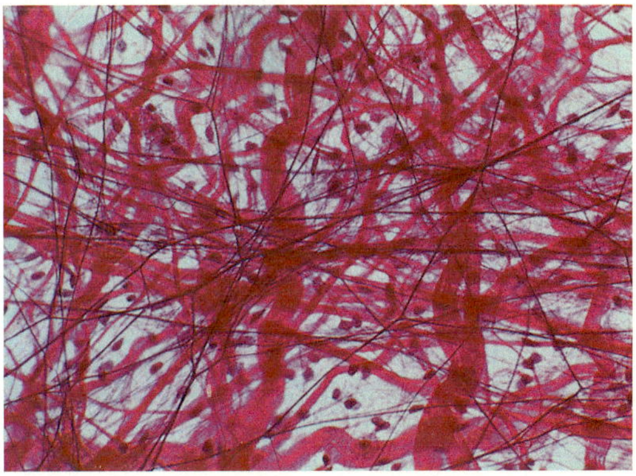

Abb. 4.1 Dieses Foto zeigt lockeres Bindegewebe im Bereich der Darmaufhängung (Mesenterium). Sie erkennen die rot gefärbten Kollagenfaserbündel, die spinnwebenartigen elastischen Fasern (schwarz) und dazwischen die Zellkerne von relativ wenigen Bindegewebszellen (aus Kühnel, W.: Taschenatlas der Zytologie, Histologie und mikroskopischen Anatomie, 10. Aufl. Thieme, Stuttgart 1999).

Retikuläre Fasern. Netzfasern (*retikuläre Fasern*) entsprechen in ihrer Feinstruktur dünnen Kollagenfasern und umspinnen Zellen von Fett und lockerem Bindegewebe.

Bindegewebe

Alle faserhaltigen Strukturen, die nicht auf Druck belastbar sind, fasst man traditionell unter dem Begriff des Bindegewebes zusammen. Die folgende Aufstellung soll Ihnen einen Überblick darüber ermöglichen, wie vielgestaltig die Erscheinungsformen des Bindegewebes sein können. Es gibt:

Lockeres Bindegewebe

Lockeres Bindegewebe findet sich in gut durchbluteten Bezirken zwischen Organen und dient dem mechanischen Zusammenhalt sowie der Ernährung dieser Organe (vgl. ***Abb. 4.1)***.

Retikuläres Bindegewebe

Noch schwammartiger als das lockere Bindegewebe ist das retikuläre Bindegewebe ***(Abb. 4.2)***. Es besteht vorwiegend aus verästelten Retikulumzellen, die besonders auf Endozytose spezialisiert sind, und nur wenigen Fasern. Aus retikulärem Bindegewebe bestehen Knochenmark, Milz, Lymphknoten und die lymphatischen Elemente im Darm (s. Kap. 12, S. 380).

Straffes Bindegewebe

Straffes Bindegewebe bildet die Grundlage der tieferen Hautschichten. Es ist mit reichlich kollagenen und elastischen Fasern versehen und bestimmt die mechanischen Eigenschaften der Haut ***(Abb. 4.3)***. Im Alter lässt die Elastizität des „straffen" Bindegewebes nach; die Haut wird schlaff und faltig. Straffes Bindegewebe lässt sich durch eine aktive Bewegung (Gymnastik) oder eine passive Massage in begrenztem Maß kräftigen. Bisher fehlt aber jeglicher wissenschaftliche Beweis dafür, dass „Anti- Falten-Cremes" oder „Kollagenlotionen" jemand anderem nutzen als ihrem Hersteller.

! Alle Formen des Binde- und Stützgewebes produzieren extrazelluläre Fasern. Die häufigste Form sind Kollagenfasern, die eine hohe Zugfestigkeit aufweisen, aber kaum dehnbar sind. Bindegewebe mit Kollagenfasern bildet die Grundmatrix für Haut, Schleimhäute und die meisten Organe.

Retikuläres Bindegewebe

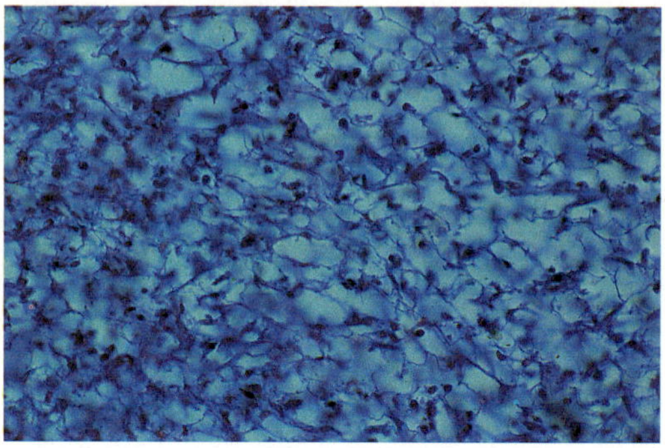

Abb. 4.2 Im retikulären Bindegewebe (hier aus der Milz) bilden die verästelten Retikulumzellen einen weitmaschigen Verband, Fasern fehlen hier (aus Kühnel, W.: Taschenatlas der Zytologie, Histologie und mikroskopischen Anatomie, 10. Aufl. Thieme, Stuttgart 1999).

Straffes Bindegewebe

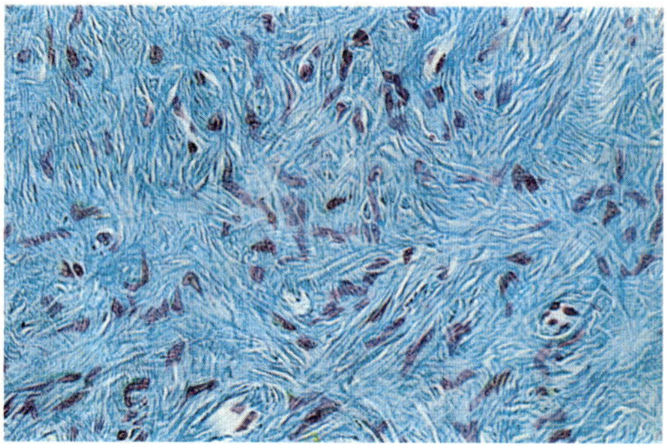

Abb. 4.3 Im straffen Bindegewebe bilden die dichten Faserbündel, in verschiedene Richtungen verlaufend, ein enges Geflecht. So hält es der mechanischen Beanspruchung besser stand (aus Kühnel, W.: Taschenatlas der Zytologie, Histologie und mikroskopischen Anatomie, 10. Aufl. Thieme, Stuttgart 1999).

Fettgewebe

Aufbau

Fettgewebe ist eigentlich eine extreme Spezialform des lockeren Bindegewebes. Die Zellen des Fettgewebes enthalten einen einzigen riesigen Fetttropfen (Vakuole), um den herum sich spangenförmig ein schmaler Zytoplasmasaum anordnet. Auch der Zellkern erscheint im Vergleich zu dieser Vakuole winzig. Auf diese Weise blähen sich Fettzellen zu einer solchen Größe auf, dass sie schon mit dem bloßen Auge als feine kugelförmige Gebilde zu erkennen sind (40 bis 120 μm). Bindegewebsfasern umspannen körbchenförmig die runden Fettzellen und gewährleisten ein gewisses Maß an Festigkeit. Das Fettgewebe ***(Abb. 4.4)*** ist – entgegen der landläufigen Meinung – gut durchblutet: Jede einzelne Fettzelle wird von einem Kapillarsystem umgeben.

Funktion

Fettgewebe hat zweierlei Aufgaben zu erfüllen: Als *Speicherfett* (weißes Fettgewebe) ist es der wichtigste Langzeitenergievorrat des Körpers; die Fettzellen haben die Fähigkeit, aus Nahrungsfetten und Kohlenhydraten körpereigenes Fett aufzubauen, zu speichern und bei Bedarf wieder an die Blutbahn abzugeben. Als *Baufett* (braunes Fettgewebe) ist es notwendig, um mechanisch besonders belastete Körperregionen zu polstern (Handteller, Fußsohlen) und die Form bestimmter Körperteile zu erhalten (Nierenkapsel, Wangen, Augenhöhle). Außerdem isoliert das Fettgewebe den Körperkern gegen Auskühlung und dient als Blutspeicher.

Menschliches Fettgewebe hat eine leicht gelbliche Farbe. Es gliedert sich in kleine, wenige Millimeter große Läppchen, zwischen denen kollagene Fasern einschneiden. Die Zahl der Fettzellen ändert sich mit dem Ernährungszustand nur wenig; ein Mensch mit Übergewicht hat aber im Durchschnitt größere Fettzellen als eine schlanke Person.

Fettgewebe

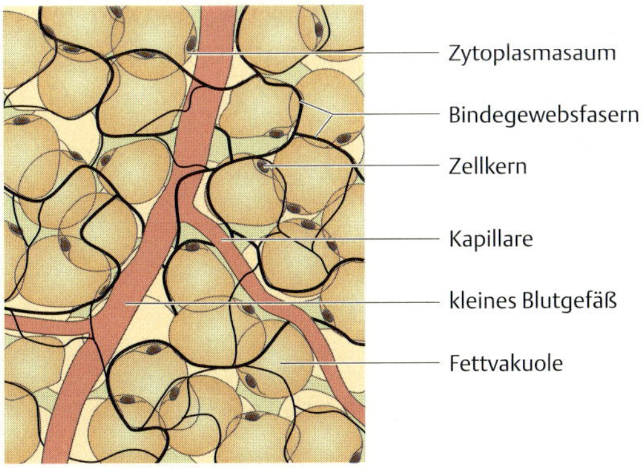

Abb. 4.4 Fettzellen bestehen aus einem riesigen Vesikel (Vakuole) mit Fett und einem sehr dünnen Zytoplasmasaum mit einer Ausbuchtung für den Zellkern. Im Fettgewebe liegen die Zellen locker von retikulärem Bindegewebe umschlossen.

Sehnen

Aufbau

Sehnen sind eigentlich die Extremform des straffen Bindegewebes. Sie stellen die Verbindung von der Muskulatur zum Skelett her und bestehen fast ausschließlich aus großen Mengen parallel angeordneter Kollagenfasern, zwischen die sich vereinzelt Säulen von Bindegewebszellen schieben. Jede Bindegewebszelle umspannt mit feinen Zytoplasmaausläufern eine Gruppe von Kollagenfasern. Die Fasern selbst sind im Längsschnitt gewellt, im Querschnitt zu Faserbündeln zusammengefasst.

Funktion

Sehnen sind ausschließlich auf *Zug* belastbar. Bei einer Sehnenzerrung können einzelne Bündel schmerzhaft einreißen; im Verlauf einiger Wochen reparieren die Bindegewebszellen diese „Mikrorisse" von selbst. Unter einem Sehnenriss versteht man dagegen die komplette Durchtrennung einer ganzen Sehne. Durch den Zug der Muskulatur werden die beiden Enden voneinander wegbewegt und können deshalb nicht mehr spontan zusammenwachsen – eine Operation wird notwendig. Ein Sehnenriss ist nur selten schmerzhaft, immer aber mit einer Funktionseinschränkung verbunden.

Bänder

Bänder unterscheiden sich prinzipiell von Sehnen dadurch, dass sie sich nicht zwischen einem Knochen und einem Muskel, sondern zwischen zwei Skelettelementen – meist Knochen – ausspannen. Aus diesem Grund müssen Bänder eine gewisse Elastizität aufbringen. Die elastischen Fasern der Bänder lassen sich besonders im Bereich der hinteren Wirbelsäulenbänder (Ligamenta flava) erkennen. Auch die Gelenkkapseln folgen demselben Aufbau.

Stützgewebe

Knorpel und Knochen lassen sich nicht nur wie z.B. die Sehnen auf Zug, sondern auch auf Druck belasten. Sie stützen damit den Körper (Stützgewebe) und machen insgesamt das Skelett aus.

Knorpel

Die Knorpelzellen ***(Abb. 4.5a–c)*** bilden kollagene Fasern und verbinden sich mit diesen; ein wichtiger Unterschied zum Knochen besteht jedoch darin, dass die Knorpelzellen saure Stoffwechselprodukte (Mucopolysaccharide, Chondroitinsulfat) zusammen mit den Kollagenfasern abgeben. Durch diese Säureeinlagerung quellen die Kollagenfasern auf und werden für das Lichtmikroskop weitgehend unsichtbar, genauso wie die Zellen des Bindegewebes.

Aufbau. Die Knorpelzellen haben eine abgerundete Form und liegen einzeln oder in Gruppen von bis zu 8 Zellen. Durch die Abscheidung von Knorpelgrundsubstanz mauern sie sich regelrecht ein und bilden so *Chondrone*, die Baueinheiten des Knorpelgewebes. Knorpelgewebe ist nicht durchblutet, die Ernährung der Knorpelzellen erfolgt ausschließlich durch Diffusion von Nährstoffen durch die Knorpelgrundsubstanz. Die Regeneration geschädigten Knorpels dauert entsprechend lange und ist meistens unvollständig.

Hyaliner Knorpel

Die häufigste Form von Knorpelgewebe ist der *hyaline Knorpel* als Baustoff von Gelenkflächen, Rippen, der Luftröhre, den Bronchien usw. ***(Abb. 4.6)***. Die

Knorpelgewebe

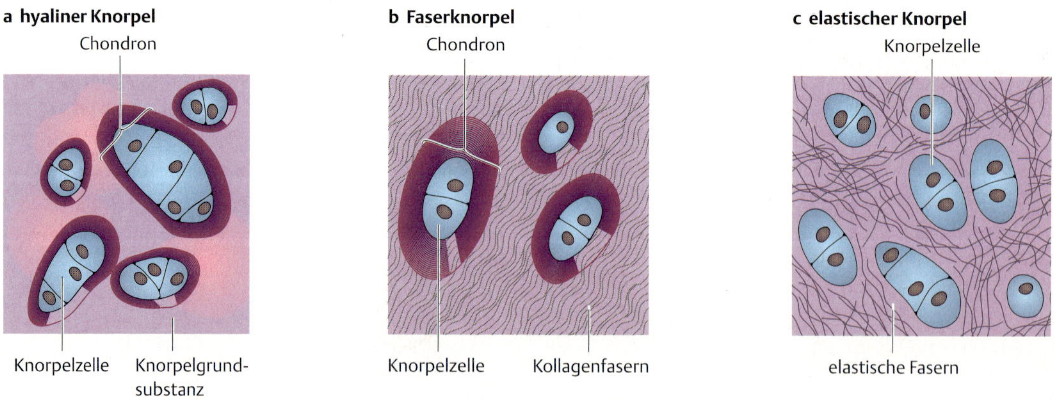

Abb. 4.5a-c Im Knorpel liegen die Zellen inselförmig in einem Meer aus Kollagenfasern und Kitt, der Knorpelgrundsubstanz. Die Kollagenfasern sind beim hyalinen Knorpel (**a**) sehr zahlreich, aber unsichtbar, beim Faserknorpel (**b**) sind sie dagegen deutlich zu erkennen. Der elastische Knorpel (**c**) enthält neben den Kollagen- noch elastische Fasern.

Schnittfläche des hyalinen Knorpels sieht – abgesehen von den Chondronen – glasartig homogen aus, seine Oberfläche ist glatt und erlaubt das verschleißarme Gleiten zweier Gelenkflächen aneinander. Die außerordentliche Zähigkeit von hyalinem Knorpel kann man handgreiflich (oder eher „zahngreiflich") beim Verzehr von Geflügel erleben.

Faserknorpel

Faserknorpel enthält, wie der Name bereits sagt, mikroskopisch sichtbare Faseranteile. Faserknorpel findet sich in den Zwischenwirbelscheiben (Bandscheiben) und den Menisken und ist normalerweise gut mit dem umgebenden Knochen verbunden. Faserknorpel ist weniger druck-, aber stärker zugbelastbar als hyaliner Knorpel.

Elastischer Knorpel

Elastischer Knorpel ist in unserem Körper sehr selten. Seine elastischen Fasern ermöglichen die Verformbarkeit der Ohrmuschel, der Ohrtrompete und des Kehldeckels.

Knorpel kommt beim Erwachsenen auf den Gelenkflächen, in Kehlkopf, Luftröhre und Bronchien sowie in der Ohrmuschel vor. Bei Kindern bestehen die noch wachsenden Teile der Röhrenknochen aus Knorpel.

Hyaliner Rippenknorpel

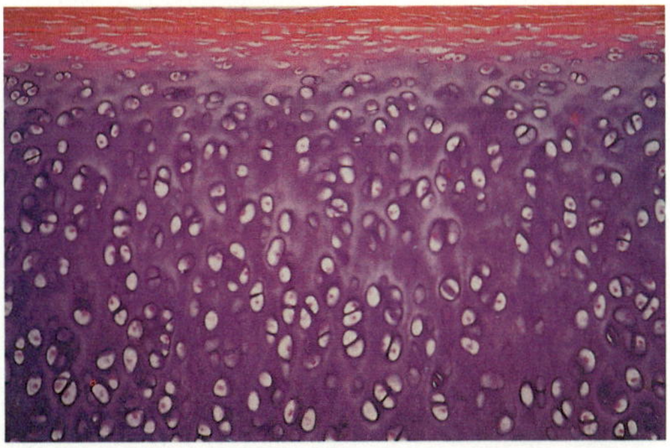

Abb. 4.6 Auf diesem Schnitt durch einen hyalinen Rippenknorpel erkennen Sie zahlreiche Chondrone sowie die typisch glasige Struktur der Knorpelgrundsubstanz ohne sichtbare Fasern. Oben ist die äußere Begrenzung des Knorpels mit der den Knorpel einhüllenden Knorpelhaut getroffen (aus Kühnel, W.: Taschenatlas der Zytologie, Histologie und mikroskopischen Anatomie, 10. Aufl. Thieme, Stuttgart 1999).

Knochen

Unter den verschiedenen Typen des Binde- und Stützgewebes ist das Knochengewebe am höchsten differenziert. Seine außerordentliche Druck- und Scherbelastbarkeit bei geringem Gewicht macht Knochen zum idealen Material für das Skelett größerer, vor allem landlebender Tiere, und damit natürlich auch für das des Menschen.

Gitterkonstruktion des Knochens. Auch die von alten Eisenbahnbrücken oder Formel-1-Rennwagen her bekannte Gitterkonstruktion findet sich im Knochen wieder: Die Ebenen der stärksten Belastung (Trajektorien) sind durch gerade oder bogenförmige Knochenspangen versteift, zwischen denen sich leere Räume befinden ***(Abb. 4.7)***. Nur die mechanisch beanspruchten Teile bestehen aus Knochenmaterial. Jeder Knochen ist von einer festen Schicht aus Knochenmaterial, der Kortikalis, umgeben. Am Schaft der Röhrenknochen ist diese Kortikalis besonders dick und heißt *Kompakta*. Das Maschengewebe aus Knochenbälkchen und Hohlräumen innerhalb eines Knochens wird *Spongiosa* genannt. Hier befindet sich auch das Knochenmark, das nicht mechanischen Zwecken, beispielsweise der Blutbildung, dient.

Trajektorien im Oberschenkelknochen

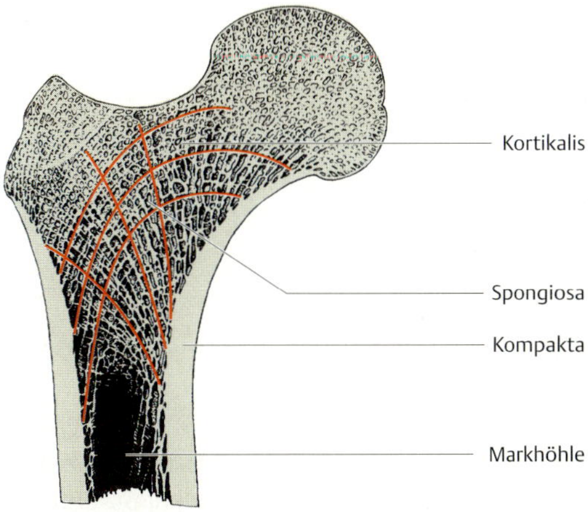

Abb. 4.7 Je nach der Belastung eines Knochens ordnen sich die Knochenbälkchen der Spongiosa in einer bestimmten Richtung an. Dadurch erhöht sich die Festigkeit des Knochens bei gleichbleibend geringem Gewicht.

Verkalkung. Das eigentliche Hauptcharakteristikum des Knochens ist die Verkalkung: Der extrazelluläre Raum enthält neben reichlich kollagenen Fasern große Mengen an Kalziumphosphat, das dem Knochen seine typische Steifigkeit verleiht. Mehr als 99% des körpereigenen Kalziums sind im Knochen gespeichert. So dient dieses Mineral einerseits als Baumaterial, andererseits stellt der Knochen einen riesigen Kalzium-Speicherraum dar.

Geflechtknochen

Die meisten Knochen mit Ausnahme des Schädels werden in der späten Embryonalzeit als Knorpelmatrize angelegt und verknöchern nach und nach ab der 9. Entwicklungswoche. Aus dem Knorpel entwickelt sich zunächst ein relativ ungeordneter Geflechtknochen, der dann mehr und mehr Struktur annimmt und zum Lamellenknochen wird.

Lamellenknochen

Charakteristisch für den Lamellenknochen sind die *Osteone*: Ein Osteon ist ein kaum einen Millimeter dünnes, aber mehrere Zentimeter langes Rohr, das in seiner Mitte ein Blutgefäß führt ***(Abb. 4.8)***. Konzentrisch um dieses Blutgefäß ordnen sich die sog. Knochenlamellen an – feine Knochenplättchen, die durch Knochenzellen und Kittsubstanz voneinander getrennt sind. Am Rand des Knochens walzen sich die Knochenlamellen zu sog. Generallamellen aus, die den gesamten Knochen umgeben.

Feinbau des Knochens

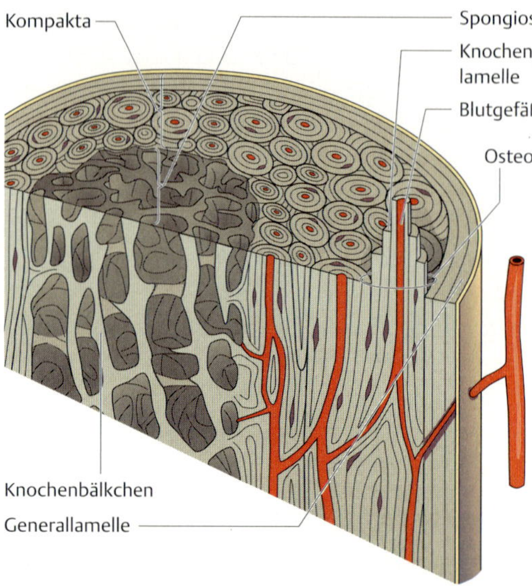

Abb. 4.8 Auf diesem Querschnitt durch einen Lamellenknochen erkennen Sie die lockere Innenschicht (Spongiosa) und die feste Außenschicht (Kompakta). Letztere setzt sich aus vielen Osteonen zusammen. Das Ganze wird von einigen wenigen Generallamellen umschlossen.

Jeder Knochen des Skeletts besteht aus einer dichten Kortikalis-Schicht und der innen liegenden Spongiosa. Die Kortikalis besteht aus Lamellenknochen. Dieser besteht aus zwiebelschalenartigen Osteonen, die sich um ein zentrales Blutgefäß ordnen.

Klassifikation des passiven Bewegungsapparats

Knochen

Röhrenknochen

Röhrenknochen sind, wie der Name sagt, länglich und meistens drehrund ***(Abb. 4.9a)***. Ihr Schaft (*Diaphyse*) ist von einer derben Kompakta umgeben, während die Knochenenden (*Epiphysen*) reichlich Spongiosa enthalten (Kap. 1, S. 29). Typische Röhrenknochen sind Schlüsselbein, Ober- und Unterarmknochen, Mittelhand- und Fingerknochen sowie die entsprechenden Knochen des Beins.

Kurze Knochen

Kurze Knochen haben meistens mehr oder weniger Würfelform ***(Abb. 4.9b)*** und werden in einigen Kulturen auch tatsächlich zum Würfeln verwendet. Unter einer dünnen Kortikalis enthalten diese Knochen ausschließlich Spongiosa. Zu den kurzen Knochen zählen Hand- und Fußwurzelknochen.

Klassifikation der Knochen

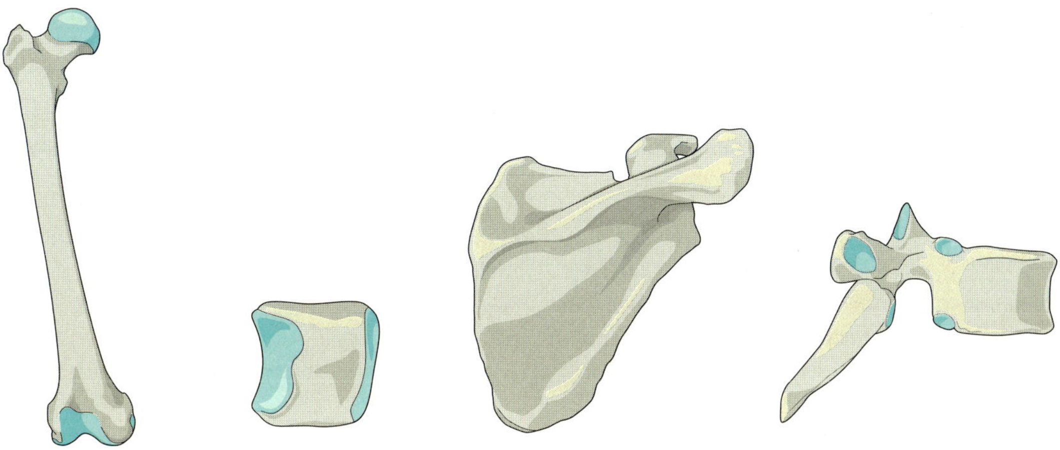

a Röhrenknochen **b** kurze Knochen **c** platte Knochen **d** irreguläre Knochen

Abb. 4.9a-d Typische Beispiele der verschiedenen Typen menschlicher Knochen: Oberschenkelknochen (**a**), seitliches Keilbein (**b**), Schulterblatt (**c**), Brustwirbel (**d**).

Platte Knochen

Aus platten Knochen bestehen Hirnschädel, Schulterblatt, Brustbein und Beckenschaufel ***(Abb. 4.9c)***. Zwischen zwei Kortikalisschichten quetscht sich Spongiosa mit reichlich Blut bildendem Knochenmark.

Irreguläre Knochen

Für den Rest der Knochen (Gesichtsschädel, Wirbel) hat sich keine Klassifikation durchsetzen können. Eigentlich sollten sie deshalb „Sonstige" heißen. Wie in der Grammatik nennen sie sich „irreguläre" (unregelmäßige) Knochen ***(Abb. 4.9d)***.

Gelenke

Diarthrosen

Diarthrosen sind das, was man sich eigentlich unter einem Gelenk vorstellt: Zwei frei bewegliche Knochen verbinden sich in einem Gelenkspalt, der sich in einer Gelenkhöhle bewegt. Die meisten Gelenke des Körpers sind Diarthrosen. Je nach Beweglichkeit unterscheidet man (**Abb. 4.10**, s. S. 81):

- *Scharniergelenk* mit Beweglichkeit in einer Achse (vor/zurück = Beugung/Streckung): Ein typisches Scharniergelenk ist das Ellenbogengelenk, beidem die konkave Gelenkfläche der Elle die passgenau konvexe Gelenkfläche des Oberarmknochens umgibt;
- *Radgelenk* (Zapfengelenk) mit Beweglichkeit in einer Achse (Drehung): Die einzigen Gelenke dieser Art finden sich zwischen Elle und Speiche. Sie sorgen dafür, dass beide Knochen sich umeinander verdrehen können (Supination und Pronation der Handfläche, s. u.);
- *Kugelgelenk* mit Beweglichkeit in drei Achsen (vor/zurück, links/rechts, Drehung): Das Kugelgelenk erlaubt die größtmögliche Beweglichkeit, ohne die Haftung beider beteiligter Knochen lose werden zu lassen. Einziges wirkliches Kugelgelenk des Körpers ist das Hüftgelenk.
- *Sattelgelenk* mit Beweglichkeit in zwei Achsen (vor/zurück, links/rechts): Im Gegensatz zum Kugelgelenk ist keine Drehung der Knochen möglich. Einziges Sattelgelenk ist das zwischen dem ersten Mittelhandknochen und dem Grundglied des Daumens.
- *Eigelenk* mit Beweglichkeit in zwei Achsen (vor/zurück, links/rechts): Da das Eigelenk im Gegensatz zum Kugelgelenk zwei eher elliptische Gelenkflächen besitzt, können sich die Knochen nicht

gegeneinander verdrehen. Einziges Eigelenk ist das rumpfnahe (proximale) Handgelenk zwischen Elle und Speiche einerseits und den Handwurzelknochen andererseits.

Synarthrosen

Synarthrosen (Haften) sind das Gegenstück zu den Diarthrosen. Es handelt sich um eine straffe Verbindung zweier Knochen durch bindegewebige Verwachsungen (Syndesmosen: zwischen den Schädelknochen), durch Knorpelverbindungen (Synchondrosen: Verbindung zwischen Rippen und Brustbein) oder Verknöcherungen (Synostosen: Darmbein, Kreuzbein).

Amphiarthrosen

Zwischen Diarthrosen und Synarthrosen stehen die Amphiarthrosen (Bandhaften, straffe Gelenke), bei denen wenigstens eine minimale Beweglichkeit möglich ist. Die einzelnen Knochen des Beckens werden durch Amphiarthrosen an Ort und Stelle gehalten. (Anmerkung des Autors: Es bleibt Ihrer Einschätzung überlassen, ob es Sinn macht, diese Klassifikation zu lernen oder für ein einzelnes Gelenk des Körpers eine eigene Klasse einzurichten [Sattel- und Eigelenk]. Leider werden erfahrungsgemäß solche Dinge immer wieder in Examina gefragt, so dass ich gezwungen war, diesen Stoff ins Lehrbuch aufzunehmen.)

4.2 Aktiver Bewegungsapparat

Muskelgewebe

„Leben ist Bewegung, Stillstand der Tod". In diesem Sinn macht uns die Muskulatur erst zu wirklich lebenden Wesen. Aufgrund ihrer Mikrobutuli und Mikrofilamente ist eigentlich jede beliebige Zelle zur Kontraktion fähig. Wenn man will, lässt sich die Muskulatur als Profi der allgemeinen Zytoskelettbewegung ansehen. Die eigentliche Bewegung spielt sich dabei im molekularen Bereich ab; erst durch das Hintereinanderschalten abertausender von Muskeleinheiten kann der Muskel eine merkliche Bewegung vollbringen.

Mikroskopischer Aufbau

Sarkomer

Aufbau. Das kleinste vollständige Element der Muskelbewegung ist das nur etwa 2 μm lange *Sarkomer*, ein komplexes Bündel von Myofibrillen ***(Abb. 4.11a–c)***. Ein Sarkomer wird beidseits von senkrecht zur Zugrichtung stehenden Z-Filamenten begrenzt, von denen im rechten Winkel dünne Aktinfilamente ausstrahlen. Die von zwei benachbarten Z-Filamenten ausgehenden Aktinfilamente berühren einander nicht, sondern werden von dickeren Myosinfilamenten zusammengehalten, die sich fingerförmig in die Zwischenräume von je zwei Aktinfilamenten erstrecken.

Funktion. Aktin und Myosin können sich unter Energieaufwand (ATP-Spaltung) gegeneinander verschieben, so dass sich das ganze Sarkomer verkürzt oder verlängert. Die Verkürzung ist dabei der aktive Prozess, die Verlängerung erfolgt hingegen passiv. Die eigentlich aktiven Elemente sind Molekülanteile des Myosins („Myosinköpfchen"), die in enger Nachbarschaft zum Aktin stehen und sich gegen die Längsachse verkippen können. Dadurch entsteht eine molekulare „Bewegung", die man sich wie das Rudern eines Achters vorstellen kann – allerdings müssen die Myosinköpfchen nicht unbedingt im Takt rudern, es fehlt ein „Steuermann".

Anordnung. In jeder Muskelzelle sind viele Sarkomere hintereinander geschaltet. Gleichzeitig sind pro Zelle etliche hundert Sarkomere parallel geschal-

Klassifikation der Gelenke

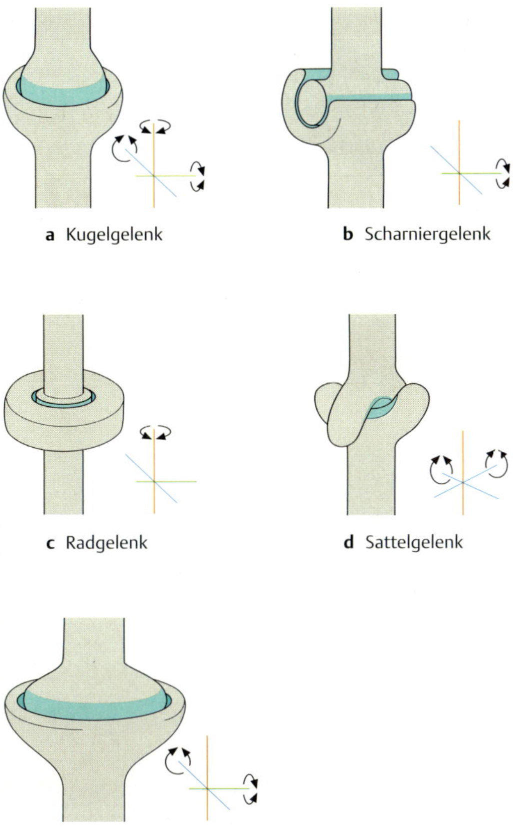

Abb. 4.10a-e Fünf verschiedene Typen echter Gelenke mit ihren Bewegungsmöglichkeiten (Freiheitsgraden).

tet; dadurch vergrößert sich die Kraft der Kontraktion (lat. Zusammenziehung). Häufig liegen sehr viele Sarkomere exakt parallel – dann entsteht im Lichtmikroskop das Bild der Querstreifung. Glatte Muskeln (s. u.) zeigen eine wesentlich lockerere Verteilung der Sarkomere. Mit dem Elektronenmikroskop lässt sich aber nachweisen, dass auch die glatte Muskulatur aus den typischen Sarkomeren besteht.

Typen der Muskulatur

Glatte Muskulatur

Die glatte Muskulatur ***(Abb. 4.12a)*** besteht aus spindelförmigen Zellen, deren Sarkomere nicht genau parallel angeordnet sind (keine Querstreifung). Jede Zelle hat einen einzigen Zellkern, der ungefähr in der Mitte der Zelle liegt. Glatte Muskulatur kann sich nur träge zusammenziehen, leistet maximal 5–10 Kontraktionen pro Minute, hält einen bestimmten Kontraktionszustand (Muskeltonus) aber über lange Zeit hinweg aufrecht, ohne zu ermüden. Sie eignet sich daher für die Wand des Magen-Darm-Trakts, für den Verschluss von Hohlorganen (Mastdarm, Harnblase), zur Regulierung des Durchmessers von Blutgefäßen, zum Anheben des Oberlides usw.

Herzmuskulatur

Die einzelnen Muskelzellen der Herzmuskulatur ***(Abb. 4.12b)***, enthalten ebenfalls jeweils nur einen zentral gelegenen Zellkern. Sie sind durch dichte Platten aus Desmosomen und gap junctions, den sog. *Glanzstreifen*, elektrisch miteinander gekoppelt. Die Herzmuskelzellen verzweigen sich außerdem, so dass indirekt jede Muskelzelle mit allen anderen verbunden ist. Das Herz kann daher wie eine einzige große Muskelzelle nur entweder vollständig oder gar nicht erregt werden, folgt also dem *Alles-oder-nichts-Gesetz*. Die Herzmuskulatur ist stark durchblutet, entsprechend der dauernden Tätigkeit finden sich viele Mitochondrien zur Energieproduktion.

Skelettmuskulatur

Im Unterschied zur Herzmuskulatur ist eine Skelettmuskelzelle ***(Abb. 4.12c)*** („Muskelfaser") ein riesiges Gebilde (10–200 Mikrometer dick, mehrere Zentimeter lang) mit Hunderten oder Tausenden von Zellkernen. Zellkerne und Mitochondrien liegen am Rand, die Sarkomerbündel in der Mitte einer Muskelzelle.

Die meisten Skelettmuskeln sind nur zu einer kurzzeitigen Kontraktion fähig. Ausdauertraining verbessert die Versorgung der Skelettmuskulatur mit Blutkapillaren, die Anzahl der Mitochondrien und erhöht den Gehalt an Glykogen. Dadurch kann ein Muskel seine Kontraktion zwar nicht länger halten als im untrainierten Zustand, es sind jedoch mehr Kontraktionen pro Zeiteinheit möglich.

Aufbau eines Sarkomers

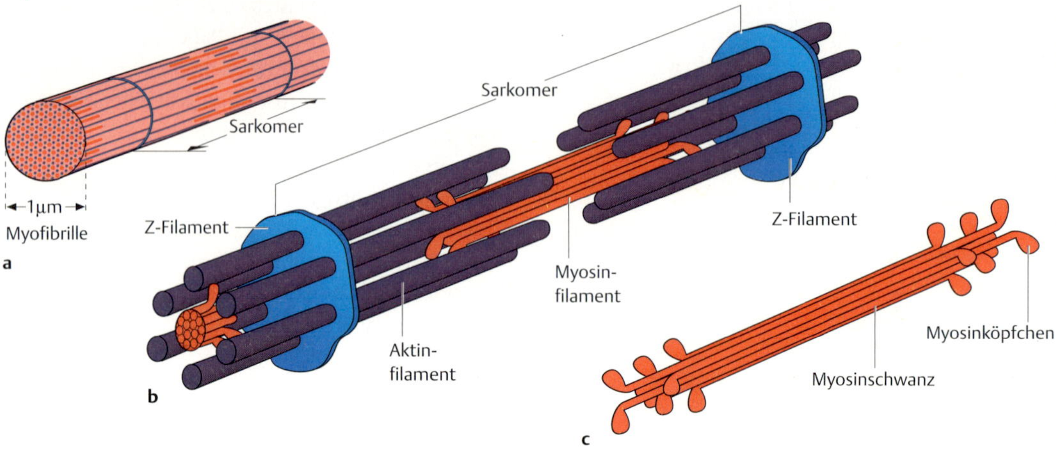

Abb. 4.11a-c **a** Zeigt einen Abschnitt aus einer Skelettmuskelzelle. Aktin- und Myosinfilamente bilden ein regelmäßiges sechseckiges Muster. In einer Vergrößerung (**b**) sehen Sie, wie sich Aktin und Myosin gleitend aneinander lagern. Myosin (**c**) besteht selbst wiederum aus einem Bündel von Fasern mit Schaft und Kopfende.

Muskelgewebe

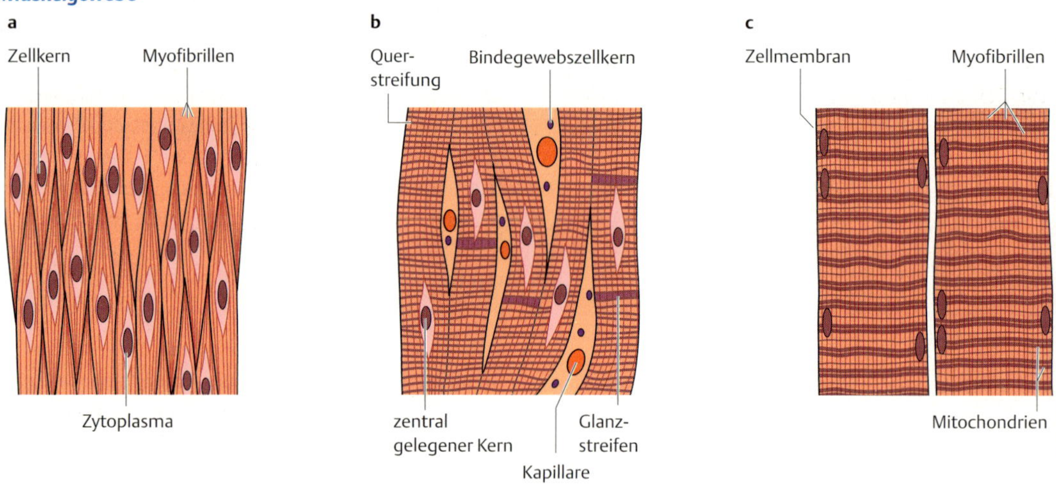

Abb. 4.12a-c Glatte Muskulatur (**a**) besteht aus spindelförmigen Muskelzellen mit je einem Zellkern. Der Herzmuskel (**b**) besteht aus Einzelzellen, die miteinander an den Glanzstreifen mechanisch und elektrisch verbunden sind. In einer Skelettmuskelzelle (**c**) sind Dutzende bis Hunderte von Zellkernen vorhanden, die Myofibrillen liegen im Zentrum.

Nervengewebe

Nervenzelle

Jede einzelne unserer Milliarden Nervenzellen *(Neuronen)* funktioniert wie ein einfacher Computer, der mehrere Eingangssignale (Inputs, *afferente Signale*) erhält, verarbeitet und daraus ein einziges Ausgangssignal (Output, *efferentes Signal*) errechnet. Eine typische Nervenzelle ***(Abb. 4.13)*** verfügt über ein

Nervenzelle

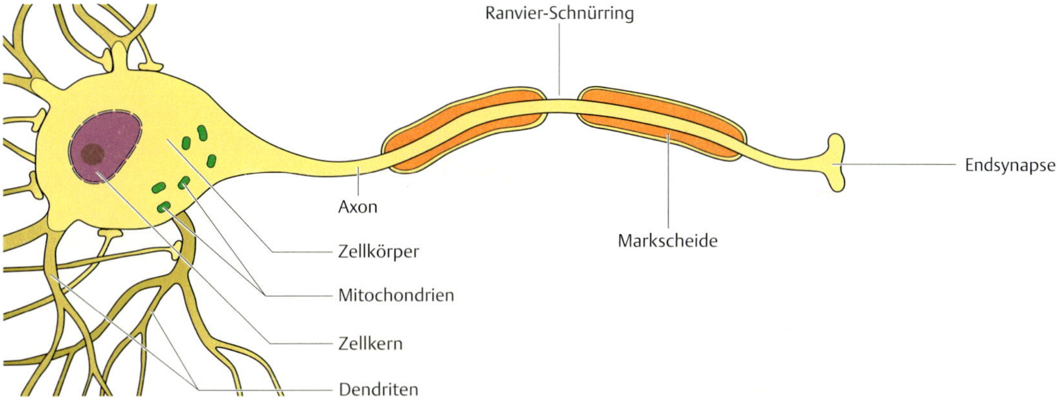

Abb. 4.13 Nervenzellen bestehen aus einem Zellleib (Soma), einem Netzwerk zuführender Äste (Dendriten) und einem einzelnen vom Soma wegführenden Ausläufer (Axon). Synapsen verbinden zwei Nervenzellen bzw. eine Nerven- und eine Muskelzelle elektrisch miteinander. Häufig hüllen flache Ausläufer der Schwann-Zellen ein Axon streckenweise ein (Markscheide).

ausgedehntes wurzelförmiges Netzwerk aus afferenten (zuführenden) *Dendriten*, aber nur über einen einzigen efferenten (wegführenden) Fortsatz, das *Axon* (Nervenfaser, Neurit). Der Nervenzellkörper mit Zellkern, Mitochondrien und den übrigen Zellorganellen heißt *Soma*.

Nervenfasern. **Eine Nervenfaser kann eine ganz erstaunliche Länge erreichen: Wenn wir beispielsweise die kleine Zehe berühren, führt ein einziges Axon die Empfindung bis in den unteren Teil des Gehirns, also über eine Distanz von etwa 1,5 Metern!**

Synapse

Will man eine elektrische Information von Zelle A auf Zelle B übertragen, reicht es nicht aus, die Membranen einfach miteinander kurzzuschließen, da sonst Zelle B eine unerwünschte Rückkopplung auf A auslösen würde. Wir benötigen also eine Art Einbahnstraße der Informationsübermittlung, auf der Impulse zwar von Zelle A nach B, nicht aber rückwärts von B nach A laufen können.

Die Nervenzellen aller Lebewesen haben zu diesem Zweck Synapsen entwickelt ***(Abb. 4.14)***. Eine Synapse besteht aus einer Auftreibung am Ende eines Axons der Zelle A (*präsynaptische Endigung*), dem nur 20–30 nm schmalen *synaptischen Spalt* zwischen beiden Zellen, sowie einer speziellen ausgestatteten *postsynaptischen Membran* der Zelle B. Die präsynaptische Endigung ist prall mit synaptischen Vesikeln angefüllt, die in ihrem Inneren *Neurotransmitter* (chemische Überträgerstoffe) enthalten.

Jedes Aktionspotenzial (s. u.) der Zelle A setzt Neurotransmitter in den synaptischen Spalt frei. Die postsynaptische Membran erkennt diese Transmitter und beeinflusst die elektrischen Eigenschaften der postsynaptischen Membran von Zelle B. Auf diese Weise strömen in jede Nervenzelle ständig erregende und

Schema einer Synapse

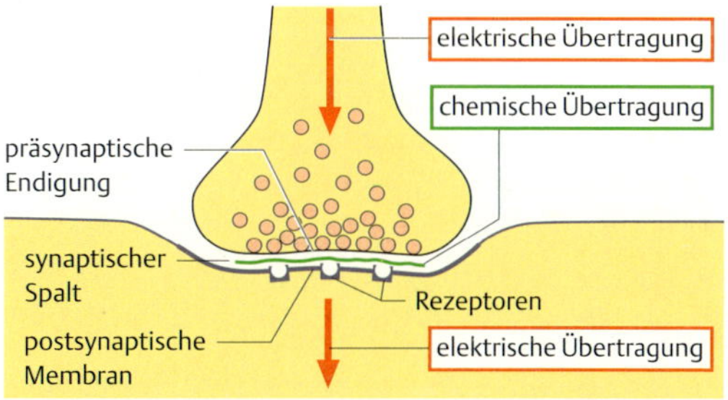

Abb. 4.14 Wenn ein Aktionspotenzial das Ende eines Axons erreicht, führt es zur Ausschüttung von Neurotransmitter aus vorgeformten Vesikeln in den synaptischen Spalt hinein. Die postsynaptische Membran der nächsten Zelle hat Rezeptoren für diese Neurotransmitter, die dort ein Aktionspotenzial auslösen. Die elektrische Erregung wird also an der Synapse vorübergehend chemisch übertragen.

hemmende Impulse ein. Die Zelle „entscheidet" aufgrund dieses Informationszuflusses, ob sie selbst ein Aktionspotenzial (s. u.) über das eigene Axon an eine weitere Nervenzelle aussendet oder nicht.

Motorische Einheit

Ein wichtiger Spezialfall einer Synapse ist die *motorische Endplatte*, also die Verbindung zwischen einer motorischen Nervenfaser und einer oder mehreren Muskelzellen (Muskelfasern). Die Gesamtheit aller Muskelfasern, die von ein und derselben Nervenfaser innerviert werden, heißt *motorische Einheit*. Die kraftvollen, derben Beinmuskeln haben relativ große motorische Einheiten (z. B. 50 : 1, d. h. 50 Muskelfasern werden von einer einzigen Nervenfaser gesteuert). Muskeln, die sehr präzise gesteuert werden müssen (Augenmuskeln, Fingerbeuger, Zunge) haben häufig ein Verhältnis von nur 5 : 1 bis 1 : 1.

4.3 Elektrische Erregung des Bewegungsapparats

Im Kapitel Nervensystem werden Sie noch genauer kennen lernen, auf welche Weise der Entschluss zu einer Bewegung im Gehirn entsteht, über das Rükkenmark fortgeleitet wird und über die peripheren Rückenmarknerven zur Muskulatur gelangt. Nervensystem und Muskulatur arbeiten eng zusammen. Ihre Zellen sind die einzigen im ganzen Organismus, die *elektrisch erregbar* sind, also Signale auf elektrischem Weg erzeugen und fortleiten können.

Ruhemembranpotenzial

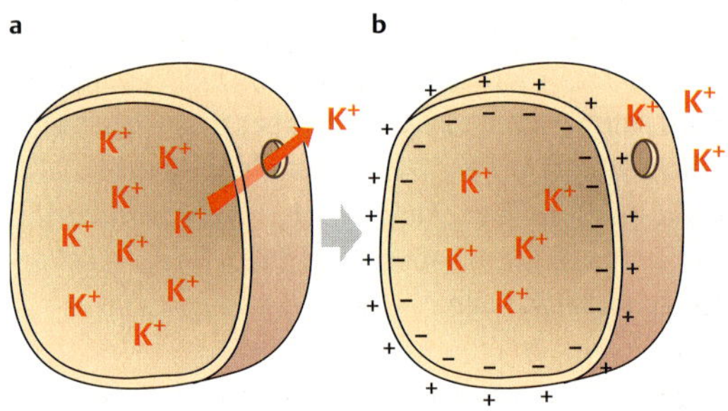

Abb. 4.15a,b In der Zelle herrscht eine 20- bis 30fach höhere Kaliumkonzentration als außerhalb. Kalium tritt dementsprechend aus und nimmt seine positive Ladung mit (**a**). Dadurch wird die Außenseite der Zelle positiv, die Innenseite negativ geladen (**b**).

Ruhemembranpotenzial

Alle Zellen des Körpers – egal ob sie elektrisch erregbar sind oder nicht – tragen auf ihrer Zellmembran elektrische Ladungen. Die Zellinnenseite ist negativ, die Außenseite positiv aufgeladen. Zwischen Extra- und Intrazellulärraum herrscht also eine elektrische Spannung, die (physikalisch ungenau) als Membranpotenzial oder (treffender) als Potenzialdifferenz der Membran (PD_m) bezeichnet wird. Das Membranpotenzial beträgt üblicherweise ca. -60 mV (also 0,06 Volt, Minuspol in der Zelle). Den Wert, den die PD_m zu Zeiten relativ geringer Zellaktivität einnimmt, nennt man *Ruhemembranpotenzial* (RMP).

Membrankanäle. Wie Sie bereits wissen, ist das Zellinnere verglichen mit dem Extrazellulärraum reich an Kalium, jedoch arm an Natrium ***(Abb. 4.15)***. Eine ruhende Zelle trägt aber wesentlich mehr Membrankanäle, die speziell für Kalium durchlässig sind (K^+-Kanäle) als solche für Natrium (Na^+-Kanäle). Man sagt, die Membranleitfähigkeit für Kalium übersteige die für Natrium. Durch diese K^+-Kanäle wandern einige K^+-Ionen aus dem Zellinneren nach außen und nehmen dabei ihre positive Ladung mit. Der Intrazellulärraum „verarmt" sozusagen an positiven Ladungsträgern und wird demzufolge negativ.

Elektrochemisches Gleichgewicht. Nun verliert aber die Zelle nicht alle Kaliumionen, da jedes ausströmende K^+ die Zellaußenseite automatisch stärker positiv auflädt. Da gleichsinnig geladene Teilchen einander abstoßen, wird es für weitere K^+-Ionen immer schwerer, sich gegen diese positive Membranladung nach außen vorzuarbeiten. Innerhalb kurzer Zeit (wenige Millionstel einer Sekunde) stellt sich ein Gleichgewicht ein, bei dem keine K^+-Ionen mehr durch die Zellmembran fließen.

Das Zellinnere ist reich an Kalium und arm an Natrium. Blut und Extrazellulärraum sind dagegen arm an Kalium und reich an Natrium.

Kaliumspiegel im Blut. Wenn massenhaft Zellen zu Grunde gehen, gelangt viel Kalium ins Blut und wird bei der Blutabnahme erkennbar, der Kaliumspiegel steigt. Ein hohes Blutkalium muss jedoch nicht unbedingt die Folge eines massenhaften Zelluntergangs sein, sonder kann durchaus anzeigen, dass die Niere zu viel Kalium zurückhält.

Aktionspotenzial

Jede elektrische Aktivität einer Muskel- oder Nervenzelle geht mit einer „Aktion" des Gewebes (Kontraktion bzw. Informationsübertragung) einher; deshalb hat man diesem Phänomen den Begriff Aktionspotenzial (AP) verliehen ***(Abb. 4.16a,b)***. Das Aktionspotenzial ist die Informationseinheit der Nerven- und Muskelzelle ähnlich wie das Bit die Informationseinheit des Computers ist.

Lokale Depolarisation. Jedes AP beginnt mit einer lokalen Depolarisation ***(Abb. 4.17a)***, also einer relativ langsamen Verringerung der PD_m. Dies ist entweder die Folge einer direkten Membranveränderung, z. B. in einem Sinnesorgan, oder entsteht durch die lokale Beeinflussung der Membran durch ein benachbartes Aktionspotenzial. Die Membranleitfähigkeiten bleiben während dieser Phase noch unverändert.

Natriumfluss beim Aktionspotenzial

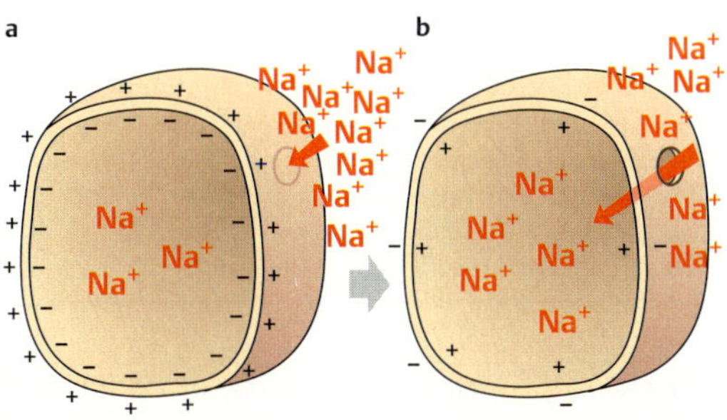

Abb. 4.16a,b Natrium ist in der Zelle 10fach weniger konzentriert als außen. Normalerweise ist die Zellmembran für Natrium dicht (a). Wenn sich jedoch Natriumkanäle in der Membran öffnen, kann Natrium sehr schnell eindringen (b). Die elektrische Ladung der Zellmembran kehrt sich dadurch kurzzeitig um, die Innenseite der Zelle wird positiv geladen.

Schwellenpotenzial. Einen kritischen Punkt erreicht die lokale Depolarisation, wenn sie das Schwellenpotenzial (z. B. –50 mV) erreicht ***(Abb. 4.17b)***. Das Schwellenpotenzial ist der „Abzugshebel" (neudeutsch *trigger*) für die Auslösung eines AP. Unterschreitet das Membranpotenzial diesen Schwellenwert in Richtung 0, so wird unwiderruflich und sofort ein volles Aktionspotenzial ausgelöst, während auch nur geringfügig negativere Werte keine Reaktion zeigen (*Alles-oder-nichts-Gesetz*).

Schnelle Depolarisation. Ist das AP erst einmal „getriggert", so folgt die schnelle Aufstrichphase, auch als schnelle Depolarisation bezeichnet. In diesem nur ungefähr 1 ms (1/1000 Sekunde) andauernden Stadium öffnen sich massenhaft Na^+-Kanäle in der Zellmembran. Wegen der niedrigen intrazellulären Natriumkonzentration und dem innen negativen Membranpotenzial fließen positiv geladene Natriumionen in die Zelle ein. Das Membranpotenzial ist jetzt innen positiv geladen (sog. *Overshoot*, z. B. +30 mV).

Repolarisation. Für „schnelle Zellen", wie Nerv oder Skelettmuskulatur, ist es ganz wichtig, dass sich eine Erregung nicht nur schnell aufbaut, sondern auch schnell wieder abklingt, damit rasche Bewegungsabläufe und Stopps möglich werden. Diese 5–50 ms dauernde Repolarisationsphase bringt das Membranpotenzial wieder auf seinen Ruhewert zurück ***(Abb. 4.17c und d)***.

Refraktärperiode. Die letzte Phase, die Refraktärperiode, dient der Regeneration der Zelle. Während dieser Phase kann entweder gar kein Aktionspotenzial ausgelöst werden (absolute Refraktärperiode) oder das Schwellenpotenzial ist sehr viel höher, also weniger stark negativ als normal (relative Refraktärperiode).

Das Aktionspotenzial ist die kleinste Informationseinheit einer Nervenzelle. Die Auslösung eines Aktionspotenzials folgt dem Alles-oder-Nichts-Gesetz und erfordert ein komplexes Zusammenspiel unterschiedlicher Membranproteine.

Aktionspotenzial

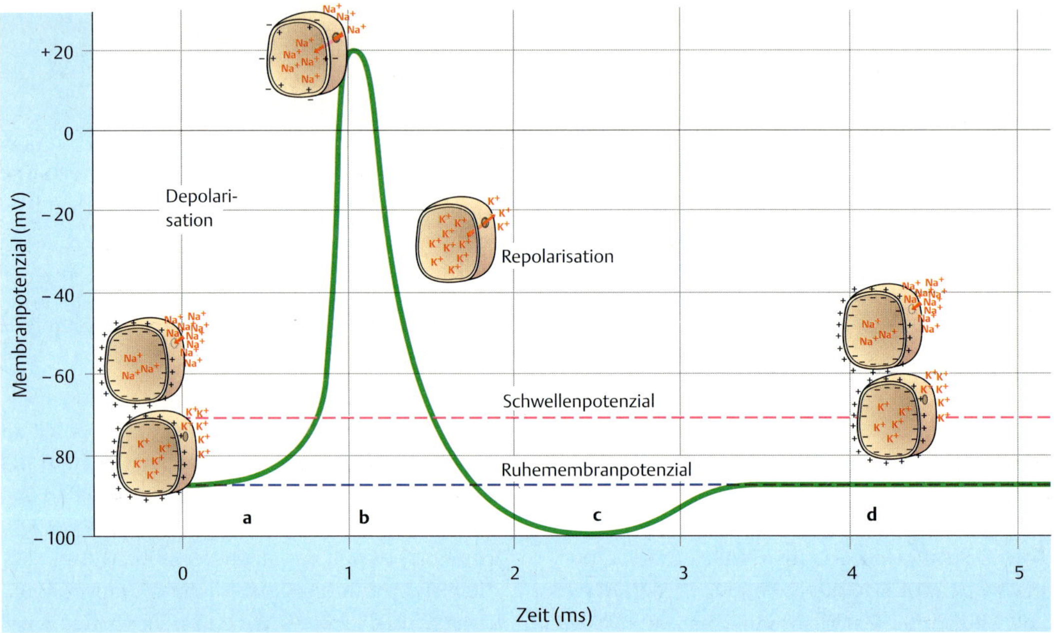

Abb. 4.17a-d Auslöser eines Aktionspotenzials ist eine lokale Depolarisation der Zellmembran (**a**). Wenn das Schwellenpotenzial in Richtung Null überschritten wird, öffnen sich schlagartig sämtliche Natriumkanäle der Zelle gleichzeitig und das Membranpotenzial kehrt sich um (**b**). Die Natriumkanäle schließen sich bald von selbst wieder und die innere Zellmembran wird fürkurze Zeit sogar noch stärker negativ als in Ruhe (**c**). Nach und nach normalisieren sich die Verhältnisse wieder und die Zelle ist erneut erregbar (**d**).

Erregungsfortleitung

Die enorme Länge von Skelettmuskel- und Nervenzellen ist hinsichtlich der Geschwindigkeit der elektrischen Erregungsübertragung ein Problem. Wären unsere Muskel- und Nervenfasern gut leitende Kupferkabel, dann würde sich jede elektrische Erregung, mit Lichtgeschwindigkeit ausbreiten. In Wirklichkeit haben wir es aber mit einer sehr schlecht leitenden Phospholipiddoppelmembran zu tun, die zu allem Überfluss auch noch als Kondensator wirkt, also elektrische Ladung speichern kann. Daher erfolgt in der Nervenfaser die Erregungsausbreitung über lokale Ströme: Ein Aktionspotenzial, das an einer ganz bestimmten Stelle zu Anfang des Axons (z.B. S1 für Stelle Nr.1) erzeugt wird, depolarisiert nur die unmittelbare Nachbarschaft etwa 0,1 mm rechts von S1 so stark, dass dort ebenfalls lokale Aktionspotenziale ausgelöst werden ***(Abb. 4.18)***. Dieses Aktionspotenzial bei S2 löst nun seinerseits ein Aktionspotenzial bei S3 aus usw. Die Erregung läuft nur in eine Richtung – also nicht „rückwärts" –, da, wenn die Stelle S2 feuert, S1 sich gerade in seiner Refraktärperiode befindet. Wenn eine Nervenfaser nicht in diesem Sinne als Einbahnstraße funktionieren würde, käme eine Information niemals dort an, wo sie eigentlich ankommen soll.

Erregungsleitung in marklosen Nervenfasern

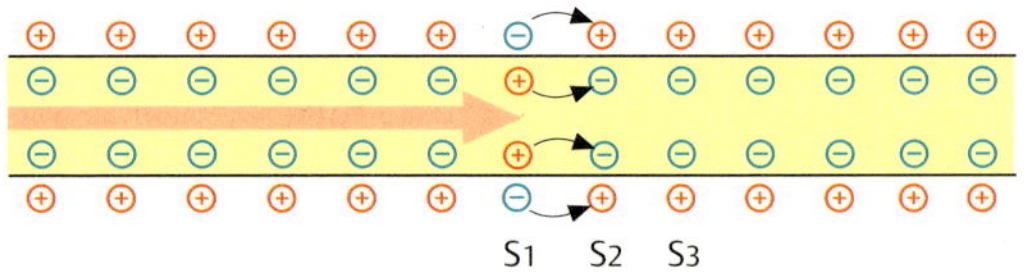

Abb. 4.18 Ein Aktionspotenzial läuft entlang der Zellmembran einer nicht von einer Markscheide umgebenen Nervenfaser. Jede Stelle der Zellmembran muss von ihrer Nachbarschaft aus lokal erregt (depolarisiert) werden und selbst ein Aktionspotenzial herstellen. Dies erregt dann den weiteren Nachbarn usw. Dadurch wird die Erregungsleitung langsam.

So weit, so gut! Leider ist diese Art der Erregungsausbreitung *langsam* (ca. 0,5–3 m/s). Dies reicht zwar beispielsweise für die Übermittlung dumpfer Bauchschmerzen völlig aus, ist aber für die schnelle Skelettmuskulatur absolut unbrauchbar. Ein Impuls „Zieh die Hand vom heißen Bügeleisen zurück" würde also vom Gehirn bis zum Unterarm mindestens eine halbe Sekunde benötigen – die Haut wäre dann natürlich längst verkohlt! Einige primitive Tiere wie etwa der Tintenfisch lösen das Problem, indem sie den Querschnitt der Nervenfaser bis auf einen Millimeter (!) vergrößern, kommen damit aber auch nicht wesentlich über 15 m/s hinaus. Außerdem ist höheren Tieren dieser Ausweg allein schon aus Platzgründen unmöglich; ein großer Nervenstrang hätte dann den Umfang einer mittelstarken Eiche.

Das Aktionspotenzial pflanzt sich in marklosen Nervenfasern über lokale Ströme entlang der Zellmembran fort. Jede einzelne Stelle entwickelt dabei ein eigenes Aktionspotenzial, wodurch die Erregungsleitung langsam wird.

Markhaltige Nervenfasern

Unser Nervensystem bedient sich zur Beschleunigung der Erregungsübertragung eines raffinierten Tricks: Die Nervenfasern werden auf millimeterlangen Teilstücken von pfannkuchenartig aufgewickelten Bindegewebszellen (Gliazellen) umhüllt, der Mark- oder Myelinscheide. Im peripheren Nervensystem heißen diese Gliazellen Schwann-Zellen und umhüllen jeweils ein Segment einer einzigen Nervenfaser. Die Markscheide setzt sich aus zahlreichen, von Gliazellen gebildeten, 0,1 bis 1 mm langen Segmenten zusammen.

Die Markscheide vermindert die elektrische Membrankapazität drastisch, so dass sich die Erregung über wesentlich weitere Strecken ausbreiten kann ***(Abb. 4.19)***. Nur in einem schmalen Spaltraum zwischen zwei Markscheidensegmenten, dem Ranvier-Schnürring, liegt die Membran der Nervenfaser frei. Hier tummeln sich Tausende elektrisch erregbarer Natrium- und Kaliumkanäle, die ein starkes

Erregungsleitung in markhaltigen Nervenfasern

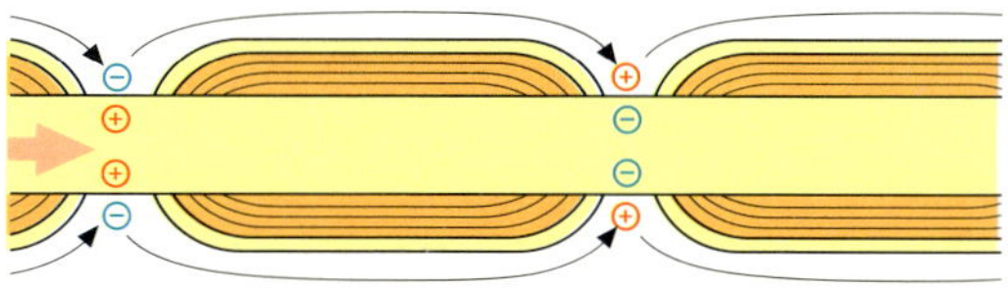

Abb. 4.19 Markscheiden isolieren größere Strecken der Zellmembran einer Nervenfaser elektrisch gegen die Umwelt. Ein Aktionspotenzial kann sich so über eine wesentlich größere Strecke ausbreiten. Die Erregung springt von einem Schnürring zum nächsten, die Erregungsleitung wird bis zu 20-mal schneller.

Aktionspotenzial erzeugen. Die Membran unterhalb der Markscheide ist dagegen weitgehend frei von Ionenkanälen. Die elektrische Erregung springt also von einem Schnürring direkt auf den nächsten über (saltatorische Erregungsübertragung). Auf diese Weise erreichen schon sehr dünne Nervenfasern (5 μm Durchmesser) Leitungsgeschwindigkeiten von über 20 m/s. Unsere schnellsten motorischen Fasern (15 μm Durchmesser) erreichen höhere Geschwindigkeiten als ein Formel-1-Wagen (120 m/s = 430 km/h).

Multiple Sklerose. **Die Bedeutung der Markscheiden wird bei der Multiplen Sklerose (MS) sichtbar. Bei dieser Erkrankung degenerieren die Markscheiden insbesondere des motorischen Systems. Die Erkrankung beginnt typischerweise an den Beinen, steigt nach und nach auf und lähmt das gesamte motorische System des Körpers. Derzeit sind vier verschiedene Typen der MS bekannt, die unterschiedlich gut auf Corticostreroide und Interferon ansprechen. Da in zumindest einem der vier Typen Autoantikörper gegen Markscheiden auftreten, wird auch die Blutwäsche (Plasmapherese) angewandt.**

In markhaltigen Nervenfasern springt die Erregung von einem Schnürring zum nächsten. Dadurch steigt die Geschwindigkeit der Signalübertragung an.

4.4 Wirbelsäule

Knöcherne Wirbelsäule

Aufbau

Welche zentrale Bedeutung die Wirbelsäule ***(Abb. 4.20)*** für unser Leben besitzt, kommt in einer Reihe von Sprichwörtern zum Ausdruck. „Rückgrat haben", „aufrecht stehen", sich „nicht krumm machen lassen", „Haltung zeigen" sind allesamt gesellschaftlich positiv bewertete Tugenden. Und tatsächlich ist die Wirbelsäule (Rückgrat, *Columna vertebralis*) der zentrale Fixpunkt für Kopf, Arme und Beine. Sie überträgt das Gewicht der oberen Körperpartien auf Bekken und Beine und bietet den Hals- und Extremitätenmuskeln ein Widerlager.

Seitenansicht der Wirbelsäule

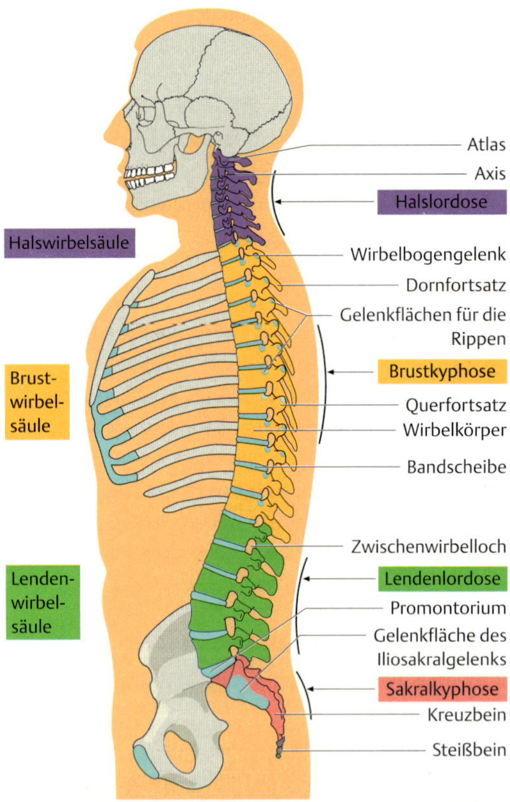

Abb. 4.20 An diesem Längsschnitt erkennen Sie die physiologischen Biegungen der Wirbelsäule: Hals- und Lendenwirbelsäule biegen sich nach vorne konvex (Lordose), Brustwirbelsäule und Kreuzbein sind nach vorne konkav (Kyphose). Beachten Sie, dass die Wirbelkörper entsprechend ihrer Belastung nach unten stetig größer werden.

Beweglichkeit

Trotzdem ist das Rückgrat kein unflexibler Stab, sondern besitzt eine erstaunliche Beweglichkeit ***(Abb. 4.21)*** nach vorne (Beugung, *Anteflexion*), nach hinten (Streckung, *Dorsalextension*), zur Seite (Seitneigung, *Lateralflexion*) und um die eigene Achse (Drehung, Rotation, *Torsion*).

Wie eine Feder bzw. Stoßdämpfereinheit im Fahrzeug mildert es beim Gehen und Laufen die unvermeidlichen Erschütterungen und schützt das empfindliche Gehirn vor Stößen. Im Alter und nach degenerativen Erkrankungen verringert sich die Beweglichkeit der Wirbelsäule, was sich in der Gesamterscheinung eines Menschen deutlich bemerkbar macht („krumm von der Arbeit").

Aufbau

Die Wirbelsäule besteht aus insgesamt 24 freien Wirbeln – 7 Halswirbeln *(Vertebrae cervicales)*, 12 Brustwirbeln *(Vertebrae thoracales)*, 5 Lendenwirbeln *(Vertebrae lumbales)* –, dem aus 5 Wirbeln zusammengewachsenen Kreuzbein *(Os sacrum)* und dem Steißbein *(Os coccygis)*.

Krümmung

Von hinten gesehen teilt die Wirbelsäule den Rumpf in zwei symmetrische Hälften. Eine Verbiegung nach links oder rechts *(Skoliose)* ist immer ein krankhaftes Zeichen und sollte bereits im Kindesalter orthopädisch behandelt werden. Im Gegensatz zur Skoliose sind konvexe Verbiegungen nach vorne *(Lordose)* und hinten *(Kyphose)* normal.

Die Krümmung der Rückenkontur entsteht durch eine Brustkyphose und vergrößert das Volumen im Thoraxraum. Sie wird durch die Lordose der Lendenwirbelsäule ausbalanciert. Am Ende der Lendenwir-

Beweglichkeit der Wirbelsäule

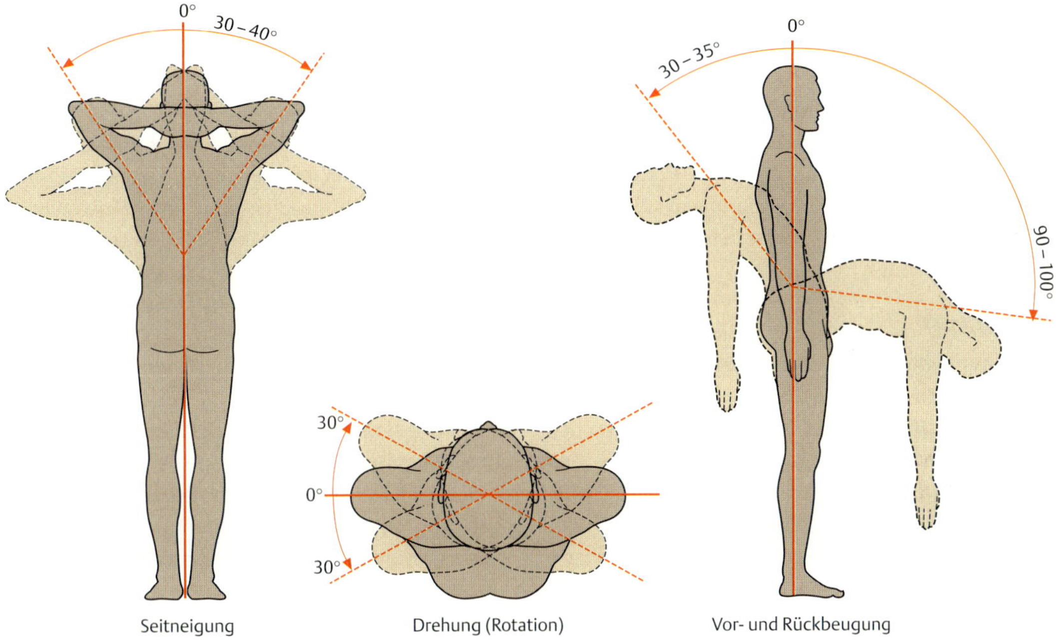

Abb. 4.21 Die Lendenwirbelsäule erlaubt die Seitneigung des Rumpfes nach links und rechts. Drehbewegungen des Oberkörpers finden in der Brustwirbelsäule statt. An der Vor- und Rückbeugung beteiligen sich alle Wirbel. Die Bewegungen des Kopfes entstehen im Zusammenspiel von Halswirbelsäule und Kopfgelenken.

belsäule knickt das Kreuzbein scharf nach hinten ab und lässt das Ende des 5. Lendenwirbelkörpers in den Beckeneingang vorspringen. Dieses *Promontorium* hat sich während der Ausbildung des aufrechten Ganges entwickelt, um den Schwerpunkt von Kopf und Rumpf senkrecht über die Längsachse der Beine zu verlagern. Es handelt sich also um eine vergleichsweise „neue" Entwicklung der Evolution.

Eine Eselsbrücke zum Merken des Begriffs Lordose ist die Haltung eines „Lords": aufrecht, Schultern nach hinten, Kopf hoch. Das Wort Kyphose erinnert an „cough" (englisch „Husten"). Beim Husten treten die Schultern vor und man macht einen Rundrücken.

Wirbelkörper und Wirbelbogen

Entsprechend der von oben nach unten zunehmenden Druckbelastung vergrößert sich der Querschnitt der einzelnen Wirbel von der Halswirbelsäule (HWS) über die Brust- (BWS) zur Lendenwirbelsäule (LWS). Die vertikale Last nehmen hauptsächlich die würfel- bis scheibenförmigen Wirbelkörper *(Corpora vertebrarum)* auf, die über Bandscheiben (Zwischenwirbelscheiben, *Disci intervertebrales*) miteinander in Verbindung stehen.

Wirbelkörper

Jeder Wirbelkörper besteht aus einer oberen und einer unteren Grundplatte aus derber Kompakta, zwischen denen sich rotes blutbildendes Knochenmark ausbreitet (Spongiosa). Die Knochenbälkchen orientieren sich entsprechend ihrer Belastungsrichtung von oben nach unten.

Rückenmark

Entlang der Rückseite der Wirbelkörper verläuft das Rückenmark gut geschützt in einem allseits geschlossenen Wirbelkanal *(Canalis vertebralis)*, der durch die knöchernen Wirbelbögen *(Arcus vertebrarum)* nach hinten begrenzt wird. Zwischen je zwei benachbarten Wirbelbögen ziehen die Rückenmarknerven durch knöcherne Aussparungen (Zwischenwirbellöcher, *Foramina intervertebralia*) aus dem Wirbelkanal heraus.

Wirbelbogen

Je vier Wirbelbogengelenke (2 oben, 2 unten) sitzen auf kleinen Gelenkfortsätzen *(Processus articulares superior* und *inferior)* und verbinden die Bogen benachbarter Wirbel beweglich miteinander. In der Mittellinie springt ein mächtiger und gut tastbarer Dornfortsatz *(Processus spinosus)* nach hinten vor. Zwei Querfortsätze *(Processus transversi)* ragen vom Ansatz des Wirbelbogens aus nach links und rechts.

Halswirbelsäule

Die ersten beiden Halswirbel *(Atlas* und *Axis)* sind Bestandteil der Kopfgelenke und werden daher im Zusammenhang mit dem Schädel besprochen. Alle anderen Halswirbel ***(Abb. 4.22)*** erkennt man an:

- einem kleinen würfelförmigen Körper mit links und rechts hochgezogenen Seitenwänden,
- einem großen dreieckigen Wirbelkanal,
- einem zweigeteilten Dornfortsatz,
- flach nach hinten abfallenden Gelenkflächen sowie
- einem seitlichen Loch im Querfortsatz *(Foramen processus transversi)*, in dem die A. vertebralis zur Schädelbasis zieht.

Der Dornfortsatz des 7. Halswirbels ist besonders lang und lässt sich gut sehen und tasten. Die HWS lässt sich um ca. 90° nach hinten, um 40° nach vorne und um 30–40° zur Seite neigen. Die Kopfdrehung findet dagegen hauptsächlich im unteren Kopfgelenk statt.

Brustwirbelsäule

Brustwirbel ***(Abb. 4.23)*** haben einen steil nach hinten abfallenden Dornfortsatz, plumpe Querfortsätze und in der Frontalebene senkrecht stehende Gelenkflächen. Am hinteren Teil der Seitenwand des Wirbelkörpers befinden sich oben und unten Gelenkflächen für die Rippengelenke.

Jede Rippe nimmt Kontakt zu zwei benachbarten Wirbelkörpern und der Bandscheibe dazwischen auf. Eine weitere Gelenkfläche am Querfortsatz stabilisiert die Rippe in zwei Achsen und erlaubt nur eine beschränkte Rotationsbewegung der Rippen. Die Seitneigung ist jedoch gut möglich.

Lendenwirbelsäule

Die Wirbelkörper der LWS sind hoch und haben entsprechend ihrer starken Belastung eine große Quer-

Halswirbel

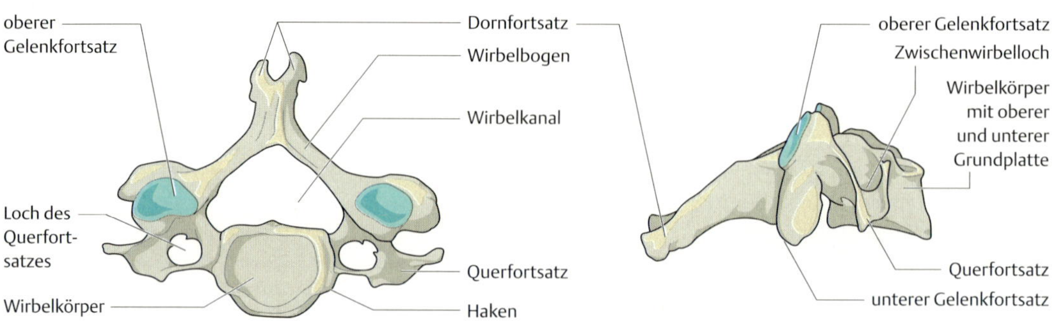

Abb. 4.22 In der Aufsicht auf einen Halswirbel fallen der große Wirbelkanal und das Foramen im Querfortsatz für die A. vertebralis auf. Die Seitenansicht zeigt einen nahezu horizontalen Dornfortsatz und quer gestellte Gelenkfortsätze.

Brustwirbel

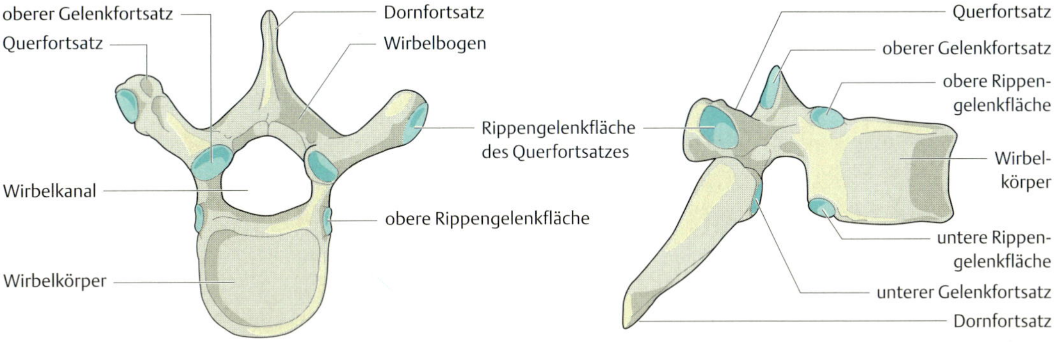

Abb. 4.23 Im Gegensatz zur Halswirbelsäule sind die Brustwirbelkörper größer, der Dornfortsatz zeigt steil nach unten. Die Rippen setzen an je zwei benachbarten Brustwirbeln an, daher hat jeder Wirbelkörper je eine obere und untere (sozusagen halbe) Gelenkfläche.

schnittsfläche ***(Abb. 4.24)***. Die Gelenkflächen verlaufen weitgehend in der Sagittalebene, stehen also senkrecht zu denen der BWS. Der Querfortsatz entspricht dem Rest einer Rippe (daher *Processus costalis*) und besitzt entsprechend eine langgestreckte, platte Form.
Die LWS erlaubt eine Beugung und Streichung in der Sagittalebene, jedoch weniger eine Rotation oder Seitneigung.

Kreuzbein und Steißbein

Kreuzbein

Das Kreuzbein *(Os sacrum,* ***Abb. 4.25****)* ist nach vorne zu konkav (Kyphose) und zeigt eine glatte Eingeweideseite *(Facies pelvica)*, eine zerklüftete konvexe Rückseite *(Facies dorsalis)* und eine glatte Seitenfläche *(Facies auricularis)*. Letztere ist mit den Darmbeinschaufeln fest verbunden. Drei längs verlaufende Leisten an der Rückseite *(Crista sacralis mediana/*

Lendenwirbel

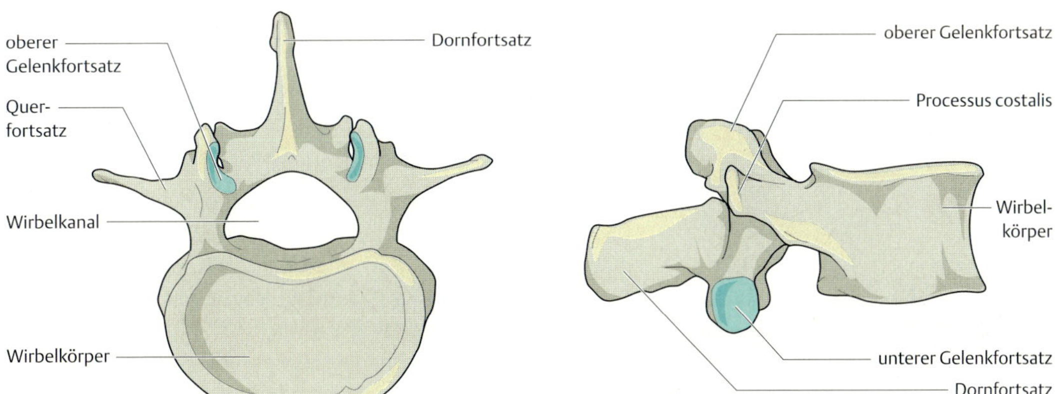

Abb. 4.24 Die Wirbelkörper der Lendenwirbelsäule sind plump, der Dornfortsatz ragt wie bei den Halswirbeln horizontal nach hinten. Achten Sie in der Aufsicht auf die Gelenkflächen der Gelenkfortsätze, die sich in Längsrichtung von vorne nach hinten orientieren.

Kreuzbein

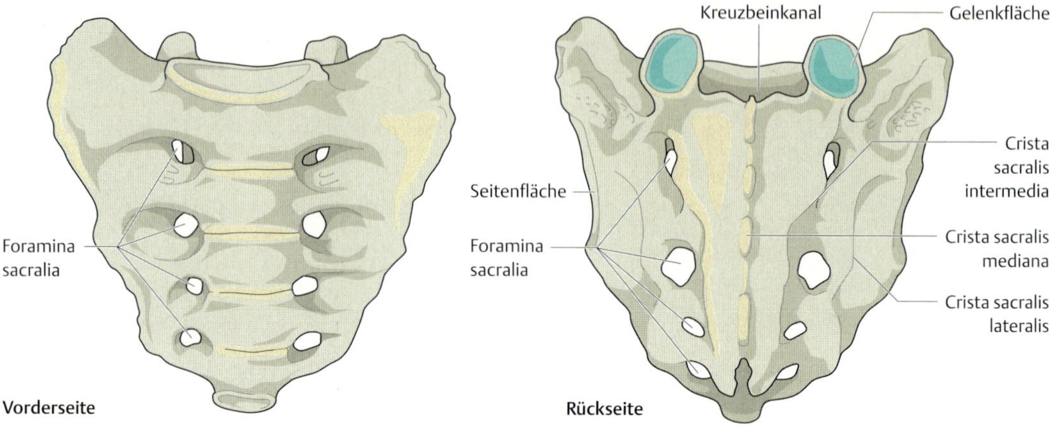

Abb. 4.25 An der konkaven Vorderseite des Kreuzbeins erkennen Sie gut, an welchen Stellen die ursprünglich freien Kreuzwirbel zum Kreuzbein zusammengewachsen sind. Auf der Rückseite sind die Quer- und Dornfortsätze zu Knochenleisten (Cristae) verschmolzen.

intermedia/lateralis) sind die Reste der verschmolzenen Dorn-, Gelenk- und Querfortsätze. Die Foramina intervertebralia sind zu knöchern begrenzten Kanälen geworden *(Foramina sacralia)*, welche die Rükkenmarknerven aus dem Kreuzbeinkanal *(Canalis sacralis)* entlassen.

Zwei Gelenkflächen nehmen an der Oberseite Kontakt zum Bogen des letzten Lendenwirbels auf, während nach unten zum Steißbein nur mehr bindegewebige Halterungen existieren.

Steißbein

Das Steißbein ist individuell stark unterschiedlich ausgebildet. Es besteht aus 3–6 Knöchelchen, hat aber als Rest der Schwanzwirbelsäule beim Menschen keine Funktion mehr. Mitunter existieren noch knorpelige Verbindungen zwischen den Steißbeinwirbeln; Gelenkflächen und Wirbelbögen fehlen dagegen regelmäßig.

! Die Wirbelsäule besteht aus 7 Halswirbeln, 12 Brustwirbeln, 5 Lendenwirbeln, dem aus fünf Wirbeln zusammengewachsenen Kreuzbein und dem Steißbein. Die Wirbel werden von oben nach unten größer und verlieren zunehmend ihre Beweglichkeit.

Bandscheiben und Bänder

Bandscheiben

Damit die knöcherne Wirbelsäule ihre Beweglichkeit erlangt, bedarf es flexibler Verbindungen zwischen den Wirbelkörpern, die einerseits ein Abkippen bzw. eine Rotationsbewegung gestatten, andererseits für einen festen Halt der Wirbelkörper aufeinander sorgen. Die Bandscheiben *(Disci intervertebrales)* erfüllen beide Funktionen und dienen darüber hinaus als Puffer gegen kurze harte Stöße ***(Abb. 4.26)***.

Da unser Organismus keine Substanz kennt, die sich – etwa wie Gummi – gegenüber Druckbelastungen elastisch zeigt, muss die Druckbelastung zunächst in eine Zugbelastung umgewandelt werden, welche dann aufgefangen wird.

Jede Bandscheibe gleicht einem Sandwich mit zwei festen Platten aus hyalinem Knorpel, zwischen denen sich ein derber zwiebelschalenähnlicher Faserring *(Anulus fibrosus)* um einen zentralen Gallertkern *(Nucleus pulposus)* herum ausbreitet.

Bandscheibe

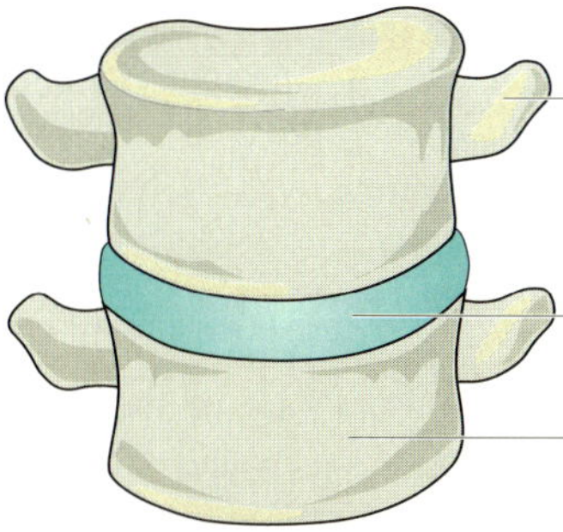

Abb. 4.26 Zwischen je zwei Wirbelkörpern (hier der Lendenwirbelsäule) liegt eine Bandscheibe. Sie dämpft harte Stöße ab und ermöglicht Bewegungen der Wirbelkörper gegeneinander.

Funktion der Bandscheibe

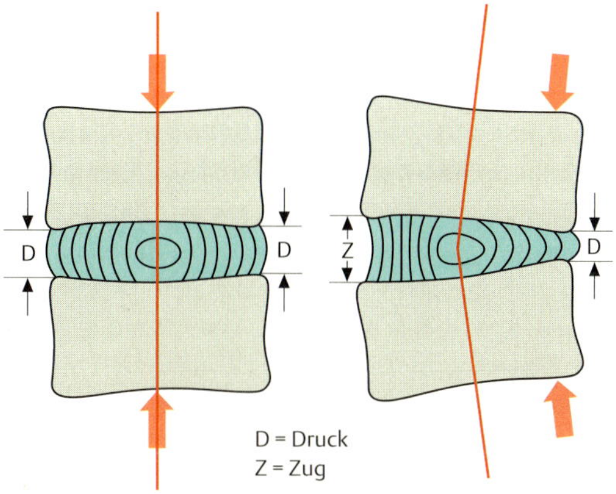

Abb. 4.27 Bei einer vertikalen Druckbelastung wie z.B. beim Laufen (linke Schemazeichnung) verformt sich die Bandscheibe gleichmäßig. Sie wird flacher, der Faserring tritt ringförmig über die Ränder der Wirbelkörper hinaus. Eine Rumpfbeugung nach vorne, hinten oder zur Seite belastet nur eine Hälfte der Bandscheibe auf Druck. Auf der Gegenseite treten Zugkräfte auf, die von vertikalen Kollagenfasern aufgenommen werden.

Der Gallertkern zieht auf Grund seiner hohen osmotischen Konzentration Wasser aus der Umgebung an und schwillt in unbelastetem Zustand (im Liegen, unter Wasser, in Schwerelosigkeit) an. Dadurch verlängert sich die Wirbelsäule um bis zu 2 cm und der Faserring gerät unter Spannung.

Quetscht man nun das „Sandwich" zusammen (Druckbelastung), dann versucht der Gallertkern seitlich auszuweichen. Die gitterartig vernetzten kollagenen Fasern des Faserrings werden gedehnt und der Faserring buckelt sich über den Rand der Wirbelkörper hinaus vor ***(Abb. 4.27)***.

Mit zunehmendem Alter verliert der gallertige Kern der Bandscheiben seine Elastizität und damit seine Stoßdämpferwirkung. Da gleichzeitig die Knochengrundsubstanz brüchiger wird (Osteoporose), treten im Alter häufig Einbrüche eines Wirbels z.B. nach einem Sturz auf.

Bandscheibenvorfall. Angesichts des hohen Drucks, der auf den Gallertkern der Lendenwirbel wirkt (bei Sprüngen u.U. das Mehrfache des Körpergewichts auf wenige Quadratzentimeter!), ist es möglich, dass der Faserring stellenweise überdehnt wird und zerreißt. Teile des Nucleus pulposus quetschen sich durch die entstandene Lücke und geraten in den Bereich des Wirbelkanals (medialer Bandscheibenvorfall) oder des Zwischenwirbellochs (*lateraler Bandscheibenvorfall*). Im letzteren Fall kann der durch das Foramen intervertebrale verlaufende Rückenmarknerv eingeklemmt werden und einseitige Schmerzen, Sensibilitätsverlust (Taubheitsgefühl) oder schlimmstenfalls motorische Ausfälle verursachen. Ein ausgeprägter *medialer Bandscheibenvorfall* klemmt dagegen das Rückenmark oder dessen Fortsetzung, die Cauda equina (s. Kap. 9, S. 259), ein und verursacht beidseitige Ausfälle unterhalb des betroffenen Rückenmarksegmentes.

Wirbelgleiten. Ein weiteres leider recht häufiges Krankheitsbild ist die *Spondylolisthesis* (Wirbelgleiten). Der steil nach vorne abfallende Verlauf der Kreuzbeindeckplatte setzt jede Längsbelastung der Wirbelsäule teilweise in eine Scherkraft um, die versucht, die gesamte freie Wirbelsäule einschließlich der letzten Bandscheibe in Richtung des Beckens zu verlagern.

Bei Personen mit angeborener Bindegewebsschwäche oder schlecht ausgebildeter Rückenmuskulatur kann sich also die Wirbelsäule teilweise oder auch ganz gegen das Kreuzbein verschieben und gleichfalls Nervenwurzeln abklemmen.

Bänder der Wirbelsäule

Zum Schutz vor Bandscheibenvorfall und Wirbelgleiten stabilisieren Längsbänder die Wirbelsäule an der Vorder- und Rückseite der Wirbelkörper **(Abb. 4.28)**. Das vordere Längsband *(Lig. longitudinale anterius)* beginnt breitflächig an der Eingeweideseite des Kreuzbeins und verjüngt sich bis zu seinem Ende am Atlas. Das hintere Längsband *(Lig. longitudinale posterius)* dagegen verbreitert sich von der Rückfläche des Kreuzbeins bis hin zur Vorderseite des großen Hinterhauptlochs am Schädel und gibt, im Gegensatz zum vorderen Längsband, Fasern zum Faserring jeder Bandscheibe ab.

Als starke elastische Faserbänder verbinden die *Ligg. flava* (gelbe Bänder) je zwei benachbarte Wirbelbogen miteinander und lassen nur die Foramina intervertebralia frei. Die *Ligg. intertransversaria* (**Abb. 4.29a,** S. 96) und *Ligg. interspinalia* verbinden in derselben Weise je zwei Quer- bzw. Dornfortsätze. Das oberflächlich gelegene *Lig. supraspinale* verbindet die Spitzen der Dornfortsätze und lässt sich bei nicht allzu viel Übergewicht gut selbst tasten. Verglichen mit der Wirkung einer gut trainierten Rückenmuskulatur ist die stabilisierende Wirkung der Wirbelsäulenbänder jedoch eher gering.

Bänder der Wirbelsäule

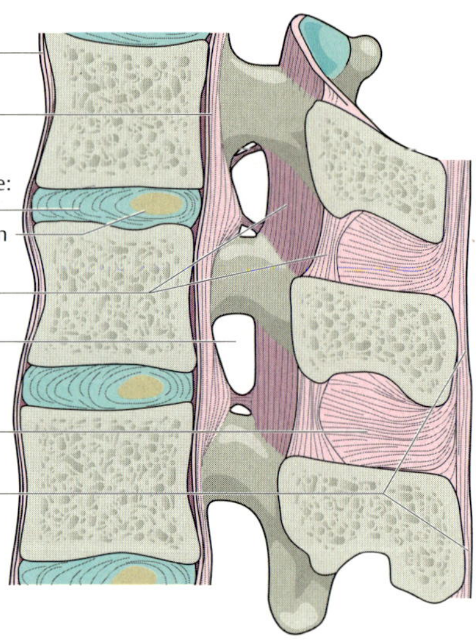

Abb. 4.28 Längs verlaufende Bänder an der Vorder- und Rückseite der Wirbelkörper bilden ein Korsett für die Bandscheiben. Beachten Sie, dass sich der Gallertkern der obersten Bandscheibe bereits weit nach hinten gearbeitet hat und das hintere Längsband leicht ausbuckelt. Hier droht ein Bandscheibenvorfall. Bänder zwischen den Wirbelbögen und den Dornfortsätzen begrenzen die Biegung der Wirbelsäule nach vorne. Sie helfen der Rückenmuskulatur, den Oberkörper aufrecht zu halten.

Häufig auftretende Wirbelsäulenbeschwerden. Dumpfe Kreuzschmerzen (chronische Lumbago) deuten u.a. darauf hin, dass möglicherweise zwei Wirbel aneinander scheuern oder sich eine Bandscheibe gelockert hat. Durch eine unkontrollierte Bewegung oder ein „Verheben" entsteht daraus der Hexenschuss (akute Lumbago). Bekanntlich sind die Schmerzen dabei oft so stark, dass der Patient wie gelähmt umfällt und sich nur noch auf allen Vieren fortbewegen kann. Beim Versuch, die Wirbelsäule zu beugen, werden die Schmerzen unerträglich; entsprechend bretthart ist auch die Rückenmuskulatur angespannt.

Während chronische und akute Lumbago Schmerzen über der unteren Wirbelsäule auslösen, strahlt der Schmerz beim „Ischias" (Ischialgie) in die Außenseite eines oder beider Beine aus. Der Grund ist meistens ein Bandscheibenvorfall, der eine Nervenwurzel so stark komprimiert, dass das Rückenmark dies als Schmerzsignal aus dem Versorgungsgebiet des entsprechenden Hautnervs missdeutet. Wirklich gefährlich wird eine Ischialgie allerdings meistens erst dann, wenn der Schmerz nachlässt und an seine Stelle Gefühlsstörungen (Parästhesien) wie Kribbeln und Ameisenlaufen treten. Eine schlaffe Lähmung ist das allerletzte Alarmzeichen, kurz bevor die Nervenwurzel endgültig und unwiderruflich abgequetscht ist.

Je schwächer die Rückenmuskulatur trainiert ist, desto größere Kräfte muss die Wirbelsäule selbst, insbesondere Wirbelkörper und Bandscheiben, aufnehmen. Unter Kreuzschmerzen und Bandscheibenschäden leiden daher besonders häufig große und schlecht trainierte Menschen, die oft eine schwere Last „aus dem Kreuz heraus", also mit einem langen Hebelarm bewegen müssen (z. B. Umlagern pflegebedürftiger Patienten). Gerade Angehörigen der Pflegeberufe kann man Rückengymnastik und einen die Rückenmuskulatur trainierenden Ausgleichssport (z. B. Brust- und Delphinschwimmen) daher nur wärmstens empfehlen.

4.5 Rumpf

Autochthone Rückenmuskulatur

Die Wirbelsäule befindet sich keineswegs im Mittelpunkt des Körpers, sondern extrem weit hinten. Daher liegt der Schwerpunkt, also das Massenzentrum, beim aufrecht stehenden oder sitzenden Menschen stets vor der Wirbelsäule.

Wenn man im Sitzen einschläft, entspannt sich die gesamte Muskulatur und der Körper sinkt passiv in sich zusammen: Die Rückenmuskulatur wirkt dieser passiven Rumpfneigung entgegen und funktioniert dabei ähnlich wie die Verspannung eines Baukrans. Im Bereich der Lordosen (HWS und LWS) ist die Rückenmuskulatur besonders stark ausgeprägt und bildet hier sozusagen die straff gespannte Sehne eines Bogens (nach vorne durchgebogene Wirbelsäule). Die Muskeln enthalten viel Glykogen, damit sie lange andauernde Haltearbeit verrichten können. Trotz dieser Spezialisierung auf tonische Haltearbeit handelt es sich wie beim übrigen Bewegungsapparat auch um quergestreifte Skelettmuskulatur, nicht etwa um glatte Muskeln.

Die gesamte Rückenmuskulatur wird im Gegensatz zu sämtlichen anderen Muskeln direkt aus dem hinteren Anteil der Rückenmarknerven versorgt (alle anderen Muskeln vom vorderen Anteil der Rückenmarknerven). Sie wird im Embryonalleben schon sehr frühzeitig angelegt und heißt wegen dieser Besonderheiten *autochthone* (ureigene) Rückenmuskulatur ***(Abb. 4.29)***.

Nach ihrer wichtigsten Funktion fasst man sämtliche dazugehörigen Muskeln unter dem Sammelbegriff *M. erector spinae* („Aufrichtmuskel der Wirbelsäule") zusammen. Darüber hinaus kann die Rückenmuskulatur bei einseitiger Innervation den Körper zur Seite neigen *(Lateralflexion)* oder drehen *(Rotation)*.

Die autochthone Rückenmuskulatur besteht aus einer oberflächlichen Schicht mit sehr breiten Muskelzügen und einer tiefen Schicht mit zahlreichen kleinen Einzelmuskeln, die sich zwischen Dorn- und Querfortsätzen der Wirbel sowie zwischen den Rippen erstrecken. Die Muskeln der oberflächlichen Schicht überspannen dagegen mehrere Wirbel und reichen zum Teil vom Hinterhaupt bis hinab zur Rückfläche des Kreuzbeins.

! Die autochthone Rückenmuskulatur richtet den Körper auf. Wegen der schlechten Hebelwirkung nahe der Wirbelsäule sind die Muskeln extrem kräftig und für lange Haltearbeit ausgelegt.

Brustkorb

Rippen

Das markanteste Kennzeichen des Brust-„Korbs" sind je 12 Rippen auf jeder Seite, die hinten gelenkig mit der Wirbelsäule ***(Abb. 4.30)***, vorne mit dem Brustbein in Verbindung stehen.

Aufbau

Einer etwas willkürlichen Nomenklatur folgend unterscheidet man:

- ein Rippenköpfchen *(Caput)* mit den Gelenkflächen für das innere Rippen-Wirbel-Gelenk *(Articulatio capitis costae)*,
- einen Rippenhals *(Collum)* mit dem äußeren Rippen-Wirbel-Gelenk *(Articulatio costotransversaria)*,
- einen Rippenwinkel *(Angulus)* – eine scharfe Biegung nach vorne unten – und
- den langen, nur schwach gekrümmten Rippenkörper *(Corpus)*.

In Richtung zur Körpermittellinie schließt sich der Rippenknorpel *(Cartilago costalis)* an, der als flexib-

Autochthone Rückenmuskulatur

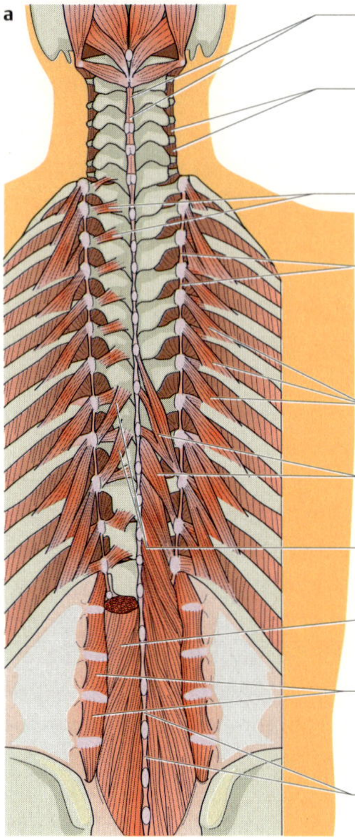

Abb. 4.29a Abbildung (**a**) zeigt die den Wirbelbogen benachbarten Rückenmuskeln (tiefe Schicht). Sie ziehen im Wesentlichen schräg von oben nach unten, können die Wirbelsäule also nicht nur aufrichten, sondern auch zur Seite drehen (daher der Name Mm. rotatores).

ler Rippenabschluss Kontakt zu dem Brustbein aufnimmt. Die Außenfläche jeder Rippe ragt etwas weiter nach unten als die Innenfläche, wodurch am Unterrand jeder Rippe eine flache Rinne *(Sulcus costalis)* entsteht. Diese Rinne bietet – von oben nach unten – je einer Vene, einer Arterie und einem Nerv Schutz *(V., A., N. intercostalis)*.

Die Rippen verbinden sich sowohl mit den Wirbelkörpern als auch mit den Querfortsätzen. Dadurch entsteht eine schräg verlaufende Drehachse, um die sich jede Rippe bei jeder Ein- und Ausatmung bewegen kann (s. Kap. 8, S. 250). Der vordere knorpelige Anteil der Rippen steht in flexibler Verbindung zum Brustbein.

Brustbein

Die Rippen enden ventral am Brustbein *(Sternum)*. Die Form des Brustbeins soll angeblich an ein Schwert erinnern ***(Abb. 4.31)***.

Oberer Anteil

Der ungefähr quadratische obere Anteil, der Schwertgriff *(Manubrium sterni)*, verbindet linkes und rechtes Schlüsselbein, die 1. Rippe und den Schwertkörper miteinander.

Brustbeinkörper

Der Brustbeinkörper gleicht einem langen flachen Rechteck und dient als Rippenansatz. Nur die ersten 7 Rippen nehmen mit ihren Rippenknorpeln direk-

Autochthone Rückenmuskulatur

b

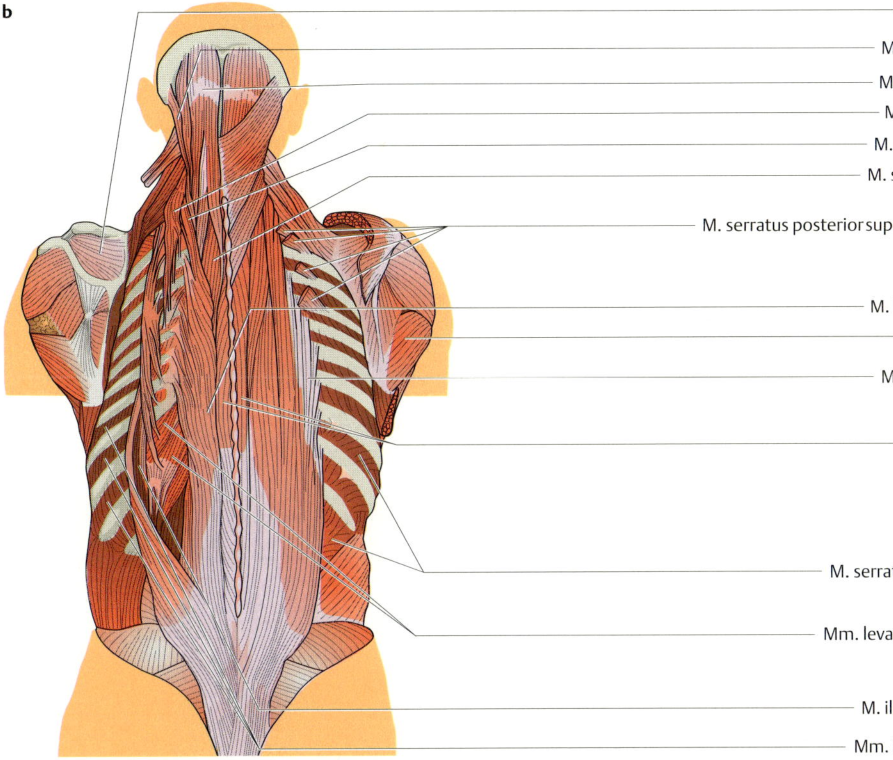

Abb. 4.29b Die Fasern der oberflächlich gelegenen Rückenmuskeln (**b**) ordnen sich parallel zur Wirbelsäule von oben nach untenan. Diese langen Muskeln richten die Wirbelsäule auf und stützen die aufrechte Körperhaltung.

ten Kontakt zum Brustbein auf („wahre Rippen", *Costae verae*), während die Knorpel der 8., 9. und 10. Rippe mit dem knorpeligen Anteil der höheren Rippen verschmolzen sind („falsche Rippen", *Costae spuriae*). Die 11. Rippe hat häufig, die 12. regelmäßig keine Verbindung mehr zu den übrigen („freie Rippe[n]", *Costa[e] libera[e]*).

Schwertfortsatz

Nach kaudal schließt sich an den Brustbeinkörper der häufig noch knorpelige, mitunter aber bereits verknöcherte Schwertfortsatz (*Processus xiphoideus*, Xiphoid) an. Die Spitze des Schwertfortsatzes lässt sich gut tasten.

Eigenmuskulatur der Brustwand

An der Innenseite der Rippen überzieht die bindegewebige *Fascia endothoracica* den Brustkorb. Ihr liegt der *M. transversus thoracis* auf, der die Innenseite der Rippenknorpel gegen das Brustbein verspannt. Die nächste Lage bilden die inneren Zwischenrippenmuskeln *(Mm. intercostales interni)* ***(Abb. 4.32)***. Sie ziehen von der Oberseite einer Rippe schräg nach vorn oben zur Unterseite der folgenden Rippe.
Diese an der seitlichen und vorderen Brustwand vorkommenden Muskeln wirken hauptsächlich stabilisierend und als schwache Rippensenker (Exspirationsmuskeln).
Entgegengesetzt zu den letztgenannten Muskeln verlaufen die äußeren Zwischenrippenmuskeln *(Mm. intercostales externi)* von der Unterseite einer

Rippen und Rippenwirbelgelenk

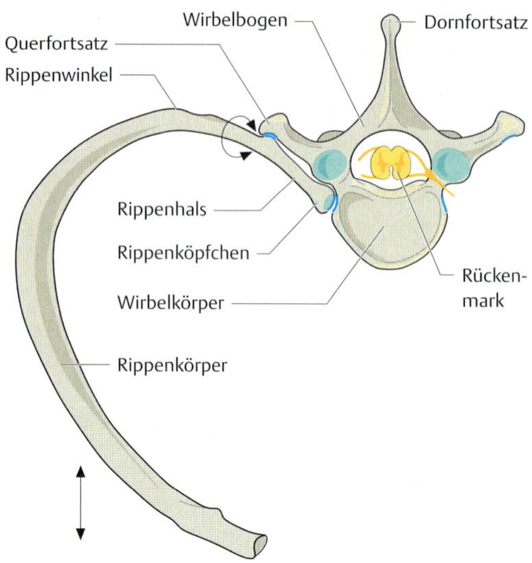

Abb. 4.30 Die Rippen haben die Form eines Hufeisens, wobei der Rippenhals schräg von innen vorn nach außen hinten weist. Zwei Gelenke am Köpfchen und am Hals verbinden die Rippen mit den Brustwirbeln. Bei einer Drehung des Rippenhalses um die eigene Achse bewegt sich daher der Rippenkörper auf und ab (Ein- und Ausatmung).

Brustkorb von vorn

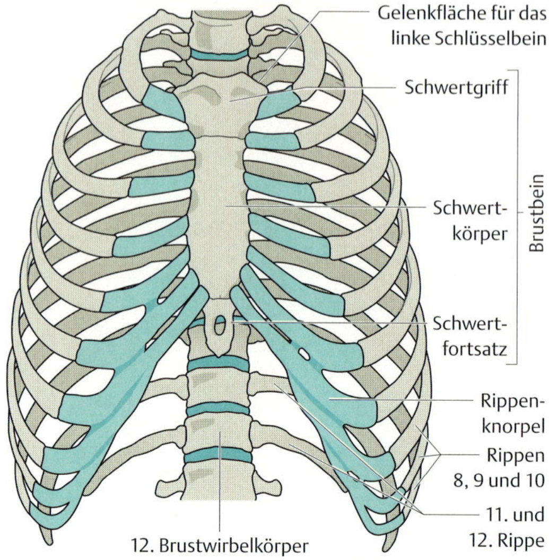

Abb. 4.31 Der vordere Anteil der Rippen besteht aus Knorpel. Er verbindet den Rippenkörper elastisch mit dem Brustbein. Wegen der unterschiedlichen Größe der Rippen hat der Brustkorb die Form einer nach oben spitz zulaufenden Kuppel. Beachten Sie, dass 11. und 12. Rippe keinen Kontakt mehr zum Brustbein haben.

Rippe schräg nach vorne unten zur Oberseite der folgenden Rippe.

Man findet die äußeren Zwischenrippenmuskeln an der hinteren und seitlichen Brustwand, nicht dagegen in der Nähe des Sternums. Sie verspannen ebenfalls die Zwischenwirbelräume gegen den Sog der Lunge und heben zusätzlich das Brustbein an (Inspirationsmuskeln [s. Kap. 8, S. 251]).

Bauchwand

Um die stark beweglichen Bauchorgane Magen und Darm am Absinken zu hindern, benötigen wir ein Verspannungssystem, also eine Art physiologische Bauchbinde, die sich den unterschiedlichen Füllungszuständen flexibel anpassen kann.

Die Bauchmuskulatur erfüllt diese Aufgabe und ist überdies für die Beweglichkeit des Rumpfes unerlässlich. Daneben können die Bauchmuskeln bei geschlossener Stimmritze den Druck im Bauchraum bis auf Werte von über 100 mmHg erhöhen. Eine derartige willkürliche Druckerhöhung (Bauchpresse) ist Voraussetzung für jedes schwere Heben, den Stuhlgang, aber auch für die Geburt und stellt damit eine lebenswichtige Funktion der Bauchwandmuskulatur dar.

Die Muskelfasern der Bauchwand ***(Abb. 4.33)*** verlaufen:

- in horizontaler Richtung („Bauchbinde"),
- in vertikaler Richtung („Rumpfbeuger") und
- diagonal („Rumpfdreher").

Horizontales System

Von der *Fascia thoracolumbalis* sowie der Innenseite der unteren Rippen und dem Darmbeinkamm geht der flächige *M. transversus abdominis* (querer Bauchmuskel) aus ***(Abb. 4.33 u. 4.34)***. Seine Fasern verlaufen

Muskeln des Brustkorbs

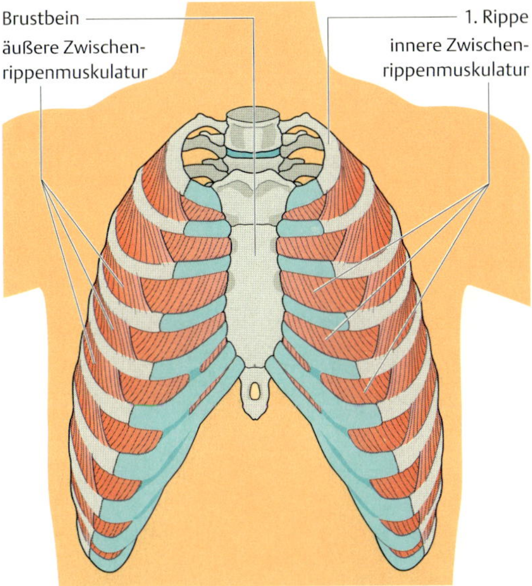

Abb. 4.32 Zwischen je zwei benachbarten Rippen verlaufen flache Muskelplatten. Die äußeren Zwischenrippenmuskeln an der Rück- und Seitenfläche des Brustkorbs ziehen die Rippen nach oben (Einatmung), die inneren Zwischenrippenmuskeln an der Vorderfläche senken die Rippen (Ausatmung).

nahezu horizontal der seitlichen Bauchwand. Wegen seines gürtelförmigen Verlaufs nimmt der Muskel im Stehen die Hauptlast der Baucheingeweide auf und stellt den wichtigsten Anteil der physiologischen Bauchbinde dar.

Vertikales System

Der Vorderseite der flächigen Sehne des M. transversus lagert sich der paarige *M. rectus abdominis* (gerader Bauchmuskel) auf. Dieser starke Muskel verbindet die unteren Rippenknorpel mit dem oberen Schambeinast und beugt daher den Rumpf nach vorne. Drei oder vier quere Zwischensehnen *(Intersectiones tendineae)* teilen den M. rectus in vier oder fünf Muskelbäuche, die bei schlanken und trainierten Menschen das Bauchrelief (Waschbrettbauch, Sixpack) prägen.

Diagonales System

Anders als das horizontale und das vertikale Verspannungssystem besteht das diagonale System aus zwei Muskeln:

Bauchmuskeln in Bewegung

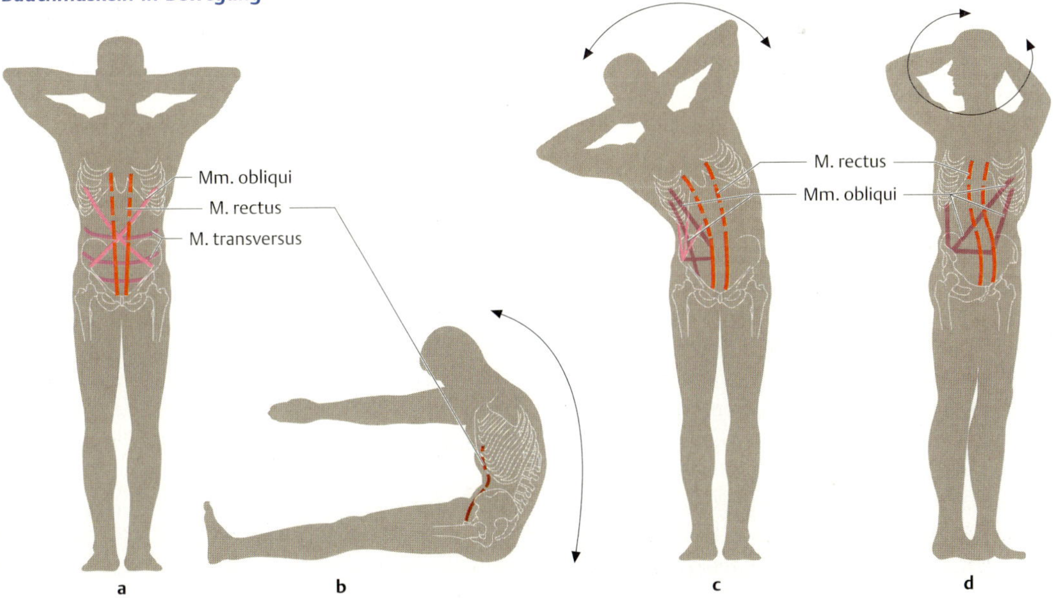

Abb. 4.33a-d Die Bauchmuskeln verspannen die vordere Bauchwand in drei Richtungen (**a**). Beim Beugen des Rumpfes, besonders aus der Rückenlage heraus, wird der M. rectus abdominis angespannt (**b**). Diese Bewegung unterstützt der M. iliopsoas, ein Hüftmuskel. Die schrägen Bauchmuskeln (Mm. obliqui externus und internus) einer Seite neigen den Oberkörper nach links bzw. rechts (**c**), während durch das Zusammenspiel des M. obliquus externus einer Seite mit dem M. obliquus internus der Gegenseite eine Drehung zustande kommt (**d**).

Muskeln der Bauchwand

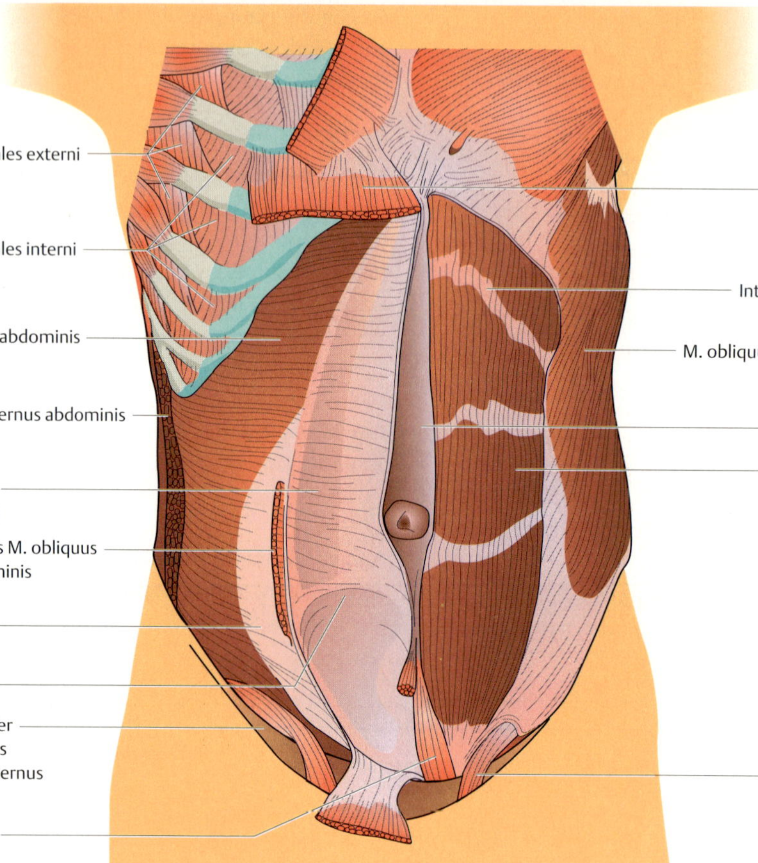

Abb. 4.34 Die rechte Hälfte der Abb. zeigt die oberflächliche Schicht der Bauchmuskeln. Nach Entfernen des M. rectus und der Mm. obliqui externus und internus (linke Hälfte der Abb.) blicken Sie auf die queren Muskelzüge des M. transversus abdominis und das hintere Blatt der Rektusscheide.

- Der *M. obliquus internus abdominis* (innerer Schrägmuskel) bedeckt den M. transversus abdominis. Er fächert sich vom Darmbeinkamm aus auf und läuft wie der M. transversus in einer breiten Ansatzsehne (Aponeurose) aus. Am unteren Rand zweigen beim Mann einige Muskelbündel in den Leistenkanal ab und umgeben als M. cremaster den Hoden.
- Der *M. obliquus externus abdominis* (äußerer Schrägmuskel) beginnt höher, nämlich an der Außenseite der unteren Rippen und zieht folglich in schräger Richtung nach unten zur Mittellinie. Die untersten Anteile des Muskels sind sehnig umgewandelt und tragen zum Aufbau des Leistenbandes *(Lig. inguinale)* bei. Der M. obliquus externus endet in einer Aponeurose, die den M. rectus bedeckt.

Die Bauchmuskeln bestehen aus einem vertikalen (M. rectus), einem horizontalen (M. transversus) und einem diagonalen Verspannungssystem (Mm. obliquus internus und externus abdominis). Sie halten die Bauchorgane an Ort und Stelle und wirken bei der Ausatmung mit.

4.6 Hüfte

Becken

Vergleicht man die Anatomie des Beckens ***(Abb. 4.35)*** und der Beine mit der des Schultergürtels und der oberen Extremitäten, so fällt zunächst auf, dass die Knochen wesentlich massiger gebaut sind. Hüft-, Knie- und Sprunggelenk sind außerdem bei weitem nicht so frei beweglich wie ihre Entsprechungen am Arm, also Schulter-, Ellenbogen- und Handgelenk.

Die Knochen des Beckenrings (Beckengürtel) sind durch *straffe Bänder* miteinander verstrebt und gestatten so gut wie keine Eigenbewegungen. Dies sind Zeichen dafür, dass die untere Extremität für eine ganz bestimmte Funktion – die zweibeinige Fortbewegung – spezialisiert ist, während uns Arm, Hand und Finger als Universalwerkzeuge dienen.

Beckengürtel

Kopf, Arme und Rumpf übertragen ihr Gewicht auf das Kreuzbein, welches gleichzeitig den hinteren Anteil des Beckengürtels (Beckenrings) bildet. Es steht beidseits mit dem linken und rechten Hüftbein *(Os coxae)* in Verbindung, von wo aus die Kraft über das Hüftgelenk (*Articulatio coxale*, vgl. ***Abb. 4.40***, S. 106) in den Oberschenkelknochen (*Femur*, vgl. ***Abb. 4.38a, b***, S. 104) einstrahlt.

Kreuzbeim-Darmbein-Gelenk

Kreuzbein und Hüftbein bilden das Kreuzbein-Darmbein-Gelenk (Iliosakralgelenk, *Articulatio sacroiliaca*), die beiden Hüftbeine untereinander die

Beckenknochen

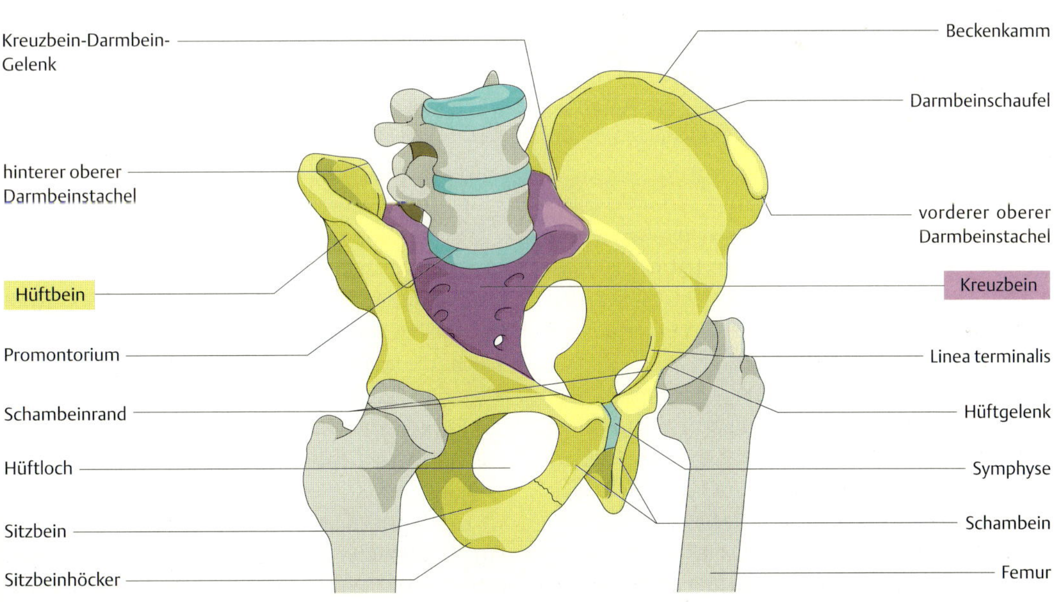

Abb. 4.35 Auf dieser seitlichen Ansicht erkennen Sie, dass das Becken aus den beiden Hüftbeinen und dem Kreuzbein besteht, die miteinander durch derbe Faserverbindungen Kontakt aufnehmen. Achten Sie auf die durchgehende Begrenzungslinie, die das kleine und das große Becken voneinander trennt (Linea terminalis). Für die Geburtshilfe wichtig ist auch der „prominente" Knick zwischen Lendenwirbelsäule und Kreuzbein (Promontorium).

Symphyse *(Symphysis pubica)*. Die Verbindung zwischen Kreuzbein und Darmbein ist zwar ein echtes Gelenk mit zwei getrennten, knorpeligen Gelenkflächen, die aber durch starke Bänder unbeweglich zusammengefügt sind.

Symphyse

Die Symphyse besteht aus bindegewebsreichem Faserknorpel und wird durch einen nur unvollständigen Gelenkspalt getrennt. Bei wechselnder Belastung (Gehen, einbeiniges Stehen) bewegen sich die Knochen nur um maximal 2–3 mm gegeneinander. In der späten Schwangerschaft lockern sich jedoch alle Beckengelenke, um mehr Raum für die Geburt zu schaffen (s. Kap. 13). Schwangere leiden daher besonders häufig unter einem instabilen Becken (Kreuzschmerzen, „Ischias").

Hüftbein

Wie der knöcherne Schädel ist auch das Hüftbein *(Os coxae)* aus mehreren Einzelknochen zusammengewachsen, die sich in der Gelenkpfanne *(Azetabulum)* des Hüftgelenks treffen:

- Das Pfannendach ist ein Teil des Darmbeins *(Os ilii)*, des größten Hüftbeinknochens.
- Die Rückfläche der Gelenkpfanne („hintere Säule") wird vom Sitzbein *(Os ischii)* gebildet.
- Das kleinere Schambein *(Os pubis)* hat Anteil an der Pfannenvorderfläche („vordere Säule").

Darmbein

Als Darmbeinkörper *(Corpus ossis ilii)* bezeichnet man den kräftig entwickelten Oberteil der Hüftgelenkpfanne. An dieser Stelle geht beim Stehen und Gehen das Gewicht der oberen Körperpartien auf das Bein über.
Neben der Hüftgelenkpfanne fallen vor allem die vielen Perforationen durch die Kompakta auf, in denen ernährende Blutgefäße zum Knochenmark ziehen. Die Darmbeinschaufel *(Ala ossis ilii)* knickt nach lateral in der *Linea arcuata* (Bogenlinie) ab. Die Eingeweidefläche der Darmbeinschaufel dellt sich zur Fossa iliaca ein, während die Darmbeinrückseite weitgehend flach ist. Daher ist der Knochen der Darmbeinschaufel hier mitunter nur papierdünn.
Eine sehr derbe Beschaffenheit zeigt dagegen das freie Ende der Darmbeinschaufel, der Beckenkamm (Darmbeinkamm, *Crista iliaca*), an dem die Bauchwandmuskulatur und Teile der Rückenmuskeln ansetzen ***(Abb. 4.36)***. Dennoch verbirgt sich auch hier unter einer oberflächlichen Kompakta schwammiges blutbildendes Knochenmark, das man für eine Knochenmarktransplantation oder zu diagnostischen Zwecken entnehmen kann (Beckenkammpunktion). Der Beckenkamm läuft vorne im vorderen oberen Darmbeinstachel *(Spina iliaca anterior superior)* auf der Körperrückseite im hinteren oberen Darmbeinstachel *(Spina iliaca posterior superior)* aus. Beide Punkte lassen sich auch bei sehr beleibten Personen regelmäßig gut erkennen und dienen, z. B. bei der intramuskulären Injektion, als wichtige Orientierungspunkte im Bauch- und Beckenraum.

Sitzbein

Wie am Darmbein benennt man auch am Sitzbein *(Os ischii)* den gelenknahen Anteil mit dem Wort „Körper" (Sitzbeinkörper, *Corpus ossis ischii*). Nach hinten außen schließt sich der sehr kräftige Sitzbeinast *(Ramus ossis ischii)* an, der zusammen mit dem unteren Schambeinast das Hüftloch *(Foramen obturatum)* umgibt.
Die tiefste Stelle bildet der gut tastbare Sitzbeinhöcker *(Tuber ischiadicum)*. Wenn wir aufrecht sitzen, verschieben sich die Gesäßmuskeln zur Seite, so dass der Sitzbeinhöcker nur noch von Haut, Fett- und Bindegewebe bedeckt ist. So wird das empfindliche Muskelgewebe beim Sitzen nicht zwischen Knochen und Unterlage zerquetscht.

Schambein

Auch der Schambeinkörper *(Corpus ossis pubi)* beteiligt sich am Aufbau des Hüftgelenks. Daran schließt sich ein länglicher Abschnitt mit einer Knickstelle an, welche die Symphyse (Schambeinfuge, vgl. ***Abb. 4.35***) trägt.
Der Teil zwischen Körper und Symphyse wird oberer Schambeinast *(Ramus superior)*, der Teil zwischen Symphyse und der Verbindung zum Sitzbein unterer Schambeinast *(Ramus inferior)* genannt.
An der Oberseite des oberen Schambeinastes wirft sich ein scharfkantiger Rand auf *(Pecten ossis pubis)*, der genau in der Verlängerung der Linea arcuata des Darmbeins liegt. Zusammen mit dieser und dem Promontorium zwischen 5. Lendenwirbel und Kreuzbein bildet er eine geschlossene Kontur, die *Linea*

Rechtes Hüftbein (Außenseite)

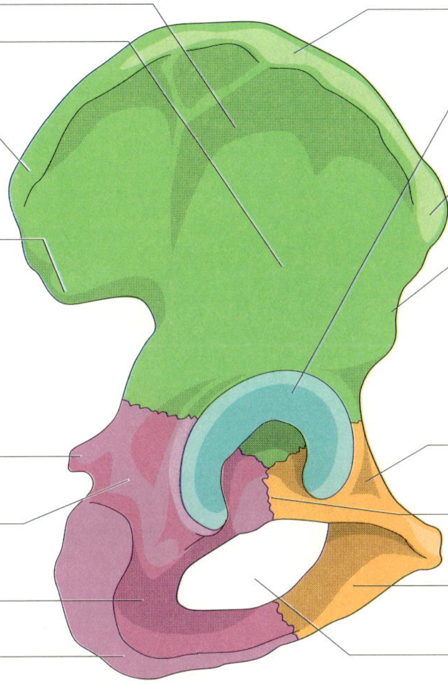

Abb. 4.36 Rechtes und linkes Hüftbein bestehen aus jeweils drei miteinander verwachsenen Knochen, die alle Anteil an der Pfanne des Hüftgelenks haben. Gut erkennbar ist der hufeisenförmige Knorpel der Gelenkpfanne. Die Verbindungen zum Kreuzbein und zum linken Hüftbein liegen an der Innenseite und sind daher hier nicht zu sehen.

terminalis (vgl. **Abb. 4.35**), welche das obere große Becken vom unteren kleinen Becken trennt.

Unterschiede zwischen männlichem und weiblichem Becken

Das weibliche Becken ist generell größer als das männliche **(Abb. 4.37)**. Die Hüftbeine stehen flacher, der Winkel zwischen den unteren Schambeinästen ist größer (♀ 90°, ♂ 70°). Das Promontorium springt weniger stark vor, so dass die Linea terminalis ein Oval bildet (beim Mann eine Herzform). Das Hüftloch ist ebenfalls oval (beim Mann rund). Auch der Beckenausgang, also der Abstand zwischen den Sitzbeinhöckern, ist als Teil des Geburtskanals deutlich weiter.

Großes und kleines Becken

Das *„große Becken"* umfasst den ganzen Bereich oberhalb der Linea terminalis (sog. Beckeneingang). Es bildet den Boden der Bauchhöhle und enthält hauptsächlich Dick- und Dünndarm. Im *„kleinen Becken"* unterhalb dieser Kante liegen die weiblichen Geschlechtsorgane, Harnblase und Mastdarm.

! **Das Becken besteht aus den beiden Hüftbeinen und dem Kreuzbein. Jedes Hüftbein ist aus drei einzelnen Knochen zusammengewachsen, die zusammen die Hüftgelenkpfanne bilden. Kreuzbein und Hüftbein bilden ein fest verbundenes Gelenk, die beiden Hüftbeine untereinander sind durch die faserknorpelige Symphyse verbunden.**

Bei Frauen stehen die Darmbeinschaufeln flacher und der Beckenausgang ist größer als bei Männern.

Weibliches und männliches Becken

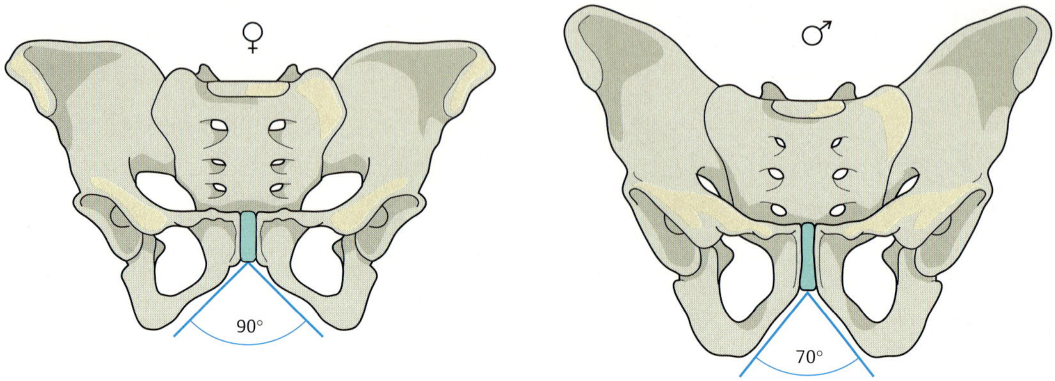

Abb. 4.37 Das Becken einer Frau hat flacher gestellte Darmbeinschaufeln und einen größeren Winkel zwischen den unteren Schambeinästen (hier ca. 90°). Der durch die Linea terminalis begrenzte Beckeneingang ist größer als beim Mann. Dasselbe trifft für den Beckenausgang zwischen linkem und rechtem Sitzbeinhöcker zu.

Oberschenkelknochen

Nachdem wir an Wirbelsäule und Becken eine Reihe kurzer (Wirbelkörper) und platter Knochen (Darmbeinschaufel) kennen gelernt haben, begegnet uns mit dem Oberschenkelknochen *(Femur)* der erste lange Röhrenknochen des Körpers ***(Abb. 4.38)***.
Er ist der längste und schwerste menschliche Knochen überhaupt. Seine Enden tragen überknorpelte Gelenkflächen, die einen Teil des Hüftgelenks (Femurkopf) und des Kniegelenks (Femurkondylen, Gelenkknorren) bilden.

Oberer Anteil

An den Femurkopf schließt sich der kurze, schräg nach hinten außen weisende Schenkelhals *(Collum ossis femoris)* an. Er zieht sich im Anschluss an die Gelenkfläche taillenartig ein und verbreitert sich außen zu den beiden mächtigen Rollhügeln *(Trochanteren)*. Der von Haut und straffem Bindegewebe bedeckte große Rollhügel *(Trochanter major)* ist leicht zu tasten. Er weist nach hinten oben und dient den kleinen Gesäßmuskeln als Ansatz. Der Abstand zwischen den großen Rollhügeln übertrifft den Abstand zwischen den beiden vorderen oberen Darmbeinstacheln und ist damit die breiteste Stelle der ganzen unteren Körperhälfte.

Oberschenkelknochen

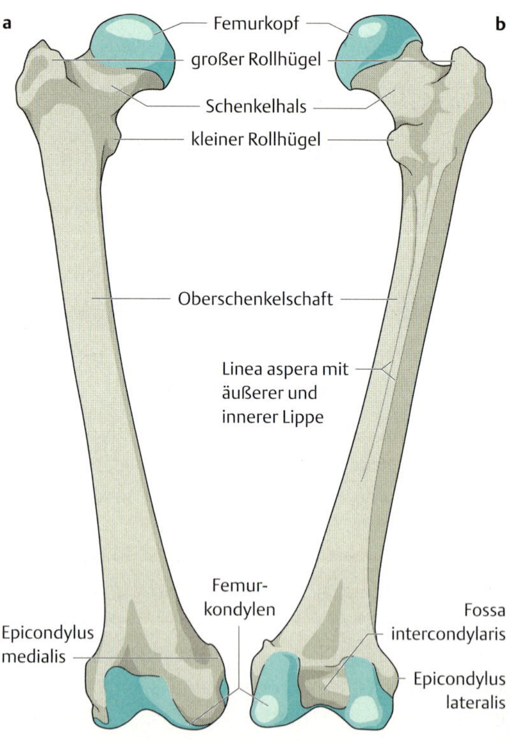

Abb. 4.38a, b Die Vorderseite (**a**) des Oberschenkelknochens ist relativ glatt. Nur der große Rollhügel ragt als derber Muskelansatzpunkt nach oben vor. Die zerklüftete Rückseite (**b**) hat mit dem kleinen Rollhügel und der langgestreckten Linea aspera mehr Muskelansatzstellen.

CCD-Winkel

Oberschenkelhals und -schaft stehen in einem stumpfen Winkel zueinander, den man den Centrum-Collum-Diaphysen-Winkel (oder abgekürzt CCD-Winkel) nennt. Normalerweise beträgt der CCD-Winkel beim Erwachsenen 125–130° (Mittel 128°); eine Verkleinerung *(Coxa vara)* lässt den Oberschenkelhals mehr zur Mitte stehen (X-Beine), durch eine Vergrößerung *(Coxa valga)* entstehen umgekehrt O-Beine ***(Abb. 4.39)***.

Femurschaft

Der Femurschaft hat eine weitgehend dreieckige Form. Die Seiten des Dreiecks weisen nach vorne, nach hinten außen (zur Gesäßbacke) und nach hinten innen (zum Anus). Über die gesamte Rückseite des Femurs zieht die langgestreckte *Linea aspera* („raue Linie", vgl. ***Abb. 4.38)*** mit einer äußeren und inneren Lippe. Hier setzen sämtliche Muskeln an, die den Oberschenkel nach außen oder innen drehen.

Epikondylen

Gegen das knienahe Ende des Schaftes verbreitert sich der ursprünglich dreieckige Querschnitt des Femurs und wird flacher. Zwei Epikondylen (*Epicondylus medialis* und *lateralis*, vgl. ***Abb. 4.38***) sitzen seitlich den Gelenkknorren auf. Als knöcherne Ansatzstelle für die Kniegelenkseitenbänder sind die Epikondylen nicht von Muskulatur bedeckt und damit gut sicht- und tastbar.

Schenkelhalswinkel

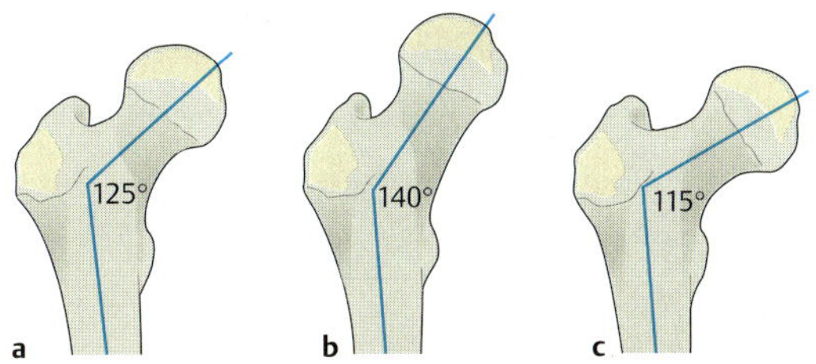

Abb. 4.39a-c Der Winkel zwischen Hals und Schaft des Oberschenkelknochens (Schenkelhalswinkel, CCD-Winkel) beträgt normalerweise 125–130° (**a**). Bei einem zu großen Winkel (b) sitzt der Femurkopf nicht genügend fest in der Hüftgelenkpfanne. Außerdem entstehen O-Beine. Im Alter verkleinert sich der Winkel (**c**). Dadurch erhöht sich die Gefahr von Schenkelhalsbrüchen, insbesondere wenn eine Osteoporose vorliegt. Die Beine stehen tendenziell in X-Stellung.

Hüftgelenk

Funktion

Wer irgendwann einmal ein technisches Kugelgelenk (z.B. beim Fotostativ) auseinandergenommen hat, weiß, dass solch ein Gelenk aus einer tief eingesenkten hohlkugeligen Gelenkpfanne (hier das Azetabulum des Hüftbeins) und einem drehrunden Gelenkkopf (Femurkopf) besteht ***(Abb. 4.40)***, die sich gegeneinander in drei Freiheitsgraden bewegen lassen ***(Abb. 4.41)***.

Das Hüftgelenk erlaubt somit:

- eine Beugung *(Flexion, Anteversion)* des Oberschenkels nach vorn (130°–140°),
- eine Streckung *(Extension, Retroversion)* nach hinten (10–15°) sowie
- eine Abspreizung *(Abduktion)* nach außen (40 – 50°) und eine nach innen *(Adduktion, 20–30°)*.

Bei gebeugtem Knie kann man den Oberschenkel darüber hinaus um je 40–50° nach innen *(Innenrotation)* und nach außen drehen *(Außenrotation)*.

Ist das Knie gestreckt, so sind die Bewegungsausschläge um die Rotationsachse geringer, da die Muskeln der Oberschenkelrückseite der Drehung einen Widerstand entgegensetzen. Beim Spagat wird das Becken stark nach vorne verkippt und so die maximale Beugung und Abduktion (+ Innenrotation) im Hüftgelenk optimal auf beide Beine verteilt.

Gelenkmechanik

Der Femurkopf ist kugelförmig und mit Ausnahme einer kleinen freien Stelle am hinteren Rand *(Fovea capitis femoris*, vgl. ***Abb. 4.40***) vollständig von Gelenkknorpel eingehüllt. Wie der allerdings ungebräuch-

Schnitt durch das Hüftgelenk

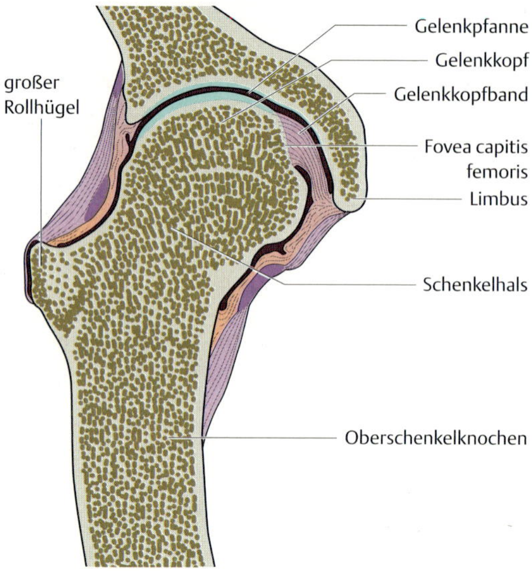

Abb. 4.40 Auf diesem Schnitt erkennen Sie, dass nur die auf Druck beanspruchten Teile des Hüftgelenks mit Knorpel (blau) überzogen sind. Das Gelenkkopfband ist hier im Längsschnitt getroffen. Dieses Band innerhalb der Gelenkkapsel enthält Blutgefäße, die den Femurkopf versorgen.

liche deutsche Name „Kopfbandgrube" aussagt, setzt an der Fovea capitis femoris das Femurkopfband (Gelenkkopfband) an und entlässt seine Gefäße in den Knochen.

Der *Knorpelüberzug* über Kopf und Pfanne zeigt deutliche Unterschiede hinsichtlich der Dicke: Am vorderen oberen Pfannenrand und dem entsprechenden Bereich des Femurkopfes ist der Knorpel mit 2,5–4 mm am dicksten. Dieser kaum centgroße Bereich wird beim Gehen und Stehen am stärksten belastet.

Andererseits fehlt der Knorpelüberzug über den unteren Gelenkabschnitten ganz. Diese Stelle würde nur belastet, wenn wir den Rumpf gegen die Beine wegziehen würden. Da wir uns aber, von Geräteturnern abgesehen, nur sehr selten wie die Fledermäuse an den Beinen aufhängen, hat sich der nicht benötigte Gelenkknorpel hier zurückgebildet.

Schenkelhalsfraktur. Einen unter mechanischen Gesichtspunkten kritischen Punkt bildet der Schenkelhals: Ist der CCD-Winkel zu klein (Coxa vara), so gelangt u.U. ein Teil des nicht mehr knorpelig überzogenen Schenkelhalses am

Beweglichkeit im Hüftgelenk

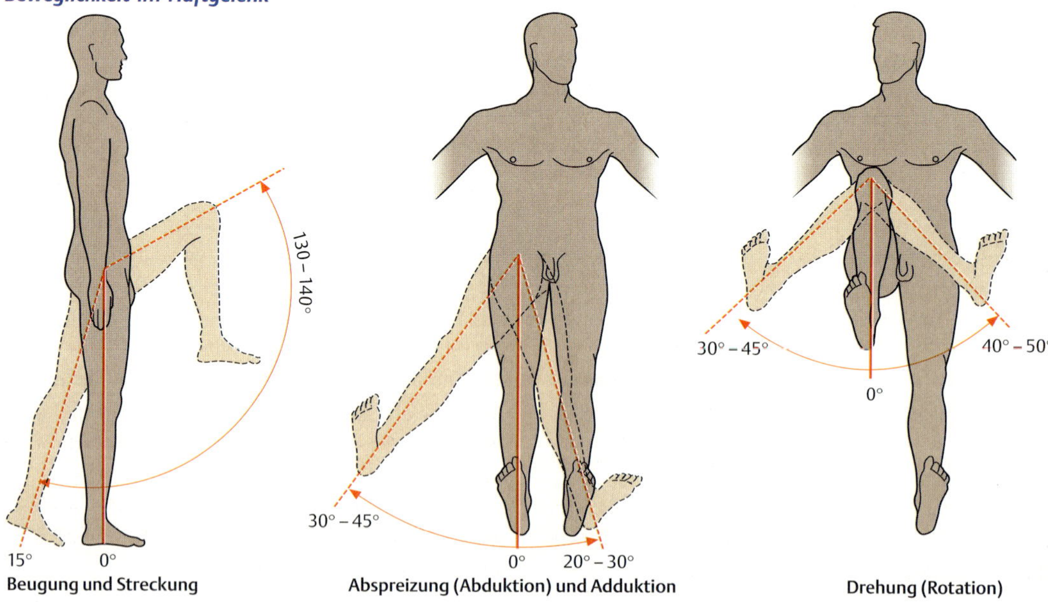

Abb. 4.41 Das Hüftgelenk ist ein Kugelgelenk und erlaubt daher drei unterschiedliche Bewegungen: Die Beugung ist aktiv bis ca. 130° möglich, passiv noch weiter. Ein Überstrecken des Hüftgelenks wird von den Gelenkbändern verhindert (s. u.). Die Ab- und Adduktion lässt sich, wie die Drehung des Oberschenkels um die eigene Achse, am besten bei gebeugtem Knie untersuchen, weil dann die Bänder entspannt sind.

oberen Pfannenrand unter Druck und nutzt sich hier schnell ab. Andererseits wird der Schenkelhals selbst stark auf Biegung beansprucht und kann unter Extrembelastungen zusammenbrechen.

Diese Oberschenkelhalsfrakturen treten häufig bei älteren Menschen auf, da im Alter der CCD-Winkel abnimmt und gleichzeitig der Knochen durch Entkalkung (Osteoporose) an Belastbarkeit verliert. Diese Gefahr besteht zwar bei Menschen mit zu großem CCD-Winkel (Coxa valga) kaum – die Biegekräfte auf den Femurhals sind hier sehr klein –, der Femurkopf kann aber unter ungünstigen Umständen aus der Pfanne herausrutschen (Hüftgelenkluxation).

! Der Oberschenkelknochen ist der größte Knochen des Körpers. Kopf und Hals bilden einen Winkel zum Schaft, der die Stabilität des Oberschenkels bestimmt. Oberschenkelknochen und Hüftbein bilden ein Kugelgelenk, das Bewegungen um drei Achsen zulässt.

Bänder

Beckengürtel

Der feste Zusammenhalt der Beckenringknochen, also von Kreuzbein, linkem und rechtem Hüftbein, entsteht durch straffe Bindegewebszüge (Bänder), die sich in der Nähe von Iliosakralgelenk und Symphyse zwischen den Knochen ausspannen.

Iliosakralgelenk

Durch den Druck der Wirbelsäule besteht im Stehen dauernd die Gefahr, dass das Kreuzbein nach unten wegrutscht; das Iliosakralgelenk wird also auf Zug belastet. Im Sitzen dagegen herrschen Druckkräfte vor, das Kreuzbein verstrebt sich gegen beide Hüftbeine und ist passiv gesichert.

! Je nach Körperhaltung müssen die Gelenke des Beckengürtels sowohl Druck- als auch Zugkräfte aufnehmen. Druckkräfte werden direkt von einem Knochen zum anderen übertragen, während die Bänder dafür sorgen, dass der Beckenring bei Beanspruchung auf Zug nicht auseinander fällt.

Symphyse

Auch die Symphyse muss sowohl Druck- als auch Zugkräfte aufnehmen. Für die Druckbelastung ist der Faserknorpel der Symphysenfuge bestens gerüstet. Die Zugbelastung nehmen das obere Schambeinband *(Lig. pubicum superius)* und das untere Schambeinband *(Lig. arcuatum pubis)* auf.

Hüftgelenk

Die drei Bänder des Hüftgelenks ***(Abb. 4.42)*** gehören zu den stärksten Bindegewebssträngen unseres Körpers. Sie hindern den Femurkopf am Abgleiten aus der Hüftgelenkpfanne und führen die Bewegungen des Oberschenkels. Die oben genannten maximalen Bewegungsausschläge kommen dadurch zu Stande, dass sich jeweils ein oder mehrere Bänder spannen und damit eine weitergehende Bewegung unterbinden.
Diese Architektur steht im Gegensatz zu den Gelenken des Arms und der Wirbelsäule, die hauptsächlich durch die Muskulatur stabilisiert werden. Alle drei Bänder strahlen in die Gelenkkapsel des Hüftgelenks ein und stabilisieren sie.

Lig iliofemorale

Das *Lig. iliofemorale* ist das stärkste der Hüftgelenkbänder. Sein innerer Anteil steht nahezu senkrecht und ist beim legeren Stehen gespannt. So verhindert dieses Band, dass das Becken nach hinten wegknickt. In militärisch straffer Haltung (Grundstellung: „Brust raus, Bauch rein“) neigt sich das Becken weiter nach vorn, das Lig. iliofemorale wird entspannt. Wegen der dabei zu verrichtenden Muskelarbeit empfinden wir diese Haltung als anstrengend.

Membrana obturatoria

Nicht unmittelbar zu den Hüftgelenkbändern zählt die *Membrana obturatoria*, welche das Hüftloch

Bänder des Hüftgelenks

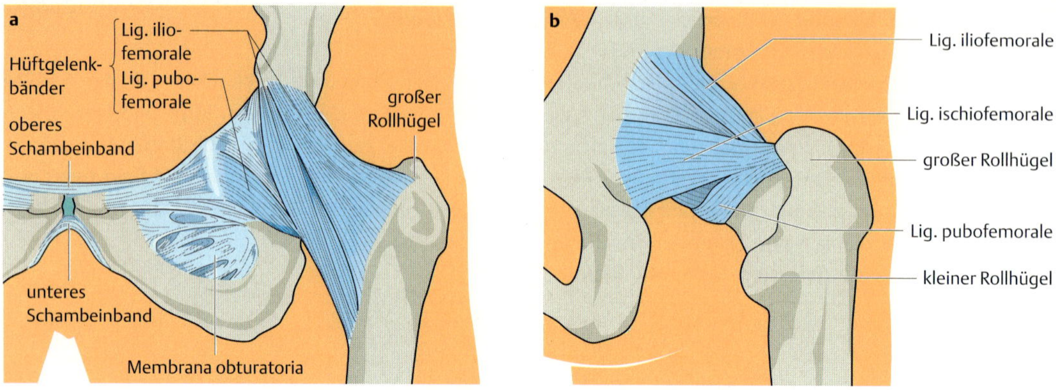

Abb. 4.42a, b In dieser Abbildung sehen Sie die drei Hüftgelenkbänder von vorne (**a**) und von hinten (**b**). Sie verstärken die Gelenkkapsel, hemmen die Beweglichkeit des Oberschenkels und machen ein entspanntes, ermüdungsfreies Stehen möglich. Bei angewinkeltem Oberschenkel entspannen sich alle drei Bänder; die Beweglichkeit im Hüftgelenk nimmt zu.

mit Ausnahme einiger Durchtrittsstellen vollständig verschließt. An der Membrana obturatoria haben innen Muskeln des Beckenbodens und außen Hüftgelenkmuskeln ihren Ursprung.

Hüftgelenkluxation. **Die Gelenkkapsel des Hüftgelenks ist zwischen den Bändern vergleichsweise dünn. An diesen Stellen kann nach einer, allerdings sehr starken, Gewalteinwirkung der Femurkopf aus der Gelenkpfanne springen (Hüftgelenkluxation). Am häufigsten ist die hintere Hüftgelenkluxation, bei der das Bein leicht angewinkelt und stark nach innen rotiert ist. Niemals darf man aber versuchen, das Bein einzurenken, ohne vorher Knochen- und Weichteilverletzungen ausgeschlossen zu haben!**

Muskeln

Muskelgruppen und Gelenkachse

Im Gegensatz zu den verhältnismäßig übersichtlich angeordneten Muskeln der Rumpfwand gibt es an Armen und Beinen eine auf den ersten Blick verwirrende Vielzahl verschiedener Einzelmuskeln. Der Dschungel lichtet sich erheblich, wenn man diese zu funktionellen Muskelgruppen zusammenfasst, die eine gemeinsame Bewegung im zugehörigen Gelenk ausführen (Außenrotatoren, Abduktoren, Adduktoren, Beuger, Strecker).

Außenrotatoren im Hüftgelenk

Wir beginnen mit den Außenrotatoren, da diese Muskeln mit wenigen Ausnahmen dem knöchernen Skelett unmittelbar aufliegen. Alle Außenrotatoren haben ihren Ursprung mehr oder weniger hinten am Beckenring und ziehen zum großen Rollhügel. Zu den Außenrotatoren zählen der *M. obturatorius externus*, die beiden Zwillingsmuskeln *(Mm. gemelli)*, der *M. quadratus femoris* und der etwas längere *M. piriformis* ***(Abb. 4.43)***.

Abduktoren im Hüftgelenk

Diese kleinen Gesäßmuskeln können das Spielbein zur Seite anheben oder umgekehrt beim einbeinigen Stand die freie Beckenseite am Absinken hindern. Fallen sie aus, so sacken Becken und Rumpf bei jedem Schritt zur Gegenseite – der Patient watschelt.

Außenrotatoren der rechten Gesäßgegend, tiefe Schicht (Ansicht von hinten)

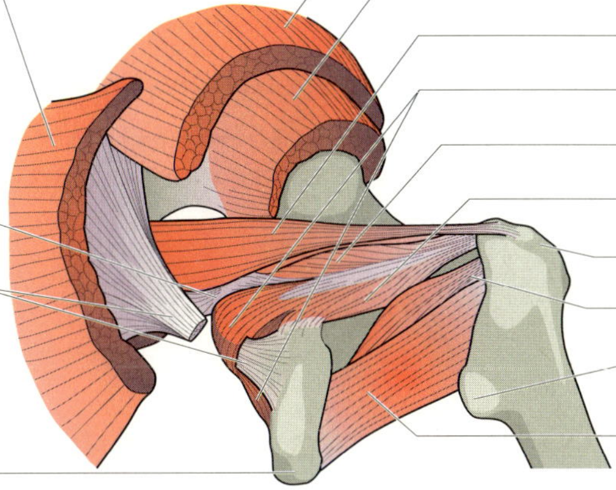

Abb. 4.43 Sie blicken hier von hinten auf das Hüftgelenk, nachdem die großen Gesäßmuskeln entfernt worden sind. Die Mm. obturatorii und gemelli setzen am großen Rollhügel des Oberschenkelknochens an und können das Bein daher nach außen drehen.

Die Fasern des *M. glutaeus medius* und *minimus* laufen spitz auf den großen Rollhügel zu und bedecken dabei das Hüftgelenk. Da Teile des Muskels vor, andere hinter der Gelenkachse ansetzen, können die Muskeln das Bein sowohl nach innen als auch nach außen drehen.

Adduktoren im Hüftgelenk

Die sog. Adduktorengruppe ***(Abb. 4.44)*** befindet sich ihrer Funktion entsprechend an der Innenseite des Oberschenkels. Ganz innen verbindet der kräftigste dieser Muskeln, der *M. adductor magnus*, den unteren Rand des Hüftlochs fächerförmig mit den oberen zwei Dritteln der Linea aspera an der Rückseite des Femurs.

Der obere Teil des eben genannten Muskels wird von dem weitgehend parallel laufenden *M. adductor brevis* bedeckt, dieser wiederum von den steileren Fasern des *M. pectineus*. Nach unten zu schließt sich in derselben Schicht der *M. adductor longus* an. Am oberflächlichsten gelegen und daher gut sicht- und tastbar ist der *M. gracilis*. Er entspringt direkt an der Symphyse und zieht genau vertikal abwärts zur Innenseite des Schienbeins.

Beuger im Hüftgelenk

Der *M. iliopsoas* ist der kräftigste Beuger im Hüftgelenk ***(Abb. 4.45)***. Der große zweiköpfige Muskel entspringt breitflächig auf der ganzen Innenseite der Darmbeinschaufel *(M. iliacus)* sowie an den Querfortsätzen und Wirbelkörpern der unteren Brust- und oberen Lendenwirbel *(M. psoas major)*. Die Fasern beider Anteile verschmelzen am Beckenausgang miteinander und erreichen den kleinen Rollhügel. Insbesondere den langen Teil (M. psoas major) setzen wir immer dann ein, wenn der Oberschenkel angehoben werden soll (Laufen, Steigen).

Bei fixierten Beinen richtet der M. psoas major den Rumpf aus dem Liegen auf. Die beliebten Rumpfbeugen mit hinter dem Kopf verschränkten Armen trainieren, besonders bei schneller Durchführung, weniger die Bauchmuskulatur als vielmehr den M. iliopsoas.

Strecker im Hüftgelenk

Wie die Beugung wird auch die Streckung im Wesentlichen nur von einem einzigen, dafür aber kräftigen Muskel wahrgenommen ***(Abb. 4.46)***. Der *M. glutaeus maximus* (großer Gesäßmuskel) bestimmt mit seiner mehrere Zentimeter mächtigen Muskel-

Adduktoren des Oberschenkels

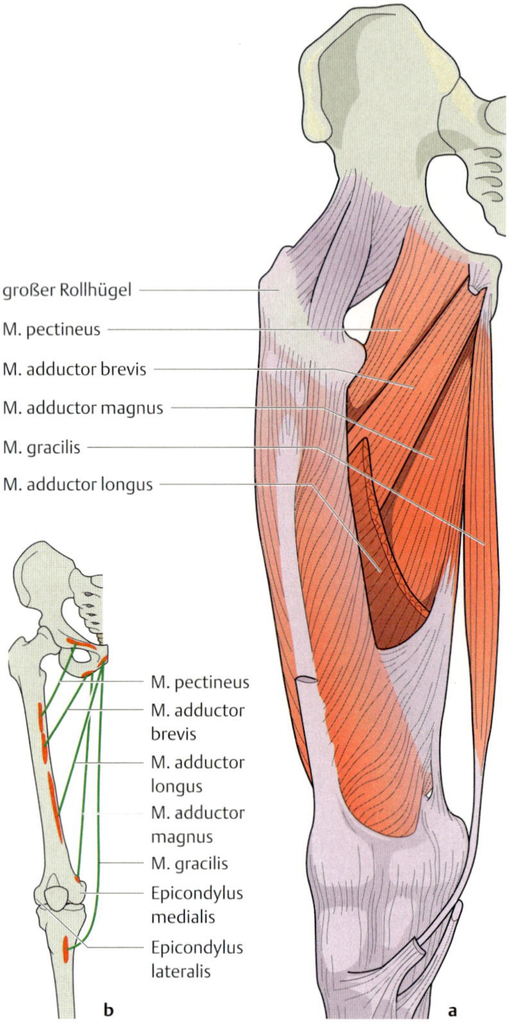

Abb. 4.44a, b Die drei Adduktoren verbinden das Schambein fächerförmig mit dem Oberschenkelknochen. Ganz innen zieht der M. gracilis über das Kniegelenk hinweg bis zum Schienbein. Die Adduktoren halten die Knie gegen Widerstand (z. B. Reiten) oder führen die abgespreizten Beine zusammen (z. B. Brustschwimmen). Neben der anatomischen Darstellung (**a**) gibt (**b**) Ursprung, Ansatz und Verlaufsrichtung der Muskeln wieder.

Beuger im Hüftgelenk

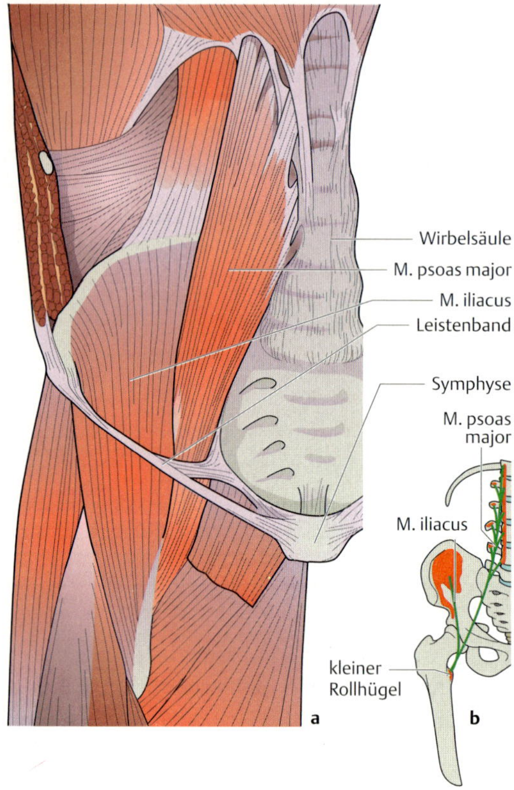

Abb. 4.45a, b Der große M. iliopsoas läuft unter dem Leistenband von der Beckeninnenseite zum Oberschenkel. Er besteht aus zwei Anteilen, dem runden M. psoas major und dem flachen M. iliacus. Der M. iliopsoas hebt das Bein an und kann den Oberkörper aus dem Liegen heraus aufrichten.

platte die Kontur der Gesäßhälfte (vgl. ***Abb. 4.43***, S. 109). Seine Fasern verlaufen schräg abwärts nach außen, setzen unterhalb des großen Rollhügels an und erzeugen daher auch eine Außenrotation.

Die vorderen Anteile des Muskels führen zur Abduktion, die hinteren zur Adduktion. Wir aktivieren den M. glutaeus maximus beim Aufstehen und Treppensteigen, beim Laufen, Springen und zur Fixierung der geraden, straffen Haltung.

! Die meisten der auf das Hüftgelenk wirkenden Muskeln gruppieren sich rund um den Oberschenkel. Die Adduktoren liegen medial, die Beuger vorne und die Strecker hinten am Po. Eine Ausnahme ist der M. iliopsoas, der an der Innenseite des Hüftbeins verläuft.

Strecker im Hüftgelenk

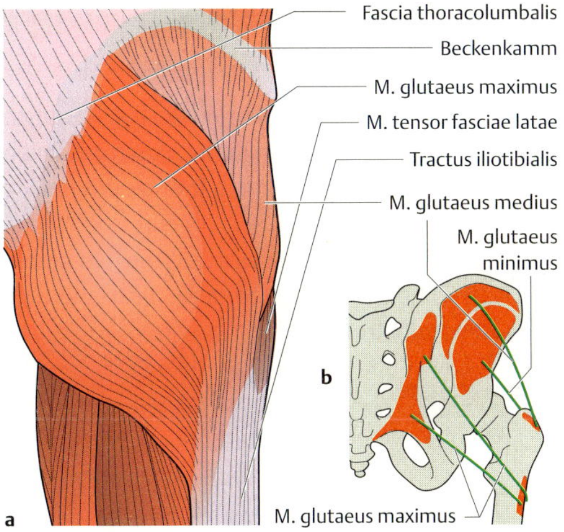

Abb. 4.46a, b Der M. glutaeus maximus bestimmt die Form der Gesäßbacken. Er streckt das Bein (z. B. Laufen, Treppaufsteigen) und dreht den Oberschenkel nach außen. Mehr seitlich liegen die Mm. glutaei medius und minimus. Daher können diese Muskeln das Bein seitlich abspreizen und beim einbeinigen Stand verhindern, dass die gegenüberliegende Seite des Beckens nach unten wegsackt.

Unterschenkelknochen

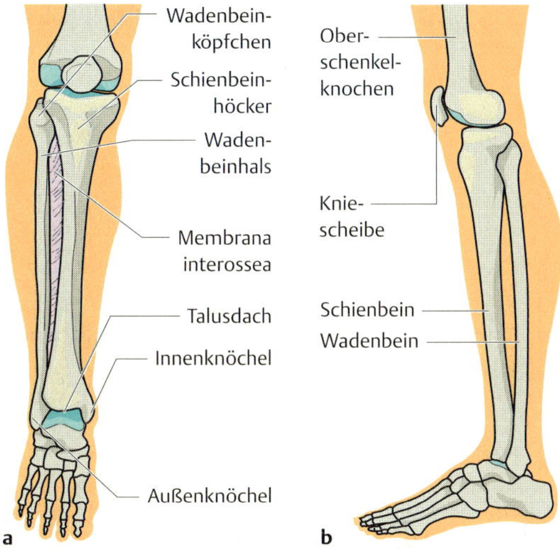

Abb. 4.47a, b Schienbein und Wadenbein sind sowohl miteinander als auch mit der Fußwurzel verbunden. Am Kniegelenk beteiligt sich allerdings nur das Schienbein (**a**). Die Ansicht von seitlich außen (**b**) zeigt, dass das Schienbein beim Stehen genau in der Hauptrichtung der Belastung liegt, während das Wadenbein nach hinten und seitlich abweicht.

4.7 Knie

Unterschenkelknochen

Schienbein

Das Schienbein *(Tibia)* bildet die Verlängerung des Oberschenkelknochens. Es nimmt die gesamte Belastung des Körpergewichts auf ***(Abb. 4.47)***. Entsprechend stark entwickelt ist auch die Kompakta dieses Knochens. Das dünne Wadenbein *(Fibula)* ist demgegenüber so gut wie gar nicht belastet. Wie der Femur ist auch das Schienbein ein langer Röhrenknochen mit zwei Gelenkflächen an seinen Enden.

Schienbeinkopf

Das rumpfnahe Ende, der Schienbeinkopf *(Caput tibiae)*, trägt zwei Gelenkflächen *(Condylus medialis* und *lateralis*, innerer und äußerer Gelenkknorren). Unter der äußeren Gelenkfläche stellt eine kleine knorpelige Zone die Verbindung mit dem Wadenbeinköpfchen her. Auf der Vorderseite des Schienbeinkopfes dient der kräftige Schienbeinhöcker *(Tuberositas tibiae)* dem M. quadriceps femoris als Ansatzfläche.

Schienbeinschaft

Der Schienbeinschaft *(Corpus tibiae)* hat eine ausgesprochen dreieckige Form. Seine Innenfläche *(Facies medialis)* ist nur von fast unverschieblicher Haut bedeckt und daher sehr gut sicht- und tastbar. Sie wird vom inneren *(Margo medialis)* und vom vorderen Rand *(Margo anterior)* begrenzt. Die exponierte

Lage des vorderen Schienbeinrandes zieht beim Sport schmerzhafte Unfälle geradezu an. Nicht tastbar, da von Muskulatur begrenzt, sind die Außenfläche des Schienbeins sowie der besonders scharfe äußere Schienbeinrand *(Margo interosseus).*

Talusdach

Gegen das untere Ende verbreitert sich das Schienbein und bildet eine Gelenkfläche des oberen Sprunggelenks, das Talusdach. Ein Knochenfortsatz, der Innenknöchel *(Malleolus medialis)*, springt über das Talusdach vor und bildet die seitliche Führung für das obere Sprunggelenk.

Wadenbein

Dass das Wadenbein *(Fibula)* keine Tragefunktion erfüllen muss, sieht man beispielsweise an Berichten über Fußballspieler, die während eines Spiels eine Wadenbeinfraktur erleiden und trotzdem noch eine Zeitlang weiterspielen können. Tatsächlich dient das Wadenbein nur einigen Fußmuskeln als Ursprungsstelle und hat Anteil am Aufbau des oberen Sprunggelenks (vgl. ***Abb. 4.55,*** S. 119).

Wadenbeinköpfchen

Das Wadenbeinköpfchen *(Caput fibulae)* ist wie der sich daran anschließende Halsteil *(Collum fibulac)* gut an der Außenseite des Knies zu tasten (vgl. ***Abb. 4.47,*** S. 111). Eine knorpelige Einziehung stellt den Kontakt zum Schienbein her.

Wadenbeinschaft

Der Wadenbeinschaft *(Corpus fibulae)* hat vier scharfe Ränder *(Margo medialis, anterior, posterior* und *interosseus).* Zwischen dem Margo interosseus und der gleichnamigen Kante des Schienbeins spannt sich die straffe *Membrana interossea* aus, die den gesamten Unterschenkel in einen vorderen und einen hinteren Abschnitt trennt.

Außenknöchel

Die kantige Querschnittsform des Wadenbeins verliert sich gegen das untere Ende. Hier bildet eine starke Auftreibung den Außenknöchel *(Malleolus lateralis).* Dieser liegt dem Schienbein eng an und besitzt eine eigene Gelenkfläche, welche die äußere Führung des oberen Sprunggelenks ausmacht.

Schienbein und Wadenbein sind fest miteinander verbunden. Gemeinsam bilden sie die Gelenkfläche für das obere Sprunggelenk. Am Kniegelenk nimmt dagegen nur das Schienbein teil.

Kniescheibe

Die Kniescheibe *(Patella)* ist ein sog. Sesambein – das erste, das uns begegnet und gleichzeitig das größte des Körpers ***(Abb. 4.48).*** Ein Sesambein ist ein Knochen, der in eine Muskelansatzsehne eingeschaltet ist und deren Verlaufsrichtung umlenkt. Die mächtige Muskulatur der Oberschenkelvorderseite streckt das Kniegelenk. Daher setzt sie auch am Schienbeinhöcker und nicht etwa am Oberschenkel (Femur) an. Bei gebeugtem Knie würde aber diese Sehne an den Femurkondylen scheuern. Die Kniescheibe lenkt die Zugkraft um und wird dabei gegen die Vorderfläche des Femurs gepresst.

Die *Form* der Kniescheibe ist recht variabel. Meist entspricht sie einem auf die Spitze gestellten Dreieck mit einer nach oben gerichteten Basis und einer zum

Kniescheibe

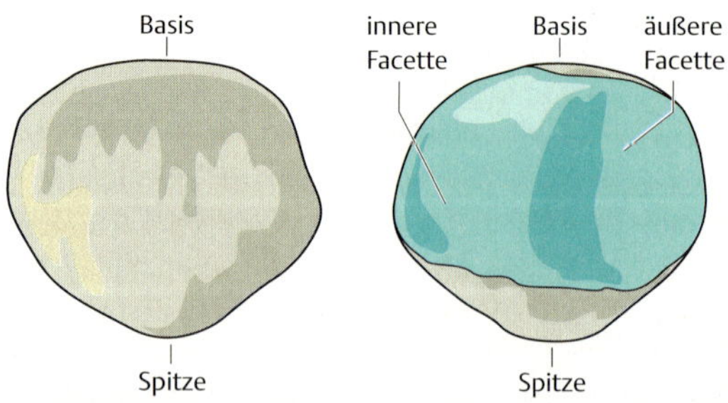

Abb. 4.48a, b Die Kniescheibe hat die Form eines unten leicht angespitzten Kieselsteins. An der rauen Vorderseite (**a**) setzen die Sehnen der vorderen Oberschenkelmuskulatur an. Die Kniescheibe beteiligt sich mit ihrer mit Knorpel überzogenen Rückseite (**b**) direkt am Kniegelenk.

Schienbein weisenden Spitze *(Apex)*. Die Vorderseite *(Facies anterior)* ist rau und zeigt Längsriefen an den Stellen des stärksten Sehnenzuges. Die Rückseite (Gelenkfläche, *Facies articularis*) wird von starkem Gelenkknorpel überzogen.

Kniegelenk

Funktion

Im Wesentlichen gestatten Gelenkflächen und Bänder des Knies ***(Abb. 4.49)*** lediglich eine Bewegung um die Querachse und auch da nur eine Beugung (Flexion) um ca. 130–140° ***(Abb. 4.50a)***. Überstrecken kann man das Kniegelenk ausschließlich passiv (5–10°). In diesem Sinne ist das Knie also ein Scharniergelenk, bei dem die Bewegung nur um eine Achse möglich ist.

Allerdings können wir bei gebeugtem Knie den Fuß durchaus nach innen (10–15°) und nach außen (25–35°) drehen (Rotation, ***Abb. 4.50b***). Daher bezeichnet man das Knie besser als *Drehscharniergelenk* mit zwei Freiheitsgraden; der dritte Freiheitsgrad (Abknicken des Unterschenkels zur Seite) ist aber durch die Seitenbänder blockiert.

Schnitt durch das Kniegelenk

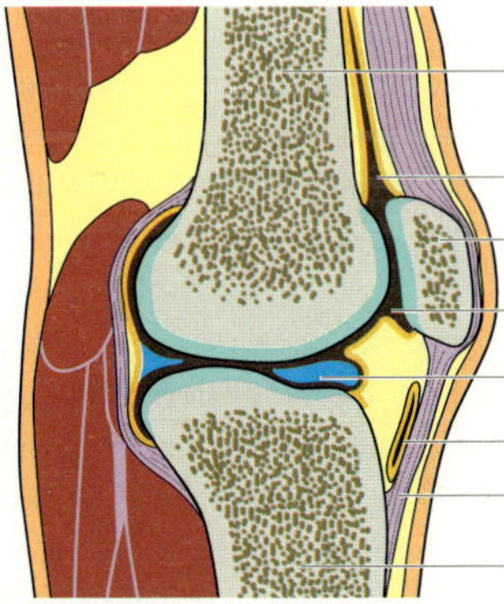

Abb. 4.49 An diesem Längsschnitt durch das Kniegelenk fällt auf, dass die Gelenkflächen Oberschenkelknochen, Kniescheibe und Schienbein nicht genau zueinander passen. Bei jeder Bewegung des Kniegelenks gleichen Innen- und Außenmeniskus wie ein gleitendes Kissen diese Unterschiede aus. Ein großer Schleimbeutel (Bursa) hinter der Kniescheibe und den großen Sehnen erleichtert das Gleiten der Kniescheibe.

Beugung, Streckung und Drehung im Kniegelenk

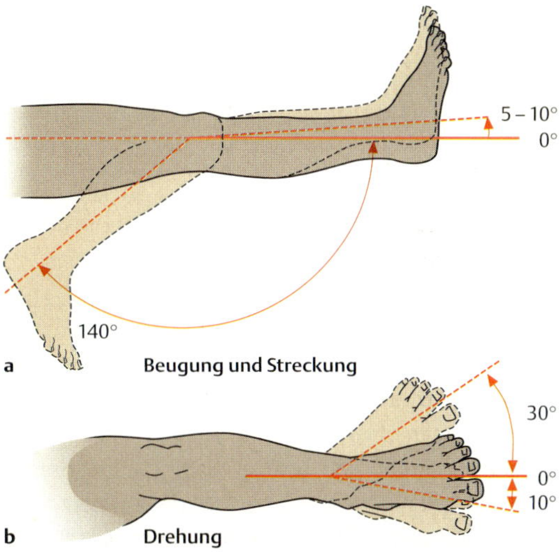

Abb. 4.50a, b Das Kniegelenk ist ein so genanntes Drehscharniergelenk. Die Beugung ist aktiv bis 140° möglich, passiv wird sie nur durch die Dicke von Ober- und Unterschenkel begrenzt. Demgegenüber lässt sich das Knie normalerweise kaum überstrecken (**a**). Bei angewinkeltem Unterschenkel ist eine Drehung (Rotation, **b**) um insgesamt 40° möglich, bei gestrecktem Bein verhindert jedoch der Bandapparat eine Drehung vollkommen.

Gelenk zwischen Femur und Tibia

Anders als am Hüftgelenk sind am Kniegelenk zwei Einzelgelenke – zwischen Femur und Schienbein einerseits und zwischen Femur und Kniescheibe andererseits – beteiligt. Es handelt sich also um ein *zusammengesetztes* Gelenk.

Am unteren Femurende nehmen die beiden Kondylen Kontakt zu den gleichnamigen Strukturen des Schienbeins (Schienbeinkondylen) auf. Die Gelenkflächen stimmen jedoch keineswegs überein: Während die beiden Femurkondylen stark gerundet sind, stehen die platten Gelenkflächen des Schienbeins nahezu waagerecht (10–20° nach hinten gekippt).

Kreuzbänder u. Menisken des rechten Kniegelenks

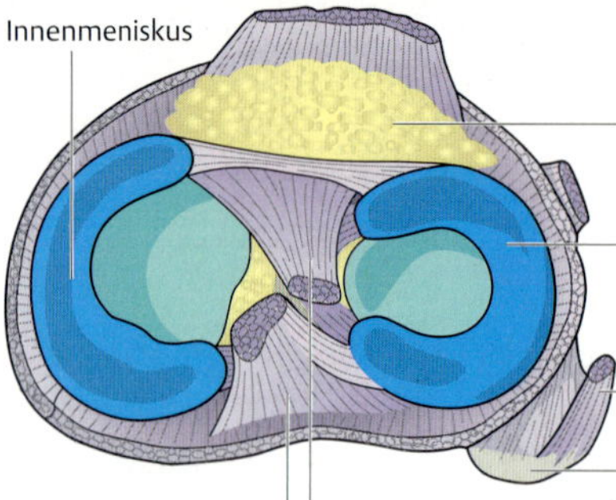

Abb. 4.51 Die Aufsicht auf das Kniegelenk – der Oberschenkelknochen wurde entfernt – zeigt die hufeisenförmigen Menisken (dunkelblau) über den Gelenkflächen des Schienbeins (hellblau). Zwischen den beiden Gelenkflächen verbinden das vordere und hintere Kreuzband Ober- und Unterschenkel miteinander. Sie drehen den Unterschenkel bei gestrecktem Bein passiv nach außen.

Grob vereinfacht entspricht die Auflagefläche der Femurkondylen einer Kugel, die des Schienbeins einer platten Fläche. Ober- und Unterschenkelknochen berühren einander also nur an zwei punktförmigen Kontaktstellen. Diese Kontaktstellen können nach vorne oder hinten rutschen und erlauben auf diese Weise die Rotation des Schienbeins. Andererseits besteht die Gefahr einer raschen Abnutzung des Knorpels, da der Auflagedruck und damit die Gelenkreibung um so größer werden, je kleiner die Kontaktfläche ist.
Um dieser Gefahr entgegenzuwirken, verteilen zwei Menisken *(Menisci)* aus Faserknorpel und straffem Bindegewebe den Druck gleichmäßiger auf die gesamte Gelenkfläche ***(Abb. 4.51)***.

Menisken

Die Menisken müssen also ringförmig die Kontaktstelle zwischen beiden Gelenkknorpeln umgeben. Gegen die Mitte zu sind sie papierdünn; ihre Höhe nimmt nach außen bis auf mehrere Millimeter zu. In Wirklichkeit sind die Menisken allerdings nicht kreisrund, sondern sichelförmig.
Der Innenmeniskus *(Meniscus medialis)* ist entsprechend den größeren inneren Gelenkflächen breiter als der Außenmeniskus *(Meniscus lateralis)*. Sein vorderes und hinteres Ende steht mit der Gelenkkapsel, dem inneren Seitenband und dem Schienbeinkopf in fester Verbindung. Nur der mittlere Anteil kann sich entsprechend der Gelenkstellung frei bewegen.

Gelenk zwischen Femur und Patella

Die Gelenkflächen der Femurkondylen erstrecken sich auch auf die Vorderseite des Oberschenkelknochens und bilden dort eine zusammenhängende Knorpelplatte *(Facies patellaris*, vgl. ***Abb. 4.49****)*, in der sich eine Längsrinne als vertikale Führung für die Kniescheibe einsenkt. Eine weitere Längsführung bilden derbe Anteile der Oberschenkelsehne, die innen und außen an der Kniescheibe vorbeilaufen *(Retinacula patellae)*.
Da der untere Teil der Ansatzsehne der Oberschenkelmuskeln zwischen Kniescheibe und Schienbeinhöcker nicht dehnbar ist (sog. Kniescheibenband, *Lig. patellae*, ***Abb. 4.51***), bewegen sich die Femurkondylen bei Beugung und Streckung an der Kniescheibe vorbei. Dieses Gleiten der Kniescheibe lässt sich gut ertasten und wird so wesentlich plausibler.
Nicht tasten kann man dagegen die bei Entzündungen sehr schmerzhaften und daher für den klinischen Befund wichtigen Schleimbeutel *(Bursae*, vgl. ***Abb. 4.49****)*. Unter dem Kniescheibenband *(Bursa infrapatellaris)*, sowie zwischen der starken Sehne der Oberschenkelmuskulatur und dem Femurende *(Bursa suprapatellaris)* polstern Schleimbeutel die Bewegung der Quadrizepssehne ab.
Wie alle Schleimbeutel enthalten sie Gelenkschmiere und bilden einen mechanischen Puffer zwischen Sehne und Knochen. Die Bursa suprapatellaris steht fast immer mit der Kniegelenkhöhle in Verbindung und schwillt dann bei Kniegelenkergüssen mit an.

Meniskusriss und Kniegelenkerguss. Wird das Kniegelenk in Außenrotationsstellung gestreckt, dann besteht die Gefahr, dass sich der Innenmeniskus zwischen Ober- und Unterschenkelknochen einklemmt und reißt. Diese sehr schmerzhafte Sportverletzung macht es nicht selten notwendig, den Innenmeniskus ganz oder teilweise zu entfernen, wobei man eine schnellere Abnutzung des Gelenkknorpels in Kauf nimmt.

Ein Kniegelenkerguss (sog. dickes Knie) entwickelt sich nach jeder starken Gewalteinwirkung auf die Bänder und Menisken, typischerweise als

Folge eines Sturzes. Das Knie steht in einer leicht gebeugten Schonhaltung. Ein einfacher seröser Erguss besteht aus einer dem Blutplasma ähnlichen gelben Flüssigkeit, die sich nur nach einer Einblutung rötlich verfärbt.

Das Kniegelenk ist ein Scharniergelenk. Es erlaubt aber zusätzlich eine sehr eingeschränkte Drehung. Als Puffer zwischen den ungleichen Gelenkflächen dienen Innen- und Außenmeniskus.

Bänder

Auch der Bewegungsumfang des Kniegelenks wird von seinen Bändern ***(Abb. 4.52a)*** bestimmt. Allerdings sind diese hier deutlich schwächer als im Bereich der Hüfte und können unter extremen Belastungen durchaus einzeln oder zu mehreren abreißen. Wegen dieser leider recht häufig auftretenden Verletzung ist die Kenntnis der Kniegelenkbänder für jeden wichtig, der im Bereich Unfallmedizin bzw. Orthopädie oder Chirurgie tätig ist.

Seitenbänder

Innenband

Zwischen dem Epicondylus medialis des Femurs und dem Schienbeinschaft erstreckt sich in vertikaler Richtung das Innenband (inneres Seitenband, *Lig. collaterale tibiale*). Es verhindert die Abduktion des Unterschenkels und wird daher immer dann bean-

Bänder des Kniegelenks von vorn und von hinten

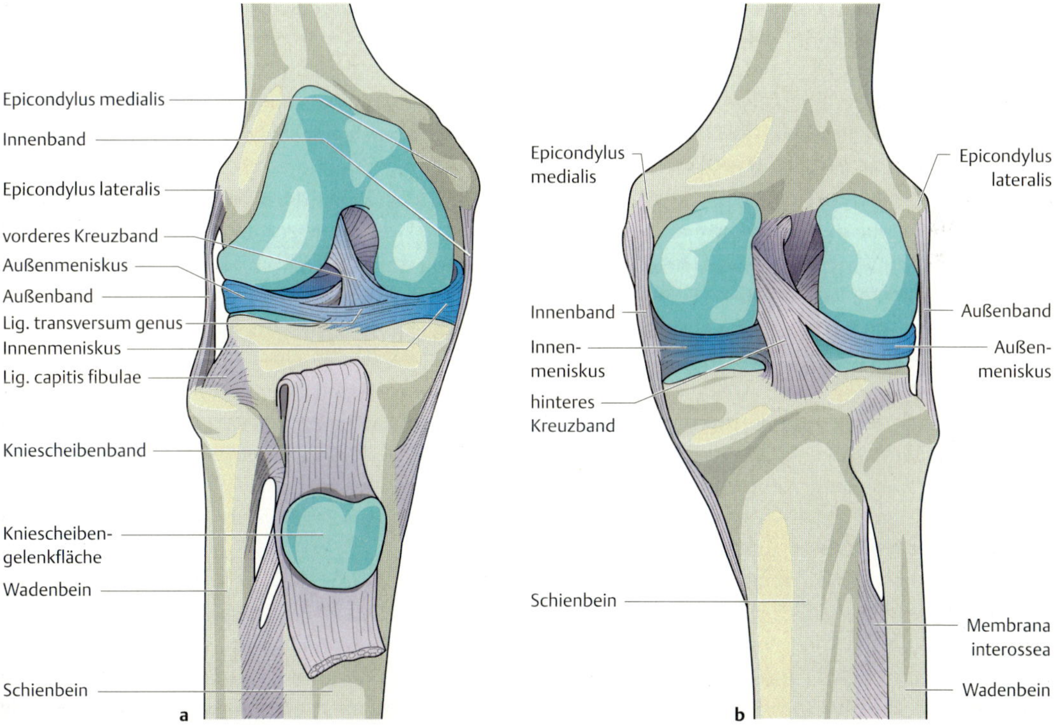

Abb. 4.52a, b Die Abbildung (**a**) zeigt das rechte Kniegelenk von vorne ohne seine Gelenkkapsel. Die Kniescheibe ist nach Durchtrennen der Sehne des M. quadriceps femoris nach unten weggeklappt. Gut sichtbar sind Außen- und Innenband sowie das vordere Kreuzband. Die vorderen Enden der Menisken verbergen sich hinter dem Lig. transversum genus. Auf der Rückfläche des Kniegelenks (**b**) liegt der Innenmeniskus offen, das hintere Kreuzband ist gut zu sehen. Beachten Sie, wie weit die Gelenkflächen der Kondylen des Oberschenkels nach hinten über die Gelenkfläche des Schienbeins hinausragen.

spruCht, wenn der Fuß nach außen wegrutscht oder das Knie nach innen knickt. Das Innenband setzt nicht direkt am Schienbeinkopf an, um den Femurkondylen Spielraum für ihre Bewegungen auf der Gelenkfläche des Schienbeins zu lassen.

Außenband

In gleicher Weise zieht das Außenband (äußeres Seitenband, *Lig. collaterale fibulare*) vom seitlichen Epikondylus (Epicondylus lateralis) des Oberschenkelknochens zur Außenseite des Wadenbeinköpfchens. Es verhindert die Adduktion des Unterschenkels und ist beansprucht, wenn der Fuß nach innen rutscht oder das Knie nach außen abknickt. Die Seitenbänder sind bei gestrecktem Unterschenkel maximal angespannt. Ist ein Seitenband gerissen, dann lässt sich der Kniegelenkspalt passiv aufklappen, das Knie also nach innen oder außen abknicken.

Kreuzbänder

Während die Seitenbänder ein Aufklappen des Gelenkspalts verhindern, fixieren die Kreuzbänder *(Ligg. cruciata)* die Femurkondylen auf dem Schienbein ***(Abb. 4.52b)***. Sie verlaufen zwischen den Kondylen des Femurs zur knorpelfreien Zone an der Vorder- und Rückseite des Schienbeinkopfes. Im Gegensatz zu den Seitenbändern laufen die Kreuzbänder innerhalb der bindegewebigen Gelenkkapsel.
Die Verlaufsrichtung der Kreuzbänder ist für die Mechanik des gesamten Kniegelenks entscheidend.

Vorderes Kreuzband

Eine Eselsbrücke für den Verlauf des vorderen Kreuzbandes *(Lig. cruciatum anterius)* ist die Hand in der Hosentasche: Das Band zieht von der Innenseite des äußeren Femurkondylus nach vorne innen unten zur *Area intercondylaris anterior*. Entsprechend spannt sich das Band, wenn der Unterschenkel nach innen gedreht wird. Es spannt sich bei gleichzeitiger Streckung im Kniegelenk zunehmend an und dreht den Unterschenkel gegen Ende der Streckung um 5–10° nach außen (Schlussrotation). In dieser „eingerasteten" Stellung sind vorderes Kreuzband, beide Seitenbänder und die Gelenkkapsel gespannt und stabilisieren das Knie.

Wenn das vordere Kreuzband reißt, fehlt aber nicht nur die Schlussrotation; das Schienbein lässt sich bei gebeugtem Knie auch wie eine Schublade über die Ebene der Gelenkkapsel hinaus nach vorne ziehen (vorderes Schubladenzeichen). Dadurch rutschen die Femurkondylen beim Gehen nach hinten weg und belasten übermäßig Gelenkkapsel und Menisken.

Hinteres Kreuzband

Die Verlaufsrichtung des hinteren Kreuzbandes *(Lig. cruciatum posterius)* ist das genaue Spiegelbild des vorderen Kreuzbandes. Das hintere Kreuzband verbindet also den inneren Femurkondylus mit der Area intercondylaris posterior. Das Band spannt sich ebenfalls bei Innenrotation des Knies an; dreht man den Fuß nach außen, wickeln sich beide Kreuzbänder umeinander ab und werden schlaff.
Wichtiger als die Hemmung der Innenrotation ist jedoch, dass das hintere Kreuzband das wichtigste stabilisierende Band in Beugestellung ist. Während die Spannung aller anderen wichtigen Bänder bei gebeugtem Knie abnimmt, ist gerade dann das hintere Kreuzband straff gespannt. Daher hat der Riss des hinteren Kreuzbandes auch eine gravierende Instabilität zur Folge: Der Unterschenkel lässt sich nach hinten aus der Ebene der Gelenkkapsel wegschieben (hinteres Schubladenzeichen).

Bänderzerrung und Bänderriss. **Eine Bänderdehnung (Distorsion) kann man nicht immer leicht von einem Bänderriss (Ruptur) abgrenzen. Als Faustregel gilt, dass eine Bänderdehnung bei Belastung schmerzt, ein kompletter Abriss jedoch nicht. Das entsprechende Gelenk lässt sich dann aber aufklappen. Beide Verletzungsfolgen verursachen gleichermaßen eine Schwellung der Gelenkregion.**

Innen- und Außenband sorgen dafür, dass das Kniegelenk nicht aufklappt. Vorderes und hinteres Kreuzband begrenzen das Gleiten der Oberschenkelkondylen auf dem Schienbein und die Drehung des Oberschenkelknochens.

Muskeln

Beuger

Alle Beuger des Kniegelenks liegen auf der Rückseite des Oberschenkels ***(Abb. 4.53)***.

M. semimembranosus

Die größte Kraft entwickelt der *M. semimembranosus*. Er entspringt mit seiner charakteristischen breiten Ursprungssehne in unmittelbarer Nachbarschaft des M. adductor magnus am Sitzbeinhöcker. Da der Muskel zwei Gelenke überspannt, kann er sowohl das Kniegelenk beugen als auch das Hüftgelenk strecken. Von dieser letzteren Funktion machen wir ständig beim Gehen auf ebenem Boden Gebrauch.

Beuger im Kniegelenk

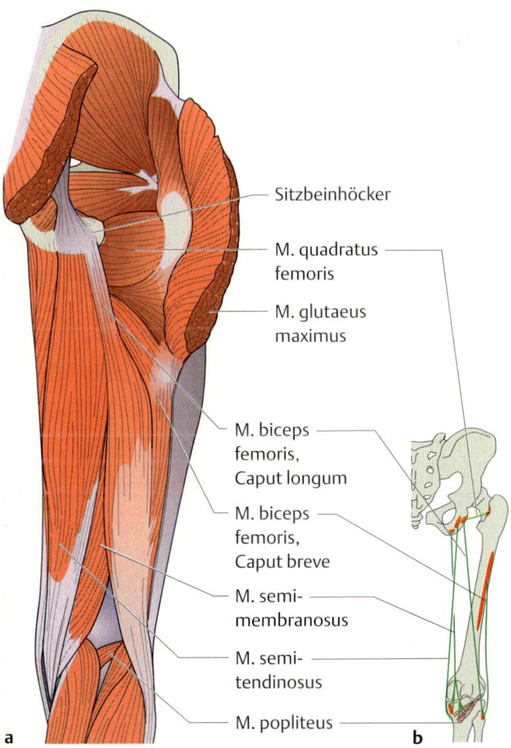

Abb. 4.53a, b Fast alle Beuger des Kniegelenks haben ihren Ursprung am Sitzbeinhöcker, also oberhalb des Hüftgelenks. Sie beugen daher nicht nur das Knie, sondern strecken auch gleichzeitig die Hüfte. Nur der kurze Kopf (Caput breve) des M. biceps femoris entspringt am Oberschenkelknochen. Gut zu sehen sind auch die Gesäßmuskeln und der M. quadratus femoris, ein Außenroller im Hüftgelenk (s. o.).

M. semitendinosus

Einen ganz ähnlichen Verlauf und damit auch die gleiche Funktion hat der *M. semitendinosus*, der sich auf der Rückseite des M. semimembranosus diesem eng anlegt. Der Muskelbauch des M. semitendinosus liegt allerdings im oberen Femurdrittel.

M. biceps femoris

An der Außenseite der Kniekehle lässt sich der *M. biceps femoris* tasten. Er entspringt mit seinem langen Kopf *(Caput longum)* am Becken, genauer am Sitzbein, mit seinem kurzen Kopf *(Caput breve)* dagegen auf der Rückseite des Oberschenkels. Seine Ansatzsehne überkreuzt das Außenband und setzt am Wadenbeinköpfchen an. Daher kann der M. biceps femoris den Unterschenkel nach außen rotieren. Mit seinem langen Kopf ist er außerdem an der Streckung des Hüftgelenks beim Gehen beteiligt.

Strecker

M. quadriceps femoris

Einziger Strecker des Kniegelenks, gleichzeitig aber auch hinsichtlich seiner Masse der größte Muskel des Körpers, ist der *M. quadriceps femoris*. Wie der Name „vierköpfiger Muskel" schon sagt, besteht er aus mehreren funktionell verschiedenen Anteilen, die alle gemeinsam zur Kniescheibe ziehen.

M. vastus lateralis

Der M. vastus lateralis ***(Abb. 4.54)*** schlingt sich vom großen Rollhügel und dem oberen Teil der Linea aspera seitlich um den Oberschenkelknochen herum. Dabei bildet er auf seinen unteren zwei Dritteln die seitliche Kontur des Oberschenkels.

M. vastus medialis

In vieler Hinsicht das Spiegelbild des eben genannten Muskels ist der *M. vastus medialis*. Auch er entspringt von der Linea aspera, schraubt sich an der

Strecker im Kniegelenk

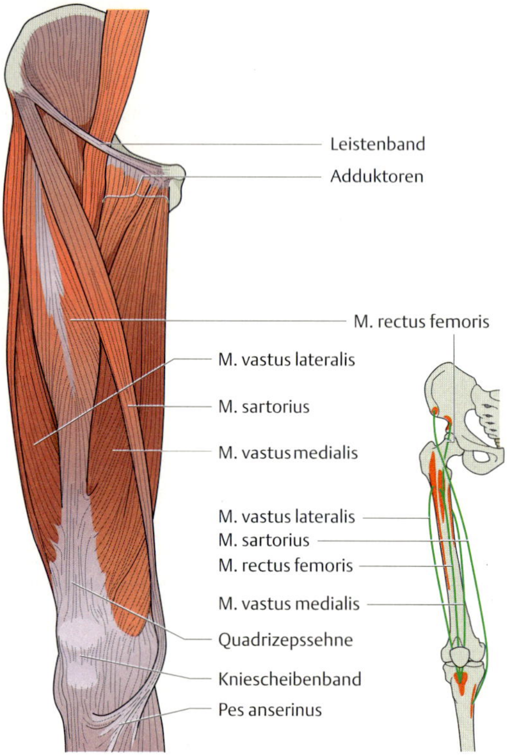

Abb. 4.54a, b Die vier Muskelköpfe des M. quadriceps femoris formen die Vorderseite des Oberschenkels. Die drei Mm. vasti entspringen am Oberschenkelknochen, der oberflächlichere M. rectus femoris am vorderen oberen Darmbeinstachel. Alle diese Muskeln bündeln ihre Kraft in der Quadrizepssehne und setzen über die Kniescheibe und das Kniescheibenband an der Vorderseite des Schienbeins an.

inneren Oberschenkelfläche abwärts, strahlt horizontal in die Kniescheibe ein und dreht den Unterschenkel nach innen. Der M. vastus medialis ist außer bei extremer Fettleibigkeit immer sichtbar und bestimmt mit seinem Muskelwulst maßgeblich die Kontur der Kniegegend.

M. vastus intermedius

Zwischen innerem und äußerem Vastus liegt der *M. vastus intermedius.* Er entspringt breitflächig der Femurvorderseite und strahlt als flache, im unteren Teil sehnige Muskelplatte in die Kniescheibe ein.

M. rectus femoris

Auf der Vorderfläche des M. vastus intermedius gelegen, verbindet der kräftige *M. rectus femoris* das Dach der Hüftgelenkkapsel und den vorderen unteren Darmbeinstachel mit der Kniescheibe. Da der M. rectus femoris im Gegensatz zu den vorgenannten Muskeln über zwei Gelenke hinwegzieht, kann er nicht nur das Knie strecken, sondern auch im Hüftgelenk beugen.

! Die Muskeln, die auf das Kniegelenk einwirken, liegen überwiegend am Oberschenkel. Die Beuger liegen auf der Oberschenkelrückseite, die Strecker vorne. Die Strecker lenken ihre Kraft über die Kniescheibe um und wirken auf das Kniescheibenband an der Vorderseite des Schienbeins.

4.8 Sprunggelenke und Fuß

Fußknochen

Sprungbein und oberes Sprunggelenk

Das Sprungbein *(Talus)* ist ein sehr unregelmäßig geformter kurzer Knochen ***(Abb. 4.55)***. Er bildet mit der Talusrolle *(Trochlea tali)* den unteren Teil des oberen Sprunggelenks (OSG, *Articulatio talocruralis*).

Die Talusrolle hat ungefähr die Form eines quer liegenden Zylinders. Die obere, gewölbte Seite und die glatten Seitenflächen der Talusrolle sind von Gelenkknorpel überzogen.

Sprunggelenke

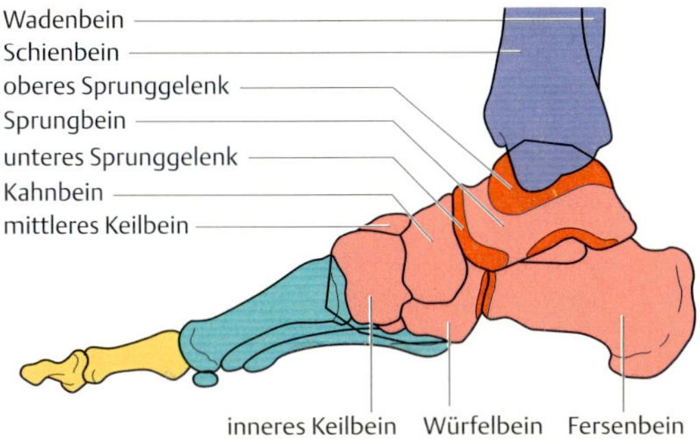

Abb. 4.55 Das obere Sprunggelenk entsteht durch die Verbindung zwischen beiden Unterschenkelknochen einerseits und dem Sprungbein andererseits. Es handelt sich um ein reines Scharniergelenk. Das untere Sprunggelenk befindet sich zwischen Sprung-, Fersen- und Kahnbein und ist in zwei Kammern unterteilt. Durch dieses Gelenk kann man aktiv die äußere Fußkante senken (Supination) oder anheben (Pronation).

Zusammen mit der unteren Gelenkfläche des Schienbeins (Talusdach) und den Innenflächen der beiden Knöchel bildet das Sprungbein ein beinahe ideales Scharniergelenk.

Die Gelenkachse verläuft fast genau quer zur Bewegungsrichtung, so dass die Fußspitze beim Gehen im oberen Sprunggelenk angehoben und gesenkt werden kann ***(Abb. 4.56)***.

Fersenbein

Unterhalb und seitlich des Sprungbeins liegt das quaderförmige Fersenbein *(Calcaneus,* ***Abb. 4.57****)*. Dieser größte Fußknochen steht mit dem Sprungbein gleich durch drei unterschiedliche Gelenke in Verbindung *(Articulatio talocalcanea posterior, media* und *anterior)*.

Beugung/Streckung bzw. Bewegung im oberen Sprunggelenk

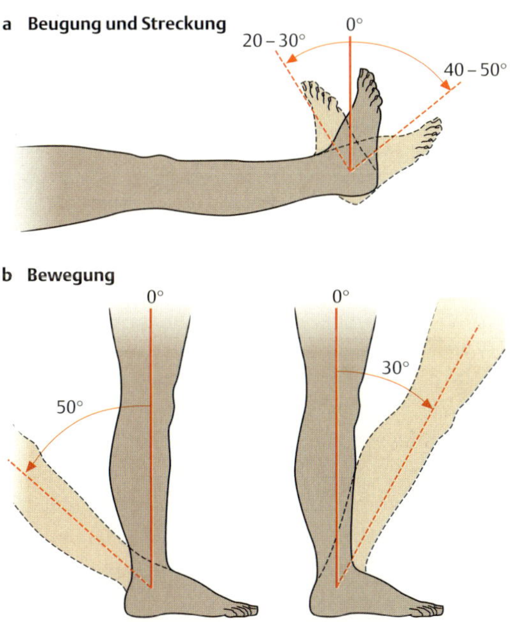

Abb. 4.56a, b Das obere Sprunggelenk lässt als reines Scharniergelenk nur die Bewegung um eine einzige Achse zu, also Heben oder Senken des Fußes (**a**). Diese Bewegung um eine einzige Achse bedeutet im Alltag jedoch viel eher eine Vor- und Rückneigung des Unterschenkels bei auf dem Boden fest aufliegendem Fuß (**b**).

Rechter Fuß von oben

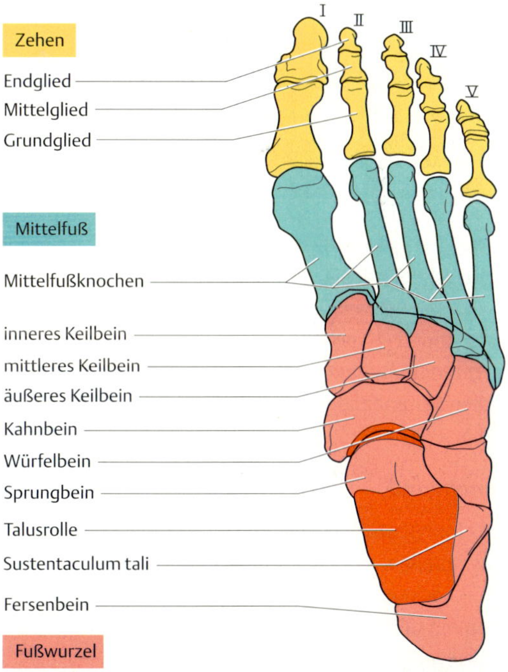

Abb. 4.57 Am Fuß unterscheidet man die Fußwurzelknochen (rot), die Mittelfußknochen (blau) und die Zehenknochen (gelb). Sprungbein und Fersenbein sind besonders stark ausgebildet und nehmen das Gewicht des Körpers in direkter Verlängerung des Schienbeins auf.

Die Hauptlast des Körpergewichts übernimmt beim Gehen die große hintere Gelenkfläche und überträgt sie auf den Fersenbeinhöcker *(Tuber calcanei,* vgl. ***Abb. 4.59****)* – die eigentliche knöcherne Ferse.

Kahnbein und unteres Sprunggelenk

Kahnbein

Das flache Kahnbein *(Os naviculare)* steht über seine tief eingesenkte, knorpelüberzogene Rückfläche (das „Innere des Kahns") mit dem Fersenbeinkopf in Verbindung. Die Vorderseite baucht sich dagegen aus (der „Kiel"), um die drei Keilbeine zu erreichen.

Unteres Sprunggelenk

Beim unteren Sprunggelenk handelt es sich um ein zusammengesetztes Gelenk, das nur einen Freiheitsgrad zulässt. Die Gelenkachse verläuft von hinten unten außen nach vorne oben innen und ist gegen die Horizontale und die Bewegungsrichtung um je ca. 40 verkippt. Dadurch wird, wenn der Fuß frei beweglich ist, bei jeder Innendrehung des Fußes der Vorfuß automatisch gesenkt, bei jeder Außendrehung angehoben (Charlie-Chaplin-Gang).

Bänder des oberen Sprunggelenks

Trotz der Einbettung der Talusrolle zwischen Innen- und Außenknöchel benötigt das obere Sprunggelenk eine bindegewebige Führung, damit der Fuß nicht nach innen *(Hypersupination)* oder nach außen *(Hyperpronation)* abknickt. Wie auch am Kniegelenk erfüllen Seitenbänder *(Ligg. collateralia)* diese Aufgabe ***(Abb. 4.58)***.

Innenband

Das Innenband *(Lig. deltoideum, Lig. mediale)* besteht aus Anteilen, die sich zwischen der Unterseite des Innenknöchels einerseits und dem Kahnbein, dem Fersenbein und dem Sprungbein andererseits ausspannen.

Außenband

Die seitliche Bandverstärkung (Außenband) besteht aus straffen Bindegewebszügen zwischen dem Außenknöchel einerseits und der Vorderfläche des

Bänder des oberen Sprunggelenks

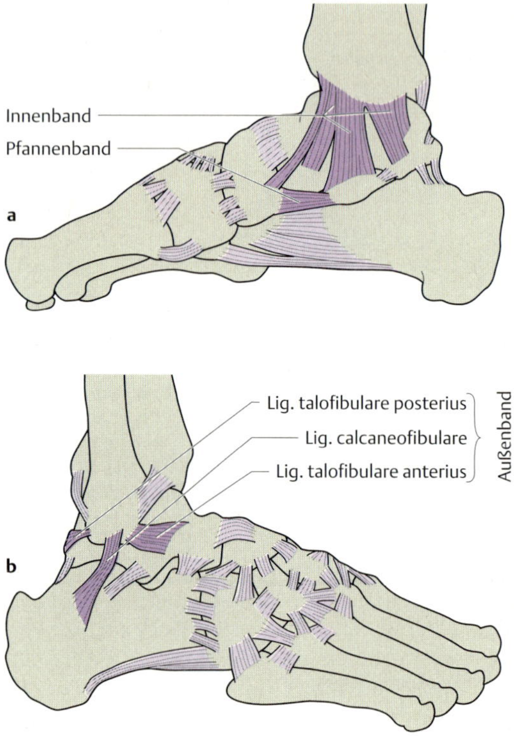

Abb. 4.58a, b Am Innenband (**a**) beteiligen sich mehrere Faserzüge zwischen Innenknöchel (Schienbein) und den Fußwurzelknochen. Außerdem zeigt die Abbildung das Pfannenband, einen wichtigen Bestandteil des unteren Sprunggelenks. Das Außenband (**b**) besteht aus drei klar abgrenzbaren Anteilen. Innen- und Außenband versteifen zusammen das obere Sprunggelenk.

Sprungbeins *(Lig. talofibulare anterius)*, dessen Rückfläche *(Lig. talofibulare posterius)* und dem Fersenbein *(Lig. calcaneofibulare)* andererseits. Beim „Umknicken" des Vorderfußes nach innen können ein oder mehrere dieser Bänder reißen (Außenbandruptur, OSG-Trauma). Der Fuß erlangt dadurch eine abnorme Beweglichkeit in Richtung Supination, das Gelenk wird aufklappbar. In den meisten Fällen ist auch die Kapsel betroffen.

! Oberes und unteres Sprunggelenk haben jedes für sich nur einen Freiheitsgrad. Zusammen erlauben sie die Bewegung um zwei Achsen (Beugung und Streckung, Supination und Pronation).

Keilbeine und Würfelbein

Zwischen den gelenkigen Anteilen des unteren Sprunggelenks und den Mittelfußknochen schalten sich (von innen nach außen) das innere, mittlere und äußere Keilbein *(Os cuneiforme mediale, intermedium, laterale)* sowie das Würfelbein *(Os cuboideum)* ein. Das innere Keilbein weist mit seiner Spitze nach oben, während die schmalen Kanten des mittleren und äußeren Keilbeins zur Fußsohle *(Planta pedis)* gerichtet sind. Dadurch entsteht das typische Quergewölbe des Mittelfußes.
Wegen dieses Quergewölbes übertragen die Keilbeine das Körpergewicht nicht direkt zum Boden; nur die Fußsohle unter dem außen gelegenen Würfelbein hat eine direkte tragende Funktion.

Mittelfuß- und Zehenknochen

Mittelfußknochen

Die Mittelfußknochen *(Ossa metatarsi)* sowie die Zehenknochen *(Phalanges;* Einz. *Phalanx)* sind trotz ihrer geringen Länge typische Röhrenknochen **(Abb.4.59)**. Die keulenartig aufgetriebenen Epiphysen tragen verhältnismäßig große Gelenkflächen, während der Schaft sich stark verjüngt. Die Diaphysen der fünf Mittelfußknochen haben entsprechend ihrer vorwiegenden Belastungsrichtung einen dreieckigen Querschnitt.

Zehen

Im Gegensatz zu den Zehen II–V (2. bis kleiner Zeh), die jeweils aus drei Phalangen bestehen, besitzt der große Zeh *(Hallux)* nur zwei, dafür aber sehr kräftig gebaute Glieder. Sie tragen bei jedem Abrollen des Vorfußes das ganze Körpergewicht und sind daher

Rechter Fuß von unten

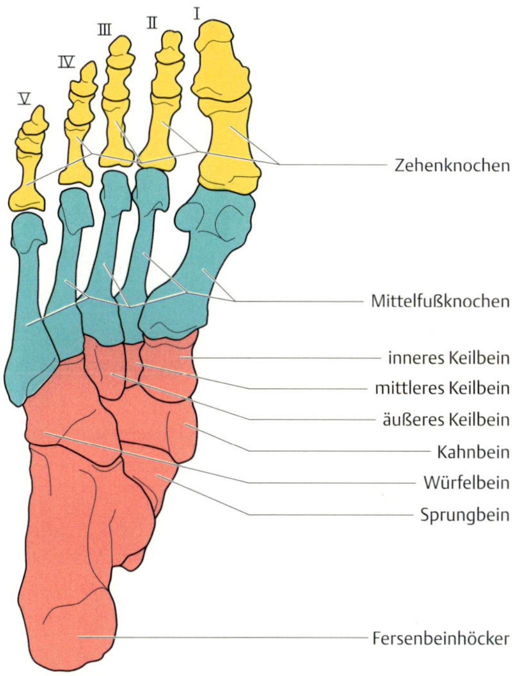

Abb. 4.59 Beachten Sie, dass die Trennung in fünf Strahlen erst mit den Mittelfußknochen beginnt. Der erste Strahl (großer Zeh) ist besonders robust, um beim Laufen über den Zehenballen abrollen zu können.

mechanisch stark belastet. Nicht selten gibt das Großzehengrundglied der Belastung nach und weicht in Richtung der zweiten Zehe aus *(Hallux valgus)*. Das Grundgelenk der Großzehe springt dann als Überbein vor und verursacht in engen Schuhen ganz erhebliche Schmerzen. Als Prophylaxe sollte man besonders beim Kauf von Kinderschuhen auf einen ausreichenden Bewegungsspielraum der Großzehe achten.

Muskeln der Sprunggelenke und des Unterschenkels

Alle Muskeln des Unterschenkels wirken primär auf das obere Sprunggelenk, führen aber je nach ihrer Ansatzstelle am Fuß auch Pronations- und Supinationsbewegungen aus. Die Kraft der Beuger überwiegt die der Strecker um ein Mehrfaches, da die Flexoren eines Beins bei jedem Schritt das ganze Körpergewicht hochstemmen müssen (Abrollen des Fußes), während die Strecker lediglich den unbelasteten Fuß des Spielbeins anheben, damit die Ferse als erster Teil des Fußskeletts auf den Boden auftrifft.

Viele Menschen trainieren ihre Unterschenkelmuskeln zu wenig. Anstatt von der Ferse bis zum großen Zeh über den Fuß abzurollen, fällt der Fuß bei jedem Schritt flach auf den Boden. Ein solcher Watschelgang sieht nicht nur unelegant aus, sondern belastet auch stark Mittelfußknochen und Bänder und beschleunigt die Entwicklung von Spreiz- und Plattfuß (s. u.).

Beuger im oberen Sprunggelenk

Tiefe Beuger

Die Beugemuskulatur entspringt an der Rückfläche des Unterschenkels und teilt sich:

- in eine vergleichsweise muskelschwache *tiefe Schicht* **(Abb. 4.60)** mit Ansatzsehnen im Bereich der Fußsohle und
- eine *oberflächliche Schicht*, die über die Achillessehne am Fersenbein ansetzt.

Zu der tiefen Schicht tragen besonders der *M. tibialis posterior*, der *M. Flexor hallucis longus* (langer Großzehenbeuger) und der *M. Flexor digitorum longus* (langer Zehenbeuger) bei.

Tiefe Beuger im Sprunggelenk

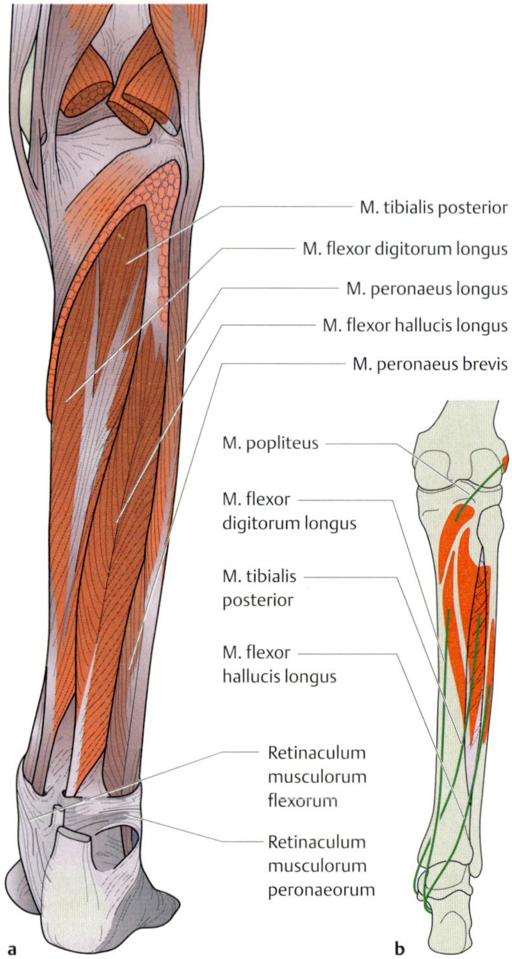

Abb. 4.60a, b Die Abbildung zeigt den rechten Unterschenkel in der Ansicht von hinten. Unmittelbar hinter dem Schien- und Wadenbein liegen die tiefen Beugemuskeln. Da ihre Ansatzsehnen sich um den Innenknöchel auf die Fußsohle schlingen, können sie außerdem die innere Fußkante anheben (Supination).

Oberflächliche Beuger

Die eigentliche Kraftentfaltung liegt aber nicht bei den tiefen Beugern, sondern bei dem großen Wadenmuskel *(M. triceps surae)*. Sein oberflächlicher Anteil, der *M. gastrocnemius* **(Abb. 4.61)**, bestimmt die äußere Kontur der Wade. Er entspringt mit zwei mächtigen Muskelbäuchen von der Rückseite der beiden Femurkondylen, die sich in der Mitte des Unterschenkels mit der Sehne des *M. soleus* zur Achillessehne *(Tendo calcanei)* vereinigen. Einige Fasern des seitlichen Muskelbauches trennen sich bereits an ihrem Ursprung ab und werden zum *M.plantaris*, dessen lange dünne Sehne sich der Achillessehne kurz über dem Fersenbein wieder anschließt.

Die Achillessehne ist zusammen mit dem Lig. iliofemorale die stärkste Bindegewebsstruktur des Körpers und kann bis zu 350 kg tragen. Nach ihrem Ursprung verjüngt sich ihr Querschnitt sanduhrförmig und läuft am Fersenbeinhöcker wieder breitflächig aus.

Vom M. gastrocnemius bedeckt, entspringt der ebenfalls sehr starke M. soleus von der Rückseite des Waden- und Schienbeins dicht unterhalb des Ansatzes des M. popliteus. Er bildet eine ebene Muskelplatte, die nur seitlich über den M. gastrocnemius hinausreicht. Im Bereich der Achillessehne lassen sich die Fasern der verschiedenen Anteile des M. triceps surae nicht mehr voneinander trennen.

Der M. triceps surae wirkt auf das untere Sprunggelenk als Supinator, der M. gastrocnemius beugt darüber hinaus das Kniegelenk.

Oberflächliche Beuger im Sprunggelenk

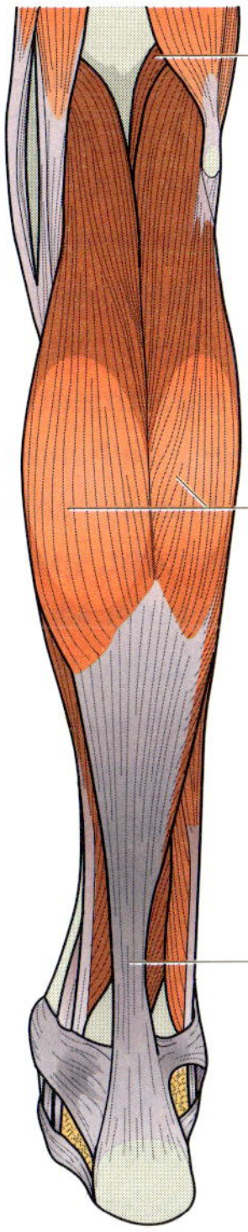

Abb. 4.61 Die beiden oberflächlich gelegenen Muskelbäuche des M. gastrocnemius formen mit der Achillessehne die Kontur der Wade. Unter dem M. gastrocnemius bildet der M. soleus den dritten Anteil des M. triceps surae.

Seitliche Unterschenkelmuskulatur

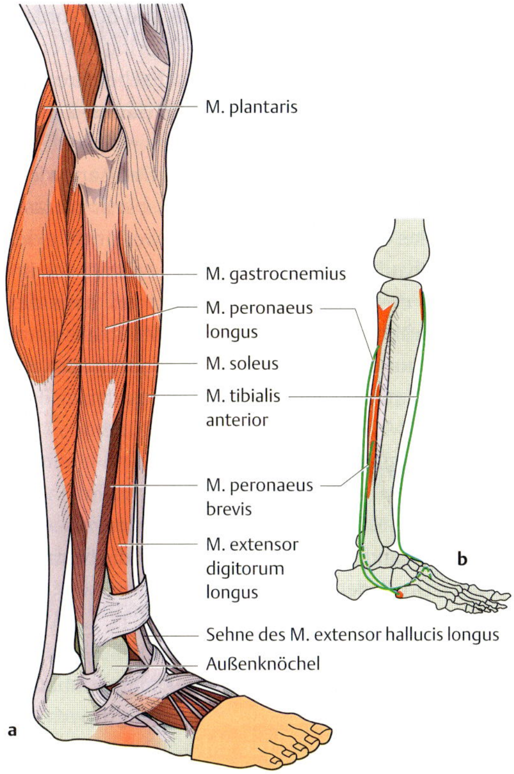

Abb. 4.62a, b Auf dieser seitlichen Ansicht erkennen Sie gut, wie der M. soleus vom M. gastrocnemius bedeckt wird. Die Ansatzsehnen der beiden Mm. peronaei ziehen sich um den Außenknöchel an die seitliche Fußsohle und heben diese an (Pronation). Weiter vorne liegt die Streckmuskulatur, die für die Fußhebung zuständig ist.

Laterale Beuger im oberen Sprunggelenk

Eine weitere Beugergruppe, die *Mm. peronaei*, liegt lateral dem Wadenbein an ***(Abb. 4.62)***. Der *M. peronaeus brevis* (kurzer Wadenbeinmuskel) entspringt der unteren Hälfte des lateralen Wadenbeinrandes bis hinunter zum Außenknöchel. Seine Sehne schlingt sich eingehüllt von einer Sehnenscheide um den Außenknöchel herum und setzt an der gut tastbaren Basis des 5. Mittelfußknochens an.

Wenn es einen kurzen Wadenbeinmuskel gibt, so kann natürlich der lange Wadenbeinmuskel *(M. peronaeus longus)* auch nicht fern sein. Er entspringt vom Wadenbeinköpfchen und der oberen Hälfte des seitlichen Wadenbeinrandes und bedeckt den M. peronaeus brevis vollständig. Seine Sehne zieht hinter der des kurzen Wadenbeinmuskels in einer gemeinsamen Sehnenscheide um den Außenknöchel, schlingt sich um das Würfelbein herum, kreuzt die Fußsohle und endet schließlich am inneren Keilbein und an der Basis des 1. Mittelfußknochens.

Dieser komplizierte Verlauf bringt es mit sich, dass der M. peronaeus longus den Fuß gleichzeitig senkt und proniert und – als wichtigste Funktion – das Quergewölbe verspannt.

Kurze Muskeln von Fußsohle und Fußrücken

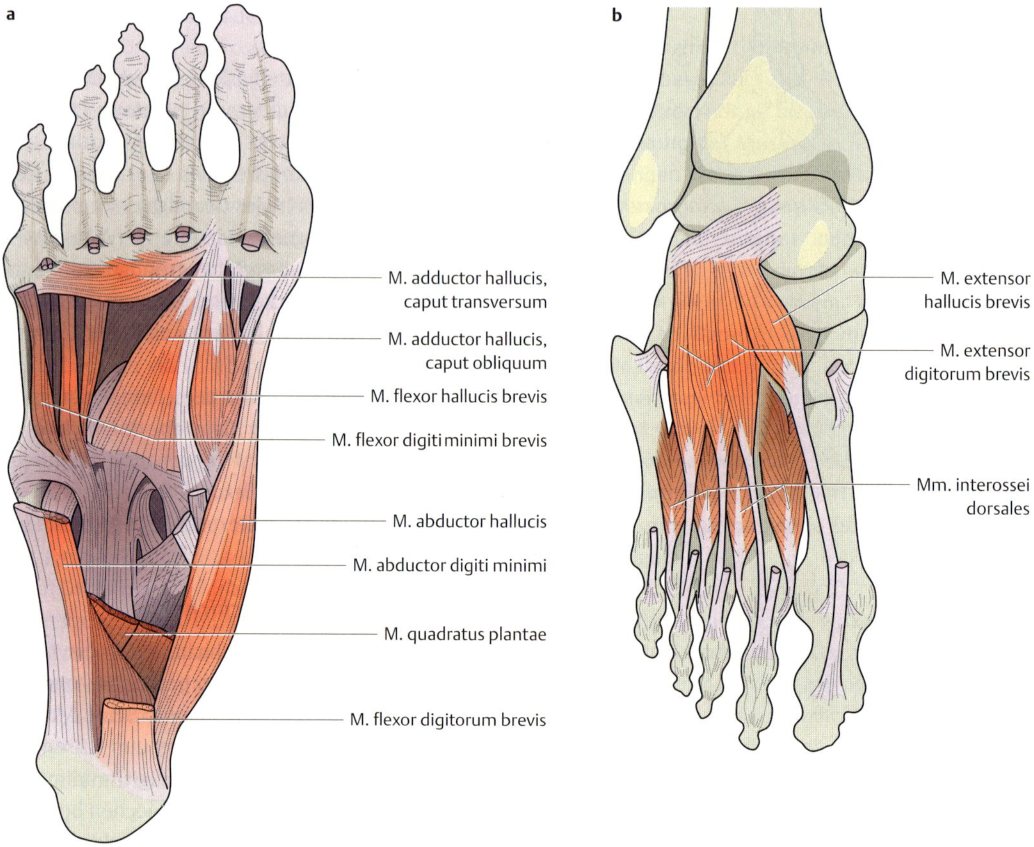

Abb. 4.64a, b Die kurzen Muskeln der Fußsohle (**a**) verspannen das Längs- und Quergewölbe des Fußes und polstern die Fußsohle. Demgegenüber treten die speziellen Wirkungen der Muskeln auf die einzelnen Zehen in den Hintergrund, obwohl sie den Namen der jeweiligen Muskeln bestimmen. Achten Sie auf die seitliche Verstärkung des M. abductor digiti minimi. Sie bildet die seitliche Kante des Fußes. Die Muskulatur des Fußrückens (**b**) ist nur schwach ausgeprägt, da hier beim Laufen keine nennenswerte Belastung auftritt. Die zwischen den Mittelfußknochen liegenden Mm. interossei stützen das Quergewölbe des Fußes ab.

Der kleine Zeh erhält keine Sehne und lässt sich nur durch den langen Zehenstrecker etwas anheben. Im Gegensatz zu den kurzen Fußmuskeln der Fußsohle erreichen die Ansatzsehnen die Endglieder der Zehen.

Die Muskeln der Fußsohle bewegen die Zehen, polstern den Fuß beim Gehen und Laufen ab und verspannen Längs- und Quergewölbe des Fußes. Sie leisten in erster Linie Haltearbeit.

4.9 Schulter

Schultergürtel und Oberarmknochen

Im Gegensatz zu den fest miteinander verbundenen Knochen des Beckengürtels sind die einzelnen Teile des Schultergürtels ***(Abb. 4.65)*** über Gelenke oder Bänder miteinander verknüpft. Diese Anordnung erhöht die Beweglichkeit von Schulter und Arm auf Kosten der Stabilität. Für uns Zweibeiner ist dies aber kein gravierender Nachteil, da unsere Arme normalerweise deutlich weniger stark auf Druck belastet sind als die Beine.

Schlüsselbein

Der vordere Anteil des Schultergürtels, also sozusagen das Gegenstück zum Schambein des Beckens, ist das Schlüsselbein *(Clavicula)*. Der S-förmig gebogene Knochen ist gut sicht- und tastbar. Wegen seines kleinen Querschnitts und der fehlenden Ummantelung mit Muskulatur bricht er bei Gewalteinwirkung relativ schnell (Fahrradsturz). Das dem Brustbein zugewandte Ende *(Extremitas sternalis)* trägt eine große Knorpelfläche, die mit der relativ kleinen Pfanne des Brustbeins das innere Schlüsselbeingelenk *(Articulatio sternoclavicularis)* bildet. Am äußeren Ende des Schlüsselbeins *(Extremitas acromialis)* befindet sich eine platte Gelenkfläche, die zusammen mit einer kleinen Fläche an der Vorderseite des Akromions (s. u.) das äußere Schlüsselbeingelenk aufbaut.

Schulterblatt

Genau wie das Darmbein ist auch das Schulterblatt *(Scapula)* ein großer platter Knochen ***(Abb. 4.66)***. Er steht jedoch nicht wie jenes mit der Wirbelsäule in einer direkten Verbindung, sondern liegt der hinteren Thoraxwand – verbunden durch Muskulatur und lockeres Bindegewebe – auf.
Drei Kanten – obere, innere und äußere – begrenzen den platten Knochen, der sich an der Innenseite (*Facies costalis*, Rippenseite) zu einer flachen Höhlung einsenkt. Auf der Rückseite trennt der gut tastbare, schräg von innen unten nach oben außen verlaufende Schulterblattkamm *(Spina scapulae)* die obere

Schultergürtel von oben

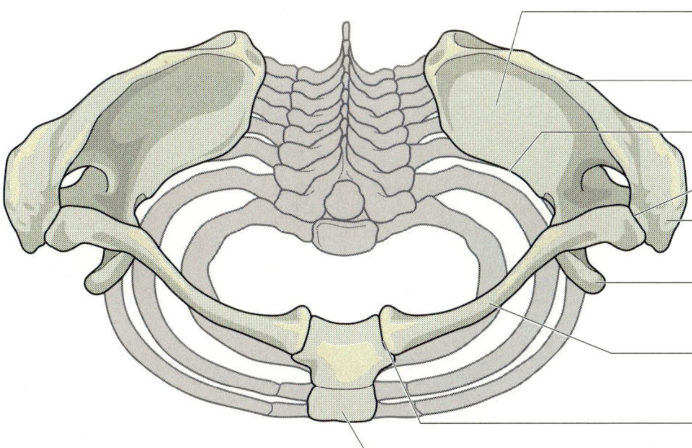

Abb. 4.65 Sie blicken hier von oben senkrecht auf den Brustkorb. Der Schultergürtel besteht aus den beiden Schulterblättern und den Schlüsselbeinen. Vorne schließt sich der Kreis durch den Schwertgriff des Brustbeins, mit dem linkes und rechtes Schlüsselbein Kontakt haben. Hinten wird der Schultergürtel nur durch Muskeln zusammengehalten.

Schulterblatt

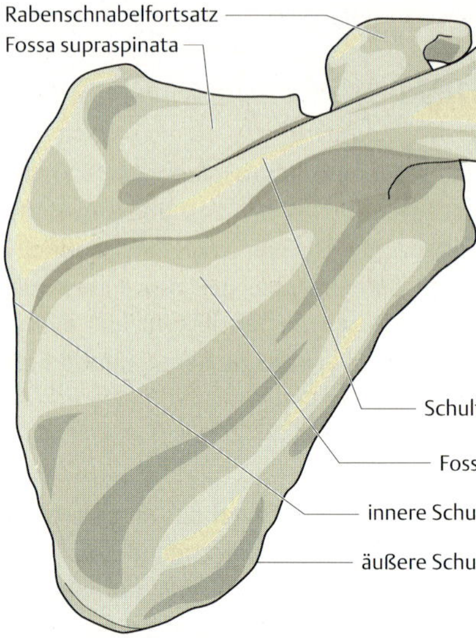

Abb. 4.66 Die Abbildung zeigt das rechte Schulterblatt von hinten. Sie erkennen den stark herausragenden Schulterblattkamm, der seitlich im Akromion endet, sowie den hakenförmigen Rabenschnabelfortsatz.

Fossa supraspinata von der unteren Fossa infraspinata. Der Schulterblattkamm verbreitert sich an der seitlichen Ecke *(Angulus lateralis)* zum *Akromion* (Schulterhöhe). Als Auswuchs aus dem oberen Rand biegt sich der Rabenschnabelfortsatz *(Processus coracoideus)* nach seitlich vorne. Akromion und Rabenschnabelfortsatz bilden das knöcherne Dach des Schultergelenks, haben jedoch keine direkte Verbindung mit dem Oberarmknochen.

Ebenfalls an der seitlichen Ecke senkt sich die überknorpelte Schultergelenkpfanne *(Cavitas glenoidalis)* in den an dieser Stelle verdickten Knochen ein. Die Pfanne des Schultergelenks ist sehr viel flacher als die des Hüftgelenks und nimmt zusammen mit dem bindegewebigen Pfannenrand kaum ein Drittel des Oberarmkopfes auf.

! Der Schultergürtel ist wesentlich beweglicher als das Becken. Zu ihm gehören das Heft des Brustbeins, die Schlüsselbeine und die Schulterblätter. Die Anteile des Schultergürtels haben untereinander nur lose Verbindungen und halten durch Muskelzug aneinander.

Oberarmknochen

Das Gegenstück des Femurs, der Oberarmknochen *(Humerus)*, ist ein langer Röhrenknochen und zerfällt als solcher – wie könnte es anders sein? – in:

- Kopf,
- Hals,

Oberarmknochen

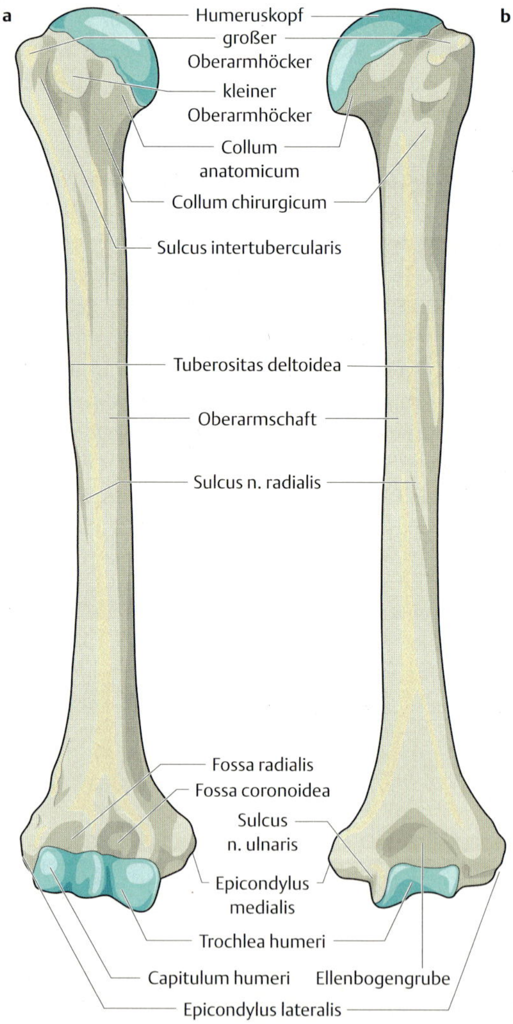

Abb. 4.67a, b Der Oberarmknochen hat im Gegensatz zum Oberschenkelknochen einen vollständig mit Knorpel überzogenen Kopf. Am unteren Ende steht er über eine zerklüftete Gelenkfläche sowohl mit der Elle als auch mit der Speiche in Verbindung. (**a**) Ansicht von vorn, (**b**) Ansicht von hinten.

- Schaft (Körper) und
- Kondylus ***(Abb. 4.67)***.

Kopf

Als Kopf *(Caput humeri)* bezeichnet man den halbkugeligen Bereich, der von Gelenkknorpel überzogen ist. Er springt über den inneren Rand des Schaftes vor, so dass die Mitte der Gelenkfläche nach innen und oben weist. Entsprechend der vorwiegenden Belastung ist der Knorpel in der Mitte am dicksten, am äußeren Rand dagegen nur millimeterstark.

Hals

Im Gegensatz zum Oberarmkopf wurde man sich offenbar nicht einig, was man nun unter dem „Hals" zu verstehen habe. Benannten die alten Anatomen damit – in Analogie zum Femur – denjenigen Teil des Oberarmknochens, der sich unmittelbar der Gelenkfläche anschließt (daher *Collum anatomicum*), so meinten die Unfallchirurgen mit „Hals" den tiefer liegenden Abschnitt, da dieser am häufigsten bricht (*Collum chirurgicum*). Beide Bezeichnungen haben sich bis heute gehalten.

Die wichtigsten Merkmale des Humerushalses sind der große und der kleine Oberarmhöcker *(Tuberculum majus* und *minus)*. Sie dienen der Brust- und Rückenmuskulatur als Ansatzstelle.

Schaft

Der röhrenförmige Abschnitt unterhalb des Collum chirurgicum ist der Oberarmschaft *(Corpus humeri)*. Er zeigt an seiner Außenseite den derben Knochenansatz des großen Deltamuskels, die *Tuberositas deltoidea*, und eine kleine Knochenvertiefung *(Sulcus nervi radialis)*, die der gleichnamige Nerv im Oberarmknochen hinterlässt. Ansonsten ist der Schaft drehrund und glatt. Im unteren Drittel des Oberarmknochens bilden sich zwei scharfe Kanten aus: die innen liegende *Crista supracondylaris medialis* und die äußere *Crista supracondylaris lateralis*. Beide Kanten überragen den Ellenbogen und enden in einem mächtigen inneren und einem kleineren äußeren Knochenvorsprung *(Epicondylus medialis* und *lateralis)*.

Kondylus

Zwischen beiden liegt die sattelförmige Gelenkrolle als Verbindung mit der Elle *(Trochlea humeri)* und seitlich davon ein kleineres Köpfchen für die Speiche *(Capitulum humeri)*. Damit der Kopf der Elle die Streckung des Arms nicht behindert, senkt sich an der Rückseite des Oberarmknochens die tiefe Ellenbogengrube *(Fossa olecrani)* ein.

Schultergelenk

Funktion

Die Form des überknorpelten Kopfteils des Oberarmknochens legt den Verdacht nahe, dass es sich beim Schultergelenk um ein Kugelgelenk handelt ***(Abb. 4.68)***.

Dies ist auch tatsächlich funktionell korrekt, kann sich der Oberarmknochen doch in drei Freiheitsgraden bewegen ***(Abb. 4.69)***: Wir können den Arm

- nach vorne (Anteversion: ca. 90°) und nach hinten pendeln (*Retroversion*: 40–50°),
- ihn zur Seite anheben (*Abduktion*: ca. 90°) und an die Brustwand pressen (*Adduktion*: 20–30°) sowie
- den Oberarmknochen um seine Längsachse drehen (*Innenrotation*: 90–110°, *Außenrotation*: ca. 60°).

Außerdem ist es möglich, den waagerecht ausgestreckten Arm um 40–50° zurückzuführen und um etwa 120–140° auf die Gegenseite zu bewegen. Um die Verwirrung zu vergrößern, bezeichnet man diese Bewegung ebenfalls als Retro- und Anteversion (in der Horizontalebene).

Sie haben vielleicht bemerkt, dass die angegebenen Bewegungsausschläge wesentlich geringer sind, als dies mit unserer Alltagserfahrung vereinbar ist. Dies bezieht sich in erster Linie auf die Elevation,

Schnitt durch das Schultergelenk

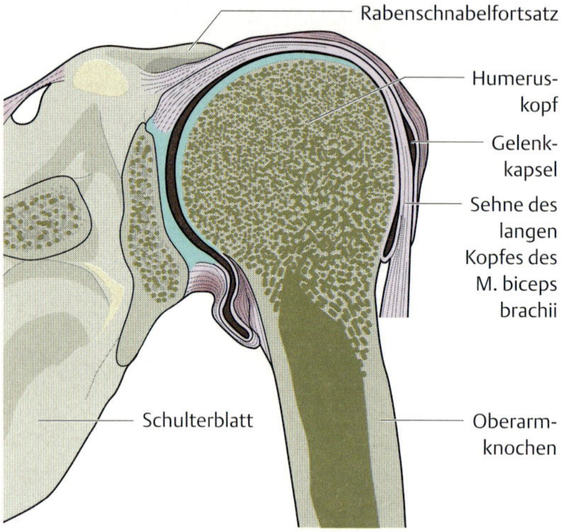

Abb. 4.68 Dieser Schnitt durch das Schultergelenk zeigt, wie klein die Gelenkpfanne des Schulterblatts (blau) gegenüber dem Humeruskopf ausfällt. Der Oberarmknochen wird fast ausschließlich durch Muskulatur in seiner Gelenkpfanne gehalten. Braun eingezeichnet ist die Gelenkhöhle. Beachten Sie die stark gefaltete Gelenkkapsel, die dem Oberarmknochen viel Spielraum für Bewegungen lässt. Durch die Gelenkhöhle zieht die Ursprungssehne des langen Bizepskopfes.

also das Anheben des Oberarms über die Horizontalebene hinaus. Tatsächlich können wir den Oberarm entweder lateral oder ventral bis zur Vertikalen anheben. Dies ist jedoch keine Bewegung im Schultergelenk allein. Dass sich beim Anheben des Arms auch das Schulterblatt bewegt, kann man leicht feststellen, indem man mit der linken Hand unter der rechten Achsel die seitliche Kante des Schulterblattes ertastet.

Das Schultergelenk ist ein Kugelgelenk zwischen Schulterblatt und Oberarmknochen. Bei Bewegungen des Arms in der Schulter verschiebt und dreht sich fast immer zusätzlich das Schulterblatt gegenüber dem Brustkorb und der Wirbelsäule.

Bänder und Schleimbeutel

Gelenkkapsel

Ein weiterer Unterschied zwischen Schulter- und Hüftgelenk ist die geringe Knochen- und Bandführung des Schultergelenks ***(Abb. 4.70)***. Wegen der enorm großen Bewegungsausschläge ist die Gelenkkapsel zwangsläufig sehr groß und liegt, außer bei Extrembewegungen, dem Gelenk locker an. Die Gelenkkapsel besteht aus einer dünnen Schicht kollagener Fasern, die nur im Bereich des Verlaufs von Sehnen der Schultergelenkmuskeln einige Festigkeit erhält. Zwischen diesen verstärkten Arealen können ungeschickte Bewegungen den Humeruskopf leicht nach vorne oder nach vorne unten aus der Pfanne heraushebeln oder „ausrenken" (Schultergelenkluxation).

Dies können weder die dünnen Verstärkungsbänder an der Vorderseite der Gelenkkapsel noch das *Lig. coracohumerale* zwischen Rabenschnabelfortsatz und Tuberculum majus verhindern.

Schleimbeutel

Die Schulter ist eine sehr markante „Ecke" unseres Körpers, über die eine ganze Reihe starker Muskeln hinwegzieht. Es ist daher unmittelbar einsichtig, wieso der Organismus gerade diese Stelle mit ausgedehnten Schleimbeuteln auspolstert. Über die Lage und Ausdehnung dieser Bursae informiert ***Abb. 4.71***.

Muskeln des Schultergürtels

Die folgenden Muskeln bewegen den Schultergürtel gegen die Wirbelsäule, haben aber keine direkte Wirkung auf das Schultergelenk selbst.

Hintere Muskelgruppe

Die hintere Muskelgruppe ***(Abb. 4.72)*** besteht aus:

- dem großen Rautenmuskel *(M. rhomboideus major)*,

Beweglichkeit im Schultergürtel bzw. Schultergelenk

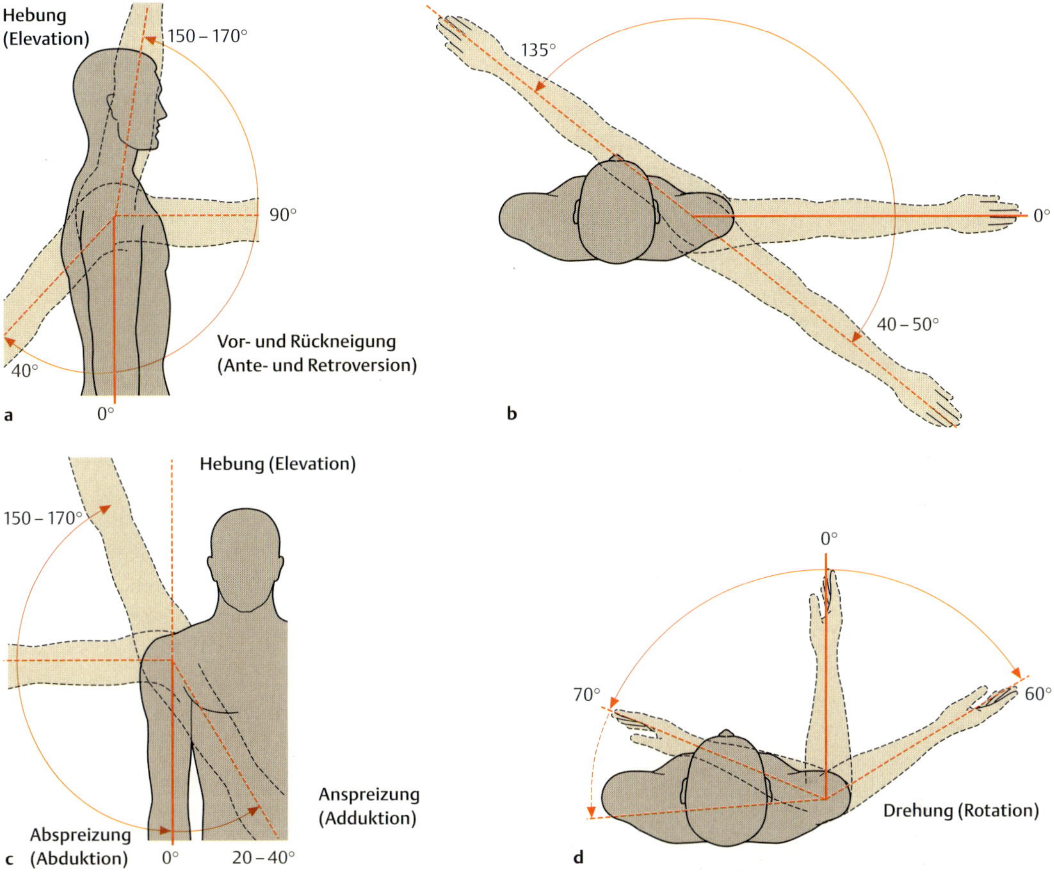

Abb. 4.69a-d Das Schultergelenk ist das beweglichste Kugelgelenk des Körpers. Im Schultergelenk sind Bewegungen in drei Achsen möglich (**a, b**): Vor- und Rückneigung, An- und Abspreizung sowie Drehungen um die Achse des Oberarms. Soll der Arm über die horizontale Lage hinaus angehoben werden (Elevation), muss sich das gesamte Schulterblatt verkippen. Das Schultergelenk erlaubt ebenfalls Bewegungen in drei Achsen (**c, d**): Vor- und Rückneigung, An- und Abspreizung und Drehungen. In Abbildung (**d**) liegt der Oberarm seitlich dem Brustkorb an und nur der Unterarm ist rechtwinklig im Ellenbogengelenk abgespreizt.

- dem Schulterblattheber *(M. levator scapulae)* und
- dem Trapezmuskel *(M. trapezius)*.

Großer Rautenmuskel

Unmittelbar über der Fascia thoracolumbalis verbindet der platte *M. rhomboideus major* (großer Rautenmuskel) den Rand des Schulterblatts mit den Dornfortsätzen der Wirbelsäule. Seine parallelen Fasern steigen aus dem Bereich der unteren HWS und oberen BWS schräg abwärts. Daher kann der große Rautenmuskel das Schulterblatt anheben und zurückziehen. Wenn wir in straffer Haltung die Schultern zurücknehmen, spannen wir automatisch den großen Rautenmuskel an.

Schulterblattheber

In gleicher Weise wirkt der *M. levator scapulae* (Schulterblattheber, ***Abb. 4.73***). Dieser Muskel erreicht seinen Zweck aber dadurch, dass er von den Querfortsätzen der oberen Halswirbel steil über den Hals zur

Bänder des Schultergelenks

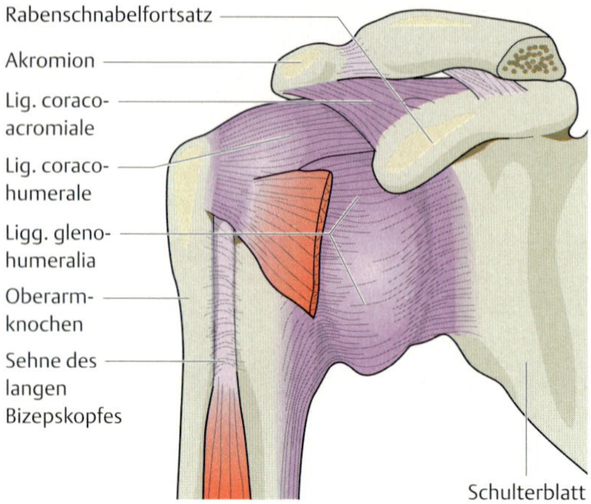

Abb. 4.70 Beachten Sie auf dieser Vorderansicht des Schultergelenks, wie die Bänder oberhalb des Humeruskopfes sozusagen ein Dach zwischen Akromion und Rabenschnabelfortsatz aufspannen.

Schleimbeutel des Schultergelenks

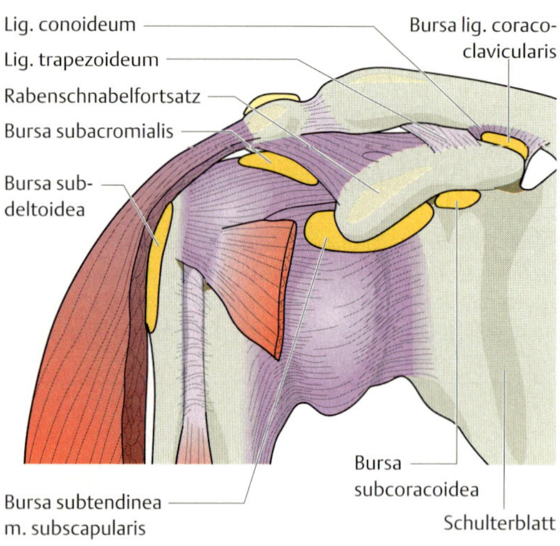

Abb. 4.71 Wegen der starken Beweglichkeit des Schultergelenks polstern Schleimbeutel alle Berührungspunkte zwischen den Knochen ab. Besonders groß ist die Bursa subdeltoidea, die den Deltamuskel gegen den Oberarmkopf gleiten lässt.

oberen Schulterblattecke zieht. Daher kann er die Schulter nicht nur zurücknehmen, sondern – wie sein Name schon sagt – das Schulterblatt anheben.

Oberflächliche Rückenmuskulatur

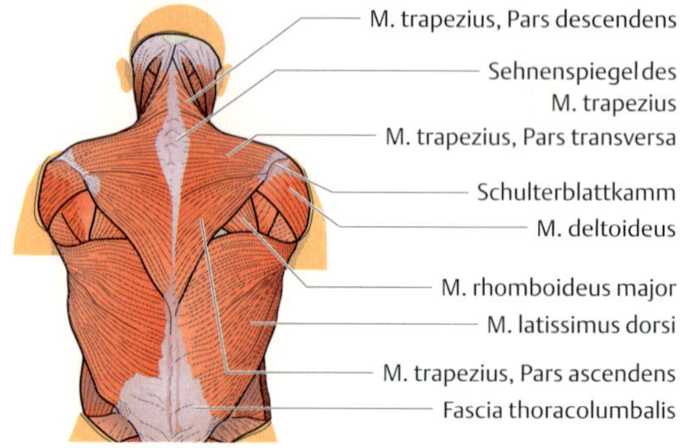

Abb. 4.72 Die Mm. trapezius und latissimus dorsi sind große, flächenhafte Muskeln. Sie nehmen die gesamte Rückenregion ein. Beide Muskeln haben ihren Ursprung an einer Sehnenplatte über den Dornfortsätzen der Wirbelsäule.

Trapezmuskel

Wesentlich kräftiger als die beiden genannten Muskeln ist der ausgedehnte Trapezmuskel *(M. trapezius)*. Er besitzt die Form eines Kinderdrachens und liegt wie eine Decke über dem gesamten Bereich von HWS und BWS (Muskelursprung) sowie über der Rückfläche des Brustkorbs bis hin zum Schulterblattkamm, zum Akromion und zur Oberseite des Schlüsselbeinendes (Muskelansatz).

- ***Oberer Anteil:*** Der obere Anteil (*Pars descendens*, absteigender Teil) hebt die Schulter an und wirkt bei der Elevation des Arms maßgeblich mit. Er umgibt schalenförmig die hintere Halsregion und bildet die Kontur des Halses in der Frontalansicht. Andauerndes schweres Tragen trainiert diesen Teil zum „Stiernacken" auf;
- ***Mittlerer Anteil:*** Nimmt man die Schultern gegen einen Widerstand zurück, beispielsweise indem man die Hände verschränkt hält (Bodybuilderpose!), so springt der mittlere Teil (Pars transversa) als quer gestellter Muskelwulst vor. Die Pars transversa verspannt das Schulterblatt gegen die Wirbelsäule und verhindert, dass der Knochen von der hinteren Brustwand absteht. Bei muskelschwachen Menschen steht daher häufig die untere Ecke des Schulterblatts flügelförmig über den Thorax hinaus *(Scapula alata)*;
- ***Unterer Anteil:*** Im unteren Anteil des Trapezmuskels laufen die Fasern schräg aufwärts (*Pars ascen-*

Hintere Schultermuskulatur, tiefe Schicht

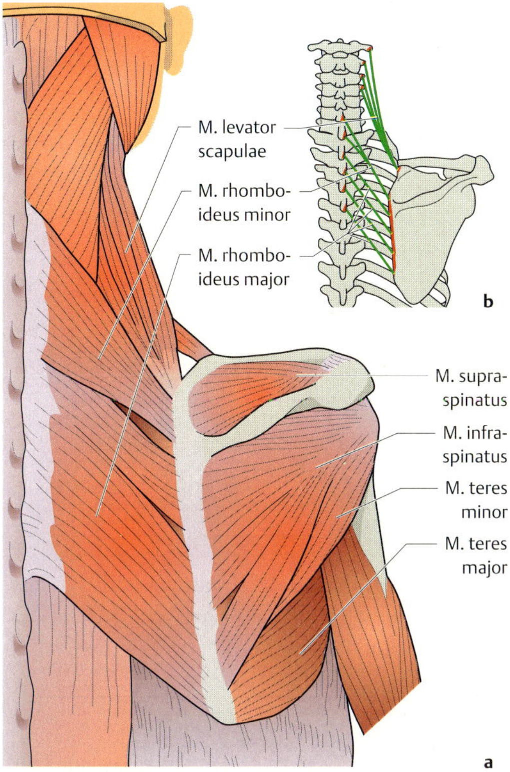

Abb. 4.73a, b Sie sehen die Schulterregion von hinten, nachdem die Mm. trapezius und deltoideus entfernt worden sind. Zwischen Wirbelsäule und Innenkante des Schulterblatts verankern drei Muskeln das Schulterblatt am Rumpf. Gut zu sehen ist der Ursprung des M. teres major an der unteren Schulterblattecke. Der Muskel tritt durch die Achselhöhle auf die Vorderseite des Oberarms.

Seitliche Schultermuskeln

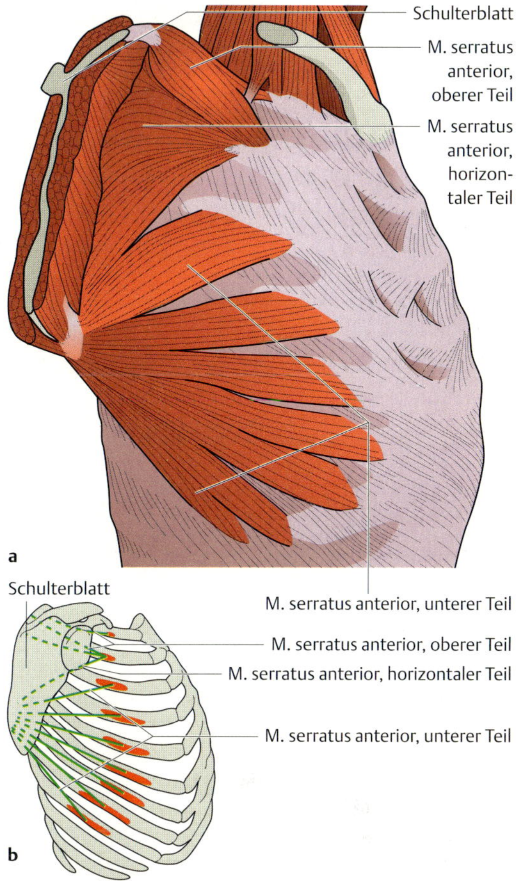

Abb. 4.74a, b Der M. serratus anterior verbindet fächerförmig die untere Ecke des Schulterblatts mit dem Brustkorb. Er hebt den Arm an und führt die Schultern nach vorn.

dens, aufsteigender Teil). Da aber dieser Teil relativ weit seitlich ansetzt, dreht auch er das Schulterblatt, so dass eine Elevation möglich wird. Natürlich verspannt er die Schulter ebenfalls nach unten (beispielsweise beim Klimmzug).

Seitliche Muskelgruppe

Ebenfalls rotatorisch auf das Schulterblatt wirkt der kräftige *M. serratus anterior* (vorderer Sägemuskel) ***(Abb. 4.74)***. Seinen Namen hat er von 5–6 sägezahnartigen Muskelursprüngen an der Seitenfläche der 4.(5.) bis 9. Rippe. Sie bilden hohe Muskelbäuche, die bei einer Elevation gegen Widerstand an der seitlichen Brustwand vorspringen.

Alle Fasern laufen an der Außenseite der unteren Schulterblattecke zusammen und ziehen diese nach vorn (Drehung im Schulterblatt). Der Muskel hat außerdem noch Anteile, die eher horizontal zum inneren Schulterblattrand ziehen und den erhobenen Arm gegen einen Widerstand senken können (z.B. Hochziehen eines Rollladens).

Brustmuskulatur

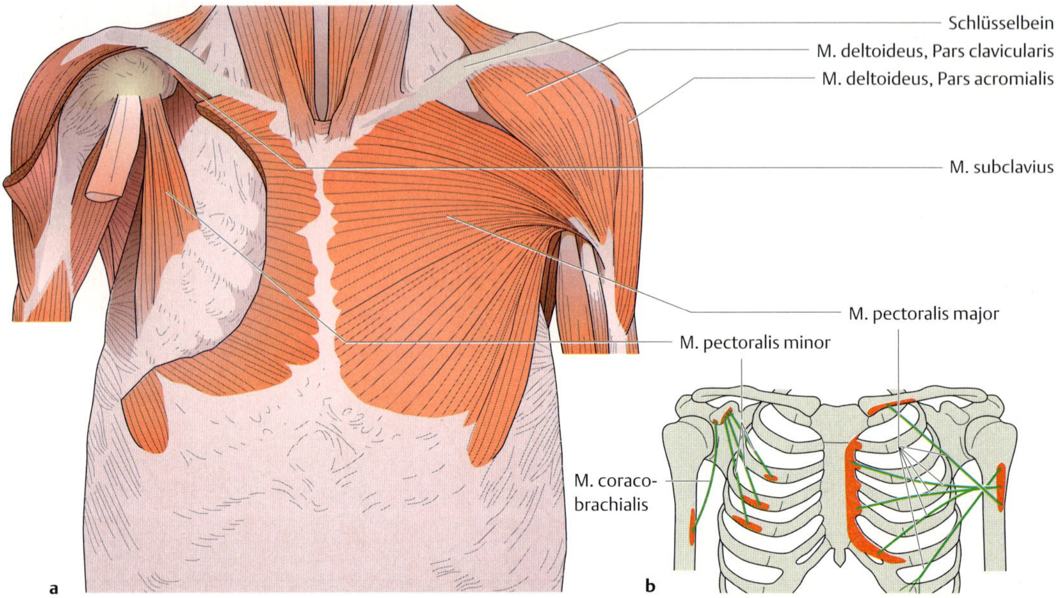

Abb. 4.75a, b Die Brustregion wird vom M. pectoralis major dominiert. Auf der Schemazeichnung erkennen Sie deutlich die Drehung des Muskels in der Nähe seines Ansatzes am Oberarmknochen. Der M. pectoralis major erzielt dadurch einen besseren Hebelarm bei der Vorneigung (Anteversion) des Oberarms.

Vordere Muskelgruppe

Zwischen der vorderen Brustwand und dem großen Brustmuskel eingebettet liegt der *M. pectoralis minor* (kleiner Brustmuskel). Er verbindet den Rabenschnabelfortsatz des Schulterblatts mit den oberen Rippen ***(Abb. 4.75)***.

! Auf den Schultergürtel wirken flache Muskeln, die dem Brustkorb anliegen. Die hintere Muskelgruppe hält das Schulterblatt am Brustkorb fest, die seitliche Muskelgruppe dreht das Schulterblatt beim Heben des Arms nach vorn und die vordere Muskelgruppe dreht das Schulterblatt beim Senken des Arms nach hinten.

Muskeln des Schultergelenks

Rotatorenmanschette

Anders als beim Hüftgelenk, dessen bewegliche Teile nur auf Druck beansprucht werden, steht das Schultergelenk durch das Gewicht des frei hängenden Arms ständig unter Zugspannung. Gelenkkapsel und Bänder sind zwar stark genug, den unbelasteten Arm in der Gelenkfläche zu halten, nicht jedoch, die zusätzliche Belastung beim Heben und Tragen von Lasten aufzunehmen. Eine mäßige Belastung wird dabei von der gelenknahen Muskulatur, eine stärkere Beanspruchung zusätzlich von oberflächlicheren Schichten aufgenommen.

Alle Muskeln der Rotatorenmanschette strahlen vom Schulterblatt in die Gelenkkapsel ein und verstärken aktiv den Halt im Schultergelenk. Je nach der Verlaufsrichtung der Faserzüge drehen sie den Oberarmknochen nach innen oder außen – daher der Name – und können den Arm ab- oder adduzieren.

M. subscapularis

Der kräftige *M. subscapularis* („Unter-Schulterblatt-Muskel") entspringt der gesamten Innenfläche des Schulterblatts. Zusammen mit dem hinteren Anteil des M. serratus anterior schiebt er sich also zwischen Brustkorb und Schulterblatt. Seine Ansatzsehne schlingt sich vorne um den Humeruskopf und endet am kleinen Oberarmhöcker. Der Muskel ist daher ein Innenrotator – der kräftigste überhaupt.

M. supraspinatus

Der *M. supraspinatus* verdankt seinen Namen dem Ursprung in der Fossa supraspinata, also der Vertiefung zwischen dem Schulterblattkamm und dem oberen Rand des Knochens. Die Hauptaufgabe des M. supraspinatus ist es, den Oberarm in der Gelenkpfanne zu halten. Der Muskel soll bereits ohne Belastung unter einer ständigen Daueranspannung (Tonus) stehen.

Ebenfalls zur Rotatorenmanschette gehören der *M. infraspinatus* und der *M. teres minor*, die häufig eine Einheit bilden.

Hintere Innenrotatoren

Ein Muskel, der auf der Rückfläche des Rumpfes entspringt, dreht den Oberarm nur dann nach innen, wenn seine Sehne durch die Achselhöhle hindurch die Vorderseite des Oberarmknochens erreichen kann. Würde der Muskel dagegen außen um die Schulter herumziehen (z. B. M. supra- und infraspi-

Rotatorenmanschette von hinten und von vorn

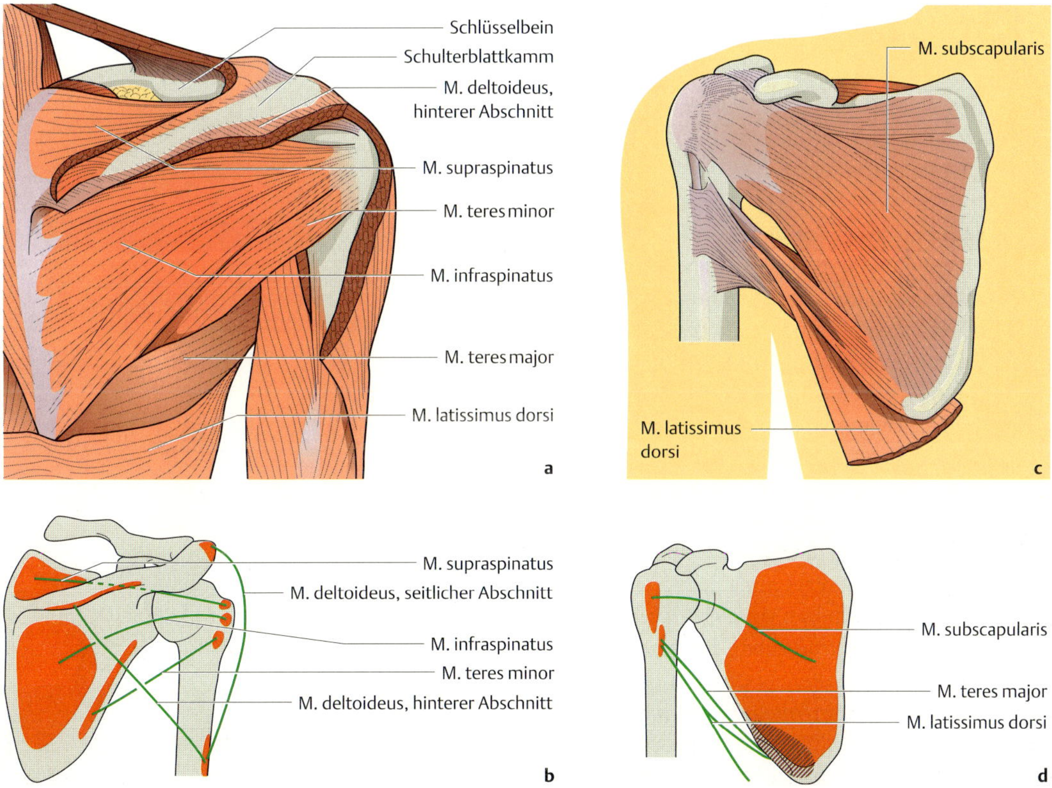

Abb. 4.76a-d Die hinteren Schulterblattmuskeln (**a, b**) drehen den Oberarm nach außen. Sie sind zum größten Teil vom hinteren Abschnitt des M. deltoideus bedeckt. Dieser vielseitige Muskel führt den Arm nach vorne und hinten und spreizt den Oberarm vom Brustkorb ab. Der M. subscapularis schiebt sich zwischen Brustkorb und Schulterblatt (**c, d**). Zusammen mit dem M. latissimus dorsi dreht er den Arm nach innen. Beachten Sie die Drehung des M. latissimus dorsi kurz vor seiner Ansatzsehne.

natus), dann würde er zwangsläufig eine Außenrotation herbeiführen.

Zu den Innenrotatoren **(Abb. 4.76a u. b)** gehören:

- der *M. teres major* und
- der *M. latissimus dorsi.*

M. teres major

Die Ansatzsehne des an der unteren Schulterblattecke entspringenden *M. teres major* zieht dann auch tatsächlich durch die Achselhöhle hindurch zur Vorderfläche des Oberarmknochens und setzt dort unterhalb des Tuberculum minus an. Daher kann der Muskel den Arm adduzieren und nach innen drehen. Zwischen dem Unterrand des M. teres minor und dem Oberrand des M. teres major entsteht eine schlitzförmige Muskellücke (sog. *Achsellücke*), durch die Nerven und Gefäße zum Arm führen.

M. latissimus dorsi

Nahezu den selben Ansatz wie der M. teres major hat der *M. latissimus dorsi* **(Abb. 4.76c, d)**. Die Übersetzung des lateinischen Superlativs („breitester Muskel des Rückens") trifft zu, da es sich um eine riesige Muskelplatte handelt, die mehr als die Hälfte der gesamten Rückenfläche einnimmt. Die Dicke beträgt aber normalerweise nur einige wenige Millimeter. Der Muskel entspringt von den Dornfortsätzen der unteren Brustwirbel und der Fascia thoracolumbalis *(Pars vertebralis)*, dem Darmbeinkamm *(Pars iliaca)* und den 3–4 unteren Rippen *(Pars costalis)*.

Er umgibt Brustkorb und Lendenregion wie ein Korsett, zieht schräg aufwärts durch die Achselhöhle und schlingt sich um den M. teres major herum nach vorne. Dort setzen beide Muskeln, nur durch einen Schleimbeutel getrennt, gemeinsam an. Auf dem letzten Stück um den Brustkorb herum ist seine Verlaufsrichtung zwangsläufig von hinten nach vorne, so dass der Muskel nicht nur eine kräftige *Innenrotation* hervorruft, sondern vor allem den Oberarm nach hinten führt *(Retroversion)*. Umgekehrt zieht der Muskel bei festgehaltenem Oberarm den Körper nach vorne oben. Wenn wir am Reck hängen und einen Klimmzug durchführen (oder es versuchen), spannen wir hauptsächlich diesen Muskel und den M. trapezius an. Erst in der abschließenden Phase übernimmt der große Brustmuskel die Belastung.

Vordere Muskeln

M. pectoralis major

Der *M. pectoralis major* (großer Brustmuskel) ist wohl nach dem „Bizeps" *(M. biceps brachii)* der bekannteste Muskel überhaupt **(Abb. 4.77)**. Er bestimmt beim Mann die Kontur des Brustkorbs, bei der Frau die Form und Lage der Brustdrüse und ist daher ganz eng mit unserem eigenen „Body-Image" verknüpft.

Schulter- und Armmuskulatur

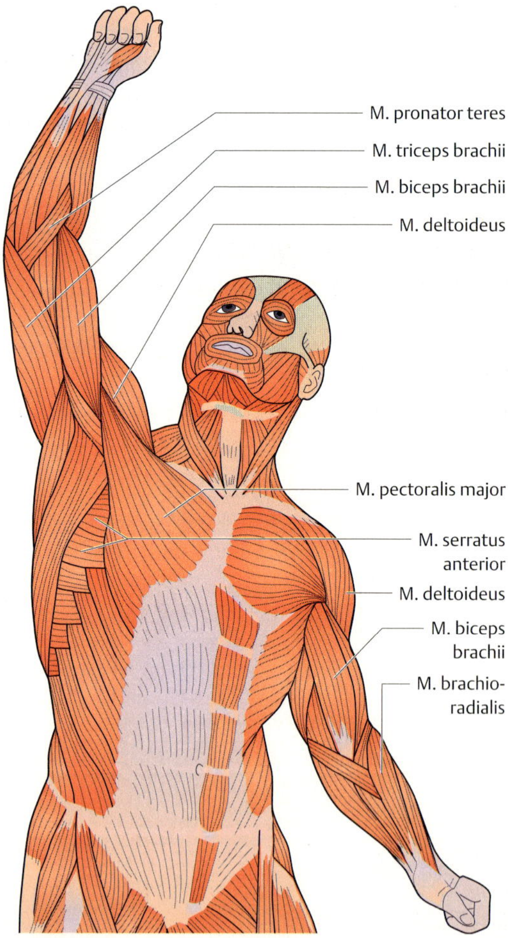

Abb. 4.77 Bei angehobenem Arm erkennt man die Ursprungszacken des M. serratus anterior an den seitlichen Rippen. Gut erkennbar ist auch die Achselgrube, eine Grube zwischen Brust-, Rücken- und Armmuskulatur.

Den fächerförmig auf seiner Ansatzstelle an der Außenfläche des Oberarmknochens zulaufenden Muskel teilt man – wie könnte es anders sein – in *drei Abschnitte* auf:

- Der oberste Abschnitt entspringt an der Unterseite des Schlüsselbeins (daher *Pars clavicularis)*,
- der mittlere an der Außenseite des Brustbeins und an den oberen Rippenknorpeln *(Pars sternocostalis)*,
- der untere am vorderen Blatt der Rektusscheide im Bereich des Oberbauchs *(Pars abdominalis)*.

Die Muskelfasern verdrillen sich um 180°, so dass die unten entspringenden Muskelfasern am weitesten oben ansetzen und umgekehrt; dadurch gewinnen die einzelnen Anteile in geringem Umfang unterschiedliche Funktionen. Insgesamt zieht der M. pectoralis major den Arm zum Körper *(Adduktion)*, führt ihn nach vorne *(Anteversion)* und dreht ihn nach innen *(Innenrotation)*.

Die Anteversion des Arms unterstützt auch der langgezogene *M. coracobrachialis*. Er entspringt am Rabenschnabelfortsatz und zieht am Oberarmknochen entlang, bis er etwa in der Mitte seiner Vorderfläche ansetzt.

M. deltoideus

Wie eine Kappe sitzt der große Deltamuskel *(M. deltoideus)* der Schulter auf (vgl. **Abb. 4.83** und **4.84**, S. 142). Auch dieser Muskel ist eng mit dem (besonders männlichen) Ego verbunden. „Breite Schultern“ entstehen meist weniger durch einen ausgedehnten Thorax als vielmehr durch einen gut entwickelten M. deltoideus.

Der Deltamuskel ist wegen seiner ungeheuren Vielseitigkeit an nahezu allen Bewegungen der Schulter beteiligt. Sein vorderer Abschnitt *(Pars clavicularis)* entspringt der Außenseite des Schlüsselbeins und dreht folglich den Arm nach innen. Die kräftige *Pars acromialis* zieht in gerader Richtung über die Schulter hinweg und hebt den Arm in die Horizontale, während die *Pars spinata* vom Schulterblattkamm schräg abwärts zieht und den Arm nach außen dreht. Alle Muskelfasern laufen spitz („deltaförmig“) auf die Außenseite des Oberarmknochens zu und enden in der *Tuberositas deltoidea* unterhalb des großen Oberarmhöckers. Diese Ansatzstelle ist mehr als 10 cm von der Achse des Schultergelenks entfernt; daher entwickelt der Deltamuskel erhebliche Kraft beim Anheben des Arms zur Seite.

Die Muskeln, welche auf das Schultergelenk wirken, bilden die oberflächliche Schicht der Rumpfmuskulatur. Außen- und Innenrotatoren drücken stets den Oberarm an den Brustkorb heran. Der einzige Muskel, der den Oberarm anheben kann, ist der Deltamuskel.

4.10 Ellenbogen

Unterarmknochen

Auch das Skelett des Unterarms besteht, wie das des Unterschenkels, aus zwei langen Röhrenknochen, die allerdings wesentlich gleichwertiger sind als am Bein. Es sind dies:

- die Elle *(Ulna)* und
- die Speiche *(Radius)*.

Elle und Speiche können wir gegeneinander verdrehen ***(Abb. 4.78)*** und damit die Hand um fast 180° wenden.

Elle

An der Innenseite des Unterarms, also dem kleinen Finger benachbart, ist die Elle *(Ulna)* auf ihrer ganzen Länge zwischen dem inneren Rand des Oberarmknochens und dem Handgelenk tastbar ***(Abb. 4.79)***.

(Die „Elle“ ist ein historisches Längenmaß. In den meisten Gegenden war die Elle allerdings fast einen Meter lang, hatte also nichts mit der anatomischen Elle zu tun.)

Supination und Pronation

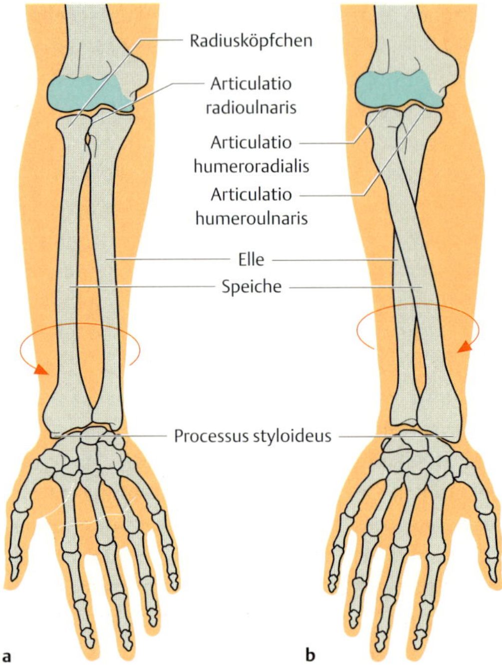

Abb. 4.78a, b Bei Auswärtsdrehung (Supination) liegen Elle und Speiche parallel nebeneinander (**a**). Der Daumen weist nach außen, die Handfläche nach vorn und oben. Die Einwärtsdrehung (Pronation, **b**) überkreuzt Elle und Speiche. Der Daumen weist zum Körper, die Handflächen nach hinten und unten.

Knochen und Bänder des Unterarms

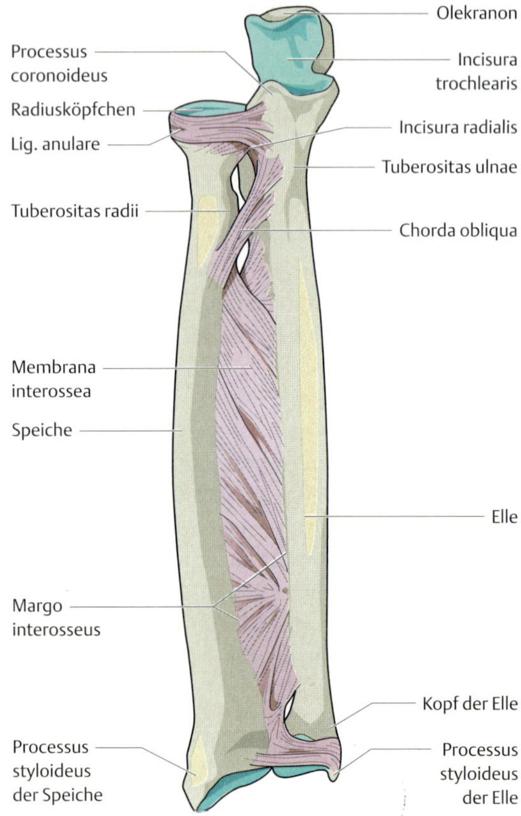

Abb. 4.79 Elle und Speiche sind an jeweils beiden Enden beweglich miteinander verbunden. Beide Unterarmknochen haben Anteil am Ellenbogen- und am Handgelenk. Eine straffe Membran zwischen Elle und Speiche begrenzt die Beweglichkeit bei der extremen Auswärtsdrehung (Supination) der Hand. Das Lig. anulare lässt das obere Ende der Speiche frei um seine eigene Achse gleiten.

Olekranon

An seinem oberen Ende *(proximale Epiphyse)* verdickt sich der Knochen zum eigentlichen Ellenbogenknochen *(Olekranon)*, an dem die Strecker des Ellenbogengelenks ansetzen. Ein zylinderförmiger Einschnitt *(Incisura trochlearis)* umgreift die Trochlea humeri über einem Winkel von beinahe 180° und bildet so die Grundlage für eine feste knöcherne Führung des Ellenbogengelenks.

Die Gelenkfläche ist unterschiedlich stark überknorpelt; die größte Dicke weist der Knorpel am oberen Rand und an einem spornartigen Knochenerker auf der Vorderseite *(Processus coronoideus)* auf.

Bei maximaler Streckung des Unterarms gleitet das Olekranon in die *Fossa olecrani* auf der Rückseite des Oberarmknochens. Bei maximaler Beugung senkt sich der Processus coronoideus in die vordere *Fossa coronoidea* hinein. An der äußeren Seitenfläche des Processus coronoideus dellt sich die Gelenkpfanne für das Speichenköpfchen *(Incisura radialis)* als flache, viereckige Vertiefung in den Knochen ein.

Schaft

Der Schaft der Elle, also die Diaphyse, verjüngt sich zusehends und nimmt einen dreieckigen Querschnitt an. Die Kanten befinden sich gegenüber der Speiche *(Margo interosseus)* sowie an der Vorder- und Hinterseite des Knochens *(Margo anterior* und *posterior)*.

Kopf

Am unteren Ende („Kopf", *Caput ulnae*) bildet die Elle den kleineren Teil des oberen Handwurzelgelenks. Ein gut tastbarer Knochensporn *(Processus styloideus)* umgreift das Gelenk an der Kleinfingerseite und gibt ihm eine seitliche Führung (vgl. Innen- und Außenknöchel am oberen Sprunggelenk). Die dem Processus styloideus gegenüberliegende Kante ist abgerundet und überknorpelt und bildet den Kopf für die gelenkige Verbindung mit der Speiche.

Speiche

Die Speiche *(Radius)* ist in gewisser Weise das Spiegelbild der Elle: Sie verbreitert sich von oben nach unten und hat einen geringen Anteil am Ellenbogen-, aber einen großen am oberen Handwurzelgelenk.

Köpfchen

Die Speiche beginnt mit dem drehrunden, deutlich vom Rest des Knochens abgegrenzten Radiusköpfchen *(Caput radii)*. Seine Oberseite ist als Gelenkpfanne für das kleine Capitulum humeri eingedellt und überknorpelt.

Schaft

Der Schaft der Speiche ist wie derjenige der Elle dreikantig. Zwischen den inneren Kanten von Elle und Speiche spannt sich die biegsame, jedoch sehr zugfeste *Membrana interossea* aus.

Oberes Handwurzelgelenk

An der Rückseite des rumpffernen Endes der Speiche, oberhalb der Handwurzel, lassen sich einige parallele Längsleisten tasten, zwischen denen die Sehnen der langen Hand- und Fingerstrecker zum Handrücken ziehen. Die Gelenkfläche des oberen Handwurzelgelenks *(Facies articularis carpalis)* ist meistens zweigeteilt und trägt daumenwärts ebenfalls einen kleinen Knochensporn *(Processus styloideus)*.

Radiusfraktur. Bei einer zu starken Belastung des Handgelenks, z.B. wenn man einen Sturz mit einer Hand abzufangen versucht, bricht die Speiche häufig kurz oberhalb der Handwurzel schräg durch. Meist steht die Handwurzel danach nicht mehr in einer Linie mit dem Unterarm (Bajonettstellung). Man behandelt eine Radiusfraktur in der Regel konservativ, also durch Ruhigstellen in einer Gipsschiene. Zuvor hängt man den Arm aus, damit beide Fragmente der Speiche zueinander in die richtige Lage kommen. Beim Eingipsen sollte man darauf achten, das Handgelenk leicht zum Handrücken hin zu verkippen und Daumen und Zeigefinger ausreichend Spiel zu lassen. Nach einigen Tagen wird die Gipsschiene durch einen zirkulären Kunststoffverband ersetzt, der 4–5 Wochen getragen werden sollte.

Elle und Speiche haben beide Anteil sowohl am Ellenbogengelenk als auch am Handgelenk. Liegen sie parallel zueinander, dann ist die Handfläche supiniert, sind sie überkreuzt, dann ist die Hand proniert.

Ellenbogengelenk

Ähnlich wie das Kniegelenk ist auch das Ellenbogengelenk *(Articulatio cubiti)* aus mehreren Teilgelenken zusammengesetzt, die jedes für sich eigenständige Bewegungen ausführen können.

Funktion

Das Gelenk zwischen Oberarmknochen und Elle *(Articulatio humeroulnaris)* ist ein Scharniergelenk – das einzige wirklich reinrassige unseres Körpers – und erlaubt außer der Beugung *(Flexion)* des Unterarms um 140–160° keinerlei weitere Bewegungen, also weder Ab- noch Adduktion, noch Innen- oder Außenrotation ***(Abb. 4.80)***.

Im Gegensatz dazu handelt es sich bei der Verbindung zwischen Oberarmknochen und Speiche *(Articulatio humeroradialis)* eigentlich um ein Kugelgelenk. Das kugelige Capitulum humeri gleitet in der

Beuger im Ellenbogengelenk

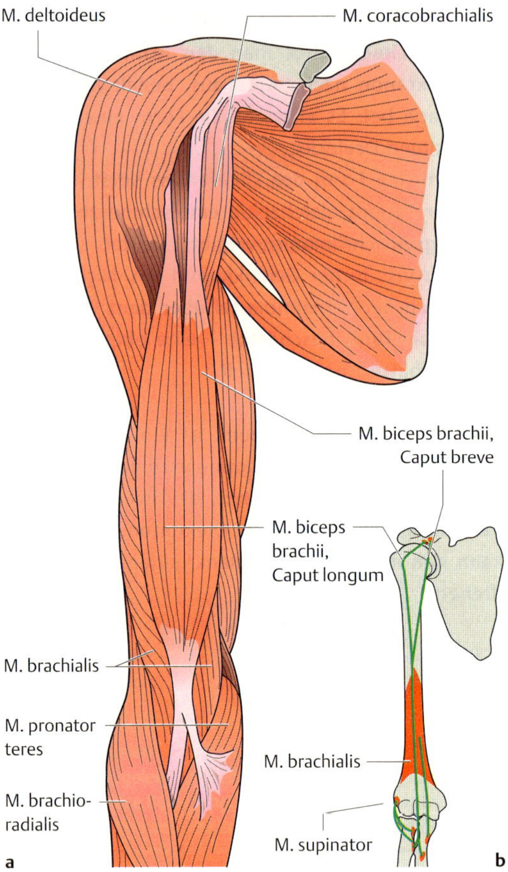

Abb. 4.83a, b Der M. brachialis hat seinen Ursprung großflächig am Oberarmknochen und ist der stärkste Beuger im Ellenbogengelenk. Der M. biceps brachii überspringt Schulter- und Ellenbogengelenk. Die lange Ursprungssehne zieht durch das Schultergelenk hindurch.

Strecker im Ellenbogengelenk

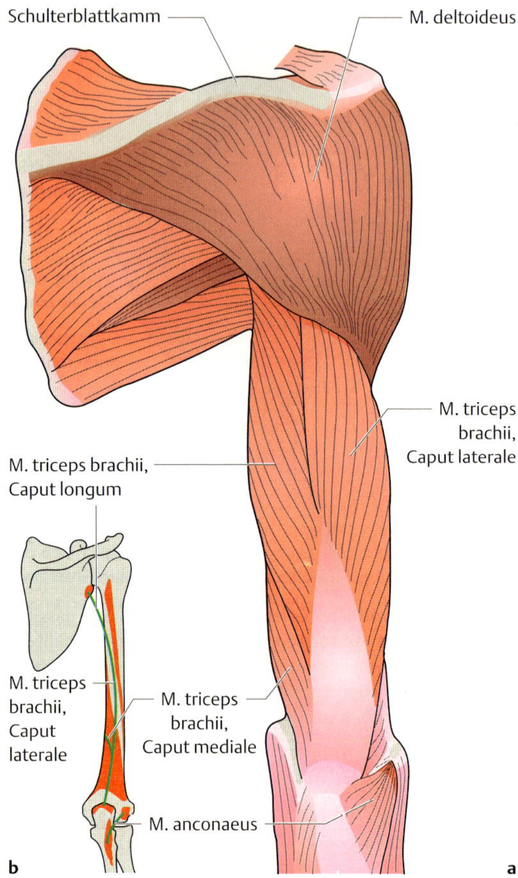

Abb. 4.84a, b Die Rückseite des Oberarms nimmt der M. triceps brachii ein, der einzige Strecker im Ellenbogengelenk. Beachten Sie, dass der M. triceps ebenfalls mit seinen langen Anteilen oberhalb des Schultergelenks, nämlich am Schulterblatt, entspringt.

Strecker

M. triceps brachii

Auf der Rückseite des Oberarms befindet sich ein einziger Muskel, der Trizeps *(M. triceps brachii)*, der sich allerdings genau wie der M. quadriceps am Oberschenkel aus mehreren Anteilen zusammensetzt **(Abb. 4.84)**.

Sein langer Kopf *(Caput longum)* entspringt am unteren Rand der Gelenkpfanne des Schulterblatts und zieht durch die Achsellücke, also zwischen M. teres minor und major, auf die Rückseite des Oberarmknochens. Etwa in halber Höhe des Humerusschafts verbindet sich der lange Kopf mit dem seitlichen Teil des Muskels *(Caput laterale)*, der unterhalb des Tuberculum majus entspringt. Ebenfalls am Oberarmknochen, und zwar breitflächig an dessen Innen- und Rückseite, entspringt der mittlere Kopf *(Caput mediale)*, der stärkste Anteil des Ellenbogenstreckers. Zusammen setzen alle drei Teile mit einer starken gemeinsamen Sehne am Olekranon an. Der Trizeps ist der einzige Strecker im Ellenbogengelenk. Bei einer Lähmung oder einem Sehnenriss können wir den Unterarm nur mehr passiv, also der Schwerkraft folgend strecken.

Die Muskeln, die auf das Ellenbogengelenk wirken, liegen am Oberarm: vorne die Beuger (M. brachialis und der Bizeps) hinten die Strecker (M.triceps brachii).

4.11 Handgelenk und Finger

Knochen und Bänder der Hand

Handwurzel

Handwurzelknochen

Die Handwurzel *(Carpus)* verbindet Elle und Speiche mit den fünf Mittelhandknochen ***(Abb. 4.85)***. Sie besteht aus acht unregelmäßig geformten kurzen Knochen. Vier dieser Handwurzelknochen grenzen unmittelbar an Elle und Speiche, nämlich (von ulnar nach radial):

- das Dreiecksbein *(Os triquetrum)* mit dem beugeseitig als Sesambein in eine Sehne eingeschalteten Erbsenbein *(Os pisiforme)*,
- das Mondbein *(Os lunatum)* und
- das Kahnbein *(Os scaphoideum,* klinisch auch *Os naviculare)*.

Knochen der Hand

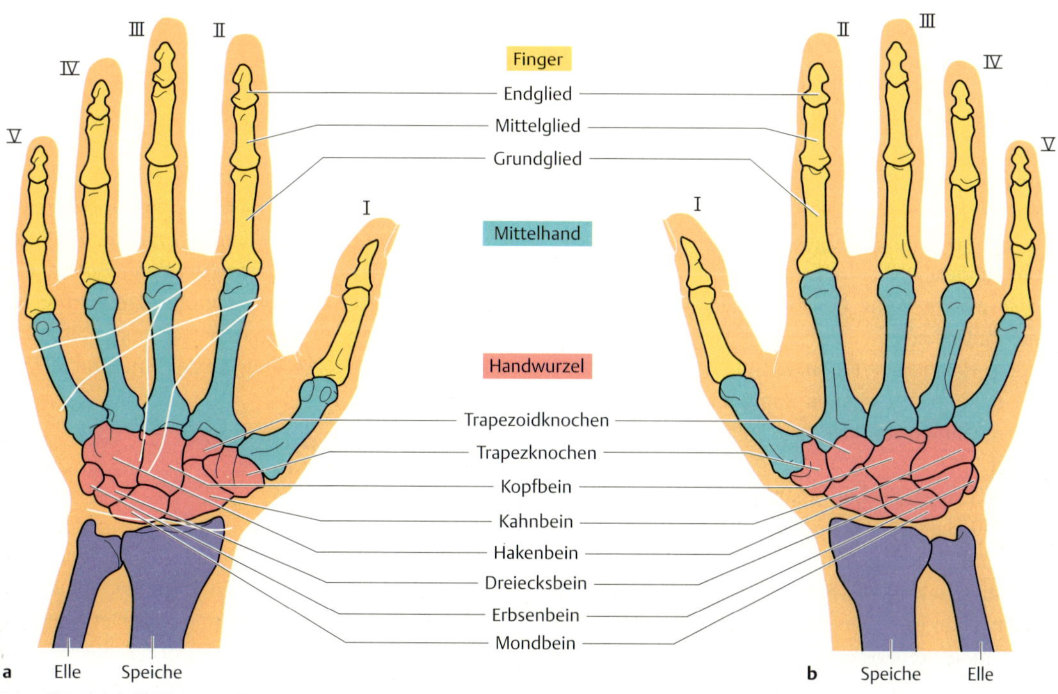

Abb. 4.85a, b Die Knochen der Hand entsprechen weitgehend den Fußknochen. Handwurzel- (rot), Mittelhand- (blau) und Fingerknochen (gelb) lassen sich gegeneinander gut abgrenzen. (**a**) zeigt einen Blick auf das Skelett der Handfläche, (**b**) auf das des Handrückens.

Bänder der Hand

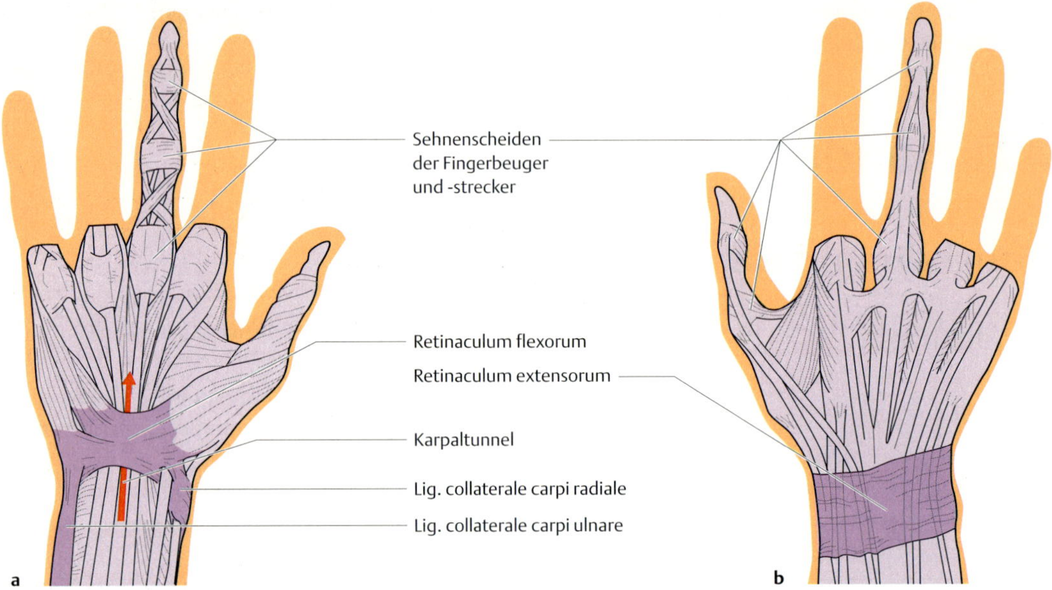

Abb. 4.86a, b Die Sehnen der Beuge- und Streckmuskeln laufen unter derben Bändern an der Handwurzel hindurch (Retinaculum flexorum bzw. extensorum). Durch den Karpaltunnel zieht auch der wichtige N. medianus. (**a**) Handfläche, (**b**) Handrücken.

Dreiecksbein, Mondbein und Kahnbein bilden gegen den Unterarm eine elliptisch geformte glatte Gelenkfläche für das obere Handwurzelgelenk *(Articulatio radiocarpalis)* und fingerwärts eine gezackte Linie, die mit der zweiten Reihe der Handwurzelknochen das untere Handwurzelgelenk *(Articulatio mediocarpalis)* bildet.

Diese zweite Reihe besteht (wiederum von ulnar nach radial) aus:

- dem Hakenbein *(Os hamatum)*,
- dem zentral gelegenen Kopfbein *(Os capitatum)*,
- dem kleinen Trapezoidknochen *(Os trapezoideum)* und
- dem Trapezknochen *(Os trapezium)*.

Die seitlichen Handwurzelknochen springen gegen die Handfläche vor und bilden so ein Quergewölbe. Zwischen Haken- und Erbsenbein einerseits und Trapezknochen und Kahnbein andererseits überspannt das *Retinaculum flexorum* ***(Abb. 4.86)*** das Gewölbe, welches sich damit zu einer allseits geschlossenen Röhre, dem Karpaltunnel *(Canalis carpi)*, schließt.

Karpaltunnel

Im Karpaltunnel ***(Abb. 4.86a)*** verlaufen die Sehnen der langen Fingerbeuger des Unterarms und der N.medianus. Wenn der Kanal zu eng angelegt ist, kann der Nerv hier eingeklemmt und dauerhaft geschädigt werden *(Karpaltunnelsyndrom)*. Auf der Gegenseite bedeckt das Retinaculum extensorum die Sehnen der langen Fingerstrecker und hält diese auch bei stärkerer Streckung an der Handwurzel fest.

Mittelhand und Finger

Mittelhand

Als Mittelhand *(Metacarpus)* bezeichnet man den Bereich zwischen der unteren Reihe der Handwurzelknochen und den Fingern. Ihr Skelett besteht aus den 5 Mittelhandknochen *(Ossa metacarpi)*. Diese Röhrenknochen besitzen eine spitzgiebelige Basis, deren Gelenkfläche zu den jeweils zwei benachbarten Handwurzelknochen Kontakt hat, einem schlanken, beugeseitig spitz zulaufenden Schaft

(Corpus) und einem halbkugelförmigen Kopf *(Caput)*, der mit einer entsprechend geformten Einsenkung am Fingergrundgelenk Verbindung aufnimmt.

Finger

Die Finger *(Digiti, Phalanges)* bestehen jeweils aus Grund-, Mittel- und Endglied *(Phalanx proximalis, media, distalis)*, die weitgehend die gleiche Form wie die Mittelhandknochen aufweisen.

Besonderheiten des Daumens

Genau wie auch die Großzehe, ist der Daumen *(Pollex)* in vieler Hinsicht anders als die übrigen Finger. Dies beginnt damit, dass er nicht drei, sondern nur zwei freie Glieder, nämlich das Grund- und das Endglied besitzt. Außerdem ist die Verbindung zwischen Handwurzel (Trapezknochen) und dem ersten Mittelhandknochen nicht wie bei den übrigen Fingern ein kaum bewegliches straffes Gelenk, sondern lässt als Sattelgelenk Bewegungen in zwei Achsen (Ab- und Adduktion, Beugung und Streckung) zu.

! Elle und Speiche verbinden sich mit den Handwurzelknochen in einem zusammengesetzten Gelenk. Dieses erlaubt Bewegungen um zwei Achsen (Beugen und Strecken, Abduktion und Adduktion). Anders als beim Fuß lässt sich der erste Mittelhandknochen auch gegen die Handwurzel bewegen und erlaubt damit das Gegengreifen des Daumens (Opposition).

Muskeln des Handgelenks

Beuger

Auf der Beugeseite des Unterarms tummeln sich verwirrend viele Muskeln. Hier sollen nur drei Muskeln besprochen werden, die ausschließlich am Handgelenk wirken (Beugung bis ca. 60°), also nicht weiter zu den Fingern ziehen.

M. flexor carpi ulnaris

Der *M. flexor carpi ulnaris* **(Abb. 4.87)** begrenzt die ulnare Seite des Unterarms. Mit zwei getrennten Köpfen entspringt der Muskel am inneren Epikondylus des Oberarmknochens und am Hinterrand der Elle. Seine Ansatzsehne läuft über das Erbsenbein zur Beugeseite des Hakenbeins. Wegen seiner nahezu senkrechten Verlaufsrichtung beugt der M. flexor carpi ulnaris die Hand und lenkt sie nach ulnar um. Der Umfang dieser *Ulnarabduktion* ist individuell stark verschieden (20–40°). Eine mäßige Ulnarabduktion (10–20°) ist die eigentlich normale Funktionsstellung der Hand.

M. flexor carpi radialis

Ebenfalls oberflächlich am inneren Epikondylus entspringt der *M. flexor carpi radialis*. Der Muskel wechselt auf der Vorderfläche des Unterarms die Seite, zieht in den Karpaltunnel hinein und setzt an der Basis des 2. Mittelhandknochens an. Der Muskel kann

Beuger der Hand und der Finger, oberflächliche Schicht

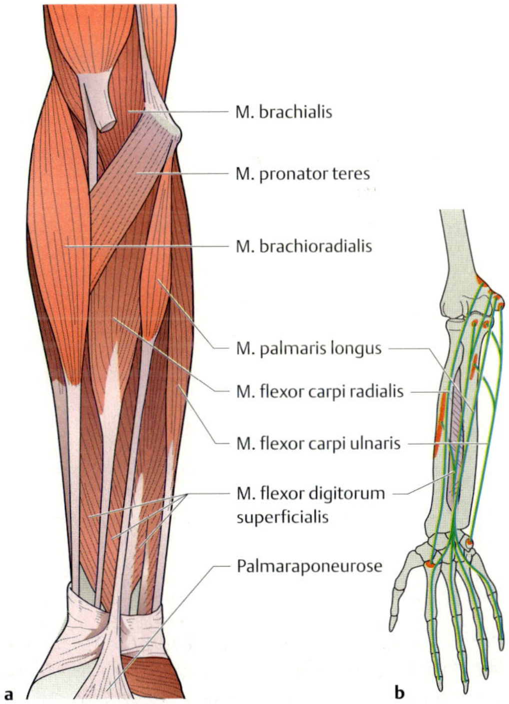

Abb. 4.87a, b Die oberflächliche Muskulatur der Oberarm-Vorderseite überspringt größtenteils Ellenbogen- und Handgelenk. Beachten Sie, wie weit sich die Ansatzsehne des M. palmaris longus in der Handfläche auffächert.

die Handfläche beugen und in Richtung zum Daumen schwenken. Wegen der strafferen Bandführung ist diese *Radialabduktion* nur bis zu ca. 25–30° möglich.

M. palmaris longus

Neben der Sehne des M. flexor carpi radialis, nur etwas oberflächlicher und mehr ulnar, lässt sich die Sehne des *M. palmaris longus* tasten. Auch dieser kleine Muskel entspringt dem inneren Epikondylus des Oberarmknochens, endet jedoch sehr bald, noch im oberen Drittel des Unterarms, in einer langen dünnen Ansatzsehne.

Strecker

Die Strecker haben ihren Ursprung gegenüber, also am seitlichen Epikondylus des Oberarmknochens, tragen aber wie jene nur wenig zur Beugung im Ellenbogengelenk bei. Die Strecker können den Handrücken um 30–80° anheben, je nach Konstitution des Bandapparats der Handfläche.

M. extensor carpi ulnaris

Der *M. extensor carpi ulnaris* ***(Abb. 4.88)*** verfolgt in der oberflächlichen Schicht den Verlauf des Knochens. Er zieht die Hand vorwiegend nach ulnar, während seine Streckwirkung auf das Handgelenk wegen des ungünstigen Hebelarms eher gering ist.

M. extensor carpi radialis

Der M. extensor carpi radialis ist ein meist vollständig zweigeteilter Muskel. Sein langer Anteil *(M. extensor carpi radialis longus)* entspringt unterhalb des M. brachioradialis und wird von diesem zum größten Teil bedeckt. Noch weiter unten, direkt an der Spitze des seitlichen Epikondylus, beginnt der kurze Anteil *(M. extensor carpi radialis brevis)*, der

Strecker der Hand und der Finger, oberflächliche Schicht

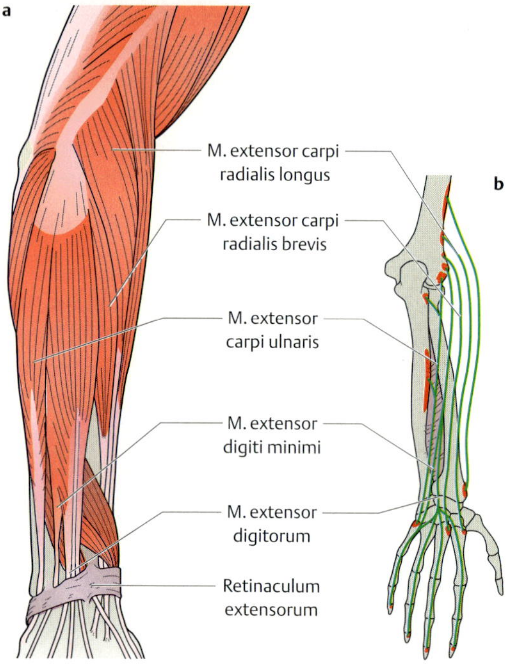

Abb. 4.88a, b Die meisten oberflächlichen Strecker überspringen wie die Beuger sowohl Ellenbogen- als auch Handgelenk. Die Fingerstrecker fächern sich erst recht spät auf, daher fällt das Strecken eines einzelnen Fingers ohne seine Nachbarn schwer.

auf seiner ganzen Strecke dessen ulnarem Rand anliegt.

! Die Beuger des Handgelenks befinden sich an der Innenseite des Unterarms (palmar), die Strecker an der Außenseite. Die meisten Unterarmmuskeln bewegen jedoch sowohl die Finger als auch die Hand.

Muskeln der Fingergelenke

Beuger

M. flexor digitorum profundus

Die Fingerbeuger liegen in der Tiefe der Vorderseite des Unterarms. Der *M. flexor digitorum profundus* (tiefer Fingerbeuger) entspringt großflächig aus der Vorderfläche der Elle und der Membrana interossea ***(Abb. 4.89a,b)***. Schon im oberen Drittel spalten sich die Muskelfasern auf und ziehen mit getrennten Ansatzsehnen durch den Karpaltunnel zu den Endgliedern des 2. bis 5. Fingers – eine Voraussetzung

Beuger der Hand und der Finger, tiefe Schicht

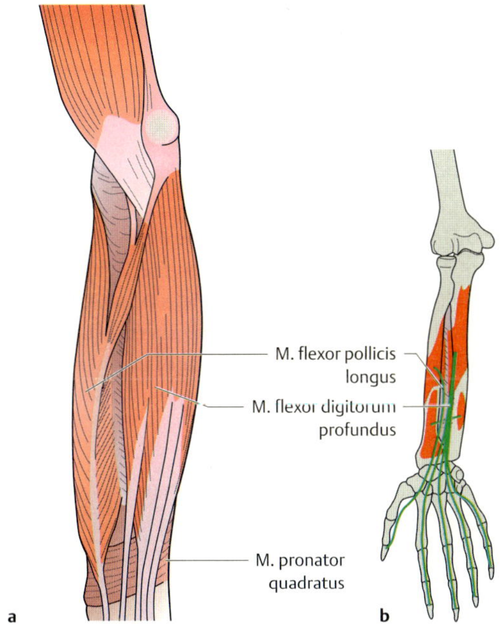

Abb. 4.89a, b Die Abbildung zeigt die tiefe Muskulatur an der Vorderseite des Unterarms. Die Beuger des 2. bis 5. Fingers sind von dem des Daumens klar getrennt.

dafür, dass wir jeden Finger weitgehend unabhängig von den übrigen beugen können. Im Bereich der Finger und im Karpaltunnel umgeben kräftige Sehnenscheiden die Ansatzsehnen der Fingerbeuger und ermöglichen die ungemein fein abgestufte Kraftentfaltung, die wir für jede Art feiner manueller Tätigkeit (Musizieren, Schreiben, Mikrochirurgie) benötigen.

M. flexor pollicis longus

Ursprünglich ein Teil des tiefen Fingerbeugers, hat sich der *M. flexor pollicis longus* (langer Daumenbeuger) auf der Vorderseite der Speiche zum eigenständigen Muskel entwickelt. Der Muskel setzt am Endglied des Daumens an und kann wegen seiner radialen Lage nicht nur den Daumen anwinkeln, sondern auch das Handgelenk in Richtung Speiche abduzieren.

M. flexor digitorum superficialis

Beide Muskeln sind normalerweise vollständig von dem breitflächigen *M. flexor digitorum superficialis* (oberflächlicher Fingerbeuger) bedeckt. Seine flache Muskelplatte entspringt am inneren Epikondylus, am Processus coronoideus der Elle und an der Vorderfläche der Speiche. Wegen des unterschiedlichen Ansatzes der beiden Fingerbeuger können wir im Grund- und Mittelgelenk wesentlich mehr Kraft aufbringen als im Endgelenk.

Strecker

Auf der Rückfläche der Elle entspringen in der Tiefe des Unterarms der *M. extensor indicis* (Zeigefingerstrecker), etwas darüber und mehr radial der *M. extensor pollicis longus*, auch langer Daumenstrecker ***(Abb. 4.90)***. Die beiden langgestreckten schlanken Muskeln enden in Sehnen, die durch die 4. bzw. die 3. Loge des Streckerbandes den Handrücken erreichen. Während die Sehne des Zeigefingerstreckers meistens mit den übrigen Streckersehnen verschmilzt, springt die des Daumenstreckers vor ihrem Ansatz am Endglied als derber Strang unter der Haut vor. Seitlich (radial) von dieser Sehne entsteht beim

Strecker der Hand und der Finger, tiefe Schicht

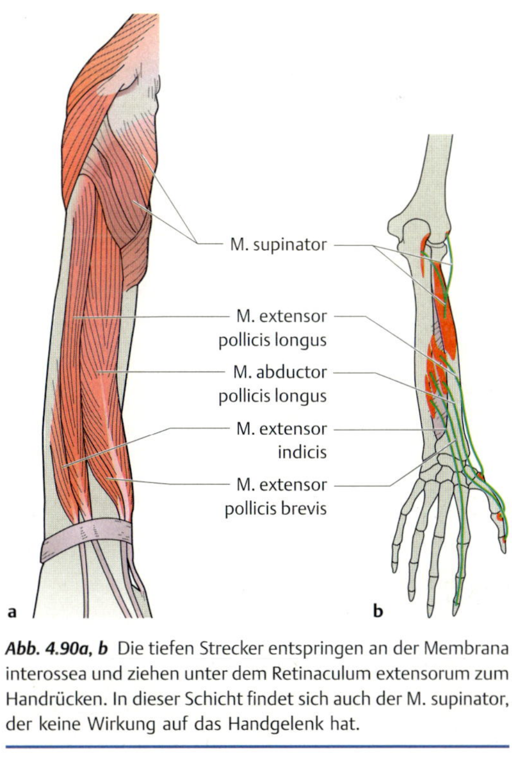

Abb. 4.90a, b Die tiefen Strecker entspringen an der Membrana interossea und ziehen unter dem Retinaculum extensorum zum Handrücken. In dieser Schicht findet sich auch der M. supinator, der keine Wirkung auf das Handgelenk hat.

Anheben des Daumens eine Senke, die man zum Einfüllen von Schnupftabak missbrauchen kann (daher *Tabatière*). Der Name hat sich gehalten, obwohl das Schnupfen in Deutschland ziemlich aus der Mode gekommen ist. An der Streckung wirken darüber hinaus sechs kleinere Muskeln mit, die etwas oberflächlicher am Unterarm gelegen sind.

Bewegungsausschläge der Fingergelenke

Wie die Bewegungsausschläge des Handgelenks sind auch diejenigen der Fingergelenke von Person zu Person stark unterschiedlich. Im Grundgelenk können wir die Finger durchschnittlich um 5–10° aktiv überstrecken *(Extension)*, wobei viele Frauen durchaus Werte um 40° erreichen. Die aktive Beugung *(Flexion)* beträgt in den Grundgelenken maximal ca.90°, in den Mittelgelenken 110°, in den Endgelenken 80°. Den Daumen können wir im Grundgelenk zwar nur um ca. 40° beugen, dafür ist die Beweglichkeit des 1. Mittelhandknochens außerordentlich hoch – eine notwendige Voraussetzung für die Opponierbarkeit des Daumens.

! Im Gegensatz zum Fuß bewegt eine Vielzahl von Muskeln die Finger. Sie befinden sich überwiegend am Unterarm und sind aus der Aufspaltung weniger größerer Muskeln entstanden. Dadurch lassen sich einzelne Finger in einem weiten Umfang getrennt von den übrigen Fingern bewegen.

Kurze Muskeln der Hand

Tiefe Muskelschichten

Bei der Besprechung der kurzen Handmuskeln **(Abb.4.91)** können wir auf unser Wissen am Fuß zurückgreifen. Auch an der Hand gibt es 7 Mm. interossei, 3 beuge- und 4 streckseitig. An der Sehne des M. flexorum digitorum profundus, unmittelbar nach Verlassen der Sehnenscheide des Karpaltun-

Kurze Handmuskeln

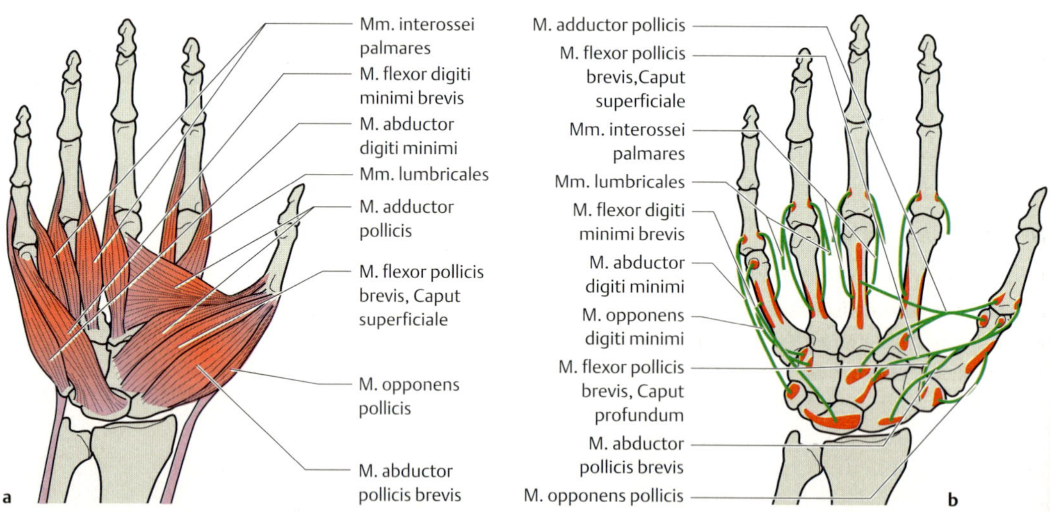

Abb. 4.91a, b Wie am Fuß finden sich kurze Muskeln fast ausschließlich in der Handfläche, nicht dagegen am Handrücken. Die Muskeln sind jedoch sehr viel stärker voneinander getrennt und nicht durch parallele Sehnenstränge in ihrer Beweglichkeit eingeschränkt. Beachten Sie die starke Muskulatur des Daumenballens, mit der wir den Daumen beim Greifen den anderen Fingern gegenüberstellen (opponieren) können.

nels, entspringen wie am Fuß 4 Mm. lumbricales. Sie setzen an der daumenseitigen (radialen) Fläche der Dorsalaponeurose des 2.–5. Fingers an und können wie die Mm. interossei die Mittel- und Endgelenke strecken sowie die Grundgelenke beugen.

Muskeln des Daumenballens

Die große Beweglichkeit und Kraftentfaltung des Daumens beruht hauptsächlich auf einer Reihe spezialisierter Muskeln des Daumenballens *(Thenar)*.

M. adductor pollicis

Der kräftigste dieser Muskeln, der *M. adductor pollicis*, führt den Daumen an den Zeigefinger heran und kann ihn auch selbstständig in Opposition zu den übrigen Fingern bringen.

M. flexor pollicis brevis

Weiter radial schließt sich an den M. adductor pollicis der *M. flexor pollicis brevis* (kurzer Daumenbeuger) an. Auch dieser Muskel setzt über ein Sesambein am Daumengrundglied an und dient hauptsächlich der kraftvollen „Oppositionsbewegung".

M. opponens pollicis

Ein weiterer Muskel der „Oppositionsfraktion" ist der *M. opponens pollicis*. Nach einem gemeinsamen Ursprung bedeckt der flächige Muskel den kurzen Daumenbeuger fast vollständig, zieht dann aber quer zur Außenseite des 1. Mittelhandknochens. Der M. opponens pollicis bewegt daher ausschließlich den Daumen im Sattelgelenk zwischen Handwurzel und Mittelhand.

M. abductor pollicis brevis

Doch auch der M. opponens bildet noch nicht die oberflächlichste Schicht des Daumenballens. Diese entsteht durch den *M. abductor pollicis brevis* (kurzer Daumenspreizer). Der gut tastbare Muskel kann den Daumen von der Handfläche abspreizen.

Muskeln des Kleinfingerballens

Die letzten vier Handmuskeln liegen alle im Bereich des Kleinfingerballens *(Hypothenar)* an der Beugeseite der Hand.

M. opponens digiti minimi

Der *M. opponens digiti minimi* kann den kleinen Finger geringfügig in Opposition zum Daumen bringen. In der Hauptsache verstärkt er aber die Festigkeit der äußeren Handkante.

Dem M. opponens digiti minimi liegen zwei eng benachbarte Muskeln auf, nämlich der ulnare *M. abductor digiti minimi* und daran angrenzend der *M. flexor digiti minimi brevis* (kurzer Kleinfingerbeuger).

M. palmaris brevis

Der letzte Muskel, der *M. palmaris brevis*, hat gar keine Verbindung zum knöchernen Skelett und stelltdamit eine Kuriosität dar. Er verbindet die Palmaraponeurose mit der Haut des Kleinfingerballens. Über die funktionelle Bedeutung des Muskels besteht keine einheitliche Lehrmeinung.

Muskeldystrophie. Bei bestimmten Formen der Muskeldystrophie verkümmern die kleinen Handmuskeln und die Knochen zeichnen sich schärfer durch die Haut ab. Besonders beim Händedruck drängt sich dann unwillkürlich der beklemmende Eindruck einer Skeletthand oder von Spinnenfingern auf, was die Patienten zusätzlich zu ihrem Leiden noch gesellschaftlich diskriminiert.

Die kurzen Handmuskeln dienen nicht wie am Fuß der Verspannung von Längs- und Quergewölbe, sondern verfeinern die Beweglichkeit einzelner Finger, insbesondere des Daumens. Der kleine Finger verfügt ebenfalls über kurze Muskeln zum Opponieren, ist jedoch weniger stark beweglich.

4.12 Kopf

Hirnschädel

Stellen Sie sich einen menschlichen Schädel von der Seite vor (z.B. ***Abb. 4.92 links***) und denken Sie sich eine nach vorne leicht ansteigende horizontale Ebene durch die Gehörgänge und den oberen Rand der Augenhöhle. Diese Ebene trennt den unten vorne gelegenen Gesichtsschädel *(Viszerokranium)* vom hinten oben liegenden Hirnschädel *(Neurokranium)*. Beide Schädelteile sind sehr verschieden aufgebaut und auch aus verschiedenen Anlagen entstanden.

Mittelgesichtsfraktur. Starke Gewalteinwirkung kann den Gesichtsschädel regelrecht vom Hirnschädel abtrennen (Mittelgesichtsfraktur Le Fort III). Die Bruchlinie verläuft von der Wurzel des Nasenbeins durch beide Augenhöhlen und die Jochbeine. Diese schwere Verletzung erkannt man bei den fast immer bewusstlosen Opfern daran, dass sich das gesamte Gesicht gegen den Schädel verschieben lässt.

Knochen des Hirnschädels

Die Schädelkalotte *(Calvaria)* bedeckt zwei Drittel des Gehirns, mit Ausnahme der Schädelbasis. Die Knochen der Schädelkalotte haben sich während der Evolution der stürmischen Größenzunahme des Hirnmantels, insbesondere im Stirnbereich, angepasst. Die Knochen des Hirnschädels sind überwiegend platte Knochen. Sie bestehen aus einer äußeren und einer inneren Kortikalis-Schicht *(Lamina externa und interna)* mit einer dünnen Spongiosaschicht dazwischen *(Diploe)*. Der Hirnschädel besteht aus:

Schädelknochen

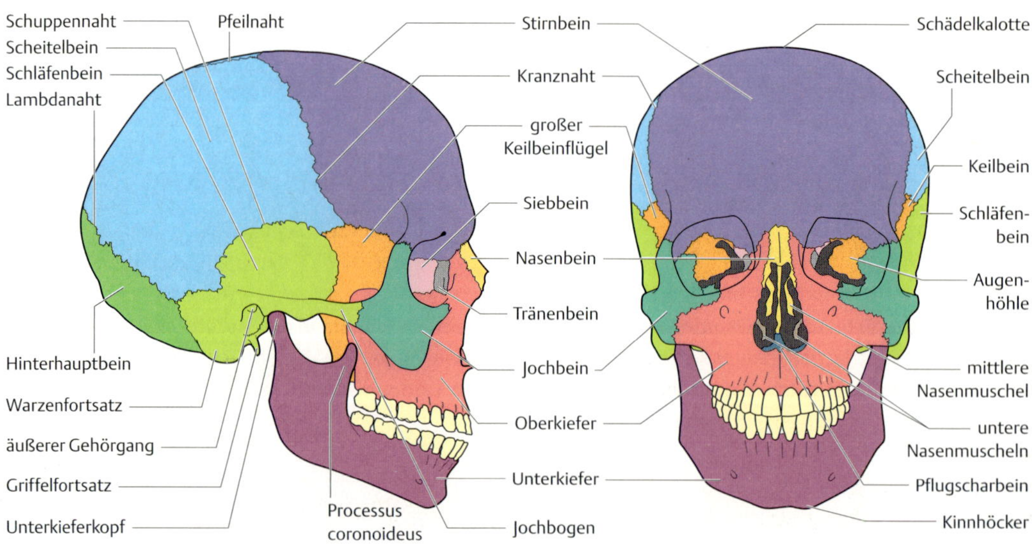

Abb. 4.92 Die Knochen des Schädels sind mit Ausnahme des Unterkiefers fest miteinander verwachsen. Beachten Sie, dass in der Augenhöhle fünf Schädelknochen zusammentreffen und sich die Knochenverbindungen von hier aus speichenartig ausbreiten. Der Jochbogen am seitlichen Schädel besteht aus Anteilen des Jochbeins und des Schläfenbeins.

- dem Stirnbein *(Os frontale)*,
- dem Scheitelbein *(Os parietale)*,
- dem Schläfenbein *(Os temporale)* und
- dem Hinterhauptbein *(Os occipitale)*.

Stirnbein

Anders als bei unseren bepelzten Verwandten, den Menschenaffen, springt das Stirnbein *(Os frontale)* über der Augenhöhle *(Orbita)* beinahe senkrecht vor. Beim Neugeborenen wird es noch durch eine bindegewebige Stirnnaht *(Sutura frontalis)* in der Körpermittellinie in eine linke und rechte Hälfte getrennt. Diese Naht verknöchert aber schon im ersten Lebensjahr und ist später nur noch selten nachzuweisen. Das Stirnbein bildet das Dach der Augenhöhle, enthält die beiden Stirnhöhlen *(Sinus frontales)* und verjüngt sich weiter oben zu der typischen Dreischicht-Bauweise der Schädelknochen.

Scheitelbein

Seitlich an das Stirnbein reicht das paarige, platte Scheitelbein *(Os parietale)* heran. Es erstreckt sich vom Ursprung des M. temporalis (über der Schläfe gut zu tasten, wenn man die Zähne rhythmisch zusammenbeißt) bis hinauf zur Mittellinie des Schädels. Linkes und rechtes Scheitelbein treffen in der Pfeilnaht *(Sutura sagittalis)* aufeinander. Die Scheitelbeine bilden mit dem Stirnbein die Kranznaht *(Sutura coronalis)*. Dort, wo Pfeil- und Kranznaht sich treffen, fehlt dem Schädel des Kleinkinds (bis zu 3 Jahren) eine knöcherne Begrenzung – es entsteht die gut tastbare große (vordere) Fontanelle *(Fonticulus anterior)*.

Schläfenbein

Unterhalb des Scheitelbeins, im Bereich der Ohrmuschel, steht die Schädelkalotte über das Schläfenbein *(Os temporale)* mit der Schädelbasis in Verbindung. Entsprechend teilt sich der Knochen in eine halbkreisförmige Fläche in der Nachbarschaft des Schläfenlappens des Gehirns *(Pars squamosa)* und in das bereits zur Schädelbasis zählende massive Felsenbein *(Os petrosum)*, welches das Hör- und Gleichgewichtsorgan vollständig einschließt.

Ein schlanker Sporn entspringt der Außenfläche des Felsenbeins am Beginn des äußeren Gehörgangs *(Meatus acusticus externus)* und zieht nach vorne zum Jochbein. Dieser Jochbogen *(Arcus zygomaticus)* bestimmt die seitliche Kontur unseres Gesichts in der Frontalansicht und dient einigen Kaumuskeln als Ursprung. Wo Kaumuskeln entspringen, da kann das Kiefergelenk nicht fern sein; und tatsächlich bildet das Schläfenbein direkt am Beginn des Jochbogens die Gelenkpfanne für dieses komplizierte Dreh-Schiebe-Gelenk (s. Kap. 3, S. 62).

Als letzte äußerlich sicht- und tastbare Struktur gehört auch der Warzenfortsatz *(Processus mastoideus)* zum Schläfenbein. Sie finden diesen derben Muskelansatzknochen etwa 2–4 cm hinter dem Ohrläppchen. Wenn wir uns „hinter dem Ohr kratzen", massieren wir eigentlich den Warzenfortsatz – ob dies aber die Denkfähigkeit tatsächlich erhöht, ist bis heute noch nicht bewiesen.

Hinterhauptbein

Die hintere Begrenzung von Schläfen- und Scheitelbein stellt eine schräg von der Körpermittellinie nachseitlich unten abfallende Rille, die Lambdanaht *(Sutura lambdoidea)*, dar. Sie bildet zusammen mit der Kranznaht eine mercedessternartige Figur und

Schädelbasis

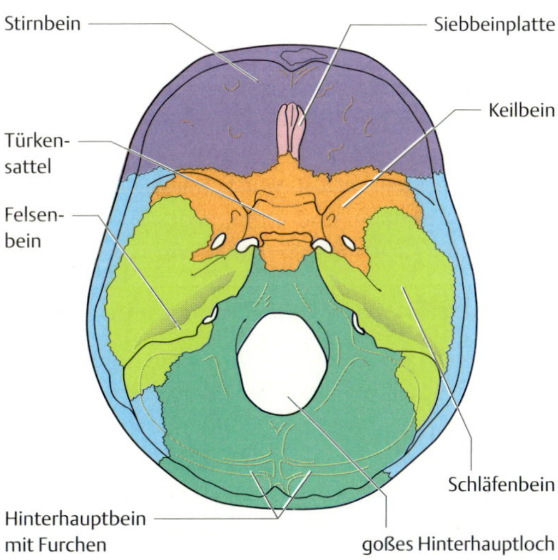

Abb. 4.93 Die Abbildung zeigt die Schädelbasis von oben, nachdem die Schädeldecke und das Gehirn entfernt worden sind. Besonders kräftig ist das Felsenbein ausgebildet (daher der Name). Das Hinterhauptbein umschließt das große Hinterhauptloch, durch welches das Rückenmark aus dem Schädel in den Wirbelkanal eintritt.

grenzt Schläfen- und Scheitelbeine vom Hinterhauptbein *(Os occipitale)* ab.

Im Dreieck zwischen Hinterhauptbein und den beiden Scheitelbeinen findet sich beim Neugeborenen (bis zum 4. Monat) die kleine (hintere) Fontanelle *(Fonticulus posterior)*, zwischen Schläfen- und Hinterhauptbein die Warzenfortsatzfontanelle (*Fonticulus mastoideus*; bleibt bis 1 1/2 Jahre offen).

Die Innenseite des Hinterhauptbeins trägt tiefe Furchen *(Sulci)* für die großen venösen Blutleiter der harten Hirnhaut (Sinus). Auf der Unterseite des Schädels bildet das Hinterhauptbein einen Ring, der das große Hinterhauptloch umschließt *(Foramen magnum*, **Abb. 4.93**). Es dient zum Austritt des Rückenmarks aus der Schädelhöhle.

Auf seiner Unterseite trägt das Hinterhauptbein links und rechts des Hinterhauptlochs je eine Gelenkfläche *(Condylus occipitalis)*, die mit dem ersten Halswirbel *(Atlas)* das obere Kopfgelenk bilden (s. u.).

! Der knöcherne Hirnschädel besteht aus dem Stirnbein, linkem und rechtem Schläfen- und Scheitelbein sowie dem Hinterhauptbein. Pfeil-, Kranz- und Lambdanaht verbinden diese platten Knochen miteinander.

Gesichtsschädel und Zungenbein

Knochen des Gesichtsschädels

Jochbein

Im Zusammenhang mit der Entstehung des Jochbogens haben wir bereits oben das Jochbein *(Os zygomaticum)* gestreift. Diese kleine, viereckige Knochenplatte begrenzt den äußeren und unteren Rand der Augenhöhle und bildet den vorderen Anteil des Jochbogens. Das Jochbein ist die breiteste Stelle des Gesichts und prägt als „Wangenknochen" maßgeblich die Physiognomie eines Menschen. Das „eingefallene Aussehen" eines chronisch Kranken entsteht durch den Verlust von Fettgewebe unter der Wangenmuskulatur und Atrophie des M. temporalis, so dass das Jochbein spitz hervortritt.

Oberkieferknochen und Gaumenbein

Vorne innen grenzt das Jochbein an den Oberkieferknochen *(Maxilla)*, einen der wichtigsten Bestandteile des Gesichtsschädels. Er bildet die Unter- und Innenfläche der Augenhöhle und die seitliche Wand der Nase, schließt die Kieferhöhlen *(Sinus maxillares)* ein und trennt als harter Gaumen *(Palatum durum)* Mund- und Nasenraum voneinander. Den hinteren Rand des harten Gaumens bildet das platte Gaumenbein *(Os palatinum)*. Unterhalb des harten Gaumens verbreitert sich der Oberkieferknochen zum halbkreisförmigen Zahnfortsatz *(Processus maxillaris)* mit den entsprechenden Zahnhöhlen *(Alveolen)*. Im Bereich der Nase springt der Knochen zurück; hier setzt das knorpelige Nasenskelett an (s. S. 234). Nur der unterste Teil des Nasenseptums (Nasensporn, *Spina nasalis anterior*) gehört noch zum knöchernen Skelett.

Unterkieferknochen

Der Unterkieferknochen *(Mandibula)* ist der einzige frei bewegliche Skelettanteil des Kopfes. Der Knochen beginnt mit dem senkrecht absteigenden, breiten, aber dünnwandigen Unterkieferast *(Ramus mandibulae)*, der an seiner oberen hinteren Spitze den Kopf des Kiefergelenks *(Caput mandibulae)* trägt. Ein weiterer Sporn *(Processus coronoideus)* am vorderen oberen Ende des Unterkieferastes schiebt sich beim Kauen unter den Jochbogen. Der Unterkieferast knickt am hinteren unteren Ende des Unterkiefers rechtwinklig in den Unterkieferschaft *(Corpus mandibulae)* ab. An der Knickstelle setzt der M. masseter, unser stärkster Kaumuskel, an. Der Unterkieferschaft beider Seiten läuft vorne mehr oder weniger spitz zu und trägt wie der Oberkieferknochen einen Zahnfortsatz *(Processus alveolaris)*.

Zungenbein

Das Zungenbein hat keine knöcherne Verbindung zum übrigen Skelett. Es ist damit also ein großes Sesambein, allerdings mit der Besonderheit, dass es allseits von Muskulatur umgeben ist. Als bogenförmige Knochenspange zeichnet das Zungenbein die Form des Unterkiefers nach. Am hinteren Ende jedes Astes ragt das große Zungenbeinhorn *(Cornu majus)* nach oben seitlich vor. Das kleine Zungenbeinhorn *(Cornu minus)* entspringt am oberen Rand des vorderen Drittels. Der untere Rand ist über eine derbe Membran mit dem Schildknorpel des Kehlkopfes verbunden (s. Kap. 8, S. 238).

Knochen der Nasenhöhle und der Schädelbasis

Zu den Knochen der Nasenhöhle und der Schädelbasis gehören:

- *Nasenbein:* An der Wurzel des Nasenrückens bildet ein kleines und paariges Nasenbein *(Os nasale)* die Fortsetzung des Oberkieferknochens.
- *Pflugscharbein:* Ihm gegenüber, am harten Gaumen, entspringt in der Körpermittellinie das unpaare Pflugscharbein (*Vomer*, vgl. ***Abb. 4.92***, S. 150). Es stabilisiert die Nasenscheidewand und die knorpeligen Anteile des Nasenskeletts.
- *Tränenbein:* Das winzige Tränenbein *(Os lacrimale)* vervollständigt die Seitenwand der Nasenhöhle und ist genauso ein selbstständiger Knochen wie die stark eingerollte untere Nasenmuschel *(Concha nasalis inferior)*.
- *Siebbein:* Das Siebbein *(Os ethmoidale)* ist von außen nicht sichtbar. Es bildet in der Mittellinie das Dach der Nasenhöhle und das Skelett der oberen und mittleren Nasenmuschel. Seitlich finden sich zahlreiche linsengroße Siebbeinzellen *(Cellulae ethmoidales)*, die – wie alle Nasennebenhöhlen – in erster Linie dazu dienen, das Gewicht des Gesichtsschädels zu vermindern.
- Von großer Bedeutung ist die schrotschussartig durchlöcherte Siebbeinplatte *(Lamina cribrosa)*, die den Fasern des Riechnervs den Zugang zur Unterseite des Stirnhirns ermöglicht ***(Abb. 4.93)***.
- *Keilbein:* Das Keilbein *(Os sphenoidale)* macht erfahrungsgemäß die größten Schwierigkeiten beim Verständnis seiner topografischen Lage im Schädel. Isoliert man den Knochen von seiner Nachbarschaft, dann kann man mit einiger Fantasie die Form eines Schmetterlings erkennen: Aus einem kompakten mittelständigen Rumpf ragen zwei große Keilbeinflügel *(Alae majores)* und zwei kleine Keilbeinflügel *(Alae minores)* hervor. Der „Rumpf" des Schmetterlings bildet das Rachendach und an der Innenseite des Schädels den Türkensattel *(Sella turcica)*, der die Hypophyse aufnimmt. Die beiden großen Keilbeinflügel sind ein Teil der Schädelbasis und grenzen vorne an den Oberkieferknochen, hinten an das Schläfenbein. Eine ganze Reihe von Löchern ermöglicht den Durchtritt von Nerven und Gefäßen (z. B. der A. carotis interna). Die kleinen Keilbeinflügel liegen an der Schädelinnenfläche den großen auf. Sie trennen die vordere von der mittleren Schädelgrube und zeichnen die Vorderfläche des Schläfenlappens nach
  Auch das Keilbein enthält eine paarige Nasennebenhöhle, die Keilbeinhöhle *(Sinus sphenoidalis)*, genau zwischen den Keilbeinflügeln. Durch sie gewinnt der Neurochirurg Zugang zur Hypophyse, um beispielsweise einen hormonell aktiven Tumor entfernen zu können.

Die Schädelbasis trennt Gesichts- und Hirnschädel voneinander. Sie wird von Stirnbein, Siebbein, Keilbein, Schläfenbein und Hinterhauptbein gebildet. Zahlreiche Öffnungen ermöglichen Rückenmark, Hirnnerven, Arterien und Venen den Durchtritt durch die Schädelbasis.

Kopfgelenke

Oberes Kopfgelenk

Die beiden ersten Halswirbel unterscheiden sich erheblich von den fünf übrigen. Sie tragen nur noch wenig Last, erlauben aber eine starke Beweglichkeit des Kopfes gegen die Wirbelsäule. Das obere Kopfgelenk *(Articulatio atlantooccipitalis)* bezieht die Gelenkflächen des Hinterhauptbeins und die des ersten Halswirbels, des Atlas, ein ***(Abb. 4.94)***.

Der *Atlas* besitzt als einziger Wirbel keinen Wirbelkörper. Er hat stattdessen nur links und rechts je eine kompakte Auftreibung *(Massa lateralis)*, die über

1. und 2. Halswirbel

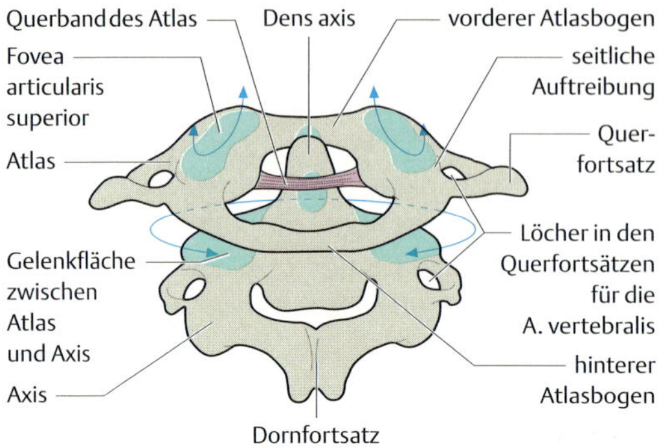

Abb. 4.94 Die Abbildung zeigt den ersten (Atlas) und den zweiten Halswirbel (Axis), die zusammen mit dem Hinterhauptbein die Kopfgelenke bilden. Beachten Sie, dass der zweite Halswirbel einen Knochenfortsatz (Dens axis) nach oben in eine Aussparung des 1. Halswirbels schiebt: Das Querband des 1. Halswirbels sichert den Dens nach hinten ab.

einen vorderen und hinteren Bogen *(Arcus anterior* und *posterior)* miteinander in Verbindung stehen. Die Oberseiten der Auftreibungen bilden zwei Gelenkpfannen in Form einer Schuhsohle *(Fovea articularis superior)*, die mit den zweigeteilten Kondylen des Hinterhauptbeins Verbindung aufnehmen. Die Gelenkflächen lassen sowohl *Nickbewegungen* (um maximal 30°) als auch eine leichte *Seitneigung* (weniger als 20°) zu. In der Regel bewegen wir aber bei jeder größeren Kopfbewegung die gesamte Hals- und den oberen Teil der Brustwirbelsäule mit.

Die große Bewegungsfreiheit des Kopfes hat den Preis, dass der Übergang zwischen Kopf und Hals sich bei schweren Schleuderverletzungen abscheren kann. Da in diesem Bereich die lebensnotwendigen Strukturen des Rautenhirns (Atemzentrum, Kreislaufzentrum) liegen, endet ein „Genickbruch" fast ausnahmslos tödlich.

Unteres Kopfgelenk

Im Gegensatz zum oberen ist das untere Kopfgelenk *(Articulatio atlantoaxialis)* auf Drehbewegungen spezialisiert (vgl. ***Abb. 4.94)***. Dabei nehmen die runden Gelenkpfannen an der Unterseite der Auftreibungen des Atlas Kontakt zu einer entsprechend geformten Gelenkfläche des zweiten Halswirbels, der *Axis*, auf.

Die Axis ähnelt bereits einem „richtigen" Wirbel: Man kann einen Wirbelkörper und einen Wirbelbogen unterscheiden, Quer- und Dornfortsatz sind kräftig ausgebildet. Die wichtigste Besonderheit der Axis ist ihr Zahn *(Dens axis)*, der als kräftige Auftreibung des Wirbelkörpers nach oben in den Atlas hineinragt. Dieser Zahn ist an seiner Vorderfläche überknorpelt und nimmt mit einer flachen Gelenkpfanne auf der Innenseite des vorderen Bogens des Atlas Kontakt auf. Die ebenfalls überknorpelte Rückseite des Axiszahns gleitet über einem derben Querband *(Lig. transversum*, vgl. ***Abb. 4.94****)*, das sich zwischen den beiden Auftreibungen des Atlas ausspannt. In dem spaltförmigen Hohlraum zwischen vorderem Atlasbogen und Querband kann sich der Axiszahn um je 15–25 nach links und rechts drehen.

Bänder des Kopfgelenks

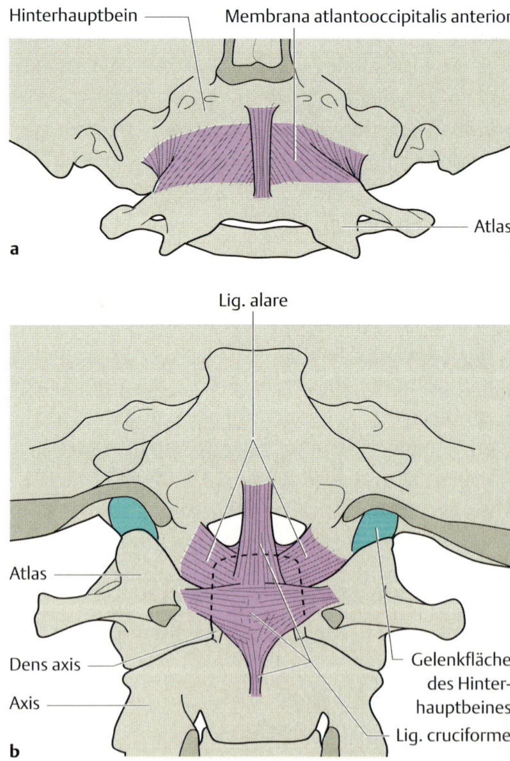

Abb. 4.95a, b (**a**) Aufsicht auf das obere Kopfgelenk von vorn. Das Gelenk ist durch eine in der Mitte verstärkte Membran vor zu großen Bewegungsausschlägen gesichert. (**b**) Querschnitt durch den Wirbelkanal mit Blickrichtung nach vorn. Achten Sie auf das derbe Lig. cruciforme, das den Dens axis nach hinten absichert.

Gelenkgeräusche. Die Gelenkflächen des Kopf-Hals-Überganges arbeiten nicht immer reibungsfrei, sondern sind wie alle anderen Gelenke auch von Abnutzungserscheinungen betroffen. Weil sich Erschütterungen des Schädels sehr gut ins Mittelohr fortpflanzen, hören viele Menschen bei jeder stärkeren Kopfbewegung knarzende und reibende – aber meist harmlose – Störgeräusche.

Bänder

Da die Gelenkkapsel relativ schlaff sein muss, um genügend Bewegungsausschläge zuzulassen, hemmen mehrere Bänder unkontrollierte und damit für das Rückenmark möglicherweise gefährliche Streck-, Beuge- und Drehbewegungen ***(Abb. 4.95a, b)***.

Vordere und seitliche Halsmuskeln

Wenn wir im Sitzen einschlafen, fällt unser Kopf auf die Brust, weil sein Schwerpunkt vor der Wirbelsäule liegt. Die autochthone Rückenmuskulatur sowie der obere Teil des M. trapezius müssen also tagsüber ständig der Schwerkraft entgegenwirken und sind daher entsprechend stark ausgebildet. Nur einige wenige Muskeln können aktiv den Hals beugen oder im oberen Kopfgelenk nicken. Dagegen beteiligen sich die vorderen und seitlichen Halsmuskeln maßgeblich an der Drehung des Kopfes und fixieren die Eingeweide der Halsregion.

Abb. 4.96 zeigt die tiefe Schicht der vorderen Halsmuskulatur. Alle Muskeln liegen anterior der Wirbelsäule auf und unterstützen Nickbewegungen.

Vordere Halsmuskeln, tiefe Schicht

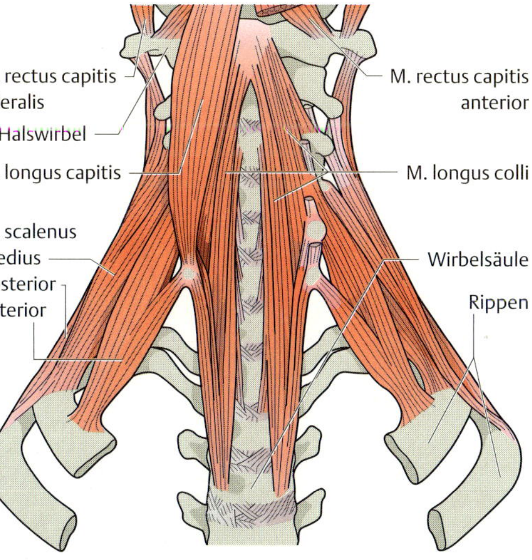

Abb. 4.96 In der Tiefe verläuft vor der Wirbelsäule eine Reihe längerer Muskeln zwischen Kopf, Halswirbel und oberen Rippen. Sie neigen Kopf und Hals zu einer Seite und helfen bei der Einatmung mit.

M. scalenus anterior/medius/posterior

Wesentlich stärker entwickelt als die vordere Halsmuskulatur sind die drei Treppenmuskeln *(M. scalenus anterior, medius* und *posterior)*, die zusammen die obere Thoraxöffnung zeltförmig abdecken (vgl. ***Abb. 4.96)***. Wir aktivieren diese Muskeln unbewusst bei jeder normalen Einatmung, können sie aber auch zum Seitneigen und Drehen des Kopfes einsetzen. Zwischen dem vorderen und dem mittleren Treppenmuskel *(Skalenuslücke)* verlässt die *A. subclavia* zusammen mit dem *Plexus brachialis* den Thoraxraum und kann hier unter ungünstigen Umständen abgequetscht werden.

M. sternocleidomastoideus

In seinem ganzen Verlauf tastbar ist der *M. sternocleidomastoideus* ***(Abb. 4.97)***. Der lange Name sagt nichts anderes, als dass der Muskel mit einer derben Ursprungssehne am Brustbein *(sterno-)* und flächig am oberen inneren Rand des Schlüsselbeins *(-cleido-* von *clavicula)* entspringt und am Warzenfortsatz des Hinterhauptbeins *(-mastoideus)* ansetzt. Die vom Brustbein kommenden Muskelfasern überkreuzen die seitlichen Anteile und enden erst weit hinten an der *Linea nuchalis superior.* Wenn wir den Muskel

Die oberflächlichste Schicht dieses Tränenfilms bildet der Talg der inneren Talgdrüsen. Er schützt den Tränenfilm vor dem Verdunsten und sorgt dafür, dass er wie eine Seifenblase mehrere Sekunden lang zwischen den Lidern stehen bleibt, ohne nach unten abzulaufen oder aufzubrechen.

Ptosis und Lagophthalmus. **Durch eine Erschlaffung des Bindegewebes und der Muskeln des Oberlids sinkt dieses manchmal so stark ab, dass schon beim Blick geradeaus die Pupille verlegt wird: es entsteht eine *Ptosis*. Im Alter ist eine geringfügige Ptosis nicht ungewöhnlich und muss nur selten operativ behandelt werden. Tritt eine einseitige Ptosis jedoch im Kindesalter auf, sollte so schnell wie möglich die Ursache beseitigt werden, da ein einseitig geschlossenes Auge bereits nach wenigen Wochen an Sehschärfe einbüßen kann (Amblyopie).**

Das „Gegenteil" der Ptosis ist der *Lagophthalmus*, also ein fehlender Lidschluss. Die häufigste Ursache eines Lagophthalmus ist eine Lähmung des VII Hirnnervs, des N. facialis („Fazialisparese"). Als Folge davon sinkt das Unterlid herab und die Hornhaut trocknet aus. Da eine Fazialisparese häufig innerhalb einiger Wochen bis Monate spontan besser wird, sollte das Auge zunächst mit intensiver Gabe von Gels und Salben feucht gehalten werden, um einen Schaden der Hornhaut zu verhindern. Nur in seltenen Fällen ist es notwendig, das Auge für gewisse Zeit teilweise zuzunähen (Tarsorrhaphie).

Tränendrüse

Wenn die Lider die Scheibenwischer des Auges sind, dann ist die Tränendrüse *(Glandula lacrimalis)* seine Scheibenwaschanlage. Die Tränendrüse liegt vor und hinter dem Oberlidheber an der Seitenwand der Augenhöhle ***(Abb. 5.3)***. Sie produziert ein dünnflüssiges, eiweißarmes Sekret, das durch 5–10 kurze Ausführungsgänge die Innenseite des Oberlids erreicht.

Wenn das Auge geöffnet ist, bildet sich durch die Kapillarkräfte an der Kante des Unterlids ein wenige Zehntel Millimeter hoher Tränenmeniskus. Der Überlauf dieses sogenannten Tränensees liegt an der inneren Kante von Ober- und Unterlid und besteht aus den Tränenpünktchen, den Eingängen zu den Tränenkanälchen. Diese münden in den Tränensack an der Außenfläche des Nasenbeins. Von dort

Tränenwege

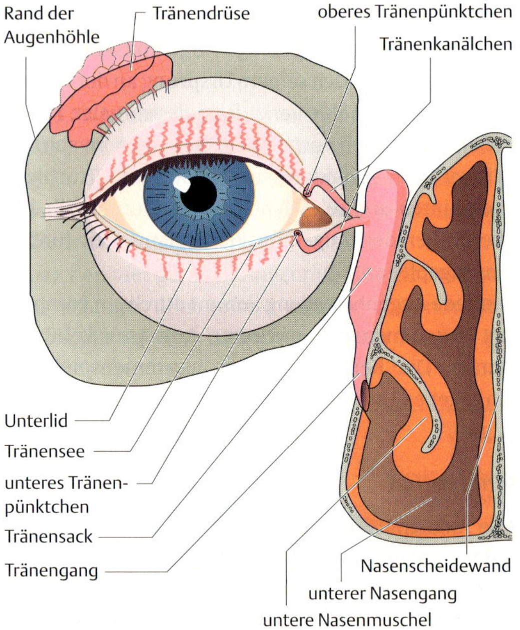

Abb. 5.3 Die Tränendrüse befindet sich seitlich unter dem Oberlid und in der vorderen Augenhöhle. Die Tränen werden mit jedem Lidschlag durch die Tränenkanälchen in den Tränensack gepumpt. Dieser mündet seitlich im unteren Nasengang.

fließt die Tränenflüssigkeit in den unteren Nasengang ab.

Weinen und Tränenträufeln. **Weinen ist eines der stärksten emotionalen Zeichen, zu denen wir fähig sind. Das Tränenträufeln (Epiphora) ist beim Weinen aber nur eines von vielen sehr komplexen mimischen Zeichen und besitzt für sich allein keinen besonderen Signalwert. Patienten, deren Tränenwege auf Grund von Entzündungen oder Tumoren verlegt sind, haben ständig Tränenträufeln, ohne dass auch nur die leiseste Möglichkeit der Verwechslung mit echtem Weinen besteht.**

Trockenes Auge. **Die häufigste Ursache, weswegen Menschen einen Augenarzt aufsuchen, ist eine quantitativ oder qualitativ unzureichende Tränenproduktion (trockenes Auge). Häufig sind davon Frauen jenseits der Menopause betroffen, da der Androgenspiegel die Tränenproduktion hemmt. Folgen**

sind „müde“, gereizte, gerötete, brennende, beißende und verklebte Augen, oft verbunden mit einem anfallsweisen Tränenträufeln. Als Therapie dienen unterschiedlich visköse Präparationen von Tränen oder von Tränenersatzmitteln, von kurz wirksamen Tropfen über Gels bis zu Salben.

Augapfel

Bindehaut

Die völlig transparente Bindehaut kleidet die Innenseite der Lider aus. Sie schlägt in der oberen und unteren Bindehautfalte *(Fornix)* auf die Innenseite der Lider um und reicht bis an die Lidkante heran. So entsteht eine Bindehauttasche *(Bindehautsack)* unter dem Ober- bzw. Unterlid.

Augentropfen. Tropfen und Salben sollten nach Möglichkeit nicht direkt auf die Hornhaut geträufelt werden, da diese extrem schmerzempfindlich ist und bereits der Temperaturunterschied zwischen dem Auge und den Tropfen sehr unangenehm ist. Besser ist es das Unterlid leicht herunterzuziehen und mit der anderen Hand den Tropfen in den unteren Bindehautsack zu träufeln. Die Hand mit den Augentropfen sollten Sie an der Stirn des Patienten abstützen.

Der Bindehautsack fasst etwas weniger als einen Tropfen Flüssigkeit. Es ist also nicht sinnvoll, mehrere Tropfen gleichzeitig zu applizieren.

Hornhaut

Die Hornhaut *(Cornea,* **Abb. 5.4***)* ist der einzige Teil des Körpers, an dem straffes Bindegewebe vollständig durchsichtig wird. Der Grund dafür ist, dass sich die Kollagenfasern genau parallel zur Hornhautoberfläche anordnen und zwischen den Fasern nur sehr wenig Extrazellulärflüssigkeit existiert. Blutgefäße gibt es in der Hornhaut nicht. Oberflächliche Verletzungen durch eine Abschürfung kann das Epithel der Hornhaut binnen weniger Stunden vollständig regenerieren, ohne eine Narbe zu hinterlassen. Erst wenn die Verletzung in das unter dem Epithel liegende Stroma reicht, entstehen dauerhafte Narben, die – wenn sie über die Pupille reichen – Sehschärfe und Kontrastsehen behindern.

Wandschichten des Auges

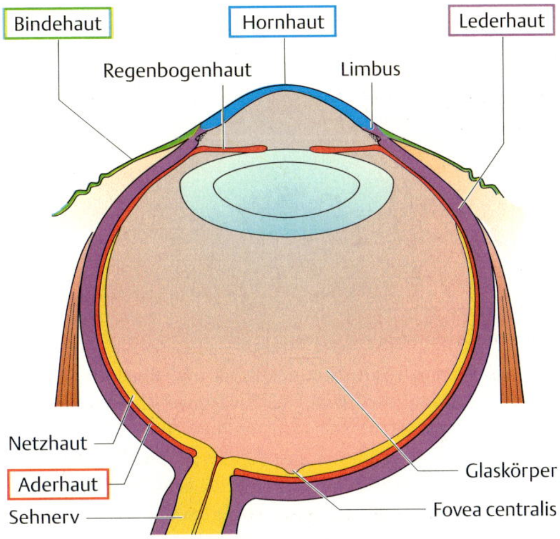

Abb. 5.4 Die Abbildung zeigt eine schematisierte Aufsicht auf das rechte Auge. Die äußere Schicht besteht aus der Lederhaut und der Hornhaut, die mittlere aus der Aderhaut und der Regenbogenhaut, die innere aus der Netzhaut. Der Sehnerv steht in Verbindung zur Netzhaut und verlässt das Auge in Richtung auf die Orbitaspitze.

Lederhaut

Die Lederhaut *(Sklera)* ist das „Weiße im Auge“. Sie besteht wie die Hornhaut aus einem dichten Netzwerk kollagener Fasern, die allerdings weniger streng geordnet und stärker aufgequollen sind. Durch den Augeninnendruck (s. u.) strafft sich die Lederhaut und nimmt eine beinahe ideale Kugelform an. Wie der Ledermantel eines Fußballs stabilisieren Augeninnendruck und Lederhaut zusammen die Form des Auges auch bei stärkeren mechanischen Belastungen wie etwa schnellen Augenbewegungen.

Regenbogenhaut

Die Regenbogenhaut ***(Abb. 5.5)*** ist die optische Blende des Auges. Sie besteht aus einer tief gefurchten

Vorderabschnitte des Auges

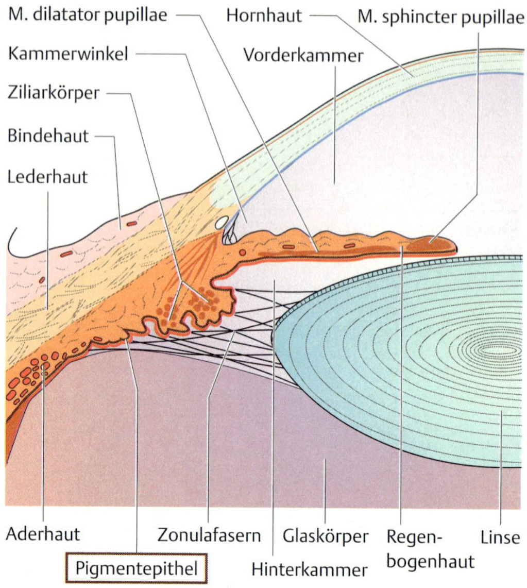

Abb. 5.5 Zwischen Hornhautrückfläche und Regenbogenhaut spannt sich die Vorderkammer auf, zwischen Regenbogenhaut und Glaskörper die Hinterkammer. Im Ziliarkörper tritt Kammerwasser in die Hinterkammer aus, fließt durch die Pupille in die Vorderkammer und über den Kammerwinkel ins Venensystem. Beachten Sie den Aufbau der Linse aus zwiebelschalenartigen Faserschichten und die Aufhängung der Linse an den Zonulafasern.

Pupillenreaktion

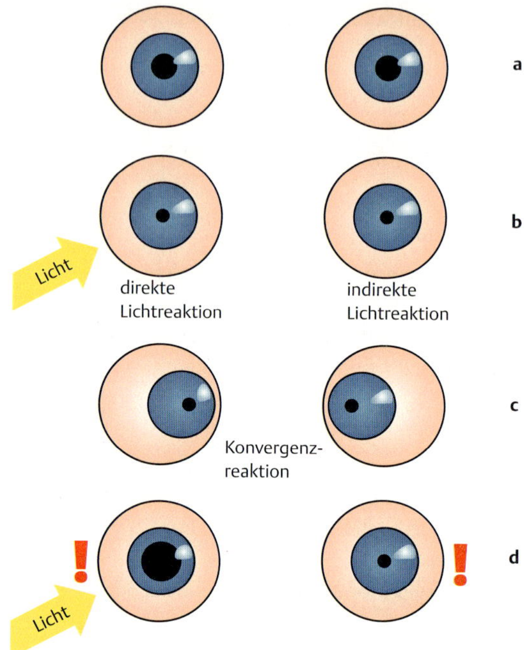

Abb. 5.6a-d Normale Pupillen haben je nach Beleuchtung einen-Durchmesser zwischen 2 und 5 mm. Bei Kindern sind die Pupillen besonders weit, immer aber relativ seitengleich (**a**). Bei der Beleuchtung eines Auges (**b**) verkleinert sich die Pupille desselben (direkte Lichtreaktion) und des anderen Auges(indirekte Lichtreaktion). Die Pupille wird ebenfalls beim Blick in die Nähe (**c**) enger (Konvergenzreaktion). Ein Alarmzeichen ist eine einseitig weite, lichtstarre Pupille bei einem Bewusstlosen (**d**).

Schicht lockeren Bindegewebes, das hinten von Pigmentepithel überdeckt wird. Die *Augenfarben* entstehen durch den unterschiedlichen Grad an Pigmentierung der Bindegewebeschicht: Die Bindegewebeschicht blauer Augen enthält nur sehr wenig Pigment; braune Augen sind am stärksten pigmentiert. Weil sich die Pigmentierung des Bindegewebes der Regenbogenhaut erst während des ersten Lebensjahres aufbaut, haben fast alle Babys blaue oder graue Augen.

Die Regenbogenhaut enthält zwei Muskelschichten, welche die *Pupille* ***(Abb. 5.6)***, also die Blendenöffnung der Regenbogenhaut, verengen bzw. erweitern können. Der parasympathisch gesteuerte *M. sphincter pupillae* zieht als echter Ringmuskel um die Pupille herum und verengt sie, während die Fasern des sympathisch innervierten *M. dilatator pupillae* wie die Speichen eines Rades den Pupillarsaum und die Lederhaut verbinden (Erweitern der Pupille).

Pupillenweite. **Die Beobachtung der Pupille und ihrer Reaktion ist bei bewusstlosen Patienten besonders wichtig. Öffnung oder Engstellung geben Hinweise auf hirnorganische Prozesse. Eine ein- oder gar beidseitig weite, lichtstarre Pupille bei einem Bewusstlosen kann ein Alarmzeichen für eine lebensgefährliche Zunahme der Drucks im Schädelraum sein. Jede Pupillenunregelmäßigkeit bei einem bewusstlosen Patienten muss daher sofort abgeklärt werden.**

Aderhaut

Direkt unterhalb der Lederhaut des Auges kleidet die Aderhaut *(Chorioidea)* den Augapfel aus. Die starken Blutgefäße versorgen in erster Linie die noch weiter innen liegende Netzhaut mit Sauerstoff.

Linse

Unmittelbar hinter der Regenbogenhaut befindet sich die Linse *(Lens)*. Wie die Hornhaut besitzt die Linse keine eigenen Blutgefäße. Die anspruchslosen Linsenepithelzellen werden durch Diffusion ernährt. Die Linse besteht aus einem etwas dichteren Kern *(Nucleus)* und einer gallertartigen Rinde *(Cortex)*, die beide in einem faserigen Kapselsack *(Capsula fibrosa)* stecken.
Am freien Rand der Linse übertragen die feinen Zonulafasern den Zug des ringförmigen Ziliarmuskels auf die Linse. Ist der Ziliarmuskel entspannt, dann überwiegt die Spannung der Lederhaut und die Zonulafasern spannen sich an. Dadurch zieht sich die Linse flacher, und die *Brechkraft* des Auges wird geringer (Blick in die Ferne). Wenn sich der Ziliarmuskel anspannt, kann er den Zug der Lederhaut überwinden und die Zonulafasern werden entlastet. Die Linse wird auf Grund ihrer eigenen Elastizität mehr kugelförmig; die Brechkraft steigt (Blick in die Nähe, ***Abb. 5.7***).

Alterssichtigkeit. Ein normalsichtiger Jugendlicher kann durch diesen Mechanismus alle Objekte von unendlich bis 7 cm vor dem Auge scharf sehen. Mit zunehmendem Alter wird vor allem der Linsenkern immer härter und gestattet nur noch eine eingeschränkte Akkommodation. Ein Dreißigjähriger kann bis maximal 13 cm vor dem Auge scharf sehen, während der Nahpunkt eines Fünfzigjährigen bei über einem halben Meter liegt. Wenn „die Arme zum Zeitungslesen zu kurz sind", liegt wahrscheinlich eine Alterssichtigkeit (*Presbyopie*) vor und es wird Zeit für eine Lesebrille.

Cataract. Im höheren Lebensalter (meist zwischen 70 und 80) verdichtet sich der Linsenkern derart, dass er den Strahlengang blockiert (*Katarakt*, grauer Star). Abhilfe schafft eine operative Entfernung der Linse mit Implantation einer individuell abgestimmten Kunstlinse. Die Kataraktextraktion ist die am häufigsten durchgeführte Operation und inzwischen so sicher, dass Linsenoperationen zunehmend auch zur Behandlung von Fehlsichtigkeiten durchgeführt werden, ohne dass eine Linsentrübung vorliegen muss.

Akkomodation

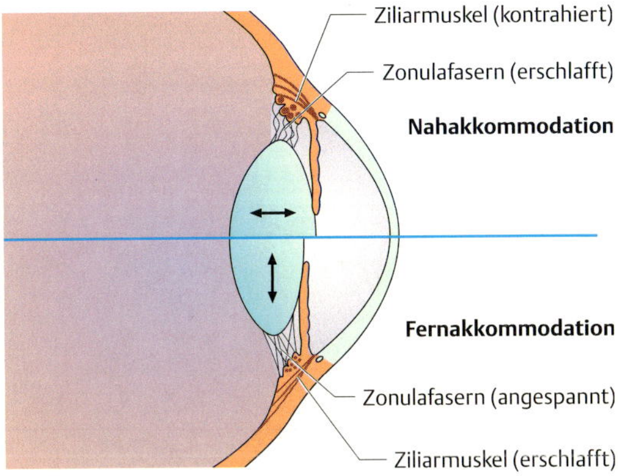

Abb. 5.7 Beim Blick in die Nähe (obere Hälfte der Abbildung) zieht sich der ringförmige Ziliarmuskel zusammen. Der Ziliarkörper wölbt sich weiter ins Auge vor und die Zonulafasern erschlaffen. Dadurch kann sich die Linse entsprechend ihrer Elastizität verformen – sie wird dicker. Beim Blick in die Ferne (untere Hälfte) erschlafft der Ziliarmuskel, die Zonulafasern werden passiv angespannt und ziehen die Linse flach.

Glaskörper

Den größten Teil des Augeninnenraums nimmt der Glaskörper (*Corpus vitreum*, klinisch auch Vitreus) ein. Eine feine Membran grenzt diese gallertige Masse von der Hinterkammer ab. Der Glaskörper ist normalerweise völlig klar und besteht zu über 98 % aus Wasser. Bei ruckartigen Bewegungen des Auges ist er aber im Gegensatz zu einer freien Flüssigkeit formstabil, d. h. die Strukturen des Augeninneren (Iris, Linse) bleiben auch bei schnellen Bewegungen am Platz und schwappen nicht hin und her.

Netzhaut

Die Netzhaut *(Retina)* kleidet den Augapfel innen aus. Sie ist hinsichtlich ihres Gewebes nichts anderes als ein vorgeschobener und plattgewalzter Anteil des Gehirns.

Aufbau. Die optische Schicht der Netzhaut ist nur ca. 0,2 mm dick, besteht aber aus einer komplizierten Architektur verschiedener Nervenzellschichten ***(Abb. 5.8)***. Paradoxerweise befinden sich die eigentlichen Sensoren (Zapfen und Stäbchen) nicht, wie man vermuten würde, am weitesten innen, also dem Licht zugewandt, sondern orientieren sich im

Mikroskopischer Aufbau der Netzhaut im Randbereich der Fovea

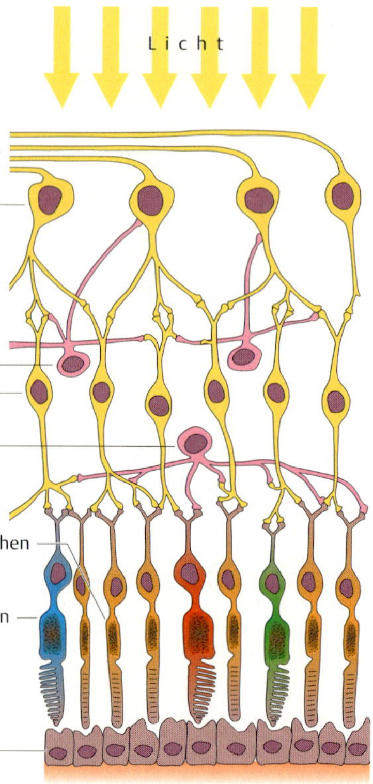

Abb. 5.8 Die eigentlich lichtempfindlichen Rezeptoren des Auges sind die Außensegmente von Stäbchen und Zapfen. Sie liegen auf der dem Licht abgewandten Seite der Netzhaut und sind in ein Pigmentepithel eingebettet. Beachten Sie die drei für unterschiedliche Farben empfindlichen Zapfentypen (für rot, grün und blau). Stäbchen sind zwar wesentlich lichtempfindlicher, können jedoch keine Farben unterscheiden.
Schon innerhalb der Netzhaut findet eine erste Signalverarbeitung statt. Der Sehnerv enthält also bereits vorverarbeitete Informationen.

Gegenteil nach außen, also zu dem einschichtigen, an die Aderhaut grenzenden Pigmentepithel hin. Zwischen dem einfallenden Licht und den Lichtsensoren liegen acht verschiedene – allerdings völlig durchsichtige – Netzhautschichten sowie die Blutgefäße der Netzhaut.

Gefäßversorgung. Blutgefäße und Nervenfasern treten durch die Sehnervenscheibe (Papille, *Discus nervi optici*) ins Auge ein bzw. aus ***(Abb. 5.9)***. Arterien und Venen teilen sich in vier Hauptäste, welche sich über die

Hinterer Pol der Netzhaut

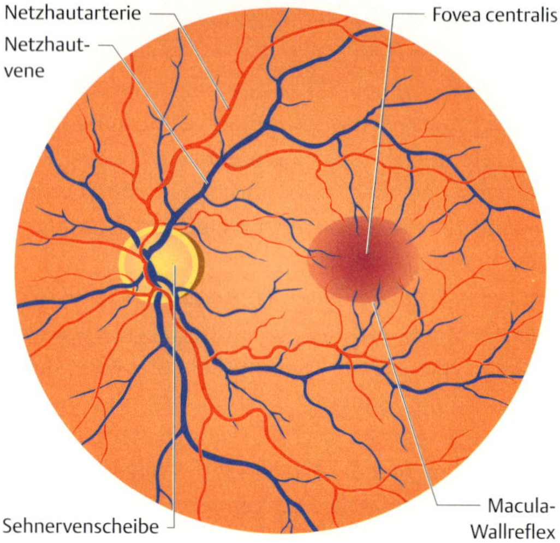

Abb. 5.9 Mit dem Augenspiegel erkennt man den Austritt des Sehnervs an der nasalen Seite der Netzhaut (hier des linken Auges). An dieser Stelle treten die arteriellen Gefäße ins Auge ein und verzweigen sich bäumchenartig in der ganzen Netzhaut mit Ausnahme der Fovea centralis, dem Sehzentrum. Der Macula-Wallreflex entsteht durch eine wulstige Aufwerfung der Netzhaut um die Fovea herum.

gesamte optische Schicht mit Ausnahme des eigentlichen Zentrums, nämlich der Stelle des schärfsten Sehens, die Fovea (Fovea centralis, Sehgrube), verteilen.

Fovea. In der Fovea (Durchmesser ca. 1–1,5 mm; ***Abb. 5.10)*** stehen die Lichtsensoren am dichtesten, die darüber liegenden Netzhautschichten sind zur Seite gedrängt, Blutgefäße fehlen. Diese Architektur gewährleistet, dass das Auge Objekte, die in der Fovea abgebildet werden, optimal scharf und mit der geringstmöglichen Verzerrung sieht. Jedes Objekt, das wir „ins Auge nehmen", wird in der Fovea abgebildet; der Rest der Netzhaut dient im Wesentlichen dazu Bewegungen wahrzunehmen, damit wir nicht wie mit Scheuklappen umherlaufen.

Glaukom. Ein Ausfall des peripheren Gesichtsfeldes, also der Außenbezirke der Netzhaut, ist häufig die Folge eines schleichend über Jahrzehnte ansteigenden Augeninnendrucks zusammen mit einer schlechten Durchblutung des vorderen Anteils des Sehnerven (chronisches Glaukom). In Deutschland leben schätzungs-

Schnitt durch das Netzhautzentrum

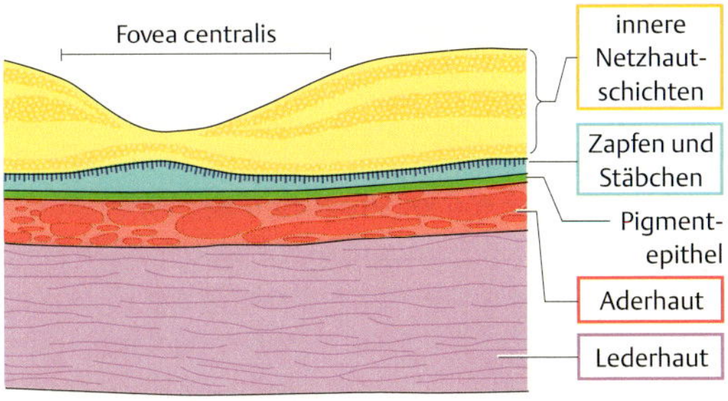

Abb. 5.10 Die Fotorezeptoren (Stäbchen und Zapfen) befinden sich an der Außenseite der Netzhaut, in der Nachbarschaft zur Aderhaut. Das Licht muss also durch mehrere innere Netzhautschichten zu den Rezeptoren vordringen. In der Fovea centralis sind diese Schichten seitlich abgedrängt, um eine optimale Sehschärfe zu ermöglichen. Die Netzhaut ist hier entsprechend dünner.

weise eine Million Menschen mit einem zu hohen Augeninnendruck. Das Gesichtsfeld engt sich dabei mehr und mehr ein, ohne dass die Betroffenen etwas davon merken. Wirklich auffällig wird ein glaukombedingter Gesichtsfeldausfall erst dann, wenn das zentrale Sehen betroffen ist, was jedoch erst im Spätstadium der Fall ist. Eine Therapie kann dann allenfalls das Rest-Sehvermögen erhalten, niemals jedoch zerstörte Nervenfasern wieder herstellen. Umso wichtiger ist daher eine jährliche Untersuchung von Augeninnendruck, Sehnerv und ggf. auch Gesichtsfeld ab dem 40. Lebensjahr.

Der Augapfel besteht aus drei Schichten: der derben äußeren Lederhaut, der gut durchbluteten Aderhaut und der lichtempfindlichen Netzhaut. Da Lederhaut und Aderhaut lichtundurchlässig sind, gelangt das Licht durch die Pupille ins Innere des Auges. Ihre Größe wird von der Iris (Regenbogenhaut) bestimmt und vom vegetativen Nervensystem gesteuert.

Kurzsichtigkeit. Die häufigste Anomalie des Auges ist – nach der Alterssichtigkeit – die Kurzsichtigkeit *(Myopie)*. Mehr als 90 % aller Fälle entstehen dadurch, dass der Augapfel im Verhältnis zur Brechkraft zu lang ist (Achsenmyopie). Die parallel einfallenden Lichtstrahlen von einem entfernten Objekt treffen sich also schon vor der Netzhaut – das Bild wird unscharf ***(Abb. 5.11a, b)***. Beim Blick in die

Abbildungsfehler des Auges

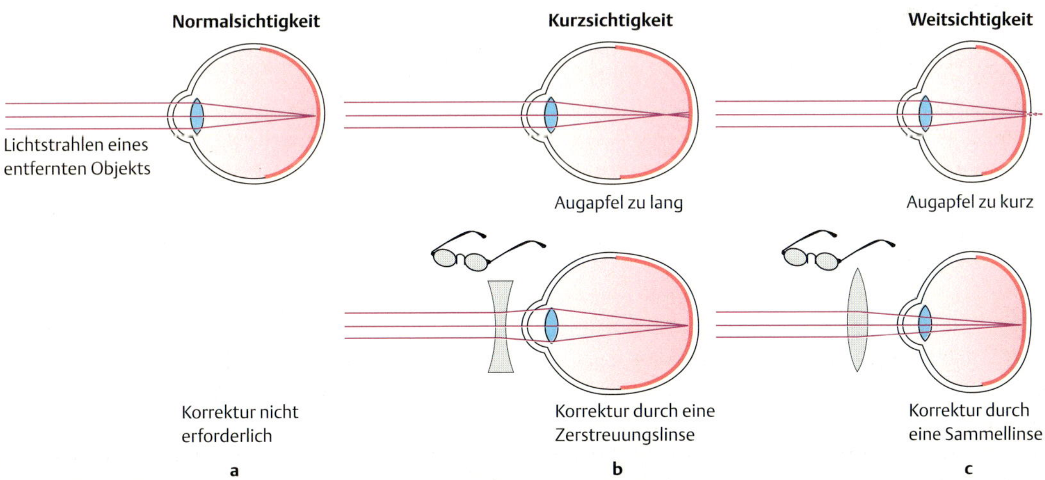

Abb. 5.11a-c Beim Normalsichtigen (**a**) laufen die von einem entfernten Gegenstand kommenden parallelen Lichtstrahlen genau in der Ebene der Netzhaut zusammen. Ist der Augapfel zu lang (**b**), liegt dieser Punkt vor der Netzhaut. Die Abbildung wird unscharf, während nähere Gegenstände noch gesehen werden können (Kurzsichtigkeit). Abhilfe schafft eine Brille mit Zerstreuungslinsen, die aus den parallelen Lichtstrahlen divergente (auseinander laufende) Strahlen macht. Der Weitsichtige (**c**) sieht weder entfernte noch nahe Gegenstände scharf, da sich die Lichtstrahlen in beiden Fällen erst hinter der Netzhaut treffen. Sammellinsen schieben diesen Punkt nach vorne und machen eine scharfe Abbildung auf der Netzhaut möglich.

Nähe sieht der Kurzsichtige aber scharf; der Fernpunkt eines Kurzsichtigen ist in die Nähe gerückt. Abhilfe schaffen Zerstreuungslinsen vor oder auf dem Auge, Implantatlinsen im Auge oder eine Laserkorrektur der Hornhaut.

Weitsichtigkeit. Parallele Lichtstrahlen eines entfernten Objekts treffen sich im Fall der Weitsichtigkeit *(Hyperopie;* ***Abb. 5.11c****)* bei entspanntem Ziliarmuskel hinter der Netzhaut. Der Weitsichtige kann dies zunächst durch eine Erhöhung der Brechkraft der Linse ausgleichen und sieht also Entferntes gut. Für das Nahsehen reicht seine Akkommodation aber oft nicht mehr aus, der Nahpunkt ist in die Ferne gerückt. Höhere Weitsichtigkeit sollte schon im Kindesalter durch Sammellinsen korrigiert werden, weil sie ein wichtiger Risikofaktor für Innenschielen ist. Weitsichtigkeit lässt sich mit Sammellinsen vor oder auf dem Auge ausgleichen. Die Behandlung durch Laserkorrektur ist möglich, jedoch weniger erfolgreich als bei Kurzsichtigkeit.

Sehbahn und zentrale Verarbeitung

Sehnerv

Der optische Apparat des Auges erzeugt auf der Netzhaut ein Kopf stehendes und spiegelverkehrtes Bild. Die nasale Hälfte des Gesichtsfeldes bildet sich also auf der temporalen (seitlichen) Netzhauthälfte ab und umgekehrt. Diese Organisation behält der Sehnerv *(N. opticus,* II. Hirnnerv) bei.
Nachdem die Sehnerven die Augenhöhle zusammen mit der A. ophthalmica durch ein rundes Loch im Keilbein (Canalis opticus) verlassen haben, laufen sie in der Sehnervenkreuzung *(Chiasma opticum),* dicht oberhalb der Hypophyse, zusammen ***(Abb. 5.12)***. Die medialen Anteile des Sehnervs, also diejenigen aus der temporalen Gesichtsfeldhälfte, kreuzen auf die Gegenseite, während die äußeren Sehnervenfasern auf derselben Gehirnhälfte bleiben. Die Fasern aus der Fovea centralis ziehen sowohl gekreuzt als auch ungekreuzt zur Hirnrinde.

Gesichtsfeldausfälle bei Schäden der Sehnervenkreuzung. Die Sehnervenkreuzung ist ein besonders anfälliger Teil der Sehbahn. Tumoren der Hypophyse oder die so genannten Kraniopharyngeome schädigen zunächst die medialen Anteile der Sehnervenkreuzung. Dadurch gehen die Nervenfasern aus der nasalen Netzhauthälfte zu Grunde. Die Patienten haben dann ein ganz charakteristisches Scheuklappengesichtsfeld (bitemporale Hemianopsie), können also auf beiden Augen seitlich nichts mehr sehen. Häufig beginnt dieser Prozess ganz unbemerkt als blinde Zone, die sich

Sehbahn

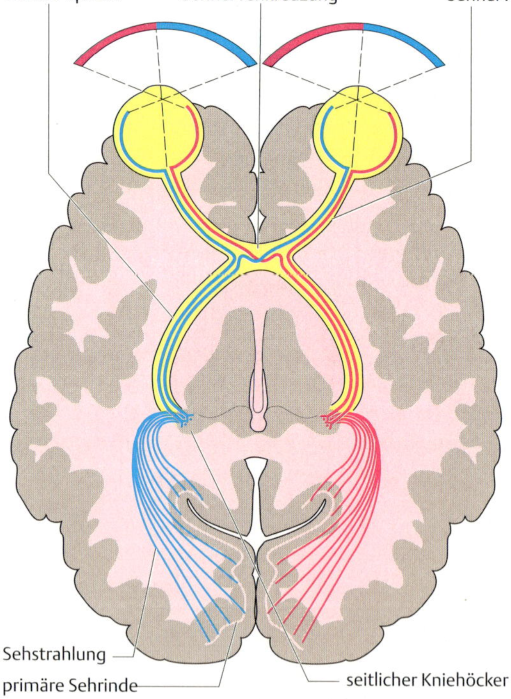

Abb. 5.12 Die seitliche Netzhauthälfte nimmt das innere (nasale) Gesichtsfeld, die innere Netzhauthälfte das seitliche (temporale) Gesichtsfeld wahr. In der Sehnervenkreuzung wechseln die Fasern der inneren Netzhauthälfte zur Gegenseite, so dass die linke Hirnhälfte das rechte Gesichtsfeld, die rechte Hirnhälfte das linke Gesichtsfeld sieht. Nach einem Schlaganfall in der rechten Hirnhälfte ist daher nicht selten das linke Gesichtsfeld beider Augen ausgefallen.

wie ein Vorhang von oben nach unten herabsenkt bzw. von unten nach oben aufsteigt. Bei manchen Patienten wird der Ausfall daher erst nach einem unerklärlichen Verkehrsunfall diagnostiziert, wenn die Betroffenen angeben, sie hätten das gegnerische Fahrzeug nicht gesehen.

Tractus opticus

Nachdem der Sehnerv teilweise auf die Gegenseite gekreuzt hat, nennt man ihn nicht mehr „Nervus", sondern *Tractus opticus*. Er verläuft zunächst weiter an der Hirnbasis, tritt aber schon bald in den Schläfenlappen ein. An der Eintrittsstelle liegt der seitliche Kniehöcker *(Corpus geniculatum laterale)*, ein Teil des *Thalamus*. Von dort spreizen sich die Nerfenfasern auf und laufen als Sehstrahlung in der weißen Substanz des Gehirns zur Hirnrinde am Hinterhauptpol.

Gesichtsfeldausfälle bei Schäden der Sehstrahlung. Häufig wird im Rahmen eines größeren Schlaganfalls die Sehstrahlung einer Hirnhälfte dauerhaft zerstört. Ursache ist meistens eine Mangelversorgung (Infarkt) im Bereich der mittleren Hirnarterie (s. S. 275, Abb. 9.14). Da die Fasern an dieser Stelle bereits gekreuzt verlaufen, fällt bei Schäden der linken Sehstrahlung die rechte Hälfte des Gesichtsfeldes aus und umgekehrt *(homonyme Hemianopsie)*.

Primäre Sehrinde

Die Nervenfasern aus dem seitlichen Kniehöcker enden in der primären Sehrinde ***(Abb. 5.13)*** an der Spitze des Hinterhauptlappens (Hinterhauptpol). Dieses Hirnareal (visuelle Hirnrinde V_1 oder Area 17) verstärkt die Kontraste wahrgenommer Bilder und verbessert deren Konturen. Außerdem werden kleine Unterschiede deutlich, die an den Bildern naher Objekte dadurch entstehen, dass beide Augen 6–7 cm auseinander stehen (Querdisparation). So bildet sich, wenn das Sehvermögen entsprechend gut ist und der Betreffende nicht schielt, ein binokularer (beidäugiger) räumlicher Eindruck von Dingen, die nicht weiter als 3–4 m entfernt liegen (Stereosehen, ***Abb. 5.14)***.

Sekundäre Sehrinde

Die primäre Sehrinde verarbeitet einfache Licht-, Schatten- bzw. Farbeffekte aus der Fovea centralis.

Sehrinde

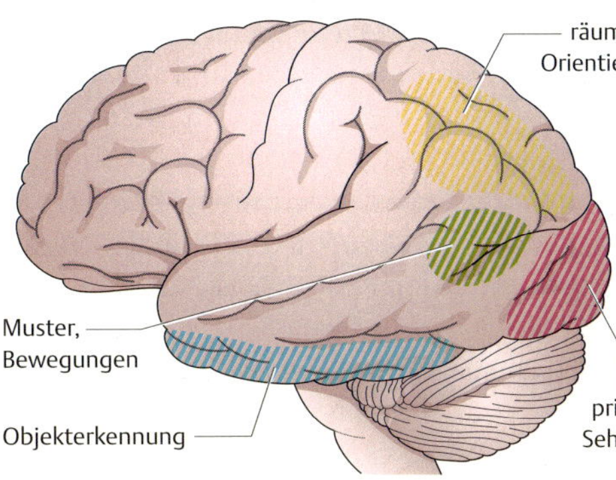

Abb. 5.13 Die erste Verarbeitung der Seheindrücke findet in einem Bereich des Hinterhauptlappens, der primären Sehrinde statt. Weiter vorne und innen liegen die Regionen, die für die Erkennung komplexer Muster, Bewegungen und Farben sowie für die Orientierung des Körpers im Raum zuständig sind.

Stereosehen

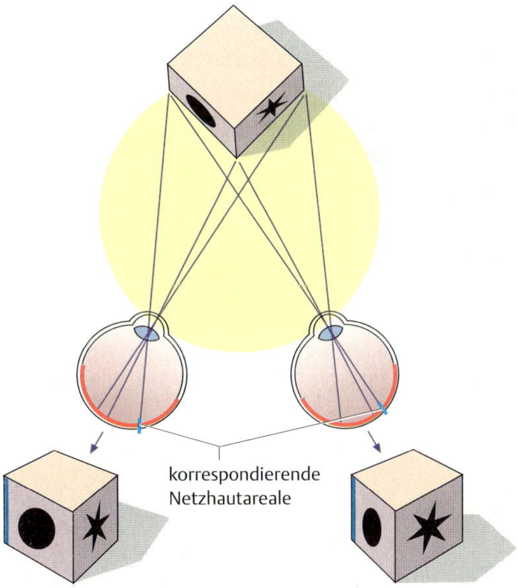

Abb. 5.14 Auf Grund des seitlichen Abstands der Augen sehen linkes und rechtes Auge einen Gegenstand aus unterschiedlicher Perspektive. Der Effekt ist umso ausgeprägter, je näher der Gegenstand ist. Einander entsprechende Details (z. B. die linke hintere Kante des Würfels) fallen auf korrespondierende Netzhautareale. Dies ist die Voraussetzung dafür, dass wir den Würfel nicht doppelt sehen, sondern das Gehirn ein dreidimensionales Bild entwerfen kann.

Je weiter man den Hinterhauptlappen nach vorne verfolgt, desto komplexer werden die Muster, auf welche die dortigen Nervenzellen ansprechen. Beispielsweise gibt es Nervenzellen, die nur dann feuern, wenn sich ein heller Balken auf dunklem Hintergrund mit bestimmter Geschwindigkeit in einem definierten Winkel durch das Gesichtsfeld bewegt. Solche komplexen Prozesse bilden die Grundlage unserer Gestaltwahrnehmung, der höchsten Funktion des Sehens.

Wie bei allen höheren Hirnfunktionen befinden wir uns hier an der Grenze physiologischen Wissens. Aus Experimenten der Psychologie ist bekannt, dass für die Wahrnehmung einer Gestalt (z.B. eines Tisches, eines Buchstabens) nur einige wenige Schlüsselkonturen notwendig sind, während das Gehirn den größten Teil des Objekts aus der Erfahrung hinzufügt. Wenn man solche Schlüsselkonturen isoliert anbietet, ergänzt das Gehirn den fehlenden Teil eines nicht vorhandenen Objekts und man unterliegt einer *optischen Täuschung.*

Müller-Lyer-Täuschung

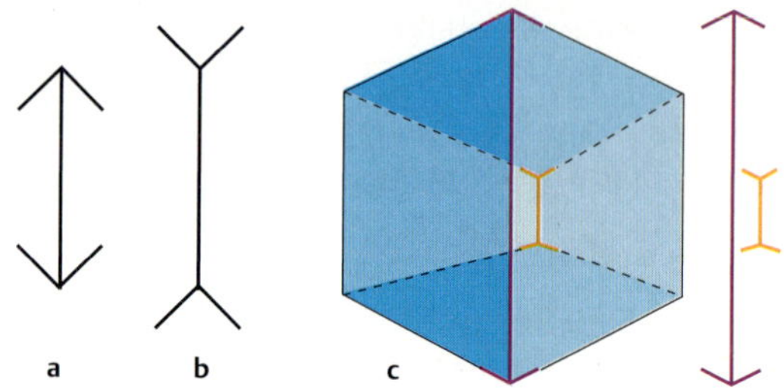

Abb. 5.15a-c Gerade Linien mit konvexen Kanten (**a**) erscheinen trotz gleicher Länge kürzer als solche mit konkaven Kanten (**b**). Das liegt daran, dass ein rechter Winkel in geringer Entfernung eine konkave Perspektive annimmt, in größerer Entfernung manchmal aber konvex erscheint (**c**). Das Gehirn verrechnet diese Information und streckt die Linie mit den konkaven Kanten, während die mit den konvexen gestaucht wird.

Optische Täuschungen. Die wahrscheinlich bekannteste optische Täuschung außer der Fata Morgana (die ein physikalisches Phänomen und keine Täuschung ist), ist die so genannte *Müller-Lyer-Täuschung* ***(Abb. 5.15)***. Sie beruht darauf, dass das Gehirn die Linien zu den Konturen eines Würfels im dreidimensionalen Raum ergänzt. Die vertikale Linie mit den wegweisenden Pfeilspitzen wäre in dem nicht vorhandenen Würfel näher, die mit den spitz zulaufenden Pfeilspitzen weiter weg. Unsere Erfahrung lehrt uns aber, dass weit entfernte Objekte, die klein erscheinen, in Wirklichkeit größer sind als näher gelegene, die ein ebenso kleines Netzhautbild entwerfen. Als logische Folge verlängert das Gehirn die „hintere" Linie (Größenkonstanz) – die beiden objektiv gleich langen vertikalen Linien erscheinen uns deutlich unterschiedlich lang. Derartige Phänomene sind also keineswegs ein Mangel unseres Gehirns, sondern das Ergebnis komplexer Verarbeitungsprozesse, die es uns überhaupt erst erlauben, uns in der Umwelt zurechtzufinden.

Die Sehnerven kreuzen in der Nähe der Hypophyse teilweise auf die Gegenseite. Sie setzen sich als Sehstrahlung bis in die primär visuelle Hirnrinde im Hinterhauptlappen fort. Hier beginnt der Prozess der visuellen Wahrnehmung und Gestalterkennung.

5.2 Hören und Gleichgewichtssinn

Schallaufnahme und Schallleitung

Äußeres Ohr und Mittelohr

Ohrmuschel

Die Ohrmuschel *(Auricula,* ***Abb. 5.16****)* ist mit ihren Leisten und Höckern nicht nur ein physiognomisch auffälliger Körperteil. Sie verstärkt den einfallenden Schall und verzerrt Töne verschiedener Frequenzen in charakteristischer Weise. Dadurch ermöglicht uns die Ohrmuschel, die Richtung einer Schallquelle wahrzunehmen.

Äußeres Ohr und Mittelohr

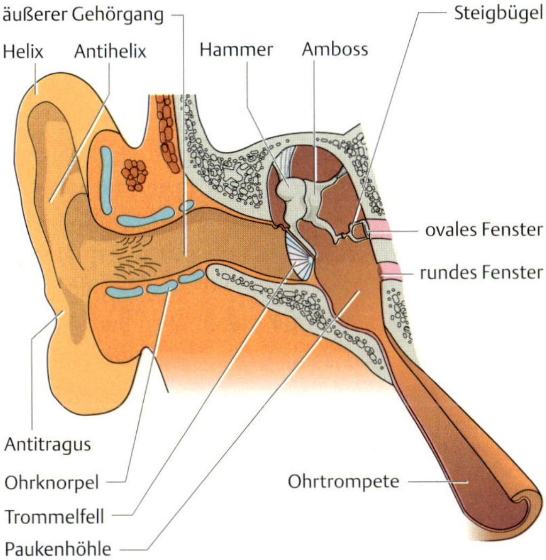

Abb. 5.16 Das äußere Ohr beginnt mit der Ohrmuschel und endet am Trommelfell. Hinter dem Trommelfell liegt die Paukenhöhle (Mittelohr) mit den drei Gehörknöchelchen. Die Ohrtrompete entlüftet die Paukenhöhle zum Rachenraum hin.

Kunstkopfstereophonie. **Wenn man in die Gehörgänge einer lebensgroß nachgebildeten Puppe zwei Mikrofone einbringt und den Schall auf einen Kopfhörer überträgt, kann man sozusagen mit fremden Ohren hören. Die Genauigkeit des Richtungshörens lässt dabei um so mehr nach, je stärker das Relief der künstlichen Ohrmuschel von dem der körpereigenen abweicht.**

Äußerer Gehörgang

Genau wie die Ohrmuschel selbst besteht auch die Wand des 3–4 cm langen äußeren Gehörgangs *(Meatus acusticus externus)* aus Knorpel. Die Haut liegt diesem Knorpel fest an und lässt sich nicht verschieben. Haare sollen verhindern, dass gröbere Fremdkörper und Insekten in den Gehörgang eindringen. Talgdrüsen halten die oberflächlichen Hautschichten geschmeidig. Ihr Sekret ist das Ohrenschmalz *(Cerumen)*, das sich bei Menschen mit einer übermäßigen Talgproduktion nicht selten als braune Krusten verfestigt und den Gehörgang verstopft.

Trommelfell

Der äußere Gehörgang verläuft schräg von hinten oben nach vorne unten und ist außerdem noch in sich gekrümmt. Seine innere Begrenzung, das Trommelfell *(Membrana tympani)*, kann man daher nur dann sehen, wenn man die Ohrmuschel nach hinten oben zieht.

Das Trommelfell selbst ist nur ca. 0,7 mm dünn. Es verjüngt sich trichterförmig nach innen. Bei einem jugendlichen, nicht verdickten Trommelfell schimmern Strukturen des Mittelohrs, insbesondere der lange Fortsatz des Hammers, durch.

Ohrhygiene. **Wegen einer falsch verstandenen Ohrhygiene hat schon manche Mutter das Trommelfell ihres Kindes versehentlich durchstoßen. Die beliebten Wattestäbchen sehen zwar harmlos aus, können aber sehr wohl bei einer unbedachten Kopfbewegung das Trommelfell zerstören und darüber hinaus großen Schaden im Mittelohr anrichten. Außerdem regt die Berührung mit der Haut des Gehörgangs die Talgdrüsen an, noch stärker als sonst Ohrenschmalz zu produzieren. Infolgedessen wird man die Ohren natürlich noch häufiger ausputzen wollen. In den meisten Fällen reicht es völlig aus, das Ohr regelmäßig mit einem gebündelten Wasserstrahl abzuduschen.**

Paukenhöhle

Jenseits des Trommelfells liegt ein ca. 5 mm breiter luftgefüllter Hohlraum, die Paukenhöhle (Mittelohr, *Cavum tympani*). Sie besitzt über die Ohrtrompete Anschluss zum Rachenraum, ist jedoch durch das Trommelfell vollständig vom äußeren Gehörgang getrennt. Drei winzige Gehörknöchelchen (Hammer *Malleus*, Amboss *Incus* und Steigbügel *Stapes*) verbinden das Trommelfell gelenkig mit dem ovalen Fenster, dem Abschluss der Paukenhöhle zum Innenohr **(Abb. 5.17)**. Sie verstärken den Schall, indem sie als mechanisches Hebelsystem die relativ großen Auslenkungen des Trommelfells in kleinere, dafür aber kraftvollere Stöße umsetzen. Zwei kleine Muskeln *(M. tensor tympani* und *M. stapedius)* regulieren diese Verstärkung und verhindern, dass sich das System bei bestimmten Frequenzen aufschaukelt und dann wie eine übersteuerte Stereoanlage zu klirren anfängt (Resonanz).

Gehörknöchelchen

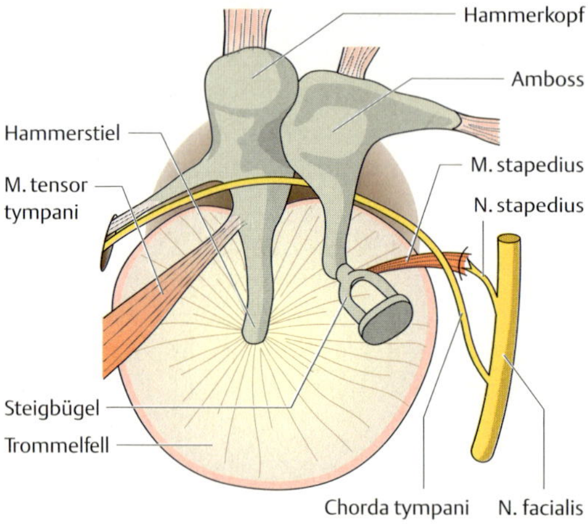

Abb. 5.17 Stellen Sie sich vor, Sie sitzen als Betrachter im Innenohr und blicken von hinten in die Paukenhöhle hinein. Das Trommelfell überträgt seine Schwingungen auf den Hammer, der auf den Amboss und dieser auf den Steigbügel. Der M. tensor tympani kann den Hammerstiel nach hinten ziehen und spannt das Trommelfell. Der kleine M. stapedius verkippt die Platte des Steigbügels. Durch die Paukenhöhle leitet die Chorda tympani Geschmacksfasern von der Zunge zum N. facialis.

Ohrmuschel, äußerer Gehörgang und Trommelfell und Gehörknöchelchen bilden ein akustisches Verstärkungssystem. Die Schallenergie wird auf einen kleinen Bereich am Steigbügel konzentriert und gelangt von dort ins Innenohr.

Grundlagen der Akustik

Ton, Klang und Geräusch

Jeder reine *Ton* (Sinuston) lässt sich unzweideutig durch seine beiden Kenngrößen Frequenz und Lautstärke beschreiben. Ein *Klang* setzt sich aus mehreren Tönen mit harmonischen Frequenzen zusammen, während ein *Geräusch* durch die Überlagerung vieler verschiedener Töne entsteht. Im täglichen Leben haben wir es – physikalisch ausgedrückt – ausschließlich mit Geräuschen zu tun.

Frequenz

Die Frequenz ist die Anzahl der Schallschwingungen pro Sekunde. Sie wird in Hertz (Hz) gemessen, 1000 Hz bezeichnet also einen Ton mit 1000 Schallschwingungen pro Sekunde. Hörgesunde Jugendliche können Töne zwischen 20 und ca. 17 000 Hz wahrnehmen. Mit zunehmendem Alter fällt die Empfindlichkeit für hohe Frequenzen messbar ab. Lärmschäden beschleunigen diesen Vorgang noch ganz erheblich.

Lautstärke

Die Skala der Lautstärke beginnt an der Hörschwelle, die eigenartigerweise auf einen Wert von 4 Phon festgelegt wurde ***(Abb. 5.18)***. Leises Flüstern erzeugt 10–15 Phon, normale Sprache 50–70 Phon, ein Presslufthammer aus nächster Nähe 120 Phon. Bei der Phonskala handelt es sich um eine logarithmische Skala, d. h. ein Geräusch wird als doppelt so laut empfunden, wenn seine Lautstärke um 10 Phon ansteigt (z. B. von 20 auf 30 oder aber von 90 auf 100 Phon).

Bei der Lektüre von Autozeitschriften oder Umweltschutzartikeln stößt man immer wieder auf den Begriff Dezibel A (dB A). Das Dezibel ist ein technischer Begriff, der auf dem so genannten Schalldruck basiert. Das „A" bezieht sich auf einen bestimmten Filter, der ähnlich wie das menschliche Ohr Frequenzen zwischen 500 und 4000 Hz besonders gut durchlässt, für höhere oder tiefere Töne aber immer weniger empfindlich wird. Die dB A Skala entspricht ziemlich genau der Phon-Skala.

Schalldruck und Lautstärke

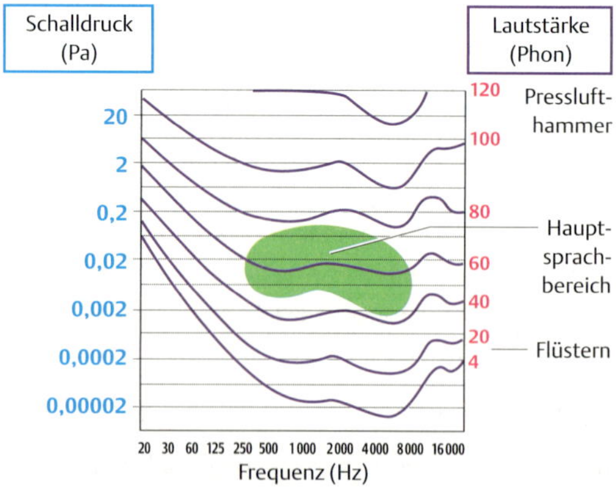

Abb. 5.18 Die x-Achse dieser Abbildung gibt die Frequenz eines Tons auf einer logarithmischen Skala an, die y-Achse – ebenfalls logarithmisch – den physikalisch messbaren Schalldruck. Töne, die auf derselben violetten Linie liegen, werden trotz unterschiedlicher Tonhöhe als gleich laut empfunden.

Schallwahrnehmung und Schallverarbeitung

Innenohr

Jenseits des ovalen Fensters beginnt das Innenohr ***(Abb. 5.19)***. Es liegt zusammen mit dem Gleichgewichtsorgan in der Tiefe des Felsenbeins, also dem kompaktesten Teil des Schläfenknochens (s. S. 150, Abb. 4.92). Die eigentlichen Sinneszellen des Hörorgans liegen in der Schnecke *(Cochlea)*.

Das „Schneckenhaus", die knöcherne Schnecke, umgibt den so genannten Schneckengang *(Ductus cochlearis)*, der in 2–3 Windungen von der Paukenhöhle bis zur Schneckenspitze reicht. Der Durchmesser der Schnecke beträgt weniger als einen Zentimeter.

Schnecke

Auf einem Längsschnitt durch die Schnecke erkennt man, dass eine dünne knöcherne Leiste *(Lamina spiralis)* beinahe die ganze Länge des Schneckengangs durchzieht. Vom äußeren Rand der Leiste ziehen zwei Membranen, die Reissner-Membran *(Membrana vestibularis)* und die Basilarmembran *(Membrana basilaris)*, bis zur seitlichen Wand des Schneckengangs. Sie unterteilen den Inhalt der Schnecke in:

- einen Raum über der Reissner-Membran (Vorhoftreppe, *Scala vestibuli*),
- einen Raum unterhalb der Basilarmembran (Paukentreppe, *Scala tympani*) und
- einen Raum dazwischen (mittlere Treppe, *Scala media*).

An der Schneckenspitze gehen Vorhof- und Paukentreppe ineinander über; die mittlere Treppe endet hier blind. Am Ende der Paukentreppe sorgt das runde Fenster für den notwendigen Druckausgleich, der durch die Schwingungen des Steigbügels am ovalen Fenster verursacht wird.

Corti-Organ

Auf der Basilarmembran sitzt innerhalb der mittleren Treppe das Corti-Organ mit den eigentlichen Sensoren des Hörens, den inneren Haarzellen. Diese Zellen ordnen sich als einreihige Leiste entlang der Längsachse der Basilarmembran. Etwas weiter außen befinden sich drei Reihen von äußeren Haarzellen, die zwar ebenfalls Sinneszellen sind, von denen aber nur 5–10% aller afferenten, also zum Gehirn führenden Nervenfasern ausgehen.

Innenohr

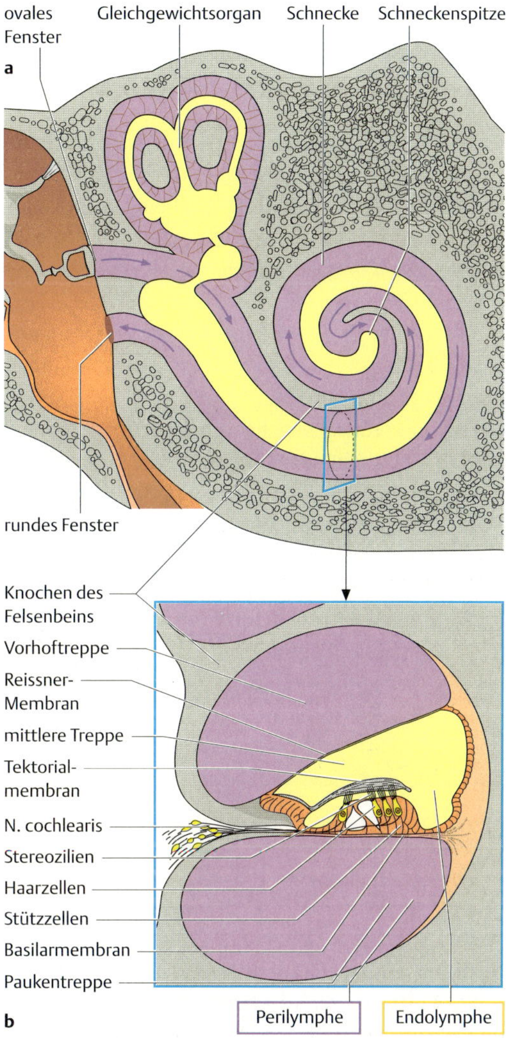

Abb. 5.19a, b Hinter der Paukenhöhle beginnt ein Labyrinth aus flüssigkeitsgefüllten Gängen (**a**). Ein Teil, die Schnecke, gehört zum Hörsystem (Innenohr), der andere Teil macht das Gleichgewichtsorgan aus. Die Schnecke besteht aus drei Gängen, die mit unterschiedlichen Flüssigkeiten gefüllt sind. Das eigentliche Sinnesorgan besteht aus den inneren und äußeren Haarzellen im mittleren Schneckengang (**b**).

Die inneren Haarzellen sind die eigentlichen Rezeptoren des Innenohrs. Die äußeren Haarzellen verstärken die Schwingungen der Basilarmembran und modulieren die Wahrnehmung der Schallreize. Sie sind also sozusagen die Lautstärke- und Tonregler des Innenohrs.

Wanderwellen und Tonotopie

Jedes Ohr besitzt lediglich 3500 innere Haarzellen – eine im Vergleich zu den Millionen Stäbchen und Zapfen des Auges geradezu klägliche Anzahl. Darüber hinaus reagieren diese Sinneszellen auf Höreindrücke relativ langsam, können also keineswegs den schnellen Schwingungen eines hohen Tons folgen. Wie schafft es das Ohr dennoch, trotz dieser ungünstigen Bedingungen zu einem sehr leistungsfähigen Sinnesorgan zu werden?

Jeder Ton kommt zunächst am ovalen Fenster (vgl. ***Abb. 5.16)*** als mehr oder weniger starke bzw. schnelle Auslenkung der Fußplatte des Steigbügels an. Diese Schwingungen übertragen sich auf die Vorhoftreppe. Die beweglichen Strukturen im Schneckengang, nämlich Reissner-Membran und Basilarmembran, geraten dadurch in wellenförmige Bewegung ***(Abb. 5.20)***, die sich in Richtung zur Schneckenspitze ausbreiten (Wanderwellen). Die Wanderwellen gelangen in der Regel nicht bis zur Schneckenspitze, sondern enden an einem bestimmten Punkt, erzeugen dort eine Resonanzwelle, und verebben danach sehr schnell.

Weil die Basilarmembran in Richtung zur Schneckenspitze zunehmend schlaffer wird, enden die Wanderwellen hoher Töne nahe dem ovalen Fenster, während die Resonanzwellen tieferer Töne weiter in Richtung Schneckenspitze liegen. Auf diese Weise kann das Gehirn jeder Stelle der Schnecke, also jeder einzelnen inneren Haarzelle, ihre ganz spezielle Tonhöhe zuordnen (Tonotopie).

Jeder Ton erzeugt an der Basilarmembran der Schnecke eine Wanderwelle. Die Tonhöhe bestimmt den Ort, an dem die Wanderwelle ihre maximale Auslenkung erreicht. Eine Erregung der Haarzellen an dieser Stelle ist also charakteristisch für eine bestimmte Tonhöhe.

Wanderwelle

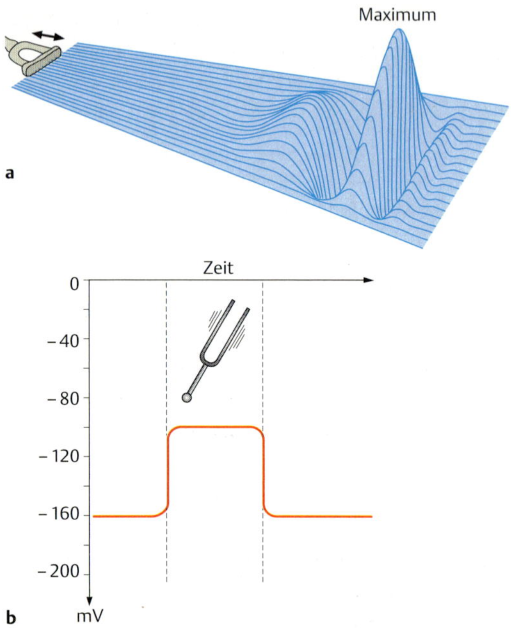

Abb. 5.20a, b Die Bewegungen des Steigbügels am ovalen Fenster bringen die Basilarmembran zum Schwingen. Ein Ton einer bestimmten Frequenz löst eine Wanderwelle aus, welche die Basilarmembran an einer definierten Stelle maximal auslenkt – hohe Töne in der Nähe des Steigbügels, tiefe in der Nähe der Schneckenspitze (**a**). Dort werden die inneren Haarzellen mechanisch erregt. Ihr Membranpotenzial depolarisiert, solange der Ton anhält (**b**).

Lärmschwerhörigkeit. Bei einer Frequenz von 1000 Hz erreicht das Gehör seine höchste Empfindlichkeit. An der entsprechenden Stelle wird die Basilarmembran also am stärksten ausgelenkt. Eine Lärmschwerhörigkeit durch dauernde, übermäßige Beschallung äußert sich folglich auch zunächst im Bereich eben dieser 1000 Hz (sog. C_4-Senke). Epidemiologische Studien zeigen ganz eindeutig, dass bereits bei jungen Erwachsene oft eine Lärmschwerhörigkeit nachzuweisen ist, die mit der Häufigkeit lauten Musikhörens korreliert. Rauchen verschlechtert die Durchblutungssituation im Innenohr und macht dieses noch anfälliger gegen Lärm.

Cochlea implants. Dass Hören auch ganz ohne Wanderwellen möglich ist, zeigt eine segensreiche Technologie: Gehörlosen wird hier im Prinzip eine Elektrode in die Schnecke implantiert, die elektrische Impulse aus einem Hörgerät direkt an die Nervenfasern des Innenohrs leitet. Die Kodierung der Schallfrequenz erfolgt dabei also lediglich über eine langsamere (tiefe Töne) oder schnellere Folge (hohe Töne) von Aktionspotenzialen im Hörnerven. Modernere Implantate lösen – aufbauend auf der Wanderwellentheorie – verschiedene Frequenzen auf und reizen unterschiedliche Stellen in der Schnecke.

Gleichgewichtsorgan

Bogengänge

Ebenfalls im Felsenbein, etwas hinter der Schnecke, befinden sich die drei halbkreisförmigen Bogengänge *(Canales semicirculares)*. Die Bogengänge stehen jeweils senkrecht aufeinander und bilden das ca. 1 cm lange Labyrinth ***(Abb. 5.21)***. Der Inhalt der Bogengänge hat über einen kurzen Verbindungskanal Kontakt zur mittleren Treppe des Innenohrs.

Die Bogengänge messen *Drehbewegungen* des Kopfes. Sie funktionieren nach dem Trägheitsprinzip: Bei jeder Drehung des Kopfes bewegt sich die knöcherne Wand eines Bogengangs gegenüber dessen relativ trägem Inhalt. Die gallertartige Cupula wird daher entgegengesetzt zur Drehrichtung ausgelenkt ***(Abb. 5.22)***. In der Cupula jeden Bogengangs sitzen mehrere tausend *Haarzellen*, welche denen des Innenohrs stark ähneln. Bewegungen der Cupula ändern das Membranpotenzial der Haarzellen in positiver oder negativer Richtung. Aus den Signalen der Haarzellen aller drei Bogengänge berechnet das Gehirn Richtung und Stärke der Drehbewegung.

Gleichgewichtsorgan

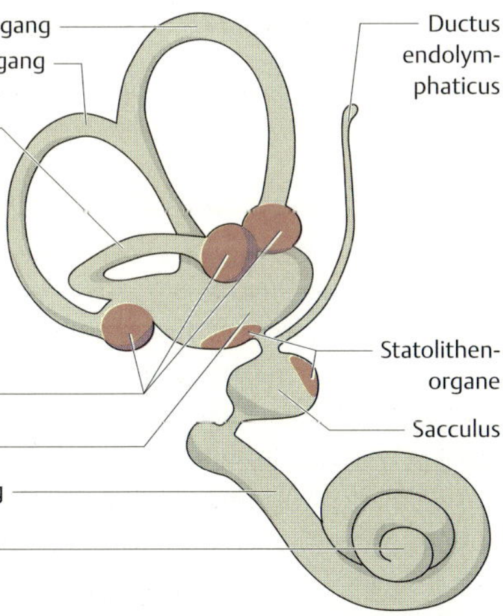

Abb. 5.21 Das Gleichgewichtsorgan besteht aus drei zueinander senkrechten Bogengängen sowie einer größeren (Utriculus) und einer kleineren Auftreibung (Sacculus). Die Bogengangsorgane liegen in der Ampulle und nehmen Drehbewegungen wahr. Statolithenorgane im Utriculus registrieren horizontale, im Sacculus vertikale Beschleunigung. Zusammen geben sie Aufschluss über die Lage des Kopfes im Raum.

Bogengangsorgane

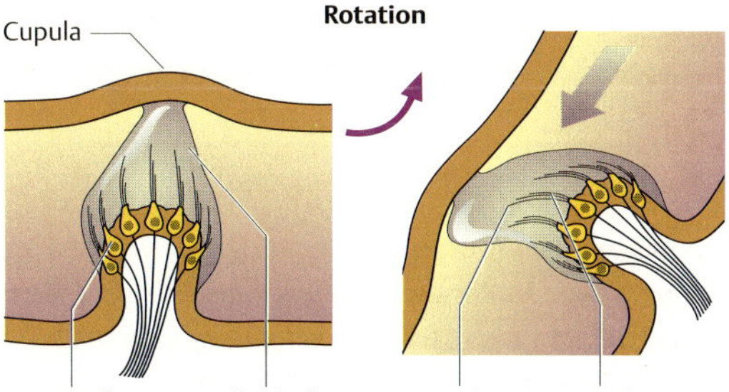

Abb. 5.22 Die Gallerthülle um die Zilien der Sinneszellen in den Bogengängen wird nach dem Trägheitsprinzip bei jeder Drehbewegung in die eine oder andere Richtung ausgelenkt. Je nach Drehrichtung depolarisieren oder hyperpolarisieren die Rezeptoren. Aus der Frequenz der Aktionspotenziale der Sinneszellen aller drei Bogengänge errechnet das Gehirn Richtung und Geschwindigkeit von Drehbewegungen.

Statolithenorgane

Auch bei geschlossenen Augen und unbewegtem Kopf weiß unser Gehirn sehr genau, in welcher Lage sich Kopf und Körper gegenüber der Vertikalen befinden. Patienten, deren Lagesinn geschädigt ist, können ihre Stützmotorik ausschließlich mit den Augen kontrollieren und verlieren im Dunkeln sehr schnell das Gleichgewicht.

Statolithenorgane

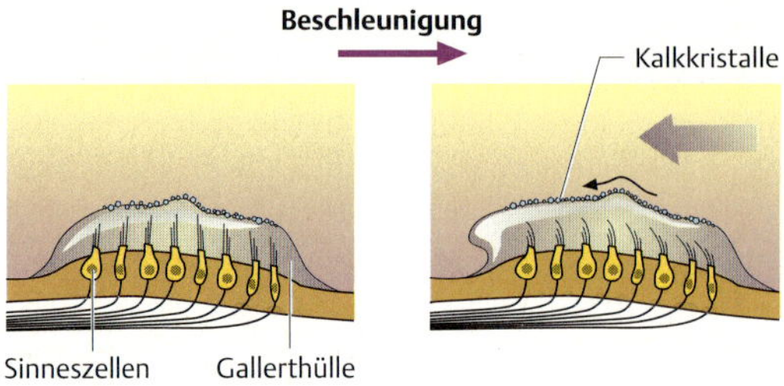

Abb. 5.23 Kalkkristalle in der Gallerthülle der Statolithenorgane (Maculae) verschaffen diesen zusätzliche Trägheit. Die Abbildung zeigt die Macula utriculi in Reihe (links) und während einer Linearbeschleunigung (rechts). Sie registriert lineare Beschleunigungen (Anfahren und Bremsen) und eine Neigung des Kopfes.

Zwischen Labyrinth und Schnecke befinden sich zwei wenige Millimeter große Aussackungen *(Utriculus und Sacculus)*. In ihrer Wand erkennt man flache, horizontal (im Utriculus) bzw. vertikal (im Sacculus) orientierte Ansammlungen von Nervenzellen, die von einer gallertigen Hülle bedeckt wird *(Macula utriculi bzw. sacculi)*.

Der eigentliche Trick ist, dass diese Gallerthülle mikroskopisch kleine Kalkkristalle *(Statolithen)* enthält, deren spezifisches Gewicht dreimal so groß ist wie das der ungebenden Flüssigkeit. Bei Beschleunigungen ziehen diese Kalkkristalle die Gallerthülle in eine Richtung und regen die Haarzellen an ***(Abb. 5.23)***. Der Utriculus nimmt dabei vertikale Beschleunigungen wahr (Erdanziehung, Aufzugfahren), der Sacculus horizontale Beschleunigungen (Gasgeben und Bremsen).

Rechtes und linkes Gleichgewichtsorgan besitzen je drei Bogengänge zur Wahrnehmung von Drehbewegungen und zwei Statolithenorgane zur Wahrnehmung linearer Beschleunigungen. Bogengänge und Statolithenorgane stehen zueinander senkrecht, um sämtliche Bewegungen im dreidimensionalen Raum korrekt zu erfassen.

Das Gleichgewichtsorgan ist für rasche und kurz andauernde Beschleunigungen ausgelegt. Durch längere oder ungewohnte Beschleunigungsphasen lässt es sich daher leicht übertölpeln.

Adaptation. Wenn man sich drei- bis viermal um die eigene Achse gedreht hat, reagieren die Haarzellen der Cupula nicht mehr auf die Drehbewegung (Adaptation). Beim raschen Abstoppen entsteht daher der Eindruck, die Welt drehe sich entgegengesetzt.

Sensory mismatch. Auch die Statolithenorgane lassen sich überlisten: Auf dem Kettenkarussell addieren sich Erdanziehung und Drehung zu einer Beschleunigung parallel der Körperachse. Dies liefert das Signal: Kopf in aufrechter Position. Das Auge teilt dem Gehirn nun aber mit, dass die Körperachse von der Senkrechten, etwa einer Hauswand, abweicht. Auf diese Weise erhält das Gehirn zwei widersprüchliche Informationen (sensory mismatch) und weiß nicht, welchem Sinnesorgan es mehr glauben soll. Derartig widersprüchliche Informationen sind die wichtigste Ursache für die Bewegungskrankheit (Kinetose, See-, Luft-, Raum-, Autokrankheit).

Bei der ***Seekrankheit*** widersprechen sich die visuelle Wahrnehmung (großes Deck = ortsfester Bezugspunkt) und die Information des Gleichgewichtsorgans (Deck schwankt) besonders krass. Daher leiden die meisten Nicht-Seeleute an Bewegungskrankheit, besonders während der ersten zwei Tage einer rauen Überfahrt. Die pharmakologische Behandlung der Bewegungskrankheit ist beinahe ebenso schwierig und unbefriedigend wie die des Schnupfens. Außer *Scopolamin*, einem rezeptpflichtigen und nebenwirkungsreichen Hemmstoff des parasympathischen Nervensystems, wirken nur noch einige der so genannten *Antihistaminika*, die aber allesamt müde machen. In vielen Fällen helfen jedoch *homöopathische Mittel* und *Phytotherapeutika* oder auch *autogenes Training* vor Reiseantritt. Auch *Akupressur* am Handgelenk kann die Bewegungskrankheit mildern.

5.3. Schmecken und Riechen

Geruchs- und Geschmackssinn überlappen sich in vielerlei Hinsicht. Beide sind *chemische Sinne*, sprechen also auf natürliche oder künstliche Chemikalien an. Als Nahsinne müssen die Stoffe unmittelbar mit den Sinneszellen in Berührung kommen, um eine Reizantwort auszulösen.

Beide Sinne sind u.a. Schutzmechanismen, um den Magen-Darm-Kanal nicht mit unverdaulichen oder gar giftigen Substanzen zu belasten. Auch die Qualitäten von Geruch und Geschmack lassen sich nicht klar voneinander abgrenzen („riecht" oder „schmeckt" eine Pizza nach Oregano?).

Geschmackssinn

Im Vergleich zu den außerordentlichen sensiblen und motorischen Leistungen der Zunge ist der Geschmackssinn der Zunge nahezu unterentwickelt: Es ist lediglich eine Unterscheidung zwischen den Qualitäten „süß" (wird an der Zungenspitze wahrgenommen), „sauer", „salzig", „bitter" (am Zungenrand bzw. -grund) und „gewürzt" (Glutamat) möglich (vgl. ***Abb. 3.21***). Alles, was wir „schmecken", erfahren wir eigentlich durch das Zusammenwirken verschiedener dieser Grundempfindungen (z. B. süß-sauer, salzig-bitter) mit dem wesentlich besser entwickelten *Geruchssinn*. Daher schmeckt Essen oft fade, wenn man einen Schnupfen hat, und ein verschnupfter Koch neigt dazu jede noch so gute Speise zu überwürzen.

Grundlage des Geschmackssinns sind die 2000–6000 Geschmacksknospen *(Caliculi gustatorii)*, die in das Epithel der Blatt- und Wallpapillen auf der Zunge eingebettet sind ***(Abb. 5.24)***. Es handelt sich um Bündel aus schlanken, dafür aber sehr hohen Zellen, die das gesamte Epithel von der Basalmembran bis zur Zungenoberfläche durchdringen. Die Öffnung einer Geschmacksknospe drängt sich zu einem kleinen Geschmackspunkt zusammen.

Geschmacksempfindungen erreichen das Gehirn über den N. facialis (VII. Hirnnerv, vordere zwei Drittel der Zunge), den N. glossopharyngeus (IX. Hirnnerv, hinteres Drittel) den N. vagus (X. Hirnnerv, Zungengrund).

Geschmacksknospe

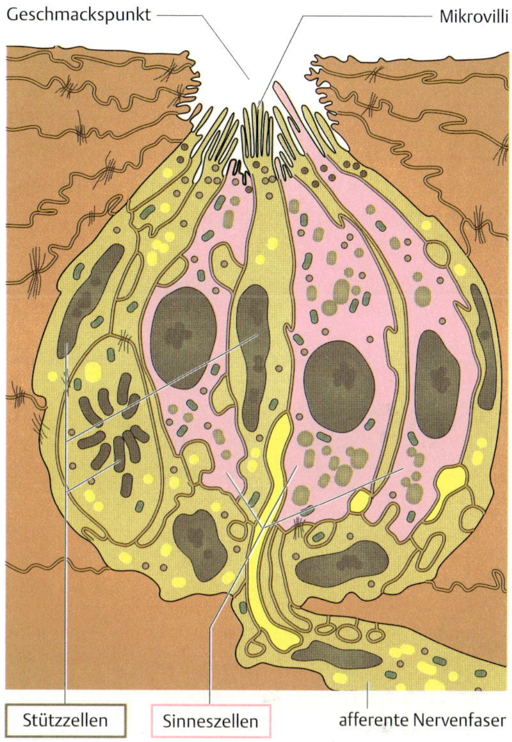

Abb. 5.24 Zwischen zahlreichen Stützzellen sind in jeder Geschmacksknospe nur einige wenige Sinneszellen eingelagert. Sie nehmen über eine kleine Öffnung (Geschmackspunkt) Kontakt zur Zungenoberfläche auf. Auch die Stützzellen tragen Mikrovilli, möglicherweise um die geschmacksaktiven Stoffe länger an die Sinneszellen zu binden.

Warum schmeckt Süßes gut? Fast alle Kinder lieben Süßigkeiten und verabscheuen saure oder bittere Lebensmittel. Diese Vorlieben sind ein übrig gebliebener natürlicher Schutzinstinkt, weil in freier Wildbahn süße Speisen (reife Früchte) nährstoffreich und damit „gut", bittere (Blätter, unreife Beeren, Giftpilze) dagegen ungenießbar oder schädlich und damit „schlecht" für den Körper sind. Erst mit dem Erwachsenwerden gewinnen die kulturell geprägten Essgewohnheiten die Oberhand über diesen Instinkt.

Geruchssinn

Am Dach der Nasenhöhle tummeln sich auf einem Areal von ca. 5 cm^2 an die 10 Millionen Nervenzellen im Epithel, die über einen dicken Zellausläufer direkten Kontakt mit der Schleimschicht aufnehmen ***(Abb. 5.25)***. Versuche, die Qualitäten des Geruchs zu klassifizieren, sind bislang gescheitert. Sicher ist, dass schon der Mensch mit seinem im Vergleich zum Hund geradezu jämmerlichen Riechvermögen mehrere tausend Gerüche unterscheiden und nach entsprechender Schulung auch benennen kann.

Riechschleimhaut

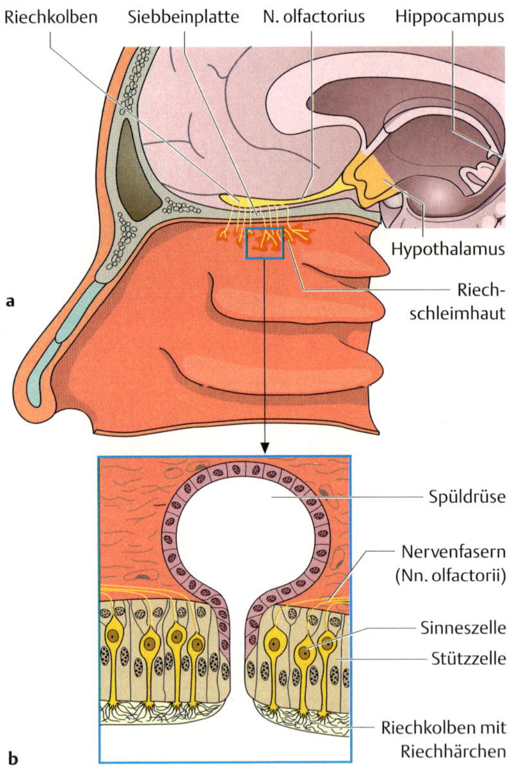

Abb. 5.25a, b Die Riechschleimhaut liegt im obersten Anteil des Nasenraums, vor und über der oberen Nasenmuschel (**a**). Die Nervenfasern durchbrechen die Siebbeinplatte und haben ihre Synapsen im Riechkolben des ersten Hirnnervs (N. olfactorius). Im Zoom (**b**) erkennen Sie, dass die Sinneszellen lange fadenförmige Ausläufer besitzen. Spüldrüsen sorgen dafür, dass Geruchsstoffe nicht länger an den Sinneszellen haften, als sie in der Luft vorhanden sind.

Manche Substanzen, wie etwa das Knoblaucharoma, regen die Sinneszellen derart stark an, dass bereits ein Picogramm davon (1/1 000 000 000 000 g) auf einen Liter Luft richtig als Knoblauch erkannt wird (*Erkennungsschwelle*). In noch geringeren Konzentrationen kann eine Versuchsperson einen Duft zwar wahrnehmen, aber nicht sagen, wonach es riecht (*Wahrnehmungsschwelle*).

Die Nervenfasern der Riechschleimhaut treten durch die Löcher in der Siebbeinplatte *(Lamina cribrosa)* und nehmen unmittelbar danach Kontakt mit den großen Nervenzellen des Riechkolbens *(Bulbus olfactorius)* auf. Mehrere hundert Sinneszellen schalten auf eine einzige Nervenzelle um. Diese extreme *Signalkonvergenz* macht das System sehr robust gegenüber Störungen; ein Geruch wird nur erkannt, wenn etliche benachbarte Sinneszellen gleichzeitig feuern. Vom Bulbus olfactorius aus gelangen die Reize über den *N. olfactorius* (I. Hirnnerv) in tiefgelegene Großhirnregionen, vor allem den Hippocampus und den Hypothalamus, darüber hinaus aber auch zu allen übrigen Teilen des limbischen Systems.

Gerüche werden im hinteren Teil des oberen Nasenganges wahrgenommen. Die Riechschleimhaut leitet die Information direkt durch die Schädelbasis zum ersten Hirnnerven weiter.

Geruch und Emotion. **Der Geruchssinn ist stammesgeschichtlich wahrscheinlich der *älteste Sinn* überhaupt. Seine enge Verbindung zum limbischen System ist die Grundlage dafür, dass angenehme oder unangenehme Gerüche oft unwillkürlich starke Emotionen auszulösen vermögen. Ein Mensch, der einen unangenehmen Körpergeruch an sich hat, ist uns von Anfang an unsympathisch. Umgekehrt lebt die Parfümeriebranche buchstäblich seit Jahrtausenden davon, dass ein angenehmer Duft auch attraktiv macht.**

Die emotionale Bedeutung von Gerüchen ist erlernbar. Eine neue Wohnung riecht anfangs ungewohnt, neu, fremd oder schlimmstenfalls unangenehm. Nach einigen Monaten nehmen wir den Geruch nur noch wahr, wenn wir nach Hause kommen. Dann begrüßt uns der selbe Geruch und sagt „Willkommen daheim“.

Der Geruchssinn hat eine enge *Verbindung zum Hormonsystem*. Frauen können in der Regel besser riechen als Männer. Diese Fähigkeit nimmt durch die Einnahme von höherdosierten Hormonpräparaten ab. Umgekehrt ändert sich auch der Körpergeruch in Abhängigkeit von der Zyklusphase. Im Tierreich signalisieren Artgenossen ihre Paarungsbereitschaft durch typische Geruchsstoffe (Pheromone). Dieselben Pheromone als Parfum (Moschus) haben beim Menschen nicht selten aber die gegenteilige Wirkung.

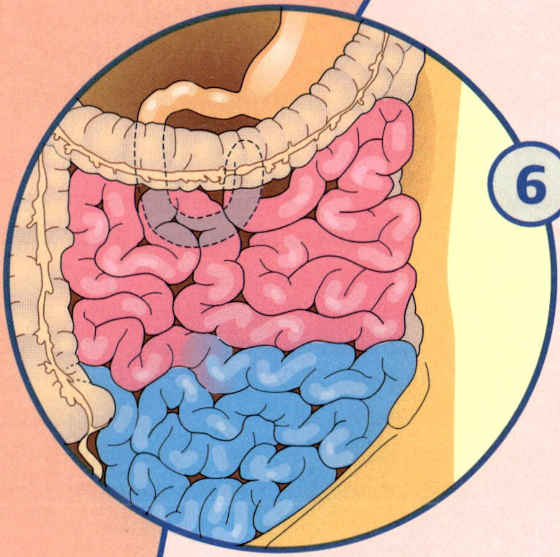

6 NAHRUNG VERDAUEN

6.1 Magen-Darm-Trakt

Aufbau des Magen-Darm-Kanals

Die Verdauung beginnt zwar bereits in der Mundhöhle. Dennoch findet die eigentliche Aufarbeitung der Nahrungsbestandteile im Magen-Darm-Kanal statt. Man versteht darunter den Bereich des Verdauungstrakts vom Beginn der Speiseröhre bis hinunter zum Anus.

Trotz der funktionellen und anatomischen Verschiedenheit von Speiseröhre, Magen, Dünn- und Dickdarm ist die Wandstruktur der Anteile des Magen-Darm-Kanals ***(Abb. 6.1)*** weitgehend identisch.

Schleimhaut

Die Schleimhaut (*Tunica mucosa*, Mukosa) kleidet den Magen-Darm-Kanal innen aus. Sie besteht aus dem oberflächlichen Epithel, einer retikulären Bindegewebeschicht *(Lamina propria)* und schwach ausgeprägter Muskulatur *(Lamina muscularis mucosae)*.

Die *Speiseröhre* und der *Analkanal* sind mit mehrschichtigem Plattenepithel überzogen, alle anderen Abschnitte werden von einem einschichtigen hochzylindrischen Epithel begrenzt, das auf Grund seiner hohen Transportleistungen bei der Absorption von Nährstoffen tief eingefaltet und mit Mikrovilli besetzt ist.

In der Lamina propria des *Darms* befinden sich zahlreiche Lymphfollikel zum immunologischen Schutz des Körperinneren vor den mit der Nahrung eingeschleppten Keimen. Die Schleimhautmuskelschicht erlaubt eine aktive Beweglichkeit der Schleimhaut, sorgt so für eine gute Durchmischung des Nahrungsbreis und säubert die Epitheloberfläche. Schleimhaut und Submukosa des *Magen-Darm-Kanals* sind häufig stark gefältelt (z. B. Kerckring-Falten im oberen Dünndarm). Dies ermöglicht einerseits eine relativ problemlose Anpassung an unterschiedliche Füllungszustände, was besonders für Speiseröhre und Magen wichtig ist, und vergrößert gleichzeitig die wirksame Oberfläche dieser Organe.

Durch die mehrfache Auffaltung der Schleimhaut wird beispielsweise die absorbierende Oberfläche des *Duodenums* um einen Faktor 500 (!) vergrößert; entsprechend schneller sind die Diffusions- und Absorptionsprozesse in diesem Bereich.

Wandschichten des Magen-Darm-Kanals

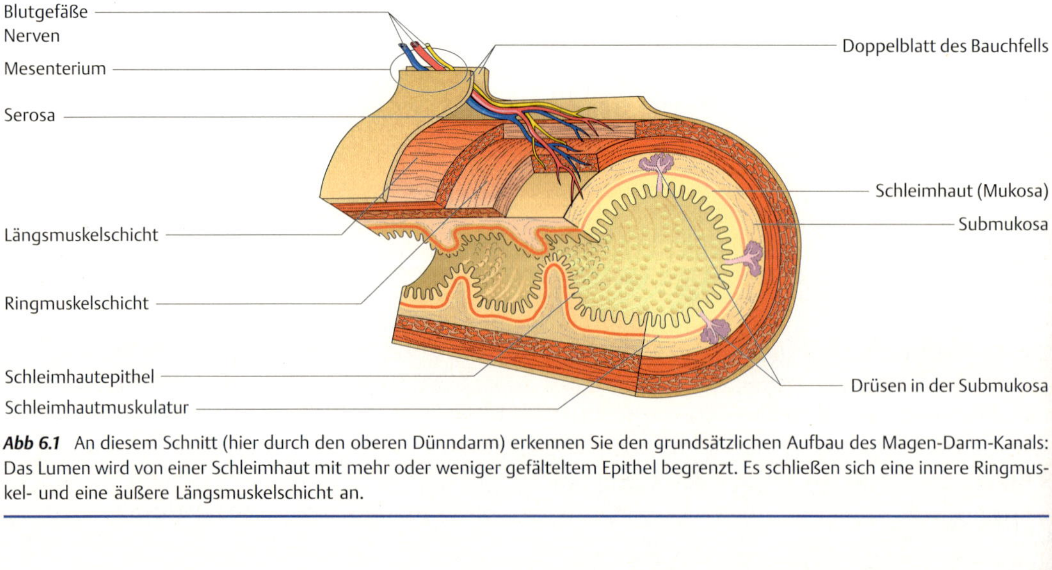

Abb 6.1 An diesem Schnitt (hier durch den oberen Dünndarm) erkennen Sie den grundsätzlichen Aufbau des Magen-Darm-Kanals: Das Lumen wird von einer Schleimhaut mit mehr oder weniger gefälteltem Epithel begrenzt. Es schließen sich eine innere Ringmuskel- und eine äußere Längsmuskelschicht an.

Submukosa

Auf die Schleimhaut folgt außen eine bindegewebige Verschiebeschicht, die Submukosa *(Tela submucosa)*. In diesem lockeren Gewebe verlaufen die arteriellen Blutgefäße zur Versorgung der Schleimhaut und die Venen, in denen absorbierte Nährstoffe der Leber zufließen. Außerdem befindet sich hier ein Nervengeflecht *(Plexus submucosus Meissner)* zur Steuerung der Schleimhautmuskulatur. Die Submukosa reicht in die groben Falten des Magen-Darm-Kanals hinein, hat jedoch an den feineren Auffältelungen der Schleimhaut keinen Anteil.

Muskelschicht

An die Submukosa grenzt eine kräftige Schicht aus glatter Muskulatur (*Tela muscularis*, Muskularis), welche den Magen- bzw. Darminhalt durchmischt und weiterbefördert. Sie besteht aus zwei klar abgegrenzten Schichten, einer inneren Ringmuskulatur und einer äußeren Längsmuskelschicht.
Zwischen beiden Schichten liegt ein starkes Nervengeflecht *(Plexus myentericus Auerbach)*, das beide Muskelschichten ansteuert.

Während die Ringmuskulatur den Nahrungsbrei durchwalkt und -knetet, zieht die Längsmuskulatur den Darmschlauch rhythmisch über dessen Inhalt zusammen und ermöglicht auf diese Weise eine Bewegung des Darminhalts in Längsrichtung (Peristaltik, s.S. 196). Eine ganz ähnliche Bewegung nützen beispielsweise auch Regenwürmer für ihre eigene Fortbewegung.

Serosa

Außen an die Längsmuskelschicht grenzt Bindegewebe (*Tela serosa*, Serosa), das entweder sehr locker mit der Umgebung verwachsen (Speiseröhre) oder direkt von Bauchfell bedeckt ist. Der Bauchfellüberzug erlaubt eine großzügige Bewegung der Organe des Magen-Darm-Kanals gegenüber ihrer Umgebung.

! Der Magen-Darm-Kanal besteht aus Schleimhaut, Submukosa, Muskelschicht und Serosa. Schleimhaut und Submukosa sind stark aufgefaltet, um die innere Oberfläche zu vergrößern. Die Muskelschicht verläuft innen ringförmig und außen längs.

6.2 Speiseröhre und Magen

Speiseröhre

Die Speiseröhre *(Oesophagus)* beginnt am Kehlkopf, also etwa in Höhe des 6. Halswirbelkörpers. Sie durchquert auf ihrer Gesamtlänge von 20–30 cm den Brustraum und mündet in der Nähe des ersten Lendenwirbelkörpers in den Magen. In der Speiseröhre finden selbst keine Verdauungsvorgänge statt, die Nahrung verbleibt nur 2–20 Sekunden lang in diesem Organ.
Die Längsmuskulatur der Speiseröhre steht unter ständiger Zugbelastung zwischen dem Kehlkopf einerseits und dem Magen andererseits. Durchtrennt man einen der beiden Haltepunkte, dann schnurrt das Organ knapp eine Handbreit weit zusammen.

Im Halsbereich ist die Speiseröhre zwischen Luftröhre und Wirbelsäule „eingeklemmt", Vorder- und Hinterwand berühren sich wie bei einem leeren Feuerwehrschlauch. Im Brustraum, genauer im Mediastinum zwischen linkem und rechtem Pleuraraum, entfernt sich die Speiseröhre von der Wirbelsäule und liegt dem linken Herzvorhof an. Der Unterdruck im Pleuraraum und im Mediastinum hält den Ösophagus in diesem Bereich offen.
Nach dem Schlucken befördert die Speiseröhre den Bissen aktiv durch *peristaltische Wellen* in den Magen. Die Schwerkraft allein würde nicht ausreichen, um das Lumen der Speiseröhre genügend aufzudehnen, damit ein Bissen durchtreten kann.

Physiologische Engstellen

Die Speiseröhre hat drei physiologische Engstellen ***(Abb. 6.2)***, die unter ungünstigen Umständen den Schluckakt behindern können:

1. Unmittelbar am Beginn der Speiseröhre (unterhalb des Ringknorpels am Kehlkopfausgang) ist die Spannung der zirkulären Wandmuskulatur am größten. Außerdem ist dieser Bereich durch Bindegewebe so verstärkt, so dass die Speiseröhre sich an dieser Stelle nur auf einen maximalen Durchmesser von 1,5 cm aufdehnen lässt.
2. Etwa auf halber Höhe kommt die Speiseröhre in enge Nachbarschaft zur Teilungsstelle der Luftröhre und zum Aortenbogen. Anatomische Variationen (z.B. ein doppelter Aortenbogen) können hier zu einer Schluckbehinderung führen.
3. Die dritte physiologische Enge liegt am Durchtritt der Speiseröhre durch das Zwerchfell. Hier ist die Zwerchfellmuskulatur zur so genannten Hiatusschlinge *(Hiatus oesophageus)* umgeformt. Durch anatomische und funktionelle Verschlussmechanismen entsteht ein Ventil zwischen Speiseröhre und Magen (Kardia), welches den Rückfluss des aggressiven sauren Magensafts in die Speiseröhre verhindert.

Engstellen der Speiseröhre

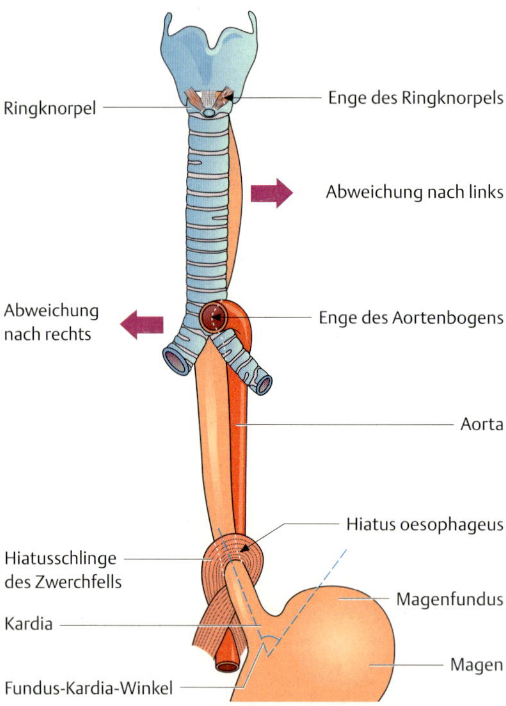

Abb 6.2 Sie blicken hier von vorn auf die Speiseröhre und ihre Nachbarorgane. Hinten grenzt sie direkt an die Wirbelsäule. Daher bestehen Engstellen insbesondere im Bereich des Kehlkopfs, der Teilungsstelle der Luftröhre und dem Durchtritt durchs Zwerchfell (Hiatus oesophageus). Besonders gut stellt sich hier auch der Fundus-Kardia-Winkel am Eintritt der Speiseröhre in den Magen dar.

Divertikel. **Die erste physiologische Enge ist ein häufiger Sitz von sog. Divertikeln, das sind sackartige Ausstülpungen der Speiseröhrenwand. Häufig tritt dies bei alten Menschen auf, deren Bindegewebe und Muskulatur geschwächt sind. Bei diesen Patienten führt bereits der normale Druck in der Speiseröhre beim Schlucken (70–100 mmHg) zu einer Überdehnung der Speiseröhrenwand, die an der schwächsten Stelle nachgibt.**

Verschlussmechanismen der Kardia

Ähnlich wie am Speiseröhreneingang verstärkt sich auch in der Nähe des Übergangs in den Magen die Ringmuskelschicht der Speiseröhre. Sie geht zusammen mit der Längsmuskelschicht in einen spiraligen Verlauf *(muskulärer Sphinkter)* über. Im Normalfall steht diese Ringmuskulatur unter Spannung und verschließt das Lumen wie ein echter Schließmuskel. In der letzten Phase des Schluckakts, wenn die Nahrung kurz vor der Kardia ist, erschlafft die Muskulatur der Kardia reflektorisch und erlaubt es der Speiseröhre, die Nahrung in den Magen hinein auszuquetschen. Diese reflektorische Öffnung der Kardia steht unter dem Einfluss von parasympathischen Nervenfasern.

Wichtiger noch als der muskuläre Sphinkter ist die Tatsache, dass die letzten 2-5 cm der Speiseröhre innerhalb des Bauchraums verlaufen. Kardia und Magenfundus bilden miteinander einen *spitzen Winkel*: Jede Druckerhöhung im Bauchraum (Liegen, Bauchpresse usw.) presst damit wie ein Rückstoßventil den Magenfundus gegen die Speiseröhre und verstärkt so deren Verschluss.

Refluxkrankheit. **Rutscht aus irgendwelchen Gründen der Ösophagus vollständig in den Brustraum (Hiatushernie, gefördert z. B. durch eine Abflachung des Zwerchfells bei Fettsucht), dann überwindet schon ein geringer mechanischer Druck auf den Magen den muskulären Sphinkter und treibt Magensaft in den – unter Sog stehenden – Brustanteil der Speiseröhre. Die Folgen sind saures Aufstoßen mit Entzündung des Ösophagus, Sodbrennen und in schweren Fällen Ulkusbildung mit massiven Blutungen. Die Schmerzen, die ein Patient mit Refluxkrankheit erleidet, sind mitunter extrem stark und projizieren sich auf Brust und Oberbauch unmittelbar unter das Brustbein. Sie ähneln damit den Schmerzen bei koronarer Herzkrankheit. Auch ein Herzinfarkt kann dieselben Symptome wie schweres Sodbrennen verursachen!**

Ring- und Längsmuskulatur sind in den verschiedenen Abschnitten des Verdauungstrakts unterschiedlich dick. Ein Schließmuskel entsteht durch eine besonders starke Ringmuskelschicht, während eine kräftige Längsmuskelschicht für einen schnell transportierenden Bereich des Magen-Darm-Kanals (z. B. die Speiseröhre) typisch ist.

Erbrechen

Erbrechen ***(Abb. 6.3)*** ist ein Schutzreflex des Organismus: Ungenießbare oder gar giftige Nahrung kann der Körper so wieder loswerden, bevor sie in größeren Mengen ins Blut absorbiert wird. Erbrechen kann jedoch – ähnlich wie Fieber – eigenständigen Krankheitswert erlangen. Diese Unterscheidung ist wichtig, weil im ersten Fall Erbrechen eher gefördert, im zweiten blockiert werden sollte.

Auslöser

Viele unterschiedliche Einflüsse (zu starke Magendehnung, Schwindel, chemische Abnormitäten im Blut, psychische Faktoren usw.) führen zur Erregung des Brechzentrums in den stammesgeschichtlich alten Hirnteilen (*Formatio reticularis* im Stammhirn). Zusätzlich kommt es zu einer starken Erregung des parasympathischen Nervensystems.

Steuerung

Das Brechzentrum steuert die koordinierte Aktion mehrerer Muskelgruppen:

- das Zwerchfell wird in Einatmungsstellung fixiert,
- der Kehlkopf schließt sich wie beim Schlucken,
- die Bauchmuskulatur spannt sich an und erhöht den Druck im Bauchraum,
- die Magenmuskulatur kontrahiert sich,
- der Magenausgang schließt sich,
- die Kardia öffnet sich.

Das Zusammenspiel dieser Vorgänge schafft die Voraussetzungen dafür, dass der Mageninhalt in die Speiseröhre ausgetrieben werden kann. Gelangt der Mageninhalt danach in den Rachenraum und erhält Kontakt mit der Rachenhinterwand, so löst dies reflektorisch den *Würgreflex* aus.

Säureverlust

Starkes Erbrechen führt zum Verlust großer Mengen an *Säure* und *Flüssigkeit*. Da andauerndes Erbrechen dem Körper Säure entzieht, wird der Blut-pH-Wert alkalisch (sog. nichtrespiratorische Alkalose, s. Kap. 14, S. 455). Diese Störung im Säure-Basen-Haushalt ist mit die gefährlichste Komplikationen eines krankhaft verstärkten Schwangerschaftserbrechens.

Medikamentöse Therapie. **Die medikamentöse Therapie zielt auf eine Normalisierung der Magenentleerung und/oder eine Hemmung des Brechzentrums durch Substanzen, die dämpfend auf die Aktivität des Zentralnervensystems wirken. Aber Vorsicht!!! Vor der Gabe solcher Medikamente muss man sich unbedingt über die Ursache des Erbrechens im Klaren sein: Erbrechen ist bei Vergiftungen oft lebensrettend, bei Verätzungen dagegen lebensgefährlich, da das ätzende Mittel dann zweimal mit der Speiseröhre Kontakt hat.**

Erbrechen

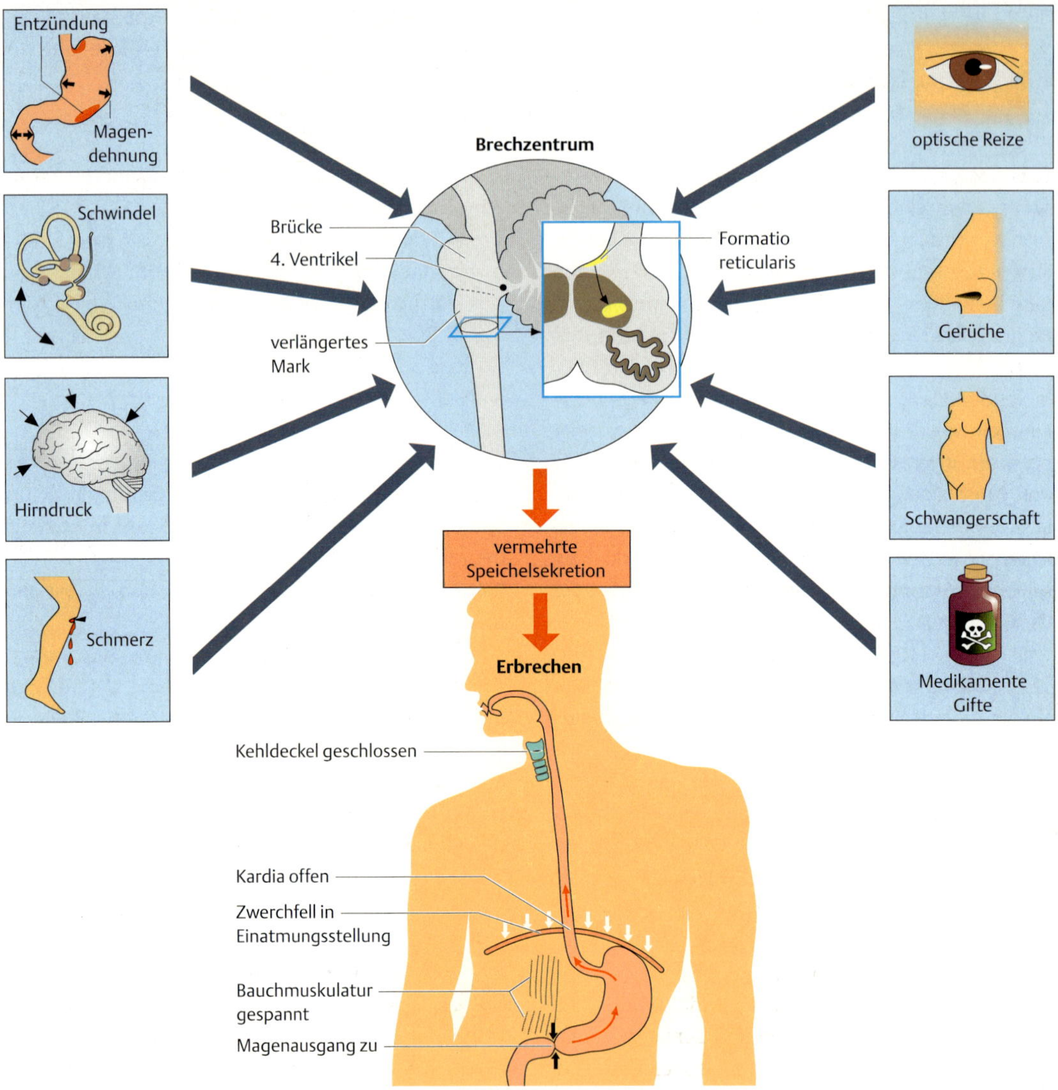

Abb 6.3 Erbrechen kann sehr unterschiedliche Ursachen haben. Die Erregung des Brechzentrums im Hirnstamm (nahe dem 4. Ventrikel) löst einen zusammengesetzten Reflex aus.

Bauchfell

Prinzip einer serösen Höhle

Der Bauchfellraum ist eine seröse Höhle. Neben dieser Peritonealhöhle existieren noch drei weitere seröse Höhlen im Körper:

- die Pleurahöhle (Brustfellraum),
- der Perikardraum (Herzbeutel) sowie
- beim Mann die kleinere Hodenhöhle.

Entwicklung

Alle diese serösen Höhlen sind entwicklungsgeschichtlich folgendermaßen entstanden: Zwischen einer Organanlage und der Körperwand befindet sich ein allseitig von einer serösen Haut (Pleura, Bauchfell) umschlossener Hohlraum (seröse Höhle). Er ist mit Flüssigkeit gefüllt, die aus dem Blutplasma abfiltriert wurde und daher gelblich gefärbt ist. Ein Teil der Begrenzung der serösen Höhle ist mit der Körperaußenseite verwachsen (äußeres oder parietales Blatt), während die gegenüberliegende Seite die Organanlage umgibt (inneres oder viszerales Blatt).

Im Verlauf der Entwicklung wächst nun die Organanlage immer stärker in diese seröse Höhle ein, bis sie nahezu den gesamten Innenraum einnimmt. Die seröse Höhle wird dabei bis auf einen haarfeinen kapillären Spalt zusammengedrängt, der nur noch wenige Milliliter seröse Flüssigkeit enthält und als Gleitschicht zwischen Organ und Körperwand dient.

Die Organe innerhalb der serösen Höhle sind nahezu vollständig vom inneren Blatt der serösen Haut bedeckt; nur an der Stelle ihres Einwachsens nehmen sie mit einem Organstiel (Hilus) Kontakt zum Gefäß- und Nervensystem auf.

Peritonealhöhle

Das Bauchfell *(Peritoneum)* hat eine Gesamtfläche von ca. 2 m², also mindestens ebensoviel wie die gesamte äußere Haut (!). Die Peritonealhöhle ist die größte seröse Höhle unseres Körpers.

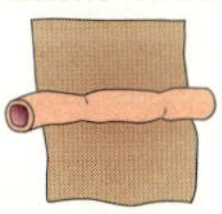

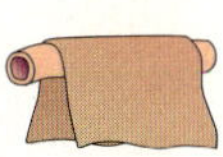

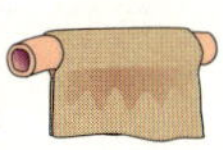

Das Peritoneum umkleidet nahezu vollständig mit seinem viszeralen Blatt die so genannten *intraperitonealen Organe* Magen, Dünndarm, Leber und Milz ***(Abb. 6.4)***. Diese Teile des Magen-Darm-Kanals kann man sich als flexibles Rohr vorstellen, dem ein großes Tischtuch (das Peritoneum) übergelegt wurde. Das Rohr ist vollständig von dem Tischtuch umgeben, mit Ausnahme der Stelle, an der sich beide Tuchseiten berühren (Bauchfellduplikatur). Wird nur eine Seite eines Organs von Peritoneum überdeckt, liegt also sozusagen das Organ auf dem Tisch und breitet man das Tischtuch einfach darüber aus, so spricht man von einem *retroperitonealen Organ* (z. B. Zwölffingerdarm, Bauchspeicheldrüse, Harnleiter). *Extraperitoneal* schließlich heißen Organe, die überhaupt keinen Kontakt zum Bauchfell aufnehmen.

Querschnitt durch den Oberbauch

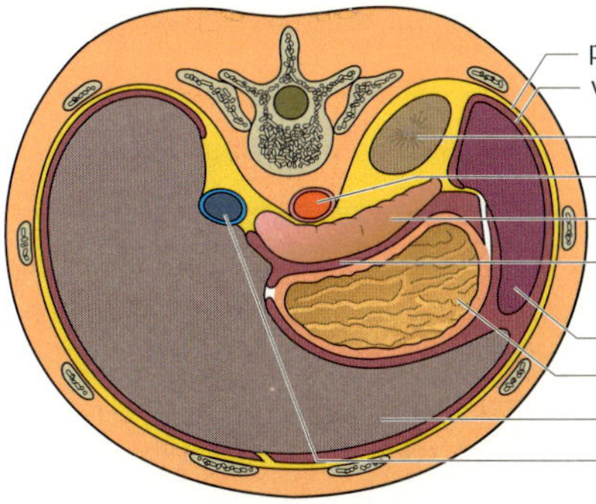

Abb 6.4 Dieser Schnitt ist knapp unterhalb der Zwerchfellbasis angelegt. Sie blicken von oben auf die Schnittfläche. Durch die große Ausdehnung der Leber werden alle Organe nach links abgedrängt. Daher liegt auch die rechte Niere tiefer und ist hier nichtzu sehen. Da das Bauchfell Leber, Magen und Milz auf fast allen Seiten umgibt, bildet sich zwischen Magen und Pankreas eine fast vollständig geschlossene Bauchfelltasche (Bursa omentalis). Alle intraperitonealen Organe sind gegeneinander gut verschieblich.

Peritonitis. **Wie alle serösen Höhlen ist auch die Peritonealhöhle ein steriler Raum, der aber durch die Nachbarschaft zu dem stark keimhaltigen Magen-Darm-Trakts in ständiger Infektionsgefahr schwebt. Blinddarmentzündungen oder Geschwüre von Magen und Zwölffingerdarm können in die Peritonealhöhle durchbrechen und diese mit Darminhalt verunreinigen – es breitet sich eine gefährliche und schmerzhafte Peritonitis (Bauchfellentzündung) aus. Das Leitsymptom einer Peritonitis ist eine bretthart gespannte, druckschmerzhafte Bauchdecke.**

Magen

Anatomie

Lage des Magens in der Peritonealhöhle

Der Magen *(Gaster, Ventriculus,* ***Abb. 6.5****)* ist ein intraperitoneales Organ, d.h. er ist mit Ausnahme der zu- und abführenden Gefäße und Nerven vollständig von Bauchfell umgeben. Er ist an zwei Bauchfellduplikaturen *(Mesogastrien)* aufgehängt:

- dem kleinen Netz *(Omentum minus)* zwischen rechter Magenseite und Leber, und
- einem Teil des großen Netzes *(Omentum majus)* zwischen linker Magenseite und dem quer verlaufenden Dickdarm (Der Rest des großen Netzes ist eigentlich eine Schürze aus vier miteinander verwachsenen Peritonealblättern. Diese Schürze hängt vor dem Dick- und Dünndarm nach unten und gehört zu den lymphatischen Organen.)

Beide Bauchfellduplikaturen lassen dem Magen viel Bewegungsfreiheit in der Bauchhöhle. Die gute Verschiebbarkeit ist wichtig, da die Magenwand sich ständig seinem Füllungszustand anpassen muss.

Magen

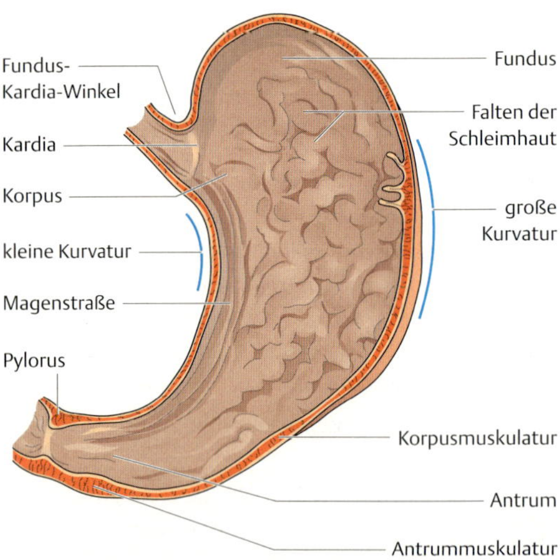

Abb 6.5 An diesem Schnitt erkennen Sie die besonders im Fundus- und Korpusbereich stark aufgefaltete Schleimhaut. Die Muskulatur wird im unteren Teil deutlich kräftiger und bildet am Magenausgang einen regelrechten Schließmuskel (Pylorus). Die Magenstraße an der kleinen Kurvatur besteht aus parallelen längs verlaufenden Schleimhautfalten.

Magenform. Im Liegen befindet sich der Magen meist im linken Oberbauch. Dies ändert sich bei aufrechter Körperhaltung. Manchen Menschen hängt der Magen im Stehen nicht nur sprichwörtlich, sondern auch anatomisch bis in den Beckenraum hinab. Das Fassungsvermögen des Magens ist erheblich; im prall gefüllten Zustand enthält er bis zu 2 l Inhalt. Die nach einer exzessiven Mahlzeit stark gespannte Magenwand ist recht empfindlich. Sie kann bei starken Traumata wie Verkehrsunfällen oder Schlägereien sogar platzen.

Aufbau

Der Magen besteht aus:

- der Kardia (Mageneingang),
- dem Fundus,
- dem Korpus,
- dem Antrum, und
- dem Pylorus (Magenpförtner).

Fundus. Im Bereich der *Kardia* (Mageneingang) geht das Plattenepithel der Speiseröhre unvermittelt in die typische Magenschleimhaut über (s.u.). Der *Fundus* überragt die Kardia und liegt als großer halbkugeliger Hohlraum dem Zwerchfell an. Mit der Nahrungsaufnahme verschlucken wir häufig Luft und Kohlendioxid, die sich am höchsten Punkt des Magens sammeln. Auf einem Röntgenbild im Stehen stellt sich der Magenfundus daher als luftgefüllte Magenblase dar.

Korpus. An Kardia und Fundus schließt sich das *Korpus* an. Das Korpus ist der größte Magenabschnitt und umfasst etwa zwei Drittel des Organs. Im Bereich des Fundus und Korpus befinden sich Magendrüsen, welche Säure und Verdauungsenzyme herstellen (s.u.). Während der Fundus in erster Linie als Speicher für aufgenommene Nahrung dient, erzeugt die Muskulatur des Korpus rhythmische peristaltische Wellen, welche Nahrung, Säure und Enzyme vermischen und weitertransportieren.

Antrum. Als *Antrum* bezeichnet man den unteren Teil des Magens unmittelbar vor dem Magenausgang. Die Schleimhaut produziert hier Steuerhormone für die Regelung der Verdauungstätigkeit. Zusammen mit dem eigentlichen *Pylorus* (Magenpförtner, Magenausgang) erzeugt die Muskulatur des Antrums kräftige peristaltische Wellen zur Zerkleinerung und Durchmischung des Speisebreis.

Kurvaturen. Nach dem Aussehen des Magens im Liegen unterscheidet man die rechts gelegene *kleine Kurvatur* an der Konkavseite des Magens von der links gelegenen *großen Kurvatur* an seiner Konvexseite. Die kleine Kurvatur bildet den kürzesten Weg zwischen Magenein- und ausgang. Hier liegen die Falten des Magens in Längsrichtung und erleichtern geschluckter Flüssigkeit den direkten Weg durch den Magen hindurch *(Magenstraße)*.

Innenansicht

Da sich die Magenwand den unterschiedlichsten Füllungsgraden anpassen muss, ist ihre Wanddicke sehr variabel (5–15 mm). Die Mageninnenseite zeigt auf den ersten Blick grobe Falten *(Plicae gastricae)*, die im Fundus und an der großen Kurvatur unregelmäßig, vor allem aber quer angeordnet sind, an der kleinen Kurvatur hingegen längs. Die Plicae bestehen aus Schleimhaut und Submukosa. Ihnen aufgelagert finden sich millimeterkleine Magenfelder *(Areae gastricae)*, die nur von der Schleimhaut gebildet werden und jeweils eine Gruppe von Magendrüsen *(Glandulae gastricae)* umhüllen.

Blutversorgung der Oberbauchorgane

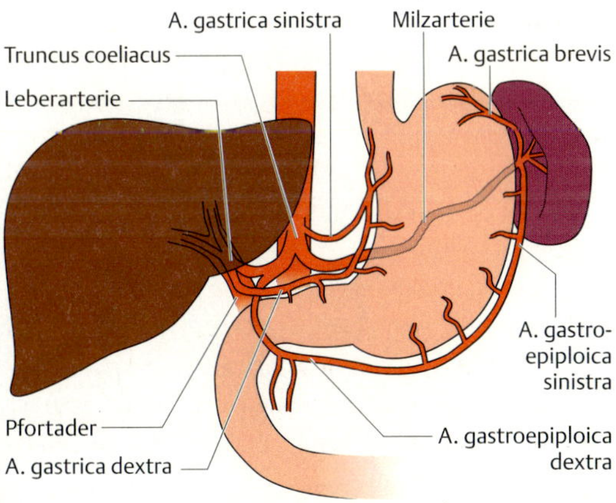

Abb 6.6 Alle Oberbauchorgane werden durch den Truncus coeliacus aus der Aorta mit sauerstoffreichem Blut versorgt. Beachten Sie, dass sich entlang der großen und kleinen Kurvatur Arterienarkaden bilden, so dass mehrere Arterien miteinander in Verbindung stehen. Solche arterio-arteriellen Anastomosen kommen sonst nur noch am Darm und an der Hirnbasis vor.

Gefäßversorgung

Die arteriellen Blutgefäße des Magens ***(Abb. 6.6)*** sind von großer klinischer Bedeutung, da sie der Ursprung lebensgefährlicher Blutungen ins Innere des Magens sein können. Eine Blutung aus einem arteriellen Magengefäß entsteht meist, wenn ein Magengeschwür *(Ulcus ventriculi)* so tief reicht, dass es die Submukosa und die Muskelschicht einschmilzt und ein größeres Blutgefäß platzt.

An der kleinen und großen Kurvatur verläuft je ein vielfach geschlängelter Gefäßbogen, der kleinere Äste auf die Vorder- und Rückseite der Magenwand abgibt. Die Gefäße der kleinen Kurvatur entstammen der Leberarterie *(A. gastrica dextra)* und direkt dem *Truncus coeliacus (A. gastrica sinistra)*. Die Gefäße der großen Kurvatur entspringen aus der Milz- und der Pankreasarterie.

Ösophagusvarizen. Wie überall, folgen auch hier die Venen des Magens weitgehend dem Verlauf der Arterien. Sie leiten ihr Blut jedoch nicht direkt zum rechten Herzen, sondern zunächst über die Pfortader zur Leber. Im Bereich der kleinen Kurvatur und der Kardia bildet sich ein dichtes Venennetz, das mit den Venen der Speiseröhre Verbindung aufnimmt. Bei einer Abflussbehinderung der Pfortader meist im Rahmen einer alkoholischen Leberzirrhose steigt der Strömungswiderstand in der Pfortader an. Blut aus dem Magen-Darm-Trakt fließt daher – dem Weg des geringsten Widerstands folgend – über dieses Venennetz direkt in die obere Hohlvene und umgeht so die Leber. Die Magen- und Speiseröhrenvenen sind aber auf Dauer dieser massiven Blutströmung nicht gewachsen und schwellen zu Krampfadern an (Ösophagusvarizen). Viele chronische Alkoholiker sterben an einer plötzlichen massiven Blutung aus diesen überbeanspruchten Gefäßen.

Der Magen besteht aus Fundus, Korpus und Antrum. Zwischen Mageneingang und Magenausgang liegt die kleine Kurvatur, gegenüber die große Kurvatur. Der Fundus dient als Nahrungsspeicher, das Korpus produziert Verdauungsenzyme und das muskelstarke Antrum durchmischt und zerkleinert den Nahrungsbrei.

Magensekretion

Magenschleimhaut

Die Magenfalten dienen einerseits – wie gesagt – als Reserveraum, damit sich der Magen ausweiten kann, andererseits vergrößern sie die Oberfläche der Magenschleimhaut.

Auf mikroskopischer Ebene wird das Prinzip der Oberflächenvergrößerung noch erheblich weiter getrieben: Feine Magenkanälchen *(Foveolae gastricae)* senken sich in die Schleimhaut ein, an deren Boden langgestreckte Magendrüsen *(Glandulae gastricae)* münden **(Abb. 6.7)**. Diese Magendrüsen erfüllen in den verschiedenen Magenabschnitten unterschiedliche Aufgaben und unterscheiden sich dementsprechend auch anatomisch voneinander.

Fundus und Korpus

In Fundus und Korpus dominiert die Sekretion von Salzsäure und Verdauungsenzymen. Die Magendrüsen sind mehrere Millimeter lang und stehen palisadenartig nebeneinander.

Hauptzellen. In der Tiefe der tubulären (röhrenförmigen) Drüsen finden sich die großen, hellen Hauptzellen. Sie produzieren hauptsächlich Pepsinogene, das sind inaktive Vorstufen von eiweißverdauenden Enzymen. Durch den sauren pH-Wert im Mageninneren werden die Pepsinogene in die eigentlich wirksamen Verdauungsenzyme (Pepsine) gespalten;

Belegzellen. Im Verlauf der Ausführungsgänge sezernieren die pyramidenförmigen Belegzellen große Mengen an Salzsäure. Sie sind dafür verantwortlich, dass der Mageninhalt den für die Verdauung notwendigen niedrigen pH-Wert beibehält. Der Mageninhalt hat im Nüchternzustand einen pH-Wert zwischen 1 und 3.

Nebenzellen. Die kleineren, dunklen Nebenzellen geben einen zähen alkalischen Schleim ab, der die Magenschleimhaut vor ihren eigenen Verdauungsenzymen schützt und damit verhindert, dass sich der Magen selbst zerstört. Dieser Schleim liegt gallertartig über dem Epithel und wird lediglich von den feinen Öffnungen der Magendrüsen durchbrochen.

Magendrüsen

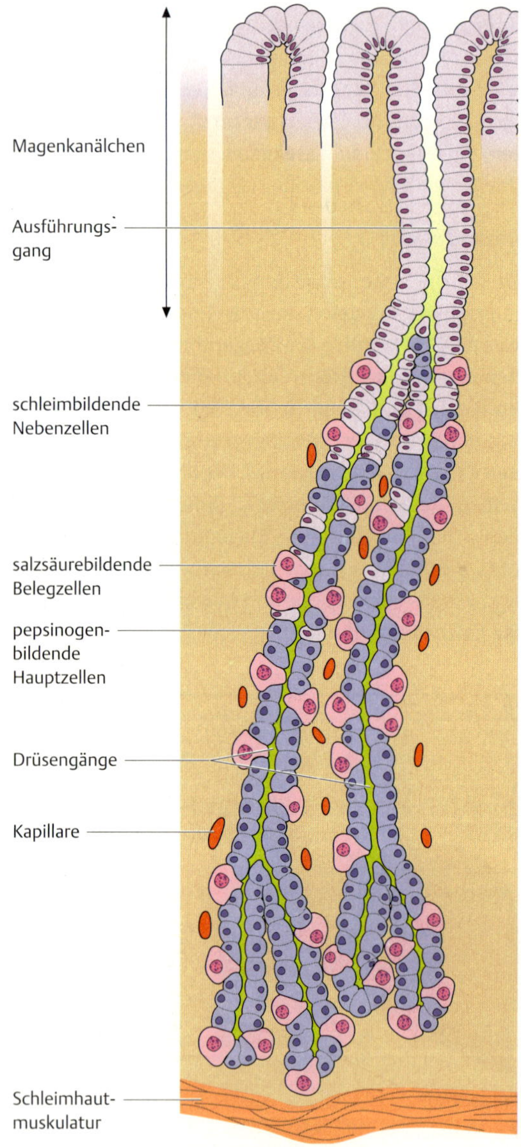

Abb 6.7 Die Magenschleimhaut besteht aus langen, wenig verzweigten Drüsengängen. Entlang dieser Gänge geben Haupt-, Neben- und Belegzellen Verdauungsenzyme, Schleim und Magensäure ins Magenlumen ab. Die Belegzellen heißen so, weil ursprünglich angenommen wurde, dass sie mit den Ausführungsgängen nicht in Verbindung stehen, sondern sich nur außen an die Drüsenschläuche „anlegen". Wie Sie sehen, erwies sich diese Annahme als falsch, der alte Name blieb jedocherhalten.

Magenulkus. Chronischer Stress, die Nebennierenrindenhormone Cortisol und Corticosteron, sowie zahlreiche Medikamente hemmen die Schleimsekretion. Kommt dann noch eine Infektion mit dem Bakterium *Helicobacter pylori* hinzu, kann der Magensaft die eigene Schleimhaut angreifen. Es entsteht zunächst eine Entzündung (Gastritis) und bei längerer Einwirkung ein Magengeschwür (Ulkus, *Ulcus ventriculi*). Der Magen verdaut sich sozusagen selbst.

Antrum und Pylorus

Im Bereich von Antrum und Pylorus sind die Magendrüsen kürzer als in Fundus und Korpus. Neben einer großen Zahl schleimproduzierender Zellen finden sich häufig hormonell aktive Zellen: Am wichtigsten ist dabei das *Gastrin*, ein Peptidhormon, das die Sekretion von Salzsäure im Korpus fördert.

Steuerung der Magensekretion

Der Pawlow-Hund. Als Musterbeispiel für die Beeinflussung vegetativer Funktionen durch erlernte Verhaltensweisen (Konditionierung) dient ein klassisches Experiment: der „*Pawlow-Hund*". Einem Hund wurde eine Magenfistel angelegt; der Magensaft floss durch diese Fistel nach außen ab und konnte gemessen werden. Während des Fressens stieg regelmäßig die Magensaftproduktion an. Nun wurde zu jedem Fressen eine Glokke geläutet. Nach einiger Zeit löste der Klang der Glocke allein die Magensaftproduktion aus.

Zephale Phase. Beim Menschen gibt es eine Vielzahl derartiger Auslöser der Magensaftproduktion, die mit dem Essen selbst nur mittelbar verbunden sind: Geruch von Essen, Tellerklappern, u.U. sogar Schlangestehen bei Leuten, die sich häufig in der Kantine verköstigen usw. Die Signale zur Steigerung der Magensaftproduktion werden vom *parasympathischen Nervensystem* erzeugt und über den *N. vagus* (X. Hirnnerv) an die Magenschleimhaut weitergeleitet. Der N. vagus stimuliert hauptsächlich die Magensäuresekretion aus den *Belegzellen*.

Eine Erregung des sympathischen Nervensystems hemmt hingegen die Magensaftproduktion: Das Frühstück vor einer schwierigen Prüfung bleibt uns buchstäblich im Magen liegen. Andererseits ist der Parasympathikus in körperlicher und geistiger Ruhe, also vor allem nachts, besonders aktiv; Schlafstörungen sind nicht selten die Folge zu schwerer Mahlzeiten vor dem Zubettgehen, da eine sehr aktive Verdauungstätigkeit zwar träge macht, aber keinen ruhigen Schlaf zulässt.

Gastrische Phase. Eine Dehnung des Magenantrums, aber auch chemische Einflüsse (Peptide, Alkohol, Gewürzstoffe) führen zur Abgabe von Gastrin, das auf dem Blutweg Fundus und Korpus erreicht und dort die *Säuresekretion* anregt.

Intestinale Phase. Durch Hormone aus der Schleimhaut des Zwölffingerdarms wird ebenfalls die Magensäureproduktion geregelt. *Sekretin* ist das wichtigste derartige Hormon. Es bremst die Magensäureproduktion und verzögert die Magenentleerung. Dadurch wirkt es als Stopp-Signal, um den Dünndarm durch eine zu schnelle Abgabe angedauten Nahrungsbreis nicht zu überfluten.

Die Magendrüsen in Fundus und Korpus des Magens produzieren Salzsäure und Verdauungsenzyme (Pepsine). Zephale, gastrische und intestinale Einflüsse steuern die Magensekretion. Der Parasympathikus fördert, der Sympathikus hemmt die Verdauungstätigkeit des Magens.

Magenmotorik

Verweildauer der Speisen

Während Flüssigkeiten innerhalb weniger Minuten entlang der Magenstraße an der kleinen Kurvatur zum Pylorus gelangen und den Magen verlassen, bleiben feste Speisen unterschiedlich lange im Magen liegen:

- Kohlenhydrate verlassen den Magen nach durchschnittlich 1–2 Stunden,
- Eiweiße nach 2–3 Stunden,
- Fette nach 5-9 Stunden.

Die Verweildauer der Speisen im Magen hängt also ganz wesentlich von der Zusammensetzung der Nahrung, aber auch von der Aktivität des vegetativen Nervensystems und dem Füllungszustand des Darms ab: Eine weiche Nahrungsbeschaffenheit, ein aktiver Parasympathikus und ein leerer Dünndarm beschleunigen die Passage durch den Magen.

Peristaltische Wellen

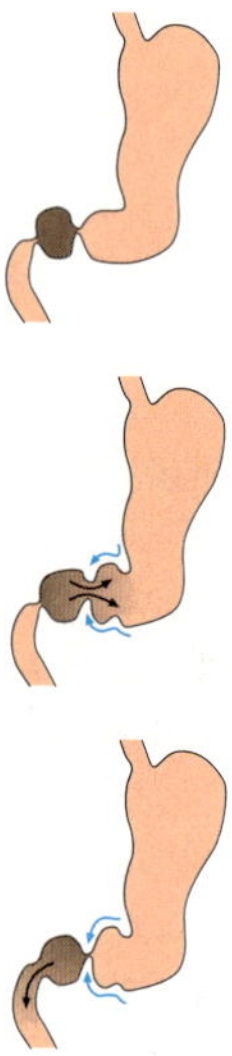

Erreicht ein Bissen die Kardia, dann erschlafft nicht nur der Mageneingang, sondern auch die Wandmuskulatur des Fundus. In diesem oberen Magenanteil wird also während des Essens die Nahrung *deponiert*, ohne dass sich mit zunehmender Füllung der Binnendruck erhöhen würde.

Nach dem Essen entstehen im oberen Korpusabschnitt langsame ringförmige Kontraktionen der Magenwand *(peristaltische Wellen)*, die sich in Richtung des Magenausgangs verstärken und beschleunigen. Diese Wellen treten in Abständen von 20 Sekunden bis 4 Minuten – je nach Verdauungsaktivität des Magens – auf. Die Kontraktionen der Magenwandmuskulatur sind *autonom*. Das heißt, sie gehen von der Muskelschicht des Magens selbst aus, benötigen also keine Steuerung durch das zentrale Nervensystem. Dennoch stehen Stärke und Häufigkeit der peristaltischen Wellen unter dem Einfluss des vegetativen Nervensystem: Der Parasympathikus fördert, der Sympathikus hemmt die Peristaltik.

Im Antrum erreichen die peristaltischen Wellen ihr Maximum. Das Lumen verengt sich hier bis auf wenige Millimeter Durchmesser. Der Magenbereich vor dem Pylorus ist prall mit Nahrungsbrei gefüllt. Melden Mechanorezeptoren im Magenantrum, dass sich dort noch unzerkleinerte Partikel befinden, so schließt sich der Pylorus reflektorisch: Die gegen den geschlossenen Magenausgang anbrandenden peristaltischen Wellen treffen auf einen unüberwindlichen Widerstand und der Speisebrei wird durch das kanalartig verengte Antrum wieder in das Korpus zurückgequetscht.

Diese Bewegung zerkleinert die Partikel des Mageninhalts so lange, bis sie einen Durchmesser von weniger als einem Millimeter aufweisen. Erst dann öffnet sich während einer peristaltischen Welle der Pylorus geringfügig und ein kleiner Teil (1–2 %) des Mageninhalts gelangt bei jeder Welle in den Dünndarm.

Nüchternphase

In der Nüchternphase, nachdem der Magen seinen zerkleinerten Inhalt in den Dünndarm entleert hat, treten in Abständen von ca. zwei Stunden kräftige peristaltische Wellen auf. Während dieser kräftigen Kontraktionen ist der Pylorus maximal geöffnet. Der Magen kann damit größere unverdauliche Stücke (Knöpfe, Münzen, Legosteine, Gräten usw.) auf natürlichem Weg loswerden und reinigt sich für die bevorstehende Nahrungsaufnahme. Mit zunehmender Dauer der Nüchternphase werden diese Kontraktionen immer stärker: Der Magen knurrt und fordert nachdrücklich die nächste Mahlzeit ein.

! Die Magenmuskulatur erzeugt autonom peristaltische Wellen, die vom Korpus bis zum Magenausgang laufen. Diese Wellen zerkleinern Nahrung, machen den Nahrungsbrei homogen und geben ihn portionsweise in den Dünndarm ab.

6.3 Dünndarm

Gliederung

Duodenum

Das *Duodenum* (Zwölffingerdarm) ist – wie der Name schon sagt – so lang wie zwölf Finger nebeneinander (25–30 cm). Es beginnt unmittelbar am Pylorus und zieht rechts vor dem 1.–2. Lendenwirbelkörper in Form eines großen „C" abwärts (absteigender Teil, *Pars descendens*). Diese C-Schlinge umfasst den Kopfteil der Bauchspeicheldrüse *(Pankreas)*. Im weiteren Verlauf setzt sich das Duodenum in horizontaler Richtung in den linken Oberbauch fort *(Pars horizontalis)*. Vor der linken Niere steigt der Zwölffingerdarm wieder an *(Pars ascendens)*, bevor er mit einem scharfen Knick *(Flexura duodenojejunalis)* in das Jejunum – den zweiten Dünndarmabschnitt – übergeht.

Das Duodenum ist im Gegensatz zum Magen und den tieferen Dünndarmabschnitten ein *sekundär retroperitoneales Organ*, d.h. seine hintere Bauchfelldecke ist mit der Rückwand der Peritonealhöhle verwachsen.

In den Zwölffingerdarm münden die Ausführungsgänge der beiden großen Bauchdrüsen *Pankreas* und *Leber* (Galle). Die Anatomie der Mündung ins Duodenum ist sehr variabel, meist jedoch haben Galle und Pankreas einen gemeinsamen Ausführungsgang und enden an der Vater-Papille *(Papilla Vateri)*.

Das Duodenum hat den höchsten Stoffwechsel aller Darmabschnitte. Ein großer Teil der Kohlenhydrate und Eiweiße tritt schon hier aus dem Speisebrei ins Blut über.

Jejunum und Ileum

Jejunum (Leerdarm) und *Ileum* (Krummdarm) weisen keinerlei scharfe Trennungslinie auf. Die beiden Dünndarmabschnitte sind zusammen wesentlich länger als das Duodenum, nämlich mehr als 2 Meter, im erschlafften Zustand sogar bis zu 5 Meter. Ohne ersichtlichen Grund teilt man die oberen 40% dem Jejunum, die unteren 60% dem Ileum zu.

Jejunum und Ileum sind im Gegensatz zum Duodenum in der Bauchhöhle frei beweglich und mit Ausnahme einer schmalen Bauchfellduplikatur – dem *Mesenterium* – gänzlich von Bauchfell überzogen (intraperitoneale Lage). Im Mesenterium verlaufen Blut- und Lymphgefäße zur Versorgung des Darms sowie vegetative Nerven zur Steuerung der Darmtätigkeit. Die Lymphgefäße sind im Darmbereich besonders gut entwickelt, da sie große Flüssigkeitsmengen führen und die meisten absorbierten Fettbestandteile mit der Lymphe abtransportieren.

Erst im Ileum gelangen Fette und Gallensalze durch die Darmwand ins Pfortaderblut. Dies lässt den Verdauungsenzymen aus Pankreas, Galle und Zwölffingerdarm Zeit, auf die schwer abbaubaren Nahrungsfette einzuwirken.

Schleimhaut

Auf einem Schnitt durch den Dünndarm erkennt man die für den Magen-Darm-Kanal typische Schichtung in

- Schleimhaut,
- Submukosa,
- Muskelschicht und
- Serosa.

Von zentraler Bedeutung für die Darmfunktion ist die Schleimhaut und speziell ihr Epithel, da hier die lebenswichtigen Absorptionsprozesse ablaufen. Die Schleimhaut des Dünndarms weist verschiedene Besonderheiten auf, die in ihrer Gesamtheit die Oberfläche vergrößern:

- Plicae,
- Zotten,
- Krypten und
- Mikrovilli.

Plicae

Die Innenfläche des Dünndarms würde bei weitem nicht ausreichen, um alle aufgenommenen Nährstoffe zu absorbieren. Daher wird die für den Transport verfügbare Oberfläche durch eine extrem starke Auffaltung des Epithels vergrößert: Auf einem Schnitt durch den Dünndarm ***(Abb. 6.8a)*** fallen bis zu einem Zentimeter hohe *Plicae* (Falten) auf, die ringförmig ins Darmrohr hineinragen und dessen Oberfläche auf das Dreifache erhöhen. Da sie quer zur Abflussrichtung des Darminhalts stehen, verzögern sie die Passage des Speisebreis.

Ähnlich wie die Magenfalten beziehen auch die Dünndarmplicae das unter der Schleimhaut befindliche Gewebe, also die Submukosa, mit ein.

Zotten

Diesen Plicae sitzen dicht an dicht nadelfeine *Zotten* von 0,5–1 mm Länge auf. Jede Plica ist also mit Hunderten von Zotten übersät, die sich fingerförmig ins Darmrohr vorwölben ***(Abb. 6.8b)***. Die Zotten bestehen wie die Magenfelder ausschließlich aus Schleimhaut.

Krypten

Am Boden der Zotten ragen *Krypten* (Dünndarmdrüsen) unterschiedlich tief in das Schleimhautgewebe hinein. Sie sind mit 0,2 bis 0,4 mm Tiefe

Schnitt durch das Jejunum

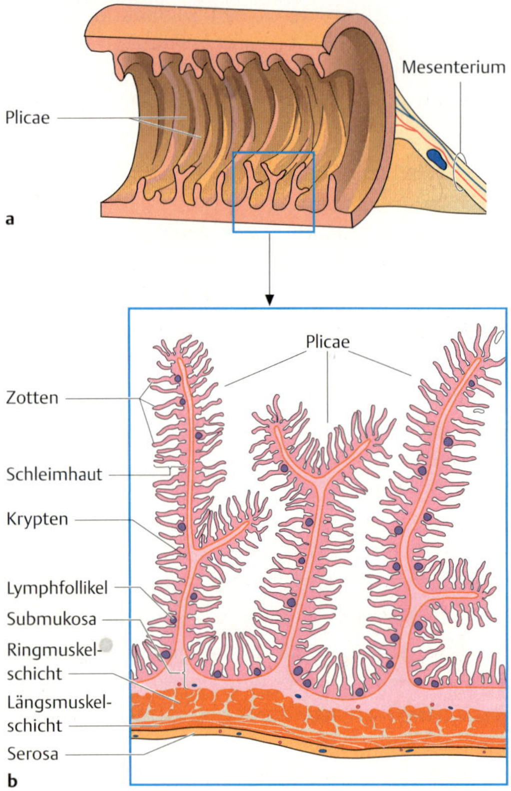

Abb 6.8a, b Die Abbildung zeigt einen Teil des oberen Jejunums, kurz hinter dem Duodenum. Das Jejunum ist ein intraperitoneales Organ, wird also mit Ausnahme des Mesenteriums vollständig von Bauchfell umgeben (**a**). Sie erkennen im Zoom (**b**) große Falten der Schleimhaut und der Submukosa, auf denen feine Zotten sitzen. Zwischen den Zotten münden Krypten aus tieferen Schichten der Schleimhaut.

etwas flacher als die Zotten und erfüllen hauptsächlich dieselbe Funktion wie die Magendrüsen, nämlich Produktion von Verdauungssekreten und einem schützenden alkalischen Schleim.

Mikrovilli

Zotten und Krypten verzehnfachen die wirksame Oberfläche der Darmwand im Vergleich zu den Plicae allein. Die größte Rolle für die Oberflächenvergrößerung – um einen weiteren Faktor 10–30 – spielen jedoch die *Mikrovilli* an der dem Darmrohr zugewandten Seite der Epithelzellen. Diese hochzylindrischen Schleimhautzellen sind derartig dicht mit Mikrovilli besetzt, dass man bildlich von einem *Bürstensaum* spricht.

Durch Plicae, Zotten, Krypten und Mikrovilli zusammen erreicht der Dünndarm insgesamt eine für die Absorption von Nährstoffen wirksame Oberfläche von über 100 Quadratmetern (!).

Besonderheiten der Dünndarmabschnitte

Den gerade beschriebenen Aufbau der Dünndarmwand findet man in allen Abschnitten des Dünndarms, allerdings in einem unterschiedlichen Verhältnis.

Das *Duodenum* besitzt die ausgeprägtesten Plicae und Zotten, hat allerdings nur wenige Krypten. Als Ersatz für diese fehlenden Dünndarmdrüsen liegen größere Brunner-Drüsen in der Submukosa. Diese produzieren ein schleimiges Sekret mit alkalischem pH-Wert, um das Duodenum vor dem sauren Magensaft zu schützen. Neben dieser schützenden Schleimschicht produzieren die Brunner-Drüsen wichtige Enzyme zur Aktivierung der vom Pankreas gebildeten Verdauungszenzym-Vorstufen sowie Hormone.

Vom *Jejunum zum Ileum* nehmen Anzahl und Höhe der Plicae immer mehr ab, die Zotten werden seltener, während in zunehmendem Maß Krypten auftreten. Im Ileum enthält die Schleimhaut als Besonderheit Lymphfollikel, die teilweise so stark ausgeprägt sind, dass sie in eine zusammenhängende lymphatische Schicht übergehen (Peyer-Plaques, s. Kap. 12, S. 383).

! Plicae, Zotten, Krypten und Mikrovilli vergrößern die innere Oberfläche des Dünndarms. Der Grad der Oberflächenvergrößerung nimmt vom Duodenum über das Jejunum zum Ileum hin immer weiter ab.

6.4 Dickdarm

Gliederung

Der Dickdarm *(Intestinum crassum)* umgibt die Dünndarmschlingen wie ein unvollständiger Rahmen an drei Seiten: rechts, oben und links ***(Abb. 6.9)***. Er ist vom Dünndarm durch die Ileozäkalklappe *(Valva ileocaecalis)* getrennt, die im Wesentlichen von der Ringmuskulatur des unteren Ileum gebildet wird.

Die Ileozäkalklappe befindet sich im rechten Unterbauch in der Nähe des Darmbeinkamms und verhindert ein Zurückfließen von Dickdarminhalt in den Dünndarm. Ihre korrekte Funktion ist von besonderer Bedeutung, da sich die Bakterienflora in Dick- und Dünndarm unterscheidet und Dickdarmbakterien im Dünndarm Entzündungen auslösen können.

Abschnitte des Dickdarms

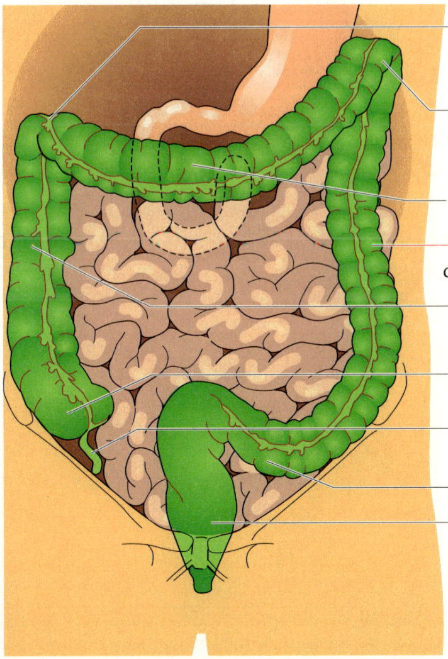

Abb 6.9 Der Dickdarm umgibt wie eine Girlande den in Falten gelegten Dünndarm. Im linken unteren Bauchraum knickt er siphonförmig um (Sigma) und verbreitert sich danach zum Rektum.

Blinddarm

Der Blinddarm *(Zäkum, Zökum)* ist eine gut tischtennisballgroße Aussackung des Dickdarms unterhalb der Ileozäkalklappe ***(Abb. 6.10)***. Am unteren Ende des Blinddarms beginnt der Wurmfortsatz *(Appendix vermiformis)*. Von der „Blinddarmentzündung" und der „Blinddarmoperation" ist regelmäßig nur die Appendix betroffen (also besser *Appendizitis* und *Appendektomie*), nicht dagegen der gesamte Blinddarm. Lage und Länge der Appendix sind extrem variabel. In den meisten Fällen misst sie etwa 10 cm, ist 1 cm dick und liegt der Rückseite des Blinddarms an. Auf-

Blinddarm und Wurmfortsatz

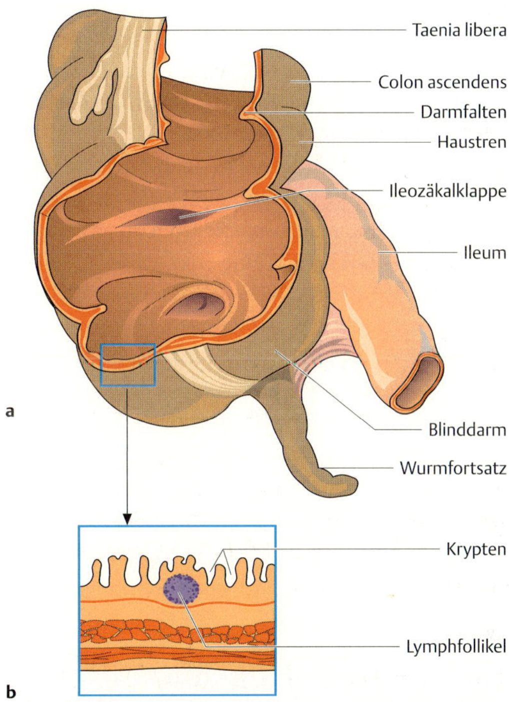

Abb 6.10a, b Unterhalb der Ileozäkalklappe endet ein Teil des Dickdarms blind (Blinddarm). Nicht zu verwechseln damit ist der Wurmfortsatz am unteren Ende des Blinddarms. Gut zu erkennen sind die tiefen Darmfalten durch den Zug der Ringmuskulatur und die Aussackungen (Haustren) dazwischen. Von den insgesamt drei Längsbändern (Tänien) ist nur eines sichtbar.

fallend an der Appendix ist die Anhäufung von Lymphfollikeln vor allem bei Kindern, was auf einen Zusammenhang dieses Organs mit der Immunabwehr hinweist.

Kolon

Das Kolon *(Colon)* ist mit ca. 1 m der längste Dickdarmabschnitt. Es zieht von der Ileozäkalklappe aufwärts *(Colon ascendens)*, schlägt unterhalb der Leber in der rechten Kolonflexur *(Flexura coli dextra)* rechtwinklig nach links um, zieht girlandenartig als Querkolon *(Colon transversum)* über Duodenum und Pankreas hinweg zum Zwerchfell im Bereich der Milz, macht dort eine Spitzkehre *(linke Kolonflexur, Flexura coli sinistra)*, und steigt danach an der Bauchwand entlang in den linken Unterbauch ab *(Colon descendens)*.

Die spitzwinkelige linke Kolonflexur ist wegen ihres geringen Krümmungsradius ein Ort erhöhten Widerstands gegenüber der Peristaltik. Hier befindet sich auch der Übergang vom Versorgungsgebiet der *A. mesenterica superior* (für Dünndarm, Blinddarm, Colon ascendens und Colon transversum) zu dem der *A. mesenterica inferior* (für die weiter anuswärts gelegenen Dickdarmaschnitte; ***Abb. 6.11***).

Am Ende des Colon descendens erfährt der Dickdarm eine siphonartige Krümmung *(Sigma, Colon sigmoideum)* und steigt zum Rektum ab.

Während der Dünndarm eine eher glatte Außenfläche zeigt, weist die Außenfläche des Dickdarms grobe quergestellte Vorwölbungen *(Haustren)* auf. Es handelt sich dabei um Ausbauchungen der Darmwand zwischen den Plicae. Die äußere Längsmuskulatur bedeckt das Kolon nur unvollständig; sie bündelt sich zu drei derben, längs verlaufende Muskelsträngen – den Tänien *(Taenia libera, Taenia mesocolica, Taenia omentalis)*. Einer dieser Muskelstänge, die Taenia libera, ist entlang des gesamten Kolons sichtbar.

Rektum

Das Rektum (Mastdarm, *Colon rectum*) schließt sich an das Sigma an ***(Abb. 6.12)***. Der obere Teil des ca. 15–30 cm langen Organs, die Ampulle *(Ampulla recti)*, kann sich stark erweitern und dient der Speicherung der Fäkalien. Die Ampulle geht in den eigentlichen Analkanal *(Canalis analis)* über. Dieser dickwandige Abschnitt verschließt das Rektum mit

Arterielle Versorgung des Darms

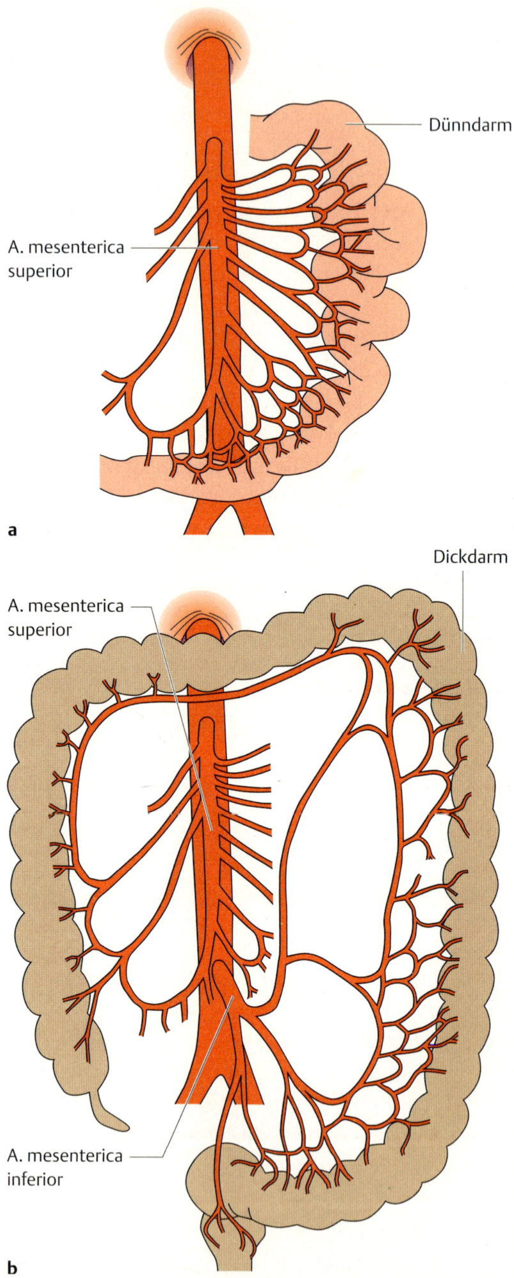

Abb 6.11a, b Sowohl im Mesenterium des Dünndarms (**a**) als auch im Dickdarm (**b**) bilden sich Gefäßarkaden mit arterio-arteriellen Anastomosen. Über diese Anastomosen stehen auch – wie in (**b**) zu erkennen – die obere und die untere Darmarterie (A. mesenterica superior und inferior) miteinander in Verbindung. Nur der letzte Teil des Rektums in der Nähe des Anus wird von Ästen der inneren Beckenarterie versorgt.

Rektum und Anus

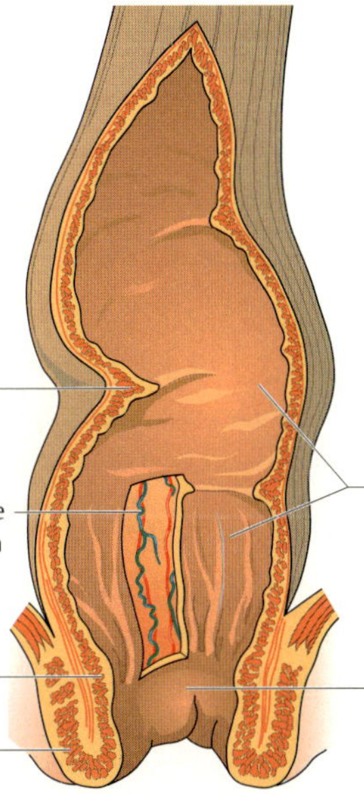

Abb 6.12 Der Mastdarm (Rektum) weitet sich zu einer sog. Ampulle auf, um den Kot bis zum Stuhlgang zu speichern. Die Schleimhaut des anusnahen Anteils enthält zahlreiche Venen (sog. Plexus haemorrhoidalis). Bei der Darmspiegelung (Rektoskopie) fällt regelmäßig eine tiefe Falte an der rechten Seite der Ampulle auf, die den Eigennamen des Beschreibers Kohlrausch erhalten hat.

Hilfe eines inneren Schließmuskels *(Sphincter ani internus)*, der aus der Ringmuskelschicht des Magen-Darm-Kanals hervorgeht – also aus glatter Muskulatur besteht –, und eines willkürlich steuerbaren äußeren Schließmuskels *(Sphincter ani externus)* aus quergestreifter Skelettmuskulatur.

Noch größere Bedeutung hat der ebenfalls quergestreifte *M. puborectalis*, ein langgestreckter Teil der Beckenbodenmuskulatur, der vorne am Schambein entspringt und sich um die Rückseite des unteren Rektumdrittels schlingt.

Dass auch flüssiger Darminhalt meist nicht aus dem Anus nässt, verdanken wir Venenpolstern in der sog. *Hämorrhoidalzone*. Deren krankhafte Erweiterung bzw. Aussackung nennt man Hämorrhoiden. Sie können leicht verstopfen (thrombosieren) und verursachen dann sehr unangenehme Schmerzen beim Stuhlgang.

Das Rektum enthält vor allem in der Ampulle zahlreiche Dehnungsrezeptoren, die auf den Füllungszustand des Mastdarms ansprechen und das Gefühl des Stuhldrangs auslösen. Bei der *Defäkation* (Kotentleerung) verkürzt sich die Längsmuskulatur des Rektums über der fest stehenden „Kotsäule", während beide Sphinkteren und der M. puborectalis entspannt sind.

Blut im Stuhl. Hellrotes Blut auf dem Toilettenpapier kommt meist aus Hämorrhoiden der Analgegend. Eine Blutspur auf dem Kot ist typisch für eine Blutungsquelle im unteren Mastdarm. Die gefährlichen Dickdarmkarzinome machen sich häufig (aber nicht immer!) durch altes, dunkel verfärbtes Blut im Kot bemerkbar – leider nicht selten zu spät für eine Heilung.

Der Dickdarm beginnt an der Ileozäkalklappe. Es folgen Blinddarm, Kolon, Sigma und Rektum. Der Darminhalt wird entlang des Dickdarms zunehmend fest. Die Venen im Hämorrhoidenbereich sowie innerer und äußerer Schließmuskel verhindern das Austreten von Darminhalt außerhalb des Stuhlgangs.

Schleimhaut

Entsprechend der primären Aufgabe des Dickdarms – den flüssigen Dünndarminhalt zu verfestigen, zu lagern und abzutransportieren – ist seine Schleimhaut organisiert: Zirkuläre Plicae sind selten und mehrere Zentimeter voneinander entfernt. Zotten fehlen vollständig, während zahlreiche *Krypten* (Dickdarmdrüsen) sich parallel zueinander in die Schleimhautoberfläche einsenken. Diese Krypten enthalten resorbierende Zellen mit Mikrovilli zur Resorption von Salzen und Wasser, hauptsächlich aber schleimproduzierende Becherzellen, welche das empfindliche Dickdarmepithel vor einer mechanischen Schädigung durch den eingedickten Kot schützen sollen.

Beziehungen zum Bauchfell

Die Beziehungen des Dickdarms zum Bauchfell sind unterschiedlich. Auf- und absteigender Teil liegen *sekundär retroperitoneal*, ihre Hinterwand ist mit dem

Retroperitonealgewebe verwachsen. Blinddarm, horizontaler Teil und Sigma liegen *intraperitoneal*, während die tieferen Abschnitte des Rektums keine Beziehung mehr zum Bauchfell haben (*extraperitoneale Lage*). Die Ansatzstelle des Mesocolon transversum an der hinteren Bauchwand verläuft über den absteigenden Teil des Duodenums und entlang des Pankreas und teilt die Bauchhöhle in Ober- und Unterbauch.

6.5 Darmmotorik und Passagezeiten

Formen der Darmperistaltik

Ähnlich wie die Magenmotorik ist auch die Darmbeweglichkeit eine autonome Eigenschaft der Tunica muscularis zusammen mit den Nervenzellen des Plexus myentericus. Fehlt die Peristaltik, beispielsweise durch eine „Darmlähmung" als Komplikation lang dauernder Narkosen (paralytischer Ileus), so bleibt die angedaute Nahrung im Darm liegen. Dies führt zu Fäulnisprozessen, Vergiftung durch Bakterientoxine und Infektionen. Es werden verschiedene Formen von Peristaltik unterschieden ***(Abb. 6.13)***.

Pendelperistaltik

Rhythmische Kontraktionen der äußeren Längsmuskelschicht verursachen die Pendelperistaltik. Dabei verschiebt sich das Darmrohr über einem mehr oder weniger unbeweglichen Inhalt hin und her. Auf diese Weise geraten stets neue Schleimhautareale mit dem Darminhalt in Berührung. Pendelperistaltiken sind sehr häufig; im gefüllten Dünndarm beobachtet man sie etwa alle 5–8 Sekunden, während sie im Dickdarm weit seltener auftreten.

Segmentationsperistaltik

Das Gegenstück zur Pendel- ist die Segmentationsperistaltik. Segmentationen sind die Folge einer isolierten Kontraktion der inneren Ringmuskelschicht. Dabei weicht der Darminhalt nach beiden Seiten aus; diese Bewegung „segmentiert" (teilt) also den Nahrungsbrei in jeweils zwei Portionen. Segmentationen kommen in allen Darmabschnitten vor und sind die häufigsten Darmbewegungen überhaupt. Sie treten durchschnittlich alle 4–5 Sekunden auf.

Propulsive Peristaltik

Für die propulsive Peristaltik – also die Fortbewegung des Darminhalts in Richtung Anus – bedarf es einer koordinierten Bewegung von Längs- und Ringmuskulatur. Dabei läuft eine peristaltische Wel-

Formen der Darmperistaltik

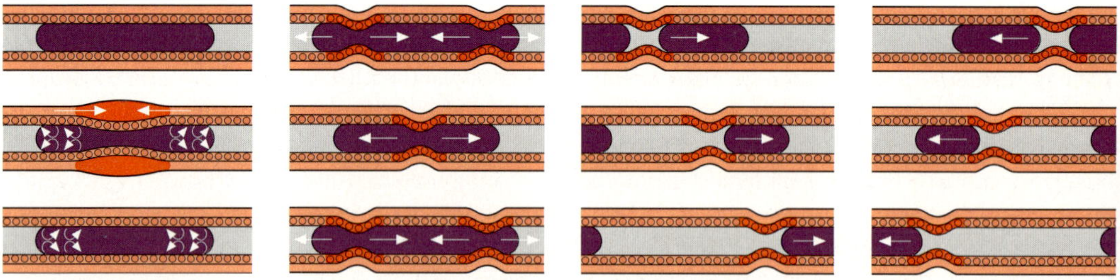

a Pendelperistaltik alle 5 – 8 Sekunden
b Segmentationsperistaltik alle 4 – 5 Sekunden
c propulsive Peristaltik 1 – 10 cm pro Sekunde 1 – 2 Wellen pro Minute
d retrograde Peristaltik

Abb 6.13a-d Pendel- (**a**) und Segmentationsperistaltik (**b**) durchmischen den Darminhalt. Der Unterschied besteht darin, dass sich bei der Pendelperistaltik die Längs-, bei der Segmentationsperistaltik die Ringmuskulatur zusammenzieht. Die propulsive Peristaltik (**c**) bewegt den Darminhalt in Richtung Anus, die umgekehrte bzw. retrograde Peristaltik (**d**) in Richtung Magen. Letztere verzögert damit die Darmentleerung.

le mit konstanter Geschwindigkeit (1–10 cm pro Sekunde) über einen Darmabschnitt hinweg. Vor der peristaltischen Welle erschlafft die Längsmuskulatur und vergrößert damit den Durchmesser des Darmrohres. Es folgt eine Kontraktion der Ringmuskelschicht, die den Darminhalt in diesen erweiterten Abschnitt hineintreibt. Nach dem Durchlauf einer peristaltischen Welle über einen Darmabschnitt erschlafft die gesamte Muskulatur für kurze Zeit.

Propulsive peristaltische Wellen treten nur ein bis zweimal pro Minute auf und sind damit relativ selten; eine zu starke Anregung dieses Peristaltiktyps verursacht Durchfälle, da der Darmschleimhaut dann nicht genügend Zeit für die Stoffaufnahme zur Verfügung steht.

Retrograde Peristaltik

Ausschließlich im Dickdarm finden sich retrograde peristaltische Wellen, also Bewegungen, die den Darminhalt nicht in Richtung Anus, sondern entgegengesetzt befördern. Diese „umgekehrte“ Peristaltik verlangsamt die Darmpassage, ermöglicht das Verfestigen des Dickdarminhalts und verhindert damit zu hohe Salz- und Flüssigkeitsverluste mit dem Stuhl.

Ebenfalls im Dickdarm laufen 2- bis 3-mal täglich starke Massenbewegungen vom Blinddarm ins Rektum, die bei gefülltem Darm Stuhldrang auslösen können. Ist das Volumen des Dickdarminhalts gering (ballaststoffarme Kost) oder in zu wenig Flüssigkeit gelöst, reicht eine Massenbewegung häufig nicht aus, um Stuhldrang zu erzeugen – die Stuhlfrequenz wird geringer.

Häufigkeit des Stuhlgangs. Als „normal“ kann man eine Stuhlfrequenz von maximal zweimal täglich bis minimal zwei- bis dreimal pro Woche betrachten. Es besteht also kein Anlass, den täglichen Stuhlgang mit Gewalt erzwingen zu wollen; dadurch begibt man sich häufig lediglich in eine Abhängigkeitsspirale von stetig steigenden Mengen von Abführmitteln: Ständiger Gebrauch von Abführmitteln kann schwerwiegende Folgen haben: Wasser- und Kaliumverlust, Schleimhautentzündungen, aber auch ein dauerhaftes Erschlaffen der Dickdarmmuskulatur. Letzteres führt dazu, dass ohne Abführmittel die Verstopfung weiter zunimmt, weshalb immer mehr nachgeholfen werden muss. Obwohl es gerade im fortgeschrittenen Lebensalter nicht gerade leicht fällt, Normalgewicht zu halten, viel zu trinken und sich ballaststoffreich zu ernähren sowie regelmäßig Sport zu treiben, sind diese Empfehlungen prinzipiell besser als jedes Abführmittel.

Steuerung der Darmmotorik

Wie im gesamten übrigen Magen-Darm-Trakt ist auch die Motorik des Dickdarms prinzipiell autonom, jedoch starken Einflüssen des vegetativen Nervensystems unterworfen: Eine Aktivierung des *Parasympathikus* verstärkt und beschleunigt die Peristaltik und stellt die Blutgefäße weit, eine Aktivierung des *sympathischen Nervensystems* hat gegenteilige Wirkungen.

Große Bedeutung für Querschnittgelähmte haben *lokale Reflexe* innerhalb der Muskulatur des Mastdarms: Weil die willkürliche Steuerung des äußeren Schließmuskels wegfällt, besteht die Gefahr eines unkontrollierten Kotabgangs (Stuhlinkontinenz). Innerer Schließmuskel und Venenpolster verschließen den Anus jedoch meist ausreichend stark. Der Stuhlgang kann durch Betätigen der Bauchpresse und Druck auf den Unterleib ausgelöst werden, da diese Manöver Dehnungsrezeptoren in der Mastdarmwand aktivieren. Gleiches gilt auch für die „manuelle“ Einleitung der Miktion (Wasserlassen).

Darmverschluss (Ileus). Entsteht an einer Stelle (z. B. durch verlegtes unverdauliches Material) ein Darmverschluss *(mechanischer Ileus)*, dann erzeugt die Darmwand vor dem Hindernis maximal starke, schmerzhafte peristaltische Wellen, um die Verstopfung zu überwinden. Man hört dann oft schon ohne Stethoskop rollende und glucksende Darmgeräusche.

Ein Darmverschluss entsteht häufig durch eine zu geringe Peristaltik, beispielsweise nach einer länger dauernden Operation in Vollnarkose *(paralytischer Ileus)*: Die Nährstoffe im Darm können nicht genügend in Kontakt mit der Schleimhaut treten, um noch absorbiert werden zu können. Sie bleiben an Ort und Stelle liegen und fangen an zu faulen. Die entstehenden Gase blähen den Darm stark auf, so dass die Darmwand in Gefahr gerät zu reißen. Abhilfe schafft eine frühe Mobilisation operierter Patienten, eine Darmmassage und in hartnäckigen Fällen vegetativ wirksame Medikamente.

Passagezeiten im Magen-Darm-Trakt

Die Nahrung befindet sich durchschnittlich 2–3 Stunden im Magen. Der Weg durch den Dünndarm dauert im Gegensatz dazu bereits erheblich länger, nämlich ca. 5–6 Stunden. Duodenum und Ileum sind also nur selten wirklich entleert, sondern enthalten häufig die Bestandteile mehrerer Mahlzeiten in unterschiedlichen Stadien der Verdauung. Dies trifft in noch größerem Umfang auf den Dickdarm zu, für dessen Passage die Speisereste oft mehrere Tage benötigen (im Mittel 48–72 Stunden).

Während dieser Zeit wurde der Darminhalt derart stark verändert, dass nur ca. ein Drittel der Trockenmasse des Stuhls tatsächlich aus unverdaulichen Nahrungsbestandteilen (Faser- bzw. Ballaststoffen) besteht. Der überwiegende Anteil setzt sich aus den unverdaulichen Resten abgeschilferter Epithelzellen der Darmwand – also aus ursprünglich körpereigenem Gewebe – und aus Bakterien zusammen (bis zu 30 %). Die braune Farbe erhält der Stuhl durch Abbauprodukte des Gallenfarbstoffs Bilirubin (v.a. Stercobilin).

6.6 Pankreas

Lage und Aufbau

Das Pankreas (Bauchspeicheldrüse; ***Abb. 6.14***) ist hinsichtlich seiner Aufgabe bei der Verdauung von Kohlenhydraten, Eiweißen und Fettstoffen sowie seines anatomischen Aufbaus eng mit den Mundspeicheldrüsen verwandt. Als rein seröse Drüse ähnelt es mikroskopisch der Parotis (Ohrspeicheldrüse).

Kopf

Das Pankreas ist wie das Duodenum ein *retroperitoneales Organ*. Die etwa 80–90 g schwere Drüse hat eine langgestreckte Form von 15–20 cm Länge und zieht quer über zwei Drittel des Oberbauchs. Sie schmiegt sich der C-Schlinge des Duodenums an (Drüsenkopf, *Caput pancreatis*) und umschlingt ha-

Pankreas und Gallenwege

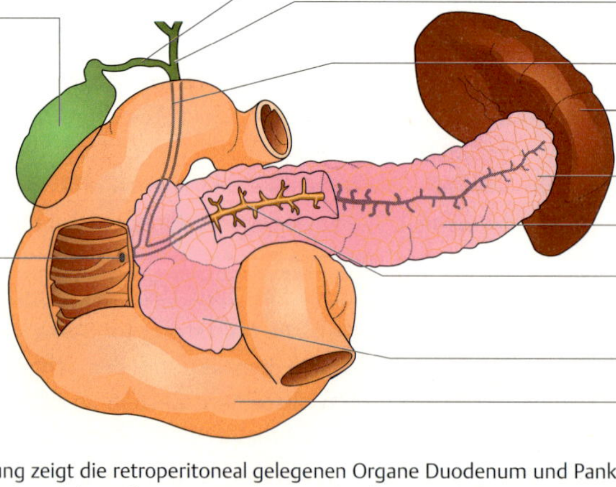

Abb 6.14 Die Abbildung zeigt die retroperitoneal gelegenen Organe Duodenum und Pankreas nach Entfernen des Bauchfells sowie die intraperitoneale Milz und die Gallenwege. Pankreas und Gallenwege haben meistens einen gemeinsamen Ausführungsgang im absteigenden Duodenum.

kenförmig die Abgangsstelle der A. mesenterica superior aus der Aorta.

Körper

Der schmale Drüsenkörper (*Corpus pancreatis*) zieht horizontal vor der Wirbelsäule bis hin zur Milz.

Schwanz

Das Ende der Bauchspeicheldrüse läuft spitz zu und wird als Drüsenschwanz *(Cauda pancreatis)* bezeichnet.

Die drei Pankreasabschnitte Kopf, Körper und Schwanz gehen ohne eine klare Abgrenzung ineinander über. Kopf und Körper machen die Hauptmasse des Organs aus und haben im Wesentlichen *exokrine* Funktion, d.h. sie sind für die Produktion und Abgabe von Verdauungsenzymen und dem alkalischen Bicarbonat in das Duodenum zuständig ***(Abb. 6.15)***. Der Schwanzteil beherbergt zusätzlich das *endokrine* Inselorgan, dessen Hormone Insulin, Glucagon und Somatostatin den Kohlenhydratstoffwechsel steuern.

Seröse Drüse (Pankreas)

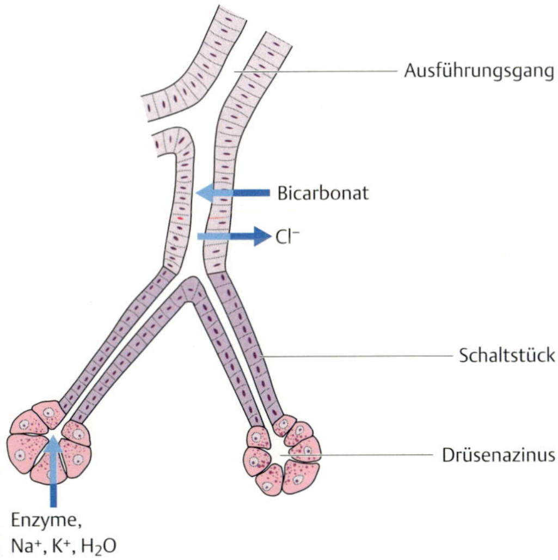

Abb 6.15 Sie erkennen hier die enge Verwandtschaft des Pankreas mit der Ohrspeicheldrüse: pyramidenförmige Azinuszellen, lange Schaltstücke und relativ enge Ausführungsgänge. Dem Pankreas fehlen jedoch die für die Mundspeicheldrüsen typischen Streifenstücke. Die Zellen der kleinen Ausführungsgänge tauschen Chlorid gegen Bicarbonat aus, lassen aber die Zusammensetzung der übrigen Salze unverändert.

Pankreasgang

Durch das gesamte Pankreas zieht sich der Pankreasgang *(Ductus pancreaticus)*, der Ausführungsgang der Bauchspeicheldrüse. Er sammelt das Sekret aus allen Drüsenabschnitten und leitet es zum absteigenden Teil des Duodenums. Dort endet er in einer längsgerichteten Schleimhautfalte, der Vater-Papille *(Papilla duodeni Vateri)*.

Gallengang

Der Gallengang *(Ductus choledochus)* zieht ebenfalls durch den Kopfteil des Pankreas und mündet häufig gemeinsam mit dem Pankreasgang. Zusätzliche Ausführungsgänge von Galle oder Pankreas sind jedoch eher die Regel als die Ausnahme (ca. 60 %). Da Bauchspeicheldrüse und Leber täglich 1,5 bis 2,5 Liter Sekret erzeugen, ist die Durchgängigkeit der Papille von entscheidender Bedeutung für die Funktion dieser beiden Organe.

Pankreassekret

Verdauungsenzyme

Das Pankreas produziert täglich große Mengen von Enzymen, die entscheidend bei der Verdauung von Kohlenhydraten (α-Amylase), Fetten (Lipase, Phospholipase), Eiweißen (Proteasen wie Trypsin, Chymotrypsin, Elastase, Carboxypeptidase A/B und Nucleinsäuren) mitwirken. Alle Enzyme des Pankreas werden in den Drüsenendstücken hergestellt und in die Äste des Ausführungsgangs abgegeben. Die den Ausführungsgang und seine Verzweigungen auskleidenden Zellen bestehen ebenfalls aus sezernierendem Epithel, allerdings werden hier keine Enzyme, sondern Bicarbonat und Wasser abgegeben.

Die eiweißverdauenden Enzyme werden ähnlich wie im Fall der Magendrüsen als inaktive Vorstufen (Proenzyme) im Pankreas gebildet. Zur Aktivierung der Pankreasenzyme bedarf es weiterer Enzyme, die von Zellen in der Duodenalwand hergestellt werden. Sie spalten die Proenzyme in die eigentlich aktiven Verdauungszenzyme auf.

Akute Pankreasnekrose. Die Abgabe der Proteasen als inaktive Proenzyme schützt das Pankreas, das selbst wie jedes andere Körperorgan vorwiegend aus Eiweißen besteht, vor einer „irrtümlichen" Selbstverdauung. Werden die produzierten Verdauungsenzyme bereits an Ort und Stelle aktiviert, dann zerstört sich das Organ in kürzester Zeit selbst (akute Pankreasnekrose). Diese Krankheit verläuft mitunter sehr dramatisch und kann innerhalb von wenigen Stunden zum Tod durch Verbluten aus angegriffenen Arterien führen.

Bicarbonat

Die Enzyme der Bauchspeicheldrüse können im Duodenum ihre Wirkung nur entfalten, wenn der pH-Wert im neutralen Bereich liegt. Da die Magenschleimhaut während der Verdauungsvorgänge große Mengen an Säure produziert und mit dem Mageninhalt in das Duodenum abgibt, gelangt saurer Nahrungsbrei durch den Pylorus in den Zwölffingerdarm. Hier muss die Magensäure zunächst neutralisiert werden, um den Verdauungsenzymen das richtige Milieu für ihre Wirkung zu schaffen. Zu diesem Zweck gibt das Pankreas große Mengendes alkalischen Bicarbonats (HCO_3^-) ab.

Das Pankreas liegt quer im Retroperitonealraum. Es produziert Enzyme zur Verdauung von Eiweiß, Kohlenhydraten und Fett sowie Bicarbonat zum Neutralisieren der Magensäure. Diese Funktionen sind in Kopf und Körper des Pankreas untergebracht, der Pankreasschwanz ist in erster Linie ein hormonproduzierendes Organ.

Steuerung der exokrinen Pankreasfunktion

Die Produktion und Ausschüttung von Pankreassekret wird in ähnlicher Weise geregelt wie im Magen. Auch hier lassen sich drei Phasen unterscheiden ***(Abb. 6.16)***.

Zephale Phase

Sie wird wie im Magen durch Sinneswahrnehmungen und psychische Einflüsse ausgelöst und regt das Pankreas über den N. vagus (X. Hirnnerv) zur Produktion eines enzymreichen Pankreassekrets an.

Gastrische Phase

Das im Magenantrum produzierte Hormon Gastrin fördert die Abgabe von Verdauungsenzymen im Pankreas. Diese Doppelwirkung von Gastrin ist typisch für gastrointestinale Hormone und trifft auch auf Sekretin zu (s. u.). Zephale und gastrische Phase haben die Aufgabe, das Pankreas „vorzuwarnen", dass in Kürze vermutlich mit einem erhöhten Bedarf an Enzymen und Bicarbonat zu rechnen ist. Da in der zephalen Phase (z. B. beim Riechen von gutem Essen) noch keineswegs sicher ist, ob das Pankreas auch tatsächlich Arbeit bekommen wird, hat die Stimulation der Pankreassekretion durch Gastrin eine größere Bedeutung als die Vagusreizung.

Intestinale Phase

Das Hormon *Sekretin* wird aus den Duodenaldrüsen an die Blutbahn abgegeben, wenn der pH-Wert im Duodenum absinkt, also mehr alkalische Stoffe zur Neutralisierung des Magensafts benötigt werden. Es fördert die Produktion großer Volumina eines bicarbonatreichen Sekrets.
Das Peptidhormon *CCK* (Cholecystokinin) wird nach einer fett- oder proteinreichen Mahlzeit von der Dünndarmschleimhaut in das Blut der Pfortader und damit in die allgemeine Zirkulation freigesetzt. CCK regt die Gallenblase zur Ausschüttung ihres Inhalts an.

Steuerung der endokrinen Pankreasfunktion

Eine lebenswichtige Funktion im Rahmen des Stoffwechsels von Kohlenhydraten erfüllen spezialisierte Zellinseln besonders im Schwanzteil des Pankreas, das sog. *Inselorgan* (Langerhans-Inseln). Das Pankreas enthält nach groben Schätzungen zwischen einer und zwei Millionen Langerhans-Inseln mit einem Durchmesser von je 0,1–0,3 mm. Sie sind aus drei Zelltypen aufgebaut ***(Abb. 6.17)***.

A-Zellen

Die A-Zellen machen ca. 20% des Inselorgans aus. Fällt der Blutzuckerspiegel im kapillaren Blut einer

Phasen der Pankreassekretion

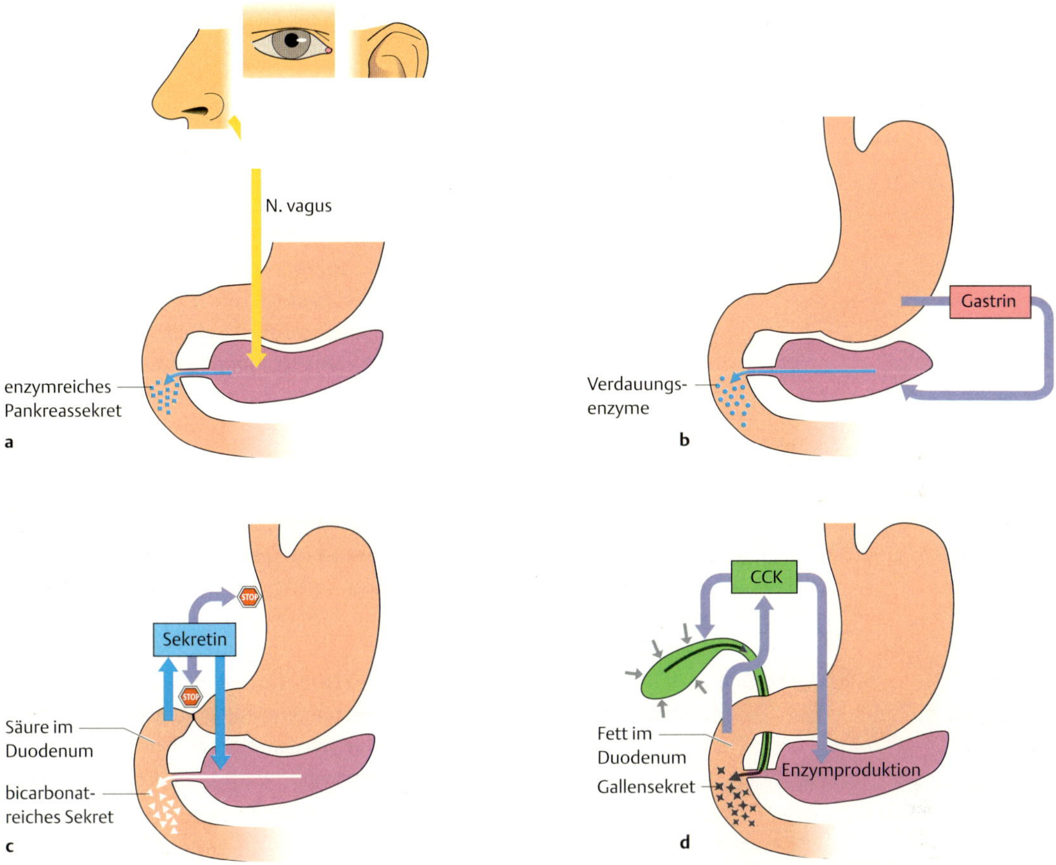

Abb 6.16a-d Auch das Pankreas wird in der zephalen Phase (**a**) durch Signale des N. vagus zur Ausschüttung eines enzymreichen Sekrets angeregt. Einen ähnlichen, aber stärkeren Effekt hat in der gastrischen Phase (**b**) das Magenhormon Gastrin. Das in der intestinalen Phase ausgeschüttete Sekretin (**c**) regt zum Ausschütten eines bicarbonatreichen, alkalischen Sekrets an, während CCK (**d**) die Enzymsekretion erhöht und die Gallenblase entleert.

Pankreasinsel ab, dann produzieren diese Zellen das Hormon *Glucagon*. Dieses Peptidhormon stimuliert in der Leber den Abbau von energiereichem Glykogen, einer aus vielen Glucosemolekülen zusammengesetzten Stärke, und fördert den Aufbau von Glucose. Glucagon entfaltet also eine ähnliche Wirkung wie die Stresshormone Adrenalin, Noradrenalin und Cortisol: Es erhöht den Blutzuckerspiegel.

B-Zellen

Die B-Zellen sind mit über 70% bei weitem die häufigsten endokrinen Zellen des Pankreas. Sie produzieren *Insulin*, den einzigen Gegenspieler der Stresshormone hinsichtlich des Blutzuckerspiegels. Insulin fördert die Glucoseaufnahme aus dem Blut in die Zellen, den Aufbau von Fett und Glykogen aus Glucose und senkt so den Blutzuckerspiegel. Da diese Wirkung durch kein anderes Hormon ersetzt werden kann, hat eine Zerstörung des Inselorgans gravierende Folgen für den Metabolismus (Diabetes mellitus).

D-Zellen

Die seltenen D-Zellen (< 10%) produzieren *Somatostatin*. Dieses Hormon hat seinen Namen von einer

Inselorgan im Pankreasschwanz

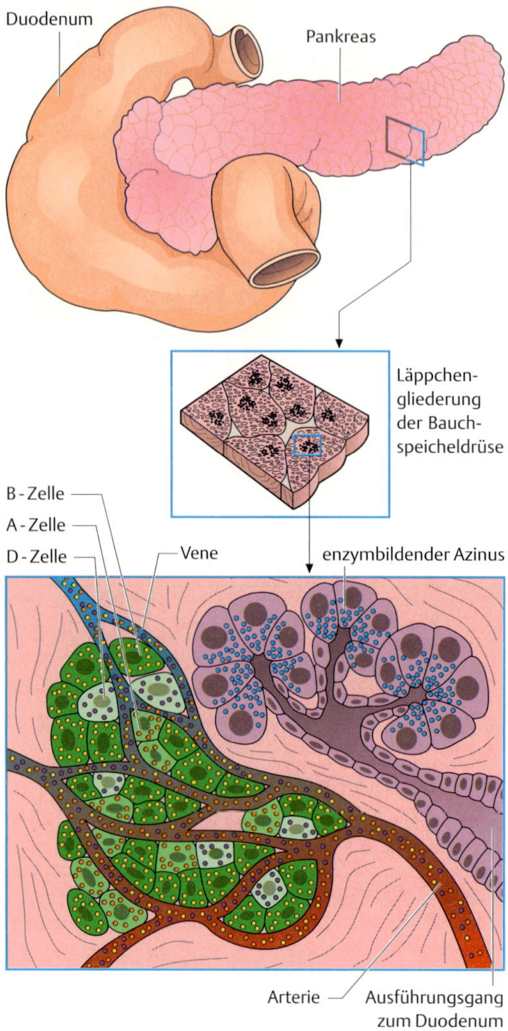

Abb 6.17 Zwischen den Drüsenazini des Pankreas liegen die hormonsezernierenden Zellen der Langerhans-Inseln. A-Zellen sezernieren Glucagon, B-Zellen Insulin und D-Zellen Somatostatin.

langfristigen Wirkung: Somatostatin blockiert die Ausschüttung von Wachstumshormon (GH) aus der Hypophyse und hemmt auf diese Weise das Wachstum. Kurzfristig erhöht es den Blutzuckerspiegel, hemmt die Motorik des Magen-Darm-Trakts und der Gallenblase sowie die Sekretion von Magen und Pankreas – es wirkt also wie ein Stresshormon.

Ursachen des Diabetes. Insulin ist das einzige Hormon, das den Blutzuckerspiegel senken kann. Beim Typ-I-Diabetes greift das Immunsystem relativ rasch die körpereigenen B-Zellen an und zerstört sie meist restlos. Der Typ-I-Diabetes ist damit immer insulinpflichtig. Patienten mit Typ-II-Diabetes haben dagegen meist noch eine Restfunktion des endokrinen Pankreas. Diese Restfunktion reicht oft bei gesunder Lebensweise (Normalgewicht, Ernährung mit niedrigem glykamischem Index, viel Bewegung) aus oder kann durch orale Antidiabetika auf ein ausreichendes Maß gesteigert werden (nicht insulinpflichtiger Diabetes mellitus).

Die Pankreashormone Insulin und Glucagon wirken entgegengesetzt auf den Zuckerstoffwechsel. Insulin ist das einzige Hormon, welches den Blutzuckerspiegel senkt, indem es aus Glukose Glykogen erzeugt. Neben Glucagon erhöhen viele andere Hormone – z. B. Stresshormone – den Blutzuckerspiegel.

6.7 Leber

Lage und Aufbau

Die Leber ***(Abb. 6.18a, b)*** ist mit einem Gesamtgewicht von ca. 1,5–2 kg das schwerste innere Organ des Körpers. Sie füllt nahezu den gesamten rechten Oberbauch aus, zieht jedoch auch nach links bis in die Milzloge. Ihre Oberseite schmiegt sich der Zwerchfellkuppel an *(Facies diaphragmatica)*. Die

Leber

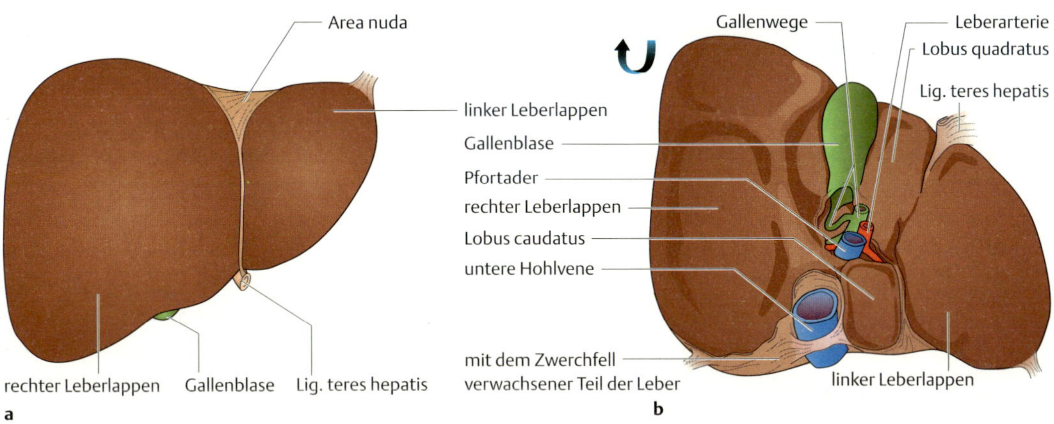

Abb 6.18a, b Die Vorderfläche der Leber (**a**) lässt den mächtigen rechten und den kleineren linken Leberlappen erkennen. Auf der Unterseite erkennen Sie außerdem zusätzlich zwei kleinere Lappen. Hier münden auch Pfortader und Leberarterie und es beginnen dieableitenden Gallenwege. An der Rückseite der Leber tritt die untere Hohlvene durch das Organ.

Unterseite ist den übrigen Baucheingeweiden (Magen, Duodenum, großes Netz, Dickdarm) benachbart *(Facies visceralis)*.

Bei einigermaßen schlanken Personen kann man den unteren Leberrand als scharf begrenzte, weich-elastische Kante tasten. Das Abtasten (die *Palpation*) der Leber gehört zu jeder internistischen Allgemeinuntersuchung. Der Leberrand folgt in etwa dem rechten Rippenbogen und verschiebt sich wegen der Nachbarschaft der Leber zum Zwerchfell bei der Einatmung nach unten, bei der Ausatmung nach oben. Die Leber liegt weitgehend *intraperitoneal*, ist also beinahe allseitig von Bauchfell überzogen. Lediglich an der Oberseite findet sich ein Bereich, der unmittelbar mit dem Zwerchfell verwachsen ist („nackte Fläche", *Area nuda*). Einen vom Peritoneum ausgesparten Bezirk bildet auch die Leberpforte, in der die Lebergefäße und der Gallengang *(Ductus hepaticus communis)* verlaufen.

Leber, Gallenwege und Gallenblase bilden eine anatomische und funktionelle Einheit. An der Leberpforte treten alle wichtigen Blutgefäße in die Leber ein. Die Gallenwege verlassen an derselben Stelle das Organ und ziehen zur Papille im Duodenum.

Leberlappen

Die Leber besteht aus vier sehr ungleich großen Lappen: Einem gewaltigen rechten Leberlappen *(Lobus dexter)*, der fast bis zur Körpermittellinie reicht, steht ein deutlich kleinerer linker Leberlappen *(Lobus sinister)* gegenüber. Diese Lappen nehmen die gesamte dem Zwerchfell und der vorderen Bauchwand zugewandte Fläche ein. An der Unterseite der Leber erkennt man etwa in der Körpermittellinie zwei weitere kleine Leberlappen: Der vordere *Lobus quadratus* liegt zwischen dem Dach der Gallenblase und einem runden, derben Bindegewebsstrang, dem *Ligamentum teres hepatis*. Der hintere *Lobus caudatus* („geschwänzter Lappen") schlingt sich um die untere Hohlvene herum, die an dieser Stelle allseitig von Lebergewebe umgeben ist.

Gefäßversorgung

Leberarterie

Die Leber besitzt einen doppelten Zufluss aus dem Gefäßsystem: Die Leberarterie *(A. hepatica propria)* entspringt aus der *A. hepatica communis*, diese wiederum aus dem *Truncus coeliacus*, dem ersten Ast der Aorta im Bauchraum. Sie teilt sich bereits in der Leberpforte in einen linken und rechten Ast und versorgt das Lebergewebe mit sauerstoffreichem Blut.

Pfortader

Auch die wesentlich stärkere Pfortader *(V. portae)* teilt sich schon vor Erreichen des eigentlichen Lebergewebes in zwei Äste auf ***(Abb. 6.19)***. Sie sammelt das abströmende Blut aus den Gefäßgebieten des Magens einschließlich des kardianahen Anteils der Speiseröhre, aus dem gesamten Dünndarm, dem Pankreas, der Milz sowie aus dem Dickdarm mit Ausnahme eines kleinen Teils des Mastdarms.

Pfortadersystem

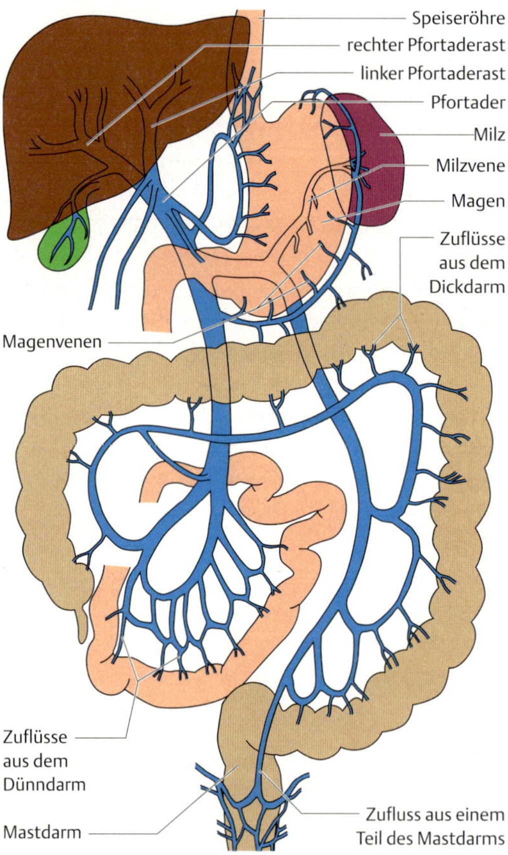

Abb 6.19 Die Pfortader verbindet zwei Kapillargebiete miteinander – nämlich das des Magen-Darm-Kanals mit dem der Leber. Sie führt sauerstoffarmes, aber mit Nährstoffen beladenes Blut direkt, ohne Umweg über den großen Kreislauf, zur Leber. Beachten Sie, dass auch die Milz – obwohl sie mit dem Verdauungssystem nichts zu tun hat – an die Pfortader angeschlossen ist.

Trotz ihres Namens „Vene" fördert die Pfortader dieses Blut direkt – ohne Umweg über den großen Kreislauf – in die Leber. Auf diese Weise ist die Leber wie ein Filter zwischen die Kapillargebiete von Magen und Darm einerseits und den großen Kreislauf andererseits zwischengeschaltet. Die Pfortader führt der Leber nährstoffreiches Blut aus dem Verdauungstrakt zu. Die Leber schützt die übrigen Organe vor den teilweise toxischen Zwischenprodukten der Nährstoffaufnahme (z.B. dem nervenschädigenden Ammoniak) und puffert die starken zeitlichen Schwankungen des Anfalls von Nährstoffen ab.

Da das Pfortaderblut bereits einmal durch ein Kapillarsystem – das des Verdauungstrakts – geflossen ist, ist es sauerstoffärmer als rein arterielles Blut. Dennoch trägt es ganz wesentlich zur O_2-Versorgung der Leber bei.

Lebervenen

Im Gegensatz zur Pfortader handelt es sich bei den Lebervenen *(Vv. hepaticae)* um echte ableitende Blutgefäße. Sie leiten das Blut aus der Leber in die untere Hohlvene *(V. cava inferior)*, welche das Blut direkt ins rechte Herz führt. Die Mündung der Lebervenen in die untere Hohlvene liegt innerhalb der Leber. Die Lebervenen sind also nur an der aufgeschnittenen Leber sichtbar.

Das Blut der Lebervene enthält Stoffwechselprodukte der Leber, die vom übrigen Organismus verwertet werden können (Glucose, körpereigene Plasmaeiweiße usw.) oder zur Ausscheidung über die Niere vorgesehen sind (Harnstoff).

Pfortaderhochdruck und Aszites. Durch eine schwere Schädigung der Leber (Leberzirrhose nach Alkoholismus oder Hepatitis) kann sich der Abflusswiderstand in der Pfortader stark erhöhen. Das Blut staut sich in Magen, Darm und Milz zurück und sucht sich auf die Dauer einen anderen Abflussweg, vorbei an der Leber (s.o. Ösophagusvarizen). Wegen des dann erhöhten Blutdrucks in der Pfortader tritt außerdem Plasmawasser in die Bauchhöhle aus und führt dazu, dass sich Flüssigkeit in dieser serösen Höhle ansammelt (Aszites).

Leberläppchen

Zentralvene

Leberarterie und Pfortader verzweigen sich innerhalb des Gewebes in die Leberlappen- und Segmentarterien bis hin zur kleinsten Baueinheit der Leber **(Abb. 6.20)**, dem Leberläppchen *(Lobulus hepatis)*. Das Leberläppchen kann man sich als zylindrisches Rohr denken: Das Blut aus Leberarterie und Pfortader fließt von außen nach innen. Die Achse des Rohres bildet die Zentralvene *(V. centralis)*. Sie steht mit den Ästen der ableitenden Lebervenen in Verbindung. Die parallele Anordnung von Millionen von Leberläppchen verlangsamt die Blutströmungsgeschwindigkeit und lässt den Leberzellen Zeit für ihre spezifischen Stoffwechselaufgaben.

Leberzellen

Sternförmig um die Zentralvene ordnen sich die Leberzellen *(Hepatozyten)* in Form unregelmäßiger Säulen an. Auf diese Weise entstehen zwischen den Säulen Hohlräume – sog. *Sinusoide* –, in denen Blut aus der Läppchenperipherie zur Zentralvene fließt.

Leberläppchen

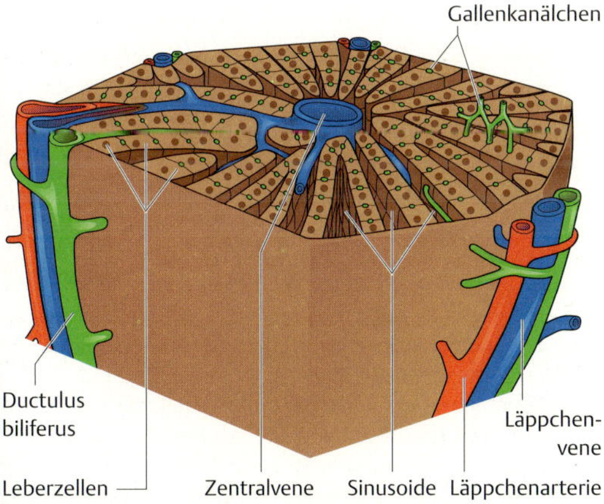

Abb 6.20 Sauerstoffreiches Blut aus der Leberarterie und nährstoffreiches Blut aus der Pfortader fließen in den mikroskopisch kleinen Sinusoiden zusammen. Das Mischblut strömt dabei an den Leberzellen vorbei sternförmig ins Zentrum der Leberläppchen. Die Leberzellen sezernieren außerdem die Galle. Diese fließt umgekehrt in Richtung Läppchenperipherie und wird dort von den Ductuli biliferi gesammelt.

Sinusoide

Sinusoide haben ein extrem leckes Endothel, durch das alle Plasmabestandteile frei diffundieren können. Das Blut der Sinusoide ist Mischblut aus Leberarterie und Pfortader; da die Verästelungen beider zuführender Gefäße sich unmittelbar vor dem Eintritt des Blutes in das Leberläppchen vereinigt haben. Während der Blutpassage durch die Sinusoide nehmen die Leberzellen Nähr- und Abfallstoffe aus dem Blut auf, speichern diese, bauen sie um oder geben Stoffwechselprodukte an das Blut ab.

Lebergalle

Gleichzeitig sezernieren die Leberzellen an der den Sinusoiden entgegengesetzten Seite Gallenflüssigkeit. Diese Lebergalle strömt von innen nach außen – also gegen den Blutstrom – in speziellen Gallenkanälchen *(Canaliculi biliferi)*. Die Gallenkanälchen besitzen kein eigenes Epithel, sind also wie die Sinusoide lediglich Spalträume zwischen zwei oder mehreren Leberzellen. Sie vereinigen sich in der Läppchenperipherie zu mikroskopisch kleinen *Ductuli biliferi*, welche entlang der zuführenden Gefäße in den *Ductus hepaticus* münden.

Die Pfortader verbindet den Magen-Darm-Kanal mit der Leber. Die aus dem Darm aufgenommenen Nährstoffe werden in der Leber entgiftet, gespeichert, verstoffwechselt und gleichmäßig an den großen Kreislauf abgegeben. In der Leber entsteht auch die Gallenflüssigkeit.

Enterohepatischer Kreislauf der Gallensalze

Mizellen

Für den Aufschluss und die Absorption der Nahrungsfette ist die Anwesenheit von Gallensalzen, Phospholipiden und Cholesterin im Darmlumen als „Mizellenbildner" erforderlich.
Zur Wiederholung: Mizellen sind Fetttröpfchen im molekularen Maßstab (wenige Nanometer Durchmesser). Sie transportieren Nahrungsfette zur Zellmembran der Dünndarmepithelien, damit diese

die Nahrungsfette absorbieren können. Die Bestandteile der Mizelle – insbesondere die Gallensalze – werden während der Fettverdauung und -absorption nicht verbraucht, sondern verbleiben in intakter Form im Darmrohr.

Recycling

Pro Tag muss die Leber etwa 20–30 g Gallensalze in den Darm abgeben, um auch tatsächlich alle Nahrungsfette in Mizellen einzubauen und so für die Absorption im Dünndarm aufzubereiten. Diese Menge kann der Organismus jedoch nicht jedesmal neu synthetisieren, da der hierfür notwendige Stoffwechselweg aus Cholesterin zeit- und energieaufwendig ist. Der Ausweg aus diesem Dilemma ist ein Recyclingverfahren, der *enterohepatische Kreislauf* der Gallensalze **(*Abb. 6.21*)**: Nachdem die Nahrungsfette über die Darmschleimhaut aufgenommen worden sind – die Mizellen also „entladen" wurden –, nimmt die Schleimhaut des Dünndarms den größten Teil der Gallensalze wieder auf. Mit dem Pfortaderblut gelangen sie erneut zur Leber, wo die Leberzellen die Gallensalze aus dem Blut entfernen und aktiv in die Gallenkanälchen transportieren. Da der Organismus insgesamt nur ca. 3–5 g Gallensalze enthält („Pool"), wird die gesamte Gallensalzmenge pro Tag also ca. 6- bis 10-mal umgewälzt. Nur etwa 0,2–0,5 g verlassen den Körper mit dem Stuhl und müssen infolgedessen durch Neuproduktion ersetzt werden.

Cholsterinsenker. **Das Recycling von Gallensalzen und Cholesterin kann man unterbinden, indem man diese Stoffe im Dünndarm fest an Medikamente binden lässt. Dem Körper geht so mehr Cholesterin verloren und der Cholesterinspiegel im Blut sinkt ab. Diese Medikamente bleiben natürlich nicht ohne Einfluss auf die Verdauungstätigkeit.**

Gallensalze sind die wichtigsten Bestandteile der Gallenflüssigkeit. Sie dienen dazu Fette in Mizellen einzuschließen. Gallensalze sind Stoffwechselprodukte des Cholesterins. Sie werden zusammen mit den Mizellen im Darm aufgenommen und in der Leber erneut in die Gallenflüssigkeit sezerniert (enterohepatischer Kreislauf).

Weg der Gallensalze

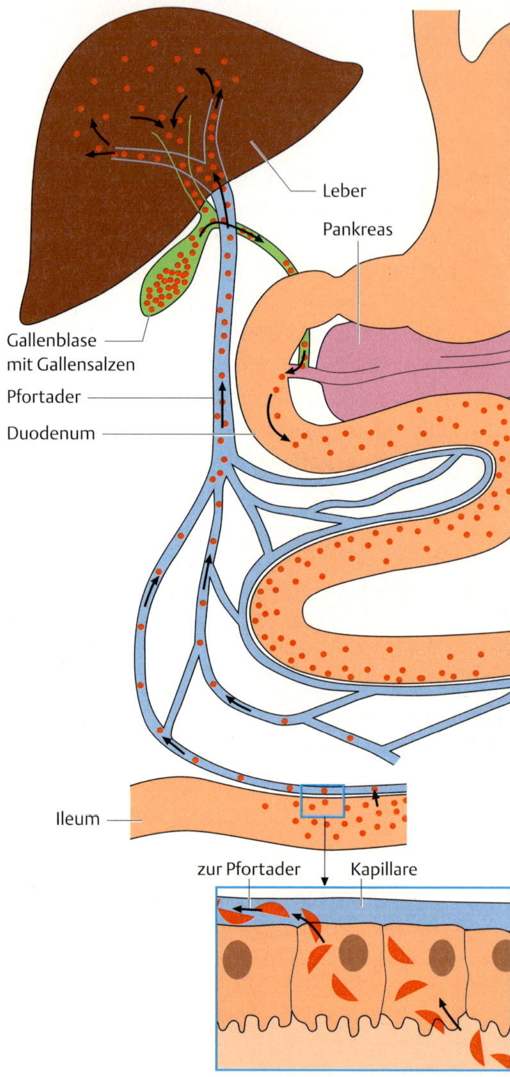

Abb 6.21 Die von der Galle in den Darm abgegebenen Gallensalze gelangen im unteren Dünndarm wieder in die Pfortader, von dort in die Leber und erneut in die Galle. Wegen dieses Recyclings muss nur ein minimaler Anteil des Tagesbedarfs neu produziert werden. (Die Begriffe „Gallensäuren" und „Gallensalze" werden identisch verwendet, was nicht ganz korrekt ist, weil bei normalem pH-Wert die Substanzen als Salze, nicht als Säure vorliegen.)

Entgiftungsfunktion der Galle

Fettlösliche körpereigene Abfallstoffe und körperfremde Medikamente können nicht von der Niere,

Stoffwechsel von Bilirubin

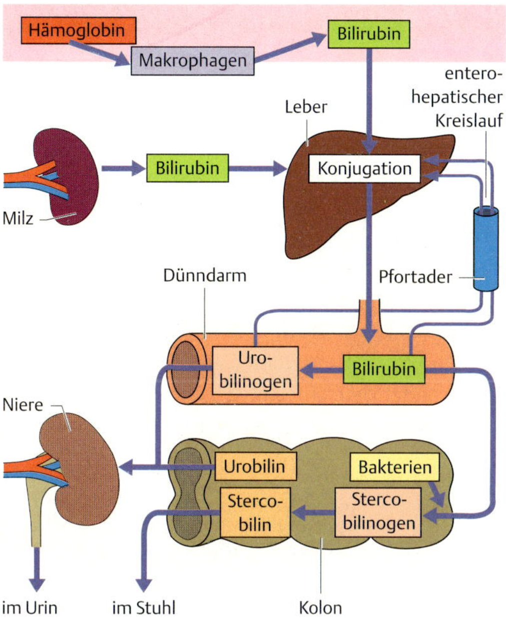

Abb 6.22 Bilirubin ist das Abbauprodukt von Hämoglobin. Es entsteht in Makrophagen und in der Milz, wird über die Galle ausgeschieden und färbt nach einigen weiteren Abbauschritten den Stuhl braun. Der Darm nimmt einen Teil der Abbauprodukte wieder auf und scheidet sie im Urin aus (gelbe Farbe des Harns). Bilirubin nimmt, ähnlich wie die Gallensalze, am enterohepatischen Kreislauf teil.

wohl aber von der Leber über die Galle ausgeschieden werden ***(Abb. 6.22)***. Der wichtigste körpereigene gallepflichtige Abfallstoff ist das *Bilirubin*. Andere fettlösliche Substanzen werden von der Leber jedoch prinzipiell ähnlich behandelt.

Bilirubin ist das Endprodukt aus dem Abbau des Sauerstoffträgers Hämoglobin (s. Kap.10, S. 317). Es entsteht in der Milz, wo alte rote Blutkörperchen zerstört und die Bruchstücke von weißen Blutkörperchen (Makrophagen) aufgenommen werden. Diese Makrophagen bauen den Eiweißanteil des Hämoglobins ab und wandeln den unverdauliche Rest zu Bilirubin um. Da die Milz an das Pfortadersystem angeschlossen ist, gibt sie Bilirubin über die Pfortader direkt – ohne Umweg über den großen Kreislauf – an die Leber weiter.

Während seiner Passage durch die Pfortader ist Bilirubin an das Plasmaeiweiß Albumin gebunden. Um dieses Bilirubin wasserlöslich zu machen, wird es in den Leberzellen an Glucuronsäure gekoppelt (konjugiert).

Darmbakterien bauen nach und nach das konjugierte Bilirubin zu dem Stuhlfarbstoff *Stercobilin* ab. Ein kleiner Prozentsatz der Bilirubinabbauprodukte wird im Ileum wieder aufgenommen und mit dem Urin ausgeschieden. Diese Stoffe geben dem Urin seine gelbbraune Färbung (daher der Name Urobilin).

Ikterus (Gelbsucht). Übersteigt der Bilirubinspiegel einen Schwellenwert von 2–3 mg/100 ml, dann lagert sich das gelbe Bilirubin im Gewebe ab und wird zunächst in der Lederhaut des Auges sichtbar (Sklerenikterus). Höhere Bilirubinkonzentrationen führen zu einer dunkel- bis ockergelben Hautfärbung, dem klassischen Bild der Gelbsucht (Ikterus). Ein Ikterus kann auf unterschiedliche Weisen entstehen:

- Der *prähepatische Ikterus* ist die Folge einer Überflutung der Leber mit unkonjugiertem Bilirubin. Hauptursache hierfür ist ein massenhafter Untergang roter Blutkörperchen, eine Hämolyse;
- die Ursache des *intrahepatischen Ikterus* ist eine Leberfunktionsstörung (z. B. Hepatitis, alkoholische Leberzirrhose, Vergiftung). Das geschädigte Lebergewebe kann den Anfall an Bilirubin nicht mehr bewältigen; Bilirubin gelangt in das Blut des großen Kreislaufs. Beim Neugeborenen reicht die Aktivität des für die Konjugierung von Bilirubin verantwortlichen Enzyms in der Leber noch nicht aus; gleichzeitig findet sich kurz nach derGeburt eine erhöhte Hämolyserate. Bis zum 10. Tag nach der Geburt sollte der Bilirubinspiegel jedoch wieder im Normalbereich liegen;
- der *posthepatische bzw. extrahepatische Ikterus* schließlich tritt bei einem Rückstau von Gallenflüssigkeit in der Leber (Cholostase, Cholestase) auf. Ursache ist die Blockade der ableitenden Gallenwege durch einen eingeklemmten Gallenstein oder einen Tumor. Gallenflüssigkeit tritt dabei in das Blut über, so dass der Blutspiegel des konjugierten Bilirubins ansteigt.

Leberstoffwechsel

Die Leber wird häufig als „Chemiefabrik" des Körpers bezeichnet. Neben der bereits besprochenen Produktion von Gallensalzen und der Ausscheidung von Bilirubin und Giftstoffen erfüllt die Leber noch eine Reihe weiterer lebenswichtiger Stoffwechselaufgaben. Besonders große Bedeutung hat dabei die Glucosehomöostase, also die konstante Regulierung des Blutzuckerspiegels (Schwankungsbreite ca. 70–140 mg/100 ml) trotz der zeitlich sehr unterschiedlich verteilten Kohlenhydrataufnahme. Glucose ist für den Organismus das universelle Nahrungsmittel und beispielsweise für das Gehirn nahezu der einzige verwertbare Brennstoff.

Glykogenstoffwechsel

Glykogen ist die *tierische Form der Stärke* – ein aus Tausenden von Glucosemolekülen zusammengesetztes, extrem langkettiges und verzweigtes Makromolekül. Spezielle Leberenzyme können Glucose zu Glykogen auf- bzw. Glykogen zu Glucose abbauen. Als Makromolekül übt Glykogen im Gegensatz zu Glucose kaum eine osmotische Wirkung aus. Daher eignet sich Glykogen hervorragend als intrazelluläre Speicherform von Kohlenhydraten.

Stimuliert durch *Insulin* nimmt die Leber Glucose aus der Blutbahn auf und speichert es in den Leberzellen als Glykogen. Bei Bedarf (Nüchternzustand, erhöhter Energiebedarf) wird Glykogen abgebaut und die anfallende Glucose an das Blut abgegeben. Gesteuert wird dieser Vorgang durch eine Reihe von Hormonen, z. B. *Glucagon, Adrenalin, Wachstumshormon* usw. Dieser Energievorrat reicht für eine ca. einstündige Höchstleistung bzw. 6–10 Stunden Fasten. Nach dieser Zeit stellt sich der Stoffwechsel mehr und mehr auf das Verbrennen von Körpereiweiß und -fett als Energielieferanten um.

Nur die Leber hat die Möglichkeit, Glykogen vollständig in Glucose zurückzuverwandeln und damit den Blutzuckerspiegel zu regulieren. Zwar liegen auch in der Skelettmuskulatur große Mengen an Glykogen vor; dieses wird bei Bedarf jedoch direkt dem intrazellulären Energiestoffwechsel (Glykolyse) zugeführt und kann nicht als Blutzucker in die Zirkulation gelangen.

Fettsäurestoffwechsel

Während Glykogen als Kurzzeitspeicher für Energie dient, haben wir in unserem mehr oder weniger ausgeprägten Fettpolster einen Langzeitvorrat mit hervorragendem Brennwert. Das Fettgewebe baut im Hungerzustand Triglyceride zu sog. „aktivierten" freien Fettsäuren ab. Die Leber nutzt diese Energiequelle (β-*Oxidation*), um sowohl ihren eigenen Bedarf zu decken als auch andere Organe mit energiereichen Fettabbauprodukten zu versorgen. Ein funktionierender Fettsäurestoffwechsel in der Leber ist daher besonders bei längerem Fasten lebenswichtig.

Eiweißstoffwechsel

Die aus der Nahrung stammenden Eiweiße enthalten nur selten genau diejenigen Aminosäuren in exakt dem Verhältnis, welches der Organismus für seine jeweilige Stoffwechselsituation benötigt. Abgesehen von den essenziellen Aminosäuren, die wir tatsächlich mit der Nahrung aufnehmen müssen, kann die Leber jede beliebige nicht essenzielle Aminosäure in genau den benötigten Mengen aus anderen Nahrungsbestandteilen, z. B. überschüssigen sonstigen Aminosäuren, herstellen. Dies ermöglicht uns erst das Erschließen von Nahrungsquellen mit einer Aminosäurenzusammensetzung, die stark von der unseres eigenen Körpers abweicht.

Alle Proteine – sowohl körpereigene als auch Nahrungseiweiße – enthalten Stickstoff in Form von Amino-(NH_2-)Gruppen in den Aminosäuren, aus denen sich das Eiweiß zusammensetzt. Beim Abbau von Aminosäuren zu Kohlendioxid und Wasser entsteht daher *Ammoniak* (NH_3), welches schon in geringen Konzentrationen das zentrale Nervensystem lähmen kann und ursächliche Bedeutung bei der Entwicklung eines Leberkomas besitzt. Daher muss das anfallende Ammoniak vor seiner endgültigen Ausscheidung in eine für den Körper relativ harmlose Form, den *Harnstoff*, überführt werden, wobei jedes Harnstoffmolekül zwei Moleküle Ammoniak binden kann. Diese Umwandlung findet ausschließlich in Leber und Niere statt. Der entstehende Harnstoff wird an das Blut abgegeben und über die Nieren ausgeschieden.

Plasmaeiweiße

Albumin, Gerinnungsfaktoren und andere Plasmaeiweiße werden von der Leber produziert und in den Kreislauf entlassen. Leberfunktionsstörungen führen daher neben den Symptomen eines spezifischen Eiweißmangels (z.B. Störung der Blutgerinnung) zum generalisierten Absinken des kolloidosmotischen Druckes in den Kapillaren und damit zu Ödemen und Aszites.
Diese Aufzählung ist alles andere als vollständig. Eine detaillierte Beschreibung des Leberstoffwechsels muss jedoch einem Lehrbuch der physiologischen Chemie vorbehalten bleiben.

6.8 Gallenblase und ableitende Gallenwege

Lage und Aufbau

Gallenblase

Die Gallenblase **(Abb. 6.23)** ist ein ca. 10 cm langer sackförmiger Hohlraum mit einer dünnen, vielfach gefältelten Wandung. Das Organ ist an seiner Oberseite mit der Leber verwachsen. Der Gallenblasenhals *(Collum)* liegt in der Nähe der Leberpforte, das *Korpus* und der blind endende *Fundus* ziehen nach vorne unten bis zum vorderen Leberrand. Wenn die Gallenblase prall gefüllt ist, lässt sie sich an dieser Stelle abtasten; eine normale Gallenblase ist hingegen nicht tastbar.

Gallenwege

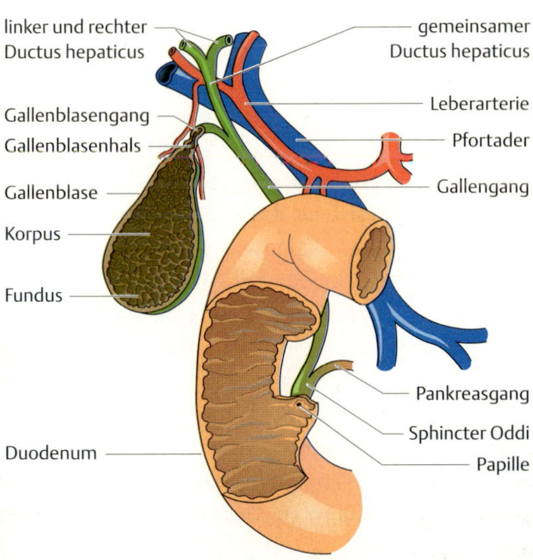

Abb 6.23 Die Abbildung zeigt die ableitenden Gallenwege nach dem Verlassen der Leber. Prägen Sie sich bitte den Unterschied zwischen Ductus hepaticus, Gallenblasengang und Gallengang sorgfältig ein.

Gallenblasengang

Der ca. 3–4 cm lange Gallenblasengang *(Ductus cysticus)* verbindet die Gallenblase mit dem zuleitenden *Ductus hepaticus* und dem ableitenden Gallengang *(Ductus choledochus)*.

Gallengang

Stromabwärts der Einmündung des Gallenblasengangs, besonders im Bereich seiner Mündung ins Duodenum, besitzt der Gallengang eine verstärkte Muskelwandung. Zwischen den Mahlzeiten wirkt dieser wie ein Schließmuskel *(Sphincter Oddi)*. Der Gallenfluss aus der Leber wird daher in die Gallenblase umgeleitet. Ein Erschlaffen des Sphinkters gibt den Weg für die Galle in das Duodenum frei, wo der Gallengang meist zusammen mit dem Pankreasgang an der Vater-Papille mündet.

Speicherung und Ausschüttung der Blasengalle

Konzentrierung der Galle

Die Gallenblase hat hauptsächlich die Aufgabe, die zwischen den Mahlzeiten von der Leber produzierte Galle zu speichern **(Abb. 6.24a, b)**. Da die Gallenblase lediglich maximal 100 ml fassen kann, muss dazu die Galle konzentriert werden. Diese Konzentrierung erfolgt durch einen Auswärtstransport von neun Zehntel der Menge an Kochsalz (NaCl) und Wasser aus dem Lumen der Gallenblase in das Blut. Übrig blei-

Funktionen der Gallenblase

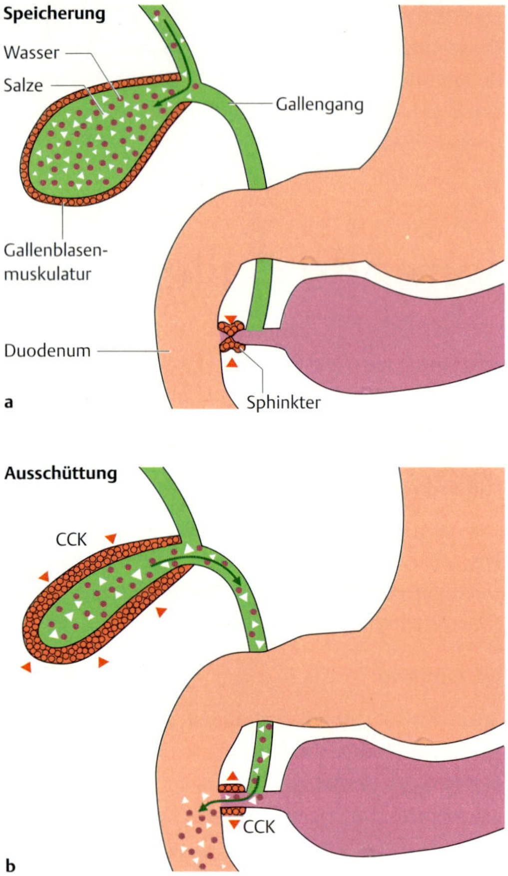

Abb 6.24a, b Zwischen den Mahlzeiten (**a**) speichert die Gallenblase die Lebergalle, entzieht ihr 90 % an Wasser und Kochsalz und konzentriert alle anderen Inhaltsstoffe, insbesondere die Gallensalze, zehnfach auf. Nach einer fetthaltigen Mahlzeit (**b**) öffnet sich der Papillensphinkter, die Gallenblase kontrahiert sich und die konzentrierte Galle gelangt in den Darm.

ben die organischen Verbindungen, darunter insbesondere Gallensalze, Cholesterin und Lezithin, aber auch Bilirubin. Diese Substanzen werden also in der Gallenblase zehnfach konzentriert.

Steuerung des Sphinkters

Die Gallenblase besitzt eine ringförmig angeordnete Schicht aus glatter Muskulatur, die zwischen den Mahlzeiten erschlafft. Sie kann jedoch durch die Ausschüttung des Hormons CCK zur Kontraktion angeregt werden. Außerdem provoziert CCK auch eine Erschlaffung des Sphinkters, so dass die Blasengalle in das Duodenum entleert wird.

Gallensteine (Cholelithiasis). Gallensalze, Cholesterin und Lecithin liegen in der Galle stets in einem fixen Verhältnis zueinander vor. Überwiegt die Konzentration von Cholesterin gegenüber der von Lecithin und Gallensalzen, so kann sich Cholesterin nicht mehr in Lösung halten und fällt aus: Es entsteht ein Gallenstein.

Gallensteine können ganz unterschiedliche Größen annehmen, spontan abgehen oder sich von selbst wieder auflösen. Im Normalfall finden neben der Entleerung der Gallenblase im Anschluss an eine Mahlzeit auch rhythmische Kontraktionen in der Nüchternphase statt, die dazu dienen sollen, feine Kristalle aus der Gallenblase hinauszubefördern, die zum Kern eines Gallensteins werden könnten. Verklemmt sich jedoch ein Stein im Gallengang oder im Gallenblasengang, dann setzt sich die Muskulatur des betroffenen Abschnitts in maximale Bewegung (peristaltische Wellen), um den Stein abzutreiben. Diese Muskelspannung ist ein extrem schmerzhafter Vorgang und wird vom Patienten als Gallenkolik erlebt.

Bei einem Gallengangverschluss durch einen Stein oder Tumor fehlt das Bilirubin, das normalerweise von den Darmbakterien in den braunen Stuhlfarbstoff umgewandelt wird. Der Stuhl erscheint ohne diesen Stuhlfarbstoff als grau-weißer Lehm- oder Tonstuhl.

Die Gallenblase konzentriert die Gallenflüssigkeit und gibt sie nach fettreichen Mahlzeiten über den Gallengang durch das Pankreas hindurch ins Duodenum ab. Das Hormon CCK steuert diesen Vorgang.

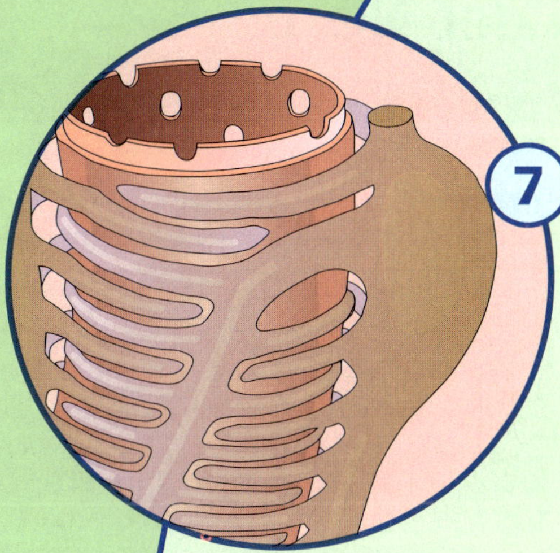

7 URIN AUSSCHEIDEN

7.1 Lage und Funktion der Niere

Lage

Linke und rechte Niere liegen hinter dem Bauchfell, also im Retroperitonealraum. Ihre Längsachse ist leicht gekippt, so dass der obere Nierenpol einen geringeren Abstand zur Wirbelsäule hat als der untere. Dem oberen Nierenpol sitzt wie eine leicht zur Mitte hin verschobene Kappe die Nebenniere auf, ein wichtiges hormonproduzierendes Organ.

Die Nieren liegen vergleichsweise weit oben im Rumpf, direkt unterhalb des Zwerchfells, am Übergang von der Brust- zur Lendenwirbelsäule. Die rechte Niere wird vom mächtigen rechten Leberlappen leicht nach unten verdrängt. Im Stehen und bei starker Einatmung bewegt sich die Niere um wenige Zentimeter nach unten. Diese Verschieblichkeit wird dadurch ermöglicht, dass die Nieren von einer derben Organkapsel eingehüllt sind, die ihrerseits in lockerem Fett- und Bindegewebe schwimmend gelagert ist ***(Abb. 7.1)***.

Nierengurt. **Ihre hervorragende Lagerung tief im Inneren des Körpers sowie die Tatsache, dass die Nieren zum größten Teil von den Rippen umgeben sind, schützt sie sowohl vor harten Stößen und Schlägen als auch vor Auskühlung. Beim Motorradfahren würden die Nieren niemals auskühlen, vorher wäre der Motorradfahrer schon vor Unterkühlung gestorben. Der sogenannte „Nierengurt" schützt nicht die Nieren, sondern die Muskulatur der Lendenwirbelsäule vor Auskühlung und Verspannung (Hexenschuss).**

Lage der Nieren

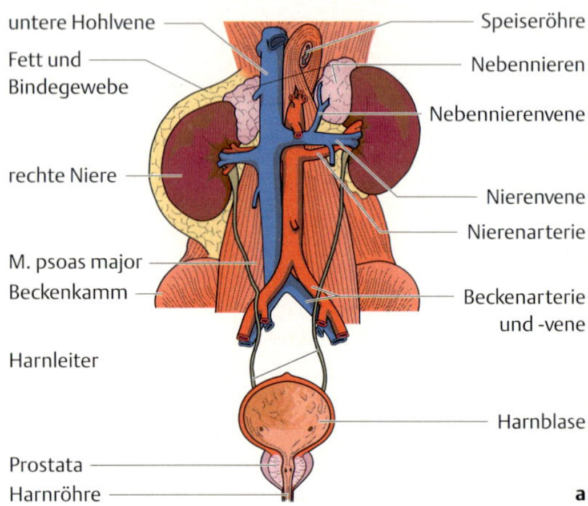

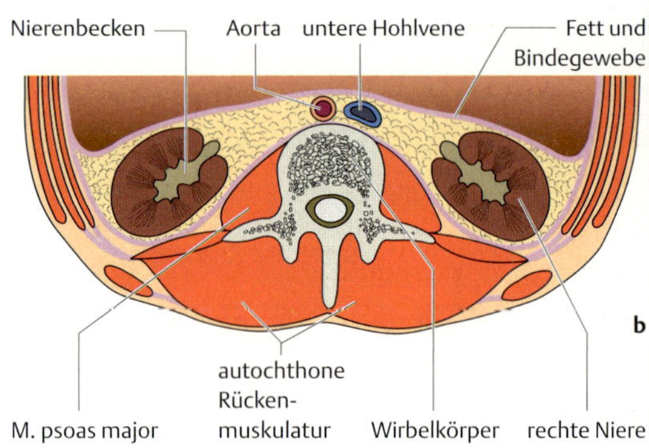

Abb 7.1 Teil (**a**) der Abbildung zeigt den Raum hinter dem Bauchfell (Retroperitonealraum), nachdem die Bauchspeicheldrüse entfernt worden ist. Ein „Lager" aus Fett und Bindegewebe schützt die Nieren vor Erschütterungen. Nierenarterie und -vene zweigen rechtwinklig aus den großen Bauchgefäßen ab. Der Harnleiter überkreuzt auf seinem Weg zur Blase die Bekkenarterien. Auf einem Querschnitt durch den oberen Bauchraum (**b**) sehen Sie, dass die Nieren direkt neben der Wirbelsäule liegen und durch die Rückenmuskulatur nach hinten isoliert sind.

Aufbau

Größe und Gewicht

Die Niere eines gesunden Erwachsenen ist ca. 12 cm lang, 6 cm breit, 5 cm dick und hat ein Gewicht von ca. 100–200 g. Diese Werte sind je nach Körperkonstitution und Ernährungsgewohnheiten starken Schwankungen unterworfen: Bei einer ausgeprägt eiweißreichen Diät bzw. wenn die zweite Niere funktionsuntüchtig ist oder entfernt wurde, kann eine Niere das Doppelte ihres Ausgangsgewichts erreichen. Umgekehrt führt eine überwiegend kohlenhydratreiche Kost dazu, dass die Nieren kleiner werden. Die typische Nierenform kommt dadurch zustande, dass sich das Nierengewebe zur Mittellinie hin – gewissermaßen in Embryohaltung – einrollt ***(Abb. 7.2)***. Auf diese Weise entstehen eine konvexe Außenfläche und eine konkave Innenfläche.

Längsschnitt durch eine Niere

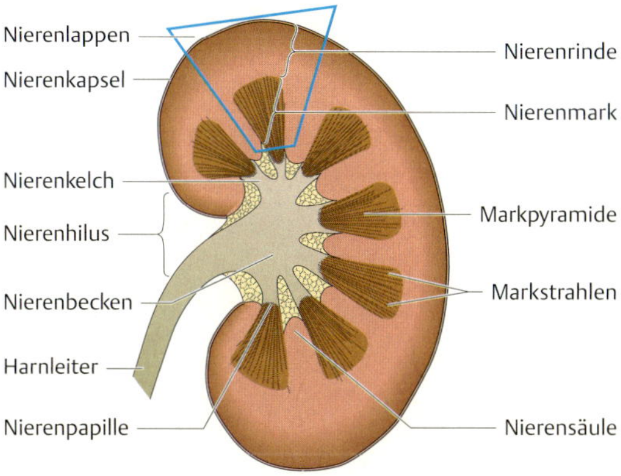

Abb 7.2 Unter der Nierenrinde ziehen gestreifte Markpyramiden zu jeweils einem Nierenkelch. An die Markpyramiden grenzen die Nierensäulen, die aus Nierenrindengewebe bestehen. Je eine Markpyramide und die zwei angrenzenden halben Nierensäulen bilden einen Nierenlappen.

Nierenhilus

Die der Wirbelsäule benachbarte Konkavfläche enthält den Nierenhilus, also die Einmündungsstelle der Nierenarterie *(A. renalis)*, und den Ursprung von Nierenvene *(V. renalis)*, Harnleiter *(Ureter)* und Lymphgefäßen.

Nierensinus

Der Längsschnitt durch eine Niere **(Abb. 7.2)** zeigt Ihnen, dass sich das Nierengewebe wie ein Ballettschuh einrollt, wobei die Nierenkapsel der Schuhsohle entspricht. Dadurch entsteht im Inneren der Niere eine Tasche, die mit Ausnahme des Nierenhilus allseits von Nierengewebe umfasst ist – der Nierensinus. Er wird zum größten Teil vom Nierenbecken *(Pelvis renalis)* ausgefüllt, das von einem wasserdichten Epithel ausgekleidet ist.

Missbildungen der Nieren. Missbildungen der Niere sind extrem häufig und werden meist nur als Zufallsbefund festgestellt.
Eine *Nierenzyste* entsteht dadurch, dass ein Teil der Niere zwar Urin produziert, jedoch keinen Anschluss an das ableitende Harnwegsystem hat: Der Urin staut sich auf, der Staudruck zerstört das funktionsuntüchtige Areal, während das übrige Gewebe nicht beeinträchtigt wird.

Hufeisennieren sind mit ihrem unteren Pol über die Wirbelsäule hinweg miteinander verwachsen und enthalten zwei oder mehrere Nierenbecken.

Bei der *Senkniere* ist die Verschieblichkeit des Organs abnorm vergrößert: Im Stehen rutscht die Niere aus ihrem Fettlager nach unten bis in den Beckenraum ab. Diese im Prinzip harmlose Normvariante besitzt nur dann Krankheitswert, wenn der Harnleiter abgeknickt wird und der Urin im Stehen nicht mehr abfließen kann.

Die Nieren liegen am Übergang von den Brust- zur Lendenwirbelsäule. Sie schwimmen in einem Fett- und Bindegewebslager.

Nierenkapsel und -rinde

Eine derbe Bindegewebskapsel *(Capsula fibrosa)* umhüllt die ungefähr einen Zentimeter breite, rotbraun gefärbte Nierenrinde *(Cortex renalis)*. Die Nierenrinde ist ein homogen erscheinendes Gewebe, das von vielen stecknadelkopfgroßen Strukturen *(Glomerula)* durchsetzt ist.

Nierenmark

Weiter innen – in Richtung Nierensinus – erkennt man eine Reihe (8–20) von Markpyramiden, deren Spitzen zum Nierenbecken weisen. Die Gesamtheit dieser Markpyramiden bildet das Nierenmark *(Medulla renalis)*. Je zwei Markpyramiden sind durch eine Säule aus Nierenrindengewebe voneinander getrennt *(Columna renalis)*, die sich bis an die äußere Begrenzung des Nierenbeckens vorschiebt. Je eine Markpyramide und der außen anschließende Anteil der Nierenrinde bilden einen Nierenlappen *(Lobus renalis)*.

Blutversorgung

20–25 % des gesamten Herzzeitvolumens durchströmen ständig die beiden Nieren. Daher haben Nierenarterie und -vene einen großen Innendurchmesser. Die Nierenarterien entspringen beidseits nahezu rechtwinklig aus der Aorta. Die rechte Nierenarterie unterquert hinten die untere Hohlvene. Die Nierenvenen verlaufen parallel zu den Arterien, d.h. dass die linke Nierenvene die Aorta vorne überquert.

Arterielles Blut gelangt über die Bogenarterien *(Aa. arcuatae)* zwischen die Markpyramiden und die entsprechenden Nierenrindenbezirken jedes Nierenlappens. Aus diesen Bogenarterien leiten aufsteigende Gefäße das Blut in die Glomerula und von dort wieder abwärts zur Versorgung der Nierenrinde und des Marks. 30% des gesamten durch die Niere strömenden Bluts erreichen jedoch nur die Nierenrinde und strömen in den allgemeinen Kreislauf zurück, ohne das Mark zu durchbluten.

Die Nierenrinde hat eine extrem hohe Durchblutung. Etwa 15 keilförmige Markpyramiden erstrecken sich von der Nierenrinde bis in den Nierensinus.

7.2 Aufbau eines Nephrons

Der mikroskopische Feinbau der Niere ist – verglichen mit dem anderer Organe – recht komplex und wirkt auf den ersten Blick schwer verständlich. Das Nierengewebe besteht nahezu ausschließlich aus einem verschlungenen, von flachem bis zylinderförmigem Epithel ausgekleideten Röhrensystem sowie einer Vielzahl kleinster Blutgefäße. Die kleinste Baueinheit der Niere ist das Nephron. Der Mensch besitzt schätzungsweise 1–1,5 Millionen Nephrone, die alle parallel zueinander geschaltet sind. Jedes Nephron setzt sich funktionell aus zwei unterschiedlichen Abschnitten zusammen, dem Nierenkörperchen und dem Tubulus.

Nierenkörperchen

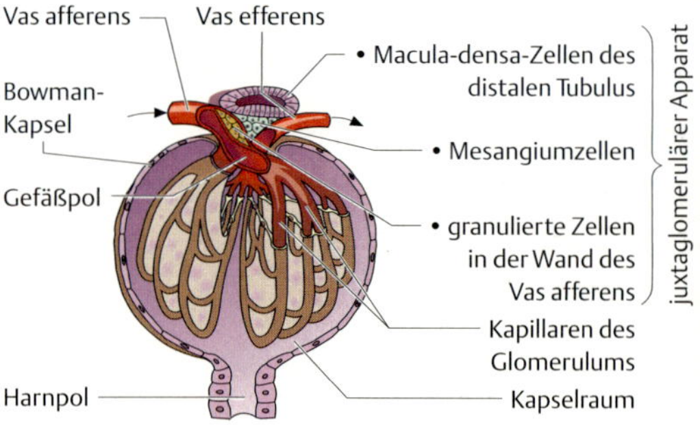

Abb 7.3 Jedes Nierenkörperchen besteht aus einer Kapsel (Bowman-Kapsel) und einem Netz aus Kapillarschlingen (Glomerulum). Gefäßpol und Harnpol liegen auf entgegengesetzten Seiten. Beachten Sie, dass sich ein Teil des Tubulus dem Gefäßpol des Nierenkörperchens eng anlagert (juxtaglomerulärer Apparat).

Nierenkörperchen

Glomerulum

Das Nephron beginnt mit einem Nierenkörperchen (Corpusculum renale, Malpighi-Nierenkörperchen). Es handelt sich dabei um ein 0,2–0,3 mm großes Kügelchen, das im Wesentlichen von einer knäuelförmigen Kapillarschlinge, dem Glomerulum, gebildet wird ***(Abb. 7.3)***. Die aus der Nierenarterie stammenden Arteriolen (Einzahl *Vas afferens*, Mehrzahl *Vasa afferentia*) teilen sich in 30–60 parallele Kapillarschlingen auf, deren Endothel für Wasser und gelöste Stoffe extrem durchlässig ist, Blutzellen und große Eiweißmoleküle jedoch zurückhält. Das die glomerulären Kapillarschlingen verlassende, immer noch sauerstoffreiche Blut wird in arteriolenähnlichen Blutgefäßen *(Vasa efferentia)* gesammelt und einem weiteren Kapillarnetz zugeleitet.

Bowman-Kapsel

Das Glomerulum ist von der Bowman-Kapsel umgeben, die im Prinzip den blindsackartigen Beginn des Tubulussystems darstellt. Im Verlauf der Entwicklung hat sich dieser Tubulusanteil ausgeweitet und das Glomerulum eingehüllt. Es entstand eine doppelwandige Struktur, deren innere Schicht fest mit dem Kapillarendothel des Glomerulums verwachsen ist. Die Epithelzellen dieser inneren Schicht der Bowman-Kapsel haben sich zu charakteristischen Podozyten („Füßchenzellen") umgewandelt, zwischen deren Ausläufern Wasser und kleinere gelöste Moleküle aus dem Glomerulum in das Tubulussystem abfiltriert werden. Diese Flüssigkeit bezeichnet man als Primärharn.

Gefäß- und Harnpol

Das Nierenkörperchen besitzt also einen Gefäßpol an der einzigen nicht von der Bowman-Kapsel umhüllten Stelle (Mündung und Ursprung von Vas afferens und Vas efferens) sowie einen entgegengesetzt gelegenen Harnpol als Ursprung des Tubulussystems aus der Bowman-Kapsel.

Nierentubulus

Durch die Glomerulumschlingen gelangen täglich bis zu 200 l Flüssigkeit in die Bowman-Kapseln (!). Damit wir nicht innerhalb weniger Minuten austrocknen, müssen 99% dieser Menge wieder dem Blut zugeführt werden. Dieser Aufgabe dient der Nierentubulus ***(Abb. 7.4)***. Es besteht ausden folgenden Strukturen:

Proximaler Nierentubulus

Der erste Teil dieses Röhrensystems heißt proximaler Nierentubulus. Er ist vielfach geschlängelt und besitzt ein sehr stoffwechselaktives, dabei aber gut wasserdurchlässiges Epithel mit zylinderförmigen, mitochondrienreichen Zellen.

Schema eines Nephrons

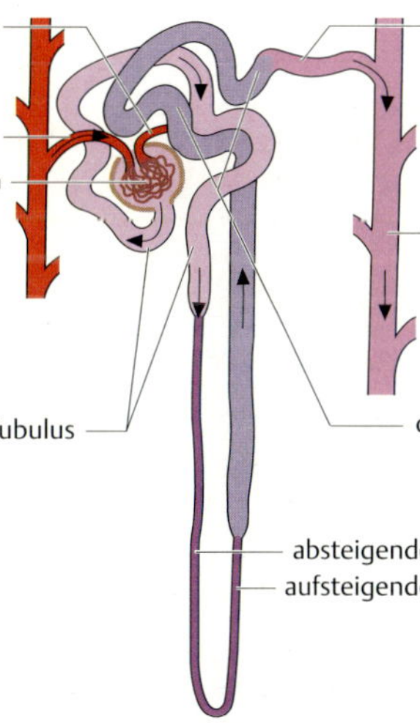

Abb 7.4 Jedes Nephron besteht aus dem Nierenkörperchen mitzu- und abführendem Blutgefäß, dem proximalen (nahen) Tubulus, der dünnen und langen Henle-Schleife, dem distalen (fernen) Tubulus und dem Sammelrohr. Die Henle-Schleife dient zusammen mit dem parallel verlaufenden Sammelrohr der Harnkonzentrierung.

Henle-Schleife

Der folgende kurze gerade Anteil des proximalen Tubulus bildet zusammen mit dem dünnen ab- und aufsteigenden Ast sowie dem dicken aufsteigenden Ast die Henle-Schleife. Ihre Form erinnert an eine Zugposaune, deren Spitze bis weit ins Nierenmark hineinreicht. Das Epithel des absteigenden Astes der Henle-Schleife ist flach und wiederum sehr gut wasserdurchlässig. Im aufsteigenden Ast wird das Epithel erneut stoffwechselaktiv, nun aber wasserundurchlässig.

Distaler Tubulus

An die Henle-Schleife schließt sich ein weiterer gewundener Abschnitt, der distale Tubulus (distales Konvolut) an. Dieser Teil ähnelt in vielerlei Hinsicht dem proximalen Tubulus. Das distale Konvolut jedes einzelnen Nephrons nimmt an dieser Stelle Kontakt mit dem Gefäßpol seines eigenen Glomerulums auf und bildet den juxtaglomerulären Apparat (*juxta* lat. = neben), eine zentrale Struktur bei der hormonellen Regulation von Blutdruck und Flüssigkeitshaushalt.

Sammelrohr

Nach dem distalen Konvolut geht der Tubulus in ein langes gestrecktes Ableitungssystem, das Sammelrohr, über. Wie der Name schon sagt, sammelt dieser Abschnitt den noch unfertigen Harn aus mehreren Tubuli. Die Anzahl der Sammelrohre ist daher deutlich geringer als die der Nierenkörperchen und Tubuli. Die Sammelrohre verlaufen parallel zu den Henle-Schleifen in gerader Linie auf die Nierenpapille zu, vereinigen sich zu größeren Papillargängen *(Ductus papillares)* und geben den Urin in das Nierenbecken ab.

Die Nieren bestehen aus ca. einer Million Nephrone, die sich jeweils aus einem Nierenkörperchen und einem Tubulusapparat zusammensetzen. Das Nierenkörperchen besteht aus Glomerulum und Bowman-Kapsel, der Tubulusapparat aus proximalem Tubulus, Henle-Schleife, distalem Tubulus und Sammelrohr.

7.3 Filtration und Resorption

Glomeruläre Filtration

Filterstrukturen

Zwischen den „Zehen" der Füßchenzellen im Glomerulum spannt sich eine feine, gefensterte *Basalmembran* aus, deren Poren nur ca. 25 Nanometer breit sind ***(Abb. 7.5)***. Diese Poren halten sämtliche Plasmabestandteile zurück, deren Molekulargewicht höher ist als 60 000–70 000. Das verbleibende Ultrafiltrat, der sog. Primärharn, ist daher weitgehend eiweißfrei. Im Verlauf der Filtration bleiben ständig Rückstände in der Basalmembran zurück, welche auf die Dauer den Filter verstopfen würden. Der Nierenfilter muss also ähnlich wie in der Kaffeemaschine regelmäßig gereinigt werden. Diese Aufgabe übernehmen die zwischen den Kapillarschlingen eingelagerten Mesangiumzellen. Sie nehmen Teile der Basalmembran per Endozytose auf und bauen diese intrazellulär ab. Frische Basalmembran wird sowohl von den Endothelzellen als auch von den Podozyten nachgebildet.

Effektiver Filtrationsdruck

Treibende Kraft für die Filtration im Glomerulum ist der Blutdruck in den Kapillarschlingen (ca. 45–55 mmHg). Diesem entgegengesetzt wirken kolloidosmotische Druck der Plasmaproteine (ca. 24 mmHg) sowie der Druck in der Bowman- Kapsel (ca. 15–20 mmHg). Es verbleibt ein effektiver Filtrationsdruck von durchschnittlich 8 mmHg ***(Abb.7.6)***. Eine Blutdrucksenkung um nur 16%, also von 50 auf 42 mmHg, würde bereits den effektiven Filtrationsdruck auf Null senken und die Filtration vollständig zum Erliegen bringen. Es käme zum akuten Nierenversagen.

Zur Vermeidung dieses Verstärkereffekts besitzen die Nierengefäße die Fähigkeit, trotz schwankenden Blutdrucks im Gesamtkreislauf den Druck innerhalb der glomerulären Kapillaren – und damit die filtrierte Flüssigkeitsmenge – in engen Grenzen konstant zu halten (Autoregulation). Zuführende und abführende Gefäße wirken dabei funktionell entgegengesetzt: Erhöht sich der Widerstand im Vas afferens, dann sinkt der effektive Filtrationsdruck, kontrahiert sich hingegen die Gefäßmuskulatur des Vas efferens, so findet ein „Aufstau" im Glomerulum statt; der Filtrationsdruck wird größer ***(Abb. 7.7)***.

Glomerulum-Kapillare

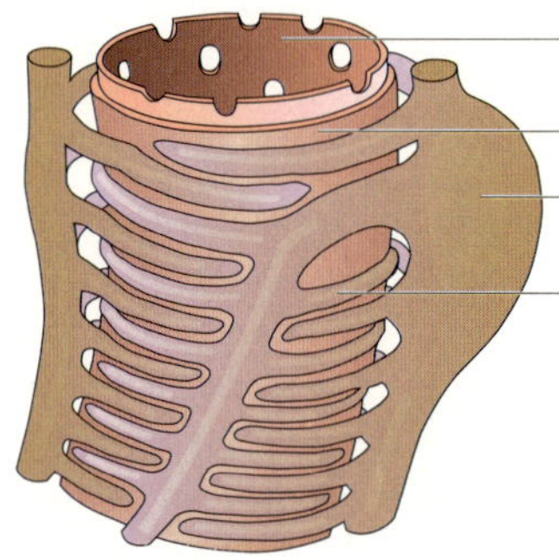

Abb 7.5 Innerhalb eines Glomerulums umgeben Ausläufer benachbarter Podozyten jede einzelne Kapillare. Große Blutbestandteile werden durch die „Fenster" der Kapillarendothelzellen, die angrenzende Basalmembran und die Zwischenräume zwischen den Podozyten zurückgehalten und können nicht in die Bowman-Kapsel vordringen.

Funktion eines Nierenkörperchens

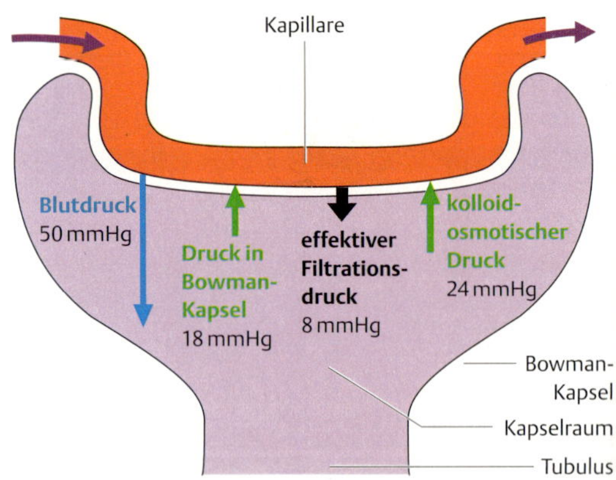

Abb 7.6 Damit Primärharn aus dem Blut in die Bowman-Kapsel gepresst wird, muss ein positiver effektiver Filtrationsdruck herrschen. Das heißt, die Kräfte, welche Blutbestandteile aus der Kapillare filtrieren (Rest-Blutdruck), müssen größer sein als die entgegenwirkenden Kräfte (Druck in der Bowman-Kapsel und kolloidosmotischer Druck).

Autoregulation im Glomerulum

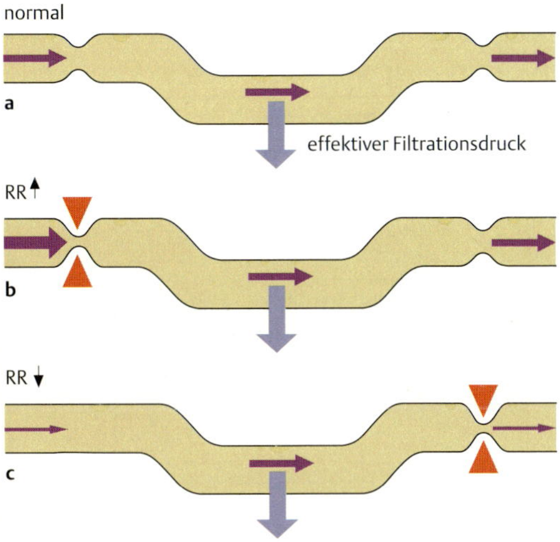

Abb 7.7a-c Damit der effektive Filtrationsdruck (**a**) gleich bleibt, muss sich der „Rest-Blutdruck“ (Perfusionsdruck) in einer Glomerulumkapillare vom schwankenden allgemeinen Blutdruck unabhängig machen. Bei steigendem Blutdruck (**b**) verengt sich das zuführende Gefäß und wirkt wie ein Drosselventil. Bei fallendem Blutdruck (**c**) staut das abführende Gefäß Blut auf, gleichzeitig erweitert sich das zuführende Gefäß.

Glomeruläre Filtrationsrate

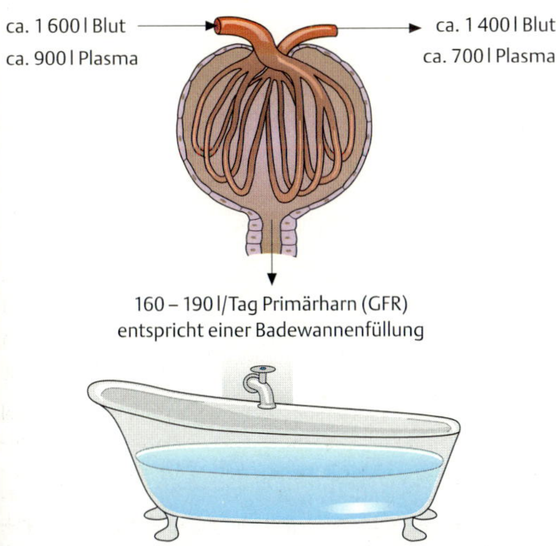

Abb 7.8 Jeden Tag geben die Glomerula knapp 200 Liter Primärharn in den proximalen Tubulus ab. Damit wir nicht sofort austrocknen, resorbiert die Niere 99 % dieser Menge wieder ins Blut.

Dieser Mechanismus funktioniert allerdings nur bei Blutdruckwerten über ca. 80 mmHg. Fällt der Blutdruck unter diesen Wert, dann bricht die Filtration im Glomerulum zusammen – es entsteht ein Nierenversagen.

Glomeruläre Filtrationsrate

Auf Grund der guten Autoregulation der Nierengefäße bleibt das pro Zeiteinheit filtrierte Flüssigkeitsvolumen – die glomeruläre Filtrationsrate (GFR, ***Abb. 7.8)*** – unabhängig vom Blutdruck konstant (ca. 110–130 ml/min oder 160–190 l/Tag). Das heißt, dass von jedem Liter Blut, der durch die Nieren strömt, ca. 200 ml als Primärharn in das Tubulussystem gelangen. Die übrigen 800 ml gelangen über die Vasa efferentia in die Nierenvenen.
Frauen haben eine durchschnittlich um 10 % niedrigere GFR als Männer, da sie weniger harnpflichtige Substanzen aus der Muskulatur freisetzen.

Hinweise für ein glomeruläres Nierenversagen. Der Primärharn ist normalerweise frei von Eiweiß. Eiweiß im Urin ist daher stets verdächtig für eine Störung dieses Plasmafiltersystems, beispielsweise eine immunologisch ausgelöste Entzündung (Glomerulonephritis) oder eine Nierenkomplikation bei Diabetes mellitus.

Eine dauernde Einschränkung der glomerulären Filtrationsrate ist ebenfalls Zeichen einer beginnenden Funktionseinschränkung der Nieren, obwohl noch eine GFR von 40–50 ml/min eine fast normale Ausscheidung von Abfallstoffen gewährleistet. Umgekehrt steigt die GFR nach einer deftigen Eiweißmahlzeit um bis zu 20 % an. Dieser Anpassungsmechanismus ist sinnvoll, weil jede Verstoffwechselung von Aminosäuren zu einem deutlichen Mehranfall an Harnstoff führt, dessen Ausscheidungsrate ganz wesentlich von der glomerulären Filtrationsrate abhängt. Das heißt aber im Umkehrschluss, dass Patienten mit eingeschränkter GFR nicht zu viel Eiweiß essen sollten, damit der Organismus nicht mit Harnstoff überschwemmt wird.

Die Glomerula filtrieren aus dem durchströmenden Blutplasma täglich ca. 180 Liter Primärharn. Die glomeruläre Filtrationsrate (GFR) beträgt rund 20 % des durch die Nieren strömenden Volumens.

Tubuläre Resorption

Resorption im proximalen Tubulus

Der proximale Tubulus ***(Abb. 7.9d)*** nimmt rund zwei Drittel der gesamten filtrierten Salzmenge und nahezu alle filtrierten Zucker und Aminosäuren auf. Die treibende Kraft hierfür ist der Transport von Natrium (Na^+). Am Ende des proximalen Tubulus sind von den ca.200 l täglichen Ultrafiltrats etwa 130 l resorbiert worden.

Die Osmolalität (Gesamtkonzentration gelöster Salze) des entstandenen Sekundärharns ist gleich geblieben, jedoch hat sich die Konzentration an den nicht resorbierten harnpflichtigen Substanzen um etwa das Dreifache erhöht.

Resorption in der Henle-Schleife

Der dünnwandige *absteigende Teil* der Henle-Schleife ist sehr gut wasserdurchlässig. Im Verlauf der Passage durch dieses Tubulussegment passiert der Sekundärharn mehr oder weniger große Teile des Nierenmarks ***(Abb. 7.9f)***. Da die extrazelluläre Flüssigkeit am Umkehrpunkt der Henle-Schleife eine sehr hohe Osmolalität aufweist (bis zu 1200 mosm/kg gegenüber 300 mosm/kg in der Rinde), strömt in diesem Nephronabschnitt so lange Wasser aus dem Tubuluslumen in das Blut ab, bis auch die Tubulusflüssigkeit diese hohe Osmolalität erreicht hat. Im untersten Teil der Henle-Schleife bleiben also von den anfänglich ca. 200 l/Tag nur noch ca. 17 l/Tag übrig.

Die Wand des *aufsteigenden Teil* der Henle-Schleife ist wasserundurchlässig. Andererseits findet in diesem Abschnitt ein aktiver Kochsalztransport durch die Epithelzellen ins Blut statt. Am Ende der Henle-Schleife ist die Tubulusflüssigkeit daher nicht mehr hypertonisch.

Macula densa

Im Bereich des distalen Konvoluts nimmt der Tubulus Kontakt mit dem Gefäßpol des eigenen Nephrons auf. Die Tubuluszellen sind an der Kontaktstelle stark vergrößert und zu Rezeptoren für die Kochsalz im Tubuluslumen umgewandelt *(Macula densa)*.

Die Macula densa reguliert den Blutzufluss zum Nephron, so dass proximaler Tubulus und Henle-Schlei-

Harnbildende Organe

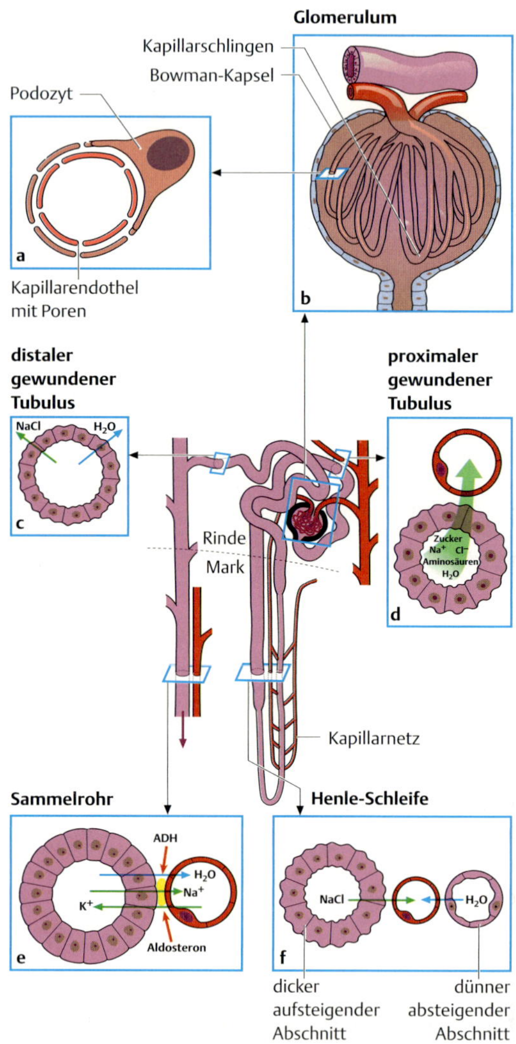

Abb 7.9a-f Innerhalb des Nephrons herrscht strenge Arbeitsteilung. Die Kapillaren des Glomerulums (**a** u. **b**) filtrieren den Primärharn in die Bowman-Kapsel. Die Zellen des proximalen Tubulus (**d**) nehmen Salze, organische Stoffe und Wasser auf und geben sie ans Blut weiter. Im Nierenmark herrscht ein hoher osmotischer Druck. In der Henle-Schleife dringt daher Wasser in den Zwischenzellraum ein (**f**). Die Zellen des distalen Tubulus (**c**) und des Sammelrohrs (**e**) resorbieren Salze und Wasser, wobei dieser Vorgang im Sammelrohr unter der Kontrolle von Hormonen steht.

Tab. 7.1 Übersicht der Resorptionsvorgänge im Nierentubulus

Ort der Resorption	**Aufgabe**
proximaler Tubulus	Resorption von: – Natrium – Chlorid – Zucker und Aminosäuren – Bicarbonat
Henle-Schleife – absteigender Teil – aufsteigender Teil	Resorption von: – Wasser – Natriumchlorid
Distaler Tubulus	Resorption von: – Natriumchlorid Feinregulation: – Zusammensetzung an Salzen, – der Säureausscheidung
Sammelrohr	Feinregulation des Endharns: – Volumen und – Konzentrierung

fe nicht mit zu viel Primärharn überschwemmt werden.

Resorption im Sammelrohr

Unter dem Einfluss des Nebennierenrindenhormons Aldosteron wird im oberen (oder *kortikalen*) Sammelrohr Natrium resorbiert und gleichzeitig Kalium aus dem Blut in das Tubuluslumen ausgeschieden ***(Abb. 7.9e)***. Dieser Prozess regelt die endgültige Menge und Zusammensetzung an Salzen, die mit dem Urin aus dem Körper entfernt werden.
Die wichtigste Eigenschaft des im Nierenmark gelegenen (unteren oder *medulläre*) Sammelrohrs ist seine Fähigkeit, die Wasserdurchlässigkeit der Epithelzellen und damit die Harnkonzentrierung zu regeln: Unter dem Einfluss des antidiuretischen Hormons (ADH) strömt mehr Wasser in das hyperosmolare Nierenmark aus; der zurückbleibende Urin wird stärker konzentriert. Das medulläre Sammelrohr dient somit der *Feinregulation des Endharns* hinsichtlich seines Volumens und seiner Konzentrierung.

Die Epithelzellen des Nierentubulus gewinnen aus dem Primärharn mehr als 99 % aller filtrierten Salze und allen Wassers zurück. Die Abfallstoffe werden nicht resorbiert und reichern sich im Urin daher mehr als 100fach an.

7.4 Harnableitung

Bei den höheren Wirbeltieren und somit auch beim Menschen dienen die Harnwege (Nierenbecken, Harnleiter und Blase) lediglich der Drainage und der Speicherung von Urin aus der Niere. An der Zusammensetzung des Urins ändern sie nichts. Die Harnwege bestehen aus dem Nierenbecken, dem Harnleiter und der Blase.

Nierenbecken und Harnleiter

Nierenkelche

Den Kontakt zwischen Niere und Harnwegen bilden die Nierenkelche *(Calices renales*, Einzahl *Calix renalis)*. Es handelt sich um mit einem speziellen Übergangsepithel bedeckte Fortsetzungen des Nierenbeckens, die sich wie eine Sauggiocke über je eine Nierenpapille stülpen ***(Abb. 7.10)***. Jede Niere hat also genauso viele Nierenkelche wie Papillen (ca. 8–20).
Ähnlich wie die Bowman-Kapsel besteht ein Nierenkelch ebenfalls aus einem äußeren und einem inneren Blatt, welches fest mit der Nierenpapille verwachsen ist und von den Öffnungen der Papillengänge durchbohrt wird. Auch die Aufgabe der Nierenkelche ist analog zur Bowman-Kapsel: Sie sammeln den

Unterschiedliche Formen des Nierenbeckens

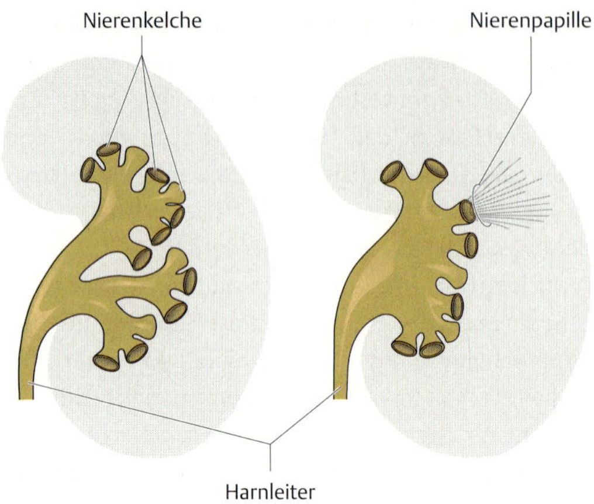

Abb 7.10 Die Nierenkelche sammeln den aus den Sammelrohren stammenden Endharn. Im Nierenbecken fließt der Urin zusammen und gelangt über den Harnleiter zur Blase. Die Form des Nierenbeckens ist sehr variabel – links ein verzweigtes (dendritisches), rechts ein plumpes (ampulläres) Nierenbecken.

aus vielen unabhängigen Nephronen stammenden Endharn und transportieren ihn weiter.

Nierenbecken

Aus den Nierenkelchen strömt der Endharn in das Nierenbecken, einem Zwischenlager für flüssigen „Restmüll" vor dessen Abtransport in die Blase. Größe und Form des Nierenbeckens sind extrem variabel: Es gibt plumpe rundliche *(ampulläre)* und schlanke *(tubuläre)* Nierenbecken oder astartig verzweigte *(dendritische)* Formen sowie sämtliche Spielarten dazwischen. Nicht selten findet man sogar zwei separate Nierenbecken mit eigenen Harnleitern in ein und derselben Niere.
Durchschnittlich fasst ein Nierenbecken 3–10 ml, kann sich jedoch bei einer Abflussbehinderung bis auf das Vielfache dieses Volumens aufstauen.

Aktiver Harntransport

Nierenkelche und Nierenbecken sind von einer starken Schicht glatter Muskulatur umgeben. Diese Muskulatur ist ständig in peristaltischer Bewegung und melkt das Nierenbecken von der Papille zum Harnleiter hin aus. Diese Melkbewegungen treiben den Harn aktiv in den Harnleiter und erlauben eine Entleerung des Nierenbeckens auch im Liegen oder bei Schwerelosigkeit. Sie verhindern außerdem, dass Urin in einem wenig durchströmten Teil des Nierenbeckens zurückbleibt und dort zu einer Infektion führt.

Harnleiter

Der Harnleiter *(Ureter)* zieht unmittelbar unter dem Bauchfell am *M. psoas major* entlang vom Nierenbecken in die Harnblase ***(Abb. 7.11)***. Er überkreuzt dabei am Beckenrand die großen Gefäße *A. und V.iliaca communis*. Der Harnleiter ist ca. 30 cm lang und hat einen Durchmesser von 4–7 mm. Er mündet schräg an der Hinterwand der Harnblase.

Wandschichten

Der Harnleiter weist mehrere Wandschichten auf. Von innen nach außen sind dies:

Harnleiter

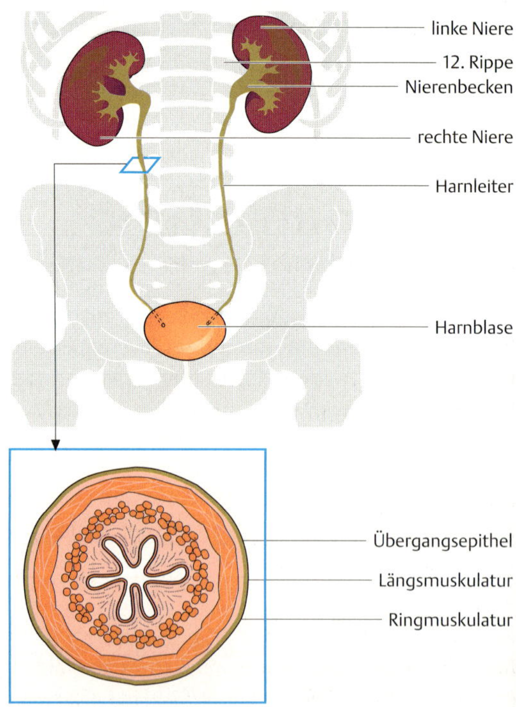

Abb 7.11 Auf einem Querschnitt durch den Harnleiter erkennen Sie die gut ausgeprägten Muskelschichten. Die Schleimhaut ist stark gefaltet und kann sich bei Bedarf dehnen. Die Harnleiter münden auf der Rückseite der Blase ein.

- Schleimhaut,
- innere Längsmuskulatur,
- äußere Ringmuskelschicht und
- vor der Blaseneinmündung eine zusätzliche äußere Längsmuskelschicht.

Die Schleimhaut des Harnleiters liegt normalerweise in Falten und wird von einer zweischichtigen Muskulatur umgeben. Die Anordnung der Muskelschichten ist dabei genau umgekehrt wie im Magen-Darm-Trakt: Einer inneren Längsmuskulatur lagert sich eine äußere Ringmuskelschicht an. Kurz vor der Einmündung in die Blase erhält der Ureter noch eine zusätzliche äußere Längsmuskelschicht. Diese Anordnung ermöglicht peristaltische Bewegungen vom Nierenbecken zur Harnblase (ca. 1- bis 3-mal pro Minute), die sich an die Melkbewegungen im Nierenbecken anschließen und den Urin aktiv in die Harnblase treiben. Am Ende des Harnleiters überwinden die peristaltischen Wellen den Innendruck der Harnblase. Dadurch öffnet sich schubweise die Harnleitermündung (s. u.). Dieser Ventilmechanismus verhindert, dass Blasenurin rückwärts (retrograd) in den Harnleiter gelangt.

Physiologische Engstellen

Im Nierenbecken fallen insbesondere bei einer hohen Urinkonzentration häufig kleine *Kristalle* aus, die meist unbemerkt mit dem Harn abgehen. Erreicht ein solcher Nierenstein aber eine bestimmte Größe (einige Millimeter), so kann er sich an einer der drei physiologischen Engstellen des Harnleiters verklemmen:

1. am Ausgang des Nierenbeckens,
2. an der Überquerung der Beckenarterie und
3. an der Einmündung in die Harnblase.

Um das Hindernis zu überwinden, erzeugt die Uretermuskulatur maximal verstärkte krampfartige peristaltische Wellen, die für den Patienten extrem schmerzhaft sind (Nierenkolik).

Die Nierenkelche melken den Urin aktiv aus den Markpyramiden ins Nierenbecken. Der 30 cm lange Harnleiter befördert den Urin mit Hilfe peristaltischer Wellen aus dem Nierenbecken in die Harnblase. Er überkreuzt dabei die großen Blutgefäße des Beckens.

Harnblase

Lage und Aufbau

Lage

Die Harnblase *(Vesica urinaria)* liegt am Boden der Bauchhöhle unmittelbar hinter dem oberen Schambeinast und der Symphyse (***Abb. 7.12)***. Ihre Vorderwand ist streckenweise mit der Bauchwand verwachsen (***Abb. 7.13)***. Bei zunehmender Füllung dehnt sich das Organ in den unteren Bauchraum aus und erreicht maximal die Hälfte des Abstandes Symphyse – Nabel.

Auf der Rückfläche der Harnblase finden sich beim *Mann* die beiden Samenblasen, darunter die Prostata (s. Kap. 13, S. 414). Seitlich nimmt die Harnblase den gesamten Beckenraum zwischen den beiden Hüftgelenkpfannen ein; hinten grenzt sie bei der Frau an Scheide und Uterus, beim Mann direkt an den Mastdarm.

Aufbau

Blasengrund. Der Blasengrund *(Fundus)* ist fest mit den inneren Sexualorganen und dem Bindegewebe des kleinen Beckens verwachsen. Hier münden von seitlich hinten die beiden Harnleiter. Weiter vorne entspringt in der Mittellinie die Harnröhre *(Urethra)*. Beide Harnleiter und die Harnröhre bilden die Eckpunkte eines auf die Spitze gestellten Dreiecks (Blasendreieck, *Trigonum vesicae*).

Blasenkörper. Den größten Anteil des Blasenkörpers *(Corpus)* nimmt das Blasendach ein, welches zeltartig zwischen dem oberen Rand der Schambeinfuge und der Rektumampulle bzw. dem Uterushals ausgespannt ist. Das Blasendach ist von Bauchfell bedeckt und gegenüber den Nachbarorganen frei beweglich, um das Blasenvolumen dem unterschiedlichen Füllungszustand anzupassen. Im leeren Zustand liegt das Blasendach dem Fundus direkt an; die Blase

Harnableitende Organe

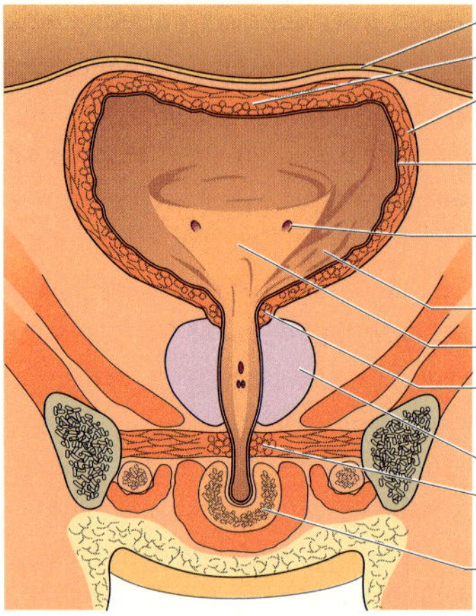

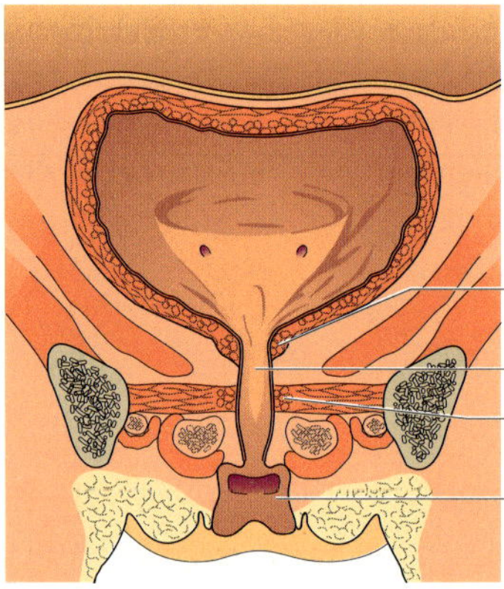

Abb 7.12a, b Die beiden Abbildungen zeigen einen Frontalschnitt durch die Blase eines Mannes (**a**) und einer Frau (**b**). Sie blicken in beiden Fällen von vorne auf das Blasendreieck. Hier münden die Harnleiter und hier entspringt die Harnröhre. Der innere Schließmuskel ist ein Teil der Harnblasenmuskulatur, der äußere gehört zur Harnröhre bzw. zum Beckenboden.

wirkt eingesunken, und die Nabelbänder heben sich deutlich vom Blasendach ab.

Blasenpunktion. **Die Harnblase ist normalerweise mit einem Inhalt bis zu 300 ml nur zu einem Drittel ihres maximalen Volumens gefüllt. Ab einem Füllungsgrad von 200–400 ml entsteht Harndrang, der bei ca. 800–1000 ml nicht mehr willkürlich unterdrückt werden kann. Dicht über der Symphyse lässt sich die Blase punktieren, wenn eine Katheterisierung über die Harnröhre nicht möglich ist (suprapubische Blasenpunktion).**

Verlauf der Harnröhre beim Mann

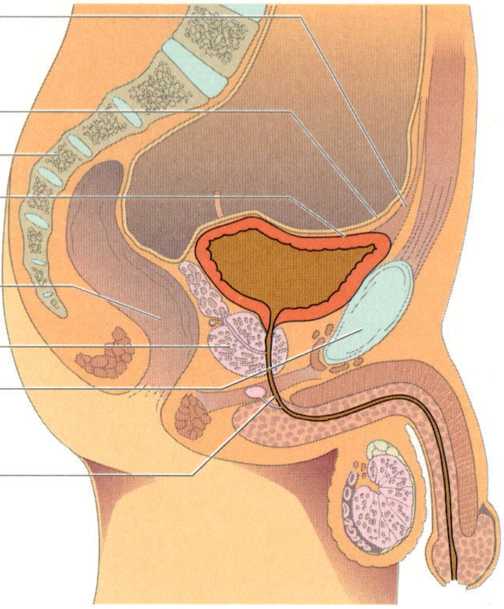

Abb 7.13 Die Harnröhre knickt beim Mann unterhalb der Prostata scharf nach vorne ab und verläuft an der Unterseite des Penis, so dass bei nicht erigiertem Glied ein zweiter 90°-Winkel zustande kommt. Die Abknickung der Harnröhre müssen Sie beim Katheterisieren berücksichtigen, um einen Blasenkatheter schmerz- und verletzungsfrei platzieren zu können.

Die Blase liegt hinter der Symphyse und wölbt sich nur bei starker Füllung über das Schambein hinaus nach oben. Das Blasendach wird von Bauchfell überzogen und ist frei beweglich, der Blasengrund mit dem Blasendreieck ist dagegen fixiert.

Wandschichtung und Feinbau

Bindegewebe

Die Harnblase ist allseits von Übergangsepithel mit reichlich lockerem subepithelialen Bindegewebe ausgekleidet, das mit Ausnahme des Blasendreiecks stark gefältelt ist. Diese Fältelung schafft Reserveflächen, die im Fall einer verstärkten Blasenfüllung verstreichen.

Muskulatur

Unter der Bindegewebsschicht zieht sich eine starke innere Ringmuskulatur um die Blase, an die sich eine äußere Längsmuskelschicht anschließt, deren Fasern von vorne nach hinten ziehen und die Blase beim

Wasserlassen aufrichten können. Beide Schichten sind nur sehr unscharf voneinander abgegrenzt und werden auch von schrägen Muskelzügen durchsetzt.

Die Blasenmuskulatur besteht aus vegetativ innervierten glatten Muskelzellen, die der willkürlichen Kontrolle entzogen sind. Ein Teil der inneren Muskelschicht an der Harnleitermündung bildet ein Ventil für den schubweisen Urintransport in die Blase: Eine ankommende peristaltische Welle lässt die Wandspannung im letzten Ureterabschnitt ansteigen. Daraufhin werden Muskelzüge aktiviert, die sich von seitlich oben wie eine Schlinge um die Harnleitermündung schlagen. Diese wird angehoben und der Urin kann in die Blase einspritzen. Eine entgegengerichtete Muskelschlinge zieht die Harnleitermündung (besonders während der Blasenentleerung) nach innen unten und verhindert so einen Harnrückstrom in den Ureter. Auf ähnliche Weise schlingen sich zwei Muskelzüge von vorne und hinten um den Ursprung der Harnröhre und verschließen den Blasenausgang (innerer Harnröhrensphinkter, *Sphincter urethrae internus*).

Der willkürlich bewegliche äußere Harnröhrensphinkter (*Sphincter urethrae externus*) besteht aus quergestreifter Skelettmuskulatur und befindet sich bei der Frau unmittelbar unterhalb des inneren Sphinkters, beim Mann unterhalb der Prostata ***(Abb.7.13)***.

Wasserlassen

Willkürlicher Start

Jeder Druckanstieg in der Blase löst das Gefühl des Harndrangs aus. Dieses Signal kann man zwar ignorieren, die Blasenentleerung selbst läuft jedoch nach einem willkürlichen Start weitgehend reflektorisch ab ***(Abb. 7.14)***:

Reflektorischer Ablauf

Die Muskulatur der Blase wird vom vegetativen Nervensystem innerviert. Eine Aktivierung des Parasympathikus (aus den Segmenten S_2–S_4) kontrahiert die Muskelzüge und öffnet die Harnröhre. Der Sympathikus (aus L_1–L_3) bewirkt, dass die Blase erschlafft, und erlaubt dadurch eine verstärkte Urinfüllung. Überschreitet der Binnendruck der Harnblase einen individuell unterschiedlichen (und trainierbaren) Schwellenwert, so aktivieren Dehnungsrezeptoren in der Blasenwand das parasympathische Nervensystem. Die Blasenmuskulatur kontrahiert sich, das Blasendach nähert sich der Bauchwand und das ganze Organ nimmt eine nahezu kugelförmige Gestalt an. Dadurch steigt der Innendruck weiter an und aktiviert so erst recht den Parasympathikus (positive Rückkopplung, ***Abb. 7.15)***.

Am Boden des Blasendreiecks führt die Muskelkontraktion zum Entstehen einer Rinne zwischen Uretermündung und Harnröhre, die den Übertritt der ersten Urinportion in die Harnröhre erleichtert. Eine Dehnung der Urethra führt ihrerseits reflektorisch zur Erschlaffung des inneren Harnröhrensphinkters, so dass eine vollständige Entleerung der Blase möglich ist, auch wenn der Innendruck schon wieder nachgelassen hat.

Gegen Ende der Miktion wird die Blasenentleerung zusätzlich durch eine Kontraktion der Bauchmuskulatur unterstützt (*Bauchpresse*), wodurch der Druck in der Blase nochmals ansteigt.

Ab einem bestimmten Füllungsgrad (ca. 350ml) aktivieren Dehnungsrezeptoren in der Blasenwand den Parasympathikus (Segmente S_2–S_4). Die Blasenmuskulatur und die Harnleitersphinkteren spannen sich an, der innere Harnröhrensphinkter erschlafft. Eine Anspannung der Bauchwandmuskulatur erlaubt die restlose Blasenentleerung.

Harninkontinenz. Bei der Frau ist die Harnröhre kürzer und der äußere Sphinkter ist schwächer entwickelt als beim Mann. Auch der innere Sphinkter ist wegen seiner Nachbarschaft zum Uterus nicht ganz so muskelkräftig. Dies begünstigt besonders im Alter einen unvollständigen Blasenverschluss (Harninkontinenz). Nach einer längeren Bettruhe kann es durch die veränderten

Reflektorische Blasenentleerung

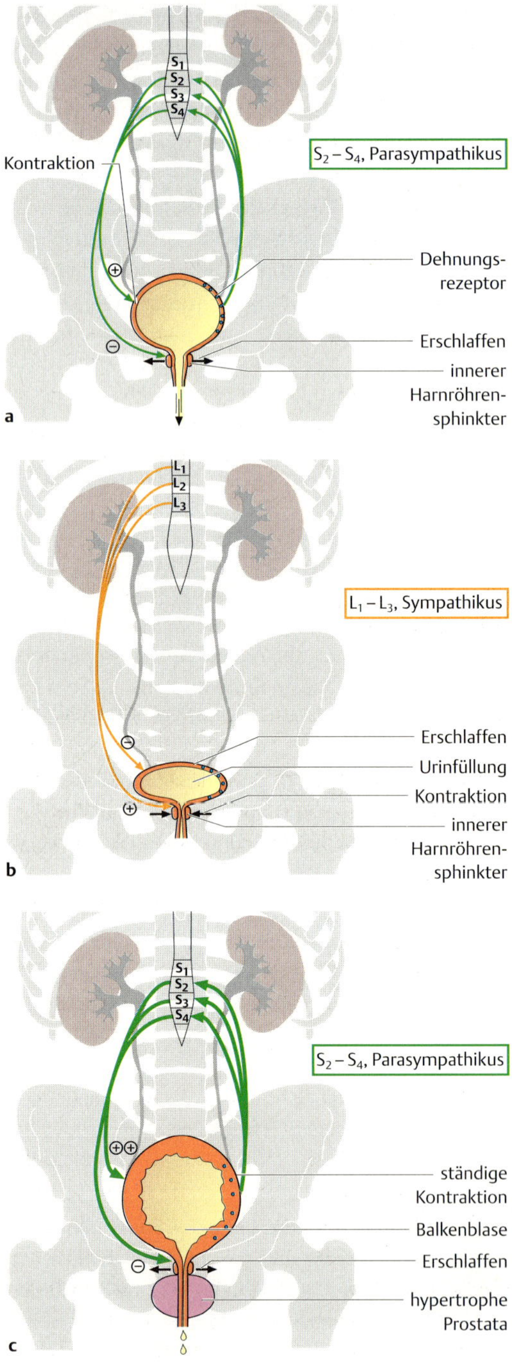

Abb 7.14a-c

Positive Rückkoppelung bei der Blasenentleerung

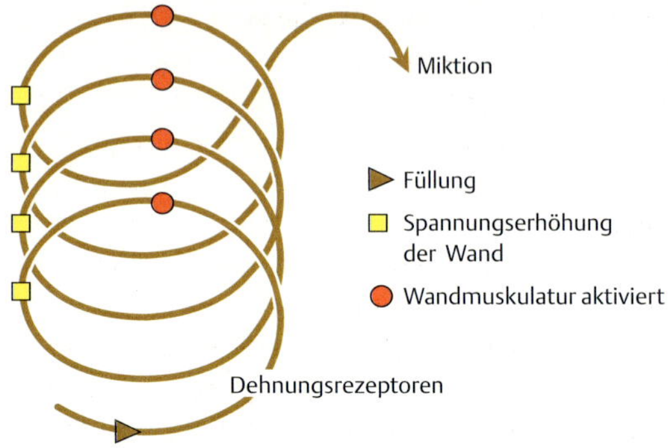

Abb 7.15 Die Blasenentleerung ist ein gutes Beispiel für eine positive Rückkopplung: Durch Füllung der Harnblase werden Dehnungsrezeptoren aktiviert. Dadurch spannt sich die Harnblasenmuskulatur an, was die Aktivität der Dehnungsrezeptoren weiter steigert. Damit erhöht sich die Innervation der Harnblasenmuskulatur nochmals usw. Am Ende steht die Blasenentleerung (Miktion).

Druckverhältnisse in der Blase zu einer sog. Bettinkontinenz kommen. Im Stehen und im aufrechen Sitzen, wird der Sphincter internus der Harnröhre ständig trainiert. Am Harnröhreneingang befindet sich in diesen Positionen der größte Druck auf den Sphinkter. Liegt ein Patient nun lange in der Horizontalen (z. B. Rücken- und Seitenlagerung), so wird der Sphincter internus zu wenig stimuliert. Daher passiert es auch häufiger, dass Patienten nach längerer Bettruhe plötzlich inkontinent sind und erst wieder ihren Sphinkter trainieren müssen.

Harnverhalt. **Bei der sog. benignen Prostatahyperplasie *(Prostataadenom)* älterer Männer ist ein höherer Druck erforderlich, um beim Wasserlassen den**

◀ ***Abb. 7.14a-c*** Bei gefüllter Blase (**a**) melden Dehnungsrezeptoren den Zustand ans Rückenmark im Bereich des Sakral-(Kreuzbein-)marks. Dieses Rückenmarkgebiet aktiviert über parasympathische Nervenfasern die Blasenmuskulatur und lässt den inneren Harnröhrensphinkter erschlaffen; die Blase entleert sich. Im leeren Zustand (**b**) besteht eine ständige (tonische) Innervation aus dem Lumbal-(Lendenwirbel-)mark. Dadurch bleibt die Blasenmuskulatur erschlafft und der innere Harnröhrensphinkter angespannt. Abbildung (**c**) zeigt die Situation eines Patienten mit Prostatahyperplasie: Die Blasenentleerung ist erschwert, die Blase stark gefüllt. Durch die ständige Anspannung der Blasenmuskulatur ist diese deutlich verdickt.

Schließmechanismus erstmals zu überwinden. Dadurch wird die Blasenmuskulatur regelrecht „auftrainiert“. Die Muskulatur verdickt sich und einzelne Muskelbündel wölben sich in das Blasenlumen vor (Balkenblase). Reicht die Muskelkraft dennoch nicht mehr aus, um den Widerstand in der Prostata zu überwinden, kommt es zum akuten oder chronischen Harnverhalt. Bei chronischem Harnverhalt kann die Blase mehrere Liter (!) Urin enthalten; das Blasendach reicht mitunter bis zum Nabel. In der Folge erweitern sich zudem Ureter und Nierenbecken, da der Ventilmechanismus zwischen Harnleiter und Blase überdehnt wird: Der Harn staut sich in die Niere zurück und schädigt das Gewebe *(Hydronephrose)*.

Harnwegsentzündung. Eine regelmäßige und vollständige Blasenentleerung ist auch für die Keimfreiheit des Harnwegsystems notwendig, da Urin einen ausgezeichneten Nährboden für eine Vielzahl von Bakterien darstellt. Verbleibt am Ende der Miktion noch ein gewisses Urinvolumen in der Blase (Restharn), so können sich hier Erreger halten und vermehren. Jede chronische Miktionsstörung – insbesondere der chronische Harnverhalt bei Prostatahyperplasie (s. o.) – disponiert also zu Harnwegsentzündungen. Besonders gefährlich ist in diesem Zusammenhang die Hydronephrose, da sich auf ihrem Boden häufig eine Nierenbecken- und Nierengewebsentzündung (Pyelonephritis) ausbildet.

! Das vegetative Nervensystem steuert die Blasenentleerung. Eine Aktivierung des Parasympathikus bringt den inneren Schließmuskel der Blase zum Erschlaffen und leitet die Blasenentleerung ein.

7.5 Niere und Wasserhaushalt

Die Flüssigkeitsaufnahme des menschlichen Organismus ist stark durch kulturelle Einflüsse geprägt. Dem steht ein stark variierender Wasserbedarf gegenüber, der abhängig ist von der körperlichen Arbeitsleistung, der Temperatur, der Luftfeuchtigkeit, dem Salzgehalt der Nahrung, den Stoffwechselverhältnissen usw. Der Niere kommt die lebenswichtige Aufgabe zu:

- überschüssige Flüssigkeit auszuscheiden und
- bei Bedarf Körperwasser durch eine erhöhte Konzentrierung des Endharns (bis auf das Vierfache der Plasmaosmolalität) einzusparen.

Störungen des Wasserhaushalts

Flüssigkeitsaufnahme und -abgabe sollen in einem Gleichgewicht zueinander stehen. Wird mehr Flüssigkeit ausgeschieden als aufgenommen, dann trocknet der Körper aus *(Dehydratation)*. Umgekehrt entsteht bei einem Überwiegen der Flüssigkeitsaufnahme eine Überwässerung *(Hyperhydratation)*. Daneben soll die Niere genauso viele osmotische Teilchen – vor allem Salze – aus dem Blut ausscheiden, dass deren Gesamtkonzentration, die *Osmolalität*, gleich bleibt. Reichern sich osmotisch wirksame Teilchen im Blut an, dann spricht man von einer *hypertonen Situation*, umgekehrt von einer *hypotonen Situation* (nicht zu verwechseln mit arterieller Hypertonie = Bluthochdruck, arterieller Hypotonie = zu niedriger Blutdruck).
Die Kombination von De- bzw. Hyperhydratation mit erhöhter bzw. erniedrigter Plasmaosmolalität ergibt prinzipiell vier mögliche Störungen des Salz- und Wasserhaushalts.

Hypertone Dehydratation

Auch bei intakter Nierenfunktion kann es passieren, dass die Flüssigkeitsaufnahme ganz einfach nicht ausreicht, die über Haut, Darm und Atemwege verlorene Menge auszugleichen. Durstgefühl entsteht immer dann, wenn die fein regulierte Osmolalität des Plasmas (normalerweise geringfügig unter 300 mosm/kg) anzusteigen beginnt. Wird dann keine Flüssigkeit aufgenommen, so schrumpft zunächst das Volumen des Blutplasmas und später der gesamten extrazellulären Flüssigkeit. Der Hämatokritwert – also der Anteil der Blutkörperchen am gesamten Blutvolumen - steigt an und die

Erythrozyten beginnen zusammenzuklumpen. Dadurch steigen der gesamte periphere Widerstand und die Herzarbeit; es droht ein *akutes Kreislaufversagen.*

Dehydratation alter Menschen. Alte Menschen, insbesondere Frauen, trinken sehr häufig zu wenig. Grund ist in erster Linie ein nahlassendes Durstgefühl im Alter. Auch die häufige Inkontinenz von Frauen im Senium kann dazu führen, dass diese aus Scham zu wenig Flüssigkeit zu sich nehmen. Dies führt zu einer chronischen Austrocknung meist verbunden mit einem leicht hypertonen Plasma. Dehydratationsgefahr besteht darüber hinaus besonders bei Patienten, die erbrechen, Fieber haben, viel Speichelflüssigkeit verlieren, einen starken Blutverlust hatten, an Diarrhö leiden oder große und sezernierende Wunden haben.

Hypertone Hyperhydratation

Eine erhöhte Plasmaosmolalität tritt zwar meist im Zustand der Dehydratation auf, ist zuweilen jedoch nicht mit einer Verringerung, sondern sogar mit einer Ausweitung des extrazellulären Volumens verbunden. Der klinisch wichtigste Fall der hypertonen Hyperhydratation ist eine Überinfusion von Kochsalzlösung bei gleichzeitig eingeschränkter Nierenfunktion, so dass der Organismus das gelöste NaCl nicht in ausreichendem Maß loswerden kann. Die Folge ist eine Erhöhung der NaCl-Konzentration und damit der Osmolalität im Plasma, was zwar gleichfalls zu Durstgefühl, nicht jedoch zu den Kreislaufproblemen der Dehydratation führt. Auch einige hormonelle Störungen, beispielsweise ein aldosteronproduzierender Tumor, können zu einer hypertonen Hyperhydratation führen.

Um eine drohende Hyperhydratation rechtzeitig erkennen zu können, ist eine *Flüssigkeitsbilanzierung* erforderlich, d. h. man bestimmt zu- und abgeführtes Flüssigkeitsvolumen sowie das Gewicht des Patienten.

Hypotone Hyperhydratation

Die gesunde Niere verkraftet mit Leichtigkeit jede Menge aufgenommenen Wassers. Es ist also absolut unmöglich, sich durch übermäßiges Trinken (von Wasser!) zu schaden. Nierenkranke – besonders Dialysepatienten – sind jedoch durchaus von einer *echten Überwässerung* durch ein Zuviel an Getränken bedroht. Dialysepatienten müssen daher besonders stark auf ihre Trinkmenge und ihr Körpergewicht achten. Auch wenn Getränke für sich genommen isoton sein mögen, enthalten sie meist Zucker und/oder Alkohol, die in den Stoffwechsel eingehen und freies Wasser übrig lassen. Eine Ausnahme stellen die salzhaltigen Isodrinks dar, deren osmotisch aktive Komponenten nicht verstoffwechselt werden können.

Hypotone Dehydratation

Die hypotone Dehydration ist ein Zustand, der durch ein vermindertes Extrazellulärvolumen und gleichzeitig eine zu geringe Osmolalität gekennzeichnet ist. Unter einer Infusionstherapie kann diese Situation entstehen, wenn der Flüssigkeitsbedarf eines stark schwitzenden bewusstlosen Patienten (Wasser- und Salzverlust!) nur unzureichend und dann mit falschen Infusionslösungen (salzfreie Glucose) aufgefüllt wird. Häufige Kontrollen der Serumelektrolyte und eine Flüssigkeitsbilanzierung tragen dazu bei, diesen Kunstfehler zu vermeiden.

Exsikkose. Trockene Schleimhäute, stark konzentrierter Urin und eine verminderte Spannung der Haut (die Haut lässt sich in Falten abheben) sind ernst zu nehmende Symptome einer Exsikkose (‚Austrocknung' des Organismus). Unruhe und Bewusstseinsstörungen – bis hin zur Apathie – können auf ein schweres Flüssigkeitsdefizit hinweisen. Besonders gefährlich ist dieser Zustand für Säuglinge, weil diese auf Grund ihres – im Verhältnis zum Gesamtkörpergewicht – größeren Flüssigkeitsanteils als bei Erwachsenen besonders empfindlich auf Flüssigkeitsverluste reagieren. Auch bei alten Menschen ist die Gefahr einer Exsikkose hoch, weil ihr Durstempfinden oft gestört ist (s. o.).

Die entsprechenden Pflegemaßnahmen richten sich nach dem Grad des Flüssigkeitsverlustes: Ist die Situation weniger bedrohlich, hilft es, den betroffenen Patienten immer wieder Getränke anzubieten. Bei der hypertonen Dehydratation sind Wasser und Tee besonders geeignet. Reicht das nicht aus, wird der Arzt – nach vorangegangener Elektrolytuntersuchung – eine Infusionstherapie einleiten. Folgende Parameter sind bei großem Flüssigkeitsverlust wichtig: Hautzustand, Flüssigkeitsbilanz (s. o.), Urinkonzentration und -menge und spezifisches Gewicht des Urins.

Wirkung von Alkohol. Alkohol hat bekanntlich eine *harntreibende Wirkung*. Diese beruht auf der Hemmung der Ausschüttung des Hormons ADH. Ein Alkoholisierter scheidet daher einen hypotonen Urin aus, die Plasmaosmolalität steigt an. Es entsteht die bereits oben beschriebene Situation einer *hypertonen Dehydratation*, die ein intensives Durstgefühl auslöst, das (natürlich) mit alkoholischen Getränken zu löschen versucht wird – je nach Sichtweise ein Teufelskreis oder ein Wirtschaftsfaktor, der große Teile unserer Gastronomie am Leben erhält.

Niere und Säure-Basen-Haushalt

Im Metabolismus fallen täglich – je nach Ernährungsweise – ca. 50–100 mmol nicht flüchtiger Säuren (H_2SO_4, H_3PO_4, Zitronensäure) an. Um eine Übersäuerung des Organismus zu verhindern, scheiden die Zellen des Nierentubulus diesen Säureüberschuss in gepufferter Form als sog. „titrierbare Säure" in den Endharn aus.
Eine hohe Bedeutung kommt außerdem dem Ammonium-Ion NH_4^+ zu, das über eine indirekte Wirkung auf die Harnstoffsynthese zur Ausscheidung von H^+-Ionen beiträgt. Ammonium wird vor allem im proximalen Tubulus sezerniert und zirkuliert in der Henle-Schleife ähnlich wie Harnstoff zwischen Tubuluslumen und Kapillarblut. Für Einzelheiten zum Säure-Basen-Gleichgewicht des Körpers s. Kap.14, S. 454.

! Eine Abnahme des Flüssigkeitsvolumens im Körper (Dehydratation) und eine Erhöhung der Osmolalität des Blutplasmas (hypertone Situation) entstehen durch Austrocknung und verursachen Durst. Alkohol wird harntreibend, da er die Sekretion des Hormons ADH hemmt.

7.6 Niere und Hormone

Die Niere als Zielorgan von Hormonen

Aldosteron

Das Steroidhomon Aldosteron bestimmt, in welchem Maße die Niere Säure ausscheidet und reguliert den Gehalt des Endharns an Natrium und Kalium ***(Abb. 7.16a)***. Aldosteron ist ein Hormon der Nebennierenrinde. Die Plasmakonzentration von Aldosteron steigt bei einem extrazellulären Volumen- und Natriummangel, bei Kaliumüberschuss und Azidose (Übersäuerung des Blutes) an. Aldosteron greift an den Zellen des kortikalen Sammelrohrs an und veranlasst diese zur Resorption von Na^+ und Sekretion von K^+ und H^+. Dadurch wird Natrium gespart, Kalium und Säureäquivalente hingegen vermehrt ausgeschieden.

Da Aldosteron Natrium verstärkt im Körper zurückhält, wird der Urin konzentrierter und das Volumen des Extrazellulärraums erhöht sich. Im Rahmen des Bluthochdrucks beobachtet man häufig eine chronische Überwässerung. Diese lässt sich häufig allein dadurch beheben, dass durch Medikamente die Aldosteronwirkung blockiert wird.

! Aldosteron fördert die Resorption von Natrium und Wasser sowie die Sekretion von Kalium und Säure im Sammelrohr.

ADH

Wie Aldosteron die Salzausscheidung bestimmt, so kontrolliert das antidiuretische Hormon (ADH) das Volumen des Endharns und damit den gesamten Wasserhaushalt des Körpers ***(Abb. 7.16b)***. ADH ist ein Peptidhormon aus dem Hypothalamus (s. Kap. 12, S. 389). Es wird bereits bei einem geringfügigen

Aldosteron- und ADH-Wirkung

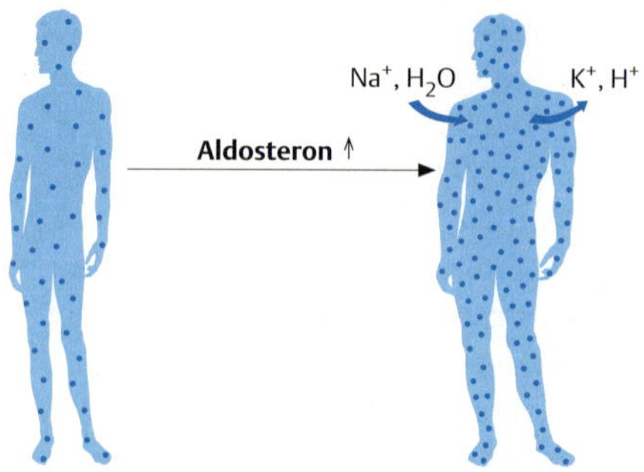

a hypotone Dehydratation normal

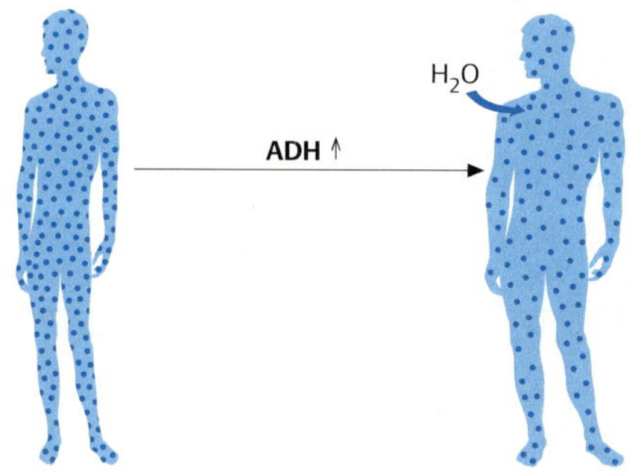

b hypertone Dehydratation normal

Abb 7.16a, b Das Hormon Aldosteron (**a**) regt die Niere dazu an Natrium und Wasser zu sparen und dafür Kalium und Säure (H^+-Ionen) auszuscheiden. Sinnvoll ist dieser Mechanismus z. B., um einer hypotonen Dehydratation vorzubeugen. Das antidiuretische Hormon (ADH, **b**) macht die Wand des Sammelrohrs für Wasser durchlässig. Dadurch wird Wasser resorbiert und einer hypertonen Dehydratation vorgebeugt.

Anstieg der Plasmaosmolalität um nur 3 mosm/kg vom Hypophysenhinterlappen ausgeschüttet.

Das Zielorgan ist der medulläre (im Nierenmark gelegenen) Abschnitt des Sammelrohrs. Dort erhöht ADH den Einbau von Wasserkanälen in die lumenseitige Membran der Sammelrohrzellen. Die Zellen werden dadurch für Wasser durchlässig und erlauben den Ausstrom von Wasser aus dem Tubuluslumen in die Blutgefäße des Nierenmarks. Treibende Kraft für diesen *Wasserausstrom* ist die hohe Osmolalität des Kapillarbluts in diesem Bereich (bis zu 1200 mosm/kg).

Diabetes insipidus. Bei einem Mangel an ADH, beispielsweise im Rahmen eines Hypophysentumors, fehlt der Niere die Fähigkeit zur Harnkonzentrierung mit der Folge eines Diabetes insipidus: Die Urinausscheidung steigt dabei bis über 10 l, in Einzelfällen über 20 l pro Tag an; der Harn ist in diesen Fällen natürlich stark verdünnt und hypoton. In hohen Konzentrationen kontrahiert ADH die Muskulatur arterieller Widerstandsgefäße und *erhöht den Blutdruck* (daher der Name Vasopressin). Dieser Effekt lässt sich aber nur nach einer massiven Zufuhr des Hormons von außen beobachten.

ADH (Vasopressin) erhöht die Wasserdurchlässigkeit im Sammelrohr und konzentriert auf diese Weise den Urin. Das Harnvolumen sinkt.

Renin und Angiotensin

Spezialisierte Tubuluszellen der Macula densa messen den Kochsalzgehalt der Tubulusflüssigkeit und melden diese Information an benachbarte Zellen im sogenannten juxtaglomerulären Apparat ***(Abb. 7.17)***. Diese umgewandelten glatten Muskelzellen sind vollgepackt mit Vesikeln, die in ihrem Inneren das Enzym Renin enthalten. Bei einer zu geringen Natriumkonzentration an der Macula densa gelangt Renin in die allgemeine Zirkulation und aktiviert in zwei Schritten das Peptidhormon Angiotensin II. Dieses verengt die Blutgefäße vieler Gewebe und regt die Nebenniere zur Ausschüttung von Aldosteron an.

ACE-Hemmer. Angiotensin converting enzyme (ACE) ist für die Aktivierung von Angiotensin II notwenig. Es lässt sich durch Medikamenten – die ACE-Hemmer – blockieren. Weil das Renin-Angiotensin-Aldosteron-System den Blutdruck erhöht, dienen ACE-Hemmer zur Blutdrucksenkung. Sie entlasten das Herz und werden daher gern nach schweren Herzerkrankungen mit eingeschränkter Pumpleistung verabreicht (z. B. Herzinfarkt, Herzmuskelentzündung, primäre Einschränkung der Herzleistung). Zusammen mit den Betablockern und den Kalziumantagonisten gehören sie zu den wichtigsten blutdrucksenkenden Medikamenten.

Renin-Angiotensin-Aldosteron-System

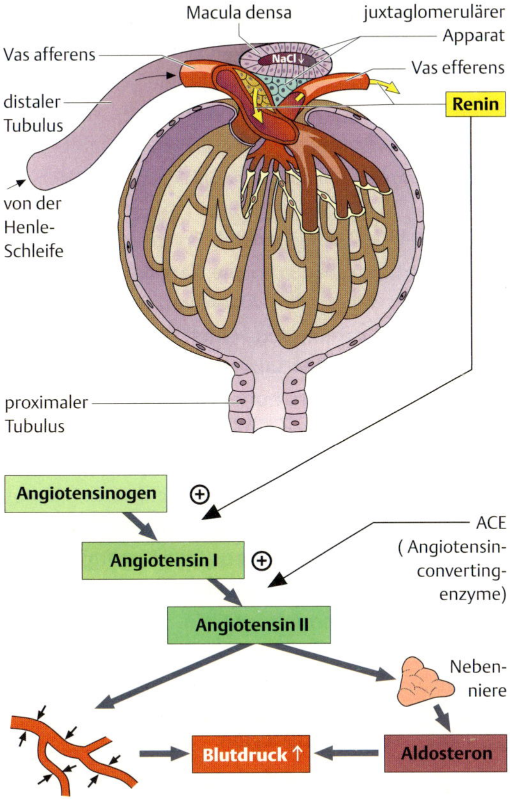

Abb 7.17 Renin entsteht im Vas afferens, wenn die Salzkonzentration im distalen Tubulus sinkt. Es aktiviert Angiotensin, das die Blutgefäße eng stellt, und Aldosteron, das die Resorption von Salz im Sammelrohr fördert. Beide Hormone können so den Blutdruck erhöhen.

Hormonproduktion in der Niere

Die Niere ist nicht nur ein Zielort für Hormone sondern auch eine Produktionsstätte für Hormone.

Vitamin D

Vitamin D nimmt eine Zwitterrolle im Stoffwechsel ein: Als „Vitamin" kann man es als unverzichtbaren Nahrungsbestandteil ansehen. Andererseits produziert der Organismus bei Sonneneinstrahlung ausreichende Mengen an Vitamin D selbst („Hormon"). In der Niere findet dabei der entscheidende Syntheseschritt zur eigentlich aktiven Form, dem *Dihydroxycholecalciferol* (1,25-OH-D_3), statt. Dihydroxycholecalciferol fördert die Aufnahme von Calcium aus dem Darm und seine Resorption im Nierentubulus sowie (in normaler Konzentration) den Einbau von Calcium in das Skelettsystem ***(Abb. 7.18)***. Im Fall einer gestörten Nierenfunktion können dieselben Symptome auftreten wie bei einem echten Vitamin-D-Mangel:

- im Erwachsenenalter Knochenentkalkung und verminderte Bruchfestigkeit (Osteomalazie),
- im Kindesalter verzögerte Knochenentwicklung, Skelettdeformitäten und Minderwuchs (Rachitis).

Wirkung des Vitamin D

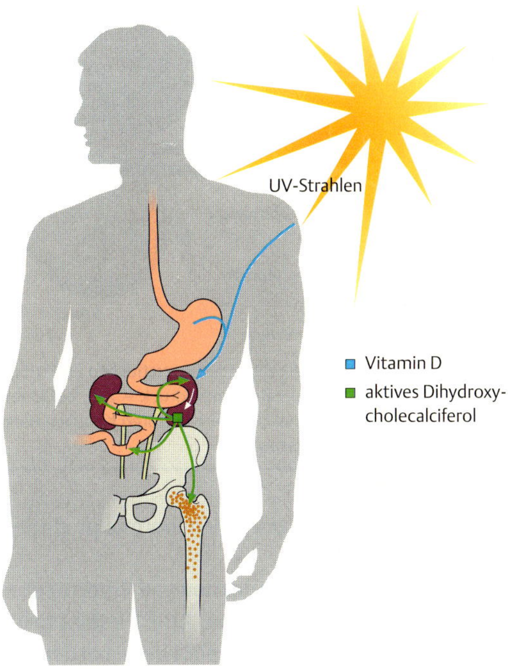

Abb 7.18 Vitamin D entsteht entweder in der Haut durch Sonneneinstrahlung oder wird mit der Nahrung aufgenommen (blaue Pfeile). Die Niere aktiviert Vitamin D zu Dihydroxycholecalciferol. Dieses aktive Hormon regt den Knochen zum Calciumeinbau, den Darm zur Calciumaufnahme und die Niere zur Calciumresorption an.

Erythropoetin (EPO)

Die Nierenrinde eignet sich gut als Sauerstoffsensor, da ihre Zellen eine hohe Stoffwechselaktivität besitzen. Jede Verringerung des Sauerstoffgehalts im Blut führt zu einer vermehrten Ausschüttung des Peptidhormons Erythropoetin (oder Erythropoietin) aus

8.1 Übersicht

Die Atmung ist dazu da, das Blut mit Sauerstoff anzureichern und von Kohlendioxid zu reinigen. Sämtliche Anteile des Atmungssystems ***(Abb. 8.1)*** dienen diesem Zweck: Nase, Rachen, Kehlkopf, Luftröhre und Bronchien führen Luft in die Lungen, wo der eigentliche Austausch von Kohlendioxid und Sauerstoff zwischen Blut und Atemluft erfolgt.

Obere und untere Luftwege

Die oberen Luftwege bestehen aus der Nase, den Nasennebenhöhlen, dem Rachenraum und dem Kehlkopf.

Diese Organe dienen nicht ausschließlich dem Atmungssystem, sondern haben auch andere Funktionen: Mit der Nase riechen wir, die Nasennebenhöhlen dienen als Resonanzraum für die Stimme, der Rachen ist Teil des Speisewegs in den Magen und der Kehlkopf enthält die Stimmbänder, ohne die eine deutliche Verständigung nicht möglich ist.

Die unteren Luftwege, also die Luftröhre, die Bronchien und die Lungen sind auf die Funktionen der Atmung spezialisiert. Luftröhre und Bronchien sind nichts anderes als ein Schnorchel, um Luft zu den Lungen zu transportieren, während in den Lungen der Gasaustausch zwischen Luft und Blut erfolgt.

Atemapparat

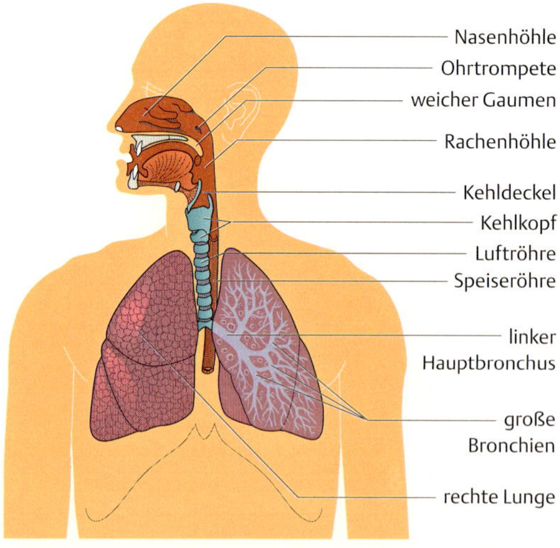

Abb. 8.1 Die Atemwege teilt man in zwei Abschnitte: Nase und Rachenraum machen zusammen die oberen Atemwege aus; Kehlkopf, Luftröhre und Bronchien bilden die unteren Atemwege. Die meisten Atemwegsinfektionen bleiben auf die oberen Atemwege beschränkt.

Aufbau des Epithels im Atmungssystem

Flimmerepithel

Mikroskopisch besteht die Schleimhaut von Nase, oberem Rachenraum, Luftröhre und Bronchien im Wesentlichen aus einem mehrreihigen sogenannten Flimmerepithel ***(Abb. 8.2)***. Zwischen den Epithelzellen befinden sich *Becherzellen* und darunter *submu-*

Flimmerepithel

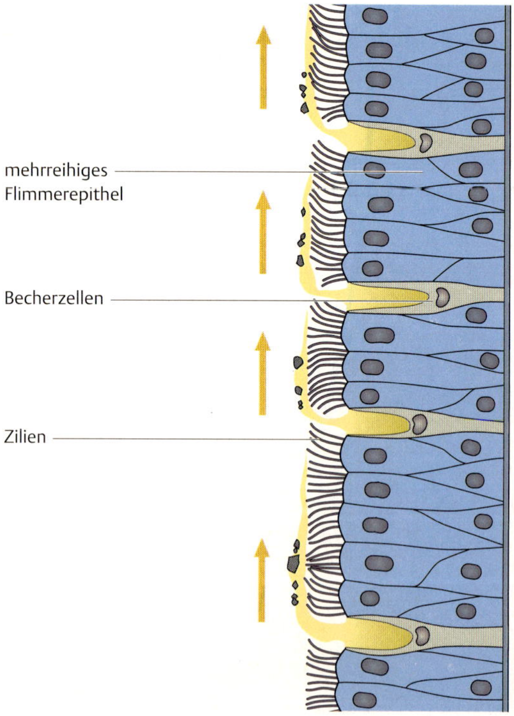

Abb. 8.2 Der Schleim aus den Becherzellen hält kleine Staubpartikel wie eine Fliegenfalle fest. Die Zilien der Flimmerepithelzellen befördern den Staub mitsamt dem Schleim in den Rachen, wo er ausgehustet werden kann.

köse Schleimdrüsen, die einen feuchten Haftfilm auf die Epitheloberfläche legen.
Die dem Lumen zugewandten Epithelzellen tragen bewegliche große Mikrovilli *(Kinozilien* oder *Zilien)*, die Schleim und Fremdkörper, z. B. Staubteilchen, abtransportieren können. Der Zilienschlag erfolgt dabei in koordinierten Wellen, die unter dem Mikroskop aussehen wie die Bewegung eines Gerstenfeldes im Wind. Das Tempo dieser Bewegung ist mit 1–1,5 cm pro Minute ganz beachtlich.

Schleimschicht

Die Schleimschicht schützt einerseits die empfindlichen Epithelzellen vor mechanischer Beschädigung und Austrocknung, andererseits dient der Schleim als Kleber für eingeatmete Fremdkörper. Diese wandern zusammen mit der Schleimschicht auf den Zilien in Richtung Rachenhöhle, wo sie entweder ausgehustet oder verschluckt werden. Kleine Fremdkörper in der Nasenhöhle wandern also nach hinten, solche jedoch, die sich unterhalb des Kehldeckels befinden – also in Kehlkopf, Luftröhre und Bronchien –, nach oben.

Flimmerepithel und Rauchen. **Der Rauch einer einzigen Zigarette lähmt bereits die Tätigkeit des Flimmerepithels vollständig; starkes Rauchen führt zu einer Umwandlung der Flimmerepithel- in Plattenepithelzellen – eine Veränderung, die das Risiko eines Bronchialkarzinoms erhöht.**

8.2 Nase und Nasennebenhöhlen

Nasenraum

Lage

Den Nasenraum (Nasenhöhle, *Cavitas nasi*, **Abb. 8.3, 8.4**) stellt man sich am besten als ein spitzgiebeliges Dachgeschoss vor, dessen Dachflächen nach links und rechts abfallen und das vorn und hinten von einer hohen Giebelwand begrenzt wird. Er grenzt seitlich an die luftgefüllte Kieferhöhle *(Sinus maxil-*

Nase und Nasennebenhöhlen

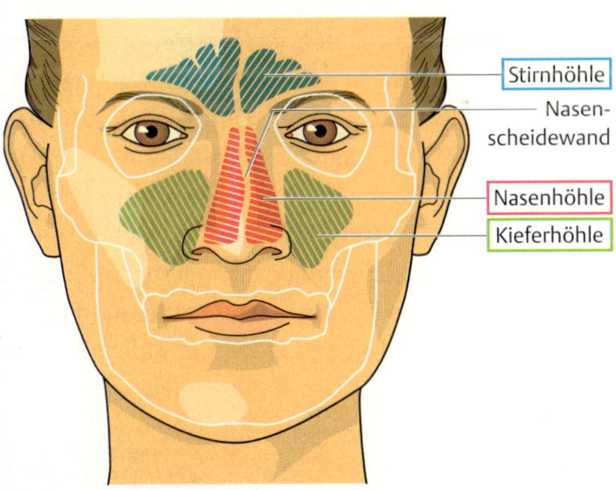

Abb. 8.3 Die Nasenhöhle (rot) steht mit den Nasennebenhöhlen in Verbindung. Von vorn, z. B. auf einer frontalen Röntgenaufnahme, sieht man die beiden Kieferhöhlen (grün) und die Stirnhöhlen (blau); Keilbeinhöhlen und Siebbeinzellen liegen versteckt an der Hirnbasis.

Querschnitt durch die Nasennebenhöhlen

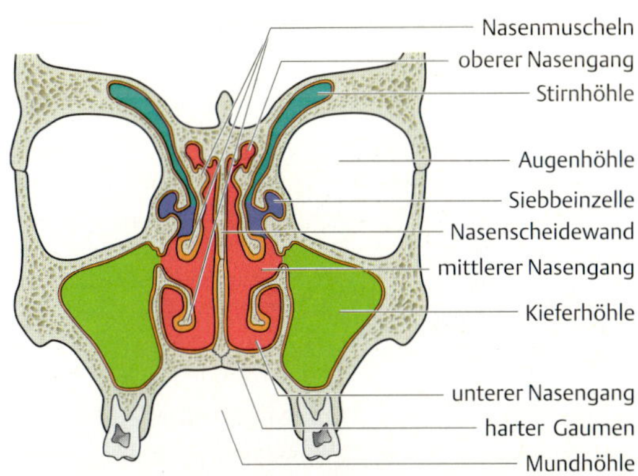

Abb. 8.4 Auf diesem Schnitt erkennen Sie die feinen Verbindungen zwischen Nase und Nebenhöhlen sowie die knöchernen Nasenmuscheln. Die Verbindung zu den Stirnhöhlen (blau) ist wesentlich länger als zu den Kieferhöhlen (grün), daher verstopfen die Stirnhöhlen bei einer Erkältung auch schneller.

Längsschnitt durch die Nase

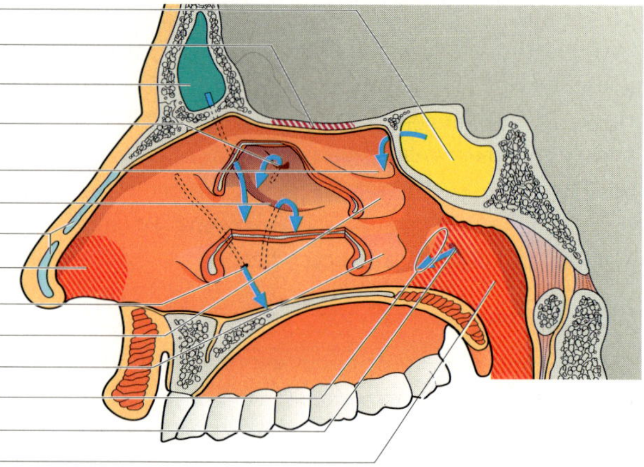

Abb. 8.5 Sie blicken hier auf eine Nasenhälfte, nachdem die Nasenscheidewand entfernt wurde. Die meisten Nasennebenhöhlen münden in den mittleren Nasengang.

laris), hinten an die Keilbeinhöhle *(Sinus sphenoidalis)* und den oberen Rachenraum *(Epipharynx)*, unten an den harten und weichen Gaumen *(Palatum)* und vorne ans knöcherne Nasenbein *(Os nasale)* bzw. dessen knorpeligen Fortsatz (Nasenknorpel). Der „First" des Nasenraums ist eine feine, durchlöcherte Knochenplatte *(Lamina cribrosa)*. Sie grenzt die Nasenhöhle vom Gehirn ab.

Weg der Atemluft

Eingeatmete Luft gelangt durch die vorderen Nasenlöcher *(Nares)* und den Nasenvorhof *(Vestibulum nasi)* in die eigentliche Nasenhöhle und verlässt diese durch die hinteren Nasenlöcher *(Choanae,* ***Abb. 8.5****)* in den Rachenraum. Starre Härchen am Eingang zum Nasenvorhof dienen als Filter für grobe Verunreinigungen und lösen bei Berührung Niesreiz aus.

Nasenscheidewand

Eine teils knöcherne, teils knorpelige Nasenscheidewand *(Septum nasale)* trennt die rechte von der linken Nasenhöhle. Die Nasenscheidewand ist meist mehr oder weniger nach einer Seite verzogen. Daher sind beide Nasenhöhlen in der Regel von ungleicher Größe. Wenn wir Schnupfen haben, schwillt die Schleimhaut an und verstopft zunächst die engere Nasenhöhle, während die Gegenseite noch eine Weile frei bleibt.

Liquorfistel. Das spitz zulaufende Dach der Nasenhöhle grenzt oben direkt an die Schädelhöhle und ist von dieser nur durch eine dünne, von Riechnervenfasern durchzogene Platte *(Lamina cribrosa*, vgl. ***Abb. 8.5****)* getrennt. Bei Schädelverletzungen kann eine direkte Verbindung zwischen der Nase und der mit Liquor (Gehirnflüssigkeit, Nervenwasser) gefüllten Schädelhöhle entstehen (Liquorfistel). Da die Nasehöhle immer mit Keimen besiedelt ist, stellt jede noch so kleine Liquorfistel eine erhebliche Infektionsgefahr für Gehirn und Hirnhäute dar. Größere Fisteln erkennt man daran, dass beim Vorbeugen klare Flüssigkeit aus der Nase tropft. Kleine Fisteln bleiben aber nicht selten unbemerkt.

Nasennebenhöhlen und Nasenmuscheln

Stirnhöhlen, Kieferhöhlen, Siebbeinzellen und die Keilbeinhöhle sind luftgefüllte Hohlräume im Gesichtsschädel. Dies reduziert das Gewicht des Kopfes und verbessert als Resonanzraum die Klangeigenschaften beim Sprechen und Singen.

Stirnhöhle

Die paarige Stirnhöhle *(Sinus frontalis)* liegt meist asymmetrisch zwischen dem Oberrand der Augenhöhle und der Mittellinie. Sie entwickelt sich erst im Verlauf der Kindheit und erreicht mit der Pubertät ihre volle Größe.

Kieferhöhle

Auch auf die Kieferhöhle *(Sinus maxillaris)*, die größte Nasennebenhöhle, entwickelt sich erst voll mit der Pubertät. Sie hat die Form einer umgekehrten, auf die Spitze gestellten Pyramide. Diese Spitze ragt bis in das Gebiet der Zahnwurzeln vor (vgl. ***Abb. 8.4***). Da die Kieferhöhle nur eine relativ enge Verbindung zur Nasenhöhle hat, können sich langwierige und schmerzhafte Entzündungsprozesse in den schlecht belüfteten unteren Abschnitten entwickeln.

Keilbeinhöhle und Siebbeinzellen

Die paarige Keilbeinhöhle *(Sinus sphenoidalis)* begrenzt die Nasenhöhle nach hinten. Sie bietet einen operativen Zugangsweg zur dahinter liegenden Hypophyse. Zwischen Stirn- und Kieferhöhle ist das Siebbein – wie der Name schon sagt – von einer Vielzahl kleiner Siebbeinzellen *(Cellulae ethmoidales)* durchlöchert, die man ebenfalls zu den Nasennebenhöhlen rechnet.

Nasenmuscheln

An der seitlichen Begrenzung der Nasenhöhle springen drei horizontal gestellte Knochenleisten vor, die mit besonders stark entwickelter Schleimhaut überzogen sind: die obere, mittlere und untere Nasenmuschel *(Concha superior, media, inferior)*. Auf diese Weise entstehen in dem spitzgiebeligen „Dachgeschoss" der Nasenhöhle drei „Etagen" – die Nasengänge *(Meatus)*, jeweils unter der entsprechenden Nasenmuschel (vgl. ***Abb. 8.5)***.

Tränengang

In den unteren Nasengang mündet der Tränengang *(Ductus nasolacrimalis)*, der die von der Tränendrüse produzierte Spülflüssigkeit der Augen – die Tränen – über Nasenhöhle und Rachenraum ableitet. Die Tränenflüssigkeit läuft über die Choanen in den Rachen und wird zusammen mit dem Speichel verschluckt.

Aufgaben der Nase

Reinigung und Erwärmung

Grobe Verunreinigungen werden durch die Nasenhärchen herausgefiltert. Nach dem Eintreten in die eigentliche Nasenhöhle reinigt die feuchte Schleimhaut der Nasenmuscheln die Luft auch von feineren Staubteilchen. Die Nasenschleimhaut der Nasenmuscheln ist stark durchblutet und gibt bei kühler Witterung gleichzeitig Wärme an die vorbei streichende Atemluft ab.

Anfeuchtung

Becherzellen und größere Drüsen in der Bindegewebsschicht vor allem der Nasenmuscheln sondern einen zähen Schleim ab. Dieser liegt der gesamten Schleimhaut wie ein Film auf und feuchtet die Atemluft an. Im Rachenraum ist sie bereits vollständig mit Wasserdampf gesättigt und bei Außentemperaturen über dem Gefrierpunkt nahezu auf Körpertemperatur erwärmt. Auf diese Weise schützt die Nase tiefer gelegene Strukturen, vor allem die Lungen, vor schädlichen Umwelteinflüssen und beugt einer Bronchitis und Lungenentzündung vor.

Infektvorbeugung. Nach einer Kehlkopfentfernung (z.B. bei Kehlkopfkrebs) ist die Funktion der Nase ausgeschaltet, weil der Rachenraum operativ verschlossen wurde. Dadurch besteht ein erhöhtes Risiko, z.B. an Bronchitis und Lungenentzündung zu erkranken. Auch das Geruchsvermögen ist erheblich beeinträchtigt, da durch die Nase keine physiologische Einatmung mehr möglich ist.

Zum Geruchssinn siehe Kapitel 5.3

Die Nase und die Nasennebenhöhlen sind luftgefüllte Hohlräume, deren Schleimhaut Flimmerepithel trägt. Alle Nasennebenhöhlen stehen mit der Nasenhöhle in Verbindung, um einen Druckausgleich zu ermöglichen.

8.3 Rachen und Kehlkopf

Rachen

Jenseits der Choanen beginnt der obere Teil des Rachens *(Pharynx, Schlund)*. Im Rachen kreuzen sich Luft- und Speiseweg. Entsprechend den verschiedenen Funktionen unterscheidet man drei Stockwerke ***(Abb. 8.6)***:

Oberer Rachenraum

Der obere Rachenraum *(Epipharynx)* liegt unmittelbar hinter den Choanen und ist ein reiner Luftweg. Hier mündet die paarige Ohrtrompete (Eustach-Röhre, *Tuba auditiva*), eine Entlüftung des Mittelohrraums (Paukenhöhle). Die Ohrtrompete enthält zur Aussteifung ein knorpeliges Gerüst, den Tubenknorpel. Beim Schlucken und Gähnen wird dieser Tubenknorpel von der Schlundwand abgehoben und ermöglicht den Druckausgleich zwischen Paukenhöhle und Außenwelt.

Valsalva-Manöver. Da die Ohrtrompete unmittelbar hinter dem unteren Nasengang mündet, können Schwellungen der Nasenschleimhaut (Schnupfen) diesen Öffnungsmechanismus blockieren und Hörstörungen hervorrufen. Mit dem Valsalva-Manöver (forciertes Ausatmen durch die Nase bei zugehaltenen Nasenflügeln) erzwingt man in aller Regel trotzdem einen Druckausgleich.

Nase und Rachenraum

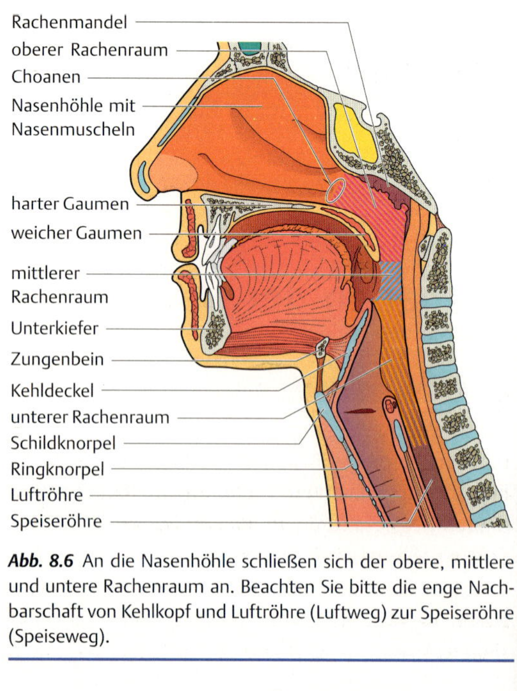

Abb. 8.6 An die Nasenhöhle schließen sich der obere, mittlere und untere Rachenraum an. Beachten Sie bitte die enge Nachbarschaft von Kehlkopf und Luftröhre (Luftweg) zur Speiseröhre (Speiseweg).

Das Rachendach ist von lymphatischem Gewebe bedeckt, der Rachenmandel *(Tonsilla pharyngea)*. Zusammen mit den anderen Mandeln wirkt sie bei der Infektabwehr mit (s. Kap. 12, S. 382).

Mittlerer Rachenraum

Der mittlere Rachenraum *(Mesopharynx)* befindet sich hinter der Mundhöhle jenseits des Zäpfchens *(Uvula)*. Im Gegensatz zum Epipharynx dient der Mesopharynx sowohl als Luftraum beim Atmen als auch als Speiseweg beim Schlucken. Zwischen dem oberen und dem mittleren Rachenraum befindet sich der weiche Gaumen, auch Gaumensegel genannt *(Velum palatinum)*. Es handelt sich dabei um eine Muskelplatte, welche die knöcherne Abgrenzung zwischen Mund- und Nasenhöhle (harter Gaumen, *Os palatinum*) nach hinten fortsetzt und in das Zäpfchen ausläuft. Der weiche Gaumen ist ein Ventil, das beim Schlucken durch zwei an der Schädelbasis befestigte Muskeln *(M. tensor* und *M. levator veli palatini)* angehoben wird und so den luftführenden Epipharynx gegen den speisehaltigen Mesopharynx abdichtet.

Vor dem mittleren Rachenraum liegt zwischen vorderem und hinterem Gaumenbogen die Gaumenmandel *(Tonsilla palatina)*. Zäpfchen, weicher Gaumen und Rachenhinterwand sind schleimhautbedeckte Muskeln, die bei Berührung unwillkürlich Schluck- oder Würgereflexe auslösen.

Unterer Rachenraum

Im unteren Rachenraum *(Hypopharynx)* grenzt der hintere Abschnitt der Zunge – der Zungengrund – direkt an den Kehldeckel *(Epiglottis)*. Mit Ausnahme des Schluckakts wird der Zungengrund ständig durch die Muskulatur des Mundbodens nach vorn gezogen: Der Kehldeckel bleibt geöffnet.

Erstickungsgefahr bei Bewusstlosigkeit. Der Zungengrund liegt unmittelbar oberhalb des Kehldeckels. Wenn bei einem Bewusstlosen die Mundbodenmuskulatur erschlafft, kann unter ungünstigen Umständen der Zungengrund durch das Eigengewicht der Zunge so weit zurückfallen, dass er den Kehldeckel zudrückt und die Luftwege verschließt. Dieser Gefahr begegnet man durch die stabile Seitenlage: Der Kopf weist nach unten, die Zunge „fällt" nach vorn und der Hypopharynx ist wieder frei. Denselben Effekt hat auch der Esmarch-Handgriff (Kopf leicht überstrecken, Unterkiefer nach vorn ziehen. Vorsicht: Nicht die Halsschlagader abdrücken!).

Kehlkopf

Ähnlich wie der weiche Gaumen zwischen Meso- und Epipharynx bildet der Kehlkopf *(Larynx)* einen Verschlussmechanismus zwischen Luftröhre und unterem Rachenraum. Dieses Ventil ist nötig, um während des Schluckakts zu verhindern, dass man sich „verschluckt", dass also Nahrung in die unteren Luftwege gelangt.

Kehlkopfskelett

Damit die Luftwege auch bei starken Druckschwankungen im Halsraum stets geöffnet bleiben, benötigt der Kehlkopf ein Skelett ***(Abb. 8.7)***. Der Kehlkopfknorpel besteht aus fünf Knorpeln:

Schildknorpel. Der prominenteste Teil des Kehlkopfskeletts ist der Schildknorpel *(Cartilago thyroidea)*. Er hat die Form eines Schneepflugs, ist also nach hinten geöffnet. Ein Sporn am Oberrand des Schildknorpels bildet den bei Männer gut sichtbaren Adamsapfel. Der Schildknorpel hält den Luftraum des Kehlkopfes offen und dient den Stimmbändern als vordere Ansatzstelle.

Kehldeckel. Von hier aus zieht der Stiel des Kehldekkelknorpels (Epiglottis, *Cartilago epiglottica*) nahezu senkrecht nach hinten oben und wird dabei weiter. Die Epiglottis verschließt die unteren Luftwege beim Schlucken.

Ringknorpel. Unterhalb des Schildknorpels begrenzt der Ringknorpel *(Cartilago cricoidea)* den oberen Teil der Luftröhre.

Kehlkopfskelett

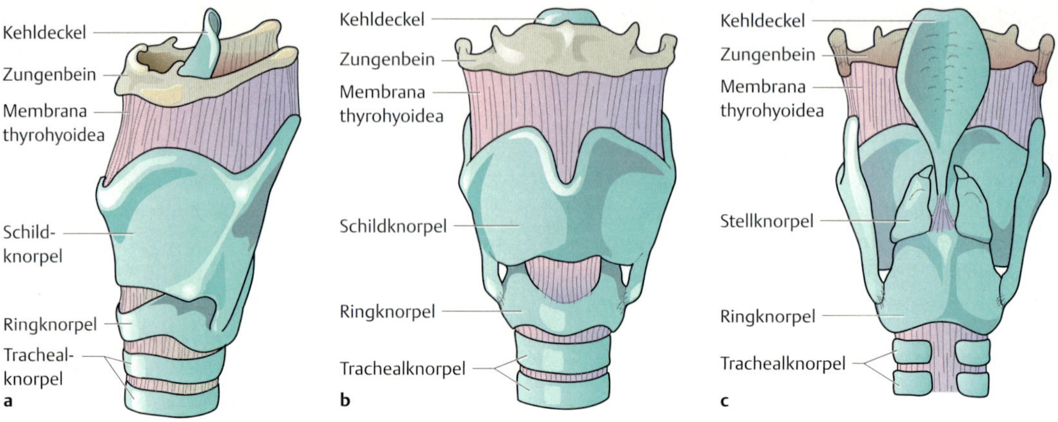

Abb. 8.7a-c Kehlkopf: (**a**) von der Seite, (**b**) von vorn, (**c**) von hinten. Der Schildknorpel schiebt sich wie ein Schneepflug nach vorn unter die Haut. Darunter bildet der Ringknorpel den oberen Abschluss der Luftröhre. Kehldeckelknorpel und Stellknorpel liegen geschützt hinter dem Bug des Schildknorpels verborgen.

Stellknorpel. Der Ringknorpelplatte sitzen zwei Stellknorpel *(Einzahl Cartilago arytaenoidea)* auf. Ihren Namen haben die Stellknorpel, weil sie die Spannung der Stimmbänder ver*stellen* und damit die Lautbildung ermöglichen.

Mit Ausnahme des Kehldeckels bestehen alle Anteile des Kehlkopfskeletts aus *hyalinem Knorpel.* Die starke Beweglichkeit des Kehldeckels rührt allerdings von zahlreichen elastischen Fasern her *(elastischer Knorpel)*, welche diesen Knorpeltyp außerordentlich biegsam machen.

Stimmbänder und Stimmritze

Die Stimmbänder ***(Abb. 8.8)*** spannen sich zwischen der Rückseite des Schildknorpels und dem vorderen Fortsatz der Stellknorpel aus. Da sie vom seitlichen Kehlkopfrand her vollständig mit Schleimhaut überzogen sind, ergibt sich der Begriff Stimmfalte *(Plica vocalis)*. Eine weitere Schleimhautfalte, die Vorhof- oder Taschenfalte *(Plica vestibularis)*, umschließt die Taschenbänder, die oberhalb der Stimmbänder ausgespannt sind, an der Stimmbildung aber keinen unmittelbaren Anteil haben.

Zwischen beiden Stimmbändern bleibt ein mehr oder weniger enger Spaltraum, durch den wir atmen oder mit dessen Hilfe wir sprechen können: die Stimmritze *(Glottis)*. Eine Reihe fein geregelter quergestreifter Muskeln umgibt das Kehlkopfskelett. Sie haben Einfluss auf die Weite der Stimmritze und die Spannung der Stimmbänder.

Innenansicht des Kehlkopfs

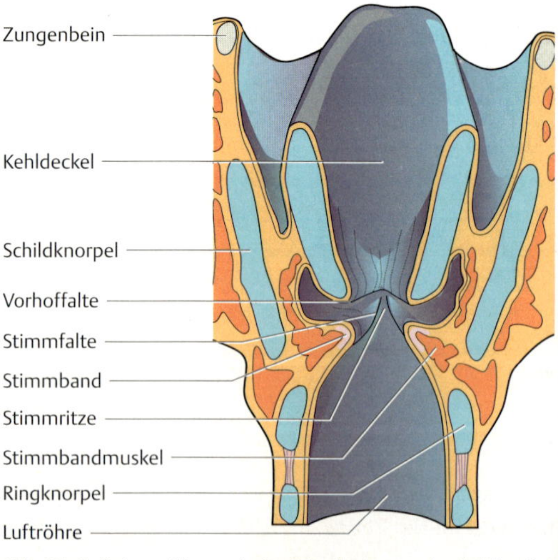

Abb. 8.8 Auf einem Längsschnitt sieht das Innere des Kehlkopfes wie eine Sanduhr aus. Vorhoffalte und Stimmfalte bilden zusammen den Engpass der Sanduhr, wobei die engste Stelle (Stimmritze) sich zwischen den beiden Stimmfalten mit den darunter liegenden Stimmbändern befindet.

Das Skelett des Kehlkopfes besteht aus hyalinem und elastischem Knorpel. Er trennt als Ventil die unteren Luftwege von der Speiseröhre, reguliert die Luftströmung in der Luftröhre und erzeugt durch Vibration der Stimmbänder die Laute.

Funktionen des Kehlkopfes

Schlucken

Der Schluckreflex beginnt damit, dass wir bewusst (beim Essen oder Trinken) oder unbewusst mit der Zunge Nahrung, Flüssigkeit oder Speichel gegen den weichen Gaumen drücken ***(Abb. 8.9)***. Eine Berührung des weichen Gaumens ohne Beteiligung der Zunge erzeugt dagegen einen Würgreiz.

Zunge drückt an den Gaumen. Der reflektorische Anteil des Schluckens beginnt mit einem festen Kieferschluss, der jedoch willkürlich verhindert werden kann. Die Muskeln des Gaumensegels ziehen den weichen Gaumen nach hinten oben und verschließen den Epipharynx. Gleichzeitig legt sich die Zunge dem harten Gaumen an und trennt die Mundhöhle in einen vorderen und einen hinteren Abschnitt.

Kehlkopf wird angehoben. Die Atmung wird angehalten und die Stimmritze maximal geschlossen, um auch bei einer Fehlfunktion des Kehldeckels den Eintritt von Speisebrei in die Luftröhre zu verhindern. Gleichzeitig hebt sich der Kehlkopf durch den Zug der Mundbodenmuskulatur, da beide durch eine straffe bindegewebige Membran miteinander verbunden sind.

Kehldeckel schließ sich. Da nun einerseits die Zunge nach hinten, andererseits der Kehlkopf nach oben gezogen wird, nähern sich Zungengrund und Kehldeckel einander dermaßen, dass die Zunge den Kehldeckel nach unten drückt und damit den Kehlkopfeingang verschließt. Gleichzeitig ziehen kehlkopfeigene Muskeln den Kehldeckel nach unten und unterstützen dessen Verschluss.

Druckerhöhung im Rachen. Sind auf diese Weise sowohl der obere als auch der untere Luftweg verschlossen, zieht sich die Schlundmuskulatur zusammen und erhöht den Innendruck im Rachenraum. Diese Druckerhöhung reicht aus, um den Eingang der Speiseröhre zu öffnen, zumal deren Muskelspannung während des Schluckens nachlässt.

Husten

Der Hustenreflex dient dem Schutz der unteren Luftwege. Er kann die unterschiedlichsten Ursachen haben:

- eingedrungene Fremdkörper,
- Staubpartikel,
- vermehrte Schleimablagerungen,
- Epithelreizungen in Luftröhre und Bronchien (Bronchitis, ätzende Dämpfe usw.),
- Störungen des Zentralnervensystems,
- psychische Labilität.

Schluckreflex

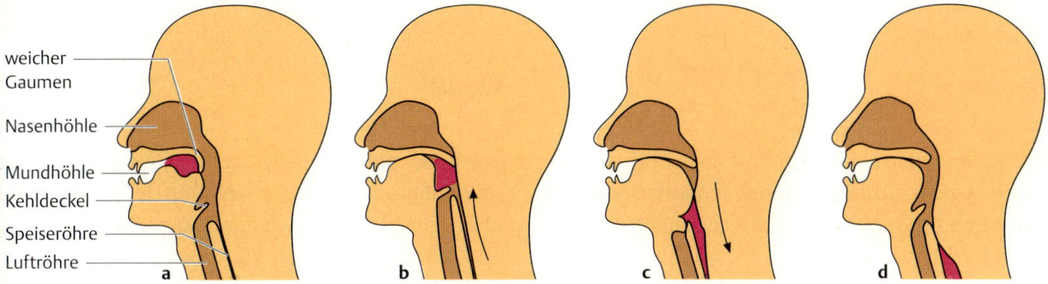

Abb. 8.9a–d Zunächst schiebt die Zunge den Bissen unter den weichen Gaumen (**a**). Danach verschließt der weiche Gaumen die Nasenhöhle und der Kehldeckel die Luftröhre (**b**). Damit bleibt für den Bissen nur noch der Weg in die Speiseröhre übrig (**c** u. **d**).

Einer langsamen Einatmung folgt der maximale Schluss der Stimmritze. Danach verkrampfen Zwerchfell und Rippenmuskulatur und erhöhen schlagartig den Innendruck in Lunge, Bronchien und Luftröhre. Diesem maximal erhöhten Innendruck halten die Stimmbänder nicht mehr stand, die Stimmritze wird aufgesprengt. Es entsteht plötzlich ein starker Luftstrom, der die meisten Partikel auf der Luftröhrenschleimhaut mit sich reißt.
In der Regel gelangt der ausgehustete Schleim nur bis in den Rachenraum und wird sofort verschluckt. Nur im Fall massiver Verunreinigungen dringt der „Auswurf" bis in die Mundhöhle vor und kann ausgehustet oder ausgespuckt werden. Schnell aufeinander folgende Hustenstöße ohne neuerliches Luftholen verstärken diesen Effekt und lassen gelösten Schleimpartikeln keine Zeit, erneut ins tiefere Bronchialsystem abzusinken.

Hustenmittel. **Hustenstillende Medikamente (Antitussiva wie z. B. Codein) sollten nur bei trockenem Reizhusten eingesetzt werden, da sie den Hustenreiz dämpfen und somit den Reinigungsmechanismus des Bronchialsystems unterdrücken. Bei einem produktiven, das heißt einem schleimabsondernden Husten sollte auf Antitussiva verzichtet werden, weil sie das Abhusten des Schleims verhindern würden.**

Sinnvoll sind hingegen Medikamente, die den Schleim dünnflüssiger machen und das Abhusten erleichtern (z. B. Acetylcystein ACC). Wichtig ist dabei, dass der Hustenpatient zusätzlich viel Flüssigkeit zu sich nimmt, da sich der Schleim sonst trotz ACC nicht ausreichend verflüssigen kann.

Bedenken Sie, dass unser Speichelausstoß schon im normalen Gespräch eine Reichweite von 0,5 m haben kann. Hustenstöße können das Sekret 2–5 m weit befördern.

Niesen

Ganz ähnlich wie das Husten spielt sich der Niesreflex ab. Im Unterschied zum Husten dient das Niesen der Reinigung nicht der unteren, sondern der oberen Luftwege, also von Epipharynx, Nasenhöhle und Nasenvorhof. Entsprechend löst auch nur eine Reizung der Schleimhaut von Nasenhöhle und Epipharynx einen Niesreiz aus. Die Stimmritze bleibt während des Niesens maximal geöffnet, der Luftstrom wird weitgehend am Gaumensegel vorbei in den Nasen-Rachen-Raum geleitet. Dort erreicht die Luftströmung Geschwindigkeiten von weit über 100 km/h (!) – also Orkanstärke - und säubert die Schleimhaut von Fremdkörpern.

Beim Schlucken wird der Kehlkopf angehoben, so dass der Zungengrund den Kehldekkel verschließt. Husten und Niesen reinigen die unteren bzw. oberen Luftwege von Fremdkörpern und Schleim. Beim Husten ist die Stimmritze geschlossen, beim Niesen geöffnet.

Stimme und Sprache

An der Bildung stimmhafter Laute (Vokale, stimmhafte Konsonanten) haben sowohl die Stimmbänder als Lauterzeugungsinstrument als auch die oberen Luftwege als Resonanzräume und die Mundpartie als Modulationsinstrument wesentlichen Anteil ***(Abb. 8.10)***: Während der Stimmbildung ist die Stimmritze weitgehend geschlossen und wird senkrecht von unten „angeblasen". Die Stimmbänder schwingen dabei sowohl seitlich als auch von oben nach unten, machen also eine annähernd kreisförmige Bewegung mit.

Lautstärke/Stimmlage

Je höher die Geschwindigkeit der Luftströmung an der Stimmritze ist, desto lauter wird die Stimme. Wie bei jedem Blasinstrument erhöht sich der erzeugte Ton durch eine Verkürzung oder eine erhöhte Spannung der schwingenden Elemente. Die Länge der Stimmbänder ist anatomisch fest vorgegeben (ca. 2–3 cm). Beim Mann sind die Stimmbänder um etwa 30 % länger als bei der Frau, daher die tiefere Stimmlage. Im Gegensatz zur Länge kann ihre Spannung durch Muskelzug moduliert werden.

Vokale

Die „reinen" Vokale „U", „A" und „I" entstehen durch Erzeugen unterschiedlich hoher Obertöne in der Mundhöhle („U" 400 Hz, „A" 900 Hz, „I" 4000 Hz) über einer fixen Grundfrequenz (bei Männern 100–130 Hz, bei Frauen 200–300 Hz). „O", „Ä", „Ö" und „Ü" sind dagegen nichts anderes als Gemische aus verschiedenen Anteilen der reinen Vokale.

Atmung und Stimmbildung

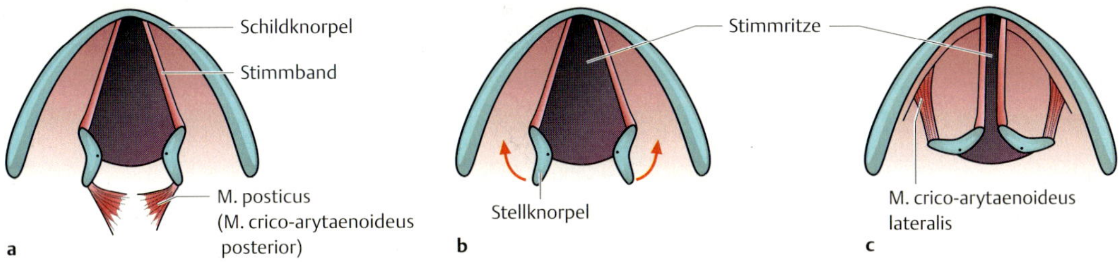

Abb. 8.10a–c Die Weite der Stimmritze bestimmt, ob überhaupt ein Ton und, wenn ja, welcher Ton beim Ausatmen entsteht. Beachten Sie, dass die Stellknorpel um einen festen Drehpunkt gelagert sind (**b**). Muskeln, die hinter diesem Drehpunkt ansetzen, öffnen die Stimmritze (bei körperlicher Belastung **a**) und solche, die vor dem Drehpunkt ansetzen, schließen sie (beim Sprechen **c**).

Konsonanten

Die Konsonanten werden im Wesentlichen von der Zunge gebildet, und zwar durch eine Verengung oder Erweiterung der oberen Luftwege. Zischlaute (stimmloses „S", „Z") entstehen direkt an den Schneidezähnen, Verschlusslaute („K", „G", „P", „B", „T", „D") durch „Sprengen" eines Hindernisses (Zunge, Lippen), Zitterlaute (rollendes „R", „Ch") durch niederfrequente Schwingungen der Zunge. Der Kehlkopf beteiligt sich nicht an der Entstehung dieser stimmlosen Konsonanten.

8.4 Luftröhre und Bronchien

Die Luftröhre *(Trachea)* ist der erste Teil der unteren Luftwege. Luftröhre und Bronchien dienen einem einzigen Zweck, nämlich die Atemluft mit so wenig Reibungswiderstand wie möglich in die Lunge und wieder hinaus zu befördern.

Luftröhre

Lage

Die Luftröhre beginnt unterhalb des Ringknorpels und zieht zwischen Schilddrüse und Thymus einerseits und der Speiseröhre andererseits zu der Teilungsstelle in den rechten und linken Hauptbronchus *(Bronchus principalis;* ***Abb. 8.11****)*. Die ganze Luftröhre ist lediglich 10–15 cm lang, hat aber einen Durchmesser von mehr als 2 cm.

Aufbau

Sie besteht aus 15–20 hufeisenförmigen Knorpelspangen, die mit ihrer Öffnung nach hinten gerichtet sind; der offene Teil des „Hufeisens" – die Hinterwand – wird von Muskulatur und Bindegewebe gebildet. Zwischen den einzelnen Knorpelspangen erstreckt sich eine elastische Bandverbindung *(Lig. anulare)*.

Funktion

Wäre die Luftröhre wie etwa die Speiseröhre lediglich ein Schlauch aus Muskulatur, Bindegewebe und Schleimhaut, dann würde sie durch den Sog der Lungen bei der Einatmung unweigerlich zusammenfallen und die Luft käme nie in der Lunge an. Die Knorpelspangen steifen die Luftröhre aus und halten sie auch bei starker Einatmung offen.

Luftröhre und Bronchien

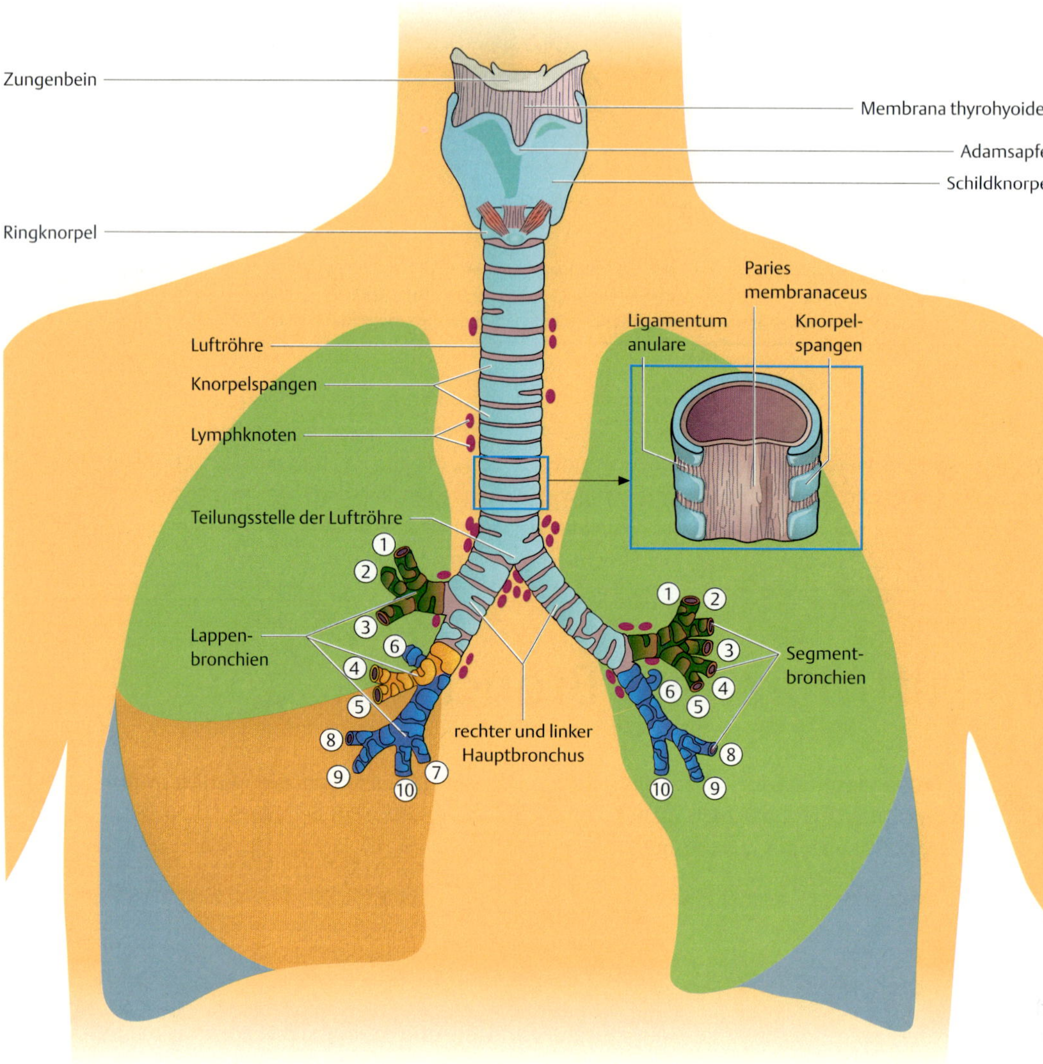

Abb. 8.11 Aufteilung der unteren Luftwege.

Eine völlig starre Luftröhre wäre jedoch ebenfalls von Nachteil, da sich die Länge der Trachea beim Schlucken, Atmung und auch bei jeder Halsbewegung verändern muss. Daher ist sie sowohl in Quer- als auch in Längsrichtung gut dehnbar.

Auch die Flexibilität der bindegewebigen Tracheahinterwand erfüllt eine wichtige Funktion: Hinter der Luftröhre befindet unmittelbar die Speiseröhre. Die elastische Luftröhrenhinterwand lässt der Speiseröhre Spielraum beim Schlucken größerer Brokken; die Luftröhre wird dabei eingedellt.

Bronchien

Hauptbronchus

Etwa in Höhe des 4. Brustwirbelkörpers teilt sich die Luftröhre in einen rechten und einen linken Hauptbronchus, der zum rechten bzw. linken Lungenflügel führt. Diese Gabelung bezeichnet man klinisch häufig als Bifurkation *(Bifurcatio tracheae)*. Der knorpelige Zwickel zwischen beiden Hauptbronchien ragt wie ein Sporn ins Innere der Luftröhre hinein. Wegen der asymmetrischen Lage des Herzens im Brustkorb ist der linke Hauptbronchus höher als der rechte und knickt daher stärker aus der Vertikalen ab. Eingeatmete Fremdkörper landen daher überwiegend in der rechten Lunge.

Kleinere Bronchien

Entsprechend der Aufteilung der Lunge (s. u.) verzweigen sich die Hauptbronchien in Lappenbronchien, Segmentbronchien und Läppchenbronchien sowie verschiedene Stufen von Bronchiolen.

Die Hauptbronchien besitzen noch den selben Aufbau wie die Trachea und bestehen aus 5–10 weiteren, durch elastische Fasern verbundenen Knorpelspangen mit einer bindegewebig-muskulären Rückwand. Mit zunehmender Verzweigung wird die Form der Knorpelspangen unregelmäßiger; in der Bronchialwand finden sich zunehmend vereinzelte Knorpelplatten unterschiedlichster Gestalt.

Kleinste Bronchien und Bronchiolen haben gar kein knorpeliges Stützgerüst mehr, sondern werden allein durch den Zug des Lungengewebes offengehalten. Der hohe Anteil glatter Muskulatur an der Wandstruktur kleiner Bronchien ist der Grund, weshalb sich das allergische Asthma bronchiale (eine spastische Kontraktion der Bronchialmuskulatur) vor allem hier – an den Endverzweigungen des Bronchialraums – bemerkbar macht.

Totraum

Nase, Rachen, Kehlkopf, Luftröhre und Bronchien nehmen selbst nicht am Gasaustausch teil, sondern haben „nur" die Aufgabe, Frischluft zu den Lungenalveolen hin- und verbrauchte Luft von dort wegzutransportieren. Diese Organe sind also nichts anderes als ein physiologischer Schnorchel, der sog. Totraum.

Am Ende jeder Einatmung verbleibt Frischluft im Totraum, die bei der nächsten Ausatmung zuerst wieder abgegeben wird. Umgekehrt enthält der Totraum am Ende einer mäßig starken Ausatmung weitgehend „verbrauchte" Alveolenluft, die bei der folgenden Einatmung wiederum in die Lungen zurückpendelt (Pendelluft).

Das Volumen des anatomischen Totraums beträgt normalerweise ca. 150–200 ml. Bei einem normalen Atemvolumen von 500 ml (s. u.) werden also nur jeweils 300–350 ml Frischluft in die Alveolen eingesaugt.

Jeder „echte" Schnorchel beim *Tauchen* vergrößert diesen Totraum nochmals erheblich. Dem Volumen und damit der Länge des Schnorchels sind daher enge Grenzen gesetzt, damit der Taucher überhaupt noch frische Luft bekommt und nicht nur ständig seine verbrauchte Luft hin- und herpustet.

Giebel-Rohr. **Die Möglichkeit der künstlichen Totraumvergrößerung hat man als therapeutisches Mittel genutzt. Als Hilfsmittel wird das Giebel-Rohr eingesetzt, das aus mehreren ineinander steckbaren Elementen besteht. Mit Hilfe dieses Giebel-Rohrs kann individuell der physiologische Totraum des Patienten – abhängig vom Allgemeinzustand und Vorerkrankungen – vergrößert werden. Der Patient atmet durch das Rohr vermehrt seine eigene, kohlendioxidhaltige Ausatemluft wieder ein. Die dadurch erhöhte CO_2-Konzentration regt das Atemzentrum in der Medulla oblongata (s. u.) an; der Patient atmet häufiger und tiefer. Die Folge ist eine bessere Belüftung der Lunge, ohne dass die CO_2-Konzentration im Blut absinkt.**

Ein Ziel der künstlichen Totraumvergrößerung ist die Verhütung von Pneumonien. Die Therapie muss vom Arzt angeordnet werden, weil sie bei bestimmten Erkrankungen (z. B. Lungenemphysem, Asthma bronchiale und Herzinsuffizienz) kontraindiziert ist.

Die Luftröhre besteht aus hufeisenförmigen Knorpelspangen mit einer flexiblen Membran als hintere Begrenzung. Sie teilt sich in zwei Hauptbronchien, die sich in Lappen- und Segmentbronchien aufzweigen. Obere und untere Luftwege bilden einen Totraum, in dem verbrauchte Atemluft mit jedem Atemzug hin und her pendelt.

8.5 Lunge und Pleura

Anatomie

Lage

Die Lungen *(Pulmones,* Einzahl *Pulmo)* füllen den gesamten Brustraum mit Ausnahme des Herzens und der großen Gefäße aus ***(Abb. 8.12)***. Das heißt, die Lungenspitze *(Apex pulmonis)* reicht weit hinauf in die Schlüsselbeingrube und überragt sogar noch die erste Rippe. Andererseits liegt die Lungenbasis *(Basis pulmonis)* unmittelbar dem Zwerchfell auf (daher auch der Name *Facies diaphragmatica*).
Die Außenfläche der Lunge liegt vorn, seitlich und hinten dicht den Rippen an und wird daher *Facies costalis* genannt. In der Nähe der Wirbelsäule reicht sie bis zum 10. oder 11. Rippenköpfchen.
Die Innenfläche ist konkav eingedellt und begrenzt das *Mediastinum* (Mittelfellraum) mit Herz, Gefäß-

Lungen und Pleura

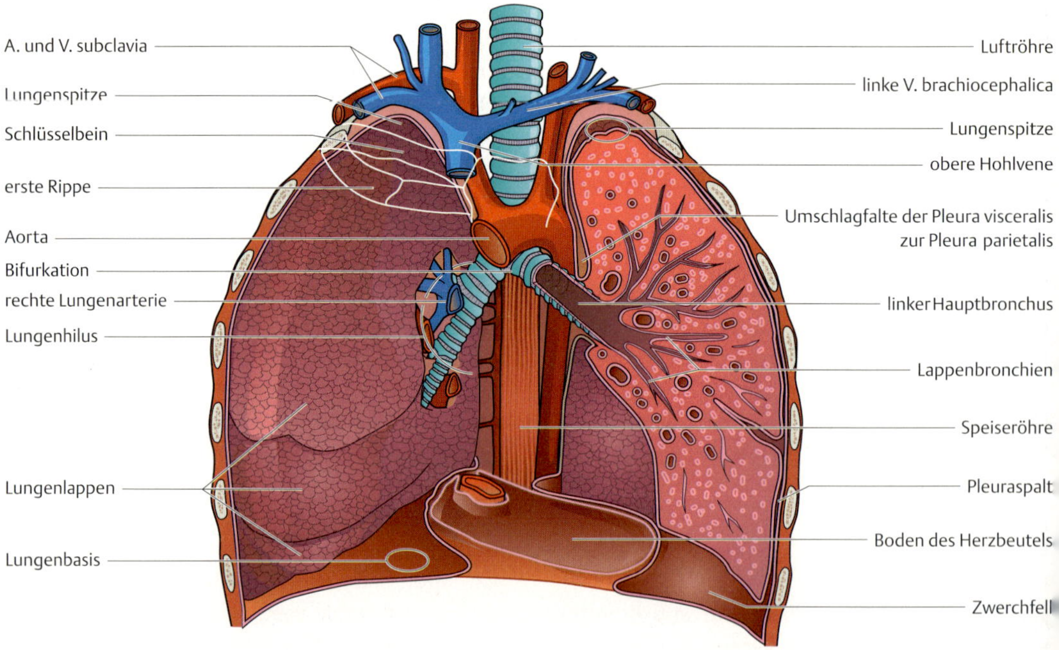

Abb. 8.12 Jeder Lungenflügel liegt gut verschieblich in einer eigenen serösen Höhle, der Pleurahöhle. Zwischen beiden Pleuraräumen enthält das Mediastinum das Herz, die großen Blutgefäße, die Luft- und Speiseröhre. Die Lungenspitze reicht bis über das Schlüsselbein nach oben.

stämmen, Luft- und Speiseröhre *(Facies mediastinalis)*. Blut- und Lymphgefäße, vegetative Nerven sowie der Hauptbronchus treten gebündelt am Lungenhilus in das Lungengewebe ein und verzweigen sich dort asymmetrisch in immer kleinere Äste.
Wegen der asymmetrischen Lage des Herzens ist die linke Lunge um 10–20% kleiner als die rechte.

Aufbau

Der rechte Lungenflügel besteht aus drei Lungenlappen **(Abb. 8.13)**. Der linke Lungenflügel wird vom Herzen eingedrückt und ist daher kleiner. Er besitzt nur zwei Lungenlappen.

Unterlappen

Der Unterlappen *(Lobus inferior)* ist durch eine schräg von hinten oben nach vorn unten verlaufende Furche abgetrennt. Er nimmt drei Viertel der Hinterfläche der Lunge ein, hat aber vorne kaum Kontakt mit der Innenseite des Brustkorbs.

Mittellappen

Rechts liegt dem Unterlappen ein kleinerer keilförmiger Mittellappen *(Lobus medius)* auf, dessen Oberseite in einer weitgehend horizontalen Ebene endet.

Lungenlappen und -segmente

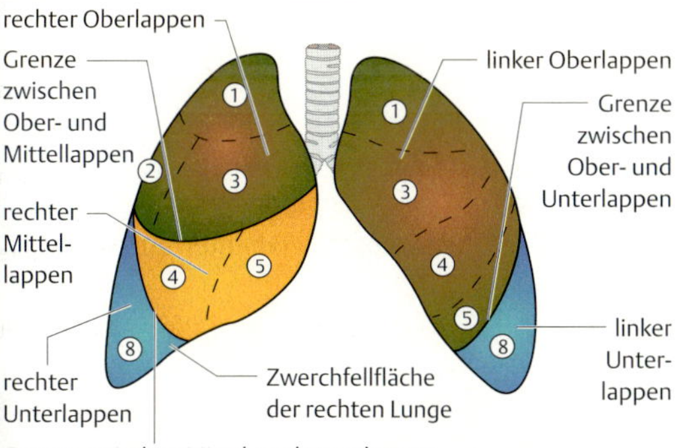

Abb. 8.13 Weil die linke Lunge eine große Aussparung für das Herz besitzt, besteht der linke Lungenflügel nur aus 2 statt 3Lungenlappen. Innerhalb jedes Lappens sind die Segmente weitgehend unabhängige Einheiten und können daher auch notfalls einzeln chirurgisch entfernt werden.

Oberlappen

Der linke Lungenflügel bildet keinen Mittellappen aus; der entsprechende Bereich ist in den Oberlappen *(Lobus superior)* einbezogen, der links also ein deutlich größeres Volumen besitzt als rechts. Die tiefe *Fissura obliqua* grenzt Ober- und Unterlappen, die etwas flachere *Fissura horizontalis* grenzt rechten Ober- und Mittellappen voneinander ab. Im Zentrum jeden Lungenlappens verlaufen Lappenbronchus, -arterie, -vene sowie Nerven wiederum als Bündel.

Lungensegmente

Die nächst kleinere Baueinheit der Lunge nach den Lungenlappen sind die Segmente. Der rechte Lungenflügel besteht meist aus 10 Segmenten (5 im Unter-, 2 im Mittel-, 3 im Oberlappen). Der linken Lunge fehlt häufig ein Segment im Unterlappen (4 im Unter-, 5 im Oberlappen).
Bei abgegrenzten krankhaften Veränderungen kann der Thoraxchirurg einzelne Segmente entfernen, ohne das übrige Lungengewebe in Mitleidenschaft zu ziehen. Diese Segmentchirurgie wird dadurch möglich, dass jedes Segment eine selbstständige Funktionseinheit ist: In der Mitte jeden Segmentes führt ein Segmentbronchus sauerstoffreiche Luft und eine Segmentarterie sauerstoffarmes Blut aus der Lungenarterie zu; an der Peripherie leiten Segmentvenen das mit O_2 angereicherte Blut in die Lungenvenen ab.

Lungenläppchen

Die kleinste mit dem bloßen Auge erkennbare Untergliederung der Lunge ist das Lungenläppchen. Die Einteilung der Lunge in unregelmäßige große Läppchen erkennt man am besten an deren Außenfläche, wo Ruß- und Teerablagerungen die Läppchengrenzen grau bis schwarz verfärben.
Ein Läppchen besteht aus:

- einem Bronchiolus (oder mehreren Bronchiolen) – der kleinsten Verzweigung des anatomischen Totraums –,
- etlichen tausend Alveolen – Grenzflächen zwischen Luft- und Blutraum – sowie
- dem alveolären Kapillarbett und dessen Zu- und Abflüssen.

Lungenalveolen

Nach ca. 15 Teilungen hat sich der Durchmesser eines Bronchiolus bereits so stark reduziert, dass er nur noch von einem einschichtigen Epithel begrenzt wird *(Bronchiolus terminalis)*. Ein derartiger „Mikrobronchus" öffnet sich in eine weintraubenförmige Ansammlung von ca. 200 mehr oder weniger kugelförmigen, einseitig offenen Kammern, den Alveolen ***(Abb. 8.14)***.

Die ca. 1/10 mm große Alveole besitzt nur eine hauchzarte membranartige Wand von lediglich 1/100 bis 1/1000 mm Dicke, in der besonders feine Kapillaren sauerstoffarmes Blut transportieren.

Insgesamt haben beide Lungenflügel ca. 300 Millionen (!) Alveolen, die der Lunge das Aussehen eines feinporigen Schwamms geben. Die riesige Zahl an Alveolen macht verständlich, warum ein aufwendiges Bronchialsystem nötig ist, um die Luft in diesem Labyrinth gleichmäßig zu verteilen. Durch die enorme Anzahl der Alveolen vergrößert sich die gesamte Kontaktfläche zwischen Luft- und Blutraum auf stattliche 80–120 m^2. Diese große Fläche ist notwendig, um einen ausreichenden Gasaustausch zu gewährleisten. Tiere mit schnellem Stoffwechsel (Vögel, Mäuse) haben demzufolge noch wesentlich feinere Alveolen mit einer relativ stärkeren Oberflächenvergrößerung.

Alveolen

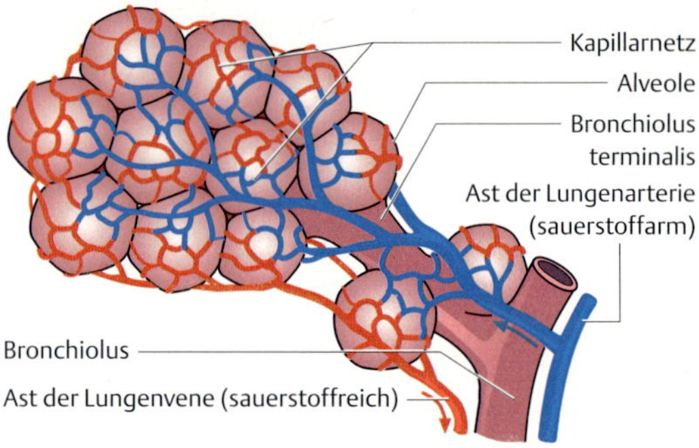

Abb. 8.14 Wie Weintrauben an einem Stiel gruppieren sich die Lungenalveolen um einen Bronchiolus terminalis. Das sauerstoffarme Blut, das aus dem rechten Herzen in einem Kapillarnetz um die Alveolen herumfließt, nimmt dort den Sauerstoff aus der Luft auf und gibt Kohlendioxid an die Luft ab.

Der rechte Lungenflügel besteht aus drei, der linke aus zwei Lappen. Jeder Lungenlappen gliedert sich in Segmente, Läppchen und Alveolen. Die Gesamtfläche der Alveolen wird auf diese Weise stark vergrößert.

Pleura

Aufbau

Der Pleuraraum (Pleurahöhle, *Cavitas pleuralis*) ist wie der Bauchfellraum eine seröse Höhle. Das äußere Blatt der Pleura ist mit der Innenseite des Brustkorbs verwachsen, während das innere Blatt der Pleura die Lungen einhüllt. Zusammen mit dem Mediastinum (Mittelfellraum), das Herz, Thymus, Gefäße, Nerven und Speiseröhre enthält, füllt der Pleuraraum den Brustkorb vollständig aus.

Die *Pleura visceralis*, das innere Blatt, wird auch *Pleura pulmonalis* (Lungenfell) genannt. Es ist locker mit dem Lungengewebe verwachsen und reicht bis in die Fissuren zwischen den Lungenflügeln hinein. Das parietale Blatt besteht entsprechend den unterschiedlichen Flächen der Lunge aus dem Rippenfell *(Pleura costalis)*, der *Pleura diaphragmatica* über dem Zwerchfell und der dem Herzbeutel zugewandten *Pleura mediastinalis*.

Die Untergrenze des Pleuraraums fällt mit der Ansatzstelle des Zwerchfells zusammen und zieht sich meist vom Köpfchen der 12. Rippe (hinten) bis knapp oberhalb des Rippenbogens (vorn).

Funktion

Da das Zwerchfell und mithin auch die Pleura diaphragmatica im entspannten Zustand kuppelförmig

in den Brustraum hineinragt, entsteht zwischen der Brustwand und dem nahezu senkrechten Zwerchfellansatz ein Spaltraum, der während der Einatmung durch die Abflachung des Zwerchfells kleiner wird bzw. ganz verschwindet ***(Abb. 8.15)***. Bei der Einatmung dehnt sich die Lunge aus, ihr Unterrand gleitet in den zuvor geschlossenen Spaltraum und füllt diesen bei maximaler Inspiration vollständig aus.
Dieses Hineingleiten der Lunge in einen „vorgefertigten" Komplementärraum (Reserveraum) ist wesentlich dafür verantwortlich, dass sich das Lungenvolumen während der Atmung innerhalb der festen Pleuragrenzen verändern kann.
Da der seitliche Komplementärraum der tiefste Punkt der Pleurahöhle ist, sammelt sich hier bei krankhaften Pleuraprozessen zunächst die überschüssige Flüssigkeit an (sog. Winkelerguss).

Die Pleura umgibt als seröse Hülle mit Ausnahme des Lungenhilus alle Teile der Lunge. Bei der Einatmung gleitet die Lunge in den serösen Komplementärraum zwischen Brustwand und Zwerchfell.

Flüssigkeitsbilanz im Pleuraspalt

Die seröse Flüssigkeit ist ein eiweißarmes Ultrafiltrat aus dem Blutplasma. Flüssigkeitssekretion und -resorption müssen also stets in einem Gleichgewicht stehen, so dass die seröse Flüssigkeit erneuert wird, ohne das Gesamtvolumen zu verändern.
Im Pleuraspalt herrscht normalerweise ein Unterdruck von 3–6 mmHg. Dieser Sog begünstigt das Austreten (Filtration) von Plasmawasser aus den benachbarten Kapillaren der Pleura pulmonalis. Die Resorption wird in erster Linie durch den kolloidosmotischen Druck, jedoch auch durch aktive Mechanismen bewerkstelligt und findet hauptsächlich im Rippenfell statt.

Pleuraerguss. Dringt z. B. bei einer Entzündung eiweißreiches (fibrinöses) Sekret in die Pleurahöhle, dann setzt dieses die Gleitfähigkeit beider Blätter herab; das viszerale Blatt scheuert bei jeder Atembewegung am Rippenfell (trockene Pleuritis). Umgekehrt behindert ein zu großes Flüssigkeitsvolumen in der Pleurahöhle die Ausdehnung des Lungengewebes. Ist die Blut-Pleura-Grenze verletzt, beispielsweise durch einen Tumor, eine Tuberkulose oder eine Rippenfellentzündung, so dringt eiweißreiche Flüssigkeit in den Pleuraspalt ein und führt zum Pleuraerguss, der in schweren Fällen ein Volumen von mehreren Litern annehmen kann und dann Atmung und Herztätigkeit behindert. Solche massiven Pleuraergüsse lassen sich durch eine direkte Pleurapunktion zwischen zwei Rippen hindurch absaugen.

Pneumothorax. Das Lungengewebe ist reich mit elastischen Fasern durchsetzt. Daher würde ein Lungenflügel auf etwa ein Drittel seines Volumens zusammenschnurren, wenn er nicht durch den Pleura-

Pleurabewegung beim Atmen

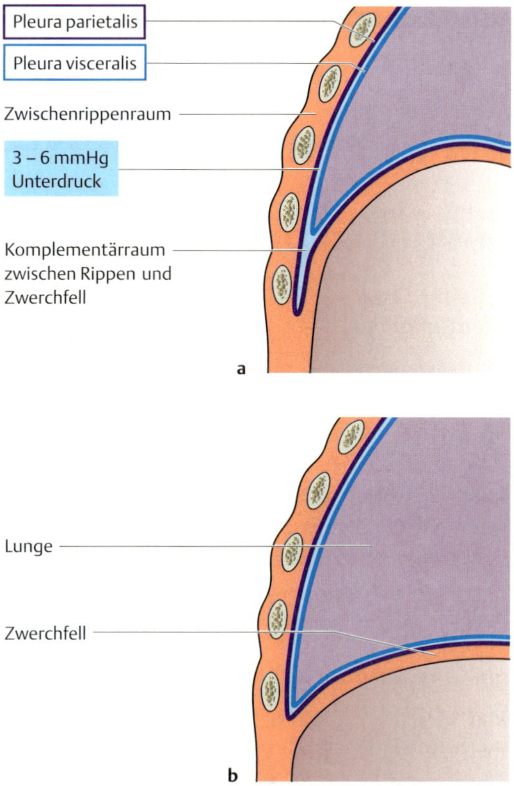

Abb. 8.15a, b In Ausatmungsstellung (**a**) füllt die Lunge nicht den ganzen Pleuraraum aus. Es bleibt ein Winkel zurück, in dem beide äußeren Blätter der Pleura einander anliegen. Wenn sich die Lunge mit Luft füllt, schiebt sie sich in diesen Reserveraum hinein (**b**) und kann ihr Volumen dadurch stärker vergrößern als durch die Bewegung des Zwerchfells allein.

spalt an der Thoraxinnenseite festgehalten würde. Gelangt jedoch Luft in den Pleuraspalt – etwa durch Einreißen der Pleura pulmonalis oder durch einen Messerstich zwischen die Rippen –, dann zieht sich die Lunge zusammen und die Alveolen werden nicht mehr belüftet.

8.6 Ein- und Ausatmen

Lungenvolumina

Atemruhelage

Die Lunge steht also normalerweise ständig unter einer Zugbelastung und saugt sich förmlich an der Brustwand fest. Im Pleuraraum entsteht dadurch ein Unterdruck, der sich während der Einatmung *(Inspiration)* erhöht und während der Ausatmung *(Exspiration)* vermindert. Dieser Lungensog verengt den knöchernen Thorax und zieht das Zwerchfell in den Brustkorb hinein, bis sich ein Kräftegleichgewicht einstellt (Atemruhelage).

Ein- und Ausatmung

Von dieser Atemruhelage ausgehend, atmen wir meist nur relativ flach ein (*Atemzugvolumen*, AZV, ca. 0,5 l) und lassen zur Ausatmung Thorax und Lunge einfach wieder passiv in die Atemruhelage zurückkehren. Über das AZV hinaus können aber maximal noch 2–3 l zusätzlich eingeatmet werden (*inspiratorisches Reservevolumen*, IRV); andererseits können wir das Lungenvolumen ***(Abb. 8.16)***, von der Atemruhelage ausgehend, willkürlich um 1–2 l weiter entleeren (*exspiratorisches Reservevolumen*, ERV). Am Ende einer maximalen Ausatmung verbleibt aber immer noch ein *Residualvolumen* von ebenfalls 1–2 l.

Vitalkapazität

Als Vitalkapazität (VK) bezeichnet man dasjenige Luftvolumen, das maximal mit einem einzigen Atemzug bewegt werden kann, also die Summe aus ERV, AZV und IRV.

Spirometrie. Eine Einschränkung der VK kann Indiz sein für eine sog. restriktive Ventilationsstörung, d. h. eine Erkrankung der Lunge (Lungenfibrose, z. B. bei Steinstaublunge) oder des Thorax (z. B. Kyphoskoliose = „Buckel"), die eine normale Entfaltung des Gewebes verhindert.

Lungenvolumina

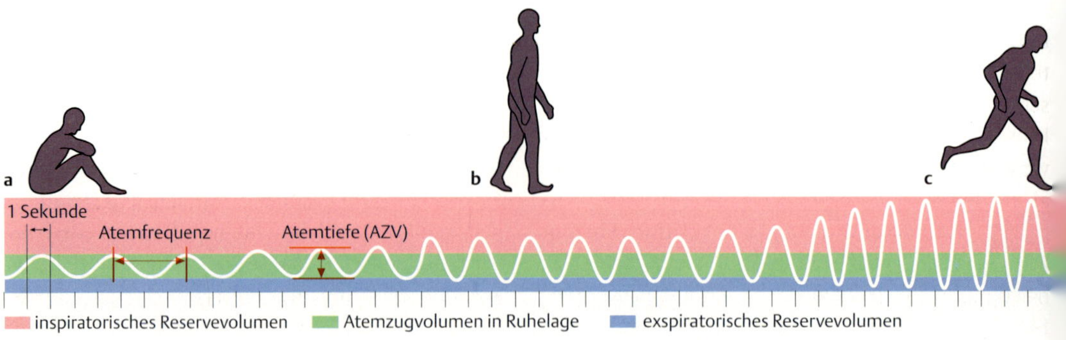

Abb. 8.16a–c Lungenvolumina bei Ruhe (**a**), Bewegung (**b**) und Anstrengung (**c**). In Ruhe bewegt sich die Atmung nur innerhalb einesengen Bandes. Mit zunehmender körperlicher Anstrengung atmen wir sowohl schneller als auch tiefer aus und ein. Beachten Sieauch, dass sich die Atmung immer mehr in die Richtung der Einatmung verschiebt, weil immer mehr des inspiratorischen Reservevolumens ausgeschöpft wird.

Spirometrie

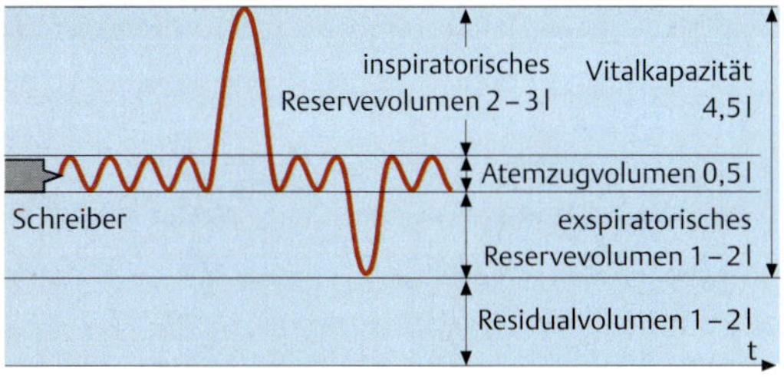

Abb. 8.17 Mit Hilfe der Spirometrie bestimmt man, wie viel Reserve der Lunge eines Patienten tatsächlich noch zur Verfügung steht. Die Vitalkapazität gibt dabei das maximale Volumen an, das eine Versuchsperson auf einmal ein- oder ausatmen kann.

Im klinischen Alltag werden die einzelnen Lungenvolumina mit Hilfe eines Spirometers oder – besser – im Body-Plethysmographen bestimmt. Während das Spirometer ***(Abb. 8.17)*** das Volumen der ein- und ausgeatmeten Luft misst, bestimmt man im Body-Plethysmographen Druckschwankungen einer luftdichten Kabine um die Versuchsperson herum, die durch einen Unter- bzw. Überdruck der Luft in der Lunge hervorgerufen werden.

Obstruktive Ventilationsstörungen. Das Leitsymptom obstruktiver Ventilationsstörungen, insbesondere des Asthma bronchiale und der asthmoiden Bronchitis, ist ein Ansteigen des Luftwiderstands in den kleinen Bronchien und Bronchiolen. Dies ist zumeist die Folge zäher Schleimansammlungen im Bronchiallumen oder aber einer zu starken Kontraktion der Bronchialmuskulatur. Für obstruktive Ventilationsstörungen ist estypisch, dass die Einatmung kaum behindert ist, die Ausatmung aber zunehmend Schwierigkeiten bereitet. Entsprechend verschiebt sich die Atemruhelage zur Inspiration (IRV $<$ ERV).

Zur Diagnose und Therapiekontrolle dient in Klinik und Praxis überwiegend der Tiffeneau-Test, also die Bestimmung der Sekundenkapazität (EV_1) bzw. der fraktionellen Sekundenkapazität (FEV_1). Die Sekundenkapazität ist dasjenige Volumen, welches nach einer maximalen Einatmung in der ersten Sekunde ausgeatmet werden kann. Die fraktionelle Sekundenkapazität setzt diesen Wert ins Verhältnis zur gesamten Vitalkapazität. Beim Gesunden soll FEV_1 mindestens 75 % betragen; Werte unter 70 % weisen auf eine teilweise Verlegung der Atemwege hin.

Das gesamte Lungenvolumen ist die Summe aus Residualvolumen und Vitalkapazität. Die Vitalkapazität setzt sich aus dem exspiratorischen Reservevolumen, dem Atemzugvolumen und dem inspiratorischen Reservevolumen zusammen.

Atemmechanik

Bei ruhiger Atmung benutzen wir die Atemmuskulatur lediglich zur Einatmung. Bei der Ausatmung schnurren Thorax und Lunge passiv in die Atemruhelage zurück. Daher ist die Einatemmuskulatur auch wesentlich spezialisierter und stärker entwickelt als die für die Ausatmung zuständigen Muskelgruppen. Wir unterscheiden zwei Arten der Atmung, die Zwerchfellatmung (Bauchatmung) und die Rippenatmung (Brustatmung).

Zwerchfellatmung

Anatomie

Der wichtigste Inspirationsmuskel ist das Zwerchfell *(Diaphragma)*. Das Zwerchfell ist eine flache Muskelplatte, die Brust- und Bauchraum voneinander trennt. Es entspringt im Bereich der unteren Thoraxöffnung; seine Muskelfasern ziehen nach innen und setzen an einer zentralen Sehnenplatte *(Centrum tendineum)* an.

Linke und rechte Zwerchfellseite wölben sich kuppelförmig in den Brustraum vor. Die rechte Zwerchfellkuppel liegt der Leber auf und wird von dieser

Atemmechanik

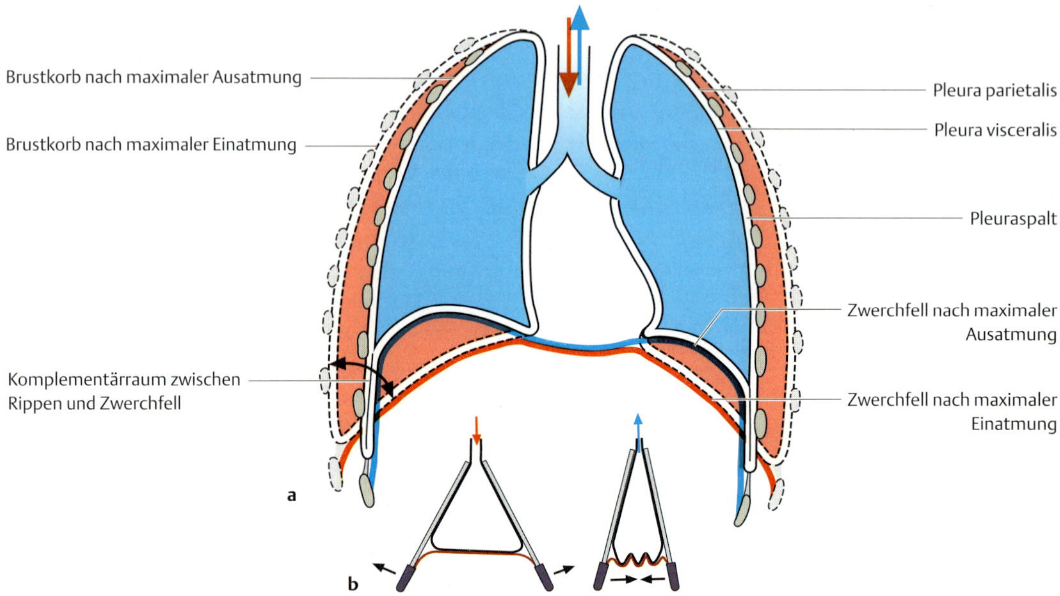

Abb. 8.18a, b Mit jeder Einatmung senkt sich das Zwerchfell. Dadurch kann sich die Lunge nach unten und in den Reserveraum der Pleura hinein vergrößern (Zwerchfellatmung, **a**). Gleichzeitig bewegen sich die Rippen nach außen und verbreitern den Brustkorb (Rippenatmung, **b**). Der Brustkorb arbeitet damit nach dem Prinzip des Blasebalgs.

weiter nach oben verdrängt als die linke Zwerchfellkuppel, unter der sich „nur" der recht formveränderliche Magen befindet. Bei aufrechter Körperhaltung projiziert sich die rechte Zwerchfellkuppel je nach der Atemlage in die Höhe des 8.–11. Brustwirbelkörpers (4.–6. Rippe).

Mechanik

Die Muskelzüge des Zwerchfells laufen in der Atemruhelage nahezu senkrecht auf das hoch stehende Centrum tendineum zu. Zur Einatmung verkürzen sich die Muskelfasern und flachen die Zwerchfellkuppel ab. Die zentrale Sehnenplatte tritt tiefer und das Lungenvolumen erhöht sich ***(Abb. 8.18)***.

Innervation

Das Zwerchfell wird aus dem Halsmarksegment C_4 über den *N. phrenicus* (Zwerchfellnerv) gesteuert. Dieser „hohe" Ursprung des N. phrenicus ermöglicht auch dann noch die Atmung, wenn das Rückenmark durch eine Querschnittlähmung so geschädigt ist, dass weder Arme noch Beine bewegt werden können *(Tetraplegie)*.

Training der Zwerchfellatmung. Durch Auflegen der Hände auf den Oberbauch kann die Zwerchfellatmung kontrolliert werden. Die seitliche Dehnung der Rippen bei der Einatmung lässt sich so gut erfühlen und beobachten. Als Pneumonieprophylaxe oder bei chronischen Atemwegserkrankungen gilt die Bauchatmung als wichtige Übung. Eine Kompression der untersten Rippen bei der Ausatmung unterstützt v.a. Patienten, die unter Atemnot leiden. Pflegeziel ist die vertiefte Einatmung, die durch eine verstärkte Ausatmung initiiert werden kann. Hierzu muss der Patient angeleitet werden: Er soll sich entspannt auf den Rükken legen und die auf dem Oberbauch liegende Hand durch eine vertiefte Einatmung „wegatmen". Die Einatmung erfolgt dabei durch die Nase, die Ausatmung langsam durch die gespitzten Lippen. Da die aktive Zwerchfellatmung ein wichtiger Bestandteil der Pneumonieprophylaxe ist, sollte der Patient sie möglichst schon vor Operation bewusst üben.

Rippenatmung

Das Zwerchfell übernimmt in Ruhe ca. zwei Drittel der Atemarbeit. Dieser Anteil wird jedoch mit zunehmender körperlicher Belastung immer geringer. Anstrengende körperliche Arbeit und Sport erfordern eine aktive Rippenatmung (Brustatmung).

Anordnung der Rippen

Die Rippen umgreifen den Brustraum nicht genau horizontal, sondern fallen von hinten nach vorne ab. Am besten stellt man sich diese Verhältnisse am Beispiel eines Stapels von Ringen vor, die an der Rückseite des Stapels locker zusammengebunden sind (entspricht den Rippen-Wirbel-Gelenken). Die gegenüberliegende vordere Seite (entspricht den Rippenbögen und dem Brustbein) sinkt nach unten, das Volumen innerhalb des Stapels ist klein. Bringt man die Ringe in die Horizontale, so vergrößert sich das Binnenvolumen, obwohl sich die einzelnen Ringe nicht verformt haben ***(Abb. 8.19)***.

Einatmung

An der Hebung des Thorax beteiligen sich in erster Linie die *Mm. scaleni* (Treppenmuskeln), die an den Querfortsätzen der Halswirbel entspringen und die erste und zweite Rippe nach hinten oben ziehen, sowie die zwischen den Rippen verlaufenden *Mm. intercostales externi* (äußere Zwischenrippenmuskeln). Diese kurzen Muskeln entspringen am Unterrand der jeweils oberen Rippe ziemlich nahe der Wirbelsäule und ziehen schräg nach vorn unten zur folgenden Rippe. Wegen dieser Anordnung führt ihre Verkürzung automatisch zu einem Anheben des gesamten Brustkorbs.

Ausatmung

An der Ausatmung beteiligen sich, wenn überhaupt erforderlich, die senkrechten Bauchdeckenmuskeln und die *Mm. intercostales interni* (innere Zwischenrippenmuskeln). Letztere sind Gegenspieler der äußeren Zwischenrippenmuskeln und verlaufen ungefähr im rechten Winkel zu diesen, also von unten hinten nach oben vorn.

Innervation

Die an der Rippenatmung beteiligte Muskulatur wird aus dem Armplexus *(Plexus brachialis)* – also aus den Halsmarksegmenten C_5–C_8 – innerviert. Bei einer hohen Querschnittlähmung mit Tetraplegie fällt daher auch der gesamte Mechanismus der Rippenatmung aus.

Prinzip der Rippenatmung

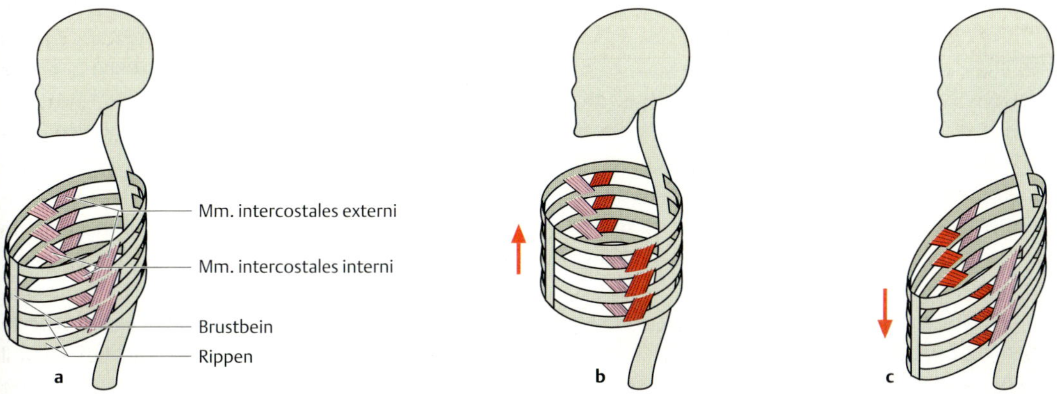

Abb. 8.19a–c Im Prinzip sind die Rippen und das Brustbein nichts anderes als starre Fassreifen, die den Brustkorb zusammenhalten. Sie können sich aber an der Wirbelsäule nach oben und unten verkippen. Die Skizze zeigt die Ruhestellung (**a**). Wenn sich das Brustbein durch den Zug der Einatmungsmuskulatur hebt (**b**), dann vergrößert sich automatisch das Volumen des Brustkorbs. Umgekehrt senken die Ausatmungsmuskeln das Brustbein und verkleinern das Volumen (**c**).

Steuerung der Atmung

Über die Aktivität der Atemmuskulatur steuert das Gehirn nicht nur die Sauerstoffaufnahme, sondern auch den Gehalt an Kohlendioxid, und nimmt damit wesentlichen Einfluss auf den Säure-Basen-Haushalt. Atemstimulierend wirken:

- ein Absinken der O_2-Sättigung und ein Abfall des pH-Wertes im arteriellen Blut – gemessen über periphere Chemorezeptoren am Aortenbogen und der Halsschlagader – sowie
- ein Anstieg der CO_2-Konzentration in Blut und Liquor – gemessen über zentrale Chemorezeptoren an der Vorderseite des verlängerten Marks.

Ein Ansteigen der CO_2-Konzentration im Blut ist der mit Abstand stärkste Anreiz für die Atmung überhaupt.

Atemzentrum

Im Stammhirn (verlängertes Mark, *Medulla oblongata*) befindet sich auch das Atemzentrum, das eigentlich aus je einem Einatmungs- und Ausatmungszentrum auf der linken und rechten Seite besteht, also insgesamt vier verschiedenen Nervenzellgebieten.

Das Einatmungszentrum aktiviert die Inspirationsmuskulatur so lange, bis es selbst durch Dehnungsrezeptoren in der Lunge gehemmt wird. Jetzt übernimmt das Ausatmungszentrum und ermöglicht die Exspiration.

Das Atemzentrum wird auch durch jede Form körperlicher Aktivität aktiviert, auch wenn diese noch nicht zu einer Änderung der Blutgaswerte geführt hat. Daher atmen wir schon zu Beginn einer sportlichen Dauerleistung verstärkt ein und aus, obwohl sich der O_2- und CO_2-Gehalt im Blut noch gar nicht geändert hat. Das Atemzentrum nimmt also den erwarteten zusätzlichen Sauerstoffbedarf bereits vorweg.

Der wichtigste Atmungsmuskel ist das Zwerchfell. Eine Kontraktion der Muskelzüge senkt das Zwerchfell (Einatmung), bei Erschlaffen der Muskulatur zieht sich die Lunge passiv zusammen (Ausatmung). Die Rippenatmung erlaubt tiefere Atemzüge bei körperlicher Belastung.

8.7 Austausch zwischen O_2 und CO_2

Lungendurchblutung (Perfusion)

Anatomie

Im Gegensatz zu allen anderen Organsystemen ist die Lunge in den kleinen Kreislauf eingeschaltet (s. Kap. 11, S. 342). Sauerstoffarmes Blut gelangt mit der Lungenarterie (Pulmonalarterie, *A. pulmonalis*) in das Kapillarbett der Alveolen, wird dort mit Sauerstoff angereichert und fließt über die Lungenvenen (Pulmonalvenen, *Vv. pulmonales*) wieder zum Herzen. Nur ein kleiner Bereich um die großen Bronchien wird von den Bronchialarterien *(Aa. bronchiales)* direkt aus der Aorta versorgt.

Durchblutung einzelner Lungenabschnitte

Im Gegensatz zum großen Kreislauf ist der Blutdruck in der Lungenarterie sehr niedrig (25/8 mmHg im Gegensatz zu 120/80 mmHg). Dieser niedrige Blutdruck reicht im Liegen aus, um alle Lungenabschnitte gleichmäßig zu durchbluten ***(Abb. 8.20)***.

Im Stehen ist die Durchblutung der Lungen dagegen sehr unterschiedlich: Auf das Blut in den unteren Lungenabschnitten (Lungenbasis) wirkt neben dem eigentlichen Pulmonalarteriendruck noch der hydrostatische Druck der darüber stehenden Blutsäule; die Gefäße sind prall gefüllt, die Durchblutung ist entsprechend groß. Im Gegensatz dazu fallen die Gefäße der Lungenspitze besonders in der Diastole vollständig zusammen, da der Blutdruck nicht ausreicht, das Blut entgegen der Schwerkraft nach oben zu treiben; die Durchblutung der oberen Lungensegmente ist daher stark eingeschränkt.

Die Druckunterschiede in der Lunge erhöhen sich bei körperlicher Belastung: Während der Einatmung entsteht ein Unterdruck, während der Ausatmung

Lungendurchblutung

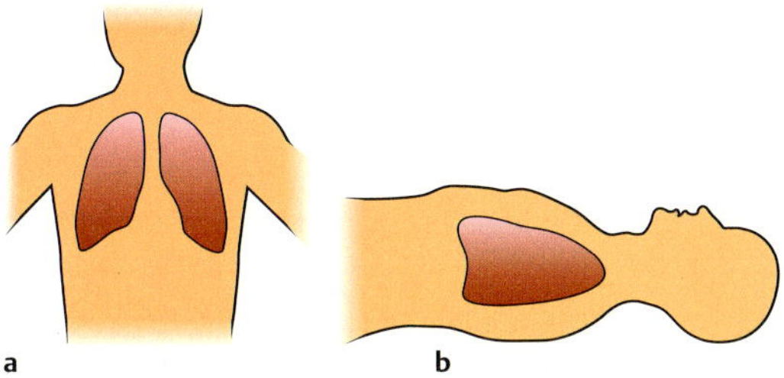

Abb. 8.20a, b Lungendurchblutung im Stehen (**a**) und im Liegen (**b**). In Ruhe reicht der Blutdruck in der Lungenarterie nicht aus, um das Blut bis in die Lungenspitzen zu pumpen – sie bleiben weitgehend blutleer. Da im Liegen der Höhenunterschied zum Herzen geringer ist, werden die Lungen wesentlich gleichmäßiger mit Blut versorgt.

ein Überdruck. Dieser rhythmische Wechsel zwischen Sog und Überdruck hilft mit, das Blut gleichmäßiger in alle Lungenabschnitte zu befördern. Körperliche Anstrengung rekrutiert also zusätzliche Lungenabschnitte in den oberen Regionen.

Ventilation und Perfusion

Belüftung *(Ventilation)* und Durchblutung *(Perfusion)* stehen in einer engen Beziehung zueinander. So wäre es sicherlich wenig sinnvoll, wenn nicht durchblutete Lungenbezirke mit besonders viel Luft versorgt würden. Andererseits müssen Bereiche mit hoher Durchblutung auch eine besonders gute Luftzufuhr erhalten, um genügend Sauerstoff aufnehmen zu können.

Jeder kleinste Lungenbezirk ist daher in der Lage, Belüftung und Durchblutung aufeinander abzustimmen, so dass das Ventilations-Perfusions-Verhältnis ungefähr bei 1 : 1 (meist 0,8 : 1) liegt. Das bedeutet: Wird ein Lungenbezirk mit 1 ml Luft pro Minute beatmet, so fließt auch ca. 1 ml Blut pro Minute durch die Kapillaren eben dieses Bezirks. Nicht benötigtes Blut wird entweder zurückgehalten oder über Kurzschlussgefäße direkt, unter Umgehung der Kapillaren, den Lungenvenen zugeführt. Lokale Reflexe sorgen dabei für ein ausgeglichenes Verhältnis zwischen Belüftung und Durchblutung in den unterschiedlichen Lungenabschnitten.

Diffusion und Gasaustausch

Gasaustausch in der Lunge ***(Abb. 8.21)*** bedeutet nichts anderes als:

- die Aufsättigung des vom rechten Herzen kommenden Blutes mit Sauerstoff (O_2) sowie
- die Abatmung von Kohlendioxid (CO_2), das im Stoffwechsel produziert wird.

Es handelt sich um eine einfache physikalische Diffusion über die dünne Wandung (Endothel) der Blutkapillaren, die darunter liegende Basalmembran und die Alveolardeckzellen hinweg.

Partialdruck

Unter dem Partialdruck eines Gases versteht man den jeweiligen Luftdruck bezogen auf eines der in de Luft enthaltenen Gase. Wenn beispielsweise der Luftdruck bei 750 mmHg liegt und die Luft 21 % Sauerstoff enthält, dann beträgt der Partialdruck 21 % von 750 = 157,5 mmHg.

Alveolärer Gasaustausch

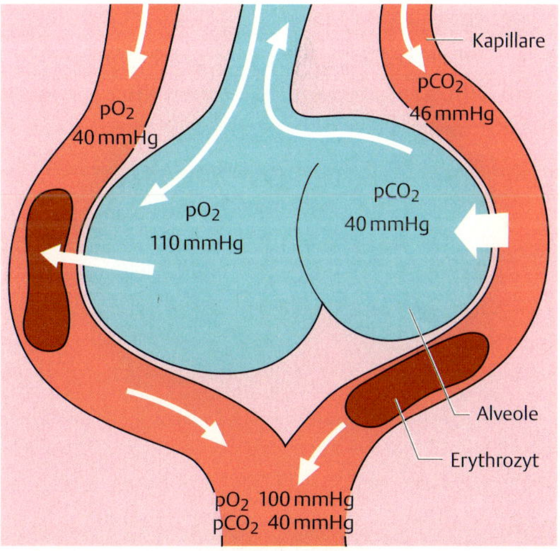

Abb. 8.21 Die linke Hälfte der Abbildung zeigt den Austausch von Sauerstoff, die rechte den von Kohlendioxid in den Alveolen. Für Sauerstoff besteht ein viel größerer Unterschied in den Partialdrücken (40–110 mmHg) als für Kohlendioxid (46–40 mmHg). Dieser kleine Unterschied reicht aber wegen der guten Diffusion von CO_2 aus, um das entstehende Kohlendioxid auszuscheiden.

***pO_2*.** In der Alveole ist der Partialdruck von Sauerstoff *(pO_2)* mit 100–110 mmHg niedriger als in der Einatemluft (ca. 150 mmHg), da die Alveolarluft mit Wasserdampf gesättigt ist und sich frische und verbrauchte Luft ständig vermischen. Dies ist aber immer noch viel im Vergleich zum pO_2 der arteriellen Lungengefäße (40 mmHg); es besteht ein Diffusionsgefälle von 60–70 mmHg von der Alveole ins Blut.

***pCO_2*.** Für *CO_2* besteht ein Partialdruckgefälle in der entgegengesetzten Richtung: Blut 46 mmHg, Alveolarluft 40 mmHg. Dieser nur geringe Unterschied reicht vollkommen aus, um das im Stoffwechsel erzeugte Kohlendioxid vollständig abzuatmen, da CO_2 ca. 23mal besser diffundieren kann als Sauerstoff.

Die Menge an Sauerstoff, welche von A nach B diffundiert, ist:

- proportional zu dem Partialdruckunterschied (ΔpO_2),
- proportional zur Diffusionsfläche (A) und
- umgekehrt proportional zu der Dicke der Diffusionsmembran (d).

Die Lunge ist nun hinsichtlich aller drei Beziehungen optimal konstruiert:

- Der Partialdruckunterschied ΔpO_2 ist hoch (60–70 mmHg),
- die Diffusionsfläche A ist sehr groß (100 m^2) (!),
- die Diffusionsstrecke d ist extrem kurz (1 µm = 0,001 mm).

Störungen des Gasaustauschs in der Lunge. Nach Lungenkrankheiten oder im Alter können sich diese Verhältnisse einzeln oder insgesamt verschlechtern, mit der Folge, dass das Blut nur ungenügend mit Sauerstoff versorgt wird. So verkleinert sich die Diffusionsfläche A schon beim Gesunden im Alter, indem immer mehr Alveolen zu größeren Hohlräumen verschmelzen (Emphysem). Lungenfibrosen, also Erkrankungen, bei denen sich die Lunge bindegewebig verfestigt (z. B. Steinstaublunge), oder Wassereinlagerungen im Lungengewebe (Lungenödem) verlängern die Diffusionsstrecke d, während der alveoläre Sauerstoffpartialdruck und damit der Partialdruckunterschied ΔpO_2 bei Aufenthalt in großen Höhen mitunter drastisch abnimmt (auf 5300 m über NN hat sich der Luftdruck bereits halbiert!).

Lokale Reflexe sorgen dafür, dass unabhängig von der Körperlage Ventilation und Perfusion in einem konstanten Verhältnis zueinander stehen. Zusammen mit der für die Diffusion günstigen Bedingungen erhöht dies die Effizienz des Gasaustauschs zwischen O_2 und CO_2 in den Lungenalveolen.

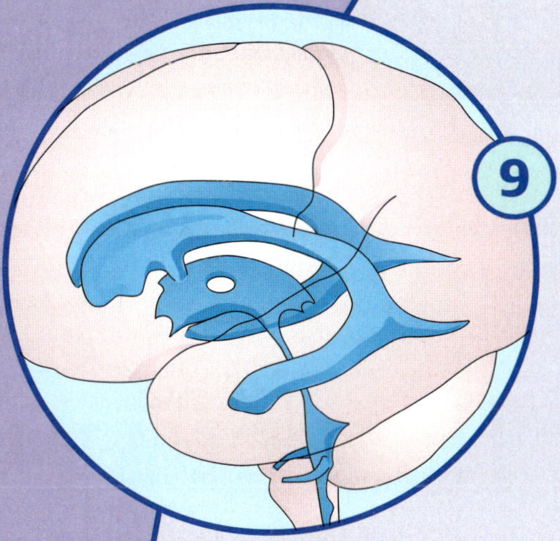

9 DENKEN UND BEWUSSTSEIN

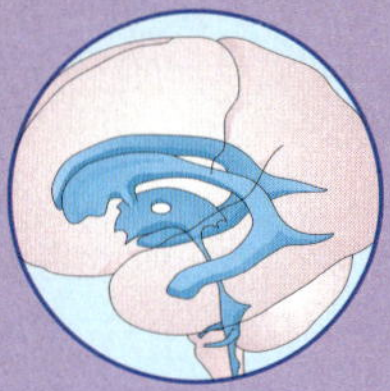

9.1 Bestandteile des Nervensystems

Nervensystem und Computer

Das Nervensystem ist der Ort der Aufnahme, Verarbeitung und Weitergabe von Informationen, mit anderen Worten also das Steuerungssystem der Körperfunktionen.

Dabei konkurriert das Nervensystem mit dem Hormonsystem, wobei sich die Kompetenzen beider Systeme im Lauf der Entwicklungsgeschichte recht klar voneinander getrennt haben: Das Nervensystem steuert alle Funktionen, die schnell erfolgen, scharf abgegrenzte Körperteile erfassen (z. B. einzelne Muskeln) und als Reaktion auf Umwelteinflüsse auftreten. Die Reaktionen des Nervensystems können erlernt, also durch Erfahrung verändert werden.

Will man eine technische Analogie verwenden, so kann man das Nervensystem mit einer elektronischen Steuerungsanlage, also einem Computersystem, vergleichen. Es besitzt:

- Sensoren *(Sinnesorgane)*,
- Eingänge *(Afferenzen)*,
- Ausgänge *(Efferenzen)*, sowie
- ein Netzwerk aus einer Reihe gleichartiger, teilweise selbstständiger Computer *(Rückenmarksegmente)*, die mit einem zentralen Großrechner *(Gehirn)* vernetzt sind.

Höhere Gehirnfunktionen entziehen sich dieser Analogie, da es keinen Computer gibt – und vielleicht auch niemals geben wird –, der Bewusstsein, Persönlichkeit und einen freien Willen entwickeln kann.

Neuronale Plastizität

Das Nervensystem ist sozusagen die Hardware, mit der wir uns selbst als unverwechselbares Individuum erleben und mit der Umwelt austauschen. Wenn wir also versuchen, die komplizierte Architektur und Funktion des Gehirns zu verstehen, folgen wir im ureigentlichen Sinne der Tradition der griechischen Philosophie „Erkenne dich selbst".

Anders als bei einem Computers sind die Nervenzellen in unserem Gehirn jedoch gerade eben *nicht* fest verdrahtet. Die Architektur des neuronalen Netzwerkes aus Nervenzellen, Glia, Axonen und Synapsen ist

Zentrales und peripheres Nervensystem

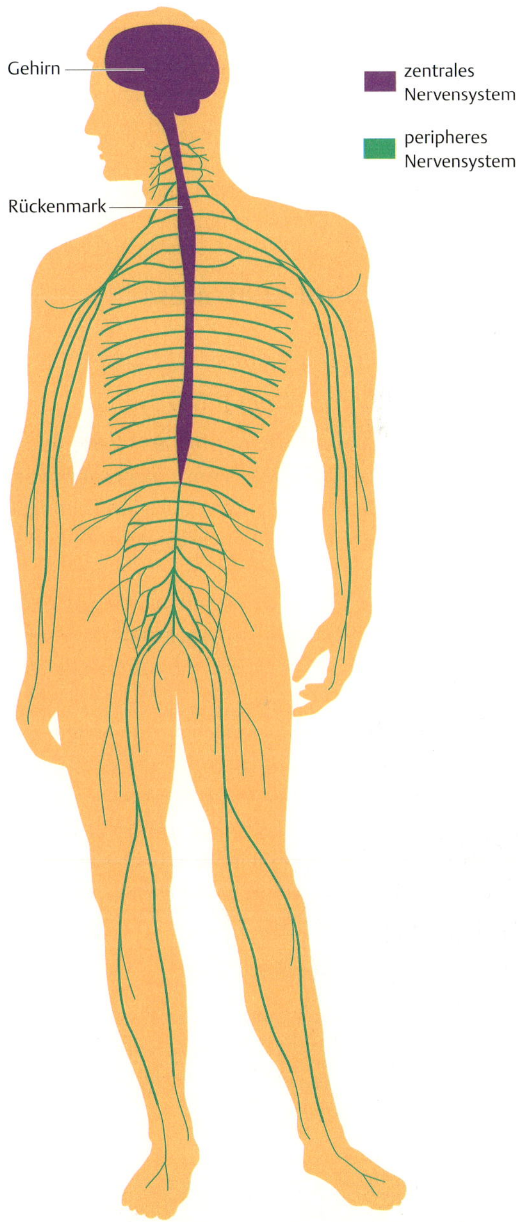

Abb. 9.1 Die Leitungsbahnen (Nerven) des peripheren Nervensystems (grün) bringen afferente Informationen zum zentralen Nervensystem (violett). Dort findet die eigentliche Verarbeitung statt. Efferente Informationen erreichen die Peripherie ebenfalls über die Nerven des peripheren Nervensystems.

in einem ständigen Umbauprozess befindet *(neuronale Plastizität)*.

Stellen Sie sich vor, Sie öffnen ein Computergehäuse und finden statt der klaren Gliederung von Prozessor, Speicherchips, Festplatte und I/O-Komponenten eine Unzahl ungefähr gleichartiger Chips, die selbst darüber entscheiden, mit welchen anderen Chips sie Verbindungen eingehen wollen oder nicht und diese auch tagtäglich verändern. Und wenn Sie das Gehäuse drei Wochen später erneut öffnen, sind diese Chips miteinander wieder anders verdrahtet als zuvor.

Peripheres und zentrales Nervensystem

Peripheres Nervensystem (PNS)

Das periphere Nervensystem ***(Abb. 9.1)*** leitet Informationen weiter, kann diese jedoch nicht selbst verarbeiten. Es besteht also hauptsächlich aus Leitungsbahnen. Eingangs- und Ausgangssignale zu einer Peripherieeinheit (einem Organ, einem Hautbezirk, einem Muskel) laufen zwar in voneinander getrennten Nervenfasern *(Axonen)*, die aber meist zu einem einheitlichen Kabelstrang *(Nerv)* zusammengefasst sind.

Ein Nerv enthält neben den Axonen isolierende Schwann-Zellen sowie Bindegewebe und Blutgefäße, nicht jedoch die eigentlichen Nervenzellen. Die Somata der Nervenzellen liegen gruppenweise in *Ganglien* zusammen. In den Ganglien findet auch in aller Regel die synaptische Umschaltung zwischen zwei Nervenzellen statt.

Zentrales Nervensystem (ZNS)

Gehirn und Rückenmark bilden das Zentralnervensystem. Jedes einzelne Rückenmarksegment hat die Fähigkeit, besondere motorische Funktionen selbstständig zu steuern (Reflexe).

Diese Teilautonomie ist ein Überbleibsel aus unserer frühen Entwicklungsgeschichte als loser Zusammenschluss mehrerer eigenständiger Funktionseinheiten. Die Segmente erstrecken sich bei niederen Tieren, z. B. dem Regenwurm, nicht nur auf das Nervensystem, sondern auch auf Organe, die in jedem Segment gleich angelegt sind.

Was uns (unter anderem) vom Regenwurm unterscheidet, ist die Tatsache, dass sich das Vorderende des Rückenmarks unwahrscheinlich aufgebläht und vergrößert hat. Die segmentale Struktur erkennt man hier noch ansatzweise am verlängerten Mark des Stammhirns *(Medulla oblongata)*, dem ältesten und tiefsten Hirnteil. Mit fortschreitender Entwicklung haben sich danach Brücke, Mittelhirn, Zwischenhirn, Kleinhirn und Großhirn ausgebildet.

Je höher ein Lebewesen entwickelt ist, um so stärker sind die einzelnen Rückenmarksegmente von einer zentralen Steuerung abhängig. Erst wenn – beispielsweise durch eine Querschnittlähmung – die Verbindung zwischen Hirn und Rückenmark unterbrochen wird, „erinnert" sich Letzteres an seine Vergangenheit als selbstständiges Steuerungsorgan und kann wieder höhere Funktionen übernehmen.

! **Das zentrale Nervensystem (ZNS) besteht aus dem Gehirn und dem Rückenmark. Einzelne Gehirnabschnitte und jedes Rückenmarksegment sind teilweise selbstständig, jedoch eng mit anderen ZNS-Teilen vernetzt. Die Anteile des ZNS zeichnen sich durch ihre neuronale Plastizität aus, das ZNS ist also nicht fest verdrahtet. Das periphere Nervensystem besteht aus den zum ZNS führenden (Afferenzen) und von dort weg führenden Leitungsbahnen (Efferenzen). Es kann Informationen aufnehmen und transportieren, jedoch nicht eigenständig verarbeiten.**

9.2 Rückenmark

Aufbau des Rückenmarks

Lage des Rückenmarks

Der Wirbelkanal *(Canalis spinalis,* ***Abb.9.2b****)* bietet dem empfindlichen Rückenmark *(Medulla spinalis)* einen guten Schutz vor mechanischer Beschädigung. Dennoch erlauben die Wirbelgelenke Beugung, Streckung und Drehbewegungen. Der Wirbelkanal liegt dabei meist direkt in der Bewegungsachse, so

Rückenmark und Spinalnerven

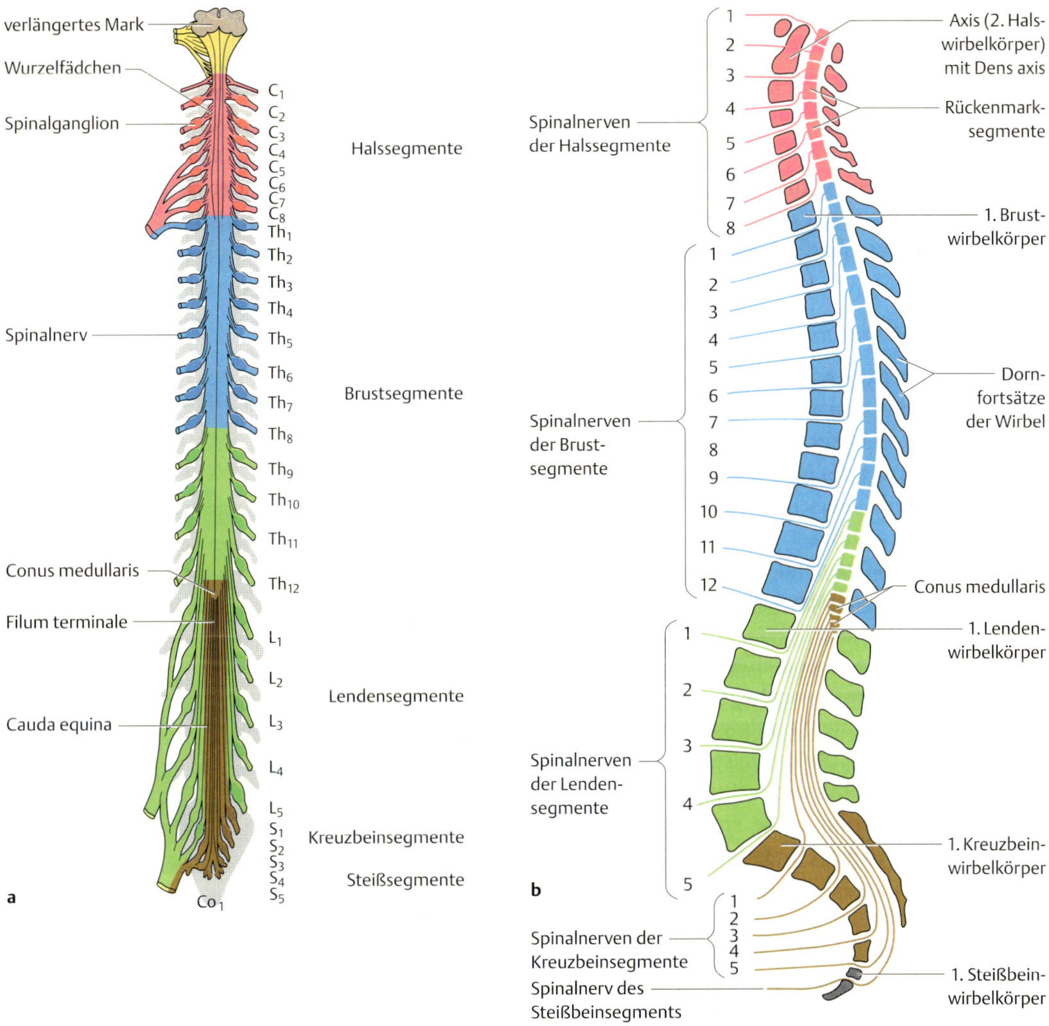

Abb. 9.2a, b **a** zeigt das Rückenmark und die großen Rückenmark-(Spinal-)nerven in einer Ansicht von hinten. Das eigentliche Rückenmark endet etwa auf Höhe des 12. Brustwirbels. Beachten Sie, dass demgegenüber die Spinalganglien immer auf Höhe des jeweiligen Wirbelkörpers liegen. Die schematisierte Seitenansicht (**b**) stellt die einzelnen Rückenmarksegmente den zugehörigen Wirbelkörpern gegenüber.

Muskelspindel

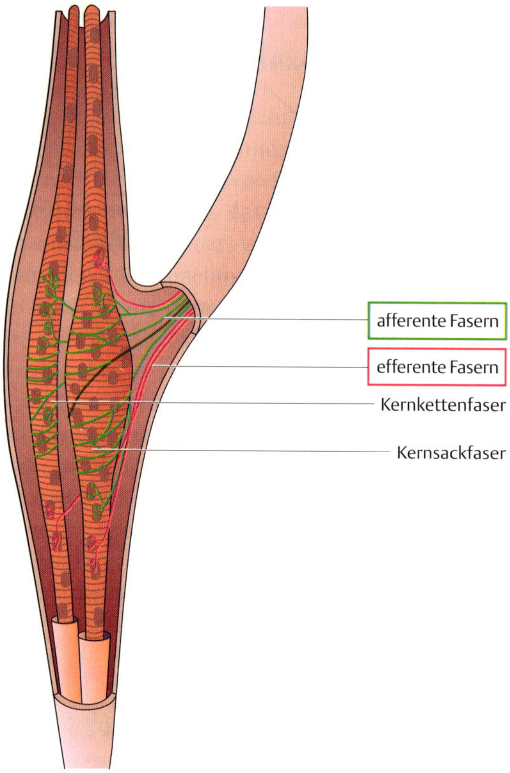

Abb. 9.7 Muskelspindeln liefern Informationen über die Dehnung eines Muskels. Hierzu dienen afferente Fasern, die sich um die Mitte der Kernsack- und Kernkettenfasern schlingen. Efferente Nervenfasern erreichen die äußeren Bereiche dieser Fasern und dehnen diese mehr oder weniger vor. Sie verstellen so den Messbereich und die Empfindlichkeit der Muskelspindel.

α-Motoneuronen ein hemmendes Interneuron: Wird die Afferenz erregt, dann hemmt das Interneuron die Aktivität des α-Motoneurons, und der antagonistische Muskel erschlafft.

Bahnung von Muskelreflexen. Der bekannteste Muskeldehnungsreflex ist sicherlich der Patellarsehnenreflex (PSR): Beim Beklopfen des Ligamentum patellae unterhalb der Kniescheibe schnellt der Fuß nach vorn, das sich der M. Quadriceps femoris kontrahiert.

Der Reflex fällt in aller Regel wesentlich heftiger aus, wenn man die Arme auf Brusthöhe hält, die Hände verschränkt und kräftig zieht (Jendrassik-Handgriff). Obwohl die Rückenmarksegmente für die Motorik der Arme und der Beine weit voneinander entfernt liegen, beeinflussen sie sich offenbar ganz erheblich gegenseitig. Die primären Afferenzen enden nämlich nicht nur an dem Segment, in welchem die α-Motoneurone für denselben Muskel liegen, sondern ziehen über viele Segmente hinweg und beeinflussen daher auch weit entfernte Muskelgruppen.

Der Muskeldehnungreflex stellt die Länge eines Muskels auf den vom ZNS gewählten Sollwert ein. Als Sensoren dienen die Muskelspindeln in demselben Muskel. Es handelt sich um einen monosynaptischen Reflex, der in erster Linie ein einzelnes Rückenmarksegment betrifft.

Eigen- und Fremdreflexe

In vielen Lehrbüchern tauchen die „klassischen“ Begriffe Eigen- und Fremdreflex auf. Diese Einteilung der Reflexe richtet sich ganz einfach danach, ob der afferente Schenkel in demselben Muskel beginnt, in dem der efferente endet (Eigenreflex) oder auch andere Muskelgruppen miteinbezieht (Fremdreflex). Die überwiegende Mehrzahl der Reflexe zählt dementsprechend zu den Fremdreflexen. Wegen ihrer einfachen Überprüfbarkeit haben aber andererseits gerade die Eigenreflexe eine ganz besonders hohe Bedeutung für die klinische Diagnostik.

Klinisch wichtige Reflexe. Meistens überprüft man die Reflexe eines Patienten, um Aufschluss über die Art und Lokalisation einer vermuteten Schädigung des Rückenmarks oder des peripheren Nervensystems zu erlangen. Ist ein Spinalnerv, z. B. durch einen Bandscheibenvorfall, schwer geschädigt, dann lassen sich keine Reflexe auslösen, die über die entsprechende Nervenwurzel laufen (Areflexie). Eine leichtere Schädigung erkennt man daran, dass der Reflex auf der betroffenen Seite schwächer ausfällt als gegenüber (Hyporeflexie).

Bei einer frischen Querschnittlähmung entfallen zunächst sämtliche Reflexe unterhalb der Durchtrennungsstelle (spinaler Schock). Nach einigen Monaten hat sich das Rückenmark von diesem „Schock“ so weit erholt, dass es seine Tätigkeit wieder aufnimmt. Weil jetzt das Gehirn keine Kontrolle mehr ausüben kann, fallen die Reflexe sogar besonders stark aus (Hyperreflexie).

Aus diesen Beispielen geht klar hervor, dass man in der klinischen Diagnostik vor allem einfache Reflexe verwendet, die möglichst nur über ein einziges Rückenmarksegment laufen. Diese Reflexe sind dann kennzeichnend für genau dieses Segment und lassen Rückschlüsse auf Art und Ausmaß der Störung zu.

Die wichtigsten Reflexe beschreibt **Tab. 9.1**.

Tabelle 9.1 Die wichtigsten Reflexe

Reflex	Rückenmarksegment	Auslösung	Wirkung
Bizepssehnenreflex	C_5 u. C_6	Beklopfen der Ansatzsehne in der Ellenbeuge	Beugung im Ellenbogen 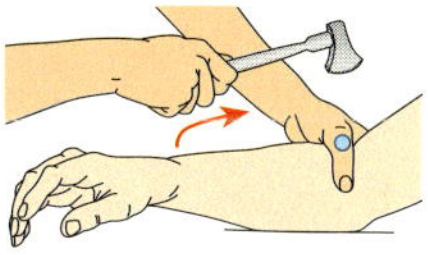
Radiusperiostreflex	C_5 u. C_6	Beklopfen der Speiche über dem Handgelenk	Beugung im Ellenbogen 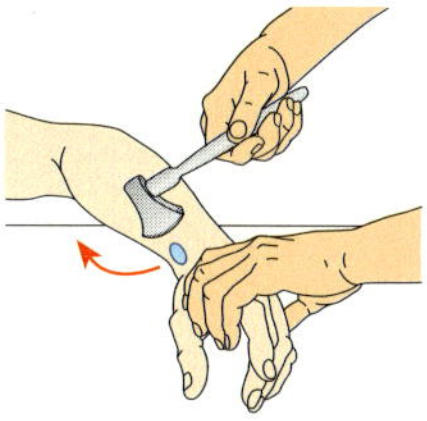
Trizepssehnenreflex	C_7	Beklopfen der Ansatzsehne an der Rückseite des Ellenbogens	Streckung im Ellenbogen 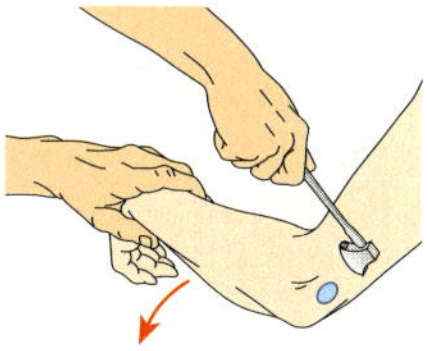
Bauchhautreflexe	Th_7–Th_{12}	Schnelles Bestreichen der Bauchhaut von außen nach innen. Man kann die einzelnen Segmente ungefähr voneinander trennen, indem man die Bauchhaut auf Höhe der unteren Rippen, auf Nabelhöhe und über dem Darmbeinkamm prüft	Einseitige Anspannung der Bauchmuskulatur 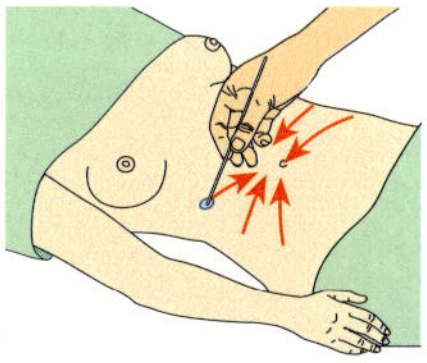
Cremasterreflex	L_1 u. L_2	Bestreichen der Haut an der Innenseite des Oberschenkels	Hochziehen des Hodens 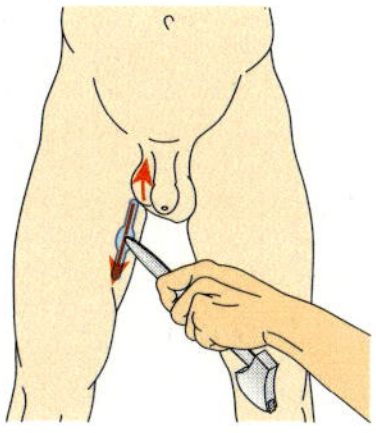

Tabelle 9.1 Fortsetzung

Reflex	Rückenmarksegment	Auslösung	Wirkung
Adduktorenreflex	L_2–L_4	Beklopfen der Ansatzsehne an der Innenseite des Knies	Adduktion des Oberschenkels im Hüftgelenk 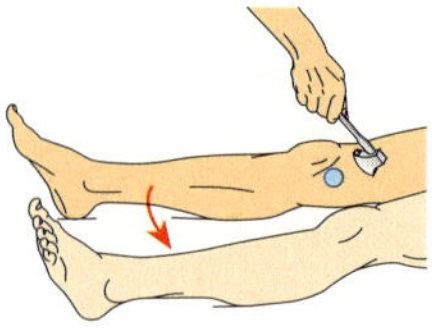
Patellarsehnenreflex	L_2–L_4	Beklopfen der Ansatzsehne des M. quadriceps femoris unterhalb der Kniescheibe	Streckung im Knie 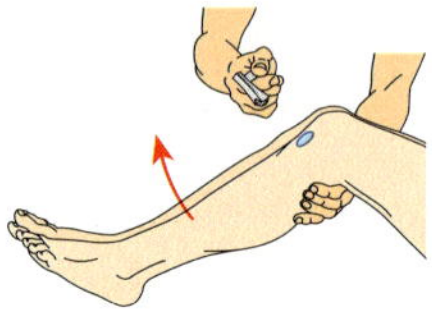
Glutäalreflex	L_4–S_1	Bestreichen der Haut über den Gesäßbacken	Anziehen des M. glutaeus maximus 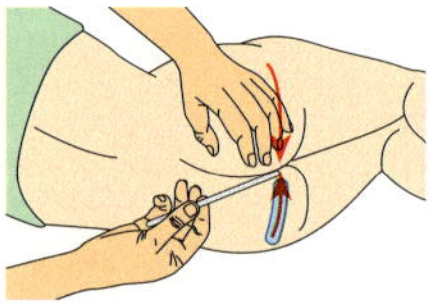
Tibialis-posterior-Reflex	L_5	Beklopfen der Ansatzsehne hinter dem Innenknöchel	Innendrehung (Supination) des Fußes 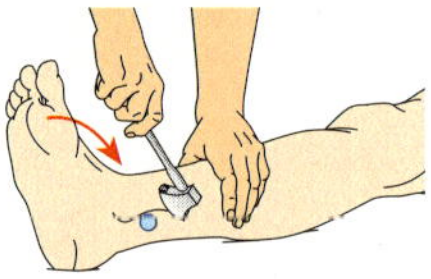
Achillessehnenreflex	S_1–S_2	Beklopfen der Achillessehne über dem Fersenbein	Senken des Vorderfußes 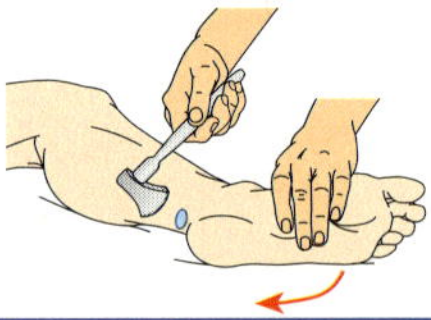

9.4 Vegetatives Nervensystem

Die Begriffe Sympathikus und Parasympathikus haben wir bislang ausschließlich im funktionellen Sinn gebraucht, ohne weiter nach den anatomischen Strukturen zu fragen, die hinter diesen so sehr entgegengesetzten Anteilen des vegetativen Nervensystems stecken (***Abb. 9.8***) Wir wollen diese „Bildungslücke" jetzt schließen.

Anatomie des sympathischen Nervensystems

Das sympathische Nervensystem besteht aus:

- einer zentralen Steuereinheit, dem *Hypothalamus*, und
- drei efferenten Nervenzellen:

Vegetatives Nervensystem

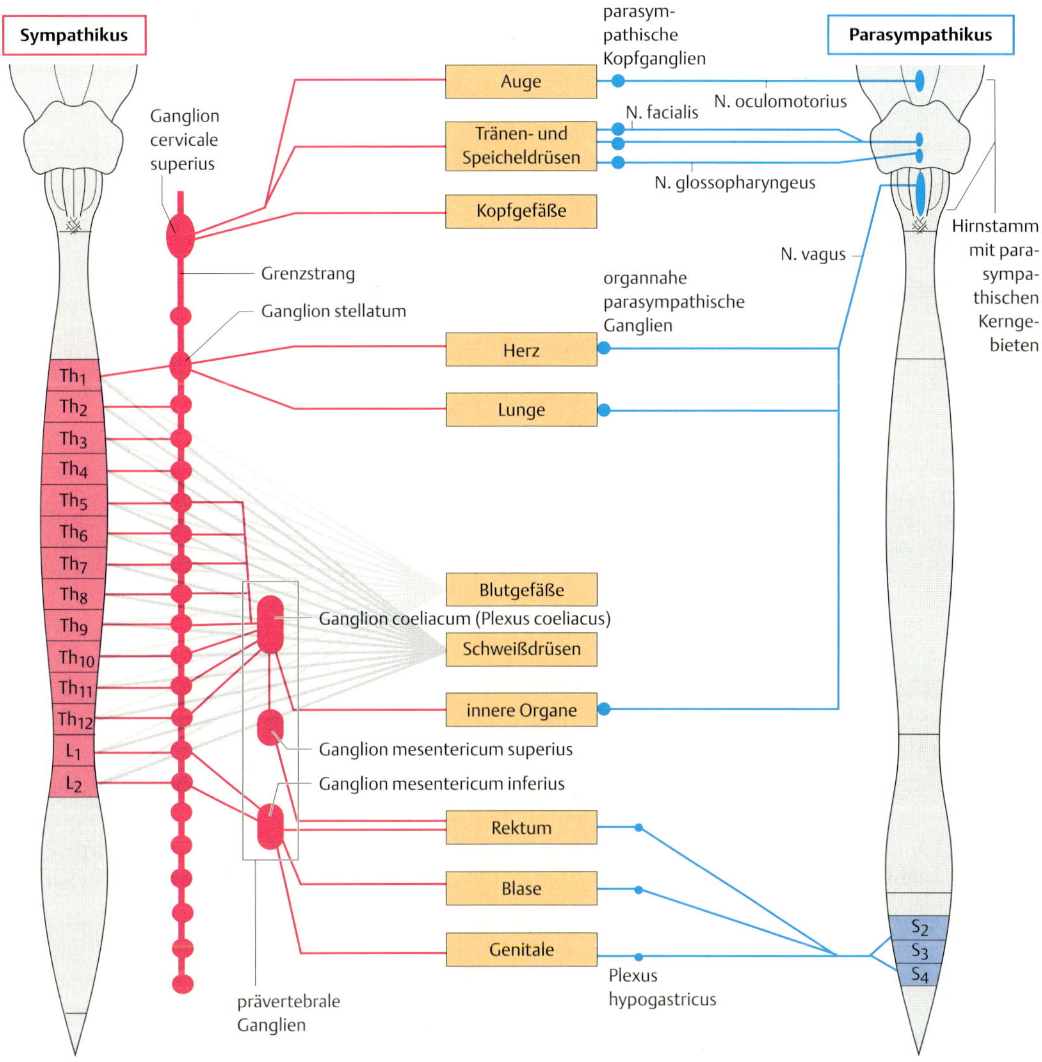

Abb. 9.8 Das vegetative Nervensystem besteht aus einem sympathischen (rot) und einem parasympathischen Anteil (blau). Die meisten inneren Organe werden gleichzeitig von beiden Anteilen versorgt. Achten Sie darauf, dass die präganglionären sympathischen Fasern ihre Synapsen mit den postganglionären Fasern stets in besonderen Ganglien haben, während die entsprechende Umschaltung der parasympathischen Fasern erst im Zielorgan erfolgt.

- dem ersten *(zentralen)* Neuron,
- dem zweiten *(präganglionären)* Neuron und
- dem dritten (postganglionären) Neuron.

Zentrales und präganglionäres Neuron

Das erste (zentrale) Neuron reicht vom Gehirn bis ins Seitenhorn der Rückenmarksegmente Th_1 bis L_2. Dort schalten die Fasern auf das zweite, so genannte präganglionäre Neuron um. Das Axon dieser Nervenzelle verlässt das Rückenmark als Teil der Vorderwurzel, spaltet sich jedoch bereits sehr früh nach dem Verlassen des Wurzelkanals vom Spinalnerv ab und führt als kurzer *Ramus communicans albus* (weißer Verbindungsast) zum sympathischen

Sympathischer Grenzstrang

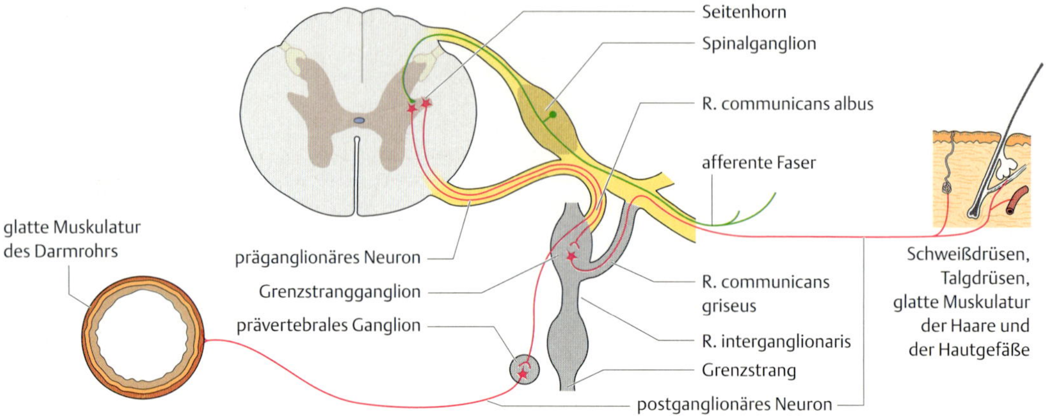

Abb. 9.9 Die Nervenzellkörper des sympathischen Systems liegen im Seitenhorn des Rückenmarks. Von dort ziehen die (efferenten) präganglionären Fasern durch die Vorderwurzel und den R. communicans albus in ein Grenzstrangganglion neben der Wirbelsäule. Hier haben die meisten Fasern eine Synapse mit der postganglionären Nervenzelle, deren Axon im Rückenmarknerv zur Peripherie führt. Einige präganglionäre Fasern ziehen durch den Grenzstrang hindurch und schalten erst in den prävertebralen Ganglien vor derWirbelsäule um.

Grenzstrangganglion des zugehörigen Rückenmarksegments ***(Abb. 9.9)***.

Der Grenzstrang heißt Grenzstrang, weil er die gesamte Wirbelsäule vom unteren Halsbereich bis hinunter zum Kreuzbein auf beiden Seiten „begrenzt". Er besteht aus einer langen perlschnurartigen Kette von Ganglien, zwischen denen die *Rami interganglionares* eine ununterbrochene Verbindung herstellen. Die efferenten sympathischen Fasern des oberen Brustmarks strahlen in die drei großen Halsganglien ein *(Ganglion cervicale superius, medium* und *inferius = Ganglion stellatum)*. Die Fasern aus dem Lendenmark senden ihre Nervenfasern in die Ganglien seitlich des Kreuzbeins.

Postganglionäres Neuron

Im Grenzstrangganglion geht das präsynaptische Neuron eine synaptische Verbindung mit dem Soma oder den kurzen Dendriten des dritten, des postganglionären Neurons ein. Die Neurotransmitter der präganglionären Fasern sind Acetylcholin und vasointestinales Polypeptid (VIP), während die postsynaptischen Fasern hauptsächlich Noradrenalin und Neuropeptid Y (NPY) ausschütten.

Letztere ziehen entweder in einem speziellen vegetativen Nerv direkt zum Erfolgsorgan oder schließen sich über den kurzen *Ramus communicans griseus* (grauer Verbindungsast) erneut dem Spinalnerv an. In diesem Fall entsteht ein gemischt motorischer und vegetativer Rückenmarknerv.

Einige präganglionäre Fasern ziehen ohne Umschaltung durch das Grenzstrangganglion hindurch und schalten erst in den prävertebralen Ganglien des Bauchraums vor der Aorta *(Plexus coeliacus)* um.

Aus dem Spinalnerv zweigen präganglionäre sympathische Fasern ins Grenzstrangganglion ab, schalten dort auf ein zweites Neuron um und schließen sich meistens demselben Spinalnerv als postganglionäre Fasern wieder an.

Anatomie des parasympathischen Nervensystems

Auch der Parasympathikus wird vom Hypothalamus aus gesteuert. Seine Anteile lassen sich aber anatomisch klar von denen des Sympathikus unterscheiden:

- Die efferente parasympathische Versorgung des Kopfes läuft über die vorderen Hirnnerven (s. u.),
- Brust-und Bauchraum sind fast ausschließlich von Fasern des X. Hirnnervs, des *N. vagus* abhängig.

Erst im Seitenhorn der untersten Segmente des Rükkenmarks (S_2–S_4) finden sich wieder parasympathische Nervenzellen, die fast ohne Ausnahme in den *N. pudendus* übergehen (Geschlechtsorgane, Blase, Mastdarm).

Alle parasympathischen Nerven enthalten ausschließlich präganglionäre Fasern. Im Unterschied zum sympathischen Nervensystem liegen nämlich die parasympathischen Ganglien ganz in der Nähe und teilweise sogar innerhalb der versorgten Organe. Das postganglionäre Neuron hat also ein sehr kurzesAxon. Es benutzt als Neurotransmitter nicht Noradrenalin, sondern ebenfalls Acetylcholin und VIP.

Die parasympathischen Nerven enthalten ausschließlich präganglionäre Fasern. Die Ganglien des Parasympathikus befinden sich unmittelbar bei oder sogar innerhalb der versorgten Organe.

Anatomie des vegetativen Nervensystems im Magen-Darm-Trakt

Wenn man so viel von Sympathikus und Parasympathikus spricht, übersieht man nur allzu leicht, dass es auch noch ein drittes autonomes System gibt, das zwar nicht direkt zentral gesteuert wird, aber ebenso

Tabelle 9.2 Wirkungen von Sympathikus und Parasympathikus

Organe und Organsysteme	Wirkung	Vegetatives Nervensystem Sympathikus	Parasympathikus
Herz und Kreislauf	Herzfrequenz	+++	–
	Schlagvolumen	++	–
	Blutdruck	++	–
	Weite der Herzkranzgefäße	+ –	+
Magen-Darm-Trakt	Durchblutung	– – –	+
	Motorik	– –	++
	Schließmuskel Blase/Mastdarm	++	–
	Speicheldrüsen	– –	+++
Skelettmuskulatur	Durchblutung	+++	–
	Muskelkraft	0	0
Atmungssystem	Weite der Bronchien	++	– – –
	Durchblutung	0	0
Leber	Glykogenabbau	+++	0
	Durchblutung	–	+
Pankreas	Insulinfreisetzung	– –	0
	Exokrine Sekretion	+–	+++
Haut	Durchblutung	– – –	+
	Schweißabsonderung	+++	–
	Haarbalgmuskel (Gänsehaut)	++	0
Auge	Pupillenweite	++	–
	Tränendrüse	–	+++
	Naheinstellung (Akkommodation)	–	+++
Genitalien	Erektion von Penis und Klitoris	–	+++
	Orgasmus und Ejakulation	+++	–

+++/– – – sehr starke Wirkung
++/– – ausgeprägte Wirkung
+/– schwache Wirkung
0 keine Wirkung
+– Wirkung abhängig von den Begleitumständen

lebenswichtig ist wie die beiden „Klassiker": das Nervensystem des Magen-Darm-Trakts.
Das vegetative Nervensystem leitet unter anderem auch Empfindungen zum Rückenmark, z. B. den Füllungszustand von Magen, Darm und Blase. Diese afferenten Fasern ziehen ganz normal über die Hinterwurzeln ins Rückenmark, lassen sich aber nicht in Sympathikus oder Parasympathikus gliedern. Weil sie auch sensible Eingänge aus der Haut des Rumpfes erhalten, projizieren sich Schmerzen aus einem inneren Organ nicht selten auf einen ganz bestimmten Bezirk der Bauch- oder Brusthaut (Head-Zonen).

9.5. Gehirn

Aufbau des Gehirns

Mit einem Gewicht von 1,3 bis 1,5 kg ist das Gehirn (*Encephalon*, ***Abb. 9.10***) nach der Leber das zweitschwerste unserer Organe. In Ruhe verbrauchen wir bis zu 25 % der Stoffwechselenergie für die Versorgung des Hirns; entsprechend stark ist die Blutversorgung entwickelt.

Gehirn

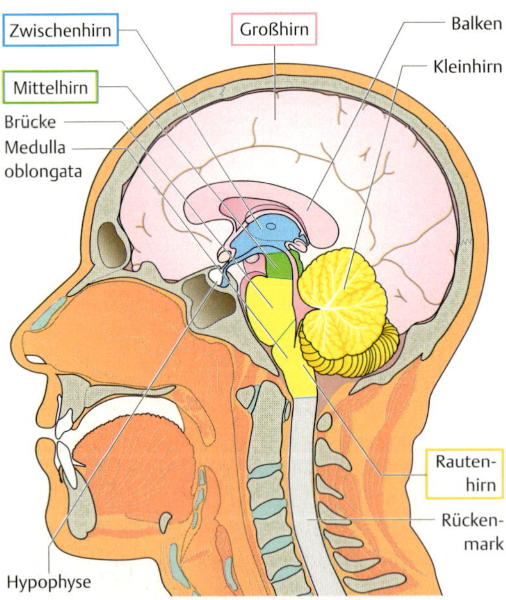

Abb. 9.10 Auf diesem mittigen Längsschnitt durch den Kopf erkennen Sie die prinzipiellen Anteile des Gehirns: Rauten-, Mittel-, Zwischen- und Großhirn. Wegen der Teilung des Großhirns in zwei Hälften (Hemisphären) blicken Sie auf die Innenfläche der rechten Großhirnhemisphäre und nicht – wie bei den anderen Hirnanteilen – auf eine Schnittfläche.

Vergleicht man die Gehirne von Tieren unterschiedlicher Entwicklungsstufe, so kann man entwicklungsgeschichtlich „alte" Teile von relativ „neuen" abgrenzen. Hierzu gleichbedeutend verwendet man häufig die Begriffe „niedrige" und „hohe" Hirnregionen, weil tatsächlich die alten Strukturen tief unten am Hinterhauptloch und der Schädelbasis liegen, während sich die neueren Anteile wie eine Mütze darüberstülpen.
Von „unten" nach „oben" gibt es folgende Gehirnabschnitte (***Abb. 9.11***):

Linke Hirnhälfte von außen

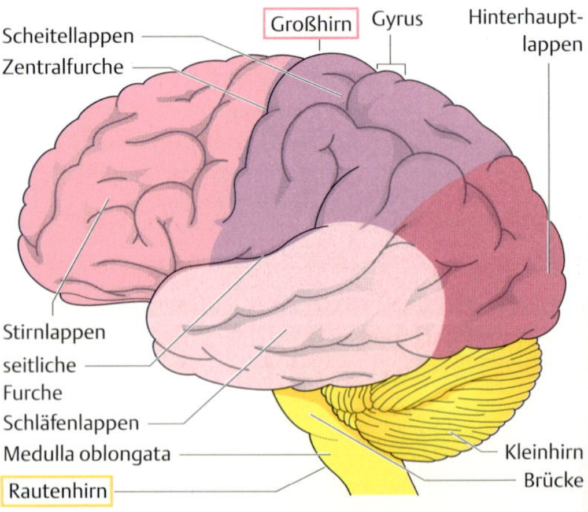

Abb. 9.11 Das Großhirn dominiert die Außenfläche des Gehirns. Die graue Hirnsubstanz liegt hier in groben Falten (Gyri), zwischen denen Furchen (Sulci) in die Tiefe reichen. Beachten Sie die klare Abgrenzung des Schläfenlappens von den anderen Hirnanteilen durch die seitliche Furche.

- Rautenhirn:
  - verlängertes Mark,
  - Brücke,
  - Kleinhirn.
- Mittelhirn.
- Zwischenhirn:
  - Thalamus
  - Hypothalamus
- Kleinhirn
- Großhirn:
  - Hinterhauptlappen,
  - Scheitellappen,
  - Schläfenlappen,
  - Stirnlappen.

Rautenhirn (Rhombencephalon)

Der älteste Teil des Gehirns ist das verlängerte Mark *(Medulla oblongata)*, dessen Aufbau noch deutlich an die Gliederung des Rückenmarks erinnert. Es geht mit scharfer Grenze in die Brücke *(Pons)* über, welche die wichtigste Verbindung zum Kleinhirn *(Cerebellum)* herstellt.

Die Bezeichnung „Kleinhirn" ist nicht ganz richtig. In Wirklichkeit nimmt es nämlich nach dem Großhirn am meisten Raum in der Schädelhöhle ein. Das Kleinhirn sitzt dem verlängerten Mark und der Brükke wie ein großer Rucksack auf.

Verlängertes Mark, Brücke und Kleinhirn arbeiten schon bei niederen Wirbeltieren eng zusammen und steuern wesentliche Teile der Motorik. Nach dem rautenförmigen vierten Ventrikel in ihrem Zentrum (S. 278) nennt man alle drei Hirnteile (verlängertes Mark, Brücke, Kleinhirn) Rautenhirn (Rhombencephalon).

Mittelhirn (Mesencephalon)

Dem Rautenhirn schließt sich vorn und oben das wesentlich kleinere Mittelhirn *(Mesencephalon)* an. An seiner Unterseite bilden die mächtigen motorischen Fasern aus der Großhirnrinde zum Rückenmark die Hirnschenkel *(Crura cerebri)*. Das Mittelhirn wirkt ebenfalls bei der Kontrolle von Bewegungen mit, hat sich aber in erster Linie auf die unwillkürlichen Mitbewegungen spezialisiert.

Zwischenhirn (Diencephalon)

Nimmt das Mittelhirn noch eine „Mittel"-stellung zwischen alten und neuen Hirnteilen ein, so gehört das Zwischenhirn *(Diencephalon)* eindeutig zu den neueren Hirnteilen. Es besteht hauptsächlich aus dem linken und rechten Thalamus sowie dem mittelständigen Hypothalamus. Thalamus und Hypothalamus begrenzen den spaltförmigen III. Ventrikel, der genau in der Körpermittelachse liegt.

Kleinhirn (Cerebellum)

Anders als die relativ homogene Großhirnrinde enthält das in der hinteren Schädelgrube liegende Kleinhirn *(Cerebellum)* „alte" und „neue" Bezirke, die ganz unterschiedliche Aufgaben wahrnehmen. Schon bei oberflächlicher Betrachtung erkennt man einen kleinen, länglichen Anteil in der Körpermittellinie, den Kleinhirnwurm *(Vermis)*, der seitlich und oben von den beiden mächtigen Hemisphären bedeckt wird **(Abb. 9.12)**. Auf ihrer Unterseite liegt jeweils ein klei-

Kleinhirn

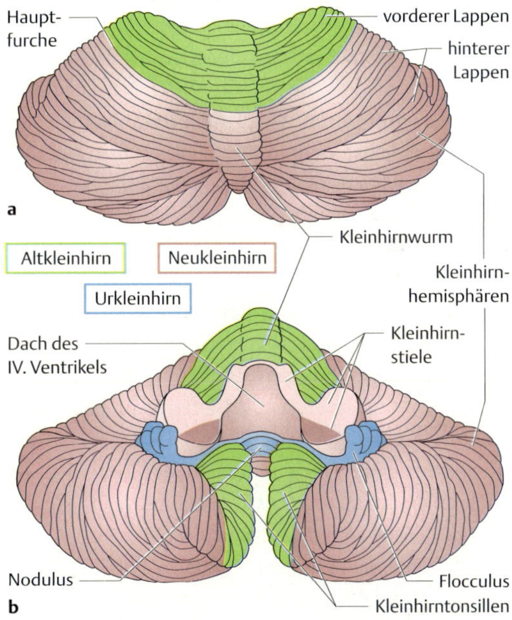

Abb. 9.12a, b Die Abb. zeigt eine Ansicht des Kleinhirns von oben (a) und von unten (b). Das Kleinhirn besteht aus stammesgeschichtlich unterschiedlich alten Anteilen: Die ältesten Partien liegen auf der Unterseite in der Nähe des IV. Ventrikels (Urkleinhirn – blau) sowie im „Wurm" entlang der Körpermittelachse (Altkleinhirn – grün). Die Kleinhirnhemisphären sind dagegen relativ jung (Neukleinhirn – rosa). Sie erstrecken sich bis an die seitliche Begrenzung der hinteren Schädelgrube. Beachten Sie die sehr regelmäßige Querstreifung des Kleinhirns als Zeichen parallel angeordneter Windungen und Furchen.

nes gelapptes Gebilde, der *Flocculus* (Kleinhirnflokke).

Zu den „alten“ Kleinhirnbezirken zählen Wurm, Flocculus und das vordere Viertel beider Hemisphären bis hin zu der tiefen Hauptfurche.

Die hinteren Abschnitte der Hemisphären – mit Abstand der größte Teil des Kleinhirns – sind „neueren“ Ursprungs. Die Oberfläche des Kleinhirns erinnert ein bisschen an Feinrippunterwäsche: langgezogene parallele Windungen (*Foliae*, Blätter) wechseln sich mit tiefen, aber schmalen Furchen *(Fissurae)* ab. Diese Furchen verlaufen im Wurm und in den Hemisphären durchweg quer, also in der Frontalebene. Im Längsschnitt durch das Kleinhirn erkennt man, dass die kaum 1 mm dünne Rinde vielfach aufgeworfen und in Falten gelegt ist, so dass sich, allerdings mit ziemlich viel Phantasie, das Bild einer Thujahecke ergibt (Lebensbaum, *Arbor vitae*).Tief innerhalb der weißen Substanz liegen – ähnlich wie die Basalganglien im Großhirn – die Kleinhirnkerne, vor allem der stark gefältelte *Nucleus dentatus* („gezahnter Kern“). Die graue Substanz der Kleinhirnrinde faltet sich an der Oberfläche auf, um möglichst viele Nervenzellen mit ihren Dendriten und Axonen auf einem möglichst kleinen Platz unterzubringen.

Großhirn (Cerebrum)

Die Trennung des Zwischenhirns in einen linken und rechten Anteil setzt sich – noch wesentlich verstärkt – im Großhirn (Endhirn, *Cerebrum, Telencephalon*) fort. Beide Hemisphären sind lediglich durch drei Faserverbindungen (Kommissuren, *Commissurae*) miteinander verschaltet und arbeiten sehr häufig getrennt voneinander.

Von hinten nach vorne unterscheidet man

- Hinterhauptlappen *(Lobus occipitalis)*,
- Scheitellappen *(Lobus parietalis)*,
- Schläfenlappen *(Lobus temporalis)* und
- den mächtigen Stirnlappen *(Lobus frontalis)*, der allein schon mehr als ein Drittel des Großhirns ausmacht.

Zwei große Furchen trennen den Scheitellappen einerseits vom Schläfenlappen (seitliche Furche, *Sulcus lateralis*) und andererseits vom Stirnlappen (Zentralfurche, *Sulcus centralis*). Jede Hälfte des Gehirns (Hemisphäre) beherbergt in ihrem Innern je einen mit Liquor gefüllten Seitenventrikel (I. bzw. II. Ventrikel).

Je „neuer“ ein Gehirnteil ist, um so komplexer werden seine Funktionen.

Im „alten“ verlängerten Mark, dem tiefsten Abschnitt des Rautenhirns, liegen die lebenswichtigen sog. vegetativen Zentren, vor allem das Atem- und Kreislaufzentrum. Mittel- und Kleinhirn dienen hauptsächlich der Motorik. Im Großhirn haben die „höheren“ Hirnfunktionen wie Denken, Sprache und Bewusstsein ihren Sitz.

Weiße und graue Substanz im Gehirn

Das Bauprinzip des Gehirns unterscheidet sich nicht fundamental von dem des Rückenmarks. Auch am Gehirn lassen sich graue Substanz (Nervenzellen ohne Markscheiden) und weiße Substanz (markscheidenhaltige Nervenfasern ohne Nervenzellkörper) problemlos voneinander unterscheiden.

Man erkennt an Kleinhirn und Großhirn allerdings einen bemerkenswerten Unterschied: Während die graue Substanz des Rückenmarks von weißer Substanz umgeben wird, ist es im Gehirn umgekehrt: Die graue Substanz liegt außen, die weiße innen. Der Vorteil dieser Architektur ist, dass die Verbindungswege zwischen den Nervenzellen deutlich kürzer sind und mehr Nervenzellen nebeneinander Platz finden.

Mit der zunehmenden Anzahl der Hirnzellen im Verlauf der Entwicklungsgeschichte (beim Menschen ca. 10 Milliarden!) musste darüber hinaus die Oberfläche der grauen Substanz, der Hirnmantel, vielfach aufgefaltet werden, damit die Nervenzellkörper nebeneinander Platz finden konnten. Diese Architektur nennt man „gyriert“ von griechisch *Gyros* = Windung, Kreis (daher auch der Name Gyros für Fleisch vom Spieß).

Blutversorgung des Gehirns

Arterielle Blutversorgung

Wegen seines hohen Energiebedarfs reagiert das Gehirn besonders empfindlich auf jede Unterbrechung der Blutversorgung. Diese Situation ist besonders deswegen kritisch, weil der Hals sehr gut beweglich ist und es schon einmal vorkommen kann, dass bei einer starken Kopfwendung eine große Arterie kurzfristig abgedrückt wird.

Das Gehirn speist sich aus den beiden inneren Halsschlagadern *(Aa. carotides internae)* und aus der *A. basilaris*. Dieses Gefäß geht aus den beiden Wirbelarterien *(Aa. vertebrales)* hervor und liegt dem Rautenhirn unten/vorne an ***(Abb. 9.13)***.

Arterien der Hirnbasis

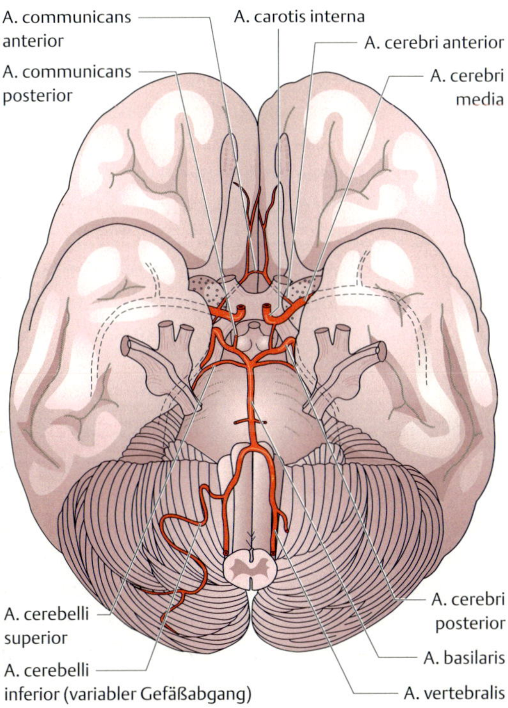

Abb. 9.13 Die beiden inneren Halsschlagadern und die beiden Wirbelarterien versorgen das Gehirn mit sauerstoffreichem Blut. Letztere vereinigen sich vor dem Rautenhirn zur großen A. basilaris. Beachten Sie besonders die Verbindungen zwischen den verschiedenen Stromgebieten (A. communicans anterior und posterior).

A. cerebri posterior

Im Bereich des Mittelhirns teilt sich die A. basilaris in ihre Endäste, die beiden großen *Aa. cerebri posteriores* (hintere Großhirnarterien), von denen jede einen Ast zur A. carotis interna derselben Seite schickt. Die A. cerebri posterior versogt den Hinterhauptlappen des Gehirns ***(Abb. 9.14)***.

A. cerebri anterior

Die A. carotis interna gibt eine kleinere ***A. cerebri anterior*** (vordere Großhirnarterie) ab, die sich in der Tiefe zwischen beiden Hemisphären verzweigt. Die A. cerebri anterior versorgt die Innenseite des Gehirns ***(Abb. 9.14)***. Diese Arterien stehen nochmals untereinander in Verbindung, so dass sich das Bild eines geschlossenen Arterienkreises ergibt *(Circulus arteriorus Willisii)*.

A. cerebri media

Der mächtige Endast der A. carotis interna, die *A. cerebri media* (mittlere Großhirnarterie) hat keinen direkten Anteil an diesem Arterienkreis. Die A. cerebri media verorgt den Hauptteil des Großhirns, nämlich Stirn-, Scheitel- und Schläfenlappen mitsamt den Basalganglien ***(Abb. 9.15)***.

Arterien der Hirninnenseite

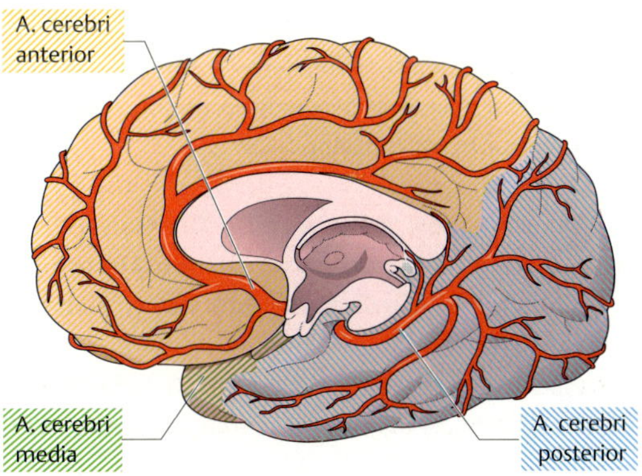

Abb. 9.14 Vordere und hintere Hirnarterie (A. cerebri anterior und posterior) teilen sich die Versorgung der Innenseite des Großhirns. Zwischen beiden besteht, außer an der Hirnbasis, keine Verbindung.

Arterien der Hirnaußenseite

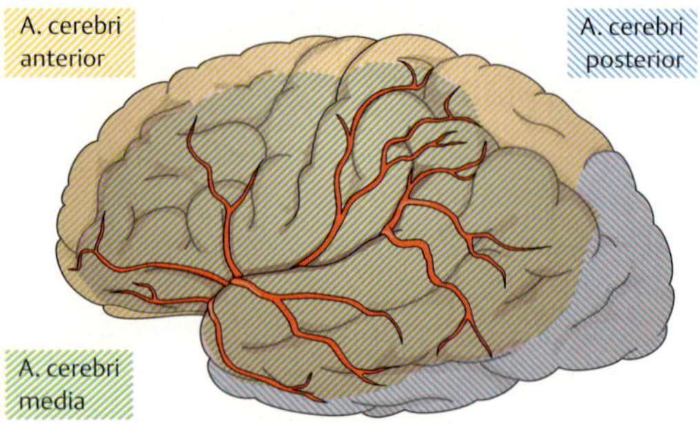

Abb. 9.15 An der Außenseite des Großhirns dominiert die mittlere Hirnarterie (A. cerebri media) die Blutversorgung. Es besteht wiederum, außer an der Hirnbasis, keine Verbindung zu anderen Arterien.

Normalerweise spielen die Verbindungen zwischen den Hirnarterien keine Rolle. Wenn nun eine größere Arterie, beispielsweise die Halsschlagader einer Seite, nicht mehr durchblutet wird, so besteht in beschränktem Umfang die Möglichkeit, dass andere Arterien die Blutversorgung über den Circulus arteriosus Willisii übernehmen. Dies trifft besonders dann zu, wenn – z.B. durch Arteriosklerose – ein Gefäß langsam immer enger wird und die Kurzschlussgefäße Zeit haben, sich entsprechend dem erhöhten Blutfluss zu erweitern.

Das Gehirn erhält sein Blut über rechte und linke Halsschlagader sowie über rechte und linke Wirbelarterie. Die inneren Halsschlagadern versorgen die höheren Hirnabschnitte, während die Wirbelarterien ihr Blut dem Rautenhirn zukommen lassen. Alle Arterien stehen an der Hirnbasis miteinander in Verbindung.

Verschluss der A. carotis. **Die Halsschlagadern sind häufig von Arteriosklerose betroffen. Versiegt der Blutstrom plötzlich, z.B. durch einen massiven Thrombus, dann entsteht das typische Bild eines Schlaganfalls, weil der Endast der A. carotis, die A. cerebri media, kein Blut mehr erhält. Nicht selten tritt der Verschluss jedoch nicht abrupt, sondern nach und nach ein. Die Gefäße des Circulus arteriosus erweitern sich dann so stark, dass der Blutfluss durch die A. carotis komplett übernommen wird. Dann besteht zwar ein 100%iger Gefäßverschluss, jedoch keine Ausfälle der Gehirnfunktion.**

Venöser Blutabfluss

Alle drei Rückenmarkhäute – Dura, Arachnoidea und Pia – setzen sich ununterbrochen über das große Hinterhauptloch in die Schädelhöhle fort. Die Dura (*Dura mater*, harte Hirnhaut) kleidet als derbe, pergamentartige Faserschicht die Innenseite des Schädels aus. In Form einer tiefen Sichel (*Falx cerebri*, Hirnsichel) zieht sie in die Furche zwischen linker und rechter Großhirnhemisphäre hinein.

Innerhalb der Dura liegen die venösen Blutleiter *(Sinus)*. Sie transportieren das sauerstoffarme Blut aus dem Gehirn über die *V. jugularis* in die obere Hohlvene. Die venösen Blutleiter haben keine eigene Muskelschicht, sondern bestehen lediglich aus der Dura und ihrem Endothel.

Am Abgang der Falx cerebri aus der Dura liegt ein wichtiger venöser Blutleiter, der *Sinus sagittalis superior* (oberer Längsleiter, ***Abb. 9.16***).

Ein weiterer Blutleiter, der *Sinus sagittalis* inferior (unterer Längsleiter), bildet den unteren Abschluss der Falx cerebri.

Am Hinterkopf, etwa in Höhe der Augenbrauen, teilt sich die Falx cerebri in zwei Lagen, die nach links und rechts ausweichen und zeltförmig das Kleinhirn bedecken (daher *Tentorium cerebelli* = „Kleinhirnzelt"). Die „Firststange" des Zelts fällt in der Körpermittellinie von vorne nach hinten ab und enthält den *Sinus rectus* (gerader Blutleiter).

Die beiden *Sinus transversus* (quere Blutleiter) liegen wie eine Dachrinne am Unterrand des Kleinhirnzelts und befördern das Blut aus allen zuvor genannten Blutleitern über den siphonförmigen *Sinus sigmoideus* (Sigma-Sinus) in die innere Halsvene (V. jugularis interna) beider Seiten.

Seitlich der Sella (*Sella turcica*, Türkensattel) befindet sich außerdem der netzwerkartige *Sinus cavernosus* (höhlenartiger Leiter oder Keilbeinleiter). Er nimmt das Blut aus den vorderen unteren Anteilen des Gehirns und – über die *V. ophthalmica* (Augenhöhlenvene) – teilweise aus dem Gesichtsbereich auf. Daher können Eiterungen der Gesichtshaut lebensbedrohliche Infektionen des Blutleitersystems auslösen.

Venöse Blutleiter

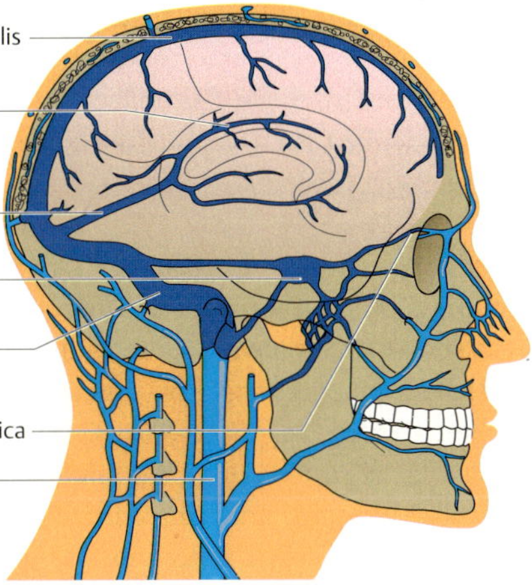

Abb. 9.16 Auf der Innenseite des Schädels liegen die großen venösen Blutleiter (Sinus). Die in der Mitte gelegenen Sinus sagittales teilen sich an der Schädelbasis symmetrisch in die beiden Sinus sigmoidei auf. Diese leiten das sauerstoffarme Blut seitlich des großen Hinterhauptlochs durch die beiden inneren Halsvenen (Vv. jugulares internae) in die obere Hohlvene ab.

Subduralblutung. Die starre Architektur der venösen Blutleiter in der Schädelhöhle birgt eine Reihe von Gefahren: Jede stärkere Erschütterung (Verkehrsunfall!) des Kopfes bewegt den Inhalt der Schädelhöhle sehr unsanft gegen die mit dem Knochen verwachsene Dura. Die Hirnvenen werden abgeschert und können einreißen. Häufig finden sich Einrisse unmittelbar an der Einmündungsstelle in den Sinus sagittalis superior. Es blutet dann langsam in den Raum zwischen Dura und der darunterliegenden Arachnoidea (Subduralblutung).

Der Bluterguss entwickelt sich sehr häufig erst im Verlauf von Tagen bis Wochen und verdrängt schleichend die umgebenden Hirnregionen. Die Patienten klagen über Kopfschmerzen und eine allgemeine Benommenheit, die oft nicht ernst genommen wird. Innerhalb von wenigen Stunden kann sich dann aber wegen des erhöhten Hirndrucks das Rautenhirn ins große Hinterhauptloch hinunterdrücken (Hirnstammeinklemmung mit Bewusstlosigkeit und Atemstillstand!).

Klagt ein Patient Stunden oder Tage nach einer Schädelverletzung über neu aufgetretene Kopfschmerzen, sollten Sie dies zum Anlass nehmen, ihn intensiver zu beobachten. Trübt sich dann noch das Bewusstsein oder reagieren gar die Pupillen träge und ungleichmäßig auf Lichteinfall, müssen Sie sofort einen Arzt verständigen.

Innere und äußere Liquorräume

Innere Liquorräume

Die mit Liquor (*Liquor cerebrospinalis*, Nervenwasser) gefüllten Hohlräume des Gehirns dienen genau wie im Fall des Rückenmarks hauptsächlich dazu mechanische Erschütterungen abzufedern. Daneben erlauben sie eine begrenzte Schwellung des Gehirns (z.B. nach einer starken Gehirnerschütterung), ohne dass der Druck in der Schädelhöhle gleich ansteigen würde.

Liquor

Der Liquor ist nichts anderes als ein Ultrafiltrat aus dem Blutplasma, ähnlich wie wir es von der Niere her kennen. Das bedeutet, dass in den bis zu 150 ml der wasserklaren Flüssigkeit keine Zellen (maximal 2–5 pro μl) enthalten sind. Die Eiweißkonzentration liegt mit 0,15–0,45 g/l hundertfach niedriger als im Plasma, während die Konzentration an Salzen sich nicht wesentlich von der im Blut unterscheidet.

Ventrikelsystem

Die anatomischen Verhältnisse des Liquorsystems sind sehr viel komplizierter als im Rückenmark. Der wichtigste Unterschied ist, dass sich der winzige und häufig verschlossene Zentralkanal des Rückenmarks nach oben hin zu den *Ventrikeln* (inneren Li-

Innere Liquorräume

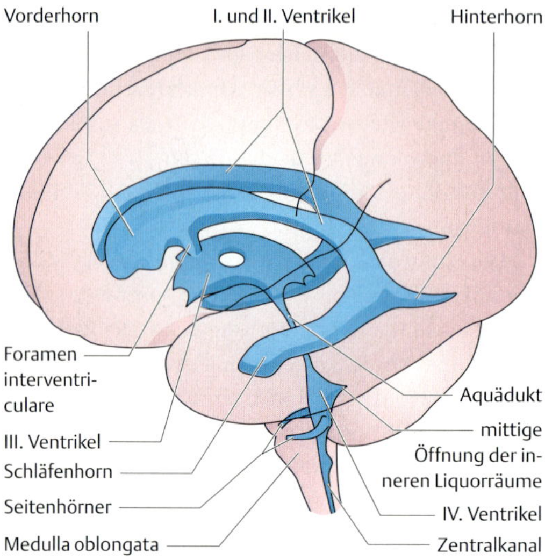

Abb. 9.17 Innerhalb des Gehirns liegt ein System aus liquorgefüllten Hohlräumen. Der Liquor entsteht durch Sekretion innerhalb der beiden Seitenventrikel (I. und II. Ventrikel), fließt über den in der Mitte gelegenen III. Ventrikel und den Aquädukt in den IV. Ventrikel und verlässt dort über insgesamt drei Öffnungen die inneren Liquorräume.

quorräumen) erweitert ***(Abb. 9.17)***. Von unten nach oben finden sich der:

IV. Ventrikel. Wie bereits erwähnt, befindet sich der IV. Ventrikel als flacher, rautenförmiger Hohlraum zwischen der Rückfläche von Medulla oblongata und Brücke einerseits und der Vorderfläche des Kleinhirns andererseits. Die untere Spitze der Raute steht mit dem Zentralkanal des Rückenmarks, die obere mit dem Aquädukt *(Aquaeductus cerebri)* des Mittelhirns in Verbindung. Die seitlichen Spitzen umgreifen fingerförmig die Medulla oblongata und öffnen sich dort in die äußeren Liquorräume (seitliche Öffnungen, *Aperturae laterales*, Foramina Luschkae). Eine kleinere mittige Öffnung (*Apertura mediana*, Foramen Magendii) findet sich dicht unterhalb des Kleinhirns im Dach des IV. Ventrikels.

III. Ventrikel. Der III. Ventrikel im Zwischenhirn hat über den Aquädukt Anschluss zum IV. Ventrikel. Links und rechts ziehen je ein *Foramen interventriculare* (Foramen Monroi) zu den Seitenventrikeln. Der III. Ventrikel ist nur wenige Millimeter flach und kennzeichnet im Computertomogramm die Trennung zwischen linker und rechter Gehirnhälfte. Jede Verziehung nach einer Seite sollte den Verdacht auf eine Anschwellung (Hirnödem, Tumor) der Gegenseite lenken, auch wenn selten beide Hirnhälften genau gleich groß sind.

I. und II. Ventrikel. Der I. und II. Ventrikel sind mit Abstand die größten der inneren Liquorräume. Sie erstrecken sich über mehr als den halben Längsdurchmesser des Kopfes vom Stirn- bis zum Hinterhauptlappen (Vorder- und Hinterhorn, *Cornu frontale* und *occipitale*). Ein drittes Horn, das Schläfenhorn *(Cornu temporale)*, zweigt ungefähr an der Rückseite des Schläfenlappens nach unten ab und zieht seitlich bis vor den äußeren Gehörgang.

Alle Ventrikel enthalten ein reich verzweigtes Netzwerk aus gefäßreichem Bindegewebe, das von einem einschichtigen Epithel umhüllt wird *(Plexus choroideus)*. Weil dies der Ort ist, an dem der Liquor aus dem Plasmawasser gebildet wird, ist es sehr wichtig, dass alle Verbindungsgänge zu den äußeren Liquorräumen offen sind. Ansonsten blähen sich die Ventrikel stark auf und üben Druck auf das umliegende Hirngewebe aus.

Äußere Liquorräume

Auch das Gehirn besitzt drei Hirnhäute:

- die derbe *Dura mater* (harte Hirnhaut),
- die geflechtartige *Arachnoidea* (Spinnwebenhaut) und
- die gefäßreiche *Pia mater* (weiche Hirnhaut).

Während die Arachnoidea der harten Hirnhaut anliegt, folgt die Pia mater der Oberfläche des Gehirns. Dadurch entstehen liquorgefüllte Hohlräume (Zisternen) im Gebiet zwischen beiden Hirnhäuten, dem Subarachnoidalraum.

Eine Besonderheit der Arachnoidea sind blumenkohlartige Zotten, die sich in die großen venösen Blutleiter vorwölben ***(Abb. 9.18)***.

Aus der größten Zisterne zwischen dem Unterrand des Kleinhirns und der Medulla oblongata wurde früher häufig Liquor zu diagnostischen Zwecken entnommen (Subokzipitalpunktion). Dieses Verfahren hat man aber weitgehend zugunsten der gefahrloseren Lumbalpunktion zwischen 3. und 4. Lendenwirbel verlassen, weil in dieser Höhe außer der biegsamen Cauda equina kein verletzliches Nervengewebe mehr vorliegt.

***Subarachnoidalblutung.** Etwa 4–5% aller Menschen haben eine angeborene Wandschwäche des Circulus arteriosus mit mehr oder weniger ausgeprägten Gefäßaussackungen (Hirnbasisaneurysmen). Diese Personen, aber auch ältere Patienten mit Arteriosklerose, laufen bei Erhöhung ihres Blutdrucks Gefahr, dass ein Gefäß einreißt und arterielles Blut in den Liquorraum zwischen Arachnoidea und Pia einschießt (Subarachnoidalblutung). In diesem Fall vermischen sich also Nervenwasser und Blut miteinander.*

Die Subarachnoidalblutung bietet wegen der rasenden Kopfschmerzen und der ausgeprägten Steifigkeit im Nacken meistens ein sehr dramatisches Bild. Starke Blutungen führen nicht selten zum Tod, wenn das Leck nicht in einer – immer noch sehr riskanten – neurochirurgischen Notoperation verschlossen wird. Bei etwa 10% aller Subarachnoidalblutungen gehen dem Ereignis kleinere Blutungen voraus, die – falls erkannt – eine rechtzeitige Operation ermöglichen.

Äußere Liquorräume

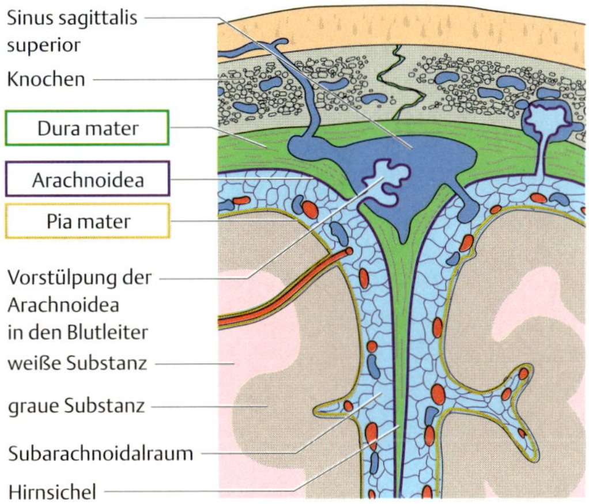

Abb. 9.18 Drei Hirnhäute umgeben vollständig Gehirn und Rükkenmark. Unterhalb der Arachnoidea befindet sich wiederum (wie beim Rückenmark) ein liquorgefüllter Subarachnoidalraum, der das Gehirn vor stärkeren Erschütterungen schützt. Dieser äußere Liquorraum steht mit dem Subarachnoidalraum des Rükkenmarks in Verbindung.

9.6 Sensibles Wahrnehmungssystem

Arten der Sensibilität

In jedem Augenblick melden sensible Fasern aus Muskelspindeln, Sehnenorganen, Tastkörperchen, Druckrezeptoren etc. dem Gehirn eine Fülle von Informationen über den Ist-Zustand unseres Körpers. Das gesamte Spektrum dieser Informationen heißt Sensibilität.

Wir unterscheiden prinzipiell zwischen:

- der *propriozeptiven Sensibilität* (Stellungssinn),
- der *viszerozeptiven Sensibilität* (Informationen aus inneren Organen) und
- der *exterozeptiven Sensibilität* (Oberflächensensibilität).

Die exterozeptiven Reize unterscheiden sich wiederum qualitativ in Schmerz, Temperatur, Druck, Berührung und Vibration.

Leitung der Sensibilität im Rückenmark

Damit das Gehirn erfährt, was denn nun im Körperinnern und an dessen Grenzen eigentlich geschieht, dürfen die afferenten Fasern des sensiblen Systems nicht einfach im Rückenmark enden, sondern müssen über Rückenmarkbahnen ins Gehirn weiterlaufen.

Hinterstrangbahnen

Alle propriozeptiven und exterozeptiven Fasern außer denjenigen, die für Schmerz und Temperaturwahrnehmung zuständig sind, geben nach ihrem Eintritt in die Hinterwurzel lange markhaltige Ausläufer in die weiße Substanz des gleichseitigen Hinterstrangs ab ***(Abb. 9.19)***. Dort biegen sie rechtwinklig

Leitung und Verarbeitung der Hautsensibilität

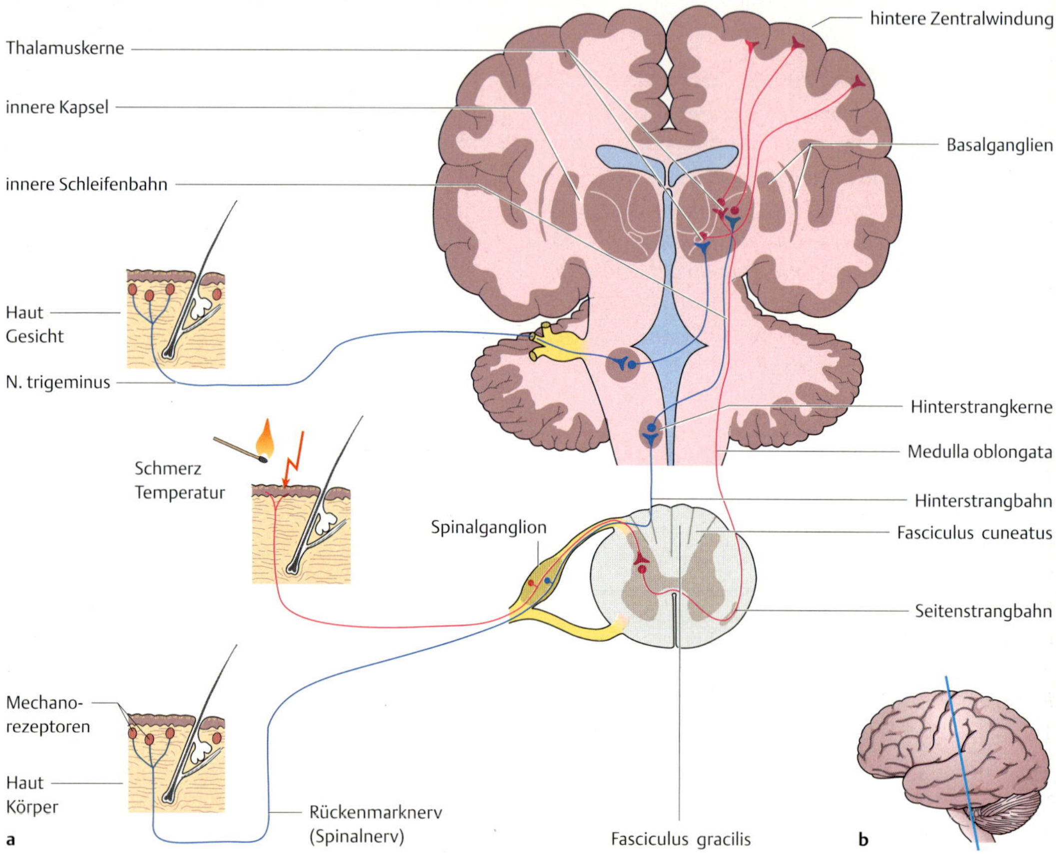

Abb. 9.19 Die afferenten Nervenfasern, welche auf Druck und Berührung ansprechen (blau), ziehen ohne eine synaptische Umschaltung zu den Hinterstrangkernen derselben Seite. Dort schalten sie auf eine zweite Nervenzelle um, deren Axon nach dem Kreuzen auf die Gegenseite über die innere Schleifenbahn den Thalamus erreicht. Nach einer weiteren Umschaltung erreichen die Fasern durch die innere Kapsel die hintere Zentralwindung des Großhirns. Im Gegensatz dazu erreichen die Schmerz- und Temperaturfasern (rot) nach einer synaptischen Umschaltung direkt die Seitenstrangbahn der Gegenseite und vereinigen sich erst in der Brücke wieder mit den übrigen Fasern.

nach oben um und erreichen als Hinterstrangbahn *(Tractus spinobulbaris)* das Gehirn. Die Fasern der höheren Rückenmarksegmente schließen sich stets seitlich dem Strang an. Auf Höhe des verlängerten Marks liegen daher die Fasern aus den Beinen und der unteren Rumpfhälfte in der Nähe der Mittellinie (*Fasciculus gracilis*, Goll-Strang), die aus der oberen Rumpfhälfte, den Armen und dem Hals (oberhalb von Th_4) dagegen eher seitlich (*Fasciculus cuneatus*, Burdach-Strang).

Bitte halten Sie sich vor Augen, dass wir es bisher nur mit einer einzigen Zelle, dem 1. Neuron, zu tun hatten, das im Extremfall einen Reiz aus der Haut des kleinen Zehs aufnimmt und bis hinauf ins verlängerte Mark leitet. Alle Nervenzellkörper dieses 1. Neurons sitzen in dem jeweiligen Spinalganglion.

Vorderseitenstrangbahn

Ganz anders verhalten sich Fasern, die Schmerz und Temperatur – die so genannte *protopathische Sensibilität* - zum Rückenmark leiten. Diese enden tatsächlich „schon" im Hinterhorn des zugehörigen Rückenmarksegments und schalten dort auf ein 2. Neuron um. Das Axon dieses 2. Neurons kreuzt in der weißen Substanz vor dem Zentralkanal *(Commissura alba)* zur Gegenseite, durchquert das Vorderhorn und biegt in der weißen Substanz des Seitenstrangs nach oben ab *(Tractus spinothalamicus lateralis)*.

Auch rabiate Druckreize können Fasern aktivieren, die zur Gegenseite kreuzen und im Vorderstrang als Tractus spinothalamicus anterior zum Gehirn ziehen. Die Fasern des Tractus spinothalamicus anterior und lateralis fasst man wegen ihrer ähnlichen Funktion häufig unter dem Begriff „Vorderseitenstrang" zusammen.

Leitung der Sensibilität im Hirnstamm

Auch jede noch so lange Nervenfaser hat irgendwann ein Ende. Das 1. Neuron der Hinterstrangbahn schaltet an der Rückfläche der keulenförmigen Medulla oblongata *(Bulbus)* auf das Soma des 2. Neurons um. Dessen Axon kreuzt gleich nach seinem Abgang aus dem Bulbus die Mittellinie und zieht als innere Schleifenbahn *(Lemniscus medialis, Tractus bulbothalamicus)* am seitlichen Rand des Mittelhirns zum Thalamus der Gegenseite.

Die Vorderseitenstrangbahnen haben sich vorher schon (zwischen Brücke und Mittelhirn) der inneren Schleifenbahn angeschlossen, so dass alle sensiblen Fasern gemeinsam das Zwischenhirn erreichen. Außerdem gehen von den Hinterstrangkernen afferente Fasern ans Kleinhirn ab, die diesen Hirnteil vor allem über die Stellung von Muskeln und Gelenken informieren.

Was uns jetzt noch fehlt, sind sensible Fasern aus dem Bereich des Gesichts. Sie gelangen über den N. trigeminus (V. Hirnnerv) zur Brücke, schalten in Medulla oblongata und Brücke auf ihr 2. Neuron um und schließen sich letztendlich ebenfalls der inneren Schleifenbahn an.

Der Thalamus als Aufmerksamkeitsfilter

Würden alle sensiblen Reize kritiklos ins Großhirn durchgelassen, so würden wir über der chaotischen Informationsfülle mit hoher Wahrscheinlichkeit verrückt werden.

Mehr als 99% aller Sinneswahrnehmungen sind nämlich für die jeweils aktuelle Situation irrelevant und störend. Beim Einfädeln einer Nadel braucht uns nicht bewusst zu werden, in welchem Winkel das linke Fußgelenk gegenüber dem Schienbein steht. Dagegen sind jetzt die Berührungsempfindungen aus den Fingerbeeren und das räumliche Sehen gefordert.

Die Aufgabe, wichtige von unwichtigen sensorischen Inputs zu trennen, erfüllt der ventrobasale Kern des Thalamus *(Nucleus ventrobasalis thalami)*. Er filtert aus der Fülle sensibler und sensorischer Afferenzen die aktuell benötigte Information heraus und sperrt den Rest von der bewussten Verarbeitung aus. Überspitzt formuliert ist der Thalamus also das Zentrum der Konzentrationsfähigkeit.

Verarbeitung der Sensibilität in der Großhirnrinde

Die Nervenzellen des Thalamus (3. Neuron) senden ihre Axone seitlich zur Großhirnrinde. Auf ihrem Weg müssen sie den schmalen Spaltraum zwischen Thalamus und den *Basalganglien* des Großhirns, die innere Kapsel *(Capsula interna)*, durchqueren. Alle Fasern, die der Thalamus an die Großhirnrinde aussendet *(Tractus thalamocorticalis)*, enden an den Nervenzellen der hinteren Zentralwindung *(Gyrus postcentralis)*. Sie ist der vorderste Teil des Scheitellappens und schließt sich unmittelbar der Zentralfurche an ***(Abb. 9.20)***.

Die Fasern aus dem Fuß und Bein der gegenüberliegenden Körperhälfte enden weit oben nahe der Umschlagslinie der Großhirnrinde (Mantelkante). Nach unten zu folgen die Projektionsgebiete von Rumpf, Arm, Hand, Gesicht, Zunge und Rachen ***(Abb. 9.21 u. 9.22)***. Jedes Körperteil bildet sich also Punkt für Punkt auf der Hirnrinde ab *(Somatotopik)*.

Gebiete, die dicht mit sensiblen Fasern versorgt sind, nehmen dabei einen unverhältnismäßig großen Raum ein. Besonders stark repräsentiert sind demzufolge Finger, Lippen und die Zunge, sehr schwach dagegen Rumpf, Schenkel und Oberarme.

Je größer das Projektionsareal eines Körperteils im Gyrus postcentralis ist, um so stärker wird er von sensiblen Fasern versorgt. Dementsprechend leitet eine einzelne sensible Nervenfaser der Zunge Signale aus einem nur wenige Quadratmikrometer großen

Primär motorische und sensible Hirnrinde

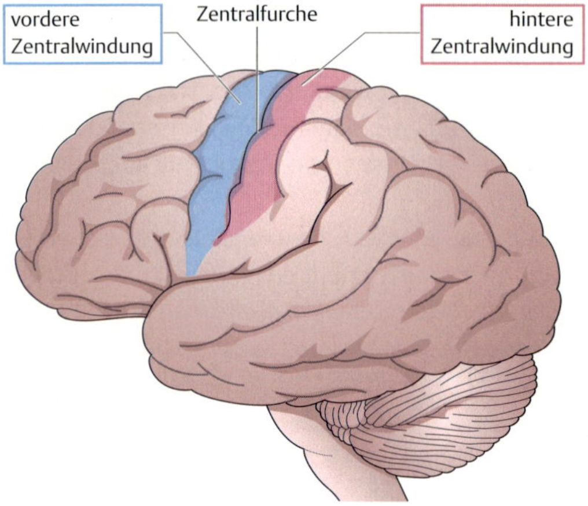

Abb. 9.20 An der Außenseite des Gehirns erkennt man zwei parallel gestellte Hirnwindungen unmittelbar vor und hinter der Zentralfurche. Die vordere Zentralwindung ist der Ausgangspunkt aller efferenten motorischen Fasern (primär motorische Hirnrinde), die hintere Zentralwindung ist der Endpunkt aller afferenten sensiblen Fasern (primär sensible Hirnrinde).

Projektion der sensiblen Fasern

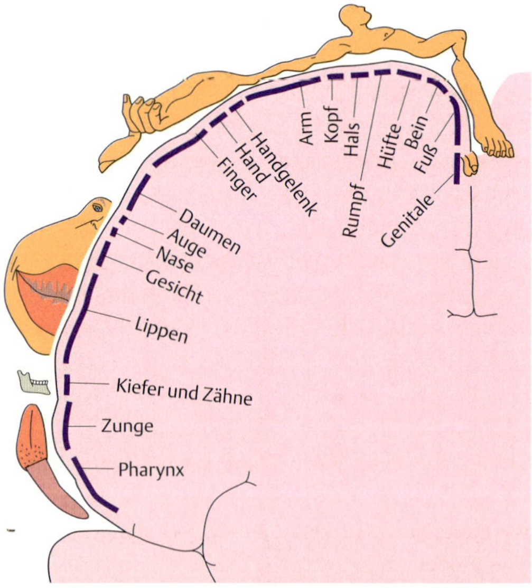

Abb. 9.21 In der hinteren Zentralwindung bilden die sensiblen Fasern aus Haut und Schleimhäuten die gesamte Körperoberfläche ab. Sehr dicht innervierte Hautareale (z. B. die Lippen) werden gegenüber der ‚normalen„ Haut stark bevorzugt. Zwei benachbarte Hautareale bilden sich aber immer auch in benachbarten Bezirken der Großhirnrinde ab (Somatotopik).

Projektion der motorischen Fasern

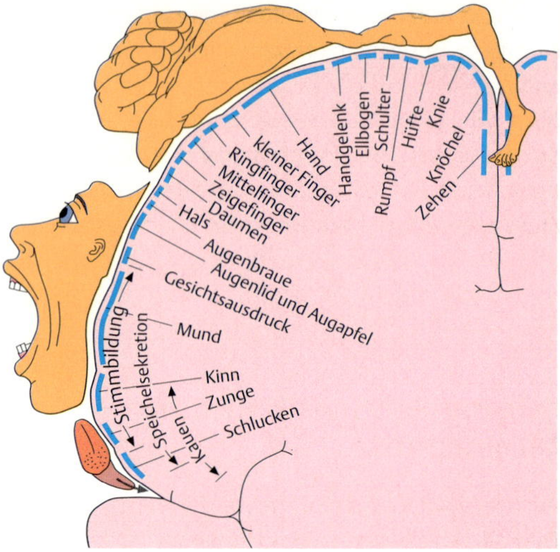

Abb. 9.22 In der vorderen Zentralwindung entspringen die motorischen Fasern. Auch hier gilt wieder das Prinzip der Somatotopik: Zwei benachbarte Hirnareale innervieren benachbarte Gliedmaßen. Entsprechend den besonders hohen Anforderungen an die Innervation der Hände und der Sprechwerkzeuge sind diese Bereiche stark überbetont.

Bezirk der Zungenoberfläche ab, auf der Haut des Rückens sind diese dagegen über zehn Quadratzentimeter groß.

Jetzt liegt natürlich die Frage auf der Hand, wie unser Gehirn von der bloßen Abbildung der sensiblen Afferenzen auf die hintere Zentralwindung zur eigentlichen Wahrnehmung von Berührung, Druck, Schmerz etc. kommt.

Man weiß bislang, dass innerhalb eines bestimmten somatotopischen Feldes (z. B. für den linken Mittelfinger) senkrecht zur Oberfläche des Gehirns liegende Kolumnen (Säulen) von Nervenzellen auf ganz bestimmte Muster, etwa bewegte Berührungsreize, ansprechen.

Je weiter hinten, also innerhalb des Schläfenlappens, die Kolumnen liegen, desto komplexer werden die zu ihrer Aktivierung notwendigen Muster. Man nimmt an, dass das Gehirn auf diese Weise Schritt für Schritt aus den „rohen" Reizen eine Wahrnehmung aufbaut. Einen ähnlichen – wesentlich besser untersuchten – Prozess kennt man bei der Verarbeitung optischer Reize (s. Kap. 5, S. 166).

Capsula interna. Die innere Kapsel ist ein besonders gefährdetes Gebiet für Hirnblutungen im Rahmen eines Schlaganfalls Durch die innere Kapsel verlaufen sowohl sensible als auch motorische Nervenfasern aus der gegenüber liegenden Körperhemisphäre. Patienten nach Schlaganfall leiden daher in der Regel sowohl an motorischen Ausfällen - also Lähmungen - als auch an Störungen der Sensibilität.

Die Sinneswahrnehmungen Druck und Berührung gelangen aus der Haut über die Hinterstrangbahnen des Rückenmarks ungekreuzt zum Gehirn. Die Fasern, welche die Information über Schmerz und Temperatur leiten, kreuzen im Rückenmark auf die Gegenseite und ziehen in der Vorderseitenstrangbahn zum Gehirn. Alle sensiblen Afferenzen von Haut und inneren Organen und alle sensorischen Afferenzen aus den Sinnesorganen müssen den Thalamus passieren, um im Großhirn wahrgenommen zu werden.

9.7 Motorik

Die meisten Menschen können sich das Dasein ohne jegliche bewegliche Gliedmaßen (hohe Querschnittlähmung, Tetraplegie) überhaupt nicht vorstellen und würden einem solchen Leben – jedenfalls theoretisch – den Tod vorziehen.
Dieser großen psychologischen Bedeutung der Motorik entspricht auch eine ganz handfest neuroanatomische: Von allen Strukturen des Zentralnervensystems sind mehr als ein Viertel direkt und über die Hälfte indirekt an der Planung und Ausführung von Bewegungen beteiligt – der Mensch ist ein „Bewegungstier“.

Entschluss zu einer Bewegung

Die meisten Bewegungen vollziehen wir weitgehend automatisch. Zum Bewusstsein gelangen dabei nur sehr grobe Informationen, etwa nach dem Schema: „Wohin, wie, wie schnell“.
Die höchsten Steuerungsgebiete des Stirnlappens des Großhirns erzeugen also nicht viel mehr als unseren Willen, etwas Bestimmtes zu tun. Die oberste Entscheidungsebene des motorischen Systems im engeren Sinn ist der *prämotorische* (auch *supplementärmotorische*) Kortex. Es handelt sich um ein Gebiet im hinteren oberen Stirnlappen nahe der Mantelkante.
Messungen mit dem Positronenemissionstomographiegerät (PET) an gesunden Versuchspersonen haben gezeigt, dass der prämotorische Kortex bereits aktiviert wird, wenn die betreffende Person sich eine Bewegung nur vorstellt. Im Gegensatz dazu tritt der eigentliche motorische Kortex erst dann in Aktion, wenn die Bewegung auch tatsächlich ausgeführt wird.

Planung einer Bewegung

Mit dem bloßen Entschluss zu einer komplexen Bewegung ist es aber keineswegs getan. Der „Wille“, eine bestimmte Partie aus der Mondscheinsonate auf dem Klavier zu spielen, führt bekanntlich nicht immer zu einer CD-reifen Darbietung.
Das Gehirn geht stufenweise vor: Es entwirft zunächst ein Modell der Bewegung am Reißbrett und testet dieses gründlich in einem Simulationscomputer aus, bevor es dann tatsächlich die Bewegung einleitet. Dass dieser Vorgang Zeit benötigt, zeigt sich daran, dass die Aktivität der motorischen Hirnareale bereits eine Sekunde vor der Bewegung ansteigt (Bereitschaftspotenzial). Unsere Gedanken eilen also unseren Handlungen voraus, obwohl nicht selten das Gegenteil der Fall zu sein scheint.

Basalganglien und Kleinhirn

Weder das vordere Frontalhirn noch der prämotorische Kortex enthalten die eigentlichen Programme zur Steuerung von Bewegungsmustern. Diese Hirnteile dienen „nur“ dazu, den Entschluss zu einer Bewegung zu fassen. Die eigentlichen Bewegungsprogramme sind tief im Inneren des Gehirns in einer

Reihe von sog. Kernen, d.h. Gebieten mit viel grauer Substanz gespeichert. Der Einfachheit halber fasst man diese Kerne als Basalganglien zusammen.

Anatomie. Der *Nucleus caudatus* (geschwänzter Kern) hat in etwa die Form einer zusammengerollten Kaulquappe. Er liegt auf seiner ganzen Länge dem Vorderhorn des I. bzw. II. Ventrikels seitlich an. Die innere Kapsel trennt den Nucleus caudatus von dem eiförmigen *Globus pallidus*. Seitlich davon, ebenfalls am Rand der inneren Kapsel, liegt das *Putamen*. Putamen und Nucleus caudatus fasst man sehr häufig zum Streifenkörper *(Striatum)* zusammen. Neben diesen „eigentlichen“ Basalganglien wirken auch die flache *Substantia nigra* (schwarze Substanz) des Mittelhirns und der vordere seitliche Anteil des Thalamus sowie der kleine *Nucleus subthalamicus* an der Basalganglienschleife mit.
Die motorischen Fasern werden im Striatum auf teils hemmende, teils erregende Interneurone umgeschaltet, die ihrerseits Substantia nigra und Globus pallidus erreichen. Von dort ziehen Faserverbindungen zum Thalamus und – nach einer weiteren synaptischen Umschaltung – wieder zurück zur Großhirnrinde, jetzt jedoch zur sog. primär motorischen Hirnrinde.
Das Kleinhirn wirkt bei der Ausführung von Bewegungen mit und vergleicht insbesondere den Istwert (die aktuell durchgeführte Bewegung) mit dem Sollwert (der geplanten Bewegung). Tritt eine Differenz zwischen Ist- und Sollwert ein, korrigiert das Kleinhirn nachträglich die Ansteuerung der betreffenden Muskulatur.

Primär motorische Hirnrinde

Dieser Bereich liegt unmittelbar vor der primär sensorischen Hirnrinde, also im hintersten Teil des Frontallappens (*Gyrus praecentralis*, vordere Zentralwindung).
Die primär motorische Hirnrinde zeichnet sich durch die bis zu 120 μm großen Riesenzellen aus, die ihre Axone über die Pyramidenbahn (s.u.) bis zu den jeweiligen Rückenmarksegmenten senden. Auch die primär motorische Hirnrinde zeigt wie ihr benachbartes Gegenstück im sensorischen System eine klare somatotopische Gliederung: von oben nach unten entspringen die primär motorischen Fasern für Beine, Rumpf, Arme, Hände und Finger, die mimische Muskulatur des Gesichts und die Zunge ***(Abb. 9.22)***.

Ausführung einer Bewegung

Präzisionsbewegungen (Pyramidenbahn)

Präzisionsbewegungen erkennen wir daran, dass wir uns voll auf eine Bewegung konzentrieren müssen. Das Aufheben von Mikado-Stäbchen, das Bauen von Kartenhäusern oder auch eine mikrochirurgische Operation sind Beispiele für Präzisionsbewegungen.
Präzisionsbewegungen erfordern eine besonders genaue Kontrolle der Muskulatur. Andererseits sind für feine Finger-, Hand- oder Zungenbewegungen (Sprache) weder ausgeprägte Mitbewegungen noch große Balanceakte notwendig. Daher werden die besonders genau arbeitenden Muskeln direkt, also ohne Zwischenschaltung von tieferen Hirnabschnitten, von der motorischen Großhirnrinde innerviert. Klassischerweise bezeichnet man diese direkt laufenden Fasern als Pyramidenbahn (*Tractus pyramidalis*, ***Abb. 9.23***).Die Riesenzellen der vorderen Zentralwindung senden dicke, sehr schnell leitende Fasern trichterförmig durch die innere Kapsel.
Die Pyramidenbahn verlässt das Großhirn durch die Hirnschenkel *(Crura cerebri)* auf der Vorderseite der Substantia nigra des Mittelhirns. In der Brücke fasert sie sich zu einzelnen Strängen auf, bildet im verlängerten Mark jedoch wieder ein geschlossenes Bündel. Auf dessen Vorder- und Unterseite liegt dann die eigentliche Pyramide. Hier, in der Pyramidenkreuzung *(Decussatio pyramidum)*, wechseln 80–90% aller Fasern die Seite und ziehen als dicker Pyramidenseitenstrang *(Tractus corticospinalis lateralis)* vor der Hintersäule des Rückenmarks zu ihrem entsprechenden Segment. Die ungekreuzten Fasern bilden den schwächeren Pyramidenvorderstrang *(Tractus corticospinalis anterior)*, kreuzen in ihrem Zielsegment aber ebenfalls auf die Gegenseite. Nachdem die Axone der Pyramidenbahn schlussendlich in ihrem entsprechenden Zielgebiet angelangt sind, schalten einige von ihnen (weniger als ein Drittel) direkt auf die α-Motoneurone um. Diese Fasern steuern hauptsächlich die besonders präzisen Fingerbewegungen. Die meisten Fasern jedoch enden an Interneuronen und lösen auf diese Weise Reflexe oder

Pyramidenbahn

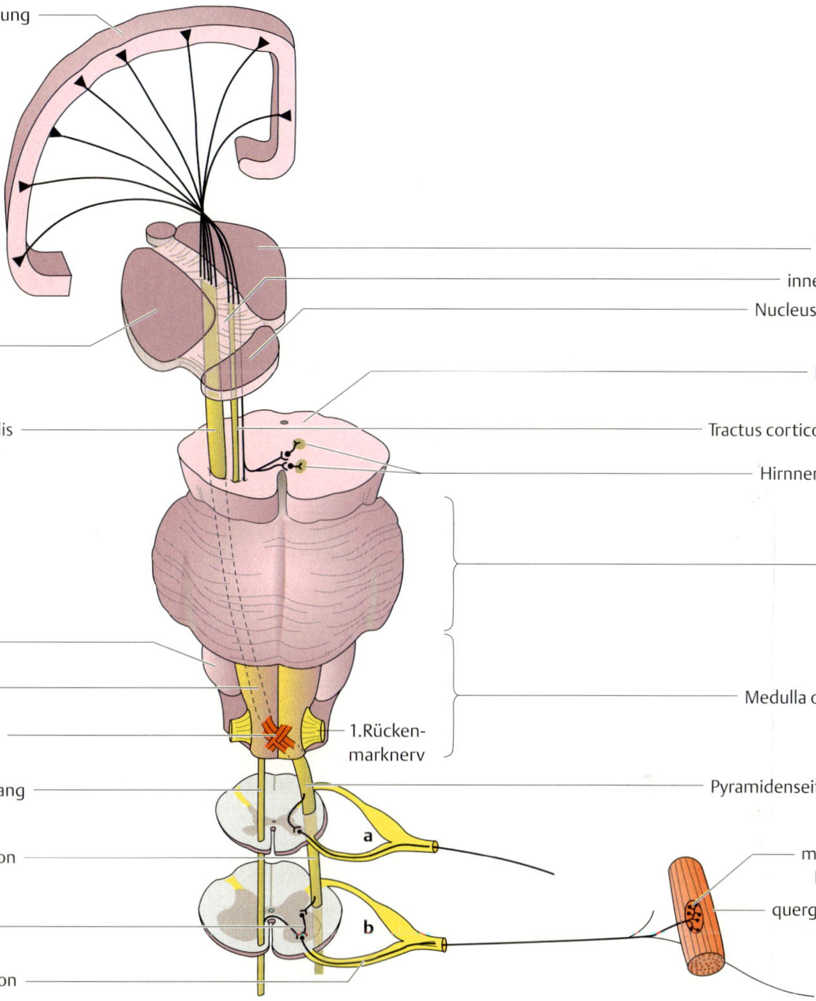

Abb. 9.23a, b Der Befehl für eine Muskelanspannung geht von der primär motorischen Hirnrinde in der vorderen Zentralwindung aus. Die Fasern steigen in der eigentlichen Pyramidenbahn (Tractus corticospinalis) ins Rückenmark sowie in einem Tractus corticonuclearis zu den Hirnnervenkernen im Rautenhirn ab. 90 % der Fasern der Pyramidenbahn kreuzen im verlängerten Mark die Seite und ziehen als Pyramidenseitenstrang abwärts, die restlichen 10 % verlaufen ungekreuzt als Pyramidenvorderstrang. Die Fasern enden entweder direkt (**a**) oder über ein Interneuron (**b**) an den motorischen Vorderhornzellen.

Teile von Reflexbögen aus. Das motorische System macht sich also vorgeformte Bewegungsabläufe zunutze und vereinfacht auf diese Weise die Steuerung.

Pyramidenzeichen. Typisches pathologisches Zeichen nach einer teilweisen Zerstörung der Pyramidenbahn ist der Babinski-Reflex: Streicht man an der Außenseite der Fußsohle von der Ferse zum kleinen Zeh, dann hebt der Patient reflektorisch den großen Zeh langsam und nachhaltig an. Denselben Effekt erzielt man durch Bestreichen der Schienbeinkante (Oppenheim-Reflex) oder der Wade (Gordon-Reflex).

Massenbewegungen (extrapyramidal-motorisches System)

Die allermeisten Bewegungen im Alltag von Tier und Mensch erfordern weniger eine hohe Präzision als eine gute Koordination. Für das Überleben einer Raubkatze ist es eben sehr viel wichtiger, beim Anspringen einer Beute das Gleichgewicht zu behalten, als die dritte Klaue der linken Vorderpfote besonders gut bewegen zu können. Auch beim Autofahren ist eine gute Koordination von Bremse, Kupplung und Gas wichtiger als die exakt „richtige" Drehzahl für das Einlegen des nächsten Gangs zu treffen.

Wie der Name schon sagt, wirft man unter der Bezeichnung „extrapyramidal-motorisches System" alle Anteile der Motorik, die nicht zum Pyramidensystem gehören – also sicherlich mehr als 90% der Bewegungen –, in einen Topf. Der Begriff ist eigentlich veraltet, hat aber nach wie vor im klinisch-neurologischen Sprachgebrauch einen hohen Stellenwert.

Die extrapyramidal-motorischen Bahnen kommen hauptsächlich vom *Nucleus ruber (Tractus rubrospinalis)*, außerdem von der Olive *(Tractus olivospinalis)* und aus den Kerngebieten der Gleichgewichtsnerven *(Tractus vestibulospinalis)*. Der Nucleus ruber dient dabei als zentrale Umschaltstation zwischen Kleinhirn und den absteigenden Bahnen. Seine efferenten Fasern zum Rückenmark kreuzen noch auf Höhe des verlängerten Marks zur Gegenseite.

Basalganglienschleife

Vom Entschluß zu einer Bewegung bis zur Aktivierung der α-Motoneurone im Vorderhorn des Rückenmarks sind also eine Reihe verschiedener Hirnteile eingeschaltet. Da die Basalganglien im Zentrum dieses Prozesses stehen, nennt man den in ***Abb. 9.24*** detailliert dargestellten Vorgang auch die *Basalganglienschleife*.

Basalganglienschleife

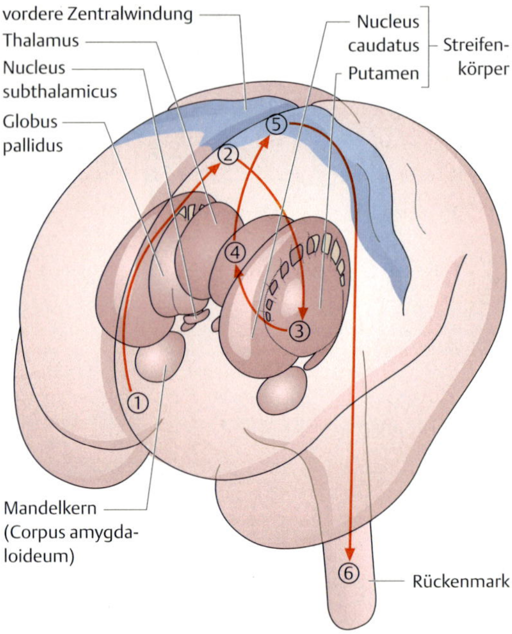

Abb. 9.24 Vor der Ausführung einer Bewegung nimmt das Gehirn den wahrscheinlichen Bewegungsablauf vorweg. Nach dem Entschluss zur Bewegung im Frontalhirn (1) gelangen die Impulse in den oberen Stirnlappen (2, prämotorische Hirnrinde), danach in die Basalganglien (3), den Thalamus (4), die primär motorische Hirnrinde (5) und erst jetzt ins Rückenmark (6)

Parkinson-Krankheit. Die Bedeutung der Basalganglienschleife erschließt sich am besten, wenn man sich Störungen dieses Systems anschaut. Die Parkinson-Krankheit (Morbus Parkinson) ist die Folge einer Zerstörung von Nervenzellen der Substantia nigra, die Dopamin als Neurotransmitter benutzen. Eine Dauermedikation mit Vorläufersubstanzen des Dopamins mildert oder behebt daher häufig einige der typischen Krankheitserscheinungen.

Die meisten dieser Patienten leiden an einer Kombination aus Bewegungsarmut (Akinesie: steife Mimik, kein Mitschwingen der Arme beim Gehen) und einer zu starken Innervation einzelner Muskelgebiete (Zittern [Tremor], erhöhter Muskeltonus [Rigor]). Bewegungen, die wir in der Regel gleichzeitig ausführen, kann ein Patient mit ausgeprägtem Morbus Parkinson nur willentlich eine nach der anderen abarbeiten.

Andere Erkrankungen wie der Ballismus und die Chorea Huntington zeichnen sich ausschließlich durch überschießende Bewegungen aus.

Vereinfacht gesagt koordiniert also die Basalganglienschleife unwillkürliche Mitbewegungen sowie die Kraftentfaltung jeder Muskelkontraktion. Der willentlichen Kontrolle sind diese Vorgänge weitgehend entzogen, können aber durchaus trainiert werden. Der Entschluss zu einer Bewegung entsteht im assoziativen Kortex, insbesondere im Stirnlappen. Bevor die Signale für die Ausführung der Bewegung zu den Muskelgruppen abgesandt werden, spielt das Gehirn die Bewegung „trocken" durch. Die Basalganglien enthalten vorgefertigte Bewegungsprogramme, aus denen eine Bewegung modular zusammengesetzt wird.

Beispiel eines Bewegungsablaufs. Als Abschluss des Themas „Motorik" hier ein – zugegeben recht bajuwarisches – Beispiel, wie eine Willkürbewegung zustande kommen kann: Der linke Stirnlappen möchte einen vollen Maßkrug mit der rechten Hand zum Mund stemmen. Er entwirft einen groben Plan, wie die Bewegung ungefähr auszusehen habe. Die Basalganglienschleife der linken Hirnhälfte arbeitet diesen Plan daraufhin aus, wie schnell und wie stark sich Hand- und Armmuskeln kontrahieren sollen (Das Programm dazu wurde in vielen ähnlichen Situationen bereits optimiert.) Jetzt sendet die Pyramidenbahn Impulse an diese Muskelgruppen und die Bewegung beginnt. Weil der Maßkrug leichter ist als erwartet (billige Plastikware!), droht die Bewegung zu schnell zu werden und der kostbare Inhalt überzuschwappen. Das rechte Kleinhirn erkennt die Abweichung zwischen Soll- und Istwert und hemmt die Aktivität der motorischen Kortexzellen, so dass die Bewegung exakt auf Höhe der durstigen Lippen endet.

9.8 Innere Uhren

Zirkadiane Rhythmen

Die meisten unserer Körperfunktionen hängen in irgendeiner Weise von der Tageszeit ab: Am Morgen ist die Körpertemperatur am niedrigsten, der Cortisolspiegel am höchsten. Der Vormittag ist bei den meisten Menschen der Zeitpunkt ihrer größten geistigen und körperlichen Leistungsfähigkeit, während am Nachmittag eine deutliche Flaute eintritt.

Tagesablauf ohne externe Zeitgeber

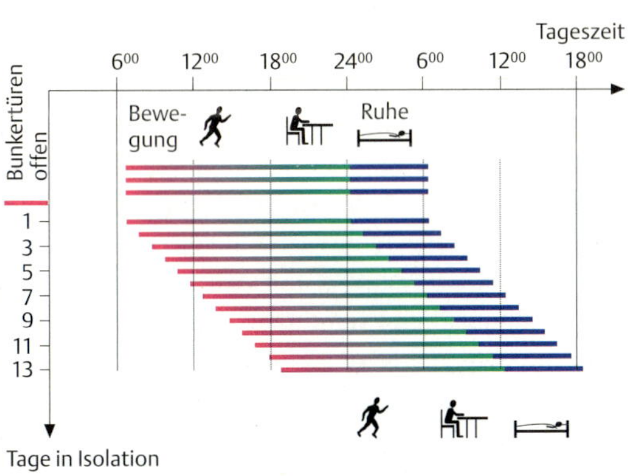

Abb. 9.25 Die Abb. zeigt das Ergebnis eines „Bunkerexperiments", bei dem eine Versuchsperson ohne Uhr und Kontakt zur Außenwelt in einer fensterlosen Wohnung gelebt hat. Nach dem Schließen der Bunkertür (rote Markierung auf y-Achse) blieb ein annähernd normaler Schlaf-Wach-Rhythmus erhalten, die Zyklusphasen nahmen jedoch um täglich ca. eine Stunde zu („25-Stunden-Tag").

Wichtige Befunde zum Thema innere Uhr (Biorhythmus) wurden an Freiwilligen erhoben, die während etlicher Wochen in völliger Isolation von der Außenwelt, also ohne Tageslicht, Uhr, Radio, Fernsehen etc., eingesperrt waren (wahrscheinlich Schüler vor einer Anatomie- und Physiologieklausur!).

Die Versuche zeigten, dass die körpereigenen Rhythmen nicht ausschließlich von unserem üblichen 24-Stunden-Tag abhängen ***(Abb. 9.25)***. Nach zwei bis drei Tagen Isolation stellte sich ein individuell unterschiedlicher Rhythmus ein, dessen Dauer in den meisten Fällen geringfügig größer war als ein Tag (25–28 Stunden, daher *zirkadiane Rhythmik*).

Den Ausdruck „Biorhythmus" verwendet man meistens im Zusammenhang mit paranormalen Phänomenen (PSI). Demzufolge soll es einen festen zeitlichen Rhythmus (Stunden, Tage, Monate) für die Leistungsfähigkeit eines Menschen geben, der im Wesentlichen von der Stunde der Geburt an, unbeeindruckt von Jahreszeit, Gesundheit oder kulturellen Einflüssen, weiterläuft. Naturwissenschaftlich wurde ein derartiger Rhythmus jedoch bisher noch nicht nachgewiesen.

Unser Körper hat mehrere verschiedene innere Uhren, die manchmal asynchron laufen und uns dann Missbehagen verursachen: Vielflieger kennen das Phänomen des Jetlag, ein allgemeines Unwohlsein nach Flügen über mehrere Zeitzonen hinweg. Obwohl sich der Schlaf-Wach-Rhythmus sehr schnell, innerhalb von 1–2 Tagen, umstellt, leiden Jetlag-Geschädigte oft eine ganze Woche lang an Müdigkeit, mangelnder Leistungsfähigkeit, Verdauungsproblemen etc. Der Grund dafür ist, dass sich die vegetativen Rhythmen (Temperatur, Hormone) nur sehr langsam umstellen. Als Faustregel kann man von einem Tag pro Stunde Zeitverschiebung ausgehen.

Schichtarbeit. Das Gleiche trifft natürlich auch für Pflegepersonen zu, die in häufig wechselnden Schichten arbeiten. Nicht nur der Wechsel von Tages- zu Nachtschicht und umgekehrt, auch die Umstellung zwischen Früh- und Spätschicht verschiebt die inneren Uhren des Körpers. Bei Untersuchungen konnte festgestellt werden, dass die Fehlerquote z. B. beim Richten der Medikamente in der 2.–6. Nacht eines Nachtwachenblocks besonders hoch war. Ab der 7. Nacht hatte sich der biologische Rhythmus umgestellt, die Fehlerquote nahm deutlich ab. Es zeugt also keineswegs von mangelnder Flexibilität am Arbeitsplatz, wenn Betriebs- oder Personalrat eine langfristige Abstimmung der Dienstpläne fordern.

Schlafen und Träumen

Schlafstadien

Wie wenig wir über die eigentlichen Funktionen des Gehirns wissen, zeigt sich nirgends deutlicher als daran, dass nicht einmal der Grund bekannt ist, warum wir überhaupt schlafen müssen. Wegen dieses Mangels hat sich die Schlafforschung bisher hauptsächlich darauf beschränkt, das Phänomen Schlaf zu beschreiben.

Während eines normalen, nicht durch Schlafmittel oder Alkohol beeinflussten Nachtschlafs kann man ganz klar zwei Phasen unterscheiden:

- den so genannten orthodoxen Schlaf *(non-REM)* und
- den paradoxen Schlaf *(REM)*.

Nach dem Einschlafen verlangsamt sich die Hirnaktivität zusehends: Die für das entspannte Wachsein bei geschlossenen Augen (sog. Stadium A) typischen α-Wellen des Elektroenzephalogramms (EEG) mit einer Frequenz von 8–13 Hz verschwinden in der Einschlafphase (Stadium B). Im leichten Schlaf überwiegen die schnellen θ-Wellen, die von abrupten hohen Zacken und so genannten Schlafspindeln unterbrochen werden (Stadium C; ***Abb. 9.26***).

Eine halbe Stunde nach dem Einschlafen erreicht der Schläfer über das Stadium C (hohe EEG-Zacken über der Mantelkante) den eigentlichen Tiefschlaf (Stadien D und E) mit den charakteristischen trägen δ-Wellen (0,5–4 Hz).

Mit zunehmender Schlaftiefe erhöht sich die Reizschwelle, die jemanden zum Aufwachen bringt. Einen Schläfer im Stadium D oder E aufzurütteln erfordert schon ganz handfeste Methoden. Andererseits ist dieses Stadium auch der Zeitpunkt, zu dem die Schlafwandler aktiv werden. Sensorik und Motorik sind also keineswegs abgeschaltet, sie funktionieren nur vollständig getrennt vom Bewusstsein.

Vier- bis fünfmal während einer Nacht unterbrechen viertelstündige Episoden diesen orthodoxen Schlaf, während der die eigentlichen lebhaften Träume stattfinden. Während dieser Perioden bewegen sich die Augen ähnlich schnell (1–5 Hz) wie im Wachzustand (daher REM-Schlaf von engl. rapid eye movements = schnelle Augenbewegungen).

Die Augen verfolgen vermutlich das imaginäre Traumgeschehen mit. Die übrige Muskulatur aber verliert ihren Muskeltonus fast vollständig – wahrscheinlich, damit wir uns während eines lebhaften Traums nicht versehentlich verletzen.

Typische Schlafstadien

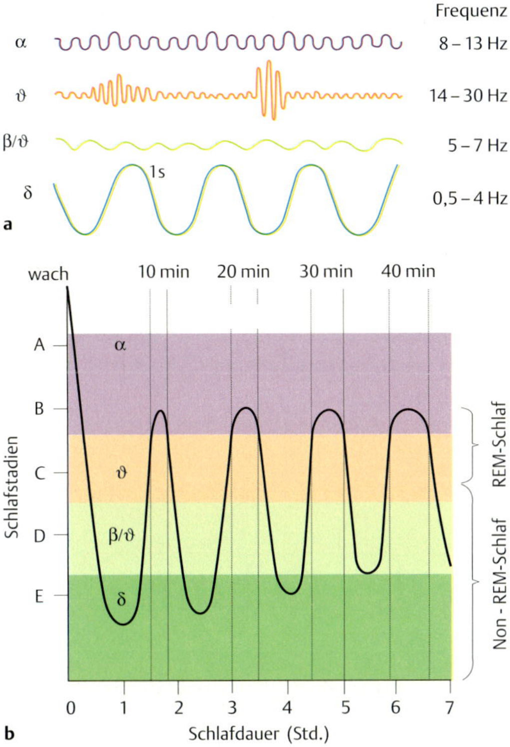

Abb. 9.26a, b Die untere Abb. (b) stellt in idealisierter Form den Ablauf einer Schlafperiode dar. Zunächst fällt der Schläfer direkt in den Tiefschlaf (orthodoxer Schlaf), der erst nach ca. 1–2 Stunden von der ersten REM-Phase (paradoxer Schlaf) unterbrochen wird. Im Lauf der Nacht nehmen die Tiefschlafphasen ab, die REM-Phasen an Dauer und Heftigkeit zu. Auf der oberen Abb. (a) erkennen Sie schematisch die unterschiedlichen EEG-Wellen, die für die einzelnen Schlafphasen typisch sind.

Schlafbedarf

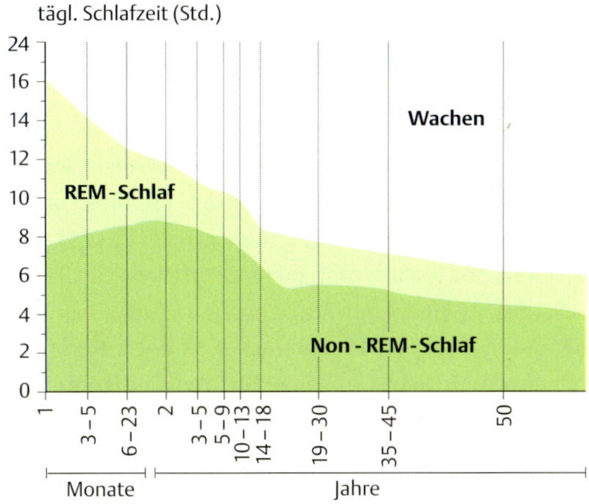

Abb. 9.27 Mit zunehmendem Alter nimmt die Dauer sowohl des REM-Schlafes (paradoxer Schlaf) als auch des Non-REM-Schlafes (orthodoxer Schlaf) ab. Die größten Veränderungen treten in den ersten zwei Lebensjahren auf.

Der „Schalter zum Ausknipsen“ der Skelettmuskulatur liegt im oberen Teil der Formatio reticularis nahe der Mittellinie. Versuchstiere, bei denen man diese Region gezielt verödet hatte, führten während der REM-Phasen gut koordinierte komplexe Bewegungen aus.

Sowohl REM- als auch Non-REM-Schlaf gehörten zu einer erholsamen Nachtruhe. Im Schlaflabor konnte man zeigen, dass Personen, die entweder von REM- oder Tiefschlafphasen abgehalten wurden, schon nach 48 Sunden starke Stresssymptome aufwiesen. Im Gegensatz dazu hatte ein abwechselndes Wecken in REM- und Non-REM-Phase deutlich geringere Wirkungen.

Schlafstörungen. **Schlafstörungen gehören zusammen mit Verdauungsbeschwerden zu den häufigsten Befindlichkeitsstörungen überhaupt. Entsprechend groß sind auch die Nachfrage und das Angebot an Schlafmitteln. Vor allem alte Menschen leiden häufig darunter, „nicht richtig einschlafen“ zu können. Vielfach liegt dies an einer sehr fixierten Erwartungshaltung dem Schlaf gegenüber: Mit zunehmendem Lebensalter nimmt der Bedarf an Schlaf ab *(Abb. 9.27)*. Schlafen Jugendliche noch etwa acht Stunden jede Nacht, so kommen Siebzigjährige durchschnittlich mit ungefähr sechs Stunden aus. Dabei werden vor allem die Phasen des orthodoxen Schlafs zunehmend kürzer, während die Verteilung der REM-Perioden weitgehend gleich bleibt.**

Einschlafstörungen. Bei den Ursachen „echter“ Schlafstörungen stehen psychische Faktoren (Stress) oder verstellte zirkadiane Rhythmen (Schichtarbeiter) im Vordergrund. Einschlafstörungen quälen Menschen, die sich zwar hundemüde zu Bett legen, sich dort aber stundenlang von einer Seite auf die andere wälzen.

Durchschlafstörungen. Sehr viel seltener sind Durchschlafstörungen auf Grund eines nicht funktionierenden Wechsels zwischen orthodoxem und paradoxem Schlaf. Die Patienten leiden vorwiegend unter den Symptomen von Schlafentzug: Mangelnde Konzentrations- und Leistungsfähigkeit sowie emotionale Labilität und Reizbarkeit.

Sekundenschlaf. Der Körper versucht, sich den Schlaf sekundenweise zurückzuholen und tut dies, ohne dass der Übermüdete bemerken würde, dass er geschlafen hat. Schon manchem Fernfahrer ist dieser *Sekundenschlaf* auf der Autobahn zum tödlichen Verhängnis geworden. Übermüdung ist beim Autofahren also sicherlich ebenso gefährlich wie Alkohol am Steuer.

Schlafmittel. Schlafmittel zählen nach den Schmerzmedikamenten zu den am häufigsten verordneten und gekauften Pharmaka überhaupt. Die Gefahr besonders der lang wirkenden „Durchschlafmedikamente" besteht darin, dass sie den Anteil des paradoxen (REM) Schlafes verringern. Für einen wirklich erholsamen Nachtschlaf bedarf es aber mindestens zweier echter REM-Phasen pro Nacht. Auch die nur kurz wirksamen „Einschlafmedikamente", denen aus diesem Gesichtspunkt heraus der Vorzug zu geben ist, sind jedoch keineswegs unproblematisch: Alle gängigen Schlafmittel hemmen nämlich in unterschiedlichem Ausmaß das Atemzentrum. Weil der Sauerstoffpartialdruck schon im ganz normalen Schlaf deutlich unter den Tageswert abfällt, sind Patienten mit Lungenerkrankungen durch Schlafmittel doppelt gefährdet.

9.9 Abstrakte Leistungen des Gehirns

Sprache

Voraussetzungen für Sprache

Sprache ist – psychologisch ausgedrückt – nichts anderes als der Versuch eines „Selbst" mit seiner Umwelt („Nicht-Selbst") in Kontakt zu treten. Dazu muss ein Lebewesen aber zunächst gelernt haben, zwischen sich und seiner Umwelt zu unterscheiden, sich also als unverwechselbares Individuum zu erleben. Daher setzt Sprache zunächst etwas viel Grundsätzlicheres, nämlich Bewusstsein, voraus. Außerdem ist Sprache immer auch ***abstrakt***, also vom eigentlichen Objekt losgelöst. Selbst einfachste Äußerungen wie das Deuten auf eine fremde Person als Zeichen für „Du" beinhalten schon ein gewisses Maß an Abstraktion.

Wenn Sprache und Bewusstsein so eng zusammenhängen, müsste es möglich sein, aus dem Auftreten von Sprachäußerungen darauf zu schließen, wann und wo sich das Bewusstsein entwickelt hat. Anthropologen und Paläontologen gehen davon aus, dass die menschliche Sprache eine relativ neue Errungenschaft ist und sich wahrscheinlich erst vor 10 000–50 000 Jahren entwickelt hat.

Auch im Tierreich sind nur die intelligentesten Spezies (Menschenaffen, Delphine) dazu fähig eine Sprache zu erlernen, deren Wortschatz über eine Handvoll Substantive hinausgeht. Sicherlich finden auch unsere Haustiere Mittel und Wege ihre Wünsche und Emotionen mitzuteilen; eine abstrakte Kommunikation mit Hund und Katze ist aber trotz vielfacher Versuche bisher nicht gelungen.

Sprachzentren

Mehr als 90 % aller Menschen „sprechen" ausschließlich mit der linken Großhirnhälfte – besser ausgedrückt, ihr Sprachzentrum liegt links. Bereits im 19. Jahrhundert entdeckte man durch die genaue Untersuchung von Patienten mit umschriebenen Hirnschäden zwei Areale der linken Hemisphäre, die aufs Engste mit dem Gebrauch der Sprache verbunden sind:

Sensorisches Sprachzentrum

Das Wernicke-Sprachzentrum (sensorisches Sprachzentrum) befindet sich auf der Oberseite des linken

Nachsprechen eines Textes

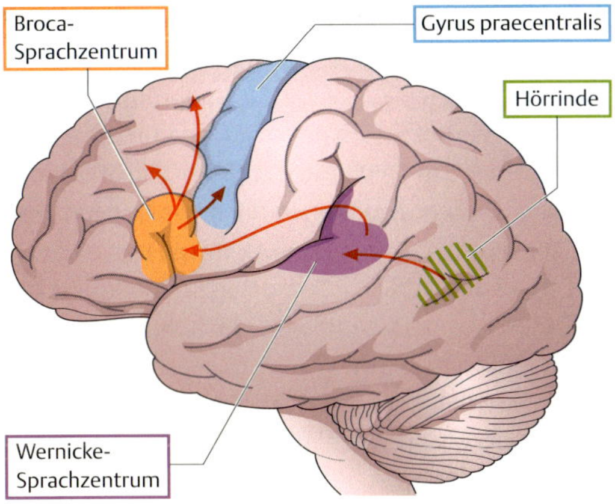

Abb. 9.28 Die Abb. zeigt den Informationsfluss beim „Nachplappern" von Text. Die Impulse aus dem Innenohr erreichen über den VIII. Hirnnerv die Hörrinde, welche verdeckt in der Tiefe der Seitenfurche liegt. Im sensorischen (Wernicke-) Sprachzentrum erfolgt ein ansatzweises formales Verstehen (Wörter, Satzbau etc.). Die Worte werden im motorischen (Broca-) Sprachzentrum nachgebildet und regen die unteren Anteile der vorderen Zentralwindung an, in der sich die für die Sprechwerkzeuge zuständigen Neuronengruppen befinden. Gleichzeitig gelangt ein Teil der Informationen in die assoziative Hirnrinde. Erst dort findet das eigentliche Verstehen statt.

Schläfenlappens ***(Abb. 9.28)***. Dieses Zentrum dient dazu, gesprochene Sprache zu verstehen; entsprechend liegt es in enger Nachbarschaft zur Hörrinde. Um Sprache verstehen zu können, müssen wir sie zunächst hören. Auch geschriebene Sprache erreicht unser Bewusstsein über das Wernicke-Zentrum: Wir lesen uns sozusagen selbst vor.

Sensorische Aphasie. Patienten, deren Wernicke-Sprachzentrum z.B. durch einen Hirntumor oder Schlaganfall zerstört wurde, können also weder lesen noch Sprache verstehen. Bei dem Versuch sich verständlich zu machen, produzieren sie eine Flut meist völlig sinn- und zusammenhangloser Sätze (Wortsalat), da die Kontrolle über die eigenen sprachlichen Äußerungen verloren gegangen ist. Die Sprachmelodie und einfache grammatikalische Elemente bleiben auch dann noch erhalten, wenn das Sprachverständnis schon vollständig zerstört ist (sensorische Aphasie).

Motorisches Sprachzentrum

Das Broca-Sprachzentrum (motorisches Sprachzentrum) ist ein rundes Gebiet im linken Stirnlappen von der Größe einer Euromünze. Es liegt unmittelbar vor der Basis des prämotorischen Kortex und in dichter Nachbarschaft zu den unteren Anteilen des Gyrus praecentralis. Dies ist sinnvoll, da vom Gyrus praecentralis die Sprechwerkzeuge, also Kehlkopf, Zunge, Gaumen und Lippen angesteuert werden. Auf diese Weise ergeben sich kurze Leitungswege und hohe Überleitungsgeschwindigkeiten, die uns ein schnelles und flüssiges Sprechen ermöglichen.

Das Broca-Zentrum füllt die Zwischenräume zwischen den eigentlich sinnhaltigen Wörtern mit den für alle menschlichen Sprachen so charakteristischen Füllseln, also sowohl eleganten grammatikalischen Überleitungen als auch unbeholfenen „Äh's" und „Mm's".

Motorische Aphasie. Patienten mit einem Ausfall des Broca-Sprachzentrums (motorische Aphasie) können mit großer Anstrengung einzelne sinnhaltige Substantive aus der Hirnrinde des Scheitellappens direkt an die Präzentralregion geben, finden aber keinerlei Überleitungen oder auch nur Ansätze einer Sprachmelodie (Telegrammstil). Das Sprachverständnis ist dagegen kaum beeinträchtigt.

Das sensorische Sprachzentrum liegt bei der Hörrinde und gestattet uns, das gesprochene und gelesene Wort zu verstehen. Das motorische Sprachzentrum liegt am motorischen Cortex und ermöglicht das flüssige Sprechen und die Grammatik.

Hemisphärendominanz

Kommunikation der Großhirnhälften

Warum sich die Sprache ausgerechnet in der linken Großhirnhälfte eingenistet hat, bleibt noch immer ein Rätsel. Die knapp 10 Prozent Menschen, an deren Sprache beide Hemisphären mitwirken, scheinen aber nicht besser, sondern eher schlechter zu sprechen: viele von ihnen stottern, der Sprachstil ist langsam und unbeholfen. Man kann vermuten, dass die beiden Großhirnhälften sich nicht einig werden können, wer im wortwörtlichen Sinne „das Sagen hat".

Balken

Beide Hirnhälften kommunizieren miteinander über die so genannten Kommissuren (Verbindungen), deren wichtigste der Balken *(Corpus callosum)* ist. Der Balken bedeckt bogenförmig den III. Ventrikel und besteht hauptsächlich aus Faserzügen, welche jeweils die gleichen Hirnareale beider Hemisphären miteinander verbinden. Normalerweise arbeiten beide Hirnhälften harmonisch zusammen, so dass man außer der Sprache keine wirklich einseitigen höheren Hirnfunktionen abgrenzen kann.

Konzept der dominanten Hemisphäre

Ein echter Glücksfall für die Hirnforschung war der heroische Versuch einiger US-amerikanischer Neurochirurgen, Patienten mit sonst unheilbarer Epilepsie dadurch zu heilen, dass man alle Kommissuren durchtrennte, also linke und rechte Großhirnhemisphäre komplett voneinander absonderte („Split brain"). Die Operation hatte insgesamt gute Erfolge; allerdings traten eigenartige „Nebenwirkungen" auf, die darauf zurückzuführen sind, dass jede Hirnhälfte absolut unabhängig von der anderen arbeitete. Das Ergebnis dieser detaillierten Untersuchungen war das Konzept der dominanten Hemisphäre:

Abstraktes Denken und Logik, Rechnen und Mathematik, Lesen und Schreiben, Sprechen und Sprachverständnis scheinen bei Rechtshändern vorwiegend oder ausschließlich links lokalisiert zu sein. Bei Linkshändern sind diese Funktionen eher gleichmäßig auf beide Hemisphären verteilt.

Die rechte Hemisphäre von Rechtshändern glänzt hingegen durch

räumliche Vorstellungskraft, Rhythmusgefühl und Musikalität, Gestalterkennung (Menschen, Gesichter) und ein besseres Gedächtnis, da Ereignisse besser mit Emotionen verknüpft werden. Ob diese „künstlerischen" Leistungen wirklich von geringerem Wert als die abstrakt-wissenschaftlichen der linken Hirnhälfte sind – wie der Begriff „dominante Hemisphäre" für die linke suggeriert –, darf man bezweifeln.

Rechte und linke Hirnhälfte sind nur durch wenige Kommissuren verbunden und arbeiten weitgehend unabhängig voneinander. Die „dominante Hemisphäre" enthält das sensorische und motorische Sprachzentrum und liegt bei Rechtshändern meist links. Die gegenüberliegende Hemisphäre hat ihre Stärke in räumlichem Denken, Gestalterkennung und Gedächtnis.

Lernen und Behalten

Verschiedene Arten des Lernens

Zu den erstaunlichsten Leistungen des Gehirns zählt seine Fähigkeit neue Dinge zu erlernen und zu späterer Zeit wieder abzurufen. Das Wort „Lernen" ist in der Alltagssprache äußerst schillernd und vielgestaltig. Um sicher zu sein, dass wir wirklich dasselbe meinen, müssen wir zunächst also lernen die verschiedenen Arten von „Lernen" zu unterscheiden.

Zu den Arten des Lernens gehören:

- die Sensitivierung (selektive Wahrnehmung),
- die Habituation,
- das sensorische Lernen,
- das prozedurale Lernen (motorisches Lernen),

- die klassische und operante Konditionierung und
- das kognitive Lernen.

Sensitivierung. Wir „lernen" beispielsweise leises Telefonklingeln auch in einer lärmenden Umgebung klar herauszuhören.

Habituation. Vor der Erfindung des Flachbildfernsehers haben wir „gelernt", das Flimmern des 50 Hz-Röhrenfernsehers, das TV-Abstinenzler als sehr störend empfinden, nicht weiter zu beachten.

Sensorisches Lernen. Man „lernt" als Fußgänger abzuschätzen, wie schnell ein Auto fährt, und ob man vorher noch die Straße überqueren kann.

Prozedurales Lernen. Umgekehrt kann man „lernen" ein Auto sicher und routiniert zu steuern oder ein Snowboard so zu lenken, dass man in den Kurven tatsächlich auf dem Brett stehen bleibt.

Konditionierung. Komplizierte Körperprozesse, z.B. vegetative Reflexe, lassen sich durch die Verknüpfung eines bedingten mit einem unbedingten Reiz (klassische Konditionierung) oder durch positive bzw. negative Verstärkung „erlernen" (operante Konditionierung).

Die bisherigen „Lernformen" kommen entweder ganz automatisch oder sind das, was man gemeinhin eher als „üben" denn als „lernen" bezeichnet könnte. Man spricht auch von *implizitem Lernen*, d.h. man lernt nebenbei, ohne das Lernen als Aufgabe zu empfinden. Dem gegenüber steht das *explizite Lernen*, das wir meist als mühsam, manchmal auch als interessant empfinden. In jedem Fall müssen wir uns hinsetzen und den Kopf rauchen lassen.

Kognitives Lernen. „Lernen" im Sinne von „Büffeln" oder „Pauken" – beispielsweise auf eine Anatomie-Physiologie-Prüfung – ist explizites oder auch kognitives Lernen. Dieses Wissenslernen unterscheidet sich von allen anderen Arten dadurch, dass der gesamte Vorgang bewusst abläuft und willentlich zu kontrollieren ist. Im Folgenden soll ausschließlich von dieser Form des Lernens die Rede sein.

Verschiedene Arten des Gedächtnisses

Bei psychologischen Untersuchungen hat sich gezeigt, dass Informationen in (mindestens) vier unterschiedliche Speicher eingeladen und von dort abgerufen werden ***(Abb. 9.29)***:

- das sensorische Gedächtnis,
- das primäre Gedächtnis,
- das sekundäre Gedächtnis und
- das tertiäre Gedächtnis.

Verschiedene Formen von Gedächtnis

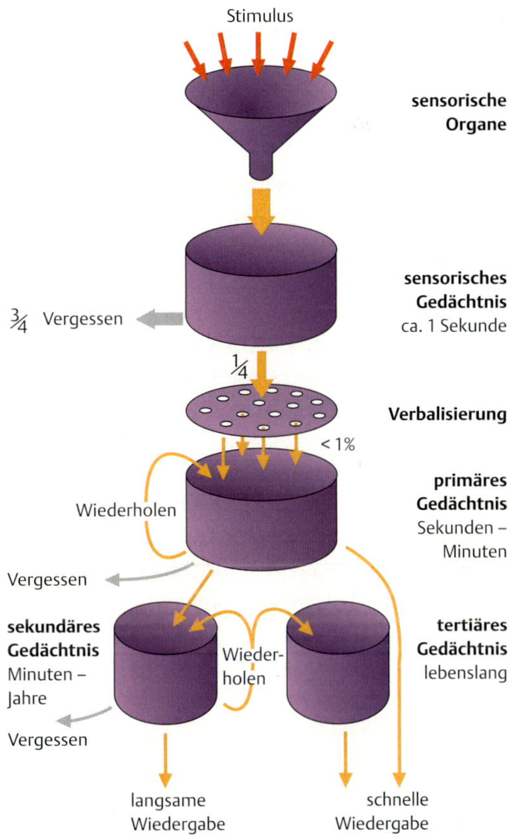

Abb. 9.29 Das sensorische Gedächtnis hält die aus den Sinnesorganen einströmenden Daten für kurze Augenblicke fest und filtert daraus ca. $^1/_4$ möglicher wertvoller Information heraus. Unter Einbeziehung der Sprachzentren werden hiervon wiederum 99 % ausgesiebt und nur der Rest „verbalisiert", d. h. in Sprache gefasst. Erst jetzt ist die Information im primären Gedächtnis gespeichert und wird bewusst. Durch häufiges Üben gelangen die wichtigen Teile davon in das sekundäre und evtl. ins tertiäre Gedächtnis.

Sensorisches Gedächtnis

Zunächst besitzt das Gehirn ein sensorisches Gedächtnis (Ultrakurzzeitgedächtnis), welches eine große Informationsmenge ungefähr eine Sekunde lang speichert. In der Computersprache handelt es sich um einen *Eingabepuffer*, der die Datenflut beispielsweise von einer USB-Kamera aufnimmt.

Im sensorischen Gedächtnis behalten wir Nachbilder oder Echos. Eine Telefonnummer, die wir soeben gehört haben, können wir meistens problemlos wiederholen bzw. wählen. Dies funktioniert nur dann, wenn zwischen Hören und Wählen maximal eine Sekunde vergeht. Weil das sensorische Gedächtnis ständig durch neue Eindrücke überschrieben wird, darf zwischen Abspeichern und Memorieren auch keine andere Aufgabe ausgeführt werden.

Primäres Gedächtnis

Weniger als 1% der gesamten Information gelangt danach in das so genannte primäre Gedächtnis (Kurzzeitgedächtnis), den *Arbeitsspeicher* des Gehirns. Hier abstrahiert das Gehirn von den bildhaft-sinnlichen Eindrücken, fasst das Erlebte in Worte (Verbalisierung) und baut Assoziationen zu bereits früher Gelerntem auf. Diese Assoziationen bilden den Index des Gedächtnisses.

Das Aufbauen von Assoziationsketten ist für das spätere Abrufen der Information unbedingt notwendig, weil ein von größeren Zusammenhängen völlig isolierter Gedächtnisinhalt im Gedächtnis nur mehr extrem schwer auffindbar ist. Stellen Sie sich vor, Sie suchen in einem riesigen Grundbucharchiv eine einzelne Akte, wissen aber nicht, wo sie steckt. Sie haben keine Chance!

Alle Ratgeber „Wie lerne ich Lernen?" empfehlen daher dringend, neu zu lernende Inhalte nicht stur zu pauken, sondern möglichst mit irgendetwas früher Gelerntem in Verbindung zu bringen.

Wie lange sich ein Gedächtnisinhalt im primären Gedächtnis hält, hängt stark von den darauf folgenden Eindrücken ab. Die Angaben reichen von 5 Sekunden bis zu mehreren Minuten.

Sekundäres Gedächtnis

5 Sekunden bis mehrere Minuten, so lange haben wir Zeit eine neue Information ins sekundäre Gedächtnis, sozusagen auf die *Festplatte* des Gehirns, zu übertragen. Leider funktioniert diese Übertragung nur sehr langsam. Eine einzige neue Vokabel zusammen mit ihrer Assoziation hier unterzubringen, dauert mehrere Sekunden.

Tertiäres Gedächtnis

Auch wenn eine Information im sekundären Gedächtnis liegt, ist sie noch keineswegs vor dem Vergessen sicher. Nur durch häufiges Üben lässt sich ein Gedächtnisinhalt wirklich absolut dauerhaft einprägen. Die Information wird auf der Festplatte mehrfach gespeichert, so dass sie vor dem versehentlichen Überschreiben sicher ist.

Der Hippocampus als Tutor

Das Überführen einer Information aus dem flüchtigen primären ins dauerhafte sekundäre Gedächtnis ist das Nadelöhr der ganzen Lernerei. Irgendwer muss an dieser Stelle entscheiden, ob etwas wichtig ist (speichern!) oder unwichtig (nicht speichern!). Dieser „Irgendwer" ist mittlerweile zweifelsfrei als der *Hippocampus* identifiziert.

Der Hippocampus ***Abb. 9.30*** ist ein sehr alter Teil des Großhirns. Er hat die Form einer eingekerbten Keule und liegt an der Innenseite des Schläfenlappens. Er zieht an der Seitenfläche des I. bzw. II. Ventrikels

Hippocampus

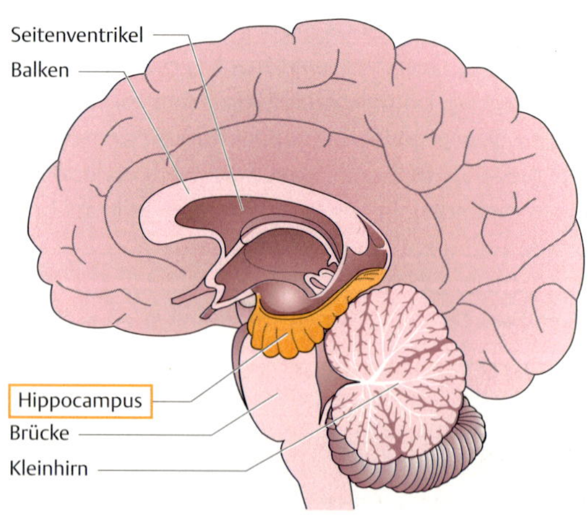

Abb. 9.30 Der Hippocampus ist eine gelappte Struktur an der Unterseite des I. und II. Ventrikels, liegt also im Schläfenlappen. Die Abb. stellt den Hippocampus der linken Hirnhälfte dar, nachdem alle übrigen Teile des linken Hirns abgetragen wurden.

nach hinten oben, verjüngt sich dabei und endet spitz zulaufend an der rückwärtigen Begrenzung des Balkens.
Als ein wichtiger Teil des limbischen Systems (s. u.) steht seine Tätigkeit stark unter dem Einfluss von positiven oder negativen Emotionen. Daher kommt die Beobachtung, dass, wenn wir mit Widerwillen an einen Stoff herangehen, der Lernerfolg auch eher bescheiden ist. Eine positive Grundeinstellung (spielerisches Lernen) fördert dagegen das Tempo der Überführung ins sekundäre Gedächtnis: Wir lernen nicht nur lieber, sondern auch besser.

! Wahrnehmungen werden zunächst sekundenlang im sensorischen Gedächtnis zwischengespeichert. Gedächtnisinhalte, denen ein emotionaler Gehalt beiliegt, gelangen ins dauerhaftere sekundäre Gedächtnis und möglicherweise durch Wiederholung ins lebenslange tertiäre Gedächtnis. Wichtige Gedächtnisinhalte sind nicht eng lokalisiert, sondern über größere Hirnareale verteilt und gehen nach örtlich begrenzten Hirnschäden daher auch nicht verloren.

9.10 Emotion und Motivation

Auf der Suche nach der Seele

Die schärfste Sensorik, die schnellste Motorik, das größte Gedächtnis nutzt nichts, wenn ein Mensch „nicht weiß, was er will". Und die Frage, was jemand im Leben erreichen möchte, ist wiederum untrennbar mit seiner Persönlichkeit, also dem innersten Wesen eines Menschen, mit anderen Worten seiner Seele, verbunden.
Die Geschichte der Medizin ist voll von pseudo- naturwissenschaftlichen Versuchen den Sitz der Seele zu erforschen. Alle sind bislang gescheitert. Daher ist die moderne Neurophysiologie von diesem großen Ziel abgerückt und begnügt sich stattdessen mit dem sehr viel bescheideneren Begriff Emotion. Im Gegensatz zu Begriffen „Seele" und „Persönlichkeit" können Emotionen nicht nur erlebt, sondern auch weitgehend objektiv von anderen beobachtet werden. Daher eignet sich dieser Begriff auch sehr viel besser für die wissenschaftliche Untersuchung menschlichen Verhaltens.

Ursprung von Emotionen

Limbisches System

Emotionen lassen sich im Gegensatz zu Sprache bei allen entwickelten Wirbeltieren beobachten – Wut, Schuldbewusstsein, sexuelle Begierde, Neugier und anderes kennen wir von unseren vierbeinigen Hausgenossen so gut wie von uns selbst. Emotionen müssen daher ihren Ursprung in einem relativ alten Hirnteil haben.
Durch gezieltes Ausschalten oder Reizen einzelner Hirnteile von Versuchstieren, meist Rhesusaffen, konnte man das limbische System als Ausgangspunkt von Emotionen identifizieren.
Lage und Form. Es handelt sich dabei um eine Reihe von Strukturen, die sich an der Innenfläche der Großhirnhemisphären wie ein Saum (= Limbus) um den III.Ventrikel und den Balken herumschlingen ***(Abb. 9.31)***. Hierzu zählen vor allem der Hippocampus mitsamt der ihn zur Mitte hin bedeckenden Hirnwindung *(Gyrus parahippocampalis)*, der *Gyrus cinguli* oberhalb des Balkens sowie der *Fornix* (Gewölbe). Der Fornix setzt den Verlauf des Hippocampus als dünnes Band nach hinten oben fort, biegt unmittelbar unter dem Balken nach vorne ab und umschlingt auf diese Weise den III. Ventrikel. Besonders wichtig ist außerdem ein Nervenzellgebiet des Schläfenlappens, der Mandelkern *(Corpus amygdaloideum)*.
Aufgaben. Alle Anteile des limbischen Systems haben enge Verbindungen zum Hypothalamus, also der Schaltzentrale des Hormonsystems (s. Kap. 12, S. 382). Sie steuern diejenigen Verhaltensweisen, die unmittelbar mit dem Überleben des Einzelnen oder der Art zu tun haben: unsere primären Bedürfnisse. Darunter fallen so einfache Dinge wie Hunger und Durst bzw. das beobachtbare Verhalten von Nahrungsbeschaffung und Wassersuche. Natürlich gehören die heterosexuelle Anziehung und das Paarungsverhalten im Sinne eines instinktiven kollektiven

Limbisches System

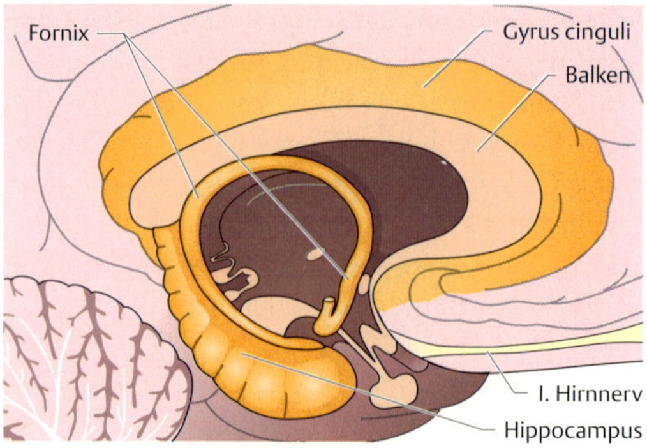

Abb. 9.31 Zum limbischen System gehören außer dem Hippocampus die stammesgeschichtlich alten Großhirnanteile rund um den III. Ventrikel sowie der Mandelkern im Schläfenlappen. Auch das stammesgeschichtlich alte Riechhirn mit der Riechbahn wird zum limbischen System gerechnet.

Selbsterhaltungstriebs ebenfalls zu den primären Bedürfnissen.

Verhalten in Hierarchien

Für ein soziales Lebewesen, wie es alle Primaten und der Mensch nun einmal sind, ist es lebensnotwendig die Signale anderer Mitglieder der Gruppe richtig zu deuten und sich entsprechend zu verhalten. Wenn sich dem Alpha-Tier, also z.B. dem ranghöchsten Männchen einer Schimpansengruppe, die Nackenhaare sträuben, wird ein rangniedrigeres Männchen in aller Regel mit einer Demutsgebärde antworten. Auch wir heutigen Menschen denken in Hierarchien und begreifen uns selbst innerhalb eines solchen hierarchischen Weltbildes. Männer und Frauen nehmen außerdem Hierarchien prinzipiell andersartig wahr. Dies auszusprechen mag zwar politisch nicht korrekt sein, ist aber wissenschaftlich nachgewiesen. Es ist ein direktes Erbe der Herkunft des Homo sapiens als Gruppenwesen und der unterschiedlichen Aufgaben von männlichen und weiblichen Gruppenmitgliedern.

Verzögerte Belohnung und Motivation

Was motiviert einen Workaholic dazu, jahrzehntelang bis tief in die Nacht am Schreibtisch zu arbeiten? Welchen Gewinn hat ein Nachwuchspolitiker davon, im Wahlkampf jedes Wochenende „ehrenamtlich" Plakate zu kleben und Festsäle zu dekorieren? Und warum sitzt der Verfasser dieser Zeilen eben jetzt an einem wunderschönen Frühlingsabend mutterseelenallein in seinem Hotelzimmer im Tessin und malträtiert die Laptop-Tastatur? Der Workaholik könnte auf eine Party gehen und eine super Frau kennenlernen, der Nachwuchspolitiker könnte am Baggersee seinen Luxuskörper bräunen und ich – na ja, mir würd' schon was einfallen!

Alle diese Verhaltensweisen haben eines gemeinsam: Die Hoffnung auf eine verzögerte oder aufgeschobene Belohnung. Das ist die besonders intensive Befriedigung eines Bedürfnisses zu einem späteren Zeitpunkt. Meist handelt es sich dabei nicht einmal um ein primäres Bedürfnis, also mehr und besseres Essen, mehr und besseren Sex usw., sondern der mit Geld oder Macht verbundene Status, also wiederum ein abgeleitetes Bedürfnis.

Als „vernunftbegabte" Wesen ist uns häufig eben doch die Taube auf dem Dach lieber als der Spatz in der Hand. Jeder Mensch, mit Ausnahme vielleicht einiger Lebenskünstler, leistet solche tagtäglichen Investitionen in die Zukunft. Ohne sie wäre jede geordnete Gesellschaft undenkbar, da sich niemand bereit fände unliebsame Aufgaben zu übernehmen.

Frontalhirnsyndrom. Patienten mit Tumoren im Bereich des unteren Stirnlappens oder des eigentlichen limbischen Systems sind oft nicht in der Lage ihre primären Bedürfnisse (z.B. nach sexueller Befriedigung) aufzuschieben. Sie wirken planlos, sind leicht ablenkbar und leiden nicht selten unter einer dissozialen Persönlichkeitsstruktur, weil sie keine instinktive Angst vor den Folgen ihrer Handlungen haben. Vor allem fällt jedoch die „Distanzlosigkeit" auf, also ihre Unfähigkeit die soziale Struktur einer gegebenen Alltagssituation korrekt zu erkennen und sich der Situation entsprechend zu verhalten.

Herz und Verstand

Ihnen ist sicherlich aufgefallen, dass die Antworten um so schwammiger ausfallen, je interessanter die Fragen sind. Leider – oder vielleicht auch Gott sei Dank – ist die Physiologie noch weit davon entfernt das Geheimnis von Liebe und Hass oder das von Herz und Verstand zu enträtseln. Und selbst wenn wir die Antworten mit unserem Verstand kennen würden, werden sie – so glaube ich – für unser Herz immer rätselhaft bleiben.

9.11 Anhang: Spezielle Anatomie des peripheren Nervensystems

Allgemeines zu den Rückenmarknerven

Sämtliche Teile des Körpers mit Ausnahme von Gesicht, Magen-Darm-Trakt und Teilen der Halsmuskulatur erhalten ihre efferenten Impulse aus dem Rükkenmark und senden afferente Reize dorthin. Zusammen mit dem vegetativen Nervensystem bilden die Spinalnerven und ihre Äste das periphere Nervensystem.
Wenn wir von „dem" Rückenmarknerv *(Spinalnerv)* sprechen, meinen wir eigentlich den vorderen (anterioren) Ast *(Ramus ventralis)*.
Der hintere (posteriore) Ast *(Ramus dorsalis)* eines jeden Spinalnervs spaltet sich sehr früh nahe des sympathischen Grenzstrangs (s. S. 269) ab. Er versorgt motorisch die Rückenmuskulatur, sensibel die Haut des Rückens. Bitte hüten Sie sich davor, diese Spinalnervenäste mit den Nervenwurzeln zu verwechseln: Der hintere Ast des Spinalnervs ist nicht mit der Hinterwurzel identisch, sondern entspringt als gemischt sensibler und motorischer Nerv aus Vorder- und Hinterwurzel (vgl. ***Abb. 9.3***).
Noch eine letzte Vorbemerkung: Für dieses Unterkapitel gilt wiederum dasselbe wie im Fall der Blutgefäße. Richtig lernen – und behalten! – lässt sich der Stoff nur dann, wenn man ganz konkret die Ausfallerscheinungen der einzelnen Nerven an einem Patienten gesehen hat. Leider werden aber mitunter auch theoretisch einzelne Nerven abgeprüft.

Plexus cervicalis

Die vorderen Äste der ersten vier Spinalnerven, also von C_1–C_4 ***(Abb. 9.32)***, bilden seitlich der Halswirbelsäule, eingebettet zwischen den Mm. scaleni (s. Kap.4, S. 155), ein reich verschlungenes Netzwerk, den *Plexus cervicalis* (Halsgeflecht).

Sensible Nerven

Aus ihm entstehen neben motorischen Ästen zur Halsmuskulatur sensible Nerven, welche die Haut der Halsregion – mit Ausnahme der ganz hinten gelegenen Areale – wie eine Halskrause umfassen. Der *N. occipitalis major* (großer Hinterhauptnerv) reicht dabei bis hinauf zum Scheitel, der *N. supraclavicularis* versorgt die Haut über den obersten drei Rippen und dem Schlüsselbein.

Motorische Nerven

Der längste und wichtigste Ast des Plexus cervicalis ist der *N. phrenicus* (Zwerchfellnerv). Er entspringt aus den Segmenten C_3 und vor allem C_4, zieht an

Plexus cervicalis

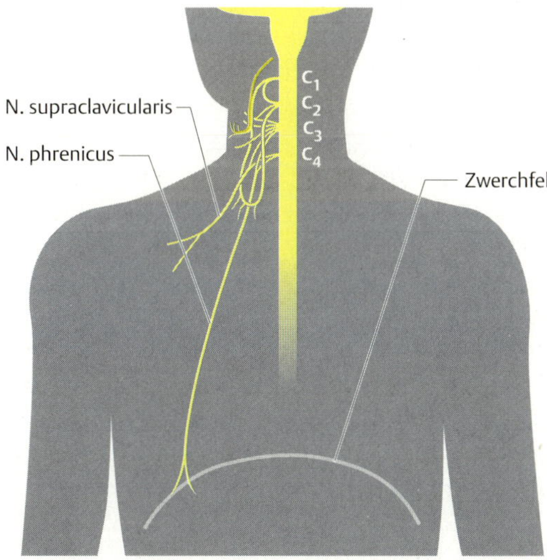

Abb. 9.32 Die Rückenmarknerven aus dem Halsmark bilden seitlich der Halswirbelsäule ein Nervengeflecht. Der wichtigste Nerv aus diesem Plexus cervicalis ist der N. phrenicus, der beim Einatmen die Muskulatur des Zwerchfells anspannt.

der Vorderfläche des M. scalenus anterior zur ersten Rippe und betritt hier die Brusthöhle. Im vorderen Mittelfellraum angelangt, gibt er sensible Äste zum Herzbeutel ab, bevor sich seine Endäste im Zwerchfell aufzweigen.

Phrenikusparese. **Das Zwerchfell und der Zwerchfellnerv (N. phrenicus) übernehmen in Ruhe die Hauptlast der Atmung. Auch wenn durch eine „hohe" Querschnittlähmung die Zwischenrippenmuskulatur gelähmt ist, können die Patienten trotzdem noch spontan atmen. Erst eine Durchtrennung des Rückenmarks oberhalb von C_4 führt zum Atemstillstand.**

Plexus brachialis

Dem Plexus cervicalis schließt sich nach unten ein weiteres Nervengeflecht, der *Plexus brachialis* (Armgeflecht), an. Die vorderen Äste der Spinalnerven C_5–Th_1 schließen sich zunächst zu drei dicken Primärsträngen (Trunci) zusammen, die gemeinsam mit der A. subclavia durch die Skalenuslücke zwischen dem vorderen und mittleren M. scalenus ziehen ***Abb. 9.33***. Zwischen Schlüsselbein und der ersten Rippe formieren sich die drei Stämme zu drei Sekundärsträngen um, welche die A. axillaris innen, außen und hinten umfassen *(Fasciculus medialis, lateralis* und *posterior).*

Plexus brachialis

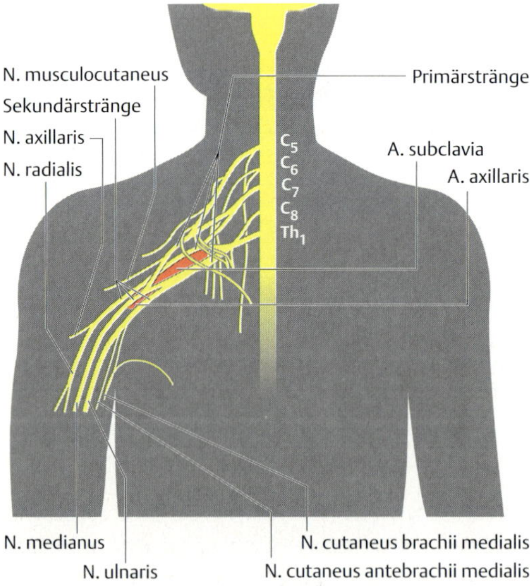

Abb. 9.33 Die Rückenmarknerven des unteren Halsmarks bilden den ausgedehnten Plexus brachialis, aus dem die drei großen Nerven des Arms hervorgehen.

Eingeschlafener Arm und Plexusausriss. **An dieser Stelle gerät der Plexus brachialis häufig unabsichtlich in Konflikt mit den angrenzenden Knochen: Wenn wir im Schlaf den Kopf auf den Oberarm betten, quetschen wir nicht selten den Plexus brachialis zwischen Schlüsselbein und Rippen; der Arm schläft ein.**

Oberhalb des Schlüsselbeins verlassen etliche Nervenäste den Plexus brachialis. Sie versorgen die gesamte Muskulatur des Schultergürtels mit Ausnahme des M. deltoideus und des M. teres minor. Ein Ausriss des Plexus brachialis, beispielsweise bei einem schweren Verkehrsunfall, lähmt daher nicht nur den Arm, sondern zusätzlich die gesamte obere Hälfte des Rumpfes.

Unterhalb des Schlüsselbeins formieren sich die Sekundärstränge zu zwei rein sensiblen Hautnerven (*N. cutaneus brachii medialis* und *N. cutaneus antebrachii medialis*, beide aus C_8–Th_1) zur Versorgung der Arminnenseite sowie zu den fünf großen Nerven des Arms:

- *N. axillaris,*
- *N. musculocutaneus,*
- *N. radialis,*
- *N. medianus,*
- *N. ulnaris.*

N. axillaris

Der *N. axillaris* (aus C_5 und C_6) ist der kürzeste der großen Armnerven. Er entsteht aus dem hinteren Sekundärstrang und versorgt sensibel die Haut der Außenseite der Schulter, motorisch den M. deltoideus und den M. teres minor.

N. musculocutaneus

Der *N. musculocutaneus* (aus C_5–Th_1) geht aus dem seitlichen Sekundärbündel hervor, schiebt sich zwischen Bizeps und M. brachialis, wechselt in der Ellenbeuge auf die radiale Seite des Unterarms und leitet von dort die Hautsensibilität ab. Er innerviert die Beugemuskeln des Oberarms.

N. radialis

Wie der N. axillaris, kommt auch der *N. radialis* ***(Abb. 9.34)*** aus dem hinteren Sekundärbündel. Seine Fasern gehören allen Rückenmarksegmenten des Plexus brachialis an. Der Nerv gelangt zwischen den Ursprüngen des Trizeps auf die Streckseite des Oberarms, schlingt sich in einer Linksspirale um den Oberarmknochen herum und teilt sich in der Nähe des Speichenköpfchens in einen oberflächlichen und einen tiefen Ast. Oberhalb der Ellenbeuge gibt der Nerv Äste zur sensiblen Versorgung der Außenseite des ganzen Arms und motorische Äste für die Streckermuskulatur des Oberarms ab.

Am Unterarm versorgt der beinahe rein motorische tiefe Ast *(Ramus profundus nervi radialis)* sämtliche Streckmuskeln in Hand- und Fingergelenken. Der rein sensible oberflächliche Ast *(Ramus superficialis nervi radialis)* leitet die Empfindungen des Daumens und des Handrückens im Bereich der ersten vier Finger.

Radialisparese. **Eine Lähmung des N. radialis, beispielsweise durch eine Oberarmfraktur, erkennt man sehr leicht an der charakteristischen Fallhand: Der Verletzte kann Finger und Hand in keinem einzigen Gelenk strecken, aber überall kräftig beugen. Die Sensibilitätsausfälle sind nicht allzu stark ausgeprägt, da mit Ausnahme eines kleinen Gebiets am Daumenballen alle Hautareale auch von anderen Nerven überstrichen werden.**

N. medianus

In vieler Hinsicht der Gegenspieler des N. radialis ist der *N. medianus* ***(Abb. 9.35)***. Er entsteht aus Anteilen sowohl des seitlichen als auch des inneren Sekundärbündels (C_6–Th_1). Zwischen Beuge- und Streckmuskulatur eingebettet, verläuft der Nerv an der Innenseite des Oberarms zur Ellenbeuge und zieht am Unterarm zwischen der oberflächlichen und tiefen Schicht der Fingerbeuger zum Karpaltunnel.

Der N. medianus versorgt alle Pronatoren, Hand- und Fingerbeuger mit Ausnahme des Flexor carpi ulnaris

Nervus radialis

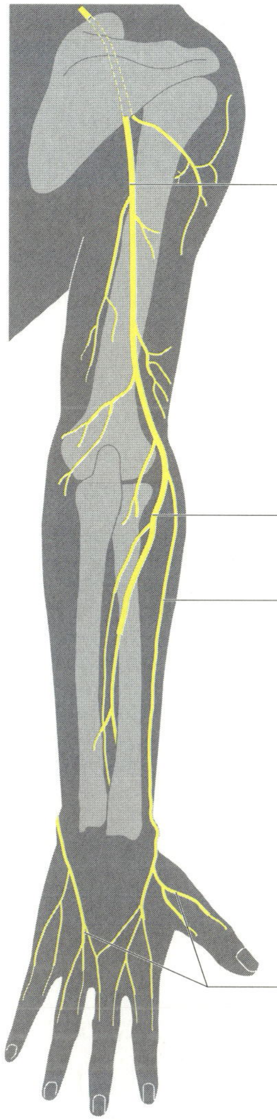

Abb. 9.34 Der N. radialis verläuft auf der Rückseite des Oberarms zum äußeren Ellenbogenfortsatz und von dort entlang der Speiche zum Handrücken. Er versorgt die Streckmuskulatur von Ober- und Unterarm.

Nervus medianus

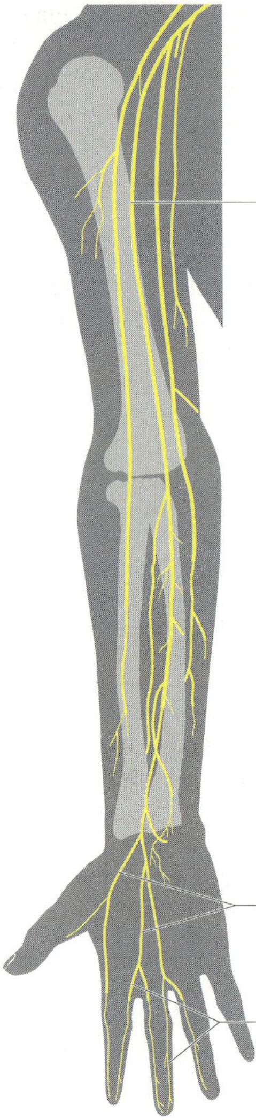

Abb. 9.35 Der N. medianus zieht auf der Vorderseite des Oberarms in die Ellenbeuge und danach, ebenfalls auf der Vorderseite des Unterarms, in die Handfläche. Er versorgt die Beuger des Unterarms und der ersten drei Finger sowie die Pronatoren.

Nervus ulnaris

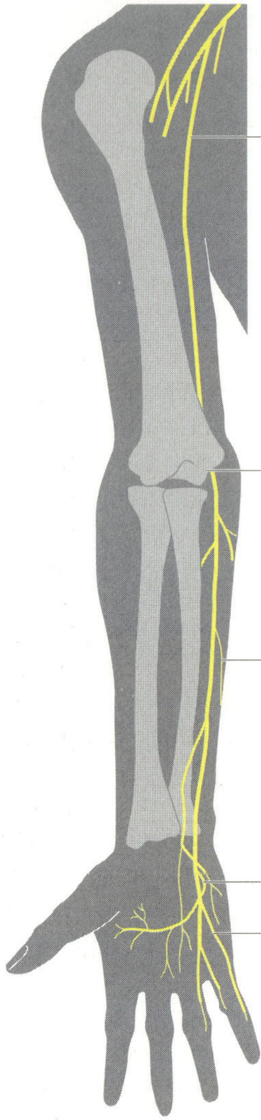

Abb. 9.36 Der N. ulnaris schlingt sich in einer Furche (Sulcus) um den inneren Ellenbogenfortsatz und liegt dort recht ungeschützt. Er versorgt die kurzen Handmuskeln und einige Beuger im Unterarm.

und der ulnaren Hälfte des Flexor digitorum profundus. Daher erkennt man eine Lähmung des N. medianus – z.B. durch Einklemmung in einem besonders engen Karpaltunnel (s. Kap. 4, S. 144) – daran, dass der Patient nur den 4. und 5. Finger beugen kann, nicht dagegen Daumen, Zeige- und Mittelfinger. Beim Versuch, eine Faust zu machen, entsteht so die charakteristische Schwurhand.

Das sensible Versorgungsgebiet umfasst beinahe die ganze Handfläche inklusive der ersten „dreieinhalb Finger“ (incl. Daumenseite des Ringfingers) sowie die Streckseite von Zeige- und Mittelfinger.

Karpaltunnelsyndrom. **Das Karpaltunnelsyndrom ist eine Quetschung des N. medianus durch eine zu enge Lücke zwischen den Handwurzelknochen und dem Bandapparat auf der Innenseite der Handfläche. Die Patienten – besonders häufig betroffen sind Frauen im mittleren Lebensalter – klagen zunächst über Kribbeln und Schmerzen in der Handfläche und den ersten drei Fingern, später zusätzlich über Empfindungsstörungen und Taubheitsgefühl.**

N. ulnaris

Wesentlich dünner als N. radialis und N. medianus ist der *N. ulnaris* ***(Abb. 9.36)***. Seine Fasern kommen aus dem inneren Sekundärbündel (C_8–Th_1). Der Nerv zieht hinter dem N. medianus an der Innenseite des Oberarms zum Ellenbogen. Im Sulcus nervi ulnaris der Elle knickt der N. ulnaris scharf zum Unterarm ab. Diese Stelle ist wegen der ungeschützten Lage des Nervs sicherlich jedem von Ihnen in (schmerzhafter) Erinnerung: Nach einem Schlag auf den N. ulnaris schießt ein elektrisierendes Gefühl entlang der Elle in den Bereich der Haut des Ring- und Kleinfingers ein. Dabei handelt es sich um den sensiblen Innervationsbezirk des N. ulnaris. Das Rückenmark interpretiert die unphysiologische Nervenreizung als kribbelndes Gefühl in der Haut (Projektion).

Motorisch versorgt der Nerv die verbliebenen Hand- und Fingerbeuger, also den M. flexor carpi ulnaris und den ulnaren Teil des M. flexor digitorum profundus. Auch die meisten kurzen Handmuskeln erhalten ihre Impulse über den N. ulnaris.

Das klassische Zeichen einer Ulnarislähmung ist die Krallenhand: Beim Versuch, die Finger zur Faust zu schließen, bleiben 4. und 5. Finger in Streckstellung stehen.

Thorax

Die vorderen Äste der zwölf Brustsegmente (Th_1 bis Th_{12}) laufen an der Unterseite der entsprechenden Rippen nach vorn bis zum Brustbein bzw. zur Mittellinie der Bauchwand *(Linea alba)*. Sie leiten die Sensibilität aus der Haut der seitlichen und vorderen Rumpfwand und versorgen motorisch die Zwischenrippen- und Rumpfwandmuskeln. Der vordere Ast von Th_1 beteiligt sich außerdem am Plexus brachialis. Die sensiblen Versorgungsgebiete der Spinalnerven *(Dermatome)* ziehen im Bereich des Rumpfes gürtelförmig von hinten oben nach vorn unten. Daher sind Querschnittlähmungen im Brustmark immer mit sensiblen Ausfällen verbunden, die wie ein Hosenbund nach oben zu scharf begrenzt sind.

Projizierter Schmerz. **Jedes Segment erhält sensible Impulse sowohl aus „seinem" Hautbezirk (Dermatom) als auch von inneren Organen. Da dem Rückenmark die Unterscheidung zwischen „außen" und „innen" manchmal schwer fällt, projizieren sich Organschmerzen nicht selten auf die äußere Haut des entsprechenden Rückenmarksegments:**

- **Herz: Innenseite linker Arm,**
- **Gallenblase: Haut des rechten Oberbauchs,**
- **Pankreas: gürtelförmiger Bezirk vorne/links am Oberbauch.**

Plexus lumbalis

Die vorderen Äste der Spinalnerven aus den Segmenten L_1 bis L_4 vereinigen sich am Hinterrand des M. psoas major zum *Plexus lumbalis* (Lendengeflecht, ***Abb. 9.37***). Aus diesem Nervengeflecht entstehen zwei Hauptäste, die Nn. femoralis und obturatorius, sowie etliche kleinere Ableger.

Nebenäste

Einer der wichtigsten dieser Nebenäste ist der *N. genitofemoralis* (aus L_1 und L_2). Dieser Nerv erreicht durch den Samenstrang die Haut des Hodensacks bzw. der großen Schamlippen und den M. cremaster.

Plexus lumbalis

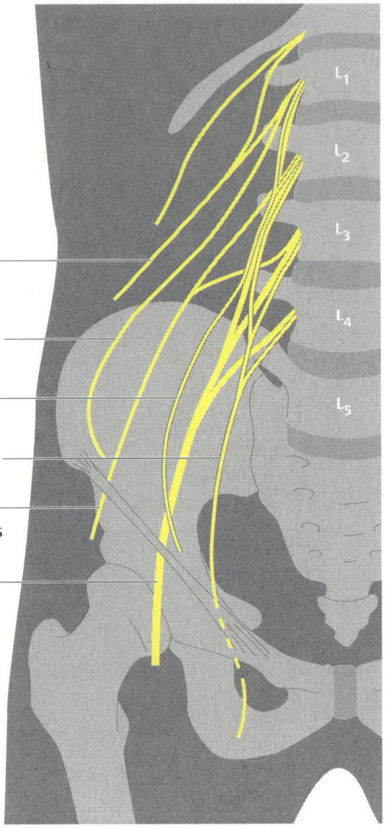

Abb.9.37 Beiderseits der Lendenwirbelsäule bilden die Rückenmarknerven aus dem Lumbalmark wiederum ein Nervengeflecht, aus dem als wichtigster Ast der N. femoralis hervorgeht.

N. iliohypogastricus und *N. ilioinguinalis* (aus Th_{12} und L_1) leiten afferente Impulse aus einem streifenförmigen Bereich zwischen Darmbeinkamm und den äußeren Geschlechtsorganen und beteiligen sich außerdem an der Steuerung der Bauchmuskeln.
Rein sensibel wiederum ist der *N. cutaneus femoris lateralis* (aus L_2 und L_3), der – wie der Name schon sagt – die Haut an der Außenseite des Oberschenkels versorgt.

N. femoralis

Der dickste Ast des Plexus lumbalis ist zweifelsfrei der *N. femoralis* (aus L_1–L_4). Er zieht am äußeren Rand des M. psoas major zum Beckenrand, unterkreuzt das Leistenband und teilt sich im oberen Drittel der Vorderseite des Oberschenkels auf.
Die Äste des N. femoralis steuern den M. iliopsoas und sämtliche Strecker im Kniegelenk (M. quadriceps femoris, M. sartorius) und versorgen sensibel die Vorder- und Innenseite des Oberschenkels.
Ein langer rein sensibler Ast des N. femoralis *(N. saphenus)* zieht zur Haut der Innenseite des Unterschenkels bis hinab zum großen Zeh.

N. obturatorius

Der *N. obturatorius* (aus L_2–L_4) durchbricht die bindegewebige Membran des Foramen obturatum am oberen Schambeinast. Der Nerv versorgt alle Adduktoren des Oberschenkels, enthält aber nur sehr wenige sensible Fasern. Beckenbrüche können wegen seiner Nähe zum Knochen den Nerv zerreißen und hinterlassen dann eine dauernde Gehbehinderung.

Plexus sacralis

Die vorderen Äste der unteren Spinalnerven (von L4 bis hinab zum Conus medullaris) vereinigen sich zu dem mächtigen *Plexus sacralis* (Kreuzgeflecht), aus dem der stärkste Nerv unseres Körpers, der *N. ischiadicus* entspringt. Alle Anteile des Plexus sacralis verlassen das Becken zunächst durch das *Foramen ischiadicum majus*.

N. pudendus

Der *N. pudendus* (aus S_2–S_4) schlingt sich um den Sitzbeinstachel herum und tritt durch das Foramen ischiadicum minus wieder ins Becken ein. Hier versorgt er die äußeren Geschlechtsorgane, also Penis und Hoden bzw. Vulva und Klitoris einschließlich ihrer Schwellkörper sowie den Mastdarm samt Schließmuskel.
Die rein motorischen *Nn. glutaei* (aus L_4–S_2) innervieren alle Gesäßmuskeln und die tiefe Schicht der Hüftrotatoren. Fällt der *N. glutaeus superior* aus, der insbesondere den M. glutaeus medius versorgt, dann knickt das Becken bei jedem Schritt zur Gegenseite ab (Trendelenburg-Zeichen).

Ischiasnerv, Ansicht von hinten

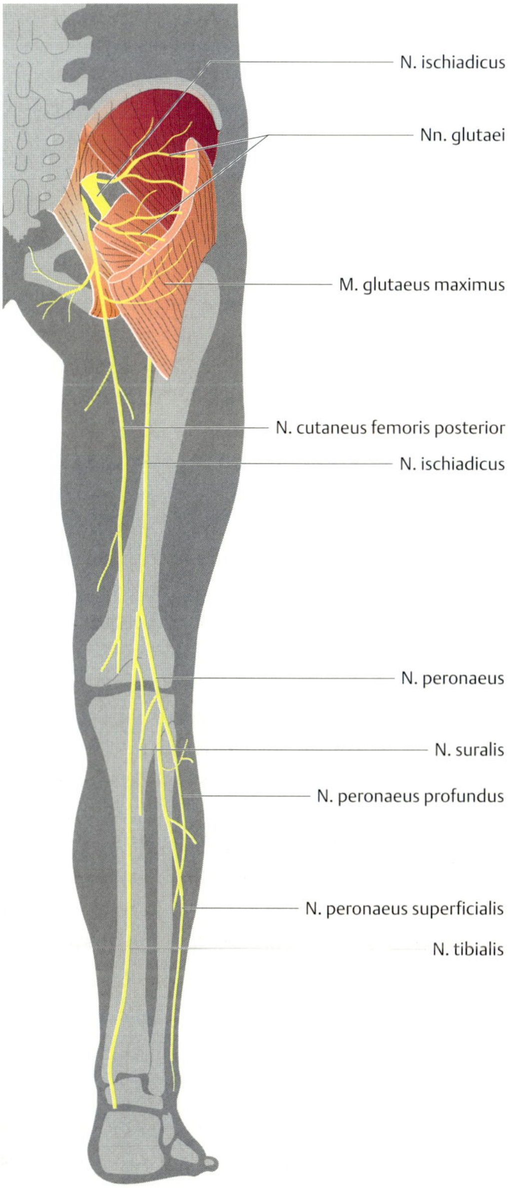

Abb. 9.38 Der N. ischiadicus geht aus dem Plexus sacralis hervor. Nach dem Abgang eines Hautnervs (N. cutaneus femoris posterior) zieht er auf der Rückseite des Oberschenkels in die Kniekehle und teilt sich dort in N. tibialis und N. peronaeus auf. Er versorgt die großen Gesäßmuskeln und mit Ausnahme der vorderen Oberschenkelmuskulatur alle Muskeln des Beins.

Ischiasnerv, Ansicht von seitlich

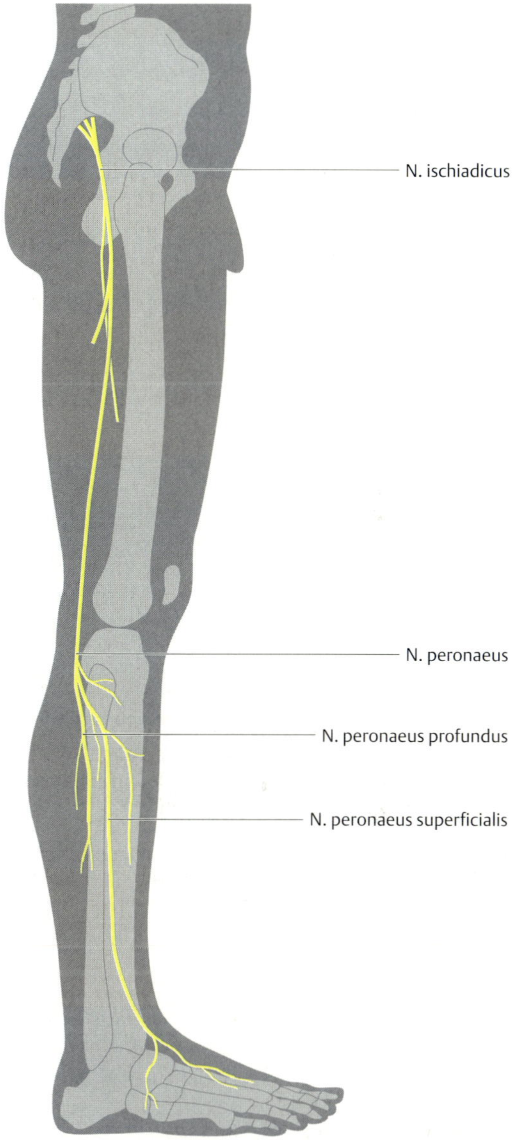

Abb. 9.39 Auf dieser seitlichen Ansicht erkennen Sie besonders gut den Verlauf des N. peronaeus an der Außenseite des Wadenbeins. Achten Sie außerdem darauf, dass der Ischiasnerv das Becken bereits früh durch das Foramen ischiadicum majus verlässt.

Außerdem entspringt aus dem Plexus sacralis der *N. cutaneus femoris posterior* (aus S_1–S_3) zur sensiblen Innervation der Rückseite des Oberschenkels.

N. ischiadicus

Die weitaus meisten Fasern des Plexus sacralis münden in den Ischiasnerv *(N. ischiadicus)* ein. Er zieht unter dem großen Gesäßmuskel zwischen Sitzbeinhökker und Trochanter major zur Rückseite des Oberschenkels ***(Abb. 9.38** und **9.39)***. Durch eine nicht fachgerechte intramuskuläre Injektion kann man den Nerv verletzen und im schlimmsten Fall dauerhaft lähmen. Der Ischiasnerv ist mit einem Durchmesser von mehr als einem Zentimeter der dickste Nervenstrang des ganzen Körpers. Er besteht aus zwei klar voneinander getrennten Anteilen:

- dem *N. tibialis* (aus L_4–S_3) und
- dem *N. peronaeus (N. fibularis)* (aus L_4–S_2).

Beide Anteile ziehen in einer gemeinsamen Bindegewebsscheide auf der Rückseite des M. adductor magnus zur Kniekehle und versorgen dabei die Beugemuskulatur des Oberschenkels (vor allem Anteile des N. tibialis).

N. tibialis. Der *N. tibialis* ist der Hauptast des Ischiasnervs. Er setzt dessen Verlaufsrichtung in direkter Linie fort, zieht also mitten durch die Kniekehle und weiter zwischen den oberflächlichen und tiefen Fußstreckern zum Innenknöchel. Der N. tibialis versorgt sämtliche Beuger im Sprunggelenk und außerdem alle kurzen Muskeln der Fußsohle.

Noch innerhalb der Kniekehle verlässt ein sensibler Ast den Nervenstamm, der sich mit einem ebenfalls sensiblen Ast des N. peronaeus zum N. suralis vereinigt. Der N. tibialis leitet die Hautsensibilität von der Innen- und Rückseite des Unterschenkels, der Ferse und der ganzen Fußsohle zum Rückenmark.

N. peronaeus (N. fibularis). Bereits oberhalb der Kniekehle biegt der *N. peronaeus* ab, schlingt sich seitlich um den Hals des Wadenbeins und teilt sich in einen oberflächlichen und einen tiefen Ast. Der tiefe *N. peronaeus profundus* enthält ausschließlich motorische Fasern, und zwar für die Strecker im Sprunggelenk und die kurzen Zehenstrecker des Fußrückens.

Der überwiegend sensible oberflächliche Ast, *N. peronaeus superficialis*, versorgt die Haut des Fußrükkens und innerviert außerdem die Mm. peronaei. Ähnlich wie der N. tibialis gibt auch der N. peronaeus schon auf Höhe des Knies einen sensiblen Ast zur Haut der Außenseite des Unterschenkels ab.

Peronaeuslähmung. **Eine Lähmung des N. peronaeus profundus kommt gar nicht so selten im Rahmen des Tibialis-anterior-Syndroms vor. Der Nerv liegt nämlich zwischen der äußeren Schienbeinfläche und dem M. tibialis anterior in dessen Muskelloge. Schwillt der Muskel an und erhöht den Druck in der Loge, dann leidet auch der Nerv unter mangelnder Durchblutung. Der Patient kann den Fuß beim Gehen zwar noch kraftvoll abrollen, die Fußspitze schleift dann aber am Boden nach (Spitzfuß). Umgekehrt ist bei der zum Glück seltenen Lähmung des N. tibialis das Abrollen unmöglich. Wegen des Übergewichts der Fußheber steht der unbelastete Fuß in Dorsalextension (Hackenfuß).**

Recht häufig ist eine Peronaeuslähmung auch bei einem stärker ausgeprägten Bandscheibenvorfall. In diesem Fall muss kurzfristig eine operative Entlastung der Nervenwurzel erfolgen, damit die Lähmung nicht dauerhaft bleibt.

Hirnnerven

Aufgabe der Hirnnerven

Bei der Besprechung der Rückenmarknerven haben wir mit dem Hals angefangen und uns systematisch nach unten vorgearbeitet. Da der Kopf aber nicht vom Rückenmark aus innerviert ist, benötigt er eigene Hirnnerven *(Nervi craniales, **Abb. 9.40**)*, die all jene Funktionen erfüllen, für die eine Etage tiefer die großen Spinalnerven und ihre Äste zuständig sind.

Hier die 12 Hirnnervenpaare in der Übersicht:

- I. Hirnnerv N. olfactorius (Riechnerv),
- II. Hirnnerv N. opticus (Sehnerv),
- III. Hirnnerv N. oculomotorius,

Hirnnerven

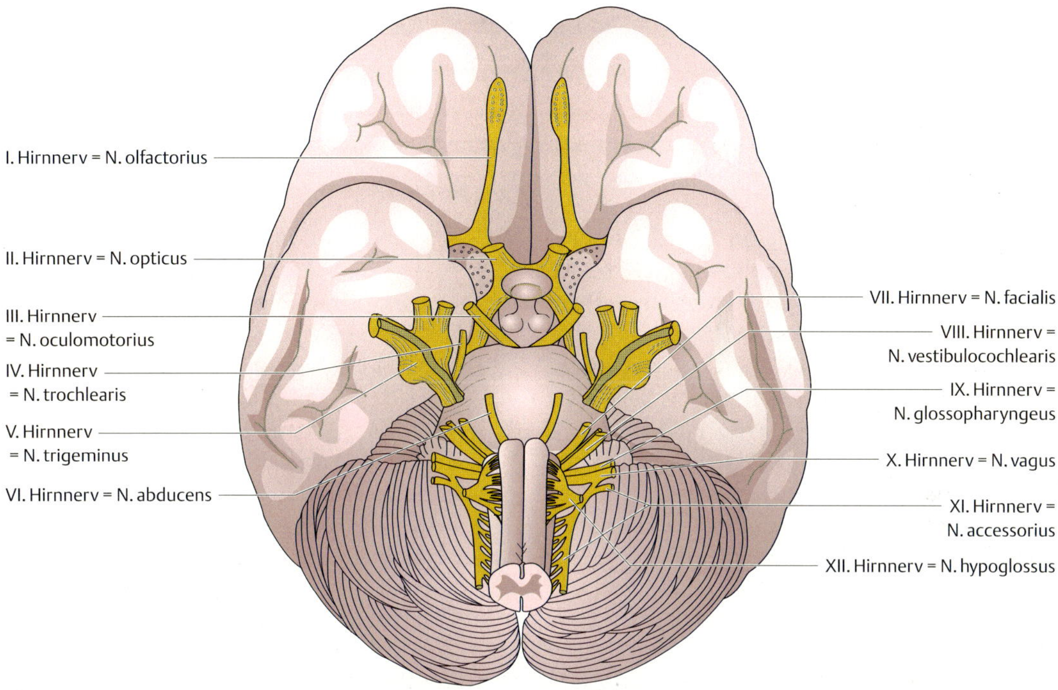

Abb. 9.40 Die 12 Hirnnervenpaare erfüllen für Kopf und Hals die gleiche Funktion wie die Rückenmarknerven für den übrigen Körper. Wegen des hohen Informationsflusses sind die sensorischen Nerven (I, II, V, VIII) besonders dick.

- IV. Hirnerv N. trochlearis,
- V. Hirnnerv N. trigeminus (Drillingsnerv),
- VI. Hirnnerv N. abducens,
- VII. Hirnnerv N. facialis (Gesichtsnerv),
- VIII. Hirnnerv N. vestibulocochlearis (Hör- und Gleichgewichtsnerv),
- IX. Hirnnerv N. glossopharyngeus (Zungen-Rachen-Nerv),
- X. Hirnnerv N. vagus,
- XI. Hirnnerv N. accessorius,
- XII. Hirnnerv N. hypoglossus (Zungennerv).

I. Hirnnerv

Die Liste der Hirnnerven beginnt gleich mit einer Ausnahme. Der *N. olfactorius* (Riechnerv) ist nämlich kein „echter" Hirnnerv, sondern eigentlich ein fingerförmig ausgezogener Teil des Großhirns.

Er zieht an der Unterseite des Stirnlappens beidseits der Mittellinie nach vorne und endet in einer keulenförmigen Auftreibung, dem Riechkolben *(Bulbus ol-*

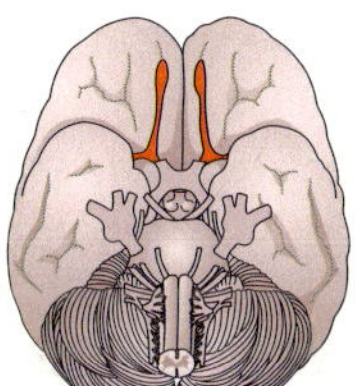

factorius). Dort teilen sich die Nervenfasern in 15–25 Bündel auf, die durch die Siebbeinplatte *(Lamina cribrosa)* in den oberen Teil der Nase gelangen und die Impulse der Sinneszellen übernehmen (s. Kap.5, S. 176).

Die Fasern des I. Hirnnervs haben einen engen Kontakt zum limbischen System (s. Kap. 9, S. 295), das unsere ganze Gefühlswelt steuert. Angenehme oder auch üble Gerüche lösen daher oft eine ganze Palette positiver oder negativer Emotionen aus.

II. Hirnnerv

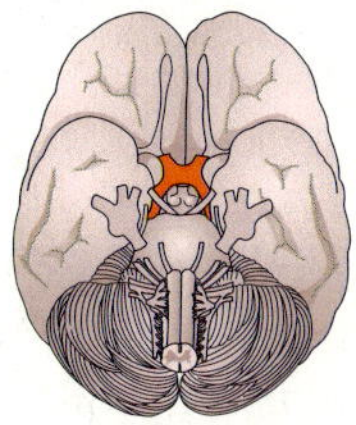

Der *N. opticus* (Sehnerv) ist ebenfalls ein vorgeschobener Großhirnteil. Im Inneren des Augapfels beginnt er als Nervenfaserschicht der Netzhaut. (Die gesamte Sehbahn einschließlich des N. opticus ist Gegenstand des Kap. 5, S. 166).

III. Hirnnerv

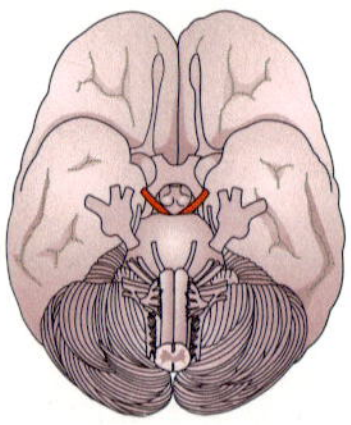

Der *N. oculomotorius* ist der erste „waschechte" Hirnnerv. Er entspringt als rein motorischer Nerv im Mittelhirn vor dem Aquädukt und verlässt das Gehirn nahe der Mittellinie in der Furche zwischen den beiden Hirnschenkeln. Durch eine lange Spalte an der Oberseite der Augenhöhle *(Fissura orbitalis superior)* erreicht er fast alle Augenmuskeln (Mm. recti superior, inferior, medialis, M. obliquus inferior) sowie den Lidheber (M.levator palpebrae). Parasympathische Fasern schalten im Ganglion ciliare um und versorgen den Pupillensphinkter (M. sphincter pupillae) und den für die Nahakkommodation wichtigen Ziliarmuskel (M. ciliaris; s. Kap. 5, S. 158).

IV. Hirnnerv

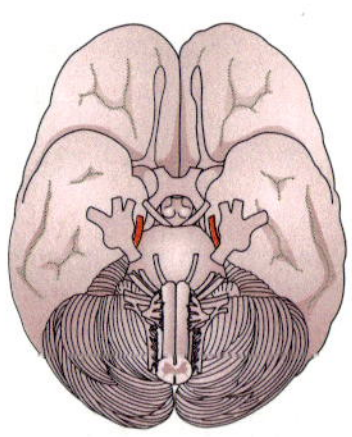

Auch der *N. trochlearis* beteiligt sich an der Augenbewegung, und zwar versorgt er den oberen schrägen Augenmuskel (M. obliquus superior).Die Nervenzellkörper liegen dicht unterhalb der beiden Kerne des III. Hirnnervs. Im Gegensatz zu diesem ziehen die Axone aber zur Rückseite des Hirnstamms, kreuzen hinter dem Aquädukt zur Gegenseite und schlingen sich um das Mittelhirn herum nach vorn.

V. Hirnnerv

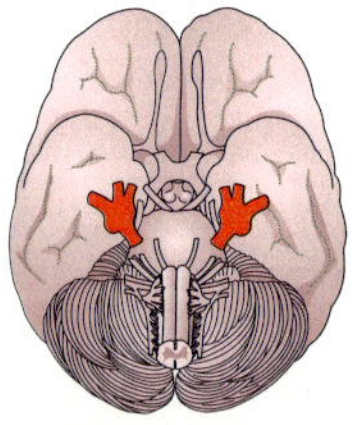

Der dicke *N. trigeminus* (Drillingsnerv) entspringt einem langgezogenen Kerngebiet, das vom Mittelhirn bis tief ins verlängerte Mark reicht. Er verlässt vorn seitlich die Brücke und teilt sich kurz darauf in seine drei Hauptäste auf.

Der ***1. Ast*** *(N. ophthalmicus)* leitet die Sensibilität des Auges, der Augenhöhle, des Nasenrückens und der Stirn. Vom N. facialis erhält der 1. Trigeminusast parasympathische Fasern, welche die Tränendrüsen anregen.

Der ***2. Ast*** *(N. maxillaris)* enthält sensible Fasern aus dem Oberkiefer einschließlich der Zähne und der darüberliegenden Haut sowie parasympathische Fasern, welche die Mundspeicheldrüsen erreichen.

Der ***3. Ast*** *(N. mandibularis)* versorgt sensibel den Unterkiefer mit Zähnen und Haut, motorisch die gesamte Kaumuskulatur.

VI. Hirnnerv

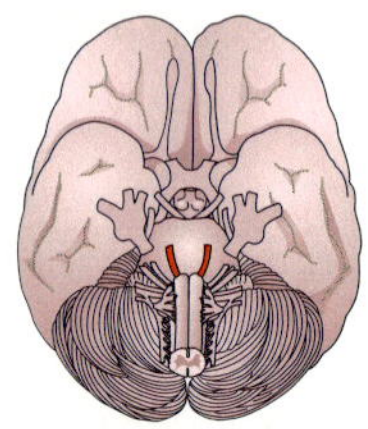

Und noch ein Augenmuskelnerv – ist jetzt aber der letzte! Der *N. abducens* entspringt am Unterrand der Brücke, quetscht sich an der Vorderseite des Gehirns zwischen verlängertem Mark und Brücke nach außen und erreicht die Augenhöhle wie seine beiden Kollegen durch die Fissura orbitalis superior. Er innerviert den äußeren geraden Augenmuskel (M. rectus lateralis), „abduziert" also den Augapfel.

VII. Hirnnerv

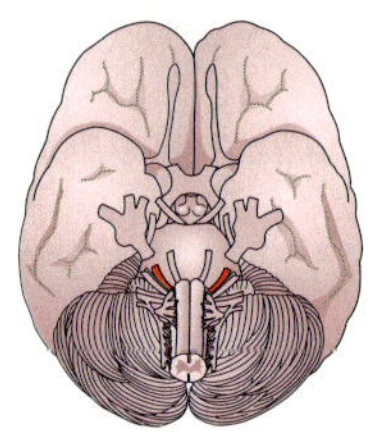

Ganz im Gegensatz zum sensiblen N. trigeminus ist der *N. facialis* (Gesichtsnerv) fast ausschließlich motorisch. Der N. facialis einer Gesichtshälfte ist häufig bei Patienten mit einem Apoplex (Schlaganfall) geschädigt.

Er entspringt seitlich des Kerngebiets des VI. Hirnnervs, schlingt sich um diesen herum und verlässt den Hirnstamm in dem Dreieck zwischen Brücke, verlängertem Mark und Kleinhirn (Kleinhirnbrückenwinkel).

Der Nerv zieht durch die Ohrspeicheldrüse (Glandula parotidea) hindurch und versorgt die gesamte mimische Muskulatur im Gesicht und am Hals sowie die Tränen-, Unterkiefer- und Unterzungendrüse (s. Kap. 3, S. 59). Außerdem leitet er Geschmacksfasern aus den vorderen zwei Dritteln des Zungenrückens. Diese Fasern enden separat im seitlichen Anteil der Medulla oblongata.

VIII. Hirnnerv

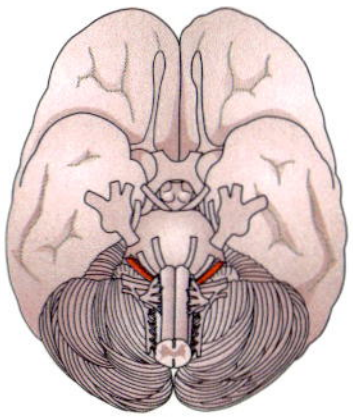

Auch der *N. vestibulocochlearis* (Hör- und Gleichgewichtsnerv, s. Kap. 5.2, S. 173) entspringt im Kleinhirnbrückenwinkel und entwickelt dort nicht selten einen gutartigen, aber raumfordernden Tumor, das Akustikusneurinom. Die Symptome sind dementsprechend: einseitige Taubheit, Schwindel und eine halbseitige Gesichtslähmung (N. facialis!).

IX. Hirnnerv

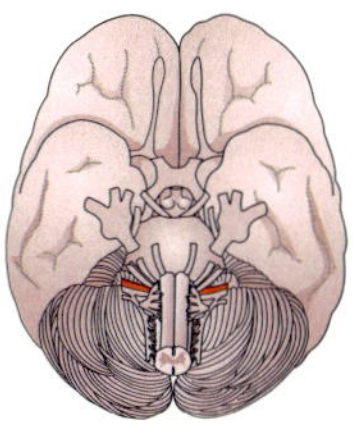

Ein klein wenig unterhalb des VIII. Hirnnervs entspringt der *N. glossopharyngeus* (Zungen-Rachen-Nerv). Als „gemischter" Hirnnerv enthält er sowohl sensible (Mittelohr, Mesopharynx, hinteres Drittel der Zunge), motorische (Rachenwand) als auch vegetative Fasern (Druck- und Chemorezeptoren im Karotissinus, Sekretion der Ohrspeicheldrüse).

X. Hirnnerv

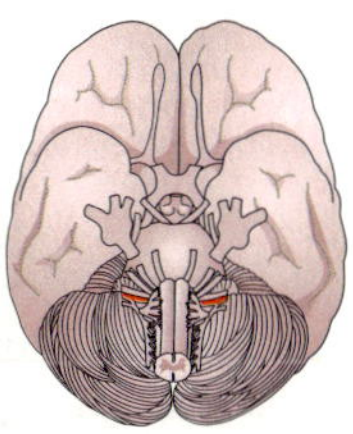

Der Vagabund unter den Hirnnerven, der *N. vagus*, beschränkt sich, wie wir wissen, nicht auf Kopf und Hals, sondern versorgt beinahe den gesamten Rumpf mit parasympathischen Fasern. Er tritt zusammen mit dem N. glossopharyngeus, also ebenfalls noch im Einzugsbereich des Kleinhirnbrückenwinkels, an die Oberfläche des verlängerten Marks. Neben den vegetativen Fasern führt er auch einen motorischen Anteil (zum Kehlkopf) und hat außerdem einen kleinen sensiblen Einzugsbereich im äußeren Gehörgang. Daher kann man beim Reinigen des Ohrs manchmal einen Hustenanfall auslösen.

XI. Hirnnerv

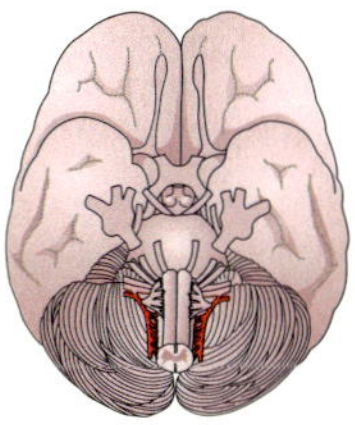

Sehr viel prosaischer ist die Aufgabe des *N. accessorius*. Als rein motorischer Hirnnerv innerviert er zwei Halsmuskeln – den M. trapezius und den M. sternocleidomastoideus. Die Nervenzellkörper des N. accessorius liegen als langer Strang ganz vorn im verlängerten Mark und der Vordersäule des Halsmarks (bis ca. C_5). Die Fasern treten als einzelne Bündel seitlich aus und vereinigen sich zu einer senkrechten „Nervenwurzel".

XII. Hirnnerv

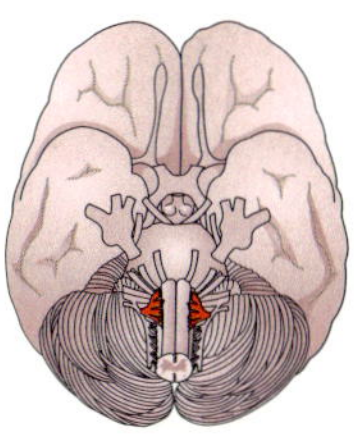

Auch der *N. hypoglossus* (Zungennerv) ist rein motorisch. Er tritt unmittelbar über der Vorderwurzel von C_1 als „nullter Spinalnerv" aus dem verlängerten Mark aus. Weil der Nerv die Muskeln der Zunge und die obere Zungenbeinmuskulatur innerviert, steigen seine Fasern steil abwärts. Sie verbinden sich dabei mit denen des ersten und zweiten Spinalnervs zur *Ansa cervicalis* (Halsschleife). Diese Formation innerviert sämtliche Muskeln des Mundbodens und die untere Zungenbeinmuskulatur.

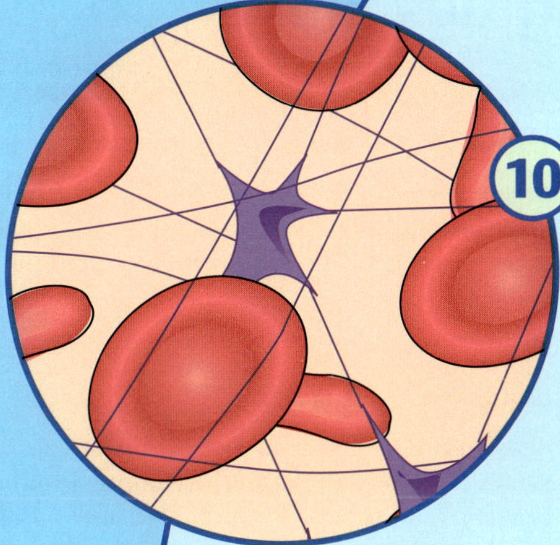

10 INFEKTE ABWEHREN

10.1 Zusammensetzung des Blutes

Blutvolumen und Bestandteile des Blutes

Blutvolumen

Der menschliche Körper besteht:

- zu 41 % aus festen Stoffen,
- und zu 59 % aus Flüssigkeiten ***(Abb. 10.1)***.

In den Arterien, Kapillaren und vor allem den Venen des Erwachsenen zirkulieren zwischen 4,5 und 6 Liter Blut. Die Größe des Blutvolumens hängt dabei nicht nur von der Körperkonstitution und dem Lebensalter ab (ältere Menschen haben ein tendenziell geringeres Blutvolumen), sondern verändert sich auch kurzfristig je nach Flüssigkeits- und Salzaufnahme um bis zu 1,5 l. Das Blut steht mit der extrazellulären Flüssigkeit in den Geweben *(interstitielle Flüssigkeit)* in Verbindung.

Verteilung der Körperflüssigkeiten

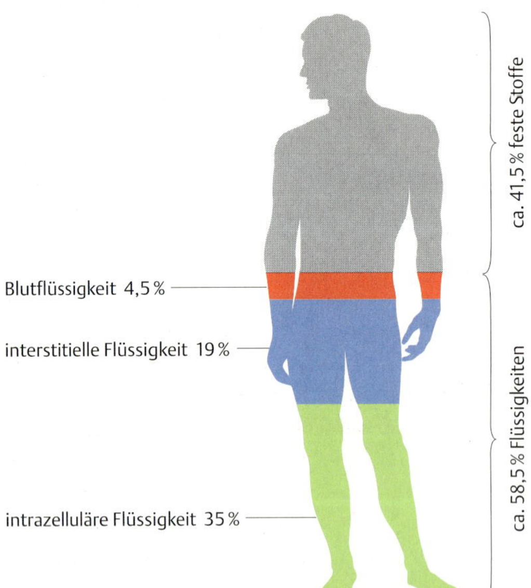

Abb. 10.1 Ca. $^2/_3$ des Körpergewichtes bestehen aus Flüssigkeiten, nur gut $^1/_3$ aus festen Stoffen. Die Blutflüssigkeit macht nur knapp 5 % des Körpergewichts aus, steht aber mit der interstitiellen Flüssigkeit in Verbindung. Zu den 4,5 % Blutflüssigkeit kommen noch die festen Stoffe im Blut.

Da das gesamte extrazelluläre Flüssigkeitsvolumen – also Blut und interstitielle Flüssigkeit zusammen genommen - ca. 15 l beträgt, können wir durch starkes Schwitzen mehrere Liter Wasser verlieren. Allerdings dickt das Blut dabei merklich ein und es können Gerinnsel im Gefäßsystem (Thrombosen) entstehen.

Bestandteile des Blutes

Blut ist keine einheitlich homogene Flüssigkeit. Man kann sich davon überzeugen, indem man ungerinnbar gemachtes Blut – z. B. eine Blutkonserve – einige Stunden stehen lässt. Am Boden des Gefäßes setzen sich die schweren zellulären Blutbestandteile ***(Abb. 10.2)***, insbesondere die *Erythrozyten* (rote Blutkörperchen) ab. Darüber liegen als dünne, kaum sichtbare Schicht die *Leukozyten* (weiße Blutkörperchen) und *Thrombozyten* (Blutplättchen).

Der Überstand besteht aus einer klaren gelblichen Flüssigkeit, dem Blutplasma. Wenn man dieses Plasma abnimmt und ihm seine gerinnungsaktiven Eiweißstoffe entzieht, erhält man das etwas dünnflüssigere Serum. Plasma und Serum enthalten keine Zellen mehr, sondern ausschließlich gelöste Salze kleinmolekulare organische Substanzen (Zucker Aminosäuren, Fettsäuren, Harnstoff usw.) und Eiweiße.

Hämatokrit

Der prozentuale Anteil der Blutzellen am ganzen Blutvolumen wird als *Hämatokritwert* (auch Hämatokrit, Hkt oder Hk) bezeichnet ***(Abb. 10.3)***. Im Labor bestimmt man den Hämatokritwert durch schnelles Zentrifugieren eines blutgefüllten Kapillarröhrchens Diese Methode dauert im Gegensatz zum simplen Stehenlassen des Blutes nur wenige Minuten; die Erythrozyten werden außerdem enger zusammengepresst, so dass zwischen den Zellen kaum mehr Plasma verbleibt. Der Hämatokritwert ergibt sich dann einfach als Anteil der Länge der „gepackten" Erythrozytensäule im Vergleich zur gesamten Blutsäule.

Bei Frauen liegt der Hkt bei ca. 40–44 %, bei Männern geringfügig höher (43–47 %). Diese geschlechtsspezifischen Unterschiede sind hauptsächlich hormonel

Feste und flüssige Bestandteile des Blutes

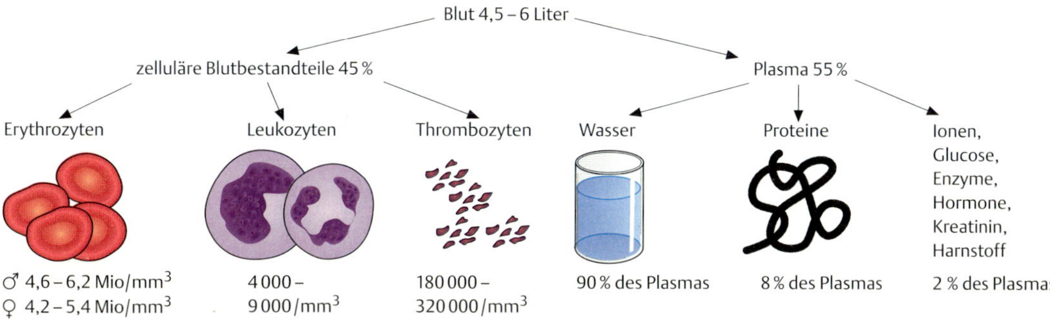

Abb. 10.2 Blutzellen machen etwa 45 % des Blutvolumens aus (Hämatokritwert, Hkt). Den überwiegenden Anteil bilden die roten Blutkörperchen (Erythrozyten), während Blutplättchen (Thrombozyten) wegen ihres geringen Durchmessers und weiße Blutkörperchen (Leukozyten) wegen ihrer geringen Zahl kaum ins Gewicht fallen.

bedingt. Der Verlust roter Blutkörperchen bei der Monatsblutung spielt dagegen meist nur eine untergeordnete Rolle. Frauen weisen jedoch wesentlich häufiger einen ernährungsbedingten Eisenmangel auf, der die Neubildung von Erythrozyten hemmt.

Hämatokritbestimmung

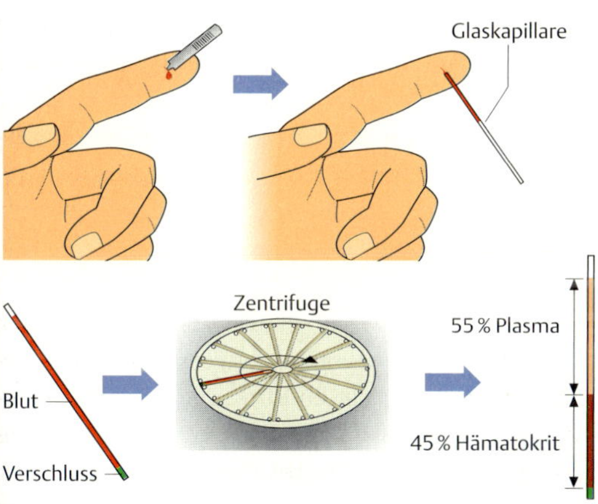

Abb. 10.3 Zur Messung des Hämatokritwerts stechen Sie den Patienten mit einer sterilen Lanzette kurz, aber kräftig in den Finger. Der beste Punkt befindet sich etwas seitlich am Fingerendglied. Den austretenden Blutstropfen nehmen Sie in eine Glaskapillare auf. Pressen Sie das Blut nicht aus, damit der Hämatokritwert nicht fälschlicherweise zu niedrig bestimmt wird! Das Röhrchen kommt mit einem Verschluss aus Knetmasse in eine Zentrifuge (Verschluss nach außen!). Nach dem Zentrifugieren messen Sie die Länge der Erythrozytensäule in Millimetern gegenüber der gesamten Länge der Blutsäule. Das Verhältnis ergibt den Hämatokritwert.

Neugeborene haben einen hohen Hämatokritwert von im Mittel 60 %, Kleinkinder dagegen einen erniedrigten Hk.

Hoher Hämatokrit. Die Zähigkeit *(Viskosität)* des Blutes hängt ganz wesentlich vom Hämatokritwert ab: Ein zu hoher Hkt (entweder infolge abnormer Blutzellenvermehrung oder durch Verlust von Blutplasma) kann zu einem Blutstau in den Kapillaren und damit zu einem Blutdruckanstieg sowie zu Thrombosen führen. Ältere Menschen trinken häufig viel zu wenig (z. B. nur 0,5 l/Tag), was zu einem Anstieg des Hämatokritwerts führen muss.

Niedriger Hämatokrit. Ein geringer Hämatokritwert entsteht auf Grund von mangelnder Erythrozytenproduktion, Blutverdünnung durch Infusionen oder durch Trinken großer Mengen salzhaltiger Flüssigkeit (Isodrinks). Die Zirkulation wird beschleunigt und die „Umwälzrate" des Blutes steigt. Durch die beschleunigte Blutpassage wird das Herz mit zusätzlichem Volumen belastet, so dass ein geringer Hk bei herzkranken Patienten genauso gefährlich wie ein zu hoher ist.

Der Hämatokritwert gibt den Anteil der Blutzellen am gesamten Blutvolumen wieder. Mehr als 99 % der Blutzellen sind Erythrozyten. Je höher der Hämatokrit, desto zähflüssiger wird das Blut.

Erythrozyten

Aufgaben

Die Hauptaufgabe der roten Blutkörperchen (*Erythrozyten*, „Erys") ist der Transport von Sauerstoff (O_2) von der Lunge zu den Körperzellen und von Kohlendioxid (CO_2) in umgekehrter Richtung. Ein einziger mm^3 Blut enthält bei der Frau etwa 4,5, beim Mann ca. 5 Millionen roter Blutkörperchen.

Form

Die Erythrozyten ***(Abb. 10.4)*** haben einen Durchmesser von 6,4–8 µm, sind aber nur 2 µm dick. In der Mitte sind sie beidseitig eingedellt, haben also die Form einer verbeulten Scheibe (wie Drops oder bayerisches Schmalzgebäck). Diese Form gewährleistet eine relativ große Oberfläche bezogen auf das Volumen, was für eine schnelle Be- und Entladung mit Sauerstoff wichtig ist. Außerdem sind die Erythrozyten extrem gut verformbar ***(Abb. 10.5)*** und können sich auch durch Kapillaren quetschen, deren Durchmesser geringer als der Durchmesser der Blutkörperchen selbst ist. In Arteriolen und Venulen lagern sie sich häufig zu „Geldrollen" zusammen und passieren als solche im Verband die Gefäße (Vorteil: geringerer Strömungswiderstand). Erythrozyten sind zusammen mit den Blutplättchen die einzigen Körperzellen, welche keinen Zellkern mehr besitzen. Sie sind daher nicht mehr in der Lage sich zu teilen oder neues Zelleiweiß zu produzieren.

Rotes Blutkörperchen

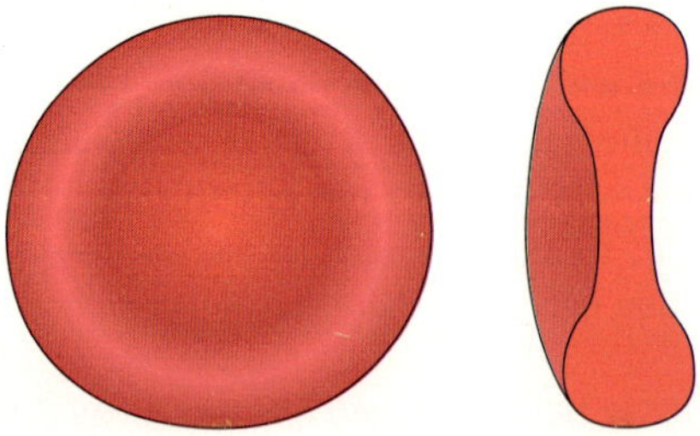

Abb. 10.4 Rote Blutkörperchen (Erythrozyten) nehmen ohne äußere Einflüsse die Form von Drops an. Im Querschnitt (rechts) erkennen Sie besonders gut, wie die Dicke der Erythrozyten in der Mitte abnimmt.

Formveränderungen der roten Blutkörperchen

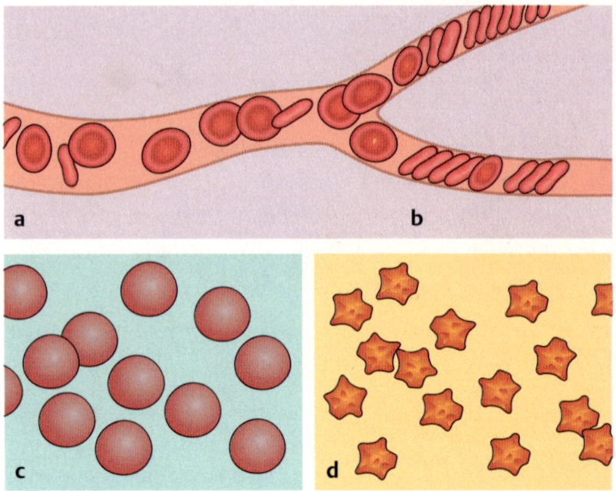

Abb. 10.5 Erythrozyten liegen in größeren Blutgefäßen weitgehend ungeordnet aneinander (**a**). In kleineren Gefäßen ordnen sie sich hintereinander in Form sog. Geldrollen an (**b**). Sinkt die Konzentration an gelösten Stoffen im Plasma (Osmolalität), dann blähen sie sich zu Kugelzellen auf (**c**), während in einer Umgebung mit einer hohen Osmolalität die Erythrozyten zu einer sog. Stechapfelform zusammenschrumpeln (**d**).

Lebensdauer

Nachdem ein Erythrozyt in die Blutbahn ausgesetzt wurde, verbleibt er knapp 4 Monate (115–120 Tage) lang im Körper, bevor er – vorwiegend in der Milz – zwischen den bindegewebigen Sinuszellen zerquetscht und von Makrophagen abgebaut wird. Junge Erythrozyten können sich demgegenüber gut verformen und überleben die enge Passage zwischen den Sinuszellen ohne Beschädigung.

Formveränderungen. Veränderungen im Aussehen der Erythrozyten geben in vielen Fällen Aufschluss über *erbliche Erkrankungen* oder *Stoffwechselkrankheiten.*

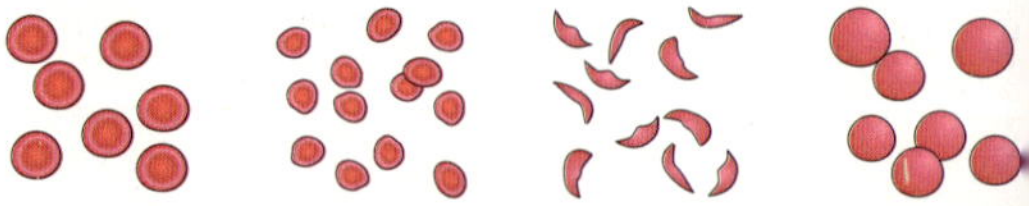

Zu große Erys (Makrozyten, Megalozyten) kommen bei Vitamin-B_{12}-Mangel vor (perniziöse Anämie), zu kleine (Mikrozyten) bei Eisenmangel. Bei der erblichen Sichelzell- sowie der Kugelzellanämie sind – wie der Name schon sagt – die roten Blutkörperchen in charakteristischer Weise verformt. Dies re-

duziert ihre mittlere Lebensdauer erheblich, so dass trotz einer überstürzten Blutzellbildung zu wenig Transportkapazität für Sauerstoff zur Verfügung steht.

Erythrozyten transportieren Sauerstoff und Kohlendioxid zwischen der Lunge und den übrigen Körperorganen. Im Wesentlichen besteht ein Erythrozyt aus seiner Plasmamembran, ein wenig Zytoskelett und massenhaft Hämoglobin. Erythrozyten besitzen weder einen Zellkern noch Zellorganellen und können sich daher nicht mehr teilen.

Leukozyten

Aufgaben

Die weißen Blutkörperchen (Leukozyten) sind die eigentlich aktiven Elemente der Immunabwehr (s.u.). Sie kommen sowohl im Blut als auch in der interstitiellen Flüssigkeit, also im Gewebe, vor und können zwischen Blut und Gewebe hin und her wandern.

Leukozyten im Blut

Einen Aufschluss über das prozentuale Verhältnis der einzelnen Leukozytenfamilien im Blut zueinander liefert das sog. Differenzialblutbild:

- *neutrophile Granulozyten* (55–65% aller Leukozyten): 12 µm ø, feine Granula, die weder sauer noch basisch reagieren, stabförmige (jung) bis segmentförmige (alt) Kerne. Eine Erhöhung (Neutrophilie) deutet auf eine bakterielle Infektion hin;
- *eosinophile Granulozyten* (3%): 12 µm ø, grobe Granula, die mit dem sauren Farbstoff Eosin rot reagieren, grobe Kernsegmentierung. Erhöhung (Eosinophilie) kommt bei allergischen Reaktionen und Wurmbefall vor;
- *basophile Granulozyten* (1%): 10 µm ø, segmentierter Kern, grobe Granula, die sich mit dem basischen Farbstoff Hämatoxylin blau anfärben lassen. Basophilie kann bei Knochenmarktumoren (Leukämien) auftreten;
- *Monozyten* (5%): bis zu 20 µm ø, U-förmiger Kern. Monozytose tritt bei Viruserkrankungen besonders mit chronischem Verlauf (Virushepatitis) auf;
- *Lymphozyten* (20–40%): 8 µm ø, großer rundlicher Kern, wenig Zytoplasma. Lymphozytose kann in der chronifizierten oder Rehabilitationsphase von Entzündungskrankheiten (v.a. Virusinfektionen), aber auch z.B. bei Schilddrüsenüberfunktion beobachtet werden.

Thrombozyten

Form und Größe

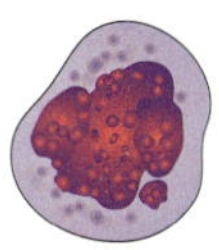

Thrombozyten sind kernlose, unregelmäßig geformte Bruchstücke der im roten Knochenmark vorkommenden Megakaryozyten (vgl. ***Abb. 10.7***). Von diesen riesenhaften Zellen (30–60 µm ø) schnüren sich permanent Zehntausende von Blutplättchen als unregelmäßig geformte, 1–4 µm große Scheibchen ab, deren Dicke weniger als 1µm beträgt. Wie die Erythrozyten haben auch die Thrombozyten keinen Zellkern mehr und erscheinen unter dem Mikroskop wie Fragmente zu Grunde gegangener Zellen mit einem reichen Einschluss sog. α-Granula.

Anzahl

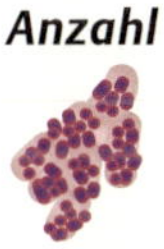

1 mm^3 Blut enthält 180 000 – 320 000 Thrombozyten, also ca. 50-mal weniger als Erythrozyten, jedoch immer noch 30-mal mehr als Leukozyten. Eine Vermehrung der Thrombozytenzahl heißt Thrombozytose, eine Verminderung Thrombozytopenie. Bei Zahlen unter 30 000–50 000 je mm^3 entstehen punktförmige Haut- und Schleimhautblutungen (Petechien) sowie Blutergüsse (Hämatome) im Unterhautgewebe und in der Muskulatur.

10.2 Blutbildung

Bildung roter Blutkörperchen

Bildungsort

Gebildet werden Erythrozyten, wie andere Blutzellen auch, im *roten Knochenmark* der kurzen und der platten Knochen (Beckenschaufel, Brustbein, Wirbelkörper) sowie in den gelenknahen Enden der langen Extremitätenknochen ***(Abb. 10.6)***. Beim Embryo erfolgt die Blutbildung dagegen im Dottersack, beim Feten in der Leber, später (ab dem 4. Monat) auch in der Milz.

Verteilung des roten Knochenmarks

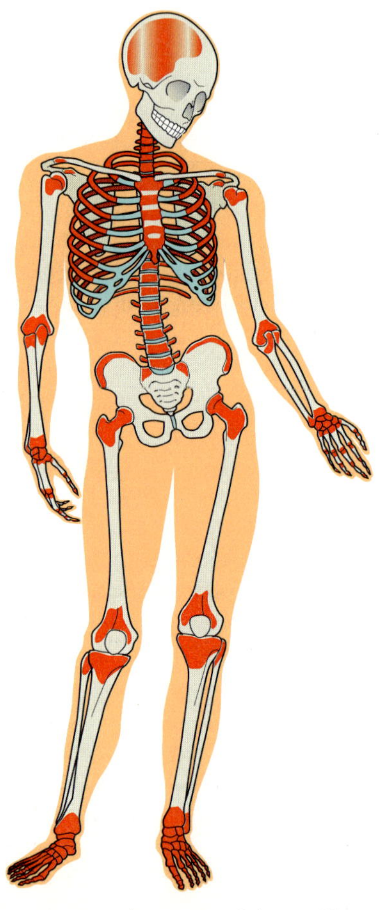

Abb.10.6 Die roten Markierungen auf dieser Abb. zeigen die Orte der Blutbildung beim Erwachsenen. Dieses „rote Knochenmark" befindet sich vor allem im Skelett des Rumpfes sowie in den Enden (Epiphysen) der Röhrenknochen von Armen und Beinen.

Entwicklung

Alle Blutzellen, also neben den roten Blutkörperchen auch die Leukozyten und Blutplättchen, entstehen aus denselben Stammzellen *(Hämozytoblasten)*. Aus diesen Stammzellen ***(Abb. 10.7)*** gehen die eigentlichen Vorläuferzellen *(Progenitorzellen)* der verschiedenen Blutzell-Linien hervor. Hieraus entstehen im Fall der Erythrozyten die mit ca. 15 μm Durchmesser verhältnismäßig großen *Proerythroblasten*, welche in die etwas kleineren *Erythroblasten* übergehen.

Dieser Zelltyp betreibt eine rege Proteinsynthese und reichert sein Zytoplasma mehr und mehr mit Hämoglobin an. Nach Abschluss der Hämoglobinsynthese wird der Zellkern überflüssig, er verdichtet sich („kondensiert") und wird kleiner (*Normoblast*). Die Normoblasten stoßen ihren Zellkern als Ganzes aus; im Regelfall bleiben in Erythrozyten keine Kernreste zurück.

Nachdem der Normoblast seinen Zellkern verloren hat, nennt man die Zelle *Retikulozyt*. Die Retikulozyten durchdringen die Wand der Kapillaren des Knochenmarks und gelangen so in den Kreislauf. Nach einem Tag bauen sie ihr endoplasmatisches Retikulum ab und entwickeln sich dadurch zum *reifen Erythrozyten*.

Retikulozyten im Blut. Nach einer starken Blutung arbeitet das Knochenmark auf Hochtouren, um die verloren gegangenen Erythrozyten zu ersetzen. In einer solchen Situation finden auch kernhaltige Erythrozytenvorläufer ihren Weg in die Blutbahn und sind auf einem Ausstrich zuerkennen. Aus der Anzahl und dem Reifegrad dieser Vorläuferzellen sowie aus der Anzahl der Retikulozyten im Blut kann man auf die Geschwindigkeit der Erythrozytenbildung schließen.

Stammbaum der Leukozyten, Erythrozyten und Thrombozyten

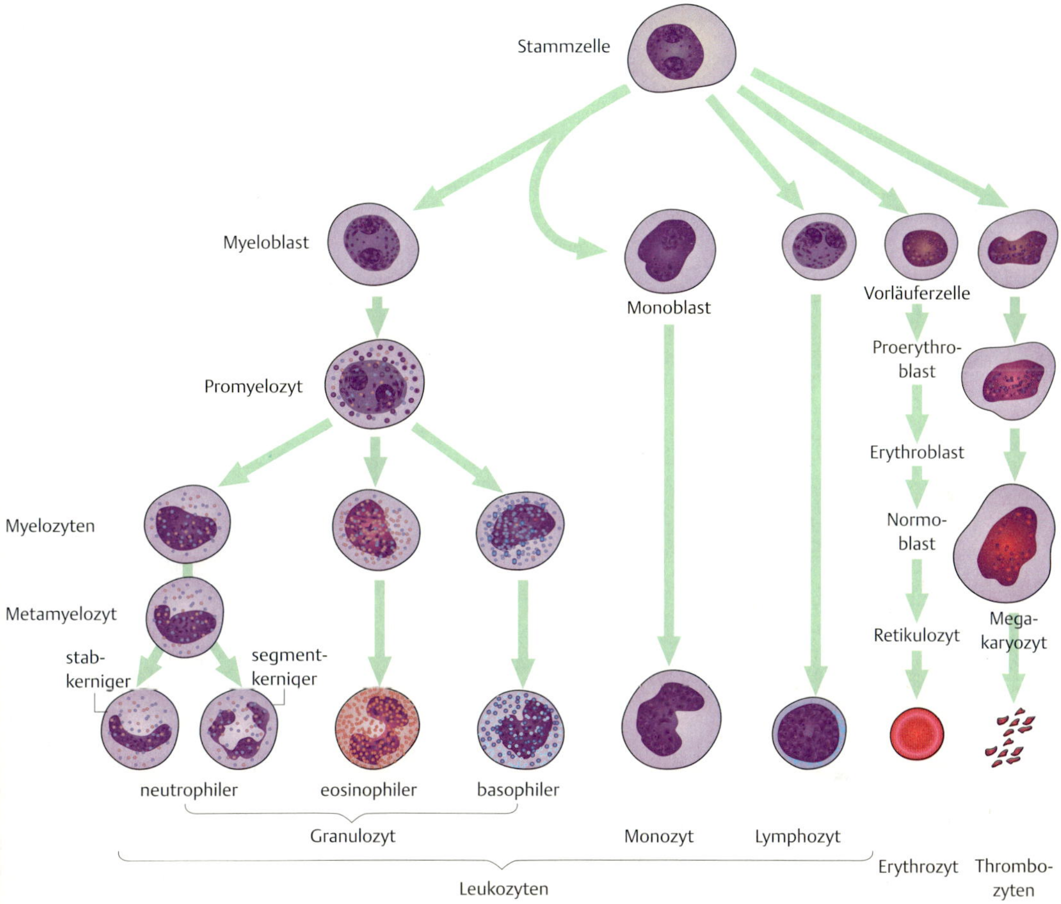

Abb. 10.7 Alle Blutkörperchen entstehen aus gemeinsamen Stammzellen, die sich jedoch schon in der Embryonalzeit zu spezialisieren beginnen. Im Knochenmark liegen alle Vorstufen nebeneinander vor. Nur die Zellen in der untersten Reihe gelangen in den Blutkreislauf. Weiße Blutkörperchen (Leukozyten) entstehen entweder in den lymphatischen Organen (lymphatische Reihe) oder im roten Knochenmark (myeloische Reihe). Auch die Blutplättchen (Thrombozyten) sind Teil des Stammbaums des blutbildenden Systems. Sie schnüren sich aus dem Zytoplasma der großen Megakaryozyten ab, enthalten also wie die Erythrozyten keinen Zellkern.

Erythrozyten entstehen vor der Geburt in Dottersack, Leber und Milz, nach der Geburt im roten Knochenmark. Das rote Blutbild ist die Auswertung von Anzahl, Volumen, Hämoglobingehalt und Reifegrad der Erythrozyten im Blut. Es gibt Aufschluss über Stoffwechsel- und Mangelkrankheiten bei der Blutbildung.

Rotes Blutbild

Eine der am häufigsten durchgeführten Laboruntersuchungen ist die Bestimmung des roten Blutbildes, d.h. der für die Beurteilung der Funktionsfähigkeit der Erythrozyten wichtigen Kenngrößen ***(Tab. 10.1)***. Als praktisch im Gesundheitswesen Tätige sollten Sie sich unbedingt mit den weiter unten aufgeführten Abkürzungen vertraut machen.

Die klinischen Normwerte sind nicht identisch mit den bei gesunden Erwachsenen anzutreffenden

Tabelle 10.1 Laborwerte des roten Blutbildes für die Beurteilung der Funktionsfähigkeit

Kenngröße	Abbkürzung	Erläuterung	Normwert weiblich	Normwert männlich
Hämatokritwert	HK bzw. Hkt	Volumen der zellulären Anteile des Blutes nach dem Zentrifugieren in % des Gesamtvolumens	37–47%	41–52%
Hämoglobulin	Hb	Hämoglobulinkonzentration im Gesamtblut in g/100 ml (bzw. g%) –jede Verminderung – egal welcher Ursache – bezeichnet man als Anämie, – jede Vermehrung bezeichnet man als Polyglobulie (dabei ist immer auch die Erythozytenzahl erhöht)	11,5–16,5	13,5–18
Erythrozyten	Ery	Zahl der roten Blutkörperchen in Millionen/1 mm^3 Blut – eine „echte" Zellvermehrung durch gesteigerte Erythropoese heißt Polyzythämie – eine Verminderung der Erythrozytenzahl heißt Oligozythämie und ist eine Unterform der Anämie	4,2–5,4	4,6–6,2
mittleres zelluläres Hämoglobulin	HbE bzw. MCH	errechnet sich als der Quotient von Hb und Ery (1 Picogramm = 10^{-12} g)	27–34 pg	27–34 pg
mittleres Erythrozytenvolumen	MCV	errechnet sich als der Quotient von HK und Ery (1 Femoliter = 10^{-15} l)	80–100 fl	80–100 fl
mittlere zelluläre Hämoglobinkonzentration	MCHC	errechnet sich als der Quotient von MCH und MCV bzw. von Hb und Hkt	32–36 g/100 ml	32–36 g/100 ml
Retikulozyten		Zahl der Retikulozysten im Verhältnis zur Erythrozytenzahl – Erhöhung weist auf eine überstürzte Blutbildung hin, da in diesem Fall vermehrt unreife Blutzellen das Knochenmark verlassen	0,7–1,5%	0,7–1,5%
Blutkörperchen senkungsgeschwindigkeit nach Westerngren	BSG bzw. BKS	eine „erhöhte Senkung" (zu schnelles Absinken der Erythrozyten im ungerinnbar gemachten Plasma) weist auf entzündliche oder tumoröse Prozesse hin	nach 1 Stunde: 5–11 mm nach 2 Stunden: 6–20 mm	nach 1 Stunde: 2–8 mm nach 2 Stunden: 5–18 mm

Werten, sondern geben die Grenzen an, oberhalb bzw. unterhalb derer mit ausreichender Sicherheit (95–98%) ein pathologischer Zustand angenommen werden kann. Das heißt nichts anderes, als dass 2–5% aller Gesunden Laborwerte außerhalb des Normbereichs zeigen. Bei 15 bestimmten Werten ist demnach die Wahrscheinlichkeit, dass ein Gesunder mindestens einen Wert außerhalb des Normbereichs aufweist, bereits größer als 50%!
Die Schwankungsbreite der klinischen „Normwerte" ist darüber hinaus häufig von Labor zu Labor unterschiedlich. Laborwerte dürfen daher nie isoliert, sondern müssen stets im Zusammenhang mit anderen Werten und dem klinischen Erscheinungsbild des Patienten beurteilt werden.

Hämoglobin

Chemie des Hämoglobinmoleküls

Erythrozyten enthalten zu mehr als einem Drittel (36%) ihres Feuchtgewichts und zu über 90% ihres Trockengewichts den roten Blutfarbstoff Hämoglobin. Der eigentliche Erythrozyt ist also nichts anderes als ein mit Hämoglobin gefüllter Sack.

Hämoglobinmolekül

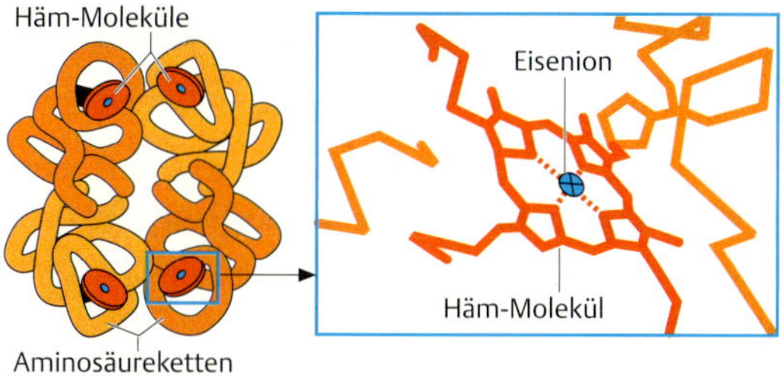

Abb. 10.8 Hämoglobin ist ein großes Eiweißmolekül mit einer Quartärstruktur aus 4 Einzelketten (links im Bild). Je zwei Aminosäurenketten (Untereinheiten) sind identisch. Im Zentrum jeder Eiweißkette befindet sich ein Häm-Molekül, in dessen Mitte wiederum je ein Eisenion (rechts).

Das Hämoglobinmolekül ist ein mittelgroßes Eiweißmolekül (64500 D), das aus vier gleichartigen Aminosäureketten aufgebaut ist. Jede Aminosäurenkette trägt in ihrer Mitte ein sog. *Häm-Molekül* mit einem zentralen Eisenion ***(Abb. 10.8)***. Jedes der vier Eisenionen eines Hämoglobinmoleküls kann ein Sauerstoffmolekül (O_2) locker an sich binden oder auch freigeben; man spricht daher von einer oxygenierten Form (HbO_2) und einer nichtoxygenierten Form (Hb).

Sauerstoffbindung und -abgabe

Hämoglobin kann im Gegensatz zum Blutplasma sehr große Mengen Sauerstoff binden. Während 1 g Plasma nur 0,005 ml O_2 in physikalischer Form gelöst enthält, binden sich an Hämoglobin über 250-mal so viel, nämlich 1,34 ml O_2. Nur durch diese hohe Sauerstoffbindung des Hämoglobins kann das Blut die Organe ausreichend mit O_2 versorgen.

Pulsoxymeter. Bei sedierten, beatmeten und/oder komatösen Patienten gibt der Sauerstoffpartialdruck (pO_2) im arteriellen oder kapillären Blut einen wertvollen Hinweis auf die Situation von Herz und Lunge. Mit Hilfe eines Pulsoxymeters kann man den pO_2 an der Fingerbeere ununterbrochen messen und zusammen mit Herz- und Atemfrequenz, Blutdruck und EKG auf einem Monitor darstellen.

Bildung weißer Blutkörperchen

Bildungsort

Die Lymphozyten entstehen im Knochenmark und werden in den lymphatischen Organen, vor allem den Lymphknoten, und in der Milz geprägt, während alle anderen Leukozyten direkt aus dem Knochenmark abstammen (sog. myeloische Reihe).

Entwicklung

Aus den undifferenzierten Stammzellen (vgl. ***Abb. 10.7)*** entwickeln sich dort ähnlich wie bei der Erythropoese Vorläuferzellen, die sich differenzieren:

- einerseits zu *Myeloblasten*,
- andererseits zu *Monoblasten*.

Die Myeloblasten werden durch eine einmalige Mitose zu den noch größeren *Promyelozyten*. Diese teilen sich bis zu 4-mal und liefern die Vorstufen der Granulozyten, nämlich die:

- neutrophilen,
- eosinophilen und
- basophilen Myelozyten.

Die Monoblasten werden nach mehrfacher Teilung zu *Monozyten*. Die drei unterschiedlichen Myelozytentypen reifen zu *Metamyelozyten* heran, diese wiederum zu den eigentlichen *Granulozyten*, die wie die Monozyten in die Blutbahn abgegeben werden.

Unter dem Einfluss von Wachstumsfaktoren kann die gesamte Leukozytenbildung im Knochenmark (myeloische Leukopoese) innerhalb von 8–10 Tagen ablaufen.

Da Granulozyten und Monozyten vorwiegend zur Abwehr von Infektionen benötigt werden, ist die Teilungsrate der Leukozytenvorläufer im Knochenmark sehr stark vom allgemeinen Zustand der Immunabwehr des Körpers abhängig.

Weißes Blutbild

Veränderungen

Zu den Veränderungen des weißen Blutbildes zählen:

- die Leukopenie,
- Leukozytose und
- die Linksverschiebung.

Leukopenie. Leukozyten sind ungefähr tausendmal seltener als Erythrozyten. Daher muss man sie speziellen Färbungen unterziehen, um sie als Stecknadel im Heuhaufen der Erythrozyten überhaupt zu finden. 1 mm^3 Blut enthält ca. 4000–9000 Leukozyten (klinische Normwerte je nach Labor unterschiedlich!). Eine *Verminderung dieser Zahl* heißt Leukopenie und weist recht unspezifisch auf eine schlechte Abwehrlage hin.

Leukozytose. Eine *pathologische Erhöhung* der Zahl weißer Blutkörperchen nennt man Leukozytose. Leukozytosen findet man bei fast allen Arten bakterieller (Erhöhung vor allem der Granulozyten) und viraler Infektionen (Vermehrung der Lymphozyten) – von der simplen Erkältungskrankheit bis zur generalisierten Keimbesiedelung aller Körpergewebe (Sepsis).

Linksverschiebung. Eine akute bakterielle Entzündung erkennt man durch eine überstürzte Neubildung neutrophiler Granulozyten. Die Anzahl der „jungen" Granulozyten mit einem stabförmigen Zellkern erhöht sich in diesem Fall auf Kosten der „alten" sog. segmentkernigen Granulozyten; man spricht von einer Linksverschiebung. Bei starken generalisierten Entzündungsprozessen (Sepsis) schreitet die Linksverschiebung mitunter so weit fort, dass frühe Vorläuferstadien wie Metamyelozyten oder sogar Myelozyten im Blut nachweisbar werden ***(Abb. 10.9)***.

Leukämie. Die Vorläuferzellen der Leukozyten können sich krebsartig vermehren und das Blut mit weißen Blutkörperchen überschwemmen (Leukämie). Sie verdrängen dabei die übrigen gesunden Knochenmarkzellen und senken auf diese Weise z.B. die Anzahl der Erythrozyten im Blut. Das Wort „Leukämie" heißt übersetzt „weißes Blut". Bei einer ausgeprägten Leukämie sind die weißen Blutkörperchen so stark vermehrt, dass sie sich im Reagenzglas als dicke weiße Schicht oberhalb der Erythrozyten absetzen.

Alle weißen Blutkörperchen entstehen im Knochenmark. Sie teilen und differenzieren sich entweder an Ort und Stelle (myeloische Reihe, Granulozyten) oder in den lymphatischen Organen (lymphatische Reihe, Lymphozyten). Das weiße Blutbild gibt Aufschluss über Anzahl und Art der verschiedenen weißen Blutkörperchen. Es erlaubt die Diagnose von Entzündungsprozessen und Knochenmarktumoren.

Linksverschiebung der weißen Blutkörperchen

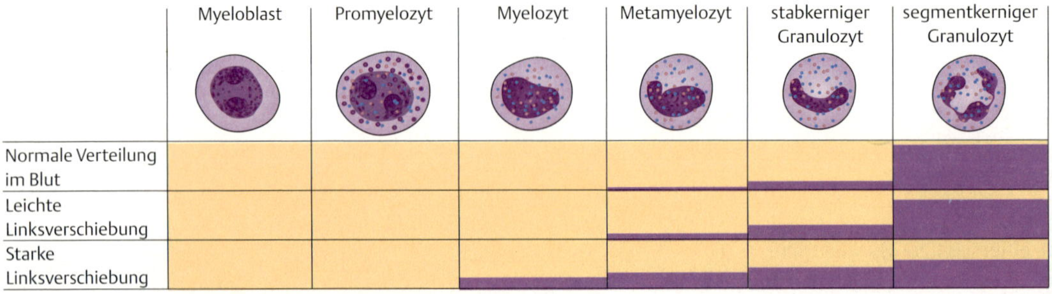

Abb. 10.9 An der Form des Zellkerns erkennt man das Alter von Granulozyten. Normalerweise enthält das Blut überwiegend ältere Zellen mit gelapptem Kern (segmentkernige Granulozyten), weniger jüngere Zellen (stabkernige Granulozyten) und nur ganz vereinzelt Zellen mit einem plumpen und größeren Zellkern (Metamyelozyten). Bei Entzündungen beschleunigt das Knochenmark seine Zellproduktion und schickt dabei auch unreife Vorstufen in den Blutkreislauf (Linksverschiebung).

10.3 Blutgerinnung

Mechanismen der Blutstillung

Kleinere Verletzungen gehören zu den ganz alltäglichen Gemeinheiten des Lebens. Oft bemerken wir eine Schramme oder einen Bluterguss erst, wenn sich bereits Schorf gebildet hat oder ein „blauer Fleck" entstanden ist.

Wie notwendig eine prompte Blutgerinnung ist, zeigt sich an Menschen, deren Gerinnungssystem gestört ist (*Hämophile,* Bluter) und die daher bereits durch kleinere äußere oder innere Verletzungen einen lebensgefährlichen Blutverlust erleiden können. Die Blutstillung ist somit ein lebenswichtiger, jedoch keineswegs gefahrloser Vorgang.

Bei einer zu starken Gerinnung riskiert der Körper, dass Blut auch an nicht verletzten Stellen gerinnt und als Thrombose den venösen Rückstrom des Blutes zum Herzen blockiert. Daher existieren Mechanismen, die sowohl das Entstehen als auch die Wiederauflösung eines Gerinnsels steuern und beide Prozesse in einem Gleichgewichtszustand halten.

Die Reparatur einer „undichten Stelle" im Gefäßsystem kann nur erfolgen, wenn vorübergehend der Blutstrom zum Stillstand kommt. An diesem Vorgang wirken zelluläre Bestandteile im Blut (*Thrombozyten,* Blutplättchen) und ein Plasmaeiweiß *(Fibrin)* mit.

Man kann zwei zeitlich aufeinander folgende Phasen der Abdichtung voneinander unterscheiden, die primäre und die sekundäre Hämostase. Ein drittes System, die Fibrinolyse, sorgt für die Auflösung eines Blutgerinnsels, wenn dieses nicht mehr benötigt wird.

Erste Gerinnungsphase

Thrombozytenaggregation

Wird ein Gefäß verletzt, dann zieht sich innerhalb von Sekunden die Gefäßwand durch aktive Muskelkontraktion zusammen und verengt so den zu verschließenden Querschnitt ***(Abb. 10.10)***. Gleichzeitig wirken lokal aus der Gefäßwand freigesetzte Substanzen auf die Thrombozyten. Diese Stoffe binden sich an spezifische Membranrezeptoren und bringen die Blutplättchen dazu, sich spindel- oder stechapfelartig zu verformen. Dadurch verkeilen die Thrombozyten sich gegeneinander *(Aggregation)* und bilden einen Pfropf.

Diese Zusammenlagerung kann zunächst noch rückgängig gemacht werden, verfestigt sich aber bald zu einem nicht mehr aufzulösenden Stopfen (s.u.). Da dieser Pfropf im Wesentlichen aus Blutplättchen („weißen" Blutzellen) besteht und sich entlang der verletzten Gefäßwand aus der blutenden Wunde „abscheidet", heißt er auch weißer Abscheidungsthrombus.

Primäre Hämostase nach einer Gefäßverletzung

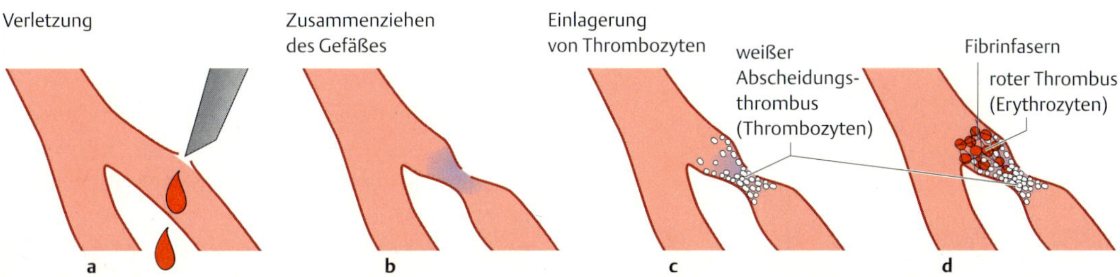

Abb. 10.10a-d Eine blutende Verletzung ist immer mit einem Defekt in der Wand eines Blutgefäßes verbunden (**a**). Die Gefäßmuskulatur zieht sich sofort im Bereich der Verletzung zusammen und verkleinert damit die blutende Wunde (**b**). Aus der verletzten Gefäßwand dringen Substanzen in das Gefäß ein, die zum Anlagern von Thrombozyten führen (**c**) – ein weißer Abscheidungsthrombus (Adhäsionspfropf) entsteht. Hinter dem weißen Abscheidungsthrombus stauen sich die Erythrozyten, die später in einem Maschenwerk aus Fibrinfäden gefangen werden (**d**). In diesem späten Stadium löst sich der weiße Abscheidungsthrombus bereits wieder auf und die Gefäßverengung lässt nach.

Während der Aggregation geben die Thrombozyten den Inhalt ihrer Vesikel frei. Diese enthalten gefäßaktive Substanzen, die ihrerseits die lokale Verengung des verletzten Blutgefäßes noch verstärken.

Blutungszeit

Die gesamte erste Gerinnungsphase dauert ca. 2–4 Minuten. Ihre Dauer (Blutungszeit) kann man sehr einfach bestimmen, indem man mit einem Hämostilett in die Fingerbeere sticht und das austretende Blut jede halbe Minute in einen Tupfer aufsaugt. Diese „Feldmethode" zur Überprüfung der Thrombozytenfunktion ist allerdings zugunsten präziserer Labormethoden (Thrombelastogramm, Rezeptorbindungstests) nahezu völlig verlassen worden.

Zweite Gerinnungsphase

Fibrin

Der Thrombozytenpfropf ist nicht unbegrenzt haltbar; nach wenigen Minuten lässt die Gefäßverengung im Verletzungsgebiet nach und der Pfropf kann das Gefäß nicht mehr wirksam verschließen. Daher setzt bereits zum Zeitpunkt der Verletzung ein langsamerer Mechanismus, die sekundäre Hämostase (plasmatische Gerinnung) ein. Sie dient dazu, um einerseits die Thrombozyten unauflöslich aneinanderzuschweißen und andererseits ein *Fibrinmaschenwerk* zu bilden, das die Wundränder elastisch miteinander verbindet. In diesem Maschenwerk verfangen sich Erythrozyten ***(Abb. 10.11)*** und geben dem Thrombus ein rotes Aussehen (roter Thrombus)

Roter Thrombus

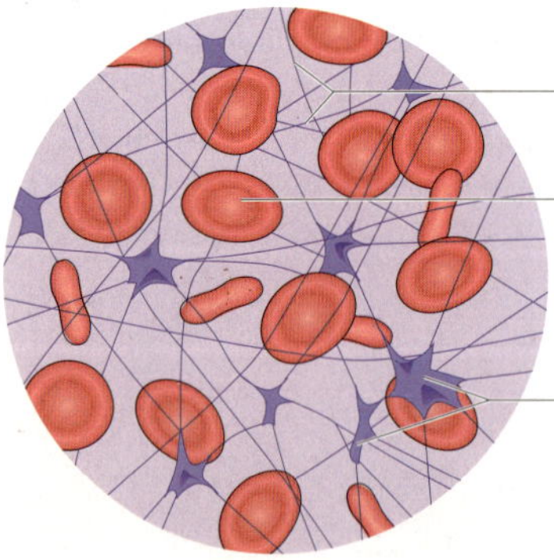

Abb. 10.11 In der zweiten Gerinnungsphase bildet sich der endgültige (rote) Thrombus. Fibrinmonomere lagern sich zu Fasernetzwerken zusammen, in denen Thrombozyten und Erythrozyten gefangen sind.

Druckverband und Abbinden. Selbstverständlich können alle Mechanismen der Blutstillung und Blutgerinnung nur kleine bis mittelgroße Blutungen zum Stillstand bringen. Massive Blutaustritte, besonders aus arteriellen Gefäßen, muss man im Zweifelsfall immer durch einen Druckverband oder ein Abdrücken bzw. Abbinden der zuführenden Arterien zum Stillstand bringen. Wichtig ist bei nicht primär lebensbedrohlichen Blutungen an Armen und Beinen die Reihenfolge: Zunächst sollte man immer einen Druckverband anlegen. Erst wenn die Blutung trotz eines fachgerecht angelegten Druckverbands nicht zum Stehen kommt (was sehr selten ist), muss man die Blutzufuhr zu der Extremität unterbinden. Nehmen Sie hierfür immer ein weiches, breitflächiges Material (Schal, gefaltetes Dreiecktuch, Hosenbein etc.), niemals beispielsweise eine einschneidende Schnur oder Drahtschlinge, und ziehen Sie nur so stark zu, dass die Blutung gerade eben steht.

Fibrinolyse

Bei aller Notwendigkeit einer schnellen und ausreichenden Blutgerinnung hätte es fatale Folgen, wenn die Gerinnung über das eigentlich verletzte Areal hinausgreifen würde. Um eine solche überschießende Gerinnung in den Gefäßen (Thrombose) zu verhindern oder ein Gerinnsel am falschen Ort notfalls wieder zu beseitigen, besitzt der Organismus ein System zur Auflösung bereits gebildeter Fibrinnetze, die Fibrinolyse ***(Abb. 10.12)***.

Im Mittelpunkt der Fibrinolyse steht das Protein Plasmin. Dieses besitzt die Fähigkeit, die langen, verzweigten Fibrinketten zu spalten. Außerdem kann Plasmin als eiweißverdauendes Enzym die meisten der übrigen Gerinnungsfaktoren inaktivieren.

Die Aktivierung von Plasmin wird von den therapeutisch einsetzbaren Fibrinolytika Urokinase und Streptokinase gefördert. Bekannteste Beispiele für eine solche Lysetherapie sind die Lungenembolie, der frische Herzinfarkt und der frische ischämische Schlaganfall.

Fibrinolyse

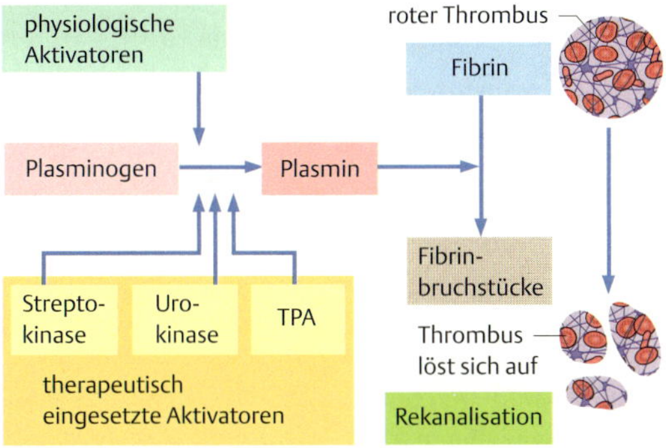

Abb. 10.12 Das Enzym Plasmin kann Fibrinnetzwerke auflösen, indem es Fibrinpolymere spaltet. Plasmin entsteht aus seiner Vorläufersubstanz unter dem Einfluss physiologischer Faktoren oder von fibrinolytischen Medikamenten. Gewebeplasminogenaktivator (TPA) und Urokinase sind gentechnisch hergestellte körpereigene Aktivatoren, die man in der Lysetherapie – z. B. kurz nach einem Herzinfarkt – einsetzt.

Die Blutgerinnung beginnt damit, dass sich Thrombozyten entlang der verletzten Gefäßwände zusammenlagern. Dadurch kommt die Blutung zum Stehen. Hinter dem Thrombozytenpfropf bildet sich ein Maschenwerk aus Fibrinfasern, das länger anhält und mechanisch belastbarer ist. Die Auflösung des Thrombus (Fibrinolyse) geschieht durch Aktivieren von Plasmin, welches die langen Fibrinketten in lösliche Bruchstücke spaltet.

Wichtige Gerinnungstests

Folgende Tests erlauben eine Voraussage darüber, ob die zweite Gerinnungsphase normal funktioniert bzw. in welchem Teil des Gerinnungssystems eine etwaige Störung liegt:

- *TZ (Thrombinzeit) = TT (thrombin time)* (Normalwert 17–24 s): Zu ungerinnbar gemachtem Plasma wird Thrombin im Überschuss zugegeben und die Zeit bis zur Gerinnung gemessen.
- *Quick* (Normalwert 75–125 %): Der erste Faktor des so genannten exogenen Systems wird im Überschuss zugegeben und die Gerinnungszeit gemessen (14 s = 100 %).
- *INR* Alternativ zum Quick wird häufig die INR verwendet. Sie ist der Kehrwert des Quick-Wertes. Eine INR von 2 bedeutet beispielsweise eine im Vergleich zu einer Normalperson doppelt so lange Gerinnungszeit im exogenen System (Quick 50 %).
- *PTT (partial thromboplastin time = partielle Thromboplastinzeit)* (Normalwert 25–45 s): Der erste Faktor des so genannten endogenen Systems wird im Überschuss zugegeben und die Gerinnung abgewartet.

Gerinnungshemmung durch Medikamente. In Klinik, Labor und Praxis finden hauptsächlich vier Substanzgruppen Anwendung:

- ***Zitrat, EDTA*** oder ähnliche Komplexbildner binden das zur Gerinnung notwendige freie Ca^{++}. Alle diese Substanzen dürfen jedoch keinesfalls im lebenden Organismus angewendet werden, da Calcium im Plasma lebensnotwendig ist!
- ***Heparin*** dagegen kann sowohl in vivo (am Patienten) als auch in vitro (im Reagenzglas) verwendet werden, da es als körpereigene Substanz gut verträglich ist. Heparin aktiviert den körpereigenen Gerinnungshemmstoff Antithrombin drei (AT III) und hemmt so indirekt die Gerinnung. Bei AT-III-Mangel ist Heparin natürlich wirkungslos. Seine kurze Wirkungsdauer von nur 4–8 Stunden und die Notwendigkeit, Heparin als Injektion oder Infusion zu verabreichen, lassen eine Daueranwendung nicht zu.
- ***Cumarine*** sind Gegenspieler des Vitamin K, das in der Leber für die Bildung einiger Gerinnungsfaktoren notwendig ist. Weil Cumarine nur auf die Neubildung von Gerinnungsfaktoren wirken, nicht aber auf die bereits im Blut vorhandenen, tritt die Wirkung erst mit einer Verzögerung von 2–3 Tagen ein, hält dafür aber auch mehrere Tage an. Cumarine eignen sich besonders gut zur langanhaltenden Thromboseprophylaxe, z. B. nach einem Herzklappenersatz oder bei Menschen mit einem erhöhten allgemeinen Gerinnungsrisiko.
- ***Thrombozytenaggregationshemmer*** sind Medikamente aus der Klasse der so genannten „nichtsteroidalen Antiphlogistika" (NSAID) – am bekanntesten die Acetylsalicylsäure (ASS). Sie hindern wie der Name schon sagt die Thrombozyten daran, einen Pfropf zu bilden. Der Effekt von ASS auf die Gerinnung ist vergleichsweise mild und dauert etwa 1–2 Tage lang an.

Wenn Sie einen Patienten zu einer Operation aufnehmen, sollten Sie immer nach „blutverdünnenden" Medikamenten fragen. In der Regel wird eine Woche vor einer geplanten Operation die Gerinnungshemmung von Cumarin auf Heparin umgestellt.

10.4 Blutplasma

Plasmaeiweiße

Im Zusammenhang mit der Blutgerinnung war bereits des Öfteren von Plasmaeiweißen (Plasmaproteinen) die Rede. Tatsächlich enthält das menschliche Blutplasma 70–80 g Eiweiß pro Liter, weswegen seine Viskosität das 2- bis 3fache von Wasser beträgt. Plasmaproteine sind in der Regel recht große Moleküle mit einem Molekulargewicht von 69 000 (Albumin) bis zu 1,3 Mio. (β-Lipoprotein).
Nahezu alle Plasmaproteine mit Ausnahme der γ-Globuline werden von der Leber synthetisiert und an das Blut abgegeben. Eine Verschiebung der prozentualen Anteile der Serumeiweiße, z. B. eine Verminderung der Albuminkonzentration bei relativer Vermehrung der γ-Globulinfraktion, ist daher häufig die Folge einer gravierenden Funktionsstörung dieses Organs, also z. B. einer chronischen Virushepatitis oder einer Leberzirrhose.

Aufgaben der Plasmaeiweiße

Plasmaproteine haben vielfältige Aufgaben. Sie
- bauen den kolloidosmotischen Druck auf,
- dienen als Transportmittel,
- haben Pufferfunktionen für die pH-Wert,
- sorgen für die humorale Immunantwort und
- ermöglichen die Blutgerinnung.

Kolloidosmotischer Druck

Die beträchtliche Größe der Plasmaproteine macht sie für die meisten Kapillarendothelien unpassierbar, so dass sich ein kolloidosmotischer Druck im Gefäßinneren aufbaut (s. u.). Erst dies ermöglicht eine ausgeglichene Flüssigkeitsbilanz im Kapillargebiet und verhindert, dass Ödeme entstehen.

Transportmittel

Darüber hinaus dienen Plasmaeiweiße als Transportmittel für schlecht wasserlösliche oder seltene Wertstoffe. So werden die meisten *metallischen Spurenelemente* durch spezialisierte Serumproteine an ihren Wirkort gebracht (Eisen: Transferrin, Kupfer: Coeruloplasmin). Auch viele *Vitamine* und *Hormone* besitzen spezialisierte Transporter.
Bis zu einem Drittel der gesamten Globulinfraktion dient dem Transport von *Neutralfetten* und *Cholesterin* (α- und β-Lipoproteine), die in freier, wasserunlöslicher Form zu größeren Fetttropfen verschmelzen und Kapillaren verstopfen würden.
Daneben binden eine Reihe von *Medikamenten* und schlecht wasserlöslichen *körpereigenen Abfallstoffen* unspezifisch an diverse Plasmaeiweiße, besonders an das reichlich vorhandene Albumin. Ein wichtiges Beispiel ist das Abbauprodukt des Hämoglobins, Bilirubin (s. Kap. 6, S. 207).

Pufferfunktion, Immunantwort, Blutgerinnung

Plasmaeiweiße tragen weiterhin dazu bei, den pH-Wert des Blutes bei 7,4 konstant zu halten (Pufferfunktion), sorgen für die nicht zellvermittelte (humorale) Immunantwort (s. u.) und ermöglichen last but not least die Blutgerinnung.

Elektrolyte und kleine organische Substanzen

Elektrolyte

Die Zusammensetzung der Salze (Elektrolyte) im Blutplasma unterscheidet sich nur geringfügig von der extrazellulären Flüssigkeit im Gewebe (interstitielle Flüssigkeit). Ein konstantes Ionenmilieu ist gerade für elektrisch erregbare Gewebe, wie das Nervensystem oder die Muskulatur, lebenswichtig. Daher variiert die Konzentration der Elektrolyte in erheblich geringerem Umfang als andere Blutwerte. Im Folgenden sind nur die Mittelwerte für gesunde Probanden angegeben, da die klinischen Schwankungsbreiten je nach Bestimmungsmethode unterschiedlich ausfallen ***(Abb. 10.13)***.

Wie in der gesamten extrazellulären Flüssigkeit dominieren auch im Plasma Na^+ (143 mmol/l) und Cl^- (103 mmol/l), gefolgt von HCO_3^- (Bicarbonat, 25 mmol/l), K^+ (5 mmol/l), Ca^{++}, Mg^{++} und Phosphat (jeweils 2–2,5 mmol/l).

Ionenzusammensetzung der Körperflüssigkeiten

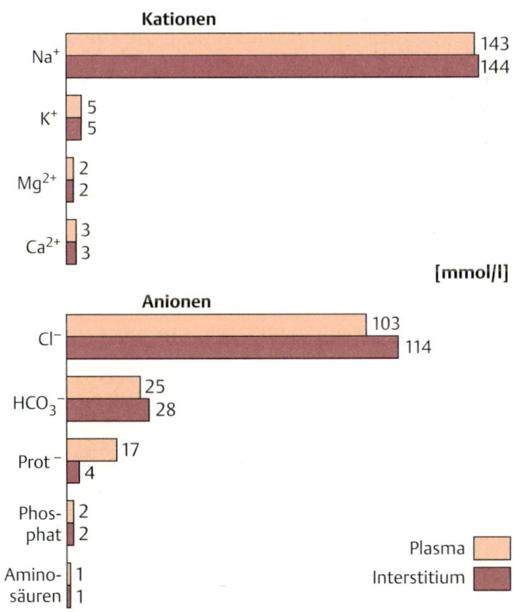

Abb. 10.13 Da das Blutplasma und die interstitielle Flüssigkeit in einem ständigen Austausch miteinander stehen, ist auch ihre Zusammensetzung ähnlich. Die obere Hälfte der Abbildung listet die Kationen – also die positiv geladenen Ionen – auf, die untere die negativ geladenen Anionen. Beachten Sie, dass auch Proteine negative Ladungen tragen ($Prot^-$).

Organische Substanzen

Neben den Elektrolyten findet sich im Plasma eine Vielzahl kleinmolekularer organischer Substanzen wie Glucose (4–7 mmol/l) und Aminosäuren (0,2–1 mmol/l) sowie Stoffwechselzwischenprodukte und Abfallstoffe (z. B. Harnstoff).

Das Blutplasma ist damit das universelle Transportmittel für sämtliche Stoffwechselprodukte des Körpers, die in mehr als einem einzigen Organ auftreten.

Das Blutserum besteht aus Wasser, Elektrolyten (Natrium, Chlorid etc.), kleinmolekularen organischen Substanzen (Glukose, Aminosäuren etc.) und Eiweißen (Albumin, Globuline). Das Blutplasma enthält zusätzlich noch die Gerinnungseiweiße.

Elektrolyte. Die Bestimmung von Elektrolyten („E'lyte") gehört zu jeder routinemäßigen Blutuntersuchung. Besondere Bedeutung hat dabei der Kaliumwert, weil eine zu hohe Kaliumkonzentration zum Herzstillstand führen kann. Erhöhte Kaliumwerte muss man andererseits immer durch eine zweite unabhängige Blutabnahme überprüfen, da schon ein zu langes Aufstauen der Vene (mehr als eine Minute) die Kaliumkonzentration hochtreibt.

10.5 Einführung in das Immunsystem

Aufgaben des Immunsystems

Den „Kampf ums Überleben" verbinden wir meistens mit der natürlichen Auslese von Tierarten: dem Fressen-oder-Gefressen-werden in der freien Wildnis. Aber auch wenn wir das Glück haben, in einer zivilisierten und relativ friedlichen Umgebung zu leben, spielt sich in unserem Körper täglich ein gnadenloser Kampf ums Überleben ab. Jede Minute müssen wir uns mit erbitterten Attacken von Mikroorganismen auseinander setzen. Nur wenn wir eine Infektionskrankheit erleiden, wird uns bewusst, wie lebensnotwendig die körpereigene Verteidigung – das Immunsystem – ist.

Gegenspieler des Immunsystems

Unser Körper befindet sich in einem permanenten Belagerungszustand von mehr oder weniger kleinen Krankheitserregern:

Parasiten

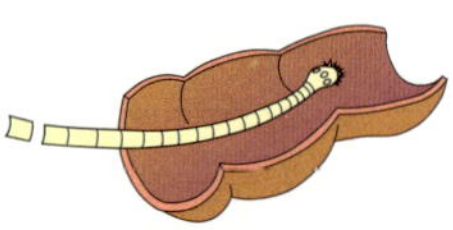

Die größten – aber nicht die wichtigsten – Gegner, die unser Immunsystem bekämpfen kann, sind *Parasiten*. Dabei handelt es sich vor allem um mikroskopisch kleine bis mehrere Meter lange Spul-, Rund- und Bandwürmer, die sich bevorzugt im Darm ansiedeln, aber, wie z.B. der Hunde- und Fuchsbandwurm, auch in andere Gewebe auswandern und diese zerstören können.

Wir nehmen Wurmeier oder -zysten mit der Nahrung auf, wobei besonders kot- oder urinverschmutzte Lebensmittel (mit Klärschlamm gedüngtes Gemüse, Waldbeeren) bzw. infiziertes Fleisch (trichinenverseuchtes Schweinefleisch aus Schwarzschlachtung) eine Infektionsquelle darstellen.

Die meisten Wurminfektionen verursachen relativ milde Symptome (verdecktes Blut im Stuhl, Juckreiz am Anus, bei starkem Wurmbefall leichte Anämie). Tropenmediziner schätzen, dass es mehr Bandwürmer als Menschen gibt, statistisch also jeder Mensch mindestens einen Parasiten trägt.

Protozoen

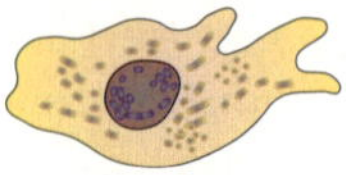

Eine Stufe kleiner als die mit dem bloßen Auge erkennbaren Parasiten sind die Einzeller *(Protozoen)*. Unter dem Mikroskop lassen sich z.B. die Erreger der Amöbenruhr, der Malaria und der Schlafkrankheit gut identifizieren. In Deutschland sind *Trichomonaden* und *Toxoplasmen* als Krankheitserreger weit verbreitet. Außerdem spielen Protozoenerkrankungen bei Tropenreisen und bei Einwanderern eine Rolle. In subtropischer und tropischen Landstrichen zählen sie zu den größten medizinischen, sozialen und ökonomischen Herausforderungen.

Bakterien

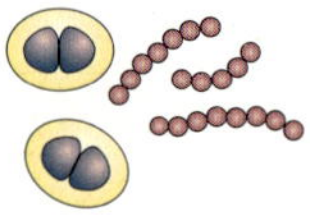

Noch wesentlich kleiner als Einzeller, im Bereich von einem Mikrometer, sind die Bakterien. Im Gegensatz zu den Zellen tierischer und pflanzlicher Organismen *(Eukaryonten)* zählen die Bakterien zu den sog. *Prokaryonten*, d.h. Lebewesen mit ringförmiger DNA, jedoch ohne Zellkern.

Viele Bakterien besonders im Dickdarm leben mit uns zu beiderseitigem Vorteil zusammen *(Symbiose)*. Die meisten Bakterien unserer Umgebung sind uns allerdings nicht so freundlich gesonnen. Sie rufen lokalisierte eitrige Entzündungen (Furunkel) und schwere Allgemeinerkrankungen (Lungen- und Hirnhautentzündungen) hervor, die bei abwehrgeschwächten Patienten das Immunsystem überfordern und eine lebensbedrohliche Überflutung der Blutbahn mit Bakterien (Sepsis) auslösen können.

Bakterielle Entzündungen zeichnen sich entsprechend der schnellen Vermehrung ihrer Erreger meist durch einen meist akuten Krankheitsbeginn aus.

Pilze

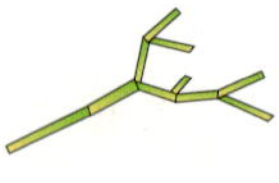

Auch Pilze zählen zu den potenziellen Krankheitserregern. Ihr *Myzel* breitet sich auf Haut und Schleimhäuten aus und kann bei abwehrgeschwächten Personen auch innere Organe in Mitleidenschaft ziehen. Pilzerkrankungen *(Mykosen)* wie Fuß- und Nagelpilzinfektionen verlaufen in aller Regel chronisch und sind mitunter außerordentlich hartnäckig, selten aber wirklich bedrohlich.

Viren

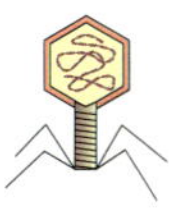

Die heimtückischsten Erreger sind die nur wenige Nanometer großen Viren. Eigentlich handelt es sich gar nicht um eigenständige Lebewesen, sondern nur um komplizierte Molekülgruppen aus einem Strang DNA oder RNA, der in einer Eiweißhülle und manchmal zusätzlich in einer Schleimkapsel verpackt ist. Viren schleusen ihre Erbinformation in die Wirtszellen ein und programmieren diese so um, dass sie selbst immer mehr Viren produzieren. Ohne Wirtszelle können sich Viren nicht vermehren. Diese Form der Vermehrung macht es unserem Immunsystem besonders schwer, mit Virusinfekten umzugehen. Da die Viren selbst wegen ihrer geringen Größe kaum zu bekämpfen sind, muss das Immunsystem notgedrungen die virusinfizierten Körperzellen zerstören. Virusinfekte bleiben häufig lange Zeit unbemerkt – das Immunsystem reagiert verzögert. Deshalb zeichnen sich Viruskrankheiten häufig durch eine lange beschwerdefreie Latenzzeit und einen schleichenden Krankheitsverlauf aus (AIDS, Virushepatitis); allerdings sind auch akute Bilder durchaus nicht selten zu beobachten (Erkältungskrankheiten, Grippe).

Toxine

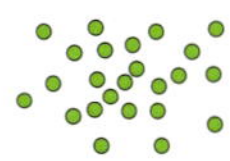

Zu guter Letzt reagiert das Immunsystem auch auf einige große Giftstoffmoleküle *(Toxine)*. Das bekannteste Beispiel ist sicherlich das *Diphtherietoxin*. Durch die Schutzimpfung kann sich der Körper zwar nicht vor einer Infektion mit Diphtheriebakterien schützen, inaktiviert aber ihr gefährliches Stoffwechselprodukt. Auch die Tetanusimpfung wirkt auf dieselbe Weise.

10.6 Angeborene und erworbene Immunantwort

Es gibt grundsätzlich zwei verschiedene Arten, wie das Immunsystem auf Krankheitserreger reagiert:

- die angeborene (unspezifische) und
- die erworbene (spezifische) Immunantwort.

Bei der *angeborenen Immunantwort* reagiert das Immunsystem immer auf die gleiche Art und Weise, unabhängig davon, wie häufig die Krankheitserreger bereits aufgetreten sind. Die *erworbene Immunantwort* dagegen besitzt die Fähigkeit, ihre Abwehr an die jeweiligen Krankheitserreger anzupassen und sie damit sehr spezifisch und effektiv zu bekämpfen.

Angeborene Immunantwort

Unspezifische humorale Abwehr

Die angeborene (unspezifische) Immunabwehr bedient sich meistens relativ gering spezialisierter, frei im Blut schwimmender Makromoleküle. Daher nennt man dieses System auch unspezifische humorale Abwehr. „Humoral" hat nichts mit „Humor" zu tun, sondern meint im Gegensatz zu „zellulär", dass die für die Immunabwehr verantwortlichen Stoffe im Blutplasma gelöst sind. Die angeborene Immunantwort ist das entwicklungsgeschichtlich älteste Prinzip zum Schutz vor Infektionen.

Komplementsystem

Der wichtigste Bestandteil der angeborenen Immunantwort ist das sogenannte Komplementsystem. Es besteht ähnlich wie die Blutgerinnung aus einer Reihe von Eiweißmolekülen, die in ihrer Funktion genau aufeinander abgestimmt sind.

Das Komplementsystem kann auf mehreren Wegen aktiviert werden. Alle diese Wege münden in der Bildung eines so genannten MAK (**M**embran**a**ngriffs**k**omplex). Dieser senkt sich in die Zellmembran ein und bohrt sozusagen ein kleines Loch in die Membran. Das Loch ist für sämtliche Salze und kleinmolekulare Substanzen sowie für Wasser durchlässig, so dass Kalium aus der Zielzelle aus- und Natrium einströmt. Das Membranpotenzial fällt in sich zusammen und die Zelle platzt (*Lyse*).

Akute-Phase-Proteine

Akute-Phase-Proteine ***(Abb. 10.14.)*** spielen eine Rolle nach Gewebeverletzungen und Entzündungen. Sie binden an die Oberfläche körperfremder Krankheitserreger und verbinden sich miteinander, so dass die Erreger an Ort und Stelle verklumpen. Außerdem aktivieren sie das Komplementsystem und locken Leukozyten aus der Blutbahn ins Gewebe *(Chemotaxis)*.

Interferone

Die Interferone α und β ***(Abb. 10.15)*** sind Signalmoleküle. Virusinfizierte Zellen setzen diese Moleküle frei und zeigen damit ihren nicht infizierten Nachbarzellen an, dass sie ein Virus in sich tragen. Die nicht infizierten Zellen fahren daraufhin vorübergehend ihre Proteinsynthese drastisch herunter, so dass sich das Virus nicht mehr vermehren kann.

Einwanderung von Leukozyten

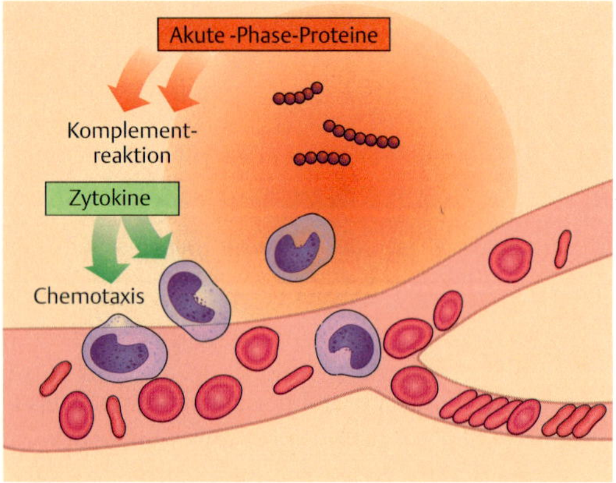

Abb. 10.14 Bei einer Entzündung werden Zytokine frei, die Leukozyten aus dem Blut ins Gewebe locken. Das Anlocken fremder Zellen durch chemische Botenstoffe nennt man Chemotaxis.

Infektionsschutz durch Interferon

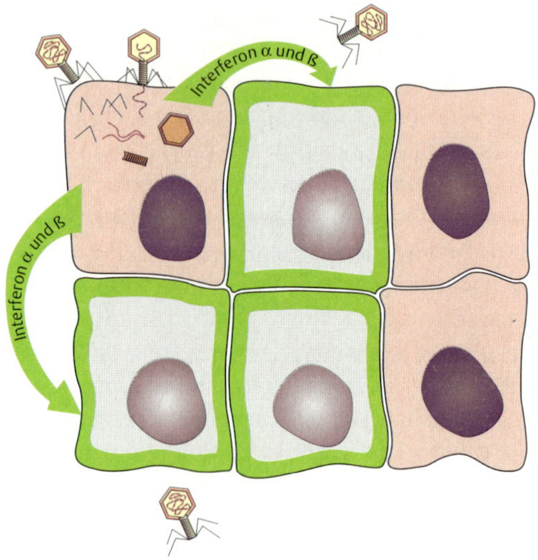

Abb. 10.15 Bei einer Virusinfektion kommt es lokal zur Freisetzung von Interferon α und β aus der infizierten Zelle und/ oder aus T-Helferzellen. Dieses Zytokin bietet den Nachbarzellen einen relativen Schutz vor weiterer Ansteckung und kann außerdem natürliche Killerzellen anlocken.

Lysozym

Lysozym, ein kohlenhydratverdauendes Enzym im Mundspeichel, attackiert ganz direkt die Zellwand von Bakterien, noch bevor diese eine Chance haben, in das Körperinnere vorzudringen ***(Abb. 10.16)***.

Direkte Lyse von Bakterien

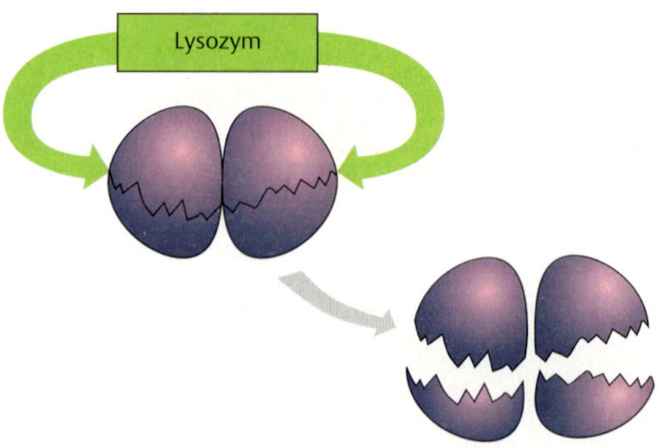

Abb. 10.16 Lysozym greift direkt die aus Kohlenhydraten bestehende Zellwand von Bakterien an, sofern diese nicht z.B. durch eine Schleimkapsel geschützt ist.

Unspezifische zelluläre Abwehr

Die angeborene Immuantwort läuft zwar hauptsächlich, aber nicht nur über humorale, lösliche Faktoren. Eine Rolle im Immunsystem spielen auch angeborene Immunmechanismen, die von spezialisierten Zellen ausgeführt werden (unspezifische zelluläre Abwehr). Sie gewähren dem kindlichen Organismus nicht nur einen gewissen Basisschutz gegen Infektionen, sondern sind die notwendige Voraussetzung dafür, dass wir eine Immunität auch gegen „neue" Erregertypen erreichen. Im Mittelpunkt hierbei steht der Vorgang der *Phagozytose* **(Abb. 10.17** und **10.18)**.

Mononukleäres Phagozytosesystem

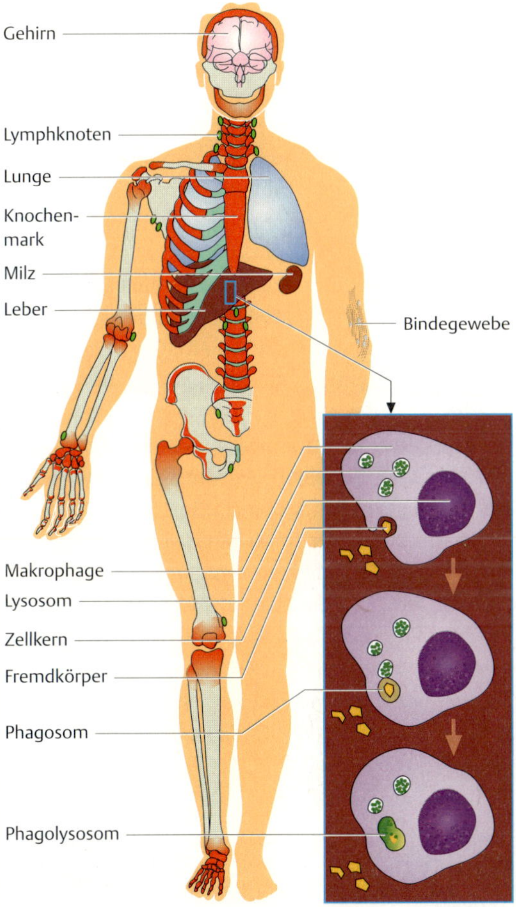

Abb. 10.17 Das mononukleäre Phagozytosesystem (MPS – früher RES oder RHS) ist ein Sammelbegriff für alle Organe, in denen Makrophagen und andere phagozytierende Zellen vorkommen. Besondere Bedeutung haben die Lymphknoten, die Leber und das Knochenmark.

Diapedese von Granulozyten

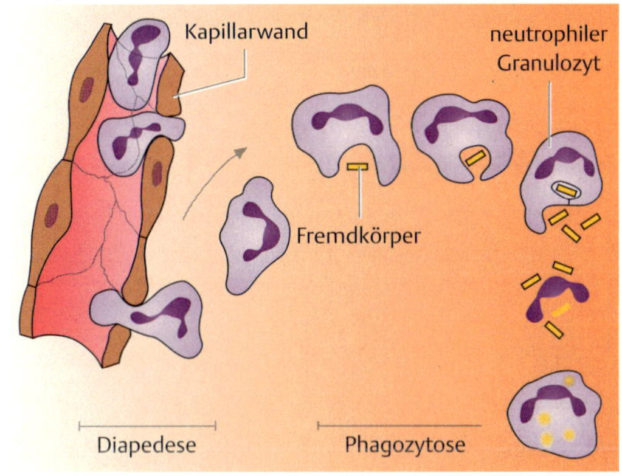

Abb. 10.18 Werden Granulozyten durch Chemotaxis ins Gewebe gelockt, dann müssen sie sich durch die Zwischenräume zwischen den Endothelzellen hindurchquetschen. Dies ist in entzündetem Gewebe leichter, weil die Gefäße dort undichter werden. Rechts sehen Sie, wie ein segmentkerniger Granulozyt einige Stäbchenbakterien verspeist und auflöst.

Makrophagen

Unter den spezialisierten Fresszellen kommt den *Makrophagen* (griech. „große Fresser") eine besonders hohe Bedeutung zu. Makrophagen gehen aus den Monozyten des Blutes hervor und finden sich als große, schnell bewegliche Zellen in den Organen des sog. **M***ononukleären* **P***hagozytose***S***ystems* (MPS), also in Leber, Lunge, Milz, Lymphknoten, Knochenmark, Bindegewebe und Gehirn.

Makrophagen können Fremdkörper vertilgen, indem ihr Zytoplasma amöboid um den Fremdkörper herumfließt und ihn so in einem durch die Zytoplasmamembran begrenzten Vesikel einschließt *(Phagosom)*. Dieses Phagosom verschmilzt in der Zelle mit einem *Lysosom*, einem Vesikel, das u.a. saure Verdauungsenzyme enthält, und wird dann *Phagolysosom* genannt. Im Phagolysosom findet die eigentliche Zerstörung des Fremdkörpers statt, der durch Enzyme verdaut oder durch aktivierten Sauerstoff wie z.B. H_2O_2 inaktiviert werden kann.

Einige Erreger aber sind zu groß, um von den Makrophagen aufgenommen werden zu können, wie z.B. parasitäre Würmer. In diesem Falle verschmelzen

Natürliche Killerzellen

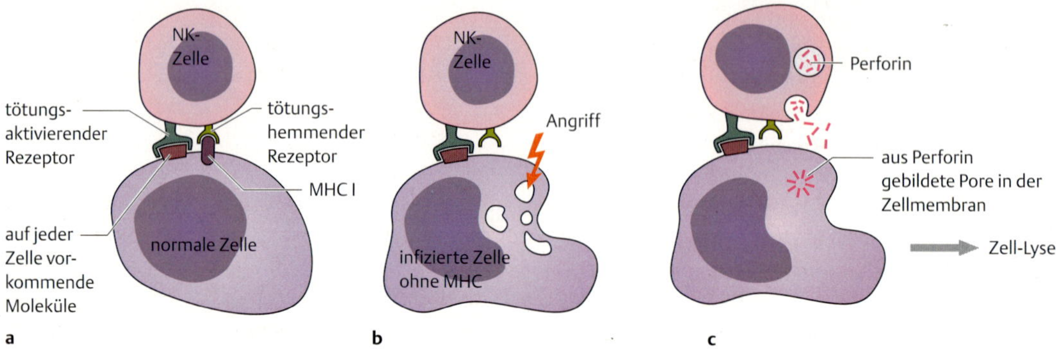

Abb. 10.19a-c Natürliche Killerzellen (NK-Zellen) besitzen einen tötungsaktivierenden Rezeptor, der auf Oberflächenmoleküle auf allen möglichen Zellen reagiert, und einen tötungshemmenden Rezeptor für das körpereigene Molekül MHC I. Besitzt eine (nonnale, körpereigene) Zelle beide Moleküle, dann greift die NK-Zelle nicht an (**a**). Fehlt hingegen MHC I – etwa weil die Zelle körperfremd oder durch einen Virus infiziert ist –, dann fehlt das Signal aus dem tötungshemmenden Rezeptor und die NK-Zelle greift an (**b**). Dabei gibt sie einzelne Untereinheiten des Eiweißes Perforin ab, das sich in der Zellmembran der Zielzelle ähnlich wie der MAK zu einer Pore zusammenlagert und die Zelle durch Lyse zerstört (**c**).

die Lysosomen mit der Zellmembran, so dass deren toxischer Inhalt direkt auf die Oberfläche der Erreger einwirken kann. Bei diesem Vorgang sind vor allem eosinophile Granulozyten beteiligt.

Mikrophagen

Neben den Makrophagen können auch kleinere Zellen Erreger phagozytieren und abbauen. In erster Linie handelt es sich dabei um die neutrophilen Granulozyten (*Mikrophagen*, griech. „kleine Fresser"). Die neutrophilen Granulozyten treten bei bakteriellen Entzündungen, z.B. einem Furunkel, massenhaft aus der Blutbahn ins Gewebe aus ***(Abb. 10.18)***. Der Eiter setzt sich hauptsächlich aus teils lebenden, teils toten Bakterien, Zelltrümmern und abgestorbenen neutrophilen Granulozyten zusammen.

Natürliche Killerzellen

Makrophagen attackieren Mikroorganismen und Fremdkörper. Was macht unser Abwehrsystem jedoch mit Angreifern, die sich im Inneren der Körperzellen ausbreiten, also z.B. mit Viren? Das Komplementsystem allein reicht nicht aus, diese infizierten Zellen wirksam genug abzutöten. Für diese Aufgaben sozusagen der inneren Sicherheit besitzen wir die ***N****atürlichen* ***K****illerzellen* (NK-Zellen).

NK-Zellen sind große Lymphozyten mit einem feinkörnigen Zytoplasma, die kranke Zellen – also neben den virusinfizierten auch z.B. Krebszellen – an ihrer veränderten Oberflächenstruktur erkennen und mit einem speziellen komplementähnlichen Eiweiß deren Zellmembran durchlöchern. Gleichzeitig injizieren sie Enzyme in die Zielzelle, die deren DNA in kleine Stücke zerlegen und so zum langsamen, aber sicheren programmierten Zelltod führen. **Abb. 10.19** erläutert detailliert, wie die NK-Zelle eine infizierte Zelle erkennt und angreift.
Die Achillesferse der NK-Zellen ist ihre mangelhafte Unterscheidungsfähigkeit zwischen „gesund" und „krank". Viele virusinfizierte und Krebszellen entgehen daher ihrem Angriff. Wie wir später noch sehen werden, besitzt unsere Abwehr sehr viel präziser arbeitende Mechanismen, die T-Killerzellen, die letztlich demselben Zweck dienen.

Erlernte Immunantwort

Primär- und Sekundärantwort

Wenn wir von „dem“ Immunsystem sprechen, meinen wir nicht so sehr die eben beschriebenen angeborenen Mechanismen – so wichtig diese auch sein mögen –, sondern in fast allen Fällen die „erlernte“ Immunität durch ganz spezifische, also auf einen ganz bestimmten Erreger spezialisierte Mechanismen.

Primärantwort

Viele Kinderkrankheiten, z.B. die Masern, erleiden wir nur ein einziges Mal im Leben. Bei einem erstmaligen Virusbefall bildet unser Immunsystem Antikörper aus. Das Immunsystem benötigt aber etwas Zeit, so dass die *Primärantwort* erst nach einigen Tagen auftritt. So geht die erste Infektion noch mit einem ausgeprägten Krankheitsbild einher. Sie äußert sich in einem eindrucksvollen Krankheitsbild mit Fieber, Lichtscheu, den typischen Hauterscheinungen usw.

Sekundärantwort

Kommen wir jedoch ein zweites Mal z.B. mit dem Masernvirus in Berührung, so erkranken wir nicht mehr. Das Immunsystem hat gelernt, mit dem Virus umzugehen und seine *Sekundärantwort* tritt so schnell und so effektiv ein, dass das Virus keine Chance mehr hat, sich in unserem Körper zu vermehren.

Lymphozyten, die Träger der spezifischen Immunabwehr

Bei der Besprechung der weißen Blutkörperchen im vorigen Kapitel haben wir zunächst die Lymphozyten ausgeklammert. Dies holen wir jetzt nach. Lymphozyten sind die eigentlichen *Träger der spezifischen Immunabwehr.*

T-Lymphozyten

T-Lymphozyten ***(Abb. 10.20)*** sind der weitaus häufiger vorkommende Typ. Ihre Bezeichnung haben sie vom **T**hymus, wohin ständig frische Vorläuferzellen auswandern, dort geprägt werden und schließlich die sekundären lymphatischen Organe besiedeln. T-Lymphozyten bilden die spezifische zellvermittelte Abwehr. Grob vereinfacht kann man folgende Untertypen unterscheiden:

- *T-Helfer-Zellen* (mindestens 2 Typen): Sie produzieren vor allem die sogenannten Zytokine sowie Interferon γ. Dadurch verbessern sie den Abbau ansonsten schlecht verdaulicher Antigene in den Makrophagen und helfen bei der Aktivierung der B-Lymphozyten mit (s.u.);
- *T-Suppressorzellen* beenden eine Immunreaktion und verhindern zu starke Reaktionen des Immunsystems auf ansonsten eher harmlose Infektionen (Autoaggression);
- *T-Killerzellen* töten wie die NK-Zellen virusinfizierte oder von Krebs befallene Körperzellen im direkten Kontakt ab.

B-Lymphozyten

B-Lymphozyten besitzen die Fähigkeit, sich auf einen spezifischen Stimulus hin im Knochenmark (**B**one marrow) oder in den sekundären lymphatischen Organen zu großen *Plasmazellen* umzuwandeln. Diese Plasmazellen liefern sozusagen die Munition für das Immunsystem. Sie bilden massenhaft Antikörper (s.u.) und stellen so die Grundlage für die spezifische humorale Abwehr dar.
Sowohl T- als auch B-Lymphozyten befinden sich zu 98% der Zeit in den sekundären lymphatischen Organen. Von dort schwärmen beim Gesunden nur wenige Späher ins periphere Blut aus, um nach unerwünschten Eindringlingen Ausschau zu halten. Erst wenn die Späher fündig werden, aktivieren sie die Lymphozyten regionaler Lymphknoten oder geben bei Bedarf Großalarm für das gesamte Immunsystem.

T- und B-Gedächtniszellen

Hat der Körper die primäre Infektion überstanden, verbleiben für lange Zeit, manchmal für immer, T- und B-Gedächtniszellen in den lymphatischen Organen. Die Gedächtniszellen stehen also in den Startlöchern und warten nur darauf, durch eine zweite Infektion mit demselben Erreger aktiviert zu werden ***(Abb. 10.21)***. Die Immunantwort kann jetzt sehr viel schneller und effektiver ablaufen als das erste Mal.

Bildung von B- und T-Lymphozyten

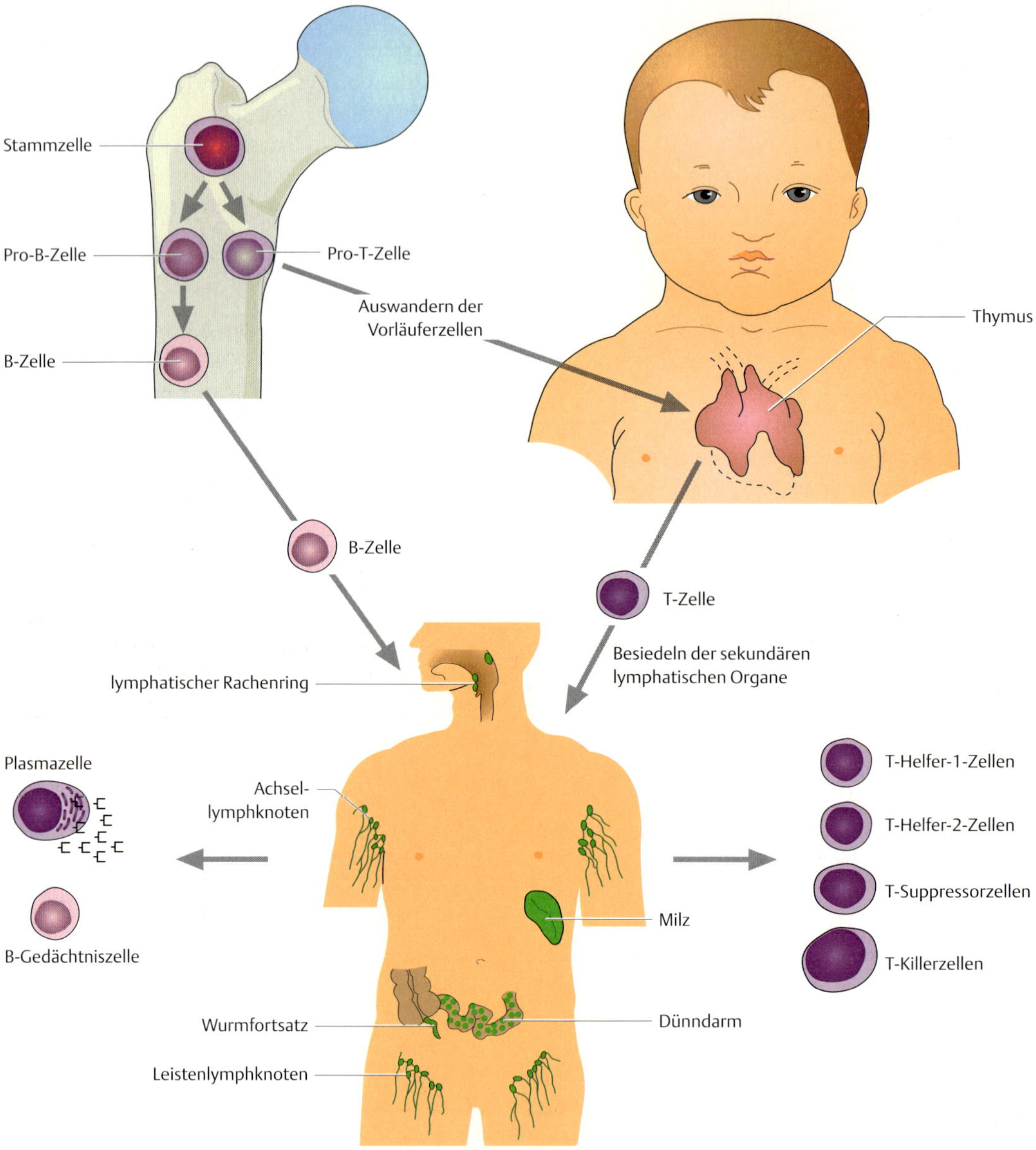

Abb. 10.20 B- und T-Lymphozyten entstehen aus einer gemeinsamen Stammzelle im roten Knochenmark. Die B-Zellen reifen wie die übrigen Leukozyten auch im Knochenmark heran und wandern später direkt in die sekundären lymphatischen Organe (grün) aus. Die Vorstufen der T-Lymphozyten wandern zunächst in den Thymus (rot) aus und erreichen erst nach ihrer Prägung (Differenzierung) die sekundären lymphatischen Organe.

Primär- und Sekundärantwort von B-Lymphozyten

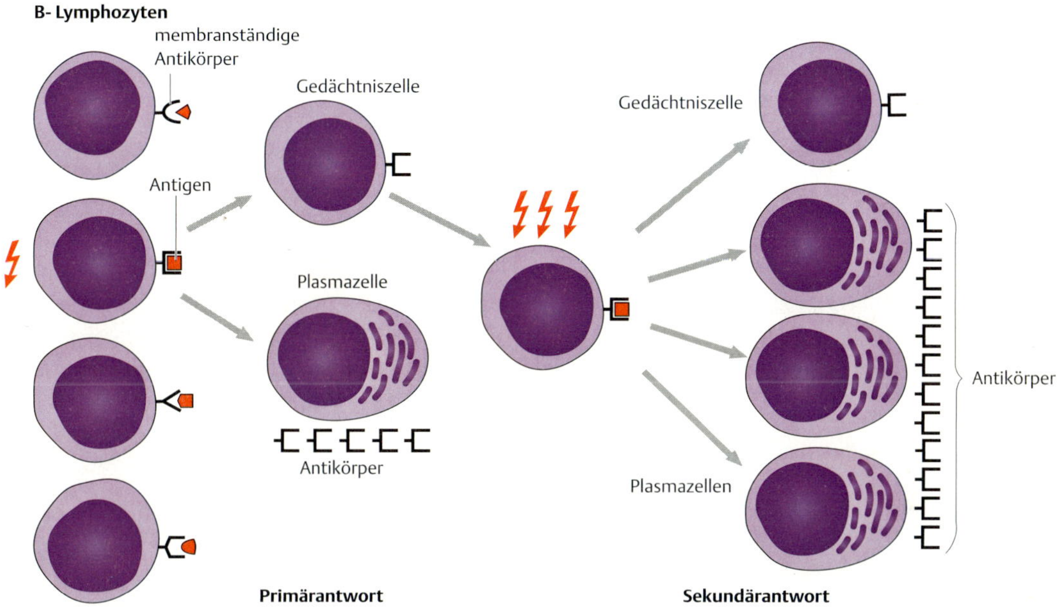

„Abb. 10.21 Beim ersten Kontakt mit einem Antigen (links im Bild) vermehrt sich diejenige B-Zelle, welche den passenden Antikörper besitzt, nur langsam (Primärantwort). Erst nach Tagen sind so viele Plasmazellen entstanden, dass deren Antikörper die Infektion auch beherrschen können – es kommt zwischenzeitlich zur Krankheit. Bei einem erneuten Kontakt erkennen Gedächtniszellen blitzschnell "ihr„ Antigen und teilen sich innerhalb von Stunden zu reichlich Antikörper produzierenden Plasmazellen (Sekundärantwort).

T-Lymphozyten bilden die zellgebundene spezifische Immunität. Sie modulieren die Immunreaktion als T-Helfer- und T-Suppressorzellen, können aber auch direkt feindliche Zellen töten (T-Killerzellen).

B-Lymphozyten bilden die nicht zellgebundene (humorale) spezifische Immunität. Sie produzieren Antikörper.

Sowohl T- als auch B-Lymphozyten bilden nach einer erfolgreichen Immunabwehr Gedächtniszellen, welche die Sekundärantwort wesentlich schneller erfolgen lassen als die Primärantwort nach dem erstmaligen Kontakt mit dem Krankheitserreger.

10.7 Antigene und Antikörper

Antigene

Antigene sind körperfremde Substanzen. Sie kommen entweder auf der Oberfläche von Krankheitserregern vor (Bakterien) oder sind mit diesen Krankheitserregern identisch (Bakterientoxine).

Antigenpräsentation

Bevor der Körper auf ein Antigen reagieren kann, muss dieses ihm sozusagen auf dem Silbertablett präsentiert werden. „Präsentation“ bedeutet dabei, dass ein Antigen von der präsentierenden Zelle auf-

genommen, angedaut und an bestimmten Stellen ihrer eigenen Plasmamembran eingebaut wird.
Die Notwendigkeit der Antigenpräsentation erklärt sich zu einem großen Teil durch die ausgeklügelten Schutzmechanismen der Mikroorganismen, die ja gerade zum Ziel haben, ihre Erkennung durch Lymphozyten zu verhindern. Wenn eine antigenpräsentierende Zelle vorher jedoch den Erreger aufnimmt und in ihren Phagolysosomen teilweise verdaut, ist die Wahrscheinlichkeit höher, diese Tarnkappe zu durchbrechen. Andererseits schützen die komplexen Mechanismen der Antigenpräsentation die Lymphozyten davor, irrtümlich körpereigenes Gewebe anzugreifen.

Antigenpräsentation bei T-Lymphozyten

Die Antigenpräsentation ist in der Regel Aufgabe so genannter professioneller antigenpräsentierender Zellen wie dendritischer Zellen, Makrophagen und B-Lymphozyten. Ein im Blut schwimmender T-Lymphozyt erkennt eine antigenpräsentierende Zelle an einem speziellen Oberflächenprotein, dem Haupthistokompatibilitätskomplex *(**M**ajor **H**istocompatibility **C**omplex)* vom Typ II (MHC II). Nur wenn eine Zelle gleichzeitig das körpereigene Protein MHC II und

Antigenpräsentation bei T-Helferzellen

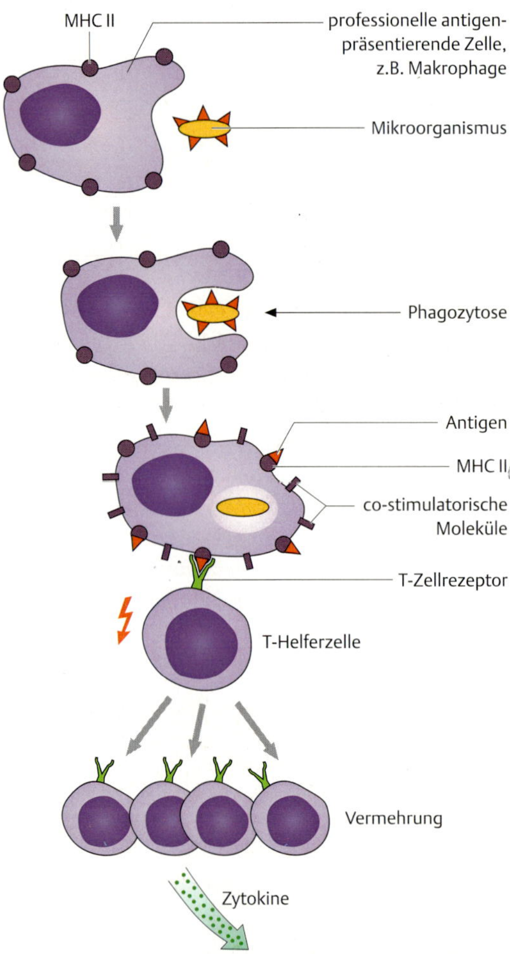

Abb. 10.22 Ein T-Lymphozyt reagiert nur auf Antigene, die ihm zusammen mit einem MHC-Molekül präsentiert werden. Wenn ein T-Lymphozyt ein passendes Antigen zusammen mit MHC II „sieht", kann er sich teilen und einen Klon bilden. Daher müssen z. B. Bakterien vor einer T-Zell-Immunantwort zunächst phagozytiert und verdaut werden.

Antigenpräsentation bei B-Lymphozyten

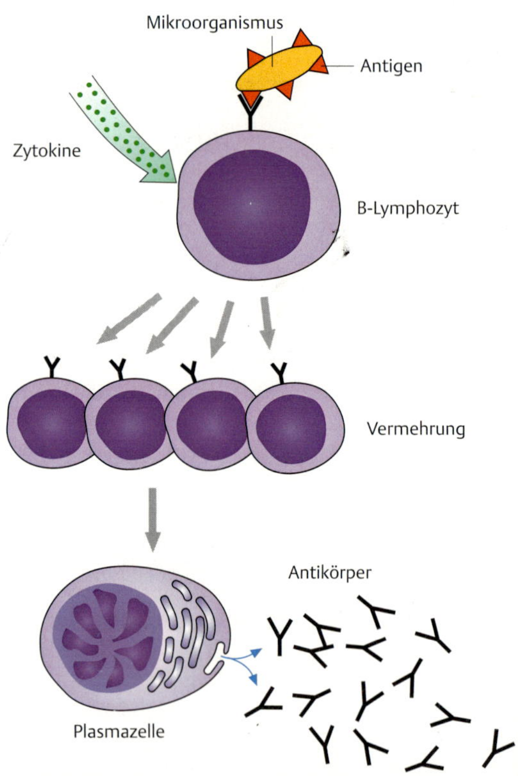

Abb. 10.23 B-Lymphozyten erkennen MHC nicht, sondern binden direkt an ein körperfremdes Antigen. Um sich zu teilen und einen Klon zu bilden, benötigen sie jedoch Zytokine aus aktivierten T-Helferzellen. Nach ihrer Teilung wandeln sich die B-Lymphozyten in große Plasmazellen um, die massenhaft Antikörper produzieren und ins Blut und ins Gewebe abgeben.

darin eingebettet ein fremdes Antigen zeigt, reagiert der T-Zell-Rezeptor ***(Abb. 10.22)***. Zusätzlich braucht die T-Zelle aber noch ein „Start"-Signal, das ebenfalls die antigenpräsentierende Zelle in Form so genannter ko-stimulatorischer Moleküle in die Zellmembran einbaut. Erst jetzt vermehrt sich die betreffende T-Zelle und bildet einen Klon vieler identischer T-Zellen.

Antigenpräsentation bei B-Lymphozyten

Etwas anders verhalten sich B-Lymphozyten ***(Abb. 10.23)***. Sie binden in der Regel direkt an ein fremdes Antigen. Einmal gebunden, können sie sich jedoch nicht vermehren, bevor sie nicht ein Startsignal in Form von Zytokinen bekommen haben.
Diese Zytokine stammen wie eben ausgeführt aus aktivierten T-Helferzellen, so dass diese eine Schlüsselrolle bei der Aktivierung von B-Lymphozyten übernehmen. B-Lymphozyt und T-Helferzelle müssen jedoch nicht unbedingt in direkter Nachbarschaft zueinander stehen. Nach ihrer Aktivierung und Teilung wandeln sich B-Lymphozyten in so genannte Plasmazellen um, deren Aufgabe es ist, „ihren" spezifischen Antikörper zu vervielfachen und abzugeben.

Um es noch einmal ganz klar zu machen: Der komplizierte und zeitraubende Prozess der Antigenpräsentation läuft nur im Rahmen der Primärantwort ab. Sind dagegen noch Gedächtniszellen aus einer früheren Infektion oder Schutzimpfung vorhanden, reagieren diese direkt mit dem Antigen und vermehren sich dann wesentlich schneller (Sekundärantwort).

Antikörper

T-Zell-Rezeptor und Antikörper

T-Zell-Rezeptoren und *Antikörper* sind die „Sinnesorgane" des Immunsystems. Sie können körpereigene von körperfremden Substanzen unterscheiden und letztere identifizieren.
T-Zell-Rezeptoren und Antikörper sind absolut gleich aufgebaut. Der T-Zell-Rezeptor sitzt auf der Oberfläche von T-Lymphozyten, während Antikörper sich entweder auf der Oberfläche von B-Lymphozyten befinden oder frei im Blutplasma schwimmen.
Alle Antikörper bestehen aus:

- je zwei identischen schweren Ketten (H-Ketten für „**H**eavy") und
- je zwei ebenfalls gleichen leichten Ketten (L-Ketten für „**L**ight").

IgG-Antikörper

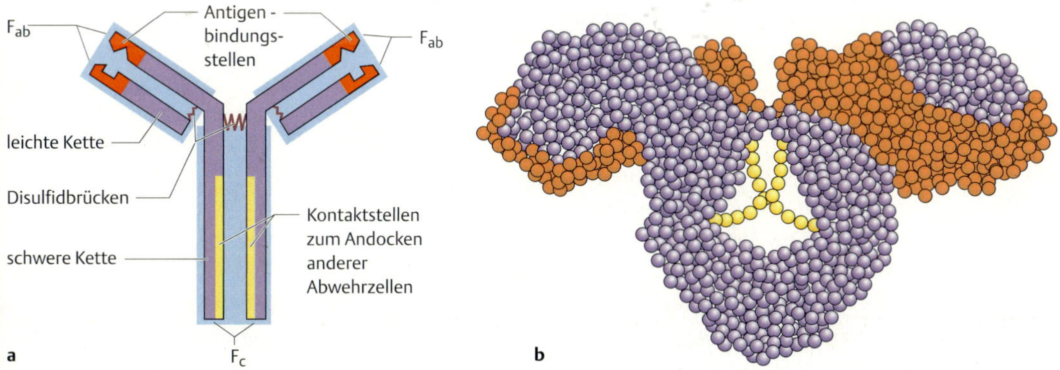

Abb. 10.24a, b Einfache Antikörper bestehen aus je zwei antigenbindenden Fragmenten (F_{ab}) und einem komplementbindenden Fragment (F_c). An der Spitze der F_{ab}-Fragmente erkennen Sie in Rot die eigentlichen Antigenbindungsstellen. Neben der schematischen Zeichnung (**a**) ein quasi dreidimensionales Molekülmodell (**b**).

Abb. 10.24 zeigt den Aufbau eines typischen Antikörpers im Detail. Das Besondere an der Anordnung der Schwer- und Leichtketten ist die Tatsache, dass an der Antigenbindung je eine H- und L-Kette beteiligt sind. Jedes Immunglobulin kann deshalb an zwei Antigene gleichzeitig binden.

Immunglobuline

Freie Antikörper, also solche, die im Blutplasma schwimmen, nennt man auch *Immunglobuline*. Sie treten in 5 verschiedenen Anordnungen (Klassen) auf, die sich auf bestimmte Funktionen spezialisiert haben:

IgG

IgG ist mit einem Molekulargewicht von „nur" 150 000 Dalton (150 kD) der kleinste Antikörper. Es erreicht die höchste Konzentration (80% aller freien Immunglobuline) und aktiviert in erster Linie das Komplementsystem.

Schutz des Neugeborenen. **Eine wichtige Besonderheit ist seine Plazentagängigkeit: IgG aus dem mütterlichen Blut gelangt über die Plazenta in den Feten und schützt das Neugeborene zusätzlich zu den angeborenen Immunmechanismen vor Infektionen. Da die Halbwertszeit von IgG etwa 30 Tage beträgt, hält dieser Schutz aber nur ungefähr drei Monate lang an („Nestschutz" für das Neugeborene). Ab dem 6. Monat ist das Immunsystem des Säuglings so weit entwickelt, dass es genügend eigene Antikörper bilden kann. Während der Übergangszeit beobachtet man nicht selten einen Mangel an Immunglobulinen.**

IgA

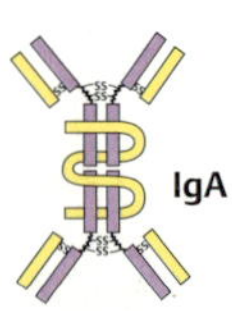

IgA (340 kD, 13% aller Immunglobuline) tritt zu 15% als Doppel-Antikörper *(Dimer)* auf und besteht dann aus zwei Immunglobulineinheiten *(Monomeren)*. IgA ist wichtig für die Infektionsbekämpfung auf Schleimhäuten und findet sich dementsprechend besonders reichlich im Sekret von Speichel-, Schweiß- und Tränendrüsen, der Nasenhöhle, der Bronchien, der Harnwege sowie im Scheidensekret. Mit der Muttermilch erhält der Säugling genügend IgA, um den Magen-Darm-Trakt wirkungsvoll vor Infektionen zu schützen. Gestillte Kinder leiden daher nur selten unter Darmentzündungen.

IgM

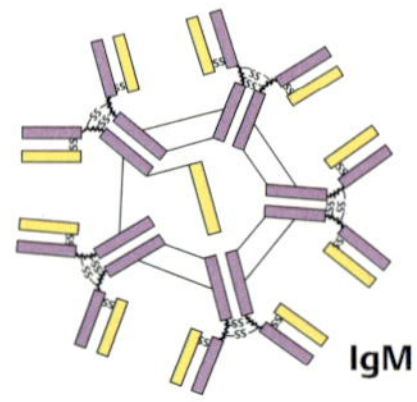

IgM ist mit 900 kD das größte Immunglobulin. Es besteht aus 5 Monomeren, die sich sternförmig anordnen. Obwohl IgM nur einen Anteil von 6% am gesamten Immunglobulinpool des Körpers hat, liefert es die Initialzündung zur Abwehr eines neuen Antigens im Rahmen der Primärantwort. IgM aktiviert sehr stark das Komplementsystem und vermittelt die *Agglutinationsreaktion*, d.h. die gegenseitige Anheftung und Verklebung antigenbesetzter Partikel (s. Blutgruppentests).

IgE

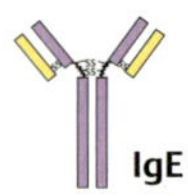

IgE (188 kD) ist mit 0,002% der seltenste Antikörper. Hauptsächlich kommen IgE-Immunglobuline auf der Oberfläche von Mastzellen sowie im Bindegewebe der Haut und des Atmungstrakts vor. Bei allergischen Reaktionen und bei Parasitenbefall produzieren die Lymphozyten große Mengen IgE und „spicken" die körpereigenen Mastzellen vermehrt mit erregerspezifischen IgE-Immunglobulinen.

IgD

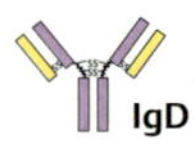

IgD (185 kD, 0–1%) kommt in großen Mengen zusammen mit IgM auf *B-Lymphozyten* im Blut vor und spielt eine Rolle bei der Differenzierung dieser Zellen. Man spekuliert, dass es eine Rolle bei der Eindämmung einer Immunreaktion durch T-Suppressorlymphozyten spielen soll.

Alle Antikörper bestehen aus einem Y-förmigen Grundelement aus je zwei schweren und leichten Aminosäureketten. Jeder kurze Arm des „Y" greift wie eine Hummerschere nach einem Antigen. An den „Hummerschwanz" binden sich entweder Elemente des Komplementsystems oder auch ganze Zellen (Makrophagen, neutrophile Granulozyten).

Immuntoleranz

Wenn Sie mir bis hierher gefolgt sind, haben Sie das Schwierigste hinter sich. Es gilt jetzt nur noch die Frage anzugehen, wieso das Immunsystem körpereigene Zellen in Ruhe lässt, körperfremde Zellen (z. B. Transplantate) jedoch teilweise sehr heftig attackiert und abstößt.

Die Immuntoleranz gegen körpereigenes Gewebe, also die Unterscheidung zwischen „körpereigen" und „körperfremd", entwickelt sich ab der späten *Fetalzeit* und hält ein Leben lang. Das Immunsystem nimmt an, dass in diesem frühen Lebensalter noch keine Infektion stattgefunden hat. Alle Moleküle, denen das Immunsystem begegnet, gelten daher als körpereigen!

Im Thymus ***(Abb. 10.25)*** lässt sich die immunologische Prägung tierexperimentell schön verfolgen: Junge T-Lymphozyten vermehren sich in der Thymusrinde und entwickeln die unterschiedlichsten T-Zell-Rezeptoren, etliche davon auch gegen körpereigenes Gewebe. Die T-Lymphozyten wandern im Laufe ihrer Reifung langsam von der Thymusrinde ins Thymusmark und kommen so in engen Kontakt mit den ortsfesten so genannten interdigitierenden Zellen. T-Lymphozyten, die mit MHC-Molekülen reagieren, werden in ihrer Vermehrung und Reifung gefördert (positive Selektion). Andererseits werden T-Lymphozyten, die eine zu starke Reaktion auf MHC aufweisen, abgetötet (negative Selektion).

Entstehung der Immuntoleranz im Thymus

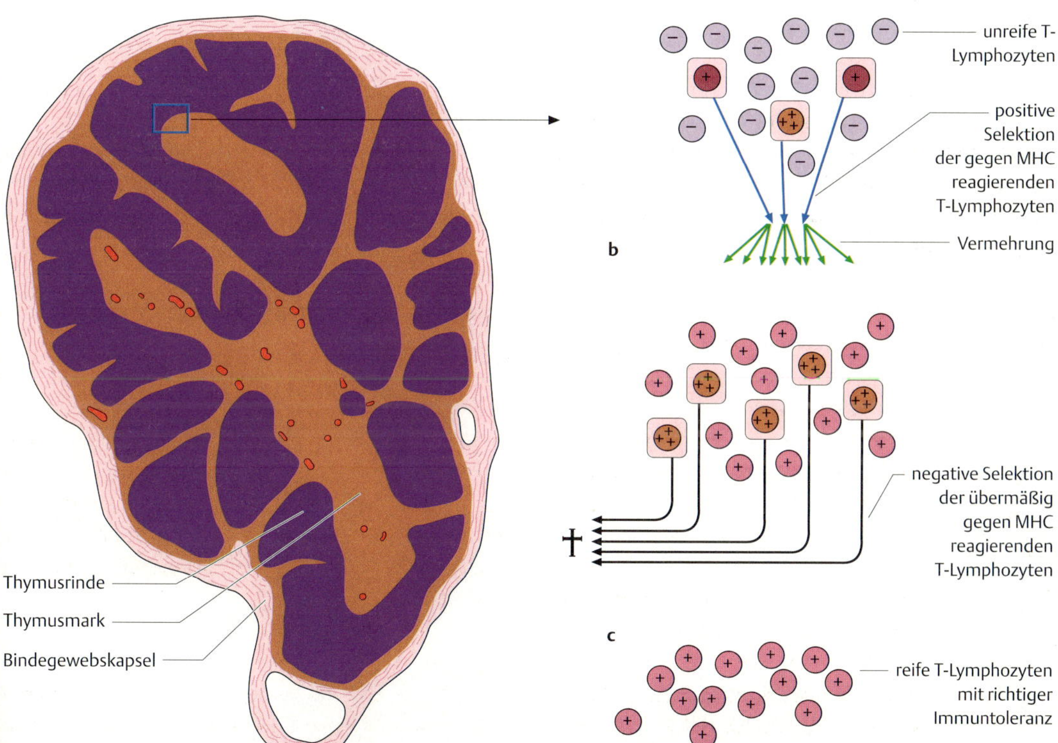

Abb. 10.25a-c Ab den letzten Fetalmonaten wandern T-Lymphozyten aus der Thymusrinde ins Thymusmark (**a**). Solche T-Lymphozyten, die gegen körpereigenes MHC reagieren, werden in ihrer Entwicklung gefördert (**b**). Diejenigen von ihnen, die jedoch zu stark reagieren – also den eigenen Körper angreifen würden –, werden aktiv abgetötet (**c**). Durch diese positive und negative Selektion bleiben im Thymusmark mittelgradig aggressive T-Lymphozyten zurück, die ihre Polizeiaufgaben im Immunsystem wahrnehmen können.

Übrig bleibt eine Population von T-Lymphozyten, die weder zu „zahm“ ist, also gar nicht reagiert, noch zu „scharf“, d.h. auch ohne Antigenpräsentation auf MHC-tragende Körperzellen losgeht.

Bei der Wanderung von T-Lymphozyten von der Thymusrinde ins Thymusmark werden diejenigen Zellen herausgefiltert, die eine mittlere Reaktion gegenüber den umgebenden Antigenen zeigen und körpereigene Substanz nicht angreifen. Manchmal ist die Unterscheidung zwischen „fremd“ und „eigen“ auch für das so lernfähige Immunsystem schwierig. Körpereigene Zellen werden dann angegriffen und irrtümlich zerstört; es entsteht eine sog. Autoaggressionskrankheit.

Immunreaktionen

Als Überempfindlichkeitsreaktion bezeichnet man Zustände, die sich dadurch auszeichnen, dass das Immunsystem entweder zu stark oder auf unerwünschte Antigene reagiert ***(Abb. 10.26a-d)***. Im Großen und Ganzen deckt sich der Begriff mit der *Allergie*, ist aber sehr viel allgemeiner, da Allergien nur als Überreaktionen auf körperfremde Antigene (Allergene) definiert sind. Man unterscheidet vier Typen der Immunreaktion:

- die Typ-I-Reaktion (Soforttyp),
- die Typ-II-Reaktion,
- die Typ-III-Reaktion und
- die Typ-IV-Reaktion.

Typ-I-Reaktionen

Typ-I-Reaktionen (Soforttyp, *Anaphylaxie*) kennzeichnen die klassischen Allergien wie Heuschnupfen, allergisches Asthma bronchiale, Neurodermitis u.v.m. Es handelt sich um eine Antigen-Antikörper-Reaktion, in deren Verlauf die Allergene zur Bildung von IgE-Antikörpern führen, die über F_C-Rezeptoren an Mastzellen binden und damit zu einer sofortigen Freisetzung von Entzündungsmediatoren wie Histamin und Heparin führen, die die Gefäße weit stellen.

Typ-II-Reaktionen

Typ-II-Reaktionen *(antikörpervermittelte Zytotoxizität)* umfassen beispielsweise die Reaktion auf die Transfusion von Blut einer falschen Blutgruppe.

Typen der Immunreaktion

Typ I – Anaphylaxie

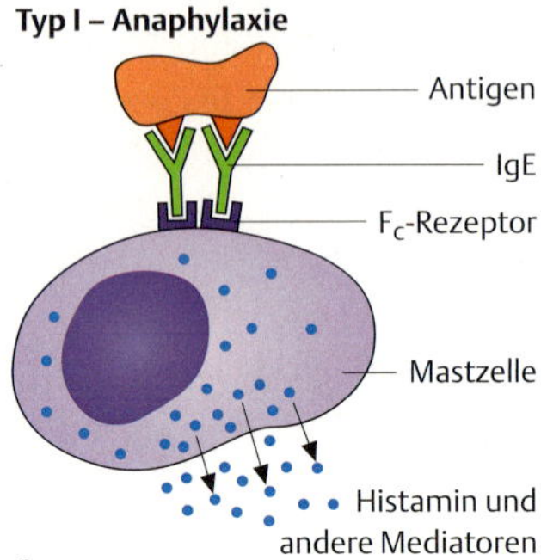

a

Beispiel: Heuschnupfen; allergisches Asthma bronchiale; Neurodermitis

Typ II – zytotoxisch

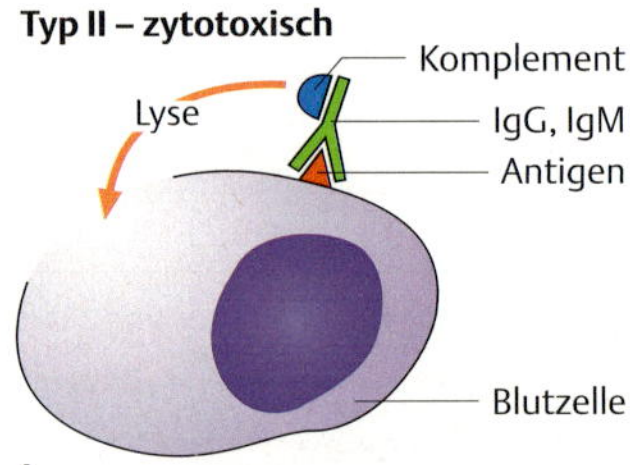

b

Beispiel: Transfusion; Agranulozytose

Typ III – Antigen-Antikörper-Komplex

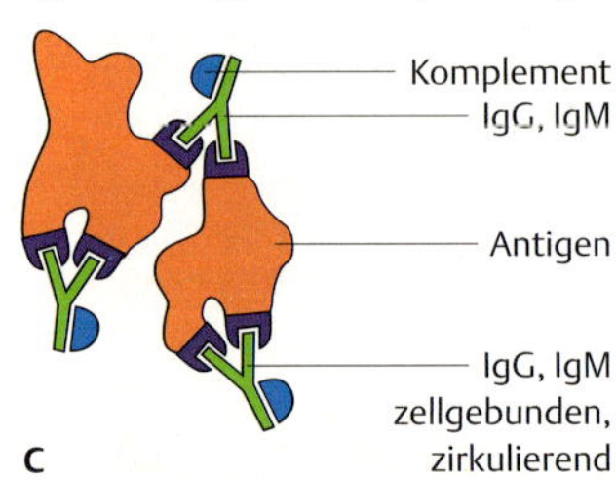

c

Beispiel: systemischer Lupus erythematodes; Alveolitis; Glomerulonephritis

Typ IV – zellulär

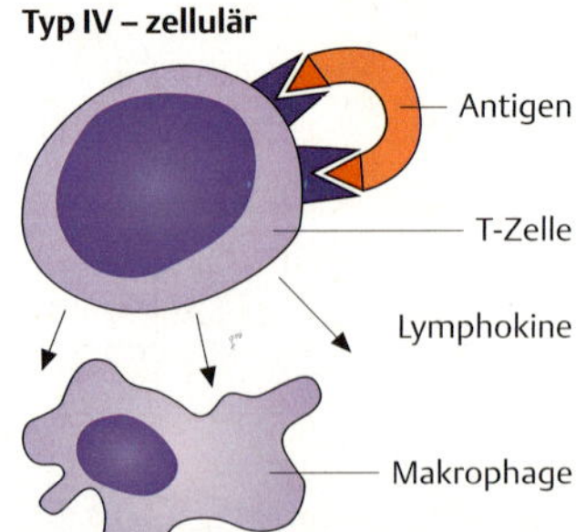

d

Beispiel: Kontaktekzem; Diabetes mellitus Typ I

Abb. 10.26 Zustände, die dadurch gekennzeichnet sind, dass das Immunsystem zu stark oder auf unerwünschte Antigene reagiert, nennt man Immunreaktionen. Es wird zwischen vier Typen der Immunreaktion unterschieden.

Das Besondere ist hier, dass lösliche Antikörper auf der einen Seite mit Zellen auf der anderen Seite reagieren und diese schädigen.

Typ-III-Reaktionen

Typ-III-Reaktionen werden dadurch hervorgerufen, dass sich Antigen-Antikörper-Komplexe in Kapillaren und Basalmembranen niederschlagen und deren Funktion nach und nach beeinträchtigen. Typ-III-Reaktionen treten daher gehäuft bei langwierigen, chronischen Entzündungen, nicht selten nach Autoimmunkrankheiten auf (systemischer Lupus erythematodes, Alveolitis, Glomerulonephritis). Bis zur Entwicklung einer Typ-III-Reaktion bedarf es einer Zeitspanne von Wochen und Monaten.

Typ-IV-Reaktionen

Typ-IV-Reaktionen sind rein zelluläre Prozesse, an denen sich keine Antikörper beteiligen. Das bekannteste Beispiel ist das Kontaktekzem (z. B. gegen Nikkelschmuck). Allerdings wird auch der Diabetes mellitus Typ I (insulinabhängiger Diabetes) durch eine Typ-IV-Reaktion gegen die körpereigenen insulinproduzierenden Zellen des Pankreas hervorgerufen.

10.8 Blutgruppen

Blutgruppenantigene

Wir kommen jetzt zu einer praktischen Anwendung unserer neu erworbenen Kenntnisse des Immunsystems. Sämtliche Blutgruppen entstehen nämlich durch Antigene auf der Oberfläche der roten Blutkörperchen oder im Blutplasma. Im Fall des bekanntesten Systems (AB0 – sprich „A-B-null") handelt es sich um ein membranständiges Eiweiß auf den Erythrozyten und einen daran angekoppelten Kohlenhydratrest, die H-Substanz. Dieses Eiweiß wird, abhängig von den Genen A und B, in verschiedener Weise mit einem weiteren Zuckerrest gekoppelt: Es bilden sich unterschiedliche Glykoproteine, die Blutgruppenantigene A, B und 0.

Gen und Allel

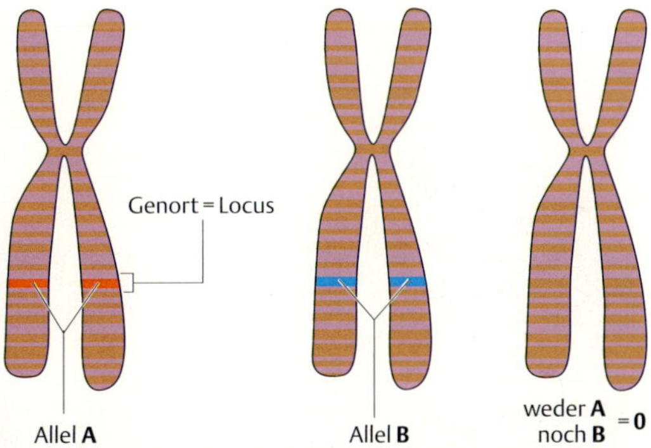

Abb. 10.27 Ein Locus ist der Ort auf einer DNA-Kette, auf dem ein bestimmtes Gen sitzen kann. Die Chromosomen bestehen also aus einer dichten Folge von Loci. Ein Gen ist die Information, die tatsächlich auf einem Locus sitzt (rot = Blutgruppe A, blau = Blutgruppe B). Unterschiedliche Gene, die an ein und demselben Locus sitzen, heißen Allele.

Vererbung der Blutgruppen

Die Blutgruppen folgen wie kaum ein anderes Merkmal strikt den Mendel-Vererbungsregeln. Auf dem für die AB0-Eigenschaft kodierenden Genort *(Locus)* sitzt entweder die Information *(das Gen)* für das Glykoprotein A oder das Glykoprotein B ***(Abb. 10.27)*** oder weder für das eine noch das andere (0). Wenn das Gen an ein und demselben Genort mehrere Ausprägungen annehmen kann, heißen diese Ausprägungen Allele.

AB0- und Rhesus-System

Da wir jeweils zwei Schwesterchromosomen besitzen – eines vom Vater, das andere von der Mutter–, haben wir auch zwei korrespondierende Loci für die Blutgruppeneigenschaften. Hinsichtlich des AB0-Systems mit den 3 Allelen A, B und 0 sind also 6 verschiedene Genotypen möglich: AA, AB, A0, BB, B0 und 00.

Beim Rhesus-System gibt es drei verschiedene Loci mit jeweils nur zwei Möglichkeiten (c oder C, d oder D, e oder E). Praktisch wichtig ist aber meist nur die Eigenschaft D, wobei hierbei der kleine Buch-

Entstehung der Blutgruppen

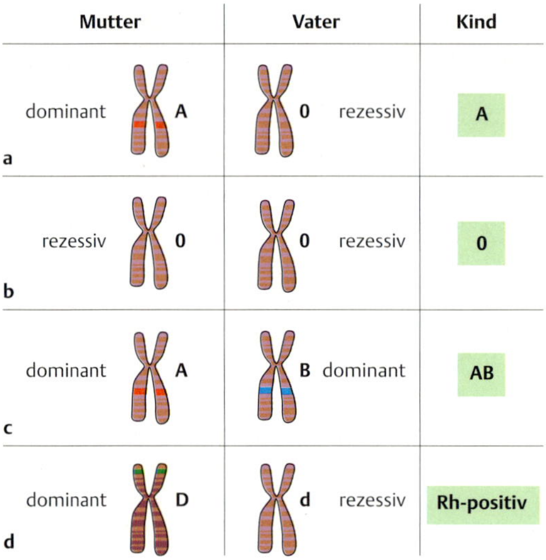

Abb. 10.28 Hat jemand von einem Elternteil das Gen für die Blutgruppe A, vom anderen 0 geerbt (**a**), dann hat er Blutgruppe A (Genotyp A0). A ist also gegen 0 dominant, 0 gegen A umgekehrt rezessiv. Nur wenn weder das Gen für A noch für B vorkommt (**b**), entsteht die Blutgruppe 0. A und B sind gegeneinander kodominant, d. h. kommen beide zur Ausprägung (**c**). Rh^+ ist gegen rh^- dominant, der Genotyp ist im Beispiel (d): Dd.

stabe d für das Fehlen der Eigenschaft D – nicht für eine andere Eigenschaft – steht. Es ergeben sich also die Genotypen dd, Dd und DD.

Dominanz/Rezessivität. Nicht alle Allele kommen tatsächlich zur Ausprägung. So kann es sein, dass das Gen auf dem korrespondierenden Locus allein das sichtbare Erscheinungsbild (Phänotyp) bestimmt. In diesem Fall spricht man von Dominanz bzw. von einem dominanten Gen. Das „unterlegene" Gen ist dagegen rezessiv. Dominant sind im AB0-Systemdie Gene für A und B, im Rhesus-System das Gen für D (Rh-positiv). Dies lässt sich ganz einfach so erklären, dass man mit „0" oder „rh-negativ" lediglich das Fehlen einer immunologisch relevanten genetischen Information auf dem die Blutgruppe kodierenden Genort kennzeichnet.

Kodominanz. Im Falle des Genotyps AB treffen zwei dominante Gene zusammen und beide werden ausgeprägt: Es entsteht die Blutgruppe AB, man spricht hier von einer sog. Kodominanz ***(Abb. 10.28)***. Umgekehrt tritt die Blutgruppe 0 nur bei dem Genotyp 00 auf, da andere Kombinationen zu einer Ausprägung des dominanten Gens führen (Genotyp A0 ergibt den Phänotyp der Blutgruppe A, B0 ergibt B). Ebenso tritt das Blutgruppenmerkmal rh-negativ nur bei dem Genotyp dd in Erscheinung; Dd ergibt genau wie DD das Merkmal Rh-positiv. Dieser einfache Erbgang tritt auch bei den meisten anderen Blutgruppen auf. Durch eine kombinierte Untersuchung mehrerer Dutzend Blutgruppen lassensich sehr detaillierte Rückschlüsse auf die biologische Elternschaft gewinnen. Ein Vaterschaftsnachweisist so mit einer Sicherheit von weit über 99% möglich!

Häufigkeit der Blutgruppen

Die relative Häufigkeit der Blutgruppenmerkmale ***(Abb. 10.29)*** ist von Region zu Region unterschiedlich. In Deutschland finden sich etwa:

- 45% Träger der Blutgruppe A,
- 40% Träger der Blutgruppe 0,
- 10% Träger der Blutgruppe B,
- 5% Träger der Blutgruppe AB.

Unabhängig von der Verteilung der Blutgruppen des AB0-Systems sind:

- 85% Träger des Merkmals Rh-positiv,
- 15% Träger des Merkmals rh-negativ.

Verteilung der Blutgruppen

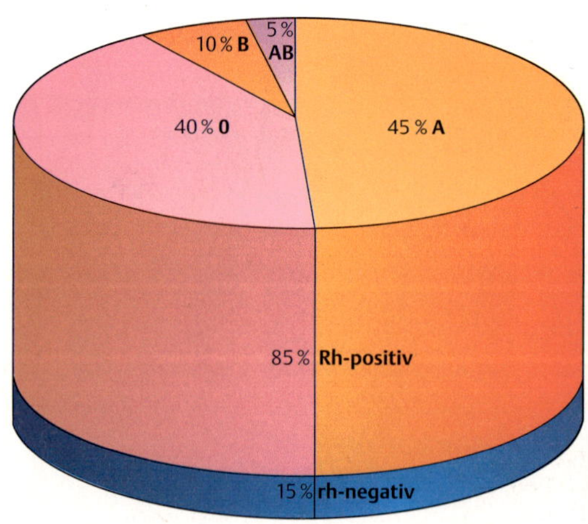

Abb. 10.29 In Mitteleuropa hat die überwiegende Mehrheit entweder Blutgruppe A oder 0. Die Rhesusfaktoren sind unabhängig von der Blutgruppe im AB0-System.

Da beide Merkmale unabhängig voneinander vererbt werden, ergeben sich die prozentualen Verteilungen der Untergruppen durch Multiplikation, d.h. „A Rh-positiv" sind z.B. 45 % × 85 % = 0,45 × 0,85 = 0,3825, also etwa 38 %.

Die seltenste Blutgruppe „AB rh-negativ" besitzen dagegen nur 5 % × 15 % = 0,0075 = 0,75 % aller Deutschen.

Antikörper gegen Blutgruppeneigenschaften

AB0-System

Im Fall der Blutgruppenmerkmale A und B sind – mit Ausnahme der Neugeborenen – große Mengen Antikörper gegen das jeweils nicht vorhandene Merkmal im Blutplasma zu finden ***(Abb. 10.30)***. Sie gehören zur Klasse IgM und lösen daher eine Verklumpung (Agglutination) der Erythrozyten aus, wenn sie mit roten Blutkörperchen der entsprechenden Gruppe zusammengebracht werden (sog. komplette Antikörper).

Eine Person mit der Blutgruppe A hat also Antikörpergegen B, eine Person mit der Blutgruppe B hat Antikörper gegen A, eine Person mit der Blutgruppe 0 hat Antikörper sowohl gegen A als auch gegen B, und eine Person mit der Blutgruppe AB hat weder Antikörper gegen A noch gegen B im Plasma (Landsteiner-Regel).

Rhesussystem

Im Fall der Rhesusfaktoren (D, E, C) besitzen Personen ohne das betreffende Merkmal keine Antikörper gegen dieses Merkmal. Sie bilden diese Antikörper erst nach einer vorausgegangenen Sensibilisierung. Sensibilisierung heißt, dass eine rh-negative Person irgendwann einmal Blutkontakt mit Rh-positiven Erythrozyten gehabt haben muss, die eine Primärantwort ausgelöst haben. Der wichtigste Fall ist die Rhesus-Inkompatibilität zwischen einer rhesus-negativen Mutter und einem Rh-positiven Fetus (s. Kap. 13, S. 444).

Im Blutplasma jedes Menschen befinden sich Antikörper gegen diejenigen Blutgruppenantigene, die dieser Mensch *nicht* auf seinen Erythrozyten hat. Sie reagieren aber mit den Erythrozyten einer fremden Blutgruppe und „agglutinieren" diese zu großen Blutklumpen, die sogar mit bloßem Auge sichtbar sein können.

Blutgruppentests

Test mit Antikörpern

Die kliniküblichen Blutgruppentests werden mit monoklonalen Antikörpern durchgeführt. Zu je einem Tropfen Blut werden Antiseren gegen das Blutgruppenmerkmal A (also Anti-A), B (Anti-B)

Blutgruppen

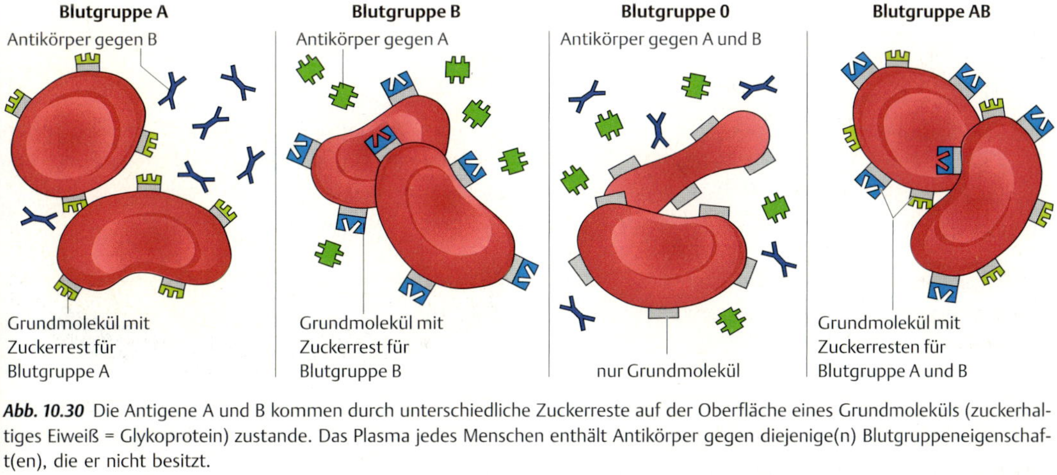

Abb. 10.30 Die Antigene A und B kommen durch unterschiedliche Zuckerreste auf der Oberfläche eines Grundmoleküls (zuckerhaltiges Eiweiß = Glykoprotein) zustande. Das Plasma jedes Menschen enthält Antikörper gegen diejenige(n) Blutgruppeneigenschaft(en), die er nicht besitzt.

Agglutination

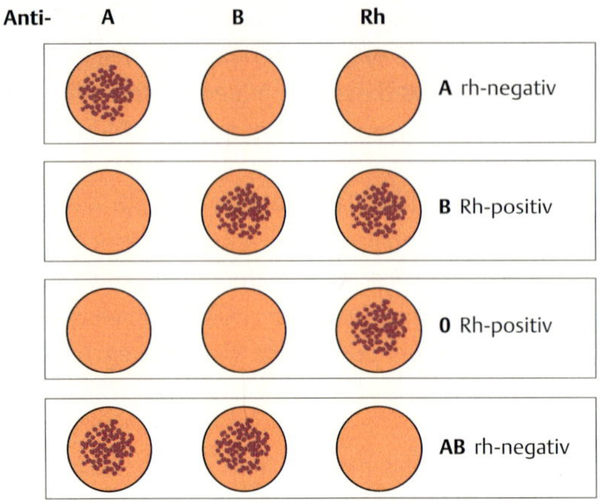

Abb. 10.31 Bei den üblichen Blutgruppentests mischt man je einen Tropfen Blut mit unterschiedlichen Antikörpern. Eine positive Reaktion erkennt man daran, dass das Blut körnig wird, weil die roten Blutkörperchen verklumpen (agglutinieren).

und D (Anti-D) zugegeben ***(Abb. 10.31)***. Der Einfachheit halber sind die Antikörper auf den Testkarten meist bereits vorpipettiert; man muss lediglich je einen Tropfen Blut zumischen. Eine Agglutinationsreaktion macht sich durch eine körnige Verklumpung der Erythrozyten bemerkbar.

Serologische Verträglichkeitsprobe

Dieser Test allein genügt den Sicherheitsanforderungen an eine Blutübertragung (Transfusion) jedoch noch nicht. Vor jeder Transfusion muss eine direkte Probe, die serologische Verträglichkeitsprobe (früher Kreuzprobe), durchgeführt werden, um das Risiko einer Verwechslung minimal zu halten und auch seltene Blutgruppen, die u.U. eine Transfusionsreaktion hervorrufen könnten, zu erfassen.

Diese Probe wird folgendermaßen durchgeführt: Es werden Spendererythrozyten gewaschen (kein Spenderserum mehr vorhanden) und zum Empfängerserum zugegeben. Man testet also die Reaktion der Antikörper des Empfängers auf die roten Blutkörperchen des Spenders.

Die Durchführung der Transfusion muss auch in der Patientenakte vermerkt werden (Zeitpunkt, Menge, Art der Konserve, Quelle). Trotzdem sind biologische Reaktionen auf bestimmte Serumkomponenten nicht auszuschließen. Daher muss jede Transfusion unter ärztlicher Kontrolle durchgeführt werden.

Pflegerische Verantwortung bei der Transfusion. **Das Anlegen einer Transfusion ist eine ärztliche und keine pflegerische Tätigkeit. Der Arzt infundiert zunächst lediglich 10–50ml Blut und beobachtet den Patienten sorgfältig (Bedside-Test). Treten nach etwa fünf Minuten keine Komplikationen auf, kann die Transfusion fortgesetzt werden. Während der gesamten Transfusionsdauer und danach muss der Patient vom Pflegepersonal kontinuierlich überwacht werden (Vitalzeichenkontrolle, Befinden des Patienten). Äußerungen des Patienten sind in jedem Fall ernst zu nehmen. Besonders aufmerksam beobachtet werden müssen Säuglinge, Kleinkinder sowie bewusstlose und verwirrte Menschen. Weil Transfusionsreaktionen lebensbedrohlich sein können, muss bei jeder Auffälligkeit sofort die Transfusion unterbrochen und ein Arzt verständigt werden. Die Vitalzeichen müssen überprüft werden; eventuell sind von der Pflegeperson Notfallmaßnahmen einzuleiten (z.B. Schocklagerung, Sauerstoffgabe). Der Patient darf in dieser Situation nicht allein gelassen werden.**

Zum Bestimmen der Blutgruppe vermischt man je einen Tropfen Blut mit Testantikörpern gegen die Blutgruppen A, B, AB und Rh (positiv). Vor jeder Bluttransfusion müssen außerdem die serologische Verträglichkeitsprobe und der Bedside-Test durchgeführt werden.

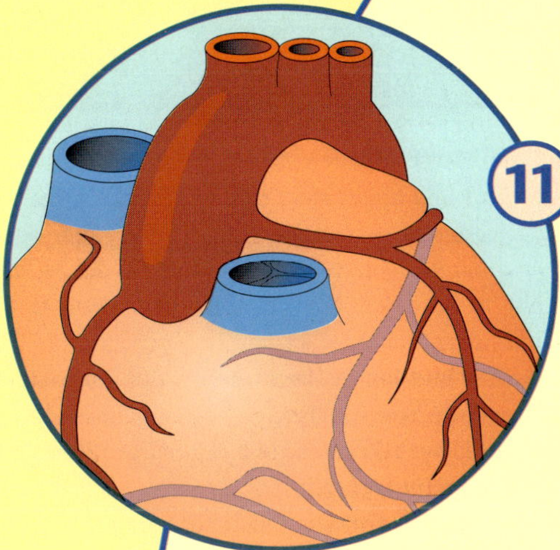

11 BLUT PUMPEN

11.1 Blutkreislauf

Rechtes und linkes Herz

Der Blutkreislauf versorgt die Körperorgane mit Sauerstoff und energiereichen Nährstoffen. Während das Blut durch die Organe strömt, entnehmen diese dem Blut Sauerstoff und reichern es mit dem Abfallprodukt Kohlendioxid (CO_2) an. Die Lunge dient dazu, den verbrauchten Sauerstoff zu ersetzen, das Blut also mit Sauerstoff anzureichern und von Kohlendioxid zu befreien. Danach strömt das oxygenierte Blut erneut in die Organe.

Eine Flüssigkeit, hier als unser Blut, „läuft" natürlich keineswegs von selbst „im Kreis", sondern muss ständig umgepumpt werden. Dies ist die Aufgabe des Herzens. Das Herz als Pumpe könnte im Prinzip irgendwo innerhalb des Kreislaufs liegen ***(Abb. 11.1)***. Tatsächlich haben wir jedoch – rein funktionell gesehen – *zwei Herzen*, die an unterschiedlichen Stellen des Kreislaufs pumpen:

- Das rechte Herz pumpt Blut von den Körperorganen zur Lunge,
- das linke Herz entgegengesetzt von der Lunge zu den Körperorganen.

Rechtes und linkes Herz sind in einem einzigen Organ vereinigt, wobei die „Herzhälften" aber streng voneinander getrennt sind. Innerhalb des Herzens gibt es also keine Verbindung zwischen rechter und linker Hälfte.

Rechtes und linkes Herz trennen den Kreislauf sozusagen in zwei Hälften:

- den *kleinen Kreislauf* mit der Lunge (daher auch *Lungenkreislauf*) und
- den *großen Kreislauf* (auch *Körperkreislauf*).

Das rechte Herz pumpt sauerstoffarmes Blut mit geringem Druck aus den Hohlvenen in die Lunge. Dort reichert es sich mit Sauerstoff an und fließt über die Lungenvenen ins linke Herz. Die linke Herzkammer presst das Blut mit hohem Druck in die Aorta.

Kreislaufmodelle

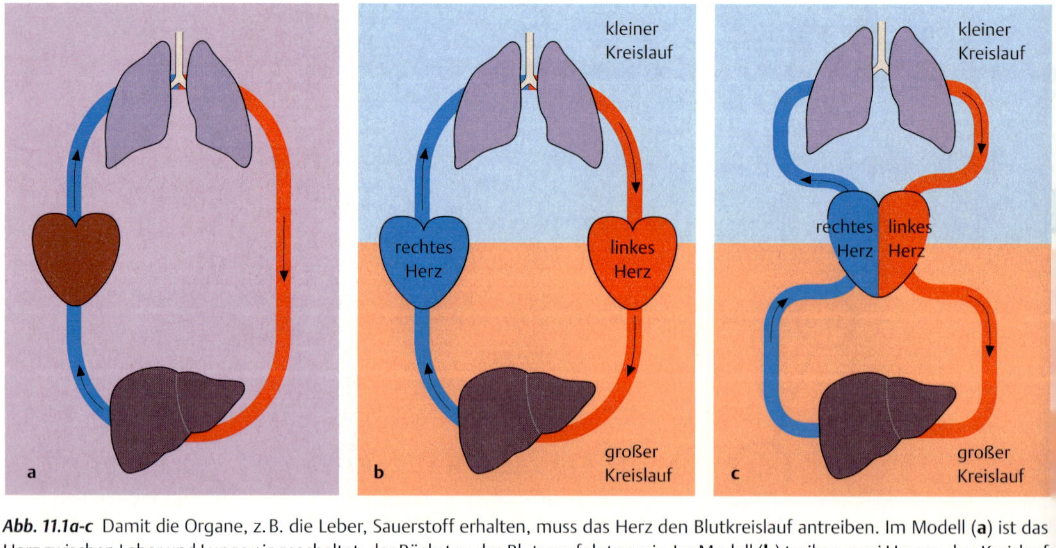

Abb. 11.1a-c Damit die Organe, z. B. die Leber, Sauerstoff erhalten, muss das Herz den Blutkreislauf antreiben. Im Modell (**a**) ist das Herz zwischen Leber und Lunge eingeschaltet, der Rückstau des Blutes erfolgt passiv. Im Modell (**b**) treiben zwei Herzen den Kreislauf an. Sie trennen den kleinen Kreislauf mit der Lunge als zentralem Organ vom großen Kreislauf. In unserem Körper sind beide Herzen zu einem Organ vereinigt (**c**). Das rechte Herz führt Blut zur Lunge, das linke Herz pumpt Blut zu den übrigen Organen.

Arterien und Venen

Arterien

Sämtliche Blutgefäße, die vom Herzen wegführen, heißen Arterien. Arterien können also entweder sauerstoffarmes Blut führen – wenn sie nämlich im kleinen Kreislauf vom rechten Herzen wegführen, oder sie leiten sauerstoffreiches Blut – wenn sie im großen Kreislauf vom linken Herzen wegführen. Da der große Kreislauf entsprechend seinem Namen größer ist als der kleine, enthalten die meisten Arterien also sauerstoffreiches Blut.

Venen

Venen führen zum Herzen hin. Die Venen des großen Kreislaufs enthalten also sauerstoffarmes Blut, während die Venen des kleinen Kreislaufs das in der Lunge mit Sauerstoff angereicherte Blut enthalten.

! Arterien führen immer vom Herzen weg. Sie enthalten *meistens* sauerstoffreiches Blut. Venen führen immer zum Herzen hin. Sie enthalten *meistens* sauerstoffarmes Blut.

Großer Kreislauf

Im Unterschied zu dem einfachen Modell aus Abb. 11.1 gibt es Organe, die oberhalb und solche, die unterhalb des Herzens liegen. Oberhalb liegen beispielsweise Gehirn, Kopf und Hals, unterhalb z.B. alle Organe des Bauchraums. Daher teilt sich der große Kreislauf unmittelbar nach dem linken Herzen in einen oberen Körperkreislauf und einen unteren Körperkreislauf ***(Abb. 11.2)***.

Der große Kreislauf beginnt mit der größten Arterie des Körpers, der gemeinsamen Aorta *(Aorta communis)*. Diese verzweigt sich sehr bald in die großen Blutgefäße für Kopf und Arme einerseits und in

Oberer und unterer Körperkreislauf

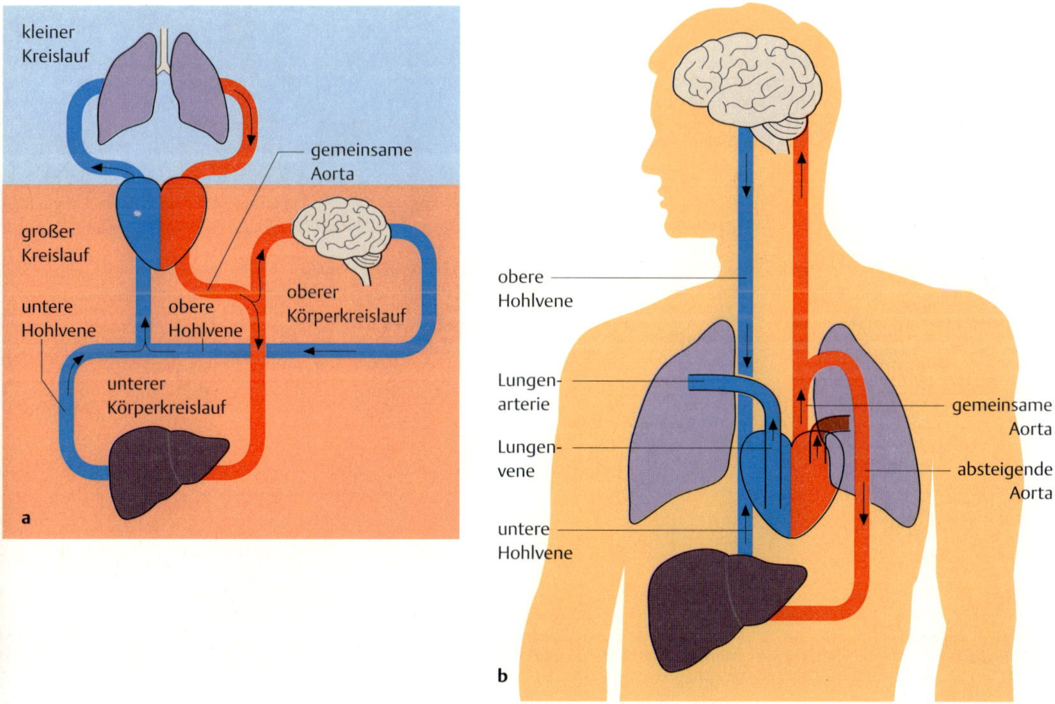

Abb. 11.2a, b Der große Kreislauf beginnt mit der gemeinsamen Aorta (**a**). Sie teilt sich bald nach dem Herzen auf, so dass ein oberer und ein unterer Körperkreislauf entstehen. Beide Körperkreisläufe geben ihr Blut durch die obere bzw. untere Hohlvene ans Herz zurück. Das Schema (**b**) demonstriert die Lage von Herz, Lunge und Leber mit den wichtigsten Blutgefäßen des Körperkreislaufs.

die absteigende Aorta für den unteren Körperkreislauf andererseits. Nachdem die Körperorgane durchblutet worden sind, fließt das sauerstoffarme Blut durch die obere und untere Hohlvene *(V. cava superior und inferior)* zum Herzen zurück. Die absteigende Aorta und die untere Hohlvene liegen – anders als auf dem Schema - unmittelbar nebeneinander.
Da Herz und Lunge unmittelbare Nachbarorgane im Brustkorb sind, besteht der kleine Kreislauf nur aus sehr kurzen Gefäßstummeln, der Lungenarterie *(Truncus pulmonalis, A. pulmonalis)* und insgesamt vier Lungenvenen (*Vv. Pulmonales*, zwei auf jeder Lungenseite).

Hoch- und Niederdrucksystem

Neben den Begriffen „großer und kleiner Kreislauf" bzw. „Lungen- und Körperkreislauf" werden Ihnen in der Klinik mitunter die Bezeichnungen „Hoch- und Niederdrucksystem" begegnen. Die Begriffe sind dabei nicht identisch!

Hoch- und Niederdrucksystem

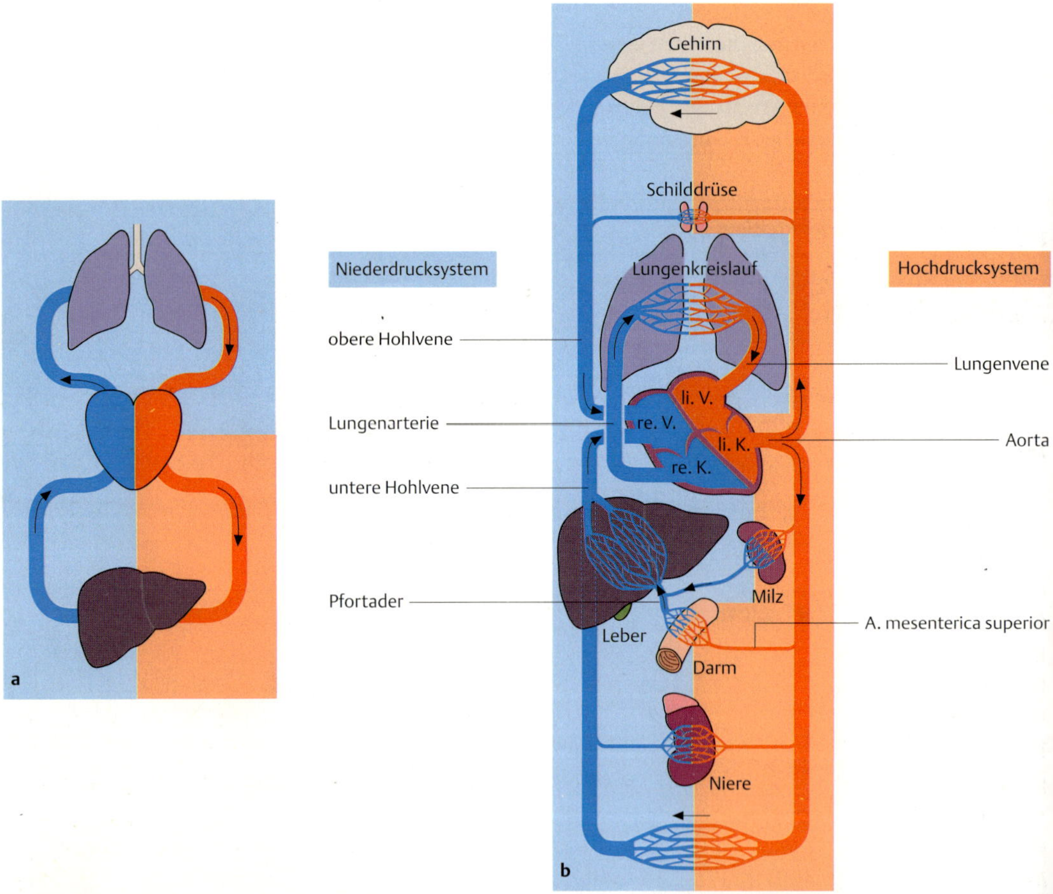

Abb. 11.3a, b Hoch- und Niederdrucksystem sind in Abbildung (**a**) schematisch stark vereinfacht dargestellt. Das Niederdrucksystem umfasst den gesamten kleinen Kreislauf und die Venen des großen Kreislaufs; das Hochdrucksystem besteht nur aus den Arterien des großen Kreislaufs. Abbildung (**b**) zeigt das Hoch- und Niederdrucksystem des Blutkreislaufsystems. Die Anteile des Hochdrucksystems (Arterien) beginnen an der linken Herzkammer und enden mit den Arteriolen, in denen der Druck abfällt. Die Kapillaren und Venen gehören zum Niederdrucksystem, da die Lungenarterie nicht von der linken, sondern der – schwächeren – rechten Herzkammer ausgeht

Hochdrucksystem heißt der Teil des Kreislaufs, in dem ein Blutdruck von mehr als ca. 50 mmHg herrscht (die Definitionen sind unterschiedlich). Das Hochdrucksystem besteht also nur aus den Arterien des großen Kreislaufs ***(Abb. 11.3)***.

Das ***Niederdrucksystem*** umfasst im Prinzip drei Viertel des gesamten Kreislaufs, nämlich den gesamten kleinen Kreislauf und alle Venen des großen Kreislaufs.

Damit in den Arterien des Körperkreislaufs ein höherer Blutdruck als in anderen herrschen kann, muss das linke Herz besonders kräftig entwickelt und die Arterien des Körperkreislaufs besonders widerstandsfähig sein. Diese Anteile des Kreislaufs sind es dann auch, die in der Regel bei Herz- und Gefäßerkrankungen besonders stark betroffen sind.

! Die meisten Arterien gehören dem Hochdrucksystem an, während alle Venen Teile des Niederdrucksystems sind. Die einzigen Arterien des Niederdrucksystems finden sich im kleinen Kreislauf.

11.2 Blutgefäße

Sowohl im großen als auch im kleinen Kreislauf pumpt das Herz Blut durch die Arterien in das Kapillarbett. Dort findet der Gasaustausch zwischen Sauerstoff und Kohlendioxid statt. Anschließend fließt das Blut durch die Venen wieder dem Herzen zu.

Arterien

Aufbau der Arterienwand

Die Wand der meisten Arterien hat von innen nach außen die Schichten Intima, Media und Adventitia.

Intima

An der Innenseite der Arterienwand, an der Grenzfläche zum Blut, liegt das *Endothel* ***(Abb. 11.4)***. Dieses glatte einschichtige Gewebe vermindert die Reibung der Blutströmung und enthält zahlreiche Rezeptoren für Hormone und hormonähnliche Überträgerstoffe. Es produziert außerdem selbst hochwirksame gefäßaktive Substanzen, die direkt auf die Gefäßmuskelwand einwirken.

Das Endothel bildet zusammen mit ein wenig Bindegewebe die innere Schicht, die Intima *(Tunica intima)*. Nach außen zu schließt sich eine Schicht mit elastischen Fasern an, die *(Tunica) Elastica interna* ***(Abb. 11.5)***. Diese grenzt die Intima von der mittleren Schicht, der (Tunica) Media ab.

Media

Die Media *(Tunica media)* von Aorta, Lungenarterien, Halsschlagader und Beckenarterien enthält große Mengen elastischer Fasern. Außerdem sind bei diesen Gefäßen die elastischen Schichten verdickt (Arterien vom elastischen Typ, s. u.). Kleinere Arterien haben in ihrer Media hauptsächlich zirkulär verlaufende Muskelfasern. Die elastischen Schichten sind spärlicher oder fehlen ganz (Arterien vom muskulären Typ). Eine äußere elastische Membran, *(Tunica) Elastica externa*, grenzt die Media von der äußeren Schicht, der (Tunica) Adventitia, ab.

Adventitia

Die Adventitia *(Tunica adventitia)* besteht aus lockerem Bindegewebe und stellt die Verbindung der Arterie zu dem umliegenden Gewebe her. Die Blutversorgung der Arterienwand erfolgt bei kleinen Gefäßen (bis ca. 1 mm Durchmesser) durch Diffusion aus dem durchströmenden Blut, während dickere Arterien spezielle Blutgefäße zur Versorgung der Arterienwand besitzen („private Gefäße“, *Vasa privata*).

Funktion der Arterienwand

Windkessel

Der Begriff „Windkessel“ stammt aus der Dampfmaschinentechnik und bezeichnet eine technische Lö-

Aufbau der Gefäßwand

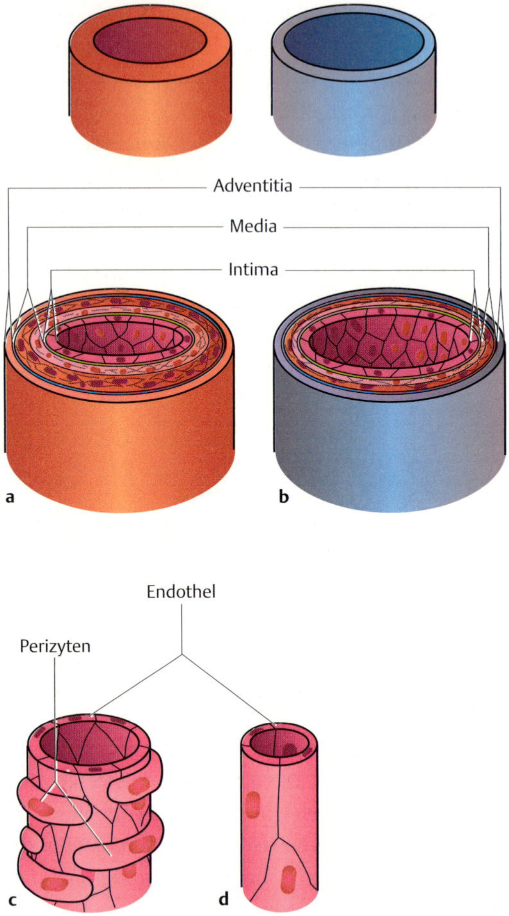

Abb. 11.4a-d Prinzipiell sind Arterien (**a**) und Venen (**b**) gleich aufgebaut: Die Wand beider Gefäßtypen besteht aus drei Schichten. Kapillaren (**c**) haben dagegen nur eine Endothelschicht, die von bindegewebigen Perizyten umgeben ist. Manche Kapillaren (**d**) besitzen nicht einmal Perizyten, sondern bestehen nur aus Endothelzellen.

sung des Problems, den stoßweisen Ausstrom von Flüssigkeit aus einer Pumpe in eine gleichmäßige Strömung umzuwandeln.

Der physiologische Windkessel ***(Abb. 11.6)*** besteht im Ausdehnen bzw. Zusammenschnurren der Wand von Aorta und großen Arterien, also der Arterien vom elastischen Typ. Das Herz wirft das Blut stoßweise aus. Die Windkesselarterien dehnen sich während der Ausstroms von Blut aus und nehmen so einen Teil des Blutvolumens zusätzlich auf. Kommt

Wandschichten einer großen Arterie

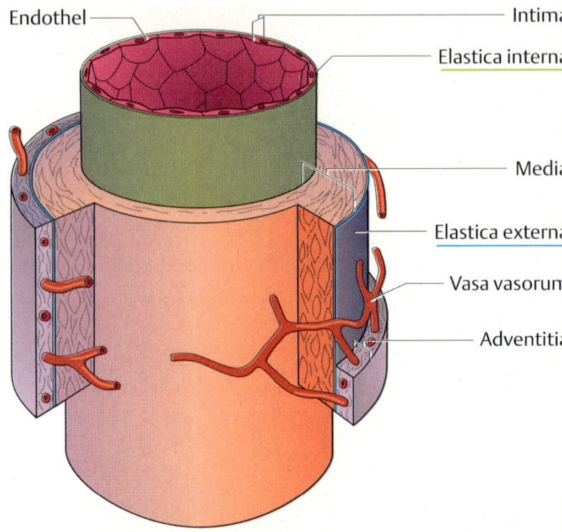

Abb. 11.5 Diese Abbildung zeigt eine mittelgroße Arterie vom muskulären Typ. Zwischen den drei Schichten befinden sich Netzwerke aus elastischen Fasern, die (Tunica) Elastica interna und externa. Eigene Blutgefäße (Vasa vasorum) versorgen die Media und Adventitia mit Sauerstoff.

kein Blut aus dem Herzen mehr nach, dann schnurrt die Arterienwand zusammen und das kurzfristig gespeicherte Blut kann abfließen.

Je elastischer die Arterien sind und je größer ihr Binnenvolumen im Verhältnis zum Schlagvolumen ist, desto gleichmäßiger strömt das Blut in die Peripherie ab. Interessanterweise wird zwar, je weiter das Blut

Windkesselfunktion der Aorta

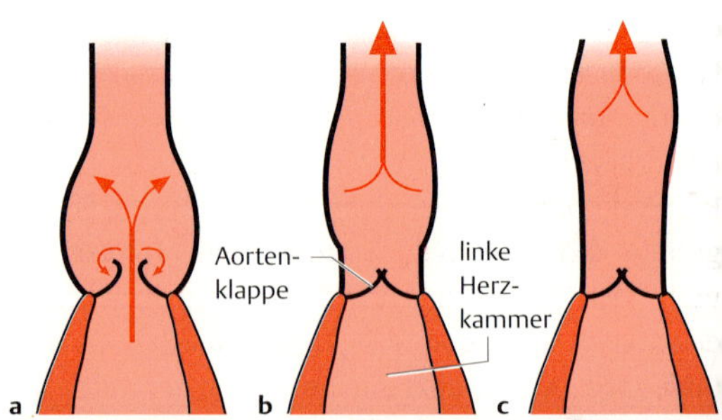

Abb. 11.6a-c Die elastischen Fasern der Aorta erlauben es ihr, während der Austreibungsphase (**a**) einen Teil des Herzschlagvolumens aufzunehmen und in der frühen Diastole – (b) und (c) – verzögert an den großen Kreislauf abzugeben. Dadurch werden Blutdruckspitzen gemildert, und die Blutströmung wird gleichmäßiger.

Blutströmung in der Halsschlagader

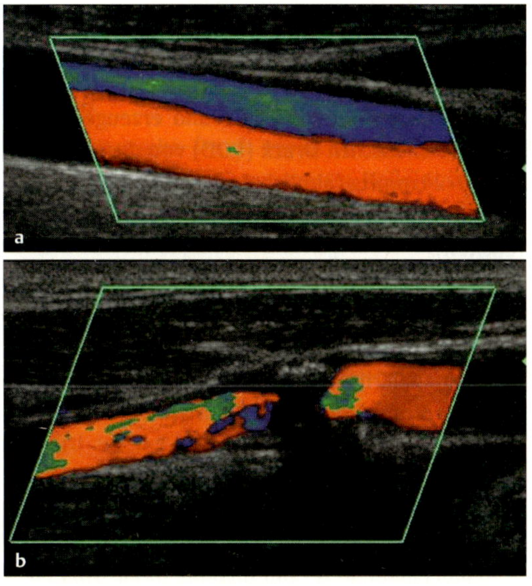

Abb. 11.7a, b Abbildung (**a**) zeigt eine normale Halsschlagader an der Aufzweigung von A. carotis interna und externa in der farbkodierten Duplexsonografie. Die Blutströmung wird nach Flussrichtung und Geschwindigkeit in verschiedenen Farben angegeben. In Abbildung (**b**) ist ein ähnliches Bild bei einem Patienten mit hämodynamisch wirksamer Arteriosklerose zu sehen: Es zeigen sich Verwirbelungen der Blutströmung über einem arteriosklerotischen Plaque.

in die Peripherie gelangt, die Strömung immer gleichmäßiger, trotzdem nimmt die Blutdruckamplitude, also der Unterschied zwischen dem oberen (systolischen) und dem unteren (diastolischen) Blutdruckwert zu.

Im *Alter* und bei Arteriosklerose verhärten sich die elastischen Strukturen der Arterien, der Windkesseleffekt nimmt ab, die Unterschiede in Blutdruck und Blutströmung zwischen Systole und Diastole werden größer ***(Abb. 11.7)***. Dadurch besteht bei einer bereits vorgeschädigten Gefäßwand erst recht die Gefahr der Ruptur, also des Ein- oder Durchreißens der Arterienwände.

Widerstandsfunktion

Die kleinen Arterienäste, besonders aber die mikroskopisch feinen Arteriolen (10–100 m Durchmesser), verursachen mehr als zwei Drittel des peripheren Widerstands. Demnach findet dort der steilste Blutdruckabfall statt: von ca. 120 mmHg im arteriellen Hochdrucksystem auf ca. 30 mmHg im Kapillarbett. Die Muskelschicht der Tunica media reguliert den Widerstand in einer Arterie dadurch, dass sie die Öffnung *(Lumen)* der Arterie erweitert oder verengt: Ein weites Lumen entspricht einem geringen Widerstand, der Arteriendruck sinkt ab. Wird die Arterie verengt, dann erhöht dies den Widerstand, und der Blutdruck in den vorgeschalteten Arterien steigt an.

Sympathikus. Der Widerstand in den Arterien wird hauptsächlich vom vegetativen Nervensystem gesteuert. Die Gefäßwandmuskulatur steht dauernd unter einem gewissen Grund- oder Ruhetonus (*Tonus* = Dauerkontraktion). Dieser aktive Ruhetonus wird durch sympathische Nervenfasern aufrechterhalten. Ein Durchschneiden der betreffenden Nervenfasern bewirkt eine passive Muskelerschlaffung, Widerstandsabnahme und eine bessere Durchblutung. Umgekehrt führt eine Erregung des sympathischen Nervensystems zu einer Spannungszunahme der Gefäßmuskulatur und damit sowohl zur Blutdruckerhöhung als auch zu einer Verminderung der Gewebedurchblutung – man wird „blass vor Schreck".

Sauerstoffmangel zieht eine globale passive Gefäßerweiterung nach sich. Dadurch kann der verbleibende Blutsauerstoff besser ausgenützt werden. Häufen sich in einzelnen Gefäßgebieten *Abfallstoffe* (CO_2, Säure, Adenosin, auch K^+) an, so führt dies ebenfalls zur Gefäßerweiterung und erleichtert den Abtransport dieses „Mülls".

Hormone können Widerstandsgefäße ebenfalls verengen (Katecholamine, Angiotensin, Serotonin, F-Prostaglandine usw.) oder erweitern (Acetylcholin, NO, Bradykinin, Prostaglandine).

Große Arterien dämpfen wegen ihrer elastischen Wand die Blutdruckschwankungen zwischen Systole und Diastole. Sie machen den Blutfluss gleichmäßiger. Kleine Arterien wirken wegen ihrer stark variablen Muskelwand wie ein Widerstandsventil. Sie regulieren insgesamt den Blutdruck und für sich allein die Durchblutung einzelner Organe.

- die *Kapillaren auch für Eiweiß durchlässig werden* (Entzündungen, Immunprozesse). Bei Entzündungen ist die erhöhte Durchlässigkeit der Kapillaren erwünscht, damit Leukozyten aus dem Blut ins Gewebe auswandern und den Entzündungsherd bekämpfen können;
- der *Lymphabfluss stockt* (Tumorerkrankungen, Verwachsungen nach ausgedehnten Operationen). Typisch für Lymphödeme ist die Lokalisation vor dem Abflusshindernis. Generalisierte Lymphödeme sind selten.

Venensystem

Aufbau

Der mikroskopische Aufbau der Venen ist im Wesentlichen mit der Schichtung der Arterienwand identisch. Das venöse System beginnt mit den *Venulen* (Venolen) am Ende des Kapillarbetts. Diese kleinen (50–100 μm Durchmesser) Gefäße bestehen nur aus Endothel und etwas Adventitia, haben also noch keine Muskulatur. Diese entwickelt sich erst in den etwas größeren Venen, die manchmal auch noch zu den Venulen gerechnet werden, von ca. 1 mm Querschnitt. Allerdings ist auch in größeren Gefäßen die Venenwand sehr viel dünner als die der Arterien. Das ist zweckmäßig, da in den Venen meist ein deutlich niedrigerer Blutdruck herrscht als in den Arterien.

Speicherfunktion

Wegen ihrer großen Querschnittsfläche und der dünnen Wand können Venen auch große Mengen an Blut speichern, sie heißen daher auch *Kapazitätsgefäße*. Unter der Bedingung eines ausgeglichenen Flüssigkeitshaushalts befinden sich 60–70% des gesamten Bluts im venösen System des großen Kreislaufs, weitere 5% in den Lungenvenen.
Eine schnelle Wasser- und Salzzufuhr erhöht zunächst das in den Venen gespeicherte Volumen, ohne die Herzfunktion oder den Blutdruck zu beeinträchtigen. Andererseits stellen die Kapazitätsgefäße bei einem rapiden Verlust von Flüssigkeit im Gefäßsystem (Blutung, starkes Schwitzen) Reservewasser zur Verfügung, damit der Druck im Hochdrucksystem (Blutdruck) nicht zusammenbricht. Diese Volumenpufferung ist ein notwendiger Bestandteil unserer Kreislaufregulation.

Blutabnahmen und Infusionen. Die oberflächlichen Venen des Unterhautgewebes begegnen Ihnen täglich als Stellen, an denen Blut abgezapft oder Flüssigkeiten intravenös injiziert oder infundiert werden. Sollten Sie dies selbst tun, empfehlen sich folgende Tipps:

- Beim Aufstauen sollten Sie nicht zu stark anziehen und den Stauschlauch nicht so lange belassen, bis sich die Extremität verfärbt. Handrückenvenen lassen sich z. B. durch einen 10 Sekunden langen Griff an den Oberarm problem- und schmerzlos aufstauen;
- vor dem Einstich sollte das Desinfektionsmittel eine Minute Zeit zum Einwirken haben. Sie sprühen also, *bevor* Sie den Stauschlauch anlegen;
- beim Einstechen müssen Sie die Kanülenöffnung so drehen, dass die Spitze unten und die Öffnung oben ist, Sie also in die Öffnung hineinsehen. Gehen Sie zunächst relativ steil durch die Haut. So-

bald Sie einen Widerstand überwunden haben (vordere Venenwand), ziehen Sie die Kanüle mitsamt der Haut leicht zurück und werden flacher. Erst dann sollten Sie weiter vorschieben;

- üben Sie beim Blutabnehmen nicht zu viel Sog aus. Sie saugen sonst die Venenwand in die Kanüle, so dass diese verstopft. Dies ist schmerzhaft und verzögert die Blutgewinnung. Außerdem verfälschen Sie eventuell durch eine Zerstörung von roten Blutkörperchen die Messwerte im Blutserum;
- zerstechen Sie Ihre Patienten nicht! Wenn Sie beim zweiten Versuch kein Glück hatten, überlassen Sie die Blutabnahme einem/r erfahrene/n Kollegen/in. Das ist keine Schande! Ich habe auch nach zehnjähriger täglicher Praxis in schwierigen Fällen immer noch einen Anästhesisten hinzugezogen.
- Wenn Sie an venösen Zugängen (z. B. venösen Verweilkanülen, Venenkathetern) arbeiten, bedenken Sie bitte immer, dass die Venenwände sehr dünn und empfindlich sind. Unsachgemäße Bewegung oder Fixierung können zu Reizung, Verletzung oder gar Durchstoßung der Venenwand führen. Alle Zuleitungen müssen daher stabil fixiert und verbunden werden. Die Infektion einer Vene verursacht nicht nur starke Schmerzen, sondern kann zu einer allgemeinen Infektion des Patienten führen.

Einfluss der Schwerkraft auf das Venensystem

Da alle Venen zum Niederdrucksystem gehören, ist der venöse Blutdruck schon in Höhe des rechten Herzens etwa plus/minus Null *(venöse Indifferenzebene)*. Während die Venen im Thorax noch durch den Unterdruck im Pleuraraum (s. Kap. 8, S. 247) offen gehalten werden, fallen die Venen der oberen Thoraxhälfte und des Kopfes im Stehen wie ein leerer Feuerwehrschlauch zusammen. Nur bei einem starken Druckanstieg im Thorax (Opernsänger beim hohen „C") füllen sich die Halsvenen und werden deutlich sichtbar. Umgekehrt lastet auf den Venen der Beine die gesamte Blutsäule vom Boden bis zum rechten Vorhof, also je nach Körpergröße 80–120 mmHg!

Die Auswirkungen der Schwerkraft auf die Arterien sind zwar physikalisch dieselben, nur halten diese auf Grund ihrer stärkeren Wand dem zusätzlichen Druck besser stand. Die dünne Venenwand würde für sich alleine jedoch mit dem hydrostatischen Druck nicht fertig werden, die Vene würde sich immer mehr ausdehnen, der Blutfluss käme zum Erliegen.

Venenklappen und Muskelpumpe

Zum Rücktransport venösen Blutes aus den Beinen besitzen die Venen der unteren Körperpartie Venenklappen, die ganz ähnlich wie die Taschenklappen des Herzens aufgebaut sind (s. u.). Die Venenklappen sorgen zusammen mit der rhythmischen Anspannung der Beinmuskulatur beim Gehen (Muskelpumpe, ***Abb. 11.10)*** für eine rhythmische Strömung in Richtung Herz.

Das Prinzip der Muskelpumpe besteht darin, dass die tiefen Beinvenen mitsamt der Muskulatur innerhalb eines nicht dehnbaren Bindegewebsschlauches

Muskelpumpe

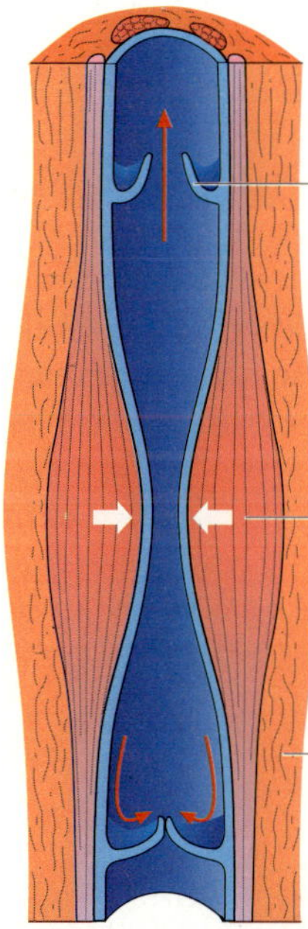

Abb. 11.10 Das Funktionieren einer Muskelpumpe setzt voraus, dass eine Vene innerhalb von Muskelgruppen verläuft, die von einer bindegewebigen Faszie eingehüllt sind. Beim Aktivieren dieser Muskeln werden die Muskelbäuche dicker, das Blut wird aus der Vene ausgequetscht. Venenklappen steuern den Blutstrom nach oben in Richtung Hohlvene.

liegen. Jede Muskelanspannung innerhalb dieses Faszienschlauches komprimiert die Beinvenen und treibt das Blut aus. In der Phase der Muskelerschlaffung können sich die Venen dagegen wieder füllen. Die Venenklappen wirken wie im Herzen als Einwegventile: Die Füllung kann nur von unten erfolgen, die Entleerung nur nach oben. Im Stand ist die Muskelpumpe nicht aktiv, daher versackt Blut in den Beinen.

Im venösen System befindet sich der größte Teil der extrazellulären Flüssigkeit. Venenklappen verhindern, dass sich diese Flüssigkeit in den am tiefsten gelegenen Bereichen des Körpers aufstaut. Die Venen der Beine werden beim Gehen durch die Muskelpumpe nach oben entleert.

Kreislaufkollaps (Ohnmacht). Beim stocksteifen Stehen, wenn also die Muskelpumpe nicht zum Einsatz kommt, versacken erhebliche Mengen Blut in den Beinvenen. Die Situation verschärft sich dann, wenn die Temperatur hoch und die Kleidung unangemessen warm ist (Paradesoldaten im Juli mit Bärenfellmütze). Dieses Blut fehlt dann natürlich an anderer Stelle (zentraler Volumenmangel), das Gehirn leidet an einem akuten Sauerstoffmangel.
Dieser Sauerstoffmangel führt innerhalb weniger Sekunden zur Bewusstlosigkeit, der Betroffene fällt hin. Im Liegen kann nun aber das in den Beinen versackte Blut wieder zurückströmen und die Ursache der Ohnmacht behebt sich von selbst. Da auch die Muskulatur der Venenwand von vegetativen Einflüssen abhängt, sind besonders Jugendliche mit einem sensiblen vegetativen Nervensystem anfällig für diese – vergleichsweise harmlose – Art der Ohnmacht.
Obwohl der vegetative Kreislaufkollaps mit Abstand die häufigste Ursache für eine kurz dauernde Bewusstlosigkeit jüngerer Menschen (Synkope) ist, sollte man jede einzelne Episode zum Anlass einer gründlichen Diagnostik nehmen. Hinter einer plötzlichen Bewusstlosigkeit können sich nämlich auch schwerwiegende Erkrankungen oder lebensgefährliche Stoffwechselzustände verbergen (Unterzucker beim insulinpflichtigen Diabetes mellitus, Epilepsie, Herzrhythmusstörungen usw.).

11.3 Herz

Das Herz *(Cor)* ist im Prinzip nichts anderes als ein ausgehöhlter Muskel, d. h. es besteht aus einem zentralen Blutraum, der von starken Muskelfasern umhüllt wird. Die Herzmuskulatur hat je nach Geschlecht, Alter, Trainingszustand usw. ein Gewicht von ca. 250–400 g.
Das Herz ist in etwa so groß wie die Faust der jeweiligen Person und hat auch ungefähr die selbe Form.

Lage

Herzbasis und Herzspitze

Die Oberseite (Herzbasis, *Basis cordis*) des Herzens, an welcher die großen Gefäße münden bzw. entspringen, hat einen deutlich größeren Umfang als die nach unten links gerichtete Herzspitze *(Apex cordis)*. Die Herzbasis liegt unmittelbar hinter dem Brustbein, während die Herzspitze nach links von der Mittellinie abweicht.

Herzachse

Die anatomische Herzachse verbindet die Mitte der Herzbasis mit der Herzspitze. Sie verläuft diagonal von rechts oben hinten nach links unten vorne (wie die Hand in der rechten Hosentasche). Zusätzlich ist das Herz um diese Achse gedreht, so dass das rechte Herz vorne, das linke Herz hinten zu liegen kommt.
Für Lagebeschreibungen in der Klinik geht man häufig von der nicht zutreffenden Annahme aus, das Herz habe die Form einer auf der Seite liegenden dreiseitigen Pyramide (Tetraeder). Auf diese Weise ergeben sich neben der Herzbasis eine unten liegende Zwerchfellfläche (Facies diaphragmatica), eine Vorderwand und eine Hinterwand ***(Abb. 11.11*** u. ***11.12)***.

Lage des Herzens

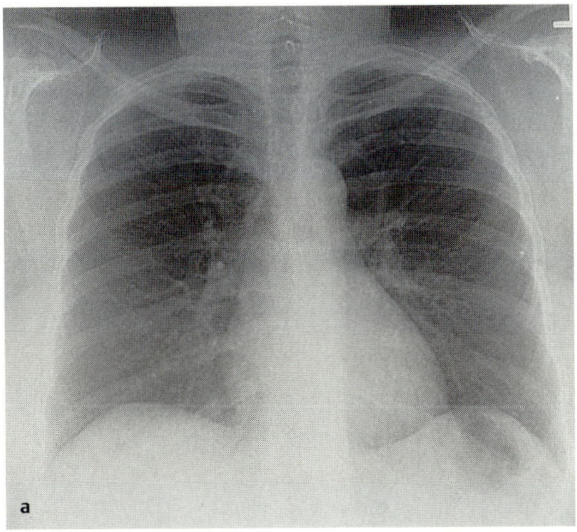

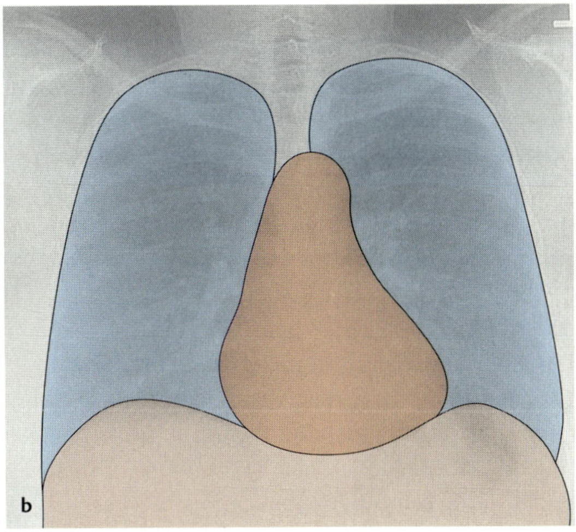

Abb. 11.11a, b In Abbildung (**a**) ist eine Röntgenaufnahme des Thorax zu sehen. Abbildung (**b**) gibt schematisch die Lage des Herzens im Brustraum an. Das Herz liegt zwischen rechter und linker Lunge eingebettet. Es grenzt mit seiner Zwerchfellfläche sowohl an die Leber als auch an den Magen. Die Herzspitze weist nach links unten, die Herzbasis mit den großen Gefäßen liegt genau im Zentrum des Brustraums.

Querschnitt durch den Brustraum

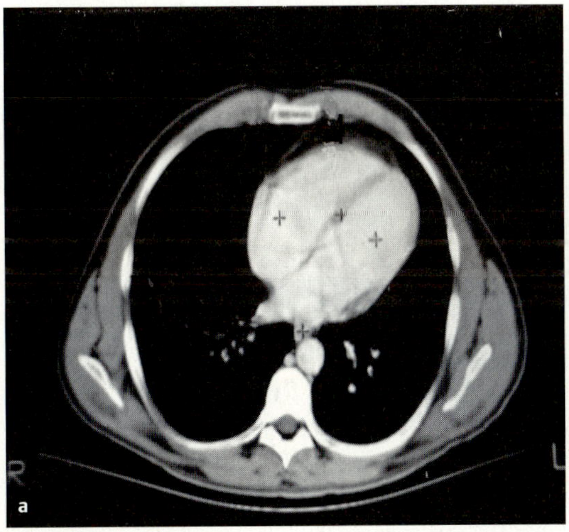

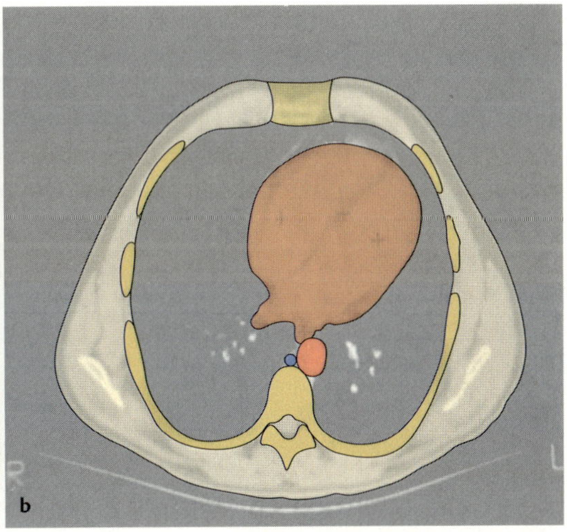

Abb. 11.12a, b Abbildung (**a**) zeigt das MRT des Thorax im Schnitt. In Abbildung (**b**) blicken Sie von unten auf einen Schnitt durch den Brustkorb etwa in Höhe des 5. Brustwirbelkörpers. Beachten Sie, wie weit vorn das Herz liegt. Links wird es nur von einer dünnen Zunge aus Lungengewebe bedeckt. Hinter dem Herzen verlaufen im Mittelfellraum die Speiseröhre und die Aorta.

Aufbau

Herzbeutel

Der größte Teil des Herzens (Herzspitze bis zum Abgang der großen Gefäße) ist vom Herzbeutel *(Perikardhöhle)* eingehüllt ***(Abb. 11.13)***. Der Herzbeutel bildet eine allseits geschlossene seröse Höhle mit normalerweise nicht mehr als 20 ml Flüssigkeit im Binnenraum. Er besteht aus:

- dem *Epikard* (inneres Blatt) und
- dem *Perikard* (äußeres Blatt).

Das Epikard ist fest mit dem Herzen verwachsen und enthält neben kollagenen Fasern reichlich Fettgewebe. Das Perikard liegt der Pleura, dem Zwerchfell und der Speiseröhre an und ist mit diesen Organen durch straffe sehnige Membranen verbunden.
Wie die anderen serösen Höhlen auch (Pleurahöhle, Bauchhöhle, Hoden) dient der Herzbeutel dazu, die Reibung zwischen dem beweglichen Herzen und den mehr oder weniger fixierten Nachbarorganen herabzusetzen. Außerdem überträgt er den Sog des Lungengewebes auf das Herz und sorgt für einen Druckausgleich im gesamten Thoraxraum.

Herzbeuteltamponade. **Unter pathologischen Bedingungen (Blutung, seröser Erguss) steigt das Binnenvolumen des Herzbeutels auf bis zu 500–1000 ml an. Der Druck dieser Flüssigkeit verdrängt das Blutvolumen im Herzen und kann die Herzaktion vollständig ersticken (Herzbeuteltamponade).**

Herzbeutel

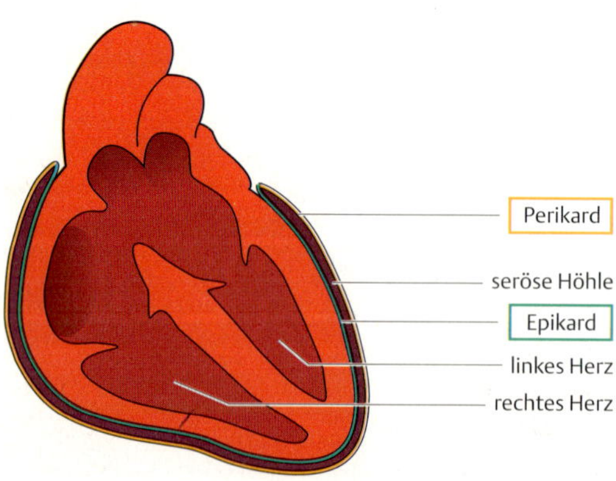

Abb. 11.13 Das Herz gleitet in einer serösen Höhle, die von einer inneren (Epikard) und äußeren (Perikard) Schicht begrenzt wird. Sie erkennen, dass beide Schichten nur durch einen sehr schmalen Spalt voneinander getrennt sind.

Vorhöfe und Kammern

An einem Schnitt durch das Herz ***(Abb. 11.14)*** erkennt man, dass sich linkes und rechtes Herz in je einen Vorhof *(Atrium)* und eine Kammer *(Ventrikel)* unterteilen. In den rechten Herzvorhof mündet das Blut der oberen und unteren Hohlvene *(V. cava superior*

Längsschnitt durch das Herz

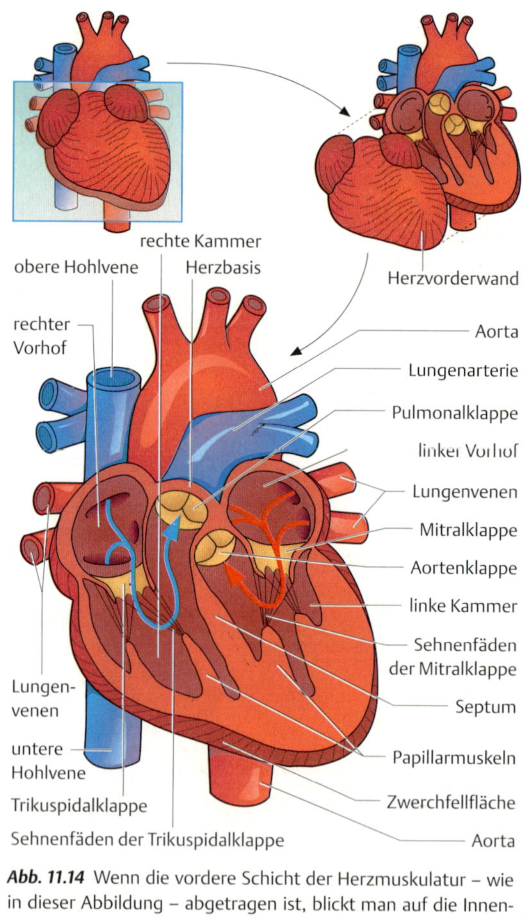

Abb. 11.14 Wenn die vordere Schicht der Herzmuskulatur – wie in dieser Abbildung – abgetragen ist, blickt man auf die Innenräume von rechtem und linkem Herzen, die von einem Septum vollständig getrennt werden. Vorhof und Herzkammer stehen über die Trikuspidal- (rechts) bzw. Mitralklappe (links) miteinander in Verbindung. Im Zentrum des Herzens sehen Sie die - hier geschlossenen - Pulmonal- und Aortenklappen, die eine Verbindung mit der Lungenarterie (rechts) bzw. der Aorta (links) herstellen.

und *V. cava inferior)*, in den linken Herzvorhof das der vier Lungenvenen *(Vv. pulmonales)*.

Die Vorhöfe geben das Blut zwischen den Herzschlägen an die Herzkammern ab. Die Herzkammern leisten also die eigentliche Pumparbeit, während die Vorhöfe hauptsächlich als Zwischenspeicher für Blut aus den großen herznahen Venen dienen. Da linke und rechte Herzkammer einen stark unterschiedlichen Blutdruck erzeugen, sind deren muskuläre Wandungen verschieden dick (links ca. 11 mm, rechts ca. 4 mm).

Septum

Das *Septum* (Herzscheidewand) trennt linkes und rechtes Herz vollständig voneinander. Es ist im Vorhofbereich *(Septum interatriale)* dünn und sehnig, zwischen den Kammern *(Septum interventriculare)* aber außerordentlich muskelstark.

Segelklappen

Vorhof und Kammer werden durch je eine Segelklappe ***(Abb. 11.15)*** voneinander getrennt:

- *Mitralklappe:* Die zweizipflige Mitralklappe (*Valva mitralis* oder *bicuspidalis*, linke AV-Klappe) liegt zwischen dem linken Vorhof und der linken Kammer. Sie besteht aus zwei dünnen, von glattem Endothel überzogenen Einzelsegeln: einem größeren Segel an der Vorderwand und einem kleineren hinteren Segel.
- *Trikuspidalklappe:* Am rechten Herzen liegt die dreizipflige Segelklappe mit je einem vorderen, hinteren und Septumsegel.

Die Segelklappen sind Einwegventile, die einen Blutstrom nur vom Vorhof in die Kammer, nicht jedoch in umgekehrter Richtung zulassen. Sie sind großflächiger und benötigen daher Sehnenfäden *(Chordae tendineae)*, die von ihrem freien Rand in die Herzkammer ragen, um ein „Durchschlagen" der Klappen während der Systole (S. 135) in die Vorhöfe hinein zu verhindern. Die Sehnenfäden sind an der Innenwand der Herzkammern über *Papillarmuskeln* (Mm. papillares, vgl. ***Abb. 11.14***) befestigt, welche die Länge der Sehnenfäden dem Kontraktionszustand der Kammern anpassen können.

Querschnitt durch das Herz

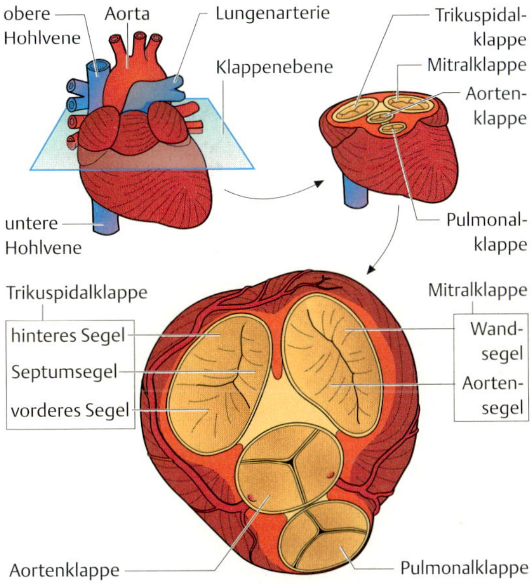

Abb. 11.15 Ein Querschnitt durch die Herzbasis zeigt, dass alle vier Herzklappen in einer Ebene liegen. Sie blicken wieder von oben auf das Herz. Beachten Sie, dass die Trikuspidalklappe drei, die Mitralklappe nur zwei Segel besitzt. Am Beginn der Aorta, nahe der Aortenklappe, erkennt man den Abgang der Herzkranzarterien.

Taschenklappen

Zwei weitere Klappen, sog. Taschenklappen, trennen die linke bzw. rechte Herzkammer von den großen Arterien (Aorta und Truncus pulmonalis). Sie sorgen dafür, dass zwischen den einzelnen Herzschlägen kein Blut aus den Arterien in die Kammern zurückfließen kann. Entsprechend ihrer Abgangsarterie heißt die rechte Taschenklappe Pulmonalklappe *(Valva pulmonalis)*, die linke Aortenklappe *(Valva aortae)*.

Die Taschenklappen bestehen jeweils aus drei identischen Teilen. Jeder Teil sieht aus wie eine in Richtung der Herzkammern gewölbte dreieckige Schale. Die Klappen sind zwischen zwei Herzschlägen, in der *Diastole*, durch den Druckunterschied zwischen Arterien und Herzkammern geschlossen; sie stoßen in Form eines „Mercedessterns" aufeinander. Spannt sich der Herzmuskel an *(Systole)*, so drückt das aus dem Herzen ausströmende Blut die Taschenklappen an die Wand der Arterie; es entsteht eine dreieckige

Mechanik der Taschenklappen

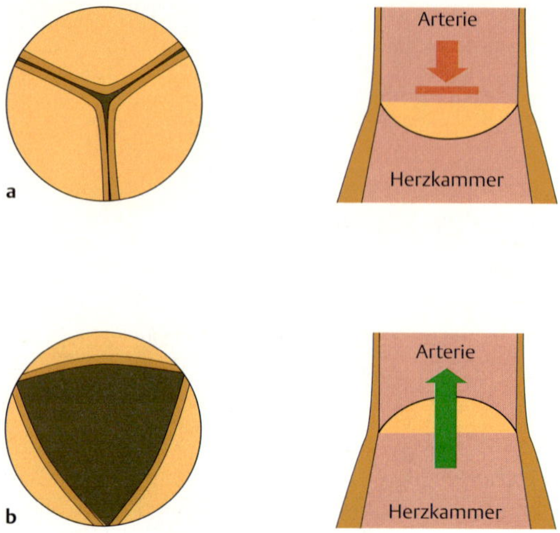

Abb. 11.16a, b Zwischen den Herzschlägen verschließen Taschenklappen die großen Arterien des Herzens (**a**). Der Blutdruck ist dort höher als im Inneren der Herzkammern. Die Klappen verhindern also, dass Blut aus den Arterien in die Herzkammern zurückströmt. Während einer Herzaktion öffnet der Druck in den Herzkammern die Klappen (**b**) und Blut strömt durch die dreieckige Öffnung aus.

Öffnung ***(Abb. 11.16)***. Da die Taschenklappen nur eine relativ kleine Fläche zu verschließen haben, benötigen sie keine Sehnenfäden.

Herzskelett

Vorhöfe und Kammern werden durch sehnige kollagene Bindegewebsplatten (Herzskelett, *Anulus fibrosus*) vollständig voneinander getrennt. Das Herzskelett bietet gleichzeitig allen vier Herzklappen den nötigen Halt. Segel- und Taschenklappen bilden also zusammen mit dem Herzskelett eine gemeinsame Ebene, die *Klappenebene* (Ventilebene) des Herzens (vgl. ***Abb. 11.15 und 11.19***). Diese ist funktionell von Bedeutung, da die mechanische Herzaktion ohne eine systematische Verschiebung der Klappenebene weit weniger effektiv wäre (s. u.).

Herzwand

oWie das gesamte Gefäßsystem, so hat auch das Herz einen dreischichtigen Aufbau ***(Abb. 11.17)***.

Endokard

Das Endokard *(Endocardium)* ist die glatte Innenschicht des Herzens und kleidet den Blutraum vollständig aus. Unterhalb des einschichtigen Endothels finden sich reichlich elastische Fasern. Aus einer besonders kollagenfaserreichen Falte des Endokards bestehen auch die Herzklappen und Sehnenfäden. Die glatte Innenfläche des Endokards ist für eine gute Gleitfähigkeit des Blutes entscheidend. Schon kleine Unebenheiten, z. B. nach einer Entzündung (*Endokarditis*), erhöhen den Strömungswiderstand. Das Blut fließt dann langsamer und es können sich Blutplättchen ablagern – so entstehen *Thromben*. Wenn sich ein Thrombus ablöst und in den allgemeinen Kreislauf gelangt, kann er eine wichtige Arterie – z. B. im Gehirn – verlegen und einen Schlaganfall verursachen *(Embolie)*.

Myokard

Das Myokard (*Myocardium*, der eigentliche Herzmuskel) schließt sich nach außen dem Endokard an. Da das Myokard die eigentliche Herzarbeit verrichten muss, ist es die dickste Schicht der Herzwand. Es besteht aus einkernigen Herzmuskelzellen, die mechanisch und elektrisch miteinander durch Glanzstreifen verbunden sind (s. Kap. 4, S. 82). Im Be-

Feinbau der Herzwand

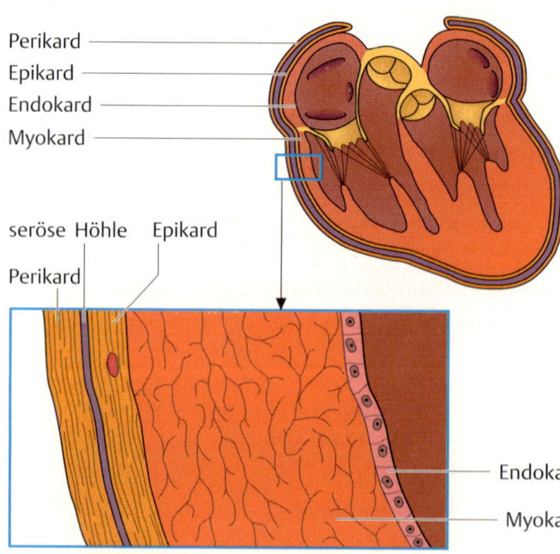

Abb. 11.17 Die Herzwand besteht aus dem dünnen Endokard, einer mächtigen Muskelschicht (Myokard) und Bindegewebe (Epikard). Dieses bildet die innere Schicht des Herzbeutels.

reich der Herzkammern schrauben sich die Muskelfasern in den äußeren Myokardschichten spiralartig von der Herzklappenebene zur Herzspitze hinab, biegen dort um und winden sich innen wieder in Richtung Herzbasis zurück. Dadurch stehen die Muskelfasern der äußeren und inneren Myokardschicht häufig zueinander senkrecht.

Epikard

Das Epikard *(Epicardium)* sorgt für eine gute Verschieblichkeit des Herzens mit der Umgebung. Es stellt gleichzeitig die äußerste Schicht des Herzens und das innere Blatt des Herzbeutels dar.

Das Herz ist ein Muskel, der Vorhöfe und Kammern umschließt. Seine Wand besteht aus drei Schichten, dem Endo-, Myo- und Epikard. Das Herz gleitet bei jedem Schlag innerhalb des Herzbeutels (Perikard).

Herzkranzgefäße

Wegen der Dicke der Herzwand kann das Herz nicht direkt aus dem durchgepumpten Blut versorgt werden – die Diffusionsstrecken wären viel zu lang. Es ist ein eigenes Blutversorgungssystem nötig, die Herzkranzgefäße *(Koronargefäße)*.

Linke Kranzarterie

Vom Anfangsteil der Aorta, unmittelbar auf Höhe der Aortenklappe, gehen zwei Hauptgefäße, die linke und rechte Herzkranzarterie ab ***(Abb. 11.18)***. Die wichtigere linke Kranzarterie (*A. coronaria sinistra*, LCA) gibt nach ihrem ca. 1 cm langen Verlauf (Hauptstamm) entlang der Klappenebene den ***R****amus* ***I****nter-*
V*entricularis* ***A****nterior* (RIVA, Ria, LAD) ab, der vorne zwischen linker und rechter Kammer zur Herzspitze zieht. Nach dieser Verzweigung heißt die Kranzarterie *Ramus circumflexus* (CFX, Rc). Dieser folgt weiterhin der Klappenebene zwischen linkem Vorhof und linker Kammer.

Herzkrankgefäße

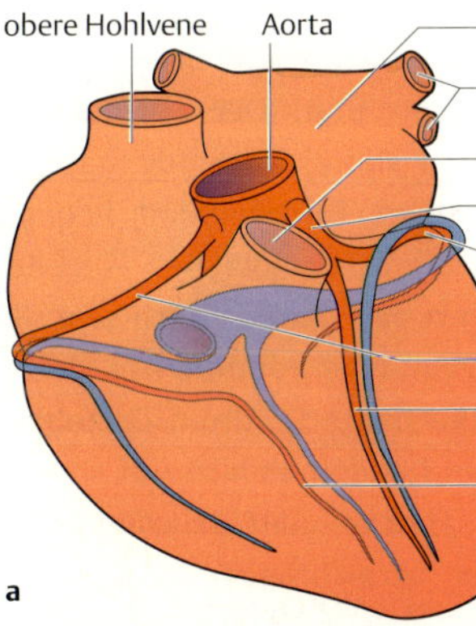

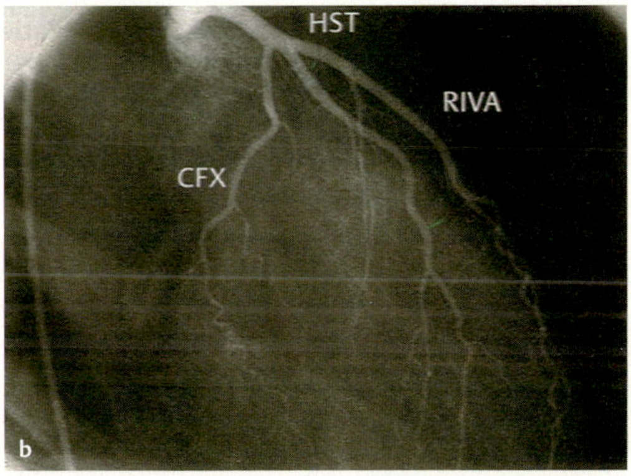

Abb. 11.18a, b In Abbildung (**a**) ist eine schematische Darstellung der Herzkranzgefäße zu sehen, in Abbildung (**b**) eine angiografische Aufnahme des Herzens. Die Aorta gibt zwei Herzkranzarterien ab. Der Hauptstamm der linken Herzkranzarterie (HST) teilt sich in der Regel in einen absteigenden Ast (RIVA) und einen Ramus circumflexus (CFX), die rechte endet an der Hinterwand. Beachten Sie, dass die Venen in einer gemeinsamen Endstrecke zusammenlaufen, dem Verlauf der Arterien also nicht folgen.

Rechte Kranzarterie

Die rechte Kranzarterie (*A. coronaria dextra*, RCA) verläuft entlang der Klappenebene rechts um das Herz herum und endet mit ihrem absteigenden Hauptast (*R. interventricularis posterior*, Rip).
Die Anatomie der Herzkranzarterien ist sehr variabel. In einem Drittel der Fälle findet man eine weitere Kranzarterie direkt aus der Aorta oder dem Anfangsteil einer großen Koronararterie.

Versorgungstyp

Klinisch wichtig sind die Varianten des Versorgungstyps der Herzmuskulatur:
Beim ***Normaltyp*** versorgt die linke Kranzarterie Vorderwand, linke Hinterwand und Septum, die rechte die Zwerchfellfläche (rechter Vorhof und Ventrikel) sowie die rechte Hinterwand.
Der ***Rechtstyp*** zeichnet sich durch ein Überwiegen der rechten Kranzarterie aus; die linke Koronararterie speist ausschließlich die Vorderwand.
Umgekehrt überwiegt beim ***Linkstyp*** die Blutversorgung aus der A. coronaria sinistra; die rechte Kranzarterie versorgt nur die Zwerchfellfläche.
Die Herzkranzvenen verlaufen meist parallel zu den jeweiligen Arterien. Sie vereinigen sich zu einem kurzen Venenstamm, der in den rechten Vorhof mündet. Das Herz wird nur in der Diastole – d.h. in der Zeitzwischen den einzelnen Herzschlägen – mit sauerstoffreichem Blut versorgt. Jede Beschleunigung des Herzschlages verkürzt aber die Dauer der Diastole. Dies bedeutet, dass bei schnellerer Herzfrequenz, also gerade dann, wenn das Herz eigentlich besonders viel Sauerstoff benötigt, die Blutversorgung des Herzens besonders schlecht ist – ein prinzipieller „Konstruktionsmangel" der Evolution!

Herzinfarkt. Beim Verschluss einer Herzkranzarterie oder eines größeren Arterienastes wird die von diesem Gefäß versorgte Muskulatur nicht mehr mit Sauerstoff und Nährstoffen versorgt und stirbt ab. Es entsteht ein Herzinfarkt.
Pathophysiologie des Herzinfarkts: Ein Herzinfarkt entsteht fast immer durch ein Blutgerinnsel, das sich entlang einer Schädigung der Wand einer Herzkranzarterie bildet und das Blutgefäß verlegt. Diese Schädigung ist in aller Regel eine Cholesterinablagerung (Plaque), die sich im Rahmen einer Arteriosklerose bildet. Wenn der Plaque unter dem Endothel der Arterie stabil bleibt, verursacht er keine Probleme.
Erst wenn der Plaque „aufbricht", also ein Schaden des Gefäßendothels entsteht, lagern sich Blutplättchen entlang des Plaque an und bilden die Grundlage für ein Blutgerinnsel; man spricht dann von einem instabilen Plaque. Herzinfarkte entstehen nicht immer nur an Stellen, an denen die Blutgefäße durch arteriosklerotische Plaques schon stark eingeengt sind. Auch an Stellen ohne wesentliche Verminderung des Gefäßdurchmessers können Infarkte auftreten, sofern dort ein instabiler Plaque besteht.
Prophylaxe des Herzinfarkts: Dass Gewichtsreduktion, ausreichende Bewegung und Nichtrauchen das Herzinfarktrisiko senken, dürfte inzwischen hoffentlich jedem geläufig sein. Der Blutdruck sollte gut eingestellt sein, wobei besonders der untere (diastolische) Wert von Bedeutung ist. Ein Blutdruck von 135/75 mmHg sollte unabhängig vom Alter möglichst nicht überschritten werden. Ältere Grenzwerte sind wesentlich laxer (z.B. 160/90 oder „100 plus Lebensalter"), haben sich aber nicht als ausreichend erwiesen. Eine ganz zentrale Bedeutung bei der Entstehung arteriosklerotischer Plaques hat der Cholesterinspiegel im Blut. Der LDL-Spiegel (das „böse Cholesterin") sollte unter 100 mg/100 ml, möglichst sogar unter 80 mg/100ml liegen. Der HDL-Spiegel (das „gute Cholesterin" – siehe Kapitel 3) sollte dagegen ausreichend hoch sein.
Akutes koronares Syndrom: Eine Vorstufe des Herzinfarkts ist das akute koronare Syndrom (instabile Angina pectoris). Dabei handelt es sich um starke Schmerzen im Brust-, Thorax- oder Bauchbereich, die sich kaum von den vernichtenden Schmerzen beim echten Herzinfarkt unterscheiden. Im Gegensatz zum Herzinfarkt geht jedoch beim akuten koronaren Syndrom (noch) kein Herzmuskelgewebe zugrunde. Die Unterscheidung zwischen dem akuten koronaren Syndrom und einem Herzinfarkt ist durch Messen der Enzymwerte möglich. Eine herzmuskelspezifische Unterart der Kreatinkinase (CK-MB) erhöht sich beim Infarkt nach 4–6 Stunden, nicht aber beim akuten koronaren Syndrom. Etwas schneller sind die Marker Troponin I und Troponin T, die bereits vier Stunden nach einem Infarkt positiv sind.

Therapie des Herzinfarkts: Da die Ursache eines Herzinfarkts ein Blutgerinnsel in einer Herzkranzarterie ist, zielt die Akutbehandlung darauf hin, das Blutgerinnsel zu entfernen und die Kranzarterie wieder durchgängig zu machen. Dabei gibt es zwei unterschiedliche Strategien:

1. Lysetherapie: Streptokinase, Urokinase oder TPA (s. Kap. 10, S. 320) werden intravenös infundiert, um Blutgerinnsel überall im Körper aufzulösen. Die Behandlung ist sehr zeitkritisch, weil innerhalb weniger Stunden so viel Herzmuskelgewebe tot sein kann, dass auch eine erfolgreiche Gerinnselauflösung die Folgeschäden nicht mindert. Idealerweise sollte innerhalb der ersten „goldenen Stunde" nach dem Infarkt lysiert werden. Erfolgsaussichten bestehen bis ungefähr 6 Stunden nach dem Ereignis. Die Lysetherapie ist nicht ungefährlich, da sie zu unkontrollierbaren Blutungen in anderen Gefäßgebieten, vor allem einem schweren Schlaganfall, führen kann.
2. Ballondilatation (PTCA = perkutane transluminale coronare Angioplastie): Wie der Name sagt, wird mit Hilfe eines Herzkatheters eine Ballonsonde in das Gebiet mit dem Gerinnsel eingeschoben und aufgeblasen. Dadurch soll das Gerinnsel gelöst und die Arterie wieder durchgängig gemacht werden. In aller Regel wird ein Stent, also eine spiralartige Einlage, in das Blutgefäß implantiert, um einen erneuten Gefäßverschluss zu verhindern.

Akutmaßnahmen beim Herzinfarkt: Ganz zentral ist das Erkennen: Bei plötzlichen starken Herz-, Brust-, Arm- oder Oberbauchschmerzen muss man immer an die Möglichkeit eines Infarkts denken und schnell über einen Notarzt die Diagnostik und ggf. Akuttherapie einleiten.
Als Sofortmaßnahme empfehlen sich in jedem Fall 500 mg Acetylsalicylsäure Aspirin, ASS, o.ä.) als Tablette oder besser Brausepulver. Diese „Wald- und Wiesenmedizin" ist überall zu beschaffen und verbessert die Prognose eines Herzinfarkts um nichtweniger als 20 %! Falls möglich, sollte man den Blutdruck messen und bei ausreichendem Blutdruck mehrere Hübe eines Nitro-Sprays verabreichen, um das Herz kurzfristig zu entlasten.

Versorgungstyp: Welche Folgen ein Herzinfarkt hat, hängt ganz wesentlich vom Versorgungstyp ab. Beim Normaltyp führt der Verschluss des RIVA zum Vorderwandinfarkt, der Verschluss des R. circumflexus zum Hinterwandinfarkt. Da der Sauerstoffbedarf des rechten Herzens wesentlich geringer als der des linken Herzens ist, finden sich seltener Herzinfarkte aufgrund des Verschlusses eines Astes der rechten Kranzarterie. Daher ist prognostisch der Linksversorgungstyp mit einem hohen, der Rechtsversorgungstyp mit einem niedrigeren Risiko schwerer Infarkte behaftet. Kleinere Infarkte, die durch den Verschluss eines Arterienastes entstehen, treten aber auch beim Rechtsversorgungstyp auf.

11.4 Herzaktion

Mechanische Herzaktion

Herzphasen

Um eine Flüssigkeit durch eine Leitung zu pumpen, gibt es zwei grundverschiedene Möglichkeiten: die Kreiselpumpe und die Ventilpumpe. Da die biologische Evolution das Rad und damit auch drehbare Systeme niemals entwickelt hat, muss das Herz eine Ventilpumpe sein. Es funktioniert ähnlich wie ein Blasebalg: Dem Einlassventil entsprechen die Segelklappen, der eigentliche Blasebalg ist die Herzkammer und das Auslassventil wird von den Taschenklappen gebildet.
Im Herzzyklus wechseln sich rhythmisch zwei Phasen ab:

- die Systole (Anspannungs- und Austreibungsphase der Herzkammern) und
- die Diastole (Entspannungs- und Füllungsphase der Herzkammern).

Phasen der Herztätigkeit

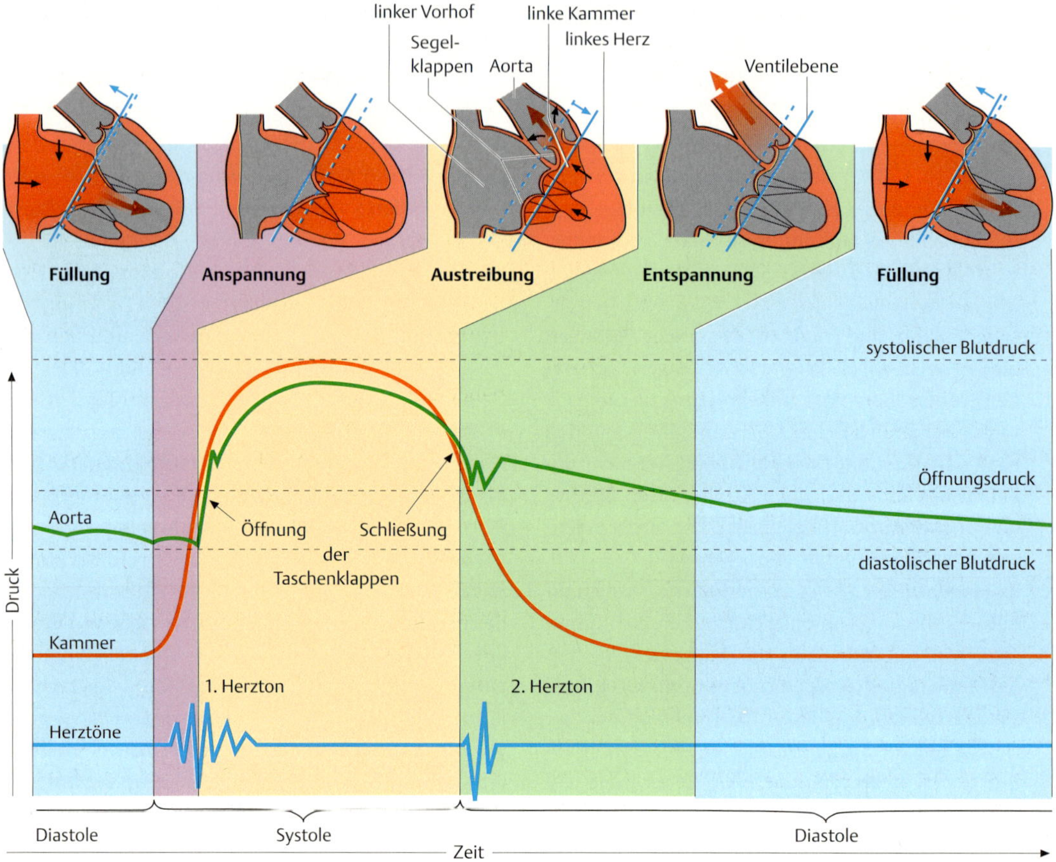

Abb. 11.19 Anspannungs- und Austreibungsphase gehören zur Systole, Entspannungs- und Füllungsphase zur Diastole. Beachten Sie in der oberen Hälfte der Abbildung die Bewegung der Ventilebene in der Austreibungs- und der Füllungsphase. Die untere Hälfte zeigt die Druckverhältnisse in der linken Herzkammer (rot) und in der Aorta (grün) während der Herzaktion. Überschreitet in der Anspannungsphase der Druck in der Herzkammer den in der Aorta (Öffnungsdruck), dann geht die Aortenklappe auf und die Austreibungsphase beginnt. Dieser Zeitpunkt fällt mit dem ersten Herzton zusammen (unterste Spur, blau). Der zweite Herzton entsteht beim Zufallen der Aortenklappe am Ende der Austreibungsphase. Die Phasen des rechten Herzens laufen analog und fast zeitgleich ab.

Die Systole ist die Phase der Muskelanspannung, die Diastole die der Muskelerschlaffung. Hinsichtlich des Kontraktionszustandes der Ventrikelmuskulatur und der Stellung der Herzklappen kann man vier Aktionsphasen des Herzens abgrenzen ***(Abb. 11.19)***:

Anspannungsphase (60 ms)

Die Systole beginnt mit der Anspannungsphase, in der alle Herzklappen geschlossen sind. Zunächst spannt sich die Ventrikelmuskulatur an und übt einen Druck auf das Blutvolumen in der Herzkammer aus. Der Inhalt der Kammern ändert sich dabei nicht, da sich Blut, wie jede Flüssigkeit auch, nicht zusammenpressen lässt. Daher wird die Anspannungsphase auch *isovolumetrische Kontraktion* genannt.

Der Kammerdruck nimmt so lange zu, bis er den Druck in der Aorta bzw. in der Lungenarterie übersteigt. Der rechte Ventrikel hat es dabei deutlich leichter, da er nur den diastolischen Pulmonalarteriendruck von 10 mmHg (Aorta 70–80 mmHg) überwinden muss. Die Anspannungsphase endet daher rechts früher als links.

Zu Beginn der Anspannungsphase machen beide Ventrikel eine Formveränderung durch: Aus der länglichen Gestalt während der Diastole wird eine angenäherte Kugelform. Diese Formveränderung teilt sich der Brustwand als dumpfer Schlag mit und ist als erster Herzton zu hören und über der Herzspitze zu tasten.

Austreibungsphase (200 ms)

Nachdem der Ventrikeldruck die diastolischen Werte in Truncus pulmonalis und Aorta überschritten hat, öffnen sich die Taschenklappen und es beginnt die Austreibungsphase (Auswurfphase), also die eigentliche Bewegung der Blutsäule in die großen Arterien. Die Segelklappen sind wegen des hohen Drucks im Ventrikel weiterhin geschlossen. Trotz des ständigen Auswurfs von Blutvolumen steigt der Druck im Ventrikel während der ersten zwei Drittel der Austreibungsphase weiterhin an und erreicht Spitzenwerte von ca. 130 mmHg (links) bzw. 25 mmHg (rechts).
Normalerweise treiben beide Ventrikel nur knapp die Hälfte ihres Inhalts in die großen Arterien aus; das *Schlagvolumen* beträgt durchschnittlich 70 ml. Es kann bei körperlicher Belastung jedoch deutlich gesteigert werden. Durch den Blutauswurf verkleinert sich natürlich das Ventrikelvolumen. Dies zieht einerseits die Herzspitze geringfügig in Richtung Herzbasis, andererseits senkt sich die Klappenebene spürbar in Richtung Herzspitze. Diese Bewegung dehnt und öffnet die Vorhöfe; venöses Blut wird in rechten und linken Vorhof „eingesaugt" (Ventilebenenmechanismus).

Entspannungsphase (40 ms)

Die Diastole beginnt mit der Entspannungsphase (Erschlaffungsphase): Die Muskulatur der Ventrikelwand verliert ihre Spannung, der Kammerdruck sinkt unter den Blutdruck in der Aorta bzw. den Lungenarterien ab. Nun schließen sich die Taschenklappen wieder (alle Klappen sind zu, daher der Name *isovolumetrische Entspannung*). Das Zuschnappen der Herzklappen verrät sich durch einen hell klingenden zweiten Herzton. Die Ventilebene wandert geringfügig in Richtung Herzbasis, wird aber durch das große Volumen in den Vorhöfen an einer vollständigen Hebung gehindert.

Füllungsphase (variable Dauer)

Ist die Herzmuskulatur vollständig erschlafft, so fällt der Druck in der Herzkammer unter den im Vorhof. Die Segelklappen öffnen sich und es beginnt die Füllungsphase der Kammer, die mit einer erneuten Systole endet.
Da die Vorhöfe aufgrund des Ventilebenenmechanismus prall mit Blut gefüllt sind, findet am Beginn der Füllungsphase ein schneller Einstrom in die Kammern statt, der mit zunehmend ausgeglichenem Druckunterschied allmählich nachlässt. Diese Verhältnisse lassen sich mit der Bewegung des Wasserspiegels in einer Schifffahrtsschleuse vergleichen: Je näher der Wasserspiegel dem Flussniveau kommt, umso langsamer geht das Schleusen.
Am Ende der Füllungsphase kontrahiert sich der Vorhof und trägt so aktiv zur Vergrößerung des Blutvolumens in der Herzkammer bei. Diese aktive Füllung macht jedoch nur knapp 10 % des gesamten Kammervolumens aus; ein isolierter Ausfall der Vorhofmuskulatur (z. B. durch Vorhofflimmern) hat daher weitaus geringere Konsequenzen als das häufig tödlich endende Kammerflimmern.

Das Herz schlägt in einem „Viertaktrhythmus": Die zwei aktiven Phasen (Anspannungs- und Austreibungsphase) bilden die Systole, die zwei passiven Phasen (Entspannungs- und Füllungsphase) die Diastole. Während die Dauer der Systole ungefähr konstant bleibt, variiert die Diastole stark mit Veränderungen der Herzfrequenz.

Anpassung an erhöhte Belastungen

Die Aktin- und Myosinfilamente der Herzmuskulatur überlappen sich in Ruhe so stark, dass sie sich tendenziell gegenseitig behindern. Bei körperlicher Belastung erhöht sich das Volumen in den Ventrikeln, die Muskulatur wird besser vorgedehnt und arbeitet effektiver. Der Internist spricht in diesem Zusammenhang von Vordehnung, Vorlast oder *Preload*. Dadurch erhöhen sich Kraft und Schlagvolumen des Herzens.
Diese autonome Anpassung der Muskulatur nennt man nach ihren Entdeckern Frank-Starling-Mechanismus. Er besitzt eine besonders große Bedeutung bei der Herzinsuffizienz: Ein geschwächter Herz-

muskel neigt stets dazu, ein größeres Volumen anzunehmen („ausgelatschtes Herz"). Dies aktiviert den Frank-Starling-Mechanismus und gleicht die zunehmende Herzschwäche vorübergehend aus.

Herzschrittmacher. Eine der häufigsten Ursachen einer gestörten Herzmechanik ist die Herzrhythmusstörung: Entweder schlägt das Herz zu langsam oder ungleichmäßig oder die einzelnen Teile werden nicht in der korrekten Reihenfolge erregt. Abhilfe schafft dabei die Implantation eines Herzschrittmachers. Folgende Systeme sind derzeit gebräuchlich:

- *frequenzstabile Einkammersysteme* (früherer Standard): Das Gerät gibt in festen, im Vorhinein eingestellten Abständen einen Impuls an die Herzkammer ab;
- *frequenzstabile Zweikammersysteme* (noch gebräuchlich): Eine Elektrode sitzt im Herzvorhof, die andere in der Herzkammer. Die Vorhöfe werden etwas früher erregt als die Kammern, damit eine physiologische Herzaktion nachgeahmt werden kann;
- *frequenzadaptive Systeme:* Im Prinzip sind Herzschrittmacher wünschenswert, die je nach den Anforderungen die Herzfrequenz erhöhen oder erniedrigen. Das Problem ist, wie diese Geräte eine gewünschte körperliche Belastung erkennen sollen. Nachdem eine Temperaturerhöhung als Messgröße sich als nicht sinnvoll erwiesen hat (die Patienten haben beim Sonnenbaden und in der Sauna Herzrasen bekommen), reagieren die meisten derzeitigen Systeme auf äußere Erschütterungen, wie sie beim Laufen auftreten. Die Herzfrequenz wird dann bis auf einen vorher eingestellten Maximalwert (z. B. 120 Schläge pro Minute) erhöht;
- *implantierter Defibrillator:* Bei Patienten, denen ein Kreislaufstillstand durch eine unkontrollierte Herzmuskelaktivität (Kammerflimmern) droht, kann man einen Defibrillator wie einen größeren Herzschrittmacher implantieren. Das Gerät ist dabei EKG, Computer, Monitor, Herzschrittmacher und Defibrillator in einem. Im Notfall gibt der Defibrillator einen starken elektrischen Impuls ab, um die Herzaktion wieder zu synchronisieren. Die Stromstöße müssen dabei so stark sein, dass Patienten dies wie einen Schlag mit einem Vorschlaghammer gegen die Brust erleben und fürchten.

Elektrische Herzaktion

Alles-oder-nichts-Gesetz

Um eine koordinierte Anspannung zu ermöglichen, benötigt jeder Muskel eine elektrische Erregung. Im Fall der Skelettmuskulatur wird diese Erregung vom Nervensystem erzeugt und übertragen. Das Herz dagegen ist *autonom*; die Herzaktion wird vom Nervensystem nur moduliert (z.B. Pulsbeschleunigung bei Erregung), nicht aber erzeugt.
Erzeugt und fortgeleitet wird die Erregung in speziell umgewandelten Herzmuskelzellen, dem *Erregungsleitungssystem* (Reizleitungssystem). Jede Muskelzelle des Erregungsleitungssystems kann der Ursprung einer Erregung und damit einer mechanischen Herzreaktion werden.
Im Gegensatz zu anderen Muskeltypen reagiert das Herz wie eine einzige Zelle, d.h. die Muskelfasern stehen untereinander in elektrischer Verbindung. Eine Erregung kann sich also von Muskelfaser zu Muskelfaser ausbreiten und erfasst stets das ganze Herz, niemals nur Teile davon (Alles-oder-nichts-Gesetz).

Elektrische Erregung

Sinusknoten

Die elektrische Erregung geht in aller Regel vom Sinusknoten aus ***(Abb. 11.20)***. Er wird daher als primärer Schrittmacher bezeichnet. Der Sinusknoten sitzt im oberen Teil des rechten Vorhofes und produziert ohne externe Beeinflussung rhythmische Aktionspotentiale von 60–80 Aktionen pro Minute, den *Sinusrhythmus*.
Das sympathische Nervensystem beschleunigt, der Parasympathikus verlangsamt den Rhythmus des

Erregungsleitungssystem des Herzens

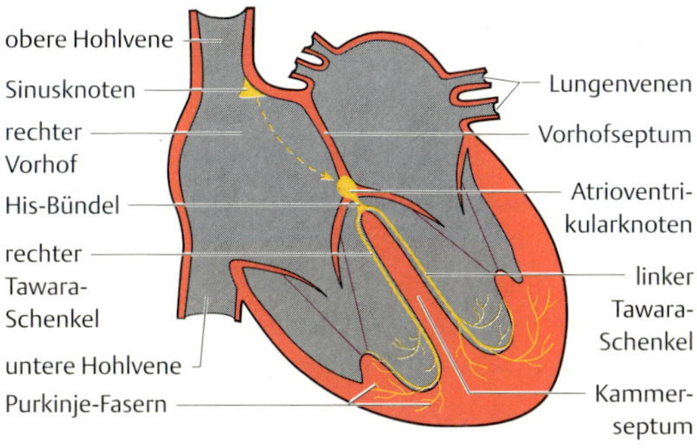

Abb. 11.20 Auf einem Schnitt durch das Septum und die beiden Segelklappen (hier stark schematisiert) erkennt man alle Anteile des Erregungsleitungssystems (gelb). Die Erregung beginnt im Sinusknoten an der Oberseite des rechten Vorhofs.

Sinusknotens. Ähnlich beschleunigend wie der Sympathikus wirken die Stresshormone (vor allem Adrenalin), die Schilddrüsenhormone T3 und T4, eine niedrige Kaliumkonzentration im Serum und eine hohe Körpertemperatur (Fieber).

Rechter Vorhof

Vom Sinusknoten aus läuft die Erregung während der späten Füllungsphase über den *rechten Vorhof* in Richtung Herzspitze. Dies aktiviert die Muskulatur beider Vorhöfe und bewirkt eine aktive Ventrikelfüllung kurz vor der neuen Systole.

AV-Knoten

Wie der Name bereits vermuten lässt, sitzt der atrioventrikuläre Knoten (AV-Knoten) im Bereich des Septums zwischen beiden Vorhöfen und Kammern. Der AV-Knoten wirkt wie ein Zeitzünder, der die Erregungsausbreitung um ca. 40 (20–60) ms verzögert. Diese Verzögerung dient unter anderem dazu, der Vorhofmuskulatur Zeit zur aktiven Füllung des Ventrikels zu lassen. Fällt die normale Erregung des AV-Knotens durch den primären Schrittmacher aus, so kann der AV-Knoten die Funktion des Sinusknotens als Schrittmacher übernehmen. Nach einer unterschiedlich langen Latenzphase (einige Sekunden) springt der AV-Knoten als sekundärer Schrittmacher mit einer Eigenfrequenz von 50 Aktionspotenzialen pro Minute an. Die Vorhöfe werden jetzt allerdings „rückwärts“ *(retrograd)* von unten nach oben erregt und kontrahieren vergeblicherweise genau gleichzeitig mit der Anspannungsphase des Ventrikels.

His-Bündel, Tawara-Schenkel und Purkinje-Fasern

Nach einem kurzen gemeinsamen Verlauf im Kammerseptum (*His-Bündel*) trennen sich die Fasern des Erregungsleitungssystems in einen rechten und zwei linke *Tawara-Schenkel*, welche ebenfalls im Kammerseptum bis zur Herzspitze ziehen. Von dort teilt sich das Erregungsleitungssystem in die *Purkinje-Fasern* auf, die das Kammermyokard direkt erregen. Auch diese tiefen Anteile des Erregungsleitungssystems können zu Schrittmachern werden. Fallen einmal Sinusknoten und AV-Knoten gleichzeitig aus bzw. besteht ein Block im oder unterhalb des AV-Knotens, dann kann auch das übrige Erregungsleitungssystem Schrittmacherfunktion ausüben (tertiärer Schrittmacher, 30 Schläge/min). Diese niedrige Schlagfrequenz erlaubt zwar keine große körperliche Anstrengung mehr, reicht aber durchaus noch zum Überleben aus.

Die elektrische Erregung beginnt im Sinusknoten. Sie breitet sich über die Vorhofwand zum AV-Knoten aus und wird dort verzögert. His-Bündel, Tawara-Schenkel und Purkinje-Fasern leiten die Erregung zu den Zellen des Myokards (Arbeitsmuskulatur).

Elektrokardiogramm (EKG)

Das EKG ***(Abb. 11.21a, b)*** lässt Rückschlüsse auf die elektrische Herzaktion zu. Dabei erzeugt nur die Arbeitsmuskulatur messbare Ströme; die Masse des Erregungsleitungssystems ist viel zu gering, um mit Hilfe von Elektroden auf der Haut abgeleitet zu werden. Ein EKG-Ausschlag kommt dann zu Stande, wenn sich eine elektrische Erregung ausbreitet oder zurückbildet. Eine vollständige Erregung verursacht also genau wie eine fehlende Erregung keine EKG-Zacke! Prinzipiell lassen sich die folgenden Grundmerkmale eines EKG abgrenzen:

- ***P-Welle:*** Erregung der Vorhofmuskulatur. Sie erfolgt am Ende der Füllungsphase in der Diastole, um eine optimale Kammerfüllung zu gewährleisten. Der Beginn der P-Zacke kennzeichnet den

Elektrokardiogramm

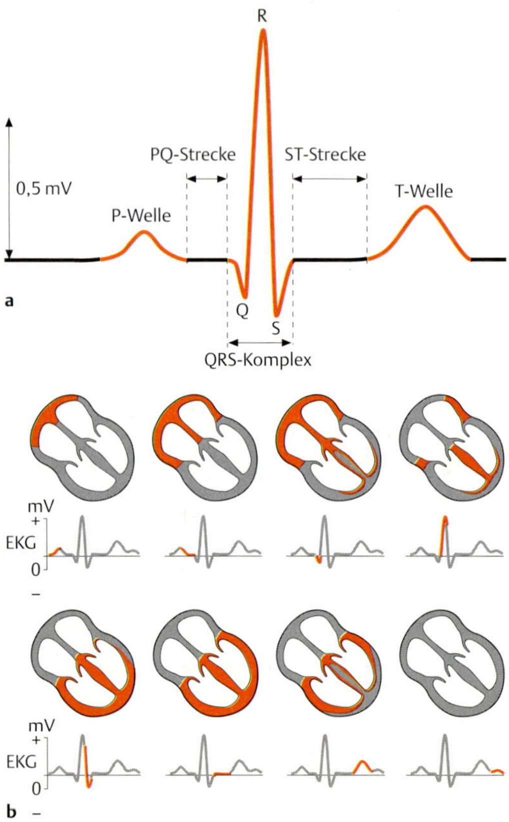

Abb. 11.21a, b Sie sehen ein typisches normales EKG (**a**, AbleitungI) in Ruhe, (**b**) den dazugehörigen Erregungszustand der Herzmuskulatur. Die rot gekennzeichneten Herzmuskelanteile sind erregt, die grauen nicht. Eine positive Zacke kommt immer dann zustande, wenn sich die Erregung in Richtung auf die Herzspitze ausbreitet oder aber sich in Richtung auf die Herzbasis zurückbildet.

Zeitpunkt, an dem der Sinusknoten seine Aktionspotenziale erzeugt.

- ***PQ-Strecke:*** Vollständige Erregung der Vorhofmuskulatur (daher kein Ausschlag: Null-Linie). Die Erregung hat am Ende der P-Welle den AV-Knoten erreicht und wird hier kurzzeitig aufgehalten. Die Länge der PQ-Strecke ist also ein direktes Maß für die Verzögerung im AV-Knoten.
- ***QRS-Komplex:*** Erregung der Kammermuskulatur. Unter den üblichen Ableitungsbedingungen sind Q- und S-Zacken meist negativ und R-Zacken hoch-positiv. Da die Muskelmasse der Kammern deutlich größer als die der Vorhöfe ist, bildet der QRS-Komplex die prominenteste EKG-Zacke. Gleichzeitig bildet sich die Vorhoferregung zurück; dieser Vorgang geht jedoch im QRS-Komplex unter.
- ***ST-Strecke:*** Vollständige Erregung der Kammermuskulatur. Die Länge der ST-Strecke hängt stark von der Herzfrequenz und von Einflüssen des vegetativen Nervensystems ab.
- ***T-Welle:*** Erregungsrückbildung der Kammermuskulatur. Diese erfolgt nicht an allen Stellen gleichzeitig; daher ist die T-Welle breiter und niedriger als der QRS-Komplex.

EKG-Ableitungen (Abb. 11.22 bis 11.25)

Erregungsausbreitung und -rückbildung spielen sich in einem dreidimensionalen Ganzen, eben dem Herzen, ab. Das Ergebnis dieser Vorgänge (der elektrische Herzvektor) stellt sich in ganz unterschiedlicher Weise dar, je nachdem, zwischen welchen Punkten man auf der Körperoberfläche die Spannung misst. Von den Hunderten möglicher Ableitungen haben sich zwölf als die Standardableitungen durchgesetzt.

Extremitätenableitungen (bipolar)

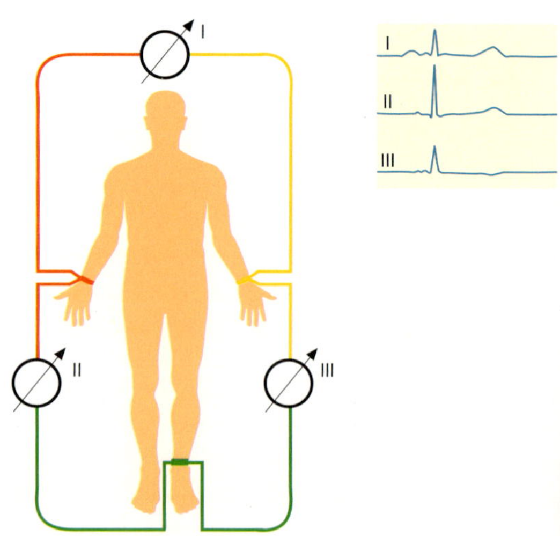

Abb. 11.22 Die normalen Extremitätenableitungen I–III messen die Spannung zwischen je zwei Punkten am Arm oder Bein. Das rechte Bein wird lediglich als Erdung verwendet.

Tab. 11.1. Ableitungspunkte des EKG

Ableitung	Minuspol	Pluspol
I:	rechter Arm	linker Arm
II:	rechter Arm	linkes Bein
III:	linker Arm	linkes Bein
aVL:	rechter Arm + linkes Bein	linker Arm
aVR:	linker Arm + linkes Bein	rechter Arm
aVF:	linker Arm + rechter Arm	linkes Bein
V_1:	linker Arm + rechter Arm + linkes Bein	4. ICR* rechts vom Brustbein
V_2:	wie V_1	4. ICR links vom Brustbein
V_3:	wie V_1	5. Rippe links
V_4:	wie V_1	5. ICR unter der Mitte des Schlüsselbeins
V_5:	wie V_1	in Höhe von V_4 unter vorderer Achselfalte
V_6:	wie V_1	in Höhe von V_4 unter der Achselhöhle

* ICR = Interkostalraum (Raum zwischen benachbarten Rippen)

Extremitätenableitungen (unipolar)

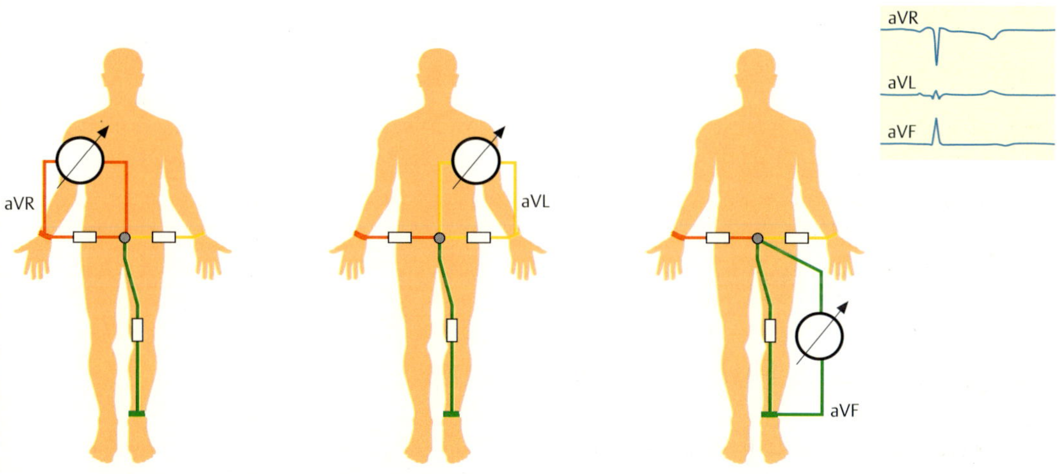

Abb. 11.23 Bei den unipolaren Extremitätenableitungen schaltet man alle drei Ableitungspunkte über Widerstände zusammen. Gegen diesen Punkt misst man nun die Spannung zu einem Arm bzw. dem linken Bein.

Ableitungspunkte des EKG (Brustwandableitungen)

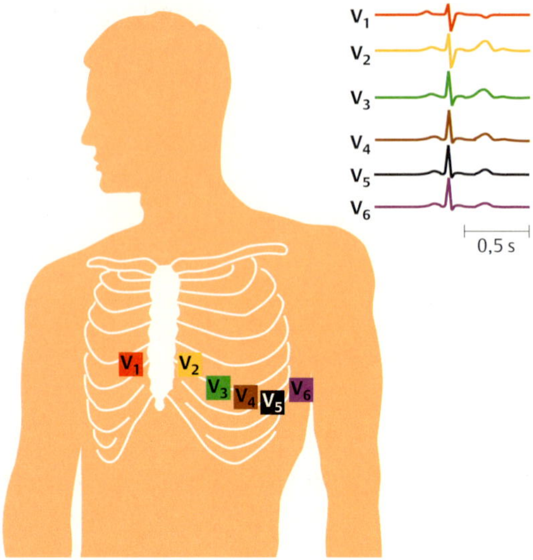

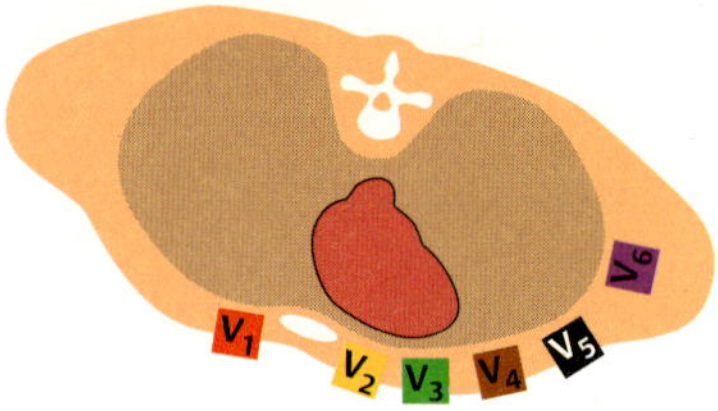

Abb. 11.24 Die normalen Brustwandableitungen V1–V6 sind unipolare Ableitungen. V1 und V2 werden im 4. Zwischenrippenraum unmittelbar rechts und links vom Brustbein aufgesetzt, V3–V6 tiefer und mehr seitlich **(s. Tab.11.1).**

Pathologische EKG

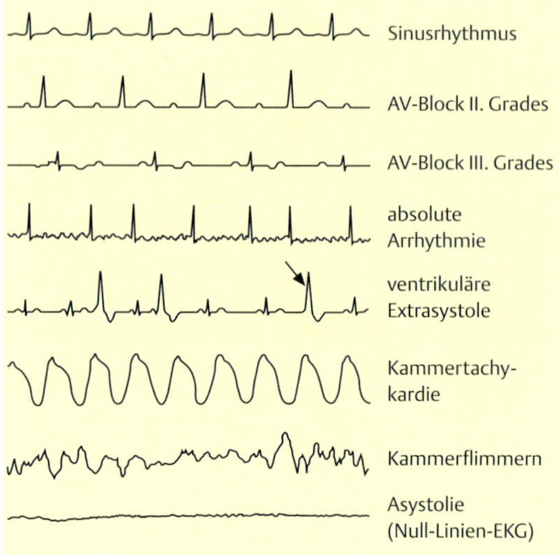

Abb. 11.25

An allen EKG-Geräten sind die Extremitätenableitungen gleich gekennzeichnet. Beachten Sie die „Verkehrsampel"-Regel: Rot = rechter Arm, Gelb = linker Arm, Grün = linkes Bein. Schwarz kennzeichnet die Erdung. Sie wird normalerweise am rechten Bein befestigt.

11.5 Kreislaufgrößen

Messung von Puls und Blutdruck

Puls

Im Prinzip kann jede beliebige einigermaßen oberflächlich gelegene Arterie zur Pulsmessung herangezogen werden. Meistens verwendet man die *A. radialis* (Speichenarterie) oberhalb des Handgelenks ***(Abb. 11.26)***. Für spezielle Fragestellungen werden außer der A. radialis noch folgende Arterien getastet:

- *A. ulnaris:* an der Kleinfingerseite des Handgelenks, gegenüber der A. radialis;
- *A. brachialis:* tief eingebettet an der Innenseite des Oberarms, zwischen den Muskelgruppen der Ellbogenstrecker und -beuger;
- *A. subclavia:* in der Tiefe der Fossa supraclavicularis über dem Schlüsselbein;
- *A. carotis (Halsschlagader):* im Halsdreieck, also dem muskelfreien Bereich am Vorderrand des M. sternocleidomastoideus;
- *A. facialis:* an ihrem Knick am unteren Rand des Unterkieferknochens;

Pulsmessungspunkte

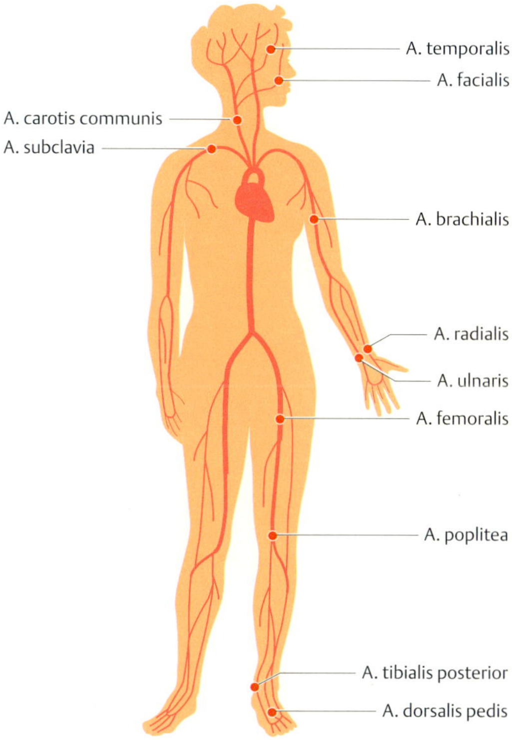

Abb. 11.26 Sie sehen die oberflächlich gelegenen Arterien, die zur Pulsmessung herangezogen werden können. Die A. radialis oberhalb des Handgelenks wird am häufigsten verwendet.

- *A. temporalis (Schläfenarterie):* seitlich über dem Jochbogen;
- *A. femoralis:* unterhalb des Leistenbandes an der Innenseite des Oberschenkels;
- *A. poplitea (Kniearterie):* in der Tiefe der Kniekehle;
- *A. dorsalis pedis (Fußrückenarterie):* über dem 2. oder 3. Mittelfußknochen;
- *A. tibialis posterior:* hinter dem Innenknöchel.

Die Abtastung der Fußpulse *(A. dorsalis pedis* und *A.tibialis posterior)* ist wichtig zur Erkennung von Durchblutungsstörungen der Beine. Bei einem Verdacht auf periphere Durchblutungsstörungen tastet man immer beide Füße gleichzeitig. Bei Durchblutungsstörungen eines Beines fühlt sich der betreffende Fuß kälter an und die Fußpulse sind gegenüber der anderen Seite abgeschwächt bzw. fehlen ganz.

Durch Tasten der Knie- und Beinarterie kann man die Lage der Durchblutungsstörung abschätzen, weil oberhalb einer Engstelle die Pulse gut, unterhalb dagegen nur mehr schwach tastbar sind. Demselben Zweck dient auch die Dopplersonografie, mit der man die Blutströmungsgeschwindigkeit in einem arteriellen Gefäß ermitteln kann (Normwert ca. 70 cm/s). Vor einer Engstelle (*Stenose)* ist die Blutströmung verlangsamt, am Ort der Engstelle beschleunigt („Stromschnelle“) und danach wieder verlangsamt.

Blutdruck

Palpatorische Messung

Im Allgemeinen misst man den Blutdruck unblutig (indirekt). Will man einen nur groben Anhalt über den Blutdruck gewinnen, kann man die palpatorische Methode verwenden: Eine Luftdruckmanschette wird so weit aufgeblasen, bis der Puls in der A. radialis verschwindet. Der Druck in der Manschette ist dann identisch mit dem systolischen Blutdruck. Der diastolische Blutdruck lässt sich so aber nicht bestimmen.

Methode nach Riva-Rocci

Die bekannteste und auch am meisten verwendete Methode nach Riva-Rocci ***(Abb. 11.27)*** nutzt die *A. brachialis* am Oberarm: Am liegenden Patienten wird die Manschette verhältnismäßig schnell so hoch aufgepumpt, dass der Manschettendruck die Arterie vollständig zusammenpresst. Beim langsamen Ablassen werden die *Korotkoff-Geräusche* etwas unterhalb des systolischen Blutdrucks hörbar und verstummen leicht oberhalb des diastolischen Blutdrucks. Korotkoff-Geräusche sind nicht, wie man zunächst vermuten könnte, fortgeleitete Herztöne, sondern Strömungsgeräusche an einem Hindernis, nämlich der teilweise abgedrückten Arterie. Oberhalb des systolischen Drucks ist die Arterie ständig geschlossen, unterhalb des diastolischen ständig geöffnet; in beiden Fällen entstehen keine Korotkoff-Geräusche. Die Abkürzung „RR“ für Blutdruck heißt nichts anderes als Riva-Rocci und sollte daher nur dann verwendet werden, wenn der Blutdruck tatsächlich auf diese Weise gemessen worden ist.

Blutdruckmessung nach Riva-Rocci

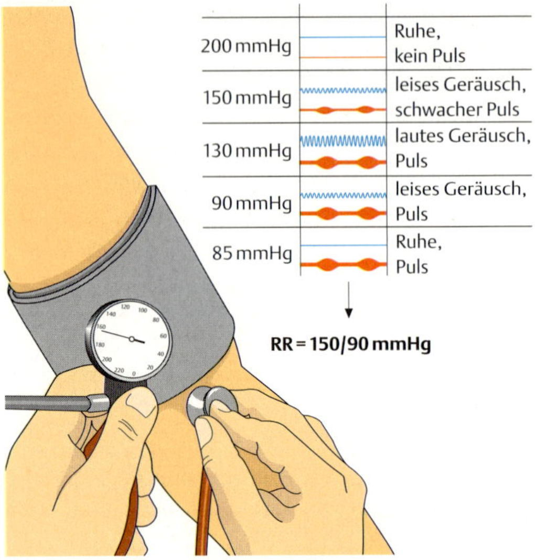

Abb. 11.27 Systolischen und diastolischen Blutdruck bestimmt man, indem das Auftreten und Verschwinden von Strömungsgeräuschen (blaue Kurve) über der Armarterie abgehört wird. Den systolischen Blutdruck kann man auch durch Pulsmessung (rote Kurve) ermitteln. Achten Sie darauf, dass die Blutdruckmanschette knitterfrei anliegt und sich in Höhe des Herzens befindet.

Automatische Blutdruckmessgeräte

Automatische Blutdruckmessgeräte basieren meistens nicht auf Korotkoff-Geräuschen, sondern auf Druckpulsationen in der Manschette selbst (oszillatorisches Prinzip): Oberhalb des systolischen und unterhalb des diastolischen Blutdrucks finden sich keine Pulsationen. Nur im Bereich zwischen systolischem und diastolischem Blutdruck erleidet die Arterie ein rhythmisches Öffnen (während der Systole) und Schließen (während der Diastole), was sich als Druckpulsation der luftgefüllten Manschette mitteilt. Derartige Geräte sind inzwischen auch zur Bestimmung des Blutdrucks am Finger erhältlich. Den so ermittelten Werten ist jedoch nur zu trauen, wenn keine periphere Durchblutungsstörung vorliegt und das Gerät samt Finger peinlich genau in Herzhöhe gehalten wird (Einfluss des hydrostatischen Drucks). Beim Kauf eines automatischen Blutdruckmessgeräts – egal, ob es am Unterarm (oberhalb des Handgelenks) oder am Oberarm angelegt wird – sollte man darauf achten, dass die Manschette möglichst breit ist und sich faltenlos anlegt. Während der Messung muss der Arm so unterstützt werden, dass die Manschette in Herzhöhe zu liegen kommt.

Bestimmung der Pulswellengeschwindigkeit

Relativ unzuverlässig ist die Bestimmung des Blutdrucks anhand der Pulswellengeschwindigkeit mit Abnehmern für EKG und Puls (Fotozelle) an der Fingerbeere. Solche Geräte sind z. B. in Form recht preiswerter digitaler Armbanduhren auf dem Markt. Die Pulswelle läuft um so schneller über eine Arterie hinweg, je höher der Blutdruck ansteigt (Richtwert ca. 10 m/s). Allerdings geht in die Berechnung der Pulswellengeschwindigkeit auch die individuell unterschiedliche Steifigkeit (Elastizität) der Arterien und die Länge des Armes mit ein, so dass eine Eichung mit anderen Methoden erforderlich ist.

Die unblutige Messung des Blutdrucks wertet Strömungsgeräusche an den Gefäßwänden aus, die entstehen, wenn eine Arterie teilweise von außen komprimiert wird. Ist die Arterie voll geöffnet oder ganz abgedrückt, entsteht kein Geräusch.

Kreislaufregulation

Blutdruck als Regelgröße

Trotz der im täglichen Leben sehr unterschiedlichen Anforderungen an den Kreislauf (Ruhe, Liegen, Stehen, körperliche Arbeit) soll der Blutdruck in engen Grenzen konstant gehalten werden, damit alle Organe – besonders das Gehirn – ausreichend mit Sauerstoff und Energie versorgt sind.
Dem Organismus stehen für die Blutdruckregulation drei verschiedene Angriffspunkte zur Verfügung: die Herztätigkeit, der Widerstand des Gefäßsystems und das Blutvolumen.

Herzfrequenz und Schlagvolumen

(***Abb. 11.28 bis 11.30***). Bei einem durchschnittlichen Schlagvolumen des Herzens von ca. 70 ml und einer Herzfrequenz von 70/min pumpt das Herz jede Minute 4,9 l durch den Kreislauf (*Herzzeitvolumen,* HZV). Bei schwerer körperlicher Arbeit oder beim Ausdauersport muss dieser Wert bis über 25 l/min gesteigert werden, um den Sauerstoffbedarf der Muskulatur zu decken. Auf eine verstärkte Kreislauf-

Normalsituation des Blutdrucks

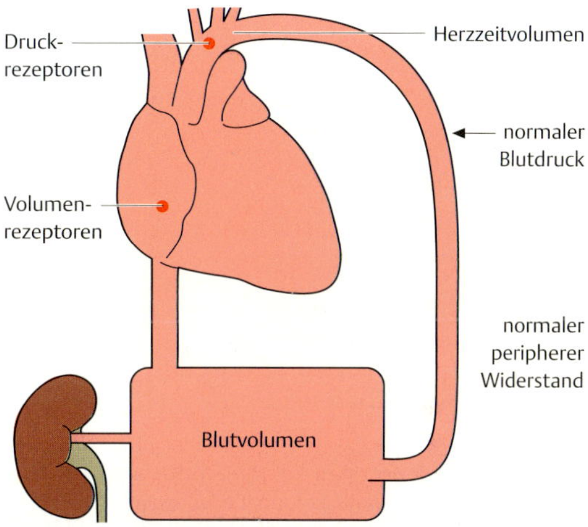

Abb. 11.28 Zwei Einflussgrößen bestimmen den Blutdruck: das Herzzeitvolumen (HZV) und der totale periphere Widerstand (TPR). Die Größe des Blutvolumens wird durch Volumenrezeptoren im rechten Herzvorhof bestimmt und regelt die Flüssigkeitsausscheidung in der Niere. Druckrezeptoren am Aortenbogen messen den Blutdruck und regeln Herzfrequenz, Schlagvolumen und Widerstand in den Arteriolen.

Hoher Blutdruck

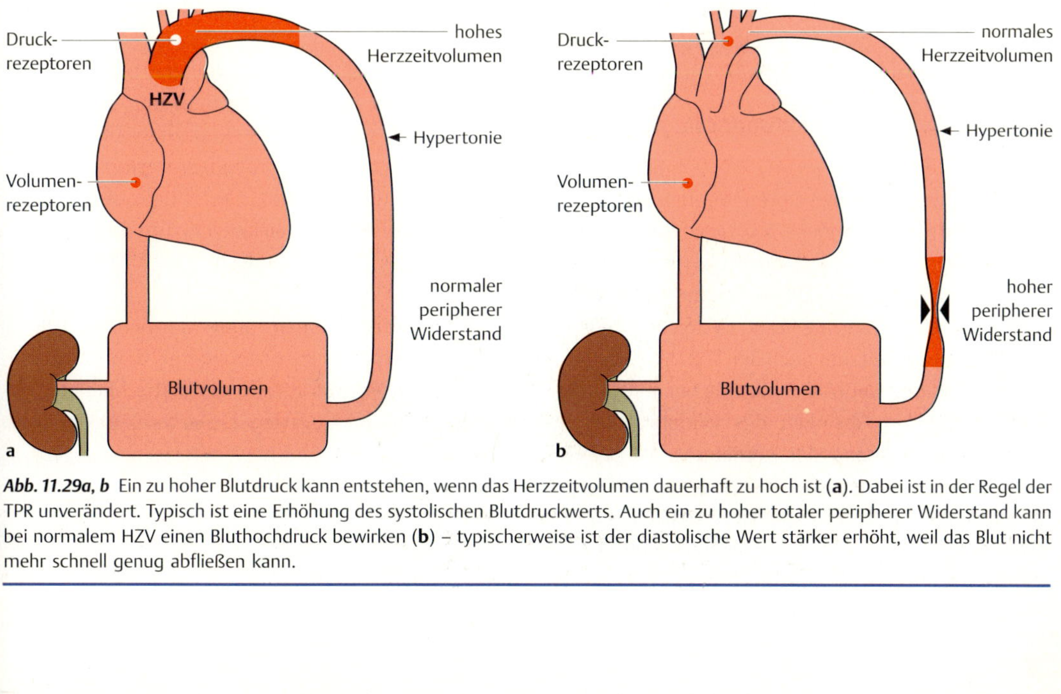

Abb. 11.29a, b Ein zu hoher Blutdruck kann entstehen, wenn das Herzzeitvolumen dauerhaft zu hoch ist (**a**). Dabei ist in der Regel der TPR unverändert. Typisch ist eine Erhöhung des systolischen Blutdruckwerts. Auch ein zu hoher totaler peripherer Widerstand kann bei normalem HZV einen Bluthochdruck bewirken (**b**) – typischerweise ist der diastolische Wert stärker erhöht, weil das Blut nicht mehr schnell genug abfließen kann.

Regulation bei hohem Herzzeitvolumen

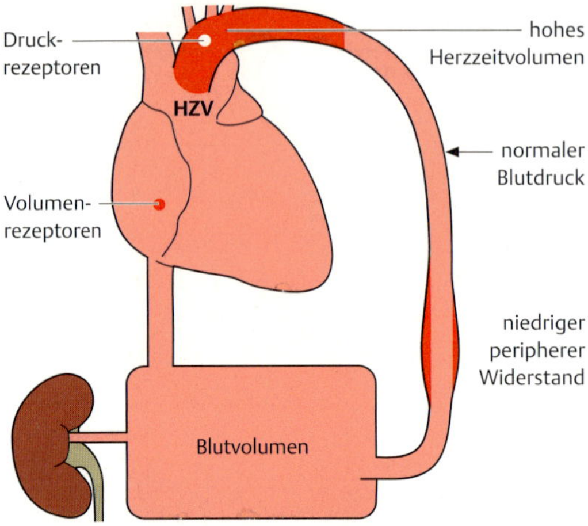

Abb. 11.30 Ein hohes HZV muss nicht unbedingt den Blutdruck erhöhen. Sinkt z. B. der totale periphere Widerstand gleichzeitig ab, dann kann der Blutdruck normal oder sogar erniedrigt gemessen werden.

belastung reagiert der Organismus sofort mit einer Steigerung der *Herzfrequenz* (HF). Diese Anpassung ist schnell und effektiv; eine Frequenzerhöhung von 70/min auf 140/min entspricht einer Verdoppelung des HZV. Eine zweite Anpassungsmöglichkeit ist die Erhöhung des *Schlagvolumens* (SV) über den Frank-Starling-Mechanismus oder über vegetative Einflüsse. Langfristig erhöht auch Ausdauertraining das mittlere Schlagvolumen; die Ruheherzfrequenz sinkt dann bis auf ca. 50/min ab.

Veränderung des Widerstandes im peripheren Kreislauf

Den Hauptanteil am gesamten totalen peripheren Widerstand (*total peripheral resistance*, TPR) machen die kleineren Arterien und Arteriolen aus (s. o.). Bei körperlicher Arbeit wird die Skelettmuskulatur besser durchblutet, der Widerstand in den Muskelgefäßen sinkt und damit fällt auch der TPR. Ähnliches gilt für die verstärkte Hautdurchblutung bei der Wärmeabgabe oder ein Absinken des Widerstandes im Darmbereich während der Verdauung. Würde das HZV konstant bleiben, so führte eine Senkung des TPR unweigerlich zu einem Blutdruckabfall. Umgekehrt würde ein erhöhtes Herzzeitvolumen bei gleichbleibendem TPR den Blutdruck erhöhen. Damit dies nicht geschieht, geht jede Senkung des TPR mit einer HZV-Steigerung einher, jede TPR-Steigerung mit einem reduzierten HZV.

Veränderung des Blutvolumens

Ein erhöhter Blutdruck kann auch dadurch ausgeglichen werden, dass das Blutvolumen abnimmt. Überschüssiges Wasser wird dabei entweder über die Niere ausgeschieden (langfristig) oder zusätzlich von den Kapazitätsgefäßen abgepuffert (kurzfristig). Umgekehrt kann unser Körper auch ein zu geringes Blutvolumen kurzfristig durch eine Steigerung von HZV und/oder TPR kompensieren, ohne dass der Blutdruck sofort fällt.

Sensoren der Blutdruckregulation

Um den Blutdruck regulieren zu können, muss das Kreislaufzentrum im Hirnstamm zunächst erfahren, wie hoch der Blutdruck im Moment überhaupt ist. Seine Messfühler (*Barorezeptoren, Pressorezeptoren*) liegen in der Wand des Aortenbogens und des Karotissinus an der Aufzweigung der Halsschlagader in A. carotis interna und externa. Sie melden dem Kreislaufzentrum über den IX. Hirnnerv aber nur den Wert des Blutdrucks, nicht die Größe des Blutvolumens.

Um zu entscheiden, ob bzw. welche Maßnahmen es einleiten soll, benötigt das Gehirn jedoch auch diese Information. Da dieses Volumen aber nicht direkt der Messung zugänglich ist, bedient sich der Organismus hier eines Tricks: Jede Blutvolumenerhöhung dehnt die Wand der großen Hohlvenen und des rechten Herzvorhofs auf (venöse Kapazitätsgefäße). Aus den Informationen der *Volumenrezeptoren* vorwiegend im rechten Vorhof (geleitet über den X. Hirnnerv) errechnet das Kreislaufzentrum den ungefähren Wert des Blutvolumens.

Herzzeitvolumen und peripherer Widerstandbestimmen zusammen den Blutdruck. Er wird von Rezeptoren an der Halsschlagader gemessen und durch das vegetative Nervensystem gesteuert.

Verhinderung eines Blutdruckanstiegs

Bei einem ungewollten Blutdruckanstieg in Ruhe aktiviert das Kreislaufzentrum zunächst das *vegetative Nervensystem*: Der Tonus des Sympathikus vermindert sich, der des Parasympathikus wird gesteigert; dadurch verlangsamt sich die Herzfrequenz. Die Schlagkraft des Herzens und damit das Schlagvolumen sinken; insgesamt sinkt das Herzzeitvolumen ab.

Gleichzeitig öffnen sich die arteriellen Widerstandsgefäße der Muskulatur und senken den totalen peripheren Widerstand. Durch die Öffnung der Arteriolen erhöht sich der Druck am arteriellen Ende der Kapillaren und steigert die Filtration in den Zwischenzellraum; dadurch vermindert sich das Blutvolumen.

Außerdem reduziert die Hypophyse bei einem zu hohen Blutvolumen die Abgabe des antidiuretischen Hormons (ADH) und die Vorhöfe scheiden das atriale natriuretische Peptid (ANP) aus, woraufhin die Urinausscheidung innerhalb weniger Minuten ansteigt. All diese und eine Reihe hier nicht genannter Mechanismen senken Blutvolumen und Blutdruck so lange, bis die Pressorezeptoren wieder Entwarnung geben (negative Rückkopplung). Genau die entgegengesetzten Reaktionen findet man, wenn der Blutdruck oder das Blutvolumen zu gering sind.

Die Blutdruckregulation ist damit ein schönes Beispiel für die Steuerung eines einzigen Werts durch eine komplexe Vielzahl physiologischer Vorgänge.

11.6 Blutgefäße – Rumpf und Beine

Die folgende Übersicht soll einen Eindruck über die wichtigsten Arterien des Körpers vermitteln. In derart „geballter" Form ist der Stoff natürlich schwer verdaulich; ich empfehle daher, beim ersten Durcharbeiten großzügig über die Einzelheiten hinwegzulesen und bei Bedarf nochmals nachzuschlagen.

Rumpf

Aorta

Die *Aorta* (Hauptschlagader) ist der einzige Abfluss des linken Herzens ***(Abb. 11.31)***. Sie beginnt mit ihrem aufsteigenden Teil *(Aorta ascendens)* an der Aortenklappe, schlingt sich um die Teilungsstelle der Luftröhre herum und verläuft danach entlang der Wirbelsäule abwärts. Diese Biegung, der Aortenbogen *(Arcus aortae)*, ist der Ursprung der großen Arterien, welche die obere Körperhälfte versorgen: rechte und linke Halsschlagader *(A. carotis communis)* und *A. subclavia* (Unterschlüsselbeinarterie).

Auf der rechten Seite entspringen beide Arterien meist mit einem gemeinsamen Anfangsteil aus der Aorta; die gemeinsame Stammarterie heißt *Truncus brachiocephalicus*. Auf der linken Seite gehen *A. carotis communis* und *A. subclavia* nacheinander einzeln

Große Arterien des Rumpfes

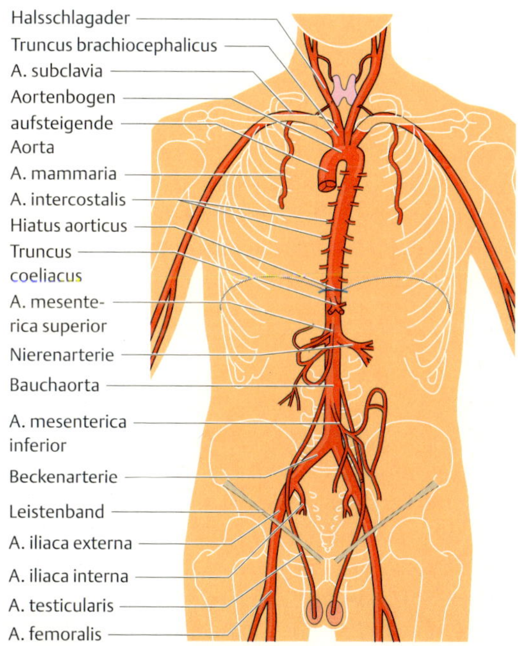

Abb. 11.31 Im Brust- und Bauchraum gibt es einige unpaare Arterien (z. B. Aorta, A. mesenterica superior und inferior). Alle übrigen Arterien sind spiegelbildlich seitengleich. Beachten Sie, wie weit oben die Hodenarterie (A. testicularis) von der Aorta abgeht.

ab. Die Aorta verläuft im Thoraxraum unmittelbar links vor der Wirbelsäule abwärts und gibt dabei zwischen je zwei Rippen eine A. *intercostalis* (Zwischenrippenarterie) in die Furche an der Unterseite der Rippen ab. Eine kleine Arterie, die *A. mammaria*, verläuft entlang der Innenseite der Thoraxwand und dient den Herzchirurgen zum Anlegen von Bypässen der Herzkranzarterien.
Durch eine Muskellücke im Zwerchfell *(Hiatus aorticus)* erreicht die Aorta die Bauchhöhle. Hier wird sie auf ihrer Vorderseite von Bauchfell *(Peritoneum)* bedeckt.

Truncus coeliacus

Unmittelbar nach ihrem Durchtritt durch das Zwerchfell gibt die Aorta den *Truncus coeliacus* ab, der Magen, Leber, Milz und Pankreas versorgt.

A. mesenterica superior

Die dicht danach folgende *A. mesenterica superior* (obere Eingeweidearterie) leitet sauerstoffreiches Blut zu sämtlichen Abschnitten des freien Dünndarms sowie dem aufsteigenden und dem Querkolon bis zur Abknickung im linken Oberbauch. Sie bildet im Mesenterium Gefäßbögen (*Arkaden*), die eine gleichmäßige Versorgung aller Darmabschnitte sicherstellen.

A. mesenterica inferior

Dies trifft auch für die *A. mesenterica inferior* (untere Eingeweidearterie) zu, die sehr viel tiefer, etwa im Bereich des 2.–3. Lendenwirbels entspringt. Sie versorgt den Rest des Dickdarms und den Mastdarm.

A. renalis

Rechte und linke Nierenarterie *(A. renalis)* gehen als mächtige Gefäßstrünke seitlich von der Aorta ab, und zwar bereits dicht unterhalb des Ursprungs der A. mesenterica superior. Etwa in gleicher Höhe entspringt die paarige kleine, allerdings sehr wichtige *A. testicularis* (Hodenarterie) bzw. die *A. ovarica* (Eierstockarterie) aus der Aorta und zieht spitzwinklig über den M. psoas in die Leisten- bzw. Beckenregion.

Aa. iliacae communes

Nach dem Abgang der A. mesenterica inferior teilt sich die Aorta symmetrisch in die beiden großen Beckenarterien *(Aa. iliacae communes)*. Jede Beckenarterie gibt kurz danach die starke *A. iliaca interna* (innere Beckenarterie) zu den Beckeneingeweiden und Geschlechtsorganen ab und zieht daraufhin als *A. iliaca externa* (äußere Beckenarterie) unterhalb des Leistenbandes in den Oberschenkel.

Beine

A. femoralis

Nach ihrem Eintritt in den Oberschenkel heißt die A.iliaca externa ***(Abb. 11.32)*** *A. femoralis* (Oberschenkelarterie). Sie gibt die starke *A. profunda femoris*

Große Arterien des Beins

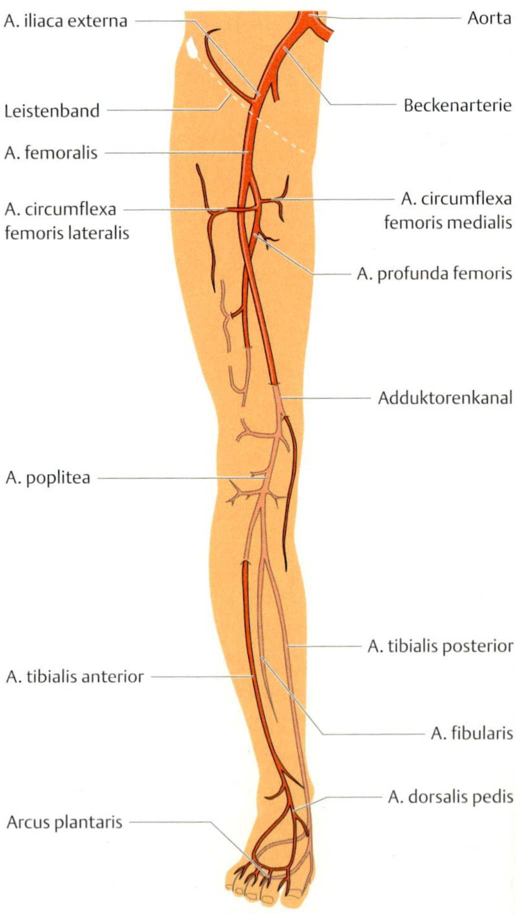

Abb. 11.32 Die Beinarterien beginnen mit der A. iliaca externa und enden in einer Gefäßarkade unter den Mittelfußknochen.

(tiefe Oberschenkelarterie) zur Adduktorengruppe sowie zwei *Aa. circumflexae femoris* zur seitlichen und inneren Oberschenkelmuskulatur ab. Danach verläuft die A. femoralis verhältnismäßig oberflächlich an die Oberschenkelinnenseite über dem Kniegelenk. Dort tritt sie durch den *Adduktorenkanal* und wird als *A. poplitea* (Kniekehlenarterie) in der Kniekehle tastbar.

A. poplitea

Nachdem die A. poplitea einige Äste zum Kniegelenk selbst abgegeben hat, teilt sie sich hinter dem Schienbeinkopf in die *A. tibialis posterior* und die *A. tibialis anterior.* Letztere durchbricht die sehnige Membran zwischen Schien- und Wadenbein und zieht vorne an der Außenfläche des Schienbeins zum Fußrücken, wo sie als *A. dorsalis pedis* (Fußrükkenarterie) ebenfalls tastbar wird.
Die A. tibialis posterior setzt den Verlauf der A. poplitea fort und gibt dabei die *A. fibularis* (Wadenbeinarterie) zur seitlichen Unterschenkelmuskulatur ab. Als A. plantaris lateralis versorgt ihr Endast die Fußsohle und nimmt dort Kontakt zu der *A. dorsalis pedis* auf *(Arcus plantaris).*

11.7 Blutgefäße – Hals, Kopf und Arme

Arterien im Halsbereich

A. carotis

Die Halsschlagader *(A. carotis communis)* teilt sich unterhalb des Zungenbeins in einen inneren *(A. carotis interna)* und einen äußeren Ast *(A. carotis externa).* Die Teilungsstelle *(Sinus caroticus)* ist durch eine Muskellücke am Vorderrand des M. sternocleidomastoideus gut zu tasten (wichtig für Erste-Hilfe-Maßnahmen!). Der innere Ast der Halsschlagader betritt durch den knöchernen Karotiskanal die Schädelhöhle und bildet an der Schädelbasis einen Gefäßring mit der A. vertebralis (s. u.). Der äußere Ast versorgt den Gesichtsschädel und die Kopfhaut, besitzt aber über die *A. ophthalmica* eine Verbindung zur *A. carotis interna* ***(Abb. 11.33)****.*

A. subclavia

Die *A. vertebralis*, ein Ast der A. subclavia, zieht durch Löcher im Querfortsatz der Halswirbel und über das große Hinterhauptloch zur Schädelbasis. Unmittelbar danach geht von der *A. subclavia* der kurze *Truncus thyrocervicalis* zur Halsmuskulatur, zum oberflächlichen Schulterbereich und zur Schilddrüse ab. Nachdem sie einen kleineren Ast zu den oberen Rippen und in die tiefe Halsregion abgegeben hat *(Truncus costocervicalis)*, tritt die A. subclavia durch eine von der ersten Rippe, dem M. scalenus anterior und dem M. scalenus medius begrenzten Lücke aus dem Brustraum aus *(Skalenuslücke).* Hier kann auch der Plexus brachialis (Nervengeflecht des Arms) eingeklemmt werden, so dass der Arm „einschläft“.

Arterien von Hals und Kopf

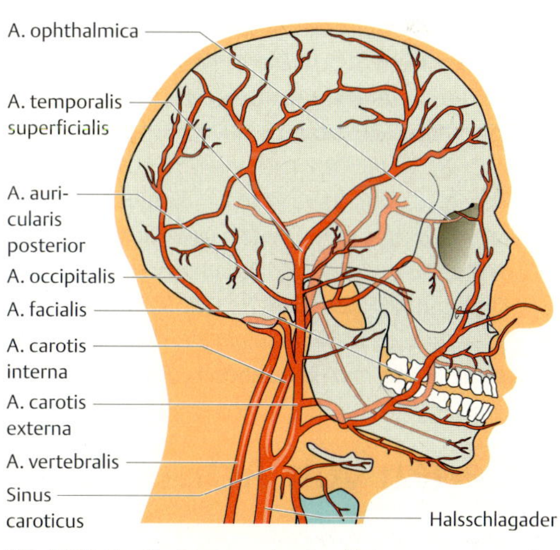

Abb. 11.33 Der Kopf bekommt seine Blutversorgung von der Halsschlagader (A. carotis communis) und der weiter hinten verlaufenden Wirbelarterie (A. vertebralis). Die Halsschlagader verzweigt sich in einen äußeren Ast zum Gesicht und zur Kopfhaut und einen inneren Ast zum Gehirn.

Arterien des Kopfes

Circulus arteriosus

Die Blutversorgung des Gehirns speist sich aus vier Quellen: zwei Aa. vertebrales, die sich auf der Vorderseite der Brücke zu einer A. basilaris vereinigen, und den beiden Aa. carotides internae ***(Abb. 11.34)***. Alle diese Gefäße stehen in einem Gefäßring *(Circulus arteriosus Willisii)* miteinander in Verbindung. Wenn ein zuführendes Gefäß blockiert ist, strömt über diesen Gefäßring mitunter dennoch ausreichend arterielles Blut ins Gehirn; der Circulus arteriosus ist also ein Sicherheitselement der Blutversorgung.

Diejenigen Arterien, welche das Gehirn versorgen, stehen an der Hirnbasis untereinander in Verbindung. Dadurch kann das Gefäßsystem einen allmählichen Verschluss einer Arterie teilweise ausgleichen. Plötzliche Gefäßverschlüsse überfordern dieses System, es kommt zum Hirninfarkt (Schlaganfall).

A. carotis externa

Außerhalb des Hirnschädels kommt der *A. carotis externa* besondere Bedeutung zu. Sie versorgt die Halseingeweide und die Zunge und gibt die starke A. facialis zur Versorgung der Haut und mimischen Muskulatur des Gesichts ab. Die A. facialis schlingt sich um die Außenseite des Unterkiefers und lässt sich dort nach kurzem Suchen problemlos tasten. Nachdem sie die A. facialis abgegeben hat, entspringen aus der A. carotis externa Äste zum Hinterhaupt *(A. occipitalis)* und zum Ohr *(A. auricularis posterior)* sowie die starke *A. temporalis superficialis* zur übrigen Kopfhaut (vgl. ***Abb. 11.33, S. 373***). Nach dieser Verzweigung heißt das Gefäß *A. maxillaris* und versorgt als solche Mund- und Nasenhöhle, Zähne, Kiefergelenk und andere Strukturen des Gesichtsschädels. Eine Besonderheit sind die Augen, die ihre Blutversorgung aus einem Ast der A. carotis interna *(A. ophthalmica)* erhalten.

Arterien der Schädelbasis

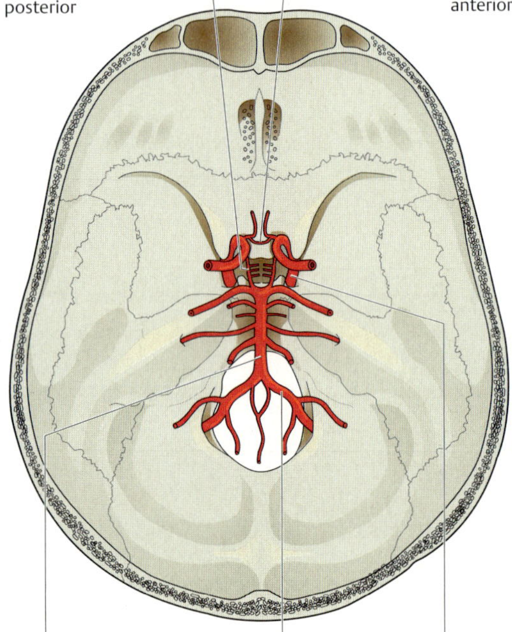

Abb. 11.34 An der Schädelbasis vereinigen sich die beiden Aa. vertebrales zur A. basilaris. Diese nimmt mit den beiden inneren Ästen der Halsschlagadern (Aa. carotides internae) über die A. communicans posterior Kontakt auf. Auch die beiden inneren Halsschlagadern stehen über die A. communicans anterior miteinander in Verbindung. Es ergibt sich ein arterieller Ringkreislauf, der Circulus arteriosus Willisii.

Arterien von Achsel und Arm

A. axillaris und A. brachialis

Nach dem Durchtritt durch die Skalenuslücke heißt die A. subclavia nun *A. axillaris* (Achselarterie, ***Abb. 11.35)***. Einige absteigende Äste *(A. thoracica lateralis, A. thoracodorsalis)* versorgen die Muskulatur der seitlichen Brustwand, andere *(A. thoracoacromialis)* laufen zum M. pectoralis major, der Brustdrüse oder zum Schultergelenk *(A. circumflexa humeri anterior und posterior)*.

Große Arterien von Achsel und rechtem Arm

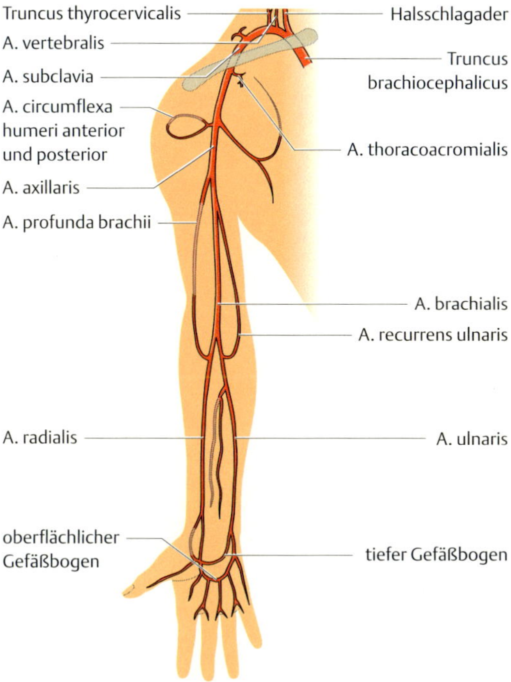

Abb. 11.35 Die Arterien des Arms beginnen an der A. subclavia unterhalb des Schlüsselbeins. Sie enden in einem oberflächlichen und einem tiefen Gefäßbogen in Höhe der Mittelhandknochen.

Zwischen dem Ansatz des M. latissimus dorsi und des M. pectoralis major geht die A. axillaris in die *A. brachialis* (Oberarmarterie) über. Eine starke *A. profunda brachii* verlässt den Hauptstamm nach rückwärts, versorgt den M. triceps brachii und begleitet den N. radialis zum Ellenbogen.

A. radialis und A. ulnaris

Die eigentliche A. brachialis gibt einige Äste zur Beugemuskulatur des Oberarms ab, bevor sie sich dicht unterhalb der Innenseite des Ellenbogengelenks in die etwa gleich starken *A. radialis* (Speichenarterie) und *A. ulnaris* (Ellenarterie) teilt. Beide Arterien laufen auf der Beugeseite des Unterarms zum Handgelenk und lassen sich dort gut gegen die begleitenden Knochen Elle und Speiche tasten. Beim „Puls fühlen" misst man in aller Regel den Puls der A. radialis, obwohl sich die A. ulnaris fast genauso leicht auffinden lässt.

A. radialis und A. ulnaris stehen über zwei *Gefäßbögen* der Handfläche miteinander in Verbindung. Die Speichenarterie zieht zur Handwurzel, schlingt sich oben um den Daumenballen herum und läuft unterhalb der Sehnenscheiden in querer Richtung zur Elle zurück (tiefer Gefäßbogen, *Arcus palmaris profundus*). Umgekehrt läuft die Ellenarterie oberflächlich über die Sehnenscheiden hinweg, durchstößt den Daumenballen und gelangt so zur Speichenarterie (oberflächlicher Gefäßbogen, *Arcus palmaris superficialis*). Der Austausch von Blut zwischen Ellen- und Speichenarterie über diese beiden Gefäßbögen ist der Grund dafür, dass man bei Schnittverletzungen der „Pulsadern" stets beide Arterien abdrücken muss, um die Blutung zum Stehen zu bringen.

Besonderheiten der Venen

In aller Regel verlaufen neben den größeren Arterien Venen, die das „verbrauchte" Blut aus der Peripherie zum Herzen zurückführen. Diese Venen tragen dieselben Namen wie die parallel laufenden Arterien. Einige wenige, aber wichtige Ausnahmen – also Venen, die unabhängig von Arterien verlaufen – betreffen die größten venösen Gefäße überhaupt ***(Abb.11.36)***: die obere und untere Hohlvene.

V. cava inferior und superior

Die untere Hohlvene *(V. cava inferior)* entsteht durch den Zusammenfluss der beiden Beckenvenen und zieht rechts von der Aorta vor der Wirbelsäule zum rechten Herzvorhof. In Analogie zur unteren sammelt die obere Hohlvene *(V. cava superior)* das Blut aus der oberen Körperpartie. Obere und untere Hohlvene bilden vor dem rechten Vorhof den *Sinus venarum*, eine dünnwandige Kammer, welche die Rückwand des rechten Herzvorhofs bildet.

V. jugularis

Im Hirnschädel finden sich statt eigenständiger Venen venöse Blutleiter *(Sinus)* in enger Nachbarschaft zum Knochen und zur harten Hirnhaut. Eine „V. ca-

Übersicht über zentrale Venen- und Lymphstämme

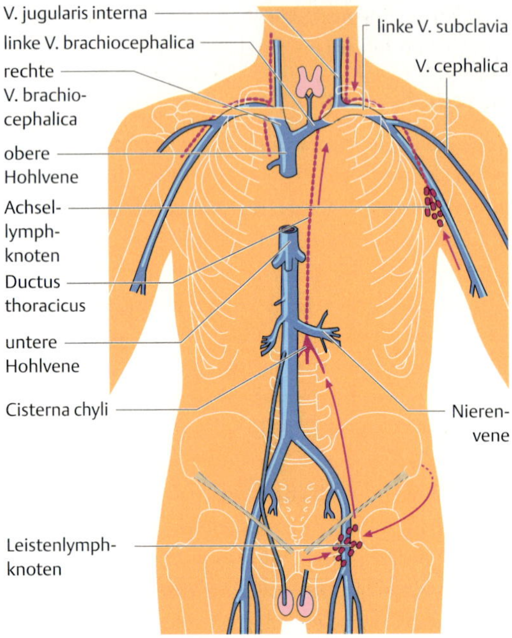

Abb. 11.36 Die zentralen Venen folgen nicht in allen Fällen den entsprechenden Arterien. Beachten Sie z. B. die obere Hohlvene und die linke V. brachiocephalica. Vor der Wirbelsäule verlaufen die großen Lymphwege. Die Lymphe aus den Beinen fließt über die Leistenlymphknoten in die Cisterna chyli. Zusammen mit der stark fetthaltigen Lymphe aus dem Magen-Darm-Trakt folgt sie dem Ductus thoracicus und fließt an der Einmündung der linken V. jugularis interna ins Venensystem.

Pfortader

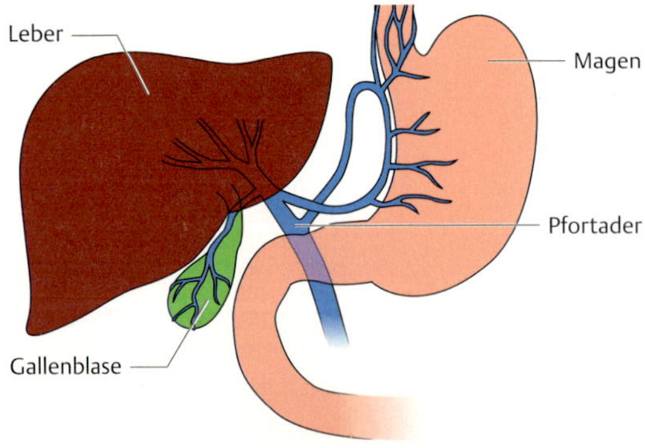

Abb. 11.37 Im Fall der Pfortader zwischen Magen und Darm einerseits und der Leber andererseits liegen zwei Gefäßsysteme hintereinander, ohne dass das Blut zuvor ins Herz gelangen würde. Der allgemeine Kreislauf wird so vor schädlichen Substanzen aus der Verdauung– z. B. Ammoniak – geschützt.

rotis" existiert nicht; das Blut aus dem Bereich des Hirnschädels fließt über die *V. jugularis interna*, aus dem Gesicht und der Halsregion über die *V. jugularis externa* zur oberen Hohlvene. Letztere liegt verhältnismäßig oberflächlich und eignet sich daher gut für einen großlumigen venösen Zugang bzw. einen zentralen Venenkatheter (ZVK). Die V. jugularis externa füllt sich, wenn man den Kopf des Patienten tieflagert, und lässt sich dann gut sehen und tasten. Ein ZVK wird häufig auch über die V. subclavia zum Herzen vorgeschoben, wobei man allerdings eine

Oberflächliche Venen der Extremitäten

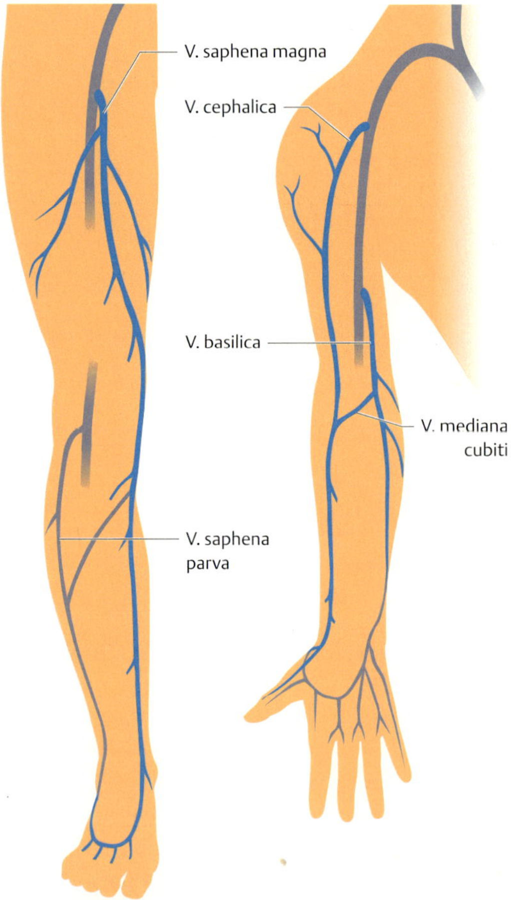

Abb. 11.38 Die Venen des Unterhautgewebes folgen nicht dem Verlauf der Arterien und sind nicht lebensnotwendig. Ihr Verlauf ist trotzdem wichtig, da in den oberflächlichen Beinvenen häufig Blutstauungen (Krampfadern) entstehen und die oberflächlichen Venen des Arms für Blutabnahmen und i. v. Injektionen verwendet werden.

blinde Punktion dieser tief liegenden Vene unter dem Schlüsselbein in Kauf nehmen muss.

Pfortader

Eine Gefäßarchitektur ganz eigener Art ***(Abb. 11.37)*** besitzt der Magen-Darm-Trakt. Die Pfortader *(V. portae)* sammelt das Blut aus Magen, Darm, Milz und Pankreas und führt es direkt der Leber zu (s. Kap. 6).

Venen an Arm und Bein

Für das Blutabnehmen besonders wichtig sind die oberflächlichen Venen im Armbereich und falls dort keine mehr zu finden sind auch am Bein. ***Abb. 11.38*** gibt einen Überblick über die wichtigsten oberflächlichen Extremitätenvenen. Diese Venen haben keine begleitenden Arterien.

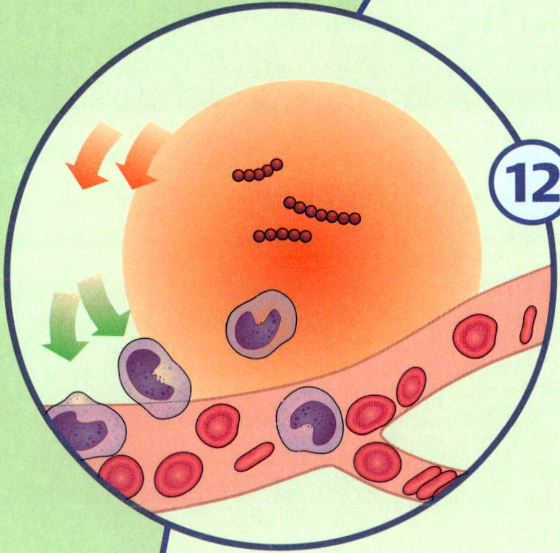

12 ORGANE IM BLUTKREISLAUF

12.1 Lymphatische Organe

Hinsichtlich der entwicklungsgeschichtlichen Entstehung unterscheidet man *primäre* von *sekundären lymphatischen Organen*. Das Kriterium der primären lymphatischen Organe Knochenmark und Thymus ist die Tatsache, dass hier Lymphozyten geprägt werden und ihre immunologische Toleranz gegen körpereigenes Gewebe erwerben. *Sekundäre lyphatische Organe* erhalten ihre Lymphozyten erst später.

Primäre lymphatische Organe

Thymus

Aufbau

Wie wir bereits wissen, ist der Thymus (Bries) das zentrale Organ der spezifischen zellvermittelten Abwehr. Er liegt unmittelbar hinter dem Brustbein an der Vorderseite der Herzbasis ***(Abb. 12.1)***. Zwei schlanke, ca. 5–10 cm lange vertikale Lappen (linker und rechter Lappen) sind regelmäßig anzutreffen; ihre Lage und Größe variiert jedoch genauso wie die Gefäßversorgung ganz beträchtlich. Der ganze Thymus gliedert sich in Läppchen *(Lobuli)*, die sich um die Aufzweigungen der arteriellen Gefäße herum anordnen.

Lage des Thymus

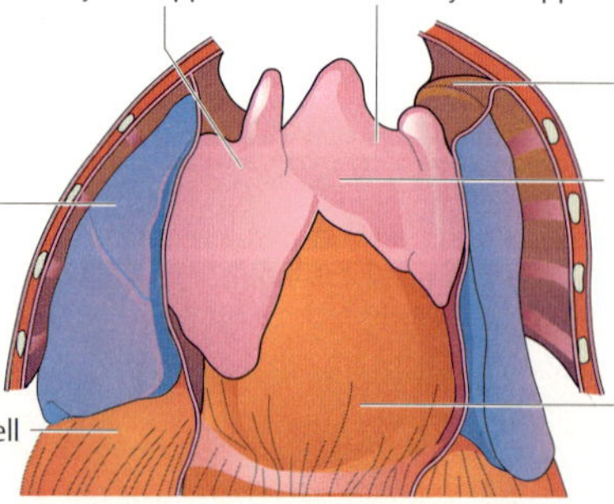

Abb. 12.1 Die Abbildung zeigt den Thymus beim Kleinkind. In diesem Alter bedecken rechter und linker Lappen im Mittelfellraum fast die gesamte Herzbasis.

Seine absolut stärkste Entwicklung erreicht der Thymus zwischen dem 10. und 15. Lebensjahr ***(Abb. 12.2)***. Das Organ wiegt dann 25–35 g und besteht aus einer dünnen Bindegewebskapsel *(Capsula fibrosa)*, einer dicht gefügten Rinde *(Kortex)* und dem lockeren Mark *(Medulla)*. Während und nach der Pubertät bildet sich der Thymus stark zurück *(Involution)*. Das lymphozytenreiche Gewebe wird mit zunehmendem Alter mehr und mehr in Fettgewebe umgebaut (Thymusfettkörper). Stets verbleiben jedoch einige Inseln originären Thymusgewebes intakt.

Funktion

Auf einem Schnitt durch den Thymus erkennt man, dass die Rinde aus einer dichten äußeren und einer lockeren inneren Schicht besteht. In der äußeren Schicht vermehren sich beim Kind die aus dem Knochenmark stammenden Thymozyten oder Pro-T-Lymphozyten. Sie sind dabei von großen epithelartigen Ammenzellen nahezu vollständig eingehüllt.
Mit zunehmender Reifung wandern die Lymphozyten in Richtung Mark und erwerben ihre Immuntoleranz gegen körpereigener Gewebe. Außerdem differenzieren sich die Lymphozyten während der Wanderung in Helfer-, Suppressor- und Killerzellen. In der Rinde sterben all diejenigen Zellen, die gegen körpereigenes (Thymus-)Gewebe gerichtet sind, ab. Die Reste der Kerne dieser Zellen lassen sich als dichte, unregelmäßige Strukturen erkennen, bevor sie von Makrophagen an der Grenze zwischen Rinde und Mark abgeräumt werden.

Rückbildung des Thymus

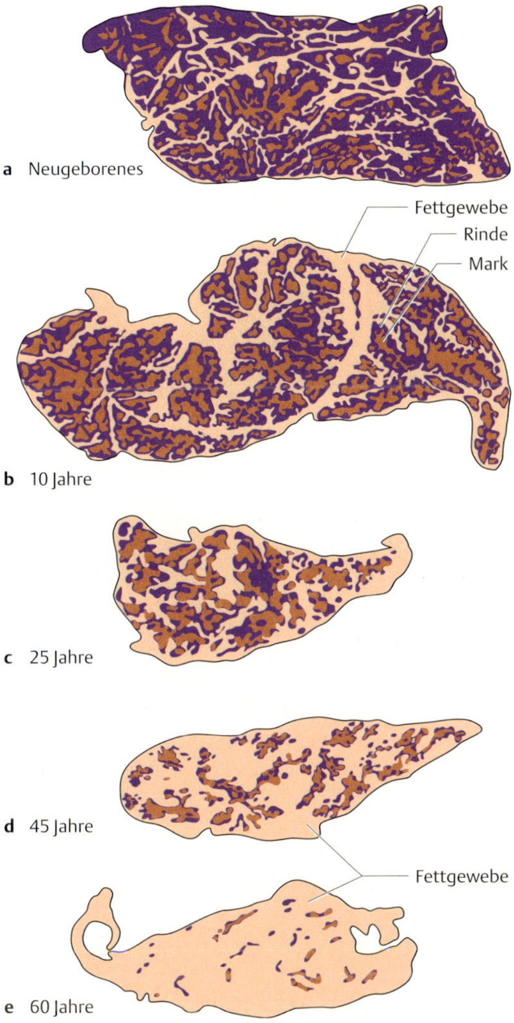

Abb. 12.2a-e Der Thymus bildet sich während des gesamten Lebens langsam zurück (Involution) und wird durch Fettgewebe ersetzt. Es verbleiben nur noch Restinseln funktionsfähigen Gewebes. Dunkelblaue Bezirke kennzeichnen die Rindenzonen, violette das Thymusmark.

Im Thymusmark finden sich, verglichen mit der Rinde, kaum 10% der Lymphozyten, darunter allerdings die für die Langzeitimmunität wichtigen T-Gedächtniszellen. Sie nehmen Kontakt zu großen unregelmäßig geformten Epithelzellen und zu den interdigitierenden Zellen auf, deren Ausläufer fingerförmig ineinander greifen. Diese Zellen stammen ursprünglich aus dem Knochenmark und besitzen die Fähigkeit, Antigene über lange Zeit (Monate!) hinweg auf ihrer Oberfläche zu präsentieren.

Der Thymus ist das zentrale Organ bei der Entwicklung der Immuntoleranz und der Prägung von T-Lympozyten in der Kindheit. Er degeneriert im Lauf des Erwachsenenlebens zu einem weitgehend aus Fett bestehenden Restorgan.

Knochenmark

Mit dem *Knochenmark* werden wir uns nicht weiter befassen, da dieses schwammartige Gewebe keine anatomisch fassbaren Strukturen aufweist und sein Stroma – das retikuläre Bindegewebe – bereits im Zusammenhang mit der allgemeinen Gewebelehre angesprochen worden ist (Kap. 1).

Sekundäre lymphatische Organe

Entlang des gesamten Verdauungstrakts finden sich reichlich lymphatische Organe und nicht in Organen zusammengefasste lymphatische Gewebe. Es handelt sich um *sekundäre lymphatische Organe*, die weder Stammzellen zu den verschiedenen Lymphozytentypen prägen noch mit der immunologischen Toleranz befasst sind.

Sie alle haben die Aufgabe, das Eindringen von Mikroorganismen über die empfindlichen Schleimhäute zu verhindern bzw. eingedrungene Bakterien noch innerhalb der Schleimhaut abzufangen. Dementsprechend konzentrieren sich hier vor allem B-Lymphozyten und Plasmazellen, aus denen Immunglobuline vom Typ IgA hervorgehen.

Mandeln

Während die Haut durch ihre starke Verhornung und die Mundschleimhaut durch den Speichelfluss und das Lysozym geschützt sind, ist der Rachenraum eine erste kritische Stelle hinsichtlich der Abwehr von Erregern, die über Mund oder Nase eingedrungen sind. Daher ist der Waldeyer-Rachenring ***(Abb. 12.3)*** ein Zentrum des lymphatischen Gewebes.

Es gibt verschiedene Formen von Mandeln:

- ***Rachenmandel.*** Die Rachenmandel *(Tonsilla pharyngealis)* bedeckt das Dach des oberen Rachenraums und grenzt direkt an die Schädelbasis. Auf diese Weise kontrolliert sie den Luftstrom durch die Nasenhöhle. Wie auch alle übrigen lymphatischen Organe erreicht die Rachenmandel im Schulalter ihre größte Ausdehnung. Nicht selten ragt sie so weit in den Epipharynx vor, dass die hinteren Nasenlöcher eingeengt werden und das Kind nur noch erschwert durch die Nase atmen kann.
- ***Gaumenmandeln.*** Die beiden Gaumenmandeln *(Tonsillae palatinae)* liegen beidseits des Eingangs zum mittleren Rachenraum zwischen dem vorderen und dem hinteren Gaumenbogen *(Arcus palatinus)*. Die bohnengroßen Organe entzünden sich häufig bei Erkältungskrankheiten. Neben schmerzhaften Schluckbeschwerden birgt jede Mandelentzündung (Tonsillitis) die Gefahr einer bakteriellen Besiedelung mit Streptokokken. Diese Erkrankung kann – glücklicherweise recht selten – in eine ge-

Waldeyer-Rachenring

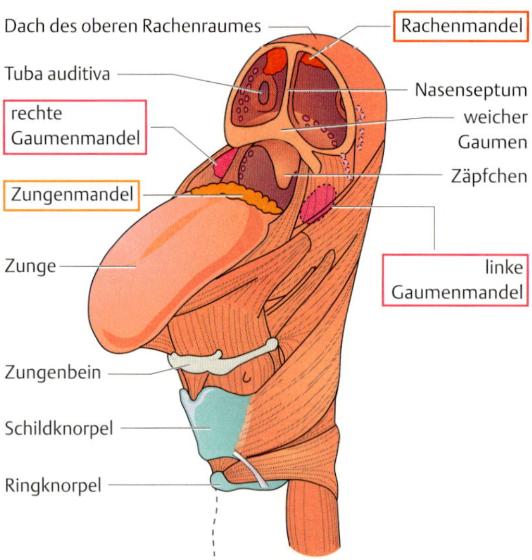

Abb. 12.3 Rund um den oberen und mittleren Rachenraum liegt lymphatisches Gewebe in Form der Rachenmandel, der beiden Gaumenmandeln und der Zungenmandel. Nicht im Bild ist der sog. Seitenstrang, eine Anhäufung von Lymphgewebe links und rechts hinter den Gaumenbögen.

Schnitt durch eine Gaumenmandel

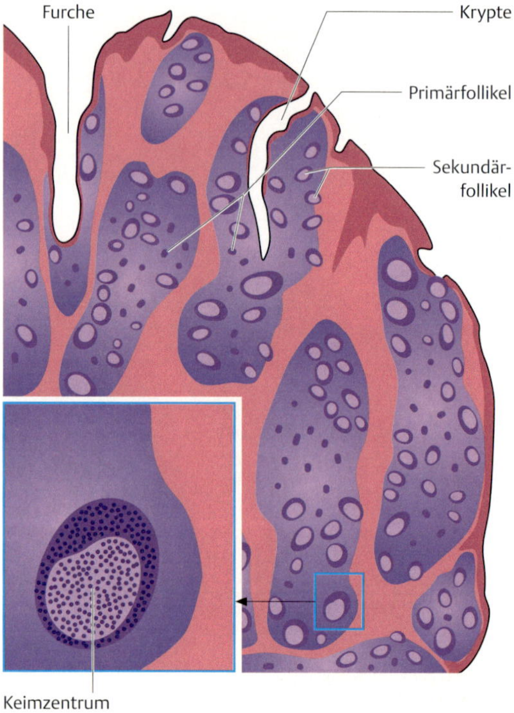

Abb. 12.4 Die Oberfläche der Mandeln ist durch grobe Furchen und feinere Krypten zerklüftet. Nach einem Antigenkontakt teilen sich die B-Lymphozyten in den Primärfollikeln und bilden größere Sekundärfollikel aus. Im Keimzentrum entstehen Plasmazellen und setzen Antikörper an die Oberfläche frei. Zwischen dem blau dargestellten lymphatischen Gewebe befindet sich Bindegewebe (rot), damit es Festigkeit erhält.

fährliche Nierenentzündung (Glomerulonephritis) oder eine Endokarditis mit Beteiligung der Herzklappen übergehen.

- ***Zungenmandel.*** Die Zungenmandel *(Tonsilla lingualis)* ist im Gegensatz zu Rachen- und Gaumenmandel kein eigenes Organ, sondern besteht aus lymphatischem Gewebe, das in den Zungengrund oberhalb des Kehldeckels eingelassen ist.

Aufbau

Die Oberfläche der Mandeln ist durch tiefe Furchen *(Fossae)* und feine Krypten *(Cryptae)* vergrößert, die den Kontakt zwischen Antigenen und Immunzellen verbessern ***(Abb. 12.4)***.

Mikroskopisch bestehen alle Mandeln vorwiegend aus Lymphfollikeln, den Vermehrungsstätten der B-Lymphozyten. Aus einem Primärfollikel, der gleichmäßig mit ruhenden, kleinen Lymphozyten besetzt ist, entsteht 3–4 Tage nach dem Kontakt mit einem Antigen ein Sekundärfollikel. Zunächst vergrößert sich das Zytoplasma der B-Lymphozyten in der Mitte des Follikels, dem Keimzentrum (Reaktionszentrum). Hier vermehren sich die mit dem Antigen reagierenden B-Lymphozyten zu Vorläufern von Plasmazellen, wobei T-Lymphozyten und Makrophagen assistieren. Wie im Thymus finden sich auch hier stark verzweigte (dendritische) Zellen, die mit der Bildung von B-Gedächtniszellen in Verbindung gebracht werden. Alle Lymphfollikel gliedern sich in ein innen gelegenes helleres *Keimzentrum* mit lebhafter Zellteilung von „unreifen" Zentroblasten und „reifen" Zentrozyten sowie in einen umgebenden dunkleren *Lymphozytenwall* aus B-Lymphozyten. Diese reifen hier unter Mithilfe von T-Zellen zu antikörperproduzierenden Plasmazellen heran.

Die Mandeln spielen eine Schlüsselrolle bei der spezifischen Immunabwehr über B-Lymphozyten. Sie überwachen Infektionen des Rachenraums und beugen so einer Entzündung der unteren Luftwege vor.

Lymphatisches Gewebe im Ileum

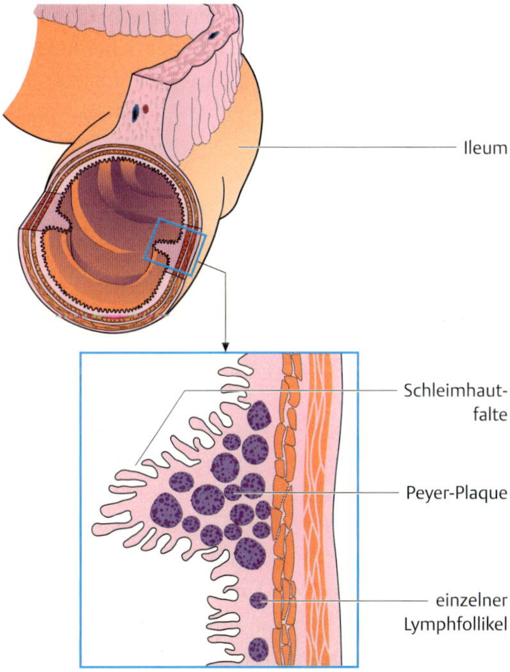

Abb. 12.5 Unter der Schleimhaut des unteren Dünndarmabschnitts liegen reichlich Lymphfollikel. Meistens lagern sich diese zu Peyer-Plaques zusammen. Sie liegen immer innenwärts von der Ringmuskelschicht und haben einen engen Kontakt zu möglichen Antigenen im Darmlumen.

Lymphatisches Gewebe im Darm

Peyer-Plaques

Die meisten Bakterien werden im Magen abgetötet; daher besteht für die erste Hälfte des Dünndarms keine Notwendigkeit zur Ausbildung lymphatischen Gewebes. Das Lumen des Ileums ist dagegen regelmäßig von Bakterien besiedelt. Entsprechend finden sich hier Peyer-Plaques *(Folliculi lymphatici aggregati)* in der Schleimhaut dicht unterhalb des Epithels ***(Abb. 12.5)***. Wie der lateinische Name schon sagt, handelt es sich um Gruppen von Lymphfollikeln (ca. 20–80 Follikel pro Plaque), die einen Durchmesser von mehreren Zentimetern annehmen können. Die Schleimhaut des Wurmfortsatzes am Ende des Blinddarms ist vollständig von Lymphfollikeln umhüllt. Im Dickdarm überwuchert die physiologische Bakterienflora mögliche Krankheitserreger, so dass offensichtlich keine speziellen Immunmechanismen erforderlich sind.

Lymphbahnen und Lymphknoten

Lymphbahnen

Wir haben die Lymphbahnen *(Vasa lymphatica)* bereits im vorigen Kapitel als Abflusswege der im Überschuss filtrierten Plasmaflüssigkeit kennen gelernt. Das Lymphsystem beginnt blind mit feinen *Lymphkapillaren*, die als unregelmäßig geformte, von einem sehr platten Endothel ausgekleidete Haargefäße zwischen den Gewebezellen liegen. Die Lymphkapillaren fließen zu *Lymphbahnen* zusammen, welche die filtrierte Flüssigkeit (Lymphe) abtransportieren. Sie besitzen außer dem Endothel eine schwache Schicht glatter Muskulatur sowie in kurzen Abständen (0,5–2 cm) Klappen aus Endothelgewebe. Die Lymphe aus der unteren Körperhälfte und dem Darm fließt in der *Cisterna chyli* zusammen, die meist unmittelbar vor der Wirbelsäule im LWS-Bereich zu finden ist ***(Abb. 12.6)***. Von dort leitet sie der *Ductus thoracicus* zur linken V. subclavia, wo er im Winkel zwischen dieser und der V. jugularis interna (Venenwinkel) in die Blutbahn mündet. Kopf und Hals sowie rechter Arm drainieren in die großen Venen.

Lymphknoten und Lymphwege

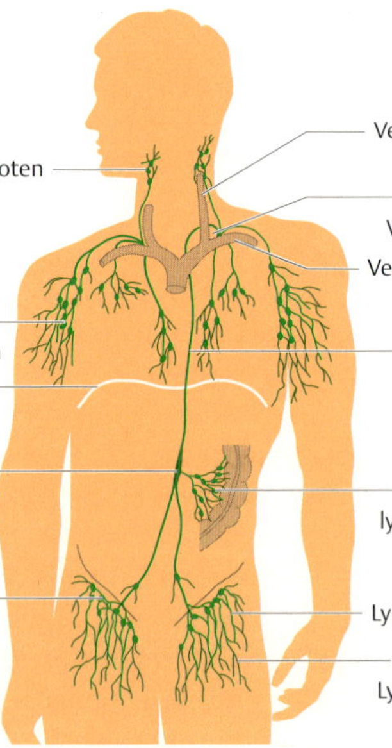

Abb. 12.6 Die wichtigsten Lymphknoten liegen seitlich am Hals, in der Achselhöhle und der Leiste. Die gesamte Lymphe gelangt letztendlich in die großen Venen der oberen Körperhälfte.

Die Lymphbahnen beginnen blind im Gewebe als hochdurchlässige, mit Endothel ausgekleidete Lymphkapillaren. Sie vereinigen sich zu immer größeren Lymphgefäßen und führen schließlich über die Cisterna chyli in den Ductus thoracicus. Am Zusammenfluss mehrerer Lymphgefäße liegt jeweils ein Lymphknoten. Im Venenwinkel mündet das Lymphsystem wieder in den Blutkreislauf ein.

Lymphknoten

Aufbau

Am Zusammenfluss mehrerer Lymphgefäße zu einem größeren Transportgefäß finden sich regelmäßig Lymphknoten *(Nodi lymphatici)*. Die bohnenförmigen Organe haben in der Regel einen Durchmesser von 0,3–1 cm, können aber, besonders bei Entzündungen, mehrere Zentimeter lang werden. Die zuführenden Lymphgefäße münden an der (konvexen) Außenfläche. Ein zentrales ableitendes Gefäß entspringt zusammen mit Arterie und Vene auf der (konkaven) Innenfläche, dem *Hilus* ***(Abb. 12.7)***.

Die Lymphe gelangt zunächst in einen schmalen Spaltraum unterhalb der derben Kapsel, den sog. Randsinus *(Sinus marginalis)*. Von der Kapsel ziehen bindegewebige Trabekel speichenförmig zum Hilus. Beidseits der Trabekel setzt sich der Randsinus als Intermediärsinus *(Sinus intermedius)* fort und mündet in den hilusnahen Marksinus *(Sinus terminalis)*.

Zwischen den Sinus liegt reichlich lymphatisches Gewebe in Form oberflächlicher Lymphfollikel (Rinde, kortikale Zone, Kortex, B-Zell-Region) und einer darunter liegenden homogenen Zone aus T-Lymphozyten (parakortikale Zone, T-Zell-Region).

Funktion

Lymphknoten filtern und reinigen die Lymphe. Makrophagen phagozytieren Bakterien, virusinfizierte Zellen und angeschwommene Krebszellen und präsentieren deren Antigene. In der Regel rufen Erreger, die sich an einer Stelle im Zwischenzellraum einge-

Lymphknoten

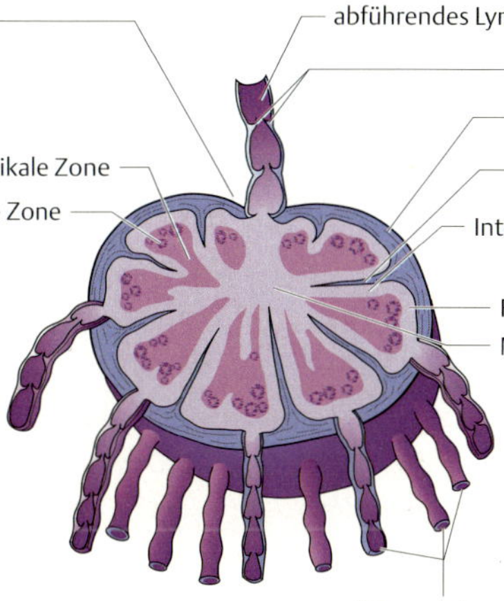

Abb. 12.7 Die Lymphe fließt von der Rinde des Lymphknotens über den Randsinus und die Intermediärsinus zum Marksinus und von dort in das klappenhaltige abführende Lymphgefäß. Sie gerät dabei in enge Nachbarschaft des lymphatischen Gewebes. Achten Sie darauf, dass Lymphfollikel nur in der Außenzone vorkommen (kortikale Zone), während weiter innen (parakortikale Zone) das Lymphgewebe homogen verteilt ist.

nistet haben (z.B. infizierter Holzsplitter), zunächst eine lokal entzündliche Reaktion des nächstgelegenen Lymphknotens und eine eng umgrenzte Lymphozytenvermehrung hervor. Erst wenn dieser Lymphknoten mit der Infektion nicht mehr fertig wird, entlässt er Erreger in die Blutbahn oder den abführenden Lymphstrom.

Jeder Lymphknoten ist ein vorgeschobener Posten des Immunsystems. Seine Lymphozyten bekämpfen Infektionen oder Krebszellen vor Ort, also bevor die Krankheit den ganzen Körper befallen kann.

Lymphatische Metastasen. **Die meisten Krebsarten metastasieren entlang der Lymphwege. Das heißt, Krebszellen schwimmen zunächst nicht im Blut, sondern in der Lymphflüssigkeit. Der nächstgelegene Lymphknoten setzt sich mit diesen Zellen auseinander. Wenn der Krebs die Oberhand behält, bildet sich hier eine Tochtergeschwulst, eine Lymphknotenmetastase. Der Lymphknoten schwillt dann genau wie bei einer Infektion an, ist jedoch im Gegensatz dazu weder druckschmerzhaft noch überwärmt. Wenn man den Lymphknoten nicht mehr gegen die Umgebung verschieben kann, ist dies ein Zeichen für eine Invasion von Krebszellen aus dem Lymphknoten ins Nachbargewebe.**

Milz

Funktion

Im Gegensatz zu den Lymphknoten, welche die extrazelluläre Flüssigkeit überwachen, ist die Milz ein Filter für das Blut des großen Kreislaufes. Hier werden altersschwache Erythrozyten mit brüchiger Membran ausgesondert und abgebaut und hier warten 20–30% aller Lymphozyten auf ihren Einsatz.
Die Milz erfüllt damit zentrale Funktionen im Organismus, ist aber trotzdem nicht unbedingt lebensnotwendig: Nach Verletzungen oder bei bestimmten Erbkrankheiten wird die Milz insgesamt entfernt. Andere Organe des mononukleären Phagozytosesystems, vor allem die Leber, übernehmen dann ihre Funktion.

Lage

Seit Generationen ist die Milz als „4711-Organ" bekannt, weil sie 4 cm dick, 7 cm breit und 11 cm lang sein soll. Natürlich liefern diese Angaben nur einen sehr groben Richtwert, insbesondere da die Milz während längerer Infektionskrankheiten oder durch Einlagerung pathologischer Stoffwechselprodukte (Speicherkrankheiten) auf ein Vielfaches dieser Größe anschwellen kann.
Die Längsachse der Milz folgt normalerweise der 10.Rippe, so dass sie vollständig innerhalb des Brustkorbs liegt ***(Abb. 12.8)***. Nur eine sehr stark vergrößerte Milz ragt über den linken Rippenbogen hinaus und wird dann tastbar.
Als intraperitoneales Organ ist die Milz vollständig von Bauchfell umgeben. Zwei Bauchfellfalten stellen den Kontakt zu den Nachbarorganen her: Innerhalb des *Lig. lienorenale* verlaufen die Milzarterie *(A. lienalis)* – der erste Ast des Truncus coeliacus – und die Milzvene *(V. lienalis)* – ein Zufluss zur Pfortader.

Lage der Milz

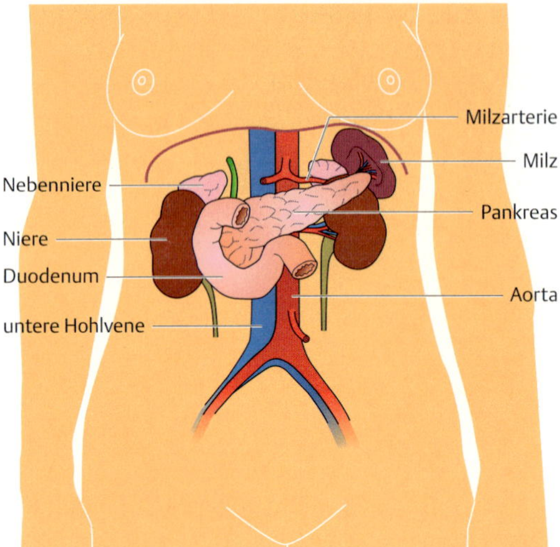

Abb. 12.8 Dieses Schema zeigt die Lage der Oberbauchorgane, nachdem der Magen und die hintere Bauchfellwand entfernt wurden. Die Milz liegt im linken Oberbauch und grenzt an Zwerchfell, Magen, Bauchspeicheldrüse (Pankreas), Niere und Nebenniere.

Milz

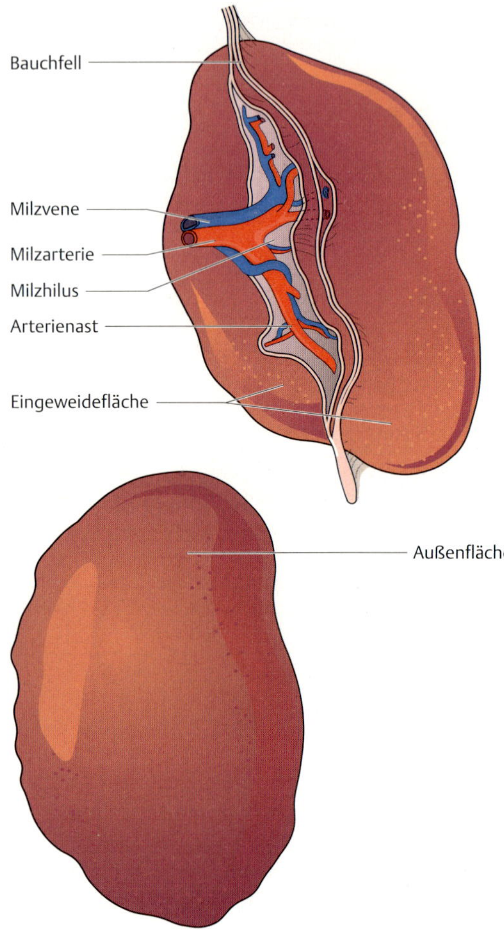

Abb. 12.9 Als sog.intraperitoneales Organ ist die Milz bis auf den Hilus mit den großen Blutgefäßen vollständig von Bauchfell überzogen. Auf der Eingeweidefläche (oben) erkennen Sie, dass sich die Milzarterie schon vor ihrem Eintritt in das Organ aufteilt.

Aufbau

Die Milz besitzt die Form einer abgeplatteten Bohne. Ihre konvexe Außenfläche (Zwerchfellfläche, *Facies diaphragmatica*) ist glatt und schmiegt sich dem hinteren Teil der linken Zwerchfellkuppel an. Die eingedellte Eingeweidefläche *(Facies visceralis)* wird durch den *Milzhilus* längs in zwei Hälften geteilt ***(Abb. 12.9)***. Der Milzhilus ist der einzige Teil des Organs, der nicht von Bauchfell umgeben ist. Hier spaltet sich die Milzarterie in mehrere Äste auf, die senkrecht in die drei Milzsegmente einmünden.

Die Milz liegt links unter dem Zwerchfell, also noch innerhalb des knöchernen Brustkorbs. Schwere Verletzungen und Rippenbrüche können aber die Milz beschädigen und zu lebensbedrohlichen Blutungen in den Bauchraum führen.

Milzruptur. Nach einem stumpfen Bauchtrauma (z. B. Faustschlag, Gurttrauma beim Autounfall) oder linksseitigen Frakturen der 8.–10. Rippe muss der betroffene Patient kontinuierlich überwacht werden, weil es noch nach Tagen zu einer lebensgefährlichen Kapseleinblutung der Milz kommen kann. Für die Krankenbeobachtung relevant sind u. a.:

- Blutdruck,
- Puls,
- Abwehrspannung des Bauches,

Aufbau der Milz

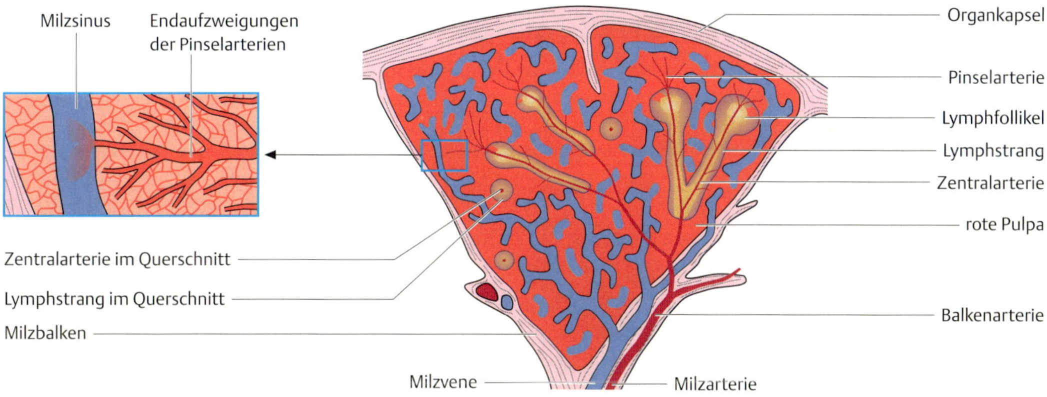

Abb. 12.10 Auf der Schemazeichnung rechts erkennen Sie den schwammartigen Aufbau der Milz. Blau sind die venösen Milzsinus gezeichnet, rot das retikuläre Bindegewebe der sog. roten Pulpa. Lymphstränge und Lymphfollikel umgeben die Arterien in der Nähe ihrer Endaufzweigungen (weiße Pulpa). Das Zoom links zeigt, dass die meisten Pinselarterien bzw. deren Äste frei im Bindegewebe enden. Es gibt aber auch durchgehende Kapillaren, durch die der größte Teil des Blutstroms direkt in die Milzsinus fließt.

- Bauchumfang,
- Ausscheidung und
- Schmerzäußerungen des Patienten.

Auf einem Schnitt ***(Abb. 12.10)*** durch die Milz erkennt man unter einer derben bindegewebigen Organkapsel *(Capsula fibrosa)* ein schwammartiges, sehr stark durchblutetes Netzwerk, die *rote Pulpa* (80 % des Gewichts). Innerhalb der roten Pulpa finden sich tausende stecknadelkopfgroße hellere Bezirke (Malpighi-Milzkörperchen), welche alle zusammengenommen die *weiße Pulpa* ausmachen (20 %).

Feinbau

Milzbalken. Verfolgt man einen Arterienast in die Tiefe des Organs, so wird eine planvolle Mikroarchitektur erkennbar: Von der Eingeweide- zur Zwerchfellfläche durchziehen bindegewebige Milzbalken (Trabekel) das Organ.

Malpighi-Milzkörperchen. In den Milzbalken verlaufen die größeren Balkenarterien, die sich in sog. Zentralarterien verzweigen. Diese leiten ihren Namen von der Tatsache ab, dass sie jeweils von einem konzentrischen Zylinder aus lymphatischem Gewebe, dem Lymphstrang (Lymphscheide) umhüllt werden. Im Querschnitt erscheinen diese Lymphstränge je nach Schnittrichtung rund bzw. oval und bilden die *Malpighi-Milzkörperchen*.

Pinselarterien. Am Ende eines Lymphstrangs teilt sich die Zentralarterie (wie die Borsten eines Malerpinsels) in eine Vielzahl von Pinselarterien auf, die größtenteils frei in der roten Pulpa, also zwischen den Bindegewebszellen, enden.

Die Milz ist primär ein T-Zell-Organ. Die Lymphstränge bestehen nahezu ausschließlich aus T-Lymphozyten. Dennoch enthält die Milz auch mehrere tausend Lymphfollikel (Sekundärfollikel) mit B-Lymphozyten unterschiedlicher Reifungsstadien. Bei ihrer Passage durch die engen Zwischenräume zwischen den Pulpazellen erleiden die Erythrozyten eine starke Verformung; alte Blutkörperchen halten dieser Belastung nicht mehr stand und platzen. Zahlreiche Makrophagen räumen die Zelltrümmer weg. Diese Arbeit wird den Makrophagen dadurch erleichtert, dass sich die Blutströmungsgeschwindigkeit sehr stark verlangsamt, indem größere Blutseen (Milzsinus) den wirksamen Querschnitt der Milzstrombahn enorm vergrößern.

Die Milz hat zwei sehr unterschiedliche Aufgaben: Die rote Pulpa ist gut durchblutet und baut überalterte rote Blutkörperchen ab. Die weiße Pulpa enthält überwiegend T-Lymphozyten und ist Teil des mononukleären Phagozytosesystems (MPS).

12.2 Hormonproduzierende Organe

Hypothalamus und Hypophyse

Lage und Aufbau

Lage des Hypothalamus

Der Hypothalamus ist ein Teil des Zwischenhirns. Er grenzt als etwa daumennagelgroße Region in der Mitte der Hirnbasis an den III. Ventrikel und schiebt sich von hinten in die Teilungsstelle der beiden Tractus optici. Der Hypothalamus reicht bis an die Rückseite der Sehnervenkreuzung heran (s. Kap. 5, S. 166). Innen höhlt der III. Ventrikel den größten Teil des Hypothalamus aus und reicht an seiner tiefsten Stelle, im Recessus infundibuli, bis in den Hypophysenstiel (*Infundibulum*) hinein.

Steuerorgane des Hormonsystems

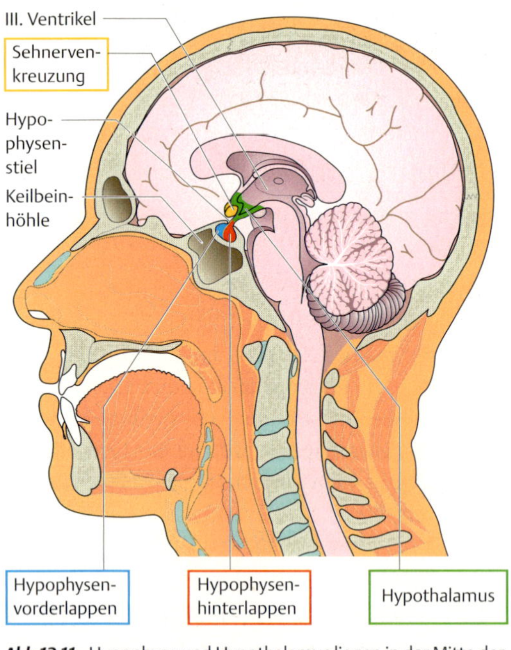

Abb 12.11 Hypophyse und Hypothalamus liegen in der Mitte der Schädelbasis, direkt unterhalb der Sehnervenkreuzung. Der Hypothalamus ist ein Teil des Zwischenhirns und liegt im vorderen Abschnitt des III. Ventrikels. Beachten Sie die Nachbarschaft der Hypophyse zur Keilbeinhöhle.

Lage der Hypophyse

Die Hypophyse (Hypophysis, *Glandula pituitaria*, Hirnanhangdrüse) ist ein ungefähr haselnussgroßes Organ von 0,4–1 g Gewicht. Sie hängt vorne – unterhalb des Hypothalamus – am Hypophysenstiel ***(Abb.12.11)***. Die Sehnervenkreuzung bedeckt unmittelbar den großen Hypophysenvorderlappen (HVL, *Lobus anterior*, Adenohypophyse), der mehr als zwei Drittel des ganzen Organs ausmacht. Der Hypophysenhinterlappen (HHL, *Lobus posterior*, Neurohypophyse) setzt den Hypophysenstiel nach unten fort.

Die gesamte Hypophyse liegt innerhalb des Keilbeins, im sog. Türkensattel (*Sella turcica*, ***Abb. 12.12***). Ihren eigenartigen Namen verdankt diese Region zwei Knochenvorsprüngen, die sich vor bzw. hinter der Hypophyse erheben. Im seitlichen Röntgenbild ent-

Hypophyse

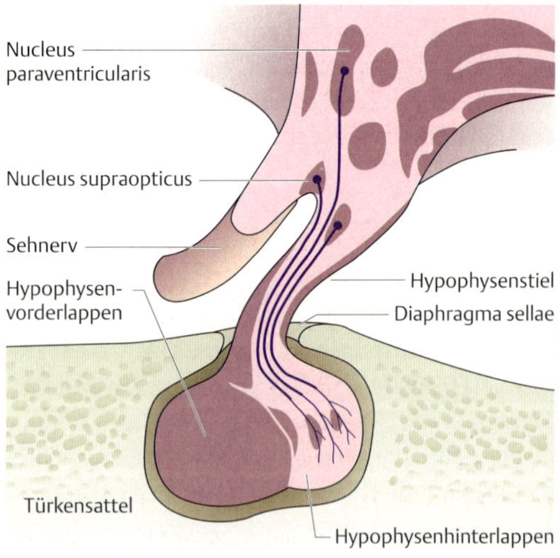

Abb 12.12 Auf dieser Abbildung erkennen Sie, wie sehr die Hypophyse im Keilbein eingemauert ist. Nur der Hypophysenstiel dringt durch das derbe Diaphragma sellae. Im hinteren Anteil des Hypophysenstiels verlaufen Nervenfasern aus zwei Kerngebieten des Hypothalamus, die sog. Neurohormone aus dem Hypophysenhinterlappen direkt ans Blut abgeben.

steht so die Figur eines Sattels mit hohem Knauf und hoher Lehne. Oben schließt eine Bindegewebsplatte, das *Diaphragma sellae*, die Hypophyse vom übrigen Hirnschädel ab. Der mit venösem Blut gefüllte Sinus cavernosus umgibt allseits den Türkensattel und grenzt damit direkt an die Hypophyse.

Hyophysenhinterlappen

Der Vorderlappen der Hypophyse (HVL) enthält eine Vielfalt hormonproduzierender Zellen, ist also eine echte Hormondrüse. Im Gegensatz dazu besteht der Hinterlappen „nur" aus Axonen von hormonproduzierenden Nervenzellen im Hypothalamus.

Der Hinterlappen der Hypophyse (HHL) besteht mit Ausnahme einiger Bindegewebszellen ausschließlich aus relativ dicken Axonen zweier Kerngebiete des Hypothalamus, den Nuclei supraopticus und paraventricularis. Im HHL geben sie die Neurohormone ADH und Oxytocin ans Blut des Sinus cavernosus ab. Produziert werden diese Peptidhormone aber nicht in der Hypophyse, sondern in den Somata der zugehörigen Nervenzellen, also im Hypothalamus ***(Abb. 12.13)***. Sie gelangen innerhalb der Axone in die Nervenendigungen. Es stellt sich die Frage, warum der Hypothalamus diese Hormone eigentlich nicht direkt freisetzt, sondern den „Umweg" über den HHL beschreitet.

Als einziges Gebiet des Zentralnervensystems unterliegt die Hypophyse nicht der Blut-Hirn-Schranke, d. h. nur die (gefensterten) Kapillaren der Hypophyse erlauben den direkten Durchtritt von Stoffen aus dem Interstitium in das venöse Blut (sog. neurohämale Region). Würde der Hypothalamus die beiden genannten Peptidhormone direkt freisetzen, so blieben sie im Interstitium stecken und würden niemals den allgemeinen Kreislauf erreichen.

Hypophysenvorderlappen

Während der HHL mehr oder weniger ein Anhängsel des Nervensystems ist, besteht der HVL aus Drüsenepithelgewebe, das während der Embryonalzeit aus der Rachendachregion ausgewandert ist. Entsprechend zeigen die Zellen des HVL typische Charakteristika einer endokrinen Drüse: Sie liegen in Gruppen zusammen, sind nahezu würfelförmig und haben ein ausgesprochen gut entwickeltes raues endoplasmatisches Retikulum sowie Speichervesikel. Die Kapillaren sind wie in Milz und Leber zu Sinus erweitert, das Kapillarendothel ist extrem durchlässig.

Hypothalamus-Hypophysen-System

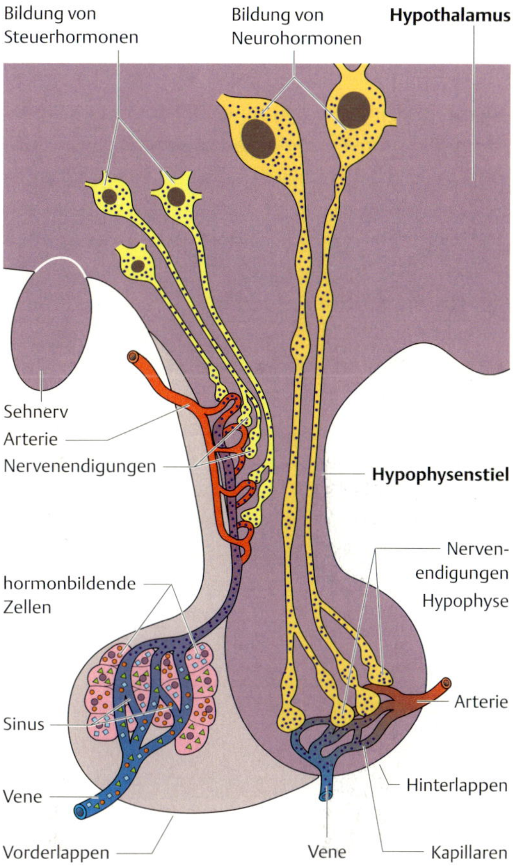

Abb 12.13 Im Hypophysenhinterlappen geben die dicken Axone der sekretorischen Hypothalamuszellen Neurohormone direkt ans Blut ab (rechts). Demgegenüber gibt der Hypothalamus seine Steuerhormone an ein kleines Pfortadersystem im Hypophysenstiel ab. Die Steuerhormone erreichen dadurch sehr direkt ihre Zielzellen im Hypophysenvorderlappen und veranlassen diese ihrerseits zur Hormonsekretion.

Gefäßversorgung der Hypophyse

Im Gegensatz zum HHL enthält der HVL keine Nervenfasern. Wie also kann der Hypothalamus die Ausschüttung der Hormone aus dem HVL kontrollieren? Nun – eben über weitere Hormone! Genau diesem Zweck dient ein miniaturisiertes Pfortadersystem innerhalb der Hypophyse. Das Organ erhält insgesamt vier arterielle Zuflüsse:

- zwei obere Hypophysenarterien *(Aa. hypophysiales superiores)* aus der Hirnbasis und
- zwei untere Hypophysenarterien *(Aa. hypophysiales inferiores)*.

Diese vereinigen sich zu einem oberflächlichen Kapillarsystem im Hypophysenstiel. Dort hinein sezernieren die Axone von Nervenzellen des Hypothalamus ihre eigenen Neurohormone, die sog. Steuerhormone. Die Venulen dieses Gefäßgebiets verzweigen sich im HVL zu den Sinus, so dass die Drüsenzellen bereits kurze Zeit nach ihrer Sekretion Kontakt zu den Steuerhormonen erhalten.

Der Hypothalamus liegt im unteren Zwischenhirn. Er ist die Nahtstelle zwischen Hormon- und Nervensystem. Er gibt seine Hormone entweder über den Hypophysenhinterlappen direkt ins Blut ab (ADH und Oxytocin) oder steuert über einkleines Pfortadersystem die Hormonproduktion im Hypophysenvorderlappen.

Hormone des Hypothalamus und des Hypophysenvorderlappens

Steuerhormone des Hypothalamus

Die meisten Steuerhormone des Hypothalamus sind Peptide. Je nachdem, ob sie die Ausschüttung eines Hypophysenhormons fördern oder hemmen, unterscheiden die Endokrinologen releasing hormones (Endung -RH) von inhibiting hormones (Endung -IH). Weil den Europäern diese Nomenklatur wohl doch etwas zu amerikanisch vorgekommen ist, führte man die gleichbedeutenden pseudolateinischen Begriffe -liberin (= -RH) und -statin (= -IH) ein. Es folgt ein Überblick ***(Abb. 12.14)*** über die wichtigsten Steuerhormone des Hypothalamus.

CRH (corticotropin releasing hormone, CRF) fördert die Freisetzung von ACTH aus dem HVL, das wiederum Cortisol aus der Nebennierenrinde freisetzt. Die CRH-Sekretion erreicht ihr Maximum in den Nacht-

Glandotrope und effektorische HVL-Hormone

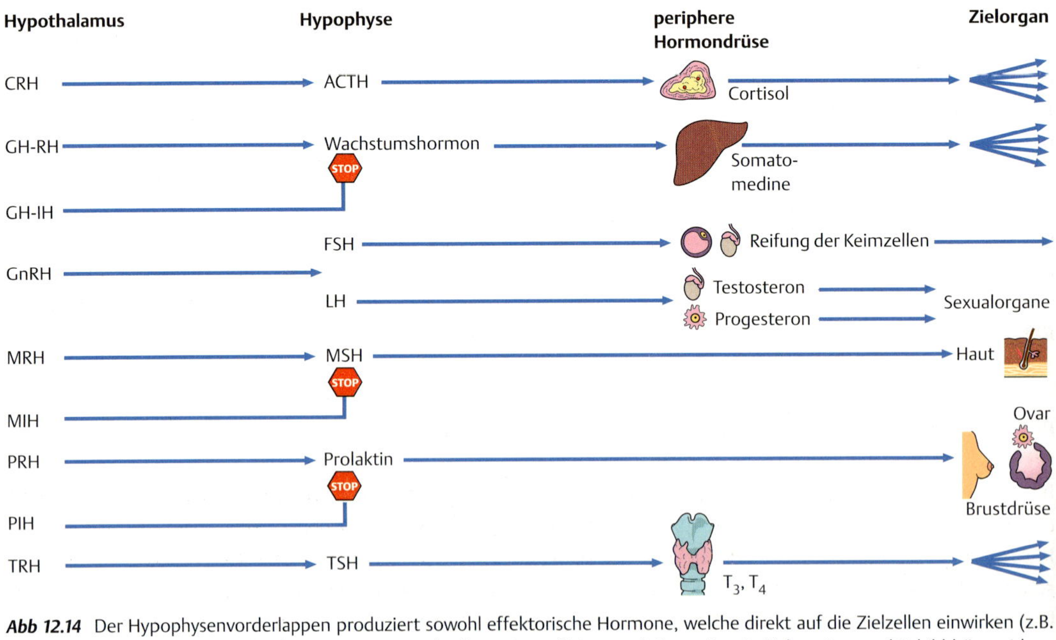

Abb 12.14 Der Hypophysenvorderlappen produziert sowohl effektorische Hormone, welche direkt auf die Zielzellen einwirken (z.B. Prolaktin und MSH), als auch glandotrope Hormone, die ihrerseits auf Hormondrüsen wie z. B. Nebenniere und Schilddrüse wirken. Die Hormonsekretion steht dabei unter dem Einfluss fördernder und hemmender Steuerhormone aus dem Hypothalamus (links).

stunden, so dass frühmorgens die Cortisol-Blutspiegel am höchsten sind (zirkadiane Rhythmik).

GH-RH (GHRH, Somatoliberin, SRH, SRF, GH-RF) fördert die Freisetzung von Wachstumshormon aus dem HVL. GH-RH übt somit einen Einfluss auf das Längenwachstum vor der Pubertät, auf das Wachstum der inneren Organe und auf den Stoffwechsel aus.

GH-IH (GHIH, Somatostatin, SIH, SS) ist der Gegenspieler von GH-RH. Es bremst als Produkt der D-Zellen des Magens und Pankreas außerdem die Freisetzung von Insulin und Glukagon sowie die Magensekretion und Magen-Darm-Motorik.

GnRH (Gn-RH, Gonadoliberin, FSH-RH, LH-RH, ICSH-RH) fördert die Freisetzung von FSH und LH und steuert somit die Sexualfunktion von Frau und Mann. Früher nahm man an, dass FSH und LH von zwei unterschiedlichen Steuerhormonen kontrolliert werden, da sie keineswegs immer gleichzeitig freigesetzt werden. Heute weiß man, dass Sexualsteroide die Ansprechbarkeit der FSH- und LH-produzierenden Zellen in der Hypophyse auf GnRH modulieren und damit ein gemeinsames hypothalamisches Steuerhormon ausreicht.

MRH (Melanoliberin, MSH-RH, MRF) fördert die Freisetzung von Melanotropin (MSH) aus dem HVL und verstärkt damit die Pigmentierung der Haut.

MIH (Melanostatin, MSH-IH, MIF) ist der Gegenspieler von MRH und bremst die MSH-Ausschüttung aus dem HVL.

PRH (Prolaktoliberin) ist ein Peptid, welches die Freisetzung von Prolaktin aus dem HVL fördert.

PIH (Prolaktostatin, PIF) ist ausnahmsweise kein Peptid, sondern der Tyrosinabkömmling Dopamin. Es hemmt die Prolaktinausschüttung und hat mit Sicherheit eine wesentlich größere Bedeutung als PRH. Patientinnen, die im Rahmen einer psychiatrischen Erkrankung mit Dopaminhemmstoffen behandelt werden, erleiden deswegen eine überschießende Prolaktinfreisetzung. Sie haben also Milchfluß in der Brustdrüse und bekommen, ähnlich wie stillende Mütter, keinen Eisprung.

TRH (Thyroliberin, TRF) fördert die Freisetzung von TSH aus dem HVL, welches die Schilddrüse dazu veranlasst, T3 und T4 ans Blut abzugeben. TRH wird routinemäßig zur Diagnose der Schilddrüsenfunktion verabreicht.

Effektorische Hormone des Hypophysenvorderlappens

Von allen HVL-Hormonen wirken nur drei direkt auf ihre Zielzellen ein. Diese effektorischen Hormone bedienen sich also nicht des Umwegs über weitere hormonproduzierende Drüsen:

Prolaktin regt in der Spätschwangerschaft und nach der Geburt die Milchproduktion in der Brustdrüse an. In der Stillzeit, aber auch außerhalb dieser, sind Schwankungen der Prolaktinsekretion mit ausgeprägten Veränderungen der Stimmunglage verbunden.

MSH (melanocyte stimulating hormone, Melanotropin) fördert die Pigmentierung der Haut. MSH ist ein Fragment von ACTH und entsteht mit diesem aus einem gemeinsamen langen Vorläufermolekül.

Wachstumshormon (growth hormone = GH, Somatotropin) entfaltet seine Wirkung hauptsächlich durch Stimulation der Synthese von sog. Somatomedinen in der Leber, ist also genaugenommen auch kein echtes effektorisches Hormon. Die Somatomedine, vor allem Somatomedin C, sind Wachstumsfaktoren. Sie beschleunigen den Zellzyklus der meisten Gewebe und den Umsatz von Eiweißen und Kohlenhydraten. Kurzfristig senkt das Wachstumshormon daher den Blutzucker. Paradoxerweise erhöht es langfristig – im Verlauf von Tagen und Wochen – den Blutzuckerspiegel über den Ausgangswert hinaus. Man führt dies auf einen direkten Effekt, also ohne Vermittlung von Somatomedinen, zurück.

Wachstumshormon-Mangel. Ein Mangel an Wachstumshormonen äußert sich als sog. proportionierter Kleinwuchs; die Kinder bleiben im Wachstum zurück. Durch rechtzeitiges Verabreichen von Wachstumshormonen kann der Kinderarzt in gewissen Grenzen die gewünschte Körpergröße „einstellen“.

Riesenwuchs und Akromegalie. Ein Wachstumshormonüberschuss ist meistens die Folge eines gutartigen hormonproduzierenden Tumors des HVL. Vor Abschluss des Längenwachstums schießen die jungen Patienten in die Höhe (Riesenwuchs). Nachdem die Wachstumsfugen zwischen den Epiphysen und der Diaphyse der langen Röhrenknochen geschlossen sind, wachsen Knochen und Organe in die Breite: Die Patienten sehen plump aus, haben verdickte Finger und Zehen, eine übergroße Nase und einen vorstehenden plumpen Unterkiefer. Zunge, Leber und Milz sind ebenfalls vergrößert. Die Behandlung dieser Akromegalie im Frühstadium ist ein absolutes Muss, da unbehandelte Patienten bald unwiderruflich entstellt wirken.

Glandotrope Hormone des Hypophysenvorderlappens

Außer Prolaktin, Wachstumshormon und MSH wirken sämtliche HVL-Hormone auf andere hormonproduzierende Drüsen ein. Man nennt diesen Typ daher glandotrope Hormone. Auch die glandotropen HVL-Hormone sind ohne Ausnahme Peptide bzw. Glykoproteine. Sie heißen nach europäischer Nomenklatur **-tropine**. Gebräuchlicher sind aber die angloamerikanischen Abkürzungen:

ACTH (adrenocorticotropic hormone, Corticotropin) steigert die Produktion und Freisetzung von Cortison in der Zona fasciculata der Nebennierenrinde.

FSH (follicle stimulating hormone, Follitropin) fördert die Reifung der Keimzellen in Eierstock und Hoden.

LH (luteinizing hormone, Lutropin) fördert die Bildung des Gelbkörpers im Eierstock und erhöht die Testosteronabgabe aus den Leydig-Zwischenzellen des Hodens.

TSH (thyroidea stimulating hormone, Thyr[e]otropin) steigert die Freisetzung der Schilddrüsenhormone T3 und T4. Außerdem fördert es die Teilungsrate der Schilddrüsenzellen und vergrößert so das ganze Organ.

Störungen der Hypophysenfunktion. Hypophysentumoren, die vom HVL ausgehen, produzieren mitunter auch glandotrope Hormone. Durch eine Überproduktion der Gonadotropine FSH und/oder LH im Kindesalter kann die Geschlechtsreife zu früh, also schon im Grundschulalter, eintreten (Pubertas praecox). Wenn die Epiphysenfugen durch Geschlechtshormone verknöchern, hört das Knochenwachstum auf, bevor die Kinder eine normale Körpergröße erreichen können.
Geht der Tumor von ACTH-produzierenden Zellen aus, so entsteht ein Morbus Cushing, also eine Überproduktion von Corticosteroiden (s. u.). Diese Tumoren sind aber viel seltener als die wachstumshormonproduzierenden Geschwülste.
Noch häufiger wird die Hypophyse von nicht hormonell aktivem Gewebe überwuchert, so dass die Hormonproduktion letztlich ganz zum Erliegen kommt. Die meist jungen Patienten mit diesem Panhypopituitarismus leiden in erster Linie wegen ihres ADH-Mangels unter Diabetes insipidus (s. Kap. 7, S. 228), sowie unter Symptomen des Corticosteroidmangels (Unterzucker) und Schilddrüsenunterfunktion.

Der Hypothalamus produziert Steuerhormone, welche die Hormonprodukion im Hypophysenvorderlappen entweder aktivieren (-RH) oder hemmen (-IH).
Der Hypophysenvorderlappen produziert Hormone, die entweder direkt auf die Zielgewebe einwirken (effektorische Hormone) oder ihrerseits weitere hormonproduzierende Drüsen steuern (glandotrope Hormone).

Nebenniere

Lage

Die beiden Nebennieren *(Glandulae suprarenales)* reiten auf dem oberen Pol der linken und rechten Niere. Sie liegen zwar außerhalb der derben Organkapsel der Niere, aber noch innerhalb ihres schützenden Fettlagers, machen also jede Bewegung der Niere mit. Trotz der engen Nachbarschaft zur Niere handelt es sich um vollkommen eigenständige Organe, die überhaupt nichts mit Ausscheidungsfunktionen zu tun haben.

Auch die Gefäßversorgung der Nebenniere unterscheidet sich wesentlich von derjenigen der Niere: Jede Nebenniere enthält Zuflüsse aus der Zwerchfellarterie, der Aorta und – eher nebenbei – aus der Nierenarterie. Das hormonbeladene Blut der rechten Nebenniere gelangt direkt in die untere Hohlvene; nur die linke Nebennierenvene mündet aus Platzgründen in die V. renalis.

Aufbau

Obwohl die Nebenniere ein zentrales Organ des Hormonsystems ist, wiegt eine einzelne gesunde Nebenniere nur ungefähr 5–15 g. Meistens besitzt sie die Form einer schlaffen Zipfelmütze, richtet sich aber häufig einfach nach der Form ihrer Nachbarorgane Niere, Leber, Milz und Magen. Gefäße und Nerven erreichen das grau-gelbliche Organ von allen Seiten, so dass sich kein eigentlicher Hilus abgrenzen lässt.

Unter einer derben Bindegewebekapsel breitet sich die Nebennierenrinde (NNR, Cortex suprarenalis) aus. Im Bereich der vielen Kanten der Nebenniere geht die Rinde einer Seite beinahe in die der anderenüber, so dass nur ein schmaler Spaltraum für das Nebennierenmark (NNM, Medulla suprarenalis) übrig bleibt.

Nebennierenrinde

Unter einer Lupe betrachtet erkennt man in der Nebennierenrinde drei Schichten ***(Abb. 12.15)***:

Nebennierenrinde und -mark

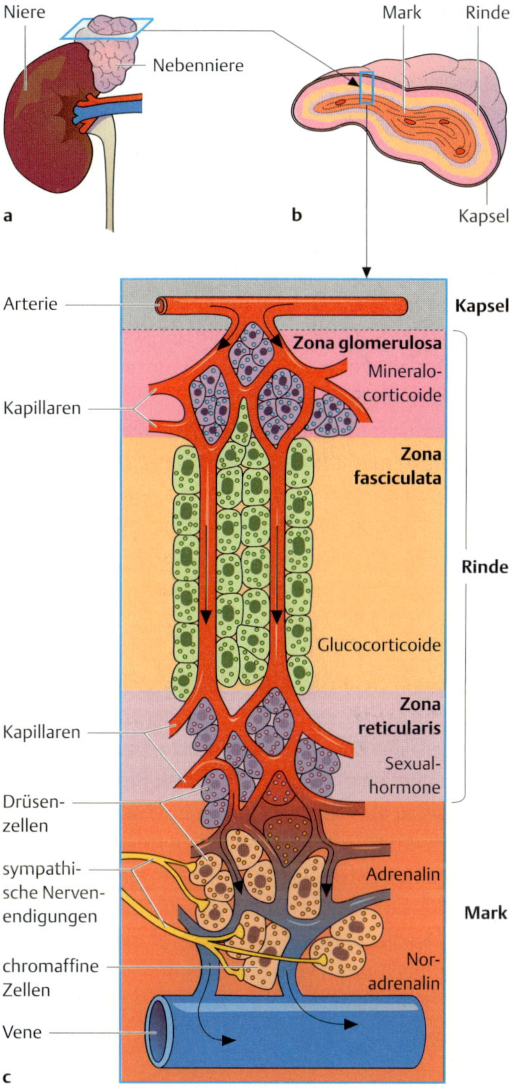

Abb 12.15a-c Die Nebenniere sitzt der Niere wie eine Kappe auf (**a**). Am Schnitt (**b**) erkennt man die beiden Schichten Rinde und Mark sowie eine Bindegewebekapsel. Im Zoom (**c**) sehen Sie, dass die Rinde ihrerseits aus drei Schichten besteht. Das Blut fließt zunächst von außen nach innen durch die Rinde und erreicht erst danach das Nebennierenmark. Deshalb üben Glucocorticoide einen direkten Einfluss auf die Sekretion von Adrenalin und Noradrenalin im Nebennierenmark aus.

Zona glomerulosa

Die flache äußere Zona glomerulosa besteht aus unregelmäßig gruppierten Epithelzellen, die noch an Drüsenazini erinnern. Diese Zellen erzeugen das Steroidhormon Aldosteron, das am Sammelrohr der Niere die Resorption des Minerals Natrium beschleunigt, Kalium und H^+-Ionen aber sezerniert (s. Kap. 7, S. 218). Daher wird Aldosteron auch als *Mineralocorticoid* bezeichnet.

Zona fasciculata

Unterhalb der Zona glomerulosa schließt sich die dicke Zona fasciculata (Bündelschicht) an. Sie besteht aus kleinen Epithelzellen, die sich zu ungefähr parallelen Längsbündeln zusammenfügen. Zwischen den Bündeln verlaufen ähnlich wie im Leberläppchen die Blutgefäße.
Die Zona fasciculata produziert beinahe ausschließlich die Steroidhormone Cortisol (11-OH-Cortison) und Corticosteron. Sie gelten als *Glucocorticoide*, weil beide Hormone in erster Linie den Glucose- und Kohlenhydratstoffwechsel, weniger stark dagegen den Mineralhaushalt, beeinflussen.

Zona reticularis

Noch weiter innen liegt die dunklere Zona reticularis (Netzschicht). Hier entstehen vor allem die körpereigenen Anabolika Dehydroepiandrosteron (DHEA) und Androstendion. Beide Hormone beschleunigen den Aufbau von körpereigenem Eiweiß und wirken als (schwache) männliche Sexualhormone. Aus Androstendion entstehen in je einem einzigen Stoffwechselschritt geringe Mengen sowohl der männlichen Geschlechtshormone Testosteron (17-OH-Androstendion) und Dehydrotestosteron als auch der weiblichen Sexualhormone Östron (3-OH-Androstendion) und Östradiol.

In der Nebennierenrinde entstehen in drei unterschiedlichen Schichten Steroidhormone für die Steuerung des Wasserhaushalts (Aldosteron) und des Zuckerstoffwechsels (Cortisol und Corticosteron) sowie Sexualhormone und körpereigene Anabolika.

Wirkungen der Glucocorticoide

Die Ausschüttung der Glucocorticoide Cortisol und Corticosteron ***(Abb. 12.16)*** erreicht unter dem Einfluss von CRH und ACTH frühmorgens ihr Maximum und sinkt während des Tages kontinuierlich ab. Genau wie ACTH erfolgt die Ausschüttung der Glucocorticoide in Schüben, zwischen denen die Blutkonzentrationen auf weniger als ein Drittel des Maximalwerts absinken können.

Katabole und anabole Wirkung

Glucocorticoide erhöhen den Blutzuckerspiegel, indem sie den Stoffwechsel veranlassen Muskeleiweiß einzuschmelzen (katabole Wirkung) und die frei werdenden Aminosäuren in Glucose umwandeln. Die Glucose wird im Stoffwechsel verbrannt oder in der Leber zu Glykogen aufgebaut (anabole Wirkung).

Wirkung auf das Immunsystem

Auf das Immunsystem üben die Glucocorticoide eine allgemein hemmende Wirkung aus. Die klinischen Entzündungszeichen (Ödem, Rötung, Fieber) reduzieren sich unter „Cortison" genauso wie Laborparameter (Lymphozytenzahl). Auch Erkrankungen des allergischen Formenkreises (Asthma bronchiale, Heuschnupfen, Neurodermitis, Kontaktekzem) und Autoaggressionskrankheiten sprechen auf Glucocorticoide prompt und sicher an.

Wirkung auf das Herz

Am Herzen verstärken Glucocorticoide die Wirkung von Adrenalin und Noradrenalin, verbessern also die Herzkraft und erhöhen die Pulsfrequenz. Wegen der spezifischen Gefäßarchitektur gelangen Glucocorticoide in hoher Konzentration ins Nebennierenmark. Sie verschieben das Gleichgewicht zwischen der Produktion von Noradrenalin und Adrenalin zugunsten des Adrenalins ($> 90\,\%$ Adrenalin, $< 10\,\%$ Noradrenalin), das seinerseits wieder stärker auf das Herz einwirkt.

(Neben)wirkungen von Glucocorticoiden. Das Vollbild der klinischen Corticosteroidwirkungen wurde zunächst bei hormonproduzierenden Tumoren der Hypophyse (ACTH) oder der Nebennierenrinde beobachtet (Morbus Cushing). Als „Cushing" bezeichnet man heute aber auch all

diejenigen Fälle, die durch eine leider manchmal notwendige hochdosierte Corticoidtherapie hervorgerufen sind. Glucocorticoide haben eine ganze Reihe unerwünschter Wirkungen:
Im Verdauungstrakt greifen sie die Magenschleimhaut an, indem sie die Produktion von Salzsäure aus den Belegzellen fördern, vor allem jedoch den Aufbau der schützenden Schleimschicht behindern. Langfristig und in hohen Dosen führen Glucocorticoide außerdem zu:

- *Stammfettsucht* (dünne muskelschwache Extremitäten, starke Fettschicht am Unterhautgewebe des Rumpfes, Vollmondgesicht) auf Grund der katabolen, also abbauenden Wirkung auf die Skelettmuskulatur und der anabolen, also aufbauenden Wirkung auf das Fettgewebe des Körperstamms,
- *Diabetes mellitus* wegen ihrer blutzuckersteigernden Wirkungen,
- *Anfälligkeit* gegenüber Infektionskrankheiten (geschwächtes Immunsystem) durch die entzündungshemmende Wirkung der Glucocorticoide,
- *psychischer Labilität* (Veränderung der Hirnstromaktivität) und
- Entwicklung eines *grauen Stars* (Linsentrübung) sowie eines *Glaukoms* (Augendruckerhöhung).

Wirkung der Steroidhormone

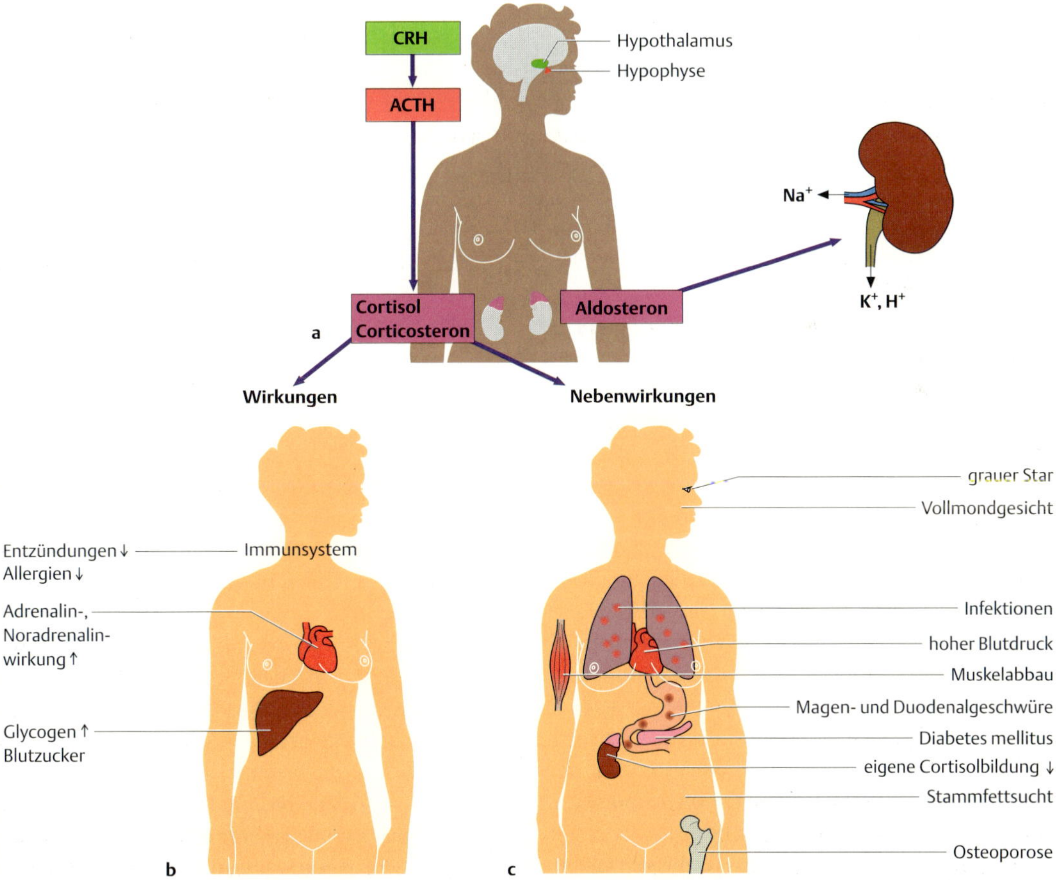

Abb 12.16a-c CRH und ACTH steuern die Sekretion der Glucocorticoide Cortisol und Corticosteron aus der Nebennierenrinde (**a**). Dort entsteht auch das Mineralocorticoid Aldosteron, das in den Wasser- und Salzhaushalt der Niere eingreift. Glucocorticoide haben ein sehr breites Wirkungsspektrum (**b**), werden aber in erster Linie zur Dämpfung von Entzündungsprozessen eingesetzt. Entsprechend umfangreich ist die Liste von Nebenwirkungen nach monate- bis jahrelanger Anwendung dieser Stoffe (**c**).

Als Faustregel lässt sich gut merken, dass Glucocorticoide auf die Leber „anabol", also aufbauend wirken, während sie in den meisten übrigen Organsystemen, einschließlich des Immunsystems, Gewebe abbauen, also eine „katabole" Wirkung haben.

Nebennierenmark

Aufbau

Die Zellen des Nebennierenmarks sind ganz erstaunliche Zwitter zwischen Epithel- und Nervengewebe. Im histologischen Schnitt sehen sie aus wie würfelförmige Epithelzellen, die dicht mit Vesikeln angefüllt sind.
Durch Zufall hat man herausgefunden, dass diese Vesikel mit chromhaltigen Farbstoffen eine dunkelbraune Verbindung eingehen. Seither heißen die Nebennierenmarkzellen chromaffine Zellen.
Kennzeichnend für das Nebennierenmark ist außerdem seine gute Versorgung mit präganglionären Sympathikusfasern aus dem Plexus coeliacus. So betrachtet entsprechen die Zellen des Nebennierenmarks degenerierten sympathischen Ganglienzellen.

Adrenalin- und Noradrenalinwirkung

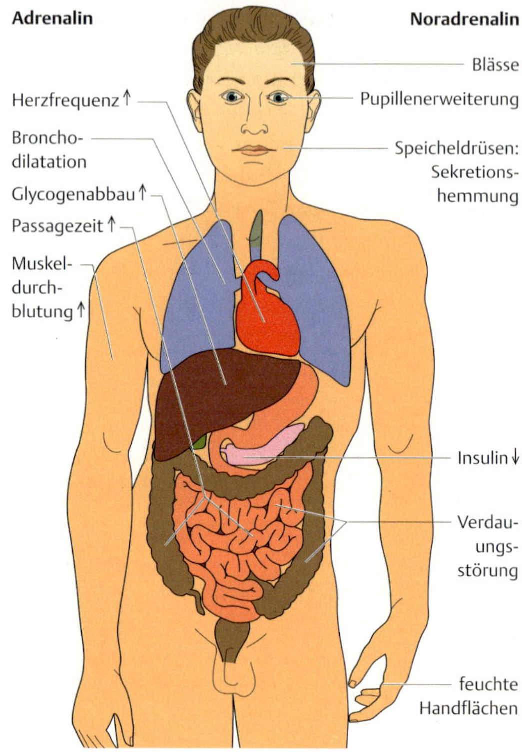

Abb 12.17 Die Stresshormone Adrenalin (links) und Noradrenalin (rechts) erzeugen zusammen die Flucht- oder Kampfreaktion, d. h. die Umstellung von Kreislauf und Stoffwechsel auf eine maximale kurzfristige körperliche Anstrengung. Nicht benötigteOrgansysteme, z. B. das Verdauungssystem, werden abgeschaltet.

Hormone des Nebennierenmarks

Mit großem Abstand die wichtigsten Hormone des Nebennierenmarks sind die Katecholamine Noradrenalin und Adrenalin.

Aufgabe der Katecholamine

Die Katecholamine sind ausgesprochene Stresshormone. Sie vermitteln die Kampf- oder Fluchtreaktion *(fight-or-flight-reaction)*, die wir an uns selbst bei jeder Art der starken psychischen oder physischen Anspannung beobachten können. In den allermeisten Stresssituationen hilft uns diese Reaktion herzlich wenig – ja sie stört oft ganz erheblich. Was nutzt uns eine optimal durchblutete Skelettmuskulatur in der Prüfung, wenn wir vor lauter Anspannung keinen klaren Gedanken fassen können?
In solchen Momenten wird uns Zivilisationsmenschen dann schnell bewusst, dass wir physiologisch mehr auf ein Steinzeitdasein vorbereitet sind, wo „Stress" eher bedeutet hat, dass einem ein Säbelzahntiger an den Fersen hängt. Um den Sinn der Katecholaminwirkung zu verstehen, ist es gut, sich – bitte nur gedanklich! – in eine solche Lage zu versetzen.
Damit sich der Körper optimal auf eine kurz andauernde physische Höchstleistung einstellen kann, reicht es nicht, dass das sympathische Nervensystem auf Kosten des Parasympathikus maximal aktiviert ist. Auch die vegetativ nicht innervierten Organsysteme müssen davon informiert werden, dass aktuell eine Maximalleistung gefordert wird. Dies ist die eigentliche Aufgabe der Katecholamine ***(Abb. 12.17)***.

Noradrenalin

Noradrenalin (Norepinephrin) wirkt vor allem auf die α-Rezeptoren in verschiedenen Gewebetypen.

Gefäßverengung. Noradrenalin bewirkt eine Verengung der Blutgefäße der Haut, der Schleimhäute, und des Magen-Darm-Trakts. Während einer Flucht- oder Kampfreaktion werden wir „bleich wie ein Laken“ (Gefäßverengung der Haut) und bekommen einen „Kloß im Hals“ (verminderte Durchblutung und Sekretion der Speicheldrüsen).

Verdauung. Sekretionsleistung und Motilität des Verdauungssystems nehmen dramatisch ab, um mit der nun geringeren Durchblutung auszukommen – das Essen bleibt einem „im Magen liegen“. Damit steht ein größerer Anteil des Herzzeitvolumens zur Durchblutung der Skelettmuskulatur zur Verfügung.

Stoffwechsel. Außerdem hemmt Noradrenalin die Insulinausschüttung aus den Pankreasinseln und erhöht so den Blutspiegel an Glucose, des wichtigsten und schnellsten Energielieferanten. Die Leber baut Glykogen zu Glucose ab und erhöht damit zusätzlich den Blutzuckerspiegel.

Adrenalin

Adrenalin (Epinephrin) wirkt gleichmäßig auf α-, β_1- und β_2-Rezeptoren.

Herz. Adrenalin steigert die Herzmuskelkraft, das Herzschlagvolumen und die Pulsfrequenz (β_1-Rezeptoren) – wir bekommen vor Aufregung „Herzklopfen“.

Bronchien. Gleichzeitig erschlafft die Muskulatur der Bronchien und der Widerstand der Atemwege wird geringer (β_2-Rezeptoren). Dadurch erleichtert Adrenalin die maximale Atmung bei körperlicher Anstrengung.

Stoffwechsel. An der Leber fördert Adrenalin mehr noch als Noradrenalin den Abbau der Glykogenreserven zu Glucose (β_2-Rezeptoren), erhöht dadurch den Blutzuckerspiegel und kann einen Diabetes mellitus auslösen oder verschlimmern.

Verdauung. Stress macht schlank, weil Adrenalin Fettgewebe zugunsten der ATP-Produktion einschmilzt. Außerdem hemmt es die Tätigkeit der glatten Muskulatur im Magen-Darm-Trakt und verlängert die Passagezeiten der Nahrung in allen Abschnitten. Wegen der mangelnden Resorptionsleistung im unteren Dünn- und Dickdarm wird der Stuhl dünnflüssig – wir bekommen sprichwörtlich „Schiss“.

Schweißsekretion. Direkte sympathische Effekte der Flucht- oder Kampfreaktion betreffen die „großen Augen“ (erweiterte Pupillen) und die „feuchten Hände“, also eine vermehrte Schweißsekretion an Handflächen und Fußsohlen. Mit feuchten Händen kann man einen Gegenstand mit rauer Oberfläche, etwa einen Holzprügel, besser halten (daher auch die Redensart „in die Hände spucken“).

Schmerzempfinden. Eine Aktivierung des sympathischen Nervensystems reduziert die Wahrnehmung von Schmerzen. Inwieweit dabei die körpereigenen Opiate (Endorphine) beteiligt sind, lässt sich noch nicht abschließend beurteilen. Sicher ist, dass Endorphine häufig zusammen mit Noradrenalin ausgeschüttet werden und die Schmerzschwelle drastisch erhöhen. Dies kann während einer Flucht- oder Kampfreaktion lebensrettend sein.

Das Nebennierenmark ist die Nahtstelle zwischen sympathischem Nervensystem und Hormonsystem. Die Hormone Adrenalin und Noradrenalin vermitteln als Stresshormone die Kampf- oder Fluchtreaktion, leiten den Blutstrom in die Skelettmuskulatur und erhöhen den Blutzuckerspiegel.

Schilddrüse

Viel bekannter als die Nebenniere ist die Schilddrüse *(Glandula thyroidea)*. Von den Lesern dieses Buchs kennt wohl jeder Personen mit Störungen der Schilddrüse, zum Beispiel mit einer pathologischen Vergrößerung des Organs (Kropf, Struma) oder einer Schilddrüsenunter- bzw. -überfunktion.

Warum von allen hormonproduzierenden Organen ausgerechnet die Schilddrüse so anfällig ist, darüber lässt sich bis heute nur spekulieren. Sicher ist, dass Veränderungen der Schilddrüse meistens mit dem Leben vereinbar sind, während eine Störung der Nebennierenfunktion unbehandelt häufig schon im Kindesalter zum Tod führt. Dadurch könnten pathologische Gene der Nebennierenfunktion ausgestorben sein.

Anatomie

Lage und Aufbau

Mit einem Gewicht von ca. 20–80 g ist die Schilddrüse eine verhältnismäßig große Hormondrüse. Die beträchtliche Spanne des „normalen" Gewichts erklärt sich daraus, dass Form und Lage des Organs starken individuellen und ernährungsbedingten Schwankungen unterliegen. Manche Schilddrüsen sitzen dem Kehlkopf oben auf oder verstecken sich hinter dem Brustbein. Die im Folgenden beschriebene Anatomie trifft man beim Menschen am häufigsten an. Daneben gibt es auch einige gesunde Normvarianten, die erheblich davon abweichen, aber keineswegs krankhaft sind.

Die Schilddrüse flankiert in der Regel mit ihrem rechten und linken Lappen *(Lobus dexter, Lobus sinister)* beidseits den Ring- und Schildknorpel des Kehlkopfes **(*Abb. 12.18*)**. Auf der Vorderseite des Ringknorpels hängen beide Lappen über dem schmalen *Isthmus* zusammen. In etwa der Hälfte aller untersuchten Schilddrüsen zieht ein Pyramidenlappen *(Lobus pyramidalis)* vom Isthmus aus nach oben. Er endet meist an der Oberkante des Schildknorpels (Adamsapfel), reicht manchmal aber bis in die Mundbodenregion hinein.

Schilddrüse und Nebenschilddrüsen

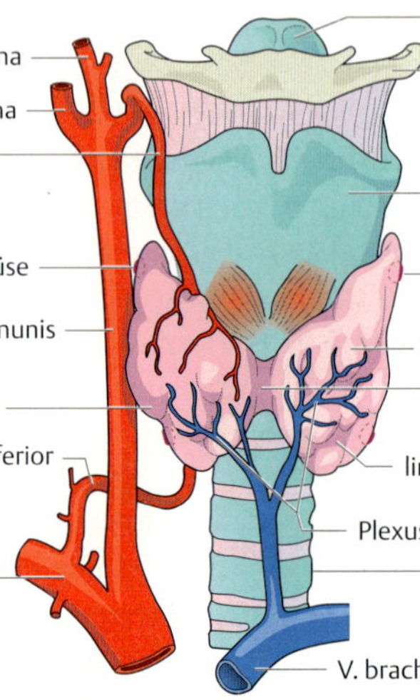

Abb 12.18 Die Schilddrüse liegt unmittelbar vor dem Kehlkopf und ist beim Schlucken gut verschieblich. Links erkennen Sie, dass das Organ aus zwei Quellen mit arteriellem Blut versorgt wird. Das abfließende Blut aus diesen insgesamt vier Arterien (zwei je Seite) sammelt sich im Plexus thyroideus an der Vorderseite der Schilddrüse.

Gefäßversorgung

Die Gefäßversorgung der Schilddrüse stammt sowohl aus dem Truncus thyrocervicalis *(A. thyroidea inferior)* als auch aus der äußeren Halsschlagader *(A. thyroidea superior)*.

Das hormonbeladene Blut verlässt die Drüse über einreich verzweigtes Venengeflecht vor der Luftröhre *(Plexus thyroideus)* und mündet in die *V. brachiocephalica*.

Halteapparat

Im Querschnitt erkennt man eine bindegewebige Organkapsel, die fest mit dem Kehlkopfskelett verbunden ist. Bei jeder Schluckbewegung gleitet also auch die Schilddrüse nach oben. Die Organkapsel ist daher nur sehr locker mit der derben Faszie der vorderen Halsmuskulatur verbunden.

Struktur

Charakteristisch für die Schilddrüse sind die reiskorngroßen Drüsenläppchen (Lobuli)mit den häufig kreisrunden, 0,1–1 mm großen Follikeln *(Abb. 12.19)*.

Eine einschichtige Lage von platten bis würfelförmigen Drüsenzellen (Follikelepithelzellen, Hauptzellen) hüllt jeden einzelnen Follikel vollständig ein. Form, Größe und Besatz der Drüsenzellen mit Mikrovilli ändern sich entsprechend dem jeweiligen Funktionszustand. Ausführungsgänge fehlen dagegen in der Schilddrüse vollständig.

Schilddrüsenhormone

Die Follikel sind nichts anderes als riesige extrazelluläre Speichertanks für die eigentlichen Schilddrüsenhormone T_3 und T_4 (Thyroxin). Zur Herstellung der kleinmolekularen Schilddrüsenhormone bedient sich die Zelle eines beträchtlichen Umwegs ***(Abb. 12.20)***:

Das Spurenelement Jod steht dabei im Mittelpunkt (s. Kap. 3, S. 57). Jod nehmen wir ähnlich wie Chlor in Form von Salzen auf. Meersalz und alle Speisen, die mit dem Meer zu tun haben (Seefisch, Meeresfrüchte, Gemüse von küstennahen Anbauflächen, Milch von Weidekühen in Küstennähe etc.) enthalten Jod in Form eines Natrium- oder Kaliumsalzes (NaJ oder KH). Im Binnenland muss Jod der Nahrung zugesetzt werden, um eine Struma zu vermeiden (s. u.).

Schilddrüse

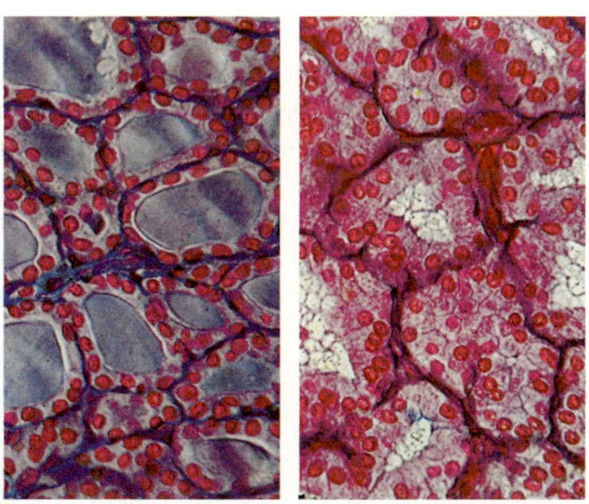

Abb 12.19 links zeigt einen Schnitt durch eine prall mit Kolloid gefüllte Schilddrüse. Die Epithelzellen rund um einen Follikel produzieren Schilddrüsenhormone und Thyroglobulin in die Follikel hinein und vergrößern so deren Inhalt. Bei Bedarf kann Schilddrüsenhormon aus diesem Speicher entnommen werden. Die Follikel schnurren dann ganz erheblich zusammen (rechts).

Produktion und Abgabe von T3 und T4

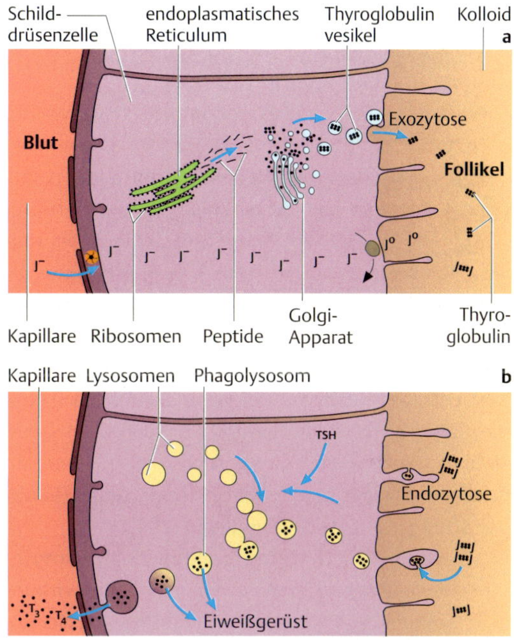

Abb 12.20a, b Während der Speicherungsphase (**a**) produziert das raue endoplasmatische Retikulum der Follikelepithelzellen das Eiweißmolekül Thyroglobulin und reicht es zur Weiterverarbeitung und Exozytose an den Golgi-Apparat weiter. Die Zelle pumpt negativ geladenes Jodid (J^-) aktiv ins Zytoplasma und gibt es nach Umwandlung in Jod (J^o) in den Follikel ab. Dort reagieren Thyroglobulin und Jod zu einer gebundenen Vorstufe der Schilddrüsenhormone. In der Sekretionsphase (**b**) nimmt die Zelle das jodhaltige Thyroglobulin aus dem Follikel auf, spaltet es in Phagolysosomen zu den aktiven Schilddrüsenhormonen T_3 und T_4 und schleust diese ins Blut aus.

Wirkungen der Schilddrüsenhormone

Im Blut bindet sich das meiste T_4 an Plasmaeiweiße und ist dann unwirksam. Auch freies T_4 ist verhältnismäßig wenig aktiv. Erst dann, wenn spezielle Enzyme im Blut oder Gewebe ein Jodatom vom äußeren Ring des Tetrajodthyronins abspalten, entsteht das mehr als hundertfach aktivere Trijodthyronin T_3, das eigentliche Schilddrüsenhormon. T_3 hat folgende Wirkungen:

- es beschleunigt Stoffwechsel und ATP-Verbrauch,
- erhöht die Körpertemperatur und
- wirkt anregend auf das Zentralnervensystem.

Hyperthyreose. Patienten mit einer *Überfunktion der Schilddrüse* (Hyperthyreose, *Abb. 12.21)* sind meistens schlank bis mager, obwohl sie oft enorme Kalorienmengen zu sich nehmen und keine Mahlzeit auslassen. Sie tragen auch im Winter nur leichte Kleidung, wirken übererregt, sind „gestresst" und können sich nur schlecht konzentrieren. Bei vielen Patienten treten die Augäpfel in charakteristischer Weise aus ihren Höhlen (Morbus Basedow). Nicht selten kommen Beschwerden des Magen-Darm-Trakts hinzu (häufiger Stuhlgang, evtl. Durchfälle).

In schweren Fällen treten gefährliche Herzrhythmusstörungen auf. Wegen dieser „Nebenwirkungen" sollte man sich nicht verleiten lassen, Schilddrüsenhormone als Schlankmacher zu verwenden.

Hypothyreose. Menschen mit einer *Unterfunktion der Schilddrüse* (Hypothyreose) leiden unter einer teigigen Fettsucht, häufiger unbegründeter Müdigkeit, trockener Haut und rissigen Schleimhäuten; die Reaktionszeit verlangsamt sich dramatisch, die Betroffenen werden „tranig". Fehlen Schilddrüsenhormone während der Entwicklung des Gehirns, also im Neugeborenen- bis Kleinkindalter, dann kann sich das Zentralnervensystem nicht ausreichend entwickeln. Auch das körperliche Wachstum bleibt zurück – die Kinder werden zu „Kretins" (Kretinismus).

Weil sich die Ursache dieser schweren Behinderung sehr leicht medikamentös beheben lässt, sollte die Untersuchung der Schilddrüsenfunktion zum Standardrepertoire einer Routineuntersuchung bei allen Neugeborenen in der ersten Lebenswoche gehören.

Struma. Ein Kropf (Struma) kann durch ein tumoröses Wachstum eines Teils der Schilddrüse entstehen. Gutartige hormonproduzierende Tumoren reichern radioaktives Jod sehr stark an und stellen sich im Szintigramm daher

Schilddrüsenfehlfunktion

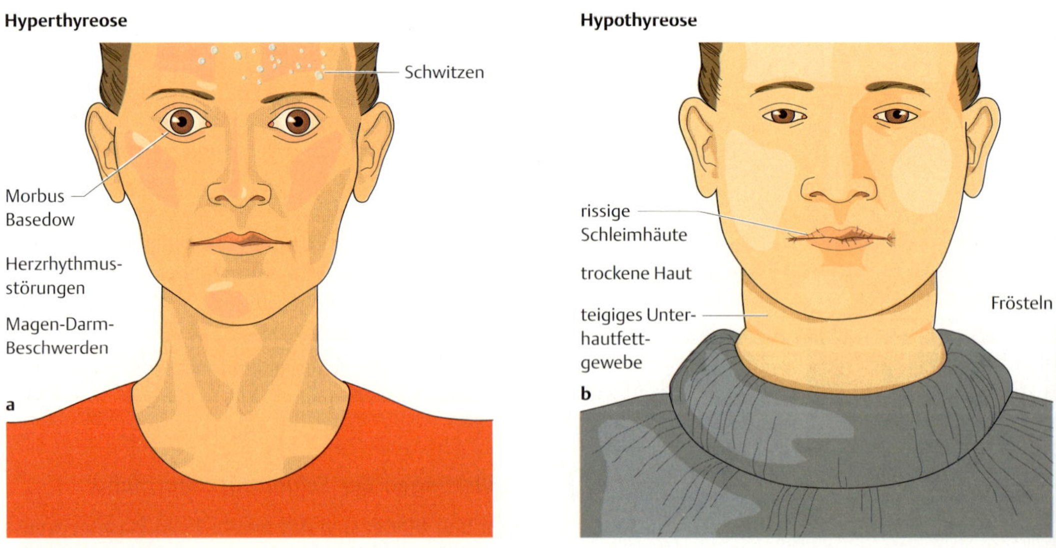

Abb 12.21a, b Eine Überfunktion der Schilddrüse (**a**) äußert sich durch einen allgemein beschleunigten Stoffwechsel mit Gewichtsabnahme und Nervosität. Nicht selten treten bei Schilddrüsenfehlfunktionen (nicht nur bei Überfunktion) die Augäpfel im Sinne eines M. Basedow nach vorne. Patienten mit Schilddrüsenunterfunktion (**b**) haben eine teigig wirkende, trockene Haut und klagen oft über Müdigkeit und Frösteln wegen ihres allgemein verlangsamten Stoffwechsels.

als „heiße Knoten“ dar. Wesentlich seltener ist der Schilddrüsenkrebs, der keine Hormone produziert und daher in aller Regel als „kalter Knoten“ in Erscheinung tritt.
In den allermeisten Fällen ist ein Kropf aber die Folge von Jodmangel: Wenn zu wenig Jod vorhanden ist, vergrößert sich die Schilddrüse und die Umsatzgeschwindigkeit von Jod steigt. Dadurch werden häufig normale T_3- und T_4-Spiegel erreicht, obwohl ein Jodmangel vorliegt. Also kann ein Kropf sowohl mit normalen Hormonspiegeln als auch mit einer Unter- oder sogar Überfunktion der Schilddrüse einhergehen.
Im chronischen Stadium bilden sich derbe knotige Inseln von Bindegewebe, die im Szintigramm kein radioaktives Jod mehr ansammeln (Knotenkropf, Struma nodosa). Ein „kalter Knoten“ weist daher keineswegs in allen Fällen auf ein bösartiges Geschehen hin.

Die Schilddrüsenhormone T_3 und T_4 entstehen in der Wand der Schilddrüsenfollikel und werden im Inneren der Follikel gespeichert. Wichtigstes Spurenelement ist Jod. T_3 und T_4 steuern die Aktivität des Stoffwechsels und die Entwicklung des Zentralnervensystems.

Nebenschilddrüsen

Geschichtliches

In der Pionierzeit der Schilddrüsenchirurgie beobachtete man häufig tragische postoperative Todesfälle, die ganz offensichtlich nicht auf eine direkte Komplikation des Eingriffs, also z.B. eine Blutung oder Infektion, zurückzuführen waren. Die Patienten entwickelten in der Nacht nach der Operation in zunehmendem Maß Muskelkrämpfe, die sich innerhalb weniger Stunden steigerten und schließlich die Atmung lähmten.
Bald stellte man fest, dass diese Komplikation umso häufiger auftrat, je radikaler die Operation durchgeführt wurde, je geringer also der verbliebene Rest an Schilddrüsengewebe war. Ursache dieser schweren Komplikation war die unbeabsichtigte Entfernung der Nebenschilddrüsen (Epithelkörperchen, *Glandulae parathyroideae*), die als linsengroße Knötchen der Rückfläche der Schilddrüse aufliegen ***(Abb. 12.22)***.

Lage

Die meisten Menschen haben vier Epithelkörperchen, zwei obere und zwei untere. Zahl und Lage sind jedoch sehr variabel. Die Nebenschilddrüsen bestehen aus glykogenreichen, kleinen und vesikelreichen Zellen, zwischen denen sich weite gefensterte Kapillaren schlängeln.
Die Gefäßversorgung variiert so stark, dass der Operateur bei jeder „subtotalen“ Schilddrüsenoperation einen hinteren Rest des rechten und linken Lappens belassen muss, um die Nebenschilddrüsen nicht von ihrer Blutversorgung abzuschneiden.

Parathormon

„Das“ Hormon der Nebenschilddrüsen, Parathormon (Parathyroid hormone, PTH, Parathyrin), ist eigentlich eine Familie aus unterschiedlichen Bruchstücken eines 84 Aminosäuren langen Peptids. Unterschiedliche Bruchstücke üben dabei jeweils leicht verschiedene Wirkungen aus.
Entmineralisierung. Allen „Parathormonen“ gemeinsam ist jedoch, dass sie die Konzentration von Ca^{++} im Plasma erhöhen. Parathormon entmineralisiert die Knochen. Das heißt, es aktiviert die knochenabbauenden Zellen, die Osteoklasten, und löst damit die im Knochen vorkommenden Salze Calcium (Ca^{++}) und Phosphat (PO_4^{--}) aus ihrer organischen Grundsubstanz heraus ***(Abb. 12.23)***.
Vitamin D. Außerdem steigert Parathormon in der Niere die Aktivität von Vitamin D, so dass dieses „Hormonvitamin“ in höherer Konzentration zur Verfügung steht.
Calciumausscheidung. Ca^{++} und PO_4^{--} sind zusammen sehr schlecht löslich. Das ist gut so, denn daher löst sich der Knochen im Körper nicht wie Kandiszucker im Tee auf, sondern bleibt als stabiles Element im Skelett. Wenn jedoch die Konzentration beider Ionen im Blutplasma aus dem Gleichgewicht gerät, besteht die Gefahr, dass an allen möglichen Stellen Calciumphosphatkristalle ausfallen und diese zu

Aufbau der Nebenschilddrüsen

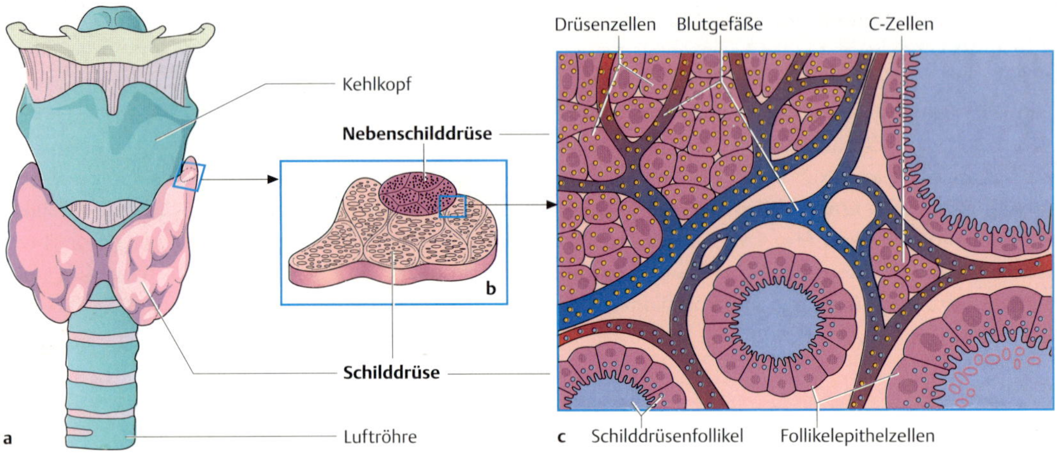

Abb 12.22a-c Die vier Nebenschilddrüsen liegen an der Rückseite der Schilddrüse im Gewebe (**a** u. **b**). Im Zoom (**c**) erkennen Sie, dass die Nebenschilddrüse nicht wie die Schilddrüse aus Follikeln besteht, sondern aus wenig geordneten Zellhaufen. Zwischen den Follikeln im Schilddrüsengewebe finden sich einzelne Calcitonin produzierende C-Zellen.

Schädigungen der Mikrozirkulation in zahlreichen Organen führen. Daher sorgt Parathormon an der Niere dafür, dass Phosphat weniger stark rückresorbiert, also vermehrt mit dem Urin ausgeschieden wird. Andererseits steigert es die Resorption von Calcium. Beide Effekte – Entmineralisierung der Knochen und Resortion von Calcium in der Niere – erhöhen den Calciumspiegel im Blut.

Wirkung von Parathormon

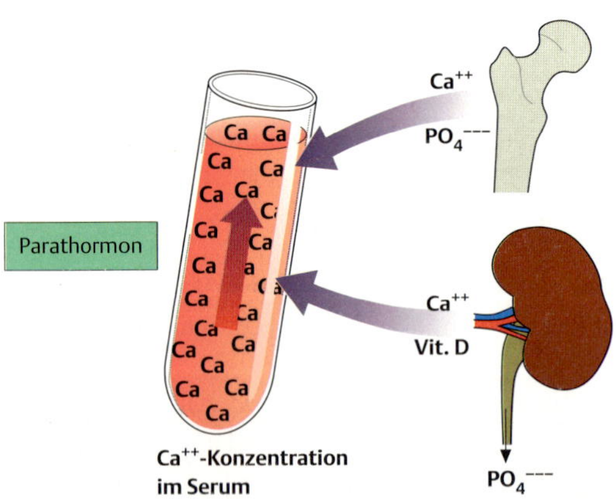

Abb 12.23 Das in den Nebenschilddrüsen gebildete Parathormon verursacht einen Abbau von Knochensubstanz. Dabei werden Calcium und Phosphat frei. Phosphat wird unter Parathormoneinfluss verstärkt mit dem Urin abgegeben, Calcium dagegen rückresorbiert: Der Calciumspiegel im Blut steigt.

Calcitonin

Bei der Besprechung der Schilddrüse haben wir T_3 und T_4 als die Schilddrüsenhormone bezeichnet. Dies war, wie sich jetzt zeigt, ein wenig zu pauschal. Zwischen den Follikeln des rechten und linken Lappens finden sich nämlich einige wenige Zellen, die das Peptidhormon Calcitonin produzieren (sog. C-Zellen).

Mineralisierung. Calcitonin ist der Gegenspieler des Parathormons. Es senkt also den Blut-Ca^{++}-Spiegel, indem es die Osteoklastentätigkeit hemmt (Mineralisierung des Knochens) und an der Niere die Ausscheidung von Ca^{++} fördert ***(Abb. 12.24)***.

Verdauung. Auf die Vitamin-D-Produktion scheint Calcitonin jedoch keinen Einfluss auszuüben. Dafür hat es eine deutliche Beziehung zum Magen-Darm-Trakt. Calcitonin verlangsamt die Verdauungstätigkeit

Diese Beziehung erklärt man sich folgendermaßen: Mit jeder calciumreichen Mahlzeit (Milchprodukte!) würde sich der Ca^{++}-Spiegel im Blut massiv erhöhen, wenn das frisch absorbierte Calcium nicht rasch im Knochen verschwände. Daher werfen die Verdauungshormone die Knochenmineralisierung schon

an, noch bevor nennenswerte Calciummengen absorbiert worden sind und verhindern damit einen Anstieg der Blutkonzentration.
Umgekehrt dienen hohe Calcitoninkonzentrationen als „Stopp"-Signal auf den Magen-Darm-Trakt, hemmen die Ca^{++}-Absorption und verhindern, dass die Knochenmineralisierung mit einer eventuell massiven Calciummenge (Müsli mit Quark und Käse, dazu ein Becher Milch) nicht mehr mitkommt.

Parathormon entsteht in den Nebenschilddrüsen (Epithelkörperchen). Es erhöht den Calciumspiegel im Blut, indem es Calcium aus dem Skelett freisetzt und die Ausscheidung von Calcium mit dem Urin hemmt.

Calcitonin entsteht in der Schilddrüse. Es senkt den Calciumspiegel im Blut, indem es Calcium in den Knochen einbaut, die Aufnahme von Calcium über den Darm steigert und dessen Ausscheidung mit dem Urin fördert.

Wirkung von Calcitonin)

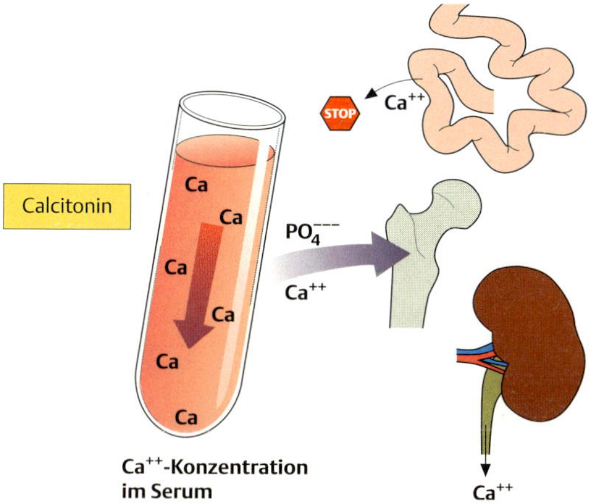

Abb 12.24 Calcitonin ist der Gegenspieler von Parathormon. Es fördert u.a. den Einbau von Calcium und Phosphat in den Knochen und senkt den Blutspiegel von Calcium durch vermehrte Ausscheidung und geringere Absorption aus dem Darm.

12.3 Hormonelle Regelkreise

Allgemeines zu Hormonen

Definition

Das Hormonsystem ist stammesgeschichtlich sehr alt. Bereits primitive wirbellose Tiere, ja sogar einzellige Mikroorganismen verwenden chemische Botenstoffe (Hormone) als Übermittler von Nachrichten zwischen einem „Zentrum" und verschiedenen Organen bzw. Organellen.
Zur Definition eines Hormons gehörte noch bis in die 70er Jahre sein Transport auf dem Blutweg („echte" Hormone). Mittlerweile kennt man eine Reihe wichtiger Hormone, die sich im Gewebe durch Diffusion ausbreiten, also niemals die Blutbahn erreichen (Gewebshormone, parakrine Hormone) oder sogar nur auf die hormonproduzierende Zelle selbst wirken (autokrine Hormone, ***Abb. 12.25***). Nach heutiger Sicht rechnet man zu den Hormonen alle chemischen Botenstoffe, die eine spezifische Reaktion auslösen können und nicht ausschließlich intrazellulär wirken. Damit ist natürlich die Abgrenzung zu den Neurotransmittern fließend geworden.
Zu jedem Hormon gehören spezifische Rezeptoren an den Zielzellen, die nur mit einem ganz bestimmten Hormon reagieren, dieses jedoch bereits in kleinsten Spuren (meist 100 pmol/l bis 100 nmol/l) erkennen. Für ein bestimmtes Hormon hat jede Zelle maximal einen Rezeptortyp, der dann eine entsprechende zelluläre Wirkung auslöst.

Hormonsystem und Nervensystem

Das Hormonsystem dient im weitesten Sinne der Informationsübermittlung. Damit ergänzt es das Nervensystem, das ebenfalls Informationen vom Zentrum in die Peripherie (efferent) oder aus der Peripherie zum Zentrum (afferent) leitet. Beide Systeme haben jedoch völlig unterschiedliche Stärken und Schwächen, so dass Hormon- und Nervensystem einander in vielen Punkten sinnvoll ergänzen.

Wirkungsweise von Hormonen

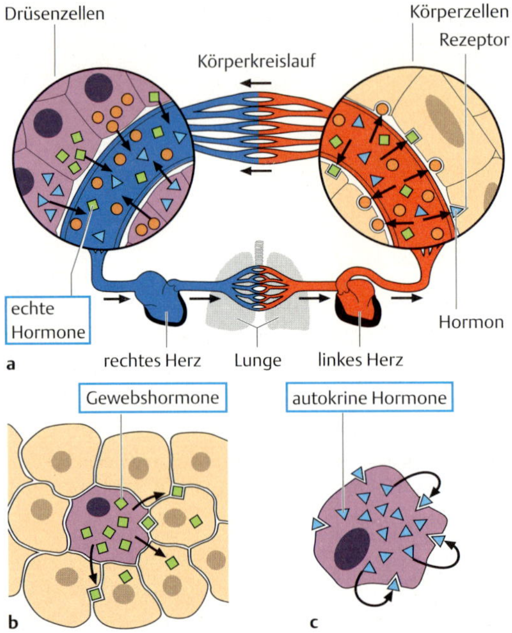

Abb 12.25 (**a**) zeigt die klassische Sichtweise von Hormonen: Ein Hormon wird von spezialisierten Zellen in den venösen Blutkreislauf abgegeben (links), erreicht über Lunge und Herz mit dem arteriellen Blut seine Zielzellen (rechts) und wirkt über Rezeptoren an deren Zellmembran. Beachten Sie, dass eine Zielzelle mehrere unterschiedliche Rezeptoren besitzen kann. Abbildung (**b**) illustriert die Funktion von Gewebshormonen, die ohne Einschaltung des Blutkreislaufs direkt auf die benachbarten Zellen wirken. In (**c**) wirkt das Hormon sogar auf die hormonproduzierende Zelle selbst zurück.

Reaktionszeit. Das Hormonsystem reagiert langsam. Für die Ausbreitung eines Botenstoffes mit dem Blutstrom ist die Blutströmungsgeschwindigkeit entscheidend. Die schnellsten Hormone benötigen daher mindestens 5–10 Sekunden, um einen ersten Effekt auszulösen. Meist reagieren Hormone im Verlauf von 30 Minuten bis zu 3 Stunden, manche Wirkungen (Wachstumshormon) werden erst nach Monaten sichtbar.

Wirkorte. Im Gegensatz zum Nervensystem erreichen Hormone alle Zellen des Körpers, also nicht nur diejenigen Gewebe, die auch mit Nervenfasern versorgt sind. Hormone steuern dementsprechend Vorgänge, welche sehr viele und unterschiedliche Gewebe betreffen, während die Wirkungen des Nervensystems meistens spezifischer ausfallen.

Afferenz und Efferenz. Das Hormonsystem wirkt fast ausschließlich efferent, sendet also zwar Signale in die Peripherie aus, erhält aber kaum Nachrichten von außerhalb des Organismus, also z. B. über veränderte Umweltbedingungen. Allerdings reagiert das Hormonsystem sehr sensibel auf Veränderungen des inneren Milieus des Körpers. Das Nervensystem besteht hingegen aus einem gleichberechtigten afferenten und efferenten System, das gleichermaßen Informationen aus der Umwelt und aus dem Körperinneren verarbeitet.

Chemie

Alle Hormone gehören einer der nachfolgend aufgeführten Stoffklassen an:

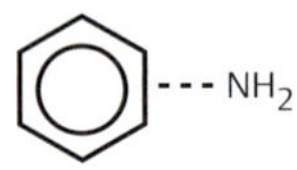

Amine (Adrenalin, Noradrenalin, Dopamin usw.) entstehen aus den Aminosäuren Tyrosin oder Tryptophan. Es handelt sich um kleine Moleküle, welche die hormonproduzierende Zelle in Vesikeln speichert und bei Bedarf durch Exozytose freisetzt. Viele Amine wirken sowohl als Neurotransmitter im Nervensystem als auch als klassische Hormone über den Blutweg.

Peptidhormone (CCK, Sekretin, VIP, alle Hormone des Hypothalamus und der Hypophyse usw.) sind nichts anderes als kürzere Eiweißketten aus ca. 8–100 Aminosäuren. Einige größere Peptidhormone tragen Zuckerreste und werden dementsprechend Glykoproteinhormone genannt (z. B. FSH, LH, TSH, EPO).

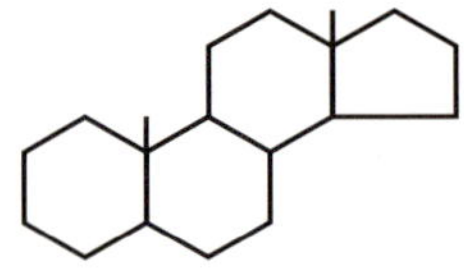

Steroidhormone (z. B. Cortisol, Aldosteron, Sexualhormone) sind Abkömmlinge des Cholesterins. Sie entstehen in der Nebennierenrinde oder den Keimdrüsen und werden von der Leber abgebaut. Wegen fehlender Speichermöglichkeiten reagieren Steroidhormone relativ träge, ihre Wirkung hält aber dafür um so länger an.

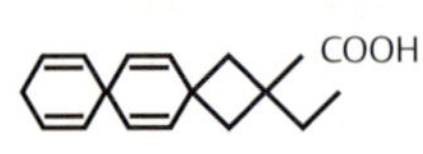

Arachidonsäure, eine mehrfach ungesättigte Fettsäure, ist die Vorläufersubstanz für viele Gewebshormone. Am bekanntesten aus dieser Substanzgruppe sind

die Prostaglandine. Diese Stoffe modulieren Entzündungsreaktionen und die Schmerzwahrnehmung.
Kleine Modifikationen an einem Hormonmolekül können dessen Wirkung radikal verändern. So entscheidet bei den Steroidhormonen beispielsweise manchmal eine einzige OH-Gruppe darüber, ob das Molekül als weibliches oder als männliches Sexualhormon wirkt. Auch bei den Aminen bewirkt eine kleine chemische Umwandlung, dass das die Blutgefäße erweiternde Dopamin zum gefäßverengenden Noradrenalin wird.

Hormone übermitteln Signale zwischen Körperzellen entweder direkt (autokrine oder parakrine Hormone) oder auf dem Blutweg (echte Hormone). Ihre Konzentration ist dabei extrem gering. Die Informationsübermittlung ist langsamer und nicht so zielgenau wie im Nervensystem. Hormone sind einfach aufgebaute Moleküle, die nach ihrer Wirkung schnell zu inaktiven Substanzen abgebaut werden.

Allgemeines zu Regelkreisen

Bisher haben wir zwar die wichtigsten Hormone, ihre Synthese und Abgabe sowie ihre gegenseitige Beeinflussung kennen gelernt, jedoch noch wenig darüber gesagt, ob bzw. wie ein Hormon seine eigene Ausschüttung beeinflusst.
Die Abgabe von Hormonen kann auf zweierlei Weise stattfinden, *gesteuert* oder *geregelt*.
In der Umgangssprache gebrauchen wir beide Begriffe synonym, also gleichbedeutend. In der Fachsprache der Physiologie werden die beiden Begriffe jedoch unterschieden.

„Regelung" meint das selbsttätige Regulieren eines weitestgehend automatischen Systems, während „Steuerung" einen Eingriff in ein System von außen bezeichnet.

Ein Beispiel: Der Thermostat am Heizkörper *regelt* die Raumtemperatur, ohne dass ich mich darum weiter kümmern muss. Verstelle ich den Thermostaten aber von Hand, dann greife ich *steuernd* in das „System" der Temperaturregulation ein.

Regelkreis

Im Alltagsleben verwenden wir geregelte Systeme (Regelkreise) immer dann, wenn ein bestimmter Vorgang automatisch ablaufen soll. Das soll uns entlasten, damit wir unsere Aufmerksamkeit wichtigeren Dingen zuwenden können. Unser Körper verwendet aus genau demselben Grund auch Regelkreise.

Regelgröße

Jede wichtige chemische oder physikalische Größe (Blutdruck, Puls, pH-Wert, Blutzucker, Calciumkonzentration etc.) ist Gegenstand eines Regelkreises, eine so genannte Regelgröße. Wir wollen beim Beispiel des Plasmacalciums bleiben, dessen regelnde Hormone Sie gerade eben kennen gelernt haben.

Störgrößen

Jede Sekunde wirkt auf diese Regelgröße eine Vielfalt an Störgrößen ein: Calcium wird über den Darm absorbiert, in die Zellen aufgenommen oder abgegeben, geht mit dem Harn verloren etc.

Stellglieder

Nieren, Darm und Knochensystem sind hierbei die Stellglieder des Regelkreises, also diejenigen Elemente, welche die Regelgröße positiv oder negativ beeinflussen können.

Stellgröße

Die Hormone Calcitonin und Parathormon sind die Stellgröße, also das Signal, welches den Stellgliedern sagt, ob und wie stark sie die Regelgröße verändern sollen.

Messfühler und Führungsgröße

Damit die Hormonproduzierenden Zellen die aktuelle Calciumkonzentration erfassen können, benötigen Sie Messfühler, die den Istwert der Regelgröße messen. Außerdem ist dafür ein Anhaltspunkt über den Sollwert erforderlich, auf den die Calciumkonzentration eingestellt werden soll (Führungsgröße). Messfühler und Führungsgröße sitzen in der Zellmembran. Es handelt sich um recht komplexe Mechanismen, deren Aufklärung eine Domäne der zellulären Elektrophysiologie und Molekularbiolgie ist.

Negative und positive Rückkopplung

Negative Rückkopplung

In den meisten Fällen ist es das Ziel eines Regelkreises, die Regelgröße möglichst konstant zu halten. Man spricht dann von Homöostase bzw. negativer Rückkopplung ***(Abb. 12.26)***. „Negativ“ bedeutet, dass immer dann, wenn der Istwert der Regelgröße (aktueller Calciumspiegel) einen vorgegebenen Sollwert (ca. 1,0–1,3 mmol/l freies Ca^{++}) überschreitet, Mechanismen einsetzen sollen, welche diesen Istwert reduzieren.
So schüttet die Schilddrüse immer dann Calcitonin aus, wenn der Calciumspiegel im Blut über den Normalwert hinaus ansteigt. Dadurch wird Calcium verstärkt in den Knochen eingebaut und weniger stark in der Niere rückresorbiert. Beide Mechanismen senken den Calciumspiegel im Blut.

Negative Rückkoppelung: Ca++-Spiegel

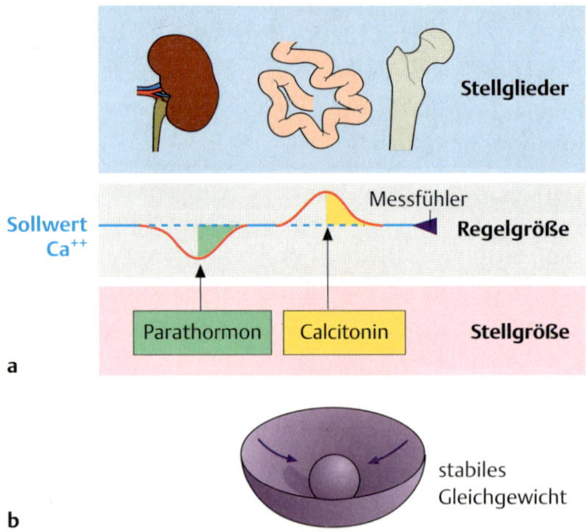

Abb 12.26a, b Eine negative Rückkopplung findet sich immer dann, wenn eine Regelgröße (z. B. der Calciumspiegel) möglichst konstant gehalten werden soll. Sinkt der Ca^{++}-Spiegel unter den Sollwert, so gibt die Nebenschilddrüse Parathormon ab (**a**) und der Ca^{++}-Spiegel normalisiert sich. Bei einem Übersteigen des Sollwerts senkt dagegen Calcitonin den zu hohen Ca^{++}-Wert. Stellglieder sind dabei Niere, Darm und Knochensystem (s. Abb 12.23 und 12.24). Die Regelgröße findet also wie eine Kugel in einer konkaven Schale (b) trotz Störungen von außen immer ein stabiles Gleichgewicht.

Die meisten körpereigenen und fast alle technischen Regelkreise beruhen auf negativer Rückkopplung: Je mehr der Wert der Regelgröße (Istwert) vom Sollwert abweicht, um so größer

Positive Rückkopplung: Austreibungswehen

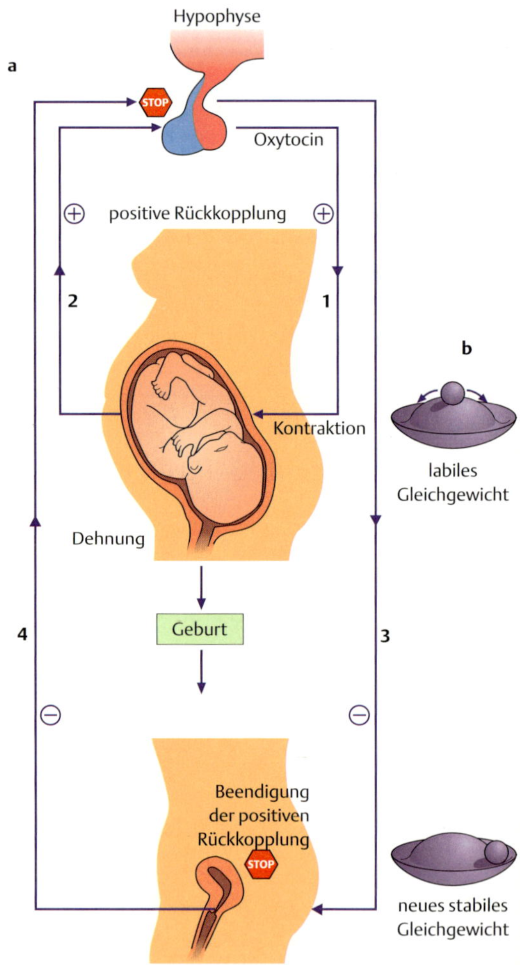

Abb. 12.27a, b Positive Rückkopplungssysteme funktionieren nach dem Prinzip des „Teufelskreises“: Die Dehnung der Zervix fördert im Hypophysenhinterlappen die Abgabe von Oxytocin (**a**). Dieses löst Wehen in der Uterusmuskulatur aus. Darauf reagieren wiederum die Dehnungsrezeptoren, die die Hypophyse dazu veranlassen noch mehr Oxytocin abzugeben. Erst nach der Geburt kommt dieser Vorgang zum Erliegen, da die Zervix nicht mehr gedehnt wird. Die Situation ist mit einer Kugel auf einer konvexen Oberfläche vergleichbar (**b**), deren labiles Gleichgewicht schon durch kleine äußere Störungen unwiderruflich gestört wird.

wird die Stellgröße. Die Regelgröße wird dadurch wieder dem Sollwert angenähert.

Positive Rückkopplung

Einige wenige Körpervorgänge werden durch eine positive Rückkopplung geregelt. Jede Dehnung des Uterushales während der Geburt fördert die Freisetzung von Oxytocin im Hypophysenhinterlappen. Oxytocin selbst verstärkt wiederum die Kontraktionskraft der Uterusmuskulatur. Dadurch drückt der kindliche Kopf während der Austreibungsphase noch stärker in den Uterushals hinein, was wiederum die Oxytocinausschüttung noch mehr steigert etc. ***(Abb. 12.27)***.

Am Ende der Geburt wird der Uterushals natürlich nicht mehr gedehnt, weil das Kind ja geboren ist. Damit lässt auch die Oxytocinsekretion nach.
Neben der Geburt unterliegen nur noch die Blasenentleerung und die Ejakulation der einer positiven Rückkopplung. Alle diese Prozesse finden ein natürliches Ende mit der Entleerung des betreffenden Organs.

Positive Rückkopplung meint, dass ein Ungleichgewicht sich immer mehr steigert, bis es zu einem abrupten Ende durch äußere Einflüsse kommt. Positive Rückkopplung zielt immer auf einen klar erkennbaren Endpunkt ab.

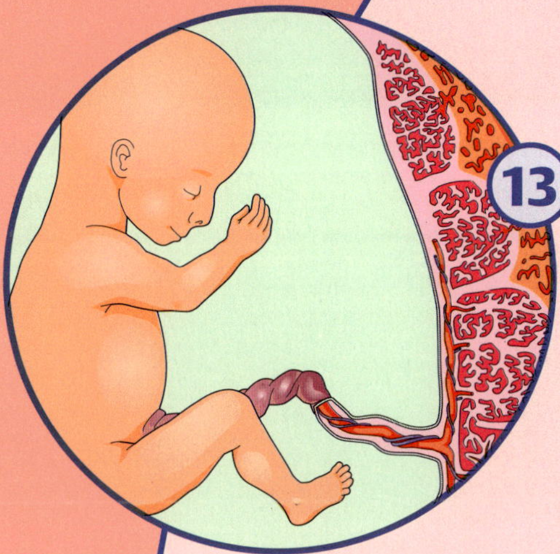

13 SICH FORTPFLANZEN

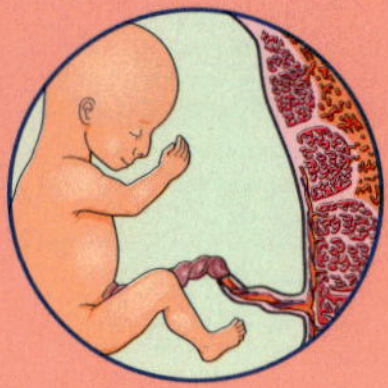

13.1 Männliche Geschlechtsorgane

Hoden und Nebenhoden

Lage

Die männliche Keimdrüse, der Hoden *(Testis, Orchis)*, entsteht aus der selben Anlage wie der Eierstock der Frau. Er entwickelt sich daher zunächst intraperitoneal und wandert erst kurz vor der Geburt aus dem Bauchraum durch den Leistenkanal (Inguinalkanal, *Canalis inguinalis*) in den Hodensack *(Skrotum)* ein ***(Abb. 13.1)***. Trotz der damit verbundenen Verletzungsgefahr hat sich bei den meisten Säugetierspezies diese Lage des Hodens bewährt, da die niedrigere Temperatur im Hodensack (32–35 °C) für die Spermienreifung notwendig ist.

Beim Abstieg *(Deszensus)* des Hodens aus der Bauchhöhle nimmt der Hoden alle Schichten der Bauchwand mit und zieht diese mit dem Samenstrang hinter sich her. Dies betrifft insbesondere die Bauchmuskulatur *(M. obliquus internus)*, die als *M. cremaster* Hoden, Nebenhoden, Samenleiter, Gefäße und Nerven umhüllt. Nach sexueller Stimulation oder beim Bestreichen der Haut der Oberschenkelinnenseite zieht sich der M. cremaster reflektorisch zusammen und hebt Hoden und Nebenhoden geringfügig an.

Auch die Gefäßversorgung von Hoden und Nebenhoden ist vom Deszensus betroffen: Die Hodenarterie *(A. testicularis)* entspringt beidseits der Aorta unmittelbar nach Abgang der Nierenarterie. Die Hodenvene (V. testicularis) mündet ebenfalls sehr hoch: rechts in die V. cava inferior, links in die Nierenvene.

Deszensus des Hodens

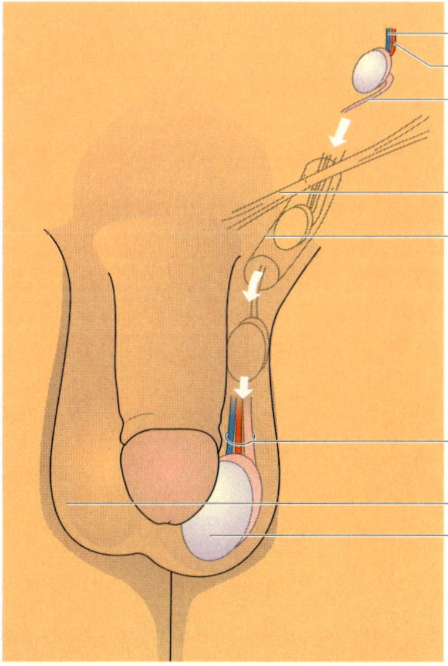

Abb 13.1 Kurz vor der Geburt wandert der Hoden aus der Bauchhöhle durch den Leistenkanal in den Hodensack ein. Der Samenleiter und die Hodengefäße verlängern sich entsprechend stark. Beachten Sie, dass der Samenleiter am Beginn des Deszensus noch nach unten weist, später dann steil nach oben.

Varikozele und Hydrozele. Bei einer Abflussbehinderung im Bereich der Nierenvene, beispielsweise durch einen abgeknickten Gefäßverlauf oder einen Tumor, entsteht wegen des langen Verlaufs der Hodenvene nicht selten eine tastbare venöse Stauung der Hoden- und Nebenhodengefäße (Varikozele).

Innerhalb der durch den M. cremaster gebildeten Tasche umhüllt eine seröse Haut, die Tunica vaginalis, den Hoden. Sie ist ein abgeschnürter Rest des Peritoneums und steht bei manchen Männern noch mit der Bauchhöhle in Verbindung. Solche abgeschnürten Peritonealzysten füllen sich häufig mit Flüssigkeit und können als Hydrozele, je nach Lokalisation, erhebliche Beschwerden verursachen. Varikozele und Hydrozele können die Spermienreifung negativ beeinflussen und u.U. ein Grund für männliche Unfruchtbarkeit sein.

Hodenretention. Ist gegen Ende des ersten Lebensjahres einer der Hoden noch nicht in den Hodensack eingewandert, dann besteht die Gefahr, dass er dauerhaft innerhalb der Bauchhöhle bleibt (Hodenretention). Die spermienproduzierenden Hodenkanälchen können sich dann nicht entwickeln (Sterilität). Außerdem ist bei Hodenretention das Risiko, an Hodenkrebs zu erkranken, mehr als 20fach erhöht. Kontrollieren Sie daher bei männlichen Säuglingen stets Lage und Beweglichkeit beider Hoden.

Aufbau

Der Hoden hat in etwa die „Standardmaße“ von 5 × 3 × 2 cm (Gewicht 25 g). Ein abnorm kleines Volumen (weniger als ca. 10 ml) kann ein Hinweis auf hormonelle Störungen sein und ist in der Regel mit Unfruchtbarkeit verbunden.

Kapsel

Die pralle Konsistenz des Hodens kommt durch eine straffe Kapsel *(Tunica albuginea)* zustande, die den Hoden mit Ausnahme des nach hinten gerichteten Hilums *(Mediastinum testis)* vollständig bedeckt und einen erhöhten Binnendruck im Hodengewebe aufrechterhält ***(Abb. 13.2)***.

Septen

Von dieser Organkapsel aus ziehen bindegewebige Scheidewände (Septen, *Septula testis*) zum Hilum und unterkammern das Hodenparenchym in 200–300 keilförmige Läppchen *(Lobuli testis)*. Die Septen führen Blut- und Lymphgefäße. Sie sind zudem stark sensibel innerviert, weshalb der Hoden extrem druckempfindlich ist.

Samenkanälchen

In jedem Läppchen sind 2–3 Samenkanälchen *(Tubuli seminiferi contorti)* derart verknäuelt, dass ihre Gesamtlänge von je einem halben Meter auf den verfügbaren zwei Zentimetern Platz findet. Die *Tubuli seminiferi* münden mit einem kurzen geraden Anteil in das Hodennetz *(Rete testis)* im Bereich des Mediastinum testis, um sich danach als schwächer gewundene *Ductuli efferentes* im Nebenhoden fortzusetzen. Das mikroskopische Skelett der Samenkanälchen besteht aus den großen *Sertoli-Zellen*. Sie sitzen der Basalmembran breitbasig auf und bilden im Inneren der Samenkanälchen ein dichtes Maschenwerk, in dessen Lücken die Samenzellen heranreifen ***(Abb. 13.3)***.

Leydig-Zwischenzellen

Zwischen die Samenkanälchen quetschen sich *Leydig-Zwischenzellen*, die das männliche Sexualhor-

Hoden und Nebenhoden

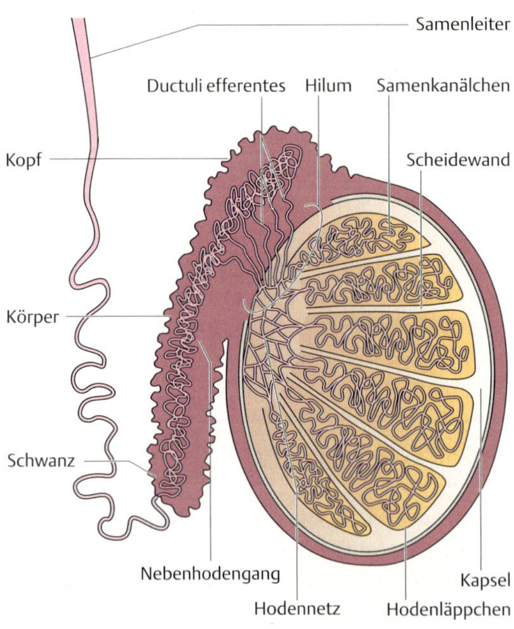

Abb 13.2 Hoden und Nebenhoden enthalten vielfach geknäuelte Samen- bzw. Hodenkanälchen. In den Samenkanälchen des Hodens entstehen und reifen die Spermien. Erst im Nebenhodengang werden sie befruchtungsfähig.

Querschnitt durch ein Samenkanälchen

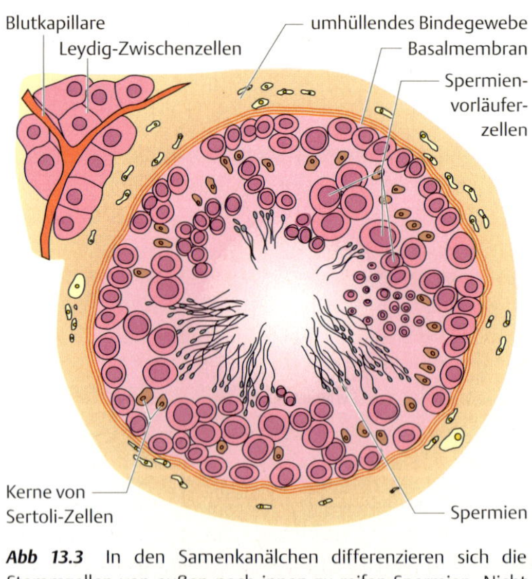

Abb 13.3 In den Samenkanälchen differenzieren sich die Stammzellen von außen nach innen zu reifen Spermien. Nicht dargestellt sind auf dieser Abbildung die Sertoli-Stützzellen, die speichenartig ins Innere des Samenkanälchens vorragen. Außerhalb des eigentlichen Samenkanälchens erkennen Sie links oben Leydig-Zwischenzellen, die das männliche Sexualhormon Testosteron produzieren.

mon Testosteron synthetisieren und in das Blut abgeben. Entsprechend dieser endokrinen Funktion finden sich – wie im Pankreas die Langerhans-Inseln – die Leydig-Zwischenzellen bevorzugt in der Nachbarschaft von Blutkapillaren.

Nebenhoden

Der Nebenhoden *(Epididymis)* bedeckt wie eine Kappe die hintere äußere Seite des Hodens. Hoden und Nebenhoden sind gut tastbar und klar gegeneinander abgegrenzt. Am besten tastet man beide Hoden im Vergleich. Dadurch erkennt man am ehesten eine Veränderung der Form, Größe oder Empfindlichkeit beider Organe (Zyste, Entzündung, Hodentumor).

Nebenhodenkopf

Im Nebenhodenkopf verlaufen 10–20 geknäuelte Ductuli efferentes, die das Hodensekret aus dem Hodennetz aufnehmen und in den eigentlichen Nebenhodengang ableiten.

Nebenhodengang

Die Gesamtlänge des Nebenhodenganges *(Ductus epididymidis)* beträgt ca. 5 m (!). Vielfache Verschlingungen ermöglichen es, diese Länge in Körper und Schwanz des Nebenhodens (ca. 6–7 cm) unterzubringen. Dabei nimmt der Durchmesser des Lumens allmählich bis auf einen halben Millimeter zu, wobei der Nebenhodengang mehr und mehr von glatter Muskulatur umgeben wird.

Der Nebenhodengang macht die Spermien während der etwa 12 Tage dauernden Passage befruchtungsfähig, da sein Sekret die Bindung der Spermien an die Eizelle begünstigt. Im Nebenhodengang herrscht ein saures Milieu vor (pH-Wert 6,5), das die Spermien unbeweglich macht und daher deren Energiebedarf herabsetzt.

Die Zellen des Nebenhodenganges können aber auch abnorme oder überalterte Spermien durch Phagozytose aufnehmen und abbauen. Sie besitzen also ähnlich wie die Zellen des mononukleären Phagozytensystems (MPS) – z. B. Makrophagen – eine Reinigungsfunktion.

Der Hoden wandert erst in der späten Fetalzeit aus der Bauchhöhle in den Hodensack ein. Unter der derben Kapsel befinden sich aufgeknäuelte Samenkanälchen, in denen sich die Spermien entwickeln. Zwischen den Samenkanälchen produzieren Leydig-Zellen das männliche Sexualhormon Testosteron.

Der Nebenhoden enthält den mehrere Meter langen Nebenhodengang. Hier reifen die Spermien und werden befruchtungsfähig.

Samenwege und Drüsen

Samenleiter

Im Gegensatz zum Nebenhodengang, der als Reservoir für Spermien dient, hat der anschließende Samenleiter *(Ductus deferens)* die Aufgabe, während der Ejakulation den Inhalt des Nebenhodenschwanzes möglichst schnell weiterzubefördern ***(Abb. 13.4)***. Entsprechend stark ist die Muskulatur entwickelt, die mehr als drei Viertel des gesamten Durchmessers von 3,5 mm ausmacht. Die Muskelfasern sind spiralartig gewunden; im Querschnitt erkennt man eine äußere und innere Längsmuskelschicht, dazwischen eine starke Lage Ringmuskulatur.

Der Samenleiter ist mit einer Länge von 50–70 cm nach dem Darm das längste Hohlorgan unseres Körpers. Er bildet zusammen mit Blut- und Lymphgefäßen, Nerven, Faszien sowie dem M. cremaster den Samenstrang *(Funiculus spermaticus)*. Der Samenleiter führt durch den Leistenkanal in die seitliche Leistengrube, biegt dort spitzwinklig nach innen und hinten ab und verläuft vor dem Harnleiter zur Rückseite des Blasendreiecks. Der Abschnitt nach Überkreuzung des Harnleiters ist zu einer Ampulle *(Ampulla ductus deferentis)* erweitert, die sich abschließend zum Spritzkanälchen *(Ductus ejaculatorius)* verengt.

Ableitende Samenwege

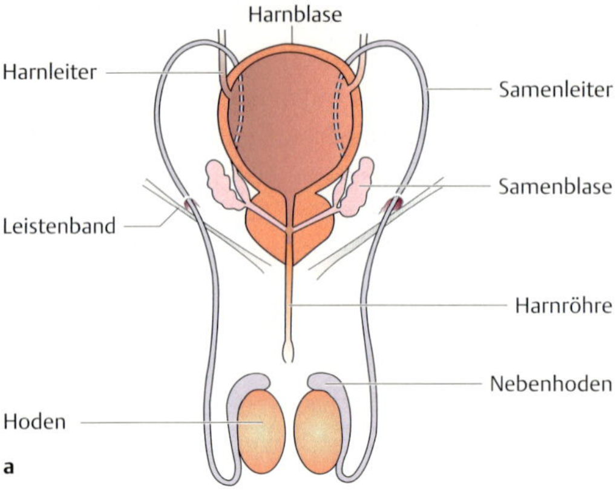

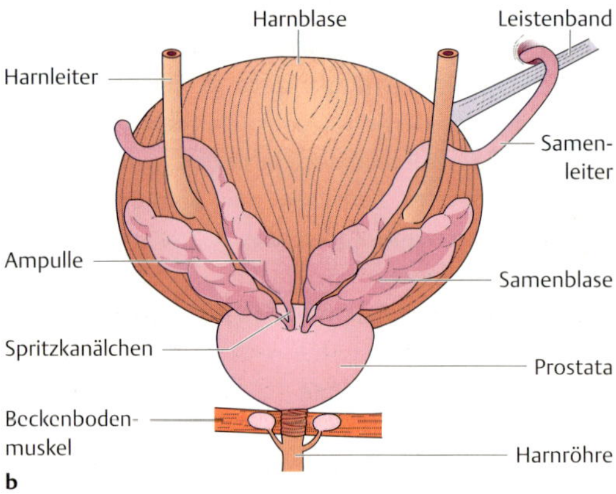

Abb 13.4a,b Abbildung (**a**) gibt einen schematischen Überblick über die ableitenden Samenwege in der Ansicht von vorn. Achten Sie darauf, dass der Samenleiter bis zum Dach der Harnblase aufsteigt und dort den Harnleiter überkreuzt. Harn- und Samenwege kommen in der Prostata zusammen. Abbildung (**b**) zeigt die Rückseite der Harnblase mit den Samenblasen.

Samenblase

In den Ductus ejaculatorius des Samenleiters mündet beidseits eine Samenblase (Samenbläschen, *Vesicula seminalis*). Dieses etwa daumenlange Organ besteht aus einem mehrfach gefalteten weitlumigen Gang, der als Ausbuchtung aus dem Samenleiter entstanden ist. Das Epithel ist zur Oberflächenvergrößerung stark aufgeworfen und gekammert.

Die Samenblasen produzieren mehr als zwei Drittel des Volumens einer Ejakulation. Das Sekret ist schleimig zäh und reich an Fruchtzucker (Fructose). Durch seinen relativ alkalischen pH-Wert von 7,2 erlangen die Spermien ihre Eigenbeweglichkeit; die hohe Fruktosekonzentration liefert die hierfür notwendige Energie. Ohne diese Aktivierung bleiben die Spermien im sauren Vaginalmilieu unbeweglich und könnten nicht in Uterus und Eileiter vordringen.

Prostata

Die *Prostata* (Vorsteherdrüse) wird meistens als „kastaniengroßes" Organ beschrieben ***(Abb. 13.5)***. Sie ähnelt einem oben und unten eingedellten Tischtennisball (ca. 4 × 4 × 2 cm).

Funktion

Funktionell ist die Drüse ein *Dreiwegehahn* zur Umschaltung zwischen Urin- und Spermafluss: Das Endstück der beiden Spritzkanälchen wird von starken glatten Muskelfasern verschlossen, so dass beim Wasserlassen kein Urin in Samenblasen und Samenleiter eindringen kann. Umgekehrt verschließt der innere Schließmuskel am Harnblasenausgang während der Ejakulation den blasennahen Anteil der Harnröhre. Er blockiert auf diese Weise einen nutzlosen rückwärtsgerichteten Spermafluss in die Harnblase (retrograde Ejakulation). Nach einer chirurgi-

Prostata

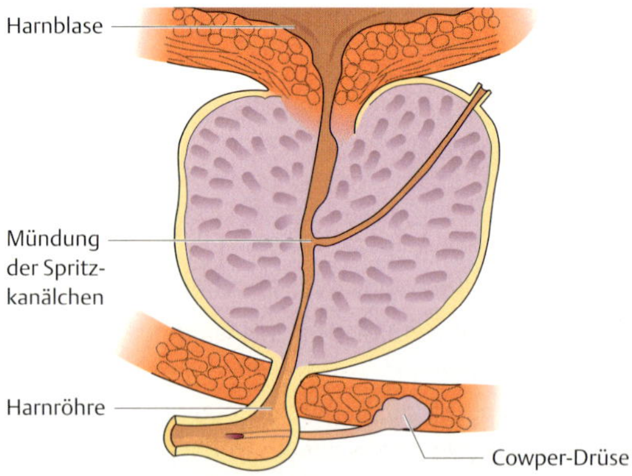

Abb 13.5 Anhand dieses Schnittes durch die Prostata (links = vorn; rechts = hinten) ist die Lage des Organs zwischen der Harnblase und der Muskulatur des Beckenbodens zu erkennen. Die Spritzkanälchen münden beidseits schräg von oben hinten in die Prostata ein. Die beiden Cowper-Drüsen geben ihr Sekret in den Anfangsteil der Harnröhre ab.

schen Erweiterung der Harnröhre in der Prostata, beispielsweise durch eine transurethrale Resektion (TUR), kann die Prostata dieser Aufgabe nicht mehr gerecht werden. Häufig sind die Patienten wegen der dann auftretenden retrograden Ejakulation auf natürlichem Wege nicht mehr zeugungsfähig.

Aufbau

Die Drüse besteht aus dem zirkulär um den Anfangsteil der Harnröhre angeordneten Mittellappen (zentrale Zone, *Lobus medius*) und den beiden Seitenlappen (periphere Zone, *Lobus dexter et sinister*). Die Seitenlappen stehen unter der Kontrolle von Testosteron; in ihnen können sich bösartige Prostatakarzinome entwickeln. Der Mittellappen vergrößert sich beim älteren Mann durch die vermehrt vorkommenden weiblichen Geschlechtshormone (Prostataadenom) und stellt häufig eine Abflussbehinderung für den Blasenurin dar.

Prostaglandine

Mikroskopisch erkennt man 20–40 sack- oder röhrenförmige Einzeldrüsen, die alle in die Harnröhre münden. Das Sekret enthält große Mengen der nach dieser Drüse benannten Prostaglandine, außerdem saure Phosphatase und Zitrat. Den Prostaglandinen wird als hormonartigen Überträgerstoffen eine Aktivierung der glatten Muskulatur von Scheide und Uterus nachgesagt. Das Prostatasekret macht ca. ein Viertel des Gesamtvolumens einer Ejakulation aus.

Harnröhre

Durch ihre Einbettung in den Penis ist die Länge der männlichen Harnröhre *(Urethra)* mit 20–40 cm sehr variabel.

Im ersten Harnröhrenabschnitt *(Pars prostatica)* münden die beiden Samenleiter und die Ausführungsgänge der Prostata.

Der zweite Abschnitt *(Pars membranacea)* liegt innerhalb der Peniswurzel. Hier münden die beiden Cowper-Drüsen *(Glandulae bulbourethrales)*. Diese liegen unmittelbar unterhalb der Prostata und der Beckenbodenfaszie auf dem Anfangsteil des Harnröhrenschwellkörpers. Außerdem besitzt die Harnröhre in ihrem weiteren Verlauf zahlreiche kleine Harnröhrendrüsen *(Glandulae urethrales)*. Beide Drüsengruppen geben gleich zu Beginn der sexuellen Erregung ein zähflüssiges Sekret ab, das die Gleitfähigkeit des Penis erhöhen soll.

Der dritte Abschnitt der Harnröhre *(Pars spongiosa)* liegt in der Mitte des Penis.

Der Samenleiter ist die Fortsetzung des Nebenhodengangs und leitet die Spermien zur Prostata. Kurz vor dem Eintritt in die Prostata mündet die Samenblase in den Samenleiter. Sie produziert ein energiereiches Sekret, das die Spermien beweglich erhält.

Die Prostata schaltet abhängig vom Erregungszustand zwischen Harn- und Samenweg um und produziert als Drüse einen Teil des Ejakulats. Auch die Harnröhre enthält Sekretdrüsen.

Penis

Aufbau

Seine markante Veränderlichkeit von Form und Konsistenz verdankt der Penis (Glied) zwei unterschiedlichen Schwellkörpersystemen:

- dem paarigen Penisschwellkörper *(Corpus cavernosum)* und
- dem unpaarigen Harnröhrenschwellkörper *(Corpus spongiosum)*.

Penisschwellkörper

Der Penisschwellkörper **(Abb. 13.6)** ist beidseits am unteren Schambeinast fixiert und bildet dort zusammen mit dem ihn bedeckenden *M. ischiocavernosus* die Peniswurzel. Im weiteren Verlauf vereinigen sich die beiden Penisschwellkörper zum eigentlichen Penisschaft, sind jedoch immer noch unvollständig durch eine lückenhafte, längsgestellte Membran *(Septum penis)* getrennt.

Penis

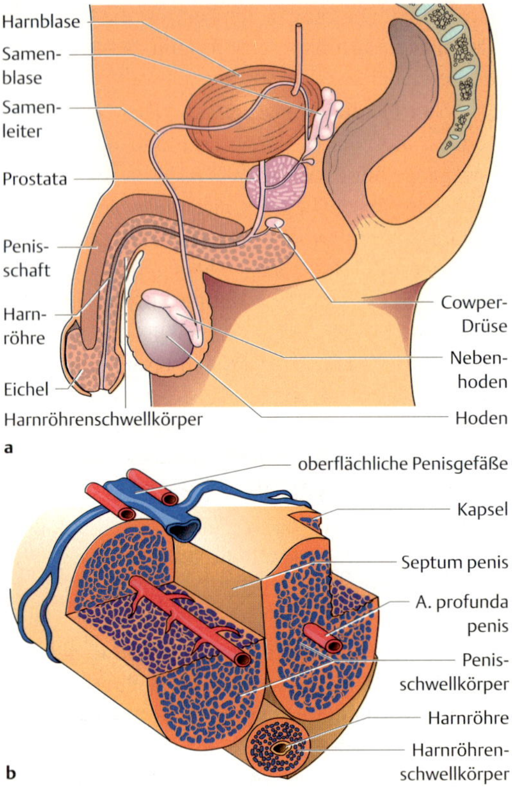

Abb 13.6a, b In der Übersicht (**a**) wird erkennbar, dass die Schwellkörper des Penis weit in den Beckenboden hineinreichen. Die Harnröhre ist vollständig von ihrem Schwellkörper umgeben, der an der Penisspitze auch die Eichel bildet. Der Querschnitt (**b**) durch den Penis zeigt die Anordnung der drei Schwellkörper mit den zu- und abführenden Blutgefäßen.

Harnröhrenschwellkörper

Der Harnröhrenschwellkörper entspringt an der Unterseite der Beckenbodenfaszie in der Körpermittellinie *(Bulbus penis)* und ist dort vom *M. bulbospongiosus* bedeckt. Dieser Muskel kann willkürlich angespannt werden, um nach dem Wasserlassen den verbleibenden Urin aus der Harnröhre zu entleeren. Der Harnröhrenschwellkörper verläuft an der Unterseite des Penis und bildet an dessen Spitze die Eichel *(Glans penis)*. In seinem Innern verläuft die Harnröhre.

Vorhaut

Der Penis wird von einer außerordentlich stark verschieblichen Haut überzogen, die über der Eichel eine Falte wirft (Vorhaut, *Praeputium penis*). Die Vorhaut schützt die empfindliche Eichel und dient als Reservefalte bei der Erektion. Bei ungenügender Hygiene bildet sich unter der Umschlagfalte der Vorhaut weißliches *Smegma* (Vorhauttalg) aus toten Epithelzellen. Dies wird durch die Beschneidung der Vorhaut *(Zirkumzision)* vermieden, die außerdem in vielen Kulturen eine rituelle Bedeutung als Zeichen der Religionszugehörigkeit oder Initiation besitzt.

Funktion

Penis- und Harnröhrenschwellkörper bestehen aus einer derben Kapsel *(Tunica albuginea)*, ähnlich der Organkapsel des Hodens, und einem schwammartigen Maschenwerk aus glatter Muskulatur, elastischen und kollagenen Fasern.

Inmitten der beiden Penisschwellkörper verläuft je eine Zentralarterie *(A. profunda penis)*, die über kleinere Äste frei in die Zwischenräume des Schwellkörpergewebes endet. Im erschlafften Zustand verschließt glatte Gefäßmuskulatur diese freien Arterienenden; die Kavernen zwischen den Maschen des Schwellkörpers sind blutleer. Zu Beginn einer Erektion erschlafft unter dem Einfluss des parasympathischen Nervensystems (Rückenmarksegmente S_2–S_4) die Gefäßmuskulatur, arterielles Blut spritzt unter hohem Druck in die Kavernen und füllt den Schwellkörper. Die Kapsel gerät unter Spannung und strafft den Penis, der so 6–8 cm an Länge gewinnt. Durch den hohen Binnendruck (bis zu 80 mmHg) fallen die innerhalb der Kapsel gelegenen Venen zusammen und blockieren den Abfluss.

Der Harnröhrenschwellkörper besitzt im Bereich des Penisschafts erheblich mehr Venen als der Penisschwellkörper. Er bleibt auch im erigierten Zustand weich, damit die Harnröhre für den Samenerguss offen steht.

13.2 Männliche Sexualfunktion

Männliche Genitalreflexe

Ejakulat

Das Volumen des Ejakulats (Sperma) ist je nach Dauer der sexuellen Abstinenz stark unterschiedlich (0,5 bis über 10 ml). Daher unterliegt auch die Spermienzahl pro Samenerguss starken Schwankungen. Pro Milliliter Sperma werden zwischen 30 und 150 Millionen Spermien als Norm angegeben, davon sind normalerweise 10–20% missgebildet oder bereits abgestorben.

Spermatogramm. **Bei der Diagnose männlicher Unfruchtbarkeit müssen in einem Spermatogramm neben der Zahl auch das Aussehen, die Beweglichkeit und die Eindringfähigkeit der Spermien in die Zona pellucida der weiblichen Eizelle beurteilt werden.**

Männliche Genitalreflexe

Der sexuelle Erregungsablauf ***(Abb. 13.7)*** des Mannes verläuft im Gegensatz zur Frau relativ gleichartig ab.

Erregungs-/Plateauphase

Einer kurzen Erregungsphase mit Erektion des Penis folgt eine sehr unterschiedlich lang dauernde Plateauphase, in der die Reizung vor allem der Eichel die Erektion aufrechterhält und gleichzeitig den Tonus des sympathischen Nervensystems erhöht. Der M. cremaster und die Muskelschicht des Hodensacks kontrahieren sich, der Hoden zieht sich in den Leistenkanal zurück. Gleichzeitig produzieren die Cowper-Drüsen verstärkt Sekret.

Sexuelle Erregung beim Mann

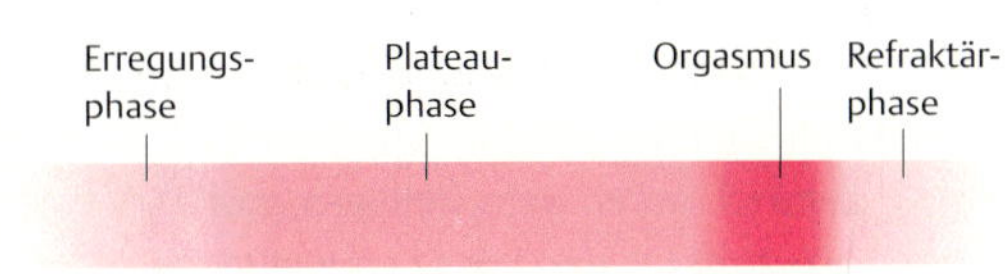

Abb 13.7 Das Erregungsmuster ist beim Mann physiologisch relativ einheitlich. Lediglich die Dauer der Plateauphase kann sehr stark schwanken.

Orgasmusphase

Die Orgasmusphase findet gleichzeitig mit der Ejakulation statt. Die Ejakulation steht unter der Kontrolle des sympathischen Nervensystems (Th_{12}–L_3). Dabei laufen schnelle peristaltische Wellen über den Samenleiter und saugen einen Teil des Inhalts des Nebenhodenschwanzes ab. Gleichzeitig kontrahiert sich die Muskulatur von Samenblasen und Prostata und verschließt so die innere Harnröhrenmündung. Das Ejakulat befindet sich nun in der Urethra und wird durch rhythmische Kontraktionen der Mm. ischiocavernosus und bulbospongiosus aus der Harnröhre gespritzt.

Rückbildungsphase

Der hohe Sympathikotonus nach dem Orgasmus veranlasst in der Rückbildungsphase die Schwellkörperarterien zu Kontraktionen und schneidet die Kavernen von ihrem Blutzufluss ab; die Schwellkörper entleeren sich, der Penis wird weich. In der abschließenden Refraktärphase normalisiert sichder vegetative Tonus, bis eine erneute Erektion möglich wird.

Sexuelle Funktionsstörungen beim Mann. **Unterschiedliche Erhebungen kommen zu dem Ergebnis, dass mehr als die Hälfte der Fälle von Impotenz auf psychologischen oder sozialen Ursachen beruhen: Selbstauferlegter oder von der Partnerin (evtl. auch dem Partner) geforderter Leistungsdruck ist dabei der häufigste Grund für eine Sexualstörung.**

Die „Leistung" bezieht sich meist auf den sexuellen Bereich, kann aber auch auf die berufliche bzw. finanzielle Situation übertragen werden. Nicht selten baut sich ein Teufelskreis auf, indem ein – mehr oder weniger zufälliges – sexuelles „Versagen" eine starke Angst vor dem Geschlechtsakt auslöst, welche wiederum die Libido so stark blockiert, dass der nächste Misserfolg vorprogrammiert ist. Glücklicherweise sind männliche Sexualstörungen inzwischen aus der Tabuzone gekommen. Zahlreiche psychotherapeutische Angebote, wie z. B. die

Paartherapie nach Masters und Johnsons, stehen zur Verfügung. In vielen Fällen reicht der vorübergehende Gebrauch erektionsfördernder Medikamente, das männliche Selbstbewusstsein so zu stärken, dass Erfolgserlebnisse auch ohne diese medizinisch nicht unproblematischen gefäßaktiven Substanzen eintreten.

Nicht verschwiegen werden sollte allerdings auch, dass durch die Zunahme der Zahl von Diabetespatienten und die vielfach notwendige Blutdrucksenkung z. B. mit Betablockern die Anzahl der Männer steigt, deren sexuelles Problem im Bereich der somatischen Medizin liegt.

! Der Penis besteht aus den beiden seitlichen Penisschwellkörpern und dem kleineren, unten gelegenen Harnröhrenschwellkörper. Bei der Erektion verschließen sich unter dem Einfluss des Parasympathikus die ableitenden Venen der Schwellkörper und das Blut staut sich auf.

Im Gegensatz zur Erektion wird die Ejakulation vom sympathischen Nervensystem gesteuert. Dieses ist auch dafür verantwortlich, dass nach dem Orgasmus der Penis schnell erschlafft.

Spermiogenese und Befruchtung

Reifung und Differenzierung

Die Entwicklung der Spermien *(Spermiogenese, Spermatogenese)* läuft während der gesamten fruchtbaren Phase des Mannes ab ***(Abb. 13.8)***.
In den Samenkanälchen des Hodens liegen die *Keimzellen* zwischen den *Sertoli-Zellen* und wandern während der ca. 2 Monate dauernden Entwicklung der Spermien nach und nach aus der Peripherie zum Lumen der Samenkanälchen; die Spermiogenese verläuft also von außen nach innen. Dementsprechend finden sich am Rand der Tubuli die jüngsten noch unentwickelten Vorläuferzellen, die *Spermatogonien A*.

Reifungsperiode

Während ihrer Vermehrung erfahren die Spermatogonien nicht wie andere Körperzellen eine vollständige Trennung der Tochterzellen, sondern diese hängen – durch Zytoplasmabrücken verbunden – zusammen. Die *Spermatogonie B* verdoppelt ihre DNA und wächst dadurch zum primären Spermatozyten *(Spermatozyt 1. Ordnung)* heran. Die erste Reifeteilung dieser Zelle führt zum sekundären Spermatozyten *(Spermatozyt 2. Ordnung)*. Das Ergebnis der zweiten Reifeteilung sind die *Spermatiden*, die bereits in der Nähe des Lumens den Sertoli-Zellen aufsitzen.

Differenzierungsperiode

Während der anschließenden Differenzierungsperiode kondensiert die DNA der Spermatide und verkleinert so den Zellkern. Einzelheiten über die Teilung des genetischen Materials während der Meiose finden Sie in Kap. 1, S. 17.

! Die Reifeteilung der männlichen Geschlechtszellen macht aus einer Spermatogonie vier Spermatiden, von denen je zwei ein X- und zwei ein Y-Chromosom enthalten. Aus diesen Spermatiden entwickeln sich die fertigen Spermien.

Aufbau der Spermien

Spermienkopf

Die reifen Spermien *(Spermatozoen)* entwickeln sich direkt aus den Spermatiden.
Der Golgi-Apparat schiebt sich wie eine Kappe über den Kern und bildet das *Akrosom*, das zusammen mit dem Zellkern im fertigen Spermium den 3–4 μm langen Spermienkopf bildet ***(Abb. 13.9)***.
Der Spindelapparat teilt sich und es entsteht das *proximale Zentriol* unter dem Zellkern sowie der gesamte Faserapparat der Spermiengeißel (Schwanzfaden, Achsenfaden). Eine bewegliche *Basalplatte* im 0,5 μm kurzen Spermienhals dient als Gelenk zwischen Kopf und Schwanzteil.

Entwicklung der Spermien

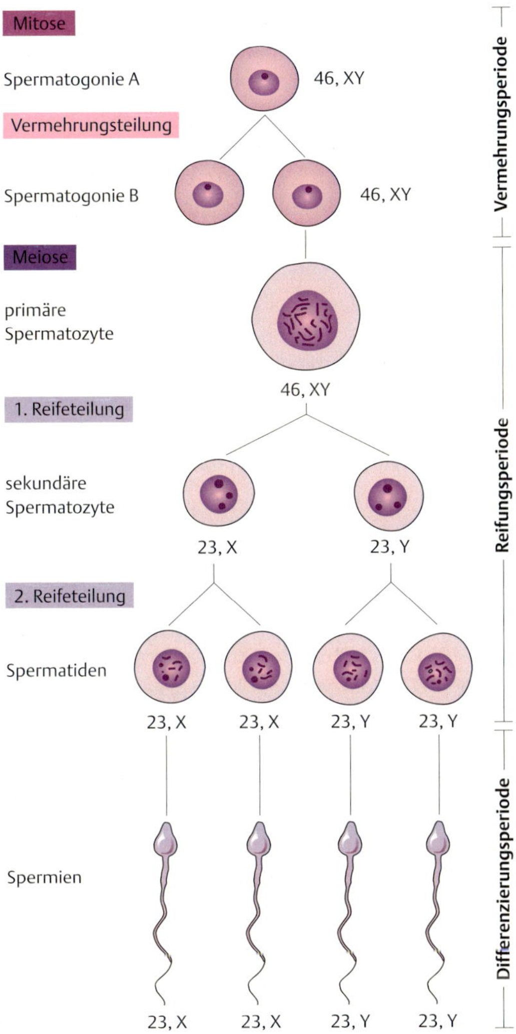

Abb 13.8 Die Vermehrung und Differenzierung der Spermien erfolgt in den Samenkanälchen des Hodens von außen nach innen. Die Zahlen geben die Anzahl von Chromosomen wieder. Die primäre Spermatozyte hat ihre DNA verdoppelt und befindet sich in der Abbildung in der Prophase der 1. Reifeteilung. Angedeutet sind die Chromatidentetraden, in denen die Rekombination der Gene stattfindet. Danach trennen sich zunächst die Chromosomen, dann die Chromatiden. Ein Spermatid oder Spermium enthält also 23 einzelne Chromatiden, davon entweder ein X- oder ein Y-Chromatid.

Spermium

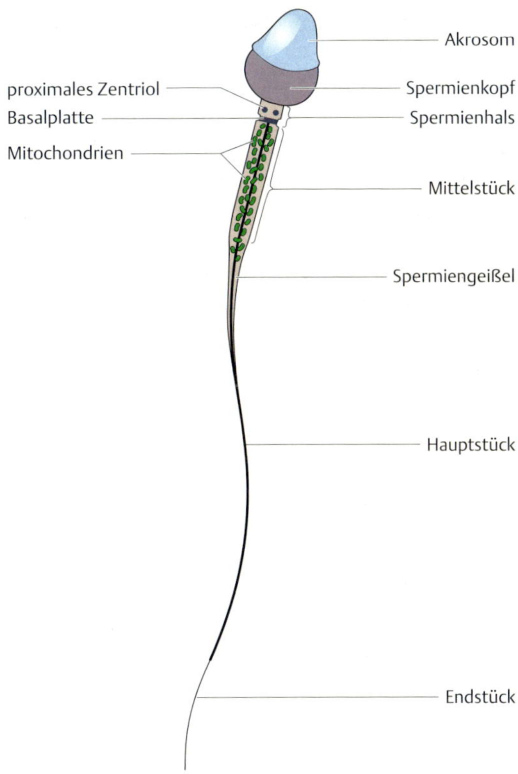

Abb 13.9 Jedes Spermium enthält in seinem Kopfteil die DNA, im Mittelteil reichlich energieliefernde Mitochondrien und im Akrosom Enzyme zur Auflösung der Zona pellucida. Die Geißel bewegt das Spermium "flussaufwärts„ entgegen einer Strömung.

Geißel

Um den Anfangsteil der Geißel ordnen sich die Mitochondrien in dichter Packung an (*Mittelstück*, ca. 5 μm) und liefern die Energie für den Geißelschlag. Das ca. 45 μm lange *Hauptstück* enthält zwei konzentrisch angeordnete Fasersysteme und bildet den größten Teil der Spermiengeißel. In den letzten 5–10 μm verliert die Geißel ihren äußeren Fasermantel und erscheint daher dünner *(Endstück).*

Imprägnation und Befruchtung

Spermien sind stark spezialisierte, hochbewegliche Zellen. In jeder Sekunde legen sie, ein geeignetes Medium vorausgesetzt, einen Weg von 50–60 μm zu-

rück, was ihrer gesamten Länge vom Kopf bis zum Endstück entspricht.
Spermien schwimmen stets stromaufwärts, orientieren sich also nach der Richtung einer Flüssigkeitsbewegung *(positive Rheotaxis)*. Diese Eigenschaft ermöglicht es den schnellsten Spermien, bereits wenige Minuten nach der Ejakulation am äußeren Muttermund die 20 cm entfernte Tubenampulle zu erreichen (im Mittel ca. eine Stunde).
Die allermeisten Spermien schaffen diesen Weg jedoch niemals: Selbst bei einem optimal durchlässigen Zervixschleimpfropf gelangt von den 200–400 Millionen Spermien eines Samenergusses gerade einmal eines aus einer Million in die „richtige" Tube mit der befruchtungsfähigen Eizelle.
Die Spermien überleben im relativ günstigen Milieu von Uterus und Tube maximal 3 Tage, können also auf einen später erfolgenden Eisprung warten, ohne ihre Befruchtungsfähigkeit zu verlieren. Sie stürzen sich, angelockt durch eine positive Chemotaxis, auf die befruchtungsfähige Eizelle und quetschen sich mit kräftigen Geißelschlägen zwischen die Follikelepithelzellen der Corona radiata (s. Kap. 13, S. 431). Berührt das erste Spermium die Zona pellucida der Eizelle, so platzt dessen Akrosom und setzt Enzyme (vor allem Hyaluronidase) frei, welche die Glashaut lokal auflösen. Das Spermium kann in die Eizelle eindringen *(Imprägnation)*. Das Platzen des Akrosoms ist ein Signal für die Eizelle, ihre Zona pellucida durch chemische Modifikation für alle folgenden Spermien zu sperren.
Die Spermien, welche ein (männliches) Y-Chromosom tragen, sind etwas leichter als die mit einem (weiblichen) X-Chromosom beladenen. Sie bewegen sich daher, statistisch betrachtet, etwas schneller voran. Wenn der Eisprung kurz nach dem Geschlechtsverkehr stattfindet, spielt dieser Unterschied die größte Rolle und die Wahrscheinlichkeit für männlichen Nachwuchs erhöht sich geringfügig. Außerdem begünstigt das weniger stark saure Scheidenmilieu zu diesem Zeitpunkt die Beweglichkeit der „männlichen" Spermien.

Spermien bestehen aus Kopf (Zellkern), Hals, Mittelstück (Mitochondrien) und Hauptstück (bewegliches Zytoskelett). Bei der Befruchtung löst das Akrosom die Zona pellucida auf und entläßt den Zellkern des Spermiums ins Zytoplasma der Eizelle.

13.3 Weibliche Geschlechtsorgane

Ovar

Lage

Die beiden *Ovarien* (Eierstöcke) entsprechen hinsichtlich ihrer Entwicklung und Funktion den Hoden des Mannes: Sie sind als Keimdrüsen der Ort der Vermehrung und Reifung der weiblichen Eizellen.
Im Gegensatz zum Hoden ist der *Deszensus* des Ovars jedoch deutlich geringer ausgeprägt; die Eierstöcke wandern erst während des ersten Lebensjahres in das kleine Becken ein. Beide Ovarien liegen dort seitlich des Uterus in einer Falte des Bauchfells (*Lig. latum*, breites Mutterband). Der Umschlagrand des Lig. latum bedeckt die Tuben (Eileiter), die sich vom Uterus kommend vorne um das Ovar herumschlingen ***(Abb. 13.10)***.

Ligamentum latum

Da das Lig. latum nicht senkrecht steht, sondern nach vorne über die Blase geneigt ist, sind die Eierstöcke für den Gynäkologen von der Bauchhöhle aus mit dem Laparoskop zugänglich. Die enge Nachbarschaft der Ovarien zum Bauchraum macht verständlich, warum sich Entzündungsprozesse des Organs (z. B. bei Gonorrhoe) in den Peritonealraum fortsetzen und unter ungünstigen Umständen zu einer lebensbedrohlichen Bauchfellentzündung *(Peritonitis)* führen können. Das Ligamentum latum ist eine Auffaltung des Bauchfells. Es hat nicht die Funktion eines Aufhängeapparats für die weiblichen Geschlechtsorgane, sondern bedeckt diese lediglich und macht sie besser in der Bauchhöhle verschieblich.

Weibliches Becken

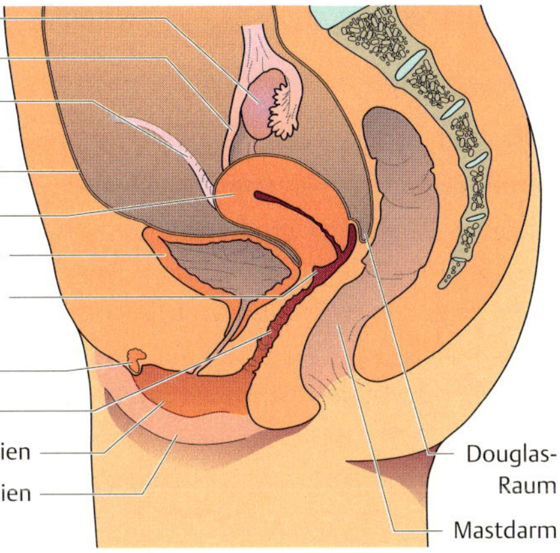

Abb 13.10 Dieser Längsschnitt zeigt die Lagebeziehung der inneren Sexualorgane Ovar, Tube, Uterus und Scheide zu den Nachbarorganen im kleinen Becken. Achten Sie besonders auf das Bauchfell, das den Uterus (Gebärmutter) fast vollständig einhüllt. Daher entstehen eine vordere und eine hintere Bauchfelltasche (Douglas-Raum).

Wie der Hoden wird auch das Ovar von absteigenden Gefäßen aus der Bauchaorta versorgt, die sich im Rahmen des Deszensus mehr und mehr verlängern (A. und V. ovarica). Zusätzlich erhalten die Eierstöcke jedoch auch einen aufsteigenden Zufluss durch das Lig. latum aus dem Bereich des Uterus (A. uterina aus der A. iliaca interna). Diese *doppelte Gefäßversorgung* von Ovar und Uterus ist besonders wichtig für die erhöhten Anforderungen an die Durchblutung während der Schwangerschaft. Gerade im letzten Drittel ist die doppelte arterielle Versorgung der Plazenta für die ausreichende Sauerstoffversorgung des Fetus wichtig.

Aufbau

Im Mittel ist das Ovar einer geschlechtsreifen Frau außerhalb der Schwangerschaft 2–3 cm lang, 1,5–2 cm breit und 1–1,5 cm dick (Gewicht ca. 10 g). Nach der Menopause (letzte Regelblutung) bildet es sich zu einem kleinen Bindegewebsstrang zurück. Die Binnenstruktur sieht für den Anatomen im Gegensatz zum „geordneten" Bild des Hodens recht chaotisch aus: Unter einer derben Kapsel *(Tunica albuginea)* wechseln sich gut durchblutete Bindegewebsstränge mit Follikeln in unterschiedlichem Reifungsstadium (s. u.) sowie dem charakteristischen Gelbkörper *(Corpus luteum)* der zweiten Zyklushälfte und Narbengewebe zugrundegegangener Follikel ab. Entsprechend dem weißlichen Aussehen nennt man eine solche Follikelnarbe auch *Corpus albicans* (Weißkörper).

Tube

Während das Ovar entwicklungsgeschichtlich und funktionell starke Parallelen zum Hoden aufweist, gibt es – von Missbildungen abgesehen – keine männliche Entsprechung zu dem weiblichen Geschlechtsorgan Tube (*Tuba uterina*, Eileiter) und zum Uterus.

Aufbau

Aufgabe der beiden Tuben ist es, die befruchtungsfähige Eizelle aus dem Ovar zu übernehmen und in den Uterus zu befördern. Da der Transport der Eizelle durch die ca. 10–15 cm lange Tube normalerweise 4–6 Tage dauert, die Eizelle nach dem Eisprung jedoch nur maximal 24 Stunden befruchtungsfähig bleibt, muss die Befruchtung also im ersten Teil der Tube, der Ampulle *(Ampulla tubae uterinae)*, erfolgen. Dieser weitlumige Anteil macht zwei Drittel der Gesamtlänge aus und leitet uteruswärts in den schmalen Isthmus *(Isthmus tubae uterinae)* über, bevor die Tube die Uteruswand durchdringt und in der Gebärmutter endet.

Am seitlichen Rand mündet die Tube frei in die Bauchhöhle ***(Abb. 13.11)***. 1–3 cm lange fingerförmige Fortsätze *(Fimbrien)* legen sich dabei auf das den Eierstock umhüllende Bauchfell und bilden einen weiten Trichter, in dem die Eizelle nach dem Eisprung aufgefangen wird.

Flimmerepithel

Die Schleimhaut der Tube bildet hohe Längsfalten aus, die ein Flimmerepithel tragen. Dieses Flimmerepithel gewährleistet zusammen mit schleimproduzierenden Drüsenzellen einen gleichmäßigen Flüssigkeitsstrom in Richtung Uterus, der die befruchtete

Innere Sexualorgane im Querschnitt

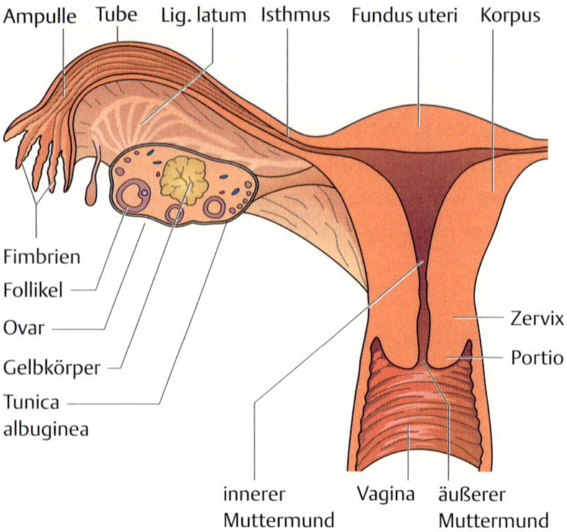

Abb 13.11 Die Abbildung zeigt einen Schnitt durch das Lumen der inneren Sexualorgane. Sie blicken von hinten auf das Ligamentum latum, welches das Ovar und die Tube einhüllt. Zwischen beiden Organen besteht keine direkte Verbindung; der Eisprung erfolgt also in die Bauchhöhle hinein. Dort fangen die Fimbrien die Eizelle auf und leiten sie in die Ampulle.

oder unbefruchtete Eizelle mit sich reißt. Diese Flüssigkeitsströmung verhindert gleichzeitig, dass sich Entzündungskeime im Genitalbereich durch die Tube in die freie Bauchhöhle ausbreiten können.
Wie alle Epithelien im weiblichen Genitaltrakt sind auch die Drüsen- und Flimmerepithelzellen dem Zyklus unterworfen: Beide Zelltypen sind zum Zeitpunkt des Eisprungs am aktivsten, später werden sie flacher und stellen ihre Funktion ein (Entdifferenzierung).

Muskulatur

Eine noch größere Bedeutung für den Transport der Eizelle kommt den glatten Muskelfasern des Eileiters zu, die sich im Bereich der Arterien und unter dem Bauchfellüberzug konzentrieren. Diese Muskulatur führt etwa alle 20 Sekunden peristaltische Bewegungen in Richtung Uterus aus und entfaltet ebenfalls zum Zeitpunkt des Eisprungs ihre größte Kraft.

Extrauterine (ektopische) Schwangerschaft. Die starke Faltung der Schleimhaut und etwaige Verwachsungen nach einer Entzündung können zur Gefahr werden, wenn eine befruchtete Eizelle nicht schnell genug in den Uterus transportiert wird und zu lange im Eileiter verbleibt. In diesem Fall kann sich das Ei in der Tubenschleimhaut einnisten und zum Embryo entwickeln (Tubargravidität, Eileiterschwangerschaft). Die dünne Tubenwand ist aber einer sich entwickelnden Schwangerschaft nicht gewachsen und reißt unweigerlich ein, wobei sich lebensgefährlich große Blutmengen in die freie Bauchhöhle entleeren.

Das Ovar entspricht entwicklungsgeschichtlich dem Hoden. Hier reifen die Eizellen in Follikeln unterschiedlicher Größe heran. Die Tube nimmt nach dem Eisprung die befruchtungsreife Eizelle auf und transportiert sie aktiv in den Uterus.

Uterus

Aufbau

Der Uterus (Gebärmutter) ermöglicht als „Fruchthalter" die Einnistung der befruchteten Eizelle und das Heranwachsen des Fetus zur Geburtsreife.

Größe und Form

Die Gebärmutter einer geschlechtsreifen Frau besitzt außerhalb der Schwangerschaft ungefähr Größe und Form einer vorne und hinten plattgedrückten Birne, wiegt ca. 50–80 g und umgibt einen quergestellten spaltförmigen Hohlraum von 5–6 cm Länge. In der späten Schwangerschaft wächst der Uterus hauptsächlich durch eine Verdickung und Vermehrung der glatten Muskelfasern zu einem Gewicht von mehr als 1 kg heran.

Aufbau

Anatomisch unterscheidet man einen abgerundeten oberen Anteil mit der Einmündungsstelle der Tuben *(Fundus)*, den muskelstarken Hauptanteil *(Korpus)*, ein kurzes Übergangssegment (*Isthmus*, innerer

Muttermund, in der Schwangerschaft unteres Uterinsegment genannt) und die *Zervix* (*Kollum*, Gebärmutterhals). Ein Teil der Zervix stülpt sich in die Vagina ein *(Portio, Portio vaginalis uteri)* und enthält den äußeren Muttermund *(Ostium uteri externum)*.

Lage

Der Gynäkologe unterscheidet zwei physiologische Biegungen des Uterus ***(Abb. 13.12)***, die dazu führen, dass das Organ auf der Harnblase aufliegt: Einmal neigt sich die ganze Gebärmutter gegenüber der Längsachse der Scheide nach vorne *(Anteversion)*, zum anderen knickt die Achse des Uterus im Bereich des Isthmus nach vorne ab *(Anteflexion)*. Eine Abknickung nach hinten (Retroversion/Retroflexion) bringt das Lig. latum in eine zu enge Nachbarschaft zum Mastdarm und kann zu schweren Durchblutungsstörungen der inneren Geschlechtsorgane führen.

Lage des Uterus

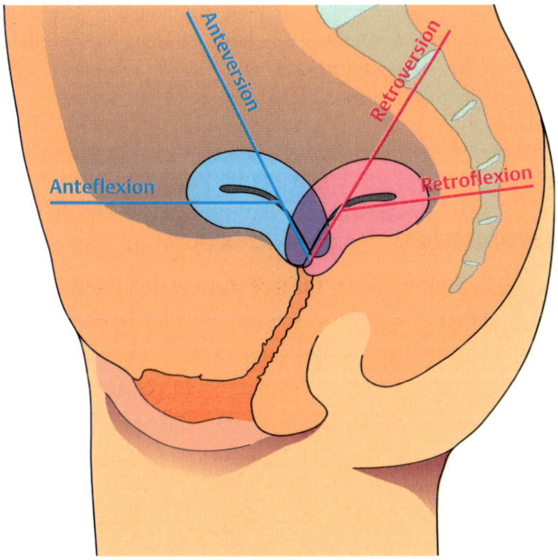

Abb 13.12 Blau gezeichnet ist die normale Lage des Uterus: Die Längsachse der Zervix neigt sich gegenüber der Scheide nach vorn (Anteversion). Außerdem knickt der Uterusfundus gegenüber der Zervix nochmals nach vorn ab (Anteflexion). Die rot gezeichnete Situation kennzeichnet eine sehr atypische Lage der inneren Sexualorgane (Retroversion und Retroflexion des Uterus).

Bänder des Uterus

Da der Uterus während der späten Schwangerschaft ein Gewicht von mehr als 5 kg zu tragen hat (sein Eigengewicht, den Fetus, die Plazenta und das Fruchtwasser), ist er durch starke Bindegewebestränge im Beckenraum gesichert:
Das derbe ***Lig. cardinale*** zieht von der Zervix zur seitlichen Beckenwand und fixiert so den Uterushals gegenüber den Nachbarorganen. Das ***Lig. teres uteri*** (früher auch Lig. rotundum) beginnt an der Einmündungsstelle der Tuben und zieht beidseits durch den Leistenkanal zum unteren Schambeinast und in die große Schamlippe. Es entsteht aus derselben Anlage wie der M. cremaster des Mannes und fixiert den oberen Teil des Uterus während der Austreibungsphase der Geburt.

Uterussenkung. Nach mehreren Geburten oder im Alter lässt die Spannung des Lig. cardinale nach und der Uterus tritt insgesamt tiefer (Senkung). Nicht selten ragen Portio und Zervix, manchmal auch der gesamte Uterus im Stehen in den Scheidenvorhof hinein (Prolaps). Im ungünstigen Fall werden dabei die ableitenden Harnwege abgeklemmt und eine Stauungsniere kann entstehen.

Douglas-Raum

Auf der Vorderseite bedeckt das Bauchfell Fundus und Korpus, hinten sogar die gesamte Außenfläche des Uterus mit Ausnahme der Portio. Dadurch bilden sich zwei Bauchfelltaschen: eine zwischen Blase und Uterus *(Excavatio vesicouterina)*, die andere zwischen Uterus und Mastdarm (*Excavatio rectouterina*, Douglas-Raum). Letztere grenzt direkt an den obersten Teil der Scheide (hinteres Scheidengewölbe) und ist von diesem nur durch die dünne Vaginalwand getrennt. Manipulationen mit spitzen Gegenständen in diesem Bereich (Stricknadelabtreibung!) können leicht die Scheidenwand verletzen und die Peritonealhöhle gefährlich infizieren. Unter sterilen Bedingungen jedoch lässt sich der Douglas-Raum von der Scheide aus gut zu diagnostischen Zwecken punktieren.

Gefäßversorgung

Die Gefäßversorgung des Uterus verläuft am linken und rechten Rand des Organs innerhalb des Lig. latum durch die *A. uterina* aus der inneren Beckenarterie. Die A. uterina ist wie die begleitende Vene vielfach geschlängelt, um während der Schwangerschaft das enorme Wachstum der Gebärmutter mitvollziehen zu können.

Schichten

Es lassen sich drei Schichten voneinander abgrenzen:

- das Myometrium,
- das Endometrium und
- das Parametrium.

Myometrium

Die Wandschichtung des Uterus ***(Abb. 13.13)*** wird von der etwa 1 cm starken Muskelschicht *(Myometrium)* dominiert. Von allen muskulären Hohlorganen des Körpers hat nur der linke Ventrikel des Herzens eine ähnlich ausgeprägte Muskulatur. Im Gegensatz zum Herzen besteht das Myometrium jedoch aus *glatter Muskulatur.* Sie ist im Bereich des Fundus und Korpus am stärksten, während die Zervix weniger Muskulatur, dafür aber große Mengen elastischen Bindegewebes besitzt. Dieses gestattet die enorme Aufdehnung des Muttermundes unter der Geburt.

Das Myometrium entfaltet eine Eigenaktivität mit Kontraktionen, die rhythmisch im Abstand von 20–30 Sekunden ablaufen. Diese ist während der Menstruation am stärksten und bildet sich unter dem Einfluss von Progesteron in der zweiten Zyklushälfte und der Schwangerschaft weitgehend zurück.

Endometrium

Die innere Schleimhautschicht des Uterus *(Endometrium)* wird größtenteils während jeder Regelblutung (Menstruation) abgestoßen und danach wieder neu aufgebaut (s. u.).

Wandschichten des Uterus

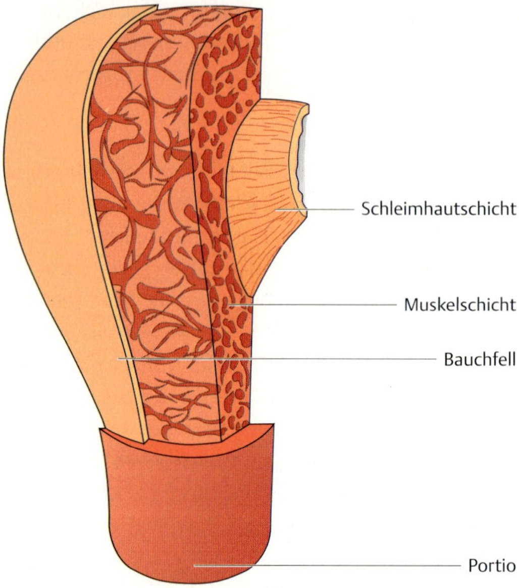

Abb 13.13 Die Wand des Uterus besteht aus drei Lagen: der Schleimhautschicht (Endometrium), einer dicken Schicht glatter Muskulatur (Myometrium) und dem umgebenden Bauchfell. Der innere Teil der Schleimhautschicht (Dezidua, Funktionalis) wird bei jeder Menstruation abgestoßen. Sie regeneriert sich aus der Basalschicht der Schleimhaut, an der Grenze zur Muskulatur.

Parametrium

Das Bindegewebe zu beiden Seiten des Uterus, das vom Bauchfellüberzug des Ligamentum latum bedeckt ist, heißt *Parametrium.* Hier verlaufen die Blut- und Lymphgefäße sowie die Nerven der Gebärmutter. Das Parametrium ist mikroskopisch mit der Serosa der übrigen intraperitonealen Organe identisch.

! Der Uterus besteht aus dem Fundus, dem Corpus und der Zervix mit der in die Vagina reichenden Portio. Die Wand besteht aus starker glatter Muskulatur und einer zyklusabhängigen Schleimhautschicht (Endometrium). Mehrere Aufhängebänder halten den Uterus im kleinen Becken fest.

Scheide und Vulva

Scheide

Lage und Aufbau

Da die Scheide *(Vagina, Kolpos)* in der Austreibungsphase der Geburt sehr stark aufgedehnt werden muss, besitzt ihre nur 3–5 mm dicke Wandung ein hohes Maß an Elastizität. Daher kann sie während des Geschlechtsverkehrs ihre normale Länge von ca. 10 cm um gut die Hälfte überschreiten.

Die Form des Lumens passt sich den Nachbarorganen an: An der Vorderwand der Scheide dellt sich die Harnröhre ein, während ihre Hinterfläche durch die Nachbarschaft zum Mastdarm flachgedrückt ist. Vordere und hintere Scheidenwand tragen grobe quergestellte Falten *(Rugae)*, die mit Venenpolstern unterlegt sind und während des Geschlechtsakts die Eichel stimulieren ***(Abb. 13.14)***. Der tiefe zervixnahe Anteil der Scheide ist etwas weiter als der Scheideneingang und schließt blind mit dem hinteren Scheidengewölbe *(Fornix vaginae)* ab, wo während des Sexualakts das Sperma entleert wird. Wegen der Anteversion des Uterus taucht die Portio fast senkrecht in das Scheidengewölbe ein – eine wichtige Voraussetzung dafür, dass genügend Spermien durch den Muttermund in Uterus und Tube aufsteigen können.

Scheide und Muttermund

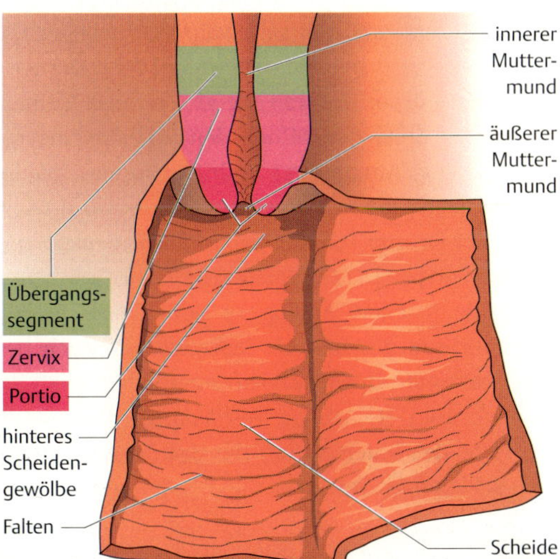

Abb 13.14 Die Innenfläche der Scheide zeigt ausgeprägte Querfalten. Die Scheide umgibt den untersten Teil des Uterus (Portio) wie ein umgestülpter Handschuh. Zwischen dem inneren und äußeren Muttermund liegt der Uterushals (Zervix). Achten Sie darauf, dass sich das Uteruslumen zwischen äußerem und innerem Muttermund leicht aufweitet.

Die äußere Scheidenöffnung ist teilweise durch das *Hymen* (Jungfernhäutchen) verschlossen. Form und Größe des Hymens sind individuell sehr variabel. Beim erstmaligen Geschlechtsverkehr reißt das Jungfernhäutchen in den meisten Fällen, verbunden mit einer schmerzhaften leichten Blutung, ein. Auch ein unvorsichtiger Gynäkologe kann das Hymen im Verlauf der Untersuchung zerstören.

Scheidenmilieu. **Die Schleimhaut der Scheide unterscheidet sich von der des Uterus durch die Belegung mit mehrschichtigem, unverhorntem Plattenepithel zum Schutz vor mechanischer Beschädigung. Die in der Scheide natürlicherweise vorkommenden Döderlein-Bakterien bilden Milchsäure, die den pH-Wert der Vagina auf 4–5 absenkt. Dieser *Säuremantel* schützt die Genitalorgane der Frau vor aufsteigenden Infektionen aus der stets mit Keimen besiedelten Vulva. Der saure pH-wert der Scheide stellt allerdings auch für die Spermien ein Hindernis dar, so dass die Bildung eines „Spermasees“ unmittelbar vor der Portio eine notwendige Bedingung für die Befruchtung ist.**

Vulva

Unter dem Begriff Vulva fasst man alle äußerlich sichtbaren weiblichen Geschlechtsorgane zusammen ***(Abb. 13.15)***. Dazu zählen die großen und kleinen Labien (*Labia majora et minora*, Schamlippen), die *Klitoris* (Kitzler) sowie der Scheidenvorhof *(Vestibulum vaginae)*. Mitunter rechnet man noch das mit reichlich Fettgewebe gepolsterte Hautareal über der Symphyse (Schamberg, *Mons pubis*) und die Schambehaarung mit zur Vulva.

Vulva

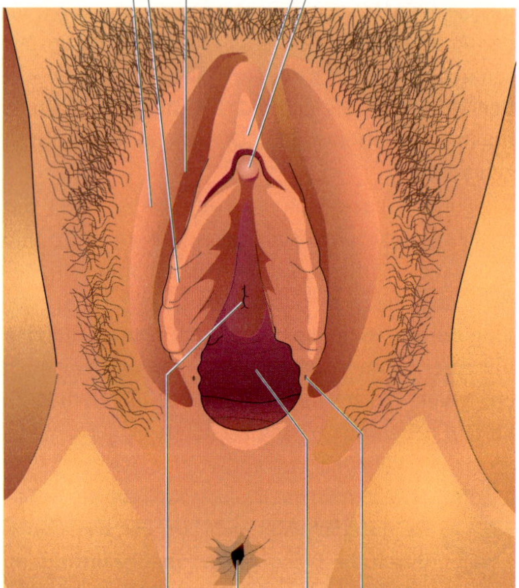

Abb 13.15 Ansicht der Vulva nach Abspreizen der großen und kleinen Labien. Die Klitoris wird ebenso wie der Penis von einer Vorhaut bedeckt. Diese steht mit den kleinen Labien in Verbindung. Die Harnröhre mündet relativ weit hinten, nahe dem Scheideneingang. Der Bereich zwischen Scheide und Anus heißt Damm. Achten Sie auch auf die Mündung der beiden Bartholin-Drüsen beidseits der Vagina.

Große Labien

Die großen Labien sind von stark pigmentierter Hautbedeckt und mit reichlich Unterhautfettgewebegepolstert. Ihre Duftdrüsen erfüllen zumindest im Tierreich eine wichtige Signalfunktion.

Kleine Labien

Auf der Innenseite der großen Schamlippen geht die behaarte verhornte Haut in das charakteristische mehrschichtige, schwach oder gar nicht verhornte Plattenepithel der kleinen Labien über. Die kleinen Schamlippen laufen vor der Klitoris zusammen und bilden so eine Klitorisvorhaut *(Praeputium clitoridis)*. Das unbehaarte Epithel der kleinen Labien verzahnt sich mit dem darunter liegenden straffen Bindegewebe ohne dazwischen liegende Fettschicht. Zahlreiche Talgdrüsen schützen das Epithel vor Austrocknung.

Klitoris

Während entwicklungsgeschichtlich die großen Labien dem Hodensack, die kleinen Labien dem Endstück der männlichen Harnröhre entsprechen, ist die Klitoris das Gegenstück des Penis. Wie dieser entspringt auch die Klitoris mit zwei Schenkeln *(Crura clitoridis)* an den unteren Schambeinästen, setzt sich in dem von der Klitorisvorhaut bedeckten Korpus fort und endet in der freiliegenden *Glans clitoridis*. Die Länge von Korpus und Glans beträgt 3–4 cm. An der Hinterseite der Glans ist die Sensibilität der Schleimhaut besonders stark ausgeprägt; durch Erektion des Schwellkörpergewebes wird dieser Körperteil bei sexueller Erregung gegenüber dem Penis exponiert.

Scheidenvorhof

Der Scheidenvorhof umfasst den Bereich zwischen den beiden kleinen Labien. In der Tiefe des Scheidenvorhofs liegt beidseits der von einem M. bulbospongiosus bedeckte Vorhofschwellkörper *(Bulbus vestibuli)*, welcher dem Harnröhrenschwellkörper des Mannes entspricht und sich während sexueller Erregung ebenfalls mit arteriellem Blut füllt. Die Vorhofschwellkörper drücken die großen und kleinen Labien zur Seite und öffnen den Scheideneingang für den Penis. Am hinteren Ende der Vorhofschwellkörper liegen die beiden runden, ca. 5 mm großen Bartholin-Drüsen *(Glandulae vestibulares majores)*, die den Cowper-Drüsen entsprechen und die Scheide gleitfähig machen. Analog zu den kleinen Harnröhrendrüsen des Mannes befinden sich auch bei der Frau unterschiedlich viele stecknadelkopfgroße Vorhofdrüsen *(Glandulae vestibulares minores)* in der Nähe des Scheideneingangs und sondern ebenfalls schleimiges Sekret ab.

Große und kleine Labien sowie die Klitoris (Vulva) umschließen den Scheidenvorhof. Außer den großen Labien sind Vulva und Vagina von mehrschichtigem Plattenepithel ausgekleidet. Das saure Milieu der Vagina schützt die inneren Geschlechtsorgane vor aufsteigenden Infektionen.

Brustdrüse

Brust und Brustdrüse

Aufbau

Zu den dominierenden weiblichen Geschlechtsmerkmalen zählen zweifellos die Brüste *(Mammae)* mit dem dazwischen liegenden Busen *(Sinus mammarum)*. Die äußere Form der weiblichen Brust entsteht hauptsächlich durch die starke Entwicklung des Unterhautfettgewebes, in geringerem Umfang auch durch die Brustdrüse (*Glandula mammaria*, ***Abb. 13.16*** und ***13.17***). Fettkörper und Drüsengewebe sind durch schräg nach oben verlaufende Aufhängebänder *(Ligg. suspensoria)* auf der den M. pectoralis major bedeckenden Faszie fixiert.

Brustdrüse

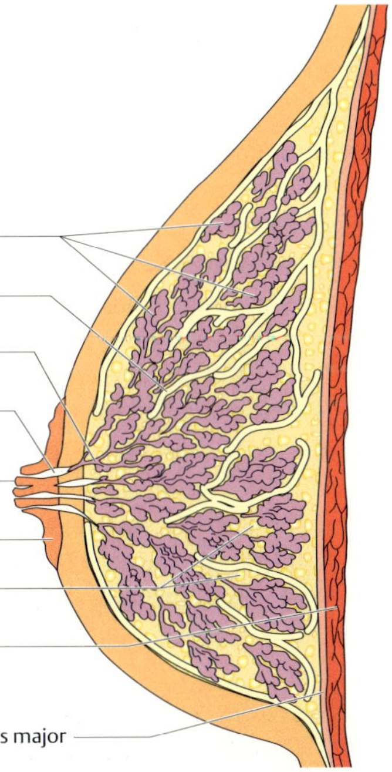

Abb 13.16 Dieser Längsschnitt durch eine milchsezernierende Brust zeigt ausgeprägte Drüsenlappen, die ihr Sekret über Ausführungsgänge in die Milchseen unter der Brustwarze abgeben. Bindegewebsfasern zwischen den Drüsenlappen verbinden die Brustdrüse mit der Faszie des M. pectoralis major.

Ruhende und milchsezernierende Brustdrüse

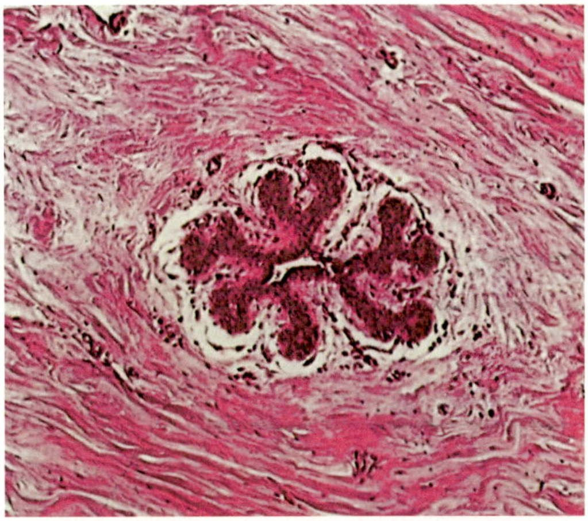

a

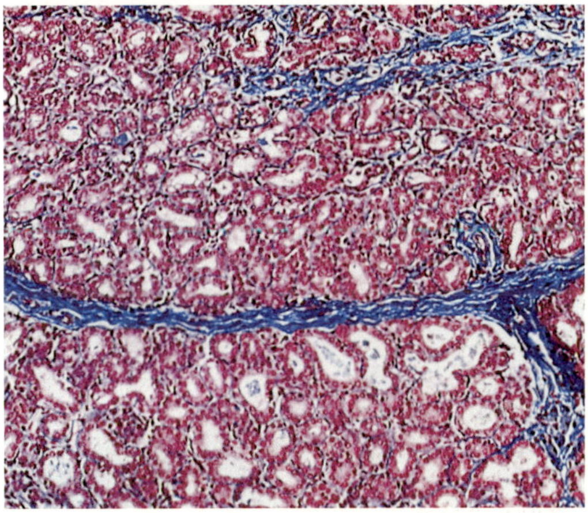

b

Abb 13.17a, b In der Gegenüberstellung eines histologischen Schnitts von einer ruhenden (**a**) und einer milchsezernierenden Brustdrüse (**b**) sehen Sie die enorme Plastizität des Gewebes. In Abbildung (**a**) dominieren eindeutig Bindegewebselemente; Drüsenstrukturen sind kaum zu erkennen. In der Spätschwangerschaft (**b**) wandelt sich die Brust zu einer deutlich sezernierenden Drüse um (aus Kühnel, W.: Taschenatlas der Zytologie, Histologie und mikroskopischen Anatomie, 10. Aufl. Thieme, Stuttgart 1999).

Entwicklung

Die Anlage der Brustdrüse findet sich bei beiden Geschlechtern. Unter dem Einfluss von Östrogenen und Progesteron vermehren sich bei Mädchen in der Pubertät jedoch Fettgewebe und Drüsenanteile: *Östrogene* wirken primär auf die Entwicklung der Ausführungsgänge, *Progesteron* fördert das Aussprossen von Drüsenendstücken (Azini). Das männliche Geschlechtshormon Testosteron übt dagegen keinen Einfluss auf das Brustwachstum aus.

Brustdrüse

Die milchsezernierende (laktierende) Brustdrüse besteht aus 15–20 Einzeldrüsen (Drüsenlappen, *Lobi glandulae mammariae*), deren Ausführungsgänge (Milchgänge, *Ductus lactiferi*) sich kurz vor ihrer Mündung auf der Brustwarze *(Mamilla, Papilla mammae)* zu langgestreckten Milchseen (Milchsäckchen, *Sinus lactiferi*) erweitern. Der stärker pigmentierte Bereich um die Brustwarze herum (Warzenhof, *Areola mammae*) trägt neben Schweiß- und Talgdrüsen die Warzenhofdrüsen *(Glandulae areolares)*, deren Sekret zur Abdichtung des kindlichen Mundes beim Stillen beiträgt. Nach dem Abstillen staut sich die Milch in den Ausführungsgängen und führt zur Atrophie der Drüsenazini; die Milchdrüse geht innerhalb einiger Monate auf einen „ruhenden" Zustand zurück, welcher durch das Überwiegen von Bindegewebe mit nur wenigen Azini gekennzeichnet ist.

Stillen

Prolaktin und Oxytocin

Mit dem Ende der Schwangerschaft fallen die Östrogen- und Progesteronspiegel drastisch ab. Diese hohen Hormonspiegel haben zuvor das Wachstum der Drüsengewebe stimuliert. Gleichzeitig wurde die Produktion des Hypophysenvorderlappenhormons *Prolaktin* gehemmt. Etwa 2–3 Tage nach der Geburt fällt diese Hemmung weg, Prolaktin fördert in der Brustdrüse die Milchproduktion und die Milchgänge füllen sich – die Muttermilch „schießt ein" (vgl. ***Abb. 13.16)***.
Die Massage der Brustwarze beim Stillen fördert die Prolaktinabgabe der Hypophyse und verhindert, dass sich die Brustdrüse vor dem Abstillen zurückbildet. Außerem stimuliert das Stillen die Ausschüttung des Hormons *Oxytocin*. Dieses Hormon wirkt nicht nur kontrahierend auf die Uterusmuskulatur, sondern auch auf spezialisierte Myoepithelien, die jeden einzelnen Drüsenazinus umgeben und die Milch aktiv zur Brustwarze pumpen.

Muttermilch

Während der ersten Woche nach der Geburt sondert die Brustdrüse wegen des noch geringen Einflusses von Prolaktin nur wenig Milch ab. Diese Vormilch *(Kolostrum)* ist fettarm und eiweißreich. Sie enthält reichlich mütterliche Antikörper (vor allem IgA), Carotin und Vitamin C. Die endgültige Muttermilch hingegen ist kohlenhydrat- und vitaminreich, aber eiweißärmer als Kuhmilch, da das Neugeborene prozentual langsamer wächst als ein Milchkalb.
Prolaktin verhindert während der Stillzeit, dass sich ein normaler Menstruationszyklus einstellt. In einigen Kulturen Südamerikas und Afrikas gilt eine besonders lange Stillzeit daher als übliche Methode der natürlichen Empfängnisverhütung.

Die Brustdrüse setzt sich aus zahlreichen Drüsenlappen zusammen, die in einem Fettkörper eingebettet sind. Ausführungsgänge leiten die Milch zu den Milchseen unter der Brustwarze. Außerhalb der Stillzeit geht der Drüsenkörper drastisch zurück. Die Form der Brust wird dann fast ausschließlich vom Fettkörper bestimmt.

13.4 Weibliche Sexualfunktion

Weibliche Genitalreflexe

Wie alle weiblichen Geschlechtsfunktionen, so ist auch der sexuelle Erregungsablauf der Frau ***(Abb. 13.18a-c)*** stark zyklusbezogen. Das sexuelle Optimum liegt bei den meisten Frauen um den Zeitpunkt des Eisprungs.

Erregungsphase

Die Erregungsphase wird wie beim Mann durch Aktivierung des Parasympathikus (Rückenmarksegmente S_2–S_4) ausgelöst: Klitorisschwellkörper und Bulbus vestibuli füllen sich mit arteriellem Blut, woraufhin sich die Klitoris aufrichtet und die großen Labien auseinander treten. Die Venen im Bereich der Scheide füllen sich mit Blut. Dadurch wird die Filtration von Plasmawasser durch die Scheidenwand gefördert (Transsudation); die Vagina wird feucht.

Durch den venösen Blutstau im Beckenraum bildet sich eine Manschette um die Scheide, die ihren Durchmesser um 1–2 cm, ihre Länge um bis zu 5 cm vergrößert. Die Sekretion der Bartholin-Drüsen fördert die Gleitfähigkeit des Penis zusätzlich. Die zunehmende Sympathikuserregung in der Plateauphase erigiert die Brustwarzen und lässt die Gefäßzeichnung der Brüste deutlicher hervortreten.

Sexuelle Erregungsmuster der Frau

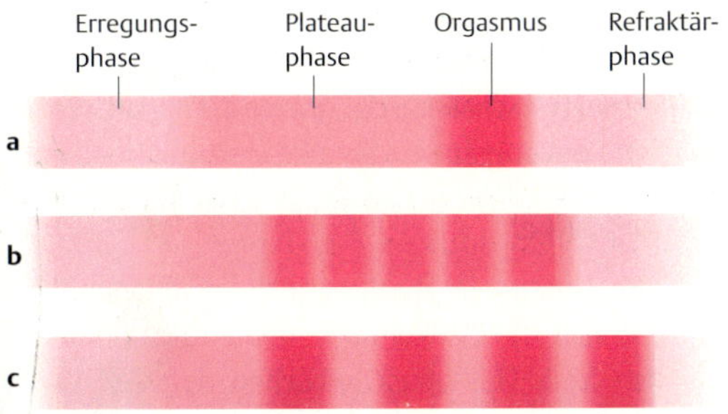

Abb 13.18a-c Die weiblichen Genitalreflexe sind wesentlich variabler als die des Mannes. Neben einem „typischen" Ablauf (**a**) mit Erregungs-, Plateau- und Orgasmusphase sind z. B. mehrere aufeinander folgende Plateauphasen ohne Orgasmus (**b**) oder sogar mehrere Orgasmen in relativ enger Folge ohne wesentliche Refraktärphase (**c**) möglich.

Orgasmus

Während des Orgasmus zieht sich die Muskulatur von Beckenboden, Uterus und Tuben rhythmisch zusammen. Der weibliche Orgasmus fördert die Befruchtung insofern, als sich der Uterus aufrichtet und die Portio direkt in den Spermasee am hinteren Scheidengewölbe taucht. Ob die rhythmische Uteruskontraktion Sperma regelrecht durch den Muttermund in das Uteruslumen saugt, ist jedoch fraglich.

Rückbildungs- und Refraktärphase

Rückbildungs- und Refraktärphase verlaufen bei der Frau nicht so stereotyp wie nach dem männlichen Orgasmus; mehrere Orgasmen hintereinander oder mit kurzer Plateauphase dazwischen sind bei entsprechender Stimulation keine Seltenheit.

Wahrscheinlichkeit einer Schwangerschaft

Der Grad der sexuellen Erregung der Frau hat einen wesentlichen Einfluss auf den Zeitpunkt des Eisprungs und die Beweglichkeit der Tuben, also die Wahrscheinlichkeit einer Schwangerschaft. Viele Frauen, die sich ein Kind wünschen, fühlen sich aber während der potenziell fruchtbaren Tage so stark unter Druck (jetzt muss es aber klappen!), dass kein wirklich guter Orgasmus zustande kommt. Oft überträgt sich die Spannung auf den Mann, der dann seinerseits Potenzschwierigkeiten bekommt. Gerade in einer solchen Situation ist gegenseitiges Verständnis beider Partner wichtig.

Sexuelle Funktionsstörungen von Frauen. Das Spektrum von Sexualstörungen, derentwegen Frauen einen Arzt aufsuchen, hat sich in den vergangenen Jahrzehnten stark verändert. Standen 1980 statistisch noch Orgasmus- und Erregungsprobleme an erster und zweiter Stelle, so sind dies heute Schmerzen beim Geschlechtsverkehr (Dyspareunie) und mangelnde Libido. Gerade die Dyspareunie ist dabei sehr häufig ein Zeichen dafür, dass der Sexualpartner oder Sexualität im Allgemeinen eigentlich abgelehnt wird. Sie beruht also meist auf einem Beziehungsproblem oder einem Rollenkonflikt.

Statistisch hat bei Heterosexuellen die Häufigkeit des Geschlechtsverkehrs im gleichen Zeitraum abgenommen. Vor dem Hintergrund der allgegenwärtigen Präsenz sexueller Reize in den Medien und der zunehmenden Präsenz von Nacktheit im Alltag (Strand, Sauna, Wellness-Center) scheint dies zunächst paradox. Sexuelle Schlüsselreize jedweder Art nutzen sich jedoch sehr schnell ab, so dass „wenn's drauf ankommt" eventuell keine Erregung mehr möglich ist. Sozialwissenschaftler sprechen vor diesem Hintergrund bereits von einer „Entsexualisierung" der Gesellschaft.

Ei- und Follikelreifung

Vorgeburtliche Entwicklung

Vom Standpunkt des genetischen Materials entspricht die Entwicklung der befruchtungsfähigen weiblichen Eizelle weitgehend der Spermiogenese (s. Kap. 13, S. 418). Zellvermehrung und Reifung laufen bei der Frau jedoch zeitlich getrennt ab: Bereits zu Beginn der Fetalperiode im 4.–5. Schwangerschaftsmonat ist die Vermehrung der Urkeimzellen *(Oogonien)* abgeschlossen. Von den 4–6 Millionen ursprünglicher Oogonien sind aber die meisten schon bei der Geburt wieder degeneriert – eine natürliche Auslese, die dafür zu sorgen scheint, dass nur sehr wenige „schadhafte" Oogonien zu reifen Eizellen werden ***(Abb. 13.19)***.

Reifung

Die Eizelle durchläuft in ihrer Entwicklung verschiedene Stadien, in denen sie unterschiedlich benannt wird:

- Primärfollikel,
- Sekundärfollikel,
- Tertiärfollikel,
- Graaf-Follikel und
- Gelbkörper.

Primäre Oozyte und Primärfollikel

Rund 1–2 Millionen Eizellen beginnen kurz vor der Geburt mit ihrer ersten Reifeteilung (Meiose), bleiben aber in der Prophase stehen. Diese *primären Oozyten* (Oozyten 1. Ordnung) sind von einem einschichtigen Saum würfelförmiger *Follikelepithelzellen* (Granulosazellen) umgeben, die entwicklungsgeschichtlich den Sertoli-Zellen des Hodens entsprechen.

Primäre Oozyte und umgebendes Follikelepithel finden sich hauptsächlich in der Peripherie des Ovars dicht unter der Kapsel und bilden zusammen den *Primärfollikel* ***(Abb. 13.20)***. In dieser Form kann die Eizelle Jahre bis Jahrzehnte überdauern. Bis zur Pubertät geht jedoch noch einmal der größte Teil der Follikel zu Grunde, so dass die Ovarien einer jungen Frau „nur noch" ca. 400 000 Primärfollikel enthalten.

Sekundärfollikel

Unter dem Einfluss des *follikelstimulierenden Hormons* (FSH) aus dem Hypophysenvorderlappen entwickeln sich nach der Pubertät jeweils einige Follikel gleichzeitig zu Sekundärfollikeln mit einem mehrschichtigen Zellsaum und einem Durchmesser von 0,2 mm. Auch die Eizelle selbst vergrößert sich durch eine Vermehrung des Proteinsyntheseapparats im Zytoplasma. Eine derbe Glashaut *(Oolemm, Zona pellucida)* grenzt Eizelle und Follikelepithel voneinander ab.

Während des Wachstums des Sekundärfollikels wandert dieser allmählich aus der Rindenzone des Ovars in tiefer liegende Abschnitte. Dabei legt sich Bindegewebe schalenartig um den Follikel (*Theca folliculi*, Thekaorgan).

Tertiärfollikel

Mit zunehmendem Wachstum des Follikelepithels lockern sich die Zellkontakte mehr und mehr auf, bis sich freie Flüssigkeit zwischen den Zell-Lagen ausbreitet. In diese Follikelhöhle buckeln sich die Eizelle und einige wenige Follikelzell-Lagen *(Corona radiata)* als Eihügel *(Cumulus oophorus)* vor.

Der Tertiärfollikel besitzt mit ca. 1 cm Durchmesser eine erhebliche Größe und drängt andere Strukturen des Ovars zur Seite. Das Thekaorgan produziert

Eizellreifung

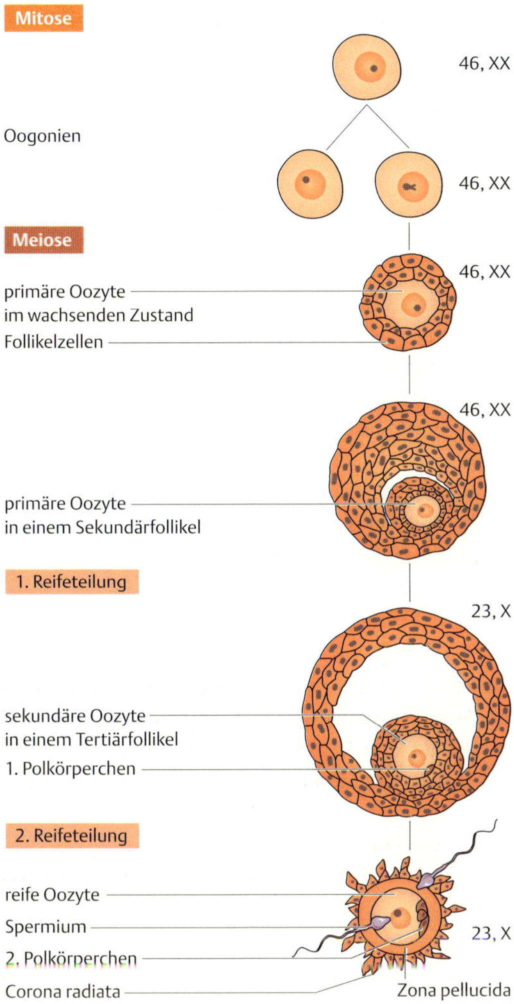

Abb 13.19 Die Stadien der Eireifung laufen parallel zur Spermiogenese innerhalb eines Follikels ab. Wichtiger Unterschied ist, dass sich das Zytoplasma der primären Oozyte in der 1. und 2. Reifeteilung nicht gleichmäßig auf die 4 Tochterzellen verteilt. Es entstehen im Gegenteil neben der reifen Eizelle (Oozyte) nur 3 verkümmerte Polkörperchen innerhalb der Zona pellucida.

Follikelreifung

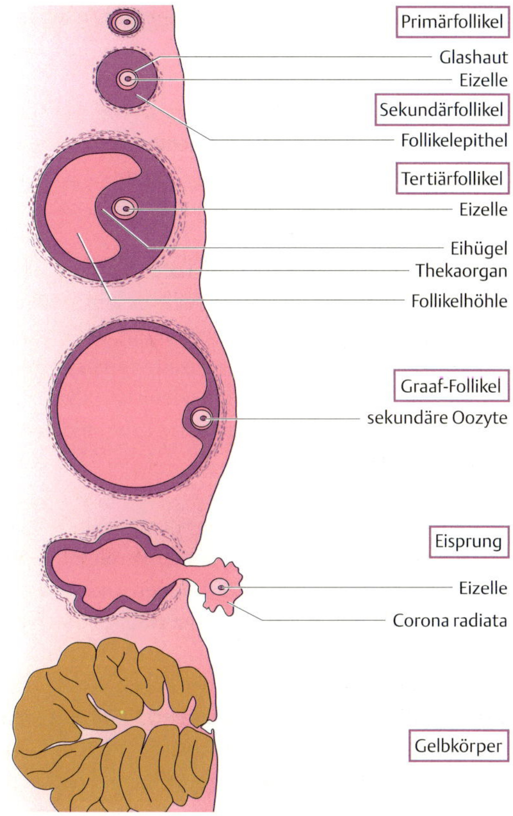

Abb 13.20 Die hier in einer Abbildung zusammengefasste Reifung vom Primärfollikel (oben) zum Gelbkörper (unten) findet normalerweise nacheinander im Laufe eines Zyklus statt. Zur Erläuterung der Phasen siehe Text.

weibliche Geschlechtshormone (*Östrogene*, vor allem *Östradiol*) und gibt diese sowohl an das Blut als auch in erheblich höherer Konzentration in die Follikelhöhle ab. Die hohe Östradiolkonzentration in der Follikelhöhle spielt eine Rolle bei der endgültigen Eireifung.

Graaf-Follikel und Eisprung

Wiederum degenerieren die allermeisten dieser Tertiärfollikel, so dass während der gesamten fruchtbaren Phase von den ca. 10 000–20 000 Tertiärfollikeln nur 400–600 zum Eisprung kommen. Diese Überschussproduktion an Tertiärfollikeln mag zunächst als Verschwendung erscheinen. Sie wird aber verständlich, wenn man bedenkt, dass die Theka nahezu der einzige Produktionsort von Östrogenen ist und die Ausbildung eines Thekaorgans einen funktionierenden Sekundär- und Tertiärfollikel voraussetzt.

Kurz vor dem Eisprung wird einer der Tertiärfollikel beider Eierstöcke dominant und reift als einziger zum Graaf-Follikel (Quartärfollikel) heran.

Jetzt erst beendet die Eizelle endlich ihre erste Reifeteilung, wobei die Hälfte des Erbguts sich mit geringen Mengen Zytoplasma in einer winzigen Tochterzelle, einem Polkörperchen, abschnürt. Die Eizelle selbst, also die zweite „Tochterzelle" (sekundäre Oozyte, Oozyte 2. Ordnung), beginnt ihre zweite Reifeteilung und erreicht einen Durchmesser von 0,1–0,14 mm; der ganze Follikel misst jetzt ca. 2 cm und entspricht damit in etwa der Größe des gesamten übrigen Ovars!

Wegen der Größe des Follikels halten Tunica albuginea und Peritoneum dem Druck in der Follikelhöhle nicht mehr stand und reißen ein. Bei diesem Eisprung *(Ovulation)* wird die Eizelle mitsamt ihrer Corona radiata, also den Follikelepithelzellen des Eihügels, in den Anfangsteil der Tube hineingeschleudert.

Gelbkörper

Der Eisprung ist immer mit einer Verletzung des Ovars und des Peritoneums verbunden und wird daher häufig als stechender Schmerz wahrgenommen. Unter dem Einfluss des luteinisierenden Hormons (LH) aus dem Hypophysenvorderlappen vermehren sich die im Ovar zurückgebliebenen Epithelzellen des gesprungenen Graaf-Follikels und bilden 2–3 Tage nach der Ovulation zusammen mit der darunter liegenden Theka den Gelbkörper *(Corpus luteum)*. Der Gelbkörper produziert nun das Steroidhormon *Progesteron*, während gleichzeitig die Abgabe von Östrogenen zurückgeht.

Wird die Eizelle nicht befruchtet, so degeneriert der Gelbkörper 10–11 Tage nach dem Eisprung und wird anschließend durch weißliches Narbengewebe ersetzt *(Corpus albicans)*. In den meisten Fällen ist dieses Narbengewebe jedoch schon zwei Monate nach dem Eisprung nicht mehr nachzuweisen.

Im Fall einer beginnenden Schwangerschaft vergrößert sich der Gelbkörper und begünstigt durch seine starke Progesteronsynthese die Entwicklung der Uterusschleimhaut. Erst ab dem vierten Schwangerschaftsmonat, wenn die Plazenta die Hormonausschüttung übernimmt, degeneriert auch dieser Gelbkörper.

! Die meisten Eizellen beenden nie ihre erste Reifeteilung. Sie bilden mikroskopische Primärfollikel, die nach und nach degenerieren. Während der fruchtbaren Zeit entwickeln sich einige Primärfollikel über mehrere Zwischenstationen zum sprungreifen Graaf-Follikel, in dessen Innerem die weiteren Schritte der Reifeteilung stattfinden. Nach dem Eisprung werden die Reste des Graaf- Follikels zum Gelbkörper.

13.5 Weiblicher Zyklus

Hormonveränderungen

Nach der ersten Monatsblutung *(Menarche)* setzen zunächst recht unregelmäßige Zyklen ein, die nur selten von einem Eisprung begleitet werden (anovulatorische Zyklen). Einige Jahre später werden Dauer und Ablauf des Zyklus ***(Abb. 13.21)*** zunehmend regelmäßig, wobei man deutliche individuelle Unterschiede beobachtet.

Im Mittel dauert ein kompletter Zyklus 28 Tage (22 bis 35 Tage); gerechnet wird immer vom ersten Tag der Monatsblutung.

Mit Eintritt in die Wechseljahre bis zur letzten Regelblutung *(Menopause)* wird der Zyklus wieder zunehmend unregelmäßig und anovulatorische Zyklen häufen sich.

Erste Zyklusphase

Während der unterschiedlich langen ersten Zyklusphase bis zum Eisprung reifen unter dem Einfluss des Hypophysenhormons FSH allmählich einige Tertiärfollikel heran, die zunehmend Östrogene produzieren. Der anfangs niedrige Östrogenspiegel hemmt zunächst im Sinne einer negativen Rückkopplung die Ausschüttung von LH. Ab einem gewissen Östrogenspiegel kehrt sich die Regulation um; Östrogene fördern in hohen Dosen die Abgabe von FSH und LH aus der Hypophyse (positive Rückkopplung). Es kommt zu einem sprunghaften Anstieg dieser beiden sog. gonadotropen Hormone. Die hohen LH-Spiegel führen jetzt zur Ovulation und stimulieren die Progesteronsynthese im sich

Weiblicher Zyklus

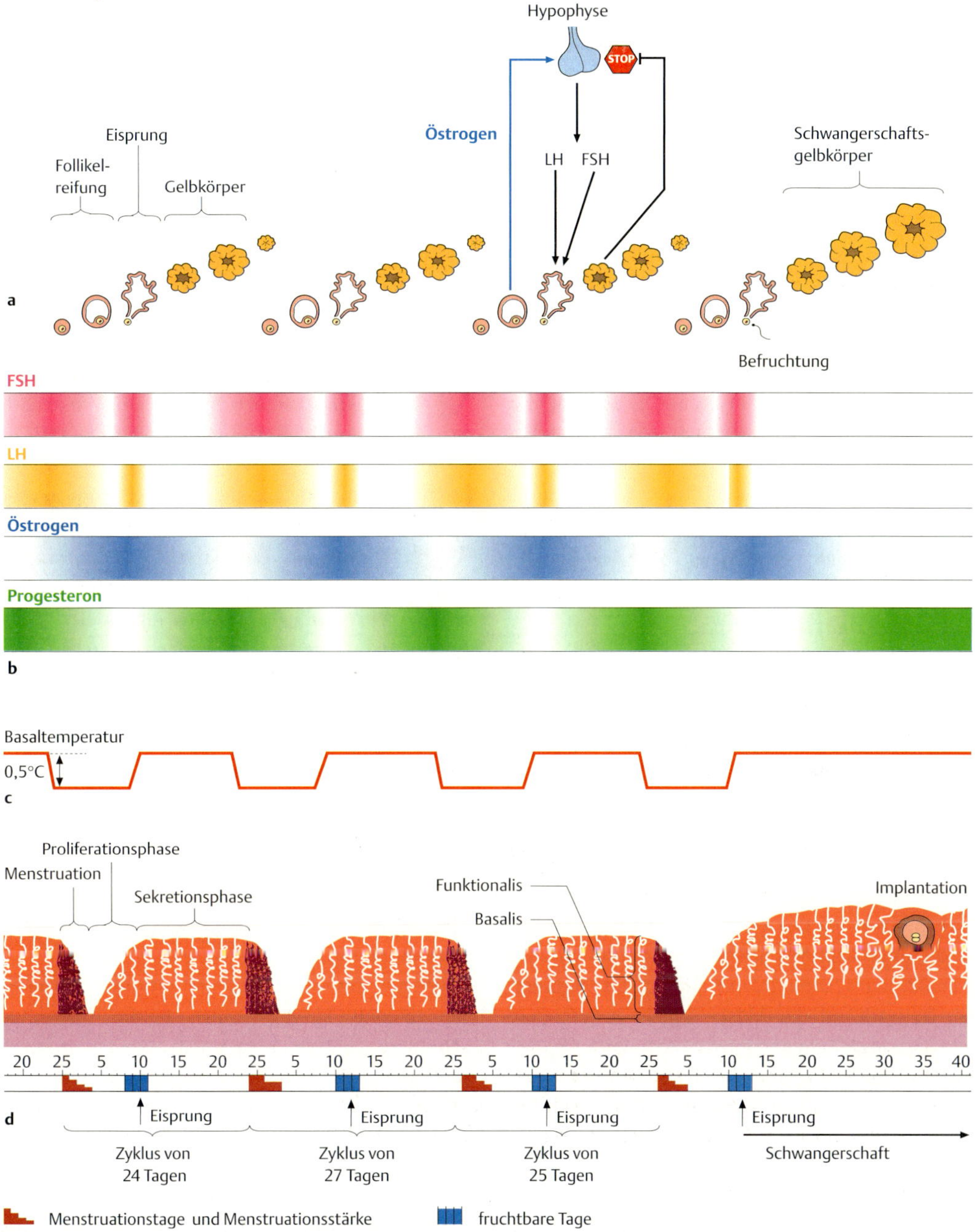

Abb 13.21a-d Die Abbildung zeigt die Veränderungen im Ovar (**a**), die hormonellen Anpassungen (**b**), die morgendliche Körperkerntemperatur (Basaltemperatur) (**c**) und die Veränderungen der Uterusschleimhaut (**d**) während dreier normaler Zyklen und einer Frühschwangerschaft. Unter dem Einfluss von Östrogen schüttet die Hypophyse zwischen dem 8. und 12. Zyklustag große Mengen der gonadotropen Hormone FSH und LH aus. LH löst daraufhin den Eisprung aus und das Gelbkörperhormon Progesteron hemmt die Hypophyse. Kommt es zu einer Befruchtung, dann degeneriert der Gelbkörper nicht und der Progesteronspiegel bleibt hoch. Zum Zeitpunkt des Eisprungs erhöht sich die Körpertemperatur abrupt um 0,5 °C. Sie fällt kurz vor Beginn der Menstruationsblutung wieder ab.

entwickelnden Gelbkörper. Da die Thekazellen jetzt nicht mehr so viel Östrogene erzeugen, sinkt deren Plasmaspiegel und die positive Rückkopplung auf LH und FSH entfällt: der Spiegel beider gonadotroper Hormone sinkt ab.

Zweite Zyklusphase

Im Gegensatz zur Phase vor dem Eisprung hat der zweite Zyklusabschnitt von der Ovulation bis zur Monatsblutung eine recht konstante Länge von 14 ($\pm$ 1) Tagen. Die Ausschüttung von FSH und LH aus dem Hypophysenvorderlappen erfolgt nicht autonom, sondern wird von einem übergeordneten Steuerhormon des Hypothalamus beeinflusst (GnRH, gonadotropin releasing hormone, s.a. Kap. 12, S. 390). Die GnRH-Sekretion bleibt während des Zyklus einigermaßen konstant. Negative und positive Rückkopplung von Östrogenen auf die Hypophyse kommen dadurch zustande, dass die Zellen weniger oder mehr auf GnRH ansprechen.

Uterusschleimhaut

Die Schleimhaut des Uterus *(Endometrium)* ist wie kein anderes Gewebe vom hormonellen Zyklus der Frau abhängig.

Desquamationsphase

Während der Menstruation wird unter dem Einfluss des niedriger werdenden Progesteronspiegels im Blut die Schleimhaut abgestoßen (*Desquamationsphase*, 1. bis 4. Tag des Zyklus). Dies betrifft jedoch nur die oberflächliche Schicht des Endometriums, die Funktionalis *(Lamina functionalis)*. Das Endometrium ist stark mit der Muskelschicht verzahnt, so dass auch nach der Regelblutung die tiefen Schichten der Schleimhaut übrig bleiben (Basalis, *Lamina basalis*), aus denen sich das Endometrium während der Proliferationsphase (5.–14. Tag des Zyklus) regeneriert. Es entstehen tiefe gestreckte Drüsenschläuche in der zunehmend dicker werdenden Funktionalis.

Proliferations-/Sekretionsphase

Die *Proliferationsphase* steht unter dem Einfluss der Östrogene aus dem Ovar. Mit dem Zeitpunkt des Eisprungs erhöht sich die Konzentration an Progesteron. Das Endometrium tritt hierdurch in die *Sekretionsphase* ein (15.–28. Tag des Zyklus). In dieser Phase winden sich die Drüsenschläuche korkenzieherartig und produzieren ein schleimiges Sekret, das für die Einnistung der befruchteten Eizelle *(Implantation)* wichtig ist. Das Sekret der Zervixdrüsen verfestigt sich und bildet einen undurchlässigen Schleimpfropf, der das Eindringen von Spermien in das Uteruslumen verhindert.
Erfolgt keine Befruchtung, so verringert sich ab dem 25. Zyklustag unter dem Einfluss sinkender Progesteronspiegel die Schleimhautdurchblutung, bis die Funktionalis am 28. Tag in Fetzen von ihrer Unterlage abreißt.

Die Proliferationsphase mit einem hohen Östrogenspiegel reicht von der Menstruation bis zum Eisprung. Dieser wird durch hohe FSH- und LH-Spiegel ausgelöst. Nach dem Eisprung dominiert in der Sekretionsphase das Hormon Progesteron.

Hormonelle und „natürliche" Verhütung. Die gebräuchlichen Methoden der hormonellen Verhütung (Kontrazeption) laufen darauf hinaus, den Eisprung zu verhindern (Ovulationshemmer) oder/und den Zervixschleimpfropf durch ein frühzeitiges Angebot von Gestagenen (Progesteronanaloga) für Spermien unpassierbar zu machen. Alle *Ovulationshemmer* enthalten in unterschiedlicher Zusammensetzung Östrogene und Gestagene (ähnliche Hormone wie Progesteron). Ihre Hauptwirkung besteht darin, dass sie die pulsartige Abgabe von GnRH aus dem Hypothalamus verlangsamen und die abgegebene Menge vermindern (negative Rückkopplung).

Wegen des durch die „Pille" erhöhten Sexualhormonspiegels klagen Frauen häufig über Kopfschmerzen, Abgeschlagenheit, Gewichtszunahme und auch nicht selten Libidoverlust. Schwere Komplikationen können auftreten, wenn sich auf Grund der verstärkten Blutgerinnungsneigung Thrombosen in den Venen bilden, sich ablösen und die Lungenarterien blockieren (Lungenembolie).

Die *„natürliche" Kontrazeption* ist eine Variation der ursprünglichen Methode *nach Knaus und Ogino*. Sie stützt sich auf die Messung der morgendlichen Körperkerntemperatur und die Beobachtung des Zervixschleims. Kurz vor dem Eisprung wird der Zervixschleim dünnflüssig und spinnbar, lässt sich also zu Fäden ausziehen. Auch der Geruch des Sekrets verändert sich merklich. Durch den Progesteronanstieg nach der Ovulation erhöht sich die Körpertemperatur um ca. 0,5 °C; sie fällt erst kurz vor der Menstruation wieder ab. Als relativ (!) sicher gilt die Zeitspanne bis 3 Tage vor und ab 24 Stunden nach der Temperaturerhöhung.

Durch verfeinerte Methoden der natürlichen Geburtenplanung lässt sich der Zeitpunkt der Ovulation noch wesentlich präziser vorhersagen. Diese Techniken verlangen jedoch eine sehr präzise und fortdauernde Aufzeichnung. Folgenreiche Fehleinschätzungen sind daher alles andere als selten. Die natürliche Kontrazeption ist prinzipiell nur für Paare geeignet, die eine Schwangerschaft zwar im Augenblick nicht wünschen, aber „im Falle des Falles" akzeptieren würden.

13.6 Schwangerschaft

Entwicklung von Keim und Embryo

Vor der Einnistung

Zygote

Die Eizelle beendet nach einer erfolgreichen Befruchtung ihre zweite Reifeteilung (vgl. ***Abb. 13.19***) und entsendet einen Tochterkern als weiteres *Polkörperchen* in die Peripherie. Gleichzeitig teilt sich auch das aus der ersten Reifeteilung hervorgegangene Polkörperchen noch einmal. Der kondensierte Zellkern des Spermiums löst sich ab und vergrößert sich in der Eizelle zum *männlichen Vorkern*, der ebenso wie der weibliche Vorkern seine DNA verdoppelt. Beide Vorkerne verschmelzen miteinander und bilden die erste Zelle des neuen Lebewesens, die Zygote.

Morula

Im Verlauf des 3–4 Tage dauernden Transports der befruchteten Eizelle durch die Tube teilt sich die Zygote erst in 2, dann in 4, 8 und 16 Tochterzellen, die das Zytoplasma der Eizelle unter sich aufteilen. Im 16-Zell-Stadium *(Morula)* hat der entstehende Embryo den Uterus erreicht und bereitet sich auf die Einnistung vor.

Blastozyste

Der entstehende Embryo entwickelt sich in den ersten Stunden bis maximal 3 Tage nach Eintritt in das Uteruslumen noch innerhalb der Zona pellucida weiter. Ähnlich wie die Epithelzellen des Tertiärfollikels weichen die Zellen der Keimanlage auseinander. Es entsteht ein Hohlraum, der außen von einer einschichtigen Lage flacher Zellen, dem *Trophoblast*, umgeben ist. An einer Stelle buckeln sich würfelförmige Zellen in das Lumen vor. Aus diesen Zellen entsteht später der Embryo. Daher heißt dieser Zellhaufen *Embryoblast*. Wegen des charakteristischen Hohlraums im Inneren der Keimanlage wird diese jetzt *Blastozyste* genannt.

Schon zu diesem frühen Zeitpunkt, 5–6 Tage nach der Befruchtung, setzt der Trophoblast das Hormon *Choriongonadotropin* bzw. HCG *(human chorionic gonadotropin)* frei, das wie LH den Gelbkörper zu einer verstärkten Progesteronsynthese veranlasst. Außerdem verhindert HCG die Rückbildung des Gelbkörpers und des Endometriums am Zyklusende und leitet so hormonell die Schwangerschaft ein.

Als praktische Nutzanwendung weisen die meisten gängigen Schwangerschaftstests HCG im Urin nach, werden also schon 1–2 Wochen nach einer Befruchtung positiv.

Einnistung

5–6 Tage nach der Befruchtung ist die Blastozyste derart angewachsen, dass der Trophoblast die Zona pellucida durchbricht und damit den Weg für die Einnistung *(Implantation, Nidation)* des Keims in die Uterusschleimhaut frei macht ***(Abb. 13.22a, b)***. Die Trophoblastzellen vermehren sich an dieser Stelle rapide und wachsen in die Schleimhaut regelrecht hinein. Das Epithel der Uterusschleimhaut schließt sich später über dem Keim und kapselt ihn gegen die freie Uterushöhle ab.

Einnistung

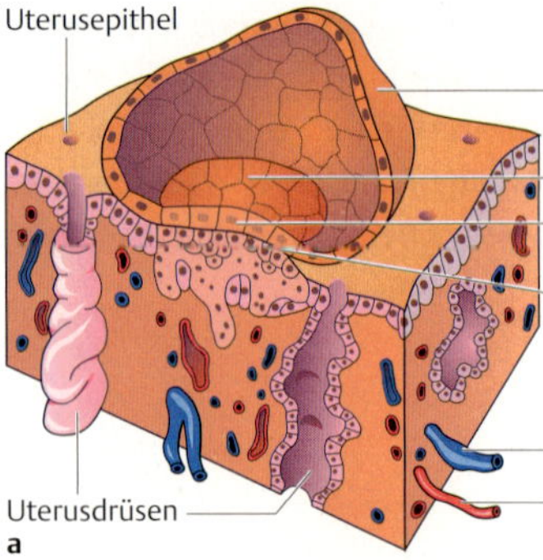

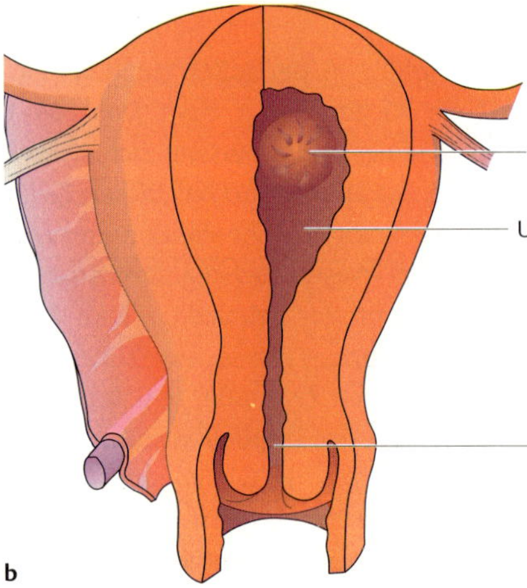

Abb 13.22a,b Bei der Einnistung nimmt der embryonale Pol der Blastozyste (Embryoblast) Kontakt mit der Uterusschleimhaut auf (**a**). Unmittelbar danach wandelt sich die Uterusschleimhaut unter dem Embryoblasten um, damit sich der Keim in die Schleimhaut vorarbeiten kann. Der häufigste Platz der Einnistung ist die Rückseite des Fundus (**b**). Hier entsteht später die Plazenta.

Der Ort der Implantation hängt von der Oberflächenbeschaffenheit des Endometriums ab. Meistens nistet sich die Blastozyste an der Rückseite des Uteruslumens im oberen hinteren Drittel ein. Eine Einnistung in der Nähe des Gebärmutterhalses birgt die Gefahr, dass sich die Plazenta vor die Zervix schiebt *(Placenta praevia)* und eine normale Geburt unmöglich macht.

Nachdem sich die Blastozyste an der Uterusschleimhaut festgesetzt hat, wuchern die Zellen des Trophoblasten ins mütterliche Gewebe ein. Dieser Vorgang entspricht optisch verblüffend genau einer krebsartigen Wucherung, wird aber im Gegensatz zu dieser von Gewebshormonen präzise gesteuert.

Keim

Zwei Keimblätter

In der zweiten und dritten Entwicklungswoche *(Keimphase)* entstehen die Vorläufer der verschiedenen Gewebe des Körpers. Unmittelbar nach der Einnistung ordnet sich der Zellhaufen des Embryoblasten zu zwei je einschichtigen Zell- Lagen, den Keimblättern ***(Abb. 13.23)***. Das äußere Keimblatt *(Ektoderm)* ist der Uteruswand benachbart, das innere Keimblatt *(Entoderm)* orientiert sich in Richtung Uteruslumen.

Dreiblättriger Keim (2 Wochen)

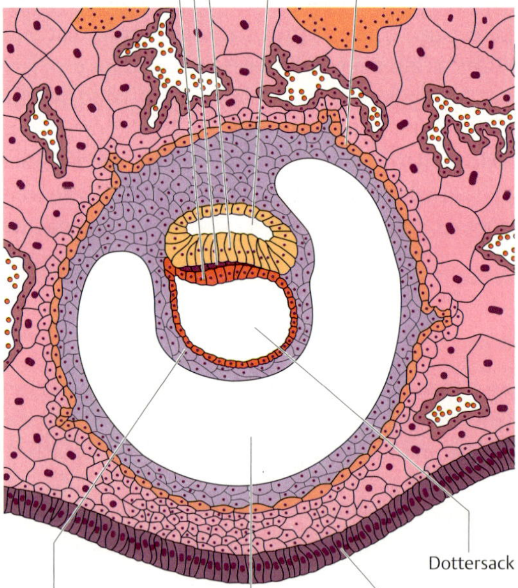

Abb 13.23 In der dritten Woche nach der Befruchtung liegt der Keim vollständig innerhalb der Uterusschleimhaut. Der Embryoblast hat sich zu 3 Keimblättern (Ektoderm, Mesoderm, Entoderm) fortentwickelt. Äußeres und inneres Keimblatt bilden jeweils einen Hohlraum, die Amnionhöhle bzw. den Dottersack. Die Uterusschleimhaut ist jetzt schon sehr gut durchblutet; Sie erkennen zahlreiche, seenartig vergrößerte Kapillaren.

Amnionhöhle

Zwischen den schmalen, hohen Zellen des Ektoderms und dem Trophoblasten bildet sich ein neuer Hohlraum, die Amnionhöhle, die später den gesamten Embryo umhüllen wird. Flache epithelartige Zellen aus dem äußeren Keimblatt grenzen die Amnionhöhle gegen den Trophoblasten ab.

Dottersack

In ähnlicher Weise wie die Amnionhöhle bildet sich zwischen den kleineren Entodermzellen und dem Trophoblasten der Dottersack *(Saccus vitellinus)*. Den Raum zwischen Dottersack und Trophoblast füllt das schwammartige extraembryonale Mesenchym aus.

Drittes Keimblatt

Im Verlauf der dritten Entwicklungswoche wuchern aus dem Ektoderm Zellen in den Spaltraum zwischen äußerem und innerem Keimblatt ein und formen ein locker gefügtes Netzwerk (mittleres Keimblatt, *Mesoderm*). Aus diesem Gewebe entstehen später Knochen, Knorpel, Muskulatur und Bindegewebe, während das Ektoderm als Vorläufer von Haut, Schleimhäuten, Drüsen, einigen Organgeweben und dem Nervensystem gilt. Aus den Zellen des inneren Keimblattes entstehen der Verdauungstrakt mit Leber und Pankreas sowie die Organe des Atmungssystems.

Aus dem Ektoderm entstehen die Haut, das Nervensystem und die Hautdrüsen, aus dem Mesoderm Bindegewebe und der Bewegungsapparat, aus dem Entoderm Magen-Darm-Trakt und Atmungsorgane.

Embryo

Die Zeit von der 4. bis zur 8. Woche nach der Befruchtung (6.–10. Woche nach Ausbleiben der Regel) wird als *Embryonalperiode* bezeichnet ***(Abb. 13.24)***. Während dieser Phase bilden sich alle wichtigen Organ-

Vorgeburtliche Entwicklung

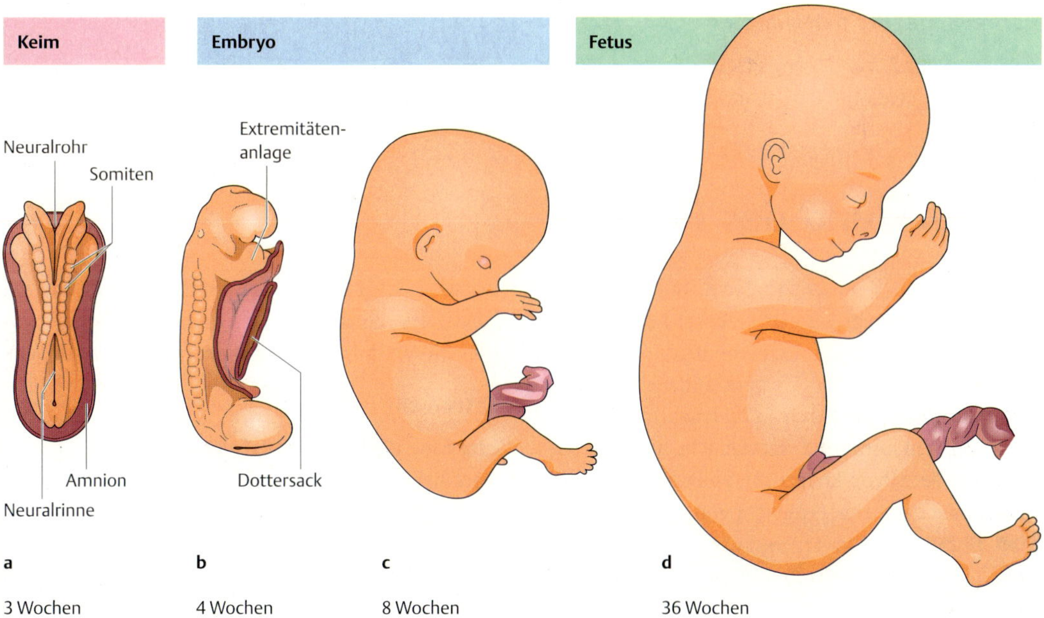

Abb 13.24a-d In der vierten Entwicklungswoche (**a**) faltet sich der dreiblättrige Keim auf und bildet das Neuralrohr. Eine Woche später (**b**) sind bereits die ersten Anlagen von Armen und Beinen zu erkennen. Es beginnt die Embryonalperiode, die mit der 8. Entwicklungswoche endet (**c**). Alle Gliedmaßen und inneren Organe sind zu dieser Zeit bereits angelegt und entwickeln sich während der Fetalzeit (**d**) lediglich weiter.

und Gliedmaßenanlagen, so dass Schädigungen in der Frühschwangerschaft zum Fehlen oder zur Missbildung ganzer Körperteile führen können.

Neuralrohr

Zu Beginn des zweiten Entwicklungsmonats dellt sich das Ektoderm in der Längsachse ein und bildet als Vorläufer von Rückenmark und Gehirn die *Neuralrinne*. Ihre Ränder erheben sich immer mehr, bis aus der Neuralrinne ein geschlossenes *Neuralrohr* ***(Abb. 13.24)*** entsteht, das bereits die für das Rückenmark typische Gliederung in Segmente aufweist.

Somiten

Gleichzeitig (4.–5. Woche) entwickelt sich parallel zu den Segmenten der Neuralrinne je ein *Somit* aus dem Mesoderm, der später zu dem zugehörigen Wirbelkörper, dem Knochengerüst der Gliedmaßen, der Skelettmuskulatur und dem Unterhautgewebe wird. Neuralrohr und Somiten wachsen in der Längsrichtung wesentlich stärker als das Entoderm. Daher krümmt sich der Embryo etwa ab dem 21. Entwicklungstag mehr und mehr zusammen und verkleinert damit den Zugang zum Dottersack.

Darmanlage und Extremitäten

Zu Beginn der 5. Woche hat sich so die entodermale Darmanlage weitgehend vom Dottersack abgeschnürt und in das Innere des Embryos verlagert; der Dottersack verkümmert. Jetzt knospen auch Arme und Beine als zunächst plumpe paddelartige Fortsätze mit flachen Furchen zwischen den Anlagen von Fingern und Zehen.

Kopf

Am Ende der Embryonalzeit ist der werdende Fetus ca. 3 cm lang. Der Kopf ist im Verhältnis riesig, er nimmt etwa die Hälfte des gesamten Körpers ein. Augen und Ohren sind sichtbar, alle inneren Organe sind angelegt und weitgehend funktionstüchtig.

Die Thalidomid-Katastrophe: Zu Beginn der 60er-Jahre wurde das Medikament Thalidomid (Contergan®) gegen Erbrechen in der Frühschwangerschaft eingesetzt. Es zeigte sich jedoch, dass dieser Stoff teratogen, also fruchtschädigend wirkt und insbesondere die Entwicklung der Gliedmaßenanlagen aus den embryonalen Segmenten hemmt. Die Folge sind verkümmerte Gliedmaßen mit paddelförmigen Extremitäten (Phokomelie).

Thalidomid erlebt heute eine Renaissance als Blocker der Gefäßneubildung bei Krebserkrankungen.

Entwicklung des Fetus

Die letzten gut zwei Drittel der intrauterinen Entwicklung (3. Monat bis zur Geburt) heißen *Fetalperiode*. Wurden in der Embryonalzeit alle lebenswichtigen Systeme des Körpers angelegt, so steht nun das Wachstum durch Zellvermehrung im Vordergrund. Entsprechend vervielfacht sich das Gewicht des Fetus von knapp 10 g zu Beginn der Fetalperiode auf das Geburtsgewicht von im Mittel 3,5 kg ***(Abb. 13.25)***.

Wachstum

Das Wachstum ist dabei absolut gesehen in den letzten Schwangerschaftsmonaten am stärksten, relativ zum Ausgangsgewicht jedoch wächst der „junge" Fetus erheblich schneller heran. Insgesamt bleibt das Wachstum des Kopfes stark hinter dem der übrigen Körperteile zurück, so dass er bei der Geburt nur noch ein Viertel der gesamten Körperlänge ausmacht.

Geschlecht

Drei Monate nach der Befruchtung haben sich die männlichen Genitalorgane so weit entwickelt, dass das Geschlecht äußerlich gerade eben erkennbar wird. Im 5. Monat spürt die werdende Mutter erstmals deutlich erkennbare Eigenbewegungen des Kindes.

Lunge

Ab wann der Fetus selbstständig lebensfähig wird, hängt weitgehend vom Entwicklungszustand der fe-

Lage des Uterus in der Schwangerschaft

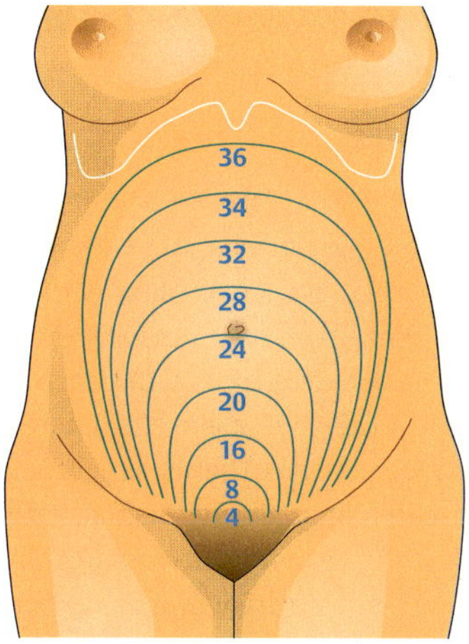

Abb 13.25 Die Untersuchung des schwangeren Uterus mit beiden Händen durch die Bauchdecke lässt erkennen, ob die Schwangerschaft regelrecht fortschreitet. Die Zahlen bezeichnen die Schwangerschaftswoche, die blauen Linien die tastbaren Grenzen des Uterus. Zusammen mit der Ultraschalluntersuchung lassen sich so Störungen, wie z. B. ein zu geringes Volumen der Amnionflüssigkeit, erkennen.

talen Lungen ab. Ihren Alveolen fehlen bis zum 7. Monat oberflächenaktive Substanzen *(Surfactant)*. Diese werden von spezialisierten Epithelzellen in den Lungenalveolen gebildet und setzen die Oberflächenspannung der Lungenbläschen soweit herab, dass das Kind seine Lungen mit Luft befüllen kann. Sehr unreife Frühgeborene haben darüber hinaus oft noch zu wenig Alveolen und/oder Alveolarkapillaren, da sich die Feinstruktur der Lungen schon unter normalen Umständen erst weitgehend nachgeburtlich entwickelt.

Reifezeichen

Ein reifes Neugeborenes sollte 3000–4200 g wiegen und eine Körperlänge von 48–55 cm bei einem Kopfumfang von 33–37 cm haben. Typische Reifezeichen sind eine rosige Haut mit gut entwickeltem Unterhautfettgewebe, die starke Ausprägung der Hautleisten an der Fußsohle, eine deutlich erkennbare Faltung der Ohrmuschel, ein vollständiger Deszensus beider Hoden bzw. ein von den großen Labien vollständig bedeckter Scheidenvorhof sowie bis zur Fingerkuppe reichende Nägel.

APGAR-Index. Unmittelbar nach der Geburt sowie nach 5 und 10 Minuten bestimmt die Hebamme bzw. der Geburtshelfer den APGAR-Index. Er setzt sich aus fünf Beobachtungen zusammen, die mit 0 (schlecht bzw. nicht vorhanden), 1 (gerade noch ausreichend) oder 2 (gut) bewertet werden. Alle Zahlen werden addiert. Die Kategorien sind dabei

- Atmung,
- Puls,
- Hautfärbung
- Muskeltonus und
- Reflexe.

Ein APGAR-Index von 10 ist optimal; Werte unter 5kennzeichnen einen schweren Sauerstoffmangelzustand. Frühgeborene mit einem Körpergewicht unter 1200–1500 g sind akut bedroht, u. a. deshalb, weil ihr Atmungssystem noch nicht ausgereift und die Temperaturkontrolle noch nicht entwickelt ist. Durch den Fortschritt der Intensivmedizin haben heute aber schon Frühgeborene deutlich unter 1000 g eine gute Überlebenschance.

Allgemeinveränderungen der Schwangeren

Eine Schwangerschaft spielt sich nicht allein im Uterus ab, sondern verändert die gesamte Physiologie der Frau.

Blut

Wegen der stark erhöhten Hormonspiegel, insbesondere desjenigen von Progesteron, steigt das Blutvolumen um durchschnittlich 35 %, das Plasmavolumen sogar um 45 % an. Da die gesamte Anzahl der roten Blutkörperchen weitgehend gleich bleibt, sinken der Hb-Wert (auf 10–12 g/100 ml) und der Hämatokrit (auf 30–35 %) ab.

EPH-Gestose: Diese drastischen Veränderungen können zu einer deutlichen Blutdruckerhöhung führen. Regelmäßige Blutdruckkontrollen sind daher Bestandteil jeder Schwangerschaftsuntersuchung.

Bereits im ersten Schwangerschaftsdrittel entwickeln sich leichte Ödeme in allen Körperpartien, die gerade im Gesichtsbereich kleinere Fältchen verstreichen lassen. Dies ist der Grund für das häufig „blühende" Aussehen schwangerer Frauen. Eine geringfügige Proteinurie, also die Ausscheidung von Eiweiß im Urin, ist völlig normal. Krankheitswert bekommen diese Veränderungen allerdings dann, wenn Ödeme (engl. edema), Proteinurie und Bluthochdruck (Hypertonie) klinisch manifest werden (EPH-Gestose). Diese Krankheit ist häufig die Vorstufe der lebensbedrohenden *Eklampsie*, einer Folge von tonisch-klonischen Muskelkrämpfen, die einem epileptischen Anfall ähneln.

Als Faustregel gilt, dass eine Frau während der gesamten Schwangerschaft ungefähr 10–12 kg an Gewicht zunehmen sollte, das meiste während der letzten zwei Monate. Ein Drittel davon entfällt auf das Baby, ein Drittel auf Uterus, Plazenta und Fruchtwasser und der Rest auf eine leichte Wassereinlagerung im Gewebe. Nimmt eine Schwangere deutlich stärker zu, dann muss dringend nach den Zeichen einer EPH-Gestose gefahndet werden.

Übelkeit

Weitere Allgemeinveränderungen in der Frühschwangerschaft sind die leidige Übelkeit, die man in minder schweren Fällen wegen der möglichen Gefährdung des Embryos nicht mit Medikamenten behandeln wird, und die bekannte Veränderung der Ernährungsgewohnheiten („Marmeladenbrot mit sauren Gurken").

Raumforderung

In den letzten drei Monaten überwiegen Veränderungen als Folge der mechanischen Raumforderung von Kind und Uterus: Die Atmung wird flacher, obwohl das Atemzeitvolumen um 40% erhöht ist, die Atemruhelage ist in Richtung der Inspiration verschoben. In Rückenlage kann die untere Hohlvene durch das Gewicht des Uterus abgedrückt werden (Kavakompressionssyndrom). Auch der häufig unregelmäßige Stuhlgang ist wahrscheinlich in erster Linie eine Folge der Verdrängung des Dickdarms.

Psychische Veränderungen

Psychische Veränderungen während der Schwangerschaft sind sehr häufig, äußern sich jedoch in individuell höchst unterschiedlicher Weise. Während einige psychische Erkrankungen, z.B. schizophrene Psychosen, durch eine Schwangerschaft häufig verschlimmert oder überhaupt erst ausgelöst werden, hat der Anstieg der Sexualhormone auf die Stimmungslage vieler Frauen einen ausgeprägt positiven Einfluss.

In der Fetalzeit (3. bis 9. Schwangerschaftsmonat) wächst das Gewicht des Ungeborenen exponentiell an. Entsprechend erhöhen sich bei der Schwangeren in den letzten drei Monaten Blut- und Plasmavolumen sowie der Blutdruck.

13.7 Plazenta

Entwicklung

Mit zunehmendem Wachstum stellt der Embryo immer größere Anforderungen an die „Logistik", also an die Versorgung mit Energie- und Baustoffen und die Entsorgung von Stoffwechselprodukten. Diese Aufgabe erfüllt die Plazenta (Mutterkuchen, **Abb. 13.26)**, die gemeinsam von Mutter und Embryo bzw. Fetus gebildet wird.

Trophoblast

Schon in der Keimphase wächst der Trophoblast zweischichtig als zellulär organisierter *Zytotrophoblast* und – diesen bedeckend – als nicht in Zellen aufgegliederte Gewebewucherung *(Synzytiotrophoblast)* in das Endometrium (jetzt *Dezidua* genannt) ein.

Unreife Plazenta

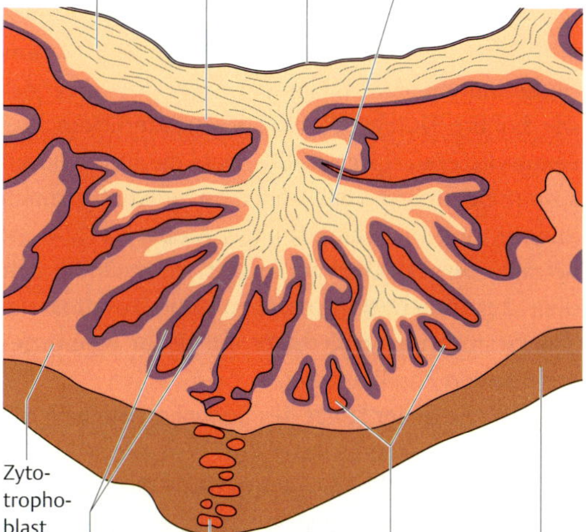

Abb 13.26 Dieses Schema zeigt, wie das Trophoblastgewebe in die Uterusschleimhaut (jetzt Dezidua genannt) hinein „wuchert". Aus dem anfangs krebsartig aussehenden Wachstum entstehen jedoch geordnete Zottenbäume aus embryonalem Gewebe, die von Seen aus mütterlichem Blut (Lakunen) umgeben sind. Auch die mütterlichen Blutgefäße wachsen, um den steigenden Sauerstoffbedarf zu decken.

Dabei greift diese aggressiv wachsende „Geschwulst" arterielle und venöse Gefäße der Uterusschleimhaut an; es entstehen blutgefüllte Hohlräume in der Dezidua, sog. *Lakunen*, die mit kindlichem Gewebe ausgekleidet sind. Auf diese Weise wird das embryonale Gewebe von arteriellem Blut der werdenden Mutter umspült, das durch weitlumige Venen in der basalen Endometriumschicht wieder abfließt.

Chorion

Ab der frühen Embryonalzeit wachsen kindliche Blutgefäße und Bindegewebe in das Trophoblastgewebe ein und bilden Zotten mit immer feineren Verzweigungen. Das gesamte Trophoblastgewebe des Embryos und Fetus bezeichnet man ab jetzt als *Chorion* (Chorium). In Richtung des Endometriums gewinnt das Chorion *(Chorion frondosum)* rasch an Dicke, die Zottenbäume verzweigen sich immer mehr und die Plazenta entsteht.

Die gegenüber liegende Seite verliert in der Embryonalzeit ihre Zotten *(Chorion laeve)* und verschmilzt am Ende des dritten Entwicklungsmonats mit dem sich ausdehnenden Amnionepithel (***Eihäute*** = Chorion + Amnion). Die Endometriumdeckschicht des Chorion laeve ist zunächst von der Dezidua der gegenüberliegenden Uterusseite getrennt. Mit zunehmendem Wachstum nimmt die Amnionhöhle das gesamte Uteruslumen ein und die beiden Deziduaschichten verschmelzen miteinander.

Je älter der Fetus wird, desto größer werden auch seine Bedürfnisse hinsichtlich des Stoffaustausches mit dem mütterlichen Organismus. Der Zottenbaum zweigt sich daher immer stärker auf, um die Austauschfläche zwischen kindlichem und mütterlichem Kreislauf zu erhöhen.

Aufbau

Zum Zeitpunkt der Geburt besitzt die reife Plazenta einen Durchmesser von 15–20 cm und wiegt 450 - 600 g. Von der gesamten Dicke (2–4 cm) entfällt der größte Teil auf die fetalen *Zottenbäume* ***(Abb. 13.27)***. Nur die aus der Dezidua gebildete bindegewebige *Basalplatte* und einige *Septen*, welche die Blutzirkulation unvollständig unterteilen, stammen von der Mutter.

In die von Amnion bedeckte fetale Seite (Chorionplatte) mündet die Nabelschnur mit ihren drei Ge-

Reife Plazenta und Fetus

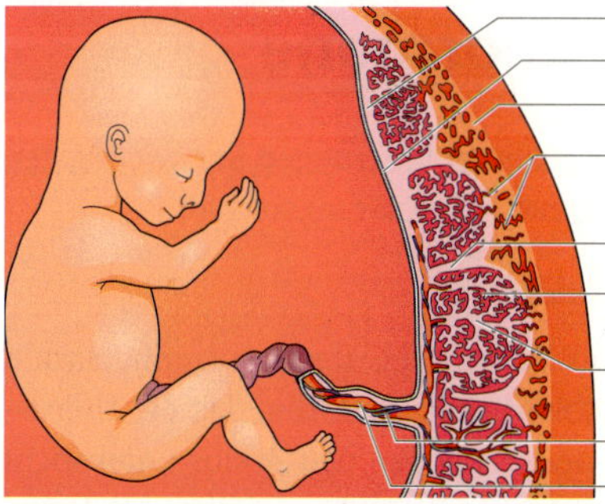

Abb 13.27 Dieser schematische Schnitt durch eine reife Plazenta zeigt, wie jeweils ein verzweigter Zottenbaum in eine Lakune aus mütterlichem Blut eintaucht. Zwischen den Zottenbäumen trennen Septen aus mütterlichem Bindegewebe die Lakunen voneinander ab. In den beiden Nabelarterien fließt sauerstoffarmes Blut vom Kind zur Plazenta, in der dickeren Nabelvene sauerstoffreiches Blut von der Plazenta zum Kind.

fäßen (zwei zur Plazenta führende Arterien, eine abführende Vene). Die beiden Nabelarterien *(Aa. umbilicales)* spalten sich in 15–20 Äste auf; jeder Ast tritt in einen reich verzweigten blumenkohlförmigen Zottenbaum *(Kotyledo)* ein, der in eine spaltförmige, von Septen begrenzte und von mütterlichem Blut umspülte Lakune *(intervillöser Raum)* eintaucht.

Haftzotten verbinden die Kotyledonen mit der Basalplatte und sorgen so für die mechanische Befestigung des fetalen Anteils der Plazenta. Der Zottenbaum reicht wie ein Tauchsieder in das Blut des intervillösen Raums hinein. An seiner Oberfläche findet der eigentliche Stoffaustausch zwischen mütterlichem und kindlichem Blut statt.

Es handelt sich um die selbe Architektur wie bei einem Dialysesystem für nierengeschädigte Patienten. Das mit Sauerstoff und Nährstoffen angereicherte, von CO_2 und Stoffwechselprodukten befreite kindliche Blut strömt durch die Nabelvene *(V. umbilicalis)* zum Fetus zurück.

Blutversorgung

Für den Fetus ist die Plazenta gleichzeitig ein Ersatz für die Lungen (O_2- und CO_2-Austausch), den Darm (Versorgung mit Energie und Baustoffen) und die Nieren (Entsorgung von Abfallprodukten). Dementsprechend stark ist die Durchblutung der Plazenta in der späten Schwangerschaft.

Auf der fetalen Seite fließen 200–350 ml Blut/min durch das geschlossene Kapillarsystem der Kotyledonen, das entspricht etwa einem Drittel des gesamten kindlichen Herzzeitvolumens. Auf der mütterlichen Seite beträgt die Durchblutung ca. 400 – 500 ml/min – immerhin noch fast 10% ihres Herzminutenvolumens.

Die höhere Durchströmung der mütterlichen Plazentaseite erklärt sich daraus, dass die intervillösen Räume ein offenes Kreislaufsystem bilden, also einen Blutsee, dessen Volumen im 9. Monat ca. 200 ml beträgt. Dieses Volumen mischt sich ständig mit dem zuströmenden arteriellen Blut, so dass die Sauerstoffsättigung niedriger ist als in einem geschlossenen Kapillargebiet.

Ähnlich wie in der Lunge des Erwachsenen stellt die Sauerstoffversorgung des Fetus, also die Diffusion über die Plazenta, einen kritischen Faktor dar. Der Fetus erhöht seine Sauerstoffsättigung dadurch, dass sein Hämoglobinmolekül (HbF, fetales Hämoglobin) wegen seiner höheren Sauerstoffaffinität O_2 aus dem mütterlichen Blut förmlich absaugt.

! Die Plazenta ist ein Gemeinschaftsorgan von Mutter und Fetus. Die mütterliche Seite besteht aus offenen Lakunen, in die die fetalen Kotyledonen mit einem geschlossenen Kreislauf eintauchen. Sauerstoff, Kohlendioxid, Nähr- und Abfallstoffe diffundieren durch die Membran zwischen beiden Kreislaufhälften.

Plazentahormone

Abb. 13.28 zeigt die Veränderungen der wichtigsten Hormone während der Schwangerschaft.

HCG und Progesteron.

Unter dem Einfluss von HCG aus dem Trophoblasten bildet der Gelbkörper Progesteron, das die Uterusschleimhaut weiter aufbaut, den Zyklus unterbricht und Kontraktionen des Uterus verhindert. Während die HCG-Produktion ihr Maximum erreicht (8.–12. Schwangerschaftswoche), erzeugt die Plazenta in zunehmendem Umfang selbst Progesteron und löst damit den Gelbkörper nahtlos ab. Die HCG-Produktion ist im 4. Schwangerschaftsmonat weitgehend erloschen, der Gelbkörper bildet sich zurück.

Mit dem stürmischen Wachstum der Plazenta in der Fetalzeit steigt auch die Progesteronsynthese an. Die Plasmakonzentration steigt um mehr als das Zehnfache von 9 ng/ml (2. Monat) auf 90–130 ng/ml (9. Monat). Im letzten Schwangerschaftsdrittelbaut die fetale Nebennierenrinde Progesteron zu Cortisol um, das die Lungenreifung des Fetus fördert. Ein inaktives Abbauprodukt, Pregnandiol, wird von der Mutter mit dem Urin ausgeschieden.

Östriol

Ungefähr ab dem Beginn des 3. Schwangerschaftsmonats bildet die fetale Nebennierenrinde das Steroidhormon DHEA (Dehydroepiandrosteron), das die

Hormonveränderungen in der Schwangerschaft

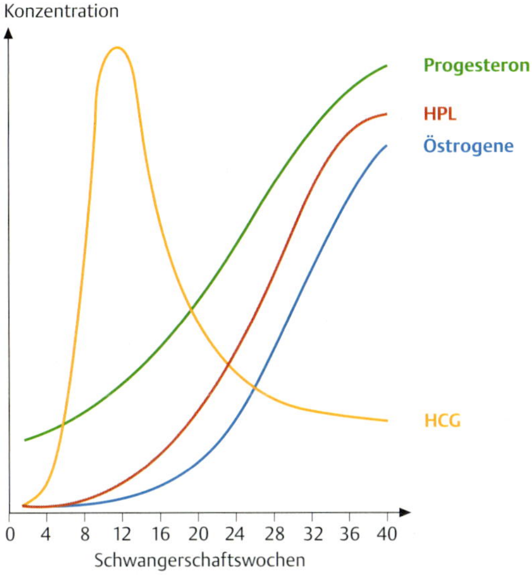

Abb 13.28 Das Hormon HCG fördert im ersten Schwangerschaftsdrittel die Abgabe von Progesteron aus dem Gelbkörper. Im zweiten und dritten Drittel erzeugt die Plazenta alle benötigten Hormone (Progesteron, HPL, Östrogene) selbst, so dass der Organismus HCG nicht mehr benötigt.

Plazenta aufnimmt und zu dem weiblichen Geschlechtshormon Östriol verstoffwechselt. Die Niere scheidet Östrogene weitgehend unverändert aus, so dass die Menge von Östriol, Östron und Östradiol im 24-Stunden-Urin mit zunehmender Schwangerschaftsdauer kontinuierlich von weniger als 1 mg (3. Monat) auf 20–70 mg ansteigt. Sinkt zu irgendeinem Zeitpunkt der Schwangerschaft die Östriolausscheidung ab, so produziert entweder der Fetus zu wenig DHEA oder die Plazentafunktion ist eingeschränkt. Die Östriolausscheidung ist daher einer von mehreren Indikatoren für die Gesundheit von Mutter und Kind.

HPL

Ab dem 2. Monat der Schwangerschaft produziert der Synzytiotrophoblast zunehmende Mengen des Peptidhormons HPL (human placental lactogen; auch HCS = human chorionic somatomammotropin). Kurz vor der Geburt erreicht die HPL-Synthese einen für ein Hormon enorm hohen Wert von 1–3 g täglich. HPL stimuliert ähnlich wie das Wachstumshormon die Größenentwicklung des Fetus, fördert das Wachstum der mütterlichen Brüste und verbessert wie Prolaktin die Aussprossung der Brustdrüsenanteile im Gewebe.

Plazentaschranke

Mutter und Kind sind zwei genetisch und immunologisch ganz unterschiedliche Organismen, die in einem gemeinsamen Körper leben, ohne eine Immunabwehr gegen das „fremde" Leben zu entwickeln. Diese immunologische Toleranz ist einzigartig für die Zeit der Schwangerschaft und setzt eine *mechanisch intakte Plazenta* voraus, die einen Übertritt von Körperzellen aus dem Fetus in die Mutter oder umgekehrt verhindert.

Über diese *Plazentaschranke* gelangen normalerweise nur Gase, Flüssigkeit, Elektrolyte (Salze) und relativ kleinmolekulare Eiweißstoffe einschließlich der IgG-Antikörper. Der häufigste Fall einer gestörten immunologischen Toleranz ist die *Rhesus-Inkompatibilität* ***(Abb. 13.29)***. In diesem Fall ist die Plazentaschranke gestört. Dadurch gelangen rote Blutkörperchen eines rhesuspositiven Fetus in den Kreislauf einer rhesusnegativen Mutter. Der mütterliche Organismus bildet gegen das Rhesusantigen Antikörper vom Typ IgG, die in den Fetus gelangen und dort zur Hämolyse des kindlichen Bluts führen. Meist geschieht eine solche Sensibilisierung während der früheren Geburt eines ebenfalls rhesuspositiven Kindes.

Diese erste Schwangerschaft verläuft in der Regel normal, ein gesundes Kind wird geboren. Zum Zeitpunkt der Geburt besteht allerdings ein ausgedehnter Kontakt des mütterlichen Blutes mit den Erythrozyten des Kindes, die Plazentaschranke bricht zusammen. Bei einer erneuten Schwangerschaft mit einem rhesuspositiven Kind greifen die vorhandenen Antikörper der Mutter die rhesuspositiven fetalen Erythrozyten an und führen zur Hämolyse. Es kommt – meist allerdings erst bei der dritten Schwangerschaft – zum *Ikterus* (Gelbsucht) des Fetus und in vielen Fällen zu einer Fehlgeburt.

Rhesus-Inkompatibilität

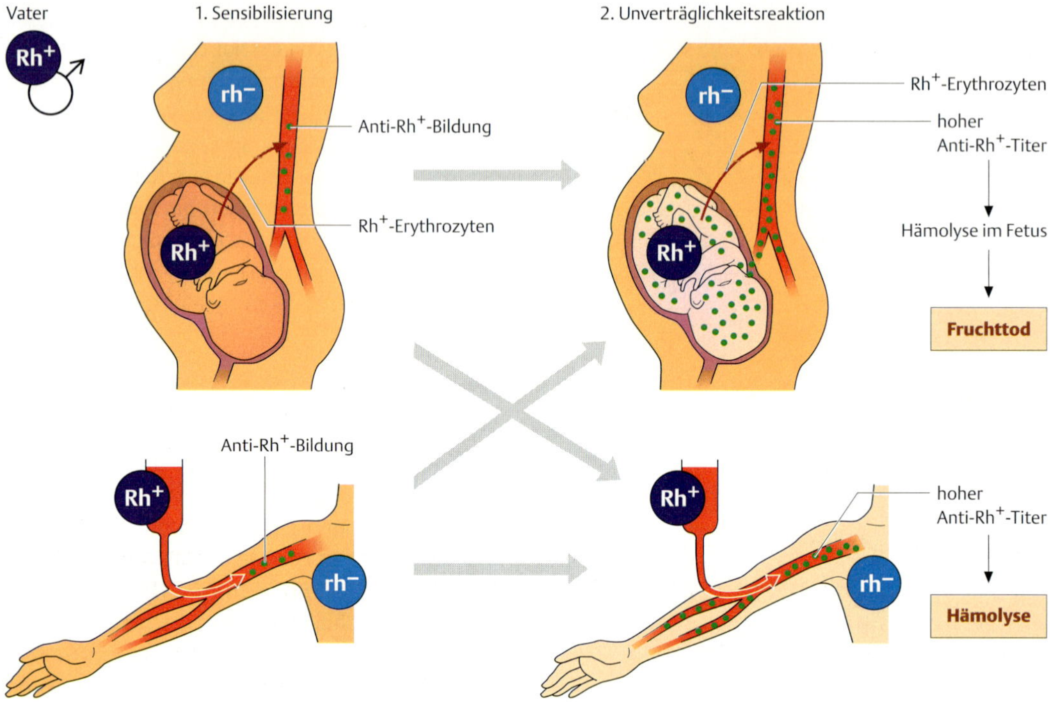

Abb 13.29 Zu einer fehlerhaften Immunreaktion kommt es, wenn eine rhesusnegative Frau (rh⁻) mit einem Rhesuspositiven (Rh⁺) Kind schwanger ist – vorausgesetzt die Mutter ist vorher gegen Rh⁺-Erythrozyten sensibilisiert worden. Die Sensibilisierung kann durch eine vorhergehende Schwangerschaft mit einem Rh⁺-Kind (links oben) oder durch eine fehlerhafte Bluttransfusion mit Rh⁺-roten Blutkörperchen erfolgt sein (links unten). Die Mutter bildet danach eine hohe Konzentration (Titer) von IgG-Antikörpern gegen Rh⁺. Bei einer zweiten Schwangerschaft dringen diese in den fetalen Kreislauf vor und führen zur Hämolyse (rechts oben). Eine zweite Bluttransfusion würde ebenfalls zur Hämolyse führen, allerdings im mütterlichen Kreislauf (rechts unten).

Rhesus-Inkompatibilität und Anti-D-Prophylaxe. Der Rhesusfaktor des Feten kann heute mit PCR unproblematisch bestimmt werden. Ist die Mutter rhesusnegativ, der Fetus jedoch rhesuspositiv, dann sollte in der 28./29. SSW Anti-D-Immunglobulin an die Mutter verabreicht werden, um eine Sensibilisierung zu vermeiden. Die Anti-D-Gabe wird prinzipiell auch dann durchgeführt, wenn ein direkter Kontakt mit dem rhesuspositiven fetalen Blut stattgefunden hat (Geburt, Abort, Abtreibung, Amniozentese usw.). Das Zeitfenster beträgt hierbei jedoch maximal 72 Stunden. Die Injektionen mit Anti-D-Immunglobulin fangen fetale Erythrozyten im mütterlichen Blut ab, bevor sie eine Sensibilisierung auslösen können. Rhesusnegative Frauen sollten auch unbedingt testen lassen, ob sie vielleicht unbemerkt sensibilisiert worden sind (Coombs-Test auf zirkulierende Antikörper, sog. irreguläre Antikörper, in der 20. und 32. SSW).
Sind bei einem Neugeborenen erst einmal Symptome einer Hämolyse aufgetreten, helfen häufig jedoch nur eine oder mehrere Austauschtransfusionen des gesamten kindlichen Blutes. Auch Austauschtransfusionen des Fetus im Uterus sind möglich.

Das Risiko für die Sensibilisierung einer rhesusnegativen Frau gegen eines der Rhesusantigene beträgt während der ersten Schwangerschaft 2–3 %, bei weiteren Schwangerschaften jeweils bis zu 16 %. Durch die Anti-D-Prophylaxe sinkt das Risiko auf nahe Null.

13.8 Fetaler Kreislauf und Geburt

Fetaler Kreislauf

Die Kreislaufsituation im Uterus unterscheidet sich ganz fundamental von derjenigen nach der Geburt: Die Lungen des Fetus sind noch nicht entfaltet und können natürlich auch noch nicht am Gasaustausch teilnehmen. An ihrer Stelle wird das Blut durch die Plazenta mit Sauerstoff versorgt und von Kohlendioxid befreit. Die Strömungsverhältnisse und Sauerstoffpartialdrücke im fetalen Kreislauf sind recht komplex. Für unsere Zwecke genügt aber ein kurzer Überblick ***(Abb. 13.30)***.

Besonderheiten

Nabelgefäße und Ductus venosus

Ein Teil des kindlichen Bluts fließt über die beiden Nabelarterien *(Aa. umbilicales)*, die aus den Beckenarterien entspringen, zur Plazenta. Dort wird das Blut zu etwa 50–70% mit Sauerstoff gesättigt und gelangt über die Nabelvene *(V. umbilicalis)* zur Leberpforte des Fetus. Die Verbindung der Nabelvene mit der unteren Hohlvene stellt der *Ductus venosus* dar. Zum rechten Herzen gelangt also Mischblut – sauerstoffreiches Blut aus der Plazenta und sauerstoffarmes Blut aus den fetalen Venen. Dieses Mischblut kann nun aber nicht wie nach der Geburt über rechten Vorhof und rechte Kammer in die Lungenstrombahn gelangen, da die noch nicht entfaltete Lunge diese großen Blutmengen nicht aufnehmen kann.

Foramen ovale

Der Widerstand der Lungengefäße ist beim Ungeborenen wesentlich höher als nach der Geburt, da die Lungen noch nicht mit Luft gefüllt sind. Daher muss ein Teil des Herzzeitvolumens vom rechten in den linken Vorhof kurzgeschlossen werden. Den eigentlichen Kurzschluss bildet zum einen das *Foramen ovale* (ovales Fenster), ein Loch in der Vorhofscheidewand des Herzens, durch das Mischblut aus dem rechten in den linken Vorhof strömt.

Ductus arteriosus

Der Rest des Mischbluts gelangt über die rechte Kammer in den Anfangsteil der Lungenarterie und von dort über einen zweiten Kurzschluss, den *Ductus arteriosus* (Botallo-Gang), direkt in die Aorta. Nur ein verschwindend kleiner Teil des Herzzeitvolumens strömt durch die Lungen.

Umstellungsreaktionen nach der Geburt

Entfaltung der Lunge

Unmittelbar nach der Geburt muss der fetale Kreislauf sehr schnell umgestellt werden, sonst würden die Lungen nicht genügend durchblutet werden und das Neugeborene müsste ersticken. Mit dem ersten Schrei entfalten sich die Lungen des Neugeborenen. Daraufhin haben die Lungenarterien mehr Platz zur Verfügung und der Widerstand in der Lungenstrombahn sinkt dramatisch ab.

Verschluss der Kurzschlüsse

Jetzt kann ein wesentlich größerer Teil des Blutes aus der rechten Herzkammer durch die Lungengefäße fließen und die Strömung im Ductus arteriosus wird geringer. Sie dreht sich kurzzeitig sogar um, so dass nun Blut aus der Aorta in die Lungenarterie fließt. Die Gefäßwand des Ductus arteriosus zieht sich unter dem Einfluss der Strömungsumkehr zusammen und verschließt sich innerhalb einiger Wochen vollständig. Das aus der Lunge kommende sauerstoffreiche Blut füllt in verstärktem Maß den linken Vorhof. Dadurch wird die Vorhofwand gedehnt, drückt eine ventilartige Klappe des Vorhofseptums gegen das Foramen ovale und dichtet dieses ab. Mit der Zeit verwächst die Klappe mit dem übrigen Septum. Damit sind beide Kurzschlüsse abgedichtet und die Umstellung ist vollzogen. Nicht immer gelingt die Umstellung des Kreislaufs so glatt wie eben beschrieben. Oft bleibt entweder das Foramen ovale oder der Ductus arteriosus lange Zeit offen, so

Fetaler und kindlicher Kreislauf

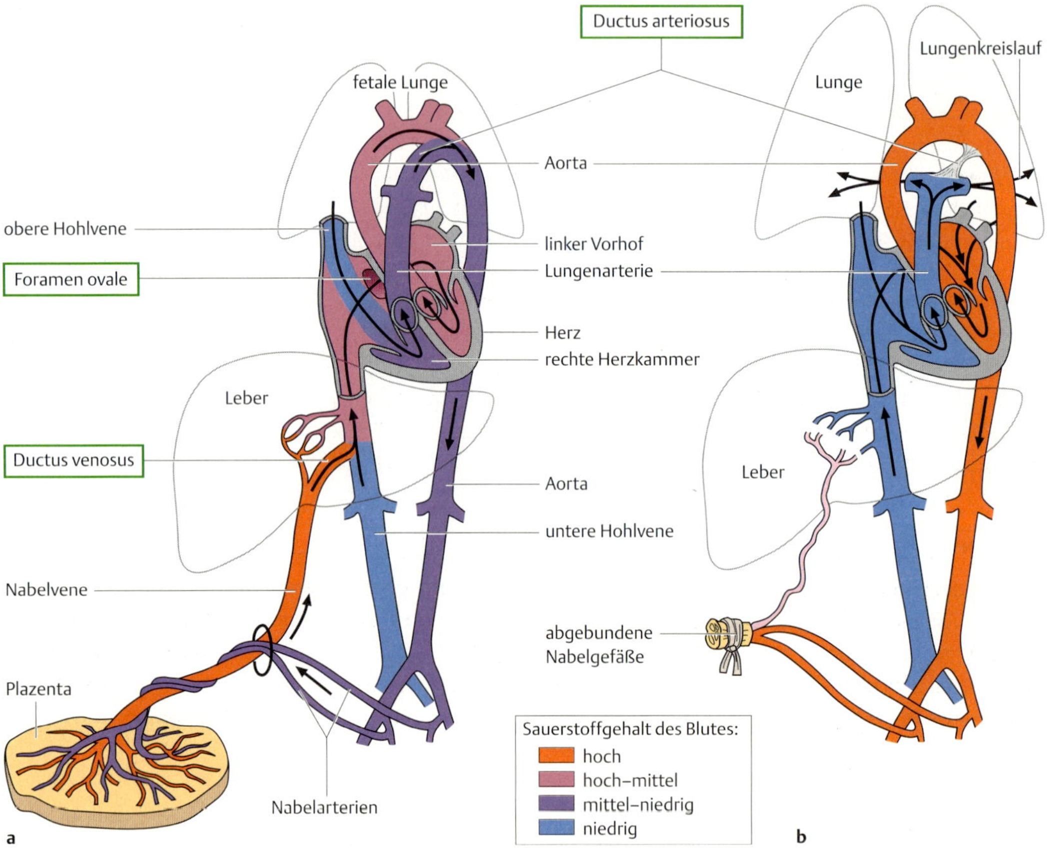

Abb 13.30a, b Der Kreislauf des Fetus (**a**) weicht von der Situation nach der Geburt (**b**) ab: 1. Durch den Ductus venosus vor der Leber erreicht das sauerstoffreiche Blut aus der Nabelvene die untere Hohlvene. 2. Fast die gesamte Blutmenge aus der unteren Hohlvene strömt durch das Foramen ovale direkt aus dem rechten in den linken Herzvorhof und umgeht damit die nur schwach durchblutete Lunge. 3. Der Rest fließt zwar durch die Lungenarterie, umgeht aber die Lunge durch den Ductus arteriosus. Alle drei Kurzschlüsse bilden sich innerhalb der ersten Lebenswochen zurück.

dass sich das Blut aus Hoch- und Niederdrucksystem mischen kann. Kleinere Kurzschlüsse werden häufig als Zufallsbefunde durch den Kinderarzt entdeckt. Größere Leckagen belasten jedoch das Herz außerordentlich stark, weil das durch den Kurzschluss strömende Blut ständig nutzlos hin- und hergepumpt werden muss. Im Extremfall kann es notwendig werden, die Situation durch eine Herzoperation zu normalisieren.

Fünf Besonderheiten unterscheiden den fetalen vom nachgeburtlichen Kreislauf:
- Nabelarterien,
- Nabelvene,
- der Ductus venosus,
- das Foramen ovale und
- der Ductus arteriosus.

Kurz nach der Geburt verschließt sich das Foramen ovale und der Ductus arteriosus verödet. Die Lungen erhalten jetzt das gesamte zirkulierende Blutvolumen.

Geburt

Beckenanatomie

Im Gegensatz zu den meisten anderen Säugetieren ist das menschliche Becken im Vergleich zu der Größe des Neugeborenen sehr eng. Am kritischsten ist dabei der Längsdurchmesser des Beckeneingangs zwischen der Rückseite der Symphyse und der Knickstelle des Kreuzbeins *(Promontorium)*.
Diese *Conjugata vera* stellt mit 10–11 cm Länge ein ernsthaftes Geburtshindernis dar. Der kindliche Kopf schiebt sich deswegen seitlich in den Beckeneingang hinein (Gesicht nach rechts oder links). In dieser Lage kann das Kind aber nicht geboren werden, da der Beckenausgang links und rechts von den beiden Sitzbeinhöckern auf ca. 10 cm eingeengt wird. Daher dreht sich nach Passieren der Conjugata vera der Kopf im Beckenraum um 90° nach hinten.
In der Schwangerschaft sind unter dem Einfluss des Progesterons die Iliosakralgelenke und die Symphyse gelockert worden, so dass das Becken insgesamt geringfügig stärker gedehnt werden kann als dies außerhalb der Schwangerschaft möglich wäre.

Eröffnungsphase

Im Mittel dauert eine Schwangerschaft 40 Wochen (260–310 Tage), gerechnet vom Zeitpunkt der letzten Regelblutung, also etwa 38 Wochen ab der Befruchtung der Eizelle.

Wehen

Im letzten Schwangerschaftsmonat treten in zunehmender Häufigkeit Wehen auf. Wehen sind schmerzhafte Kontraktionen der Uterusmuskulatur, die ca. 40–60 Sekunden anhalten und deren Ursache eine verstärkte Abgabe von Oxytocin aus dem Hypophysenhinterlappen ist. Die Wehentätigkeit ist das wichtigste subjektive Zeichen für den erwarteten Geburtsbeginn: Regelmäßige Wehen im Abstand von 15–20 Minuten sprechen eindeutig dafür, dass die Eröffnungsphase – die erste Geburtsphase – eingeleitet ist ***(Abb. 13.31a–d)***.
Die *Eröffnungswehen* treiben den unteren Teil des Fetus, in der Regel den Kopf, in die Zervix hinein und dehnen den Gebärmutterhals auf. Der Kopf scheuert dabei aber nicht direkt an der Uteruswand, sondern ist noch von Amnionflüssigkeit umgeben. Ein Teil dieses Fruchtwassers stülpt sich zusammen mit den Eihäuten als *Fruchtblase* vor den kindlichen Kopf.

Blasensprung

Bereits zu Beginn der Eröffnungsphase schiebt sich die Portio aus ihrer ursprünglichen Lage am hinteren Scheidengewölbe in die Achse der Vagina, damit die Fruchtblase die Zervix gleichmäßig aufdehnen kann. Die tiefer tretende Fruchtblase verdrängt venöses Blut und Gewebewasser in die Peripherie und quetscht die Schleimdrüsen regelrecht aus. Das Sekret geht als blutig verfärbter *Schleimpfropf* ab – die Schwangere „zeichnet". Durch zunehmend häufiger (alle 2–4 min) und stärker werdende Wehen öffnet sich der Muttermund und die Fruchtblase platzt (*Blasensprung*).
Die gesamte Eröffnungsperiode vom Beginn regelmäßiger Wehen bis zur vollständigen Eröffnung des Muttermundes dauert bei der ersten Geburt ca. 12, später nur noch 5–7 Stunden.

Austreibungsphase

Wenn der Geburtshelfer feststellt, dass der Muttermund vollständig geöffnet ist (ca. 10 cm Durchmesser) und sich das Kind in der richtigen Lage befindet, fordert er die werdende Mutter auf, die weiteren Wehen durch aktives Pressen zu unterstützen (*Austreibungswehen*, Presswehen). Damit beginnt der eigentliche Geburtsvorgang, die Austreibungsphase.

Presswehen

Für das Kind stellt diese Phase eine starke Gefährdung dar, da der intrauterine Druck während einer Presswehe so hoch wird (bis über 200 mmHg!), dass die Durchblutung der Nabelschnur zum Stillstand kommt. Das CTG *(Kardiotokogramm)* registriert die kindlichen EKG-Ströme und die Wehentätigkeit. Während der Austreibungswehen finden sich daher häufig Zeichen einer Sauerstoffmangelversorgung des Kindes. Diese Gefahr ist bei Erstgebärenden besonders hoch, da die Austreibungsphase durchschnittlich doppelt so lange dauert (30–60 min)

Geburtsvorgang

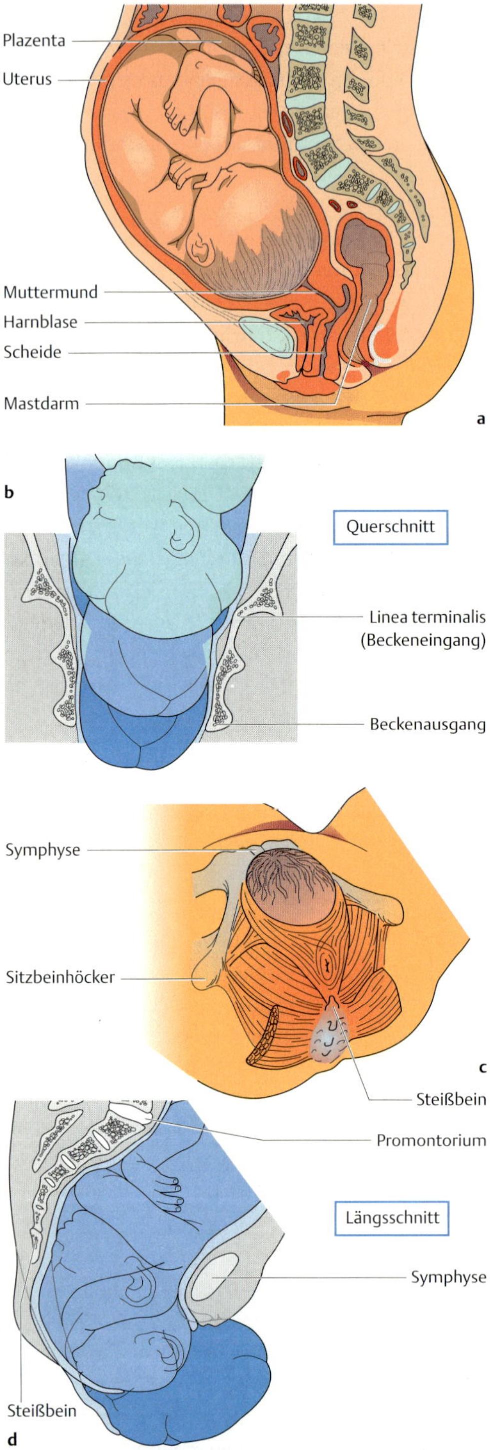

◄ ***Abb 13.31a-d*** Das ausgereifte Kind liegt nach Platzen der Fruchtblase typischerweise in Hinterhauptlage, d.h. mit dem Hinterkopf zum Beckeneingang (**a**). Beim Eintritt ins Becken dreht sich der Kopf in der Regel so, dass das Gesicht nach hinten weist (**b**). Entsprechend erscheint zuerst der Hinterkopf in der Nachbarschaft der Symphyse (**c**). Nachdem das Gesicht durch vorsichtiges Strecken des Kopfes entwickelt wurde, folgt der Körper in aller Regel problemlos (**d**).

wie bei Frauen, die schon mehrere Kinder geboren haben.

Kopf

Unter dem starken Druck der Presswehen weichen Scheide und Vulva auseinander und der kindliche Kopf wird sichtbar. Jetzt muss der Geburtshelfer einen Druck auf den hinteren Anteil der Vulva ausüben *(Dammschutz)*, damit beim „Durchschneiden" des Kopfes der Damm nicht bis zum Anus einreißt und eventuell den Schließmuskel gefährdet. Ein mittiger oder seitlicher Entlastungsschnitt (Episiotomie, „Epi") vermindert die Gefahr eines solchen Dammrisses. Über das Für und Wider einer routinemäßigen Episiotomie wird seit Jahren debattiert, da die Gewebeschädigung durch den Schnitt selbst und die anschließende schmerzhafte Verschlussnaht gegen das Risiko eines – seltenen – Dammrisses abzuwägen sind.

Körper

Der kindliche Kopf entwickelt sich meist (zu 94%) in vorderer Hinterhauptlage, d.h. das Neugeborene hat das Kinn auf der Brust und sein Gesicht weist nach hinten. Durch vorsichtiges Anheben des Kopfes und eine leichte seitliche Bewegung entwickelt der Geburtshelfer nacheinander die beiden Schultern, woraufhin der „Rest" einschließlich des übrigen Fruchtwassers im Schwall nachfolgt.

Nachgeburt und Wochenbett

Nachgeburt

Die Wehentätigkeit hört mit der Geburt nicht auf, sondern setzt sich noch 30–60 Minuten darüber hinaus fort. Da der Uterus nun weitgehend entleert ist, schnurrt die Muskulatur während der Nachwehen stark zusammen und schert die wenig bewegliche

Plazenta von ihrer Unterlage ab. Innerhalb von 15–20 Minuten hat sich in der Regel die Plazenta, unterstützt durch spezielle Handgriffe des Geburtshelfers, vollständig gelöst und erscheint zusammen mit Eihäuten, Nabelschnur und 200–300 ml mütterlichen Bluts als *Nachgeburt* in der Vulva. Eine Gefahr besteht darin, dass unter Umständen die Nachwehen nicht stark genug sind, die Plazenta vollständig zu lösen und die Ablösungsblutung zum Stillstand zu bringen. In der Austreibungsphase ist die wehenauslösende Oxytocinausschüttung durch die Dehnung der Zervix reflektorisch gefördert worden. Jetzt fällt diese Stimulation weg. Ungenügend starke Nachwehen können meist durch Massage des Uterus und durch Injektion von Oxytocin gefördert werden.

Wochenbett

Im „Wochenbett" während der ersten Tage nach der Geburt bilden sich die schwangerschaftsbedingten Veränderungen des weiblichen Organismus rasch zurück: Der Uterus hat sich bereits nach 10 Tagen in das kleine Becken zurückgezogen, die Muskulatur der Bauchdecken wird straffer, der Hormonstatus normalisiert sich wieder. Prolaktin verhindert während der Stillzeit allerdings noch einen regulären Zyklus (Laktationsamenorrhoe).

Die Wundheilungsprozesse an der Uterusschleimhaut sind mit *Lochien* (Wochenfluss) verbunden. Das Sekret ist anfangs blutig verfärbt, in der 2. Woche durch alte Gerinnsel bräunlich. Während der folgenden 4–6 Wochen fließen nur geringe Mengen gelbweißlichen Plasmaexsudats ab.
Frauen klagen über eine depressive Stimmung, die in den meisten Fällen eine direkte Folge des „Hormonsturzes" nach der Geburt ist und rasch wieder abklingt. In extremen Fällen besteht während dieser Zeit jedoch durchaus Selbstmordgefahr, so dass eine psychiatrische Betreuung notwendig wird. Umso wichtiger ist während dieser Zeit der enge Kontakt zu dem Kind und ein verständnisvoller Lebenspartner.

Die Geburt besteht aus der langsamen Eröffnungs- und der schnellen Austreibungsphase. Normalerweise entbindet sich zunächst der Hinterkopf (Gesicht nach hinten). Wenn der Kopf frei ist, folgt der übrige Körper sehr schnell nach. Anschließend treiben Nachwehen die Plazenta und die Eihäute aus.

14 REGULIEREN UND ANPASSEN

Das letzte Kapitel umfasst im Gegensatz zu den 13 vorangegangenen kein Organ oder Organsystem, sondern befasst sich mit der Regulation von Körperfunktionen durch ganz unterschiedliche Organe.
Solche Regulationsmechanismen wurden beispielsweise bereits im Zusammenhang mit dem Blutdruck (Kap. 11) oder dem Kalziumhaushalt (Kap. 12) angesprochen. In beiden Fällen sind je zwei Organsysteme beteiligt – Herz und Blutgefäße beim Blutdruck, Knochen und Niere beim Kalziumhaushalt. Die jetzt zu besprechenden Regulationsmechanismen umfassen dagegen fast alle Organsysteme und sind so im wahrsten Sinne des Wortes Körperfunktionen.

14.1 Säure und Basen im Körper

pH-Wert und Puffersysteme

pH-Wert

Die Konzentration aller in den Körperflüssigkeiten gelösten Substanzen unterliegt einer zentralen Regulation, so dass die „Chemie" auch unter sehr stark wechselnden Umweltbedingungen mehr oder weniger konstant bleibt (Homöostase). Von allen gängigen Messgrößen hält der Körper den pH-Wert des Blutes und der interstitiellen Flüssigkeit am genauesten konstant ***(Abb. 14.1)***: Der pH-Wert beträgt im Mittel 7,38–7,41; Werte unter 7,0 (Azidose) oder über 7,8 (Alkalose) führen gleichermaßen rasch zum Tod durch Atem- und Kreislaufstillstand.

pH-Wert und H^+-Ionen-Konzentration

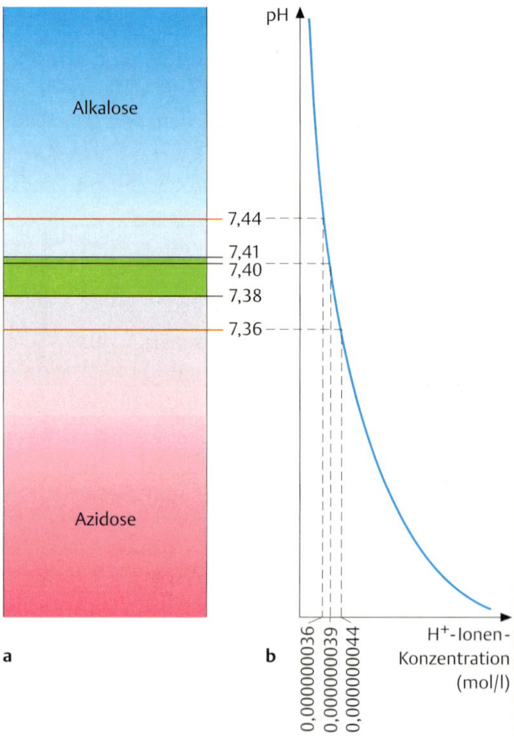

Abb. 14.1a, b Der pH-Wert schwankt in engen Grenzen (grüner Bereich) um einen Mittelwert von 7,4 (**a**). Oberhalb des physiologischen Schwankungsbereichs besteht ein Mangel an H^+-Ionen (Alkalose), unterhalb davon ein H^+-Ionenüberschuss (Azidose). Da der pH-Wert ein logarithmisches Konzentrationsmaßist, steigt mit fallendem pH-Wert die H^+-Ionenkonzentration exponentiell an (**b**).

pH-Abhängigkeit von Proteinen

Der Grund für die erstaunlich kleine Schwankungsbreite des pH-Werts liegt in der starken pH-Abhängigkeit von Enzymen und Transporteiweißen. Ähn-lich wie das Pepsin des Magensafts seine Funktion oberhalb eines pH-Werts von 5–6 einstellt (s. Kap. 3, S. 49 und Kap. 6, S. 188), arbeiten die mit der extrazellulären Flüssigkeit in Berührung kommenden Funktionseiweiße bei einem zu niedrigen oder zu hohen pH-Wert nicht mehr optimal.

Definition des pH-Wertes

Viele von Ihnen kennen sicherlich noch die reichlich-abstrakte Definition „Der pH-Wert ist der negative dekadische Logarithmus der freien H^+-Ionenkonzentration".

$$pH = -\log_{10}[H^+]$$

Im Klartext: Angenommen, in unserem Blut schwimmen H^+-Ionen in einer Konzentration von 40 nmol/l, also 0,00000004 mol/l. Der dekadische Logarithmus (also zur Basis 10) dieser kleinen Zahl beträgt −7,398. Das Vorzeichen wird nun umgedreht und liefert uns den pH-Wert von 7,398. Ein hoher pH-Wert ist gleichbedeutend mit einer niedrigen H^+-Ionenkonzentration (wenig Säure), ein niedriger pH-Wert zeigt eine hohe H^+-Ionenkonzentration an (viel Säure).

Puffersysteme

Die wenigsten H^+-Ionen liegen in „freier" Form vor; sie sind zumeist Bestandteil eines Puffersystems. EinPuffersystem besteht aus einer Säure, welche H^+-Ionen freisetzen kann, und einer Base, welche H^+-Ionen aufnehmen kann:

$$HX(\text{Säure}) \leftrightarrow H^+ + X^- \ (\text{Base})$$

Alle Basen der extrazellulären Flüssigkeiten liegen in einer Konzentration vor, die tausend- bis millionenmal größer ist als die der H^+-Ionen, also zumeist im Bereich einiger mmol/l. Gibt man nun von außen Säure dazu, so dissoziiert ein Teil dieser Säure HX in die korrespondierende Base X^- und setzt dabei ein H^+-Ion frei: Der pH-Wert sinkt. Umgekehrt erhöht sich der pH-Wert bei Zugabe einer Base. Das Entscheidende an einem Puffersystem ist nun aber seine Fähigkeit, die pH-Veränderungen, die durch Zugabe von Säure und Base zu einer Lösung auftreten, deutlich zu verringern. Die extrazellulären Puffersysteme leisten also einen wichtigen Beitrag für die Konstanz des pH-Wertes im Blut.

Puffersysteme des Blutes

Im Blut haben wir ein knappes Dutzend Puffersysteme. Da die meisten hiervon jedoch mengenmäßig eine nur geringe Bedeutung haben unterscheidet man praktischerweise:

- das Bicarbonat-Kohlendioxid-System und
- die Nicht-Bicarbonat-Puffer.

Bicarbonat-Kohlendioxid-System

Mit Abstand am wichtigsten ist das Bicarbonat-Kohlendioxid-System (HCO_3^-/CO_2-System). Man kann sich dieses System aus zwei Reaktionen zusammengesetzt denken:

1. $H_2CO_3(\text{Säure}) \leftrightarrow H^+ + HCO_3^- \ (\text{Base})$
2. $H_2CO_3 \leftrightarrow CO_2 + H_2O$

oder zusammengefasst:

$$CO_2 + H_2O \leftrightarrow H_2CO_3 \leftrightarrow H^+ + HCO_3^-$$

Dieses System ist besonders wirksam, da es als *offenes Puffersystem* wirkt: Die *Lunge* kann Kohlendioxid abatmen oder zurückhalten und dadurch die CO_2-Konzentration weitgehend unabhängig von der Bicarbonatkonzentration regulieren. Umgekehrt kann die *Niere* ganz nach Bedarf HCO_3^- mit dem Urinausscheiden oder zurückhalten.
Normalerweise beträgt die Konzentration an CO_2 1,2 mmol/l (arterielles Blut) bis 1,4 mmol/l (venöses Blut), was einem CO_2-Partialdruck von 40–46 mmHg entspricht. Die Bicarbonatkonzentration liegt bei ca. 24 mmol/l.

Nicht-Bicarbonat-Puffer

Das Bicarbonat-Kohlendioxid-System macht knapp zwei Drittel der gesamten Pufferkapazität des Blutes aus. Den Rest fasst man recht global als Nicht-Bicarbonat-Puffer (NBP) zusammen. Hierzu zählen vor allem das Hämoglobin und die Plasmaeiweiße, aber auch kleinere Moleküle wie Phosphat und einige Aminosäuren. Die Konzentration der Nicht-Bicarbonat-Puffer ist weitgehend konstant. Die NBP sind daher *geschlossene Puffersysteme.*

Der pH-Wert in Blut und extrazellulärer Flüssigkeit liegt bei 7,4. Puffersysteme sorgen für einen konstanten pH-Wert trotz unterschiedlich starkem Anfall von Säuren aus dem Stoffwechsel. Das wichtigste Puffersystem ist Kohlendioxid/Bicarbonat.

Gleichgewicht von Säure und Basen

Säure-Basen-Haushalt

Damit der pH-Wert über Jahre und Jahrzehnte gleich bleiben kann, muss der Säure-Basen-Haushalt ausgeglichen sein. Das bedeutet, dass unser Organismus genauso viel Säure ausscheidet oder verstoffwechselt (Ausgabeseite), wie wir mit der Nahrung aufnehmen oder selbst erzeugen (Einnahmeseite).
Einnahmen und Ausgaben halten sich also wie in jedem vernünftig wirtschaftenden Haushalt (NICHT wie im Staatshaushalt!) längerfristig die Waage.

Einnahmequelle Energiestoffwechsel

Die mit großem Abstand wichtigste Einnahmequelle stellt der Energiestoffwechsel dar. Jeden Tag produzieren wir ca. 20 000–30 000 mmol Kohlendioxid als Endprodukt des Kohlenhydrat-, Eiweiß- und Fettabbaus. Da wir CO_2 ja als Vorstufe für H_2CO_3 zu den Säuren rechnen müssen, haben wir damit zwar einen enorm großen Säureanfall, den die gesunde Lunge aber problemlos loswerden kann (flüchtige Säure). Im Gegensatz dazu stehen die fixen (nichtflüchtigen) Säuren, also alle H^+-Lieferanten, die wir nicht über die Lunge abatmen können ***(Abb. 14.2)***.

Ausscheidung flüchtiger und fixer Säuren

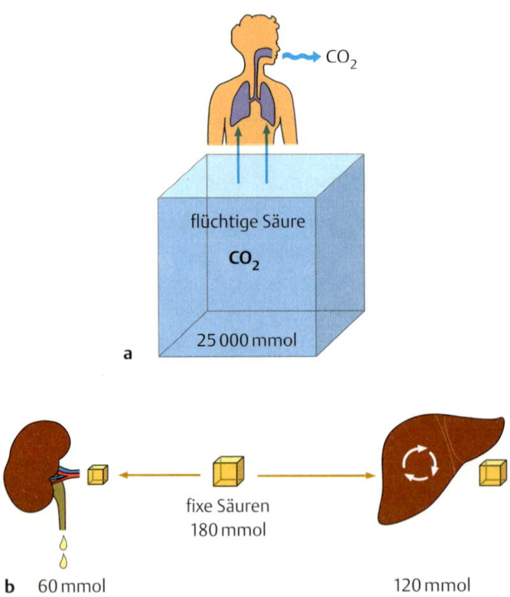

Abb. 14.2 Als Endprodukt des Stoffwechsels fallen täglich ca. 25 000 mmol des sauren Kohlendioxids an (**a**). Es handelt sich um eine flüchtige Säure, weil CO_2 über die Lunge abgeatmet wird. Nichtflüchtige (fixe) Säuren entstehen ebenfalls im Stoffwechsel (**b**). Die Leber verwendet den größten Teil davon sofort wieder zum Abbau von Aminosäuren. Nur 60 mmol/Tag müssen daher über die Niere ausgeschieden werden.

Abbau der Säuren

Lunge. Obwohl flüchtige Säuren hundertfach mehr anfallen als nichtflüchtige, kann eine gesunde Lunge die flüchtigen Säuren problemlos ausscheiden, also in Form von CO_2 abatmen. Die Anpassungsfähigkeit des Körpers hinsichtlich nichtflüchtiger Säuren ist dagegen wesentlich geringer.

Leber. Durch den Eiweißstoffwechsel und die Aufnahme freier Säuren (Essig, Zitronengetränke, Cola und Wurst als Phosphorsäureträger) entstehen täglich 180–200 mmol nichtflüchtiger Säuren. Der überwiegende Teil dieser Menge wird im Stoffwechsel der Leber jedoch gleich wieder verbraucht.

Niere. Nur 40–80 mmol/Tag muss die Niere als Säureüberschuss mit dem Urin loswerden. Der Urin wird umso saurer, je stärker sich jemand von tierischem Eiweiß ernährt. Vegetarier haben nur einen sehr geringen oder gar keinen Säureüberschuss und daher oft einen leicht alkalischen Urin.

Störungen des Säure-Basen-Gleichgewichts. Das Atmungssystem und die Niere sind in aller Regel auch den ausgefallensten Ernährungsgewohnheiten gewachsen. Es ist wichtig zu wissen, dass die Regulation des pH-Werts über die Atmung (respiratorische Regulation) innerhalb weniger Minuten vor sich geht, während die Niere (nichtrespiratorische Regulation) dazu Stunden bis Tage benötigt.

Störungen des Säure-Basen-Gleichgewichts teilt man in vier Gruppen ein ***(Abb. 14.3)***. Der Base excess (Basenüberschuss, BE) ist ein Maß für die Konzentration von Bicarbonat und NBP, gibt also an, ob wir zu viel (BE > 0) oder zu wenig (BE < 0) Pufferbasen haben.

Säure-Basen-Gleichgewicht

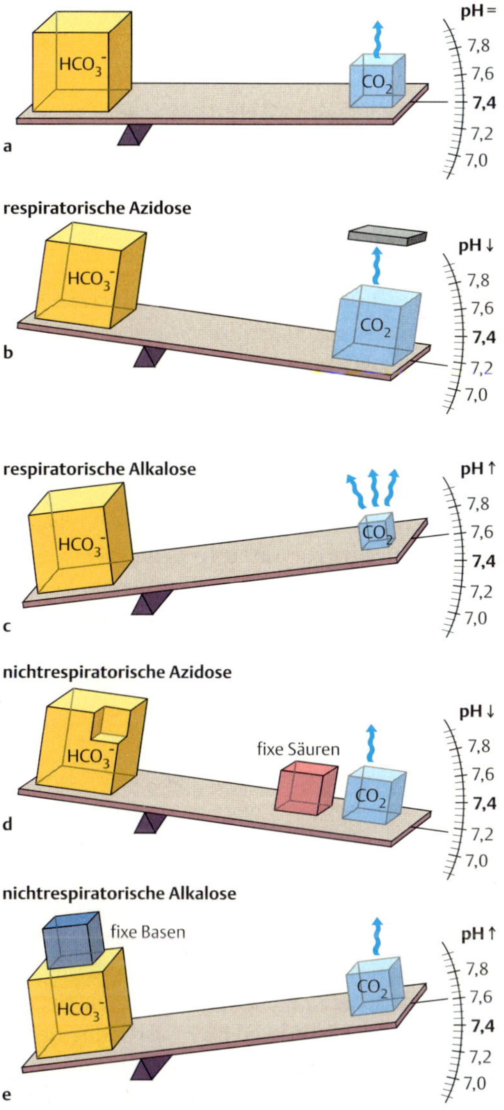

Abb. 14.3a-e Säuren (rechte Seite der Wippe) und Basen (linke Seite) müssen in einem Gleichgewicht zueinander stehen, um einen neutralen pH-Wert zu erzeugen (**a**). Eine pH-Wert-Änderung kann folgende Gründe haben: In (**b**) ist die Abatmung von CO_2 erschwert; Kohlendioxid konzentriert sich im Blut und säuert es an. Umgekehrt macht eine verstärkte CO_2-Abatmung das Blut alkalisch (**c**). Ein verstärkter Anfall fixer Säuren und/oder ein Mangel an Bicarbonat können die Waage nach rechts – in Richtung einer Azidose – auslenken (**d**). Entsprechend führt ein Überangebot an fixen Basen zu einem alkalischen pH-Wert (**e**). Im Gegensatz zu der vorhergehenden Zeichnung wurde hier auf eine maßstäbliche Darstellung der Säuren- und Basenkonzentration verzichtet.

Respiratorische Azidose: Die respiratorische Azidose (pH↓, pCO_2↑, BE = 0) entsteht durch eine Erhöhung des CO_2-Partialdrucks z. B. im Verlauf einer schweren Lungenkrankheit (Asthma bronchiale, Emphysembronchitis, Lungenfibrose) oder akut bei einer Lähmung des Atemzentrums (Opiat- und Schlafmittelvergiftung). Dauert die respiratorische Azidose länger an, so erhöht sich nach einigen Stunden langsam die Bicarbonatkonzentration (BE > 0). Dadurch kann sich unter Umständen der pH-Wert wieder normalisieren (renale Kompensation).

Nichtrespiratorische Azidose: Die nichtrespiratorische Azidose (pH↓, pCO_2 unverändert, BE < 0) entsteht durch einen verstärkten Anfall fixer Säuren, welche die Pufferbasen regelrecht aufzehren. Die nichtrespiratorische Azidose kommt z. B. bei schlecht eingestellten Diabetikern vor, da diese Patienten wegen ihres Insulinmangels vermehrt Fettsäuren freisetzen und verstoffwechseln. Bei entgleisten Blutzuckerwerten (mehrere hundert mg/100 ml!) verstärken die Patienten ihre Atemtätigkeit, um durch eine Erniedrigung der CO_2-Konzentration (pCO_2) den pH-Wert wieder in den Normbereich zu bringen (respiratorische Kompensation). Die

Hyperventilationssyndrom

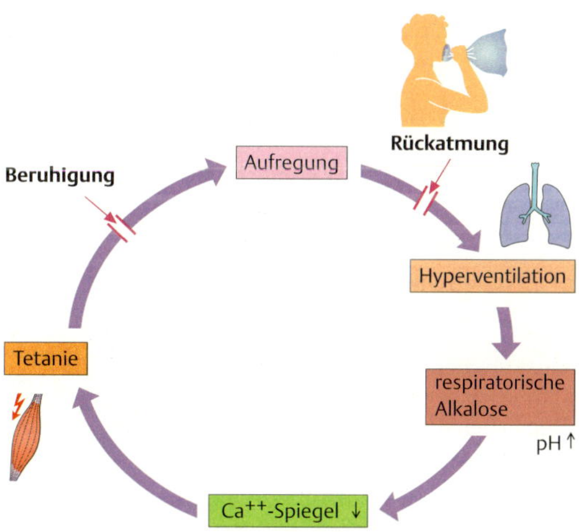

Abb. 14.4 Jede emotionale Aufregung führt zu einer verstärkten Atmung (Hyperventilation). Durch Abatmung von CO_2 kann eine respiratorische Alkalose entstehen und der freie Calciumspiegel abfallen. Dadurch entstehen Muskelkrämpfe (Hyperventilationstetanie), die wiederum selbst Angst auslösen. Den Teufelskreis kann man durch gutes Zureden oder durch CO_2-Rückatmung durchbrechen.

schnelle vertiefte Kussmaul-Atmung sowie der intensive „ranzige“ Geruch nach Ketonkörpern (Azeton) sind klinische Zeichen, die, wenn man sie einmal miterlebt hat, im Gedächtnis haften bleiben.

Respiratorische Alkalose: Eine viel banalere Ursache hat meistens die respiratorische Alkalose (pH↑, pCO_2↓, BE = 0) in Form des Hyperventilationssyndroms jugendlicher, vegetativ labiler Patienten ***(Abb. 14.4)***: Emotionale Reize, vor allem Angstzustände (Prüfungen, öffentliche Auftritte), regen über eine massive Adrenalinausschüttung die Atmung an. Die Lunge atmet zu viel CO_2 ab und erhöht somit den pH-Wert. Dies wiederum steigert die Bindungsfähigkeit der Plasmaeiweiße gegenüber Calcium, so dass die freie (nicht gebundene) Ca^{++}-Konzentration absinkt. Nicht selten mündet diese Entwicklung in tetanischen Krämpfen der Muskulatur, die wiederum die Angstzustände und die Hyperventilation noch verstärken – ein klassisches Beispiel für einen Teufelskreis (Circulus vitiosus). Gutes Zureden und in hartnäckigen Fällen eine Beruhigungsspritze wirken Wunder. Man kann auch versuchen, einen Patienten mit Hyperventilationssyndrom in eine Plastiktüte aus- und einatmen zu lassen. Weil nun ständig die zuvor ausgeatmete Luft in die Alveolen gelangt (CO_2-Rückatmung), erhöht sich schrittweise der CO_2-Gehalt der Einatemluft und folglich der CO_2-Partialdruck im Blut. Das Manöver sollte man aber – wenn überhaupt – sehr behutsam durchführen, damit der sowieso schon verängstigte Patient nicht den Eindruck bekommt, er würde zu allem Überfluss auch noch erstickt werden.

Nichtrespiratorische Alkalose: Die letzte Form der Störungen des Säure-Basen-Gleichgewichts ist die eher seltene nichtrespiratorische Alkalose (pH, pCO_2 unverändert, BE 0). Sehr selten kommen Vegetarier in diese Situation, da die Niere einen massiven Basenanfall schlechter bewältigt als einen Säureüberschuss (Milch-Alkali-Syndrom). Etwas häufiger ist die nichtrespiratorische Alkalose bei andauerndem Erbrechen, da mit dem Erbrochenen stets auch saurer Magensaft verloren geht (wichtig beim heftigen Schwangerschaftserbrechen!).

14.2 Hoher und niedriger Druck

Anpassung der Atmung

Einflussfaktoren

Die Atmung wird beeinflusst durch:
- den CO_2-Partialdruck,
- den O_2-Partialdruck und durch
- modulierende Einflüsse.

CO_2-Partialdruck

Wir haben soeben einen wichtigen Zusammenhang kennen gelernt, nämlich den zwischen der Atemtätigkeit und dem Säure-Basen-Gleichgewicht. Daher überrascht es nicht, dass die Atemtätigkeit wesentlich durch den CO_2-Partialdruck im Blut gesteuert wird ***(Abb. 14.5)***.

Im verlängerten Mark, nahe dem IV. Ventrikel, liegt das *Atemzentrum*.

Das Atemzentrum ist der wichtigste Bereich des Rautenhirns. Bei einem vorübergehenden Ausfall des verlängerten Marks, beispielsweise nach einer Einklemmung des Hirnstamms im großen Hinterhauptloch, arbeitet zwar das Herz, nicht aber die Lunge selbstständig weiter. Das Atemzentrum besteht im Wesentlichen aus zwei unterschiedlichen Nervenzellgebieten, die für die Ein- bzw. Ausatmung zuständig sind.

Wirkung auf den Liquor. Jede Veränderung des pCO_2 im Blut teilt sich sehr schnell dem Liquor mit, da CO_2 frei über die Blut-Hirn-Schranke diffundieren kann. Da der *Liquor* eine weitgehend einweißfreie Flüssigkeit darstellt, fehlen ihm die Nicht-Bicarbonat-Puffer des Blutes. Die Pufferkapazität ist also kleiner als die im Blut, d.h. dieselbe Menge an Säure hat auf den Liquor einen größeren Effekt als auf das Blut. Daher verursachen Veränderungen des pCO_2 im Liquor sehr viel größere pH-Verschiebungen (Verstärkereffekt).

Steuerung der Atmung

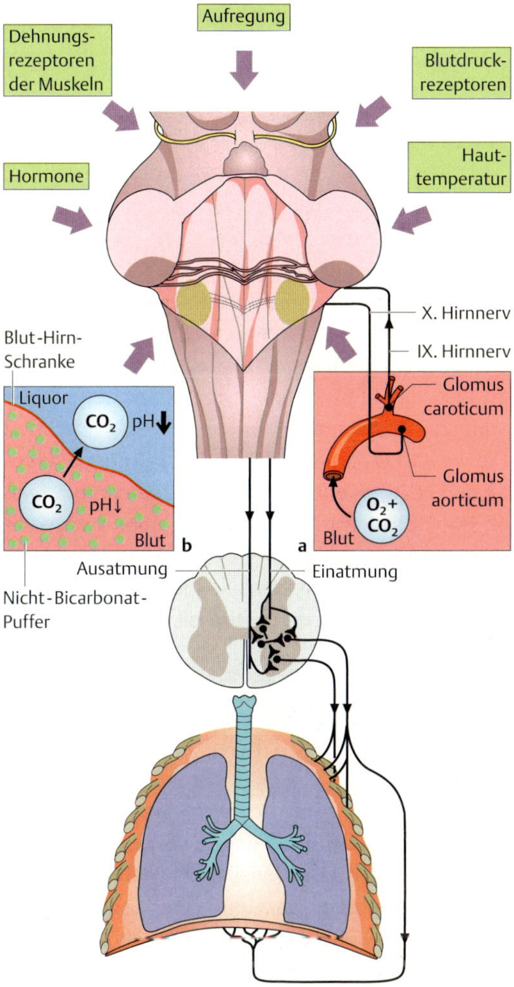

Abb. 14.5a, b Das Atemzentrum im Hirnstamm steuert Ein- und Ausatmung über unterschiedliche Bahnen. Es richtet sich einerseits nach dem aktuellen pO_2 im Blut (**a**), andererseits nach der Kohlendioxidkonzentration (**b**): Da im Liquor kaum Nicht-Bicarbonat-Puffer vorhanden sind, lässt jede Erhöhung des pCO_2 den pH-Wert des Liquors sehr viel stärker abfallen als den des Blutes (Verstärkereffekt). Beachten Sie außerdem die vielen externen Einflussfaktoren der Atmung vom Hormonsystem bis zur Temperatur.

Wirkung auf die Nervenzellen. Die Nervenzellen des Atemzentrums sprechen sehr empfindlich auf eine Erniedrigung des pH-Werts im Liquor – also einen zu hohen CO_2-Partialdruck – an: Die Atmung wird schneller und tiefer, CO_2 wird verstärkt abgeatmet. Umgekehrt hemmt ein hoher pH-Wert im Liquor den Atemantrieb: CO_2 kann sich im Blut anreichern, der pCO_2 normalisiert sich.

O_2-Partialdruck

Gegenüber dem eben geschilderten CO_2-Mechanismus ist der Atemantrieb durch alleinigen Sauerstoffmangel verhältnismäßig gering: O_2-Sensoren in der Wand der Aorta am Aortenbogen (Glomus aorticum) sowie am Karotissinus (Glomus caroticum) messen direkt den pO_2. Fällt der Sauerstoffpartialdruck unter ca. 80 mmHg (normal ca. 100 mmHg), so verstärken sie über afferente vegetative Nervenfasern die Tätigkeit des Atemzentrums. Außerdem reagieren sie gleichsinnig auf eine Erhöhung des pCO_2 und einen Abfall des pH-Werts.

Die Sensoren des Glomus caroticum leiten ihre Signale über den IX. Hirnnerv (N. glossopharyngeus), die des Glomus aorticum über den X. Hirnnerv (N. vagus) zum verlängerten Mark.

Modulierende Einflüsse

Neben diesen beiden hauptsächlichen Einflüssen – pCO_2 und pO_2 – unterliegt die Atmung einer großen Palette modulierender Einflüsse. Es sind dies z. B.:

- emotionale Erregung,
- körperliche Anstrengung,
- Höhe des Blutdrucks.

Sprichwörtlich kann es einem bei einer *starken emotionalen Erregung* „den Atem verschlagen". Auch das Gegenteil, eine unnötig schnelle und tiefe Atmung (*Hyperventilation*) kann vorkommen, wie wir vorhin am Beispiel der Hyperventilationstetanie gesehen haben.

Die *Muskelspindeln* des motorischen Systems sind ebenfalls mit der Atmung verschaltet: Die Atmung vertieft sich bei jeder körperlichen Anstrengung, noch bevor der erhöhte aerobe Stoffwechsel die Blutgase verändert.

Auch *Blutdruckrezeptoren* beeinflussen die Atmung (Hyperventilation bei Blutdruckabfall) genauso wie hormonelle Faktoren. Zu jedem Fieber, also jeder Erhöhung der Körperkerntemperatur, gehört eine gesteigerte Atmung. Dieser Einfluss geht dabei über die Anpassung an den beim Fieber beschleunigten Grundumsatz hinaus. Interessanterweise führt auch eine *lokale Erhöhung der Hauttemperatur* zu einer vertieften Atmung. Dies ist neben der Muskelentspannung ein weiterer physiologischer Grund für die schmerzlösende und beruhigende Wirkung eines warmen Bades oder einer Wärmflasche.

Die Atemtätigkeit wird wesentlich durch den Partialdruck von Kohlendioxid im Blut bestimmt. Ein hoher pCO_2 steigert die Atmung. Dieser Effekt ist wichtiger als der von Sauerstoffmangel, Blutdruckschwankungen und Erhöhung der Körpertemperatur.

Anpassung an große Höhen

Vermutlich haben Sie selbst bereits persönliche Erfahrungen mit großen Höhen gemacht. Je nach Ihrer körperlichen Konstitution, Ihren Hobbies (Segelfliegen, Bergsteigen oder Seilbahnfahren) und Ihrer individuellen Sensibilität haben Sie wahrscheinlich zwischen 2000–3000 m gespürt, dass die Luft dünner wird und die Atmung schneller und leichter geht. In 5000 m Höhe hat sich der Luftdruck gegenüber Meereshöhe halbiert ***(Abb. 14.6)***. Entsprechend halbieren sich auch die Partialdrücke für alle Atemgase in denselben Intervallen.

Die Symptome einer Höhenkrankheit sind individuell sehr verschieden und treten in unterschiedlichen Höhen auf. Die folgenden Höhenangaben sind Mindestwerte für untrainierte, aber körperlich gesunde Flachlandbewohner und enthalten in den meisten Fällen noch einen gewissen Sicherheitsspielraum.

Symptome der Höhenkrankheit ohne Adaptation

3000 m Höhe

Ab etwa 3000 m lässt die allgemeine Aufmerksamkeit nach und die Reaktionszeit wird länger. Psychophysische Untersuchungen haben ergeben, dass sich die Gefahr des menschlichen Versagens bereits unterhalb von 3000 m signifikant erhöht. Die amerikanische Luftfahrtbehörde verpflichtet daher Luftfahrzeugführer, schon bei Flügen über 8000 Fuß Höhe (2700 m) eine Sauerstoffmaske anzulegen – eine Regel, welche die meisten Privatpiloten leichtsinnigerweise ignorieren.

4000 m Höhe

In ca. 4000 m Höhe erreicht der Sauerstoffpartialdruck des arteriellen Bluts den kritischen Wert von 35 mmHg, unterhalb dessen irreparable Gehirnschäden auftreten können. Das Atemzentrum wird jetzt bereits stark durch den Sauerstoffmangel aktiviert. Durch die Hyperventilation erhöht sich der pO_2 im Blut auf ein für Gesunde gerade noch tolerables Maß (ca. 40–50 mmHg).

Die verstärkte Atmung vermindert jedoch gleichzeitig den pCO_2; es entsteht eine *respiratorische Alkalose*. Häufig treten in dieser Höhe bereits Symptome des *Höhenrausches* auf:

- die allgemeine Kritikfähigkeit ist herabgesetzt,
- die Stimmungslage gehoben bis euphorisch,
- die Risikobereitschaft entsprechend größer.

Gleichzeitig ist die Reaktionsfähigkeit stark eingeschränkt, eine brisante Mischung, die schon manchem Bergsteiger und Piloten zum Verhängnis geworden ist!

Zusätzlich treten *sensorische Fehlleistungen* auf: Das Farbensehen leidet unter dem Sauerstoffmangel der Netzhaut; durch einen Ausfall der Stäbchen in der Netzhautperipherie entsteht eine tunnel vision (Röhrensehen). Relativ selten sind dagegen Einschränkungen des Hörvermögens (Ohrensausen, Schwerhörigkeit).

5000 m Höhe

Ab etwa 5000 m treten *Symptome des akuten Sauerstoffmangels* auf. Das Atmen fällt subjektiv schwerer, viele Personen klagen über ein brennendes Hitzegefühl in der Lunge, Gelenkschmerzen, Benommenheit und Nebelsehen. Auch Halluzinationen (der Yeti?) sind in dieser Höhe keine Ausnahme mehr. Das Atemzeitvolumen ist auf etwa das Doppelte der Norm erhöht, der pH-Wert entsprechend hoch.

6000–7000 m Höhe

In ca. 6000–7000 m Höhe ist die Grenze der akuten Regulationsfähigkeit der Atmung erreicht. Ohne

Höhenadaptation

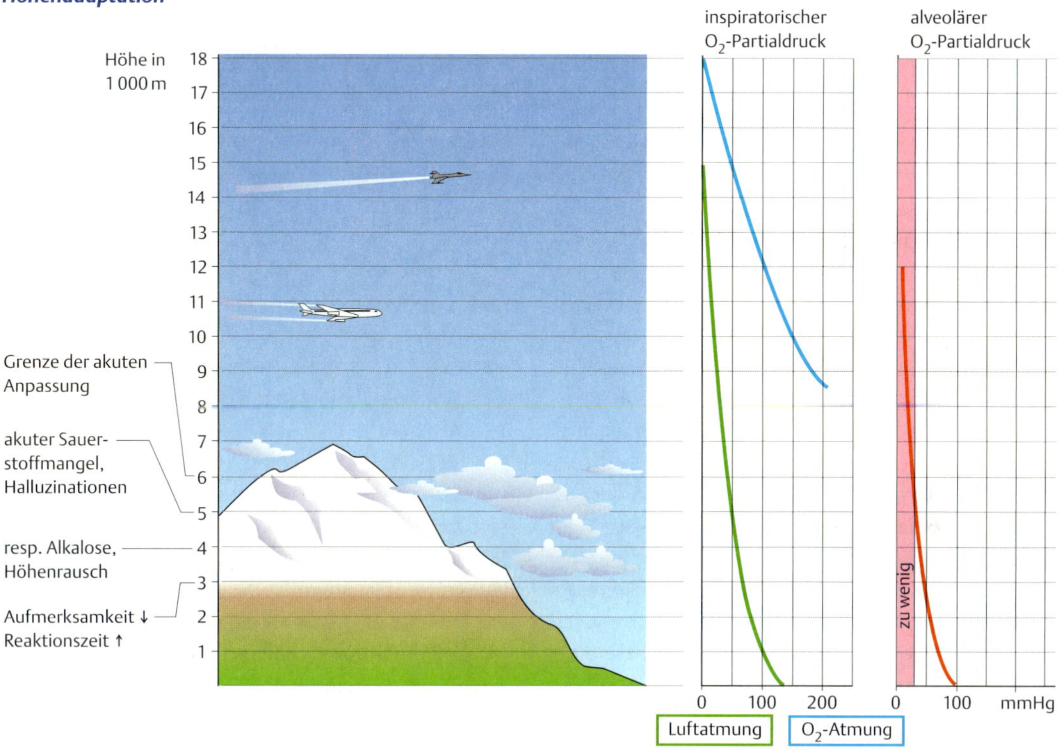

Abb. 14.6 Mit zunehmender Höhe vermindert sich zusammen mit dem Luftdruck (blaue Kurve) der Sauerstoffpartialdruck der Luft (grüne Kurve). Der pO_2 in den Lungenalveolen (rote Kurve) sinkt ebenfalls und erreicht in 5000 bis 7000 m Höhe einen kritisch niedrigen Wert. Bei einer 100 %igen Sauerstoffatmung ist der pO_2 genauso hoch wie der Luftdruck (blaue Kurve). Damit lässt sich die kritische Grenze bis auf ca. 15 000 m Höhe hinausschieben.

eine entsprechend langsame Höhenadaptation tritt innerhalb weniger Minuten *Bewusstlosigkeit*, innerhalb einer Viertelstunde der Tod durch Ersticken ein. Je größer die Höhe, desto schneller durchläuft der Betroffene die Stadien vom leichten Höhenrausch über den akuten Sauerstoffmangel bis zur Bewusstlosigkeit. Bei einem plötzlichen Druckverlust in der Kabine eines Verkehrsflugzeuges (Flughöhe 9000–12 000 m) bleiben den Piloten daher nur wenige Sekunden, um die Situation zu erkennen, die Sauerstoffmasken anzulegen und den Notabstieg einzuleiten.

Möglichkeiten und Grenzen der Höhenadaptation

Noch in den 50er-Jahren glaubte man, dass 7000 m eine Grenze darstellen, oberhalb derer Leben nur mit Sauerstoffgerät möglich ist. Inzwischen besteigen jährlich ganze Hundertschaften die Sieben- und Achttausender des Himalaja ohne Gerät. Diese Entwicklung war nur durch die Kenntnis der langsamen Höhenadaptation des Menschen möglich.

Kurzfristige Höhenadaption

Nach einem mehrstündigen Aufenthalt in großer Höhe kompensiert die Niere die respiratorische Alkalose, indem sie verstärkt Bicarbonat ausscheidet. Dadurch normalisiert sich der pH-Wert des Blutes spätestens innerhalb von zwei Tagen. Da ein großer Teil der Symptome des akuten Höhenrausches auf die Folgen der pH-Erhöhung zurückgeht, normalisieren sich jetzt auch Reaktionsschwelle und emotionaler Zustand. Gleichzeitig schnellt die Synthese des blutbildenden Nierenhormons Erythropoetin (s. Kap. 7, S. 229) um das 10- bis 100fache in die

Höhe. Das Knochenmark beschleunigt daraufhin die Erythrozytenproduktion.

Langfristige Höhenadaption

Im Verlauf von 3–4 Wochen steigen Erythrozytenzahl, Hämatokrit und Hämoglobinkonzentration stark an (Hb bis 20 g/100 ml, Hkt über 60 %). Diese Erhöhung der Sauerstofftransportkapazität wird allerdings durch eine unter Umständen gefährlich kreislaufbelastende Zähflüssigkeit des Blutes erkauft. Außerdem begünstigt die trockene Luft in großer Höhe den Flüssigkeitsverlust über die Lunge, was den Hämatokritwert weiter ansteigen lässt. Gerade für Extrembergsteiger ist eine ausreichende Flüssigkeitszufuhr (mehr als 4 Liter täglich) besonders wichtig.

Gefahren der Höhenadaptation. Vor wenigen Monaten kam ein sportlicher End-Dreißiger in meine Augenarztpraxis, da er seit seiner einige Wochen zurück liegenden Trekking-Tour im Himalaya (mit Besteigung eines Siebentausenders) auf einem Auge eine Gesichtsfeldeinschränkung bemerkt hatte. Ich diagnostizierte einen Gefäßverschluss (Thrombose) einer Netzhautvene mit Auswirkungen auf die Makula. Die Blutuntersuchung ergab keine erhöhten Hämoglobin- und Hämatokritwerte. Ich gehe aber davon aus, dass zum Zeitpunkt des Auftretens der Thrombose der Hämatokritwert sowohl durch eine erhöhte EPO-Ausschüttung auf Grund der Akklimatisation als auch durch eine hypertone Dehydratation erhöht war (vermehrter Flüssigkeitsverlust durch die extrem trockene Höhenluft in Verbindung mit zu wenig Trinken).

Der Gesichtsfeldausfall wird sich nie wieder zurückbilden.

Absolute Grenze

Auf welcher Höhe die absolute Grenze des Menschen liegt, wissen wir nicht. Durch technische Maßnahmen (Sauerstoffgerät, O_2-Überdruckatmung) können Kampfflugzeugbesatzungen kurze Zeit Höhen bis 15 000 m tolerieren. Die absolute Grenze liegt sicherlich bei 19 000 m, da in dieser Höhe die 37 °C warmen Körperflüssigkeiten zu kochen beginnen. Nur im vollständig abgeschirmten Druckanzug können Menschen noch höher in die Stratosphäre und ins Vakuum des Weltraums vordringen.

Der Luftdruck halbiert sich alle 5000 Höhenmeter. Damit halbieren sich auch die Partialdrücke von Sauerstoff und Stickstoff. Die Anpassung an große Höhen umfasst eine vertiefte Atmung und eine Zunahme der Hämoglobinkonzentration im Blut.

Anpassung an große Tiefen

Tauchtiefe und Gasdruck

Beim Tauchen, aber auch bei jedem anderen Aufenthalt unter einem erhöhten Außendruck, treten spezifische Schwierigkeiten auf, deren Unkenntnis immer wieder zu tödlichen Unfällen führt. Alle 10 m Tauchtiefe erhöht sich der Außendruck um eine Atmosphäre (atm $\approx$ bar); somit erhöhen sich auch die Partialdrücke aller Gase ***(Abb. 14.7)***.

In 30 m Wassertiefe liegt also ein Außendruck von $4 \times 760 = 3040$ mmHg vor, der pO_2 beträgt demzufolge $4 \times 158 = 632$ mmHg, der pN_2, also der Partialdruck von Stickstoff, ist $4 \times 530 = 2120$ mmHg.

Diese hohen Drücke wirken auf alle Körpergewebe gleichmäßig ein, so dass sich der ganze Organismus in einem Gleichgewichtszustand befindet. Subjektiv bemerkt man lediglich, dass das Atmen etwas schwerer fällt, weil durch den hohen Druck die Viskosität der Atemluft größer wird.

Gefahren beim Abtauchen

Barotrauma

Bereits in einer Tiefe von 2–3 Metern bemerkt man einen deutlichen Druck auf den Ohren, weil der hohe Wasserdruck das Trommelfell ins Mittelohr eindellt. Durch das *Valsalva-Manöver* (Ausatmen bei zugehaltener Nase) kann man das rachenwärts gelegene Ende der Ohrtrompete öffnen und so einen Druckausgleich zwischen den Lufträumen des Mittelohrs und der Außenwelt herstellen. Ist dieser Druckaus-

Gerätetauchen mit Luft

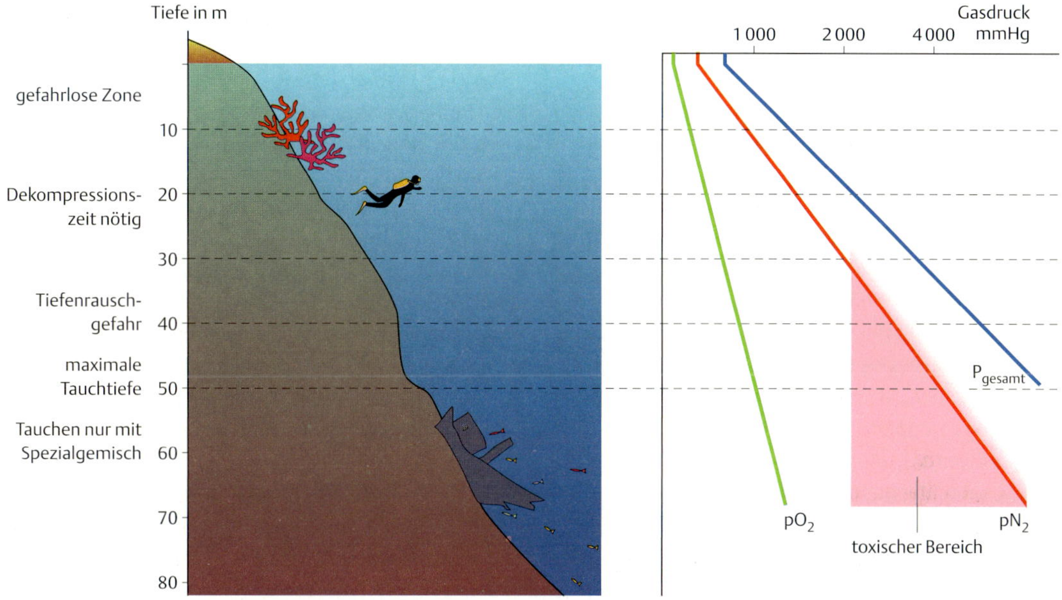

Abb. 14.7 Mit zunehmender Tiefe steigt der Umgebungsdruck linear an (blaue Kurve). Beim Gerätetauchen gleicht der Lungenautomat den Druck der Einatmungsluft stets dem Umgebungsdruck an. Daher steigen auch alle Partialdrücke (Sauerstoff = grün, Stickstoff = rot) linear an. Die maximale Tauchtiefe ist bei ca. 40 m erreicht, da bei höheren Stickstoffpartialdrücken N_2 toxisch wirkt.

gleich z. B. wegen eines Schnupfens nicht möglich oder sind etwa einige Nasennebenhöhlen nicht belüftet, dann darf nicht getaucht werden.

Ignoriert der Taucher diese Regel und taucht trotzdem ab, so kommt es zum Barotrauma, d. h., das Trommelfell reißt nach innen ein und es dringt Wasser ins Mittelohr vor. Besonders gefährlich ist die Situation deswegen, weil kaltes Wasser den horizontalen Bogengang reizt und zum kalorischen Schwindel führen kann: Der Taucher verliert die Orientierung, gerät möglicherweise in Panik und verwechselt im ungünstigsten Fall oben mit unten!

Tiefenrausch

Aber auch wenn der Druckausgleich perfekt funktioniert, ist für den Hobbytaucher bei ca. 40–50 m die maximale Tauchtiefe erreicht. In größeren Tiefen ist der Stickstoffpartialdruck so hoch, dass N_2 – ähnlich wie Lachgas – als enthemmende und euphorisierende Droge wirkt. Nicht wenige Taucher haben im Tiefenrausch die Kontrolle verloren und sind nicht mehr aufgetaucht. Ab ca. 75 m wirkt darüber hinaus der hohe Sauerstoffpartialdruck akut toxisch und schädigt direkt die Lunge.

Spezielle Gasgemische

Professionelle Tiefseetaucher erreichen ohne einen schützenden Druckanzug Tiefen von mehreren hundert Metern, indem sie spezielle Gasgemische benutzen (z. B. 5 % Sauerstoff, 95 % Helium). Das Edelgas *Helium* führt im Gegensatz zu Stickstoff nicht zum Tiefenrausch. Wegen seines geringeren Strömungswiderstands an den Stimmbändern wird die Tonlage der Stimme um mehr als eine Oktave höher (Wenn Sie es noch nicht probiert haben, dann atmen Sie doch einmal den Inhalt eines Luftballons ;-). Tiefseemissionen benötigen eine lange Vorbereitungszeit, um Stickstoff weitestgehend aus allen Körpergeweben zu entfernen. Die Auftauchphase dauert einige Tage. Diese Zeit verbringen die Taucher in einer Überdruckkammer an Bord ihres Versorgungsschiffes.

Als Hobbytaucher werden Sie sich allerdings nur sehr selten tiefer als 20 m aufhalten, da die schönsten

Korallen nur wenige Meter unter der Wasseroberfläche wachsen und unterhalb von etwa 10 m von den leuchtenden Farben der tropischen Fauna nur noch ein tristes Blau übrig bleibt.

Gefahren beim Auftauchen

Lungenriss

Die Gefahren liegen dann eher in einem *zu schnellen Auftauchen*. Schon in 10 m Tiefe steht die Lunge unter einem Druck von 2 bar. Taucht man aus dieser geringen Tiefe panikartig auf, ohne unterwegs auszuatmen (beispielsweise weil man glaubt, einen Hai gesehen zu haben), dann dehnt sich die Luft in der Lunge auf das Doppelte ihres Volumens aus und kann zum Lungenriss und/oder zum Pneumothorax führen. Schnorchler ohne Atemgerät müssen diese Regel natürlich nicht beachten, da ihr Lungenvolumen in 10 m Tiefe auf die Hälfte zusammengepresst wird und sich beim Auftauchen wieder auf den Ausgangswert ausdehnt ***(Abb. 14.8)***.

Caisson-Krankheit

Schnelles Auftauchen birgt jedoch noch eine weitere Gefahr: Nach einer gewissen Zeit, je nach Tauchtiefe 5–20 min, haben sich Blut und Gewebe mit Stickstoff so stark gesättigt, dass sich dieses Gas unter normalem Druck nicht mehr in Lösung hält. Hat man diese „Nullzeit" überschritten, so würde ein plötzliches Auftauchen dazu führen, dass sich Gasbläschen in den unterschiedlichsten Körpergeweben bilden (Emphysem) und Stickstoffblasen im arteriellen Blut kleinere Gefäße verstopfen (Luftembolie). In mittelschweren Fällen treten Gelenk- und Muskelschmerzen (sog. Bends) auf und man erkennt die Einlagerung von Gas im Körpergewebe an einem knisternden Geräusch beim Massieren der Nackenregion. In schweren Fällen herrscht die Bewusstseinstrübung bis hin zum Koma vor, nämlich immer dann, wenn sich im Gehirn massive Luftembolien gebildet haben.

Diese sog. *Caisson-Krankheit* wurde im 19. Jahrhundert bei Arbeitern entdeckt, die in einem mit Über-

Lungenkompression beim Tauchen ohne Gerät

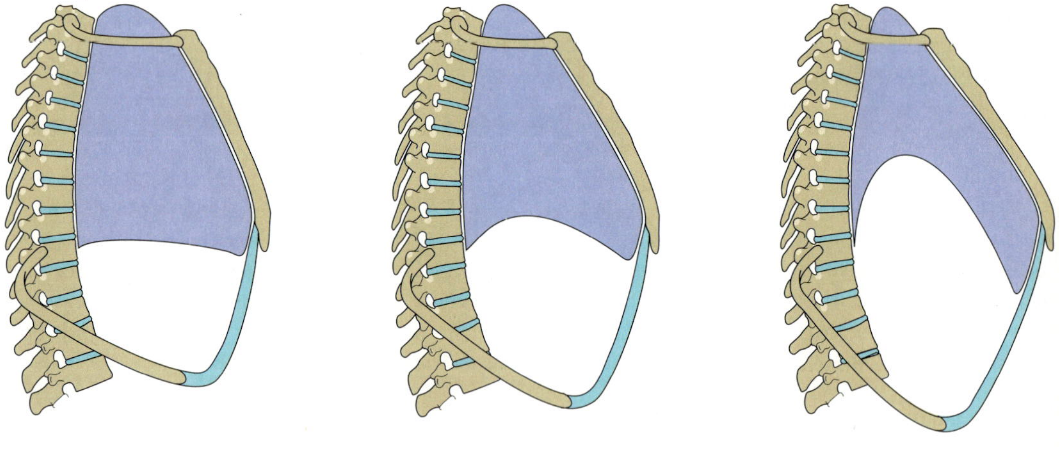

Tiefe:	0 m	10 m	40 m
P_{gesamt}:	1 bar	2 bar	5 bar
Lungenvolumen:	5,0 l	2,5 l	1,0 l

Abb. 14.8 Die Luft in der Lunge wird beim Tauchen wie alle Gase zusammengepresst. Beim Tauchen ohne Gerät mit angehaltenem Atem verringert sich in 10 m Tiefe das Lungenvolumen entsprechend auf die Hälfte. In 40 m wäre es – könnte man ohne Gerät so tief tauchen – so gering, dass der Brustkorb zusammengequetscht würde. Beachten Sie, dass man umgekehrt beim Auftauchen mit Gerät ganz bewusst ausatmen muss, damit die Lunge nicht überdehnt wird.

druck beschickten oben geschlossenen Kasten die Fundamente für Brückenpfeiler gelegt haben. Als Taucher sollten Sie unbedingt nach einem ausgedehnten Tief-Tauchgang in vorher genau geplanten Etappen, so genannten Dekompressionsstufen, auftauchen. Dadurch kann Stickstoff langsam über das Blut in die Lunge gelangen und dort nach und nach abgeatmet werden.

Der Außendruck verdoppelt sich beim Tauchen alle 10 Meter Tauchtiefe. Daher verdoppeln sich auch der Luftdruck im Lungenautomaten der Pressluftflasche und die Partialdrücke von Sauerstoff und Stickstoff. Ein zu großer Stickstoffpartialdruck führt zum Tiefenrausch.

14.3 Hohe und niedrige Temperatur

Grundwissen „Wärme"

Als gleichwarme (homoiotherme) Lebewesen halten wir ständig unsere Körpertemperatur bei ca. 37 °C konstant, obwohl wir – abhängig von unseren Stoffwechselprozessen – sehr stark wechselnde Wärmemengen produzieren und uns den unterschiedlichsten Umweltbedingungen aussetzen. Die Körpertemperatur unterliegt somit genau wie z.B. Flüssigkeit, Säure, Blutzucker und Eiweiß einer Homöostase, die für ein stabiles Temperaturgleichgewicht sorgt.

Quellen der Wärmeproduktion

Jeder Stoffwechselvorgang setzt – meist als Abfallprodukt – eine bestimmte Wärmemenge frei. Die *Nettowärmeproduktion einer chemischen Reaktion* errechnet sich ganz einfach durch die Differenz zwischen dem Energieinhalt der Ausgangsstoffe (Eiweiß, Kohlenhydrat, Fett) und dem der wesentlich energieärmeren Endstoffe (CO_2, H_2O, Harnstoff, Sulfat, Phosphat).

Auf diese Weise erzeugt unser Körper unabhängig von der Art der zwischengeschalteten Reaktionen täglich mehrere tausend kcal an Wärme.

In *Ruhe* gehen mehr als 50% der Wärmeproduktion auf das Konto der inneren Organe. Etwa 20% entstehen durch Muskelarbeit, weitere 15–20% durch den Stoffwechsel des Gehirns.

Während *körperlicher Arbeit* steigt die Wärmeproduktion der Skelettmuskulatur sprunghaft auf das Fünfzig- bis Hundertfache des Ruhewerts an und macht dann mehr als 90% der gesamten Wärmeproduktion aus.

Wärmeabgabe durch Wärmeleitung und Konvektion

Damit sich der Organismus nicht selbst überhitzt, braucht er ein Kühlsystem, das genau diejenige Wärmemenge abgibt, die aktuell erzeugt wird. Wir können prinzipiell Wärme auf drei verschiedenen Wegen loswerden ***(Abb. 14.9)***:

- durch Wärmeleitung,
- durch Konvektion,
- durch Wärmestrahlung.

Wärmeleitung

Die einfachste Möglichkeit ist die *Wärmeleitung*: Jeder Stoff besitzt einen physikalischen Wärmeleitwert, der ausschließlich von seinen Materialeigenschaften abhängt. Stoffe mit einem hohen Wärmeleitwert (Metalle, Flüssigkeiten) fühlen sich bei gleicher Temperatur kühler an als solche mit einem geringen Wärmeleitwert (Isolatoren, z.B. Gase und Kunststoffe). Im 20 °C „kalten" Wasser kühlt unser Körper daher wesentlich schneller aus als an der 20 °C „warmen" Luft.

Konvektion

Zusätzlich zur Wärmeleitung entsteht in allen Flüssigkeiten und Gasen *Konvektion*, also Strömung oder Wind. Selbst in völlig unbewegter Luft kann man eine Konvektion messen, weil sich die vom Körper aufgewärmte Luft ausdehnt, aufsteigt und kühlere Luft an die Haut gelangen lässt.

Wie stark die Wärmeabgabe durch Konvektion ins Gewicht fällt, wissen wir von der Beobachtung,

Verschiedene Arten der Wärmeabgabe

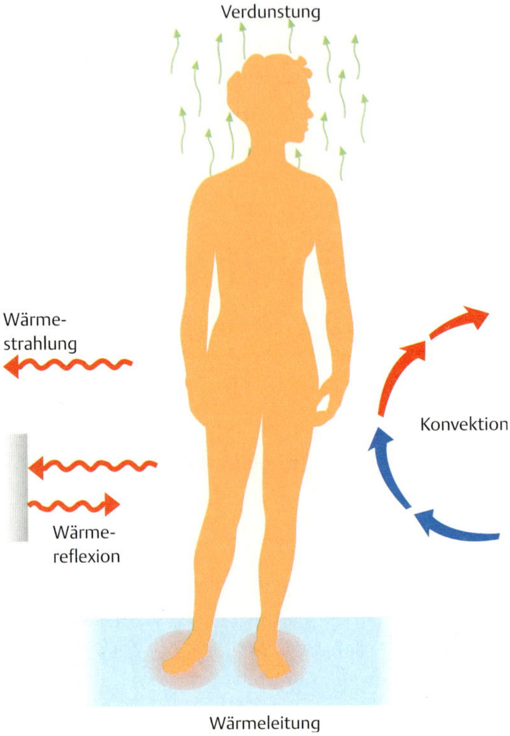

Abb. 14.9 Der Körper verliert normalerweise Wärme durch direkte Wärmeleitung an einen kälteren Gegenstand, durch Wärmestrahlung, Konvektion und Verdunstung. Mit Ausnahme der Verdunstung wirken alle Mechanismen auch umgekehrt, können dem Körper also bei geänderten Temperaturverhältnissen auch Wärme zuführen.

dass sich windabweisende Kleidung stets wärmer anfühlt als winddurchlässige. Unter „normalen" Bedingungen, also bei leichter Tätigkeit in 20 °C warmen Räumen und mit angemessener Bekleidung, geben wir ca. ein Drittel bis ein Viertel der gesamten Wärmeproduktion über Konvektion/Wärmeleitung ab.

Wärmestrahlung

Im Gegensatz zu Wärmeleitung und Konvektion benötigt die *Wärmestrahlung* kein transportierendes Medium, funktioniert also auch im vollständigen Vakuum. Ein Zimmer, das im Winter nach längerer Abwesenheit das erste Mal wieder aufgeheizt wird, fühlt sich immer klamm an, egal wie hoch die Lufttemperatur ansteigt. Der Grund sind die kalten Wände, welche die Wärmestrahlung des Körpers absorbieren, ohne ihm selbst Strahlungswärme zurückzugeben.
Wärmestrahlung ist nichts anderes als eine elektromagnetische Strahlung im langwelligen Infrarotbereich und kann genau wie Licht absorbiert, reflektiert, gespiegelt und umgelenkt werden. Satelliten und Raumstationen tragen daher eine spiegelnde Beschichtung aus stark reflektierendem Material, um die Strahlungswärme der Sonne abzuhalten und die Wärmeabgabe auf der sonnenabgewandten Seite zu vermindern. Dasselbe Prinzip liegt der goldbeschichteten Rettungsfolie zugrunde, die verhindern soll, dass ein Verletzter zuviel Strahlungswärme an die Umgebung verliert.

Wärmeabgabe durch Verdunstung

Durch Wärmeleitung, Konvektion und Strahlung können wir aber immer nur dann Wärme abgeben, wenn die Umgebung deutlich kühler ist als wir selbst. In den Tropen oder auch bei uns an heißen Sommertagen ist diese Bedingung nicht mehr erfüllt, wir müssen schwitzen.

Perspiratio sensibilis

Unsere Schweißdrüsen bilden einen feinen Flüssigkeitsfilm auf der Haut. Die Flüssigkeit verdunstet, geht also aus dem flüssigen in den gasförmigen Aggregatzustand (Wasserdampf) über. Dabei entzieht ein Liter verdunsteten Wassers dem Körper immerhin ca. 2400 kJ (580 kcal) Wärme. Die Schweißsekretion kann im Extremfall (Wüstenwanderung bei Tage) auf 10 bis 15 l/Tag (!) gesteigert werden, um die Stoffwechselwärme und zusätzlich den Wärmeeintrag durch Strahlung und Konvektion loszuwerden.
In heißen Gegenden empfinden wir eine hohe Luftfeuchtigkeit als besonders unangenehm, weil sie das Verdunsten von Schweiß auf der Haut verhindert. Die Kleidung klebt dann buchstäblich am Leib. Unter diesen Bedingungen haben wir zum Schutz vor Überhitzung lediglich die Möglichkeit, uns an einen kühleren Platz zurückzuziehen. Auch unter eher normalen Bedingungen verlieren wir mindestens 15 % unserer Wärme auf dem Weg der Verdunstung.

Perspiratio insensibilis

Bei der Flüssigkeitsbilanzierung muss man neben der Schweißabgabe (Perspiratio sensibilis) immer auch die unsichtbare Verdunstung über Haut und Atemluft miteinbeziehen (Perspiratio insensibilis). Wie der Name schon sagt, lässt sich die Perspiratio insensibilis nur indirekt ermitteln (Ausgangsgewicht– Endgewicht + Flüssigkeitszufuhr – Flüssigkeitsabfuhr). Bei hoher Temperatur und niedriger Luftfeuchtigkeit kann die Perspiratio insensibilis ohne weiteres mehr als einen Liter täglich betragen und wird dann zum Hauptfaktor der Flüssigkeitsabgabe.

Flüssigkeitsbilanzierung bei Fieber. Die Flüssigkeitsabgabe durch Verdunstung wird bei bettlägerigen Patienten häufig unterschätzt. Neben der Perspiratio insensibilis von 0,5 bis 1 l/Tag kommen bei erhöhter Körpertemperatur oft mehr als 2 l Schweiß hinzu. Durch Messung der Plasma-Osmolalität und des Hämoglobinwerts lässt sich der Erfolg einer volumenadäqaten Infusionstherapie zwar in Nachhinein kontrollieren, besser ist es jedoch allemal, den Flüssigkeitsbedarf abhängig von der individuellen Situation des Patienten abzuschätzen. Wie Sie wissen gibt das Durstgefühl gerade bei alten Menschen keine verlässliche Auskunft über die Flüssigkeitsbilanz.

Der Körper tauscht Wärme mit der Umgebung durch Wärmestrahlung, Wärmeleitung und Konvektion aus. Für Wärmeleitung und Konvektion ist das Medium (Luft oder Wasser) von großer Bedeutung. Durch Verdunsten von Schweiß kann die Körpertemperatur auch bei sehr hohen Außentemperaturen gesenkt werden.

Anpassung an niedrige oder hohe Temperaturen

Schutz vor Auskühlung

Die Menschheit hat sich in den tropischen Regionen Afrikas entwickelt. Entsprechend spärlich ausgebildet sind unsere körpereigenen Schutzmechanismen gegen Kälte.

- Der Körper erhöht die Wärmeproduktion,
- reduziert die Wärmeabgabe,
- nutzt das Wärme-Gegenstrom-Prinzip und
- steigert die Durchblutung durch reaktive Hyperämie.

Erhöhung der Wärmeproduktion

Wenn uns fröstelt, erhöhen wir zunächst reflektorisch den Muskeltonus. Durch die *zunehmende Anspannung der Skelettmuskulatur* erhöht sich die Wärmeproduktion. Sinkt die Temperatur weiter, dann versuchen wir, durch *aktive Bewegung* noch mehr Wärme zu erzeugen. Wenn auch dies nicht mehr ausreicht, fangen wir an zu *zittern* und mit den *Zähnen zu klappern.*

Reduzierung der Wärmeabgabe

In einer kühlen Umgebung erhöhen wir jedoch nicht nur die Wärmeproduktion, sondern vermindern automatisch die Abgabe von Wärme an die Umgebung: Die *Schweißsekretion* fällt auf nahe Null, wir legen die Arme eng an den Rumpf, um die *Körperoberfläche zu verkleinern*, die Muskulatur der arteriellen Hautgefäße kontrahiert sich und *senkt die Hautdurchblutung.* Dadurch baut sich eine merklich kühlere Körperschale (Arme, Beine, Unterhautfettgewebe) um den gleichbleibend 37 °C warmen Körperkern (innere Organe, Rückenmark, Gehirn) herum auf. Allerdings darf die Durchblutung nicht so stark zurückgehen, dass die Sauerstoffversorgung der Haut nicht mehr ausreicht. Wegen der niedrigeren Temperatur sinkt allerdings auch die Stoffwechseltätigkeit der Hautzellen, so dass die Anforderungen an die Durchblutung geringer werden.

Wärme-Gegenstrom-Prinzip

Nicht selten beträgt die Temperatur der Füße nur 15–20 °C. Wenn, wie wir eben gesehen haben, der Kreislauf eine Mindestdurchblutung der Füße auf-

Wärmeaustausch zwischen Arterie und Vene

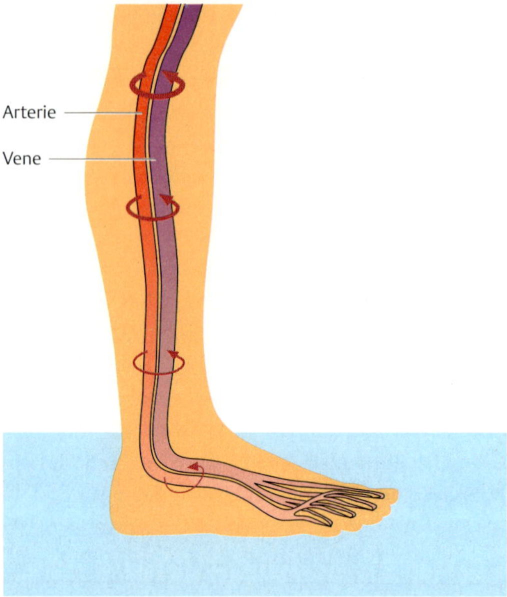

Abb. 14.10 Wärmeleitung findet auch zwischen einer Arterie und einer benachbarten Vene statt. Dadurch geht beim Stehen auf einer kalten Oberfläche die Wärme des ins Bein einströmenden Blutes direkt auf die kühlere Vene über. Das arterielle Blut erreicht den Fuß also schon mit geringerer Temperatur. Dies schützt den Körperkern vor zu starker Auskühlung, obwohl man kalte Füße bekommt.

rechterhalten muss, wieso kühlt dann der Körperkern nicht durch das zurückströmende venöse Blut aus? Der Grund ist die enge Nachbarschaft zwischen den Arterien und Venen der Beine ***(Abb. 14.10)***. Während des Rückstroms aus den Füßen wärmt sich das kalte venöse Blut zunehmend am warmen arteriellen Blut auf und erreicht die Beckenregion bereits wieder mit ca. 34 °C. Umgekehrt kühlt das arterielle Blut auf seinem Weg zum Fuß mehr und mehr ab, so dass keine wertvolle Wärme an den kalten Fußboden verloren geht (Wärme-Gegenstrom-Prinzip).

Reaktive Hyperämie. Ein wichtiges Notfallsystem zum Schutz der Haut vor bleibenden Frostschäden ist die reaktive Hyperämie bei starker Kälteeinwirkung: Wenn wir uns in klirrender Kälte Hände oder Gesicht mit Schnee eingerieben haben, nimmt die Haut kurz danach eine kräftig rote Färbung an und prickelt – die Durchblutung hat zugenommen. Dies schützt die vorher stark unterkühlte Haut vor dem Erfrieren. Der Organismus nimmt hierbei in Kauf, dass sich kurzzeitig kaltes Blut aus der Körperperipherie mit dem des 37 °C warmen Körperkerns mischt, die Körperkerntemperatur also geringfügig sinkt. Viele Maßnahmen der *physikalischen Therapie* machen sich die reaktive Hyperämie zu Nutze (kalte Tauchbäder, Spritzgüsse, Wechselbäder). Das Ziel ist in allen Fällen, das Herz-Kreislauf-System gegenüber Änderungen von Blutvolumen und Blutdruck unempfindlicher zu machen. Gleichzeitig wird die Durchblutung von Haut und Unterhautgewebe verbessert.

Frostbeulen. Falls die Durchblutung der Haut ausnahmsweise doch nicht ausreicht, entstehen Frostbeulen (Perniones). Die bevorzugten Orte für Frostbeulen sind diejenigen Stellen, besonders am Fuß, an denen Haut und Unterhautgewebe ohne Muskulatur direkt dem Knochen aufliegen. Das Zentrum der Frostbeule zerfällt häufig nekrotisch und bildet ein Ulkus, das nur sehr langsam vom Rand her zuheilt.

Akklimatisation an eine kalte Umgebung

An länger dauernde Kälteperioden passen wir uns in aller Regel durch unser Verhalten (Kleidung, Heizung) an. Dennoch gibt es auch einige wenige längerfristige physiologische Anpassungsmechanismen. Der wichtigste ist die *Erhöhung der Schilddrüsenhormone T_3 und T_4* in kalter Umgebung.

Im Verlauf einiger Tage bilden sich in den meisten Körperzellen *mehr Mitochondrien*; der Grundumsatz kann sich um mehr als die Hälfte seines Ausgangswerts erhöhen. Damit steigt zwangsläufig auch die Wärmeproduktion an.

Schutz vor Unterkühlung bietet auch eine stark entwickelte *Unterhautfettschicht*, da Fett ein sehr guter Wärmeisolator ist. Dicke Menschen schwitzen daher umgekehrt im Sommer unverhältnismäßig stärker als Normalgewichtige.

Bei niedrigen Außentemperaturen wird die Durchblutung der Körperschale gesenkt, um die Wärmeabgabe zu senken und den Körper-

kern (Rumpf und Gehirn) warm zu halten. Durch Muskelanspannung (Zittern) wird mehr Wärme produziert.

Schutz vor Überhitzung

Gegen eine drohende Überhitzung kann sich der Körper recht effektiv zur Wehr setzen. Zunächst dehnt sich der 37 °C warme Körperkern aus und bezieht auch Arme und Beine mit ein. Die Skelettmuskulatur erschlafft, die Hautgefäße erweitern sich und verbessern den Blutfluss. Damit *vermindert sich die Wärmeproduktion* und es *erhöht sich die Hauttemperatur*. Dies schafft günstige Bedingungen für die Wärmeleitung und Konvektion gegenüber einer nicht ganz so warmen Umgebung (unter ca. 33 °C).

Fieberanstieg und -abfall

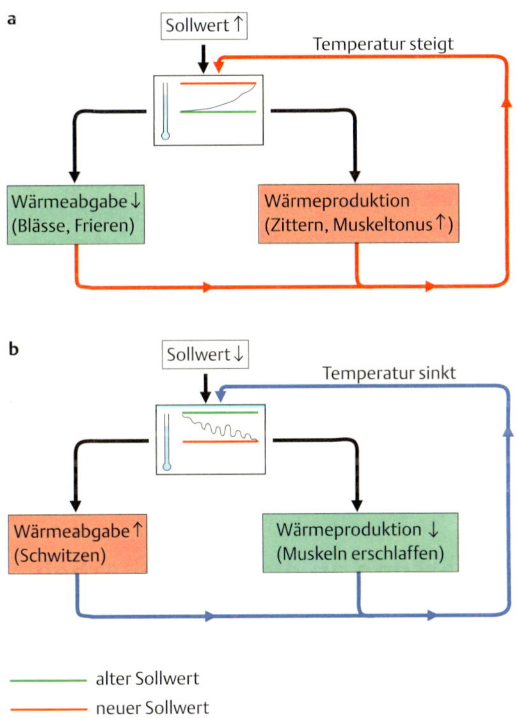

Abb. 14.11a, b In der ersten Phase des Fiebers (**a**) verstellt der Hypothalamus den Temperatur-Sollwert nach oben. Der Körper vermindert seine Wärmeabgabe (Zudecken, Minderdurchblutung der Haut) und erhöht die Wärmeproduktion durch Muskelzittern. Ist die Infektion überstanden, normalisiert sich der Sollwert (**b**), und die Wärmeabgabe steigt durch Schwitzen und eine besonders starke Hautdurchblutung.

Indem wir instinktiv Arme und Beine vom Rumpf abspreizen, erhöhen wir außerdem die *Körperoberfläche*. Das Wärme-Gegenstromprinzip wird außer Kraft gesetzt, indem mehr Blut durch die erweiterten oberflächlichen Venen abströmt und nur ein kleinerer Prozentsatz parallel zu den Arterien zurückfließt. Gleichzeitig steigt die *Schweißsekretion* an (s. o.).

Schwankungen der Körpertemperatur und Fieber. Bislang sind wir davon ausgegangen, dass die Körperkerntemperatur unverrückbar mit 37 °C feststeht. Diese Annahme ist nicht ganz richtig. Jeder, der schon einmal die Kerntemperatur gemessen hat, weiß, dass die Temperatur abends wenige Zehntel Grad über der Morgentemperatur liegt.

In der zweiten Hälfte des Menstruationszyklus liegen Morgen- und Abendtemperatur jeweils etwa 0,5 °C höher (s. Kap. 13, S. 433). Beim Fieber kann die Kerntemperatur sogar bis auf 41 °C erhöht sein. Mit Ausnahme einiger direkt von Bakterien oder von körpereigenen Immunzellen erzeugter Pyrogene (fieberverursachender Substanzen) wird die Kerntemperatur vom Hypothalamus bestimmt.

Dieser Zwischenhirnteil bestimmt den Sollwert der Temperatur ***(Abb. 14.11a, b)***. Steigt der Sollwert, etwa beim Fieber, dann ist die normale Temperatur relativ zu niedrig; der Körper fröstelt und versucht die Temperatur durch Kältezittern zu erhöhen (Schüttelfrost). In der Phase abfallenden Fiebers sind dagegen Schweißausbrüche typisch, welche die Kerntemperatur schnell auf den erniedrigten Sollwert absenken.

Wie bei jedem Regelkreis muss man also auch beim Fieber sorgfältig zwischen einer Sollwertverstellung (durch den Hypothalamus) und einer Istwertveränderung (Temperaturanstieg oder -abfall) unterscheiden. Alle fiebersenkenden Medikamente zielen darauf ab, den Sollwert nach unten zu verändern. Kalte Umschläge, Teil- und Vollbäder beeinflussen dagegen ausschließlich den Istwert. Sie können deswegen die Wirkung von Medikamenten beschleunigen, nicht aber vollständig ersetzen.

Umgekehrt darf man bei einem lebensbedrohlich hohen Fieber (> 41 °C) nicht auf die verzögerte Medikamentenwirkung warten, sondern muss den Istwert sofort absenken.

14.5 Schmerz

Begriffsbestimmung

„Schmerz ist was weh tut". So einfach diese Definition klingt, so unvollständig ist sie. Schmerz bezeichnet nämlich einerseits die unmittelbare Ursache einer schmerzhaften Empfindung (die Berührung mit der heißen Herdplatte), dann die Wahrnehmung selbst (das akute Schmerzempfinden), andererseits aber auch die psychischen Prozesse, die besonders mit starken chronischen Schmerzen einhergehen (Angst und Verzweiflung angesichts unheilbarer Schmerzen).

Die Internationale Gesellschaft zum Studium des Schmerzes (IASP) definiert Schmerz so:

„Schmerz ist ein unangenehmes Sinnes- und Gefühlserlebnis, das mit aktueller oder potenzieller Gewebsschädigung verknüpft ist oder mit Begriffen einer solchen Schädigung beschrieben wird"

Das Sinneserlebnis – die Wahrnehmung eines schmerzhaften Ereignisses – bezeichnen Schmerzforscher auch als *Nozizeption*. Diese Schmerzkomponente – wenn wir uns z.B. den Arm gebrochen haben - hat noch gar nichts mit Gefühlen und Emotionen zu tun, sondern sagt uns nur: „am linken Handgelenk tut etwas ziemlich stark weh".

Hinzu kommt das Gefühlserlebnis – die emotionale Verarbeitung eines schmerzhaften Ereignisses *(Schmerzerlebnis)*. Sie reicht bei akuten Schmerzen von Schreck über vegetative Symptome wie Übelkeit und Erbrechen bis zu Befürchtungen, der Arm könnte dauerhaft geschädigt bleiben.

Schmerz und Schmerzkrankheit

Physiologische Bedeutung von Schmerzen

Schutzfunktion

Schmerzen wahrzunehmen ist eine Grundeigenschaft jedes höheren Lebewesens. Die erste schmerzhafte Begegnung eines Kindes mit einer Brennnessel oder einer heißen Herdplatte prägt sich nachhaltig ins Bewusstsein und in unterbewusste Wahrnehmungsschichten ein. Dieses Erlebnis wirkt stärker als gut gemeinte Warnungen der Eltern und schützt das Kind wirksam vor weiteren Schäden.

Auch länger anhaltende Schmerzen dienen oft dem Schutz vor weiteren Verletzungen. Nach einer Außenband-Dehnung („verstauchter Knöchel") werden Pronationsbewegungen des Fußes schmerzhaft. Dies erinnert uns daran, dass die Verletzung noch nicht verheilt ist und wir beim Gehen besonders vorsichtig sein müssen.

Akuter und chronischer Schmerz

Die physiologische Bedeutung akuter Schmerzen als Warnung vor einem dem Körper drohenden Schaden leuchtet zunächst unmittelbar ein. Was ist jedoch, wenn die Schmerzen nicht aufhören, sondern im Verlauf einer Erkrankung sogar an Stärke zunehmen?

Im Gegensatz zu den meisten anderen Sinneswahrnehmungen, besonders dem Tastsinn, adaptieren Schmerzrezeptoren nicht. Das heißt, dass der Organismus einen über längere Zeit gleich bleibenden Schmerzreiz nicht etwa weniger stark empfindet, sondern häufig sogar stärker. Chronische schmerzhafte Entzündungen senken die Schmerzschwelle sogar ab, so dass dann normalerweise nicht schmerzhafte Berührungen und Druckreize als Schmerzen wahrgenommen werden.

Es fällt schwer für diese Absenkung der Schmerzschwelle eine physiologische Ursache zu finden bzw. auch nur ein Beispiel, bei dem diese *Schmerzsensibilisierung* Sinn machen könnte. Im Gegenteil führt dieses Phänomen bei länger anhaltendem Schmerzreiz zu einem Teufelskreis, der im schlimmsten Fall in einer Schmerzkrankheit münden kann (s.u.).

Pathologische Schmerzformen

Wenn wir einem schmerzhaften Reiz ausweichen können, ihn vermeiden oder zumindest so gering wie möglich halten, ist Schmerz insgesamt eine sinnvolle Wahrnehmungsqualität. Diese Arten akuter Schmerzen enthalten in der Regel nur eine geringe emotionale Qualität und sind fast nie wirklich quälend.

Das große Problem, mit dem Pflegende und Ärzte konfrontiert werden, sind chronische Schmerzen, denen der Patient nicht durch besondere Handlungsweisen ausweichen kann und die keine Warnfunktion mehr erfüllen. Sehr häufige Beispiele hierfür sind chronische Rückenschmerzen (die häufigste Ursache für Berufsunfähigkeit überhaupt) oder ständige Kopf- und Gesichtsschmerzen (Migräne, Trigeminusneuralgie). Gerade chronische Rückenschmerzen entwickeln sich häufig aus einer banalen Ursache im Bereich der Rückenmuskulatur oder der Zwischenwirbelkanäle. Die Schmerzen führen zu einer verspannten Fehlhaltung, die ihrerseits die Schmerzen verstärkt. Außerdem wird die Schmerzwahrnehmung sensibilisiert, so dass der Patient die Schmerzen dauerhaft und als immer stärker werdend empfindet.

Schmerzkrankheit

Die medizinische Tradition westlicher Gesellschaften betrachtet Schmerz fast immer als Symptom einer Krankheit. Es gibt jedoch zunehmend viele Menschen, für die die Schmerzen selbst zur Krankheit geworden sind.

Schmerzkranke Menschen leiden unten ihren chronischen Schmerzen so stark, dass viele arbeitsunfähig werden, von starken Schmerzmitteln physisch abhängig und nicht wenige ihre Schmerzen als derart unerträglich empfinden dass sie versuchen sich das Leben zu nehmen.

Die Diagnose der Schmerzkrankheit erfordert zunächst eine genaue Abklärung der zu Grunde liegenden organischen Ursachen. Sind diese erkennbar und kann man sie erfolgreich behandeln, dann liegt keine Schmerzkrankheit vor. Es bleiben prinzipiell drei Gruppen von Patienten:

1. Menschen, bei denen keine organische Ursache der Schmerzen zu finden ist. Typischerweise handelt es sich Schmerzen im Bereich des Bewegungsapparats und Kopfschmerzen. Die wahrgenommenen Schmerzen korrelieren nicht mit einem objektiv feststellbaren Befund. Die wohl bekannteste Erkrankung in dieser Gruppe ist die Fibromyalgie. Schmerzpatienten, bei denen kein objektiver wissenschaftlicher Befund zu erheben ist, werden leider häufig immer noch als Simulanten, Jammerlappen oder Querulanten abgetan. Die Schmerzen sind aber echt, oft unerträglich stark und erfordern, dass man sich mit dem Patienten und seinen Beschwerden ernsthaft auseinander setzt.
2. Menschen, bei denen die Ursache der Schmerzen bekannt ist, jedoch nicht behandelt werden kann, da es sich um (derzeit) therapeutisch (noch) nicht behandelbare Abnutzungserscheinungen handelt. Meist liegen die Schmerzen ebenfalls im Bewegungsapparat, häufig entlang der Wirbelsäule. Die breite Einführung der Knie- und Hüftgelenksendoprothetik hat vielen Menschen, die früher zu diese Gruppe zu zählen waren in sehr segensreicher Weise geholfen.
3. Menschen, deren Schmerzen Symptom einer unheilbaren und in absehbarer Zeit zum Tode führenden Erkrankung sind. Die Linderung und idealerweise Beseitigung der Schmerzen für diesen Personenkreis ist Aufgabe der Palliativmedizin. Oft fällt es nicht leicht, die Entscheidung zu treffen, die kurative Medizin – die auf Heilung abzielt – in die palliative Medizin überzuführen. Einem Sterbenden ist es jedoch nicht angemessen, mit allen Mitteln eine Lebensverlängerung erreichen zu wollen und ihm daher z. B. Opiatanalgetika vorzuenthalten.

Behandlungskonzepte

Die Gate-control-Theorie und Endorphine

Der nicht-palliativen Schmerzbehandlung liegt in den meisten Fällen das Konzept des *Gate-Control* zu Grunde, das von Melzack und Wall 1965 entwickelt und von Melzack in Form seiner *Neuromatrix-Theorie* aktualisiert worden ist.

In seiner klassischen Form geht die Gate-control-Theorie davon aus, dass die eigentlichen Schmerzzentren in der Substanzia gelatinosa der grauen Substanz des Rückenmarks im Bereich der Hinterhörner liegen. Zu diesen Zentren ziehen aus der Peripherie zwei verschiedene afferente Nervenfasern:

- A-Beta-Fasern mit hohem Durchmesser. Sie hemmen die Schmerzwahrnehmung im Rückenmark.
- A-Delta- und C-Fasern mit geringem Durchmesser. Sie aktivieren die Schmerzwahrnehmung im Rückenmark.

Außerdem ziehen vom Gehirn zu den Schmerzzentren

- efferente Nervenfasern, welche die Schmerzwahrnehmung hemmen. Diese Hemmung geschieht unter dem Einfluss von Interneuronen, deren Neurotransmitter körpereigene Opiate, die *Endorphine*, sind.

Nach der Gate-control-Theorie lassen sich Schmerzen also auf drei Wegen vermindern:

1. durch eine *konkurrierende Aktivierung von A-Beta-Fasern*, die in denselben Rückenmarkabschnitt münden. Dies ist die theoretische Grundlage für elektrische Schrittmacher, die auf Rückenmarkebene Schmerzen blockieren.
2. durch eine *absteigende Hemmung aus dem Gehirn*. Nach der Gate-control-Theorie sind diese absteigenden efferenten Bahnen verantwortlich für die Modulation von Schmerzen durch Emotionen oder gezielte psychosomatische Modulation.
3. durch körpereigene oder körperfremde *Opiate*. Diese Funktion ist streng zu trennen von der euphorisierenden Wirkung der Endorphine und Opiate, die nicht im Rückenmark, sondern im Gehirn ansetzt.

Das Total-Pain-Konzept

Die Krankenschwester Cicily Saunders hat in den 50er und 60er Jahren des vergangenen Jahrhunderts die Hospizbewegung begründet. Schlüsselerlebnis war ihre persönliche Erfahrung mit einem Sterbenden im Jahr 1948. Sauders betrachtet im Gegensatz zur Gate-control-Theorie Schmerz primär aus der Sicht des Pflegenden als zu behandelndes Phänomen. Die Schmerzbehandlung umfasst in vier Schichten (Schalen) den Menschen mit all seinen körperlichen, psychischen und sozialen Aspekten. Sie unterscheidet:

1. ***Physischer Schmerz.*** Die Behandlung zielt darauf, dem Kranken sowohl den Schmerz als auch die mit starken Schmerzen assoziierten körperlichen Beschwerden zu nehmen. Insbesondere zählen hierzu Übelkeit, Erbrechen, Aufstoßen, Husten, Durchfall und andere vom Kranken selbst als unangenehm empfundene Körperäußerungen.
2. ***Psychologischer Schmerz.*** In der nächsten Schale sollen dem Kranken auch die Ängste, Aggressionen, die Verzweiflung und das Gefühl des Ausgeliefert-Seins genommen werden, die mit einer lebensbeendenen Krankheit verbunden sind.
3. ***Sozialer Schmerz.*** Sterbende fühlen sich häufig – oft nicht zu unrecht – isoliert, abgeschoben und unwert. Hinzu kommen nicht selten finanzielle Sorgen, die durch eine kostenintensive Pflege verursacht oder verschlimmert werden. Saunders fordert auch in dieser Hinsicht eine „Schmerzlinderung".
4. ***Spiritueller Schmerz.*** Die letzte Schale ist spirituell, ethisch und ggf. religiös. Die typischen Fragen, die einen Sterbenden quälen, sind nach Saunders die Frage „Warum-gerade-ich?" und im Fall einer streng religiösen Erziehung evtl. auch das Gefühl, mit der Krankheit und den Schmerzen für seine Sünden bestraft zu werden.

Der Schmerzbegriff von Saunders ist sicher sehr weit gefasst. „Schmerzbehandlung" heißt im Sinne dieses Konzepts eine interdisziplinäre intensive Betreuung von Sterbenden durch eine ganze Reihe von Berufsgruppen (Krankenpfleger, Ärzte, Psychologen, Sozialarbeiter, Rechtsanwälte, Priester). Erfreulicherweise haben sich in den vergangenen Jahrzehnten auch in Deutschland viele Hospizveriene gegründet, die auf dem holistischen Verständnis von Saunders aufbauend versuchen diesem hohen Anspruch gerecht zu werden.

Als Grundlage für die Erstellung der Abbildungen dienten die im Folgenden aufgeführten Werke:

aus Faller, A.: Der Körper des Menschen. Thieme, Stuttgart 1995
Abb. 1.2, 1.4, 1.10, 1.15, 1.16, 2.2, 3.12, 3.15, 3.17, 3.20, 3.21, 4.1, 4.4, 4.5, 4.11, 4.21, 4.30, 4.77, 4.92, 4.94, 5.2, 5.3, 5.7, 5.10, 5.17, 5.19, 5.25, 6.2, 6.7, 6.8, 7.2, 7.4, 7.7, 7.10, 7.13, 8.1, 8.7, 8.13, 8.18, 9.2, 9.3, 9.4, 9.8, 9.9, 9.10, 9.18, 9.22, 9.23, 9.38, 10.7, 11.6, 11.20, 11.31, 11.32, 11.38, 12.10, 12.17, 13.3, 13.4, 13.10

nach Feneis, H.: Anatomisches Bildwörterbuch, Thieme, Stuttgart 1988
Abb. 2.13, 4.31, 9.34, 9.35, 9.36

nach Frick, H., Leonhardt, H., Starck, D.: Allgemeine Anatomie Spezielle Anatomie I und II. Thieme, Stuttgart 1992
Abb. 3.18, 4.22, 4.23, 4.24, 4.25, 4.39, 6.4, 6.10, 6.11, 6.12, 8.6, 8.14, 9.11, 9.12, 9.13, 9.14, 9.21, 9.40, 11.33, 11.34, 12.9, 13.20

nach Gregoire, L., Lamers, Ch., Schaub, W.: Anatomie und Physiologie für Berufe im Gesundheitswesen. Eicanos, Bocholt 1994
Abb. 3.19, 4.32, 4.40, 4.42, 4.43, 4.44, 4.45, 4.46, 4.51, 4.52, 4.53, 4.54, 4.58, 4.60, 4.61, 4.62, 4.64, 4.70, 4.71, 4.73, 4.74, 4.75, 4.76, 4.82, 4.83, 4.84, 4.86, 4.87, 4.88, 4.89, 4.90, 4.91, 4.95, 4.97, 5.1, 5.13, 6.18, 7.3, 7.5, 8.1, 8.4, 8.5, 8.8, 9.16, 9.17, 13.5, 13.13, 13.16, 13.30

nach Kahle, W., Leonhardt, H., Platzer, W.: Taschenatlas der Anatomie für Studium und Praxis in 3 Bänden. Thieme, Stuttgart 1991
Abb. 3.19, 4.32, 4.40, 4.42, 4.43, 4.44, 4.45, 4.46, 4.51, 4.52, 4.53, 4.54, 4.58, 4.60, 4.61, 4.62, 4.64, 4.70, 4.71, 4.73, 4.74, 4.75, 4.76, 4.82, 4.83, 4.84, 4.86, 4.87, 4.88, 4.89, 4.90, 4.91, 4.95, 4.97, 5.1, 5.13, 6.18, 7.3, 7.5, 8.1, 8.4, 8.5, 8.8, 9.16, 9.17, 13.5, 13.13, 13.16, 13.30

aus Kühnel, W.: Taschenaltas der Zytologie, Histologie und mikroskopischen Anatomie. Thieme, Stuttgart 1995
Abb. 1.6, 2.3, 4.1, 4.6, 12.19, 13.17

nach Rauber, A., Kopsch, F.: Anatomie des Menschen, Band I-III. Thieme 1987
Abb. 2.7, 2.8, 2.10, 2.11, 4.8, 4.21, 4.27, 4.28, 4.29, 4.33, 4.34, 4.37, 4.41, 4.43, 4.50, 4.56, 4.65, 4.68, 4.69, 4.72, 4.79, 4.80, 4.96, 10.6, 12.2, 12.4

nach Schäffler, A., Schmidt, S.: Biologie Anatomie Physiologie. Jungjohann, Neckarsulm 1994
Schäffler, A., Schmidt, S.: Mensch Körper Krankheit. Jungjohann, Neckarsulm 1995
Abb. 1.3, 4.78, 10.2, 10.11, 10.24

nach Schmidt, R., Thews, G.: Physiologie des Menschen. Springer, Berlin 1995
Abb. 5.20

nach Silbernagl, S., Despopoulos, A.: Taschenatlas der Physiologie. Thieme, Stuttgart 1991
Abb. 3.21, 4.11, 4.14, 6.13, 6.22, 9.25, 9.29, 10.8, 11.8, 11.9, 11.21, 12.20, 13.29, 14.3, 14.5

nach Speckmann, E.-J., Wittkowski, W.: Bau und Funktion des menschlichen Körpers. Urban und Schwarzenberg, München 1994
Abb. 5.11, 6.1, 9.19, 10.7, 10.21, 10.22, 11.14, 11.15, 11.19, 11.22, 11.23, 11.24, 12,13, 12.15, 12.22, 12.25, 13.19

In diesem Verzeichnis werden die in diesem Buch verwendeten, spezifisch medizinischen sowie einige allgemein gebräuchliche Abkürzungen aufgeführt. Zu einem Teil der genannten Abkürzungen finden Sie zusätzliche Erläuterungen. Kursiv geschriebene Termini kennzeichnen die englische Version einzelner Fachbegriffe. Gibt es zum selben Begriff verschiedene Kürzel (z.B. BSG und BKS), wird dies jeweils am Ende einer Erläuterung durch ein Gleichheitszeichen markiert (z.B. BSG, Blutsenkungsgeschwindigkeit [= BKS]).

1,25-OH-D3	aktive Form des Vitamin D
3'-Ende	Ende eines DNA- oder RNA-Abschnitts
5'-Ende	Anfang eines DNA- oder RNA-Abschnitts
α-Rezeptor	Rezeptortyp für Adrenalin und Noradrenalin
α_1-PI	α_1-Proteinaseinhibitor
A	Adenin, Base in DNA und RNA
A	Ansatz von Muskeln
A	Fläche
A-Zellen	glucagonproduzierende Zellen im Pankreas
A.	Arteria, Arterie
a.	der Arterie
Aa.	Arteriae, Mehrzahl von A.
aa.	der Arterien, Mehrzahl von a.
AB0-System	wichtigstes Blutgruppensystem
Abb.	Abbildung
ACE	*angiotensin converting enzyme*
Ach	Acetylcholin, Überträgerstoff der Synapsen
ACTH	*adrenocorticotropic hormone*, Corticotropin
ADH	antidiuretisches Hormon, Vasopressin
ADP	Adenosindiphosphat, energieärmere Version von ATP
AIDS	*acquired immunodeficiency syndrome*, symptomatische HIV-Infektion
Ala	Alanin, Aminosäure
ANP	atriales natriuretisches Peptid
AP	Aktionspotenzial
a.p.	anterior-posterior
APGAR	Vitalitätsindex bei Neugeborenen
ARAS	aufsteigendes retikuläres Aktivierungssystem
ARL	Atemruhelage
AS	Aminosäure
Asp	Aspartat, Aminosäure (= Asparaginsäure)
ASS	Acetylsalicylsäure
AT III	Antithrombin III
ATP	Adenosintriphosphat, Energieträgerstoff
atm	physikalische Atmosphäre
AV-Klappe	Atrioventrikularklappe, im Herz zwischen Vorhof und Kammer
AV-Knoten	Atrioventrikularknoten, im Herz zwischen Vorhof und Kammer
AZV	Atemzugvolumen

β-Rezeptor	Rezeptortyp für Adrenalin und Noradrenalin
B-Lymphozyt	im Knochenmark geprägter Lymphozyt
B-Zellen	insulinproduzierende Zellen im Pankreas
bar	Bar, Einheit des Druckes
BE	*base excess*, Basenüberschuss im Blut
BKS	Blutsenkungsgeschwindigkeit, Methode nach Westergren (= BSG)
BSG	Blutsenkungsgeschwindigkeit (= BKS)
BW	biologische Wertigkeit von Eiweißstoffen
BW	Brustwirbel
$BW_1 - BW_{12}$	1.–12. Brustwirbel
BWS	Brustwirbelsäule

C	Cytosin, Base in DNA und RNA
C	Clearance
C	Zervikalsegment
C-Schlinge	Anfangsteil des Duodenums
C-Zellen	calcitoninproduzierende Zellen der Schilddrüse
C1 – C11	Faktoren des Komplementsystems
C1 – C8	1.–8. Zervikalsegment, 1.–8. Halssegment des Rückenmarks
Ca^{++}	Calcium, Kalzium
$[Ca^{++}]$	Calcium-Konzentration
cAMP	zyklisches *(cyclic)* Adenosinmonophosphat, *second messenger*
CAPD	kontinuierliche ambulante Peritonealdialyse
CCD-Winkel	Centrum-Collum-Diaphysen-Winkel, Schenkelhalswinkel des Femurs
CCK	Cholecystokinin (= CCK-PZ)
CCK-PZ	Cholecystokinin-Pankreozymin, ältere Schreibweise für CCK
Cl^-	Chlorid-Ion
$Co_1 - Co_2$	Kokzygealsegmente, Steißsegmente des Rückenmarks
CO_2	Kohlendioxid
COOH-	Carboxylgruppe
CP	Konzentration eines Stoffes im Plasma, bei Clearancebestimmung
CRF	*corticotropin releasing factor*, ältere Schreibweise für CRH
CRH	*corticotropin releasing hormone* (= CRF), Corticoliberin
CRP	C-reaktives Protein
CSF	*colony stimulating factor*
CTG	Kardiotokogramm
CU	Konzentration eines Stoffes im Urin, bei Clearancebestimmung
Cys	Cystein, Aminosäure

δP	Druckunterschied
δV	Volumenunterschied
D	Dalton, Einheit des Molekulargewichts
d	Dicke
D-Sensoren	Differenzial-Sensoren
D-Zellen	somatostatinproduzierende Zellen in Pankreas und Magen
DAG	Diacylglycerol
dB	Dezibel
DHEA	Dehydroepiandrosteron
DANN	*desoxyribonucleic acid*, (= DNS)

DNS	Desoxyribonukleinsäure, ältere Schreibweise für DANN
dpt	Dioptrien, 1/m
EDTA	*ethylene diamine tetraacetic acid*, bindet Calcium und Magnesium
EEG	Elektroenzephalogramm
EGF	*epidermal growth factor*
EKG	Elektrokardiogramm
engl.	Englisch
EPH-Gestose	*edema, proteinuria, hypertension;* Schwangerschaftsgestose
EPSP	exzitatorisches postsynaptisches Potenzial
ER	endoplasmatisches Retikulum
ERV	exspiratorisches Reservevolumen
Ery	Erythrozytenzahl pro Mikroliter
EV_1	exspiratorisches Volumen in einer Sekunde, Sekundenkapazität
Ez.	Einzahl
F	Funktion, von Muskeln
F_{ab}	antigenbindendes Fragment, „Kopf" eines Immunglobulins
F_c	kristallisierbares Fragment, „Fuß" eines Immunglobulins
Fe^{++}	zweiwertiges Eisen-Ion
Fe^{+++}	dreiwertiges Eisen-Ion
FEV_1	fraktionelles exspiratorisches Volumen in 1 Sekunde, fraktionelle Sekundenkapazität
FSH	*follicle stimulating hormone*, follikelstimulierendes Hormon, Follitropin
FSH-RH	*FSH releasing hormone*, ältere Schreibweise für GnRH
G	Guanin, Base in DNA und RNA
G-Protein	guanosintriphosphatabhängiges Enzym
G-Zellen	gastrinproduzierende Zellen im Magen
G_0-Phase	Teil von G1, in der die Zelle sich noch nicht auf die S-Phase vorbereitet; „Arbeitsphase"
G_1-Phase	erste Generationsphase im Zellzyklus, vor DNA-Verdoppelung
G_2-Phase	zweite Generationsphase im Zellzyklus, nach DNA-Verdoppelung
GFR	glomeruläre Filtrationsrate
GH	*growth hormone*, Somatotropin, Wachstumshormon
GH-ICH	*growth hormone inhibiting hormone*, Somatostatin
GH-RF	*growth hormone releasing factor*, ältere Schreibweise für GH-RH
GH-RH	*growth hormone releasing hormone*, Somatoliberin
GIP	*gastric inhibitory polypeptide*, Enterogastron
Gln	Glutamin, Aminosäure
Glu	Glutamat, Aminosäure (= Glutaminsäure)
Gly	Glycin, Aminosäure
GnRH	*gonadotropin releasing hormone*, Gonadoliberin
H^+	Wasserstoff-Ion
H-Substanz	heterogenetische Grundsubstanz, Ausgangssubstanz der Blutgruppenantigene
H_2CO_3	Kohlensäure
H_2O	Wasser
H_3PO_4	Phosphorsäure
H_2SO_4	Schwefelsäure
Hb	Hämoglobinkonzentration
Hb	desoxygeniertes Hämoglobin
HbA	adultes Hämoglobin
habe	Hämoglobinmenge eines Einzelerythrozyten (= MCH)
HbF	fetales Hämoglobin
HbO_2	oxygeniertes Hämoglobin
HCG	*human chorionic gonadotropin*
HCO_3^-	Bicarbonat-Ion
HCS	*human chorionic somatomammotropin* (= HPL)
HDL	*high density lipoproteins*, Lipoproteine mit hoher Dichte
HHL	Hypophysenhinterlappen
HIV	*human immunodeficiency virus*
Hk	Hämatokritwert (= Hkt)
Hkt	Hämatokritwert (= Hk)
HPL	*human placental lactogen* (= HCS)
HVL	Hypophysenvorderlappen
HW	Halswirbel
HW1 – HW7	1. – 7. Halswirbel
HWS	Halswirbelsäule
Hz	Hertz, 1/s
HZV	Herzzeitvolumen
I	Innervation, bei Muskulatur
ICR	Interkostalraum, Zwischenrippenraum
ICSH	*interstitial cell stimulating hormone*, identisch mit LH
ICSH-RH	*ICSH releasing hormone*, ältere Schreibweise für GnRH
IgA	Immunglobulin A
IgD	Immunglobulin D
IgE	Immunglobulin E
IgG	Immunglobulin G
IgM	Immunglobulin M
IL-1	Interleukin 1
incl.	inclusive, einschließlich
iP	induziertes Protein
IP3	Inositoltriphosphat
IPSP	inhibitorisches postsynaptisches Potenzial
IRV	inspiratorisches Reservevolumen
J	Jod
J^-	Jod-Ion
J-Protein	*junction*-Protein, Verbindungsstück bei Immunglobulinen
J^0	nicht ionisiertes Jod (= J)

K^+	Kalium-Ion
Kap.	Kapitel
kcal	Kilokalorie
kJ	Kilojoule
KJ	Kaliumjodid
KOD	kolloidosmotischer Druck
L-System	longitudinales System der Muskelzelle
L1-L5	Lumbalsegmente, Lendensegmente des Rückenmarks
lat.	lateinisch
LDL	*low density lipoproteins*, Lipoproteine mit geringer Dichte
LE	Lerneinheit
Leu	Leucin, Aminosäure
LH	*luteinizing hormone*, luteinisierendes Hormon, Lutropin
LH-RH	*LH releasing hormone*, ältere Schreibweise für GnRH
Lig.	Ligamentum, Band
lig.	des Bandes
Ligg.	Ligamenta, Mehrzahl von Ligamentum
ligg.	der Bänder, Mehrzahl von lig.
LW1 – LW5	1. – 5. Lendenwirbel
LWS	Lendenwirbelsäule
Lys	Lysin, Aminosäure
M.	Musculus
m.	des Muskels
M_1-Rezeptor	Rezeptortyp für Acetylcholin
MAK	Membranangriffskomplex des Komplementsystems
MCH	mittlere zelluläre Hämoglobinmenge (= HbE)
MCHC	mittlere zelluläre Hämoglobinkonzentration
MCV	mittleres zelluläres Volumen
MEPP	Miniaturendplattenpotenzial
Mg^{++}	Magnesium
MHC	*major histocompatibility complex* Haupthistokompatibilitätskomplex
MIF	*melanotropin inhibiting factor*, ältere Schreibweise für MIH
MIH	*melanotropin inhibiting hormone*, Melanostatin
µl	Mikroliter
Mm.	Musculi, Mehrzahl von Musculus
mm.	der Muskeln, Mehrzahl von m.
MP	Menge eines Stoffes im Plasma, bei Clearancebestimmung
MP	mononukleäres Phagozytosesystem (= RES, RHS)
MRF	*melanotropin releasing factor*, ältere Schreibweise für MRH
MRH	*melanotropin releasing hormone*, Melanoliberin
mRNA	*messenger ribonucleic acid*
MSH	*melanocyt stimulating hormone*, Melanotropin
MSH-IH	*melanotropin inhibiting hormone*, ältere Schreibweise für MIH
MSH-RH	*melanotropin releasing hormone*, ältere Schreibweise für MRH
MU	Menge eines Stoffes im Urin, bei Clearancebestimmung
Mz.	Mehrzahl
ν	Stoffmenge
N.	Nervus
n.	des Nerven
N_2	Stickstoff
Na^+	Natrium
NaCl	Natriumchlorid, Kochsalz
NaJ	Natriumjodid
NBP	Nicht-Bicarbonat-Puffer
ng	Nanogramm
NH_2^-	Aminogruppe
NH_3	Ammoniak
NH_4^+	Ammonium-Ion
NK	natürliche Killerzelle(n)
NN	Normalnull, Meereshöhe
Nn.	Nervi, Mehrzahl von Nervus
nn.	der Nerven, Mehrzahl von n.
NNM	Nebennierenmark
NNR	Nebennierenrinde
NO	*nitric oxide*, Stickstoffmonoxid
NPY	Neuropeptid Y
o.ä.	oder ähnliche(s)
O_2	Sauerstoff
OH^-	Hydroxylgruppe
OSG	oberes Sprunggelenk
P	Druck
P-Sensoren	Proportional-Sensoren
PC-Sensoren	*Pacinian corpuscle*, Beschleunigungs- und Vibrationssensoren (Vater-Pacini-Körperchen)
pCO_2	Kohlendioxid-Partialdruck
PD-Sensoren	Proportional-Differenzial-Sensoren
PD_m	Potenzialdifferenz über eine Membran hinweg, Membranpotenzial
PEG	perkutane endoskopische Gastrostomie
PET	Positronenemissionstomographiegerät
P_{gesamt}	Gesamtdruck, Summe aller Partialdrücke
pH	Maß für Säure- bzw. Basenstärke
PIF	*prolactin inhibiting factor*, ältere Schreibweise für PIH
PIH	*prolactin inhibiting hormone*, Prolactostatin
PkA	Proteinkinase A
PkC	Proteinkinase C
pN_2	Stickstoff-Partialdruck
pO_2	Sauerstoff-Partialdruck
PO_4^-	Phosphat
PP	pankreatisches Polypeptid
PRH	*prolactin releasing hormone*, Prolactoliberin
Proc.	Processus, Fortsatz

$Prot^-$	negativ geladene Proteine
PSI	parapsychologischer Vorgang
PTH	Parathormon, Parathyrin
PTT	*partial thromboplastin time*, partielle Thromboplastinzeit (= PTZ)
PTZ	partielle Thromboplastinzeit (= PTT)
PY	Peptid Y
R.	Ramus, Ast (von Blutgefäß oder Nerv)
r.	des Astes
RA-Sensoren	*rapidly adapting* Sensoren (= D-Sensoren)
RC	Ramus circumflexus, Herzkranzarterie
REM	*rapid eye movement*, paradoxer Schlaf
RES	retikuloendotheliales System, ältere Schreibweise für MPS
RF	rezeptives Feld
Rh^+	rhesus-positiv, bezogen auf das D-Antigen
rh^-	rhesus-negativ, bezogen auf das D-Antigen
RHS	retikulohistiozytäres System, ältere Schreibweise für MPS
RIVA	Ramus interventricularis anterior, Herzkranzarterie
RM	Rückenmark
RMP	Ruhemembranpotenzial
RNA	*ribonucleic acid* (= RNS)
RNS	Ribonukleinsäure, ältere Schreibweise für RNA
RQ	respiratorischer Quotient
RR	Blutdruck, nach Riva-Rocci
Rr.	Rami, Mehrzahl von Ramusr
r.	der Äste, Mehrzahl von r.
S-Phase	Synthesephase im Zellzyklus, DNA-Verdoppelung
s	Sekunde
s.	siehe
s.a.	siehe auch
s.o.	siehe oben
s.u.	siehe unten
S1,2,3	benachbarte erregbare Stellen der Zellmembran
S1 – S5	Sakralsegmente, Kreuzbeinsegmente des Rückenmarks
SA I-Sensoren	*slowly adapting* Sensoren vom Typ I, (= P-Sensoren)
SA II-Sensorens	*lowly adapting* Sensoren vom Typ II, (= PD-Sensoren)
SIH	*somatotropin inhibiting hormone*, (= GH-IH)
S_{O2}	Sauerstoffsättigung des Blutes
SRF	s. GH-RH
SRH	s. GH-RH
SS	s. GH-ICH
SV	Schlagvolumen des Herzens
SW1 – SW5	1. – 5. Sakralwirbel, Kreuzbeinwirbel
T	Thymin, Base in DANN
t	*time*, Zeiteinheit
T-Lymphozyt	im Thymus geprägter Lymphozyt
T-System	transversales System der Muskelzelle
T_3	Trijodthyronin, Schilddrüsenhormon
T_4	Tetrajodthyronin, Schilddrüsenhormon
Tc	Technetium
TGN	Trans-Golgi-Netzwerk
Th_1 – Th_{12}	Thorakalsegmente, Brustsegmente des Rückenmarks
TPA	*tissue plasminogen activator*
TPR	*total peripheral resistance*, totaler peripherer Widerstand im Blutkreislauf
TRF	*thyrotropin releasing factor*, ältere Schreibweise für TRH
TRH	*thyrotropin releasing hormone*, Thyroliberin
tRNA	*transfer messenger ribonucleic acid*
TSH	*thyroidea stimulating hormone*, Thyrotropin
TT	*thrombin time*, (= TZ)
TUR	transurethrale Resektion der Prostata
TZ	Thrombinzeit (= TT)
U	Uracil, Base in RNA
U	Ursprung, bei Muskulatur
$\dot{U}$	Urinzeitvolumen
u.a.	unter anderem
u.U.	unter Umständen
UV	ultraviolett
UV-A	langwellige ultraviolette Strahlung
UV-B	kurzwellige ultraviolette Strahlung
V	Volumen
V.	Vena, Vene
v.	der Vene
v.a.	vor allem
vgl.	vergleiche
VIP	*vasoactive intestinal polypeptide*
VK	Vitalkapazität
VP	Volumen des Plasmas, bei Clearancebestimmung
VU	Volumen des Urins, bei Clearancebestimmung
Vv.	Venae, Mehrzahl von Vena
vv.	der Venen, Mehrzahl von v.
WHO	*World Health Organisation*, Weltgesundheitsorganisation
X	weibliches Chromosom
x-Achse	horizontale Achse eines Diagramms
XX	weiblicher Chromosomensatz
XY	männlicher Chromosomensatz
Y	männliches Chromosom
y-Achse	vertikale Achse eines Diagramms
Z-Filament	Zwischenscheibe zwischen zwei Sarkomeren
z.B.	zum Beispiel
ZNS	Zentralnervensystem
ZVK	zentraler Venenkatheter

A

B

I

L

M

N

Q

R

S

T

U

V

W

Richtungsbezeichnungen zur Orientierung

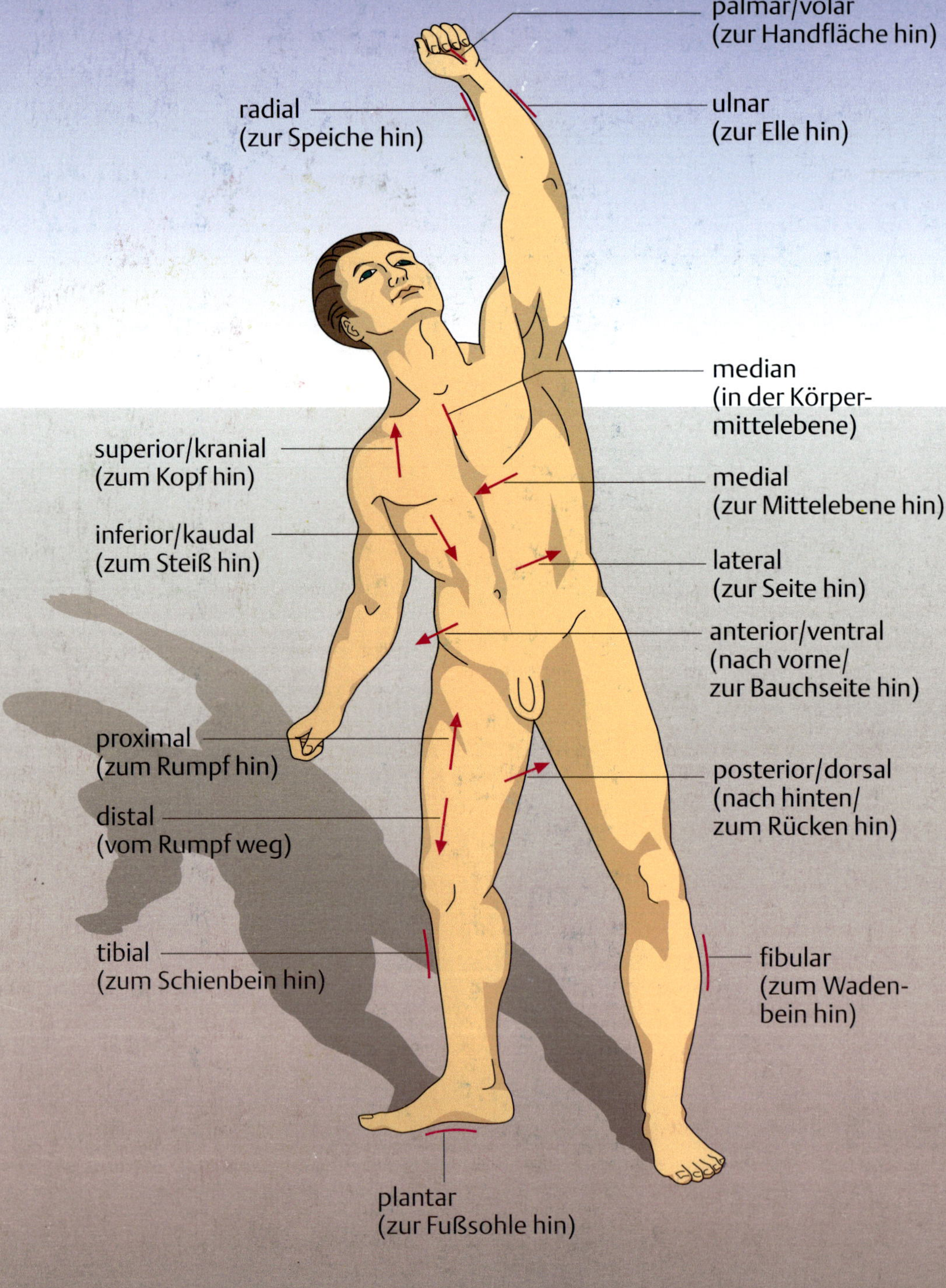